Rolf Straubel

Biographisches Handbuch neumärkischer Offiziere (1715–1806)

Einzelveröffentlichungen der Brandenburgischen Historischen Kommission e.V.

—

Bd. XXVII

Rolf Straubel

Biographisches Handbuch neumärkischer Offiziere (1715–1806)

Familie – Laufbahn – Grundbesitz

Mit einem Geleitwort von Klaus Neitmann

DE GRUYTER
OLDENBOURG

ISBN 978-3-11-131995-7
e-ISBN (PDF) 978-3-11-132046-5
e-ISBN (EPUB) 978-3-11-132053-3

Library of Congress Control Number: 2023941663

Bibliografische Information der Deutschen Nationalbibliothek
Die Deutsche Nationalbibliothek verzeichnet diese Publikation in der Deutschen Nationalbibliografie; detaillierte bibliografische Daten sind im Internet über http://dnb.dnb.de abrufbar.

Einbandabbildung: Generalfeldmarschall Alexander Friedrich von Knobelsdorff (1723–1799), 1799, Pastell. Christie's via wikimedia.
Satz: bsix information exchange GmbH, Braunschweig
Druck und Bindung: CPI books GmbH, Leck

www.degruyter.com

Zum Geleit

Wenn die Brandenburgische Historische Kommission e.V. in eine ihrer Schriftenreihen das „Biographische Handbuch neumärkische Offiziere (1715–1806)“ von Rolf Straubel aufnimmt und es in ihr veröffentlicht, sieht sich ihr Vorsitzender dazu bewogen, diesen Band in die gesamte Forschungsleistung seines Verfassers einzuordnen und den Leser und Benutzer darüber aufzuklären, welchen grundsätzlichen historischen Anliegen er seine Entstehung verdankt. Der Unterzeichnende sieht sich umso mehr zu seinem Geleitwort veranlasst, als mit diesem „Handbuch“ seine Zusammenarbeit mit Rolf Straubel in seiner Zeit als Direktor des Brandenburgischen Landeshauptarchivs (bis 2020) nahtlos fortgesetzt wird und aus ihr erneut eine weitere gewichtige Publikation im engen Anschluss an ältere Studien im Sinne von deren Abrundung und Erweiterung hervorgeht.

Es gibt Historiker, die ihr Forscherleben einem einzigen Thema widmen, die sich für ihre Untersuchungen einen weit gezogenen Schwerpunktbereich gewählt und ihn konzentriert immer wieder neu mit an unterschiedlichen Stellen angesetzten Tiefenbohrungen so scharf wie möglich durchleuchtet und abzurunden gesucht haben, so dass sie letztlich ein in sich geschlossenes Oeuvre vorlegen können. Rolf Straubel gehört zu diesem Typus von Historikern. Seit der Aufnahme seiner wissenschaftlichen Tätigkeit in den 1980er Jahren hat er sich mit ebenso viel Ausdauer wie Erfolg einem einzigen Gegenstand verschrieben: der Geschichte „Altpreußens“ im 18. Jahrhundert, der inneren Geschichte des preußischen Staates und seiner Gesellschaft in der Zeit des Hochabsolutismus unter den vier Königen von Friedrich Wilhelm I. über Friedrich II., den Großen, bis zu Friedrich Wilhelm II. und Friedrich Wilhelm III., also vom Regierungsantritt Friedrich Wilhelms I. 1713 über den Aufstieg Preußens zur europäischen Großmacht unter seinem Sohn bis zum Untergang der von ihnen geschaffenen Staatsordnung in der Niederlage von Jena und Auerstedt 1806 gegen das napoleonische, revolutionäre Frankreich. Innerhalb dieses zeitlichen Rahmens hat Straubel verschiedene Sachgebiete eingehend behandelt: die Verwaltung,[1] das Militär,[2] die Wirtschaftstätigkeit und Sozialordnung.[3] Und er hat eindringlich das im und für den preußischen

---

1 Beamte und Personalpolitik im altpreußischen Staat. Soziale Rekrutierung, Karriereverläufe, Entscheidungsprozesse (1763/86-1806) (Bibliothek der Brandenburgischen und Preußischen Geschichte, Bd. 2), Potsdam 1999. – Adlige und bürgerliche Beamte in der friderizianischen Justiz- und Finanzverwaltung. Ausgewählte Aspekte eines sozialen Umschichtungsprozesses und seiner Hintergründe (1740–1806) (Veröffentlichungen des Brandenburgischen Landeshauptarchivs, Bd. 59), Berlin 2010.

2 „Er möchte nur wißen, daß die Armée mir gehöret.“ Friedrich II. und seine Offiziere. Ausgewählte Aspekte der königlichen Personalpolitik (Veröffentlichungen des Brandenburgischen Landeshauptarchivs, Bd. 64), Berlin 2012.

3 Die Handelsstädte Königsberg und Memel in friderizianischer Zeit. Ein Beitrag zur Geschichte des ost- und gesamtpreußischen „Commerciums“ sowie seiner sozialen Träger (1763–1806/15) (Bibliothek der brandenburgischen und preußischen Geschichte, Bd. 10, Berlin 2003. – Zwischen monarchischer Autokratie und bürgerlichem Emanzipationsstreben. Beamte und Kaufleute als Träger handels- und

https://doi.org/10.1515/9783111320465-200

Staat tätige Personal betrachtet: die Monarchen, ihre Minister[4] und höheren zivilen und militärischen Mitarbeiter und Helfer, die adligen und bürgerlichen Eliten in Landwirtschaft, Handel und Gewerbe. Ihn bewegt die Frage nach der Leistungsfähigkeit der preußischen Bürokratie und der preußischen Wirtschaft, nach dem Zusammenwirken beider Bereiche und nach den Voraussetzungen ihres Erfolges und deren Grenzen. Dabei beleuchtet er besonders nachdrücklich die Personen und Personengruppen, die in Administration und Ökonomie tätig waren, erläutert ihre soziale Herkunft, ihre Bildung und Ausbildung, ihre Qualitäten in der Erfassung und Bewältigung der anstehenden Aufgaben. Innerhalb einer ständischen Gesellschaft, wie sie in Preußen damals noch bestand, kam Adel und Bürgertum die maßgebliche Rolle zu, wirkten sie in unterschiedlicher und in sich wandelnder Weise an der Herausforderung mit, den preußischen Staat mit seinen inneren Kräften so auszugestalten, dass er in die Reihe der ersten Mächte Europas treten und sich unter ihnen behaupten konnte.

In all seinen Forschungen ist Rolf Straubel durchgängig dem humanistischen Ruf „ad fontes", „zu den Quellen" gefolgt. Seine Studien sind unmittelbar und vorrangig aus der archivalischen Überlieferung erarbeitet. Vor allem in die Bestände des Geheimen Staatsarchivs Preußischer Kulturbesitz in Berlin-Dahlem, des preußischen Zentralarchivs, hat er sich beständig vertieft und darüber hinaus die Überlieferungen ehemaliger preußischen „Provinzialarchive" bzw. heutiger Landesarchive in ehemaligen preußischen Provinzen einbezogen. Sein Ehrgeiz ist davon gespeist, in den Aktenbergen, die die preußischen Herrscher und ihre Behörden hinterlassen haben, bislang unbekannte Vorgänge zu ermitteln und aus ihnen ein verändertes oder gar gänzlich neues Bild von den inneren Verhältnisse der preußischen Monarchie im 18. Jahrhundert zu zeichnen. Seine Arbeit setzt mit der Archivrecherche an, mit der Sichtung des überkommenen Schriftgutes zur Erreichung des Zieles, in ihm den Denk- und Verhaltensweisen, den Überlegungen und Handlungen maßgeblicher Akteure in Staat und Gesellschaft Preußens auf die Spur zu kommen. Und aus der Summe der Einzelerkenntnisse, die er durch die Auswertung seiner archivalischen Funde gewonnen hat, zieht er seine allgemeinen und grundsätzlichen Schlussfolgerungen zur historischen Deutung des jeweiligen Gegenstandes. Nichts liegt ihm ferner, als der gegenwärtig in der deutschen Geschichtswissenschaft verbreiteten oder gar vorherrschenden Methode zu folgen, sich erst eine „Theorie" für seine Thema, die vielfach sozialwissenschaftlichen Nachbardisziplinen entlehnt ist, zurechtzulegen und sich von ihr in der Interpretation der

---

gewerbepolitischer Veränderungen im friderizianischen Preußen (1740–1806) (Veröffentlichungen des Brandenburgischen Landeshauptarchivs, Bd. 63), Berlin 2012.

4 Carl August von Struensee. Preußische Wirtschafts- und Finanzpolitik im ministeriellen Kräftespiel (1786–1804/06) (Bibliothek der Brandenburgischen und Preußischen Geschichte, Bd. 4), Potsdam 1999. – Friedrich Christoph von Goerne (1734–1817). Selbstherrlicher Minister König Friedrichs II. oder Spielball seiner Sekretäre und fremder Magnaten? (Veröffentlichungen des Brandenburgischen Landeshauptarchivs, Bd. 67), Berlin 2014.

Quellen leiten zu lassen[5] – mit der unübersehbaren Gefahr, dass die Theorie mit ihren Fragestellungen, Grundlinien und Leitbegriffen bereits vorab die Interpretation der Quellen leitet und die Schlussfolgerungen entscheidend präfiguriert. Straubels Werk zeigt dagegen, dass die Forschung kräftig befördert wird, wenn sie ihre jeweiligen Fragestellungen in umfassender Auseinandersetzung mit der nachgelassenen schriftlichen Überlieferung der einst Handelnden formt und aus ihr die Darstellung der Vergangenheit gestaltet. Wenn man ihn mit seinen Ansätzen und Vorgehensweise genauer kennenlernen will, studiert man am besten seinen Literaturbericht, in dem er sich aus berechtigtem Abstand mit den geschichtswissenschaftlichen Erzeugnissen des Friedrich-Jubiläums 2012 kritisch auseinandersetzt und dabei auf der Grundlage seiner umfassenden Quellenkenntnis deren in ihrem altbekannten Quellenfundus begründete begrenzte Ergiebigkeit und die Fragwürdigkeit derzeit vorherrschender Interpretationsmuster und Wertungen verdeutlicht; auf diese Weise bringt er zugleich seinen eigenen Standpunkt jenseits der vom derzeitigen Wissenschaftsbetrieb beförderten Richtungen pointiert zum Ausdruck.[6]

Die Zusammenarbeit zwischen Rolf Straubel und mir reicht mittlerweile fast drei Jahrzehnte zurück. Als Direktor des Brandenburgischen Landeshauptarchivs hätte ich, als Rolf Straubel erstmals Mitte der 1990er Jahre mit dem Anliegen zur Unterstützung seines aktuellen Forschungsvorhabens an mich herantrat, nicht gedacht, dass aus unserem Zusammenwirken insgesamt acht dicke Bände[7] in mehreren Schriftenreihen des Archivs hervorgehen würden. Straubel ist so zu dessen produktivstem Autor mit den meisten Veröffentlichungen geworden, für deren Erarbeitung das Archiv teilweise eine Drittmittelförderung erreichen und teilweise mit seinen Mitteln wenigstens die Drucklegung gewährleisten konnte. Straubel schnitt sich seine Themen immer selbst zurecht, so überzeugend, dass der Reihenherausgeber ein ums andere Mal von seinem jüngsten umfangreichen Manuskript angetan war. Denn seine Sache ist nicht der begrenzte Aufsatz in einer Zeitschrift oder einem Sammelband, sondern die Aufbereitung seiner ausgedehnten archivischen Ermittlungen mündet in die weit ausgreifende und tief eindringende Monographie. Deren Gewicht ist umso mehr zu schätzen, als innerhalb der deutschen Geschichtswissenschaft, innerhalb der in universitären und akademischen Einrichtungen angesiedelten Geschichtsforschung die Beschäftigung mit der preußischen Geschichte in den letzten Jahrzehnten, von wenigen rühmlichen Ausnahmen abgesehen, immer mehr an den Rand gerückt ist. Im Mittelpunkt der frühneuzeitlichen Geschichtsforschung steht ganz und gar die Reichsgeschichte, das Heilige

5 „[…] greifen die Verfasser zahlreicher Studien [sc. zu Friedrich dem Großen] auf derzeit modische Theorien zurück, denen mittels ausgewählter Quellen die historische Realität dann mehr oder weniger geschickt angepaßt wird." Rolf Straubel, Was bleibt? Kritische Betrachtungen über den wissenschaftlichen Ertrag des Friedrich-Jubiläums, in: Blätter für deutsche Landesgeschichte 148 (2012), S. 407–451, hier S. 408.

6 Ebd., bes. S. 402 f., 451.

7 Siehe Anm. 1–4 und 8.

Römische Reich Deutscher Nation mit Kaiser und Reichsständen und dessen Funktionsweise, das zuweilen sogar in Verkennung seiner einmaligen, untergegangenen historischen Voraussetzungen unter föderalistischen oder europäischen Vorzeichen als leuchtendes Vorbild für die Gegenwart und Zukunft hingestellt wird. Rolf Straubel zählt seit langem zu den wenigen Wissenschaftlern, die sich auf Geschichte Preußens (im 18. Jahrhundert) konzentriert und die ihr ihre Anstrengungen zugewandt, die Wirkungsweise und Wirksamkeit von monarchischer Staatsführung, adliger Staatsverwaltung und bürgerlicher Wirtschaftsgesellschaft auf breiten archivalischen Grundlagen erhellt haben. Ansonsten dominieren in der gegenwärtigen Preußenforschung eher die Titel, die zwar vielfach die von der älteren Forschung zusammengetragenen Erkenntnisse zugrunde legen, aber mit Seitenhieben auf die angeblich längst überholten borussischen Forschungen vorrangig entgegengesetzte Wertungen verbreiten. In jüngster Vergangenheit konnte man staunend beobachten, wie im Zusammenhang mit dem sog. Hohenzollernstreit um die befürwortete oder abgelehnte Restitution von ehemals (nach 1918) im Besitz des Hauses Hohenzollern befindlichen beweglichen Kulturgütern oder um den Wiederaufbau des Stadtschlosses in der Berliner Mitte (als Humboldt Forum) und dessen architektonische Ausgestaltung gerade in der öffentlichen Debatte längst überholte Klischees zu Preußen und zu den Hohenzollern Auferstehung feierten.

Rolf Straubels Werk wäre unzulänglich beschrieben, wenn man in ihm nur den Liebhaber monographischer Darstellungen sähe. Er ist auch der Mann der Kärrnerarbeit, genauer gesagt, der archivarischen Kärrnerarbeit (ohne selbst Archivar zu sein). Er vergräbt sich in die gedruckten und vor allem ungedruckten Quellen nicht nur für seine historischen Schilderungen, sondern auch parallel für Hilfsmittel der historischen Grundlagenforschung. Sein zweibändiges, im Zweispaltendruck fast 1200 Seiten füllendes „Biographisches Handbuch der preußischen Verwaltungs- und Justizbeamten 1740–1806“[8] ist nahezu ausschließlich aus archivalischen Zeugnissen sowie ergänzend aus zeitgenössischen Druckschriften erarbeitet und enthält eine Fülle von Informationen über die persönlichen und beruflichen Werdegänge der berücksichtigten leitenden Beamten der preußischen Zentral- und Provinzialbehörden, die man in solcher Dichte und Ausführlichkeit angesichts der Zahl der behandelten Personen nicht angenommen hätte. Wer einmal wie der Unterzeichnende in jüngerer Vergangenheit an einer Quellenedition zu offiziellen und inoffiziellen Reiseberichten von preußischen Verwaltungsbeamten des späten 18. Jahrhunderts mitgewirkt hat,[9] lernt in der Praxis der Sachkommentierung schnell zu schätzen, dass Straubels Handbuch zur

---

8 Biographisches Handbuch der preußischen Verwaltungs- und Justizbeamten 1740–1806/16, Teil 1–2 (Einzelveröffentlichungen der Historischen Kommission zu Berlin, Bd. 85; zugl. Einzelveröffentlichung des Brandenburgischen Landeshauptarchivs, Bd. VII), München 2009.

9 Heide Barmeyer, Das Brieftagebuch der Dienstreise Ludwig Vinckes nach Brandenburg und Sachsen 1798, in: Jahrbuch für die Geschichte Mittel- und Ostdeutschlands 67 (2021), S. 83–144, hier S. 100 Anm. 1, S. 101 Anm. 4 u. weitere Anmerkungen zur Quellenedition.

Identifizierung von berührten Personen und den dazugehörigen Sachverhalten in unerwartetem Ausmaße beiträgt. Für die preußische Geschichte des 18. Jahrhunderts ist es, wie man hier zu Recht mit einem verbreiteten Topos sagen darf, zu einem unverzichtbaren Standardwerk geworden – und wird es auf Dauer bleiben. Es ist daher nicht verwunderlich, dass Straubel wegen seiner ausgezeichneten biographischen und genealogischen Kenntnisse und seiner reichen Erfahrungen mit personengeschichtlich aussagekräftigen Quellen für die Kommentierung der Historisch-kritischen Ausgabe von Leopold von Rankes Briefwechsel von deren Herausgeber Dieter Grypa herangezogen worden ist, so dass erst die Ergebnisse seiner intensiven Recherchen vornehmlich in Kirchenbüchern „zentrale Informationen zu den Verwandtschaftsbeziehungen zahlreicher in den Briefen erwähnter Personen ermittelt[en]“ und so das grundsätzliche Ziel des ersten Bandes dieses Briefwechsels, nämlich einen „erheblichen Gewinn [...] an prosopographischer Kenntnis von Rankes politisch-sozialem Umfeld“, tatsächlich ermöglichten.[10]

Wenn Rolf Straubel jetzt zwei zusammengehörige biographische Handbücher zum preußischen Offizierskorps des 18. Jahrhunderts aus zwei benachbarten preußischen Provinzen, das zweiteilige Werk über Pommern[11] und das hier vorliegende Werk über die Neumark, veröffentlicht hat, knüpft er einerseits an sein Handbuch zu preußischen Zivilbeamten an und stellt ihm in gleichartiger lexikalischer Darbietung Militärbedienstete zur Seite. Andererseits greift er seine Darstellung über Friedrich II. und seine Offiziere auf, in anderer Weise und mit anderem Blickwinkel. Damals analysierte er die Sicht des Königs auf sein gesamtes Offizierkorps in allen preußischen Provinzen, jetzt konzentriert er sich auf zwei Provinzen mit biographischen Daten der dortigen Offiziere, so dass deren Lage und deren soziales Umfeld hervortreten und ihre Antriebe und Motive zur Militärlaufbahn und zu Verlauf und Ende der Militärkarriere erhellt werden. Der Untertitel seines neumärkischen Bandes „Familie – Laufbahn – Grundbesitz“ weist schon darauf hin, dass die Einzelbiographien und ihre Details dazu dienen sollen, die analytische Betrachtung allgemeiner Züge des neumärkischen Offizierkorps zu ermöglichen: Der Eintritt des einzelnen in den Militärdienst und dessen Beendigung fügen sich ein in die Lebensumstände seiner Familie und die wirtschaftlichen Ressourcen ihrer Güter. Die inhaltlichen Berührungen zwischen den biographischen Lexika und der darstellenden Monographie sind selbstverständlich so eng, dass die letztere zugleich auch als erläuternder allgemeiner Kommentar zu erster verstanden werden kann. Wer die Einzelinformationen der biographischen Artikel in größere

10 Leopold von Ranke, Briefwechsel. Historisch-kritische Ausgabe, Bd. 1: 1810–1825, neu bearb. v. Dietmar Grypa (Gesamtausgabe des Briefwechsels von Leopold von Ranke, Bd. 1), Berlin/Boston 2016, S. XXXVI (Dietmar Grypa) bzw. S. VIII (Gerrit Walther).

11 Rolf Straubel, Grundbesitz und Militärdienst. Kurzbiographien pommerscher Offiziere (1715 bis 1806) (Veröffentlichungen der Historischen Kommission für Pommern, Reihe V: Forschungen zur Pommerschen Geschichte, Bd. 56, Teil 1–2), Köln/Weimar/Wien 2021.

historische Zusammenhänge einordnen will, wer die in den Einleitungen angedeuteten Gesichtspunkte genauer verfolgen will, greife zu Straubels Monographie von 2012.

Dass Vorsitzender und Vorstand der Brandenburgischen Historischen Kommission e.V. auf Rolf Straubels Angebot zur Veröffentlichung seiner neumärkischen Offiziere in einer ihrer Schriftenreihe nach Einsichtnahme in das Manuskript rasch eingegangen sind, ist auch darin begründet, dass die Geschichte der Neumark seit langem von der Landesgeschichtsforschung sehr vernachlässigt worden ist, und zwar unter den (wissenschafts-)politischen Vorzeichen seit 1945 sowohl in Deutschland als auch in Polen. Die brandenburgische Landesgeschichtsforschung hat sich seit jeher auf die Kurmark konzentriert und die Neumark vergleichsweise nur sporadisch behandelt, schon vor 1945, erst recht danach, seitdem diese brandenburgische Landschaft durch die Beschlüsse der Siegermächte von 1945 Polen zugeschlagen worden ist. Die polnische Regionalgeschichtsforschung hat sich zwar der neumärkischen Geschichte angenommen, bevorzugt aber dabei vornehmlich die Lokalgeschichte sowie im überregionalen Rahmen die mittelalterliche Geschichte wegen der damaligen engeren Verbindungen zu den polnischen Vorgängen. Die frühneuzeitliche Geschichte der Neumark seit ihrer Wiedervereinigung mit der Mark Brandenburg 1454 bis 1808, bis zum Ende eines eigenständigen neumärkischen Territoriums, hat hingegen in ihr wenig Aufmerksamkeit auf sich gezogen. Es ist daher zu begrüßen, dass Rolf Straubel gerade dieses Land in der Verfolgung seines übergeordneten Themas ausgewählt und ihr ein biographisches Werk gewidmet hat, um das andere ehemals preußische Provinzen sie beneiden werden. Das von ihm bereitgestellte biographische Material liefert wertvolle Bausteine nicht nur für den Militärdienst des neumärkischen Adels, sondern überhaupt für seine sozialen und wirtschaftlichen Strukturen, mit Problemen, die sich in anderen Teilen Preußens in ähnlicher Weise bemerkbar machten und daher grundsätzlichen Charakter haben.

Die Brandenburgische Historische Kommission dankt zuerst dem Autor für seine geleistete mühsame Arbeit in der Ermittlung und Zusammenstellung des Materials und für sein Angebot zur Publikation seines Werkes. Sie dankt ferner Herrn Dr. Albrecht Hoppe dafür, dass er sogleich ihrer Bitte gefolgt ist und die Personen- und Ortsregister erarbeitet hat. Sie dankt schließlich dem Verlag Walter de Gruyter für seine rasch erklärte Bereitschaft zu dessen Aufnahme in sein Programm. Damit sind sowohl das „Biographische Handbuch der preußischen Verwaltungs- und Justizbeamten" als auch dieses „Biographische Handbuch der neumärkischen Offiziere" in derselben Verlagsgruppe erschienen, denn der Verlag K.G. Saur, der das erstgenannte Handbuch 2009 herausbrachte, ist inzwischen Teil des Verlages de Gruyter geworden. Herausgeber und Autor danken den verantwortlichen Verlagsmitarbeitern und -mitarbeiterinnen vielmals für die enge und reibungslose Zusammenarbeit. Rolf Straubels Band wendet sich an breite Interessentenkreise in den Reihen der Militärgeschichts-, Landesgeschichts-, Orts- und Familiengeschichtsforschung und darf auf deren intensive Nutzung hoffen – sicherlich über Generationen hinweg, denn das hier vorgelegte Ergebnis solider Grundlagenforschung wird viel länger Geltung bewahren können und genutzt werden als die schnell vergehenden und vergessenen Produkte modischer geschichtswissenschaftlicher „Turns“ und Trends.

Potsdam, im Juli 2023

Prof. Dr. Klaus Neitmann
Vorsitzender der Brandenburgischen Historischen Kommission e.V.

Gliederung

Zum Geleit — V

Einführung — 1

Themenwahl, -begründung — **1**

Methodisches Herangehen — **7**

1 **Kurzbiographien — 12**

2 **Verzeichnis der Güter und ihrer Besitzer — 448**

3 **Anhang — 549**

3.1 Liste neumärkisch-pommerscher Offiziere, die ein Biogramm im Pommern-Buch haben, hier in einem Biogramm oder in der Liste der Güter erwähnt werden — **549**

3.2 Abkürzungsverzeichnis — **552**

3.3 Glossar — **554**

3.4 Quellen- und Literaturverzeichnis — **555**

3.5 Personenregister — **561**

3.6 Ortsregister — **647**

Einführung

Themenwahl, -begründung

Seit der Errichtung des stehenden Heeres im 17. Jahrhundert rekrutierten die brandenburg-preußischen Landesherrn die Offiziere aus den Reihen des Adels. Kamen diese anfänglich noch in größerer Zahl aus dem Ausland, d. h. vornehmlich aus den benachbarten deutschen Territorialstaaten, etwa aus Braunschweig, Anhalt, Mecklenburg und Sachsen, aber auch aus Polen, Kurland, der Schweiz oder aus Frankreich, bemühten sich v. a. König Friedrich Wilhelm I. und Friedrich II. darum, diese Ausländer durch Einheimische zu ersetzen. Sie wollten damit das kostspielige Anwerbungsgeschäft reduzieren und „unsichere Kantonisten", wofür manche Ausländer angesehen wurden, ausschalten, in erster Linie jedoch den einheimischen Adel fester an den Landesherrn binden, ihn quasi „domestizieren", ihm also das Beharren auf landsmannschaftlichen Eigenheiten, Privilegien nehmen und die Edelleute aus allen Regionen zu uniformen „Preußen" machen. Für beide Herrscher bestand die erste und vornehmste Pflicht der Angehörigen des ersten Standes darin, ihrem Landesherrn zu dienen, und zwar v. a. im Militär. Im Gegenzug sollten sie dafür im Besitz ihrer Güter geschützt werden.[1]

Tatsächlich ist es ihnen gelungen, den Anteil der aus der Fremde stammenden Offiziere im preußischen Heer bis zum Ende des 18. Jahrhunderts deutlich herabzusetzen. Ausnahmen wurden nur bei der Aufstellung neuer Regimenter gemacht, etwa nach der Einverleibung der späteren Provinz Westpreußen, als gezielt Ausländer angeworben wurden. Bürgerliche Offiziere in seiner Armee sah insbesondere Friedrich II. nur ungern, der dritte Stand sollte sich Handel und Gewerbe widmen und damit zur Finanzierung des Heeres beitragen. Bürgerliche kamen in der Regel nur bei der Artillerie und bei den Husaren zum Zuge. Zeichneten sich Gemeine und Unteroffiziere in Kriegszeiten aus, wurden sie zu Offizieren befördert, nach Friedensschluß jedoch häufig verabschiedet. Es gelang jedoch auch einer größeren Anzahl von ihnen, im Militärdienst zu bleiben und aufgrund ihrer Verdienste nobilitiert zu werden.

Trotz aller Bemühungen der Landesherrn fiel die Affinität der Edelleute aus den verschiedenen Landesteilen zum Militärdienst sehr unterschiedlich aus, wofür verschiedene Faktoren verantwortlich zeichneten. Dazu gehörte der Zeitpunkt der Eingliederung ihrer Heimatregion in die Monarchie, die Stärke regionaler Privilegien und Traditionen sowie nicht zuletzt der Wohlstand der adligen Gechlechter. Bereits ein kurzer Blick auf Regimentslisten aus der ersten Hälfte des 18. Jahrhunderts zeigt, daß neumärkische Adlige unter den Offizieren ungewöhnlich stark vertreten waren, daß sie, gemessen an der Größe ihres Landesteils, überrepräsentiert waren. Das gilt vor-

1 Friedrich der Große. Die Politischen Testamente. Uebersetzt von Friedrich v. Oppeln-Bronikowski. Mit einer Einführung von Gustav Berthold Volz, München 1936, S. 31–32.

https://doi.org/10.1515/9783111320465-001

nehmlich für die Infanterie- und weniger für die Kavallerie-Regimenter. Bemerkenswert auch, daß nur wenige Einheiten in der Neumark garnisonierten. Dennoch zog es viele neumärkische Edelleute in den Militärdienst, vornehmlich in pommersche und kurmärkische Regimenter, aber auch nach (Ost-)Preußen.

Es wurden zwar bereits verschiedene Untersuchungen über die regionale Herkunft der Offiziere des brandenburg-preußischen Heeres sowie über die Laufbahndauer bis zum Rang eines Kompaniechefs, der eine materiell gesicherte Existenz bedeutete, angestellt, so u. a. von G. Hebbelmann, es wurde aber noch nicht versucht, den konstatierten, provinziellen Besonderheiten näher nachzugehen. [2] Also der Frage, warum es hinterpommersche und Adlige aus den neumärkischen Hinterkreisen eher in den Militärdienst zog, als Edelleute aus dem Herzogtum Magdeburg oder dem Fürstentum Halberstadt. Mit Hilfe der hier vorgelegten Kurzbiographien, die Angaben über den familiären Hintergrund, den Grundbesitz, die Laufbahn, das Heiratsverhalten enthalten, wird versucht, diesen Komplex näher zu beleuchten.

Eine Auswertung der für 1715 überlieferten Offizierslisten hat für die Infanterie-Regimenter gezeigt, daß von den damals im Dienst stehenden Adligen die mit Abstand meisten aus Pommern kamen, gefolgt von Kurmärkern und (Ost-)Preußen. Aber immer noch mehr als 100 Offiziere oder über zehn Prozent kamen aus der Neumark. [3] Für die Kavallerie konnten 38 Neumärker oder zwölf Prozent benannt werden.[4] Bis 1740 ging der Anteil der neumärkischen Offiziere leicht, bis 1787 dann aber deutlich zurück. Denn jetzt kamen bei der Infanterie nur noch 4,2 % aus der Neumark. In den Kürassier-Regimentern war ihr Anteil von ehedem sieben (1740) auf 3,4, bei den Dragonern von 11,3 (1740) auf 7,5 Prozent gesunken.

Dieser Rückgang hatte mehrere Gründe. Außer dem „hohen Blutzoll", den neben dem pommerschen v. a. der neumärkische Adel im Siebenjährigen Krieg zahlte, kamen solche Faktoren zum Tragen wie die Verlegung von Garnisonen, etwa aus Ostpreußen nach Schlesien, sowie der Zustrom von Edelleuten aus den Neuerwerbungen (Schle-

---

2 Georg Hebbelmann, Das preußische „Offizierskorps" im 18. Jahrhundert: Analyse der Sozialstruktur einer Funktionselite, Münster 1999 (= Univ.Press, Hochschulschriften, 113), u. a. S. 119, S. 154, S. 170; siehe zur vom König geforderten Dienstpflicht des Adels, hier auch über militärgeschichtliche Untersuchungen zum Gegenstand: Rolf Straubel, „Er möchte nur wißen, daß die Armée mir gehöret." Friedrich II. und seine Offiziere. Ausgewählte Aspekte der königlichen Personalpolitik, Berlin 2012 (= Veröffentlichungen des Brandenburgischen Landeshauptarchivs, Bd. 64), u. a. S. 680–684.

3 Im 18. Jahrhundert gehörten zur Neumark die sog. Vorderkreise (Krs.e Königsberg, Soldin, Landsberg), die Hinterkreise (Friedeberg, Arnswalde, Dramburg und Schivelbein, beide wurden 1815 Pommern zugeschlagen) und die einverleibten Kreise (Sternberg, Crossen, Züllichau). Dazu kamen die Herrschaften Cottbus und Peitz. All diese Regionen wurden von der Kriegs- und Domänenkammer in Küstrin verwaltet. F. W. A. Bratring widmete ihnen einen Band seiner Arbeit: Statistisch-topographische Beschreibung der gesammten Mark Brandenburg. Dritter und letzter Band. Die Neumark Brandenburg enthaltend, Berlin 1809.

4 Vgl. hierzu auch die Einleitung zu Rolf Straubel, Grundbesitz und Militärdienst. Kurzbiographien pommerscher Offiziere (1715–1806), 2 Teile, Wien, Köln 2022, S. 20–23. Auf unnötige Wiederholungen soll daher verzichtet werden.

sien, Westpreußen) und aus dem Ausland. Im Falle der Kürassier- und Dragoner-Regimenter wirkten sich die wachsende Verschuldung oder gar der Güterverlust nachteilig auf den Rekrutierungsprozeß der Offiziere aus. Denn immer weniger Edelleute v. a. aus Hinterpommern und den neumärkischen Hinterkreisen vermochten es, die kostspielige *Equipage* für diese Einheiten aufzubringen und die lange Durststrecke bis zum Erhalt einer eigenen *Escadron* finanziell zu überstehen. Warfen die väterlichen Güter doch meist Brutto-Erträge von weniger als 1 000 Talern ab, von denen die Hypothekenzinsen, die Abgaben, die Kosten für Bedienstete, Reparaturen an Gebäuden und Inventar sowie der Unterhalt der oft vielköpfigen Familie zu bestreiten waren, weshalb der als Subaltern-Offizier dienende Sohn auf keinen Zuschuß hoffen konnte.

Wie die Biogramme pommerscher und neumärkischer Offiziere zeigen, waren es in der Regel nachgeborene Söhne, die sich im Militärdienst engagierten und nach zehn bis 20 Dienstjahren als Leutnant den Abschied nahmen. In den Regimentern standen sich also keineswegs Gutsherr und Bauer als Offizier und Soldat gegenüber wie es eine vor Jahrzehnten formulierte These, die noch immer durch die einschlägige Literatur geistert, plausibel machen wollte.[5] Hatte der Leutnant das väterliche Gut geerbt oder in eine größere Besitzung eingeheiratet, verließ er die militärische Laufbahn und widmete sich der Landwirtschaft, für die er denkbar wenig Voraussetzungen mitbrachte. War er doch bereits mit zehn bis 14 Jahren als *cadet* oder Junker ins Militär eingetreten und hatte, sofern der Vater Gutsbesitzer gewesen war, auf dessen Grund und Boden keinerlei praktische Erfahrungen sammeln können. Besaßen die in Reihe und Glied stehenden Offiziere ein Gut, lag ihre Garnison häufig in einer weit entfernten Region, so daß sie ein Familienmitglied oder einen Verwalter mit der Aufsicht betrauen mußten und nur in größeren Zeitabständen nach dem Rechten sehen konnten, weil Urlaube eher selten gewährt wurden. In den Akten finden sich diverse Eingaben, die diesen Zustand beklagten.

In die vorliegende Zusammenstellung aufgenommen wurden geborene Neumärker, also die Söhne von neumärkischen Gutsbesitzern, Beamten und landlosen Offizieren, sowie Edelleute aus anderen Landesteilen der Monarchie oder aus Sachsen, Schwedisch-Vorpommern, Polen, sofern sie sich während ihres Militärdienstes bzw. nach dem Abschied in der Neumark ankauften oder in eine altansässige Familie einheirateten und damit selbst oder über die Ehefrau zum Gutsbesitzer wurden. Ähnlich wie in Pommern wurden somit die Offiziere zu einem wichtigen Bindeglied zwischen den einzelnen Landesteilen der Monarchie und trugen zu einem Zusammenwachsen der heterogenen Teile zu einem Gesamtkörper bei. Denn es ließen sich nicht nur Altmärker oder (Ost-)Preußen, die im Dragoner-Regiment Nr. 4 oder im Infanterie-Regiment Nr. 39 gedient hatten, nach ihrem Abschied in der Neumark nieder, sondern neumärkische Offiziere kauften sich in der Uckermark an oder heirateten in eine schlesische Familie ein. Als ein Beispiel für dieses Zusammenwachsen mag der Obrist-

5 Otto Büsch, Militärsystem und Sozialleben im alten Preußen 1713–1807. Die Anfänge der sozialen Militarisierung der preußisch-deutschen Gesellschaft, Frankfurt/Main, Berlin, Wien 1981, u. a. S. 41–48.

leutnant W. F. W. von Legat stehen. Dieser war aus dem magdeburgischen Staßfurt gebürtig, diente in einem oberschlesischen Kürassier-Regiment, heiratete eine Oberschlesierin und wurde dann bei der Tabak-Regie in Cottbus versorgt. Er ließ sich hier nieder und blieb auch nach Auflösung der Regie als „Pensionär" vor Ort. Sein Sohn starb als Offizier im pommerschen Husaren-Regiment Nr. 8, zwei seiner Töchter wurden in Schlesien seßhaft, die jüngste blieb beim Vater und starb wie dieser in Cottbus.

Die Biogramme zeigen die generell engen familiären Verflechtungen zwischen den einzelnen Landesteilen der Monarchie sowie mit den angrenzenden ausländischen Territorien, wobei es aufgrund der territorialen Lage natürlich Unterschiede gab. So war Vorpommern eng mit Schwedisch-Pommern und die hinterpommerschen Kreise Lauenburg und Bütow eng mit Polen verflochten. Für die Neumark dagegen spielte Schwedisch-Pommern keine und die Verbindung nach Polen nur eine untergeordnete Rolle. Dafür waren hier die Kontakte nach Sachsen, insbesondere in die sächsische Nieder- und Oberlausitz, und nach Schlesien besonders rege. Für diese stehen die Familien von Seidlitz und Troschke, für jene die Geschlechter von Kottwitz und von Loeben. Sowohl pommersche als auch neumärkischen Familien unterhielten dagegen enge Verbindungen in die Kurmark.

Problematisch war mitunter auch die Zuordnung der Güter, gab es doch solche, deren einer Teil in Pommern, der andere jedoch in der Neumark lag. Dazu kommt, daß es zahlreiche identische Ortsnamen in mehreren Kreisen und Provinzen gibt, etwa Dietersdorf, Diedersdorf im Kreis Lebus, im Kreis Teltow, im Kreis Landsberg und im Kreis Dramburg. Ruhnow bestand aus zwei Teilen, von denen der eine in Pommern, der andere im Kreis Dramburg lag. Und jeder Teil hatte einen anderen Besitzer. Mithin gehörten die Besitzer von Ruhnow sowohl zum pommerschen als auch zum neumärkischen Adel. In der Aufstellung im zweiten Teil dieser Arbeit wurden nur diejenigen Güter bzw. Gutsanteile erfaßt, die sich im Untersuchungszeitraum dauerhaft oder zeitweilig in der Hand von Offizieren befanden. Sie machten aber nur einen Teil der in der Neumark befindlichen Liegenschaften, Dörfer aus.

Aufgrund der territorialen, wirtschaftlichen und familiären Verflechtungen zwischen beiden Landesteilen hätte es durchaus nahegelegen, die Biogramme der pommerschen und neumärkischen Offiziere in einem Buch zusammenzufassen. Dem stand jedoch v. d. die Materialfülle entgegen, die für einen einzelnen Bearbeiter kaum noch zu bewältigen gewesen wäre. Denn zu den kopfstarken Familien von Borcke, von Kleist, von Puttkamer wären dann noch die von der Marwitz, von Waldow und von Winning gekommen, hätte sich die Zahl der von Wedel und von Sydow noch spürbar erhöht. Und da es viele Personen mit gleichlautenden Vornamen gab, etwa Friedrich Wilhelm, wäre die Zuordnung der einzelnen Angaben und besonders die Erstellung der Register dadurch noch ungleich komplizierter, fehleranfälliger und arbeitsintensiver geworden. Mit der gleichen Berechtigung hätte dann freilich auch auf die Einbeziehung der Kurmark oder zumindest der Uckermark, der Kreise Ober- und Niederbarnim, Lebus, Beeskow-Storkow gedrungen werden können. Die Zahl der erfaßten Offiziere wäre dann gewiß auf über 10 000 gestiegen.

Das in den Kurzbiographien zusammengetragene Material zeigt, daß es v. a. wirtschaftliche Gründe waren, die neumärkische wie pommersche Adlige dazu bewogen, in den Militärdienst einzutreten, um hier ihr Auskommen zu finden. Die väterlichen Güter waren oft nur klein, von geringem Wert, verschuldet, mitunter bereits mehrfach geteilt. Nachgeborene Söhne, denen kein bürgerlicher Beruf zugänglich war, konnten daher nur in den Zivildienst, wobei für den Besuch von Schulen und Universitäten den Eltern oft die Mittel fehlten, oder ins Militär eintreten. Freilich schlugen viele Adlige auch die ihrem Stand gemäße Militärlaufbahn ein, um sich unter den Augen ihres Landesherrn auszuzeichnen, um Ruhm und Ehre sowie in Kriegszeiten auch materiellen Wohlstand zu erwerben. Der vornehmlich wirtschaftliche Hintergrund ihres militärischen Engagements erhellt auch daraus, daß viele Offiziere bereits nach wenigen Jahren ihren Abschied nahmen, nämlich dann, wenn sich ihnen eine gute Partie bot oder eine Erbschaft ins Haus stand. [6]

Ähnlich wie in Pommern gab es in der Neumark ein West-Ost-Gefälle. Während es in den Kreisen Sternberg und Cottbus auch relativ große Güter und materiell bessergestellte Familien gab, deren Mitglieder eine nur geringe Neigung zum Militärdienst besaßen, dominierte in den an Polen angrenzenden Regionen der zersplitterte Kleinbesitz. Dementsprechend größer war das Bestreben der dortigen Edelleute, Dienste zu nehmen, und zwar keineswegs nur brandenburgisch-preußische. Besonders vor 1740 traten viele Neumärker in sächsisch-polnische Regimenter ein. Die in den Biogrammen genannten Gutswerte und Schulden sind nur als Richtwerte zu verstehen. Zwar lagen ersteren häufig von Sachverständigen vorgenommene Taxationen zugrunde, diese waren aber bereits damals umstritten; so wurden nicht immer die Holzungen, Regalien, Inventar und Gebäude mit in die Erhebung einbezogen. Sodann wurden die Erträge einmal zu vier, einmal zu fünf Prozent kapitalisiert. Das hatte zur Folge, daß es für etliche Güter je nach Gutachter und dessen Veranschlagungskriterien Taxen in unterschiedlicher Höhe gibt. Auch die für die Schulden und Kriegsschäden angegebenen Beträge weichen des öfteren deutlich voneinander ab, wobei vor allem die Gutsbesitzer dazu neigten, die wahren Zahlen zu verschleiern.

Die im Zuge des Retablissements angelegten Witwen- und Waisenakten liefern ein anschauliches Bild von der desaströsen Lage, in der sich nach 1763 viele Adelsfamilien befanden, ein Bild, das sich in keiner Familiengeschichte, in keinem der sonstigen Aktenstücke findet. Zahlreiche Offizierswitwen und -waisen mußten sich ihren Lebensunterhalt durch Handarbeit verdienen oder waren gar auf Almosen, die Mildtätigkeit wohlhabender Verwandter angewiesen. Die zuständigen Landräte legten detaillierte Berichte über die familiären und finanziellen Umstände derjenigen vor, die sich um eine Witwen-, Waisenpension bewarben. Wurde eine solche gewährt, betrug ihre Höhe maximal 100, häufig sogar nur 50 Taler. Von diesem Betrag mußten die Offiziers-

6 Vgl. hierzu auch die Ausführungen von Frank Göse, Rittergut-Garnison-Residenz. Studien zur Sozialstruktur und politischen Wirksamkeit des brandenburgischen Adels 1648–1763, Berlin 2005, v. a. S. 222–232.

witwen dann nicht nur die Miete für einen *Kathen* oder wenige Zimmer in einem kleinen Bürgerhaus finanzieren, sondern auch noch den Lebensunterhalt für sich und eine oder mehrere Töchter bestreiten. Ohne Nebenverdienst war das aber nicht möglich. Besaß die Familie noch ein Gut, so war dieses in der Regel so hoch verschuldet, daß sich der Sohn außerstande sah, die verwitwete Mutter und seine Schwestern zu unterstützen. Zwar liegen für die Neumark bei weitem nicht so viele Witwenakten wie für Pommern vor, aber bereits die vorhandenen legen ein beredtes Zeugnis ab.

Daß sich nach 1763 das Engagement der Neumärker spürbar verringerte, hing ursächlich mit dem Siebenjährigen Krieg zusammen. Wie sich auch aus den Kurzbiographien entnehmen läßt, *bluteten* viele Geschlechter nahezu *aus*, etliche Familien erloschen ganz, andere *standen* nach 1763 nur noch auf *wenigen Augen*. Dazu kamen die großen wirtschaftlichen Schäden durch die russischen „Invasionen", in deren Verlauf die Güter systematisch ausgeplündert, Vieh, Inventar, Untertanen verschleppt, Wohn- und Wirtschaftsgebäude niedergebrannt wurden. Zwar beteiligte sich der große König mit vielen hundertausend Talern am Retablissement von Pommern und der Neumark, gewährte großzügig Moratorien, trotzdem gerieten immer mehr Familien, deren Lage bereits vor 1756 angespannt gewesen war, in den wirtschaftlichen Ruin und mußten ihre angestammten Güter verlassen. Noch zur Jahrhundertwende wurde über Schäden geklagt, die in den Jahren 1756 bis 1763 entstanden und längst nicht alle behoben worden waren. [7]

Aus der im zweiten Teil dieser Arbeit vorgelegten Zusammenstellung über die Besitzer der adligen Güter läßt sich der Umschichtungsprozeß ersehen, der sich im Verlaufe des 18. Jahrhunderts in der Neumark vollzog. Neben einigen wenigen Gütern, die über Jahrzehnte in der Hand einer Familie verblieben, gab es immer mehr, deren Eigentümer alle fünf oder zehn Jahre wechselten. Hinzu trat die Teilung von Besitzungen infolge von Erbauseinandersetzungen. Freilich gab es auch etliche Fälle, in denen Gutsanteile wieder in einer Hand zusammengeführt wurden, vermochten es einige Edelleute dank günstiger Umstände, glücklicher Spekulationen, vorteilhafter Eheschließungen mehrere Güter in ihre Hand zu bekommen und ein beträchtliches Vermögen zu erwerben. In diese Liste wurden auch Taxen, Kauferlöse aufgenommen, um die Wertsteigerungen aufzuzeigen, die die Besitzungen im Verlaufe des 18. Jahrhunderts nicht zuletzt durch die häufigen mit Spekulationen verbundenen Eigentümerwechsel erfuhren.

7 Vgl. für die staatlichen Beihilfen Herbert Moegelin, Das Retablissement des adligen Grundbesitzes in der Neumark durch Friedrich den Großen, in: Forschungen zur Brandenburgischen und Preußischen Geschichte, 46. Bd., Berlin 1934, S. 28–69, S. 233–274.

Methodisches Herangehen

Als Untersuchungszeitraum wurden die Jahrzehnte zwischen 1715 und 1806 gewählt: 1715 deshalb, weil erst für dieses Jahr ausführliche Ranglisten für alle damals existierenden Regimenter der brandenburg-preußischen Armee überliefert sind. Zwar gibt es auch für das späte 17. Jahrhundert Verzeichnisse mit den Namen der Offiziere, doch erfassen diese nicht alle Einheiten und listen meist nur den Namen und den Rang auf, machen aber keine Angaben über die regionale Herkunft, das Lebens- und Dienstalter. Oft fehlen sogar die Vornamen der Offiziere. Und das Jahr 1806 steht nicht nur für das Ende des altpreußischen Staates, sondern auch für das seiner Armee.

Ausgangspunkt für die Aufnahme in vorliegende Arbeit waren die Regiments- bzw. Offizierslisten, in denen vermerkt ist, aus welchem Landesteil der einzelne Offizier stammte. Diese Zuschreibungen sind in der Regel korrekt, es gibt jedoch auch Fälle, in denen die regionale Herkunft in der einen Liste mit der Neumark angegeben wurde, in einer zweiten Liste jedoch mit Sachsen oder mit Pommern. Standen Familiengeschichten oder einschlägige Akten zur Verfügung, konnten die Irrtümer behoben werden. Das war jedoch nicht immer möglich, so daß es in der Zusammenstellung Personen geben kann, die keine Neumärker waren. Bei schätzungsweise fünf bis zehn Prozent der erfaßten Offiziere ist eine solche falsche Zuschreibung möglich. Weitere etwa zehn Prozent können aufgrund dessen, daß sie in zwei Landesteilen Liegenschaften besaßen, auch zwei Provinzen zugeordnet werden, hier der Kur- und der Neumark oder der Neumark und Pommern.

Die den Regimentslisten folgende Zuschreibung der Offiziere als Neumärker ist, wie bereits angedeutet, nicht unproblematisch: Besaßen doch Familien wie die von Wedels und von Borckes Güter in der Neumark und in Pommern, die von Bergs in der Uckermark und in Vorpommern, die von Burgsdorffs in der Mittel- und in der Neumark. Auch sind die Regimentslisten nicht immer eindeutig, werden Offiziere in der einen Aufstellung dieser, in einem anderen Verzeichnis jener Provinz zugeschrieben. Wurde im Falle von Pommern nicht immer exakt zwischen Preußisch- und Schwedisch-Pommern unterschieden, finden sich für die regionale Herkunft der Neumärker mehrere Begriffe. Diese kamen danach nicht nur aus der Neumark, sondern auch aus der Mark Brandenburg, aus Brandenburg, aus der Niederlausitz, aus dem *Wendischen*, aus Sachsen, aus Schlesien. Bei einem aus der Niederlausitz gebürtigen Offizier mußte daher überprüft werden, ob er nicht aus dem Kreis Cottbus, bei einem vermeintlichen Schlesier, ob er nicht aus dem Kreis Crossen stammte. Da dies nicht in jedem Fall möglich war, fehlen gewiß manche Neumärker oder gebürtige Sachsen wurden zu Preußen gemacht. Für die engen Beziehungen zwischen dem Kreis Cottbus und der Niederlausitz kann beispielhaft die Familie von Stutterheim stehen.

Aufgenommen in die Zusammenstellung wurden auch Adlige aus anderen Provinzen oder aus dem Reich, wenn sie sich während oder nach ihrem Militärdienst in der Neumark niederließen, sei es durch Ankauf eines Gutes oder durch die Einheirat in eine altansässige Familie. Spätestens ihre Söhne wurden dann zu „richtigen Neumärkern“. Es haben auch ungefähr drei bis vier Dutzend Personen ein Biogramm erhalten, die als Offizier außerhalb der Monarchie, in Preußen nur als Gefreite-Corporal bzw. als Unteroffizier gedient haben oder gar nicht in den Militärdienst eingetreten sind, also „bloße“ Gutsbesitzer oder Beamte waren. Entweder hatte deren Vater gedient oder ein Sohn schlug die Laufbahn als Offizier ein. Eine Ausnahme wurde aber auch dann gemacht, wenn es sich um eine besonders angesehene, eine nur noch auf *vier Augen stehende Familie* oder um ein besonders wertvolles Gut gehandelt hat.

In einigen Fällen wurden Offiziere, die sich bereits in der Zusammenstellung für Pommern finden, hier noch einmal aufgenommen, und zwar dann, wenn wesentliche Ergänzungen möglich waren, etwa für ihren Grundbesitz in der Neumark oder den familiären Hintergrund. Exemplarisch verwiesen sei auf die drei Brüder von Thun, für die nunmehr der Vater ermittelt und nachgewiesen ist, daß es sich bei ihnen um Brüder handelte. Andererseits wurde auf die Aufnahme von Offizieren verzichtet, die aus der Neumark stammten, wegen ihrer pommerschen Güter aber bereits in dem Pommern-Band Berücksichtigung gefunden haben. Deren Namen wurden in einer besonderen Liste zusammengestellt, auf andere ist in den Fußnoten zu den Biogrammen verwiesen worden.

Grundsätzlich ist die Überlieferung für die Neumark bei weitem nicht so dicht wie für Pommern. Zwar gibt es im Geheimen Staatsarchiv Preußischer Kulturbesitz einen großen Bestand an Familienakten (Geheimer Rat, I. HA, Rep. 22), dafür fallen die Vasallentabellen als Quelle weitgehend aus. Solche sind in Berlin-Dahlem und in Potsdam lediglich für die Jahre 1800 bis 1805, im Brandenburgischen Landeshauptarchiv im Bestand neumärkische Kriegs- und Domänenkammer (Rep. 3) für 1715, 1718 und als Bruchstück für 1745 sowie in der Berliner Staatsbibliothek in Abschriften des Ordensrates König für 1745 und 1774 überliefert. [8] Dazu fehlt eine topographisch-statistische Beschreibung vom Format der Brüggemannschen Arbeit. [9] Einen gewissen Ersatz bieten lediglich die Arbeiten von Schwartz [10] und für Cottbus von Krüger.[11] Andererseits ist mit Blick auf die Kreise Lauenburg und Bütow die Quellenlage für die Neumark günstiger als die für Pommern, fehlt hier doch der pommerellische Kleinadel mit seinen kopfstarken Familien. Finden sich im Pommern-Band zahlreiche Biogramme für

---

8 Im Landeshauptarchiv wurden nur die vorhandenen Vasallentabellen ausgewertet. Wert- und Angaben über die Verschuldung der Güter ließen sich aus der Rep. 22 im GStA in Berlin sowie aus der Literatur entnehmen.

9 Die Arbeit von Peter Johann Jakob Hoffmann, Topographie der Neumark nach ihrem gegenwärtigen statistischen und kirchlichen Zustande: für Cameral-Justiz- Bediente … entworfen, Züllichau 1802, hält keinem Vergleich stand mit Ludewig Wilhelm Brüggemann, Ausführliche Beschreibung des gegenwärtigen Zustandes des Königl. Preußischen Herzogthums Vor- und Hinter-Pommern, 3 Bde., Stettin 1779–1784.

10 Paul Schwartz, Die Klassifikation von 1718, 1719, Teile 1 bis 3, in: Die Neumark. Jahrbuch des Vereins für die Geschichte der Neumark, 3, 1926, 4, 1927, 5, 1928.

11 Gerhard Krüger, Die Rittergüter in der Herrschaft Cottbus und ihre Besitzer, in: Familienkundliche Hefte für die Niederlausitz, Cottbus 1939, S. 1–39.

Angehörige der Geschlechter von Jutrzenka, von Reckow, von Schmude, von Wittke oder von Wnuck mit meist nur dürftigen Angaben über den familiären Hintergrund, stellen solche Artikel in der vorliegenden Arbeit die Ausnahme dar.

Es gibt für die Neumark materialreiche Familiengeschichten, so für die Geschlechter von Schönfeldt, von Waldow und von Winning. Aber davon existiert kaum ein Dutzend. Zudem sind diese Geschichten von zweierlei Art. Bei den Arbeiten über die Familien von Sydow und von der Marwitz handelt es sich vorwiegend um Genealogien, in denen die biographischen Aspekte und z. T. die Laufbahnstufen nur kursorisch behandelt werden. Hingegen stellen die Schriften über die von Burgsdorffs und von Waldows „richtig" runde Familiengeschichten dar, wobei freilich nicht alle Mitglieder ausführlich behandelt werden.

Offiziere, die einer Familie angehören, für die es eine detaillierte Familiengeschichte gibt, sind in der vorliegenden Zusammenstellung zweifellos überrepräsentiert. Lassen sich diese nämlich für das späte 17. und frühe 18. Jahrhundert angesichts der spärlichen, lückenhaften Überlieferung zweifelsfrei zuordnen, ist das für andere nicht möglich; denn die Ranglisten der Zeit von etwa 1692 bis 1710 verzeichnen meist keine regionale Herkunft, auch kein Lebensalter und keine Dienstjahre. Somit können Offiziere, deren Familien in mehreren Provinzen ansässig waren, wie die von Loeben, von Lossow, von Blankensee, angesichts des Fehlens weiterer Informationen nicht korrekt eingeordnet werden. Auf ihre Aufnahme mußte also verzichtet werden. Die Zusammenstellung über die neumärkischen Offiziere ist auch deshalb nicht komplett, weil nur eine geringe Zahl der jährlich erstellten Listen überliefert ist. So liegen für die meisten Regimenter Ranglisten für die Jahre 1740, 1756, 1764, 1775 und 1787 vor, die Jahre dazwischen fehlen aber. Ist also ein Junker 1740 eingetreten und vor 1756 als Leutnant wieder abgegangen, konnte er nicht erfaßt werden. Gleiches gilt für die Jahre 1764 bis 1775 und nach 1787. Die ungedruckten Ranglisten aus der Registratur des Geheimen Kabinetts (I. HA, Rep. 96 und Rep. 96 A) sowie aus der Bibliothek des Geheimen Staatsarchivs Preußischer Kulturbesitz können diese Lücken nur ausnahmsweise schließen, weil sie weder die Vornamen der Offiziere noch deren regionale Herkunft nennen. Auch die Offiziernomenklatur hilft hier nur ausnahmsweise weiter.

Im Unterschied zu der Arbeit über Pommern werden hier bei den Quellenverweisen mehr genaue Blattangaben gemacht, etwa bei den Vasallen-Tabellen für die Jahre 1801 bis 1805 oder bei den Offizierslisten nach den Königschen Abschriften. Dies wurde getan, weil für die Neumark weniger Quellen zur Verfügung stehen und daher weniger Nachweise nötig waren, die Fußnoten folglich nicht zu unübersichtlich geraten sind. Bei einigen langen Biogrammen mit vielen Offizieren im Text ist diese Übersichtlichkeit aber fast nicht mehr gegeben. Keine Blattangaben finden sich hingegen für Akten aus dem Bestand adlige Familien, da diese nur in Ausnahmefällen paginiert sind.

Eine wichtige Quelle für diese Arbeit bildet die Offiziernomenklatur im Bestand Geheime Kriegskanzlei (IV. Hauptabteilung, Rep. 1) des Geheimen Staatsarchivs. Allerdings fehlen hier viele Offiziere, die vor 1740 bzw. 1763 gedient haben, bei anderen häufig die Laufbahnstationen vor dem Rang des Premier-Leutnants. Zwar werden in der Offiziernomenklatur alle zu einer Familie gehörenden Personen aufgelistet, in welcher verwandtschaftlichen Beziehung diese zueinander standen, das läßt sich erst durch die Einbeziehung anderer Quellen erschließen. Letzteres ist insofern nicht unwichtig, weil die Söhne oft in das Regiment eintraten, in dem auch der Vater gedient hatte, und weil nahe Verwandte das *Avancement* günstig beeinflussen konnten. Neben der Offiziernomenklatur waren v. a. die Abschriften der Offizierslisten aus der Sammlung des Ordensrates König wichtig, überliefert in der Handschriftenabteilung der Berliner Staatsbibliothek im Bestand Ms. boruss. Nicht zu vergessen schließlich die etwa zwei Dutzend gedruckter Regimentsgeschichten, die Angaben in sehr unterschiedlicher Dichte enthalten. Dafür mögen die Arbeiten von Priesdorff für das Infanterie-Regiment Nr. 8, aus dem sehr viele Daten zu entnehmen sind, und von Tyszka über das Dragoner-Regiment Nr. 7 mit erheblich geringerer Materialfülle stehen.[12]

Der in der Kopfzeile des Biogramms angegebene Rang entspricht bei den Offizieren, die nach Jena und Auerstedt im Dienst geblieben sind, dem des Jahres 1806. Ein nach 1815 zum General aufgestiegener Edelmann erscheint also hier als Leutnant oder *Capitain*. Die nach 1806 absolvierten Laufbahnstufen werden in diesen Fällen nur verkürzt abgehandelt, weiteres läßt sich der Offiziernomenklatur, sofern die entsprechenden Personen hier zu finden sind, entnehmen. Um die Zusammenstellung nicht zu stark anschwellen zu lassen, wurden die von Priesdorff abgehandelten Generäle ebenfalls nur in verkürzter Form aufgenommen und mit einem * gekennzeichnet. Einen solchen Stern haben auch Biogramme erhalten, die wesentlich auf einer gedruckten Familien- oder Regimentsgeschichte fußen.

Bei den Vornamen wurde versucht, abweichende Varianten möglichst nicht kenntlich zu machen, um eine Überfrachtung v. a. der Kopfzeilen zu vermeiden. Dabei wurde von der Mehrzahl der Nennungen ausgegangen. Aus Jürgen wurde also George und aus Hans Johannes. Bei kopfstarken Familien wie den von Loebens mag es ob der unterschiedlichen Reihung und Schreibweise der Vornamen Zuschreibungsfehler gegeben haben. Irrtümer sind auch bei mehrfach vertretenen Ortsnamen nicht auszuschließen. Hierauf wie auf die Probleme, die mit der Erstellung der Güterliste zusammenhängen, ist in dem Pommern-Band näher eingegangen worden. Daß noch ungleich mehr Güter aus verschiedenen Teilen bestanden, die in rascher Folge aus einer Hand in die andere wechselten, zeigen die wenigen im Bestand Geheimer Rat (I. HA, Rep. 62) überlieferten Lehnsakten. Insofern vermag die Liste der Güter nur ein ungefähres Abbild der historischen Realität widerzugeben. Unsichere, zweifelhafte Angaben über die Väter, den Rang, den Gutsbesitz wurden in Klammern gesetzt. In den Biogrammen wurde mit Bedacht eine Vielzahl zeitgenössischer Begriffe verwendet und diese durch kursiven Druck kenntlich gemacht (z. B. *cassirt*, *dimittirt*). Im Anhang werden diese, sofern erforderlich, kurz erklärt. Die Schreibweise der Ränge folgt der der

12 Kurt von Priesdorff, Offizier-Stammliste des Grenadier-Regiments König Friedrich Wilhelm IV. (1. Pommerschen) Nr. 2, Bd. 1, Berlin 1906; Karl Wilhelm von Tyszka, Geschichte des königl. Preußischen 1ten Dragoner-Regiments, seit dessen Stiftung 1717 bis auf die gegenwärtige Zeit, Rastenburg 1837.

Offizierslisten (Cornet für Kornett, Obrist für Oberst, Cap., Capitain für Hauptmann). Die abgekürzten Offiziersränge (Ol, Pl oder Sl) sowie Regimentsbezeichnungen lassen sich ebenfalls aus dem Abkürzungsverzeichnis erschließen.

1 Kurzbiographien

Ltnt. **Carl Ludwig Moritz von Aderkas** (* 1716, † Dez. 1745)

Vater: Andreas Otto (* um 1680, † vor 1745), aus Livland gebürtig, stand seit 1702 im preuß. Militärdienst, Mai 1711 Rittmstr. im K-R Nr. 1, erhielt auf sein Gesuch im Mrz. 1718 d. gesamte Hand auf Anteil Stolzenfelde im Krs. Arnswalde, dessen Lehnsträger d. Familie des Postmeisters Madeweiß war, erwarb d. Anteil 1722 für 4 500 T. u. d. Meliorationskosten von 3 768 T., kaufte bei d. Subhastation auch d. Anteil d. Fam. von Beneckendorff für 7/m T.; **Mutter**: geb. von Rohwedel; **Laufbahn**: seit 1732 im Militär, stand im Dez. 1740 als Ltnt. im D-R Nr. 3, im Dez. 1741 als Ltnt. im D-R Nr. 4, 1743 als Ltnt. im D-R Nr. 4 gen., 1745 bei Kesselsdorf gefallen; **Güter**: besaß nach d. Tod seines Vaters d. ganze Gut Stolzenfelde im Krs. Arnswalde; 1746 erhoben d. Gebr. von Aderkas als nächste Agnaten Anspruch auf Stolzenfelde, d. König wollte es ihnen als neues Lehn verleihen, es fiel jedoch an die Witwe von Aderkas, geb. von Rohwedel, die Forderungen von 6 402 T. geltend machte, darunter ihre Mitgift in Höhe von 3 935 T., sie verkaufte Stolzenfelde 1751 für 17/m T. an d. Witwe Major von Mühlheim;

Quellen: GStA, I. HA, Rep. 22, Nr. 10 d; Stabi, Ms. boruss. fol. 313, Bl. 10, Bl. 59; fol. 319, Bl. 26 RS; Ms. geneal. fol. 120, Bl. 223 RS; Gesch. D-R Nr. 3, S. 64, S. 84, S. 420; Zedlitz, 1. Bd., S. 82–83; Jb. Neumark, 1927, S. 172; Jb. Neumark, 11/1936, S. 63;

Ol **Franz Ludwig Leonhard von Aderkas** (* um 1715, † 1775)

Vater: Casimir Rudolph (1684–1722), aus Rendsburg gebürtig, seit 1702 im preuß. Militärdienst, stand 1705 als Fähnrich in d. Füsilier-Garde, 1707 als Fähnrich in d. Grenadier-Garde, vor 1715 abgegangen, zuletzt Major in dänischen Diensten, in Rendsburg gest., hinterließ fünf Söhne; F. L. L. aus Stolzenfelde in d. Neumark gebürtig; **Mutter**: eine Tochter d. Präsidenten Peter Christoph von der Osten in Minden; **Bruder**: Christoph Ernst, aus Kopenhagen gebürtig, Juni 1743 Sl im I-R Nr. 19, Mai 1751 Pl, Okt. 1756 Stabs-Cap. im I-R Nr. 19, im Mrz. 1757 wegen e. Blessur am Fuß dim., anschließend Gesellschafter von Friedrich Christoph Graf von Stolberg-Wernigerode, weilte mit diesem drei Jahre auf d. Univ. Halle, ging zwei Ehen ein, u. a. mit Anna Hedwig (* 1730), Tochter d. Generals E. E. von Sydow, s. d.; **Bruder**: Franz Jacob, stand im Mai 1736 als Gefr.corp. im 2. Bat. d. I-R Nr. 6, zuletzt Ltnt. im 1. Bat. Garde, Sep. 1754 mit 200 T. pens., dann Kammerherr beim Grafen von Stolberg-Wernigerode; **Bruder**: Andreas Otto (* 1718), aus Stolzenfelde gebürtig, seit 1735 im Militär, im Mrz. 1740 als Gefr.corp. gen., Nov. 1743 Pl im I-R Nr. 7, Okt. 1756 als Cap. Orden p. l. m., als Major bei Torgau 1760 schwer verwundet, 1763 aus d. I-R Nr. 7 nach Kolberg versetzt, stand 1764 als Major im Garn-Bat. Nr. 3, 1787 als Ol auf eigenen Wunsch (nach 58 Dj.) dim.; **Laufbahn**: seit 1731 im Militär, Mrz. 1739 Sl im I-R Nr. 7, vor 1749 versetzt, stand 1764 als Cap. u. Chef e. Comp. im I-R Nr. 38, 1773

https://doi.org/10.1515/9783111320465-002

als Cap. mit 150 T. Pension dim., erhielt d. Charakter Ol, 1775 als Ol in Breslau gest.; **Güter**: d. Brüder Christoph Ernst u. Franz Jacob erhoben im Jan. 1746 im Namen aller Brüder als nächste Agnaten des 1745 gefallenen Ltnt.s Carl Ludwig Moritz von Aderkas, s. d., Anspruch auf d. Gut Stolzenfelde im Krs. Arnswalde, dieses ging jedoch an d. Mutter d. Verstorbenen, die e. größeres Kapital auf d. Gut zu stehen hatte;

Quellen: GStA, I. HA, Rep. 22, Nr. 10 d, Paket 8 393; Rep. 96, Nr. 257 A; Nr. 518 G, Bl. 44 (hier als Jac. Franz); Stabi, Ms. boruss. fol. 314, Bl. 263 (Bruder A. O.), Bl. 263 RS (F. L. L., aus d. NM), Bl. 264 u. Bl. 270 (je A. O.); fol. 316, Bl. 149, Bl. 160, Bl. 164, Bl. 169 RS; Ms. geneal. fol. 120, Bl. 223 RS; Gesch. I-R Nr. 19, S. 100–101; Zedlitz, 1. Bd., S. 82–83 (Bruder A. O.); Reinhard, S. 544 (Bruder F. J.); Bardeleben, S. 420, S. 427; Lehmann, S. 48 (Bruder A. O.);

Major **Johann Dietrich von Alten-Bockum** (* um 1724)

(**Vater**: Gerhard Heinrich († April 1732), wurde als Cap. im I-R Nr. 19 auf Werbung erschossen); **Mutter**: verwitw. Adolph Philipp von Wulffen, geb. Charlotte Juliane von Parsenow († 3. Okt. 1745), erwarb d. Gut Grabow im Krs. Sternberg, sie hatte aus d. ersten Ehe fünf Kinder, aus d. zweiten zwei Söhne, C. J. machte im Aug. 1743 ihr Testament, bestimmte darin, daß Grabow für 11 900 T. an d. Gebr. von Alten-Bockum fallen sollte, im Dez. 1745 machten d. Kinder erster u. zweiter Ehe unter sich e. Erbrezeß aus, danach sollte jedes Kind 1 305 T. bekommen; J. D. aus Grabow in d. NM gebürtig; **Bruder**: Franz George Christoph (1728–1760), stand 1745 als Uffz. im I-R Nr. 24, 1756 hier als Sl gen., als Pl im I-R Nr. 24 in d. Affäre bei Landshut 1760 gefallen; **Laufbahn**: seit 1743 im Militär, Nov. 1745 Cornet, stand 1757 als Ltnt. im K-R Nr. 12, Sep. 1759 Rittmstr., 1763 als Rittmstr. u. Chef e. Escadron gen., 1771 Major, noch 1778 hier gen., vor 1787 abgegangen; **Güter**: saß 1745 zs. mit seinem Bruder F. G. C. auf Grabow im Krs. Sternberg, beide hier noch 1751 aufgeführt; J. D. verkaufte d. Gut 1765, 1766 an Alexander von Unruh;

Quellen: GStA, I. HA, Rep. 22, Nr. 383 (Mutter); Rep. 176, Nr. 179, Tafel I e (hier ein F. G. im I-R Nr. 24, 1760 gefallen, dessen Vater G. H., auch ein F. G. C. im I-R 24, dessen Vater N. N., beide Offz. sicher identisch); BLHA, Rep. 78 I, Nr. 170, Bl. 54 (danach geb. 1712, F. G. geb. 1720); Stabi, Ms. boruss. fol. 311, Bl. 265, Bl. 270 RS, Bl. 271, (Bl. 271 RS, aus Grabow); fol. 316, Bl. 318 (1756 nur F. G. C., aus d. Krs. Sternberg), Bl. 324; Ms. geneal. fol. 120, Bl. 222 (J. D. u. F. G. 1745 auf Grabow); Gesch. I-R Nr. 19, S. 82; Jb. Neumark 1928, S. 20 (1715 kein Alten-Bockum auf Grabow gen.); Jb. Neumark, 11/1936, S. 94;

Obrist **Ewald Friedrich von Anclam** (* 1714, † 4. Nov. 1773)

Vater: Heinrich Ewald (1668–1753), saß 1715 u. 1728 als vorm. sächs. Ltnt. auf ½ Petznick im Krs. Dramburg, hatte 1728 zwei Söhne von 13 u. 11 Jahren, die beide *cadets* waren; **Mutter**: Catharina Margaretha, geb. von der Goltz († 1755); **Bruder**: Hans Ernst (1714–1777) *, 1727 *cadet*, seit 1731 im I-R Nr. 3, Okt. 1736 Fähnrich, 1740 Sl, Juni 1745 Pl, Mai 1753 Stabs-Cap., Okt. 1756 Cap. u. Chef e. Comp., Febr. 1759 Major, Dez. 1759 bis Mrz. 1763 in österr. Kriegsgefangenschaft, Juni 1765 Ol, zuletzt Obrist, verh. mit Sophia Friederica

(† 1799), e. Tochter d. Obristen im I-R 3 Christoph Friedrich von Sydow (1700–1757); **Laufbahn**: seit 1729 im Militär, Mrz. 1739 Sl im I-R Nr. 29, Jan. 1745 Pl, um 1755 Stabs-Cap., Juli 1759 Major, 1773 als Obrist gest.; (**verwandt**: Johann Friedrich von Anclam (* 1729), aus d. NM gebürtig, seit 1743 im Militär, stand 1764 als Cap. im I-R Nr. 31, 1774 als Major u. Chef e. Comp., 1780 als Ol ins Garn.-Reg. Nr. 6, vor 1787 von hier abgegangen: Stabi, Ms. boruss. fol. 314, Bl. 215, Bl. 223, Bl. 235);

Quellen: GStA, I. HA, Rep. 96, Nr. 304 C 1; Stabi, Ms. boruss. fol. 316, Bl. 56, Bl. 63, Bl. 65 RS, Bl. 70; Ms. geneal. fol. 120, Bl. 226 RS (1728 H. E. hier als Henning); Gesch. I-R Nr. 3, S. 239–240 (ausführl. über d. Bruder H. E., zu d. Eltern u. E. F.); Märkische Forschungen, 2. Bd., S. 380 (H. E.); Zedlitz, 1. Bd., S. 114 (kz. Notiz); Jb. Neumark 1927, S. 131 (1715 Ltnt. Fr. Ewald auf Petznick);

Uffz. **Friedrich Christoph von Anclam** (* 1694)

(aus d. Neumark gebürtig); **Bruder**: Johann Adam (* 1687), poln. Cap.; **Laufbahn**: 1715 als preuß. Uffz. gen., vor 1727 abgegangen (erhielt später d. Charakter Cap.); **Güter**: saß 1715 u. 1727, 1728 zs. mit d. Bruder auf ¾ Stöwen im Krs. Dramburg im Wert von 5 600 T., beide hatte d. ges. Hand auf Anteil Petznick; (**verwandt**: 1719 stand e. Ewald Rüdiger von Anclam als Fourier im Reg. von Schwendy, dessen Mutter war d. Obristin von Reisewitz);

Quellen: GStA, I. HA, Rep. 96, Nr. 304 C 1; BLHA, Rep. 23 B, Nr. 446; Stabi, Ms. geneal. fol. 120, Bl. 226 RS; Jb. Neumark, 1927, S. 127;

Cap. **Ernst Sigismund von Angern** (* 1723, † 18. Mrz. 1788) *

Vater: Philipp August († vor 1731), Fähnrich, Erbherr auf Grentzin, E. S. aus Schwedisch-Pommern gebürtig; **Mutter**: Hedwig Dorothea, geb. von Tschammer; **Laufbahn**: trat 1735 in d. preuß. Militärdienst ein, stand 1743 als Fähnrich im I-R Nr. 40, 1747 als Sl dim., erhielt später von d. Königin von Ungarn d. Charakter Cap., amtierte von 1783 bis 1787 als Landrat im Krs. Zülllichau; **Güter**: Erbherr auf Roloffshagen in Schwed.-Pommern, seit 1755 auf Anteil Mosau im Krs. Züllichau, hier noch 1774 gen., bekam 1780 für Mosau Meliorationsgelder in Höhe von 2 440 T.; erste **Ehefrau**: Dorothea Elisabeth, geb. von Knobelsdorff (1718–1754), sie brachte ihm d. väterlichen Gutsanteil Mosau ein; zweite Ehefrau: Sophie Charlotte, geb. von Loeben; **Sohn**: Ernst Wilhelm (1772–1839), Ltnt. im H-R Nr. 1, vor 1801 abgegangen, 1801 Erbherr auf Anteil Mosau im Wert von 58/m T., lt. Vergleich vom Juni d. J. von seinen Geschwistern übernommen, außerdem 1801 u. 1803 zs. mit einem Bruder u. zwei Schwestern auf Anteil Sternberg im Krs. Sternberg für 11/m T. gen.; **Sohn**: August Sigismund (1780–1846), Ltnt. im D-R Nr. 3, im Sep. 1799 auf Wunsch mit d. Charakter Cap. dim., machte sich zeitweilig auf Rötzenhagen im Krs. Schlawe ansässig; **Tochter**: Charlotte Beate, in zweiter Ehe seit 1802 verheiratet mit d. Ltnt. Carl Heinrich von Lindenau, s. d.;

Quellen: GStA, II. HA, Abt. 12, Materien, Vas.tab. Nr. 6, Bl. 134 RS-135, Bl. 164 RS-165 (hier als v. Anger); Stabi, Ms. boruss. fol. 315, Bl. 268, Bl. 278; Ms. geneal. fol. 120, Bl. 256 RS (als v. Anger); Gesch. D-R Nr. 3, S. 416; Stammtafeln Knobelsdorff, Tafel IV, 37 (1. Ehefrau, hier als v. Angern);

Tb. Briefadel, 1916, S. 15 (als von Angerer); Moegelin, S. 266 (als v. Angern); Jb. Neumark, 11/1936, S. 97, S. 100–101; biogr. Handbuch, S. 11–12;

Cap. **Bernd Friedrich Wilhelm Erdmann von Arnim** (* 16. Dez. 1767, † 8. Mai 1817) *

Vater: Bernd Ludwig (1724–1785), Ltnt., bis 1774 Erbherr auf Kraatz in d. UM, verlor auf d. Gut sein Vermögen, erwarb Ziegelwerder, um 1767 wieder verkauft, und 1756 Vorwerk Neu Storkow im Krs. Dramburg von Heinrich Ernst von Schmiedeberg (1728–1758), der als Ltnt. im I-R Nr. 7 stand, für 2500 T., im Mai 1773 auf 15 901 T. taxiert, erhielt 1777 Meliorationsgelder für Neu Storkow in Höhe von 6770 T.; **Mutter**: Augustina Wilhelmina, geb. von Schmiedeberg (1747–1805) aus Alt Storkow, sie hinterließ zehn Kinder, sechs Söhne standen im Militär, kurz vor ihrem Tod bat sie darum, ihre Pension von 100 T., die sie seit 1788 bezog, an ihre drei ledigen Töchter zu vergeben; **Bruder**: Otto Wilhelm (1773–1835), 1798 Ltnt. beim Corps de Génie, 1801 Ltnt. im I-R Nr. 8, 1806 als Pl gen., 1827 Major; **Bruder**: Carl Ferdinand (1774–1834), 1801 u. 1806 als Sl im I-R Nr. 27 gen., 1827 als Ol pens.; **Bruder**: Wilhelm Heinrich (1777–1846), 1801 u. 1806 Sl im I-R Nr. 49, 1821 als Cap. im 14. I-R pens.; **Bruder**: Ludwig Friedrich (1783–1827), 1806 Sl im I-R Nr. 13, 1823 als aggr. Cap. beim 5. I-R pens.; **Bruder**: Gustav (David) Ernst (1784–1851), 1806 Sl im I-R Nr. 3, (desertiert); **Laufbahn**: seit 1782 im Militär, 1787 Fähnrich im I-R Nr. 7, um 1790 Sl, noch 1798 als Ltnt. gen., 1806 Stabs-Cap., 1817 als pens. Cap. gest.; **Güter**: 1801 u. 1803 zs. mit seiner Mutter u. seinen Geschwistern auf Neu Storkow im Krs. Dramburg im Wert von 15 907 T. gen., sie bekam im Sep. 1804 d. Erlaubnis, Neu Storkow, das jährliche Einkünfte von 199 T. hatte, an e. Bürgerlichen zu verkaufen;

Quellen: GStA, II. HA, Abt. 12, Materien, Vas.tab. Nr. 6, Bl. 76 RS-77 (1801 werden d. Witwe u. 6 Kinder gen.), Nr. 8, Bl. 78 RS-79; Abt. 13 a, Tit. IV, Generalia, Nr. 23; Stabi, Ms. boruss. fol. 314, Bl. 271, Bl. 274 RS; fol. 907 a, Bl. 6, Bl. 19, Bl. 20, Bl. 22, Bl. 39, Bl. 48; Ms. geneal. fol. 120, Bl. 245 RS (Vater u. Brüder gen.), Bl. 247 (d. Vater B. L. noch 1774 auf Ziegelwerder?); Tb. Uradel, 1903, S. 33–34; Fam.gesch., T. 2/1, S. 734–736 (B. L. danach gest. Nov. 1786); Moegelin, S. 264;

Cap. **Friedrich Wilhelm Ludwig von Arnim** (* 9. Juni 1746, † 15. Mrz. 1825)

Vater: Abraham Friedrich (1714–1788), Landrat, Erbherr auf Kröchlendorf u. Woddow in d. UM, erwarb 1764 Raduhn im Krs. Königsberg für 62/m T.; **Mutter**: Margarethe Luise, geb. Gräfin von der Schulenburg (1721–1784); **Bruder**: Gebhard Adolph Abraham (1743–1789), seit 1758 im Regiment, Febr. 1759 Cornet im K-R Nr. 10, 1766 Ltnt., Sep. 1777 Stabs-Rittmstr., Febr. 1784 Rittmstr. (bzw. Febr. 1784 Major), als Major unverh. gest.; **Bruder**: Albrecht Heinrich (1744–1805) *, EM, Erbherr auf Klockow in d. UM; **Bruder**: Carl Otto (1748–1798) *, uckermärk. Landrat, Erbherr auf Bietikow; **Bruder**: Abraham Friedrich (* 1753), stand im Bayer. Erbfolgekrieg 1778/1779 als Ltnt. in e. Frei-Corps, (zuletzt alleiniger Erbherr auf Raduhn); **Laufbahn**: seit 1768 im Militär, stand im Mrz. 1774 als Ltnt. im D-R Nr. 3, im Dez. 1774 dim., hielt sich 1786 in d. NM auf, erhielt später d. Charakter

Cap. **Güter**: 1801 u. 1803 zs. mit d. Bruder A. F. Erbherr auf Raduhn im Krs. Königsberg im Wert von 62/m T.; **Ehefrau**: Caroline Wilhelmine, geb. Wegely († 1823), sie wurde wegen *brutaler Behandlung* von ihm 1783 od. 1784 geschieden; **Sohn**: Abraham Friedrich Heinrich (1777–1845), nach 1806 KG-rat;

Quellen: GStA, II. HA, Abt. 12, Materien, Vas.tab. Nr. 6, Bl. 98 RS-99; Nr. 8, Bl. 101 RS-102; Stabi, Ms. boruss. fol. 311, Bl. 326, Bl. 335 (Bruder G. A. A.); fol. 313, Bl. 13; Ms. geneal. fol. 120, Bl. 205 RS; Bratring, 3. Bd. S. 121; Gesch. D-R 3, S. 198, S. 413; Schwerin, K-R 10, 3. T., Anhang, Personalien; Tb. Uradel, 1903, S. 62–64; Fam.gesch., T. 2/2, S. 503–505 (F. W. L. 1763 Sl im D-R 3?); Jb. Neumark, 11/1936, S. 75; biogr. Handbuch, S. 14–16 (Brüder A. H. u. C. O.);

Ltnt. **George Sigismund von Arnim** (* 1751, † 17. Sep. 1795)

Vater: Friedrich Erdmann (1720–1790), 1740 Fähnrich, 1756 Stabs-Cap. im I-R Nr. 7, zeitweilig Erbherr auf Stennewitz im Krs. Landsberg, d. Gut wurde im Siebenjährigen Krieg ruiniert, zuletzt auf Milmersdorf im Krs. Templin; G. S. aus Stennewitz gebürtig; **Mutter**: Abigail Tugendreich, geb. von Arnim; **Bruder**: August Erdmann (1753–1809), geb. zu Stennewitz, 1773 Ltnt. im Grenadier-Bat. Hordt, 1791 Cap. im Füsilier-Bat. Graf zu Anhalt, 1795 als Major dim.; **Bruder**: Nicolaus Erdmann (* 1761), aus Küstrin gebürtig, 1773 *cadet*, Juni 1779 Fähnrich bei d. Grenadier-Garde, als solcher noch 1786 gen., 1790 Ltnt., Sep. 1797 als Stabs-Cap. im Grenadier-Garde-Bat. dim.; **Laufbahn**: April 1764 *cadet* in Berlin, 1768 Fähnrich im I-R Nr. 1, Dez. 1773 Sl, noch 1783 als Sl gen., vor 1785 abgegangen; anschließend Prälat in Kolberg; **Ehefrau**: Agnes Sophie Friederike, geb. von Gloeden, sie heiratete 1796 d. Major Heinrich Ernst von Fock; **Güter**: nach 1791 Mitbesitzer von Milmersdorf;

Quellen: Stabi, Ms. boruss. fol. 313, Bl. 244 RS (1775: aus d. UM), Bl. 252 RS (1783: aus d. UM); Crousaz, S. 35; Reinhard, S. 536 (N. E., danach aus d. UM), S. 558; Tb. Uradel, 1903, S. 29 (danach stammte G. S. (1751–1795) aus Milmersdorf); Fam. gesch., T. 2/1, S. 632–638, S. 641–644 (hier noch zwei weitere Söhne, nicht in d. NM geb.);

Landesältester **Johann Christian von Arnold** (* 1769)

Vater: Heinrich Siegmund (* 1729), 1774 als Erbherr auf Logau im Krs. Crossen gen., auch auf Läsgen in Schlesien, hatte dort seinen Wohnsitz; (**Großvater**: Carl Ludwig, 1713 auf Logau im Wert von 10/m T. u. auf Läsgen gen.); **Laufbahn**: absolvierte e. Studium, trat nicht in d. Militärdienst ein, 1801 als Landesältester im Krs. Grünberg gen.; **Güter**: Erbherr auf Logau im Krs. Crossen, 1801 u. 1803 im Wert von 10 300 T., noch 1809 hier gen., auch auf Läsgen, Groß Lessen, Seedorf u. Seiffersholz im Krs. Grünberg, hatte diese Güter von seinem Vater geerbt;

Quellen: GStA, I. HA, Rep. 66, Nr. 18; II. HA, Abt. 12, Materien, Vas.tab. Nr. 6, Bl. 30 RS-31; Nr. 8, Bl. 59 RS-60; Stabi, Ms. geneal. fol. 120, Bl. 243 (1774 werden Vater u. Sohn gen.); Bratring, 3. Bd., S. 315; Jb. Neumark, 1928, S. 106–107; 11/1936, S. 81;

Ltnt. **Caspar Siegmund von Aschersleben** (* 1696)

Vater: Christian Sigismund († vor 1715), stand 1692 als Rittmstr. mit d. Charakter Ol im Reg. Kurprinz zu Pferd, 1707 als Obrist im Reg. Kronprinz zu Pferd, seine Witwe saß 1715 u. 1718 auf Anteil Wardin im Krs. Arnswalde, C. S. aus d. Neumark gebürtig; **Laufbahn**: seit 1715 im Militär, April 1719 Ltnt. im K-R Nr. 2, vor 1730 abgegangen;

Quellen: Stabi, Ms. boruss. fol. 315, Bl. 158; fol. 319, Bl. 3 RS (Vater 1692), Bl. 25; Jb. Neumark, 1927, S. 166;

Ltnt. **Carl Friedrich von Baer** (* 1737)

aus d. Neumark gebürtig; **Laufbahn**: seit 1756 im Militär, stand 1763 als Ltnt. im D-R Nr. 9, vor 1772 abgegangen;

Quellen: Stabi, Ms. boruss. fol. 312, Bl. 114;

Major **Friedrich Wilhelm von Ba(e)rner** (* um 1720)

aus Mecklenburg gebürtig; **Laufbahn**: seit 1742 im preußischen Militärdienst, 1756 als Pl, 1764 u. 1770 als Cap. u. Chef e. Comp. im I-R Nr. 39 gen., nach 1791 als Major abgegangen; **Güter**: 1778 als Besitzer d. Freigutes Fürstenfelde im Krs. Königsberg gen., (1780 im Wert von 22 500 Taler) hatte 1801 seinen Wohnsitz in Ganzkow in Mecklenburg-Strelitz, damals als unangesessener Vasall im Krs. Königsberg aufgeführt; **Sohn**: Gustav Heinrich Friedrich Wilhelm (* 1772), (1787 Gefr.corp. im I-R Nr. 24, Mai 1790 als Sl zum Depot-Bat. d. Reg. versetzt) stand 1801 als Ltnt. im 3. Mousq.-Bat. d. I-R Nr. 16, 1806 hier als Pl gen., 1808 als Cap. dim.;

Quellen: GStA, II. HA, Abt. 12, Materien, Vas.tab. Nr. 6, Bl. 95 RS-96, Bl. 106 RS-107; Stabi, Ms. boruss. fol. 316, Bl. 305 RS, Bl. 306 RS, Bl. 307 RS; fol. 907 a, Bl. 30; Ms. geneal. fol. 120, Bl. 250 RS (hier als v. Barner); Jb. Neumark, 11/1936, S. 73;

Cap. **Friedrich Ernst Otto von Bardeleben** (* 14. Dez. 1722, † 16. Dez. 1757)

Vater: Hans Christoph (1687–1731), seit 1703 im Militär, stand 1715 als Cap. bei d. Weißen Grenadieren, 1720 als Cap. u. Chef e. Comp. im I-R Nr. 18, 1728 als Cap. auf ¼ Ostrow im Krs. Sternberg gen., d. sog. Schulzengericht, gekauft 1723 für 9/m T. von Friedrich Wilhelm von Bornstedt, hatte damals e. Sohn von sechs Jahren, (auch auf Glambeck u. Selchow), hinterließ fünf Töchter u. drei Söhne, als ihr Vormund fungierte 1741 ihr Vater-Bruder, d. Cap. Cuno Heinrich von Bardeleben (1694–1756) auf Bliesdorf im Oberbarnim, dieser hatte im I-R Nr. 18 gedient; **Mutter**: Luise Elisabeth, geb. von Bredow (* um 1698, † nach 1762); **Bruder**: Christoph Carl Friedrich (1727–1798) *, 1743 *cadet*, seit Dez. 1748 bei d. Artillerie, Mai 1751 Sl im I. Bat., Sep. 1758 Pl, Dez. 1761 Cap. u. Chef e. Comp., Sep. 1772 Major, Jan. 1785 Ol, Juni 1786 Obrist, Aug. 1787 Chef d. 2. Artillerie-Reg., Aug. 1790 GM; **Bruder**: Heinrich Wilhelm Ludwig (* 15. Okt. 1731, † 26. Mrz. 1779), seit 1748 im Militär, stand 1764 als Sl im I-R Nr. 21, als Cap. im I-R Nr. 21 an Blessuren verst., Erbherr auf Anteil Ostrow; **Laufbahn**: seit 1736 im Militär, stand 1750 als Sl, 1756 als Pl im I-R Nr. 18, 1757 als Stabs-Cap. an e. Blessur in Breslau gest.;

Quellen: GStA, I. HA, Rep. 22, Nr. 71, Paket 8 463 (Hans Christoph); Stabi, Ms. boruss. fol. 311, Bl. 208, Bl. 211 (je d. Bruder H. W. L.); fol. 313, Bl. 161, Bl. 168 RS (Vater), Bl. 170 RS, Bl. 171 RS; fol. 319, Bl. 33; Ms. geneal. fol. 120, Bl. 219 RS; Stammtafeln Bardeleben, Tafel V (F. E. O. in Rostin geb.); Schulze, Statistik, S. 111 (nur allg. zu Ostrow); Priesdorff, Nr. 818 (Bruder C. C. F., geb. in Zielenzig);

Ltnt. **Carl Albrecht von Barfuss** (* um 1728)

Vater: Joachim Detlof (1698–1738), Erbherr auf 1/6 Bliesdorf u. Alt Wriezen im Krs. Oberbarnim; C. A. aus d. Mittelmark gebürtig; Stief-**Mutter**: Margaretha Eleonora, geb. von Rohr, sie trat im Nov. 1753 ihre Rechte an d. Gütern u. ihre Forderungen aus d. Ehestiftung von 1730 förmlich an d. Stief-Sohn C.A ab, der ihre Interessen in d. Liquidationsprozeß d. Güter wahrnehmen sollte, tat das angeblich nicht, hätte ihr d. Rechte *abgelockt*, d. Güter unter Wert an d. Schloßhauptmann F. P. Graf von Kameke verkauft u. sie nicht aus d. Überschuß d. Verkaufsgeldes befriedigt, sie will ihr übriges Vermögen in Küstrin u. Kossenblatt durch d. Russen verloren haben, klagte deshalb 1761 ihre Ehegelder in Höhe von 1 510 T. sowie d. jährliche Alimente von 60 T. u. von zwölf T. Wohnungsgeld ein, sie wurde noch 1761 vom KG ab- und auf d. Rechtsweg verwiesen; **Laufbahn**: seit 1741 im Militär, 1747 Gefr.corp. im I-R Nr. 4, Mai 1751 Fähnrich, Juli 1756 Sl, stand 17 od. 18 Jahre im I-R 4, als Pl vor Sep. 1763 dim.; **Güter**: *reluirte* um 1753 d. väterlichen Güter Bliesdorf u. Alt Wriezen, trat diese nach 1755 an d. Grafen von Kameke ab; bekam bei e. Teilung d. Gut Reichenberg im Krs. Oberbarnim zugesprochen, lag 1774 im Streit mit d. Bürgermstr. in Wriezen, sollte wegen Verbalinjuiren für 14 Tage in Arrest in d. Berliner Hausvogtei, bezifferte 1774 seine Aktiva auf 70 700, d. Schulden auf 39 400 T.; bekam 1775 e. *Indultum Moratorium* auf zwei Jahre, d. Schulden auf Reichenberg wurden jetzt mit 50 666 T. angegeben; 1779 befand sich sein Vermögen in Konkurs, saß damals auf d. sog. Bruchgütern Charlottenhof u. Heinrichsdorf im Oberbarnim, d. Aktiva betrugen 43 326, d. Schulden 46 729 T.; tauschte 1777 sein überschuldetes Gut Reichenberg mit ausdrücklicher Billigung d. Königs gegen Granow bzw. seine Frau kaufte dieses, s. u.; hatte seit April 1780 d. Nießbrauch d. Gutes Granow im Krs. Arnswalde im Wert von 7 355 T.; im Jan. 1781 lief e. neuer Konkursprozeß, Heinrichsdorf u. Charlottenhof wurden mit e. Taxe von 25 889 T. subhastiert, sein Frau bot dafür 25/m T. u. erhielt d. Zuschlag; im Nov. 1782 bat seine Frau um d. Erlaß e. Geldstrafe von 30 T., die C. A. zahlen sollte, aber nicht konnte, er hatte wegen e. Exzesses e. 14tägigen Arrest in d. Hausvogtei antreten sollen, dieser Arrest war jedoch in e. Geldstrafe umgewandelt worden; Carl Albrecht wurde noch 1801 auf Granow gen., Heinrichsdorf sollte nach seinem Tod an d. Vetter C. C. fallen; 1809 als vorm. Cap. u. Akziseeinnehmer auf Granow gen.; **Ehefrau**: Charlotta Wilhelmina, geb. von Barfuss (* 1745), sie erwarb 1780 Granow für 7 355 T. von d. Familie von Zastrow; **Vetter**: Carl Casimir (1767–1822), Sohn von Joachim Friedrich (1736–1783) u. Louise Sophie von Barfuss, seit 1781 im Militär, 1784 als Gefr.corp., 1798 als Ltnt. im I-R Nr. 19 gen., vor 1806 abgegangen, dieser sollte nach d. Tod von C. A. d. Gut Granow bekommen;

Quellen: GStA, I. HA, Rep. 22, Nr. 52, Pakete 8 448 (d. Stief-Mutter hier als Margaretha Eleonora) u. 8 449; II. HA, Abt. 12, Materien, Vas.tab. Nr. 6, Bl. 7 RS-8; Stabi, Ms. boruss. fol. 313, Bl. 27 RS, Bl. 34 (C. A.); fol. 314, Bl. 244 (C. C.); Ms. geneal. fol. 120, Bl. 235 RS; Jb. dt. Adel, 1. Bd., S. 123–124 (hier nur d. Vater J. D. u. dessen Sohn J. F. (1736–1783);

Jb. Neumark, 11/1936, S. 58; nicht in d. Fam. gesch.;

Obrist **Ernst Wilhelm Erdmann von Barfuss** (* 1729)

Großvater: George Ludwig (1652–1720), Erbherr auf Reichenow, Mögelin u. Anteil Bliesdorf in d. Mittelmark; E. W. E. aus d. Mittelmark gebürtig; **Laufbahn**: trat 1746 in d. Militärdienst ein, Jan. 1773 Major, stand 1775 u. 1787 als Major u. Chef e. Comp. im Garn.-Bat. Nr. 11, wurde d. eigenen Angabe zufolge häufig versetzt, zuletzt Obrist u. Kommandeur d. I-R Nr. 55, 1794 nach 48 Dj. wegen aus d. Siebenjährigen Krieg herrührenden Blessuren als invalide mit e. Pension von 600 dim.; **Güter**: erhob 1793 zs mit seinem Vetter, d. Ltnt. Carl Albrecht in Granow, s. d., Anspruch auf d. Erbe d. verst. Majors Hans Christoph von Barfuss, v. a. auf Anteile an Batzlow im Krs. Oberbarnim; erwarb mit Hilfe seiner Schwester Helene Dorothea, e. verheirateten von Waldow zu Klein Latzkow bei Berlinchen, d. Lehnschulzengut Rufen im Krs. Soldin für 4 800 T., konnte es nur mit Hilfe von Krediten erwerben, geriet in Schulden, wurde von d. Gläubigern bedrängt, traf im Dez. 1795 mit d. Mehrzahl seiner Gläubiger e. Vergleich, wollte seine Schulden jährlich mit 200 T. aus seiner Pension tilgen, einige Kreditoren ließen e. Konkursverfahren eröffnen, d. Liquidationstermin wurde auf d. Febr. 1797 festgelegt, seine Schulden lagen 1796 mit 2 900 T. über den Aktiva, d. Wert d. Mobilien wurde mit 238 T. angegeben; d. Obrist bat im Okt. 1796 darum, d. Konkursprozeß zu sistieren u. seine jährlichen Zahlungen auf 100 T. zu begrenzen, könne sonst nicht auskommen;

Quellen: GStA, I. HA, Rep. 22, Nr. 52, Paket 8 449 (hier kein Vorname für d. Obristen, kein Hinweis auf d. früheren Regimenter); Stabi, Ms. boruss. fol. 314, Bl. 168, Bl. 170 RS; Jb. dt. Adel, 1. Bd., S. 122 (Großvater);

Cap. **Friedrich Reinhard von Beauvrye** (* 1732)

Vater: Bernhard (1690–1750) *, seit Mrz. 1715 Cap. in preuß. Diensten, Juli 1722 Major, Juli 1724 Chef e. Comp. bei d. Artillerie, Aug. 1736 Ol, 1740 Ankauf von Klinge (u. Gosda) im Krs. Cottbus, Okt. 1740 Obrist, stritt seit mind. 1743 mit von Pannwitz auf Tranitz über Grenzen u. Wiesen, Dez. 1745 GM, Klinge hatte 1767 e. Wert von 18 500 T., darauf Schulden von 20 630 T.; **Mutter**: Johanna Henriette, geb. von Linger (1699–1780), fünf Söhne d. GM dienten im preuß. Heer; **Bruder**: Gottlieb Ehrenreich (get. 10. Okt. 1727), erhielt 1750 d. *venia aetatis*, stand damals als Referendar am Gericht; **Bruder**: Otto Christian August (* 1728), 1764 auf Gosda gen., von 1764 bis 1772 auch auf Klinge, dann verkauft, lange Jahre Hofmarschall bei d. verwitw. Herzogin von Württemberg in Köpenick, mit d. Charakter Major dim., hatte 1801 seinen Wohnsitz in Berlin; **Bruder**: Ludwig Leonhard (* 1734), aus Berlin gebürtig, seit 1749 im Militär, 1750 u. 1756 als Fähnrich im I-R Nr. 17 gen., 1758 als Sl *ohne Abschied weggekommen*, seit 1773 abwesend, wurde ohne Erfolg gerichtlich zitiert; **Laufbahn**: (seit 1746 im Militär, stand 1755 als Ltnt. im D-R Nr. 4, 1764 als Cap. nach 20 Dj. dim. bzw.) diente zuletzt als Cap. im Garn.-Reg. Nr. 5, bat im Dez. 1786 um d. Erlaubnis zum Tragen d. Uniform u. d. Charakter als Stabs-Offz., hätte im Siebenjährigen Krieg acht Bataillen mitgemacht u. wäre nach Lebens- u. Dienstzeit jetzt Obrist; **Güter**: erwarb 1767 Gosda im Krs. Cottbus im Wert von 8/m T. von seinem Bruder O. C. A., bekam 1777 Meliorationsgelder in Höhe von 2 780 T., 1801 u. 1809 als Erbherr auf Gosda gen.;

Quellen: GStA, I. HA, Rep. 22, Nr. 1 a bis 1 b (d. Fam. hier als Bauvrye); Rep. 96, Nr. 257 B; II. HA, Abt. 12, Materien, Vas.tab. Nr. 6, Bl. 47 RS-48 (1801 wurden drei Brüder gen.); Stabi, Ms. boruss. fol. 316, Bl. 29, Bl. 45, Bl. 46 (je Bruder L. L.); Ms. geneal. fol. 120, Bl. 214, Bl. 239 (1774 F. R. auf Gosda u. zwei Brüder gen.); Bratring, 3. Bd., S. 347; Gesch. D-R Nr. 3, S. 103, S. 422 (je ohne Vornamen); Zedlitz, 1. Bd., S. 191; Moegelin, S. 69, S. 262; Jb. Neumark, 11/1936, S. 104, S. 105 (danach 1764 bereits v. Kleist in Klinge); Krüger, Cottbus, S. 14, S. 22–23; Priesdorff, Nr. 313 (? Vater Bernhard);

Cap. **Adolph Christian Sigismund von Beerfelde** (* 13. Juli 1762, † 30. Dez. 1806)

Vater: George Friedrich (1722–1799), stammte aus Frankfurt an der Oder, seit 1739 im Militär, stand im Mrz. 1740 als Junker im K-R Nr. 7, im Mrz. 1750 als Ltnt., noch 1750 nach elf Dj. dim., Johanniter-Ritter, Komtur zu Lietzen, Erbherr auf Bomsdorf in Sachsen, (Majoratsherr auf Sommerfeld, Grabkow, Dubrow, Baudach, Gablenz, Wellmitz in Crossen); **Mutter**: Henriette Caroline, geb. von Hayn (* 1731); (**Vater-Bruder**: Balthasar Adolph (* 1723), s. u.); **Bruder**: Friedrich Gottlob Adolph (1765–1800), seit 1782 im Militär, stand 1787 als Fähnrich u. Adjutant im I-R Nr. 24, zuletzt hier Pl, Mrz. 1798 mit d. Charakter Cap. dim., 1785 Erbherr auf Seedorf im Krs. Crossen, erster Majoratsherr auf Sommerfeld, verheiratet mit Ulrike Gottliebe Amalie, geb. Freiin von Blomberg, diese ging e. zweite Ehe ein mit e. von Reibnitz; **Ehefrau**: Caroline, geb. Freiin von Blomberg (1772–1838); **Laufbahn**: avancierte im I-R Nr. 19 bis zum Rang e. Ltnt.s, 1790 u. 1793 als Sl gelistet, Abschied als Cap.; **Güter**: bekam nach d. Tod seines Bruders d. Nießbrauch d. Majoratsgüter Sommerfeld im Krs. Crossen im Wert von 60/m T., außerdem Erbherr auf Bomsdorf; Emerentia Sophie, geb. von Beerfelde (1715–1792), Witwe d. Generals Friedrich Sigismund von Bredow (1683–1759), stiftete mit Testament vom 24. Sep. 1792 aus ihren Gütern Schloß Sommerfeld, Grabkow, Dubrow, Gablenz, Baudach u. Wellmitz e. Majorat für d. Familie von Beerfelde, sie legte in ihrem Vermächtnis fest, daß auch das auf d. Gütern befindliche Mobiliar im Wert von 2 400 T. nicht veräußert werden sollte; Emerantia Sophie war e. Schwester von Balthasar Adolph von Beerfelde (* 1723), aus d. Mittelmark gebürtig, seit 1737 im Militär, 1740 Junker im K-R Nr. 7, Sep. 1745 Ltnt., stand 1766 als Major u. Chef e. Escadron, 1775 als Ol im K-R Nr. 7, zuletzt Obrist, 1784 dim.;

Quellen: GStA, I. HA, Rep. 22, Nr. 49; Rep. 96, Nr. 255 J, Bd. 1; Rep. 176, Nr. 1 090 (Majoratsherren auf Sommerfeld waren aber nur d. beiden Söhne von G. F., d. Bruder auch als Gottlob Fr. Adolph); II. HA, Abt. 12, Materien, Vas.tab. Nr. 6, Bl. 27 RS-28, Bl. 34 RS-35, Bl. 35 RS-36; Stabi, Ms. boruss. fol. 314, Bl. 244–244 RS (A. C. S. nicht in d. Rangliste 1784); fol. 315, Bl. 22, Bl. 25, Bl. 27, Bl. 29, Bl. 30, Bl. 32 (je d. Ol B. A.), Bl. 23, Bl. 27, Bl. 32 (je d. Vater); fol. 316, Bl. 321 (Bruder F. G.A, hier als Gottl. Friedr.), Bl. 328 RS; Ms. geneal. fol. 120, Bl. 243 (Hinweis auf d. Witwe General von Bredow u. ihren Bruder); Zedlitz, 1. Bd., S. 194; Priesdorff, Nr. 253 (Bredow);

Ltnt. **Wilhelm Friedrich von Beerfelde** (* 9. Sep. 1773)

Vater: Christian Wilhelm (1731–1792) *, aus Lossow im Krs. Lebus gebürtig, 1755 Erbherr auf Liebenow, seit 1777 Landrat im Krs. Landsberg; **Mutter**: Dorothea Sophia, geb. von Sydow (1754–1812), sie forderte nach d. Tod ihres Mannes aus d. Ehestiftung 6133 T.; **Vater-Bruder**: George Friedrich (1722–1799), Ltnt., siehe mehr bei dessen Sohn A. C. S.; (**Vater-Bruder**: Hans Sigismund (1726–1788) *, Cap., von 1781 bis 1788 Landrat d. Krs. Lebus); **Laufbahn**: 1791 Junker, 1798 als Ltnt. im D-R Nr. 4 auf Wunsch dim.; **Güter**: saß 1801, 1809 auf Liebenow im Krs. Landsberg, im Juli 1755 mit 16/m, 1798 u. 1803 mit 18/m T. angegeben; **Ehefrau**: Henriette, geb. von Winterfeld;

Quellen: GStA, I. HA, Rep. 176, Nr. 1090 (danach wurde d. Vater am 26. Jan. 1731 geb.); II. HA, Abt. 12, Materien, Vas.tab. Nr. 6, Bl. 112 RS-113; Nr. 8, Bl. 115 RS-116; Stabi, Ms. geneal. fol. 120, Bl. 251; Bratring, 3. Bd., S. 159; Gesch. D-R Nr. 3, S. 425; Zedlitz, 1. Bd., S. 194–195 (allg. zur Fam.); Jb. Neumark, 11/1936, S. 85; biogr. Handbuch, S. 51 (Vater), S. 52 (Onkel?);

Ltnt. **Carl Friedrich Bernhard von Belling** (* um 1768, † 15. Nov. 1846)

Vater: Johann George (* um 1727, † 11. Sep. 1789), aus Pommern gebürtig, *cadet*, seit 1751 bei d. Artillerie, Juli 1752 Sl, 1759 Pl, Dez. 1761 Cap. u. Chef e. Comp., stand nach 1763 als Cap. in e. Artillerie-Bat. in Cottbus, wo seine vier Töchter u. ein Sohn geboren wurden, Sep. 1772 als Major nach Cosel versetzt, dort nach 55 Dj. gest., hinterließ seine Frau u. d. Kinder in großer Armut, alle fünf Kinder besaßen 1793 e. Vermögen von zs. 500 T.; **Mutter**: Caroline Juliane, e. Schwester d. Cap. Ludwig Carl Wilhelm von Wackerbarth auf Briesen im Krs. Cottbus, sie verstarb in Cosel; **Schwester**: Johanna Henriette Christiane (* 4. Jan. 1768), ihr Onkel, d. Cap. von Wackerbarth, suchte für sie 1793 um e. neumärkische Pension nach, er hatte nach d. Tod d. Schwagers d. vier Töchter aus Cosel geholt u. bei Verwandten in Magdeburg u. Sachsen untergebracht, d. älteste To. J. H. C. behielt er bei sich, sie wurde 1793 auf d. Expectantenliste gesetzt; **Laufbahn**: trat 1784 in d. Militärdienst ein, stand 1786 als Junker im H-R Nr. 6, Nov. 1788 Sl, Sep. 1794 Orden p. l. m., 1806 als Pl gen., 1816 als Major im 5. Schlesischen Landwehr-Kav.-Reg. pens., führte seit 1817 d. Namen Frhr. von Wackerbarth;

Quellen: GStA, I. HA, Rep. 176, Nr. 449, Tafel III; II. HA, Abt. 13 a, Tit. IV, Litt C, Nr. 1 (Schwester mit Angaben über d. Fam.); Stabi, Ms. boruss. fol. 315, Bl. 144, Bl. 145 RS; fol. 319, Bl. 325 RS (Vater); fol. 907 a, Bl. 107; Lehmann, S. 354;

Obrist **Christoph Wilhelm von Belling** (* 1699, † 14. bzw. 19. Mrz. 1758)

Vater: Hans Heinrich (* um 1658, † 11. Mai 1720), Ltnt. (bzw. Cap.), Erbherr auf Anteil Kremlin im Krs. Soldin; C. W. aus d. Neumark gebürtig; **Bruder**: Hans Friedrich († Juni 1740), 1715 gen.; **Laufbahn**: seit 1713 im Militär, 1715 Gefr.corp. im I-R Nr. 10, 1720 Fähnrich im I-R Nr. 18, 1730 als Ltnt., 1740 als Cap. u. Chef e. Comp. gen., (1745 in e. Garn.-Reg. versetzt), Mai 1748 als Major im I-R Nr. 18

Orden p. l. m., 1750 u. 1756 als Major im I-R Nr. 18 gen., 1758 als Obrist u. Kommandeur an im Nov. 1757 erlittenen Blessuren in Breslau gest.; **Güter**: 1728 als Erbherr auf ¼ Kremlin, 1745 auf ½ Kremlin gen., erbte d. ersten Anteil von seinem Vater, kaufte d. zweiten von einem Vetter, erstand d. dritten Anteil *sub hasta*, besaß zuletzt drei Anteile an Kremlin; 1767 saß sein Lehnsfolger, d. gew. Cap. Tide Christoph von Belling, s. d., auf Kremlin, dieser hatte nebst d. unter Kuratel stehenden Friedrich Wilhelm von Belling d. gesamte Hand auf Kremlin, schloß 1755 e. Vergleich mit C. W., kam nach 1758 jedoch seinen Verpflichtungen nicht nach u. drängte die Witwe aus d. Gut; **Ehefrau**: Helene Louise (1723–1763), Witwe von Dossow, e. To. d. Gl Franz Ulrich von Kleist, aus beider Verbindung keine Leibeserben, sie machte als Universalerbin d. Obristen im Juni 1759 Forderungen von mind. 9/m T. geltend (6/m Mitgift u. 3/m T. Verbesserung), erhob deshalb Ansprüche auf Kremlin, lt. ihrem Ehevertrag von 1746 sollte sie mind. 200 T. jährl. Alimente aus d. Gut bekommen; d. Witwe ging 1762 ihre dritte Ehe ein mit d. Obristen u. späteren Gl Hans Ehrenreich von Bornstedt (1722–1804), s. d., diesem mußte d. Cap. Tide Christoph von Belling 1772 im Ergebnis e. Prozesses 10/m T. zahlen, jenen Betrag, den d. Witwe H. L. von Belling bereits 1759 geltend gemacht hatte;

Quellen: GStA, I. HA, Rep. 22, Nr. 65, Nr. 71, Paket 8 464; Rep. 176, Nr. 449, Tafel II; BLHA, Rep. 23 B, Nr. 446; Stabi, Ms. boruss. fol. 313, Bl. 161, Bl. 168, Bl. 169, Bl. 170, Bl. 172 RS; Ms. geneal. fol. 120, Bl. 216 RS-217 (hier als F. W. bzw. Carl Wilh.); Zedlitz, 1. Bd., S. 199–200; Lehmann, S. 41; Jb. NM 1927, S. 80; 11/1936, S. 92;

Ol **Gottfried Christoph von Belling** (* um 1670, † um 1757)

Vater: Hans George (* um 1643, † 24. Juni 1716), 1715 Erbherr auf ¾ Kremlin im Krs. Soldin, hatte 1715 drei Söhne, alle im Militärdienst; **Mutter**: Sophia Juliana, geb. von der Hagen aus Naulin; **Bruder**: Joachim Dubislav (* um 1684, † 26. April 1743), seit 1699 im Militär, Mrz. 1704 Pl, Mrz. 1711 Stabs-Cap., stand noch 1715 als Stabs-Cap. im I-R Nr. 7, vor 1720 abgegangen, 1722 als Major, 1728 als Major u. Kommandant zu Draheim gen., Erbherr auf ¼ Kremlin, hatte damals einen Sohn von 7,5 Jahren, verheiratet mit Anna Magdalena verwitw. von Roebel, geb. von Homboldt; **Bruder**: Hans Sigismund (* um 1685, † 1735), 1715 Gefr.corp. im I-R Nr. 10, 1728 als vorm. Ltnt. auf ¼ Kremlin gen., hatte damals zwei Söhne, verh. mit Dorothea Agnisa, geb. von Neckern, Sohn: Tide Christoph (1723–1794), Cap., s. d.; **Laufbahn**: seit 1688 im Militär, 1703 als Ltnt. im K-R Nr. 2 gen., Febr. 1709 Rittmstr., stand 1715 als Rittmstr. u. Chef e. Escadron im Reg. Kronprinz zu Pferd (K-R Nr. 2), Sep. 1724 Ol u. Chef e. Escadron, als solcher noch 1730 im K-R Nr. 2 gen., vor 1740 abgegangen; **Güter**: wurde beim Erbvergleich mit seinen Brüdern im Okt. 1716 mit Geld abgefunden; **Ehefrau**: Elisabeth Wilhelmine Maria, geb. von Elverfeld († 1744);

Quellen: GStA, I. HA, Rep. 176, Nr. 449, Tafel A; BLHA, Rep. 23 B, Nr. 446; Stabi, Ms. boruss. fol. 315, Bl. 158, Bl. 159; fol. 319, Bl. 25, Bl. 34 RS, Bl. 35 (Bruder Joachim D., hier als Johann D.); Ms. geneal. fol. 120, Bl. 216 RS; Bardeleben, S. 411; Jb. Neumark, 1927, Bl. 80;

GM **Hans George von Belling** (* 4. Juli 1642, † 12. Dez. 1689) *

Vater: Christoph, Erbherr auf Kremlin im Krs. Soldin; **Mutter**: Tugendreich, geb. von Stoehr; **Laufbahn**: April 1677 Ol u. Vize-Kommandant zu Peitz, Dez. 1679 Obrist, Jan. 1686 Kommandeur e. brandenburgischen Bat. im Kampf gegen d. Türken, Juli 1686 Teilnahme am Sturm auf Ofen, Juli 1688 Gouverneur von Pillau u. Chef d. dortigen Garnison, April 1689 GM, Okt. 1689 an e. beim Sturm auf Bonn erlittenen Blessur gest.; in zweiter **Ehe** verh. mit Anna Sybilla, geb. von Eppingen; **Sohn**: Theodor Aemilius († nach 1729), weilte auf d. Viardina, stand 1694 als Cap. im 1. Bat. d. I-R von Brand an d. Maas, vor 1703 aus d. I-R Nr. 14 abgegangen; (**verwandt**: ein Joachim Heinrich von Belling stand 1703 als Rittmstr. im Reg. Kronprinz zu Pferd (K-R Nr. 2): Bardeleben, S. 411);

Quellen: GStA, I. HA, Rep. 176, Nr. 449, Tafel III; Stabi, Ms. boruss. fol. 319, Bl. 17 (Sohn T. A.); König, 1. T., S. 119–120; Priesdorff, Nr. 71;

Cap. **Tide Christoph von Belling** (1723–1794)

Vater: Hans Sigismund (* um 1685, † 1735), Ltnt., 1728 Erbherr auf ¼ Kremlin im Krs. Soldin; **Mutter**: Dorothea Agnisa, geb. von Neckern; **Vater-Bruder**: Gottfried Christoph (* um 1670, † um 1757), Ol, s. d.; **Laufbahn**: 1744 als Fähnrich gen., Ltnt. bei Sydow, stand im Siebenjährigen Krieg als Cap. im neumärkischen Land-Miliz-Bat., nach 20 Dj. um 1764 dim., 1783 als Postmstr. in Neuruppin gen.; **Güter**: saß 1765, 1774 als Lehnsfolger d. verst. Obristen Christoph Wilhelm von Belling (1699–1758), s. d., auf Kremlin, 1767 im Wert von 39 300 T., darauf Schulden von 37 116 T., erhielt 1776 für Meliorationen 10 862 T., von seinen Erben wurde d. Gut 1796 verkauft; **Ehefrau**: Johanna Charlotta, geb. von Schmalenberg; **Sohn**: George Friedrich Carl (1763–1816), 1778 *cadet*, 1783 Junker im H-R Nr. 8, April 1784 Cornet, 1793 als Sl gen., 1808 als Rittmstr. im H-R Nr. 8 mit Pension dim.; **Tochter**: Caroline Wilhelmine Helene (1755–1813), verh. mit d. GM Johann Caspar von Heyden;

Quellen: GStA, I. HA, Rep. 22, Nr. 65 (auch als Tydo Christoph, als Thiede u. Theodor); Rep. 96, Nr. 260 B; Rep. 176, Nr. 449, Tafel A; Stabi, Ms. boruss. fol. 315, Bl. 205 RS (Sohn, hier als Wilhelm Carl); Ms. geneal. fol. 120, Bl. 216 RS (1728 saßen J. D., H. S. u. F. W. v. Belling auf je ¼ Kremlin); Schöning, 5. H-R, S. 168, S. 556 (hier als George Carl); Moegelin, S. 60, S. 261; Jb. Neumark, 11/1936, S. 92;

GM **Christoph Friedrich von Beneckendorff** (* 1656, † 6. Dez. 1721) *

Vater: Hans Caspar, Erbherr auf Pammin im Krs. Arnswalde; **Mutter**: Erdmuth Lucretia, geb. von Beneckendorff; **Laufbahn**: 1674 Musketier, 1676 Cornet im Reg. Derfflinger; 1688 Cap bei d. Garde, stand 1692 als Cap. im 3. Bat. kurmärk. Garde, April 1693 Major, Dez. 1696 Kommandant von Kolberg, Dez. 1698 Ol bei d. Garde, Febr. 1704 Obrist, Nov. 1705 Kommandant von Friedrichsburg, Sep. 1709 GM, Dez. 1715 Kommandant von Kolberg; **Ehefrau**: Dorothea, geb. von Blankensee;

Quellen: Stabi, Ms. boruss. fol. 319, Bl. 8 RS; König, 1. T., S. 126; Bardeleben, S. 413, S. 421; Priesdorff, Nr. 171;

Obrist **Egidius Arnd von Beneckendorff** (* 1685) *

aus d. Neumark gebürtig; **Laufbahn**: Mrz. 1710 Ltnt. im Reg. Wartensleben zu Pferd, 1730 Rittmstr. u. Chef d. Berliner Husaren-Comp., Okt. 1730 Ol u. Kommandeur, 1734 u. 1735 als Ol u. Chef d. Beneckendorffschen Husaren-Corps gen., bestehend aus drei Escadrons, nahm 1735 als Obrist seinen Abschied;

Quellen: Stabi, Ms. boruss. fol. 315, Bl. 72, Bl. 77 (für d. Fam. findet sich auch d. Schreibweise Benkendorff u. Benckendorff); König, 1. T., S. 126–127; Lange, Soldaten, S. 191, S. 194; Siebmacher, Bd. 6/5, 1880, S. 9 (hier als Beneckendorf);

Ltnt. **Gotthilf Bernd Ehrentreich von Beneckendorff** (1724–1759)

Vater: Joachim Ehrentreich (* 1690), seit 1709 im Reg., Juli 1710 Cornet im Reg. Wartensleben zu Pferd, als solcher noch 1715 gen., 1718 als Ltnt. u. Erbherr auf Anteil Silberberg im Krs. Arnswalde bez., 1727 auf ½ Dietersdorf im Krs. Dramburg, später Landrat im Krs. Schivelbein, Erbherr auf Klemzow, Lankow, Falkenberg, 1751 im Wert von 8/m T., hatte damals vier Söhne; **Vater-Bruder**: George Friedrich, vorm. ksl. Ltnt., 1715, 1718 zs. mit J. E. als Erbherr auf Anteil Cussenow, auf Klemzow u. Lankow, 1727 nur auf Klemzow u. Lankow im Krs. Schivelbein gen., diese sollen zs. e. Pension von 719 T. getragen haben; **Großvater**: Joachim († vor 1715), Landrat d. Krs., seit 1695 auf Klemzow u. Lankow im Wert von 13 513 T., 1713 auf Cussenow, seine Erben 1715 auf Klemzow gen.; **Bruder**: Joachim Friedrich (* 1720), 1745 ohne Dienste, hielt sich 1751 in Breslau auf, in erster Ehe verh. mit e. Bürgertochter, die ihm ein gutes Vermögen eingebracht hatte, wollte nach ihrem Tod seine Pflegetochter namens Christine Sasse heiraten, besaß keine Lehngüter u. keine Kinder; **Bruder**: Carl Henning George (* 1730), 1745 *cadet*, 1751 Uffz. im I-R Nr. 32, 1756 als Gefr.corp. gen.; **Bruder**: Carl Ludwig Gottlob (* 1732), stand vier Jahre bei d. *cadets*, 1751 Uffz. im I-R Nr. 26, 1764 als Cap. im Berliner Garn.-Reg., Erbherr auf Klemzow, Lankow u. Falkenberg, 1767 im Wert von 12 992 T., darauf Schulden von 10 125 T., die Güter fielen nach 1786 an d. verwitw. Renate Louise Henriette von Broecker (1768–1831), verh. mit d. Landrat im Dewitzschen Krs. Friedrich Christian August von Dewitz, sie hatten 1802 e. jährl. Ertrag von 1 051 T.; **Bruder**: Hans Christian Wilhelm (* 1739), weilte 1751 beim Vater; **Laufbahn**: 1745 Gefr.corp. im I-R Nr. 9, 1750 Fähnrich, 1757 Sl, 1759 als Pl an Blessuren gest.;

Quellen: GStA, I. HA, Rep. 22, Nr. 15; II. HA, Abt. 13, Ämter, Amt Sabin, Nr. 1 b; BLHA, Rep. 78 I, Nr. 170, Bl. 56 RS-57; Stabi, Ms. boruss. fol. 312, Bl. 148 RS (Bruder C. H. G., hier als Hans George); fol. 315, Bl. 105, Bl. 106; fol. 319, Bl. 25 RS; Ms. geneal. fol. 120, Bl. 230, Bl. 251; Jb. Neumark 1927, S. 89, S. 98–99, S. 186 (Vater); vgl. Die Neumark, Mitteilungen d. Vereins, Jg. 4, 1927, S. 37–54 (hier über d. Fam. v. B.); Jb. Neumark, 11/1936, S. 87–88;

Major **Gustav Wilhelm von Beneckendorff** (1747–1813)

Vater: Heinrich (* 1701, † vor 1778), seit 1716 im Militär, stand 1720 als Fourier im I-R Nr. 20, April 1728 Sl, noch 1730 hier als Ltnt. gen., vor 1740 abgegangen, hielt sich 1745 in Blumenfelde im Krs. Friedeberg auf, 1775 auf ½ Mansfelde im

Krs. Friedeberg, 1767 im Wert von 12 050 T., darauf Schulden von 11 505 T., bekam 1772 Meliorationsgelder in Höhe von 2/m T., seine vier Söhne standen 1775 alle im Militär; **Vater-Bruder**: Carl Friedrich (1717–1788) *, Präsident d. Oberamts-Regierung in Breslau, verh. mit Sophie Charlotte, geb. von Sydow; **Großvater**: Curth Friedrich, Cap., stand 14 Jahre in preuß., dann zehn Jahre in poln. Diensten, zuletzt als Cap. bei d. poln. Garde, 1715 u. 1745 als Erbherr auf Blumenfelde gen., um 1750 auf 23 190 T. taxiert; **Bruder**: Johann Friedrich (* 1752), 1774 Junker, 1782 Sl im I-R Nr. 39, Mai 1793 als Stabs-Cap. d. Orden p. l. m., 1798 als Cap., 1806 als Major im I-R Nr. 39 gen., als solcher 1807 pens.; **Bruder**: Ernst Siegismund (* 1750), seit 1765 im Militär, Mai 1774 Sl im I-R Nr. 1, Okt. 1783 Pl, nach 1785 als Cap. abgegangen, hielt sich 1798 als vorm. Cap. in Blumenfelde auf; **Bruder**: Carl Ludwig (* 1757), seit 1773 im Reg., 1774 Gefr.corp. im I-R Nr. 2, 1778 Sl, Dez. 1780 abgegangen, hatte 1783 seinen Wohnsitz in Blumenfelde; **Schwester**: Charlotte Louise (* 1749), sie hielt sich 1783 u. 1787 in Mansfelde auf, besaß e. Vermögen von 200 T. u. stand auf d. Expectantenliste für e. Pension, ging wenig später e. Ehe ein u. wurde von d. Liste gestrichen; **Laufbahn**: seit 1763 im Militär, 1764 als Junker, 1777 als Ltnt. im D-R Nr. 3 gen., bat als Pl im Dez. 1786 zs. mit seinen Brüdern immediat um d. Erhebung in d. Freiherrnstand, sie verwiesen zur Begründung auf in fremden Diensten stehende Vettern, d. dieses Prädikat führten, 1787 u. 1806 als Major im D-R Nr. 3 gen., 1809 Ol, 1813 pens.; **Güter**: 1798 u. 1809 Erbherr auf Blumenfelde im Krs. Friedeberg, 1801 im Wert von 34/m T.;

Quellen: GStA, I. HA, Rep. 96, Nr. 260 B, Bd. 3; II. HA, Abt. 12, Materien, Vas.tab. Nr. 6, Bl. 85 RS-86, Bl. 89 RS-90; Nr. 8, Bl. 87 RS-88; Abt. 13 a, Tit. III, Generalia, Nr. 2, Bd. 11, Bl. 19 RS-20; Tit. IV, Generalia, Nr. 5 (Schwester mit Angaben über d. Fam.); Stabi, Ms. boruss. fol. 311, Bl. 116, Bl. 117 (je d. Vater), Bl. 226 (Bruder C. L.); fol. 313, Bl. 11 (als Carl W.), Bl. 12 (als Wilhelm), Bl. 13 (hier als Gustav Wilhelm), Bl. 189, Bl. 244 RS (je E. S.); fol. 316, Bl. 309 RS (Bruder J. F., hier als Hans); fol. 907 a, Bl. 36 RS (Bruder J. F.); Ms. geneal. fol. 120, Bl. 212, Bl. 247 RS, Bl. 248; Gesch. D-R Nr. 3, S. 211 (als Gustav Wilhelm), S. 257 (als Carl Wilhelm), S. 316, S. 418; Oelsnitz, I-R 2, S. 906 (Bruder C. L.); Lehmann, S. 245 (J. F.); Jb. Neumark, 1926, S. 73; Moegelin, S. 62 (hier als Gustav Wilh., E. S. als Carl Sigism.), S. 260; Jb. Neumark, 11/1936, S. 69; biogr. Handbuch, S. 58–59 (Onkel);

Rittmstr. **Hans Caspar von Beneckendorff** (* 1680)

(**Vater**: Erbherr auf Blumenfelde); H. C. aus d. Neumark gebürtig; **Bruder**: Philipp Wilhelm (* 1675), 1715 poln. Garde-Cap., 1728 Ol in sächs.-poln. Diensten; **Bruder**: Gustav Adolph (* 1677), 1715 Ol in savoyischen Diensten, 1728 Obrist beim Fürsten von Oettingen (u. Erbherr auf Blumenfelde); **Bruder**: Otto Christoph, 1715 vorm. Ltnt. in sachsen-gothaischen Diensten, **Bruder**: Curth Friedrich, 1715 poln. Garde-Cap., 1715 u. 1718 Erbherr auf Blumenfelde im Krs. Friedeberg, siehe mehr bei dessen Enkel, d. Major Gustav Wilhelm (1747–1813); **Laufbahn**: seit 1696 im Militär, Sep. 1709 Rittmstr. im K-R Nr. 4, als solcher noch 1720 gen., vor 1730 abgegangen; **Güter**: besaß 1715 zs. mit seinen Brüdern d. ges. Hand auf Blumenfelde;

Quellen: Stabi, Ms. boruss. fol. 316, (Bl. 193); fol. 319, Bl. 31 RS (auch als Benekendorff); Ms. geneal. fol. 120, Bl. 206 (1728 d. Brüder G. A. u. P. W. gen.); Jb. Neumark, 1926, S. 73;

sächs. Cap. **Hans Dettlaff von Beneckendorff** (* um 1690)

Vater: Curt Sigismund († 1696), stand 1694 als Major im Kav.-Reg. Kurprinz, zuletzt Ol, Erbherr auf Anteil Stolzenfelde im Krs. Arnswalde, hinterließ drei Söhne u. drei Töchter, 1715 saß seine Witwe auf d. Gutsanteil; **Bruder**: Curt, 1715 Ltnt. in preuß. Diensten; **Bruder**: Wilhelm, 1715 Ltnt. in sächs. Diensten; **Laufbahn**: 1715 als Ltnt., 1737 als Cap. in sächs. Diensten gen.; **Güter**: seine **Mutter** besaß Stolzenfelde von 1696 bis 1714, ohne sich mit ihren Kindern auseinandergesetzt zu haben, verpfändete das Gut 1714 an ihren Schwiegersohn, d. Rittmstr. A. O. von Aderkas, für 7/m auf 24 Jahre, d. Cap. H. D. wollte 1737 d. Gut nach Ablauf d. Pfandjahre selbst übernehmen; (**verwandt**: 1694 stand ein Cornet Arnd Joachim von Beneckendorff im Kav.-Reg. Kurprinz: Stabi, Ms. boruss. fol. 319, Bl. 4);

Quellen: GStA, I, HA, Rep. 22, Nr. 15; Stabi, Ms. boruss. fol. 319, Bl. 4 (Vater, als Benkendorff); Jb. Neumark 1927, S. 172;

Ltnt. **Joachim Friedrich von Beneckendorff** (* 1688)

aus d. Neumark gebürtig; **Laufbahn**: seit 1704 im Militär, stand 1723 u. 1729 als Ltnt. im D-R Nr. 3, vor 1739, 1740 abgegangen;

Quellen: Stabi, Ms. boruss. fol. 313, Bl. 17; Gesch. D-R Nr. 3, S. 56, S. 60, nicht auf d. S. 408–409;

Obrist **Moritz Ditloff von Beneckendorff** (* 1661)

aus d. Neumark gebürtig; **Laufbahn**: seit 1678 im Militär, stand 1692 als Rittmstr. im Kav.-Reg. von Flemming, 1703 als Ol im Reg. Wartensleben zu Pferd, Juli 1705 Obrist, 1707 u. 1715 Obrist im Reg. Wartensleben zu Pferd, vor 1716 abgegangen; **Güter**: 1715 Erbherr auf Helpe im Krs. Arnswalde, unbeerbt verst.;

Quellen: Stabi, Ms. boruss. fol. 319, Bl. 3 RS, Bl. 25 RS, Bl. 131 RS; Bardeleben, S. 411, S. 425; Jb. Neumark, 1927, S. 162;

Cap. **Moritz Heinrich von Beneckendorff** (* um 1670)

aus d. Neumark gebürtig; **Bruder**: Hans George, Obrist in sächsischen Diensten; **Laufbahn**: seit 1690 im Militär, stand 1705 als Ltnt. in d. Füsilier-Garde, als Cap. abgegangen; **Güter**: saß 1715 zs. mit d. Bruder auf 2/3 Denzig im Krs. Dramburg im Wert von 9/m T., (auch auf ¾ Petznick für 6/m T.), beide verkauften Denzig vor 1718;

Quellen: BLHA, Rep. 23 B, Nr. 446; Jb. Neumark, 1927, S. 131 (bde. in Petznick nicht gen.); S. 142 (1715 in Denzig); Bardeleben, S. 421;

Major **Wilhelm Christoph von Beneckendorff** (* um 1670)

aus d. Neumark gebürtig; **Laufbahn**: Mrz. 1694 Ltnt. im alten Leib-Bat. kurmärk. Garde, stand damals mit seiner Einheit an der Maas, noch 1703 als Ltnt. in d. Garde zu Fuß, 1704 Stabs-Cap. im I-R Nr. 11, 1714 (als Major) abgegangen; **Güter**: saß 1715 als Major zs. mit seinem **Bruder** Richard Sigismund als Pfandbesitzer auf Anteil Wardin im Krs. Arnswalde;

Quellen: Stabi, Ms. boruss. fol. 319, Bl. 9; Becker, I-R Nr. 11, S. 411; Bardeleben, S. 414; Jb. Neumark, 1927, S. 166;

Cap. **Wilhelm Christoph von Beneckendorff** (* 1713)

Vater: Hans Heinrich, 1715 als Erbherr auf Anteil Alt Klücken im Krs. Arnswalde gen., hatte damals zwei Söhne; **Bruder**: Joachim Daniel, 1715 gen., absolvierte vor 1728 e. Studium; **Laufbahn**: 1731 Fähnrich im I-R Nr. 11, 1735 Ltnt., 1745 Cap., noch 1745 als solcher abgegangen; hielt sich als vorm. Cap. in Grunefeld in Preußen auf; **Güter**: 1744 als Erbherr auf ½ Alt Klücken gen., wollte damals seinen Gutsanteil allodifizieren lassen, sei in d. *Campagne* gegangen, mußte dafür Schulden aufnehmen u. seine Geschwister auszahlen; sein Bruder J. D. hatte seine Gutshälfte schon vor 1744 verkauft;

Quellen: GStA, I. HA, Rep. 22, Nr. 15; Stabi, Ms. geneal. fol. 120, Bl. 223 (auch als Benekendorff); Becker, I-R 11, S. 414; Jb. Neumark, 1927, S. 165;

Ol **Carl Leopold Christoph von Berg** (* 2. Mai 1747, † 25. April 1829)

Vater: Ernst August (1715–1769), Erbherr auf Neuenkirchen in Mecklenburg-Strelitz; **Mutter**: Antoinette Luise, geb. von Arnim (1718–1754); **Bruder**: Anton Friedrich Ernst (1742–1798), Stiftshauptmann, preuß. Geh. Rat, Erbherr auf Neuenkirchen; **Laufbahn**: seit 1773 im Regiment, stand 1786 als Ltnt. im H-R Nr. 2, 1801 als Major gen., 1802 bzw. 1803 als Ol mit 400 T. Pension dim.; **Ehefrau**, seit 1789: Sophie Friederike Justine, geb. Sieburg (* 1764); **Güter**: erwarb im Mai 1792 Plau im Krs. Crossen für 34 200 T., 1801 u. 1809 als Erbherr gen.;

Quellen: GStA, II. HA, Abt. 12, Materien, Vas.tab. Nr. 6, Bl. 31 RS-32; Nr. 8, Bl. 60 RS-61; Stabi, Ms. boruss. fol. 315, Bl. 76 RS; Bratring, 3. Bd., S. 317; Ardenne, H-R 2, Anlage, S. 418; Tb. Briefadel, 1934, S. 21; Jb. Neumark, 11/1936, S. 81;

KD-rat **Johann Philipp Ludwig von Berg(en)** (1766–1831) *

Vater: Johann Heinrich Arnold, Gutsbesitzer; **Laufbahn**: amtierte von 1795 bis 1805 als KD-rat in Posen; **Güter**: seit 1803 Besitzer d. Fideikommißgutes Marwitz im Krs. Landsberg im Wert von 37/m T., das d. frühere markgräfl. Hofmarschall Albert Christian Ernst von Berg zu e. Majorat gemacht hatte, d. Besitz wurde ihm vom Major Carl Ludwig von Berge streitig gemacht, 1801 war d. vorherige Besitzer Johann Philipp von Berge (* 1727) im Alter von 74 Jahren gest.;

Quellen: GStA, II. HA, Abt. 12, Materien, Vas.tab. Nr. 6, Bl. 112 RS-113; Nr. 8, Bl. 115 RS-116; Jb. Neumark, 11/1936, S. 85–86; biogr. Handbuch, S. 65;

sächs. Landgerichtsassessor **Friedrich Adolph von Berger** (* 1688) *

Vater: Hans George, seit 1688 auf Buchholz im Krs. Cottbus, für 5 900 T. erworben; von seinen vier **Brüdern** standen 1713 zwei als Ltnt. in sächsischen Diensten; **Laufbahn**: amtierte 1728 als sächs. Landesältester im Krs. Guben u. als Landgerichtsassessor zu Lübben; **Güter**: besaß 1713 zs. mit seinen vier Brüdern d. väterliche Gut, nach d. brüderlichen Erbteilung seit 1725 alleiniger Erbherr auf Buchholz im Krs. Cottbus, außerdem auf Reichersdorf in Sachsen; verkaufte Buchholz wenige Jahre später an d. Bruder Gottlob Ernst;

Quellen: GStA, I. HA, Rep. 22, Nr. 17; BLHA, Rep. 23 B, Nr. 446; Stabi, Ms. geneal. fol. 120, Bl. 213 RS; Siebmacher, Bd. 6/5, 1880, S. 10; Jb. Neumark, 1928, S. 179–180; Krüger, Cottbus, S. 7; nicht im Tb. Briefadel 1911;

Cap. **Otto Friedrich von Beschefer** (1692–1730)

(**Vater**: Jacob (1661–1731) *, stand von 1682 bis 1696 im I-R Nr. 12, 1704 bis 1716 im Nr. I-R 17, Febr. 1716 Chef d. I-R Nr. 4, 1718 GM, Juli 1724 Gl, Sep. 1731 Chef d. I-R Nr. 5); O. F. aus d. NM gebürtig; **Laufbahn**: seit 1708 im Militär, stand zuletzt als Stabs-Cap. im I-R Nr. 1, Nov. 1728 ins I-R Nr. 5 versetzt, 1730 als Cap. gest.;

Quellen: Stabi, Ms. boruss. fol. 313, Bl. 298 (aus d. NM); Rangirrolle Saldern, Abgangsliste I-R 5; Zedlitz, 1. Bd., S. 221–222 (danach hinterließ d. Gl nur zwei Töchter); Priesdorff, Nr. 190 (Vater?);

Cap. **Carl Friedrich von Billerbeck** (* 1765)

aus d. Neumark gebürtig; **Laufbahn**: seit 1783 im Militär, Okt. 1787 Sl im I-R Nr. 13, 1806 als Stabs-Cap. gen., 1817 Cap. im 26. Garn.-Bat., als Major pens.;

Quellen: GStA, VI. HA, FA von Schlieffen, Nr. 1; Stabi, Ms. boruss. fol. 311, Bl. 15 RS; fol. 907 a, Bl. 5 RS;

Major **Carl Gottfried Friedrich von Billerbeck** (* 1721, † Juni 1761) *

Vater: Gottfried († vor 1745), Cap., bis 1704 Erbherr auf Anteil Hohenwalde im Krs. Pyritz, 1715 auf Anteil Janikow im Krs. Dramburg; **Mutter**: Beate Johanna, geb. von Schmeling (1690–1759); **Bruder**: Constantin (1713–1785) *, Gl; **Laufbahn**: seit 1734 im Militär, stand 1743 als Fähnrich im I-R Nr. 26, 1753 als Ltnt. gen., als Major an bei Kunersdorf erlittenen Blessuren 1761 in österr. Gefangeschaft in Tirol gest.; **Güter**: 1745 zs. mit d. Bruder Constantin auf Anteil Janikow gen.; **Sohn**: Carl Wilhelm (* Mai 1750), zuletzt Pl, als Polizei-Bgmstr. im schlesischen Lüben gest.; (**verwandt**: ein Fähnrich von Billerbeck im I-R Nr. 26 wurde 1754 nach Spandau gebracht: Ms. boruss. fol 314, Bl. 11 RS);

Quellen: Stabi, Ms. boruss. fol. 314, Bl. 12 (als Major gest.), Bl. 21 (aus d. NM); Ms. geneal. fol. 120, Bl. 229 (1745 auf Janikow); Tb. Uradel, 1922, S. 77–78 (geb. in Janikow, d. 1715 gen. drei ältesten Brüder hier nicht gen.); Jb. Neumark, 1927, S. 114–115 (Vater); Priesdorff, Nr. 604 (Bruder); Pommern, S. 68 (Biogramm d. Bruders Constantin);

Ltnt. **Carl Wilhelm von Billerbeck** (* 1708, † Dez. 1784) *

Vater: Caspar († 1709), Erbherr auf Anteil Janikow im Krs. Dramburg; **Bruder**: Friedrich Wilhelm (* 1699), seit 1715 im Militär, 1722 Fähnrich im I-R Nr. 12, 1726 als Ltnt. auf Wunsch dim.; **Bruder**: Hans Christoph (1703–1777) *, Gl, Sohn: Moritz Carl August Wilhelm (1752–1794), Cap., s. d. mehr; **Bruder**: Christoph Sigismund (1704–1775), seit 1718 im Militär, 1720 Gefr.corp., 1728 Sergant im I-R Nr. 8, als Ltnt. dim.; **Laufbahn**: seit 1723 im Militär, April 1730 Fähnrich im I-R Nr. 16, Juni 1733 Sl, Aug. 1739 Pl, Juni 1740 Abschied (mit d. Charakter Cap.); **Güter**: 1745 zs. mit d. Bruder H. C. auf Anteil Janikow gen., 1767 war dieser alleiniger Besitzer; **Ehefrau**: Juliane Gottliebe, geb. von Tiedemann (? 1685–1786);

Quellen: Stabi, Ms. boruss. fol. 311, Bl. 297 (als Corth Wilh.), Bl. 304; fol. 315, Bl. 181 RS, Bl. 183 (je d. Brüder C. S. u. H. C.), Bl. 184 (H. C.); fol. 316, Bl. 232, Bl. 238 RS (je. F. W.); Ms. geneal. fol. 120, Bl. 229 (als Curt W.); Kopka von Lossow, I-R 16, S. 7 *; Tb. Uradel, 1922, S. 79; Jb. Neumark, 1927, S. 114–115 (d. Brüder gen.); Priesdorff, Nr. 546 (Bruder H. C.); Pommern, S. 70 (Biogr. d. Bruders Hans Christoph);

Cap. **Hans Christoph von Billerbeck** (* 1693)

Vater: Hans George († 1731), stand in kurfürstl. Diensten, (Erbherr auf Anteil Hohenwalde im Krs. Landsberg u. Anteil Hohengrape im Krs. Pyritz) 1715 auf Anteil Alt Klücken im Krs. Arnswalde gen., hatte damals drei Söhne, die als Gefr. corp. u. Corp. im Militärdienst standen, d. Söhne lt. Ranglisten aus d. Neumark gebürtig; **Mutter**: Maria Eleonore, geb. von Beneckendorff; **Bruder**: Carl Friedrich Heinrich (* um 1695, † Okt. 1725), Fähnrich im I-R Nr. 8; **Bruder**: Franz Joachim (* 1698, † 6. Dez. 1756), seit 1713 im Militär, 1715 als Corp. gen., Febr. 1716 Fähnrich im I-R Nr. 27, 1726 als Ltnt. gen., 1728 als Ltnt. *cassirt* u. zehn Jahre auf d. Festung gebracht, **Laufbahn**: seit 1712 im Militär, stand 1715 als Sl im I-R Nr. 27, 1726 als Pl gen., 1727 als Cap. dim.; **Güter**: zeitweilig Erbherr auf Hohengrape; **Sohn**: George Leopold Otto († 1746), als Fähnrich gest.;

Quellen: Stabi, Ms. boruss. fol. 316, Bl. 82 RS, Bl. 88, Bl. 91 RS; fol. 319, Bl. 49 RS; Tb. Uradel, 1922, S. 76; Jb. Neumark,. 1927, S. 165–166 (d. Vater hier als Hans Jürgen);

Ltnt. **Hans Friedrich von Billerbeck** (* um 1710) *

(aus d. Neumark gebürtig); **Laufbahn**: avancierte im preuß. Militärdienst bis zum Ltnt.; **Güter**: 1751 als Erbherr auf 2/3 Nantikow im Krs. Arnswalde gen., auf 1/3 saß Balthasar Gottfried von Steinwehr; verkaufte sein Gut 1755 an Anton Ludwig von der Goltz, ließ 6/m T. d. Kaufgeldes auf Nantikow stehen, streckte d. Käufer außerdem 800 T. vor; zeigte im Jan. 1768 aus Wittstock an, seit 1756 keine Zinsen u. auch kein Kapital bekommen zu haben, obwohl von d. Goltz 1765 von der neumärkischen Regierung zu Zahlungen aufgefordert worden war;

Quellen: GStA, I. HA, Rep. 22, Nr. 18; BLHA, Rep. 78 I, Nr. 170, Bl. 26;

Cap. **Moritz Carl August Wilhelm von Billerbeck** (* 6. Sep. 1752, † 28. Febr. 1794) *

Vater: Hans Christoph (1703–1777) *, stand von 1718 bis 1764 im I-R Nr. 8, Mai 1764 GM, Mai 1764 mit e. Gnaden-Pension von 3/m T. dim., Jan. 1777 Gl, Erbherr auf Hohenwalde im Krs. Pyritz, erwarb Janikow im Krs. Dramburg im Juli 1764 für 6/m T., Golz im Sep. 1765 für 8 300 T., suchte 1769 um e. Indult nach, beide Güter wurden auf zs. 18 398 T. taxiert, darauf Schulden von 13 523 T., 1774 noch auf Golz gen., damals wurden nur zwei seiner Söhne gen., bekam im Juli 1769 e. zweijährigen Zahlungsaufschub, e. Verlängerung wurde im Juli 1772 abgelehnt, weil er noch e. Teil d. Kaufgeldes schuldig war; **Mutter**: Maria Elisabeth, geb. von Novisadi, sie bat im Aug. 1783 aus Golz immediat um e. Pension; **Großvater**: Caspar († 1709), Erbherr auf Anteil Janikow; **Bruder**: Carl (1738–1780), seit

1754 im Regiment, 1756 als Gefr.corp., 1764 u. 1774 als Pl im I-R Nr. 8 gen., 1776 Cap., 1780 als Cap. gest.; **Bruder**: Carl Ludwig Wilhelm (1740–1761), stand als Pl im Grenadier-Bat. Nr. 1, 1761 bei Kolberg gefallen; **Bruder**: Ewald Sigismund (* 1742, † vor 1784), seit 1760 im Militär, 1764 Fähnrich im I-R Nr. 8, 1772 als Ltnt. wegen *übler Conduite* dim. u. zu Festungsarrest in Küstrin verurteilt; **Laufbahn**: 1767 auf d. Schule in Stettin, seit 1768 im Militär, Nov. 1768 Fähnrich im I-R Nr. 7, Dez. 1783 Pl, zuletzt Stabs-Cap. im I-R Nr. 7, als solcher gest.; **Güter**: seit 1782 Erbherr auf d. väterlichen Gütern in Pommern u. d. Neumark, bat im Dez. d. J. immediat um Beihilfen in Höhe von 12 184 T., um sein Gut Janikow im Krs. Dramburg verbessern zu können; **Ehefrau**: Louise Wilhelmine Tessine, geb. von Ramin, hinterließ diese u. e. zehnjährigen Sohn mittellos, sie hatte während d. Ehe ihre Mitgift zugesetzt u. bat daher 1795 um e. Pension;

Quellen: GStA, I. HA, Rep. 22, Nr. 18; Rep. 96, Nr. 435 B, Bd. 12; Stabi, Ms. boruss. fol. 314, Bl. 262, Bl. 271, Bl. 273 RS; Ms. geneal. fol. 120, Bl. 245; Priesdorff, Offz.stammliste, S. 38 (Bruder Carl); Tb. Uradel, 1922, S. 79; Jb. Neumark, 1927, S. 114–115; Jb. Neumark, 11/1936, S. 65; Priesdorff, Nr. 546 (Vater); Pommern, S. 70 (Biogr. d. Vaters, nichts zu d. neumärk. Gütern);

Major **Carl Philipp Wilhelm von Birckholtz** (* 1744)

Vater: George Albrecht (1710–1777) * Präsident d. neumärk. Kammer, 1767 Erbherr auf Schilde, Neu Lobitz im Krs. Dramburg, auch auf Rosenow in Pommern für zs. 54 126 T., darauf Schulden von 54 179 T.; **Mutter**: Sophie Helene Albertine, geb. von Münchow; **Vater-Bruder**: Johann Carl (1704–1754), Major, s. d.; (**Bruder**: August Carl (* 1742 bzw. 1747), zuletzt Cap. u. Chef d. Invaliden-Comp. in Schlawe); **Laufbahn**: Aug. 1758 Junker im I-R Nr. 36, Jan. 1759 Fähnrich, geriet bei Maxen in österr. Gefangenschaft, Sep. 1763 Sl, reichte als Ltnt. im Aug. 1770 e. Supplik aus Brandenburg an der Havel ein, gab darin an, mit e. dortigen Kaufmannstochter von gutem Vermögen liiert zu sein, diese war von ihm schwanger u. sollte deshalb auf Betreiben ihres Vormundes enterbt werden, d. Behörden sollten d. Enterbung untersagen, Nov. 1773 Pl im I-R Nr. 36, Nov. 1774 dim., im Dez. 1774 mit d. Gesuch abgewiesen, Dorothea Friederique, älteste Tochter d. Assess. u. Stadtdeputierten Spieker in Brandenburg heiraten zu dürfen, 1778 Cap. im Frei-Reg. von Hordt, (Dez. 1793 Major) 1801 als Cap. u. Chef d. Invaliden-Comp. im (schlesischen Schlawa bzw.) pomm. Schlawe gen., 1803, 1806 Major bei d. Invaliden-Comp. d. I-R 19 in Mohrin; **Güter**: 1801 u. 1803 als unangesessener Vasall im Krs. Dramburg geführt;

Quellen: GStA, I. HA, Rep. 22, Nr. 26 (im Jan. 1759 gab d. Mutter an, drei Kinder zu haben, eins davon stand in Diensten; ein W. v. B. stand 1770 im I-R Nr. 36); II. HA, Abt. 12, Materien, Vas.tab. Nr. 6, Bl. 79 RS-80 (C. P. W.); Nr. 8, Bl. 81 RS-82 (C. P. W.); Stabi, Ms. boruss. fol. 314, Bl. 344 RS (hier als Aug. Carl), Bl. 346; Ms. geneal. fol. 120, Bl. 246 RS (C. P. W. 1774 Ltnt. bei Kleist); Gesch. I-R Nr. 36, S. 102 (Aug. Carl im I-R Nr. 36, geb. 1742); Tb Uradel, 1915, S. 93–94 (hier werden zwei Söhne d. Präs. gen.: Aug. Carl (* 1747), später Cap. in Schlawe u. C. P. W., Ltnt. bei Kleist, beide sind wohl identisch); Moegelin, S. 65; Jb. Neumark, 11/1936, S. 67–68; biogr. Handbuch, S. 85–86 (Vater);

Rittmstr. **Ernst Heinrich von Birckholtz** (* 1704)

aus d. Neumark gebürtig; **Laufbahn**: seit 1720 im Militär, stand 1740 als Ltnt. im D-R Nr. 3, noch 1742 hier als Ltnt. gen., erhielt 1748 als Rittmstr. d. gewünschten Abschied;

Quellen: Stabi, Ms. boruss. fol. 313, Bl. 10; Gesch. D-R Nr. 3, S. 82, S. 410;

Major **Johann Carl von Birckholtz** (* 1704, † 9. Mrz. 1754) *

Vater: Carl Berndt (1666–1746), Rittmstr. im brandenburg. Leib-Reg., 1715 u. 1727 als Erbherr auf Schilde u. Neu Lobitz im Krs. Dramburg gen., diese hatten e. Wert von zs. 9/m T., auch auf Mellen u. Welschenburg im Krs. Dramburg, diese vor 1727 verkauft; **Mutter**: Charlotte Louise Sophie, geb. von der Goltz (1677–1715); **Bruder**: George Albrecht (1710–1777) *, Kammerpräsident, siehe mehr bei dessen Sohn C. P. W.; **Laufbahn**: bezog 1718 d. JG in Berlin seit 1720 im Militär, 1739 Junker, 1740 u. 1743 Ltnt. im D-R Nr. 3, 1745 Rittmstr., 1748 auf Wunsch dim., erhielt später d. Charakter Major; **Ehefrau**: Charlotte Henriette, geb. von der Groeben (1719–1749); **Güter**: Erbherr auf Schilde u. Neu Lobitz, 1754 fielen diese an d. Bruder;

Quellen: BLHA, Rep. 23 B, Nr. 446; Stabi, Ms. boruss. fol. 313, Bl. 10 (1740 als Ernst Heinrich), Bl. 14 RS (als Joh. Carl), Bl. 15 RS (1739 als Ernst Ludwig); Ms. geneal. fol. 120, Bl. 227; Gesch. D-R Nr. 3, S. 410; Tb. Uradel, 1915, S. 93–94 (d. Bruder hier als Jürgen Albrecht); Jb. Neumark, 1927, S. 117, S. 119–121; Pommern, S. 73 (kz. Biogr. von J. C., hier nur d. pomm. Güter);

Obrist, russ. Gl **Ludolph August von Bismarck** (* 21. Mrz. 1683, † 6. Dez. 1750) *

Vater: Christoph Friedrich (1652–1704) *, 1669 bis 1675 in holländ. Diensten, 1675 Cap. in kurbrandenbg. Diensten, 1680 Major, Jan. 1687 Ol im Reg. Kurprinz zu Fuß (I-R Nr. 6), Juli 1690 Obrist, 1690 bis 1704 Kommandant von Küstrin, Mai 1704 GM, Erbherr auf Schönhausen an der Elbe u. seit 1701 auf Rehnitz im Krs. Soldin; **Mutter**: Luise Margarete, geb. von der Asseburg (1657–1698); **Bruder**: George Friedrich (1696–1737), seit 1714 im Militär, Mai 1715 Fähnrich, zuletzt Ltnt. im I-R Nr. 25, 1715 Mitbesitzer von Rehnitz; **Laufbahn**: absolvierte e. Studium in Halle, trat 1698 in d. Militärdienst ein, 1705 Ltnt. im Reg. Kronprinz zu Fuß, Mai bzw. Juni 1710 Ol im I-R Nr. 11, Okt. 1718 Obrist, Aug. 1721 Kommandeur d. I-R Nr. 11, beging im Affekt e. Mord, floh aus d. Garnison, wurde amnestiert, nahm nach Zurücksetzungen bei d. Beförderung im Juni 1732 d. Abschied, ging in russische Dienste, erlangte durch d. Protektion seines Schwagers Joh. Ernst Graf von Biron d. Rang e. Gl, mußte nach dessen Sturz 1740 vorübergehend in d. Verbannung, 1747 Oberbefehlshaber d. (Süd-Armee); in zweiter **Ehe** verheiratet mit Catharine, geb. Freiin Trott von Treyden (1705–1780); **Güter**: 1718 alleiniger Erbherr auf Rehnitz im Krs. Soldin, vor 1745 verkauft;

Quellen: BLHA, Rep. 23 B, Nr. 446; Stabi, Ms. boruss. fol. 319, Bl. 38, Bl. 40 (Bruder, hier als George Caspar); Fam.gesch., S. 111–114, S. 128–131, S. 132, S. 346; Jb. Neumark, 1927, S. 82; Priesdorff, Nr. 124 (Vater);

Rittmstr. **Alexander Gustav von Blankenburg** (* 4. Juni 1752, † 31. Mrz. 1832)

Vater: George Heinrich (1717–1779), Erbherr auf Moizelwitz u. Stoltenberg in Pommern, seit etwa 1740 auf Schlenzig in d. Neumark, seit 1756 Landrat im Krs. Schivelbein, erhielt 1772 e. Meliorationskredit für Schlenzig über 2/m T., 1776 weitere 300 T.; A. G. aus d. Neumark gebürtig; **Mutter**: Ernestine Leonore, geb. von Wobeser (1722–1795); **Großvater**: George Heinrich (* 1687, † vor 1738), Ltnt. in poln. Diensten, seit 1715 Erbherr auf Schlenzig im Krs. Schivelbein, auch auf Moizelwitz; **Bruder**: Ernst Heinrich Ferdinand (1754–1774); **Laufbahn**: seit 1767 im Militär, stand 1787 als Ltnt. im K-R Nr. 5, 1798 als Rittmstr. dim., 1805 als Train-Direktor angestellt; **Güter**: 1798 als Erbherr auf Schlenzig im Krs. Schivelbein im Wert von rund 12/m T. gen., 1803 für 41 210 T. verkauft, seit 1801 Kreisdeputierter; **Ehefrau**: Henriette Wilhelmine Sophie, geb. von Kaminska (1765–1800); **Sohn**: Wilhelm Ernst George (1785–1859), 1801 u. 1805 auf d. JG in Berlin, trat später in d. Justizdienst ein; **Sohn**: Carl Julius Heinrich (1788–1843), Okt. 1796 *cadet* in Stolp, Dez. 1800 *cadet* in Berlin, nach 1815 Obrist u. Kommandeur d. 3. D-R;

Quellen: GStA, II. HA, Abt. 12, Materien, Vas.tab. Nr. 6, Bl. 147 RS-148; Stabi, Ms. boruss. fol. 311, Bl. 131; Ms. geneal. fol. 120, Bl. 229 RS, Bl. 252; Tb. Uradel, 1903, S. 121; Stolper Kadetten, S. 36 (Sohn C. J. H.); Jb. Neumark, 1927, S. 103; Moegelin, S. 260–261; Jb. Neumark, 11/1936, S. 89; biogr. Handbuch, S. 90 (Vater); Pommern, S. 74 (kz. Biogramm von A. G., geb. 1751);

Cornet **Carl Johann Dionysius Frhr. von Blankenburg** (* 1752, † 9. Mrz. 1836)

Vater: Friedrich Wilhelm (1710–1776), preuß. Ltnt., poln. Ol, 1774 als Erbherr auf Zadow im Krs. Dramburg, auf Fuhlbeck, Henkendorf, Friedland, Hansfelde im westpreuß. Krs. Deutsch Krone gen.; **Mutter**: Ludowika Renate, geb. von Thießen; **Laufbahn**: avancierte in e. Kav.-Reg. bis zum Cornet; **Güter**: 1783, 1801 u. 1805 auf Zadow im Krs. Dramburg gen., Sep. 1756 im Wert von 2 500 T., hatte seinen Wohnsitz in Märkisch Friedland, auch auf Lobitz, Henkendorf, Hohenstein, Nackel, Strantz u. Gadow im Krs. Deutsch Krone;

Quellen: GStA, II. HA, Abt. 12, Materien, Vas.tab. Nr. 6, Bl. 77 RS-78; BLHA, Rep. 3, Nr. 11 925; Stabi, Ms. geneal. fol. 120, Bl. 245 RS-246; Bratring, 3. Bd., S. 245; Tb. Uradel, 1903, S. 119; Jb. Neumark, 11/1936, S. 68;

Cap. **von Blankensee** (* um 1720, † 1773)

(aus d. Neumark gebürtig); **Laufbahn**: diente in e. Berliner Regiment, stand im Siebenjährigen Krieg als Cap. im Land-Bat. von Arnim, 1763 reduziert, 1773 in Reetz gest.; **Ehefrau**: Constantia Friederique, geb. von Wedel (* 1722), sie hielt sich 1787 in Reetz im Krs. Arnswalde auf, hatte keine Kinder, besaß außer e. kleinen Haus im Wert von 50 T. keinerlei Vermögen, mußte sich ihren Unterhalt kümmerlich durch Spinnen u. Stricken verschaffen, wurde deshalb 1787 auf d. Expectantenliste für e. Pension gesetzt;

Quellen: GStA, II. HA, Abt. 13 a, Tit. III, Generalia, Nr. 2, Bd. 15, Bl. 43; Tit. IV, Generalia, Nr. 5, Nr. 25;

Major **Adam Christian von Blankensee** (* 12. Dez. 1702)

Vater: Caspar Heinrich (* 1658), 1715, 1718 Erbherr auf Neu Klücken im Krs. Arnswalde, hatte 1715 acht Söhne; **Mutter**: Louise Hedwig, geb. von Wedel; **Bruder**: Valentin Siegmund (1678–1715), Ltnt. in sächs. Diensten; **Bruder**: Hans Caspar (* 1685), Major in sächs. Diensten; **Bruder**: George Otto (* 1687), seit 1706 im Militär, Dez. 1712 bzw. Mrz. 1714 Ltnt. im K-R Nr. 4, April 1717 Rittmstr. u. Chef e. Escadron, stand noch 1730 als Rittmstr. u. Chef e. Escadron im K-R Nr. 4 im ostpreuß. Saalfeld, vor 1740 abgegangen; **Bruder**: Curd Heinrich (1693–1721), seit 1714 im Reg., stand als 1715 Fähnrich im I-R Nr. 5, 1719 als Sl gen. (als Cap. gest.); **Bruder**: Aegidius Christoph, 1715 gen.; **Bruder**: Joachim Friedrich (1701–1729), Ltnt. im I-R Nr. 5, 1728 dim.; **Bruder**: Rüdiger Ernst (* 1706), seit 1725 im Militär, stand 1732 als Sl im I-R Nr. 26, 1737 als Ltnt. *cassirt*; **Laufbahn**: seit 1722 im Militär, 1728 Fähnrich im I-R Nr. 18, Febr. 1740 Cap. u. Chef e. Comp., Juli 1748 Orden p. l. m., 1750 Major im I-R Nr. 18, erhielt im Sep. 1760 als Major e. Garn.-Comp. in Spandau;

Quellen: Stabi, Ms. boruss. fol. 313, Bl. 169, Bl. 170 RS, Bl. 172 RS; fol. 314, Bl. 10 RS, Bl. 19 (Bruder R. E.); fol. 316, Bl. 184, Bl. 193 (Bruder G. O., hier als Jürgen Otto); fol. 319, Bl. 31 RS (H. O.), Bl. 40 RS (C. H.), Bl. 199 (C. H.); Rangirrolle Saldern, Abgangsliste I-R Nr. 5 (danach ist e. Cap. v. Blankensee 1722 gest., e. Ltnt. wurde 1728 dim.); Pauli, 8. T., S. 144–146; Lehmann, S. 41; Jb. Neumark 1927, S. 166;

Kammerherr **Alexander Sigismund Friedrich (seit Juni 1798: Graf) von Blankensee** (* 15. Jan. 1747, † 17. April 1817) *

Vater: Christian Friedrich (1716–1757) *, GM, Erbherr auf Reichenbach im Krs. Saatzig; **Laufbahn**: trat weder in d. Zivil- noch in d. Militärdienst ein, Prälat in Cammin, seit 1779 kgl. Kammerherr, Grafendiplom vom 5. Juni 1798; **Güter**: Erbherr auf Reichenbach im Krs. Saatzig, von 1782 bis 1790 auch auf Kranzin im Krs. Arnswalde, gekauft für 70 300, verkauft für 100/m T., 1801 auf Wugarten im Krs. Friedeberg im Wert von 50/m T., sein Wohnsitz war im westpreuß. Filehne, hatte diese Herrschaft von d. Fürstin Sapieha erworben; **Ehefrau**: Dorothea Auguste, geb. von Hagen (1751–1819); **Sohn**: Wilhelm Sigismund Christian (* 1783, † 5. Dez. 1807), aus Kranzin im Krs. Arnswalde gebürtig, weilte auf d. Ècole militaire in Berlin, seit Okt. 1798 im K-R Nr. 13, 1806 als Sl gen., 1807 als Pl gest.; **Sohn**: Wilhelm Friedrich Otto (1788–1850), seit 1803 im Militär, stand 1805 als Sl im D-R Nr. 3, 1827 als Major bei d. Landwehr gen., zuletzt Ol, saß auf Filehne;

Quellen: GStA, I. HA, Rep. 7, Nr. 13-1, Litt. B, Nr. 32; II. HA, Abt. 12, Materien, Vas.tab. Nr. 6, Bl. 88 RS-89; Stabi, Ms. boruss. fol. 907 a, Bl. 82 (Sohn W. S. C.); Gesch. D-R Nr. 3, S. 317, S. 419 (Sohn W. F. O.); Gesch. K-R Nr. 13, S. 312–313; Tb. Uradel, 1914, S. 88–89; Jb. Neumark, 11/1936, S. 59 (1782 nicht gen.), S. 72; Priesdorff, Nr. 413 (Vater); Pommern, S. 80–81 (Biogramm d. Vaters mit Angaben über A. S. F.);

Ltnt. **Anton George von Blankensee** (1741–1808) *

Vater: Anton Christian (1700–1758), seit 1716 im Militär, Juli 1728 Rittmstr. im D-R Nr. 7, Erbherr auf Pumlow im Krs. Belgard; **Mutter**: Ilsa Catharina Maria, geb. von Münchow (1709–1772); **Bruder**: Bernhard Friedrich (1749–1802) *, Rittmstr. im D-R Nr. 12; **Laufbahn**: stand im Siebenjährigen Krieg als Ltnt. im Land-Bat. von Schmeling, um 1763 abgegangen; **Güter**: 1783 als Erbherr auf Neu Klücken im Krs. Arnswalde gen., im Mai 1799 an d. Gebr. Carl Bogislav u. Friedrich von Sobbe für 34/m T. verkauft;

Quellen: GStA, II. HA, Abt. 12, Materien, Vas.tab. Nr. 6, Bl. 11 RS-12 (Sobbe); Stabi, Ms. geneal. fol. 120, Bl. 236 RS-237; Tb. Uradel, 1914, S. 91; Jb. Neumark, 11/1936, S. 60; Pommern, S. 79 (Biogramm d. Bruders B. F.);

GM **Bernd Sigismund von Blankensee** (* 9. Juni 1693, † 8. Febr. 1757) *

Vater: Hans Adam Jürgen († 1724), Erbherr auf Schlagenthin im Krs. Arnswalde; **Mutter**: Margarethe, geb. von Delitz († 1717); **Bruder**: Friedrich Christian (* 1690), Cap. s. d.; **Laufbahn**: seit 1708 im Militär, 1711 Uffz., April 1713 Fähnrich, Juni 1714 Sl im I-R Nr. 10, Febr. 1723 Pl, Dez. 1728 Stabs-Cap., Aug. 1730 Cap. u. Chef e. Comp., Sep. 1739 Major, Juni 1743 Ol, Juli 1744 Kommandeur d. I-R Nr. 10, Mai 1747 Obrist, Juni bzw. Okt. 1751 Orden p. l. m., Sep. 1754 GM, Nov. 1755 Chef d. I-R Nr. 30, Okt. 1756 Chef d. sächs. Reg. Nr. 3 in Magdeburg, 1757 gest.; **Güter**: 1754 als Erbherr auf Anteil Schlagenthin gen.; **Ehefrau**: Anna Maria Charlotte, geb. von Schmerheim (1701–1768); **Sohn**: Christian Ludwig (1726–1809), Obrist, s. d.; **Sohn**: Dietrich (1739–1772), aus Westfalen gebürtig, seit 1756 im Militär, stand 1766 als Pl im I-R Nr. 30, zuletzt Stabs-Cap., nach 17 Dj. gest., Sohn: Peter Bernhard Carl Friedrich (1771–1792), Sl im D-R Nr. 5;

Quellen: Stabi, Ms. boruss. fol. 311, Bl. 184, Bl. 189 (je d. Sohn Dietrich); fol. 316, Bl. 216 RS, Bl. 219, Bl. 224, Bl. 227; fol. 319, Bl. 48 RS; fol. 907 a, Bl. 61 RS; Pauli, 8. T., S. 107–120, S. 142 (hier je als B. Siegmund); König, 1. T., S. 142–143; Lehmann, S. 44; Tb. Uradel, 1914, S. 90 (hier nur B. S. als Sohn von H. A. J.); Jb. Neumark, 1927, S. 172 (1715 e. Witwe, 1718 e. Cap. v. B. auf d. Gut); Priesdorff, Nr. 412;

Major **Bernhard Philipp Constantin von Blankensee** (1732–1817)

Vater: Egidius Christian (* 1678), stand als Ltnt. in sächsischen Diensten, Erbherr auf Schönenwerder im Krs. Pyritz; B. P. C. aus Pommern gebürtig; **Mutter**: Helena Sophia Eleonora, geb. von Birckholtz (* 1705) (bzw. e. geb. von Loden); **Laufbahn**: seit 1748 im Militär, stand 1753 als Cornet im D-R Nr. 3, 1763 Rittmstr., Okt. 1778 als Major auf Wunsch dim.; erheiratete mit seiner **Ehefrau** Henriette († um 1771), e. Tochter d. GM Leopold Friedrich von Wietersheim (1701–1761) *, d. **Gut** Trossin im neumärk. Krs. Königsberg, welches d. GM um 1750 gekauft hatte, 1754 trug Trossin e. jährliche Pacht von 2/m T., es soll im Siebenjährigen Krieg gelitten u. dadurch stark an Wert verloren haben; d. Witwe GM Henriette Sophie von Wietersheim, geb. Saalfeldt, starb 1765 zu Trossin u. hierließ drei Töchter: Friederike Tugendreich Magdalena (1748–1827) heiratete d. späteren GM Balthasar Ludwig Christian von Wendessen (1724–1797), e. To. war verh. mit d. Cap. von Viereck (vom I-R Nr. 36, 1764 dim.) u. Henriette mit d. späteren Major von Blankensee; letztere erhielt nach d. Teilungsrezeß zwischen d. Schwestern d. Gut für 42/m T., nach d. Tod seiner Frau focht B. P. C. d. Rezeß an und verlangte e. starke Herabsetzung d. Gutswertes u. damit seiner Zahlungen an d. beiden Schwägerinnen, er verwies auf e. nach 1763 abgefertigte Taxe, die auf nur 20 600 T. ausgefallen war, womit sich d. Erbmasse d. GM von Wietersheim um 21 400 T. vermindert habe; 1774 sollte er 7 539 u. 12 012 T. an d. beiden Miterben zahlen; d. Major wurde noch 1798 u. 1803 auf Trossin gen., 1801 im Wert von 44 275 T., 1805 (für 16 500 T.) verkauft;

Quellen: GStA, I. HA, Rep. 22, Nr. 24 a, Paket 8 424; II. HA, Abt. 12, Materien, Vas.tab. Nr. 6, Bl. 101 RS-102; Stabi, Ms. geneal. fol. 120, Bl. 250; Pauli, 8. Teil, 1763, S. 134–135 (hieß danach Philipp Bernd Constantin); Bratring, 3. Bd. S. 124, Gesch. D-R Nr. 3, S. 101, S. 198, S. 211, S. 414; Jb. Neumark, 11/1936, S. 76–77 (d. Angabe für 1752 ist zu bezweifeln); Priesdorff, Nr. 391 (Wietersheim), Nr. 683 (Wendessen); Pommern, S. 79–80 (Biogramm für B. P. C., hier nur zu d. pomm. Gütern u. d. Brüdern);

Obrist **Busso Christian von Blankensee** (* 1695, † 10. Nov. 1765)

Vater: Anton (* um 1650), stand von Jugend an im Militärdienst, Nov. 1694 Ol, Okt. 1704 Obrist, (seit 1729 Chef d. neuen Land-Reg.), 1715 als Erbherr auf Steinberg u. Vorwerk Rohrpfuhl, auf Anteil Nantikow u. Anteil Mellen im Krs. Arnswalde gen. (**Mutter**: e. geb. von Volkmar); **Laufbahn**: seit 1715 im Militär, Juni 1716 Fähnrich, Mrz. 1719 Sl im I-R Nr. 18, 1730 als Pl gen., April 1731 Cap., 1740 als Cap. u. Chef e. Comp. im I-R Nr. 18 gen., Okt. 1740 Major, Juli 1745 Ol, Mai 1747 Obrist, erhielt Juli bzw. Sep. 1747 als Obrist d. Garn.-Reg. Nr. 10 in Schlesien, Träger d. Ordens p. l. m., 1765 in Patschkau gest.; **Güter**: 1751 als Erbherr auf Steinberg u. Vorwerk Rohrpfuhl, 1/3 Nantikow u. 1/6 Mellen im Krs. Arnswalde gen., verkaufte d. vom Vater geerbten Güter 1756 an Anton Frhr. von der Goltz für 26/m T., dieser erlegte 4/m T. in bar, blieb d. Rest schuldig; **Ehefrau**: e. geb. von Borcke († um 1775), sie hatte 1768 e. Forderung an d. Erben d. verst. Anton Frhr. von der Goltz über 11 700 T., bekam seit 1756 keine Zinsen, verlangte d. Güter unter Sequester zu stellen; B. C. hinterließ seinen beiden **Töchtern** kein Vermögen: Christine Caroline (* 1745), hielt sich zs. mit ihrer Schwester in Stargard auf, sie galt als *blödsinning*, Louise Elisabeth Johanne (* 1750), hatte mit d. Aufsicht u. Pflege d. Älteren genug zu tun u. konnte nichts dazu verdienen, beide bezogen aus d. mütterlichen Erbe zs. jährlich 100 T., konnten davon nicht leben, standen daher 1787 auf d. Expectantenliste für e. Pension;

Quellen: GStA, I. HA, Rep. 22, Nr. 24 a, Paket 8 424; II. HA, Abt. 13 a, Tit. IV, Generalia, Nr. 5, Nr. 25; BLHA, Rep. 78 I, Nr. 170, Bl. 24; Stabi, Ms. boruss. fol. 313, Bl. 160 (als Adam Christoph Busso), Bl. 168 RS (in d. Listen 1720, 1730, 1740 als Busso Christian), Bl. 169 RS, Bl. 172; fol. 314, Bl. 155 (Vater), Bl. 250, Bl. 251, Bl. 252 (jeweils als Busso Christian); Pauli, 8. T., S. 137; König, 1. T., S. 145–146 (Vater u. Sohn, d. Angaben f. d. Vater f. 1729 u. 1740 sind aber zu bezweifeln); Lehmann, S. 156; Jb. Neumark 1927, S. 162, S. 168;

Obrist **Busso Ernst von Blankensee** (* 1687)

Vater: Busso Ernst († vor 1715), Landrat, seit 1706 Erbherr auf Rienow im Borckeschen Krs., auch auf Schlagenthin im Krs. Arnswalde, 1715 wurden hier seine Witwe u. ihre drei Söhne gen., 1718 d. Cap. (Busso Ernst); **Bruder**: Anton Bogislav, 1730 als sachsen-gothaischer Cap. gen., erhielt bei d. Erbteilung e. Geld-Kavel, klagte 1730 bei seinen Brüdern ausstehende Forderungen ein; **Bruder**: Lüdeke Carl, Cap., ihm fiel nach d. brüderl. Teilung d. Gut Rienow zu, dieses wurde 1743 von Otto Christian von Borcke wieder eingelöst; **Laufbahn**: seit 1705 im Militär, Mrz. 1715 Ltnt. im K-R Nr. 4, 1720 u. 1730 hier als Rittmstr. u. Chef e. Escadron gen., vor 1740 abgegangen, stand 1743 als Ol, später als Obrist in Peitz, assistierte seinem Bruder L. C. im Reluitionsstreit mit d. von Borckes, machte darauf aufmerksam, daß seine Fam. d. Gut Rienow seit 122 Jahren in Pfandbesitz gehabt hatte, sie bestanden auf Zahlung d. Pfandschillings über 10/m fl. sowie der Meliorationskosten; 1745 saß d. Cap. Friedrich Christian von Blankensee (* 1690), s. d., auf ½ Schlagenthin;

Quellen: GStA, I. HA, Rep. 22, Nr. 24 a, Paket 8 424; Stabi, Ms. boruss. fol. 316, Bl 167 (alt); fol. 319, Bl. 31 RS; Brüggemann, T. 2/1, S. 249–250; Jb. Neumark, 1927, S. 172;

Obrist **Christian Ludwig von Blankensee** (* 16. Sep. 1726, † 9. Febr. 1809)

Vater: Bernd Sigismund (1693–1757), GM, s. d. mehr; **Mutter**: Anna Maria Charlotte, geb. von Schmerheim (1701–1768); **Laufbahn**: 1743 ins I-R Nr. 10, 1756 als Sl, 1766 als Major u. Chef e. Comp. gen., Juni 1773 Ol, Jan. 1777 Obrist im I-R Nr. 10, vor 1780 ins I-R Nr. 41 versetzt, als Obrist u. Kommandeur d. I-R Nr. 41 nach 41 Dj. mit e. Pension von 300 T. dim., besaß kein Gut, Schlagenthin war nach 1763 allodifiziert worden, nahm seinen Wohnsitz in Berlin; **Ehefrau**: Anna Luise verwitw. von Roehl, geb. Meyer (1734–1806) aus Bielefeld; **Sohn**: Bernhard Dietrich Florenz (1772–1850), stand 1803 u. 1806 als Pl im I-R Nr. 44 in Wesel, 1827 Major bei d. Gendarmerie, zuletzt Ol; ein Stief-Sohn namens von Roehl stand 1803 als Stabs-Cap. im Füsilier-Bat. Schachtmeyer (Nr. 23), Carl Andreas von Roehl, seit 1777 bei d. Artillerie, Mai 1782 Sl, 1803 Stabs-Cap.; d. Obrist suchte am 20. Mai 1803 aus Berlin um e. neumärk. Pension für seine beiden **Töchter** nach: Charlotte (* 1765) u. Anna Albertine (* 1770), die von Verwandten unterstützt wurden;

Quellen: GStA, II. HA, Abt. 13 a, Tit. IV, Litt B, Nr. 4 (C. L. über seine Kinder); Stabi, Ms. boruss. fol. 316, Bl. 215, Bl. 220, Bl. 226; fol. 319, Bl. 48 RS (Vater), Bl. 151; fol. 907 a, Bl. 61 RS (Sohn); Tb. Uradel, 1914, S. 90; Priesdorff, Nr. 412 (Vater);

Cap. **Friedrich Christian von Blankensee** (* 1690)

Vater: Hans Adam Jürgen († 1724), Erbherr auf Schlagenthin im Krs. Arnswalde; **Mutter**: Margarethe, geb. von Delitz († 1717); **Bruder**: Bernd Sigismund (1693–1757), GM, s. d.; **Laufbahn**: seit etwa 1705 im Militär, (Febr. 1711 Fähnrich im I-R Nr. 6, 1716 als Sl gen.) stand 1725 u. 1732 als Cap. u. Chef e. Comp. im I-R Nr. 26, 1737 dim.; **Ehefrau**: Elisabeth Sophia, geb. von Rohr; **Güter**: 1745 als Erbherr auf (Anteil) Schlagenthin im Krs. Arnswalde gen.; 1739 machte sein Bruder

(B. S.) e. Forderung über 300 T. aus d. väterl. Erbschaft bei ihm geltend;

Quellen: GStA, I. HA, Rep. 22, Nr. 24 a, Paket 8 424; BLHA, Rep. 78 I, Nr. 170, Bl. 24 (hier als Chr. Fr.); Stabi, Ms. boruss. fol. 314, Bl. 10 RS (danach aus Pommern?), Bl. 17 RS, Bl. 19 RS; fol. 319, Bl. 33 RS (aus d. NM, als Christian), Bl. 103; Ms. geneal. fol. 120, Bl. 223 (hier als Chr. Fr.); Pauli, 8. T., S. 142;

Rittmstr. **Friedrich Wilhelm von Blankensee** (* 23. Aug. 1716, † 7. Dez. 1744)

Vater: Wulff Christoph (1674–1717), seit 1692 im Militär, Febr. 1708 Ol im I-R Nr. 5, Jan. 1716 Obrist, stand 24 Jahre in polnischen u. preußischen Kriegsdiensten, Erbherr auf Alt Damerow, Uchtenhagen, Schönenwerder in Pommern; **Mutter**: Wilhelmine Sophie, geb. von Arnim (1687–1751); **Bruder**: George Christoph (1710–1781) *, Landrat im Krs. Pyritz; **Laufbahn**: 1731 Junker im D-R Nr. 3, 1732 Cornet, 1739 Ltnt., stand im Dez. 1740 als Ltnt. im D-R Nr. 3, 1742 als Ltnt. vom D-R Nr. 4 als Rittmstr. ins H-R Nr. 2 versetzt, als Rittmstr. im H-R Nr. 2 1744 bei Böhmisch-Leipa gefallen;

Quellen: Stabi, Ms. boruss. fol. 313, Bl. 10; fol. 319, Bl. 40 RS (Vater); Pauli, 8. T., S. 127–132 (d. Vater hier als Wolf Chr., F. W. geb. in Schönenwerder); Gesch. D-.R Nr. 3, S. 64 (F. W. aus d. NM), S. 420 (Versetzung); Ardenne, H-R Nr. 2, Anlage, S. 413 *; Tb. Uradel, 1914, S. 86–87; Pommern, S. 82 (Biogramm d. Bruders George Christoph);

Cap., Oberforstmstr. **Friedrich Wilhelm von Blankensee** (* 15. Jan. 1731, † 15. April 1803) *

Vater: Wolf Alexander Ernst Christoph (1684–1745) *, GM; **Bruder**: Christian Friedrich (1716–1757) *, GM; **Bruder**: Friedrich Alexander Christoph (* 1725, gest. 12. Mai 1787), seit etwa 1745 im Militär, 1755 als Ltnt. gen., 1763 vorm. Cap. vom I-R Nr. 47, 1787 gest.; **Laufbahn**: seit 1744 im Militär, 1755 Sl im I-R Nr. 23, zuletzt Cap., 1763 bis 1766 Oberforstmstr. in Preußen, kehrte dann in d. Neumark zurück; **Ehefrau**: Beate Sophie verwit. von Küsell, geb. von Kortbeck; **Güter**: erwarb bei d. Subhastation im April 1774 Steinberg u. Vorwerk Rohrpfuhl im Krs. Arnswalde im Wert von zs. 10/m T., nahm hier seinen Wohnsitz, noch 1801 u. 1803 in Steinberg gen., 1809 saß seine Witwe auf d. Gut;

Quellen: GStA, II. HA, Abt. 12, Materien, Vas.tab. Nr. 6, Bl. 15 RS-16; Nr. 8, Bl. 15 RS-16; Stabi, Ms. geneal. fol. 120, Bl. 238 (1774 d. Brüder F. W. u. F. A. C. in d. NM gen.); Bratring, 3. Bd., S. 219; Tb. Uradel, 1914, S. 88–89; Jb. Neumark, 11/1936, S. 62; Priesdorff, Nr. 318 (Vater), Nr. 413 (Bruder); biogr. Handbuch, S. 90 (F. W.); Pommern, S. 80–81 (Biogramm d. Bruders C. F., F. W. hier erwähnt);

sächs. Ltnt. **George Christoph von Blankensee** (* um 1699)

(**Vater**: Hans Christoph (1663–1739), bayer. Fähnrich, Erbherr auf Pumlow im Krs. Belgard; G. C. aus der Neumark gebürtig; **Bruder**: Anton Christian (1700–1756), 1728 Rittmstr. im D-R Nr. 7, 1739 dim., Erbherr auf Pumlow; **Bruder**: Caspar Ernst, 1728 Uffz. in sächs. Diensten); **Laufbahn**: trat ins K-R Nr. 11 (bzw. I-R Nr. 19: Reg. Markgraf Albrecht) ein, 1716 Sergant in Landsberg an d. Warthe, stand damals im 17. Jahr, geriet in e. *Rencontre* mit d. Landsberger Syndicus Scheede, entleibte d. Gegner, verließ daraufhin d. Monarchie, stand 1745 als kursächs. Ltnt. in d. Garnison d. Festung

Sonnenschein, machte auf seine frühere Verfehlung aufmerksam u. bat um e. Pardon;

Quellen: GStA, I. HA, Rep. 22, Nr. 24 a, Paket 8 424; Pauli, 8. T., S. 146; Tyszka, D-R Nr. 7, S. 446 (Bruder A. C.); Tb. Uradel, 1914, S. 90 (hier nur H. C. u. A. C.);

Gutsbesitzer **Carl Wilhelm Gotthard Frhr. von Blomberg** (* 19. Mai 1782, † 19. Sep. 1836)

Vater: Dietrich Gotthard (1730–1799), seit 1762 auf Liebthal, 1774 als Erbherr auf Göhren im Krs. Crossen u. Kalke in d. Niederlausitz gen., erhielt 1777 für Liebthal Meliorationsgelder in Höhe von 10 110 T., 1780 für Göhren weitere 13 640 T.; **Mutter**: Caroline Eleonore Sophie, geb. von Knobelsdorff (1752–1816); **Laufbahn**: trat weder in d. Militär- noch in d. Zivildienst ein, studierte 1801 die Ökonomie auf d. Amt Zossen; **Güter**: seit 1803 Erbherr auf Liebthal in Crossen, 1767 im Wert von 22/m T., 1803 auf 30/m T. taxiert, noch 1809 auf d. Gut genannt; **Ehefrau**: Caroline Johanne, geb. Hubert († 1852);

Quellen: GStA, II. HA, Abt. 12, Materien, Vas.tab. Nr. 6, Bl. 29 RS-30; Stabi, Ms. geneal. fol. 120, Bl. 242 RS; Bratring, 3. Bd., S. 315; Tb. frhr. Häuser, 1900, S. 45; Moegelin, S. 263, S. 266; Jb. Neumark, 11/1936, S. 81;

Geh. Justizrat **Johann Sigismund Balthasar von Blücher** (* 1713, † 31. Aug. 1787) *

Vater: Christian George (1673–1719), KG-, Geh. Ober-Appellationsrat in Berlin; **Mutter**: Maria Catharina, geb. Ohnesorge († 1754); **Laufbahn**: seit 1739 im Justizfach, KG-, 1765 Geh. Justizrat, 1775 von d. Geschäften dispensiert; **Güter**: sei 1764 Erbherr auf Klein Döbbern im Krs. Cottbus; **Ehefrau**: Christiane Sophie, e. geb. Bergemann (1732–1822), sie erbte d. Gut, saß 1801 u. 1809 als Witwe auf Klein Döbbern, im Juni 1764 auf 24/m T. veranschlagt, noch 1801 mit diesem Wert angegeben, hatte ihren Wohnsitz in Berlin;

Quellen: GStA, II. HA, Abt. 12, Materien, Vas.tab. Nr. 6, Bl. 45 RS-46; Stabi, Ms. geneal. fol. 120, Bl. 239; Bratring, 3. Bd., S. 345; Jb. Neumark, 11/1936, S. 105; Krüger, Cottbus, S. 21; biogr. Handbuch, S. 92–93 (Vater u. Sohn);

Major **Adam Friedrich von Bock** (* 18. Mai 1722, † 25. Okt. 1792)

Vater: Friedrich (1695–1728), Erbherr auf Roschkowitz u. seit 1724 auf Quanzendorf im Krs. Nimptsch; **Mutter**: Johanna Maria, geb. von Vippach († 1740); **Bruder**: Julian Friedrich (1724–1774), seit 1743 im Militär, Febr. 1755 Pl im Garn-Reg. Nr. 8, vor 1764 (mit d. Charakter Cap.) abgegangen, Erbherr auf Quanzendorf, verh. mit Eva Amalie Luise, geb. Gräfin von Burgkhaus (1720–1775), Sohn: Carl Ludwig Friedrich (1759–1798), seit etwa 1778 im Militär, stand 1790 als Stabs-Cap. im I-R Nr. 13, Dez. 1798 als Cap. gest.; **Laufbahn**: seit 1740 im Militär, stand 1746 als Ltnt. im D-R Nr. 1, 1764 als Rittmstr. gen., im Juni 1771 als Major im D-R Nr. 1 dim., 1783 als vorm. Major u. Erbherr auf Tankow im Krs. Friedeberg gen., bezog e. Pension von 200 T.; erste Ehefrau: Witwe Ewald Valentin von Massow, geb. Sophie Johanna von Burgsdorff aus Reitwein (1732–1770); in zweiter **Ehe** seit 1775 verheiratet mit Friederike Luise, geb. von Papstein (1733–1807), diese brachte ihm d. **Gut**

Tankow im Krs. Friedeberg ein u. saß 1801 als Witwe auf d. Gut im Wert von 34 500 T., 1803 verkauft; **Nichte**, Tochter von J. F.: Johanne Charlotte Ernestine (* 1758), sie hielt sich 1783 bei A. F. in Tankow auf, lebte in kümmerlichen Umständen, war kränklich, konnte daher nichts verdienen, stand noch 1787 auf d. Expectantenliste für e. neumärk. Pension;

Quellen: GStA, II. HA, Abt. 12, Materien, Vas.tab. Nr. 6, Bl. 87 RS-88; Abt. 13 a, Tit. III, Generalia, Nr. 2, Bd. 11, Bl. 29 RS-30 (Nichte); Stabi, Ms. boruss. fol. 311, Bl. 15, Bl. 18 (C. L. F.); fol. 312, Bl. 135 (Bruder J. F.); fol. 314, Bl. 44 RS, Bl. 48, Bl. 53 (jeweils A. F.); Tb. Uradel, 1907, S. 84; Jb. Neumark, 11/1936, S. 71;

Ltnt. **Friedrich Wilhelm Carl Dietr. von Bockelberg** (* 22. Febr. 1768, † 6. Juni 1794)

Vater: Johann Dietrich (1735–1785), stammte aus Königsberg, Cap.; F.W.C.D. aus Prenzlau gebürtig; **Mutter**: Dorothea Sophie Elisabeth, geb. von Frohnhöfer († 1790), gest. als Letzte ihrer Familie; **Bruder**: Johann Friedrich Heinrich (* 1768), Sl, später russ. Cap.; **Laufbahn**: seit 1782 im Militär, Juni 1787 Fähnrich im I-R Nr. 22, als Sl 1794 in Polen gefallen; **Güter**: Erbherr auf Vorwerk Flackensee im Krs. Arnswalde, 1798 wurde hier seine Witwe gen., diese hatte ihren Wohnsitz in Stargard, noch 1798 wurde d. Gut für 3 800 T. an d. Stettiner Kaufmann Gottlieb Leberecht Mangelsdorf verkauft, 1803 erwarb es Claus George von Schmeling; **Ehefrau**: Dorothea Wilhelmine, geb. Schüler (1769–1847), sie ging im April 1798 e. zweite Ehe ein mit d. Ltnt. Christoph Henning von der Osten (1774–1842) aus Witzmitz; **Sohn**: Friedrich Wilhelm Heinrich (* 20. April 1793), nach 1797 *cadet* in Stolp; (**verwandt**: Johann Heinrich Bockelberg (1684–1753), aus Celle bzw. Oppenhausen gebürtig, seit 1703 im preuß. Militärdienst, vor 1716 Wachtmstr., stand 1721 als Cornet, 1730 als Rittmstr. im K-R Nr. 12, wurde am 1. Dez. 1736 in d. Adel erhoben, vor 1740 abgegangen, Sohn: Ernst Friedrich (1727–1796) *, 1743 Uffz. im I-R Nr. 46, Mai 1792 GM);

Quellen: GStA, I. HA, Rep. 7, Nr. 13, Litt B 8 r 1 (Vater?); Stabi, Ms. boruss. fol. 311, Bl. 268 (Vater?); fol. 314, Bl. 300; Ms. geneal. fol. 120, Bl. 235 RS; Zedlitz, 1. Bd., S. 263; Stolper Kadetten, S. 43; Tb. Briefadel, 1920, S. 81; Jb. Neumark, 11/1936, S. 58; Priesdorff, Nr. 839 (E. F.); Fam.gesch. v. d. Osten 1960, S. 197;

Ltnt. **Adam Christoph Friedrich von Boeck** (* um 1722, † 20. Febr. 1792)

Vater: Christoph Heinrich († 1733), 1689 Wachtmstr. in brandenburg. Diensten, 1699 Ltnt., besaß 1712 drei Hufen im pomm. Barnimskunow (u. Erbherr auf Anteil Schlönwitz im Krs. Schivelbein); **Laufbahn**: trat um 1733 in d. Militärdienst ein, nahm 1739 nach sechs Jahren als Gefr.corp. im I-R Nr. 19 seinen Abschied, engagierte sich 1756 als Ltnt. im Garn.-Reg. Nr. 5 (bzw. Nr. 11); **Güter**: kaufte od. erbte e. Anteil von Schlönwitz im Wert von 1 100 T., darauf Schulden von 600 T., saß 1767 auf Anteil Schlönwitz im Krs. Schivelbein im Wert von 17 465 T., darauf Schulden von 14 392 T., besaß auch Gutsanteile in Pommern; **Ehefrau**: Dorothea Maria, geb. von Flemming, sie lag 1756 im Prozeß mit e. Ltnt. von Münchow vom I-R Nr. 22; **Sohn**: Johann Friedrich Heinrich Ludwig (1746–1786), Cap., s. d.;

Quellen: GStA, I. HA, Rep. 96, Nr. 435 B, Bd. 3; Rep. 176, Nr. 742; BLHA, Rep. 78 I, Nr. 170, Bl. 56; Moegelin, S. 65 (hier als von Borck, d. Sohn als F. W.);

Cap. **Johann Friedrich Heinrich Ludwig von Boeck** (* 5. Mai 1746, † 23. Mrz. 1786)

Vater: Adam Christoph Friedrich (1722–1792), Ltnt., s. d.; **Mutter**: Dorothea Maria, geb. von Flemming; **Bruder**: Moritz Carl Friedrich (1754–1800) *, 1774 *cadet*, Sep. 1779 Sl im I-R Nr. 46, 1792 Cap., 1798 Cap. im 3. Mousq.-Bat. d. I-R Nr. 46, verheiratet mit Catharina Dorothea, geb. Bernau, aus d. Ehe d. Sohn: Carl Heinrich Christian (1777–1801), Ltnt. im I-R Nr. 25; **Bruder**: Wilhelm George Ferdinand (* 1757, † 27. Mai 1792), 1774 Gefr.corp. im I-R Nr. 1, zuletzt Ltnt.; **Laufbahn**: seit 1764 im Militär, 1767 Fähnrich, Juni 1779 Pl im I-R Nr. 46, noch 1783 als solcher gen., mit d. Charakter Cap. dim., als Postmstr. in Driesen (bzw. Dirschau) versorgt, 1786 hier verst.;

Quellen: GStA, I. HA, Rep. 176, Nr. 742; Stabi, Ms. boruss. fol. 316, Bl. 22, Bl. 22 RS; Ms. geneal. fol. 120, Bl. 252 (1774 d. Vater u. d. drei Söhne gen., F. H. hier als F. W.); Pommern, S. 87 (Biogramm d. Bruders M. C. F.);

Cap. **Heinrich Ernst von Boernicke** (* 1683)

aus d. Neumark gebürtig; **Laufbahn**: seit 1699 im Militär, Jan. 1710 Pl im I-R Nr. 5, 1719 als Cap. u. Chef e. Comp. gen., 1722 als Cap. versetzt;

Quellen: Stabi, Ms. boruss. fol. 319, Bl. 40 RS, Bl. 198 RS; Rangirrolle Saldern, Abgangsliste I-R Nr. 5 (als Börnecke); nicht bei Siebmacher, Bd. 6/5, 1880;

Major **Joachim Friedrich von Boernicke** (* 1704, † 31. Okt. 1767) *

(**Vater**: Erbherr auf Anteil Zamzow im Krs. Dramburg, J. F. forderte 1727 rückständiges Kaufgeld für Anteil Zamzow); J. F. aus der Neumark gebürtig; **Laufbahn**: seit 1723 im Militär (1727 Gefr. corp. im I-R Nr. 21), 1735 als Ltnt. im D-R Nr. 1 gen., Mai 1741 Stabs-Rittmstr., Juli 1746 Cap. im Garn.-Bat. Nr. 3, Jan. 1757 Major, noch 1764 im Garn.Bat. Nr. 3 als Major aufgeführt, Träger d. Ordens p. l. m.;

Quellen: GStA, I. HA, Rep. 22, Nr. 43, Paket 8 441; Stabi, Ms. boruss. fol. 314, Bl. 50; fol. 316, Bl. 176, Bl. 177; Zedlitz, 5. Bd., S. 51 (hier ein Obrist M. L. von Bömicke 1810 in Kolberg gest.); Lehmann, S. 156;

sächs. Cap. **Christoph Sigismund von Bomsdorff** (1671–1752)

Vater: Christoph Loth (* 1646), aus Cottbus gebürtig, Erbherr auf Klein Gaglow in Sachsen (später auf Anteil Weißig im Krs. Crossen); C. S. aus d. Neumark gebürtig; **Mutter**: Anna Margaretha, geb. von Kittlitz aus d. Hs.e Schweinitz; **Bruder**: George Rudolph († vor 1718), sein Sohn saß 1718 auf Anteil Weißig; **Laufbahn**: avancierte im poln.-sächs. Militärdienst bis zum Rang e. Cap.s in d. Nobelgarde, vor 1713 abgegangen; **Ehefrau**: Elisabeth Juliane, (geb. von Knobelsdorff aus d. Hs.e Trebatsch); **Güter**: 1713 u. 1718 als Erbherr auf Fritschendorf u. ½ Deutsch Sagar im Krs. Crossen gen., erworben von d. Witwe Christoph Friedrich von Loeben, 1720 wieder verkauft, auch zs. mit seinen Brüdern auf Anteil Weißig im Krs. Crossen; **Sohn**: Carl Siegfried (* 15. Aug. 1718, † 2. Jan. 1794), aus d. sächs. Spremberg gebürtig, 1728 Page beim Herzog von Sachsen-Weißenfels, 1731 in sächsische, 1740 in preußische Dienste, 1741 Ltnt. im D-R Nr. 11, Ende 1756 hier als Cap. gen., noch im Dez. 1756 *wegen Mangel des Gesichts* dim., schlesisches Incolat vom Okt. 1767, 1790 auf Ober und Nieder Rädlitz im Krs. Steinau; (Bruder von Carl S.: Heinrich Siegmund (* 1711), preuß. Cap., verh. mit Charlotte Eleonore von Gersdorff aus Kay); Christoph S. hinterließ außerdem vier **Töchter**, 1782 im Alter von 46, 48, 57 u. 61 Jahren, diese waren alle ledig, hatten keine nahen Verwandten u. besaßen zs. e. Vermögen von 1/m T., von dessen unsicherem Ertrag sie leben mußten, sie standen 1782 auf d. Expectantenliste für e. neumärk. Pension; (**verwandt**: Wolf Friedrich von Bomsdorff († 1676), aus d. Mark Brandenburg gebürtig, 1674 als Obrist Kommandant von Oderberg: König, 1. T., S. 161–162);

Quellen: GStA, I. HA, Rep. 22, Nr. 27 b; Rep. 176, Nr. 917, Tafel A; II. HA, Abt. 13 a, Tit. III, Generalia, Nr. 2, Bd. 10, Bl. 46 RS-47 (Hinweis auf d. preuß. Militärdienst von C. S.); BLHA, Rep. 23 B, Nr. 446; Stabi, Ms. boruss. fol. 313, Bl. 140 (Sohn C. S.); Jb. Neumark 1928, S. 111 (1713 Gebr. von B. gen., in poln. u. kursächs. Diensten), S. 112–113 (1713 Cap. C. S.); Zedlitz, 1. Bd., S. 276–277; nicht bei Siebmacher, Bd. 6/5; nicht bei von Boetticher, Adel;

Gl **Bogislav Ernst von Bonin** (* 20. Jan. 1727, † 27. Juli 1797) *

Vater: George Ernst (1684–1761), seit 1707 im Militär, Febr. 1713 Ltnt., zuletzt Rittmstr. im K-R Nr. 8, Erbherr auf Bonin in Pommern, B. E. aus Pommern gebürtig; **Mutter**: Charlotte Luise, geb. von Sturm (1700–1766); **Laufbahn**: Juli 1740 *cadet* in Berlin, Juni 1748 Fähnrich im I-R Nr. 26, Jan. 1758 Pl, Mai 1758 Flügel-Adjutant d. Königs, Nov. 1762 Orden p. l. m., Mai 1767 Major im I-R Nr. 19, Dez. 1778 Kommandeur d. Reg., Mrz. 1786 GM u. Chef d. I-R Nr. 54, Jan. 1793 Gl, Dez. 1794 mit 1 500 T. Pension dim.; in erster **Ehe** verh. mit Luise Charlotte, geb. von dem Borne, beide wurden 1778 geschieden; **Sohn** zweiter Ehe Wichard Friedrich Wilhelm Heinrich (1782–1813) *, Ltnt. im I-R Nr. 25; **Güter**: erhielt 1772 als Erbherr auf Repzin im Krs. Schivelbein e. Meliorationskredit in Höhe von 9/m T., noch 1779 auf d. Gut gen.;

Quellen: Stabi, Ms. boruss. fol. 319, Bl. 27 RS (Vater); Ms. geneal. fol. 120, Bl. 252; Moegelin, S. 260; Jb. Neumark, 11/1936, S. 89; Priesdorff, Nr. 728; Pommern, S. 102–103 (Biogramm W.F.W.H. mit Hinweis auf d. Vater);

Ltnt., Landrat **George Friedrich Felix von Bonin** (* 16. Sep. 1754, † 3. Sep. 1818) *

Vater: George Caspar (1730–1807), Erbherr auf Wogenthin, Dargen. Jatzthum im Ftm. Cammin; **Mutter**: Clara Henriette Sophie, geb. von Zarth († 1761); **Laufbahn**: 1764 Junker im I-R Nr. 17, 1783 als Sl nach 16 Dj. dim., seit 1785 Landrat im Krs. Dramburg; **Güter**: (erhielt 1777 Meliorationsgelder für Vietzig in Höhe von 6 650 T.); von 1783 bis 1790 Erbherr auf Wutzig im Krs. Dramburg; saß 1798 u. 1805 auf Schloß Kallies, Pammin, Klarphul, Schneidemühl u. Springe im Wert von 59/m T., zeitweilig auch auf Golz u. Janikow, erwarb 1804 Berkenbrügge für

42 300 T.; erste **Ehefrau**: Charlotte Caroline, geb. von Bonin (1763–1804), **Sohn**: Otto Carl Wilhelm (1784–1819), 1801 Junker im I-R Nr. 17, 1806 als Fähnrich gen., 1808 als Pl dim.;

Quellen: GStA, II. HA, Abt. 12, Materien, Vas.tab. Nr. 6, Bl. 68 RS-69; Nr. 8, Bl. 73 RS-74; Stabi, Ms. boruss. fol. 316, Bl. 30; fol. 907 a, Bl. 35; Bratring, 3. Bd., S. 231; Moegelin, S. 263 (1777 amtierte Otto Wedigo von Bonin als Landrat im Krs. Dramburg, auf Vietzig?); Jb. Neumark, 11/1936, S. 66 (Kallies danach 1803 verkauft), S. 68 (G. F. F. nicht gen.); biogr. Handbuch, S. 107; Pommern, S. 98–99 (Biogramm von G. F. F.);

Gutsbes. **Albrecht Christian Carl von Borcke** (* 19. April 1719)

Vater: Martin Philipp (* um 1688, † 1738 bzw. nach Jan. 1739), seit 1706 im Militär, Sep. 1713 Ltnt. im I-R Nr. 19, 1727 als Cap., 1737 als Major gen., im Jan. 1739 dim., saß 1718 u. 1727 auf Prochnow im Krs. Dramburg, ging nach d. Abschied auf sein pomm. Gut, hier gest.; **Vater-Bruder**: Anton (1681–1755), Ol, s. d. mehr; **Laufbahn**: trat weder in d. Militär- noch in d. Zivildienst ein; **Güter**: saß 1741 auf Prochnow im Krs. Dramburg, bat im Sep. 1741 um d. *venia aetatis*, sei Lehnsfolger auf Regenwalde u. Prochnow, begründete seinen Antrag damit, sich in e. Verbindung mit d. Witwe (P. A. von Lentz, geb. Margarethe Amalie) von Kleist (* 1711) aus d. Hs. Dubberow eingelassen zu haben, könne sie aber erst **heiraten**, wenn er für volljährig erklärt worden ist, erhielt im Nov. 1741 d. gewünschte *venia aetatis*; hatte 1745, 1746 e. kleinen **Sohn** namens Adam Christian Ludwig (1746–1788) von sechs Monaten; beklagte sich 1746 darüber, daß er auf seinem an d. Grenze liegenden Gut von Polen behelligt würde, diese machten ihm u. a. Untertanen abspenstig, als einen d. dortigen Rädelsführer benannte er einen (Joachim Friedrich, s. d.) von Misbach, der e. preuß. Vasall, ehedem Cap. im D-R Nr. 3 gewesen sei u. sich jetzt im poln. Dorf Proseckel ansässig gemacht habe;

Quellen: GStA, I. HA, Rep. 22, Nr. 35, Paket 8 436; Rep. 96, Nr. 304 C 1; Stabi, Ms. boruss. fol. 319, Bl. 317 RS (Onkel Cap. C. H.); Ms. geneal. fol. 120, Bl. 227; Stammbaum d. Borkischen Geschlechtes (Vater Nr. 228, A. C. C. Nr. 257); Fam.gesch. Kleist, Linie Tychow-Dubberow, S. 66; Jb. Neumark, 1927, S. 131 (1715 Martin Lorenz, 1718 Martin Philipp auf Prochow); Schwennicke, Bd. 22, Tafel 63 (hier für A. C. C. keine Daten); Pommern, S. 118 (Biogramm d. Vaters M. P.);

Ol **Anton von Borcke** (* 1681, † 23. Okt. 1755) *

Vater: Achatius († 1716), Landrat, Erbherr auf Kratzig, Lowin, Zeitlitz in Pommern, ging zwei Ehen ein; **Bruder**: Jobst (Justus) Andreas (1686–1744) *, seit 1702 im Militär, Mai 1711 Pl, stand 1715 als solcher, 1721 als Cap. im I-R Nr. 11, zuletzt Obrist, Erbherr auf Kratzig u. Perkuiken in Preußen; **Vater-Bruder**: Christian Heinrich (* um 1690, † Dez. 1736), seit 1717 bei d. Artillerie, Sep. 1719 Sl, 1726 Pl, 1729 Stabs-Cap., als solcher in Berlin gest.; **Laufbahn**: avancierte (im preuß. Militärdienst) bis zum Ol, amtierte nach d. Abschied als Land- u. Reg.rat; **Güter**: Erbherr auf Grünhof, Lowin, Patzig im Borckeschen Krs.; erheiratete mit seiner zweiten **Frau** Eleonore Tugendreich, geb. von Beneckendorff, verwitwete Cap. Heinrich Wilhelm von Wichmannsdorff, d. Güter Wopersnow, Vorwerk Göhle u.

Liepz im Krs. Schivelbein, die dieser auf Pfandschilling besessen hatte; seit mind. 1747 versuchte d. GM Reimer Julius von Schwerin d. Güter zu reluieren, noch 1766 wurde hier jedoch d. Witwe Ol von Borcke gen., Wopersnow, Vorwerk Göhle u. Liepz sollen damals zu vier Prozent gerechnet e. Wert von 15/m T. gehabt haben;

Quellen: GStA, I. HA, Rep. 22, Nr. 35, Pakete 8 435, 8 436, 8 437; Stabi, Ms. boruss. fol. 319, Bl. 38 (Bruder J. A.), Bl. 317 RS (C. H.); Tb. Uradel, 1903, S. 150; Schwennicke, Bd. 22, Tafel 63; Pommern, S. 116 (Biogramm d. Bruders J. A.);

Cap. **Barthold Ernst von Borcke** (* 1700, † 10. Mrz. 1736)

Vater: Martin Lorenz (* 1644), Marschkommissar, ging zwei Ehen ein, Erbherr auf Anteil Karsbaum im Krs. Schivelbein, als solcher 1727, 1728 gen., 1715 auch auf Prochnow im Krs. Dramburg u. Pfandbesitzer e. Anteils an Petznick, hatte damals drei Söhne: Hans Joachim, vorm. Ltnt., Ltnt. Balzer Friedrich, *cadet* F. A.; **Bruder**: Friedrich Achatius (* 1702, † nach 1746), 1715 als *cadet* in Dresden, 1728 als Ltnt. gen.; **Laufbahn**: avancierte im Militärdienst bis zum Cap., 1728 gen., in Nauendorf (bei Schkopau) gest.; **Ehefrau**, seit 1729: Dorothea Amalia, geb. von Marschall;

Quellen: GStA, I. HA, Rep. 96, Nr. 304 C 1; BLHA, Rep. 23 B, Nr. 446; Stabi, Ms. geneal. fol. 120, Bl. 229 RS (1728 M. L., B. E. u. F. A. in Karsbaum gen.); Jb. Neumark 1927, S. 104 (1715 e. Heinrich von Borcke in Karsbaum gen., dieser hatte 1713 e. Sohn, Ltnt. bei d. Garde; 1715 stand Melchior Felix (1686–1753) als Cap. im I-R Nr. 6); S. 131 (1715 in Prochnow: B. E. als Balzer Fr. ?); Schwennicke, Bd. 22, Tafel 63 (hier als Balthasar Ernst);

Cap. **George Balthasar von Borcke** (* 9. April 1708, † 1. Juni bzw. 22. Juni 1779)

Vater: George Matthias (1671–1740), amtierte 1715 als Landrat im Krs. Dramburg, zuletzt neumärk. Kanzler, 1715, 1718 u. 1727 als Erbherr auf Gersdorf, Klebow, ½ Plagow, Anteil Zetzin, Anteil Hundskopf u. Dahlow im Krs. Dramburg gen., 1716 zs. mit d. Bruder Philipp auch mit Falkenburg, Teschendorf u. Buddow belehnt, sie hatten diese Güter im Mai 1711 auf Pfandschilling für 30 Jahre vom Bruder ihres Vaters Philipp Dubislav († Frühjahr 1716) für 9 200 T. übernommen, darauf Schulden von 5 200 T.; G. B. aus d. NM gebürtig; **Mutter**: Elisabeth Maria, geb. von Blankenburg (1685–1741); **Vater-Bruder**: Philipp (1669–1744), 1715 u. 1727 als Obrist u. Erbherr auf Falkenburg im Wert von 6/m T. gen.; **Bruder**: Caspar Wilhelm (1704–1747) *; EM; **Laufbahn**: (seit 1725 im Militär, Jan. 1733 Sl im I-R Nr. 22, Sep. 1738 Pl, vor 1746 als Cap. abgegangen); **Güter**: in d. Nachfolge d. verst. Obristen Philipp u. d. Majors Philipp Wilhelm von Borcke seit 1745 als Lehnsfolger Erbherr auf Falkenburg u. Gersdorf im Krs. Dramburg, 1744 wurde d. Wert von Falkenburg u. acht damit verbundener Güter mit 121 935 T. angegeben, G. B. erhielt 1755 e. Indult von zwei Jahren, 1755 wurde Falkenburg auf 124 427 u. Gersdorf auf 65 385 T. taxiert, zs. 186 935 T., d. Schulden wurden mit 93 542 T. angegeben, will in d. Jahren 1758 bis 1761 auf seinen elf Gütern Kriegsschäden von 120 407 T. erlitten haben; 1767 wurde für Falkenburg e. Betrag 137 153 T. angegeben, darauf Schulden von 108 713 T., bekam 1772 e. Beihilfe von 11/m T., 1776 für Teschendorf weitere 1 088 u. für Zülshagen 4 285 T., 1777 wurden für Dietersdorf Meliorationsgelder in Höhe von 3 620 T. u. für Gersdorf von 5 180 T. gezahlt; in erster Ehe verheiratet mit Johanne Luise (1731–1749), e. To. d. GM Carl Friedrich von Derschau, in zweiter **Ehe** verh. mit Hedwig Marie Elisabeth, geb. von Kleist († 22. Aug. 1799); **Sohn**: Carl Friedrich August (1756–1778), absolvierte e. Studium an d. Viadrina; **Sohn**: Philipp Wilhelm Heinrich (* 8. Okt. 1757, † 4. Okt. 1824), weilte auf d. Univ. Frankfurt an d. Oder, dann zeitweilig Fähnrich, seit 1794 kgl. Kammerherr, 1801, 1803 u. 1809 als Erbherr auf Schloß Falkenburg u. Buddow, Zülshagen u. Vorwerk Hünenberg, Teschendorf, Vorwerk Dietersdorf im Krs. Dramburg im Wert von 76 848 T. ohne d. Forsten gen., 1809 wurde e. Betrag von 183 356 T. angegeben; Ehefrau: Marie Albertine Eleonore, geb. von Kleist (1768–1836);

Quellen: GStA, I, HA, Rep. 22, Nr. 35, Pakete 8 435, 8 437; Rep. 96, Nr. 304 C 1; II. HA, Abt. 12, Materien, Vas.tab. Nr. 6, Bl. 70–71; Stabi, Ms. boruss. fol. 314, Bl. 282 RS, Bl. 288; Ms. geneal. fol. 120, Bl. 245; Bratring, 3. Bd., S. 233; Tb. Uradel, 1903, S. 158; Jb. Neumark, 1927, S. 121–123, S. 128; Moegelin, S. 64, S. 260, S. 261, S. 263; Jb. Neumark, 11/1936, S. 65; Schwennicke, Bd. 22, Tafel 73 (d. Daten für d. Vater danach: 1672–1745); biogr. Handbuch, S. 113 (Bruder C. W.);

Cap. **Gustav von Borcke** (* 1739)

aus d. Neumark gebürtig; **Laufbahn**: seit 1757 im Militär, stand 1764 als Sl im I-R Nr. 43, 1775 als Pl gen., 1787 Cap. u. Chef e. Comp., vor 1806 abgegangen;

Quellen: Stabi, Ms. boruss. fol. 316, Bl. 197 RS, Bl. 198 RS, Bl. 202 RS;

Major **Philipp George Wilhelm von Borcke** (* 1704, † Dez. 1745)

Vater: Philipp (1669–1744), (1692 als Ltnt. gen.), Juli 1695 Ol, 1703 Ol in d. Garde zu Fuß, zuletzt Obrist im I-R Nr. 15 (von Lottum), 1715, 1718 u. 1727 als Erbherr auf Falkenburg, Teschendorf, Friedrichsdorf (bzw. -hof), Klestin, Anteil Birkholz, Anteil Hundskopf, Zülshagen u. Stüdnitz im Krs. Dramburg gen.; P. G. W. aus d. Neumark gebürtig; **Vater-Bruder**: George Matthias (1671–1740) *, neumärk. Kanzler; **Laufbahn**: seit 1726 im Militärdienst, (1730 Cornet im K-R Nr. 10, 1736 als Ltnt. dim.) stand 1740 als Rittmstr. u. Chef e. Escadron im K-R Nr. 8, 1745 als Major in Breslau gest.; **Ehefrau**: Hermine Charlotte Henriette, geb. von Borcke (* 1723), sie ging nach 1745 e. zweite Ehe ein mit d. Obristen von Meseberg († 1780) u. machte Forderungen über 9 267 T., darunter allein *Dotal-Gelder* in Höhe von 5 778 T., auf Falkenburg geltend; **Güter**: saß auf Schloß u. Stadt Falkenburg, hinterließ keine Leibeserben, seine verschuldeten Lehngüter gingen an d. EM Caspar Wilhelm u. d. Cap. George Balthasar von Borcke, s. d.;

Quellen: GStA, I. HA, Rep. 22, Nr. 35, Pakete 8 436, 8 437; Rep. 96, Nr. 304 C 1; Stabi, Ms. boruss. fol. 311, Bl. 329, Bl. 334; fol. 312, Bl. 77 RS; fol. 319, Bl. 16 (Vater, 1692); Bardeleben, S. 413 (Vater), Jb. Neumark, 1927, S. 123, S. 127, S. 129–130, S. 132 (Philipp, Obrist); Schwennicke, Bd. 22, Tafel 73; biogr. Handbuch, S. 115 (Onkel G. M.);

Fähnrich **Anton George von dem Borne** (* 1710) *

aus d. Neumark gebürtig; **Laufbahn**: 1728 Uffz. im I-R Nr. 8, Dez. 1729 Fähnrich, Nov. 1731 ins I-R Nr. 25, 1734 desertiert u. nach Polen gegangen;

Quellen: Priesdorff, Offz.stammliste, S. 43;

Obrist **Arend Caspar von dem Borne** (* 1670, † 29. April 1727) *

Vater: Gotthilf Kreuzwende, Offizier in brandenburg. Diensten, vor 1652 abgegangen, erwarb 1706 Anteil Dolgen im Krs. Dramburg, auch auf Anteil Pritten; **Laufbahn**: um 1690 Fähnrich in kurbrandenburg. Diensten, Juni 1702 Cap. u. Chef e. Comp. im I-R Nr. 8, Okt. bzw. Nov. 1709 Major, Febr. 1717 Ol, Juli 1723 Obrist, seit 1716 Kommandeur d. I-R Nr. 8, 1727 in Stettin gest.; **Güter**: 1715 u. 1718 als Erbherr auf Anteil Dolgen im Krs. Dramburg gen., 1727, 1728 auch auf Anteil Pritten, 1715 hatten ganz Dolgen u. ½ Pritten e. Wert von 4 300 T., 1727 auf ½ Dolgen, auf ½ Pritten u. (seit 1726 in d. Nachfolge d. verst. Kammerherrn von dem Borne) auf Berneuchen im Krs. Landsberg; **Ehefrau**: Catharina Anna, geb. von Kleist († 1732);

Quellen: GStA, I. HA, Rep. 22, Nr. 43, Paket 8 441; Rep. 96, Nr. 304 C 1; BLHA, Rep. 23 B, Nr. 446, Stabi, Ms. boruss. fol. 319, Bl. 49; Fam.gesch., 1. Bd., S. 88, Tafel 6, S. 117–118 (Vater), S. 131 (A. C.); Priesdorff, Offz.stammliste S. 16; Jb. Neumark, 1927, S. 124, S. 126;

Major **Balthasar Rüdiger von dem Borne** (* 3. Sep. 1703, † vor 1777) *

Vater: Cuno († 22. Jan. 1711), Erbherr auf ½ Piepstock im Krs. Dramburg, auch auf Gienow, Grassee, 1/3 Golz; **Mutter**: Catharina Sophie, geb. von Rufen († nach 1730), sie wurde 1715 als Witwe auf Anteil Piepstock u. Grassee im Wert von 10/m T. gen., sie hatte damals zwei Söhne; **Bruder**: Antonius Melchior George (* 1710), stand 1727 als Page beim Fürsten von Anhalt-Zerbst, 1728 Uffz. im I-R Nr. 8, 1730 Fähnrich, 1734 desertiert, ging nach Polen, hatte d. väterlichen Anteil von Piepstock besessen, dieser fiel an d. Bruder B. R.; **Laufbahn**: seit 1715 im Militär, 1728 Fähnrich im I-R Nr. 6, noch im Mai 1739 als Fähnrich im 1. Bat. d. I-R Nr. 6 gen. (bzw. im Mai 1736 als Sl im 1. Bat. d. I-R Nr. 6), stand Anfang 1740 als Ltnt. im 2. Bat. Garde, Juni 1740 Cap., Chef e. Comp. im Garn.-Bat. Nr. 4, noch 1750 als solcher gen., Febr. 1757 Major, zuletzt 1758 im Garn.-Bat. Nr. 4 gen., vor 1763 abgegangen; **Ehefrau**: Johanne Friederike (* 1712), e. To. d. Obristen George von Krosigk aus Alsleben an der Saale; **Güter**: 1727 zs. mit d. Bruder A. M. J. auf Grassee im Krs. Dramburg gen., noch im gleichen Jahr veräußert, verkaufte 1741 d. väterl. Gutsanteil Piepstock an seinen Schwager, d. Ltnt. Arnd Christian von Schmiedeberg;

Quellen: GStA, I. HA, Rep. 96, Nr. 304 C 1; Nr. 518 G, Bl. 33; Nr. 518 K, Bl. 72; nicht in IV. HA, Rep. 1, Nr. 71, Bl. 10; Stabi, Ms. boruss. fol. 312, Bl. 189, Bl. 191 (hier jeweils: aus Pommern); fol. 318, Bl. 110; Reinhard, S. 515; Fam.gesch., 1. Bd., S. 109–110 (Vater), S. 122–124; Jb. Neumark, 1927, S. 115; Pommern, S. 123–124 (kz. Biogramm, hier als Baltzer Rüd.);

Ltnt. **Carl Ludwig von dem Borne** (* 17. Febr. 1781, † 22. Jan. 1829) *

Vater: Franz Ludwig (1743–1797) *, zuletzt Cap. im I-R Nr. 23; C. L. aus Küstrin gebürtig; **Mutter**: Charlotte Louise, geb. von Hohberg (* 1756); **Laufbahn**: April 1790 *cadet* in Stolp, Aug. 1793 *cadet* in Berlin, seit 1796 im Regiment, Nov.

1798 Fähnrich im I-R Nr. 42, Dez. 1800 als Ltnt. wegen *incorrigibler* Aufführung dim., hatte im Regiment Schulden gemacht, besaß 1802 e. Vermögen von 1500 T., ein Gesuch um d. *venia aetatis* wurde damals wegen seiner schlechten *conduite* abgewiesen, erhielt im April 1809 d. Abschied u. d. Erlaubnis, in fremde Dienste zu gehen, 1829 als Reg.kanzlist in Oppeln gest.; **Ehefrau**: Balbina, geb. von Pawelsz († 1830);

Quellen: GStA, I. HA, Rep. 22, Nr. 43, Paket 8439; IV. HA, Rep. 1, Nr. 71, Bl. 10; Fam.gesch., 1. Bd., S. 190, S. 192–194; Stolper Kadetten, S. 25; Pommern, S. 124 (Vater, hier als von Born(e));

Major **Caspar Ernst von dem Borne** (* 30. Sep. 1727, † 18. Nov. 1774)

Vater: Joachim Rüdiger (1687–1740), Ltnt., Erbherr auf Gienow, s. d.; **Mutter**: Auguste Erdmuthe, Witwe von Billerbeck, geb. von Reisewitz († 1766); **Bruder**: Johann Friedrich (1723–1764), Major in holländ. Diensten; **Laufbahn**: seit 1740 im Militär, Febr. 1748 Fähnrich, Mrz. 1751 Sl u. Adjutant im I-R Nr. 49, Mai 1758 Pl, Febr. 1760 Stabs-Cap., Febr. 1761 Cap. u. Chef e. Comp., Juni 1770 Major, 1774 in Neiße gest.;

Quellen: GStA, IV. HA, Rep. 1, Nr. 71, Bl. 10; Stabi, Ms. boruss. fol. 314, Bl. 162 RS, Bl. 165; Fam.gesch., 1. Bd., S. 86, Tafel 4, S. 142–143 (Vater), S. 154 (hier als Ernst Caspar);

Major **Christian Dettloff von dem Borne** (* 23. Febr. 1710, † 27. April 1784)

Vater: Christian Heinrich († 1728), hatte 1705 seinen Wohnsitz in Polen, 1715 u. 1727 als Erbherr auf ½ Born im Krs. Dramburg im Wert von 2500 T. gen., 1715 auch auf Anteil Pritten; **Mutter**: Elisabeth Juliane, geb. von Mörner († 1753); **Bruder**: George Heinrich (* 1707, † nach 1782), Ltnt., s. d.; **Bruder**: Adam Heinrich (* 27. Juli 1720, † 5. Juli 1772), seit 1734 im Militär, Dez. 1740 Cornet im D-R Nr. 3, im Dez. 1741 als Cornet im D-R 4 gen., (1745 als Fähnrich bei d. Garde gen.), 1743 Ltnt. im D-R Nr. 4, um 1763 abgegangen; **Bruder**: Hans (* 1722, † 1759), Juli 1744 vom Fähnrich im 1. Bat. Garde zum Sl befördert u. ins I-R Nr. 41 versetzt, Mai 1752 Pl, Okt. 1757 Cap., im Frühjahr 1759 an bei Kolin erlittenen Blessuren gest.; **Laufbahn**: seit 1724 im Militär, 1728 Gefr.corp. im I-R Nr. 8, Juni 1729 Fähnrich, Mai 1735 Sl, Febr. 1739 Pl, Mrz. bzw. Sep. 1745 Cap. u. Chef e. Comp., Jan. bzw. Juni 1757 Major, Juli 1763 dim.; **Güter**: 1745, 1763 u. 1767 zs. mit d. Bruder A. H. als Erbherr auf Anteil Born im Wert von 3333 T. gen., beide erhielten 1772 e. Meliorationskredit über 1/m T. für Anteil Born; (besaß 1782 ein Vorwerk in Born, zu dem drei Kossäten u. zwei Häusler gehörten, setzte damals seinen Schwester-Sohn zu seinem Univ.erben ein);

Quellen: GStA, I. HA, Rep. 22, Nr. 43, Paket 8439; IV. HA, Rep. 1, Nr. 71, Bl. 10; Stabi, Ms. boruss. fol. 313, Bl. 10 RS, Bl. 59; fol. 315, Bl. 183, Bl. 184, Bl. 188 RS, Bl. 190 RS; Gesch. D-R Nr. 3, S. 84 (A. H., nicht in d. Abgangsliste S. 422–423); Fam.gesch., 1. Bd., S. 133–134, S. 144–146; Priesdorff, Offz.stammliste, S. 43; Jb. Neumark, 1927, S. 125–126; Moegelin, S. 260; Jb. Neumark, 11/1936, S. 64 (C. D. u. A. H. 1767 als Vettern bez.);

Cap. **Ewald Gotthilf von dem Borne** (* 1700, † 13. Sep. 1756)

Vater: Johann George († vor 1718), 1715 als Erbherr auf Anteil Dolgen (u. Pritten) im Krs. Dramburg gen.; **Mutter**:

Catharina Elisabeth, geb. von Puttkamer († 1732), sie saß 1718 als Witwe auf Anteil Dolgen; **Bruder**: Arend Joachim (* 1694, † 14. Febr. 1728), als Gefr.corp. ins I-R Nr. 8, Aug. 1712 Fähnrich, 1713 ins I-R Nr. 21, Juni 1714 Sl, Nov. 1725 Stabs-Cap., Dez. 1727 Cap. u. Chef e. Comp., 1728 (als Obrist in Quedlinburg u.) als Erbherr auf Berneuchen im Krs. Landsberg, Dolgen u. Pritten im Krs. Dramburg gest.; **Laufbahn**: 1715 Fähnrich, 1727 Ltnt. im I-R Nr. 15 (von Goltz), dann ins Kolberger Garn.-Bat., zuletzt hier Cap.; **Güter**: saß 1727, 1728 zs. mit d. Bruder A. J. auf ½ Dolgen, 1745 auf Berneuchen im Krs. Landsberg, auch auf Dolgen u. 1/2 Pritten; in erster **Ehe** seit 1723 verheiratet mit Juliana Johanne, Tochter d. Obristen von Blankensee auf Steinberg, in zweiter 1724 mit Margaretha Luise († 1733), To. d. Landrates von Strantz auf Petershagen; lt. Aussage d. Sohnes soll d. Cap. seine Dienstmagd Anna Sophia Wegnern dreimal geschwängert haben, G. K. reichte 1757 deshalb e. Klage gegen d. Magd ein; **Sohn**: Heinrich Ehrentreich (* 13. Okt. 1728, † 6. Mai 1757), seit 1743 im Militär, 1749 Gefr.corp. im I-R Nr. 7, 1757 als Pl bei Prag (bzw. 19. Juni 1757 an Blessuren gest.) gefallen; **Sohn**: Gotthilf Kreuzwendedich (1730–1784), Cap., s. d.; **Tochter**: Catharine Charlotte verheiratete Landesdirektorin von Wobeser († Okt. 1796), sie stiftete in ihrem Testament von 1783 e. Fideikommiß für d. Fam. ihres Bruders G. K. in Höhe von 33/m T., zunächst angelegt auf d. Gut Dietersdorf, 1801 umgewandelt in e. Geld-Majorat; **Sohn** (zweiter Ehe, aus d. Verbindung mit A. S. Wegnern) Peter Ewald, 1757 Junker im I-R Nr. 57, Mai 1763 als Ltnt. im I-R Nr. 3 dim.;

Quellen: GStA, I. HA, Rep. 22, Nr. 43, Paket 8 439; Rep. 96, Nr. 304 C 1; IV. HA, Rep. 1, Nr. 71, Bl. 10 (nur kz. Notiz für d. Sohn H. E., 1753 gest.?); Stabi, Ms. boruss. fol. 314, Bl. 50, Bl. 264, Bl. 270 (je d. Sohn H. E.); Ms. geneal. fol. 120, Bl. 223, Bl. 227; Tb. Uradel, 1903, S. 167; Priesdorff, Offz.stammliste, S. 43 (Bruder A. J.); Fam.gesch., 1. Bd., S. 129–130, S. 137–140, S. 149–153 (Sohn H. E. hier als Joh. E.); Jb. Neumark, 1927, S. 124, S. 126 (1715 nicht in Pritten gen.);

Ltnt. **George Heinrich von dem Borne** (* 1707, † nach 1782)

Vater: Christian Heinrich († 1728), Erbherr auf ½ Born im Krs. Dramburg; **Vater-Bruder**: Peter George, Erbherr auf ½ Born im Krs. Dramburg; **Großvater**: George († 1704), Erbherr auf ganz Born, nach seinem Tod teilten seine beiden Söhne d. Gut; **Bruder**: Christian Dettloff (* 1710), Major, s. d. mehr; **Bruder**: Carl Friedrich († 1754), wurde 1727 als lahm bez., daher nicht im Dienst, hinterließ zwei Söhne: Carl Ludwig (Friedrich) (* 1751, † Aug. 1785), seit 1769 im Militär, Aug. 1774 Sl im I-R 55, Juni 1783 Pl, Aug. 1785 als solcher gest., Joachim George (* um 1752), stand 1779 als Sl im I-R Nr. 25, erhob 1782 Anspruch auf d. Gut Born, Juli 1784 Pl, Dez. 1789 Stabs-Cap., Mrz. 1796 Cap. u. Chef e. Comp., Mrz. 1802 mit Pension dim., beide hatten 1764 keine Ansprüche auf d. Gut Born angemeldet; **Laufbahn**: seit 1722 im Militär, stand 1728 als Corp. im I-R Nr. 8, vor 1745 als Ltnt. abgegangen; **Güter**: 1727 zs. mit d. Bruder C. F., 1745 allein auf ½ Born im Krs. Dramburg gen., verkaufte seinen Anteil Born 1752 an d. Ltnt. Andreas Joachim von Kleist für 5 800 T.;

Quellen: GStA, I. HA, Rep. 22, Nr. 43, Paket 8439; Rep. 96, Nr. 304 C 1; IV. HA, Rep. 1, Nr. 71, Bl. 10 (Neffen J. G., C. L.); Stabi, Ms. boruss. fol. 314, Bl. 87 (C. L.); fol. 315, Bl. 183 RS; Fam.gesch., 1. Bd., S. 133–134, S. 144 (d. Vater war C. H. u. nicht P. G., so auch auf Tafel 2); G. H. nicht bei Priesdorff, Offz.stammliste; Jb. Neumark, 11/1936, S. 64;

Cap. **Gotthilf Kreuzwendedich von dem Borne** (* 17. Jan. 1730, † 26. Juli 1784)

Vater: Ewald Gotthilf (1700–1756), Cap., s. d.; **Mutter**: Margaretha Luise († 1733), e. To. d. Landrates von Strantz auf Petershagen **Laufbahn**: seit 1746 im Militär, stand 1753 als Cornet, 1757 als Ltnt. im D-R Nr. 3, Febr. 1759 auf Wunsch (mit d. Charakter Cap.) dim.; hatte vier Söhne, von denen einer früh starb, u. mind. eine Tochter; zweite **Ehefrau**: Henriette Luise, geb. von Burgsdorff (1744–1802); **Güter**: 1767 auf Dolgen im Krs. Dramburg im Wert von 8/m T. gen., später verkauft, 1772 Erbherr auf Berneuchen im Krs. Landsberg im Wert von 30/m T., erhielt dafür 1780 Meliorationsgelder in Höhe von 3760 T.; **Sohn**: Gotthilf Joachim Ferdinand (1764–1813), *cadet* in Berlin, 1783 Cornet im D-R Nr. 4, Febr. 1788 Sl, Mrz. 1793 Pl, Mai 1798 als Ltnt. dim., (erhielt später d. Charakter Cap.), Erbherr auf Berneuchen, 1797 im Wert von 26178 T., d. Revenuen wurden mit 1243 T. angegeben, noch 1803 u. 1809 auf Berneuchen gen., hatte 1801 vier Söhne im Alter von einem bis sieben Jahren; **Sohn**: Carl Friedrich Kreuzwendedich (* 1766), Juni 1787 Fähnrich im I-R Nr. 22, Sep. 1790 Sl, Aug. 1798 dim.; **Sohn**: Wilhelm August Woteslaw (1768–1828), Jan. 1786 Cornet im D-R Nr. 1, Mai 1788 Sl, Aug. 1798 dim., (stand 17 Jahre im Reg., 1801 hieß es: *hat weder e. Charge gesucht, noch erhalten*), erwarb im Juli 1800 Groß Silber u. Vorwerk Sponbrügge im Krs. Arnswalde im Wert von 67/m T., 1803 veräußert für 79300 T., Aug. 1813 zum 2. Neumärk. Landwehr-Kav.-Reg., Sep. 1814 als Major dim.; **Sohn**: Alexander Erdmann Philipp (1775–1802), stand 9,5 Jahre im I-R Nr. 24, als Ltnt. dim., 1800 Erbherr auf ½ Nemischhof im Krs. Arnswalde, 1804 verkauft; **Tochter**: Auguste Friederike (1777–1798), sie bat im Jan. 1798 um d. *venia aetatis*, besaß e. väterliches Vermögen von 2280 T., eingetragen auf Berneuchen, u. von ihrer Tante, d. verst. Landesdirektorin von Wobeser, d. Nießbrauch e. fideikommissarischen Kapitals von 18602 T. u. e. geerbtes Vermögen von 14995 T., sie war verh. mit d. Ltnt. Carl Friedrich Wilhelm Erdmann von Langen (1775–1823), s. d., der e. Vermögen von 1625 T. besaß;

Quellen: GStA, I. HA, Rep. 22, Nr. 189 a (von Langen); II. HA, Abt. 12, Materien, Vas.tab. Nr. 6, Bl. 8 RS-9, Bl. 11 RS-12, Bl. 111 RS-112; IV. HA, Rep. 1, Nr. 71, Bl. 10 (Sohn G. J. F. als Ferdinand Gotthilf); Stabi, Ms. boruss. fol. 313, Bl. 62; fol. 314, Bl. 45 (Sohn W. A. W.); Ms. geneal. fol. 120, Bl. 245 (1774 drei bzw. vier Söhne gen.); Bratring, 3. Bd., S. 151; Gesch. D-R Nr. 3, S. 102, S. 412, S. 425 (Sohn G. J. F., 1794 dim.); Fam.gesch., 1. Bd., S. 137–140 (Vater), S. 149–153; Tb. Uradel, 1903, S. 167–170 (d. Sohn C. F. K. hier nicht, d. To. auch nicht); Moegelin, S. 266; Jb. Neumark, 11/1936, S. 59, S. 61, S. 65, S. 83–84;

Ltnt. **Joachim Rüdiger von dem Borne** (* 1687, † 24. Jan. 1740)

Vater: Franz Joachim, löste 1702 Anteil Zamzow ein, 1713 auch auf ½ Golz im Krs. Dramburg, 1715, 1718 hatten seine

Güter e. Wert von 12/m T.; **Bruder**: Hans Ernst, 1715 Fähnrich im I-R Nr. 10; **Laufbahn**: stand 1703 bei d. *cadets*, zeitweilig in holländ. Diensten, 1733 als Ltnt. im Berliner Land-Reg. gen.; **Güter**: 1715 u. 1718 als Erbherr auf Gienow im Krs. Dramburg aufgeführt, 1712 für 12 500 T. erworben, 1724 für 12/m T. an d. Cap. Levin Ernst von Winterfeld verkauft, s. d., hatte diesem zuvor d. schriftl. Versicherung gegeben, daß sich die Hypotheken nur auf 5/m T. beliefen, daraufhin hatte von Winterfeld für d. Ltnt. 3 300 T. Wechselschulden bezahlt, um ihn aus d. Arrest in Küstrin zu befreien, bei d. Erlegung d. weiteren Kaufpretiums zeigte sich dann, daß die ganzen Schulden auf Gienow rund 12/m T. betrugen, d. Gläubiger wollten die gezahlten 3 300 T. nicht anerkennen u. verlangten von d. Cap. d. ganzen Betrag, dieser fühlte sich von d. Ltnt. J. R. hintergangen u. bat am 4. Febr. 1725 immediat darum, d. Kaufvertrag zu annulieren, wozu es jedoch nicht kam; 1727 u. 1733 auf Zamzow u. Anteil Golz, Wusterwitz hatte ihm seine Frau eingebracht, die Forderungen über 6 200 bzw. 10 920 T. besaß, Zamzow trug Brutto-Revenuen von 1 249 T. und wurde zu vier Prozent mit 26 962 T. gewürdigt; Golz hatte e. Wert von 6 853 T., beide befanden sich seit 1724 im Konkurs, J. R. befand sich 1724 u. 1727 schuldenhalber im Personalarrest; 1739 saß seine **Ehefrau** Auguste Erdmuthe, Witwe von Billerbeck, geb. von Reisewitz († 1766), auf Wusterwitz, dieses hatte im Okt. 1736 e. Brutto-Ertrag von 1 176 T., netto von 949 T., zu vier Prozent betrug d. Wert inkl. Regalien u. Vorwerk 27 075 T.; **Sohn**: Joachim Friedrich (* 1724, † Febr. 1764), als Gefr. corp. ins I-R Nr. 8, Juli 1743 Fähnrich, Juli 1744 ins Stettiner Garn.-Reg., nahm anschließend holländ. Dienste, als holländ. Major 1764 auf Ceylon gest.; **Sohn**: Caspar Ernst (1727–1774), Major, s. d.;

Quellen: GStA, I. HA, Rep. 22, Nr. 43, Paket 8 441; Nr. 267 b; Nr. 382, Paket 8 834; Rep. 96, Nr. 304 C 1; BLHA, Rep. 23 B, Nr. 446 (hier H. E. gen.); Stabi, Ms. boruss. fol. 310, Bl. 87 RS; fol. 319, Bl. 48 RS (1715 kein H. E. im I-R 10; auch 1720 nicht); Ms. geneal. fol. 120, Bl. 227; Fam.gesch., 1. Bd. S. 86, Tafel 4, S. 132–133 (Vater), S. 142–143 (J. R.); Priesdorff, Offz.stammliste, S. 44 (Sohn, hier als Johann Fr.); Jb. Neumark, 1927, S. 116–117, S. 141;

Ol **Alexander von Bornstedt** (* 1699)

aus d. Neumark gebürtig; **Laufbahn**: seit 1718 im Militär, stand im Mai 1739 als Cap. im I-R Nr. 6 in Potsdam; Juni 1740 Ol im I-R Nr. 33, 1742 verabschiedet; (**verwandt**: ein Wolf Adam von Bornstedt stand 1692 als Cap. im I-R von Brand: Ms. boruss. fol. 319, Bl. 16 RS);

Quellen: Stabi, Ms. boruss. fol. 311, Bl. 4, Bl. 146; fol. 318, Bl. 111; Reinhard, S. 513;

Ltnt. **August Wilhelm von Bornstedt** (* 4. Febr. 1772, † 8. Sep. 1841)

Vater: August Adam (1724–1801) *, aus Pommern gebürtig, stand von 1752 bis 1776 im I-R Nr. 43, 1764 als Pl gen., Sep. 1776 als Cap. dim., Erbherr auf Anteil Storkow im Krs. Dramburg, erhielt 1777 Meliorationsgelder in Höhe von 890 T.; **Laufbahn**: aus Liegnitz gebürtig, Juni 1787 legitimiert mit d. adligen Stand d. Vaters, Juni 1790 Fähnrich im I-R Nr. 30, Okt. 1795 Sl, April 1798 Pl, Jan. 1802 dim.; **Güter**: erhielt lt. Rezeß vom Mrz. 1793 von seinem Vater d. Anteil Storkow im Krs. Dramburg im Wert von 4 375 T. übereignet, um 1802 verkauft;

Ehefrau: Caroline Elisabeth, geb. von Wolffrath (1776–1850);

Quellen: GStA, I. HA, Rep. 47, Tit. 11 b, Litt B 11; II. HA, Abt. 12, Materien, Vas.tab. Nr. 6, Bl. 75 RS-76; IV. HA, Rep. 1, Nr. 71, Bl. 15; Stabi, Ms. boruss. fol. 316, Bl. 198; Jb. dt. Adel, 3. Bd., S. 43; Moegelin, S. 264; Pommern, S. 125 (kz. Biogr. d. Vaters, geb. 1733);

Gl **Bernhard Heinrich von Bornstedt** (* 1690, † 17. Febr. 1752) *

Vater: Ernst Ludwig († 1705), Obrist, Kommandant von Memel u. Pillau; **Mutter**: Anna Elisabeth, geb. von Byern; **Laufbahn**: Nov. 1713 Fähnrich im I-R Nr. 1, Juni 1715 Sl im I-R Nr. 27, Aug. 1722 Cap. u. Chef e. Comp. im D-R Nr. 1, Juni 1726 Major, Jan. 1738 Ol, Mrz. 1741 Orden p. l. m., April 1741 Obrist, Juli 1741 Kommandeur d. K-R Nr. 4, Jan. 1743 GM, Nov. 1743 Chef d. K-R Nr. 9, Sep. 1751 mit d. Charakter Gl u. 1/m T. Pension dim.; **Güter**: wurde im Febr. 1714 zs. mit seinem **Bruder** Carl Wilhelm für beider Lehnsfehler pardoniert, zugleich bekamen sie nach d. Tod ihres Vaters d. gesamte Hand auf d. Bornstedtischen Güter im Krs. Friedeberg: Lauchstädt, Dolgen, Mansfelde, Wugarten u. Pehlitz, außerdem für Steinbeck in d. Mittelmark; führte als Ltnt. im I-R Nr. 27 Klage gegen d. sächs. Gl Heinrich Ehrenreich von Bornstedt, d. das Gut Lauchstädt angeblich widerrechtlich in Besitz genommen haben soll; zuletzt Erbherr auf Guttentag im schles. Krs. Lublinitz; in erster Ehe **verheiratet** mit Sophie Henriette von Podewils; **Sohn**: Bernhard Heinrich († 3. Juni 1758), als Sl im D-R Nr. 9 an Blessuren gest.;

Quellen: GStA, I. HA, Rep. 22, Nr. 71, Paket 8 463; IV. HA, Rep. 1, Nr. 71, Bl. 15 (kz. Notiz); Stabi, Ms. boruss. fol. 312, Bl. 176 (aus d. NM); fol. 314, Bl. 44, Bl. 49, Bl. 50 (je aus d. Neumark); fol. 316, Bl. 88 (aus d. NM); fol. 319, Bl. 36 (aus d. NM), Bl. 49 RS (aus d. NM); König, 1. T., S. 184–185; Lehmann, S. 8; Priesdorff, Nr. 341 (aus Ostpreußen);

Ltnt. **Carl Friedrich von Bornstedt** (1766–1836)

Vater: Carl Wilhelm (* 1723) *, Ltnt. im D-R Nr. 1, im Aug. 1746 dim., amtierte von 1765 bis 1770 als Landrat im Krs. Friedeberg, *trat* nach 1770 *aus*, avancierte in poln. Diensten bis zum Major, soll seiner Frau zufolge 40 Jahre gedient haben u. um 1780 gest. sein, in erster Ehe seit 1753 verheiratet mit Friederike Sigismunde, geb. von Ferber; **Mutter**: Elisabeth, geb. Hoffmann (* 1735), e. Tochter d. früheren Rektors d. evangel. Schule zu Meseritz, sie erhielt im Juli 1802 e. Pension von 50 T. aus d. neumärk. Meliorationsfonds; **Vater-Bruder**: Johann Friedrich (* 1719), Major, s. d. mehr; **Laufbahn**: seit 1782 im Militär, Juni 1785 Cornet im D-R Nr. 2, Jan. 1790 Sl, Jan. 1793 nach 16 Dj. als Invalide dim., als Konsumtions-Steuer-Rendant in Krotoschin versorgt mit e. monatlichen *Salair* von 15 T., hier noch 1801 gen., seine Mutter weilte damals bei ihm, C. F. hielt sich 1819 in Jauer auf, dann als Grenz-Inspektor angesetzt, 1836 in Neusalz gest., seine Witwe lebte 1837 in Neusalz in großer Dürftigkeit;

Quellen: GStA, II. HA, Abt. 13 a, Tit. IV, Litt B, Nr. 1 (Mutter); IV. HA, Rep. 1, Nr. 71, Bl. 15; Stabi, Ms. boruss. fol. 314, Bl. 44; fol. 315, Bl. 177; Jb. dt. Adel, 3. Bd., S. 42;

Fähnrich **Carl Ludwig von Bornstedt** (1737–1760)

aus d. Neumark gebürtig; **Laufbahn**: seit 1754 im Militär, stand 1756 als Gefr. corp. im I-R Nr. 34, 1760 als Fähnrich bei Liegnitz gefallen; (**verwandt**: Balthasar Siegmund von Bornstedt (* 1739), aus d. Neumark, stand 1756 als Gefr.corp. im I-R Nr. 34, (1764 als Ltnt. dim.): Ms. boruss. fol. 311, Bl. 98, Bl. 103);

Quellen: Stabi, Ms. boruss. fol. 311, Bl. 98 (evt. auch 1764 als Ltnt. dim., s. o. bei B. S., in d. Abgangsliste keine Vornamen), Bl. 103;

Cap. **Carl Ludwig von Bornstedt** (* um 1750)

aus d. Neumark gebürtig; **Laufbahn**: 1771 als Ltnt. gen., stand 1778 als Cap. im Frei-Bat. (von Pollitz); **Ehefrau**: e. geb. von Gumbrecht († 1773), diese nahm 1764 von ihrer Mutter, d. Witwe Cap. von Gumbrecht, d. Schloßgut Nörenberg (u. Mellen) im Krs. Arnswalde für 9 600 T. an, darauf Schulden von 5 639 T., beide seien dabei übervorteilt worden, C. L. wollte d. Güter um 1770 an d. Cap. Emanuel von Tilly verkaufen, hierfür wurde kein *Consens* erteilt, d. Cap. wurde um 1771 aus d. Gütern exmittiert, ging nach 1779 nach Polen, hielt sich 1787 in Karge auf; **Sohn**: Friedrich Wilhelm, Ltnt.; **Tochter**: Johanne Albertine Caroline Huldreich (* 1771), ihr Vater soll sie bereits 1775 verlassen haben, sie befand sich 1787 in Nörenberg, versuchte sich von *Wohltaten* u. d. Wollespinnen zu ernähren, sollte d. Landrat zufolge als Waise behandelt u. daher auf d. Expectantenliste für e. neumärkische Pension gesetzt werden, hatte e. kränklichen Körper u. e. *blödes Gesicht*;

Quellen: GStA, I. HA, Rep. 22, Nr. 71, Paket 8465; II. HA, Abt. 13 a, Tit. III, Generalia, Nr. 2, Bd. 15, fol. 43 RS-44; Jb. Neumark, 11/1936, S. 61;

Cap. **Ernst Ludwig von Bornstedt** (* 1761)

Vater: Joachim Friedrich (1717–1779), saß 1745 u. 1751 zs. mit d. Bruder auf d. Schulzengut in Küstrinchen im Wert von 4/m T.; **Mutter**: Anna Hedwig Tugendreich, geb. von Schöning († 1794); **Vater-Bruder**: Hans Ehrentreich (1722–1807), Gl, s. d.; **Bruder**: Hans Friedrich (1755–1806), Ltnt. im I-R Nr. 5, vor 1783 abgegangen, verkaufte vor 1784 d. Gut in Küstrinchen, dann Erbherr auf Ehrenberg in Pommern, Tucheband im Krs. Lebus (u. Deetz im Krs. Soldin); **Laufbahn**: seit 1773 im Militär, Okt. 1782 Sl im I-R Nr. 24, erhielt auf sein Gesuch am 10. Mai 1784 d. *venia aetatis*, sein Vermögen betrug damals 1 385 T., Okt. 1787 Pl, Dez. 1793 Stabs-Cap., Febr. 1795 auf Wunsch dim.;

Quellen: GStA, I. HA, Rep. 22, Nr. 71, Paket 8 465; IV. HA, Rep. 1, Nr. 71, Bl. 15; Stabi, Ms. boruss. fol. 316, Bl. 321, Bl. 328; Ms. geneal. fol. 120, Bl. 250;

Obrist **Ernst Schönberg von Bornstedt** (* 22. Dez. 1688, † 10. Okt. 1749)

Vater: Heinrich Ehrenreich (1654–1730), brandenburg. Obrist bei d. Leibgarde, später sächs. Gl, 1715 Erbherr auf Anteil Lauchstädt (u. Anteil Wugarten im Krs. Friedeberg), auf Steinbeck im Oberbarnim u. auf Detershagen im Hzgtm. Magdeburg; E. S. aus d. Neumark gebürtig; **Mutter**: Marie Catharine, geb. von Schenck (1666–1736); **Bruder**: Carl Ernst († Mai 1720), ksl. Cap.; **Bruder**: Johann Moritz, Cap., vor 1745 abgegangen; **Bru-**

der: August Gottlieb (* 20. Febr. 1698, † 13. Dez. 1772) *, aus d. Hzgtm. Magdeburg gebürtig, seit 1714 im Militär, Mai 1715 Fähnrich im I-R Nr. 5, Mai 1717 Sl, Dez. 1722 Pl, Juli 1729 Stabs-Cap., Sep. 1734 Cap. u. Chef e. Comp., Mrz. 1741 Major, Juli 1745 Ol, Juli 1749 Obrist, Mai 1753 Kommandeur d. I-R Nr. 20, Febr. 1757 GM, Mai 1757 Chef d. I-R Nr. 20, April 1759 dim.; **Bruder**: Alexander Siegfried (* 1699), aus d. NM gebürtig, seit 1718 im Militär, Juni 1740 Ol im I-R Nr. 33, 1742 (mit d. Charakter Obrist) dim.; **Laufbahn**: seit 1706 im Militär, April 1711 Pl im I-R Nr. 10, 1720 als Stabs-Cap. aufgeführt, vor 1730 abgegangen; 1745 als Obrist u. Kommandant von Minden gen.; **Güter**: saß 1745 mit seinen drei Brüder auf Lauchstädt im Krs. Friedeberg u. Steinbeck in d. Mittelmark;

Quellen: GStA, I. HA, Rep. 22, Nr. 71, Paket 8 463; Stabi, Ms. boruss. fol. 311, Bl. 4, Bl. 146 (Bruder A. S.); fol. 313, Bl. 76 RS (Bruder A. G.); fol. 316, Bl. 224 (1720: aus d. NM); fol. 319, Bl. 48 RS (1715: aus d. NM); Ms. geneal. fol. 120, Bl. 213; Jb. dt. Adel, 3. Bd., S. 39 (hier nur d. Bruder C. E. gen.), S. 41; Jb. Neumark, 1926, S. 74; Priesdorff, Nr. 443 (Bruder A. G.);

Fähnrich **Friedrich Wilhelm von Bornstedt** (* 1764)

(**Vater**: Carl Sigismund, seit 1742 Erbherr auf ganz Kalzig im Krs. Züllichau; **Mutter**: Johanne Friederike, geb. von Pfoertner; **Vater-Bruder**, 1715 gen.: Philipp Wilhelm; **Großvater**: Caspar Sigmund († vor 1728), Ltnt. bei Markgraf Philipp, Erbherr auf 1/3 bzw. ½ Kalzig, 1715 als Lehnsfolger auf Anteil Nickern im Krs. Züllichau gen., verh. mit Barbara Helene, geb. von Unruh, sie saß 1728 als Witwe auf Anteil Kalzig, hatte damals zwei Söhne im Alter von 21 Jahren, Student an d. Viadrina, u. 14 Jahren, zu Hause); F. W. aus d. NM gebürtig; **Bruder**: Carl Siegmund Andreas (* 1752), Cornet im K-R Nr. 13, Nov. 1775 ohne Abschied entlassen, saß 1774 zs. mit E. W. G. auf Kalzig; **Bruder**: Ernst Wilhelm Gottlob (* 1757), seit 1771 im Militär, 1774 Fähnrich im I-R Nr. 25, 1779 als Sl gen., Mai 1786 dim.; **Laufbahn**: seit 1782 im Regiment, Juni 1787 Fähnrich im I-R Nr. 30, Jan. 1789 dim.;

Quellen: GStA, IV. HA, Rep. 1, Nr. 71, Bl. 15 (kz. Notizen f. E. W. G., C. S. A. u. F. W.); Stabi, Ms. boruss. fol. 311, Bl. 178, Bl. 181 RS-182 (Hinweis auf d. Vater); fol. 314, Bl. 152 RS, Bl. 157 (E. W. G.); Ms. geneal. fol. 120, Bl. 216 RS, Bl. 256 RS (hier nur d. Brüder C. S. A. u. E. W. G. gen.); Jb. Neumark, 1928, S. 72, S. 80; Jb. Neumark, 11/1936, S. 99–100;

Cap. **George Heinrich Gottlieb von Bornstedt** (* 1688, † 2. Mrz. 1735)

Vater: Caspar Sigismund († vor 1713), Erbherr auf Kalzig im Krs. Züllichau, im Okt. 1713 wurde seine Verlassenschaft zwischen seinen vier Söhnen geteilt: Caspar Sigmund, tauschte seine Geld-Kavel mit d. Bruder Friedrich Wilhelm gegen dessen Güter-Kavel, erhielt dadurch d. sog. große Gut in Kalzig im Wert von 27/m T., G. H. G. bekam bei d. Teilung d. kleine Gut in Kalzig für 17/m T., Hans Christoph u. Friedrich Wilhelm erhielten jeweils 7 553 T., H. C. starb ohne Leibeserben, sein Nachlaß ging an d. drei Brüder, d. Cornet F. W. kaufte Lochow im Krs. Crossen, mußte dieses jedoch später wieder veräußern; **Bruder**: Caspar Sigmund († vor 1728), Ltnt. im I-R Nr. 12, 1715 als Erbherr auf 1/3 Kalzig im Krs. Züllichau gen., verh. mit Barbara Helene, geb. von Unruh, sie saß 1728 auf Anteil Kalzig u. hatte zwei Söhne von 21 u. 14 Jahren, d. ältere Philipp Wilhelm studierte an d. Viadrina; 1735 saß ihr Sohn Carl Sigismund als Lehnsfolger auf d. kleinen Gut in Kalzig, das ihm jedoch von d. beiden Töchtern d. verst. Cap. G. H. G. streitig gemacht wurde; **Brüder**, 1715 gen.: Hans Christoph, vorm. Cornet im D-R Nr. 3, Friedrich Wilhelm; **Laufbahn**: stand 1707 als Fähnrich, zuletzt als Cap. im I-R Nr. 12, mußte wegen Blessuren 1714 seinen Abschied nehmen, hinterließ 1735 zwei Töchter; **Güter**: 1715 u. 1718 als Erbherr auf 2/3 bzw. ½ Kalzig im Krs. Züllichau gen., hatte 1715 zs. mit seinen Brüdern Hans Christoph u. Friedrich Wilhelm (* 1685), Cornet, siehe bei dessen Sohn Maximilian (1709–1759), Major, die gesamte Hand auf Anteil Nickern in Züllichau; hinterließ e. **Tochter** Christiane Gottliebe (* 1729), ihr Vormund war d. Cap. Johann Caspar von Knobelsdorff, sie besaß zunächst d. väterlichen Gutsanteil, dieser wurde ihr jedoch von ihrem Vetter Carl Sigismund, Sohn ihres Onkels Caspar Sigmund, abgesprochen, 1742 wurde diesem d. strittige Teil zugeschlagen, er mußte ihr jedoch d. Allodialerbe auszahlen; um diese Auszahlung zu vermeiden, drang er auf e. Heirat mit ihr, sie lehnte diese trotz Druck ihrer Verwandten ab, weshalb Carl Sigismund e. Eheklage gegen sie anstrengte, diese wurde abgewiesen; sie wurde in ihrem 15. Jahr mit Johann Conrad von Schlichting verheiratet, s. d., dieser hatte zuerst in poln. Diensten gestanden, dann preuß. Rittmstr., im 1. Schlesischen Feldzug *cassirt*, er brachte ihr Vermögen durch, sie ließ sich 1750 von ihm scheiden, kam anschließend zweimal *in Unehre* mit einem Kind nieder u. wurde deshalb mit e. Strafe von 60 T. belegt, d. vorm. Rittmstr. von Schlichting beschuldigte sie im Febr. 1756, *Hurerei betrieben* zu haben;

Quellen: GStA, I. HA, Rep. 22, Nr. 71, Pakete 8 463, 8 464; Stabi, Ms. boruss. fol. 316, Bl. 232; Ms. geneal. fol. 120, Bl. 216 RS; Bardeleben, S. 428; Jb. Neumark 1928, S. 72–73 (hier als G. H. Gottlob, auf 2/3, d. Bruder C. S. auf 1/3 Kalzig), S. 80;

Gl **Hans Ehrenteich von Bornstedt**
(* 27. Mrz. 1722, † 23. Aug. 1807) *

Vater: Hans George (1676–1729), poln. Major, besaß ein Schulzengut in Küstrinchen im Krs. Königsberg; **Mutter**: Luise Charlotte, geb. von Burgsdorff († 1739) **Bruder**: Joachim Friedrich (1717–1779), saß 1745 auf d. Schulzengut, verh. mit Anna Hedwig Tugendreich, geb. von Schöning († 1794), Sohn: Hans Friedrich (1755–1806), Ltnt. im I-R Nr. 5, Erbherr auf Ehrenberg in Pommern, Tucheband im Krs. Lebus u. Deetz im Krs. Soldin; **Laufbahn**: 1740 Corp. im I-R Nr. 18, Okt. 1742 Fähnrich, Dez. 1745 Sl, Okt. 1754 Pl, Jan. 1758 Cap. u. Chef e. Comp., Aug. 1758 Orden p. l. m., Febr. 1760 Major, Mai 1764 Kommandeur d. I-R Nr. 18, Aug. 1767 Ol, Juni 1771 Obrist, April 1778 GM, April 1778 Chef d. I-R Nr. 1, Mrz. 1786 Gl, Dez. 1792 mit 1 200 T. Pension dim.; ging zwei Ehen ein, in erster seit 1762 **verheiratet** mit Helene Louise (* 1723), e. To. d. Gl Franz Ulrich von Kleist, sie war in zweiter Ehe seit 1746 verheiratet gewesen mit d. Ol Christoph Wilhelm von Belling vom I-R 18, s. d., H. E. machte 1765 Forderungen an dessen Lehnsfolger, d. Cap. Tide Christoph von Belling auf Kremlin, in Höhe von 10/m T. geltend, 1772 wurde ihm diese Summe vom Gericht zugesprochen; 1801 als unangesessener Vasall im Krs. Königsberg geführt; **Adoptiv-Sohn**: Franz Otto Kleist von Bornstedt (* 1771);

Quellen: GStA, I. HA, Rep. 22, Nr. 71, Paket 8 464; II. HA, Abt. 12, Materien, Vas.tab. Nr. 6, Bl. 104 RS-105; IV. HA, Rep. 1, Nr. 71, Bl. 15; Stabi, Ms. boruss. fol. 313, Bl. 167, Bl. 170, B. 171 RS, Bl. 172; Ms. geneal. fol. 120, Bl. 225 (Vater u. Söhne gen.); König, 1. T., S. 185–186; Jb. dt. Adel, 3. Bd., S. 36; Lehmann, S. 75; Priesdorff, Nr. 651;

Major **Johann Friedrich von Bornstedt** (* 1719)

Vater: Hans Joachim (1679–1752), Rittmstr. in sächs. Diensten, Erbherr auf Dolgen im Krs. Friedeberg, seit etwa 1743 Landrat d. Krs. Friedeberg, hinterließ drei Söhne, Dolgen geriet nach 1752 in Konkurs u. kam aus d. Familie; **Mutter**: Marie Elisabeth, geb. von Ihlow (1699–1734); **Bruder**: Carl Wilhelm (* 1723) *, stand (von 1735 bis 1752) als Ltnt. im D-R Nr. 1, als solcher 1745 gen., zuletzt Cap., im Aug. 1746 dim., wechselte dann in d. sächs. Militär, (stand 1759 als Cap. u. Chef e. Comp. im I-R von Plotho), 1765 bis 1770 Landrat im Krs. Friedeberg, *trat* nach 1770 *aus*, soll 1774 in d. Suite d. Fürsten von Jablonowsky gewesen sein, Sohn: Carl Friedrich (1766–1836), Ltnt., s. d.; **Bruder**: Joachim Ernst Sigismund (* 1725, † 12. Jan. 1805), seit 1742 im Militär, (1745 Junker im K-R Nr. 5), stand 1756 als Ltnt. im D-R Nr. 2, 1763 u. 1773 als Rittmstr. gen., aber noch ohne Escadron, Juni 1787 Ol u. Chef e. Escadron, Juni 1789 Obrist, Juni 1790 pens., 1805 gest.; **Laufbahn**: seit 1734 im Militär, stand im Dez. 1740 als Cornet im D-R Nr. 3, im Dez. 1741 als Cornet im D-R Nr. 4, 1751 u. 1756 als Ltnt. im D-R Nr. 4 (im Mai 1759 als Major dim.), hielt sich 1774 in Polen auf; **Güter**: erwarb bei einer Subhastation 1758 Dolgen im Krs. Friedeberg, konnte d. nötigen Zahlungen jedoch nicht aufbringen, auch wurden seit 1752 keine Zinsen an d. Gläubiger gezahlt, 1767 hatte d. Gut e. Wert 19 150 T., die Schulden betrugen 18 344 T., stand seit 1770 *sub hasta* u. wurde von d. Küstriner Regierung für 700 T. jährlich verpachtet; 1779 wurde Dolgen gerichtlich auf 17 973 T. taxiert, ging bei d. Subhastation 1781 für 12/m T. an d. Ltnt. Chr. Fr. von Sack, s. d., J. F. beschwerte sich über diesen zu niedrigen Verkaufspreis; lt. Bericht d. Küstriner Reg. vom Sep. 1779 hatte Dolgen nicht d. Major, sondern d. Bruder C. W. gehört; 1794 u. 1803 befand es sich noch in d. Händen d. Ltnt.s C. F. von Sack, d. drei Söhne d. Landrates hatten auf Dolgen noch e. Lehnstamm in Höhe von 1 800 T. zu fordern;

Quellen: GStA, I. HA, Rep. 22, Nr. 71, Pakete 8 464, 8 465; IV. HA, Rep. 1, Nr. 71, Bl. 15 (J. F. 1759 als Major dim., J. E. S.); Stabi, Ms. boruss. fol. 313, Bl. 10 RS, Bl. 59, Bl. 59 RS, Bl. 60 (vor 1764 abgegangen); fol. 315, Bl. 173, Bl. 174, Bl. 175, Bl. 177 (je J. E. S., hier nur als Ernst Sig., Cornet C. F.); Ms. geneal. fol. 120, Bl. 212 (1745 d. Landrat u. seine drei Söhne gen.), Bl. 248; Gesch. D-R Nr. 3, S. 422 (J. F. 1759 als Major dim.?); Probst, 1841, S. 156 (C. W.); Jb. dt. Adel, 3. Bd., S. 42 (hier nur d. Vater u. d. Sohn C. W.); Moegelin, S. 62 (hier als Major gen.); Jb. Neumark, 11/1936, S. 69; biogr. Handbuch, S. 117–118 (C. W.);

Major **Maximilian von Bornstedt** (* 6. Aug. 1709, † 11. Aug. 1759) *

Vater: Friedrich Wilhelm (* 1685), Cornet (im D-R Nr. 3), 1728 als Erbherr auf 2/3 Lochow im Krs. Züllichau gen., mußte dieses vor 1735 wieder verkaufen, hatte sein Schulzengericht in Ostrow im Krs. Sternberg 1723 an d. Cap. Hans Christoph von Bardeleben veräußert; **Mutter**: e. geb. von Knobelsdorff; **Vater-Bruder**: George Heinrich Gottlieb (1688–1735), Cap., s. d.; **Bruder**: Friedrich Wilhelm (1717–1757), seit 1730 im Reg., 1738 Fähnrich im I-R Nr. 3, 1740 Sl, Dez. 1745 Pl, Okt. 1756 Stabs-Cap., Febr. 1757 Cap. u. Chef e. Comp., am 13. Juli 1757 gefallen; **Laufbahn**: Juni 1724 *cadet*, Okt. 1726 ins I-R Nr. 3, 1728 als Sergant gen., Juni 1731 Fähnrich, Mai 1735 Sl, Aug. 1740 Pl, 1747 Cap. u. Chef e. Comp., Febr. 1757 Major u. Chef e. Grenadier-Bat., 1759 an e. Blessur gest.; seit 1748 **verheiratet** mit Friederika Christiana, geb. von Drachstädt (* 1724), **Sohn**: Friedrich Maximilian Moritz (* 18. Juni 1750); **Sohn**: Maximilian Friedrich Leopold Rudolph (* 20. Sep. 1751); **Sohn**: Leopold George Heinrich Franz (* 23. Mrz. 1755);

Quellen: GStA, I. HA, Rep. 22, Nr. 71, Paket 8 463; IV. HA, Rep. 1, Nr. 71, Bl. 15 (hier nur e. Cap. bei Anhalt, 1757 dim.); Stabi, Ms. geneal. fol. 120, Bl. 216 RS; Gesch. I-R Nr. 3, S. 202–204, S. 210 (Bruder); König, 1. T., S. 188–190;

hessen-kasselscher Ol **Wolf Ludwig von Bornstedt** († 1739)

Vater: Heinrich Ehrenreich (1654–1730), 1715 u. 1718 als Erbherr auf ½ Lauchstädt im Krs. Friedeberg gen., sächs. Gl, (zuletzt nahe Magdeburg ansässig, hinterließ drei Söhne); **Bruder**: Ernst Schönberg (1688–1749), Obrist, s. d.; **Bruder**: Johann Moritz; **Bruder**: Ludolph Ernst; **Laufbahn**: avancierte in hessen-kasselschen Diensten bis zum Ol; **Ehefrau**: Charlotte, geb. von Bismarck (* 1695); **Güter**: soll in seiner Ehestiftung von 1738 d. altväterliche Gut Lauchstädt zu Lasten d. Familie ungebührlich hoch belastet haben, seine Witwe machte nach 1739 Forderungen in Höhe von 7 115 T. geltend, gegen diese Belastungen klagte u. a. d. Obrist Ernst Schönberg von Bornstedt in Minden;

Quellen: GStA, I. HA, Rep. 22, Nr. 71, Paket 8 464; Fam.gesch. von Bismarck, S. 132; Jb. Neumark, 1926, S. 74;

Ltnt. **Alexander Christoph Eberhard von Brand** (* 26. Jan. 1779)

Vater: Christoph Ernst (1738–1792), Domherr, 1764 auf Anteil Gralow, 1772 Erbherr auf Lipke u. Anteil Pollychen im Krs. Landsberg, auf Ehrenberg in Pommern, auf Stavenow (Prignitz); **Mutter**: Anna Maria, geb. Albrecht (* 1756), sie war d. Tochter e. Maurers, diente bei C. E. als Bauernmagd bzw. Wirtschaftsfräulein, d. Domherr heiratete sie im Aug. 1776, seine Mutter Luise Wilhelmine verwitw. EM Christian von Brand, geb. von der Groeben (1699–1782), bat im Jan. 1779 um Kassation d. Ehe, diese wurde daraufhin gerichtlich für nichtig erklärt, in zahlreichen Immediatgesuchen bat C. E. seit 1779 um d. Legitimation seiner zwei Söhne u. vier Töchter, diese erhielten erst im Dez. 1794 d. Rechte ehelicher Kinder u. d. Namen des Vaters; **Schwester**: Maria Antonia (* 15. Jan. 1781), sie erhielt am 14. Mrz. 1803 d. *venia aetatis*, ihr Erbteil betrug nach Abzug diverser Unkosten 8 749 T., sie war damals bereits verheiratet mit Heinrich Frhr. von Vietinghoff aus d. Hzgtm. Sulzbach, der im Juni 1800 als Sl im D-R Nr. 3 dim. wurde; **Laufbahn**: Okt. 1797 Cornet im H-R Nr. 7

in Südpreußen, Aug. 1801 Sl, Juli 1803 dim., hielt sich 1805 in Rosenthal bei Soldin auf; **Güter**: 1801 wurden die Brandschen Erben auf Lipke im Krs. Landsberg im Wert von 18/m T. gen., dazu auf Pollychen B für 10/m T., d. Ltnt. hatte einen Bruder u. vier Schwestern, sie verkauften Lipke u. ihre anderen Besitzungen (darunter Anteil Gralow) 1803 an d. vorm. Landrat von Zinnow für 141/m T.;

Quellen: GStA, I. HA, Rep. 22, Nr. 31, Paket 8 434; II. HA, Abt. 12, Materien, Vas.tab. Nr. 6, Bl. 112 RS-113; IV. HA, Rep. 1, Nr. 71, Bl. 72; Nr. 91, Bl. 161 (Viettinghoff); Stabi, Ms. geneal. fol. 120, Bl. 250 RS; Bratring, 3. Bd., S. 160; Tb. Uradel, 1905, S. 150, S. 152; Jb. Neumark, 11/1936, S. 84–85;

Major **Christoph Wilhelm von Brand** (* um 1704, † 3. bzw. 11. Nov. 1760)

Vater: Aemilius Otto (* 1676, † um 1730), Cap., 1715 als Erbherr auf Zerbow im Krs. Sternberg gen., 1713 auch Erbherr auf Kähmen, 1717 auf Kähmen u. Murzig im Krs. Crossen, beide im Wert von jeweils 14/m T., schuldete seiner Stief-Mutter für Murzig 7/m T., mußte d. Allodialerben für Kähmen 4 600 T. auszahlen, suchte 1728 um e. zweijährigen Indult nach, sollte seine Geschwister mit 4 500 T. abfinden; **Mutter**: Theodore Anna Luise verwitw. von Broesigke, geb. von Schlabrendorff; **Großvater**: Ludwig (1640–1711), Geh. Rat, Kanzler d. Neumark, seine Witwe saß 1713 u. 1718 auf Murzig bzw. hatte d. Nießbrauch d. Gutes; **Bruder**: Ludwig Otto, 1715 gen.; **Bruder**: Carl Friedrich (* um 1710, † Mai 1741), seit 1734 im Militär, zuletzt Cap. im Garn.-Reg. Nr. 8, an bei Mollwitz erlittenen Blessuren gest., Ehefrau: Eleonore Philippine (1714–1810), e. Tochter von Christoph Wilhelm Scharowetz von Scharowa († 1740), vorm. Cap. im I-R Nr. 19, sie lebte 1782 von Almosen, hatte keine nahen Verwandten, stand auf d. Expectantenliste für e. neumärkische Pension; **Laufbahn**: stand von Jugend an im I-R Nr. 19, wurde 1741 bei Mollwitz blessiert, Okt. 1745 Stabs-Cap., Nov. 1747 Cap. u. Chef e. Comp., 1757 Major, 1760 bei Torgau gefallen; **Güter**: übernahm bei d. Erbteilung d. väterlichen Güter im Krs. Crossen mit Schulden, mußte seine Geschwister auszahlen, verkaufte daher im Jan. 1750 Kähmen u. Murzig im Krs. Crossen für 22/m T. an d. Cap. Leopold Maximilian von Schlegel, s. d., darauf Schulden von 12 444 T., nach Abzug aller Schulden blieb e. Erlös von 6 473 T.; **Ehefrau**: Charlotte Eleonore, geb. von Lichnowsky;

Quellen: GStA, I. HA, Rep. 22, Nr. 31, Paket 8 432; Rep. 66, Nr. 18; II. HA, Abt. 13 a, Tit. III, Generalia, Nr. 2, Bd. 10, Bl. 45 RS-46 (Frau d. Bruders C. F.); IV. HA, Rep. 1, Nr. 71, Bl. 72 (kz. Notiz); Stabi, Ms. boruss. fol. 312, Bl. 134 (C. F. noch 1742 als Sl gen.); Ms. geneal. fol. 120, Bl. 220; Gesch. I-R Nr. 19, S. 107; Tb. Uradel, 1905, S. 149–150 (d. Vater als Emil Otto, C. W. als C. W. Carl); Jb. Neumark, 1928, S. 38, S. 103;

Cap. **Friedrich Paul von Brand** (* 4. Mai 1770, † 22. Mrz. 1850) *

Vater: Christian Ludwig (1728–1786), Stallmstr. beim Prinzen August Wilhelm von Preußen, Erbherr auf Hermsdorf, ½ Lauchstädt u. Wutzig im Krs. Friedeberg, 1767 im Wert von 30/m, 19 500 u. 35/m T.; **Mutter**: Auguste Dorothea Sophie, geb. von Braunschweig (1741–1801); **Bruder**: Christian (1766–1811), nahm keine Dienste, 1801 u. 1803 Erbherr auf Hermsdorf für 30/m u. Wutzig für 35/m T. im Krs. Friedeberg, verheiratet mit Luise Caroline Wilhelmine, geb. von Wedel (1768–1841), sie verkaufte ihr Gut Berkenbrügge 1804 an d. Landrat G. F. F. von Bonin; **Bruder**: Ludwig Ernst (* 1767, † Okt. 1821), seit 1783 im Militär, Juli 1785 Cornet im D-R Nr. 4, April 1787 Sl, Febr. 1791 (bzw. 1794 auf Wunsch) als Cap. dim., saß 1801 auf Lauchstädt im Krs. Friedeberg im Wert von 26/m T.; **Bruder**: Carl Wilhelm (1768–1819), seit 1783 im Militär, Okt. 1786 Cornet im D-R Nr. 3, Aug. 1788 Sl, Okt. 1797 Pl, Juni 1800 Stabs-Rittmstr., Nov. 1804 Rittmstr., Sep. 1807 pens., 1819 gest.; **Laufbahn**: trat 1784 in d. Militärdienst ein, Juni 1787 Fähnrich im I-R Nr. 7, Jan. 1790 Sl, Nov. 1798 Pl, Jan. 1804 als Cap. dim.; **Ehefrau**: Wilhelmine Friederike Luise, geb. von Braunschweig († 1847);

Quellen: GStA, II. HA, Abt. 12, Materien, Vas.tab. Nr. 6, Bl. 85 RS-86, Bl. 86 RS-87 (L. E.), Bl. 88 RS-89 (Bruder Chr.); IV. HA, Rep. 1, Nr. 71, Bl. 72; Stabi, Ms. boruss. fol. 313, Bl. 11 (C. W.); fol. 314, Bl. 271 RS; fol. 907 a, Bl. 90 RS; Ms. geneal. fol. 120, Bl. 248; Gesch. D-R Nr. 3, S. 258–259, S. 316, S. 418, S. 425; Tb. Uradel, 1905, S. 150–151; Jb. Neumark, 1927, S. 57 (Ehefrau d. Bruders Christian); Jb. Neumark, 11/1936, S. 70;

Ltnt. **Friedrich Wilhelm von Brand** (* 13. Dez. 1725, † 13. Mrz. 1758)

Vater: Christian (1684–1749), Kammerherr, EM, 1715 Erbherr auf Hermsdorf u. Wutzig im neumärk. Krs. Friedeberg, 1715 auch auf Lipke im Krs. Landsberg, damals als vorm. Ltnt. bez.; **Mutter**: Luise Wilhelmine, geb. von d. Groeben (1699–1782); **Vater-Bruder**: Ernst Ludwig, Ltnt. in d. Garde, Kammerherr, 1715 als Erbherr auf Anteil Gralow im Krs. Landsberg gen., **Bruder**: Christian Ludwig (1728–1786), Stallmstr., siehe bei dessen Sohn F. P.; **Bruder**: Christoph Ernst (1738–1792), Domherr, siehe bei dessen Sohn A. C. E.; **Laufbahn**: seit 1742 im Militär, Sep. 1745 Sl im I-R Nr. 13, Mai 1754 Pl, 1758 gest.;

Quellen: GStA, I. HA, Rep. 22, Nr. 31, Paket 8 432; IV. HA, Rep. 1, Nr. 71, Bl. 72 (kz. Notiz); BLHA, Rep. 23 B, Nr. 446 (Hinweis auf d. Rang Ltnt. für E. L.); Stabi, Ms. boruss. fol. 311, Bl. 23 (nicht in d. Abgangsliste), Bl. 28; Ms. geneal. fol. 120, Bl. 212 (1745 werden drei Söhne d. EM gen., d. älteste stand im I-R Nr. 13); Tb. Uradel, 1905, S. 150 (Vater); Tb. Uradel, 1930, S. 105; Jb. Neumark, 1926, S. 64, S. 75;

Major **Wilhelm von Brand** (* 1675)

aus d. Neumark gebürtig; **Laufbahn**: seit 1702 im Militär, Jan. 1715 bzw. 1716 Major im I-R Nr. 27, vor 1726 abgegangen;

Quellen: Stabi, Ms. boruss. fol. 316, Bl. 88; fol. 319, Bl. 49 RS;

Major **Bogislav Wilhelm Erdmann von Braunschweig** (* 3. April 1753, † 11. Febr. 1818)

Vater: George Erdmann (1710–1757), 1728 als Uffz. im I-R Nr. 1, 1751 als Erbherr auf Anteil Klötzin im Krs. Schivelbein im Wert von 1/m T. gen., auf e. zweiten Anteil Klötzin für 2/m T. saß damals Conrad Felix von Braunschweig (* um 1706); **Mutter**: Sophie Juliane, geb. von Grape; **Großvater**: Barnim von Braunschweig (1670–1749), 1715 auf Anteil Klötzin u. auf Beustrin im Krs. Schivelbein; **Bruder**: Carl George Heinrich (1747–1811), nach d. Erbteilung seit Juni 1787 Erbherr auf Anteil Klötzin im Wert von 2 700 T.; **Bruder**:

Caspar Friedrich Heinrich (1749–1775), als Ltnt. im I-R Nr. 42 gest.; **Laufbahn**: seit 1769 im Militär, stand 1774 als Fähnrich im I-R Nr. 34, Mrz. 1788 Pl, Jan. 1792 Stabs-Cap., Mrz. 1794 zum Depot-Bat. d. I-R Nr. 34, Mai 1794 als Cap. u. Chef e. Comp. zum Depot-Bat. d. I-R 17, Okt. 1805 mit 300 T. pens., Nov. 1805 Charakter Major;

Quellen: GStA, I. HA, Rep. 176, Nr. 638, Tafel E; IV. HA, Rep. 1, Nr. 71, Bl. 101; BLHA, Rep. 78 I, Nr. 170, Bl. 55 RS-56; Stabi, Ms. boruss. fol. 311, Bl. 105; fol. 312, Bl. 13; Ms. geneal. fol. 120, Bl. 251; Tb. Briefadel, 1912, S. 105–106; Jb. Neumark, 1927, S. 90–91, S. 100; Jb. Neumark, 11/1936, S. 87–88;

Cap., Landrat **David Friedrich von Braunschweig** (* 23. Nov. 1744, † 1. Juli 1809) *

Vater: David Vincenz Friedrich (1711–1763), Landrat im Krs. Pyritz; **Mutter**: Auguste Friederike, geb. von Wedel (1709–1753); **Bruder**: Friedrich Wilhelm (1742–1807) *, Obrist, stand 46 Jahre im I-R Nr. 7, seit 1803 auf Alt Klücken im Krs. Arnswalde; **Laufbahn**: seit 1762 im Regiment, stand 1765 als Sl im D-R Nr. 4, Juni 1774 wegen *blöden Gesichts* mit d. Charakter Cap. dim.; amtierte von 1781 bis 1806 als Landrat im Krs. Friedeberg; **Güter**: 1778, 1803 Erbherr auf Seegenfelde im Krs. Friedeberg, 1801 im Wert von 20/m T.; **Ehefrau**: Juliane Friederike, geb. von Beneckendorff (1749–1806);

Quellen: GStA, II. HA, Abt. 12, Materien, Vas.tab. Nr. 6, Bl. 86 RS-87; Nr. 8, Bl. 89 RS-90; IV. HA, Rep. 1, Nr. 71, Bl. 101; Gesch. D-R 3, S. 200, S. 423; Tb. Briefadel, 1912, S. 103; Jb. Neumark, 11/1936, S. 71; biogr. Handbuch, S. 129–130; Pommern, S. 127 (Biogramm d. Bruders F. W.);

Ltnt. **Friedrich Heinrich von Braunschweig** (* 26. April 1768, † 14. Dez. 1850)

Vater: Caspar Heinrich (1720–1776) *, stammte aus Pommern, seit 1738 im Militär, Nov. 1753 Sl, Mai 1757 Pl im Garn.-Reg. Nr. 11, Juni 1764 dim., 1776 auf seinem Gut Beustrin im Krs. Schivelbein gest., 1767 im Wert von 4 712 T., darauf Schulden von 4 307 T.; **Mutter**: Dorothea Charlotta (1739–1812), e. Tochter d. 1766 verst. Ltnt. Claus von Blankenburg, sie schloß am 17. April 1777 e. Erbrezeß mit ihren Kindern, übernahm danach das gesamte Vermögen ihres verst. Mannes einschl. d. Gutes Beustrin für 3 590 T., welches sie bis zur Volljährigkeit d. Sohnes bewirtschaften wollte, darauf Schulden von 3 313 T., sie bekam 1780 Meliorationsgelder in Höhe von 920 T., d. Witwe stand seit 1785 auf d. Expectantenliste für e. neumärk. Pension, weil von den Gutsrevenuen kaum etwas für d. Unterhalt d. Familie übrig blieb, sie hatte 1788 ihren Wohnsitz auf d. verschuldeten Gut Beustrin, erhielt seit Trinitatis 1790 e. Pension von 100 T.; **Laufbahn**: seit 1784 im Regiment, Juni 1787 Fähnrich im I-R Nr. 17, Febr. 1790 Sl, Juni 1790 zum Depot-Bat. d. I-R Nr. 17, Juni 1793 zur Invaliden-Comp. d. I-R 17, Mrz. 1795 mit e. jährl. Pension von 96 T. dim.; **Güter**: saß 1804 auf Dolgenow im Krs. Schivelbein im Wert von 15 550 T.; **heiratete** 1813 Sophie Charlotte Auguste, geb. von Broecker († 1821);

Quellen: GStA, I. HA, Rep. 176, Nr. 638, Tafel E; II. HA, Abt. 13 a, Tit. IV, Generalia, Nr. 25; Tit. IV, Litt S, Nr. 1, Bd. 1 (danach hieß d. Vater Caspar Heinrich), Bd. 2; IV. HA, Rep. 1, Nr. 71, Bl. 101; Stabi, Ms. boruss. fol. 314, Bl, 171 (Vater, 1763 als Christian); fol. 316, Bl. 31 RS, Bl. 34 RS-35; Moegelin, S. 65, S. 266; Jb. Neumark, 11/1936, S. 87; Pommern, S. 126 (kz. Biogramm d. Vaters C. H., hier 1723–1775);

Ltnt. **Johann Christian Theodor von Braunschweig** (* 1747, † vor 1796)

(**Mutter**: Sophia, geb. von Rhoeden, Schwester d. Obristen Hans Heinrich (1715–1784), s. d., 1774 in Reetz, u. d. Rittmstr. George Leopold Askan (1735–1791), 1774 in Schlönwitz, sie wohnte 1774 in Zeinicke), J. C. T. aus Winningen im Krs. Dramburg gebürtig; **Laufbahn:** seit 1761 im Militär, 1764 als Cornet, 1775 als Ltnt. im K-R Nr. 5 gen., zuletzt Pl, stand seiner Frau zufolge drei Jahre als Junker u. 15 Jahre als Offz. im K-R Nr. 5, Jan. od. Juni 1776 mit 60 T. Pension dim.; **Ehefrau**: Maria Theresia (* 1742, † 23. Aug. 1803), e. Tochter von George von Tettenborn, Oberforstmstr. im Dienst d. Fürsten von Oettingen Wallerstein, sie war zunächst Gesellschafterin bei e. Gräfin von Oettingen, lernte ihren Mann auf dessen Werbung in Franken kennen, ging mit ihm in d. preuß. Monarchie, er hinterließ ihr e. **Hof** in Zeinicke, der jährliche Revenuen von 45 T. trug, aber mit 1/m T. verschuldet war, sie mußte d. Bauernhof verkaufen, vom Erlös blieben ihr nur 250 T., sie wurde 1796 auf d. Expectantenliste für e. neumärk. Pension gesetzt, hinterließ 1803 d. Tochter Charlotta, verheiratete Schröder zu Nörenberg;

Quellen: GStA, II. HA, Abt. 13 a, Tit. IV, Generalia, Nr. 20; Tit. IV, Litt D, Nr. 1 (Witwe); IV. HA, Rep. 1, Nr. 71, Bl. 101 (kz. Notiz) Stabi, Ms. boruss. fol. 311, Bl. 139; Ms. geneal. fol. 120, Bl. 246 RS-247 (J. C. hier als Joh. Friedrich);

Ltnt. **Curd Heinrich von Brederlow** (1695–1727)

Vater: Caspar Heinrich († vor 1722), 1715 Adjutant im Regiment Bayreuth, Erbherr auf d. kleinen Rittersitz in Granow im Krs. Arnswalde; **Bruder**: Christian Siegmund († 1702), Cap. d. Leibgarde; **Laufbahn**: seit 1711 im Militär, Juli 1717 Ltnt. im I-R Nr. 13, noch 1722 hier gen., 1727 als Ltnt. gest.; **Güter**: saß 1722 auf d. vom Vater geerbten kl. Rittersitz in Granow, mußte aus d. Gut seine Stief-Mutter mit 1 250 u. seine drei Geschwister mit zs. 1 500 T. abfinden, Granow war damals mit 3 100 T. belastet, d. jährl. Revenuen betrugen 200 T., für d. Zinsen waren 155 T. aufzubringen, für Steuern u. a. Unkosten mind. 20 T., C. H. wollte d. Gut daher für 12 bis 18 Jahre für 5/m T. auf Wiederkauf an d. Ltnt. von Dossow abtreten; erhielt im Juni 1724 hierfür d. Erlaubnis; aus seiner **Ehe** mit e. geb. von Barnewitz keine Leibeserben;

Quellen: GStA, I, HA, Rep. 22, Nr. 25, Paket 8 425; Stabi, Ms. boruss. fol. 311, Bl. 21, Bl. 33 RS (danach aus d. UM?); Siebmacher, Bd. 6/5, 1880, S. 13–14 (C. H. danach gest. Nov. 1724); Jb. Neumark 1927, S. 170;

Ltnt. **Carl Wilhelm von Bredow** (* 12. Aug. 1775, † 29. Mai 1857) *

Vater: Asmus Wilhelm (1731–1799), Landrat, Erbherr auf Prillwitz u. Markau in d. Mittelmark; **Mutter**: Dorothea Ernestine, geb. von Kospoth; **Laufbahn**: Nov. 1790 Cornet im K-R Nr. 6, Jan. 1793 Sl, April 1796 dim., April 1813 Cap. beim Elb-I-R, Mrz. 1815 26. I-R, Sep. 1815 Major, Mrz. 1830 Ol, April 1831 als Obrist im 26. I-R dim.; **Güter**: erwarb im Okt. 1800 von d. minderj. Friedrich von Mühlheim,

Sohn d. verst. Landrates Friedrich Franz, Nordhausen im Krs. Königsberg für 72/m T., nahm hier seinen Wohnsitz, veräußerte d. Gut 1802 an d. Geh. Rat Carl Friedrich von Goldbeck für 85/m T.;
Quellen: GStA, II. HA, Abt. 12, Materien, Vas.tab. Nr. 6, Bl. 98 RS-99; IV. HA, Rep. 1, Nr. 71, Bl. 123; Jb. dt. Adel, 1. Bd., S. 322–324; Jb. Neumark, 11/1936, S. 75;

Ltnt. **Cuno Otto von Bredow** (get. 3. Juli 1692, † 17. Dez. 1736)

Vater: Hans Liborius (1645–1693), brandenburg. Cap., Erbherr auf Pinnow in d. UM, C. O. aus d. Neumark gebürtig; **Mutter**: Clarina Lucia, geb. von Redern; **Bruder**: Hans Siegmund († 1736); **Laufbahn**: seit 1706 im Regiment, Okt. 1714 Ltnt. im I-R Nr. 12, vor 1722 (bzw. noch 1725 als Pl hier gen., wenig später) abgegangen, ledig u. ohne Güterbesitz in Kunersdorf im Krs. Lebus gest., hatte zs. mit d. Bruder zu den Erben ihres Onkels, d. Gl Gottfried Albrecht von Bredow, s. d., gehört u. Nutzen aus dem Verkauf von Bischofssee u. Leissow gezogen;
Quellen: GStA, II. HA, Abt. 13, Ämter, Amt Neuendorf, Nr. 1; Stabi, Ms. boruss. fol. 316, Bl. 232 (nicht in d. Abgangsliste, nicht in d. Rangliste 1722); fol. 319, Bl. 50 (aus d. NM); Fam.gesch., Cremmensche Linie, S. 134–135 (danach noch 1725 im Reg.), Tafel VI;

Rittmstr. **Ernst Albrecht von Bredow** (* 6. Nov. 1701, † 1741)

Vater: Cuno Creuz Ernst (1655–1724) *, 1684 Ltnt., Okt. 1690 Rittmstr. im K-R Nr. 2, Jan. 1693 Major, Jan. 1705 Ol im K-R Nr. 5, Mrz. 1709 Obrist, Mai 1719 Kommandeur d. K-R Nr. 5, Juni 1719 GM, Juli 1723 Chef d. K-R Nr. 1, 1713 u. 1718 als Erbherr auf Rostin im Krs. Königsberg gen; E. A. aus d. Neumark gebürtig; **Mutter**: Anna Margarete, geb. von der Marwitz; **Vater-Bruder**: Gottfried Albrecht (1650–1730), Gl, s. d.; **Bruder**: Otto Friedrich, 1713 gen.; **Laufbahn**: seit 1719 im Militär, April 1728 Ltnt., stand 1740 als Rittmstr. u. Chef e. Escadron im K-R Nr. 5, als solcher 1741 gest.;
Quellen: BLHA, Rep. 23 B, Nr. 446 (Vater u. Sohn hier als Cuno Creuz u. Creuz Albr.); Stabi, Ms. boruss. fol. 311, Bl. 132, Bl. 137 RS; Fam.gesch., Cremmensche Linie, S. 131, Tafel VI (Nr. 153; Vater danach 1725 gest.); Jb. Neumark, 1927, S. 22 (hier als Kreuz Albrecht); Priesdorff, Nr. 195 (Vater, nur als Kuno Ernst);

General **Friedrich Sigismund von Bredow** (* 5. Mai 1683, † 15. Juni 1759) *

Vater: Siegmund Gottfried, Erbherr auf Neu-Zauche u. Falkenberg bei Beeskow; **Mutter**: Barbara Christine, geb. von (Pannwitz); **Bruder**: Carl Wilhelm (1682–1761) *, 1702 Ltnt. im I-R Nr. 12, Mrz. 1705 Stabs-Cap., Juni 1706 Cap. u. Chef e. Comp., April 1713 Major im I-R Nr. 21, Okt. 1718 Ol im I-R Nr. 9, Mai 1727 Obrist u. Kommandeur d. I-R Nr. 8, Aug. 1737 Chef d. I-R Nr. 7, Juli 1740 GM, Nov. 1740 Orden p. l. m., Okt. 1741 Chef d. neuen Garn.-Reg. Nr. 7, Mrz. 1746 mit Pension dim., 1745 als Erbherr auf Bischdorf im Krs. Cottbus gen., hinterließ seine dritte Frau Elisabeth Wilhelmine, geb. von Pannwitz (1711–1789), sie verkaufte d. Güter 1775; **Bruder**: Caspar Ludwig (1685–1773) *, 1705 Ltnt. im K-R Nr. 5, April 1711 Stabs-Rittmstr., Juni 1714 Cap. u. Chef e. Comp. im I-R Nr. 21, Juli 1720 Major, Juli 1730 Ol, Sep. 1739 Obrist u. Kommandeur d. I-R Nr. 18, Juni 1741 Chef d. K-R Nr. 11,

Juni 1742 Orden p. l. m., Mrz. 1743 GM, Mai 1747 Gl, Juni 1747 Ritter d. Schwarzen Adler-Ordens, Nov. 1751 mit 1500 T. Pension dim.; **Laufbahn**: Juli 1705 Cap. im D-R Derfflinger, Jan. 1714 Major, Sep. 1716 Ol, Sep. 1721 Obrist, Sep. 1727 Kommandeur d. D-R Nr. 6, Juli 1733 Chef d. K-R Nr. 7, Mai 1737 GM, Mai 1742 Gl, Mai 1742 Ritter d. Schwarzen Adler-Ordens, Juli 1747 General d. Kavallerie, Juli 1755 mit 2/m T. Pension dim.; in erster **Ehe** seit 1718 verheiratet mit Anna Elisabeth, geb. von Kottwitz († 1739), beide lebten in ihren letzten Ehejahren voneinander getrennt; **Güter**: 1718 trat ihm sein Schwiegervater, d. Landrat Balthasar Erdmann von Kottwitz, s. d., Sommerfeld, Gablenz u. Grabkow in Crossen ab, geriet nach 1739 in langwierige Prozesse mit seiner Schwiegermutter, noch 1751 auf d. Gütern in Crossen gen.; 1774 wurde seine zweite Ehefrau und **Witwe** gen.: Emerentia Sophie, geb. von Beerfelde (1715–1792), eine Schwester d. Obristen Balthasar Adolph von Beerfelde im K-R Nr. 7, d. Witwe saß damals auf Grabkow, Sommerfeld, ½ Baudach u. ½ Gablenz, sie erhielt 1780 für Sommerfeld Meliorationsgelder in Höhe von 2270 T.; stiftete in ihrem Testament e. Majorat für d. Fam. von Beerfelde;

Quellen: GStA, I. HA, Rep. 22, Nr. 147; BLHA, Rep. 78 I, Nr. 170, Bl. 2; Stabi, Ms. geneal. fol. 120, Bl. 243; Stabi, Ms. boruss. fol. 311, Bl. 213 (Bruder C. L.: aus d. NM geb.); fol. 319, Bl. 43 RS (Brüder, beide aus d. NM gebürtig); Jb. Neumark, 1928, S. 166 (Bruder C. W. hier als Carl Friedrich); Moegelin, S. 266; Jb. Neumark, 11/1936, S. 82; Priesdorff, Nr. 253, Nr. 267 (Bruder C. W.), Nr. 312 (C. L.); Krüger, Cottbus, S. 4;

Gl **Gottfried Albrecht von Bredow**
(* 1650, † 6. Juli 1730) *

Vater: Heinrich Albrecht (* 1612), brandenburg. Cap., Erbherr auf Kremmen u. Vehlefanz in d. Mittelmark, G. A. aus Bischofssee im Krs. Sternberg gebürtig; **Mutter**: Ilse Margarethe, geb. von Greiffenberg; **Bruder**: Cuno Creuz Ernst (1655–1724) *, Juni 1719 GM, Juli 1723 Chef d. K-R Nr. 1, Sohn: Ernst Albrecht († 1741), Rittmstr., s. d. mehr; **Laufbahn**: 1672 Cornet im Reg. Derfflinger, 1680 Ltnt., 1688 Rittmstr., April 1692 Major, April 1693 Ol, Jan. 1703 Obrist u. Kommandeur d. Reg. Markgraf Philipp Wilhelm zu Pferd, Sep. 1709 GM, Mai 1719 Kommandeur d. K-R Nr. 9, Mai 1719 Gl, Jan. 1726 Gouverneur von Peitz; **Ehefrau**: Hedwig Dorothea, geb. von der Marwitz (1664–1720); **Güter**: 1715 als Pfandbesitzer von Bischofssee u. Leissow im Krs. Sternberg gen., d. Güter waren Lehn d. Familie von der Marwitz, von den Erben d. Gl im Nov. 1734 an d. Fiskus für 30/m T. verkauft, sie hatten ursprünglich 36/m T. u. 200 Dukaten Schlüsselgeld verlangt, lt. Küstriner Kammer war d. Ankaufpreis zu hoch, zu diesen Erben, d. Bruder-Kindern d. Gl, gehörten: Hans Siegmund u. Cuno Otto von Bredow, s. d., sowie Reinhard Bernhard Friedrich von Barfuss;

Quellen: GStA, II. HA, Abt. 13, Ämter, Amt Neuendorf, Nr. 1; Stabi, Ms. boruss. fol. 311, Bl. 134 (C. C. E.); fol. 319, Bl. 29 (G. A. u. C. C. E., beide aus d. NM); König, 1. T., S. 253, S. 256 (C. E.); Jb. Neumark, 1927, S. 22, S. 32–33; Schulze, Statistik, S. 84; Priesdorff, Nr. 165, Nr. 195 (Bruder);

Cap. **Hans Albrecht Ernst von Bredow** (* 23. Febr. 1712)

Vater: Hans Siegmund († 1736), Erbherr auf Zützen in d. UM, in erster Ehe verh. mit e. geb. von Greiffenberg, in zweiter mit e. von Sydow; H. A. E. aus d. UM gebürtig; **Großvater-Bruder**: Cuno Creuz Ernst (1655–1724), GM, Erbherr auf Rostin; **Laufbahn**: seit 1726 im Militär, stand 1737 als Sl im I-R Nr. 5, 1741 als Ltnt. mit d. Charakter Cap. dim., 1774 als vorm. Cap. im I-R Nr. 5 gen.; **Güter**: übernahm bei d. Teilung mit seinen Brüdern 1746 Rostin im Krs. Königsberg für 25/m T., darauf 1763 Schulden von 27/m T.; kaufte im Mai 1759 Dölzig für 33/m T., 1763 lagen auf beiden Gütern Schulden von 60/m T., verkaufte beide inkl. d. auf Rostin errichteten *Fabrique* für holländ. Tabakspfeifen, die allein e. Wert von 100/m T. gehabt haben soll, (1764) für 170/m T. an seinen Hauptgläubiger, d. Kriegsrat W. L. Lüder, d. Kaufpreis allein f. d. Gut Rostin betrug 32 400 T.; 1774 wurde H. A. E. im Amtsdorf Schöneberg im Krs. Soldin gen.; in zweiter **Ehe** verheiratet mit Sophie Charlotte, geb. von Greiffenberg († 1762); **Sohn**: Siegmund Albrecht Friedrich (1747–1763);

Quellen: BLHA, Rep. 78 I, Nr. 170, Bl. 46 (hier als Hans Albrecht Ernst); Stabi, Ms. boruss. fol. 313, Bl. 76 (hier 1737 als Hans Albrecht, aus d. UM); Ms. geneal. fol. 129, Bl. 253 RS; Rangirrolle Saldern, Abgangsliste I-R Nr. 5; Fam.gesch., Cremmensche Linie, S. 135–137, S. 166; Tafel VI (Nr. 166); Jb. Neumark, 11/1936, S. 75–76;

Ltnt. **Leopold Schönberg von Brenckenhoff** (1750–1799)

Vater: Franz Balthasar (1723–1780) *, Geh. Fi-rat, Erbherr auf Hohenkarzig im Krs. Friedeberg; L. aus Dessau gebürtig; **Mutter**: Louise, geb. von Bergen; **Laufbahn**: seit 1768 im Militär, 1774 Cornet im D-R Nr. 11, stand zehn Jahre im Regiment, Juli 1778 als Ltnt. (krankheitshalber abgegangen bzw.) *weggeschafft*, hielt sich 1778 in Hohenkarzig im Krs. Friedeberg auf; (Mai 1790 Prädikat Major, Okt. 1793 d. D-R Nr. 11 aggr., zuletzt Postmstr. in Dessau);

Quellen: GStA, IV. HA, Rep. 1, Nr. 71, Bl. 152 (hier zweimal aufgeführt?); Stabi, Ms. boruss. fol. 313, Bl. 141; Ms. geneal. fol. 120, Bl. 247 RS; Provinz 1984; biogr. Handbuch, S. 134–135 (Vater);

Ol **Friedrich Wilhelm (von) Bresemann** (* 1736, † 2. Okt. 1807)

Vater: Christian Ludwig († vor 1766), Erbherr auf Hohenwalde im Krs. Landsberg, hinterließ drei Söhne; **Großvater**: Gottfried († vor 1718), Amtmann, erwarb 1707 Hohenwalde zunächst auf Pfand; **Bruder**: Friedrich August, Ltnt. im D-R Nr. 6, April 1761 dim., erhielt später d. Charakter Rittmstr., erwarb d. väterliche Gut Hohenwalde im Krs. Landsberg im April 1766 *sub hasta* für 23/m T., sah sich wegen d. Kriegsschäden u. Auszahlung d. Geschwister nicht in d. Lage, d. Gut zu konservieren, schloß daher 1767 e. Kauf- u. Tauschvertrag mit d. Amtmann Martin Friedrich Gülle, trat diesem Hohenwalde im Tausch gegen dessen Gut Hammer im Krs. Königsberg ab, am 2. Dez. 1767 billigte d. König d. Vertrag; **Bruder**: Wilhelm (1746–1800), seit 1759 im Militär, stand 1766 als Uffz. im I-R Nr. 46, Fähnrich im Garn.-Reg. Nr. 10, Juni 1787 Sl, Sep. 1798 Cap. u. Chef e. Comp. im 3. Mousq.-Bat. d. I-R Nr. 38; **Laufbahn**: seit 1757 im Militär, 1763 Cornet, bat 1764 um d. Anerkennung, Bestätigung d. väterlichen Adelsbriefes von 1737, stand 1766 als Ltnt. auf Werbung in Speyer, 1772 Ltnt. im K-R Nr. 2, Nov. 1785 Rittmstr. u. Chef e. Escadron, Jan. 1795 Major, Okt. 1800 mit 400 T. Pension dim., Jan. 1801 Charakter Ol, 1807 gest.; **Güter**: kam am 10. Juli 1766 mit e. Immediatsupplik ein, wollte Hohenwalde, das sein Bruder F. A. nicht *mainteniren* konnte, für 23/m T. übernehmen, d. Gut sollte nicht in fremde Hände gelangen, will in d. Lage gewesen sein, d. nötige Kapital aufzubringen, am 2. Aug. 1766 wurde d. neumärkische Regierung angewiesen, d. Supplikanten anzuhören, ihm prompte Justiz zu verschaffen u. d. Verkauf an d. Amtsrat Gülle vorerst nicht zuzulassen;

Quellen: GStA, I, HA, Rep. 7, Nr. 13-1, Litt B, Nr. 64 (kein Hinweis auf e. Ablehnung d. Gesuchs); Rep. 62, Nr. 264 a, Fasz. 25, Nr. 264 b, Fasz. 21; IV. HA, Rep. 1, Nr. 71, Bl. 157 (alle drei Brüder); Stabi, Ms. boruss. fol. 311, Bl. 86–86 RS (in d. Rangliste D-R 6 1757 kein B.); fol. 314, Bl. 248 (Bruder Wilhelm); fol. 315, Bl. 164, Bl. 166 RS (in d. Ranglisten von 1763, 1772 u. 1787 mit Adelsprädikat); lt. Wegner, Bl. 38, ist im Dez. 1760 e. Sl Johann Bresemann aus d. D-R 6 abgegangen;

Ltnt. **Peter George von Bretton** (1720–1758) *

aus Peitz gebürtig; **Laufbahn**: als Gefr.corp. ins I-R Nr. 8, Nov. 1741 Fähnrich, Okt. 1745 Sl, Juni 1756 Pl, Okt. 1758 an Blessuren gest.; (**verwandt**: e. Ltnt. von Bretton wurde als Ltnt. im Garn.-Reg. Nr. 11 (von Manteuffel) im Dez. 1752 *cassirt*: IV. HA, Rep. 1, Nr. 71, Bl. 163);

Quellen: GStA, IV. HA, Rep. 1, Nr. 71, Bl. 163 (kz. Notiz, danach gest. 9. Jan. 1759); Priesdorff, Offz. stammliste, S. 47–48;

Ltnt. **Baltzer Siegmund von Briesen** (* 1688)

(**Vater**: Lorenz Christian, Erbherr auf Fürstenfelde im Krs. Königsberg); **Bruder**: Hans Detloff († 1722), siehe bei dessen Sohn Carl Detloff; **Laufbahn**: seit 1706 im Militär, Okt. 1713 Sl im I-R Nr. 12, 1722 als Pl gen., 1724 wegen *alten Schaden* (Blessuren) abgegangen; (**verwandt**: ein Franz Peter von Briesen stand 1692 als Ltnt. im Kav.-Reg. von Schöning; ein Joachim Wilhelm 1692 als Cap. im Bat. von Horn: Ms. boruss. fol. 319, Bl. 6 RS, Bl. 19;

Quellen: BLHA, Rep. 23 B, Nr. 446; Stabi, Ms. boruss. fol. 316, Bl. 232, Bl. 238; fol. 319, Bl. 50; nicht in Tb. Uradel 1906; Jahrbuch Neumark, 1927, S. 51;

Ltnt. **Carl Detloff von Briesen** (1711–1757)

Vater: Hans Detloff († 3. Nov. 1722), 1713 Erbherr auf Fürstenfelde im Krs. Königsberg; **Mutter**: Rebecca Gottliebe, geb. von (Reutzen, 1744 gest.), in zweiter Ehe verh. mit d. Prediger Adolphi; **Vater-Bruder**: Baltzer Siegmund (* 1688), Ltnt., s. d.; (**Großvater**: Lorenz Christian, 1660, 1687 gen., Erbherr auf Kreitzig im Krs. Schivelbein u. Fürstenfelde im Krs. Königsberg); Stief-**Bruder**: Bernd Friedrich (* 1704), aus Fürstenfelde gebürtig, seit 1717 im Militär, 1722 Gefr.corp. im I-R Nr. 12, vor 1730 abgegangen; **Bruder**: Johann Gottlieb; **Laufbahn**: seit 1731 im Militärdienst, Febr. 1738 Fähnrich im Bat. von Kröcher (später I-R Nr. 32), 1745 als Pl gen., vor 1750 abgegangen; **Güter**: 1745 u. 1755 als Erbherr auf Fürstenfelde im Krs. Königsberg gen., 1751 im Wert von 14/m T., d. Ertragstaxe d. Gutes betrug 1755 883 T. brutto, nach Abzug d. *onera* blieben netto 664 T., zu vier Prozent gerechnet hatte d. Gut e. Wert von 16 602 T., d. Wohnhaus wurde mit 1/m T. angegeben, d. Hoflager (Inventar) ebenfalls mit 1/m T., d. Fischerei auf 300, das Jagdrecht auf 100 T. beziffert, so daß sich e. Wert von 18 821 T. ergab, die Schulden sollen 10/m T. betragen haben; **Ehefrau**: Hedwig Eleonore, geb. von Ploetz (1703–1765); aus beider Ehe keine Leibeserben, d. Ltnt. wollte d. Gut daher im Mrz. 1757 an d. Meistbietenden verkaufen;

Quellen: GStA, I. HA, Rep. 22, Nr. 29, Nr. 70 a, Paket 8 458 (Vater H. D. mit gen. Sterbedatum); BLHA, Rep. 23 B, Nr. 446; Ms. boruss. fol. 314, Bl. 217 RS; fol. 316, Bl. 238 (Bruder B. F.); Ms. geneal. fol. 120, Bl. 224 RS, Bl. 226; Tb. Uradel, 1906, S. 132 (danach hieß d. Vater Lorenz Christian); Jb. Neumark, 1927, S. 51 (d. Vater hier als Hans Dietlof, C. D. als Hans Dietlof);

Major **Christoph Friedrich von Briesen** (* 1748, † Mrz. 1826)

aus d. Neumark gebürtig; **Laufbahn**: seit 1764 im Militär, stand 1786 als Sl im H-R Nr. 7, Dez. 1789 Pl, Jan. 1792 Stabs-Rittmstr., April 1797 Rittmstr. u. Chef e. Escadron, Aug. 1801 Major, Febr. 1814 pens., 1826 als pens. Major gest.;

Quellen: GStA, IV. HA, Rep. 1, Nr. 71, Bl. 174 (hier als Christian Fr.); Stabi, Ms. boruss. fol. 313, Bl. 98 RS, Bl. 99 (jeweils: aus d. NM); fol. 907 a, Bl. 99 RS;

Ltnt. **Claus Rüdiger von Briesen** (* 1694, † 27. Aug. 1772)

Vater: Adam Friedrich († vor 1705), Erbherr auf Anteil Briesen u. Karsbaum im Krs. Schivelbein, auch auf Anteil Schlönwitz, hatte seinen Wohnsitz in Stargard, wo er e. Gnadengeld erhielt; **Mutter**: Agnes Margarethe, geb. von Troyen; **Laufbahn**: 1715 als poln. Sergant gen., avancierte im (I-R Nr. 22) bis zum Ltnt., nach 17 Dj. abgegangen, stand im Siebenjährigen Krieg im Stettiner Garn.-Reg., 1765 als reduzierter Offz. bez.; **Güter**: 1751 auf Anteil Briesen im Krs. Schivelbein (im Wert von 150 T.), erhob 1765 Anspruch auf Anteile von Schlönwitz, die seine verst. Vettern Reinhold Christoph u. Christian Daniel von Briesen besessen hatten; 1767 als Erbherr auf Anteil Briesen im Wert von 5 270 T. gen., darauf Schulden von 4 130 T.; in zweiter **Ehe** seit 1742 verheiratet mit Ernestina Luise, geb. von Rahmel; 1751 wurden vier Söhne gen.: **Sohn**: George Friedrich Erdmann (* 1743, † nach 1805), Ltnt., s. d.; d. Söhne Erdmann Willhelm u. Hans Gustav; **Sohn**: Bernd Friedrich Christian (* um 1751, † 1805), Ltnt.;

Quellen: GStA, I. HA, Rep. 22, Nr. 70 a, Paket 8 458; BLHA, Rep. 78 I, Nr. 170, Bl. 56 RS-57; Tb. Uradel, 1906, S. 128, S. 130; Priesdorff, Offz. stammliste, S. 49 (Sohn hier als Bernd Christian Friedrich, geb. um 1751, gest. 17. Mai 1805); Jb. Neumark, 1927, S. 163; Moegelin, S. 65; Jb. Neumark, 11/1936, S. 87 (hier als Claus Rudolph);

Cap. **George Friedrich Erdmann von Briesen** (* 1743, † nach 1805)

Vater: Claus Rüdiger (1694–1772), Ltnt., s. d. mehr; **Mutter**: Ernestina Luise, geb. von Rahmel; **Bruder**: Bernd Christian Friedrich (* um 1751, † 17. Mai 1805), Nov. 1770 Fähnrich im I-R Nr. 8, Juni 1774 Sl, Juni 1782 Pl, Dez. 1783 wegen *unanständigen Betragens* (mit Pension) entlassen; **Laufbahn**: seit 1751 bei d. *cadets*, 1758 als Junker ins Reg., Mrz. 1758 Cornet, Nov. 1761 Sl im D-R Nr. 5, Mrz. 1767 als

Stabs-Cap. dim.; **Güter**: suchte 1766 darum nach, seinem Vater u. ihm ihr *Reluitions*recht auf d. alt-väterliche Gut Briesen, damals im Besitz e. Witwe Ltnt. von Hauben, geb. von Damitz, zu belassen, sie könnten es wegen d. aktuellen Geldmangels nicht einlösen, wollten es später jedoch reluieren, in d. Vas.tab. für d. Krs. Schivelbein für 1805 zs. mit seinem Bruder B. C. F. aufgeführt, beide besaßen keine Güter mehr, letzterer soll sich zuletzt in d. pomm. Stadt Fiddichow aufgehalten haben, d. vorm. Cap. hatte seinen Wohnsitz in e. Dorf nahe Bahn; **Ehefrau**: Catharine, geb. von Lockstaedt; (**Sohn**: Christian Heinrich Ludwig (1773–1859), nach 1806 Landrat, siehe aber unten bei Joh. Chr.);

Quellen: GStA, I. HA, Rep. 22, Nr. 70 a, Paket 8458; IV. HA, Rep. 1, Nr. 71, Bl. 173 (kz. Notizen für G. F. E., B. F. C.); BLHA, Rep. 3, Nr. 11925 (hier als Friedrich George Erdmann); Stabi, Ms. boruss. fol. 313, Bl. 48 RS; fol. 315, Bl. 191 (B. F.); Albedyll, Anhang, S. 65 *; Priesdorff, Offz.stammliste, S. 49;

Fähnrich **George Wilhelm von Briesen**
(* 1753)

aus d. Neumark gebürtig; **Laufbahn**: seit etwa 1763 im Militär, stand 1773 als Fähnrich im Garn.-Reg. Nr. 5;

Quellen: Stabi, Ms. boruss. fol. 314, Bl. 181 RS;

poln. Cap. **Hans Joachim von Briesen**
(* um 1685) *

Vater: Bernd († vor 1713), Erbherr auf Anteil Briesen im Krs. Schivelbein; **Bruder**: Bernd Christian, stand 1713 u. 1715 als Ltnt. in hessen-kasselschen Diensten; **Laufbahn**: avancierte in kgl.-polnischen Diensten bis zum Cap.; **Güter**: seine verwitwete Mutter wurde 1713 u. 1718 auf d. väterl. Anteil Briesen gen.;

Quellen: BLHA, Rep. 23 B, Nr. 446 (H. J. 1715 als Cap. bez.); Jb. Neumark, 1927, S. 102;

Cap. **Johann Christoph von Briesen**
(* um 1724, † 23. Dez. 1800)

Vater: Christoph Friedrich (* 1697, † um 1765), 1745 als Ltnt. im Garn.-Reg. in Stettin aufgeführt, Erbherr auf Kreitzig im Krs. Schivelbein, hatte damals zwei Brüder u. drei Söhne, die alle im Militärdienst standen; **Mutter**: Helena Sigismunda, geb. von Mellenthin, sie hielt sich im Mrz. 1765 als Witwe in Karsbaum auf, lag damals im Prozeß mit ihrem Stiefsohn; **Bruder**: Johann Heinrich (* 1720), Ltnt. s. d.; **Laufbahn**: trat 1745 als Uffz. in d. Militärdienst ein, stand 1756 als Fähnrich, 1763 als Pl im I-R Nr. 2, im Aug. 1764 als Cap. nach 18 Dj. wegen Blessuren dim., bezog e. monatliche Pension von zehn T.; erhielt für seine **Güter** 1777 Meliorationsgelder in Höhe von 6480 T., für Anteil Karsbaum wurden 1786 3200 T. Meliorationsgelder an d. Erben d. Cap. von Briesen gezahlt; suchte im Frühjahr 1786 um e. Beihilfe nach, da er von d. Revenuen seines kleinen Gütchens seine große Familie nicht ernähren konnte; erste **Ehefrau**: Dorothea Eleonore Sophie, geb. von Le(c)kow (1745–1775); J. C. starb im Jahre 1800 nach e. dreijährigen Krankheit, hinterließ seiner **Witwe** Charlotta Henrietta Friederika, geb. von Lockstaedt, u. zehn unversorgten Kindern d. verschuldete **Gut** Kreitzig u. Anteil Karsbaum im Krs. Schivelbein, dieser hatte 1776 e. Wert von 17849 T. gehabt, Kreitzig verkaufte sie im April 1802 an d. Amtmann Michael Christoph Müller für 36 700 T.; sie besaß im Dez. 1800 e. Vermögen von 2 192 T., was für d. Unterhalt d. Fam. nicht ausreichte, zudem mußte sie noch drei Stief-Kinder wegen ihres mütterlichen Erbes abfinden; d. Gesuch d. Witwe um Weiterzahlung e. Pension wurde am 14. Jan. 1801 abgewiesen; **Sohn** erster Ehe: Carl Johann George Leopold (* 1770), Sep. 1788 Fähnrich im I-R Nr. 23, Juni 1793 Sl, Febr. 1798 dim., Juli 1798 Erlaubnis, in fremde Dienste zu gehen, avancierte zum Ol beim Fürsten von Hohenlohe-Bartenstein, hielt sich 1805 als Offz. a. D. in Osnabrück auf; **Sohn**: Christian Heinrich Ludwig (1773–1859), April 1788 (od. 1789) Fähnrich im I-R Nr. 1, Juni 1793 Sl, Juli 1798 dim., saß 1801 u. 1803 auf Wildenhagen im Krs. Sternberg im Wert von 26 500 T., 1805 auf Spechtsdorf im Krs. Arnswalde, nach 1815 Landrat im Krs. Schivelbein; **Sohn** zweiter Ehe: August Friedrich Wilhelm (1783–1834), Aug. 1798 Fähnrich im I-R Nr. 22, Sep. 1800 als Ltnt. dim., erhielt im Okt. 1805 d. *venia aetatis*, sein väterl. Vermögen betrug 1/m T., d. Mutter trat ihm neun Höfe in Karsbaum ab, verh. mit e. To. d. Postsekretärs Joh. Hermann Görcke in Stettin, Jan. 1807 beim Füsilier-Bat. von Möller, Okt. 1812 Pl im 2. Pomm. I-R, Sep. 1813 Stabs-Cap. beim Kolberger I-R, Aug. 1815 pens.; **Sohn**: Alexander Ferdinand (1784–1844), Okt. 1800 Fähnrich im I-R Nr. 43, Jan. 1803 Sl im I-R Nr. 59, erhielt im Jan. 1806 d. *venia aetatis*, sein väterl. Vermögen betrug damals 1/m T., Mrz. 1806 dim., Juni 1813 dem brandenburg. D-R aggr., Juli 1813 dem 2. Leib-H-R aggr., Aug. 1814 dim.;

Quellen: GStA, I. HA, Rep. 22, Nr. 70 a, Paket 8 458 (Sohn A. F. hier als Ferd. Alex., geb. 24. Nov. 1784); Rep. 96, Nr. 95 B bb, Bl. 38; II. HA, Abt. 12, Materien, Vas.tab. Nr. 6, Bl. 135 RS-136 (Sohn C. H. L.); Abt. 13 a, Tit. IV, Litt B, Nr. 1 a; IV. HA, Rep. 1, Nr. 71, Bl. 173–174 (kz. Notiz für J. C., Söhne); Stabi, Ms. boruss. fol. 311, Bl. 227 RS, Bl. 230 RS; Ms. geneal. fol. 120, Bl. 230, Bl. 251 (Sohn C. H. L. hier als Ludwig Christian Christoph, dies evt. d. Sohn von G. F. E., s. o.); Moegelin, S. 264, S. 267; Jb. Neumark, 11/1936, S. 62, S. 87–88, S. 98;

Ltnt. **Johann Heinrich von Briesen**
(* um 1720, † 1747)

Vater: Christoph Friedrich (* 1697, † um 1765), 1713 Gefr.corp. bei d. Garde zu Fuß, diente später im I-R 24, stand 1745 u. 1751 als Ltnt. im Garn.-Reg. in Stettin, Erbherr auf Kreitzig u. Anteil Karsbaum im Krs. Schivelbein, dieser 1751 im Wert von 2/m T.; **Großvater**: Baltzer Joachim, 1713 als Erbherr auf Anteil Kreitzig gen.; **Vater-Bruder**: Caspar Gottfried, weilte 1713 auf d. Akademie, 1715 beim Vater auf d. Gutsanteil, Sohn: Caspar Gottfried; **Bruder**: Adam Ewald (1722–1758), seit 1737 im I-R Nr. 2, 1740 als Sergant, 1745 als Sl, 1756 als Pl gen., bei Zorndorf gefallen; **Bruder**. Johann Christoph (* um 1724), Ltnt., s. d.; **Laufbahn**: seit 1736 im Militär, 1740 Gefr.corp. im I-R Nr. 8, Mrz. 1741 Fähnrich, Okt. 1743 Sl, 1747 im Reich auf Werbung gest.;

Quellen: BLHA, Rep. 23 B, Nr. 446; Rep. 78 I, Nr. 170, Bl. 56 RS-57; Stabi, Ms. boruss. fol. 311, Bl. 227 RS (A. E.), Bl. 229 (A. E.); fol. 315, Bl. 184 RS; Ms. geneal. fol. 120, Bl. 230 (hier d. falsche Hinweis auf d. Vater-Bruder Lorenz Christian); Oelsnitz, I-R 2, S. 909 (A. E.); Jb. Neumark, 1927, S. 101 (hier d. Vater u. d. Großvater gen.; Priesdorff, Offz.stammliste, S. 49 (hier als Joh. Heinrich);

Cap. **Johann Sigismund von Briesen** (* um 1705, † 1780)

aus d. Neumark gebürtig; **Laufbahn**: Gefr.corp. im I-R Nr. 8, Dez. 1723 Fähnrich, April 1729 auf Wunsch dim., stand im Siebenjährigen Krieg als Cap. beim 1762 reduzierten Land-Bat. von Arnim; **Güter**: hatte 1744 Rützenhagen in Pacht, lag damals im Streit über d. Arrende mit d. Witwe Landrat von Podewils, der d. Gut gehörte; saß 1774 auf e. Anteil an Karsbaum im Krs. Schivelbein, nach seinem Tod fiel dieser Anteil an seine beiden **Töchter** Eleonora Dorothea Friederika (* 1750) u. Antoinetta Charlotta Benigna, diese führte 1783 ihrem Stief-Bruder A. F. die Wirtschaft, d. Anteil Karsbaum hatte 1788 e. Wert von 3/m T., darauf hafteten aber die *illata* ihrer Stief-Mutter Anna Maria Louisa verwitw. Cap. von Briesen, geb. von Eickstedt, in Höhe von 2 666 T., für Anteil Karsbaum waren 1786 3 200 T. Meliorationsgelder u. 600 T. Büdner-Etablissements-Gelder bewilligt worden; E. D. F. stand seit 1782 auf d. Expectantenliste für e. neumärk. Pension, sie heiratete im Mai 1790 d. dim. Ltnt. George Ernst von Puttkamer (1748–1820) vom I-R Nr. 22, s. d., beide saßen 1801 auf Anteil Karsbaum im Wert von 8/m T.; Stief-**Söhne**, 1788 gen.: Adrian Friedrich Gans Edler zu Putlitz (1735–1805) *, GM, George Carl Gans Edler zu Putlitz (1737–1818), Major, 1783 u. 1788 als Erbherr auf Klützkow im Krs. Schivelbein gen.;

Quellen: GStA, II. HA, Abt. 12, Materien, Vas.tab. Nr. 6, fol. 142 RS-143; Abt. 13 a, Tit. III, Generalia, Nr. 2, Bd. 11, fol. 31 RS-32; Tit. IV, Generalia, Nr. 25; Tit. IV, Litt S, Nr. 1, Bd. 1; Stabi, Ms. geneal. fol. 120, Bl. 251; Priesdorff, Offz.stammliste, S. 48; Jb. Neumark, 11/1936, S. 87; Pommern, S. 531 (Biogramm d. Majors G. C. Gans Edler zu Putlitz);

Obrist **Lorenz Christian von Briesen** (* 1680)

Vater: Lorenz Christian († vor 1718), 1713 als Erbherr auf Anteil Kreitzig im Krs. Schivelbein gen.; **Bruder**: Valentin Friedrich (* 1687, † Mai 1740), seit 1704 im Militär, Nov. 1710 Ltnt., stand 1715 als Ltnt. im I-R Nr. 19, seit Aug. 1718 im I-R Nr. 2, 1728 hier als Cap., 1730 als Cap. u. Chef e. Comp. gen., Mai 1733 Major, 1740 gest.; **Bruder**: Bogislav George, 1713 Fähnrich bei d. Grenadieren, 1715 Fähnrich im I-R Nr. 24, 1717 wegen *Händeln cassirt*; **Laufbahn**: seit 1694 im Militär, stand 1705 (als Fourier bzw.) Fähnrich in d. Füsilier-Garde (I-R Nr. 1), Febr. 1711 Cap. im I-R Nr. 1, 1728 Major im I-R Nr. 1, Juli 1740 als Obrist ins Garn.-Bat. Nr. 4 nach Magdeburg, vor 1750 abgegangen; **Güter**: 1727 zs. mit zwei Brüdern auf Kreitzig im Krs. Schivelbein gen.;

Quellen: GStA, I. HA, Rep. 96, Nr. 304 C 1; BLHA, Rep. 23 B, Nr. 446; Stabi, Ms. boruss. fol. 311, Bl. 228 RS, Bl. 229 (je V. F.); fol. 312, Bl. 192 (L. C.); fol. 313, Bl. 299 RS (L. C.); fol. 315, Bl. 184 RS; fol. 316, Bl. 322 (Bruder G. G.); fol. 319, Bl. 34 (V. F.), Bl. 36 (L. C.); Ms. geneal. fol. 120, Bl. 230; Oelsnitz, I-R 2, S. 909 (V. F.); Bardeleben, S. 422; Jb. Neumark, 1927, S. 101;

Cap. **Reinhold Christoph von Briesen** (* 1707, † 3. Mrz. 1760)

Vater: Magnus Gottfried (1655–1729), vorm. Fähnrich, 1713, 1727 als Erbherr auf ½ Schlönwitz im Krs. Schivelbein gen., hatte 1713 drei Söhne; **Großvater**: Joh. Christian Heinrich († 1697), Erbherr auf Anteil Schlönwitz; **Bruder**: Christian

Daniel (* 1686), 1718 (als vorm. Fähnrich) auf Anteil Schlönwitz, wurde 1742 von d. Vettern von Troyen zu Schlönwitz verklagt; **Bruder**: Wilhelm Caspar (* 1691, † nach 1765), Gefr.corp. im I-R Nr. 8, Okt. 1712 Fähnrich, Jan. 1713 zum neuen Reg. Jung-Dönhoff versetzt, Juni 1714 Sl im I-R Nr. 21, 1715 dim., Erbherr auf Anteil Schlönwitz; **Laufbahn**: seit 1722 im Militär, 1728 Gefr.corp., Mrz. 1737 Pl im I-R Nr. 4, noch 1749 als solcher gen., Nov. bzw. Dez. 1751 Cap. u. Chef e. Comp. im Garn.-Reg. Nr. 10, stand noch 1756 als Cap. u. Chef e. Comp. im Garn.-Reg. Nr. 10, 1760 gest.;

Quellen: GStA, I. HA, Rep. 22, Nr. 70 a, Paket 8 458; Rep. 96, Nr. 304 C 1; IV. HA, Rep. 1, Nr. 71, Bl. 173 (kz. Notiz); BLHA, Rep. 23 B, Nr. 446; Stabi, Ms. boruss. fol. 313, Bl. 24, Bl. 31, Bl. 301 RS; fol. 314, Bl. 252 RS; fol. 319, Bl. 43 RS (W. C. 1715 nicht mehr bei Jung Dönhoff); Ms. geneal. fol. 120, Bl. 229 RS (als Reinhard Christian, d. Bruder W. C. hier nicht gen.); Tb. Uradel, 1906, S. 130 (hier nur d. Vater u. d. Sohn W. C.); Jb. Neumark, 1927, S. 102–103 (mit widersprüchlichen Angaben); Priesdorff, Offz.stammliste, S. 48 (Bruder W. C.); Pommern, S. 130 (kz. Biogr., hier als Ltnt. Reinhard Christian, geb. 1704);

Ltnt. **Johann Friedrich von Brock** (* 1784, † 25. Dez. 1856) *

aus d. Neumark gebürtig; **Laufbahn**: seit 1799 im Militär, Sep. 1803 Fähnrich, Mrz. 1804 Sl im I-R Nr. 35, April 1813 zum 20. I-R, Aug. 1814 Pl, April 1816 Cap., 1827 Cap. im 20. I-R, Mai 1831 Major, Mrz. 1840 als Ol dim.;

Quellen: GStA, IV. HA, Rep. 1, Nr. 71, Bl. 192; Stabi, Ms. boruss. fol. 311, Bl. 366; fol. 907 a, Bl. 11; Taeglichsbeck, S. 275;

Major **Sigismund Friedrich Wilhelm von Brockhusen** (* 1740, † 30. April 1820) *

Vater: Carl Christoph (* um 1695, † vor 1777), dän. Major, Erbherr auf (Groß Justin C, Klein Justin B u. Riebitz C im Krs. Greifenberg, seit 1737 auch auf) Koldemanz u. Rensin im Flemmingschen Krs.; **Mutter**: Wilhelmina Dorothea, geb. von Stossen; **Laufbahn**: seit 1754 im Regiment, 1756 Cornet im D-R Nr. 12, zuletzt Ltnt., Juni 1764 (bzw. April 1765) mit d. Charakter Cap. dim., April 1806 Charakter Major; **Güter**: erhielt 1786 für sein Gut Rützenhagen im Krs. Schivelbein Meliorationsgelder in Höhe von 4 300 T.; hatte 1793, 1803 seinen Wohnsitz in Rützenhagen im Krs. Schivelbein im Wert von 37 300 T., hatte bis dahin Meliorationsgelder für d. Gut in Höhe von insgesamt 9 300 T. erhalten, außerdem Erbherr auf Kartlow im Krs. Schivelbein, 1801 im Wert von 21/m T.; von seinen sechs Söhnen stand 1805 einer im diplomatischen Dienst, fünf waren im Militär;

Quellen: GStA, II. HA, Abt. 12, Materien, Vas.tab. Nr. 6, Bl. 144 RS-145, Bl. 147 RS-148; Nr. 8, Bl. 136 RS-137, Bl. 139 RS-140; IV. HA, Rep. 1, Nr. 71, Bl. 196; Moegelin, S. 267; Jb. Neumark, 11/1936, S. 88–89; Pommern, S. 134–135 (Biogramm für S. F. W., hier aber nichts zu d. neumärk. Gütern);

Ltnt. **Heinrich von Bröm(b)sen** (* 1772)

aus d. Neumark gebürtig; **Bruder**: Carl Philipp (* 1775), Nov. 1796 Fähnrich im I-R Nr. Nr. 42, Jan. 1798 Sl, Mrz. 1801 dim., Juni 1813 beim 2. Kurmärk. Landwehr-I-R, Jan. 1814 dim., Sep. 1814 Charakter Pl, 1801 als Erbherr auf Rietzig im Krs. Schivelbein im Wert von 26/m T. gen., 1802 bzw. 1805 wieder verkauft; **Laufbahn**: Febr. 1793 Fähnrich im I-R

Nr. 12, Aug. 1794 Sl, Mrz. 1800 nach zwölf Dj. dim.; **Güter**: erwarb im Nov. 1800 Zietenfier im Krs. Arnswalde im Wert von 18/m T., 1803 für 24 450 T. wieder veräußert, hatte seinen Wohnsitz in Wordel in Westpreußen;

Quellen: GStA, II. HA, Abt. 12, Materien, Vas.tab. Nr. 6, Bl. 18 RS-19, Bl. 147 RS-148; Nr. 8, Bl. 18 RS-19, Bl. 25 RS-26; IV. HA, Rep. 1, Nr. 71, Bl. 208 (hier als Brömsen); nicht bei Siebmacher, Bd. 6/5, 1880; Jb. Neumark, 11/1936, S. 63, S. 89 (C. P.);

Cap. **Carl Erdmann Jacob von Broun** (* 1761, † 17. Mai 1818)

Vater: Johann Jacob (* 1722), stand im Dez. 1741 seit sechs Monaten als Junker im D-R Nr. 11, zuletzt Ltnt., vor 1756 mit d. Charakter Cap. dim., saß von 1762 bis 1765 auf Weißig im Krs. Crossen, 1765 auf Bobersberg, 1774 als Erbherr auf Deutsch Sagar im Krs. Crossen genannt, für 14/m T. erworben, hatte damals zwei Söhne; C. E. J. aus d. Neumark gebürtig; **Bruder**: August Ferdinand Jacob (* 1753, † 15. Jan. 1790), stand 1778 als Fähnrich im I-R Nr. 32, April 1786 als Sl dim., Febr. 1788 Cap. u. Platzmajor in Breslau, als solcher 1790 gest.; **Laufbahn**: 1774 *cadet* in Berlin, 1778 ins Regiment, Nov. 1784 Sl im D-R Nr. 1, Jan. 1793 Pl, Aug. 1793 Orden p. l. m., April 1802 mit Pension dim., April 1802 Charakter Cap.; **Güter**: 1803 u. 1805 als unangesessener Vasall in d. Tabelle für d. Krs. Crossen aufgelistet;

Quellen: GStA, II. HA, Abt. 12, Materien, Vas.tab. Nr. 6, Bl. 38 RS-39; IV. HA, Rep. 1, Nr. 71, Bl. 226 (C. E. J. u. A. F.); BLHA, Rep. 3, Nr. 11 925; Stabi, Ms. boruss. fol. 313, Bl. 139 (Vater?, 1741 als Jaques, aus England geb.); fol. 314, Bl. 56 (C. E. J. aus Schlesien, hier als v. Brunn); Ms. geneal. fol. 120, Bl. 243 (1774 d. Vater u. zwei Söhne gen., als v. Broun); Probst, 1841, S. 159 (C. E. J.); Lehmann, S. 273; Jb. Neumark, 11/1936, S. 82 (d. Vater hier als Hans Jacob von Brunn);

Ltnt. **Hans George Heinrich von Brünnow** (* 1721)

Vater: Vincenz George (* 1679), seit 1697 im Militär, April 1711 Cap., stand 1715 als Cap. im I-R Nr. 19, im Jan. 1719 als Major im I-R Nr. 19 wegen Schwächlichkeit dim., ging nach Arnswalde, 1718, 1745 u. 1751 als Erbherr auf Helpe im Krs. Arnswalde gen., hatte 1745 drei Söhne; **Bruder**: (* 1716), vorm. Uffz., weilte 1751 beim Vater; **Bruder**: Carl Franz (1720–1791) *, Reg.rat im Küstrin, seit 1762 Erbherr auf Breitenfelde in Pommern; Sohn: Carl George Ehrenreich (* 1753), Major im I-R Nr. 22; **Laufbahn**: seit 1737 im Militär, stand 1740 als Junker, 1742 als Ltnt. im D-R Nr. 3, erhielt 1751 d. gewünschten Abschied;

Quellen: BLHA, Rep. 78 I, Nr. 170, Bl. 24; Stabi, Ms. boruss. fol. 313, Bl. 10 RS; fol. 319, Bl. 34 (Vater); Ms. geneal. fol. 120, Bl. 223; Gesch. I-R 19, S. 78 (Vater, hier als George Vinc.); Gesch. D-R Nr. 3, S. 83, S. 410; Bardeleben, S. 429; Jb. Neumark, 1927, S. 162 (Vater, kein Hinweis auf d. Dienst); biogr. Handbuch, S. 141 (Bruder C. F.); Pommern, S. 138–139 (Angaben über C. F. u. C. G. E.);

Cap. **Carl Friedrich von Brunn** (* 1765)

Vater: Johann Joachim (* 1740) *, 1773 interimist. Landrat d. Krs. Nackel; (C. F. aus d. Mittelmark gebürtig); **Bruder**: Johann Theodor Leopold (* 1775), zeitweilig Referendar bei d. neumärk. KDK, 1801 beim Vater in Westpreußen; **Laufbahn**: seit 1783 im Regiment, Mrz. 1785 Cornet im D-R Nr. 10, April (1790) Sl,

Nov. 1792 bzw. 1793 als Cap. dim.; **Güter**: erwarb im Aug. 1795 Silberberg im Krs. Arnswalde für 24/m T., noch 1801 u. 1809 hier gen., zuletzt taxiert auf 40 289 T.;

Quellen: GStA, II. HA, Abt. 12, Materien, Vas.tab. Nr. 6, Bl. 14 RS-15; Nr. 8, Bl. 14 RS-15; IV. HA, Rep. 1, Nr. 71, Bl. 251; Stabi, Ms. boruss. fol. 311, Bl. 360 (hier als Maximilian); Bratring, 3. Bd., S. 218; Jb. Neumark, 11/1936, S. 62; biogr. Handbuch, S. 142 (Vater, mit Hinweis auf d. Sohn J. T. L.);

Major **Franz Albrecht von Brzesky** (* 1710, † 29. April 1758)

Vater: Christoph († vor 1728), Ltnt. (bzw. Cap.), vor 1718 abgegangen, 1715 u. 1718 als Pfandbesitzer e. Anteils von Radach im Krs. Sternberg gen.; **Mutter**: Barbara Sophia (* 1683), 1728 als Witwe Cap. auf 1/8 Radach aufgeführt, sie hatte damals drei Söhne von 32, 31 u. 18 Jahren; **Bruder**: Otto Caspar (* 1697), stand 1728 als Cornet im H-R Nr. 1, vor 1745 als Rittmstr. abgegangen, 1745 als Erbherr auf Radach gen., unbeerbt; **Bruder**: Christoph Gottlieb (* 1698), 1728 Ltnt. in sächs. Diensten; **Laufbahn**: seit 1726 im Militär, (1728 Fähnrich im I-R Nr. 29), stand 1729 als Sl, 1740 als Stabs-Cap. im I-R Nr. 31, 1755 Major, 1758 als solcher gest.; (**Sohn**: Carl Gustav (* 1745), aus d. Krs. Crossen gebürtig, seit 1765 im Militär, stand 1774 als Sl im I-R Nr. 28, Sep. 1781 dim.); (**verwandt**: Christian Friedrich von Brzesky (* 1745, † 12. Mrz. 1786), 1764 Gefr.corp. im I-R Nr. 31, 1769 als Sl ins Grenad.-Bat. Nr. 5 versetzt, hier als Pl gest.: IV. HA, Rep. 1, Nr. 71, Bl. 262; fol. 314, Bl. 223, Bl. 234);

Quellen: GStA, IV. HA, Rep. 1, Nr. 71, Bl. 160 (kz. Notiz für C. Gust., hier als Bresky), Bl. 262 (F. A., als Brzesky, O. C. hier nicht); BLHA, Rep. 23 B, Nr. 446 (als Zegota von Brzesky, 1715 d. drei Söhne gen.); Stabi, Ms. boruss. fol. 314, Bl. 67 (C. G.), Bl. 222 (F. A. 1729 als Broesigke), Bl. 224 (1740 als Briesky), Bl. 232 (1758 als Brzesky); Ms. geneal. fol. 120, Bl. 219 RS-220 (als v. Brzesky, Bruder O. C. als v. Brietzky); Siebmacher, Bd. 6/5, 1880, S. 15 (hier nur e. Christoph, 1715 auf Radach); Jb. Neumark, 1928, S. 21–22 (hier als Zegota von Brietzky);

Ltnt. **Alexander Dittloff von Buch** (* 1773, † 30. Nov. 1845)

Vater: Adolph Friedrich (1732–1811), Geh. Leg.rat, seit etwa 1785 Erbherr auf Anteil (Alt) Reetz u. adlig (Neu) Reetz im Krs. Königsberg, auf Stolpe, Wilmersdorf in d. UM, 1801 im Wert von insges. 174 120 T.; **Mutter**: Charlotte Philippine Juliane, geb. von Arnim; **Bruder**: George Carl Vollrath (* 25. Sep. 1767, † 22. Dez. 1836), absolvierte e. Studium an d. Viadrina, seit 1789 als Legationsrat im diplomatischen Dienst, 1791 kgl. Kammerherr, 1809 Schloßhauptmann in Berlin, saß seit mind. 1809 auf d. väterl. Gütern in d. NM; **Bruder**: Vollrath Friedrich Wilhelm (* 1769, † 13. Febr. 1819), Jan. 1786 Cornet im D-R Nr. 1, Sep. 1787 Sl, Febr. 1793 dim., hatte 1801 seinen Wohnsitz in Grunow in d. UM, zuletzt Landrat; **Bruder**: Victor Adolph Friedrich Joachim (1770–1839), Jan. 1787 Cornet, Mrz. 1789 Ltnt. im K-R Nr. 10, Okt. 1795 dim., verh. mit Maximiliane Caroline, geb. von Stülpnagel, Erbherr auf Stolpe u. Glambeck; d. **Brüder** Christian Leopold (1774–1853) u. August Heinrich (* 1778) hielten sich 1801 bei ihrem Vater in Stolpe auf; **Laufbahn**: Nov. 1791 Cornet im D-R Nr. 5, Okt. 1793 Sl, Okt. 1805 Pl, Febr. 1807 Stabs-Cap., Febr. 1808 als Major dim.;

Quellen: GStA, II. HA, Abt. 12, Materien, Vas.tab. Nr. 6, Bl. 98 RS-99; Nr. 8, Bl. 101 RS-102; IV. HA, Rep. 1, Nr. 71, Bl. 265; Bratring, 3. Bd., S. 121; Schwerin, K-R 10, 3. T., Anhang, Personalien (Bruder V.A.F.J.); Jb. Neumark, 11/1936, S. 75; Tb. Uradel, 1941, S. 87; biogr. Handbuch, S. 143 (Bruder G. C. V.);

sächs.-poln. Cap. **Christian August von Buchner** (* 1678)

Vater: Christian August, Amtshauptmann zu Senftenberg, seit 1680 Erbherr auf Radensdorf im Krs. Cottbus; **Laufbahn**: avancierte in sächsisch-polnischen Diensten bis zum Cap., vor 1715 abgegangen; **Güter**: 1715 u. 1728 als Erbherr auf Radensdorf im Krs. Cottbus gen., hatte damals fünf Söhne im Alter zwischen 15 und drei Jahren, verkaufte d. Gut 1739 für 12500 T. an d. Major Caspar Ernst von Normann;

Quellen: BLHA, Rep. 23 B, Nr. 446; Stabi, Ms. geneal. fol. 120, Bl. 213 RS; Jb. Neumark, 1928, S. 179; Krüger, Cottbus, S. 30;

Ltnt. **Adam Heinrich von Budritzky** (* 1749, † 29. Juni 1787)

Vater: Heinrich Jacob (* 1697, † 6. Juli 1769), aus Pinnow im Krs. Sternberg, seit 1715 im Militär, stand 1722 als Serg. im I-R Nr. 12, 1745 als Ltnt. beim Magdeburger Garn.-Bat., 1745 u. 1767 als Erbherr auf Anteil Sternberg im Krs. Sternberg gen.; **Mutter**: Louise Tugendreich, geb. von Winning (* 1704, † 27. Juli 1792), sie bezog seit 1779 e. neumärk. Witwenpension von 100 T.; **Großvater**: Jacob († vor 1732), seit 1687 Cap. im I-R Nr. 12, zuletzt Major, Erbherr auf Anteil Pinnow im Krs. Sternberg; **Laufbahn**: seit 1774 im Militär, avancierte im Grenadier-Bat. Nr. 7 bis zum Sl, im Mrz. 1775 als solcher gen., 1787 als Ltnt. gest.; **Ehefrau**: Johanne Friederike Louise, geb. von Wengler (* 1748), sie ließ sich von ihm scheiden u. warf d. Ltnt. vor, ihr Vermögen verschwendet zu haben, sie hielt sich 1788 in Lieben auf, erklärte, nur die Zinsen eines Kapitals von 500 T. zu haben u. bat um e. neumärkische Witwenpension; **Sohn**: Carl Friedrich Ludwig (* 1770, † 29. Juli 1820), 1783 *cadet* in Potsdam, Jan. 1791 Fähnrich im I-R Nr. 30, Dez. 1792 Sl, Okt. 1799 Pl, Jan. 1807 Stabs-Cap. beim Corps Blücher, Jan. 1810 Cap., Dez. 1811 als Major mit Wartegeld dim., Febr. 1813 zum 2. Res.-Bat. d. 1. Pomm. I-R, Aug. 1813 Major, 1820 ausgeschieden; **Sohn**: Theodor Heinrich Wilhelm (* 1773, † 6. Jan. 1833?), 1788 *cadet*, Febr. 1793 Fähnrich im I-R Nr. 9, Febr. 1794 Sl, Febr. 1812 Pl, Okt. 1812 zur Gendarmerie, Jan. 1813 zum 1. Schles. I-R, Aug. 1815 Stabs-Cap., April 1815 Cap., Aug. 1818 mit Pension dim.; 1833 od. 1853 in Hamm gest.; **Güter**: seine beiden Söhne C. F. L. u. T. H. W. wurden 1801 und 1803 als unangesessene Vasallen im Krs. Sternberg aufgeführt;

Quellen: GStA, I. HA, Rep. 176, Nr. 826, Tafel A; II. HA, Abt. 12, Materien, Vas.tab. Nr. 6, Bl. 138 RS-139; Nr. 8, Bl. 159 RS-160; Abt. 13 a, Tit. IV, Litt S, Nr. 3 (Witwe); IV. HA, Rep. 1, Nr. 71, Bl. 291 (A. H. im Juli 1787 gest.); Stabi, Ms. boruss. fol. 313, Bl. 83 (danach aus Schlesien geb.), Bl. 84 (1775: aus Brandenburg); fol. 316, Bl. 238 RS (Vater); Ms. geneal. fol. 120, Bl. 222, Bl. 256; Tb. Briefadel, 1937, S. 82 (hier als Heinrich Adam, d. Vater als Jacob Hr., d. Mutter gest. 1791);

Cap. **Hans Balthasar von Budritzky** (* 1685)

Vater: Hans Balthasar, Ltnt. in e. Garn.-Bat., als Licent-Einnehmer in Königsberg/Pr. versorgt; H. B. aus d. Neumark gebürtig; **Laufbahn**: seit 1701 im Militär, Dez. 1715 Fähnrich im I-R Nr. 25, zuletzt hier Sl, Aug. 1723 als Stabs-Cap. ins Garn.-Bat. Nr. 2 nach Pillau versetzt, stand 1730, 1738 u. 1740 als Stabs-Cap. im Garn.-Bat. Nr. 2, vor 1750 abgegangen;

Quellen: GStA, I. HA, Rep. 176, Nr. 826, Tafel A; Stabi, Ms. boruss. fol. 314, Bl. 113, Bl. 148 RS (hier als Hans Balth.), Bl. 305 (1723 u. 1730 Cap.?), Bl. 307, Bl. 311; fol. 319, Bl. 40 (hier als Jacob Bendix, aus Sternberg gebürtig); nicht in IV. HA, Rep. 1, nicht im Tb. Briefadel 1937;

Ol **Johann Constantin von Budritzky** (* 1731, † Dez. 1806)

Vater: (Hans Balthasar, s. d.), Cap. († 1746), J. C. aus Grabow im Krs. Sternberg (bzw. Preußen) gebürtig; **Bruder**: Balthasar (* 1727), avancierte im Grenadier-Bat. Nr. 5 bis zum Pl, (als Licent-Einnehmer in Königsberg in Preußen versorgt?, s. o. bei Hans Balthasar d. Ä.); **Laufbahn**: seit 1747 im Militär, stand 1755 als Fähnrich im I-R Nr. 25, 1764 Stabs-Cap., 1774 Cap. u. Chef e. Comp., zuletzt Major im I-R Nr. 25, Mrz. 1786 (als Chef) ins Grenadier-Bat. Nr. 2 nach Treuenbrietzen, April 1787 als Ol mit Pension dim., soll 1806 in Warschau gest. sein; **Güter**: erwarb 1778 Grabow im Krs. Sternberg für 18/m T., 1801 als unangesessener Vasall im Krs. Sternberg geführt, hatte d. Gut seinem Schwiegersohn übereignet; seine **Tochter**: Johanna Dorothea Wilhelmina (* 26. Mai 1766), erzeugt mit d. Tochter e. Handwerkers, wurde auf Gesuch d. Vaters am 24. April 1786 legitimiert, sie durfte d. väterlichen Namen u. sein Wappen führen, heiratete im Juni 1792 d. Ltnt. Carl Ernst Ludwig Frhr. von Collas, s. d., beide wurden im Jan. 1800 geschieden;

Quellen: GStA, I. HA, Rep. 47, Tit. XI b, Litt B 17; Rep. 176, Nr. 826, Tafel A, Nr. 1 367; II. HA, Abt. 12, Materien, Vas.tab. Nr. 6, Bl. 139 RS-140; IV. HA, Rep. 1, Nr. 71, Bl. 291 (als Joh. Const., Balth. hier nicht); Stabi, Ms. boruss. fol. 314, Bl. 142, Bl. 143, Bl. 157 (hier je als Const. Joh.); Ms. geneal. fol. 120, Bl. 254; Jb. Neumark, 11/1936, S. 94; nicht im Tb. Briefadel 1937;

Ltnt. **Ernst Friedrich Wilhelm von Bünting** (* 21. April 1776, † 25. Juni 1795) *

Vater: Carl Wilhelm (1738–1809) *, aus d. Ftm. Halberstadt gebürtig, Jan. 1760 Cornet im K-R Nr. 5, Mai 1763 Ltnt., Nov. 1768 nobilitiert, Juni 1772 Stabs-Rittmstr., Sep. 1778 Rittmstr. u. Chef e. Escadron, bat im Aug. 1786 um d. Beförderung zum Major, viele seiner früheren *Hintermänner* seien schon avanciert, diene seit 15 Jahren als Rittmstr., sei im Frieden vom Reg.chef zur *Formierung der jungen Offiziere* gebraucht worden, Nov. 1786 Major, erwarb d. Goltzsche Burglehn im Krs. Dramburg für 2/m T. mit d. Vermögen seiner Kinder vom verst. Major von Woisky, wollte dort e. Haus bauen, bat im Jan. 1790 dafür um e. Beihilfe, Febr. 1793 Ol, Mai 1793 Orden p. l. m., Febr. 1795 Obrist, Okt. 1800 Kommandeur d. K-R Nr. 5, Mai 1803 GM, Dez. 1803 Chef d. K-R Nr. 12; E. F. W. aus Belgard gebürtig, auch seine Brüder aus Pommern; **Mutter**: Charlotte Luise Henriette, geb. von Zitzewitz († 1784); **Bruder**: Carl Wilhelm (1779–1860), April 1794 Cornet im

H-R Nr. 8, Dez. 1798 Sl, Mai 1803 Pl, Jan. 1806 als Rittmstr. dim., Jan. 1815 Kriegs-Commissarius, Sep. 1817 Charakter als Major; **Bruder**: Maximilian Carl (1780–1804), Juli 1798 Sl im 1. Bat. Garde, im Sep. 1804 als solcher gest.; **Laufbahn**: Okt. 1790 Cornet im K-R Nr. 5, Juni 1793 Sl, als solcher 1795 zu Samter gest.; **Güter**: sein Vater u. seine Brüder wurden 1801 u. 1803 als unangesessene Vasallen im Krs. Dramburg geführt;

Quellen: GStA, I. HA, Rep. 96, Nr. 95 B bb, Bl. 44 (Vater); II. HA, Abt. 12, Materien, Vas.tab. Nr. 6, Bl. 80 RS-81; Nr. 8, Bl. 82 RS-83; Abt. 13 a, Tit. II, Litt B, Nr. 5; IV. HA, Rep. 1, Nr. 71, Bl. 320 (Vater u. Brüder); Zedlitz, 1. Bd., S. 331; Priesdorff, Nr. 1 045 (Vater);

Ol **Julius Ulrich von Buggenhagen**
(* 1693, † Mrz. 1772)

Vater: Baltzer Dethloff (1661–1703), Offz. in schwed. Diensten, Pfandherr auf Schlag(e)tow in Schwed.-Pommern; J. U. aus d. Neumark gebürtig; **Mutter**: Eleonore Lucia, geb. von Bützow; **Laufbahn**: engagierte sich 1709 im Militärdienst, 1733 als Cap. u. Chef e. Comp. im I-R Nr. 24, 1740 als Major gen., noch 1740 zum Ol u. General-Adjutanten ernannt, vor 1745 dim., seit 1749 Landrat im Krs. Cottbus; **Güter**: erwarb 1733 Papitz u. Ruben im Krs. Cottbus für 33/m T. vom ksl. Cap. Siegfried Wolf Adam von Loeben, 1745 als Erbherr auf beiden Gütern gen., beim Teilungsrezeß im Dez. 1764 nahm sie sein Sohn J. E. für 34/m T. an, die Schulden betrugen 25/m T., 1767 wurde beider Wert mit 47 712 T. angegeben, darauf Schulden von 35 897 T., J. U. setzte sich 1764 mit seinen beiden Kindern über ihr Erbe auseinander, seine To. erhielt sechs Obligationen in Höhe von 9 962 T., d. Zinsen von diesem Kapital genoß d. Ol auf Lebenszeit; **Ehefrau**: Marie Antoinette, geb. Freiin von Vernezobre (1714–1737); **Sohn**: Julius Ernst (1736–1806) *, schuldete seinen beiden Nichten 1769 2 800 T., konnte daher nicht ihre Vormundschaft übernehmen, verheiratet mit Maria Angelique Henriette, geb. Freiin von Monteton (* 1749), sie brachte ihm 1767 e. Ehegeld von 10 484 T. ein, seit 1769 Landrat im Krs. Cottbus, 1771 Kammerdirektor in Küstrin, 1777 Präsident d. KDK in Kleve, zuletzt EM, seit 1764 Erbherr auf Papitz u. Ruben im Krs. Cottbus im Wert von 34/m T., d. Güter fielen 1806 an seine Witwe, Sohn: Julius Heinrich (* 1768), 1801 KD-rat in Küstrin; **Tochter**: Ulrike Henriette († 1766), verheiratet mit d. Gl Friedrich August von Finck (1718–1766) *, aus d. Ehe zwei Töchter, diese bekamen 1769 e. jährliche Pension von 300 T. aus d. General-Kriegskasse;

Quellen: GStA, I. HA, Rep. 22, Nr. 67, Nr. 216 c (Monteton); II. HA, Abt. 12, Materien, Vas.tab. Nr. 6, Bl. 52 RS-53; nicht in IV. HA, Rep. 1, Nr. 71, Bl. 335; Stabi, Ms. boruss. fol. 316, Bl. 16; Lange, Soldaten, S. 459; Schönfeldt, Beiträge, S. 78 (danach am 5.11.1761 mit 73 Jahren gest.); Jb. dt. Adel, 1. Bd., S. 370 (J. U. danach 1763 gest.); Moegelin, S. 69; Jb. Neumark, 11/1936, S. 106; Krüger, Cottbus, S. 29; Priesdorff, Nr. 458 (von Finck); biogr. Handbuch, S. 154 (Sohn J. E.);

Ltnt. **August Wilhelm von Buntsch**
(* Febr. 1774, † 22. Okt. 1813) *

aus d. Neumark gebürtig; **Laufbahn**: als Gefr.corp. ins I-R Nr. 8, Juli 1793 Fähnrich, Mrz. 1795 Sl, Jan. 1805 Pl, Sep. 1807 Stabs-Cap., 1808 ins 1. Pomm. I-R, Nov.

1811 Cap. u. Chef e. Comp., 1813 an Blessuren gest.;

Quellen: GStA, IV. HA, Rep. 1, Nr. 71, Bl. 347; Priesdorff, Offz.stammliste, S. 53; Gauhe, Adels-Lexicon, 1. T., Sp. 1332 (d. Fam. stammte aus Schlesien, unter d. Namen Ratzbar, gen. Buntsch);

Obrist **Conrad Gottfried von Buntsch** (* 1694, † 30. Sep. 1745)

aus d. Neumark (Krs. Sternberg) gebürtig; **Laufbahn**: seit 1712 im Militär, Sep. 1715 Fähnrich im I-R Nr. 19, 1728 hier als Ltnt. gen., seit 1734 Cap. u. Chef e. Comp., Dez. 1738 Major, Mrz. 1741 Orden p. l. m., Mrz. 1743 Ol, Juli 1745 Obrist, 1745 bei Soor gefallen: (**verwandt**: 1728 e. Christoph Friedrich, 47,5 Jahre, vormals sächs. Ltnt., im Krs. Sternberg gen.: Ms. geneal. fol. 120, Bl. 220 RS; ein Ltnt. Conrad von Buntsch wurde Juli 1763 als Ltnt. vom Garn.-Reg. Nr. 5 (Jung-Sydow) dim.: Bl. 347); e. Frl. von Buntsch saß 1751 auf 1/3 Schönow im Krs. Sternberg: BLHA, Rep. 78 I, Nr. 170, Bl. 58);

Quellen: GStA, IV. HA, Rep. 1, Nr. 71, Bl. 347; Stabi, Ms. boruss. fol. 319, Bl. 34 (hier als Conrad Christoph (* 1692); Ms. geneal. fol. 120, Bl. 220 RS; Gesch. I-R Nr. 19, S. 91; Siebmacher, Bd. 6/5, 1880, S. 16; Lehmann, S. 9;

Ltnt. **Carl von Burghagen** (* 1773, † 14. April 1832) *

aus d. Neumark gebürtig; **Laufbahn**: seit 1789 im Militär, Dez. 1791 Cornet, Aug. 1794 Sl, Nov. 1804 Pl im D-R Nr. 3, 1807 als Pl in d. 1. Dragoner-Brigade mit d. Charakter Cap. dim.;

Quellen: GStA, IV. HA, Rep. 1, Nr. 71, Bl. 356; Gesch. D-R Nr. 3, S. 316, S. 418; Siebmacher, Bd. 6/5, 1880, S. 16 (allg. zur Fam., u. a. auf Pumptow in Pommern);

Fähnrich **Alexander Heinrich von Burgsdorff** (* 6. Nov. 1745, † nach 1812)

Vater: Carl Friedrich (1699–1763), weilte 1715 auf d. Viadrina, nahm keine Dienste, seit 1743 Erbherr auf Reitwein im Krs. Lebus u. nach 1745 auf Ziebingen im Krs. Sternberg; **Mutter**: Theodora Jacobäa, geb. von Burgsdorff (1713–1755); **Großvater**: Joachim Ehrenreich (1665–1710), seit 1694 brandenburg. Hof- u. Leg. rat, Erbherr auf Reitwein, seine Witwe hatte 1715 Ziebingen im Pfandbesitz; **Großmutter**: Sophie Marie, geb. von der Marwitz, 1728 als Witwe Hofrat von Burgsdorff auf Ziebingen u. Klemzig im Krs. Züllichau gen., Klemzig war von 1728 bis 1733 für jährlich 2/m T. verpachtet, sie lag 1730 im Streit mit d. Pächter; **Bruder**: Joachim Friedrich Ehrenreich (1739–1822), Komtur, s. d.; **Laufbahn**: als Junker ins I-R Nr. 19, Febr. 1762 Fähnrich, im April 1763 wegen Kränklichkeit auf Wunsch dim.; ging auf Gut Ziebingen im Krs. Sternberg; **Güter**: erhielt bei d. Teilung 1764 Reitwein im Krs. Lebus, noch 1774 hier gen., im väterl. Testament von 1756 auf e. Wert von 55/m T. beziffert, nach diversen Auszahlungen blieb ihm e. reines Erbe von rund 20/m T.; **Ehefrau**: Sophia Friederika Wilhelmina, geb. von Unruh (* 1751, † nach 1812), sie erbte von ihrer Mutter 1787 d. Gut Gräden im Krs. Sternberg, 1790 verkauft für 10 500 T. an d. Cap. Carl Ludwig von Paris, der es bereits 1791 weiter veräußerte;

Quellen: GStA, I. HA, Rep. 22, Nr. 13 f, Paket 8 414; II. HA, Abt. 12, Materien, Vas.tab. Nr. 6, Bl. 135 RS-136 (Bruder); Stabi, Ms. geneal. fol. 120, Bl. 217, Bl. 220 RS, Bl. 256; Gesch. I-R Nr. 19, S. 113–114; Jb. Neumark, 1928, S. 34; 11/1936, S. 98; Fam.gesch., 4. T., S. 703–705, S. 711–713, S. 720–722, S. 724;

Ol **Curt Ehrentreich von Burgsdorff** (* 16. Juli 1705, † 20. Aug. 1760) *

Vater: Balzer Ehrentreich (1667–1734), seit 1684 in brandenburg. Diensten, 1690 Ltnt., wechselte 1696 in sächs. Dienste, 1697 Cap., 1701 Ol, 1713 u. 1718 als Erbherr auf Mellentin im Krs. Soldin gen., hinterließ zwei Söhne; **Mutter**: Sabine Luise, geb. von Wedel (1672–1743); **Bruder**: Christoph Friedrich (1694–1753), Fähnrich bei Thiele, stand 1735 unter Kuratel, hielt sich 1745 in Reichenbach im Krs. Saatzig auf; **Laufbahn**: weilte 1723 auf d. Univ. Halle u. Frankfurt an d. Oder, Sep. 1724 bis 1728 *cadet* in Berlin, Febr. 1728 Fähnrich im I-R Nr. 30, Mrz. 1731 Sl, Jan. 1735 Pl, Juni 1740 als Cap. ins I-R Nr. 38, Febr. 1760 Ol, 1760 bei Strehlen gefallen; **Güter**: seit Febr. 1735 Erbherr auf Mellentin im Krs. Soldin, 1747 für 55/m T. an d. GM George Franz Conrad Frhr. von der Goltz verkauft; in erster **Ehe** verheiratet mit Eleonore Simon (* um 1721) aus Neumarkt in Schlesien; (C. E. hinterließ e. natürlichen Sohn);

Quellen: GStA, I. HA, Rep. 22, Nr. 13 f, Paket 8 419; IV. HA, Rep. 1, Nr. 71, Bl. 361 (kz. Notiz); BLHA, Rep. 23 B, Nr. 446 (hier als Curd Ernst); Stabi, Ms. boruss. fol. 311, Bl. 187 RS, Bl. 188 (hier je als Conrad Ernst); fol. 316, Bl. 150 RS, Bl. 157, Bl. 165; Ms. geneal. fol. 120, Bl. 216; König, 1. T., S. 300–301; Crousaz, S. 33 (hier als Conr. Ehrenreich von Borstorff); Jb. Neumark, 1927, S. 81 (C. E. hier als Curt Ernst); Fam.gesch., 2. T., S. 293–294, S. 297;

Ltnt. **Ehrenreich Otto Christoph von Burgsdorff** (* April 1739, † 21. Nov. 1777)

Vater: Christoph Friedrich (1694–1753), Erbherr auf ¼ Reichenbach im Krs. Saatzig, vor 1749 verkauft, ließ sich dann in d. NM nieder; **Mutter**: Elisabeth Hedwig, geb. von Wedel aus Cossin (* um 1718, † um 1785); **Bruder**: Ernst Ludwig Philipp (1740–1819) *, weilte von 1754 bis 1756 bei d. *cadets*, 1757 Gefr.corp. im I-R Nr. 1, Okt. 1760 Fähnrich, Jan. 1763 Sl, Jan. 1774 Pl, April 1782 Stabs-Cap., Okt. 1782 Cap., Mai 1793 Major, 1801 u. 1803 als unangesessener Vasall im Krs. Arnswalde aufgeführt, April 1802 Ol u. Kommandeur d. 3. Bat., Mai 1805 Obrist im I-R Nr. 1, Sep. 1813 dim.; **Laufbahn**: trat um 1755 ins I-R Nr. 26 ein, Juni 1760 Fähnrich, Dez. 1762 Sl, Okt. 1764 dim.; **Güter**: 1774 als Erbherr auf Röstenberg im Krs. Arnswalde gen., erworben 1765 für 13 500 T. von d. Obristin Dorothea Charlotte von Wartenberg, geb. Schweder, es fiel durch sein im Jan. 1778 publiziertes Testament an seine **Witwe** Maria Magdalena, geb. Wellmer († 18. Juli 1827), diese verkaufte Röstenberg im Okt. 1789 für 18 500 T. an d. Landschaftsrat Leopold Friedrich von Wedel;

Quellen: GStA, II. HA, Abt. 12, Materien, Vas.tab. Nr. 6, Bl. 21 RS-22 (d. Bruder E. L. P. hier als E. P. L.); IV. HA, Rep. 1, Nr. 71, Bl. 361 (hier nur d. Bruder E. L. P., E. O. C. nicht); Stabi, Ms. boruss. fol. 313, Bl. 305 (E. L. P., aus Pomm. gebürtig); fol. 314, Bl. 12 RS (E. O. C. nur in d. Abgangsliste d. I-R 26); Ms. geneal. fol. 120, Bl. 236 RS-237; Fam. gesch., 2. T., S. 295, S. 300–301; Pommern, S. 142–143 (Biogramm d. Bruders E. L. P.);

Ltnt. **Ernst Ludwig von Burgsdorff** (* 7. Mai 1729, † 3. Dez. bzw. 29. Dez. 1756)

Vater: Hans Ernst (1691–1735), Cap., s. d.; E. L. u. seine Brüder aus d. Mittelmark gebürtig; **Mutter**: Anna Elisabeth, geb. von Platen (1704–1737); **Bruder**: Hans Lewin (1735–1768) *, seit 1765 Landrat im Krs. Lebus, Erbherr auf Podelzig,

Hohenjesar u. Treplin; **Bruder**: Joachim Friedrich (1732–1803), Okt. 1749 Gefr. corp. im I-R Nr. 25, Mai 1755 Fähnrich, Juni 1757 Sl, Jan. 1761 Pl, April 1763 dim., Okt. 1778 Cap. im Frei-Reg. von Stein, 1779 reduziert, seit 1753 Mitbesitzer von Podelzig im Krs. Lebus; **Bruder**: Otto (1733–1760), Mai 1750 Gefr.corp. im I-R Nr. 25, Nov. 1755 Fähnrich, Juni 1757 Sl, an bei Kunersdorf erlittenen Blessuren gest.; **Laufbahn**: engagierte sich 1743 im I-R Nr. 29, Juni 1749 Sl, als solcher 1756 gest.; **Güter**: bekam bei d. Erbteilung im Okt. 1753 d. väterliche Gut Diedersdorf im Krs. Landsberg für 16/m T., d. Schulden wurden 1756 mit 15 554 T. angegeben, es wurde nach 1763 auf 30 627 taxiert, bei d. Subhastation betrug d. höchste Gebot 16 010 T., für diesen Betrag ging Diedersdorf im Juli 1770 (bzw. bereits im Juli 1756) an d. Landrat Hans Wotislaus von Wobeser, Schwager von E. L., d. zwei Brüder d. verst. Ltnt. protestierten gegen d. zu niedrigen Verkaufspreis, wurden jedoch abgewiesen;

Quellen: GStA, I. HA, Rep. 22, Nr. 13 f, Pakete 8 414, 8 417; IV. HA, Rep. 1, Nr. 71, Bl. 361 (hier nur Otto?); Stabi, Ms. boruss. fol. 314, Bl. 119 RS, Bl. 143–143 RS (Brüder J. F. u. O.); fol. 316, Bl. 57, Bl. 63 RS; Fam.gesch., 2. T., S. 374–375 (Vater), S. 384–388 (E. L. u. d. Brüder J. F., O., H. L.); Jb. Neumark, 11/1936, S. 84; biogr. Handbuch, S. 160 (Bruder H. L.);

Gutsbesitzer **Ernst Siegmund von Burgsdorff** (1717–1788) *

Vater: Carl Friedrich (1686–1740); **Mutter**: Johanna Luise, geb. von Maltitz (1696–1756); **Bruder**: Ludwig Nicolaus Friedrich (1714–1773), Mai 1729 *cadet* in Berlin, Dez. 1735 ins I-R Nr. 5, Juli 1737 ins I-R Nr. 12, Mai 1740 Sl, Okt. 1742 ins I-R Nr. 29, 1744 als Cap. gen., Mai 1749 als Major dim., verheiratet mit Dorothea Sophia, geb. von Burgsdorff (1718–1783), nahm bei d. Erbteilung im Aug. 1740 Markendorf u. Carzig im Krs. Lebus für 40/m T. an, darauf hafteten Schulden von 10/m T.; **Laufbahn**: bezog 1735 d. Viadrina, nahm keine Dienste; **Güter**: erwarb im Jan. 1751 von Ferdinand von Gloger Skyren im Krs. Crossen für 20 700 T., im Mai 1771 (bzw. 1784 für 24/m T.) für 20 500 T. an d. Ol Friedrich Otto Leopold Graf Finck von Finckenstein verkauft, wurde 1779 unter Kuratel gestellt; hinterließ seiner Witwe e. Allodialvermögen in Höhe von 13 115 T.;

Quellen: GStA, I. HA, Rep. 22, Nr. 13 f, Paket 8 419; Stabi, Ms. boruss. fol. 313, Bl. 76; fol. 316, Bl. 56, Bl. 240 (1740: L. N. F. aus d. Mittelmark geb.); Rangirrolle Saldern, Abgangsliste I-R Nr. 5 (hier zw. 1737 u. 1745 drei v. Borsdorff, Borgsdorff abgegangen); Crousaz, S. 33 (L. N. F. hier als von Borstorff); Jb. Neumark, 11/1936, S. 82 (E. S. verkaufte Skyren danach erst 1784); Fam.gesch., 2. T., S. 369–370, S. 378–379 (L. N. F. aus Markendorf gebürtig), S. 380–381 (E. S.);

Reg.rat **George Heinrich von Burgsdorff** (* 26. April 1704, † 5. Febr. 1769) *

Vater: Carl Ehrentreich (1672–1727), Hofrat, 1715 u. 1718 als Erbherr auf Derzow u. Wuthenow im Krs. Soldin gen.; **Mutter**: Johanna, geb. von Hackeborn (1683–1729); **Vater-Bruder**: George Christoph, 1715 als Erbherr auf Hohenziethen (bzw. Ziethen) im Krs. Soldin gen., hatte seinen Wohnsitz im kursächs. Ögeln, Söhne, 1715 gen.: George Nicolaus, Carl Gottlob, Ludwig Ehregott, Christoph

Traugott; **Laufbahn**: absolvierte seit Frühjahr 1722 e. Jurastudium in Halle, seit Nov. 1726 Reg.rat in Küstrin, um 1740 dim.; **Güter**: Erbherr auf Wuthenow, im Dez. 1736 an d. Obristen Hans Caspar von Knobelsdorff für 18/m T. veräußert, auf Derzow im Krs. Soldin, 1768 an Gustav Heinrich von Enckevort für 54 500 T. verkauft; in erster **Ehe** verheiratet mit Magdalene Hedwig, geb. von Burgsdorff (1707–1756);

Quellen: BLHA, Rep. 23 B, Nr. 446; Stabi, Ms. geneal. fol. 120, Bl. 216; Jb. Neumark, 1927, S. 78–80; Jb. Neumark 11/1936, S. 91; Fam.gesch., 1. T., S. 229; biogr. Handbuch, S. 159–160;

Cap. **Hans Ernst von Burgsdorff**
(* 27. Juni 1691, † 27. Juni 1735) *

Vater: Ernst Ludwig (1648–1716), seit 1702 Landrat im Krs. Lebus, Erbherr auf Hohenjesar, auf Blumberg im Krs. Crossen, 1715 auch als Erbherr auf Anteil Diedersdorf im Krs. Landsberg gen., hatte damals fünf Söhne, H. E. aus d. MM gebürtig; **Mutter**: Anna Ehrentraut, geb. von Burgsdorff (1661–1712); **Bruder**: Carl Friedrich (1686–1740), Erbherr auf Markendorf u. Carzig im Krs. Lebus; **Bruder**: Joachim Ehrentreich (1688–1758), Teilnahme an d. *Campagne* vor Stralsund, 1715 zum Cap. ernannt, Okt. 1718 preuß. Kammerherr, seit 1716 Erbherr auf Hohenjesar u. Treplin im Krs. Lebus; **Bruder**: Adolph Friedrich (1689–1749), Juli 1708 in d. Grenadier-Garde, Febr. 1711 Fähnrich, Nov. 1712 Sl, 1713 ins I-R Nr. 23, Nov. 1713 Pl, Jan. 1714 als Cap. dim., 1713, 1718 u. 1728 als Erbherr auf Blumberg im Krs. Crossen gen., nach d. väterlichen Disposition für 27/m T. angenommen, darauf 1717 Schulden von 15/m T., verheiratet mit e. To. von Hans George von Holtzendorff, führte seit mind. 1718 e. Prozeß gegen d. poln. GM Hans Casimir von Damnitz wegen dessen Bewallungsarbeiten auf Pommerzig, die zu Schäden in Blumberg geführt hatten, wollte 1728 Blumberg für 58 500 T. an d. dän. Ol Gottfried Wilhelm Frhr. von Schmettau verkaufen; **Bruder**: Ludwig (1692–1741) *, seit Okt. 1720 neumärkischer Reg.rat; **Laufbahn**: 1713 als Junker ins Regiment, Mrz. 1714 Cornet im D-R Blankensee (seit 1718 K-R 4), bei d. Eroberung von Rügen schwer *blessirt*, Okt. 1716 mit d. Charakter Cap. dim.; **Güter**: erhielt bei d. Erbteilung 1716 Podelzig im Krs. Lebus u. Diedersdorf im Krs. Landsberg, mußte d. Miterben jedoch 11 500 T. auszahlen, Hans Ernst saß 1718 als Cap. auf (Anteil) Diedersdorf im Krs. Landsberg, hier noch 1728 gen.; **Sohn**: Ernst Ludwig (1729–1756), Ltnt., s. d.;

Quellen: GStA, I. HA, Rep. 66, Nr. 18 (Bruder A. F.); BLHA, Rep. 23 B, Nr. 446 (H. E. u. A. F.); Stabi, Ms. boruss, fol. 319, Bl. 31 RS, Bl. 137 RS; Ms. geneal. fol. 120, Bl. 217 RS, Bl. 232; Jb. Neumark, 1926, S. 49 (H. E. 1718 als alleiniger Besitzer von Diedersdorf); 1927, S. 49 (Vater); 1928, S. 101 (Bruder A. F.); Fam.gesch., 2. T., S. 358–360, S. 369–373, S. 374–375 (H. E. danach aus Podelzig im Krs. Lebus geb.), S. 376–377; biogr. Handbuch, S. 160 (Bruder Ludwig);

Cornet **Hans Ernst von Burgsdorff**
(* 7. Nov. 1718, † 7. Nov. 1779) *

Vater: Ludwig (1692–1741), seit 1720 Reg.rat in Küstrin, 1736 neumärkischer Vize-Kanzler, seit 1716 Erbherr auf Rissen im Krs. Schwiebus (bzw. Züllichau), 1718 auch auf Wormsfelde im Krs. Landsberg (u. Derzow im Krs. Soldin), vermachte

Rissen 1732 seinem einzigen Sohn; **Mutter**: Dorothea Tugendreich, geb. von Greiffenberg (* 1701); **Laufbahn**: Jan. 1735 als Junker ins D-R Nr. 5, Nov. 1739 Cornet, Mrz. 1741 dim.; **Ehefrau**, seit Juli 1754: Sophie Charlotte. geb. von Diringshofen (1740–1793) aus Stendell in d. UM; **Güter**: erbte von seinem Vater Rissen im Krs. Schwiebus (bzw. Züllichau), hier von 1759 bis 1762 als Besitzer gen. (zeitweilig auch Erbherr auf Wormsfelde u. Klauswalde bei Reppen), erwarb 1778 Anteil Mürow im Krs. Angermünde; **Sohn**: Hans Carl Otto Ludwig (1769–1817), Jan. 1785 als Junker ins K-R Nr. 10, Jan. 1787 Cornet, Mai 1789 Ltnt., Mrz. 1790 zum *Verschwender* erklärt, Mai 1791 dim., im Mai 1801 wurde d. *Prodigalitätserklärung* aufgehoben, saß seit 1778 auf e. Anteil d. Allodialgutes Mürow, das 1794 für 1160 T. verpachtet war, erbte 1803 von Joachim Friedrich von Burgsdorff d. Güter Hohenjesar u. Treplin in der Mark;

Quellen: GStA, IV. HA, Rep. 1, Nr. 71, Bl. 361 (Sohn); Stabi, Ms. boruss. fol. 313, Bl. 45 RS, Bl. 47 RS; Albedyll, Anhang, S. 47 *; Jb. Neumark, 1926, S. 64; Fam.gesch., 2. T., S. 376–377 (Vater), S. 389; biogr. Handbuch, S. 160 (Vater);

Ltnt. **Joachim Erdmann von Burgsdorff** (* 13. Dez. 1701, † 28. April 1760) *

Vater: Joachim Ernst (1649–1716), um 1693 als Cap. im D-R Derfflinger dim., Erbherr auf 1/3 Diedersdorf u. 1/3 Görlsdorf im Krs. Lebus; **Mutter**: Sophie Elisabeth, geb. von Burgsdorff (1675–1741); **Laufbahn**: (weilte von 1714 bis 1717 auf d. Ritterakademie in Liegnitz), 1717 auf d. Ritterakademie in Brandenburg an der Havel, engagierte sich 1718 im D-R Nr. 3, Juli 1721 Cornet, Juni 1725 Ltnt., Jan. 1738 dim.; **Ehefrau**: Anna Elisabeth Charlotte, geb. von Hohendorff (1717–1782); **Söhne**, 1751 gen.: Joachim Erdmann (* 1740), George Wilhelm (* 1743); **Güter**: wollte 1724 seine väterlichen Gutsanteile, die mit 1100 T. Schulden belastet waren u. ihm jährlich nur e. Pension von 235 T. einbrachten, an seine beiden Vettern Friedrich Erdmann u. Ernst Christian von Burgsdorff verkaufen, die die anderen Teile von Diedersdorf u. Görlsdorf besaßen; gab an, nach d. Verkauf jährlich 400 T. Zinsen bekommen zu können; einer d. Vettern sperrte sich damals gegen d. Verkauf; erwarb 1749 Grünrade im Krs. Königsberg für 16/m T. von d. Familie von der Marwitz, hier bis zu seinem Tod ansässig, im Okt. 1765 klagte d. Cap. im Garn.-Reg. Nr. 8 Hans Ehrenreich von Burgsdorff (1715–1782), aus d. Herrschaft Beeskow geb., Sohn von Hans Ehrenreich (1684–1727), Fähnrich, von der Witwe A. E. C. einen auf Grünrade haftenden Lehnstamm von 10 500 T. ein; 1767 ging Grünrade für 28/m T. an d. Ltnt. Johann George von Sydow;

Quellen: GStA, I. HA, Rep. 22, Nr. 13 f, Pakete 8 414, 8 417; BLHA, Rep. 78 I, Nr. 170, Bl. 46; Stabi, Ms. boruss. fol. 312, Bl. 133 (H. E. im Garn-Reg. 8); nicht bei Wendt, Liegnitz; Leers, Zöglinge, S. 27; Jb. Neumark, 1926, S. 49; Fam.gesch., 3. T., S. 514–515, S. 530–531; S. 625, S. 627 (Cap. H. E. u. Vater);

Komtur **Joachim Friedrich Ehrenreich von Burgsdorff** (* 23. Nov. 1739, † 29. Jan. 1829)

Vater: Carl Friedrich (1699–1763), 1751 als Erbherr auf Ziebingen im Krs. Sternberg, auf Reitwein, Wulkow u. Kunersdorf im Krs. Lebus gen., hatte damals drei Söhne von zwei, sieben u. 13 Jahren,

Ritter d. St. Johanniter-Ordens; **Mutter**: Theodore Jacobäa, geb. von Burgsdorff (1713–1755); **Großvater**: Joachim Ehrenreich (1665–1710), Erbherr auf Reitwein u. Ziebingen, Amtshauptmann zu Lebus, königl.-preuß. Hof- u. Legationsrat, verh. mit Sophie Marie, geb. von d. Marwitz (1675–1766), 1728 auf Ziebingen u. Klemzig, 1745 auf Klemzig im Krs. Züllichau gen., sie hinterließ 1766 e. Vermögen von 200/m T.; **Bruder**: Alexander Heinrich (* 1745, † nach 1812), Fähnrich, s. d.; **Bruder**: Theodor Leopold (1749–1807), April 1767 als Junker ins D-R Nr. 4, Sep. 1769 Cornet, Juni 1771 krankheitshalber auf Wunsch dim., seit 1764 Erbherr auf Wulkow u. Kunersdorf im Krs. Lebus, hatte seinen Wohnsitz 1801 in Sandow; **Bruder**: Ludwig, wohnte 1801 in Drossen; **Laufbahn**: weilte von 1755 bis 1757 auf d. Ritterakademie in Liegnitz, wechselte im April 1758 auf d. Viadrina, trat weder in d. Zivil- noch in d. Militärdienst ein, Sep. 1772 Ritter d. St. Johanniter-Ordens, 1801 designierter Kommendator von Lagow; **Güter**: bekam bei d. Erbteilung im Juni 1764 d. Gut Ziebingen, 1758 mit 65/m T. angesetzt, saß noch 1801 auf Ziebingen im Krs. Sternberg, mit 66/m T. angegeben, im Nov. 1807 für 150/m T. an d. Reg. präs. Carl Graf von Finckenstein verkauft; **Ehefrau**: Charlotte Albertine, geb. Gräfin von Finckenstein (1749–1826), sie erbte 1790 von ihren Eltern 44/m T.; **Sohn**: Carl Friedrich Leopold Alexander (1770–1859), auf d. väterl. Gut Rathstock im Krs. Lebus; **Sohn**: Friedrich Wilhelm Theodor (1772–1822), weilte 1801 in Ziebingen;

Quellen: GStA, II. HA, Abt. 12, Materien, Vas.tab. Nr. 6, Bl. 135 RS-136; BLHA, Rep. 78 I, Nr. 170, Bl. 60; Stabi, Ms. geneal. fol. 120, Bl. 217, Bl. 220 RS; Gesch. I-R Nr. 19, S. 113–114 (Bruder A. H.); Gesch. D-R Nr. 3, S. 423 (Bruder T. L.); Jb. dt. Adel, 1. Bd., S. 395–396; Jb. Neumark, 11/1936, S. 98; Fam.gesch., 4. T., S. 711–713, S. 720–722, S. 724, S. 727–728;

ksl. Cap. **Leonhard Wilhelm von Burgsdorff** (* 22. Sep. 1718, † vor 1778) *

Vater: Conrad Heinrich (* 1687, † nach 1720), Erbherr auf Schreibersdorf in Schlesien, Lehnsfolger auf Anteil Merz in Beeskow; (L. W. aus d. NM gebürtig); **Mutter**: Marie Elisabeth, geb. von Nimptsch (* um 1689); **Laufbahn**: 1747 Hofkavalier bei d. Gräfin von Promnitz, trat dann in d. ksl. Militärdienst, Aug. 1769 als Ltnt. gen., als Cap. abgegangen; **Güter**: 1774 als Erbherr auf Anteil Schlönwitz im Krs. Schivelbein gen., 1769 von d. Witwe von Schlieffen, geb. von Wattern, erworben; erste **Ehefrau**: Dorothea Maria, geb. von Mattey, sie war in zweiter Ehe verheiratet mit d. Ltnt. Siegmund (Michel) von Jutrzenka (* um 1740), aus Polen bzw. Pommern gebürtig, vom I-R Nr. 17, dieser nahm 1778 seinen Abschied u. ging zu seiner Frau nach Schlönwitz;

Quellen: Stabi, Ms. boruss. fol. 316, Bl. 30; Ms. geneal. fol. 120, Bl. 251 RS-252; Fam.gesch., 2. T., S. 435–436, S. 439;

Cap. **Ernst Ludwig von Burtz** (* 1720, † 30. Okt. 1765)

aus d. Neumark gebürtig; **Laufbahn**: seit 1738 im Militär, stand 1740 als Gefr. corp., 1752 als Sl im I-R Nr. 28, Febr. 1761 Stabs-Cap., 1765 als solcher gest.; (**verwandt**: Johann Bernhard von Burtz (* 1728, † 29. Nov. 1769), aus d. Nähe von Küstrin gebürtig, seit 1749 im Militär, stand 1752 als Corp. im I-R Nr. 28, Mai 1757 Sl, 1769 als Ltnt. gest.: Ms. boruss. fol. 314, Bl. 68 RS, Bl. 70, Bl. 75);

Quellen: GStA, IV. HA, Rep. 1, Nr. 71, Bl. 368 (kz. Notizen für d. Cap. u. d. Ltnt.); Stabi, Ms. boruss. fol. 314, Bl. 68, Bl. 69 RS, Bl. 70 RS, Bl. 75;

Cap. **Hans Peter von Burtz** (* 1670)

aus Küstrin gebürtig; **Laufbahn**: seit 1691 im Militär, Sep. 1715 Stabs-Cap. im I-R Nr. 19, Nov. 1718 wegen kränklicher Umstände verabschiedet; **Güter**: nahm nach d. Abschied d. Gut Bärfelde im Krs. Königsberg in Pacht; (**Sohn**: Ernst Ludwig (1720–1765), Cap. s. d.);

Quellen: Stabi, Ms. boruss. fol. 310, Bl. 34; fol. 319, Bl. 34; Gesch. I-R Nr. 19, S. 78;

Major **Friedrich Adam Diedrich von Buxdorff** (* 1755, † 25. April 1821) *

(**Vater**: Carl Friedrich Maximilian, Cap., seit 1756 Erbherr auf ½ Guhrow im Krs. Cottbus, 1767 im Wert von 30 500 T., darauf Schulden von 26 255 T., in erster Ehe verh. mit e. Tochter von Caspar Sigismund von Schönfeldt auf Guhrow; **Mutter**: Maria Sophia, geb. von Zabeltitz, 1769 u. 1772 als Witwe auf Guhrow gen., wollte d. Gut für ihre Söhne konservieren; **Vater-Bruder**: Jacob Dietrich); **Bruder**: Carl Maximilian (* 1756), stand anfängl. im Grenadier-Bat. Nr. 4, Aug. 1791 Ltnt. im Depot-Bat. d. I-R Nr. 20, April 1796 dim.; **Laufbahn**: 1767 als *cadet* gen., 1776 Fähnrich im I-R Nr. 21, dann Sl im Magdeburg. Land-Reg., Juni 1785 Pl, 1788 zur Invaliden-Comp. in Schlawe, Juni 1793 Invaliden-Comp. d. I-R 17, Okt. 1795 Cap. u. Chef d. d. Invaliden-Comp. d. I-R Nr. 22, Juni 1798 Major, Juli 1809 zur Vorpomm. Provinzial-Invaliden-Comp., Mrz. 1813 Chef d. 2. Ostpreuß. Prov.-Invaliden-Comp., Jan. 1820 Ol; **Güter**: d. Gebrüder besaßen bis 1781 (Anteil) Guhrow im Krs. Cottbus, d. Gut wurde damals an d. Major Joachim Friedrich von Kleist verkauft, sie wurden 1801 u. 1803 als unangesessene Vasallen im Krs. Cottbus aufgeführt; **Ehefrau**: Augustina, geb. von Troschke;

Quellen: GStA, I. HA, Rep. 176, Nr. 1134 (danach soll d. Fam. mit d. Ol 1821 erloschen sein); II. HA, Abt. 12, Materien, Vas.tab. Nr. 6, Bl. 58 RS-59; IV. HA, Rep. 1, Nr. 71, Bl. 396; Stabi, Ms. boruss. fol. 907 a, Bl. 21 RS; Ms. geneal. fol. 120, Bl. 239 (1774, 1798 d. Gebr. gen.); Zedlitz, 5. Bd., S. 90; Siebmacher, Bd. 6/6, 1884, S. 30; Fam.gesch. Schönfeldt, S. 52; Moegelin, S. 68 (F. A. hier als F. W.); Jb. Neumark, 11/1936, S. 104 (hier irrtüml. als v. Bomsdorff); Krüger, Cottbus, S. 16–17;

Rittmstr. **Ludwig Heinrich Carl von Byern** (* 19. Febr. 1773, † 9. Febr. 1811)

Vater: Carl Wilhelm (1737–1800) *, aus d. Hzgtm. Magdeburg gebürtig, Mrz. 1753 Junker im D-R Nr. 5, Aug. 1756 Cornet im K-R Nr. 13, Febr. 1757 Ltnt., Mrz. 1766 Stabs-Rittmstr., Sep. 1773 Rittmstr. u. Kommandeur d. 2. Escadron, Okt. 1778 Major, Sep. 1785 Kommandeur d. K-R Nr. 13, Juni 1788 Ol, Juni 1789 Obrist, Mai 1792 Orden p. l. m., Jan. 1794 GM, Dez. 1794 Chef d. K-R Nr. 6, Erbherr auf Lentzke im Krs. Osthavelland; **Mutter**: Friederike Ulrike Charlotte (1753–1820), e. Tochter d. Geh. Fi-rates Zinnow, sie erwarb 1799 Hanseberg im Krs. Königsberg im Wert von 80/m T., 1804 an Carl Friedrich von Wedel-Parlow für 170 500 T. verkauft, sie hatte ihren Wohnsitz 1801, 1803 in Berlin; **Bruder**: Carl Rudolph Alexander (1770–1813), zeitweilig Assessor bei d. kurmärk. KDK, seit 1801 kgl. Kammerherr, Erbherr auf Parchen im Hzgtm. Magdeburg; **Bruder**: Friedrich Ferdinand (1771–1835), seit Dez. 1786 im Reg., Okt. 1787 Cornet im K-R Nr. 13, April 1790 Sl, Juli 1795 Pl im K-R Nr. 6, Nov. 1800 Stabs-Rittmstr., Mai 1801 dim.; **Bruder**: Rudolph August (†1820), Mai 1790 Cornet im K-R Nr. 11, Okt. 1793 Sl, Jan. 1803 Pl, Febr. 1806 Stabs-Rittmstr., 1808 beim Brandenburg. K-R, Aug. 1809 Chef e. Escadron, Aug. 1811 Major beim Litauischen D-R (1812 gest.); **Bruder**: Eugen Dietrich (1789–1866); **Bruder**: Eduard (†1814); **Laufbahn**: Nov. 1787 Cornet im K-R Nr. 13, Sep. 1791 Sl, Juli 1798 Pl, Jan. 1799 Stabs-Rittmstr., Jan. 1803 Rittmstr. im D-R Nr. 9, Jan. 1805 wieder ins K-R Nr. 13, (Jan. 1805) Rittmstr. im neuen D-R Nr. 14, Febr. 1806 mit 300 T. pens.; **Güter**: 1801 u. 1803 wurde d. Mutter mit ihren sechs Söhnen, von denen 1803 drei im Militär standen, auf Hanseberg gen.;

Quellen: GStA, II. HA, Abt. 12, Materien, Vas.tab. Nr. 6, Bl. 96 RS-97; Nr. 8, Bl. 99 RS-100; IV. HA, Rep. 1, Nr. 71, Bl. 400 (R. A. gest. 1812); Gesch. K-R 13, S. 304–305 (F. F.), S. 308–309 (L. H. C.); Tb. Uradel, 1908, S. 144–145 (R. A. gest. 1820); Jb. Neumark, 11/1936, S. 73–74; Priesdorff, Nr. 895 (Vater);

Rittmstr. **Ferdinand Heinrich Wedig von Chartron** (* 1773, † 8. Sep. 1845)

Vater: Carl Philipp (* 1737), aus d. Mittelmark gebürtig, 1761 als Sl, 1763 als Pl, 1772 als Stabs-Rittmstr. im H-R Nr. 8 gen., 1777 krankheitshalber ausgeschieden, seine Ehefrau Caroline Friederique Auguste, geb. von Zlotnicka (* 1753), erwarb im Mrz. 1803 d. **Gut** Boltenhagen im Krs. Schivelbein im Wert von 24 500 T. vom Ltnt. A. H. von Kopp, s. d., d. Rittmstr. wurde noch 1809 hier gen.; F. H. W. aus Pommern gebürtig; **Laufbahn**: seit 1791 im Militär, Juni 1792 Cornet im H-R Nr. 8, Juli 1794 Sl, Sep. 1804 dim., April 1806 Charakter Rittmstr., Juni 1813 Stabs-Rittmstr. beim Pomm. Leichten-Nat.-Kav.-Reg., Mrz. 1815 als Chef e. Escadron zum 4. Ulanen-Reg., Mai 1817 als Major mit Pension dim.; **Güter**: ging nach d. Abschied 1804 nach Wolany im westpreuß. Krs. Deutsch Krone, das ihm sein Vater überlassen hatte;

Quellen: GStA, II. HA, Abt. 12, Materien, Vas.tab. Nr. 8, Bl. 133 RS-134; IV. HA, Rep. 1, Nr. 72, Bl. 82; BLHA, Rep. 3, Nr. 11 925, Schöning, 5. H-R, S. 68, S. 103, S. 124 (je d. Vater), S. 169 (F. H. W.), S. 547 (Vater), S. 554 (F. H. W.); Bratring, 3. Bd., S. 251;

Ltnt. **Carl Ernst Ludwig Joh. Frhr. von Collas** (* 28. Aug. 1763, † 6. Mrz. 1840)

Vater: Johann Jacob (1721–1792), aus Königsberg in Pr. gebürtig, stand zuerst im D-R Nr. 1, 1741 Sl, Jan. (bzw. Dez.) 1751 Stabs-Cap. im I-R Nr. 44, Aug. 1755 Cap., April 1760 dim., erhielt d. Charakter Major, bis 1773 Erbherr auf Dommelkeim im Samland; **Mutter**: Wilhelmine Charlotte Dorothea (1732–1776), e. To. d. Gl Friedrich Otto Frhr. von Wittenhorst-Sonsfeld; **Vater-Bruder**: Friedrich Johann (* 1728, † Nov. 1762), aus Preußen gebürtig, seit 1749 im Militär, stand 1751 als Cornet in d. Garnison Friedeberg, 1756 als Ltnt. im D-R Nr. 4, 1762 an e. Blessur gest.; **Bruder**: Friedrich Wilhelm Aug. Joh. (1766–1809), Mai 1787 Fähnrich im I-R Nr. 45, Mai 1790 Sl, April 1796 dim., seit 1796 verh. mit Caroline Tugendreich (1774–1827), e. Tochter d. Oberamtmanns Johann Friedrich Reckzeh (1774–1827), der 1780 zwei Vorwerke in Sternberg gekauft hatte, F.W.A.J. wurde 1801 u. 1803 zs. mit seiner Frau als Erbherr auf Anteil Sternberg im Wert von 15/m T. gen.; **Laufbahn**: Jan. 1785 Fähnrich im I-R Nr. 45, April 1788 Sl, Mrz. 1789 ins I-R Nr. 37, Mai 1792 wegen *blöden Gesichts* entlassen, (1828 Landschaftsrat in Elbing); in erster **Ehe** seit 1792 verheiratet mit Johanna Dorothea Wilhelmine (* 1766), Tochter d. Ol Johann Constantin von Budritzky, s. d., beider Ehe wurde im Jan. 1800 geschieden; **Güter**: 1801 als Erbherr auf Grabow im Krs. Sternberg gen., hatte dieses lt. Vergleich von seinem Schwiegervater, d. Ol J. C. von Budritzky, für 18/m T. übernommen, noch 1809 auf Grabow gen.;

Quellen: GStA, I. HA, Rep. 176, Nr. 1 367 (Ehefrau); II. HA, Abt. 12, Materien, Vas.tab. Nr. 6, Bl. 128 RS-129, Bl. 134 RS-135; IV. HA, Rep. 1, Nr. 72, Bl. 155 (hier als Carl Fr. Otto, mögl. auch Fr. Carl, Febr. 1790 dim.); XX. HA, EM, Tit. 110 g, Nr. 47, S. 6–7 (Onkel); Stabi, Ms. boruss. fol. 313, Bl. 60 (Fr. Joh., D-R 4); Gesch. I-R 44, S. 50–51; Bratring, 3. Bd., S. 280; Gesch. D-R Nr. 3, S. 422 (Onkel, bei Reichenbach 1762 gefallen); Zedlitz, 5. Bd., S. 108; Jb. Neumark, 11/1936, S. 97; GHdA, Bd. 12 (1956), S. 57–58;

Cap. **Christoph Lucas von Cranach**
(* 20. Okt. 1753, † 13. April 1824)

Vater: Lukas Polykarp (1726–1753), Oberamts-Advokat in Wittenberg, C. L. aus Bautzen gebürtig; **Mutter**: Johanna Christiane, geb. Oßwald (1729–1764) aus Bautzen; **Laufbahn**: Sl im I-R Nr. 7, Nov. 1786 nach 12 Dj. dim., erhielt auf sein Immediatgesuch vom 8. Nov. 1786 im Mrz. 1787 d. Charakter Cap., hatte darin auf seine Dienstzeit u. darauf hingewiesen, *Ausländer* u. d. *letzte seiner Familie* zu sein, ging auf sein Gut bei Pyritz; in erster **Ehe** verheiratet mit Dorothea Luise, geb. Simon aus Stettin († 1790), in zweiter mit Henriette Charlotte Ernestine, geb. von Häusler (1772–1816); **Güter**: ihm fiel 1799 durch Erbrezeß Craazen u. Vorwerk Klein Lindenbusch im Krs. Soldin im Wert von 50/m T. zu, noch 1803 u. 1809 hier gen.; **Sohn**: Carl Friedrich Ludwig Lucas (1785–1806), Nov. 1802 Fähnrich im I-R Nr. 22, Okt. 1806 bei Auerstedt gefallen; **Sohn**: Christian Heinrich Wilhelm Lucas (* 24. Okt. 1789, † 6. Okt. 1834), Nov. 1804 Fähnrich im I-R Nr. 23, Febr. 1812 dim., Aug. 1813 Ltnt. beim 1. Neumärk. Landwehr-I-R, Jan. 1816 als Cap. dim.; **Sohn**: Gustav Adolph Lucas (* 1790, † 23. Juli 1861), Mrz. 1807 Cornet im D-R Nr. 4, Dez. 1807 Sl, Okt. 1808 ins Neumärk. D-R, Juli 1816 Pl, Mrz. 1818 als Rittmstr. dim.; **Sohn**: Christoph Julius Lucas (* 1793), Febr. 1813 Sl beim Leib-I-R, 1853 GM, 1860 als Gl gest.; **Sohn**: Carl (1809–1900), Gl;

Quellen: GStA, I. HA, Rep. 96, Nr. 257 C u. D, Bl. 18; II. HA, Abt. 12, Materien, Vas.tab. Nr. 6, Bl. 117 RS-118; IV. HA, Rep. 1, Nr. 72, Bl. 218 (kurz zu C. L., Söhne ausf.); Stabi, Ms. boruss. fol. 314, Bl. 277 (nur in d. Abgangsliste gen.); Genealog. Tb., 5. Jg. 1880, S. 82–83 (hier nur d. Sohn C.H.W. L.); Tb. Briefadel, 1920, S. 159; Jb. Neumark, 11/1936, S. 91–92; Priesdorff, Nr. 1 813, Nr. 2 363 (Söhne);

Obrist **Ludwig Wilhelm von Cruse**
(* 1727, † April 1800)

Vater: Ludwig Wilhelm († vor 1765), 1715 Cap. in venezianischen Diensten, zuletzt poln. Ol, seit 1734 auf Germersdorf, für 6/m T. von seinen drei Brüdern gekauft; L. W. aus Warchau bei Crossen gebürtig; **Großvater**: Wolfgang Friedrich, KG-rat, erwarb nach 1683 d. Gut Germersdorf im Krs. Cottbus, hinterließ vier Söhne, 1713 saß seine Witwe auf d. Gut; **Bruder**: Friedrich Wilhelm (* 1724, † 6. bzw. 16. Febr. 1779), seit 1743 im Militär, Sep. 1751 Sl im I-R Nr. 13, Mai 1762 Cap. u. Chef e. Comp., Juli 1773 Major, als solcher 1779 gest.; **Laufbahn**: seit 1743 im Militär, stand 1755 als Sl im I-R Nr. 25, 1764 als Cap. u. Chef e. Comp., Aug. 1771 Major, 1774 als solcher im I-R Nr. 25 gen., Mai 1774 Kommandeur d. 2. Bat. d. I-R Nr. 55, später Ol, Mai 1783 Obrist, Mrz. 1786 Kommandeur d. I-R Nr. 55, Sep. 1788 ins Depot-Bat. d. I-R Nr. 54, noch 1798 als Obrist gen.; **Güter**: saß 1774 zs. mit d. Bruder auf Germersdorf im Krs. Cottbus, 1800 alleiniger Besitzer, seine Erben verkauften d. Gut 1803;

Quellen: GStA, IV. HA, Rep. 1, Nr. 72, Bl. 247 (beide hier als Cruse, F. W. gest. 10. Febr.); BLHA, Rep. 23 B, Nr. 446; Stabi, Ms. boruss. fol. 311, Bl. 17 (F. W. gest. 6.2.), Bl. 26, Bl. 28 RS, Bl. 37, Bl. 37 RS (je F. W.); fol. 314, Bl. 85, Bl. 87, Bl. 139 RS, Bl. 143, Bl. 152 (je L. W.); Ms. geneal. fol. 120, Bl. 239 (hier als Kruse); Jb. Neumark, 1928, S. 185; Jb. Neumark, 11/1936, S. 104 (hier als v. Kruse); Krüger, Cottbus, S. 13 (von Krause, von Cruse);

Ltnt. **Otto Friedrich von Dahm** (* 1694)

aus d. Neumark gebürtig; **Laufbahn**: seit 1707 im Militär, Sep. 1709 Gefr.corp. bei d. Füsilier-Garde, Okt. 1714 Fähnrich im I-R Nr. 12, 1722 als Ltnt. *wegen Händeln cassirt*; (**verwandt**: Balzer Ehrentreich von Dahm (* 1687, † 12. Febr. 1730), aus d. Neumark gebürtig, seit 1704 im Militär, stand 1705 als Gefr.corp. bei d. Füsilier-Garde, Juli 1712 Ltnt. im I-R Nr. 1, 1730 nach 24 Dj. als Cap. gest.: Ms. boruss. fol. 313, Bl. 298 RS (1730: aus d. Mittelmark); Bardeleben, S. 421);

Quellen: Stabi, Ms. boruss. fol. 313, Bl. 295 (O. F. 1709 als von Dahme), Bl. 295 RS (B. E. 1712 als von Dahme); fol. 316, Bl. 234; fol. 319, Bl. 50; vgl. auch Zedlitz, 1. Bd., S. 393 (danach hieß d. Familie Dahm od. Damm); Siebmacher, Bd. 6/5, 1880, S. 19–20);

Cap. **Johann Gottlob von Dallwitz**
(* 1702)

aus d. Krs. Cottbus bzw. aus Peitz gebürtig; **Laufbahn**: seit 1718 im Militär, stand 1720 als Gefr.corp., 1730 als Sl, 1740 als Pl im I-R Nr. 21, 1744 als Cap. dim.;

Quellen: Stabi, Ms. boruss. fol. 311, Bl. 203 RS, Bl. 206 RS, Bl. 210 RS, Bl. 212 RS; Siebmacher, Bd. 6/5, 1880, S. 20;

Ltnt. **Carl Ernst Valentin von Damnitz**
(* 1726, † 5. Febr. 1779)

Vater: Philipp Wilhelm (* 1684, † vor 1738) *, seit 1708 im Militär, Mrz. 1712 Ltnt. im K-R Nr. 3, Sep. 1718 Rittmstr. u. Chef e. Escadron, vor 1730 abgegangen; (Erbherr auf Herrendorf u. Rostin im Krs. Königsberg); **Mutter**: († in Pritten 15. Febr. 1772); **Vater-Bruder**: Johann Casimir († um 1740), GM, s. d.; **Bruder**: Johann (Carl) Peter, preuß. Major; **Laufbahn**: stieg im Militär bis zum Rang e. Ltnt.s auf; **Güter**: erhielt 1777 für seinen Gutsanteil Pritten im Krs. Dramburg Meliorationsgelder in Höhe von 3 840 T.; **Ehefrau**: Elisabeth Abigail, geb. von Eickstedt (1730–1781); **Tochter**: Johanna Modesta Louise (* 1769), sie wurde 1783 auf ½ Pritten gen., erhielt im Febr. 1788 d. *venia aetatis*, ihr Gutsanteil trug e. jährliche Pacht von 230 T. dazu besaß sie e. Kapital von 1 400 T., ging 1786 e. Ehe ein mit Lebrecht Carl Friedrich von Schlichting; dieser war 1803 Erbherr auf

½ Pritten, seine Frau auf d. zweiten Hälfte d. Gutes; (**verwandt**: Erdmann Ernst von Damnitz (* 1657), seit 1677 im Militär, 1698 Rittmstr. im K-R Nr. 5, noch 1703 hier gen.: Stabi, Ms. boruss. fol. 311, Bl. 133; Bardeleben, S. 411);

Quellen: GStA, I. HA, Rep. 22, Nr. 84; Rep. 176, Nr. 1768, Tafel III; II. HA, Abt. 12, Materien, Vas. tab., Nr. 8, Bl. 77 RS-78; Stabi, Ms. geneal. fol. 120, Bl. 245 RS (Tochter); Tb. Uradel, 1918, S. 187–193; Jb. Neumark, 1927, S. 22; Moegelin, S. 263; Jb. Neumark, 11/19 36, S. 67; Pommern, S. 162 (kz. Biogramm d. Vaters, Hinweis auf d. Neffen mißverständlich);

sächs. GM **Johann Casimir von Damnitz** († um 1740) *

Vater: Christoph Siegmund († 1687), schwed. Cap.-Ltnt., 1644 Erbherr auf Rostin, Herrendorf, von 1669 bis 1684 auf Groß Möllen, seit 1684 auf ½ Steinwehr; **Mutter**: Scholastica, geb. von Metternich; **Brüder**: Carl Christoph († 1737), sächs. Major, Ernst Ludwig, sächs. Major von der Garde zu Fuß, Friedrich Lebrecht († 1737), sachsen-gothaischer Gl, Philipp Wilhelm (* 1684), Rittmstr., siehe bei dessen Sohn C. E. V., Wolff Siegmund, ksl. Feldmarschall-Ltnt.; **Laufbahn**: stieg im kurfürstl.-sächs. Militärdienst bis zum GM auf, 1687 als Major, 1796 als Obrist gen., stand 1718 noch im Dienst; **Güter**: seit 1687 Erbherr auf Rostin im Krs. Königsberg, seit 1706 auf Anteil Steinwehr im Krs. Greifenhagen, seit 1714 auf Pommerzig im Krs. Crossen, für 30 Jahre auf Wiederkauf für 48/m T. erworben vom Landrat Alexander Rudolph von Rothenburg, 1721 befand sich Pommerzig bereits in anderen Händen; **Ehefrau**: verwitw. Sophia Eleonora von Ihlow; d. GM errichtete 1738 sein Testament u. bedachte darin auch seine Brüder-Söhne (Neffen);

Quellen: GStA, I. HA, Rep. 30, D 31, Paket 9264 (hier unter Damitz abgelegt); Rep. 66, Nr. 18; Rep. 176, Nr. 1768, Tafel I; Boetticher, Adel, 1. Bd., S. 281–286 (d. Ehefrau hieß danach Sabina Eleonora, Witwe von Ilau); Tb. Uradel, 1918, S. 188; Jb. Neumark, 1928, S. 121;

Cap. **Johann von Dechen** (* 1683, † 27. Febr. 1732) *

Vater: Carl Gottlieb (1644–1719) *, April 1656 Student an d. Viadrina, Jan. 1684 Reichsadelsstand, 1688 Major beim Bat. Dönhoff, Mrz. 1705 Obrist, Jan. 1712 Kommandant von Frankfurt an d. Oder, Jan. 1716 GM, hatte 1713 d. ges. Hand auf bzw. Erbherr auf Drehnow im Krs. Crossen; **Mutter**: Luise, geb. Danglure (1657–1730); **Vater-Bruder**: Joachim (1645–1702), Reichsadel von 1684, 1683 Cap., zuletzt Ol d. Artillerie, in Küstrin gest., Erbherr auf Drehnow, seine Witwe Beate Hedwig, geb. von Essen (1651–1735), saß 1713 u. 1718 auf Drehnow gegen Frankfurt, sie hatte e. Sohn Johann Wilhelm, d. im preuß. Heer gestanden hatte, über dessen Verbleib es 1713 keine Nachricht gab, auf Drehnow 1717 Schulden von 10/m T.; **Großvater**: Joachim (1614–1667), Prof. an d. Viadrina; **Laufbahn**: stand im Nov. 1705 als Fähnrich in d. Füsilier-Garde, 1707 hier u. in d. Grenadier-Garde nicht gen., avancierte (in d. Garde) bis zum Cap.; **Güter**: Erbherr auf (Anteil) Pinnow im Krs. Sternberg; **Ehefrau**: Esther Emilie, geb. de Marlet (1692–1730); **Sohn**: Louis (* 1728), weilte 1745 auf d. Viadrina; **Sohn**: Ernst Johann Christian (1730–1781), Kriegsrat im auswärtigen

Dep., 1745 zs. mit d. Bruder auf Pinnow im Krs. Sternberg gen.;

Quellen: GStA, I. HA, Rep. 66, Nr. 18; BLHA, Rep. 23 B, Nr. 446; Stabi, Ms. boruss. fol. 313, Bl. 292 RS; fol. 319, Bl. 313 (Onkel); Ms. geneal. fol. 120, Bl. 222; Tb. Briefadel, 1908, S. 203; Bardeleben, S. 421; Jb. Neumark, 1928, S. 95–96; Priesdorff, Nr. 189 (Vater);

Ltnt. **Johann Andreas (seit Febr. 1778: von) Dehrmann** (* 1759)

Vater: Joachim Ehrenreich (1728–1809) *, aus Mecklenburg gebürtig, 1752 Husar im H-R Nr. 2, Mrz. 1760 Cornet im H-R 8, Mrz. 1761 Pl, Aug. 1761 Stabs-Rittmstr., Mrz. 1771 Rittmstr. u. Chef e. Escadron, April 1777 Major, wegen seiner im Krieg gezeigten *Bravour* am 17. Febr. 1778 nobilitiert, Aug. 1778 Orden p. l. m., Mai 1787 Ol, Febr. 1788 Kommandeur d. H-R Nr. 8, Mai 1789 Obrist, Jan. 1794 GM, Mrz. 1794 mit Pension dim., 1783 als Erbherr auf Bulgrin im Krs. Dramburg gen., 1801 als unangesessener Vasall im Krs. Dramburg aufgeführt, hielt sich damals in Berlin auf; **Mutter**: Helene Catharina, geb. Schultz aus Stolp; **Vater-Bruder**: Adam, Besitzer d. Gutes Groß Zerlang bei Rheinsberg, im Dez. 1791 nobilitiert; **Laufbahn**: 1783 Fähnrich bei Pirch, 1798 als Ltnt. gen., als Postmstr. zu Beeskow versorgt, (als Cap. im 24. I-R 1818 gest.);

Quellen: GStA, I. HA, Rep. 7, Nr. 13-1, Litt D, Nr. 2 (Adelsdiplom für d. Obristen vom 17.11.1791, er war jedoch bereits 1778 nobilitiert worden); II. HA, Abt. 12, Materien, Vas.tab., Nr. 6, Bl. 80 RS-81; Nr. 8, Bl. 82 RS-83; Stabi, Ms. geneal. fol. 120, Bl. 244 RS, Zedlitz, 1. Bd., S. 405; Priesdorff, Nr. 884;

Ltnt., Hofmarschall **Philipp Ludwig Friedrich von Derenthal** (* 1743, † Okt. 1831) *

Vater: Friedrich Wilhelm (1689–1752), Reg.präsident in Minden; **Mutter**: Sybille Sophie, geb. von Wittorf (1711–1752); **Bruder**: Daniel Johann George Ludwig (1743–1799), Oberrechnungsrat; **Laufbahn**: zunächst zwölf Jahre Gen.-Adjutant bei Ferdinand Herzog von Braunschweig in Magdeburg, mußte krankheitshalber 1770 als Pl d. Militärdienst verlassen, dann bis 1787 Hofmarschall d. Prinzessin Anna Amalia von Preußen, anschließend Mitglied e. Kommission, die d. Nachlaß d. verst. Prinzessin regulierte; **Güter**: seit Jan. 1792 Erbherr auf Butow im Krs. Dramburg im Wert von 36150 T., noch 1801, 1805 u. 1809 hier gen.;

Quellen: GStA, II. HA, Abt. 12, Materien, Vas.tab. Nr. 6, Bl. 68 RS-69; Abt. 13 a, Tit. II, Litt A, Nr. 1; Bratring, 3. Bd., S. 231; Tb. Briefadel, 1928, S. 107; Jb. Neumark, 11/1936, S. 64 (hier als L. F. P.); biogr. Handbuch, S. 199–200 (Bruder);

Gl **Friedrich Frhr. von Derfflinger** (* 1. April 1663, † 29. Jan. 1724) *

Vater: George (1606–1695) *, GFM, Erbherr auf Gusow im Krs. Lebus; **Mutter**: Barbara Rosine, geb. von Beeren; **Laufbahn**: stand zunächst in venezianischen Diensten, Okt. 1688 kurbrandenbg. Ol, Sep. 1689 Obrist, 1691 dim., Dez. 1704 als GM wieder angestellt, Dez. 1704 Chef d. D-R Nr. 3, Febr. 1713 Gl; **Ehefrau**: Ursula Johanna, geb. von Osterhausen; **Güter**: Erbherr auf Gusow in d. Mark, 1713 u. 1718 auch auf Kerkow im Krs. Königsberg, für 31/m T. gekauft, auf Schildberg u. Theeren im Krs. Königsberg gen., 1751 saß auf Gusow u. Theeren d. EM Otto Christoph (seit Nov. 1741 Graf) von Podewils;

Quellen: BLHA, Rep. 23 B, Nr. 446; König, 1. T., S. 345–348 (George u. Friedrich); Jb. Neumark, 1927, S. 27–28, S. 30; Priesdorff, Nr. 12 (Vater), Nr. 125;

GM **Christian Reinhold von Derschau** (* 30. Juni 1679, † 4. Nov. 1742) *

Vater: Christian Wilhelm (1652–1725), preuß. Tribunalsrat, Erbherr auf Dommelkeim in Preußen; **Mutter**: Constantia Elisabeth, geb. Geelhaar (1660–1711); **Laufbahn**: 1700 Junker im I-R Nr. 1, 1703 Fähnrich, Mrz. 1706 Ltnt., Juni 1709 Stabs-Cap. im I-R Nr. 18, Dez. 1710 Cap. u. Chef e. Comp. im I-R Nr. 6, Juni 1713 Major im I-R Nr. 1, Okt. 1718 Ol, Juni 1728 Obrist u. Kommandeur d. I-R Nr. 23, Okt. 1731 Gen.-Adj. König Friedrich Wilhelms I., Juni 1738 Chef d. I-R Nr. 18, Juli 1740 GM, Jan. 1742 Kommandant von Glatz; zweite **Ehefrau**: Luise Charlotte, geb. von Sturm (1701), sie saß 1751 zs. mit ihren vier Söhnen auf Klein Gandern im Krs. Sternberg; **Sohn**: Friedrich Wilhelm (1723–1779) *, EM, 1774 als Erbherr auf Klein Gandern im Krs. Sternberg gen.; **Sohn**: Ludwig Leopold (1725–1759), Ltnt.; **Sohn**: Friedrich Wilhelm Reinhold (* 1732), Ltnt.; **Sohn**: Carl Christian (1738–1810), aus Spandau gebürtig, seit 1756 im Militär, 1760 aus d. D-R Nr. 1 ins H-R Nr. 2 versetzt, stand 1766 als Ltnt., 1774 als Rittmstr. im H-R Nr. 2, 1779 dim.; **Güter**: 1715 u. 1718 als Erbherr auf Selchow im Krs. Sternberg gen., auch auf Klein Gandern;

Quellen: BLHA, Rep. 78 I, Nr. 170, Bl. 55; Stabi, Ms. boruss. fol. 315, Bl. 75 (Sohn C. C., hier als Fr. Wilh.), Bl. 71; Ms. geneal. fol. 120, Bl. 255 (Söhne F. W. u. C. C.); König, 1. T., S. 348–350; Ardenne, H-R Nr. 2, Anlage, S. 416 (Sohn C. C.); Tb. Briefadel, 1911, S. 163; Jb. Neumark, 1928, S. 56; Jb. Neumark, 11/1936, S. 95; Priesdorff, Nr. 269; biogr. Handbuch, S. 201 (Sohn F. W.);

württemberg. Oberforstmstr. **Friedrich Ludwig Leopold von Dewitz** (* 12. Mrz. 1765, † Okt. 1831) *

Vater: Carl Heinrich Friedrich (1732–1802), mecklenbg. Landdrost; **Mutter**: Johanne Henriette Louise, geb. von Huyssen (1738–1797); **Bruder**: Wilhelm Friedrich Ernst (1760–1820), Ol in preuß. Diensten; **Bruder**: Ludwig Christian (1772–1857) *, preuß. Cap.; **Laufbahn**: erlernte auf d. württemberg. Forstakademie d. Forstfach, stand 16 Jahre im herzogl.-württemberg. Zivildienst, zuletzt als Oberforstmstr., nahm 1799 seinen Abschied; **Güter**: 1801 als Erbherr auf Golz u. Janikow im Krs. Dramburg im Wert von 33 300 T. gen., saß noch 1809 auf beiden Gütern; **Ehefrau**: Auguste Libica, geb. von Wedel, verwitw. von Puttkamer († 1832);

Quellen: GStA, II. HA, Abt. 12, Materien, Vas.tab. Nr. 6, Bl. 71 RS-72; Bratring, 3. Bd., S. 234, S. 236; Wegner, Dewitz, S. 401–414; Jb. Neumark, 11/1936, S. 65 (danach erst seit 1805 auf Golz); Pommern, S. 167–168 (Biogramm d. Bruders L. C.);

Cap. **Abraham Ernst von Diebitsch** (* 6. Dez. 1723, † 1756 bzw. 30. Mrz. 1758)

Vater: Caspar Heinrich (1676–1740), vor 1715 Erbherr auf Guhren im Krs. Züllichau (u. Wildenhagen im Krs. Sternberg); **Mutter**: Anna, geb. von Selchow (1667–1720); **Laufbahn**: seit 1743 im Militär, stand 1755 als Sl im I-R Nr. 25, 1756 als

Stabs-Cap. in d. Gefangenschaft gest.; (**verwandt**: Gottfried Siegmund von Diebitsch (* 1695), aus d. Krs. Crossen gebürtig, seit 1713 im Dienst, nahm im Mai 1714 als Gefr.corp. im I-R Nr. 1 d. Abschied, *weil er reisen* wollte: Ms. boruss. fol. 313, Bl. 296);

Quellen: Stabi, Ms. boruss. fol. 314, Bl. 119, Bl. 143; Neumann-Reppert, Diebitsch, Bl. 19 (danach gest. 30.3.1758);

Cap. **Ernst Carl von Diebitsch** (* 17. Juli 1753, † 27. Sep. 1805)

Vater: Caspar Gottlob (1700–1780), stand als Ltnt. im I-R Nr. 19, im Dez. 1739 auf Wunsch dim., bekam später d. Charakter Cap., ging auf sein Gut Krauschow A oder 1/3 d. Gutes bei Züllichau, 1774 für 15/m T. an Chr. Heinrich Lange verkauft; **Mutter**: Charlotte Luise, geb. von Koschembahr; **Großvater**: George Friedrich (1667–1742), vor 1715 auf Wildenhagen im Krs. Sternberg; **Bruder**: Christian Gottlob (1752–1821), weilte von 1766 bis 1768 auf d. Ritterakademie in Liegnitz, seit 1768 im Militär, stand vier Jahre als Gefr.corp. im I-R Nr. 24, April 1773 Fähnrich im I-R Nr. 45, 1787 als Sl, 1801 u. 1806 als Cap. im 3. Mousq.-Bat. d. I-R Nr. 45 gen., 1814 im 2. Neumärk. Landwehr-Reg., 1805 als unangesessener Vasall im Krs. Züllichau geführt, später Erbherr auf Cunzendorf bei Sprottau; **Laufbahn**: besuchte von 1766 bis 1769 d. Ritterakademie in Liegnitz, stand seit 1770 im Militär, 1774 Fähnrich, Mrz. 1777 Sl im I-R Nr. 26, noch 1784 als Sl gen., im Jan. 1789 als Pl, 1797 als Cap. im I-R Nr. 26 aufgeführt, hat sich als solcher 1805 *selbst ersäuft*; **Güter**: saß seit mind. 1788 auf Anteil Buckow im Krs. Züllichau; **Ehefrau**: Christiane Wilhelmine Elisabeth, geb. von Schütz (1752–1839), sie brachte ihm den 1784 von ihrem Stief-Vater Johann Abraham von Troschke bzw. ihrer Mutter Elisabeth Wilhelmine verwitw. von Schütz, geb. von Finck, übernommenen Anteil an Buckow im Krs. Züllichau im Wert von 12/m T. ein; **Sohn**: Ernst Wilhelm Joh. August (1785–1814), stand 1801 als Fähnrich, 1806 als Sl im I-R Nr. 19, als Cap. im Leib-Reg. Nr. 8 vor Paris gefallen;

Quellen: GStA, II. HA, Abt. 12, Materien, Vas.tab. Nr. 6, Bl. 159 RS-160, Bl. 169 RS-170; Abt. 13 a, Tit. II, Litt D, Nr. 4; Stabi, Ms. boruss. fol. 314, Bl. 2 RS, Bl. 14, Bl. 24; fol. 316, Bl. 134 RS, Bl. 138 (je C. G.); fol. 907 a, Bl. 8, Bl. 67 RS; Ms. geneal. fol. 120, Bl. 220 RS; Gesch. I-R Nr. 19, S. 84; Wendt, Liegnitz, S. 68; Tb. Uradel, 1903, S. 268, S. 270; Jb. Neumark, 11/1936, S. 99;

Ol **Johann Friedrich von Diebitsch** (* 17. Mai 1728, † 20. Mai 1794)

Vater: Caspar Heinrich (1676–1740), vorm. Sergant (im I-R Nr. 4) bei Barfuss, 1728 Erbherr auf 1/3 Schönwalde im Krs. Sternberg; **Mutter**: Ursula Marianne, geb. von Rabenau (* 1685); Stief-**Bruder**: Abraham Ernst (1723–1758), Cap., s. d.; **Bruder**: Caspar Gottlieb (* 1730), seit 1748 im Militär, Sep. 1755 Sl im Grenadier-Bat. Nr. 6, Mrz. 1758 Pl, Okt. 1770 Cap. u. Chef e. Comp., Nov. 1786 Major im Grenadier-Bat. Nr. 6, vorangegangen war e. Immediatgesuch vom 28. Nov. 1786 mit Hinweis auf seine Dienstjahre u. d. Umstand, seit 22 Jahren Cap. zu sein (1790 Bat.-Chef); **Laufbahn**: seit 1749 im Regiment, 1757 Fähnrich, 1764 Pl im I-R Nr. 9, Juni 1769 Cap u. Chef e. Comp., erhielt im Okt./ Nov. 1787 als Major d. Orden p. l. m., als vorm. Ol 1794 in Hamm gest.; **Ehefrau**:

Marie Elisabeth, geb. Cordes; **Sohn**: Johann Friedrich (1766–1831), Ltnt.; (**Sohn**: Christoph Wilhelm, wurde zs. mit J. F. am 25. Nov. 1786 legitimiert); (**verwandt**: Hans Friedrich von Diebitsch (* 1711), aus d. Neumark, seit 1727 im Militär, stand 1729 als Corp. im I-R Nr. 31: Stabi, Ms. boruss. fol. 314, Bl. 222);

Quellen: GStA, I. HA, Rep. 96, Nr. 257 C u. D, Bl. 29 (Bruder C. G.); Stabi, Ms. boruss. fol. 311, Bl. 381, Bl. 382, Bl. 383 (je d. Bruder, hier als Casp. Gottlieb); fol. 315, Bl. 104 RS, Bl. 106, Bl. 113 RS, Bl. 118, Bl. 120; Ms. geneal. fol. 120, Bl. 220 RS; Tb. Uradel, 1903, S. 271 (hier nur J. F. als Hans Fr.); Lehmann, S. 188; Jb. Neumark, 1928, S. 23; Neumann-Reppert, Diebitsch, Bl. 19;

dän. Cap. **Otto Abraham von Diebitsch** (* 13. Nov. 1650, † 16. April 1731) *

Vater: Hans Abraham (* 1628, † 30. April 1684), seit 1661 Erbherr auf Klemzig, seit 1662 auf Langmeil (auch auf Eichberg) im Krs. Züllichau; **Mutter**: Margarethe Helene, geb. von Hake (* 1620, † vor 1662); **Bruder**: Hans Ernst (1660–1719), Erbherr auf Groß Wilkawe in Schlesien, vor 1715 auch auf Anteil Langmeil im Krs. Züllichau; Stief-**Bruder**: George Friedrich (1667–1742), Cap. u. Adjutant, vor 1715 abgegangen, Erbherr auf Wildenhagen im Krs. Sternberg; Stief-**Bruder**: Nicolaus Gottfried (1673–1727), Erbherr auf Wutschdorf (im Krs. Züllichau), dann auf Freigut Zielenzig; Stief-**Bruder**: Carl, Cap., vor 1715 abgegangen, hielt sich 1715 in Preußen auf; Stief-**Bruder**: Caspar Heinrich (1676–1740), Erbherr auf Anteil Schönwalde im Krs. Sternberg, siehe mehr bei dessen Sohn Joh. Friedrich (1728–1794); **Laufbahn**: avancierte in dänischen Diensten bis zum Cap., vor 1715 abgegangen; in erster **Ehe** verheiratet mit Barbara Sophie, geb. von Braun (1664–1698); **Sohn**: Wolf Ernst, stand 1715 als Cap. in venezianischen Diensten; **Sohn** zweiter Ehe: Hans George (1700–1765), Erbherr auf Geischen; **Güter**: 1715 u. 1718 als Erbherr auf Padligar u. Ostritz im Krs. Züllichau gen., 1721 verkauft, auch auf Schweinitz in Schlesien;

Quellen: BLHA, Rep. 23 B, Nr. 446; Tb. Uradel, 1903, S. 265, S. 267, S. 268, S. 270–271; Jb. Neumark, 1928, S. 69–70; Neumann-Reppert, Diebitsch, Bl. 12 (danach gest. 28. Aug. 1721);

Obrist **Alexander Wedig von Dietherdt** (* 1666)

(**Vater**: Erbherr auf Anteil Dietersdorf im Krs. Dramburg); A. W. aus d. Neumark gebürtig; **Laufbahn**: seit 1685 im Militär, 1692 Fähnrich im I-R Nr. 11, 1694 Ltnt., 1703 Cap., Mrz. 1709 Major im I-R Nr. 11, Nov. 1715 Ol, 1716 ins I-R Nr. 20 versetzt, noch 1720 als solcher hier aufgeführt, 1730 als Obrist in Preußen gen.; **Güter**: überließ vor 1700 d. Gebr. von Borcke auf Falkenburg d. väterlichen Gutsanteil auf Pfandschilling, diese traten es Melchior Ludwig von Kleist auf Dolgen ab, über d. Verkauf kam es zu e. Prozeß, der 1716 bereits seit 17 Jahren dauerte; 1718 als Erbherr auf Anteil Hohengrape im Krs. Arnswalde bzw. im Krs. Pyritz, 1715 u. 1718 auch auf Anteil Dietersdorf u. Vorwerk Rehdorf im Krs. Dramburg gen.; **Söhne**, 1715 gen: Christian Ewald, Fähnrich, Friedrich Ludwig, Uffz., Christian Ludwig, Uffz., Carl Conrad Bogislav; **Sohn**: Caspar Christoph Friedrich (1707–1780) *, Ltnt.;

Quellen: GStA, I. HA, Rep. 22, Nr. 35, Paket 8 435; Stabi, Ms. boruss. fol. 311, Bl. 116; fol. 319, Bl. 38; Becker, I-R Nr. 11, S. 411 (hier als Alex. Wediger); Jb. Neumark, 1927, S. 126; S. 185; Pommern, S. 170 (Biogramm d. Sohnes C. C. F.);

Cap. **Carl Johann Christoph von Dietherdt** (* 24. Dez. 1746, † 3. Okt. 1809) *

Vater: Caspar Christoph Friedrich (1707–1780) *, Ltnt. im I-R Nr. 7, verkaufte 1771 (sein neumärk. Gut Bärfelde u.) Anteil Neuengrape in Pommern; **Mutter**: Susanne Amalie, geb. von Papstein (1717–1764); **Bruder**: Philipp George (1741–1807) *, GM; **Laufbahn**: trat 1763 ins Reg. ein, stand 26 Jahre im D-R Nr. 4, 1783 als Cap. dim.; amtierte seit 1795 als Landrat im Krs. Arnswalde; **Güter**: erwarb im Nov. 1782 Kölpin, Cratznick u. Wardin im Krs. Arnswalde für 35 563 T., hier noch 1801 u. 1809 gen.; **Ehefrau**: e. geb. von Papstein;

Quellen: GStA, II. HA, Abt. 12, Materien, Vas.tab., Nr. 6, Bl. 3 RS-4; Nr. 8, Bl. 5 RS-6; Bratring, 3. Bd., S. 208, S. 219; Jb. Neumark, 11/1936, S. 59 (hier als Carl Joachim Chr.); Priesdorff, Nr. 1 028 (Bruder P. G.); biogr. Handbuch, S. 210;

Ltnt. **Friedrich Siegmund von Dietherdt** (* 1746)

aus d. Neumark gebürtig; **Laufbahn**: seit 1763 im Militär, stand 1764 als Cornet im D-R Nr. 4, zuletzt hier Ltnt., 1769 in ein Garn.-Reg. versetzt;

Quellen: Stabi, Ms. boruss. fol. 313, Bl. 60 RS; Gesch. D-R Nr. 3, S. 200, S. 423;

Major **Otto Friedrich von Diringshofen** (* 21. Juli 1743, † 21. Febr. 1796)

Vater: Carl Ludwig (* 16. Aug. 1708), seit 1733 Erbherr auf Stendell bei Schwedt, (seit 1740 auch auf Vorwerk Stendell); O. F. aus d. Neumark gebürtig; **Mutter**: Sophie Tugendreich, geb. von Stülpnagel († 1794); **Laufbahn**: seit 1758 im Militär, Pl im D-R Nr. 2, Sep. 1786 Stabs-Rittmstr., Febr. 1793 Major, 1796 als solcher gest.;

Quellen: GStA, IV. HA, Rep. 1, Nr. 73, Bl. 203 (unter d. Namen Düringshofen, hier als O. F.); Stabi, Ms. boruss. fol. 315, Bl. 177 (hier als Ferdinand); Tb. Briefadel, 1920, S. 182;

GM **Johann Wilhelm (seit Sep. 1786: v.) Dittmar** (* 4. Mai 1725, † 1. Febr. 1792) *

Vater: Gottfried Christian Ludwig († 1733), Oberpfarrer zu Kallies in d. NM; **Mutter**: e. geb. von Haßfort; **Laufbahn**: engagierte sich 1744 als Corp. bei d. Artillerie, Aug. 1748 Sl, Juni 1757 Pl, Nov. 1760 Stabs-Cap., Dez. 1761 Cap., April 1772 Major, Febr. 1778 Ol u. Kommandeur d. 3. Art.-Reg., Mai 1782 Obrist, Jan. 1785 Chef d. 2. Feld-Art.-Reg., Dez. 1785 Chef d. Art.-Korps, Sep. 1786 nobilitiert, Juni 1787 Chef d. 3. Dep. d. neuen Ober-Kriegskollegiums, Juli 1788 GM; in erster **Ehe** verheiratet mit Ernestine Sabine, geb. von Holzmann (1735–1774), aus beiden Ehen 19 Kinder, darunter acht **Söhne**, die alle in d. Militärdienst eintraten, u. a. Carl Ludwig Wilhelm (* 1768), Stabs-Cap. bei d. Artillerie;

Quellen: Stabi, Ms. boruss. fol. 319, Bl. 325; König, Helden, 1. T., S. 363–364; Priesdorff, Nr. 769;

Ol **August David von Doebeln** (* 1747, † Juli 1806)

aus d. Neumark gebürtig; **Laufbahn**: seit 1761 im Militär, stand 1765 als Sl im D-R Nr. 4, 1768 in e. Garnison-Reg. versetzt, Juni 1771 Stabs-Cap., Juni 1776 Cap. im Garn.-Reg. Nr. 10, 1788 zum Depot-Bat. d. I-R Nr. 40, Sep. 1788 Major beim Depot-Bat. d. I-R Nr. 33, Mai 1805 Ol, Juli 1806 gest.;

Quellen: GStA, IV. HA, Rep. 1, Nr. 73, Bl. 37 (hier als Doebel, ohne Adelsprädikat); Stabi, Ms. boruss. fol. 313, Bl. 60 RS (ohne Adelsprädikat); fol. 314, Bl. 248 RS, Bl. 249, Bl. 258 (hier jeweils ohne Adelsprädikat u. als Justus David); Gesch. D-R Nr. 3, S. 200, S. 423 (mit Adelsprädikat);

GM **Hans Heinrich Albrecht von Doeberitz** (* 24. Aug. 1738, † 11. April 1811) *

Vater: Johann Christoph (* 1698, † Okt. 1738), seit 1715 im Militärdienst, Nov. 1733 Cap. im I-R Nr. 22, seit 1738 Erbherr auf Schönhagen im Flemmingschen Krs. im Wert von 8 266 T., hinterließ zwei Söhne; **Mutter**: Friederica Amalia, geb. von Borcke (1710–1772); **Bruder**: George Ludwig Christoph (* 1737) *, seit 1751 im Militär, Mai 1763 Stabs-Cap. im I-R Nr. 22, Dez. 1766 Cap. u. Chef e. Comp., Okt. 1778 als Major dim., bat im April 1786 um e. Pension, Mrz. 1787 Orden p. l. m. u. Charakter Ol, Erbherr auf Dahlow im Krs. Dramburg, 1773 im Wert von 12 275 T., erhielt 1777 Meliorationsgelder von 690 T., 1784 für Dahlow noch 3/m T., 1782 für Friedrichsdorf (bzw. -hof), 1777 für 14 750 T. gekauft, weitere 3 200 T., hatte hier seinen Wohnsitz. noch 1801 u. 1809 auf Dahlow u. Friedrichsdorf gen.; **Laufbahn**: 1755 Page beim Prinzen August Wilhelm von Preußen, 1756 Gefr.corp. im I-R Nr. 18, Jan. 1758 Fähnrich, Aug. 1758 Sl, Dez. 1760 Pl, Okt. 1771 Stabs-Cap., Okt. 1776 Cap. u. Chef e. Comp., Nov. 1786 Major, Febr. 1793 Ol, Jan. 1795 Obrist im I-R Nr. 18, Febr. 1795 als GM mit 600 T. Pension dim.; **Ehefrau**: Marianne Caroline (1745–1795), Tochter d. Gl Carl Christoph Graf von Schmettau; **Güter**: erwarb im Mrz. 1788 für 22 520 T. Rahnwerder, Klein Spiegel, Vorwerk Springerfelde, Vorwerk Eichort, Vorwerk Grützort im Krs. Arnswalde, d. Güter waren im Siebenjährigen Krieg ruiniert worden u. hatten 16 Jahre im Konkurs gestanden, sie waren ehedem im Besitz d. Hofrates von Martitz gewesen, d. Meliorationskosten wurden im Sep. 1788 mit 17 272 T. angegeben, d. damalige Major erhielt mit CO vom 25. Okt. 1788 Beihilfen in Höhe von 7 684 T.; d. GM wurde hier noch 1801 u. 1809 gen.;

Quellen: GStA, I. HA, Rep. 96, Nr. 435 D, Bd. 2; II. HA, Abt. 12, Materien, Vas.tab. Nr. 6, Bl. 13 RS-14; Bl. 69 RS-70; Abt. 13 a, Tit. II, Litt D, Nr. 3 u. 6; IV. HA, Rep. 1, Nr. 73, Bl. 37 (hier als Joh. Hr. Albert); Stabi, Ms. boruss. fol. 314, Bl. 283 RS, Bl. 289 (je G. L. C.); Bratring, 3. Bd., S. 215; Märkische Forschungen, 2. Bd., S. 385 (H. H. A. als Letzter d. Fam. gest.); Lehmann, S. 181 (Bruder G. L. C.); Moegelin, S. 263, S. 266–267; Jb. Neumark, 11/1936, S. 61, S. 64–65; Priesdorff, Nr. 927 (als J. H. Albert); Pommern, S. 174 (Biogramm d. Bruders G. L. C., ohne Angaben f. d. neumärk. Güter);

Kammerherr **Carl Ludwig Friedrich Boguslav Graf von Dönhoff** zu Dönhoffstädt (* 14. Mai 1754, † 10. Jan. 1809)

Vater: Stanislaus Gerhard (1725–1758), Erbherr auf Dönhoffstädt u. Waldkeim in Preußen; **Mutter**: Sophie Friederike (1732–1784), e. Tochter d. Gl Adam Friedrich von Wreech, sie ging 1776 e.

zweite Ehe ein mit Dodo Heinrich Frhr. von Inn- u. Knyphausen († 1789); **Laufbahn**: trat weder in d. Militär- noch in d. Zivildienst ein, seit 1786 kgl. Kammerherr; **Güter**: saß 1801 auf Groß u. Klein Cammin im Krs. Landsberg, lt. Vergleich vom Mai 1766 im Wert von 46 714 T., auf Tamsel u. Warnick für 43 286 T., hielt sich in Berlin u. auf seinen Gütern auf, noch 1809 auf diesen gen.; **Ehefrau**: Sophie Dorothea Henriette (1764–1825), e. Tochter von Otto Alexander Graf von Schwerin auf Wolfshagen in d. UM; **Sohn**: Stanislaus Otto (* 1795, † 25. Juli 1816), hielt sich 1801 beim Vater auf; **Tochter**: Amalie Constance (1798–1879), Erbin d. neumärk. Güter;

Quellen: GStA, II. HA, Abt. 12, Materien, Vas.tab. Nr. 6, Bl. 111 RS-112; Nr. 8, Bl. 114 RS-115; Bratring, 3. Bd., S. 152, S. 165, S. 166; Tb. grfl. Hs., 1844, S. 159 (hier e. andere Reihung d. Vornamen); Zedlitz, 1. Bd., S. 426; Stammtafel Dönhoff; Jb. Neumark, 11/1936, S. 84;

Gutsbes. **Hans Carl von Dörffler** (* 1713)

Vater: Johann Andreas († vor 1751), neumärkischer Kammergerichts-Advokat, erhielt im Nov. 1713 e. Anerkennungsdiplom über d. seinem Vater verliehenen Reichsadel, nach 1718 Erbherr auf Anteil Lindow im Krs. Sternberg; **Laufbahn**: trat weder in d. Militär- noch in d. Zivildienst ein; **Güter**: 1751 auf 1/6 Lindow, 1774 als Erbherr auf d. vom Vater geerbten Anteil Lindow im Wert von 7 200 T. gen., dieser ging 1782 an d. Rittmstr. G. B. S. von Seidlitz, 1801 saß hier d. Ltnt. Otto Ludolph von Schöning;

Quellen: BLHA, Rep. 78 I, Nr. 170, Bl. 60; Stabi, Ms. geneal. fol. 120, Bl. 255; Zedlitz, 1. Bd., S. 427; Siebmacher, Bd. 6/5, 1880, S. 23; Jb. Neumark, 11/1936, S. 96;

Ol, Oberhofmeister **Albrecht Christoph Reichsgraf zu Dohna** (* 23 Sep. 1698, † 3. Mai 1752) *

Vater: Alexander (1661–1728) *, GFM; **Mutter**: Amalia Emilie Luise, geb. Gräfin von Dohna (1661–1724); **Bruder**: Alexander Ernst (1704–1745), aus Berlin gebürtig, seit 1721 im Militärdienst, stand 1730 als Cap. u. Chef e. Comp. im I-R Nr. 14, Aug. 1739 Ol, Mai 1742 Obrist, 1745 als Obrist im I-R Nr. 14 bei Soor gefallen; **Laufbahn**: seit 1714 im Militärdienst, Juni 1715 Cap. im I-R Nr. 20, 1720 hier noch als Cap. u. Chef e. Comp. gen., zuletzt Ol, 1728 Kommandeur d. I-R N. 23, Juni 1728 Abschied, seit 1741 Oberhofmeister d. Königin Elisabeth Christine von Preußen; **Güter**: 1746, 1751 als Erbherr auf Kranzin im Krs. Arnswalde im Wert von 100/m T. gen.; in erster **Ehe** verheiratet mit Amélie Elisabeth, geb. Gräfin zu Lippe-Detmoldt (1697–1730); aus dieser Verbindung d. **Sohn**: Friedrich Alexander Ferdinand (* 19. Nov. 1724, † 21. Febr. 1776), dieser saß 1767 auf Kranzin im Krs. Arnswalde;

Quellen: GStA, IV. HA, Rep. 1, Nr. 73, Bl. 69 (kz. Notiz für A. E.); BLHA, Rep. 78 I, Nr. 170, Bl. 27; Stabi, Ms. boruss. fol. 311, Bl. 116 RS (A. C.), Bl. 142, Bl. 150, Bl. 154 (je d. Bruder A. E., hier als Alexander Aemilius); fol. 319, Bl. 42 RS (A. C.); Jb. Neumark, 11/1936, S. 59; Priesdorff, Nr. 78 (Vater); GHbA, Bd. 77 d. Ges.reihe, Limburg 1981, S. 79;

GFM **Friedrich Wilhelm von Dossow** (* 17. Dez. 1669, † 28. Mai 1758) *

Vater: Richard Thomas, neumärkischer Landrat; **Mutter**: e. geb. von

Horcker; **Laufbahn**: weilte auf d. JG u. d. Ritterakademie Kolberg, 1683 ins Reg., Dez. 1695 Sl im I-R Nr. 10, April 1705 Cap., April 1709 Major, Nov. 1715 Ol, Aug. 1718 Obrist, April 1719 Kommandeur d. I-R Nr. 18, Febr. 1729 Chef d. neuen I-R Nr. 31, Febr. 1730 auch Kommandant von Wesel, Mai 1732 GM, Juli 1740 Gl u. Orden p. l. m., Okt. 1742 Ritter d. Schwarzen Adler-Ordens, Okt. 1742 Gouverneur von Wesel, Mai 1743 General von der Infanterie, Aug. 1743 Chef d. neuen I-R Nr. 45, Jan. 1745 GFM, Jan. 1757 mit 2/m T. pens.; **Güter**: 1715 u. 1718 als Erbherr auf Batow im Krs. Soldin gen.; ging vier Ehen ein, ohne Leibeserben verst.;

Quellen: GStA, IV. HA, Rep. 1, Nr. 73, Bl. 118; BLHA, Rep. 23 B, Nr. 446; Stabi, Ms. boruss. fol. 313, Bl. 168; fol. 314, Bl. 222; fol. 316, Bl. 136; fol. 319, Bl. 48 RS; Siebmacher, Bd. 6/5, 1880, S. 23; Jb. Neumark, 1927, S. 75; Priesdorff, Nr. 243;

Cap. **Peter Adam Christian Ernst von Dossow** (* um 1738, † 3. Dez. 1816)

Vater: Gustav Ludwig († vor 1751), Ltnt.; P.A.C.E. aus Halberstadt gebürtig; **Mutter**: Hedwig Agnesa, geb. von Oppen (1695–1780); **Laufbahn**: seit 1756 im Militärdienst, stand im Mrz. 1764 als Pl im I-R Nr. 18, im Okt. 1767 nach 12 Dj. als Cap. dim.; **Güter**: 1774 u. 1801 als Erbherr auf Batow u. Grüneberg im Krs. Soldin im Wert von 12/m u. 16 210 T. gen., beide waren für jährlich 5/m T. verpachtet, hatte seinen Wohnsitz in Batow; **Ehefrau**: Juliane Adelaide, geb. von Normann (1753–1802); **Sohn**: Friedrich Wilhelm (* 1770, † 18. Juni 1828), Aug. 1787 Cornet im D-R Nr. 4, Juni 1791 Sl, Okt. 1800 Pl, Juli 1806 Stabs-Cap., Sep. 1806 Cap., Okt. 1808 zum Neumärk. D-R, Okt. 1812 Chef e. Escadron, Mai 1813 Major, Sep. 1815 Kommandeur d. Reg., Okt. 1815 Ol, Mrz. 1819 Obrist; **Sohn**: Gustav Ludwig (* 1780, † 9. Mai 1865), Febr. 1798 Cornet im D-R Nr. 4, Okt. 1800 Sl, Mai 1809 ins Neumärk. D-R, Juni 1813 Pl, Aug. 1813 Stabs-Rittmstr., Mrz. 1815 Rittmstr. u. Chef e. Escadron, Mai 1819 zum 4. K-R, Mrz. 1836 dim.; **Sohn**: Ernst Heinrich (* 1782, † 23. Mai 1803), Okt. 1799 Cornet im D-R Nr. 3, Sep. 1801 Sl, 1803 ertrunken; **Sohn**: Carl Ferdinand (1783–1813), 1798 *cadet* in Berlin, April 1801 Cornet im D-R Nr. 1, Juni 1804 Sl, Dez. 1812 zur Pomm. Gendarmerie, Juni 1813 Stabs-Rittmstr. beim Mecklenbg.-Schwerinschen Jäger-Detachement, als solcher 1813 gefallen;

Quellen: GStA, II. HA, Abt. 12, Materien, Vas.tab. Nr. 6, Bl. 117 RS-118; IV. HA, Rep. 1, Nr. 73, Bl. 118 (kz. Notiz, ausführl zu d. Söhnen, d. Vater hier nicht); Stabi, Ms. boruss. fol. 313, Bl. 162, Bl. 167; Ms. geneal. fol. 120, Bl. 252 RS-253; Jb. Neumark, 11/1936, S. 90–91; Tb. Uradel, 1940, S. 235–237;

Major **Adam Heinrich von Drosedow** (* 1737, † 18. Jan. 1814)

Vater: Adam Heinrich (* 1691), seit 1709 im Militär, stand 1720 als Cornet im K-R Nr. 11, nach 22 Dj. als Rittmstr. abgegangen, besaß 1745 d. Lehnschulzengut zu Rosenthal im Krs. Königsberg, gekauft für 2 800 T.; **Laufbahn**: seit 1754 im Reg., Nov. 1756 (bzw. Febr. 1757) Cornet im K-R Nr. 10, Okt. 1758 Ltnt., Okt. 1768 Stabs-Rittmstr., Okt. 1775 als Rittmstr. dim. u. als Stallmstr. beim König angesetzt, Sep. 1786 Major; **Güter**: besaß 1774, 1801 e. Freischulzengut in Rosenthal im Krs. Königsberg, 1801 im Wert von 2 800 T.;

Quellen: GStA, II. HA, Abt. 12, Materien, Vas.tab. Nr. 6, Bl. 103 RS-104; IV. HA, Rep. 1, Nr. 73, Bl. 181;

BLHA, Rep. 78 I, Nr. 170, Bl. 50; Stabi, Ms. boruss. fol. 311, Bl. 326, Bl. 333, Bl. 334 RS; fol. 315, Bl. 54 (alt, Vater); Ms. geneal. fol. 120, Bl. 227, Bl. 251; Schwerin, K-R Nr. 10, 3. T., Anhang, Personalien; Siebmacher, Bd. 6/5, 1880, S. 23;

Major **Friedrich Carl du Buisson** (* 1710)

aus Küstrin gebürtig; **Laufbahn**: seit 1725 im Militär, stand 1730 als Ltnt. im I-R Nr. 30, 1740 Stabs-Cap., Okt. 1750 als Major u. Chef e. Comp. ins I-R Nr. 35, Mrz. 1753 dim.; (**verwandt**, Vater?: Johann du Buisson (* 1666), aus Franken, seit 1679 im Militär, Nov. 1709 Obrist, stand 1715 als Obrist im I-R Nr. 16: Ms. boruss. fol. 319, Bl. 39);

Quellen: GStA, IV. HA, Rep. 1, Nr. 71, Bl. 338 (kz. Notiz); Stabi, Ms. boruss. fol. 311, Bl. 187, Bl. 188, Bl. 378; Taeglichsbeck, S. 265;

Cap. **Melchior Gotthardt Frhr. von Dyherrn** (1753–1813) *

Vater: Melchior Abraham (1715–1793), bis 1793 Landrat im schlesischen Krs. Freystadt; M. G. aus Ober-Herzogswaldau geb.; **Mutter**: Johanna Henriette Charlotte, geb. von Czettritz u. Neuhauss (1724–1799); **Bruder**: Ernst Carl Friedrich (1748–1823), seit 1767 im Regiment, 1778 Sl im D-R Nr. 4, Dez. 1785 Pl, Nov. bzw. Dez. 1789 mit d. Charakter Cap. dim.; **Laufbahn**: weilte von 1768 bis 1769 auf d. Ritterakademie in Liegnitz, Mrz. 1769 Cornet im D-R Nr. 3, Nov. 1771 Sl, Jan. 1787 dim., Febr. 1787 Charakter Cap., später Landrat in Schlesien; **Güter**: 1783 als Erbherr auf Anteil Pehlitz im Krs. Friedeberg gen.;

Quellen: GStA, IV. HA, Rep. 1, Nr. 73, Bl. 233 (E. C. F. u. M. G.); Stabi, Ms. boruss. fol. 313, Bl. 13; Ms. geneal. fol. 120, Bl. 247 RS; Gesch. D-R Nr. 3, S. 211, S. 213 (Bruder), S. 415, S. 424 (Bruder); Wendt, Liegnitz, S. 69; biogr. Handbuch, S. 230 (Vater mit Angaben über d. Söhne);

Obrist **Johann August (seit Sep. 1787: von) Eckenbrecher** (* 7. Okt. 1743, † 8. Nov. 1822) *

Vater: Johann August, Weinhändler in Berlin; **Mutter**: Sophie Luise, geb. Dreyer; **Laufbahn**: 1760 Bombardier im Feld-Artilleriekorps, Jan. 1762 Sl, Sep. 1777 Pl, April 1782 Stabs-Cap., Juli 1787 Cap. u. Chef e. Comp. im 3. Artillerie-Reg., Sep. 1787 Orden p. l. m., Sep. 1787 nobilitiert, Juni 1793 Major, Okt. 1797 Ol, Mai 1801 Kommandeur d. 1. Artillerie-Reg., Sep. 1803 Obrist, Okt. 1804 Kommandeur d. reitenden Artillerie, Mrz. 1809 als GM mit 600 T. Pension dim.; **Ehefrau**: Friederike Sophie Wilhelmine, geb. Bayer (1755–1810), **Sohn**: Carl Ernst Aug. Philipp (* 23. Aug. 1782, † 23 Mai 1867), Nov. 1799 Cornet im H-R Nr. 2, April 1803 Sl, Juli 1803 dim., Mai 1813 Stabs-Rittmstr. u. Adj. beim GM von Hirschfeld, Mai 1814 Rittmstr., Febr. 1816 zum 2. Schles. H-R, Sep. 1818 ausgeschieden, Sep. 1845 Charakter Major; **Güter**: Erbherr auf Gutenpaaren im Westhavelland; seine Frau F. S. W., e. Tochter d. Kriegsrates Wilhelm Gottfried Bayer, war 1801 zs. mit ihrer Schwester Caroline Amalie Gottfriede, Witwe d. Majors Fr. von Scheidt vom H-R Nr. 2, Besitzerin von Stennewitz im Krs. Landsberg, im Dez. 1763 auf 60/m T. gewürdigt; d. Gut wurde 1804 verkauft;

Quellen: GStA, II. HA, Abt. 12, Materien, Vas.tab. Nr. 6, Bl. 113 RS-114; Nr. 8, Bl. 116 RS-117 (d. Schwestern u. ihre Männer expl. gen.); IV. HA, Rep. 1, Nr. 74, Bl. 22 (Vater u. Sohn, dieser hier als

Ernst Aug. Ph. Carl); Jb. Neumark, 11/1936, S. 86; Priesdorff, Nr. 1158;

Ltnt. **Franz (seit Febr. 1799 Frhr. von) Eckhardtstein** (* 1. Okt. 1783, † 23. Dez. 1842)

Vater: Ernst Jacob Eckard (1742–1803), Kaufmann, Gutsbesitzer, Febr. 1799 mit Beilegung d. Namens Eckhardt von Eckhardtstein in d. Freiherrnstand erhoben, seit 1800 kgl. Kammerherr, 1801 auf Adamsdorf im Krs. Soldin im Wert von 160/m T. gen., besaß dazu noch zwölf Güter in d. Mittelmark, u. a. Blankenfelde, Glasow u. Wollenberg, hatte 1801 sieben Söhne; **Mutter**: Metta, geb. Tidemann (1748–1815); Stief-**Bruder**: George Christian (1773–1820), herzogl.-anhaltischer Schloßhauptmann von Dessau; **Bruder**: Bernhard Johann (1775–1823, Legationsrat, Kammerherr, Erbherr auf Britz in d. Mark; **Laufbahn**: Eleve d. Militärakademie, 1801 Cornet, Mrz. 1803 Sl im K-R Nr. 2, Aug. 1807 dim., Okt. 1813 Dienst bei GM von Oppen, Dez. 1815 als Major dim.;

Quellen: GStA, II. HA, Abt. 12, Materien, Vas.tab. Nr. 6, Bl. 117 RS-118; IV. HA, Rep. 1, Nr. 74, Bl. 22; Stabi, Ms. boruss. fol. 907 a, Bl. 81 RS; Zedlitz, 2. Bd. S. 105; Tb. frhr. Hs., 1929, S. 142–143; Jb. Neumark, 11/1936, S. 90;

Cap. **Christoph Albrecht von Ehlert** (* 1681)

Vater: Christoph († vor 1715), stand 1692 als Ol in d. Garnison Küstrin, 1707 als Obrist in Küstrin gen., Erbherr auf Anteil Radach; C. A. aus d. Neumark gebürtig; **Mutter**: Anna Catharina, geb. von Rantzau, sie saß 1715 als Witwe auf Anteil Radach im Krs. Sternberg, hatte damals vier Söhne; **Bruder**: Johann Heinrich (* 1687), seit 1704 im Militär, Mrz. 1712 Cornet im D-R Prinz Albrecht, vor 1720 abgegangen; **Bruder**: Carl August, Auditeur im Reg. Prinz Albrecht zu Fuß, vor 1715 abgegangen; **Bruder**: Christian Ludwig, 1715 Sergant im I-R Nr. 19; **Laufbahn**: seit 1704 im Militär, 1708 Ltnt. im I-R Nr. 12, noch 1715 als solcher gen., 1718 wegen schwacher Konstitution als Cap. verabschiedet; **Güter**: 1718 als Erbherr auf Anteil Radach im Krs. Sternberg gen.;

Quellen: BLHA, Rep. 23 B, Nr. 446 (hier als von Ellert); Stabi, Ms. boruss. fol. 316, Bl. 232 (hier als von Ehlert), Bl. 237 RS (nicht in d. Rangliste v. Sep. 1715); fol. 319, Bl. 30 (Bruder J. H., ohne Adelsprädikat), Bl. 50 (C. A., ohne Adelsprädikat, als Christian A.), Bl. 73 (Vater 1692 als Elert); Siebmacher, Bd. 6/5, 1880, S. 25 (als v. Elert); Bardeleben, Ranglisten, S. 432 (Vater 1707 als Obrist von Elert); Jb. Neumark, 1928, S. 21 (hier als von Ellert);

Ltnt. **Johann Wilhelm Heinrich von Eickstedt** (* 1729, † 3. Nov. 1760)

Vater: Hans Siegismund (* 1689, † vor 1746), 1745 als Cap. im Garn.-Reg. in Stettin gen., seit 1709 Erbherr auf Anteil Pritten im Krs. Dramburg im Wert von 1333 T.; **Laufbahn**: seit 1743 im Militär, 1745 Gefr.corp., Okt. 1750 Fähnrich, Juni 1756 Sl im I-R Nr. 8, 1760 als Ltnt. bei Torgau gefallen;

Quellen: Stabi, Ms. boruss. fol. 315, Bl. 188; Ms. geneal. fol. 120, Bl. 227; Fam.gesch., S. 236–237; Priesdorff, Offz.stammliste, S. 64 (hier als Heinrich Fr.);

Cornet **Friedrich Wilhelm von Essen** (* 1692)

aus d. Neumark gebürtig; **Laufbahn**: seit 1716 im Militär, stand 1723 als Cornet im D-R Nr. 3, vor 1729 abgegangen;
Quellen: Stabi, Ms. boruss. fol. 313, Bl. 16; Gesch. D-R Nr. 3, S. 56; Siebmacher, Bd. 6/5, 1880, S. 26 (Hinweis auf d. schwed. GM Johann v. E.);

Cap. **Christian Friedrich von Eyff** (* 1690)

(**Vater**: Johann Christoph (* 1658), aus Küstrin gebürtig, 1686 Feuerwerker, Mai 1695 Zeug-Ltnt., (Juli 1710 Zeug-Cap.), Juli 1713 Cap. bei d. Artillerie); C. F. aus d. Neumark gebürtig; **Laufbahn**: seit 1705 im Militär, (Juni 1713 Fähnrich, stand 1715 als solcher im I-R Nr. 22, Febr. 1716 Ltnt. im I-R 22), Dez. 1725 Cap., 1740 als Cap. im Bat. von Kröcher aufgeführt, d. späteren I-R Nr. 32;
Quellen: nicht in IV. HA, Rep. 1, Nr. 74, Bl. 207; Stabi, Ms. boruss. fol. 314, Bl. 217 RS, Bl. 291 RS (C. F., aus Spandau); fol. 319, Bl. 32 (Vater), Bl. 47 (C. F., aus Spandau?), Bl. 314 RS (Vater, hier als Eiff, ohne Adelsprädikat); Zedlitz, 2. Bd., S. 149 (hier e. Fr. Aug.);

Ltnt. **Carl Christoph von Falkenhayn** (1705)

aus d. Neumark gebürtig; **Laufbahn**: seit 1731 im Militär, stand 1741 als Ltnt. im D-R Nr. 11, vor 1756 abgegangen;
Quellen: Stabi, Ms. boruss. fol. 313, Bl. 139 (als Falkenhayn); nicht in IV. HA, Rep. 1, Nr. 75;

Gl **Friedrich Gotthilf von Falkenhayn** (* 17. Okt. 1719, † 6. Mrz. 1786) *

Vater: Balzer Reinhard (* 1680), kursächs. Cap., 1715 als Lehnsträger, 1728 auf ½ Grabow im Krs. Sternberg gen., hatte damals vier Söhne im Alter von acht, 13, 18 u. 21 Jahren, d. älteste stand als Uffz. bei Schwerin (I-R Nr. 24); F. G. aus d. Krs. Schwiebus bzw. d. Krs. Crossen gebürtig; **Bruder**: Johann Alexander (* 1711), Ol, s. d.; **Laufbahn**: 1732 Gefr.corp. im I-R Nr. 31, Mai 1735 Fähnrich, Dez. 1738 Sl, Juni 1743 Pl, Mrz. 1752 Stabs-Cap., Sep. 1752 Cap. u. Chef e. Comp. im I-R Nr. 31, April 1758 Major, Aug. 1760 Ol u. Orden p. l. m., Febr. 1761 Obrist, April 1763 Kommandeur d. I-R Nr. 43, Sep. 1766 Chef d. I-R Nr. 38, Juli 1767 GM, Juni 1778 Gl, Juli 1781 Gouverneur von Schweidnitz;
Quellen: GStA, IV. HA, Rep. 1, Nr. 75, Bl. 19 (kz. Notiz, als Falkenhain); Stabi, Ms. boruss. fol. 314, Bl. 220 RS (1755: aus Crossen, als Falckenhayn), Bl. 224 (1740: aus Frankfurt), Bl. 233; fol. 316, Bl. 198 (1764: aus Schlesien); Ms. geneal. fol. 120, Bl. 221 RS (d. Vater hier als von Falckenhagen); König, 1. T., S. 407–410; Siebmacher, Bd. 6/5, 1880, S. 27 (hier über Falkenhagen, Falkenhayn); Lehmann, S. 88; Jb. Neumark, 1928, S. 20 (Falkenhagen auf Grabow); Priesdorff, Nr. 571 (aus Schwiebus);

Cap. **Heinrich Sigmund von Falkenhayn** (* 1712)

(**Vater**: Caspar Samuel, 1715 als in Polen ansässiger Lehnsträger e. Anteils von Grabow im Krs. Sternberg gen., hatte damals zwei Söhne: Ferdinand u. Caspar); H. S. aus d. Krs. Crossen gebürtig; **Bruder**: Johann Ferdinand († 28. Juni 1757), aus Schlesien gebürtig, Okt. 1736 Ltnt. bei d. Spandauer Garn.-Comp., Febr. 1741 ins I-R Nr. 36, Mai 1748 Pl, Febr. 1757 Stabs-Cap., an bei Kolin erlittenen Blessuren zu Leitmeritz gest.; **Schwester**: N. N. (1733–1805), verh. mit d.

Ltnt. von Kollinsky, als Kontrolleur im vorpomm. Jarmen versorgt, sie bekam seit April 1801 e. Witwenpension von 50 T.; **Laufbahn**: seit 1743 im Militär, 1750 u. 1756 als Cap. u. Chef e. Comp. im I-R Nr. 18 gen., (im Mai 1756 zu Wylich (I-R Nr. 51) versetzt); Okt. 1756 dim.;

Quellen: GStA, II. HA, Abt. 13 a, Tit. IV, Litt K, Nr. 2 (Schwester?); IV. HA, Rep. 1, Nr. 75, Bl. 19 (kz. Notiz); Stabi, Ms. boruss. fol. 313, Bl. 170 RS, Bl. 171 RS; Gesch. I-R 36, S. 73–74 (Bruder); Jb. Neumark, 1928, S. 20 (Vater?);

Ol **Johann Alexander von Falkenhayn** (* 1711)

Vater: Balzer Reinhard (* 1680), Cap. in sächs. Diensten, 1715 u. 1728 als Erbherr auf ½ Grabow im Krs. Sternberg gen.; **Bruder**: Daniel Florian (* 1716), seit 1733 im Militär, 1740 Junker im K-R Nr. 9, vor 1749 abgegangen; **Bruder**: Friedrich Gotthilf (1719–1786), GM, s. d.; **Laufbahn**: seit 1727 im Militär, stand 1730 als Cornet, 1740 als Ltnt. im K-R Nr. 9, Juni, Juli 1745 als Rittmstr. Orden p. l. m., Jan. 1746 Major u. Chef e. Escadron im K-R Nr. 8, als solcher noch 1750 gen., zuletzt Ol, Okt. 1755 dim.; (**verwandt**: ein Balthasar Anton von Falckenhan (* 1723), aus d. Neumark, stand 1738 als Corp. im D-R Nr. 6, seit 1741 Sl: fol. 311, Bl. 89; Orlop, S. 119 *);

Quellen: GStA, IV. HA, Rep. 1, Nr. 75, Bl. 19 (als Falkenhain); Stabi, Ms. boruss. fol. 312, Bl. 76 (hier als Falckenhayn), Bl. 177, Bl. 179 RS? (hier je als Falckenhahn); Ms. geneal. fol. 120, Bl. 221 RS (als Falckenhagen); Lehmann, S. 31; Jb. Neumark 1928, S. 20 (d. Vater hier als Falkenhagen, als Balzer Richard bzw. Reichard);

GM **Jonathan Friedrich von Finck** (* 1687, † 27. Aug. 1757) *

Vater: David Friedrich, brandenburg. Cap., Erbherr auf Anteil Pitzerwitz im Krs. Soldin; **Laufbahn**: 1704 ins I-R Nr. 3, April 1713 Sl, Nov. 1715 Pl, Okt. 1718 Stabs-Cap., Mrz. 1719 Cap. u. Chef e. Comp., Febr. 1729 Major im I-R Nr. 31, Nov. 1740 Ol, Okt. 1740 Orden p. l. m., Mai 1743 Obrist, Juni 1743 Komandeur d. I-R Nr. 31, Jan. 1748 GM u. Kommandant von Peitz; **Güter**: besaß 1715 u. 1718 e. Anteil an Pitzerwitz, hatte diesen verpachtet, noch 1745 auf diesem Anteil gen., 1774 saß hier Friedrich von Finck (* 1757), hielt sich bei seinem Stief-Vater auf, d. Major von Uckermann, 1788 für 4 365 T. verkauft; **Ehefrau**: Christiane Elisabeth, geb. von Brenckenhoff, aus d. Ehe zwölf Kinder;

Quellen: BLHA, Rep. 23 B, Nr. 446; Stabi, Ms. boruss. fol. 314, Bl. 222; fol. 319, Bl. 36 (Nov. 1712 Sl); Ms. geneal. fol. 120, Bl. 217, Bl. 253 RS; Gesch. I-R Nr. 3, S. 177; König, 1. T., S. 414; Jb. Neumark 1927, S. 75; Jb. Neumark, 11/1936, S. 92; Priesdorff, Nr. 373;

Ltnt. **Franz Albrecht Wilhelm Graf von Finckenstein** (* 10. Mai 1748, † 14. Mai 1828)

Vater: Carl Wilhelm (1714–1800) *, EM, 1767 als Erbherr auf Drehnow gegen Frankfurt im Wert von 24/m T. gen., F. A. W. aus Berlin gebürtig; **Mutter**: Sophie Henriette Susanne, geb. Gräfin von Finckenstein-Gilgenburg (1713–1762); **Bruder**: Friedrich Ludwig Carl (1745–1818) *, bis 1779 Präsident d. neumärk. Regierung; **Laufbahn**: trat 1761 als Junker ins Reg. ein, Juli 1762 Cornet im K-R Nr. 10, 1772 Ltnt., Mai 1775 dim.; **Güter**:

erwarb bzw. erbte Drehnow gegen Frankfurt im Wert von 24/m T., hier noch 1801 u. 1809 gen.; **Ehefrau**: Sophie Luise Ulrike, geb. Gräfin von Finckenstein (* 1756, † 24. Dez. 1819); **Sohn**: Wilhelm Leopold Friedrich (1792–1877) *, April 1812 in d. Garde du Corps, Febr. 1713 Sl, Dez. 1817 Pl, Sep. 1845 Kommandeur d. Reg., Mai 1851 Abschied als GM, Erbherr auf Trebichow u. Heidenau in Crossen;

Quellen: GStA, II. HA, Abt. 12, Materien, Vas.tab. Nr. 6, Bl. 25 RS-26; IV. HA, Rep. 1, Nr. 75, Bl. 104 (kz. Notiz); Stabi, Ms. boruss. fol. 311, Bl. 326, Bl. 334 RS; Bratring, 3. Bd., S. 311; histor.-herald. Tb., 1855, S. 212; Schwerin, K-R 10, 3. T., Anhang, Personalien; Fam.gesch., 1. Bd., S. 308–313; Jb. Neumark, 11/1936, S. 78; Priesdorff, Nr. 1928 (Sohn); biogr. Handbuch, S. 263–264 (Vater, Bruder);

Ol **Friedr. Otto Leopold Graf von Finckenstein** (* 12. Sep. 1717, † 19. April 1790) *

Vater: Albrecht Conrad Reinhold (1660–1735) *, von 1676 bis 1689 in holländ. u. frz. Diensten, Mai 1689 Major im kurbrandenburg. Regiment Kronprinz zu Fuß, 1690 Ol, Mai 1694 Obrist, Aug. 1695 Kommandeur d. I-R Nr. 6, Mrz. 1705 Gl, Febr. 1710 Reichsgraf, Dez. 1711 Chef d. I-R Nr. 11, 1718 Oberhofmstr. d. Kronprinzen, Mai 1733 GFM; **Mutter**: Susanne Magdalene, geb. von Hoff (1676–1762); **Bruder**: Friedrich Ludwig (1709–1785) *, 1727 Junker im D-R Nr. 1, April 1734 Rittmstr. u. Chef e. Escadron im D-R Nr. 6, April 1741 Major im D-R Nr. 9, Okt. 1743 Kommandeur d. D-R Nr. 10, Sep. 1754 GM u. Chef d. D-R Nr. 10, Febr. 1759 Gl, **Bruder**: Carl Wilhelm (1714–1800) *, EM; **Laufbahn**: bezog 1735 d. Viadrina, 1737 Fähnrich im I-R Nr. 3, 1738 Sl, Juni 1740 ins I-R Nr. 25, noch 1740 als Cap. u. Chef e. Comp. ins neue I-R Nr. 37, 1741 Major u. Flügel-Adj. d. Königs, April 1742 Kommandeur e. Bat., 1744, 1745 Kommandeur e. Grenadier-Reg., für Landeshut Orden p. l. m., 1747 Ol u. Flügel-Adj., Febr. 1754 auf Wunsch dim.; **Güter**: erwarb 1747 d. Güter Trebichow u. Radenickel im Krs. Crossen für 37/m T. von Andreas Ludwig Adolph Bernhard von Winterfeld, Rittmstr. im H-R von Natzmer, kaufte im Okt. 1761 Kuckädel von Sophie Helene von Unruh für 9 200 T., 1772 bzw. 1774 Heidenau aus d. Konkurs d. Bogislav Ludwig von Wedel u. im Mai 1777 Skyren von Ernst Siegmund von Burgsdorff für 20 500 T, trat dieses im Mrz. 1784 seinem Schwiegersohn ab, Franz Albrecht Wilhelm von Finckenstein, s. d., seine Frau hatte 1756 Kossar von ihrem Vater bekommen; **Ehefrau**: Wilhelmine Dorothea Elisabeth (1726–1789), e. Tochter d. EM Adam Otto von Viereck, aus der Ehe sechs Kinder, fünf Töchter u. d. **Sohn** Carl Otto Leopold (1751–1773) *, KG-rat; in seinem Testament vom Febr. 1790 vermachte F. O. L. seiner **Tochter** Amelie Sophie Wilhelmine (1753–1797), verheiratet mit Friedrich Gottfried Conrad Frhr. von Kottwitz (1747–1797), d. Güter Kossar u. Kuckädel, 1801 saß ihr Sohn Adam Friedrich Wilhelm (* 1776) auf beiden Gütern im Wert von 40/m T.; d. **Tochter** Sophie Luise Ulrike (1756–1819), verheiratet mit F. A. W. Graf von Finckenstein zu Drehnow, bekam Trebichow, Radenickel u. Heidenau für 48/m T., sie wurde noch 1801 hier gen.;

Quellen: GStA, II. HA, Abt. 12, Materien, Vas.tab. Nr. 6, Bl. 24 RS-25, Bl. 28 RS-29, Bl. 35 RS-36; IV.

HA, Rep. 1, Nr. 75, Bl. 104; BLHA, Rep. 78 I, Nr. 170, Bl. 10; Stabi, Ms. geneal. fol. 120, Bl. 242 RS; Gesch. I-R Nr. 3, S. 183; Fam.gesch., 1. Bd., S. 211–243 (Vater), S. 277–281, S. 313–316 (Bruder O. C. L.); Priesdorff, Nr. 123 (Vater), Nr. 417 (Bruder F. L.); biogr. Handbuch, S. 263–264 (Bruder C. W.), S. 265 (Sohn C. O. L., hier als O. C. L.);

Kammerherr **Adam Ernst Friedrich von Flotow** (* 13. Juni 1751, † 25. Sep. 1823)

Vater: Adam Ernst Friedrich (1703–1757), Erbherr auf Stuer, Käselin, Grüssow, Suckow in Mecklenburg; **Mutter**: Barbara Anna Sophie, geb. von Scheel (1713–1769); **Laufbahn**: trat weder in d. preuß. Militär- noch in den Zivildienst ein, zeitweilig markgräfl.-bayreuth. Kammerherr; **Güter**: saß 1801 auf Pitzerwitz im Krs. Soldin im Wert von 25 550 T. bzw. von 58 830 T., hatte die ursprüngl. vier Anteile seit 1788 schrittweise erworben, einen davon von seiner Tante Eva Gottliebe Tugendreich von Scheel († 11. Jan. 1795) geerbt, sein Erbe belief sich auf 5 476 T, angeblich sollen d. jährl. Revenuen von Pitzerwitz 1802 5/m, d. Wert 100/m T. betragen haben; **Ehefrau**: Friederike Wilhelmine, geb. von Dossow (1772–1842), sie ließ sich im Nov. 1797 von ihrem *gemütskranken* Mann scheiden, der 1802 wiederhergestellt war, u. ging e. zweite Ehe mit e. von Sack ein; sie bekam von ihrem geschiedenen Mann jährlich 1/m T. für d. Unterhalt für sich, die vier (bzw. sechs) Kinder u. d. Salär von zwei *Domestiquen*, wobei für jedes Kind 166 T. veranschlagt wurden; F. W. verlangte 1802 e. höheren Unterhalt in Höhe von 1 252 T.; **Söhne**: Julius (1788–1856), nach 1797 *cadet* in Stolp, 1801 *cadet* in Berlin, Juli 1805 Cornet im D-R Nr. 4, Mrz. 1807 Sl, Nov. 1813 Pl beim Neumärk. D-R, Mai 1832 als Major abgegangen; **Sohn**: Cäsar Drewes (1791–1813), nach 1797 *cadet* in Stolp, 1801 *cadet* in Berlin, Mrz. 1812 Sl beim Leib-I-R, Jan. 1813 ins Garde-Reg., vermißt, gefallen bei Groß Görschen;

Quellen: GStA, I. HA, Rep. 22, Nr. 102 k; II. HA, Abt. 12, Materien, Vas.tab. Nr. 6, Bl. 120 RS-121 (Wert 25 550 T.); Nr. 8, Bl. 124 RS-125 (1803 auf Anteil noch S. F. v. Schaetzel gen.); IV. HA, Rep. 1, Nr. 75, Bl. 152 (Sohn J.), Bl. 153 (Sohn C. D.); Bratring, 3. Bd., S. 141; Tb. Uradel, 1900, S. 307, S. 311; Kadetten Stolp, S. 37, S. 40; Jb. Neumark, 11/1936, S. 92 (hier d. Betrag von 58 830 T.);

Major **Friedrich Wilhelm von Fock** (* 1765, † Okt. 1826) *

aus d. Neumark gebürtig; **Laufbahn**: seit 1781 im Militär, Mrz. 1783 Cornet im D-R Nr. 4, Dez. 1785 Sl, Febr. 1794 Pl, Sep. 1797 Stabs-Rittmstr., Okt. 1800 Rittmstr., Juli 1806 Major im D-R Nr. 4, Okt. 1808 bei d. Neumärk. Kav.-Brigade, Mai 1809 Chef e. Escadron, Sep. 1812 als Ol mit 400 T. Pension dim.;

Quellen: GStA, IV. HA, Rep. 1, Nr. 75, Bl. 161; Gesch. D-R Nr. 3, S. 259, S. 317, S. 428; Zedlitz, 2. Bd., S. 177–178 (gest. 1827);

Cap. **Johann Gottfried von Freudenheim** (* 1683, † 2. Aug. 1722)

aus d. Krs. Crossen gebürtig; **Laufbahn**: seit 1702 im Militär, Mai 1708 Pl im I-R Nr. 23, Dez. 1716 Stabs-Cap., 1722 als Cap. gest.;

Quellen: Stabi, Ms. boruss. fol. 316, Bl. 277, Bl. 284; fol. 319, Bl. 48; Zedlitz, 5. Bd., S. 164 (1763 e. Cap. v. Freudenheim in Magdeburg gen.);

Major **Friedrich Wilhelm von Fritschen** (* 12. Dez. 1757, † 14. Okt. 1806)

Vater: Johann Friedrich (* 1690?, † 9. Mai 1764), seit 1726 Bürgermeister von Lippehne, ging drei Ehen ein: in erster mit Magdalene Sophie, geb. von Vorhauer († 1737), in zweiter mit Luise Juliana, geb. von Kuhmeise († 1748); **Mutter**: Dorothea Luise, geb. von Unfried (* 1720); Stief-**Bruder**: Johann David (* Mrz. 1715), aus d. ersten Ehe d. Vaters, seit 1741 im Militär, Dez. 1749 Sl im I-R Nr. 32, Mai 1757 Pl, noch 1760 als Ltnt. gen., soll später in österr. Dienste gegangen sein; Stief-**Bruder**: Johann Friedrich (1720–1746), (seit 1738 im Militär, 1744 Pl im I-R Nr. 48) als Ltnt. im Garn.-Bat. Nr. 2 gest.; **Bruder**: Ernst Christian (1743–1815), seit 1761 im Militär, stand 1773 als Sl im Garn.-Reg. Nr. 5, nach d. Abschied Schulhalter in Lippehne; **Laufbahn**: seit 1770 im Militär, stand 1779 als Fähnrich im I-R Nr. 47, Nov. 1785 Sl, Mai 1792 Pl, Juli 1794 Stabs-Cap., Nov. 1798 Cap. u. Chef e. Comp., Nov. 1805 Major im I-R Nr. 47, 1806 bei Jena u. Auerstedt gefallen; **Ehefrau**: Johanna Eleonore, geb. Freiin von Richthofen (1767–1815);

Quellen: GStA, IV. HA, Rep. 1, Nr. 75, Bl. 300; Stabi, Ms. boruss. fol. 311, Bl. 391 RS, Bl. 393 RS; fol. 312, Bl. 147, Bl. 148 RS (je J. D.); fol. 314, Bl. 163 (J. F.?), Bl. 181 RS (E. C.); fol. 907 a, Bl. 43; Siebmacher, Bd. 6/5, 1880, S. 29; Tb. Briefadel, 1918, S. 238–240 (Stief-Bruder J. D., danach geb. 1736?);

Cap. **Friedrich Wilhelm von Fritz(e)** (* 1735)

Vater: Christoph Wilhelm (* 1699), 1745 als Bürgermstr. u. Akziseeinnehmer zu Sonnenburg gen., hatte damals drei Söhne: F. W. (* 1735), Carl Ernst (* 1738), Joachim Ernst (* 1743), 1751 Erbherr auf ¼ Wallwitz; **Bruder**: Joachim Ernst (* 1743, † vor 1778), seit 1760 im Militär, stand 1773 als Sl im Garn.-Reg. Nr. 5, (Juni 1788 als Pl vom Garn.-Reg. Nr. 5 zum Depot-Bat. d. I-R Nr. 20, Jan. 1789 Platz-Major in Graudenz, Jan. 1802 Major, 1808 gest.), 1767 Erbherr auf Anteil Wallwitz im Krs. Sternberg im Wert von 12/m T.; **Laufbahn**: seit 1752 im Militär, Juli 1753 Fähnrich im Garn.-Reg. Nr. 10, vor 1764 als Cap. abgegangen; **Güter**: erwarb 1765 d. Gut Kurtschow im Krs. Crossen für 17/m T., geriet darüber in Streit mit d. Fam. von Loeben, 1774 als Erbherr auf Kurtschow gen., wenig später verkauft, 1778 in Wallwitz; 1801 saß d. **Witwe** Cap. von Fritze (* 1743) auf Wallwitz A im Wert von 9 800 u. auf Wallwitz B für 5/m T., auf e. dritten Teil von Wallwitz im Wert von 7 100 T. saß damals Charlotte Sophie Wilhelmine von Greiffenberg, geb. von Fritze (* 1741); (**verwandt**: Balzer Friedrich von Fritze (* 1699), aus Spandau, 1722 Fourier im I-R Nr. 24: fol. 316, Bl. 315);

Quellen: GStA, IV. HA, Rep. 1, Nr. 75, Bl. 303 (Ernst, ab Juni 1788); Stabi, Ms. boruss. fol. 314, Bl. 181 RS (J. E., hier als Ernst u. als Fritzsche), Bl. 252 (Bruder F. W.); Ms. geneal. fol. 120, Bl. 220 (1745 Bg.mstr. u. 3 Sö.), Bl. 243, Bl. 256 (Brüder J. E. u. F. W. gen.); Zedlitz, 5. Bd., S. 167; Monteton, S. 79; Jb. Neumark, 11/1936, S. 98;

Rittmstr. **Joachim Ernst von Fritze** (* 1698)

aus Spandau gebürtig; (**Bruder**: Reg. feldscher im K-R Nr. 6; **Bruder**: Christoph Wilhelm (* 1699), 1745 Bgmstr. zu Sonnenburg, siehe mehr bei dessen Sohn Friedrich Wilhelm (* 1735), Cap.); **Lauf-**

bahn: trat 1714 in d. Militärdienst ein, Okt. 1719 Cornet, Juni 1725 Ltnt. im K-R Nr. 6, Juni 1736 Rittmstr. u. Chef e. Escadron, als solcher noch 1740 gen., 1742 als Rittmstr. nach 28 Dj. dim.; **Güter**: 1745 u. 1751 als Erbherr auf ½ Wallwitz im Krs. Sternberg aufgeführt, auf ¼ Wallwitz saß damals Christoph Wilhelm von Fritze, auf ¼ Christoph Melade; unbeerbt verst.;

Quellen: BLHA, Rep. 78 I, Nr. 170, Bl. 59; Stabi, Ms. boruss. fol. 315, Bl. 5, Bl. 6; Ms. geneal. fol. 120, Bl. 220; Siebmacher, Bd. 6/5, 1880, S. 29 (danach ging sein Adel auf d. Gebr. Fritze zurück, d. 1636 vom Kaiser nobilitiert worden waren);

Ltnt. **Ernst Johann Carl Ludwig von Froreich** (* 3. Juni 1778, † 24. Jan. 1857) *

Vater: Ulrich Carl (* 18. Okt. 1739, † Mrz. 1801) *, Mai 1757 als Uffz. ins D-R Nr. 4, Sep. 1758 Cornet, Juli 1760 Sl, Juni 1771 Pl, Nov. 1775 Stabs-Cap., 1781 Major im D-R Nr. 4, Jan. 1783 Chef e. Escadron, Aug. 1790 Ol, Juni 1791 Obrist im D-R Nr. 4, Dez. 1792 Kommandeur d. K-R Nr. 6, Mai 1798 GM, Jan. 1799 Chef d. K-R Nr. 3; E.J.C.L. aus Landsberg an der Warthe gebürtig; **Mutter**: Margarethe Helene, geb. von der Marwitz (1745–1805); **Laufbahn**: weilte seit April 1791 auf d. Ritterakademie in Brandenburg an der Havel, Nov. 1795 Fähnrich im I-R Nr. 23, Okt. 1797 Sl, Okt. 1809 Pl, Juni 1813 Cap. im 1. Kurmärk. Landwehr-I-R, Juni 1819 Major im 2. I-R, Mrz. 1836 Ol, Juni 1837 Abschied als Obrist;

Quellen: GStA, IV. HA, Rep. 1, Nr. 75, Bl. 319 (Vater u. Sohn, dieser hier als Carl Ludwig); Leers, Zöglinge, S. 139; Tb. Briefadel, 1932, S. 151 (E.J.C.L. hier als C.J.L.E., gest. 1864); Priesdorff, Nr. 970 (Vater, d. Sohn hier als Ref. bei d. KDK in Magdeburg, später Landrat);

Cap. **Ernst Bogislav von Frosten** (1701–1742)

aus d. NM gebürtig; **Laufbahn**: seit 1719 im Militär, 1721 als Gefr.corp. im I-R Nr. 1 dim., Aug. 1723 nach vier Dj. vom I-R Nr. 1 als Fähnrich ins I-R Nr. 29, Aug. 1728 (Sl bzw.) Pl, noch 1740 als Pl im I-R Nr. 29 gen., 1742 als Cap. an Blessuren gest.;

Quellen: nicht in IV. HA, Rep. 1, Nr. 75; Stabi, Ms. boruss. fol. 313, Bl. 297–297 RS; fol. 316, Bl. 55, Bl. 65 RS, Bl. 66 RS, Bl. 69; Zedlitz, 5. Bd., S. 167 (hier als v. Frost);

Cornet **Conrad Gottlob von Gablenz** (* 1720)

aus d. Krs. Crossen gebürtig; **Laufbahn**: seit 1740 im Militär, stand 1743 als Cornet im D-R Nr. 9, vor 1758 abgegangen;

Quellen: Stabi, Ms. boruss. fol. 312, Bl. 115;

sächs. Cap. **Franz Wilhelm von Gablenz** (* 17. Sep. 1682)

Vater: Heinrich Otto (1644–1686), kurfürstl.-brandenburg Rat, Vize-Verweser zu Crossen, seit 1682 auf Ober- u. Nieder-Spree in d. Lausitz, hinterließ eine Tochter u. fünf Söhne; **Mutter**: Anna Brigitta, geb. von Tschirnhaus; **Vater-Brüder**, 1713 gen.: Hieronymus Christoph, zu Spree (Sprey) in d. Oberlausitz, Gottlob Ehrenfried, Franz Wilhelm; **Laufbahn**: stieg im kursächsischen Militärdienst bis zum Cap. bei d. Garde-Kavallerie auf; **Güter**: 1717, 1730, 1745, 1751 als Erbherr auf Wellmitz im Krs. Crossen gen., vor 1717 für 14 500 T. gekauft, darauf Schulden von 3/m T.; 1777 lag e. G. auf (Wendisch) Wellmitz im Streit mit seinen Untertanen;

Quellen: GStA, I. HA, Rep. 22, Nr. 125 c, Paket 8 533; Rep. 66, Nr. 18; BLHA, Rep. 78 I, Nr. 170, Bl. 6; Stabi, Ms. geneal. fol. 120, Bl. 219; Boetticher, Adel, 1. Bd., S. 411–412: Jb. Neumark 1928, S. 116; 11/1936, S. 83;

kursächs. Stiftshauptmann **Friedrich Ernst von Gablenz** (* 1765)

Vater: Christoph Ernst Heinrich (* 1719), 1774 als Erbherr auf Hermswalde im Krs. Crossen gen.; **Bruder**: Heinrich Adolph (* 1762), 1801 kursächs. Rittmstr.; **Vater-Bruder**: Heinrich Otto (1714–1774), Cap., Erbherr auf Göhren in Crossen, s. d.; **Vater-Bruder**: Hans Adolph Heinrich (1724–1798), ging 1764 außer Landes, deshalb wurde e. fiskalischer Prozeß gegen ihn eingeleitet, im Mai 1767 jedoch eingestellt, (1771 als Stiftskanzler zu Wurzen) 1774 als sächs. Oberforstmstr. gen.; **Laufbahn**: amtierte 1801 als kurfürstl.-sächs. Stiftskanzler zu Wurzen; **Güter**: 1801 (u. 1809 zs. mit d. Bruder) als Erbherr auf Hermswalde im Krs. Crossen gen., im Jahr 1764 von ihrem Vater gekauft für 13 500 T., 1804 verkauft;

Quellen: GStA, I. HA, Rep. 22, Nr. 125 c, Paket 8 533; II. HA, Abt. 12, Materien, Vas.tab. Nr. 6, Bl. 28 RS-29; Stabi, Ms. boruss. fol. 311, Bl. 251 (H. G. W.); Stabi, Ms. geneal. fol. 120, Bl. 243; Bratring, 3. Bd. S. 313; Jb. dt. Adel, 1. Bd., S. 648; Jb. Neumark, 11/1936, S. 79–80;

Cap. **Heinrich Otto von Gablenz** (* 1714, † 24. Jan. 1774)

Vater: Heinrich Otto (* 31. Juli 1676, † 1758), nahm beim brüderl. Vergleich Göhren u. Hermswalde im Krs. Crossen für 38/m T., auch Kalke in d. Nl für 12/m T. an, zeitweilig auch auf Wellmitz, soll auf seinen Gütern Schulden von 36/m T. hinterlassen haben; **Mutter**: Anna Sophia, geb. von Dyherrn, **Vater-Bruder**: Franz Wilhelm (* 17. Sep. 1682), sächs. Cap., s. d.; **Vater-Bruder**: Hieronymus Christoph (* 11. Sep. 1677, † 23. Mrz. 1757), seit 1705 Erbherr auf Ober- u. Nieder-Spree in d. Oberlausitz im Wert von 19 500 T.; **Vater-Bruder**: Gottlob Ehrenfried (* 13. Febr. 1681), seit 1714 auf Nieder-Schreibersdorf bei Lauban; **Vater-Schwester**: Dorothea Elisabeth verh. von Bibran; **Bruder**: Christoph Ernst Heinrich (* 1719), 1774 als Erbherr auf Hermswalde in Crossen gen.; **Bruder**: Hans Adolph Heinrich (1724–1798), 1751 Jagdpage beim Kurprinzen von Sachsen in Dresden, später sächs. Oberforstmstr., Sohn: Heinrich Adolph (1762–1843), sächs. Gl; **Laufbahn**: seit 1728 im Militär, stand 1741 als Fähnrich, 1748 als Ltnt. im I-R Nr. 38, 1756 als Cap. in e. sog. sächs. Regiment versetzt; **Ehefrau**: Friederike Gottliebe, geb. von Knobelsdorff; **Sohn**: Heinrich Gottlob Wenzel (1753–1818) *, aus Schlesien gebürtig, seit 1770 im Militär, 1774 Cornet, 1778 u. 1786 als Sl im D-R Nr. 12 gen.; **Güter**: nahm bei d. Erbteilung d. väterl. Gut Göhren für 36/m T. an, Göhren wurde im Siebenjährigen Krieg dreimal geplündert u. verwüstet, d. Cap. suchte im Juni 1773 um e. Kredit über 20/m T. aus d. neumärk. Meliorationsfonds nach; 1774 ging d. Gut in d. Hände d. Gläubiger; 1777 bat d. Witwe d. Cap., die d. Wert von Göhren mit 75/m T. angab, vergeblich um e. Darlehen über 50/m T.; d. Gut fiel im Jahre 1800, 1801 in andere Hände;

Quellen: GStA, I. HA, Rep. 22, Nr. 125 c, Paket 8 533; Rep. 66, Nr. 18; Rep. 96, Nr. 435 G, Bd. 1; BLHA, Rep. 78 I, Nr. 170, Bl. 6; Stabi, Ms. boruss. fol. 311, Bl. 251, Bl. 257 (je d. Sohn); fol. 316, Bl. 150,

Bl. 155 (identisch mit H. O. († 1774), auf Göhren?), Bl. 165 RS; Ms. geneal. fol. 120, Bl. 219, Bl. 243, Bl. 244 (d. Sohn hier als Wenzel Gottl. Hr.); Jb. Neumark 1928, S. 113–114, S. 116; Boetticher, Adel, 1. Bd., S. 411–412; Jb. Neumark, 11/1936, S. 79; Pommern, S. 205 (Biogramm d. Sohnes H. G. W., hier als H. Gottlieb Wenzeslaus, d. Vater geb. 1716, d. Mutter als Anna);

Ol **Friedrich von Gelsdorff** (* 1704)

aus d. Neumark gebürtig; **Laufbahn**: seit 1720 im Militär, stand 1730 als Fähnrich, 1740 als Ltnt. im I-R Nr. 30, 1757 als Cap. u. zuletzt als Major gen., 1762 (nach 25 Dj.) als Ol dim.;

Quellen: Stabi, Ms. boruss. fol. 311, Bl. 185 (1757: aus d. Mittelmark), Bl. 187, Bl. 188 RS (1730 u. 1740: aus d. NM); Zedlitz, 2. Bd., S. 225;

Hofgerichtsdirektor **Felix Ludwig Zabel von Gentzkow** (* 26. Aug. 1753, † 27. Jan. 1827) *

Vater: Zabel Leopold Christoph (1726–1792), Erbherr auf Jatzke in Mecklenburg; **Mutter**: Ida Dorothea, geb. von Vehr; **Laufbahn**: 1790 Reg.rat in Marienwerder, 1803 Direktor d. Hofgerichtes in Bromberg; **Ehefrau**: Wilhelmine Caroline Beate, geb. von der Marwitz (* 1775); **Güter**: seit Mrz. 1797 Erbherr auf Alt Stüdnitz im Krs. Dramburg im Wert von 50/m T., noch 1809 auf d. Gut gen.;

Quellen: GStA, II. HA, Abt 12, Materien, Vas.tab. Nr. 6, Bl. 76 RS-77; Bratring, 3. Bd., S. 243; Jb. Neumark, 11/1936, S. 63; biogr. Handbuch, S. 300 (hier ausführlich);

Gutsbesitzer **Ludwig Magnus Friedrich Julius von Germar** (* 1755)

(**Vater**: Carl Friedrich (1710–1764), Ltnt.; L.M.F.J. aus d. Neumark gebürtig); **Güter**: erwarb im Okt. 1792 (Neu-) Stüdnitz im Krs. Arnswalde für 9 200 T., hatte 1801 seinen Wohnsitz auf Prochnow im Krs. Dramburg, im Mai 1792 erworben für 21/m T. vom Rittmstr. B. F. von Reckow, 1808 wieder veräußert; **Sohn**: Ludwig Carl Bogislav (* 1784), hielt sich 1801 auf d. Schule in Neustettin auf;

Quellen: GStA, II. HA, Abt. 12, Materien, Vas.tab. Nr. 6, Bl. 16 RS-17, Bl. 74 RS-75; Bratring, 3. Bd., S. 219, S. 241; Jb. Neumark, 11/1936, S. 63, S. 67;

Junker **Wilhelm Ferdinand von Germar** (* 1789)

Vater: Christoph Friedrich (1747–1813), absolvierte e. Studium, seit 1764 Erbherr auf Stolzenfelde im Krs. Arnswalde im Wert von 17/m T., 1801 auch auf Simonsdorf im Krs. Königsberg, 1762 auf 8/m T. beziffert; **Mutter**: Helene Wilhelmine, geb. von Waldow aus Klein Latzkow; **Großvater**: Carl Friedrich (1710–1764), aus Wesel gebürtig, seit 1724 im Militär, 1741 Ltnt., zuletzt Cap. im D-R Nr. 4, 1754 dim., erwarb im Aug. 1751 durch d. Heirat mit Louisa Sabina, geb. von Mühlheim (* 1729), Stolzenfelde für 17/m T.; **Bruder**: Friedrich Wilhelm (1782–1822), weilte 1798 auf d. JG, 1801 auf d. Viadrina; **Laufbahn**: stand 1801 u. 1803 als Junker im I-R Nr. 4 (vor 1806 abgegangen);

Quellen: GStA, II. HA, Abt. 12, Materien, Vas.tab. Nr. 6, Bl. 16 RS-17, Bl. 101 RS-102; BLHA, Rep. 78 I, Nr. 170, Bl. 26 (Großvater); Stabi, Ms. boruss. fol. 313, Bl. 59 (Großvater); Ms. geneal. fol. 120, Bl. 238; Gesch. D-R Nr. 3, S. 421 (Großvater); Tb.

Uradel, 1902, S. 298–299 (Vater u. Bruder); Jb. Neumark, 11/1936, S. 63;

Ltnt. **Baltzer Rudolph von Gersdorff** (* 1706, † 28. Mai 1741)

aus Crossen gebürtig; **Laufbahn**: seit 1721 Gefr.corp im I-R Nr. 1, 1728 Fähnrich, Mai 1735 Sl, 1741 Pl im I-R Nr. 1, noch 1741 an e. Blessur gest.;

Quellen: Stabi, Ms. boruss. fol. 313, Bl. 176, Bl. 176 RS, Bl. 251 RS;

Major **Carl Siegmund von Gersdorff** (* 1697, † 16. Sep. 1759)

Vater: Samuel (* 1663); C. S. aus d. Krs. Züllichau gebürtig; **Mutter**: Barbara Elisabeth, geb. von Bornstedt (* 1671); **Laufbahn**: seit 1713 im Militär, 1715 als Fähnrich, 1722 als Sl, 1730 als Pl im I-R Nr. 12 gen., 1740 Cap. u. Chef e. Comp., 1750 als Major im I-R Nr. 12 auf Wunsch dim., hinterließ 1759 neben d. verschuldeten Gütern Mobilien im Wert von 1 080 T.; **Güter**: seit 1754 Erbherr auf Kay u. Nieder-Guhren im Krs. Züllichau, beide erworben im Juli d. J. für 53 100 T., sie wurden 1759 zs. für 3 100 T. verpachtet; **Ehefrau**: Christina Salomé, geb. von Wedel; **Sohn**: George Samuel Wilhelm (get. 13. Mai 1744, † 28. Jan. 1810) *, bat am 28. Juni 1763 um d. *venia aetatis*, hatte im Siebenjährigen Krieg im H-R Nr. 6 gedient, wollte d. väterlichen Güter selbst bewirtschaften, erhielt im Dez. 1763 d. *venia aetatis*, suchte im Sep. 1768 um e. Indult nach, amtierte seit 1768 als Landrat im Krs. Züllichau, 1801 auch Landes- u. General-Land-Feuer-Sozietätsdirektor, ging zwei Ehen ein, saß 1770 auf Kay mit Nieder-Guhren, erwarb im April 1792 Ober-Guhren für 18 300 T., zusammen mit Nieder-Guhren u. Kay auf 88 971 T. taxiert, auf Glogsen, 1791 auf 23 200 T. gewürdigt, erwarb 1783 3/8 von Nickern u. Anteile von Schönborn für zs. 13 100 T., Söhne: Friedrich Carl George (* 1775), weilte nach d. Studium beim Vater in Kay, Wilhelm (* 1780), 1801 Ltnt. im D-R Nr. 4, 1802 auf Wunsch dim., Ernst Leopold (* 1788), weilte 1805 auf d. Pädagogium in Züllichau; (**verwandt**: Carl Siegmund von Gersdorff (* 1710), aus d. NM, seit 1726 im Militär, stand 1736 als Sergant im I-R Nr. 22: fol. 314, Bl. 282);

Quellen: GStA, I. HA, Rep. 22, Nr. 104 b, Paket 8 501; II. HA, Abt. 12, Materien, Vas.tab. Nr. 6, Bl. 161–162, Bl. 165 RS-166; BLHA, Rep. 3, Nr. 11 925; Rep. 23 B, Nr. 446 (danach hieß d. Vater von C. S. Moritz Balzer); Stabi, Ms. boruss. fol. 316, Bl. 232, Bl. 238, Bl. 239, Bl. 240 RS; fol. 319, Bl. 50; Tb. Uradel, 1923, S. 248; Jb. Neumark, 1928, S. 67; biogr. Handbuch, S. 307 (Sohn);

Cap. **Johann Ernst von Gersdorff** (1711–1744)

aus d. Krs. Crossen gebürtig; **Laufbahn**: seit 1727 im Militär, stand im Mai 1739 als Fähnrich im I-R Nr. 6, d. damaligen Garde, 1740 als Pl im I-R Nr. 33 plaziert, 1744 als Stabs-Cap. gest.;

Quellen: GStA, I. HA, Rep. 96, Nr. 518 K; Stabi, Ms. boruss. fol. 311, Bl. 4, Bl. 6, Bl. 146 RS; fol. 318, Bl. 110; Reinhard, S. 516 (nur als Fähnrich gen.);

Major **Johann Friedrich von Gersdorff** (1703–1758)

(1715 saßen d. Brüder Moritz Balzer u. Wilhelm von Gersdorff auf Anteil Kay im Krs. Züllichau); J. F. aus Züllichau gebürtig; **Laufbahn**: seit 1721 im Militär, Sep. 1727 Fähnrich im I-R Nr. 28, Dez.

1733 Pl, noch 1740 als solcher gen., 1758 als Major gest.;

Quellen: Stabi, Ms. boruss. fol. 314, Bl. 69 RS, Bl. 75, Bl. 79 RS; Jb. Neumark, 1928, S. 67 (1715 gen. d. Brüder M. B. u. W. auf Anteil Kay);

Ltnt. **Christian Sigismund Friedrich von Gladis** (* 19. Dez. 1767, † 7. Mai 1833)

Vater: Joachim Sigismund (1728–1772), Erbherr auf 2/3 Klein Oßnig im Krs. Cottbus u. Seedorf im Krs. Crossen, dieses 1767 im Wert von 11 509 T., darauf Schulden von 10 763 T., C. S. F. aus d. Nl gebürtig; **Mutter**: Friederike Erdmuthe, geb. von Klitzing (1723–1791); **Vater-Bruder**: Heinrich Friedrich, Erbherr auf 1/3 Klein Oßnig; **Laufbahn**: seit 1783 im Militär, Febr. 1786 Fähnrich im I-R Nr. 54, Mrz. 1790 Sl, Sep. 1792 abgegangen; **Güter**: 1774 als Mündel auf Seedorf im Krs. Crossen gen., erwarb 1788 Klein Oßnig im Krs. Cottbus im Wert von 13 200 T., 1801 als Erbherr gen., 1803 für 30 600 T. veräußert, 1805 erneut als Erbherr gen.; **Ehefrau**: Charlotte Henriette Friederike, geb. von Schonowsky (1774–1860);

Quellen: GStA, II. HA, Abt. 12, Materien, Vas.tab. Nr. 6, Bl. 52 RS-53; Nr. 8, Bl. 37 RS-38; BLHA, Rep. 3, Nr. 11 925; Stabi, Ms. boruss. fol. 314, Bl. 191, Bl. 194; Ms. geneal. fol. 120, Bl. 243; Zedlitz, 2. Bd. S. 237; Uradel 1931, S. 151–152; Moegelin, S. 67; Jb. Neumark, 11/1936, S. 82, S. 105 (die Angaben hier widerprechen denen bei Krüger); Krüger, Cottbus, S. 22 (danach saßen o. J. Siegmund Heinrich auf 2/3 u. Siegfried Heinrich v. Gladis auf 1/3);

Obrist **Hans Heinrich von Gladis** (* 1683, † 7. Juni 1757)

Vater: Hans Heinrich (1651–1691), aus Kittlitz in d. Nl gebürtig, Erbherr auf Gladisgorpe in Niederschlesien; H. H. aus d. Krs. Crossen gebürtig; **Mutter**: Anna Catharina, geb. von Abschatz; **Bruder**: Siegmund Heinrich (1689–1758), dän. Ltnt., Erbherr auf 2/3 Klein Oßnig im Krs. Cottbus, (auf Groß u. Klein Dobritsch, Dobrick u. Seedorf in Sachsen); **Laufbahn**: seit 1703 im Militär, (diente anfänglich bei d. Weißen Grenadieren), Febr. 1729 Cap. (im I-R Nr. 31), stand 1740 als Cap. u. Chef e. Comp. im I-R Nr. 29, 1741, 1742 Orden p. l. m., im Juni 1743 als Major ins I-R Nr. 31 versetzt, 1744 Major u. Chef e. Comp. im I-R Nr. 45, 1756 Obrist im I-R Nr. 45, 1757 als solcher gest.;

Quellen: Stabi, Ms. boruss. fol. 314, Bl. 222 RS (1729 im I-R 31 gen.); fol. 316, Bl. 56, Bl. 65 RS, Bl. 135, Bl. 136, Bl. 139; Lehmann, S. 18; Tb. Uradel 1931, S. 151; Krüger, Cottbus, S. 22;

Cap. **Friedrich Christian von Gladow** (* 1719, † Mrz. 1768)

aus d. Neumark gebürtig; **Laufbahn**: seit 1743 im Militär, stand 1744 als Fähnrich, 1756 als Sl im I-R Nr. 45, 1764 als Pl gen., 1768 als Stabs-Cap. gest.;

Quellen: Stabi, Ms. boruss. fol. 316, Bl. 135, Bl. 136, Bl. 137, Bl. 139 RS;

Major **George Matthias von Glasenapp** (* Mai 1753, † 8. Okt. 1831)

Vater: Land-Kavalier; G. M. aus d. Neumark (bzw. aus Polen) gebürtig; **Mutter**: e. geb. von Wedel; **Laufbahn**: Mrz. 1769 *cadet* in Berlin, seit 1772 Gefr.corp. im I-R Nr. 17, 1787 als Sl gen., Nov. 1787 Pl, 1793 Stabs-Cap., 1799 Cap., Aug. 1806 Major im I-R Nr. 17, 1817 Major u. Kreis-Brigadier in Köslin, 1820 aus d. Gendarmerie ausgeschieden; **Ehefrau**: Luise Wilhelmine Caroline, geb. von Puttkamer aus Barnow (1777–1814), beide wurden geschieden;

Quellen: Stabi, Ms. boruss. fol. 316, Bl. 31, Bl. 44 (danach aus d. NM); fol. 907 a, Bl. 34 RS, Famgesch., II. T., S. 453 (aus Camnitz in Polen geb.);

Gutsbes. **Ferdinand Christoph Gottlob von Glaubitz** (* 1763)

aus (Schlesien) gebürtig; **Laufbahn**: trat weder in d. Militär- noch in d. Zivildienst ein; **Güter**: erwarb 2/3 von Kemnath im Krs. Sternberg im Wert von 20/m T., 1/3 im Wert von 3 400 T. besaß Maria Charlotte von Haugwitz (* 1773); F. C. G. wurde hier 1801 u. 1803 gen., verkaufte seinen Anteil 1806 für 34 900 T.;

Quellen: GStA, II. HA, Abt. 12, Materien, Vas.tab. Nr. 6, Bl. 130 RS-131; Bratring, 3. Bd., S. 283; Jb. Neumark, 11/1936, S. 943–95;

Major **George Heinrich von Gleißenthal** (* um 1660)

(aus d. Neumark gebürtig); **Laufbahn**: Mrz. 1692 Cap., stand 1694 als Cap. im alten Leib-Bat. Garde an der Maas, noch 1703 als Cap. in d. Garde zu Fuß gen., 1707 Major im Leib-Reg. zu Fuß; (**Sohn**: Gottfried Ehrentreich, Juli 1702 Fähnrich bei d. Garde zu Fuß);

Quellen: Stabi, Ms. boruss. fol. 319, Bl. 9; Bardeleben, S. 413, S. 414 (Sohn?), S. 428; Siebmacher, Bd. 6/5, 1880, S. 31 (hier ein Ol Heinrich von G. gen., vor 1663 gest.);

Rittmstr. **Carl Siegmund von Gloger** (1765–1820)

Vater: Ernst Ludwig (1722–1784) *, soll 20 Jahre als Unrangierter bei d. Garde u. als Ltnt. im Grenadier-Bat. Nr. 1, hier 1745 gen., gestanden haben, dann von 1763 bis 1769 Landrat im Krs. Crossen, saß auf d. Gut Zettitz im Krs. (Züllichau bzw.) Crossen, erhielt 1776 für Meliorationen 4 900 T., hinterließ sechs Söhne u. zwei Töchter; **Mutter**: Agnese Philippine Sophie (* 1743), e. Tochter d. früheren Kommandanten von Küstrin von Friedeborn, sie hielt sich 1794 in Frankfurt an d. Oder auf, vier ihrer Söhne standen damals im Militärdienst, sie erhielt auf Fürsprache d. Küstriner Reg. präsidenten F. W. von Poser, ihres Schwiegersohns, eine neumärk. Pension; **Großvater**: Maximilian (* 1693), kgl. Hofrat, 1713 u. 1745 auf Zettitz in Crossen gen., bei d. brüderlichen Teilung für 24/m T. angenommen, darauf 1717 Forderungen seiner Mutter in Höhe von 16 200 T.; **Bruder**: Alexander Philipp Heinrich (* 1761), 1774 Gefr.corp., 1787 Sl im I-R Nr. 24, noch 1794 als Ltnt. gen., im April 1802 als Stabs-Cap. dim.; **Bruder**: Ernst Leopold (* 1764), seit 1780 im Militär, 1789 Sl im D-R Nr. 4, 1801 als Cap. wegen Invalidität dim., hielt sich 1805 in Landsberg an d. Warthe auf; **Bruder**: Gustav Friedrich Bogislav (* 1769), 1794 als Sl im I-R Nr. 18 gen., Aug. 1799 als Sl abgegangen, als Steuer-Einnehmer in d. Kurmark versorgt; **Laufbahn**: seit 1781 im Militär, 1787 Cornet im D-R Nr. 11, 1794 als Stabs-Rittmstr. gen., 1806 Rittmstr., 1820 als Major bei d. Gendarmerie gest.; **Güter**: die vier Brüder wurden 1803 u. 1805 in d. Tabelle für d. Krs. Crossen als unangesessene Vasallen aufgeführt;

Quellen: GStA, I. HA, Rep. 66, Nr. 18; II. HA, Abt. 12, Materien, Vas.tab. Nr. 6, Bl. 37 RS-38 (C. S. als Ludwig Sigismund Ferd.); Abt. 13 a, Tit. IV, Litt C, Nr. 2 (Hinweis auf d. Militärdienst d. Vaters, C. S. hieß danach Ferdinand); BLHA, Rep. 3, Nr. 11 925 (als Ludwig Siegismund); Stabi, Ms. boruss. fol. 313, Bl. 144 (hier als C. S.), Bl. 145, Bl. 164 (G. F. B.); fol. 316, Bl. 320 RS, Bl. 321 RS, Bl. 329 (Bruder A. P. H.); fol. 907 a, Bl. 112 RS (C. S.); Ms. geneal. fol. 120, Bl. 220; Gesch. D-R Nr. 3, S. 259, S. 426 (Bruder E. L.); Jb. Neumark, 1928, S. 89; Moegelin, S. 261; Jb. Neumark, 11/1936, S. 83; biogr. Handbuch, S. 314–315 (Vater);

Ltnt. **Johann Ferdinand von Gloger** (* 1740)

(**Vater**: Ferdinand (* 1686), 1713 u. 1745 als Erbherr auf Skyren in Crossen gen., bei d. brüderlichen Teilung für 12/m T. angenommen, seine Mutter hatte aus ihrer Ehestiftung 8 700 T. zu fordern; **Vater-Bruder**: Maximilian (* 1693), Hofrat, 1713 auf Zettitz im Krs. Crossen); J. F. aus d. Neumark gebürtig; **Laufbahn**: seit 1759 im Militär, stand 1764 als Sl im I-R Nr. 37, Sep. 1769 ins Garn.-Reg. Nr. 10 versetzt, vor 1775 von hier abgegangen;

Quellen: GStA, I. HA, Rep. 66, Nr. 18; BLHA, Rep. 23 B, Nr. 446; Stabi, Ms. boruss. fol. 316, Bl. 106 RS; Ms. geneal. fol. 120, Bl. 220 (Ferd., 1745 auf Skyren, hatte damals nur e. Sohn C. L. von 33 Jahren; evt. war Ferd d. Großvater); Jb. Neumark, 1928, S. 89;

Reg.rat **Christian Gottlieb Gloxin** (* 4. Okt. 1713, † 18. Mrz. 1754) *

Vater: Ernst Gottlieb, Kaufmann; **Laufbahn**: amtierte von 1734 bis 1743 als Reg.rat in Küstrin; **Ehefrau**: Dorothea Gottliebe, geb. Gloxin († 1761), sie wurde 1755 auf d. Gut gen.; **Sohn**: Friedrich Gottlieb (* 1740), weilte 1759 auf d. Viadrina, 1767 auf Wusterwitz gen., verkaufte d. Gut 1772 an d. Oberamtmann Grothe für 20/m T.; **Güter**: 1745 u. 1751 Erbherr auf Wusterwitz im Krs. Königsberg, 1733 für 18/m T. erworben, 1713 hatte sich d. Gut im Besitz d. schwed. Cap. Gustav von Rosenholz, 1718 in dem d. Geh. Rates Kühlemann befunden;

Quellen: BLHA, Rep. 78 I, Nr. 170, Bl. 46; Stabi, Ms. geneal. fol. 120, Bl. 225; Jb. Neumark, 1927, S. 23; Jb. Neumark, 11/1936, S. 77; biogr. Handbuch, S. 315 (C. G.);

Major **Carl Ludwig von Göllnitz** (1750–1798)

Vater: Christoph Ludwig (* 1711, † um 1775), aus d. Nähe von Frankfurt gebürtig, seit 1725 im Militär, stand 1729 als Gefr.corp., 1740 als Pl im I-R Nr. 31, nach 23 Dj. abgegangen, 1751 u. 1767 als vorm. Ltnt. bez., Erbherr auf Malsow im Krs. Sternberg, 1767 im Wert von 14 900 T., darauf Schulden von 13 175 T.; **Mutter**: e. geb. von Luck († 24. Mrz. 1797), sie hatte 1788 drei im Militärdienst stehende Söhne u. vier Töchter, hielt sich damals bei ihrem Schwiegersohn auf, e. von Ludwig, bekam e. neumärk. Witwenpension in Höhe von 100 T.; **Vater-Bruder**: George Friedrich (1713–1745), 1735 Fähnrich im I-R Nr. 3, 1740 Sl, 1744 Pl, bei Kesselsdorf gefallen; **Bruder**: George Friedrich Gottlieb (* 1765), 1783 Junker im H-R Nr. 5, 1788 Cornet im Reg. Bosniaken d. Obristen von Günther, 1798 u. 1801 hier als Ltnt. gen., 1806 Stabs-Rittmstr. im Reg. Bosniaken (H-R Nr. 9), im Okt. 1807 als Major im Ulanen-Reg. gen., 1815 aggr. Major im 2. Ostpreuß. Landwehr-Kav.-Reg., als Ol pens., verheiratet mit Caroline Wilhelmine Dorothea, geb. von Jargow; **Bruder**: Christoph Wilhelm (* um 1768), seit 1785 im Militär, Juni 1787 Fähnrich, 1798 Ltnt. im I-R Nr. 24, zuletzt hier Pl, Febr. 1802 mit d. Charakter Cap. dim. (Erbherr auf Schlagenthin im Krs. Arnswalde), seit 1802 verheiratet mit Wilhelmine Luise Hedwig, geb. von Jargow; **Laufbahn**: seit 1768 im Militär, 1774 Cornet im D-R Nr. 3, 1777 u. 1787 als Ltnt. gen., zuletzt hier Rittmstr., im Sep. 1797 auf Wunsch mit d. Charakter Major dim., 1798 (als vorm. Ltnt.) gest.; **Güter**: seine Brüder wurden 1801 u. 1803 als unangesessene Vasallen im Krs. Sternberg geführt, seine **Witwe** Caroline Wilhelmine Dorothea, geb. von Jargow, saß 1798 auf Anteil, seit 1802 auf ganz Schlagenthin im Krs. Arnswalde, erworben für 72 500 T.;

Quellen: GStA, I. HA, Rep. 176, Nr. 3 315, Tafeln I u. III; II. HA, Abt. 12, Materien, Vas.tab. Nr. 6, Bl. 14 RS-15; Bl. 138 RS-139; Nr. 8, Bl. 159 RS-160; BLHA, Rep. 78 I, Nr. 170, Bl. 55; Stabi, Ms. boruss. fol. 313, Bl. 11, Bl. 13; fol. 314, Bl. 222 RS, Bl. 224 (Vater); fol. 316, Bl. 321, Bl. 329 (je d. Bruder C. W.); fol. 907 a, Bl. 115 (Bruder G. F.); Ms. geneal. fol. 120, Bl. 255; Gesch. I-R Nr. 3, S. 190 (Onkel G. F.); Rangliste 1806, S. 140; Gesch. D-R Nr. 3, S. 257, S. 416; Dziengel, Ulanen-Reg., S. 130, S. 210, S. 256; Moegelin, S. 66; Jb. Neumark, 11/1936, S. 62; nicht in Tb. Briefadel 1919 u. 1929;

Major **Carl Adolph Albrecht von Goerschen** (* 3. Aug. 1735, † 21. Febr. 1819)

Vater: George Christoph (1696–1748), Erbherr auf Auligk in Sachsen, fürstl.-schwarzburg. Cap.; **Mutter**: Johanna Sophie, geb. von Rockhausen (1710–1774); **Bruder**: Adolph George Wilhelm (1742–1814), seit 1760 im preuß. Militärdienst, 1764 Fähnrich, 1787 Stabs-Cap., zuletzt Major im I-R Nr. 23, vor 1803 abgegangen; **Bruder**: Johann Christian Ludwig (* 1748), seit 1765 im preuß. Militärdienst, 1787 als Sl gen., zuletzt Stabs-Cap. im I-R Nr. 23, vor 1803 abgegangen; **Laufbahn**: seit 1756 im preuß. Militär, 1764 als Sl im I-R Nr. 24, 1774 als Pl, 1787 als Cap. u. Chef e. Comp. im I-R Nr. 24 gen., im Dez. 1792 als Major mit e. Pension von 400 T. dim.; **Güter**: erwarb im Nov. 1788 Groß Gaglow im Krs. Cottbus für 16 600 T., noch 1809 hier als Erbherr gen.; **Ehefrau**: Louise Martha Friederike, geb. von Massow (* 1757); **Sohn**: Leopold Carl Ludwig (* 1783), seit 1797 im Militär, Juli 1800 Sl im I-R Nr. 24, 1807 als Pl dim., **Sohn**: Carl Adolph (1788), 1805 Page bei d. verwitw. Prinzessin Heinrich; d. **Söhne**: Wilhelm Ferdinand (* 1793), Friedrich August (* 1794) u. George Friedrich (* 1799), weilten 1803, 1805 bei d. Eltern auf d. Gut;

Quellen: GStA, II. HA, Abt. 12, Materien, Vas.tab. Nr. 6, Bl. 46 RS-47; Nr. 8, Bl. 31 RS-32; Stabi, Ms. boruss. fol. 316, Bl. 251 (Brüder), Bl. 291 (Bruder A. G. W.), Bl. 319, Bl. 320, Bl. 321 RS, Bl. 326 (Sohn L. C. L.), Bl. 328; fol. 907 a, Bl. 13 (Sohn L. C. L.); Bratring, 3. Bd., S. 346; Tb. Uradel, 1926, S. 221; Jb. Neumark, 11/1936, S. 104; Krüger, Cottbus, S. 15;

Obrist **Friedrich von Goertzke** (* 27. Mai 1757, † 29. Mrz. 1835)

Vater: Hans Christoph Heinrich (1711–1760), Erbherr auf Groß u. Klein Beuthen in d. Mittelmark; F. aus d. Neumark gebürtig; **Mutter**: Friederike Louisa, geb. von Leipzig(er) (1722–1759); **Bruder**: August Ernst (1752–1813), Ltnt. im I-R Nr. 7, vor 1801 abgegangen, hielt sich 1801 nahe Denzig auf; **Bruder**: Hans Ludwig (1753–1807), Ltnt. im I-R Nr. 46, vor 1806 abgegangen, Erbherr auf Groß u. Klein Beuthen, Deputierter d. Krs. Teltow; **Laufbahn**: 1801 Major im I-R Nr. 7, 1806 Obrist, 1813 pens.; **Güter**: 1801 u. 1803 als unangesessener Vasall im Krs. Arnswalde gen.; **Ehefrau**: Christine Caroline, geb. von Hoffmann (1772–1836) aus Halle;

Quellen: GStA, II. HA, Abt. 12, Materien, Vas.tab. Nr. 6, Bl. 22 RS-23; Nr. 8, Bl. 23 RS-24; Stabi, Ms. boruss. fol. 907 a, Bl. 21 RS; Tb. Uradel, 1932, S. 214;

Rittmstr. **Heinrich Ludwig Friedrich von Goertzke** (* 1744)

Vater: Heinrich Ludwig (1706–1778), erwarb 1750 Weißig im Krs. Crossen für 21 100 T., 1768 auf 28 809 T. taxiert, d. Schulden betrugen 1771 17 685 T., darunter d. mütterliche u. großmütterliche Erbe seiner Kinder in Höhe von 8 825 T., er selbst hatte Forderungen auf Bechlin im Krs. Ruppin in Höhe von 6/m T., konnte diese jedoch nicht einziehen, will von 1758 bis 1760 Kriegsschäden von 12/m T. erlitten haben, bei sieben Licitationen fand sich kein adliger Käufer für Weißig, e. Verkauf an e. Bürgerlichen lehnte d. König mehrfach ab, erhielt 1776 für Meliorationen 3 581 T., H. L. aus Fredersdorf in d. Mark Brandenburg geb., hatte 1751 zwei Söhne von elf u. fünf Jahren, seine Schwester Christiane Tugendreich war seit 1733 verheiratet mit d. bei Prag gefallenen Obristen Johann Albrecht von Strantz († 1757) auf Petersdorf im Krs. Lebus; **Laufbahn**: seit 1760 im Militär, stand 1771 als Cornet im K-R Nr. 12, zuletzt Ltnt., um 1776 mit d. Charakter Rittmstr. abgegangen; **Güter**: seit 1773 auf d. väterl. Gut Weißig, 1794 für 28/m T. an E. W. R. Frhr. von Troschke verkauft;

Quellen: GStA, I. HA, Rep. 22, Nr. 104 a; Nr. 302 a; Rep. 96, Nr. 95, L l 12, Bd. 2; BLHA, Rep. 78 I, Nr. 170, Bl. 4; Stabi, Ms. boruss. fol. 311, Bl. 265; Ms. geneal. fol. 120, Bl. 244; Tb. Uradel, 1932, S. 215 (hier d. Vater H.L, ein Sohn Hans Christoph Gottlieb, vor 1761 gest.?); Moegelin, S. 261 (hier 1776 auf Weißig d. Ltnt. von Götzke); Jb. Neumark, 11/1936, S. 83 (d. Vater hier als Hans Ludwig);

Fähnrich **Carl Joachim von Goetz(en)** (* 1739)

(**Vater**: Carl Joachim, Ltnt., vor 1715 abgegangen, 1713, 1718 als Erbherr auf Stradow u. Anteil Wolkenberg im Krs. Cottbus gen., 1723 für 16/m T. verkauft; **Großvater**: Joachim Christoph (1637–1703) *, 1692 GM, 1693 Gouverneur von Peitz, seit 1697 Erbherr auf Stradow im Krs. Cottbus, für 12 500 T. gekauft, 1703 Gl); C. J. aus d. Neumark gebürtig; **Laufbahn**: Dez. 1755 *cadet* in Berlin, 1756 Fähnrich im Garn.-Reg. Nr. 8;

Quellen: BLHA, Rep. 23 B, Nr. 446; Crousaz, S. 35; Jb. Neumark, 1928, S. 189; Krüger, Cottbus, S. 35 (hier d. Ltnt. C. J. als Sohn d. Gl); Priesdorff, Nr. 92 (? Großvater Joachim Christoph);

Cap. **Anton Gottlieb Frhr. von der Goltz** (* 27. Sep. 1746, † 21. Dez. 1821) *

Vater: Christoph Ludwig (1700–1784), Rittmstr. im D-R Nr. 3, seit 1743 Erbherr auf Wildenow im Krs. Friedeberg, s. d.; **Mutter**: Johanna Auguste, geb. von Blankensee (1711–1788); **Bruder**: Johann Christoph (1748–1809), Rittmstr., s. d.; **Laufbahn**: *cadet*, 1762 als Junker ins Regiment, Aug. 1763 Cornet im D-R Nr. 5, Jan. 1766 Sl, rückte bis zum Ltnt. auf, nach e. Sturz vom Pferd im Juli 1772 auf Wunsch mit d. Charakter Cap. dim., seit 1777 Landrat d. Krs. Friedeberg, von 1781 bis 1786 Präsident d. KDK in Königsberg u. Gumbinnen; machte sich mit **Gütern** in Preußen ansässig, **Ehefrau**: Marie Friederike, geb. von Lettow (1756–1837);

Quellen: Stabi, Ms. boruss. fol. 313, Bl. 48 RS; Ms. geneal. fol. 120, Bl. 248; Albedyll, Anhang, S. 67 *; biogr. Handbuch, S. 327–328;

Ltnt. **August Wilhelm von der Goltz** (* 1751) *

aus d. Neumark gebürtig; **Laufbahn**: seit 1771 im Militär, Jan. 1777 Sl in d. Grenadier-Garde, Juli 1786 noch als solcher gen., vor 1797 abgegangen;

Quellen: Stabi, Ms. boruss. fol. 315, Bl. 67; Reinhard, S. 536 (nicht in d. Abgangsliste);

Cap. **Carl Heinrich von der Goltz** (* 6. Nov. 1702, † 30. Juni 1760)

Vater: George Christoph (1661–1724), Ol im Reg. Derfflinger, Erbherr auf (Kürtow u.) Raakow im Krs. Arnswalde, als solcher 1715 gen., hatte damals drei Söhne; **Mutter**: Barbara Louise, geb. von Rohwedel († 1732); **Bruder**: Christoph Ludwig (1700–1784), Rittmstr., s. d. mehr; **Laufbahn**: weilte von 1714 bis 1715 auf d. Ritterakademie in Brandenburg an der Havel, seit 1724 im Militär, 1729 Cornet im D-R Nr. 3, Sep. 1732 Ltnt., stand noch im Dez. 1740 als Ltnt. im D-R Nr. 3, im Dez. 1741 als Ltnt. ins D-R Nr. 4 versetzt, April 1744 Stabs-Cap. im Garn.-Reg. Nr. 5, vor 1751 abgegangen; erste **Ehefrau**: Sophie Gottliebe (1713–1791), e. Tochter von Hans Capar von Oesterreich auf Anteil Pitzerwitz, sie brachte ihm d. väterlichen **Anteil** an Pitzerwitz im Krs. Soldin ein; **Sohn**: Christian Friedrich (* 1755), Cap., s. d.;

Quellen: BLHA, Rep. 23 B, Nr. 446 (hier als Carl Joachim); Stabi, Ms. boruss. fol. 313, Bl. 10 RS, Bl. 59; fol. 314, Bl. 182; Gesch. D-R Nr. 3, S. 66, S. 420; Fam.gesch. 1875, S. 464–465; Leers, Zöglinge, S. 22; Jb. Neumark, 1927, S. 164; Jb. Neumark, 11/1936, S. 92;

Cap. **Christian Friedrich von der Goltz** (* 11. April 1755)

Vater: Carl Heinrich (1702–1760), Cap., s. d.; C. F. aus d. Neumark gebürtig; **Mutter**: Sophie Gottliebe, geb. von Oesterreich (1713–1791), 1774 auf Anteil Pitzerwitz im Krs. Soldin gen.; **Bruder**: Hans Christoph Wilhelm (* 21. Sep. 1753, † 22. Juli 1795), stand 1774 als Ltnt. beim Ingenieur-Corps in Glatz, Juni 1787 Cap., nahm an d. Rhein-*Campagne* von 1792 teil, 1795 im Lazarett in Fulda gest.; **Laufbahn**: Juni 1769 *cadet* in Berlin, 1774 Fähnrich (im 2. Bat. Garde bzw.) im I-R Nr. 26, Nov. 1778 Sl, als solcher noch 1784 gen., 1791 Pl, Okt. 1794 Cap. im I-R Nr. 26, Okt. 1805 mit 300 T. Pension dim.; **Güter**: besaß zs. mit seinem Bruder seit 1791 e. Anteil an Pitzerwitz im Krs. Soldin, 1795 für 8 200 T. an d. Kammerherrn Adam Ernst Friedrich von Flotow verkauft;

Quellen: GStA, II. HA, Abt. 12, Materien, Vas.tab. Nr. 6, Bl. 122 RS-123; Stabi, Ms. boruss. fol. 314, Bl. 2, Bl. 14, Bl. 24; Ms. geneal. fol. 120, Bl. 253 RS; Crousaz, S. 36; Fam.gesch. 1875, S. 464–465; Jb. Neumark, 11/1936, S. 92;

Gl **Christoph Heinrich von der Goltz** (* 25. Nov. 1663, † 8. April 1739) *

Vater: Johann (1641–1696), Erbherr auf Hoffstädt im Krs. Deutsch Krone u. Anteil Kürtow im Krs. Arnswalde; **Mutter**: Anna Maria, geb. von Güntersberg († 1702); **Bruder**: Johann Ernst (1669–1749), Ol, siehe mehr bei dessen Sohn Hans Christoph Dettlef († 1769), Landrat; **Laufbahn**: 1686 als kurbrandenburg. Ltnt. gen., 1689 Cap. im I-R Nr. 11, April

1697 Major, Mai 1705 Ol im I-R Nr. 19, Mrz. 1709 Obrist u. Kommandeur d. Bataillons Truchseß, Dez. 1714 Kommandeur d. I-R Nr. 26, Sep. 1720 Chef d. I-R Nr. 15, Mai 1721 GM, Okt. 1731 Kommandant von Magdeburg, Febr. 1732 Chef d. I-R Nr. 5 u. Ritter d. Schwarzen Adler-Ordens, Febr. 1732 Gl, 1739 gest.; **Ehefrau**: Elisabeth Juliane, geb. von Bonin (1673–1755), sie saß als Witwe auf Repzin; **Güter**: 1715 u. 1718 als Erbherr auf Anteil Kürtow im Krs. Arnswalde u. auf Repzin im Krs. Schivelbein gen., 1713 auch auf Anteil Briesen im Krs. Schivelbein;

Quellen: Stabi, Ms. boruss. fol. 313, Bl. 76, Bl. 112; fol. 314, Bl. 23 RS (1715 e. Cap. Chr. Hr. v. d. Goltz (* 1663) seit 1679 im Militär, im I-R 26 gen.); fol. 319, Bl. 34 (1715 als Obrist im I-R Nr. 19 gen.); Fam.gesch., 1875, S. 490–491; Jb. Neumark, 1927, S. 98, S. 102, S. 163 (hier als Chr. Hans); Priesdorff, Nr. 202;

Rittmstr. **Christoph Ludwig von der Goltz** (* 25. Nov. 1700, † 25. Jan. 1784)

Vater: George Christoph (* 27. Okt. 1661, † 11. Mrz. 1724), 1690 Cornet, 1694 Ltnt., 1706 Rittmst. u. Chef e. Escadron, 1716 Abschied als Ol im Reg. Derfflinger zu Pferd, Erbherr auf Raakow im Krs. Arnswalde; **Mutter**: Barbara Louise, geb. von Rohwedel († 1732); **Bruder**: Hans Ernst (* 1696), seit 1710 im Militär, Mai 1715 Sl im I-R Nr. 25, 1728 als Cap. dim.; **Bruder**: Carl Heinrich (1702–1760), Cap., s. d.; Erbherr auf Anteil Pitzerwitz im Krs. Soldin; **Laufbahn**: seit 1714 im Militär, 1717 als Cornet gen., Dez. 1723 Ltnt. im D-R Nr. 3, noch 1729 als Ltnt. gen., 1739 u. im Dez. 1740 als Rittmstr. u. Chef e. Escadron geführt, nahm nach d. Schlacht bei Mollwitz 1741 seinen Abschied; **Güter**: seit 1743 Erbherr auf Wildenow im Krs. Friedeberg; **Ehefrau**: Johanna Auguste, geb. von Blankensee (1711–1788); **Sohn**: Johann Christian (1748–1809), Rittmstr., s. d. mehr;

Quellen: Stabi, Ms. boruss. fol. 313, Bl. 10 RS, Bl. 16; fol. 314, Bl. 114; fol. 319, Bl. 40 (jeweils H. E., hier als Johann Ernst); Gesch. D-R Nr. 3, S. 55, S. 60, S. 409 (hier nur als Cap. gen., möglich auch Heinrich Joachim, es gab 1740 zwei Cap. v. d. G. im D-R 3); Fam.gesch. 1875, S. 464–465, S. 470–471; Jb. Neumark, 1927, S. 164;

Cap. **Curt Ernst von der Goltz** (* 18. Nov. 1690)

Vater: Joachim Ernst (1663–1698), Erbherr auf ½ Kürtow (u. Rehfelde) im Krs. Arnswalde, 1715 saß seine **Witwe** Ernestine Elisabeth Auguste, geb. von Wedel († 1727), mit d. beiden Söhnen auf d. Gutsanteil; **Bruder**: Caspar Martin (1696–1762) *, weilte von 1713 bis 1715 auf d. Ritterakademie in Brandenburg an der Havel, wechselte im Juni 1716 auf d. Univ. Halle, verheiratet mit Charlotte Louise, geb. von Rohwedel, 1728 als Landrat u. Direktor d. Krs. Arnswalde gen., saß 1751 auf ½ Alt Klücken, 1762 nach 40 Dj. gest.; **Laufbahn**: seit 1715 (als *cadet*) im Militärdienst, stand 1724 als Sl im I-R Nr. 22, 1728 als vorm. Cap. gen.; **Güter**: saß 1728 zs. mit d. Bruder auf Anteil Kürtow, später auf Anteil Pehlitz im Krs. Friedeberg; **Ehefrau**: Sophie Wilhelmine, geb. von Blankensee;

Quellen: BLHA, Rep. 23 B, Nr. 446; Stabi, Ms. boruss. fol. 314, Bl. 288; Ms. geneal. fol. 120, Bl. 222 RS; Fam.gesch. 1875, S. 494–495; Leers, Zöglinge, S. 20; Jb. Neumark, 1927, S. 163; biogr. Handbuch, S. 331 (Bruder C. M.);

Ltnt. **Franz Ludwig von der Goltz** (* 1705) *

aus der Neumark gebürtig; **Laufbahn**: seit 1719 im Militär, Juni 1725 Fähnrich im I-R Nr. 8, Aug. 1731 Sl, Juli 1732 wegen Kränklichkeit dim., als Ltnt. beim neuen Garn.-Reg. in Stettin angestellt;

Quellen: Stabi, Ms. boruss. fol. 315, Bl. 183 RS; Priesdorff, Offz.stammliste, S. 74;

Ltnt. **Gotthilf Carl Philipp Frhr. von der Goltz** (* 28. Juli 1739, † 10. Mai 1806)

Vater: George Ernst (1705–1755) *, seit 1744 Landrat im Krs. Dramburg, Erbherr auf Mittelfelde, Klein Mellen, Köntopf, Karwitz; **Mutter**: Juliane Philippine, geb. von Blankensee (1714–1792), dritte Ehefrau d. Vaters; **Bruder**: Magnus Hans Ernst (1738–1765), seit 1754 im Militär, stand 1757 als Cornet im D-R Nr. 3, 1765 als Ltnt., Erbherr auf Karwitz u. Mittelfelde, wurde im Febr. 1765 auf d. Jagd von seinem Jäger erschossen; **Bruder**: Gottlieb George Adolph (1741–1789), seit 1759 im Militär, 1766 Sl im I-R Nr. 30, 1773 bzw. 1774 als Pl auf Wunsch mit d. Charakter Cap. dim., Erbherr auf Mittelfelde und Klein Mellen; **Bruder**: Gottlieb Friedrich Wilhelm (1742–1777), seit 1758 im Militär, stand 1764 als Fähnrich im I-R Nr. 25, zuletzt hier Sl, 1772 ins Garn.-Reg. Nr. 11 nach Preußen versetzt, Juli 1773 dim., Erbherr auf Mittelfelde; **Bruder**: Franz Leopold Günther (1745–1763), als Fähnrich im D-R Nr. 3 gest.; **Laufbahn**: bezog im Mai 1752 d. Ritterakademie in Brandenburg an der Havel, seit 1755 im Militär, stand 1765 als Sl im D-R Nr. 12, Juli 1775 nach e. Sturz vom Pferd dim., 1783 als Land-Feuer-Sozietätsdirektor im Krs. Dramburg gen.; **Güter**: 1767 zs. mit d. Brüdern G. G. A. u. G. F. W. als Erbherr auf Mittelfelde, Köntopf, Karwitz, Klein Mellen u. Welschenburg im Wert von 34 150 T. gen., darauf Schulden von 48 763 T., zuletzt Erbherr auf Karwitz im Krs. Dramburg im Wert von 5/m T., bekam 1780 für d. Gut Meliorationsgelder in Höhe von 3 740 T., noch 1803 u. 1805 auf Karwitz gen., auch auf Klein Mellen; **Ehefrau**: Eleonore Wilhelmine, geb. von Bonin (1755–1813);

Quellen: GStA, II. HA, Abt. 12, Materien, Vas.tab. Nr. 6, Bl. 69 RS-70; Nr. 8, Bl. 73 RS-74 (hier als Gotthilf C. P.); Stabi, Ms. boruss. fol. 311, Bl. 184, Bl. 189 (je d. Bruder G. G. A., hier als George, 1766: aus d. AM geb.?), Bl. 252; fol. 314, Bl. 122, Bl. 139 (je d. Bruder G. F. W., hier als F. W.); Ms. geneal. fol. 120, Bl. 227, Bl. 244 RS; Bratring, 3. Bd., S. 232; Gesch. D-R Nr. 3, S. 198, S. 413 (je M. H. E., hier als H.E); Fam.gesch. 1875, S. 450–451 (als Gotthilf C. P.); Leers, Zöglinge, S. 87 (hier als Gottlieb C. P.); Moegelin, S. 63–64, S. 266; Jb. Neumark, 11/ 1936, S. 67; biogr. Handbuch, S. 331–332 (Vater);

Landrat **Hans Christoph Dettlef von der Goltz** (* 1713, † 8 Sep. 1769) *

Vater: Hans Ernst (1669–1749), stand 1703 als Reg.quartiermstr. mit d. Charakter Cap., 1707 als Cap. im I-R Nr. 4 (Jung-Dohna), zuletzt Ol, vor 1715 abgegangen, Erbherr auf Hoffstädt im Krs. Deutsch Krone, (auf Anteil Kürtow im Krs. Arnswalde u. Anteil Petznick im Krs. Dramburg), 1718 auch auf Liebenow u. Anteil Cratznick im Krs. Arnswalde gen.; **Mutter**: Dorothea Luisa, geb. von Pfuel; (**Bruder**: Anton (* 1717), stand als Uffz. im I-R Nr. 1, 1751 auf ½ Kürtow im Krs. Arnswalde); **Bruder**: Ernst Heinrich (* 1722), im Dez. 1740 Junker (bzw. Cornet) im D-R

Nr. 3, seit 1741 im D-R Nr. 4, wurde 1757 als Rittmstr. bei Roßbach blessiert, 1774 als Rittmstr. bei d. Provinzial-Husaren gen.; **Laufbahn**: bezog 1734 d. Ritterakademie in Brandenburg an der Havel, 1735 d. Viadrina, führte 1745 seinem Vater d. Wirtschaft, amtierte seit 1762 als Landrat im Krs. Arnswalde; **Güter**: erbte d. väterlichen Anteil von Kürtow, 1767 im Wert von 34 699 T., darauf Schulden von 26 450 T., verkaufte 1752 Clausdorf, erwarb 1756 Groß Silber im Krs. Arnswalde; in erster **Ehe** verheiratet mit Henriette Sophie, geb. von Blankenburg; seine zweite Frau u. Witwe Susanna Margarethe, geb. von Gorcke (* 1719), wurde 1774 auf Anteil Raakow im Krs. Arnswalde gen.;

Quellen: BLHA, Rep. 78 I, Nr. 170, Bl. 25 (1751 Hans u. Anton, jeweils auf ½ Kürtow); Stabi, Ms. boruss. fol. 313, Bl. 10 RS (E. H.); Ms. geneal. fol. 120, Bl. 223; Gesch. D-R Nr. 3, S. 101–104 (1753, 1755 stand kein v. d. Goltz im D-R Nr. 3 u. 4); Fam. gesch. 1875, S. 498–499; Bardeleben, S. 416, S. 430; Leers, Zöglinge, S. 59; Jb. Neumark, 1927, S. 184; Moegelin, S. 63; biogr. Handbuch, S. 332;

Major **Heinrich Bernhard von der Goltz** (* 8. Nov. 1718, † 30. Aug. 1757)

Vater: Henning Bernhard (1681–1734), poln. Rittmstr., seit 1698 auf Heinrichsdorf in Polen; H. B. aus d. Neumark gebürtig; **Mutter**: Elisabeth Catharina, geb. von Heydebreck (1685–1768) aus d. pomm. Hs. Parsow, **Laufbahn**: 1737 Fähnrich im I-R Nr. 25, 1740 Ltnt. u. Adjutant, 1745 Stabs-Cap., seit Dez. 1745 Flügel-Adjutant bei König Friedrich II., Juni 1756 Major u. Flügel-Adj., 1757 bei Groß-Jägersdorf gefallen;

Quellen: Stabi, Ms. boruss. fol. 314, Bl. 117, Bl. 140; Lange, Soldaten, S. 466, S. 467; Fam.gesch., 1875, Tafel 28, S. 172–173;

Rittmstr. **Heinrich Joachim von der Goltz** (* 1698, † nach 1747)

Vater: Joachim Rüdiger († 1727), Erbherr auf Giesen, Hoffstädt, Latzig in Polen; H. J. aus d. Neumark gebürtig; **Mutter**: Marie Elisabeth, geb. von der Goltz († 1747); **Bruder**: Johann Rüdiger (1704–1758), Cap., s. d. mehr; **Laufbahn**: seit 1716 im Regiment, 1723 als Cornet im D-R Nr. 3 gen., 1725 Ltnt., 1737 Rittmstr., Anfang 1741 ins D-R Nr. 4, nahm nach d. Schlacht bei Mollwitz Mai 1741 seinen Abschied, 1744 auf Giesen in Polen gen., in Wildenow gest.;

Quellen: Stabi, Ms. boruss. fol. 313, Bl. 15 RS, Bl. 16; Gesch. D-R Nr. 3, S. 55 (aus d. NM), S. 60 (aus d. NM), S. 64 (aus Polen), S. 409; Fam.gesch. 1875, Tafel 48, S. 302–303;

Major **Joachim Heinrich von der Goltz** (* 1707)

Vater: Conrad Heinrich († nach 1729), poln. Cap., (Erbherr auf Beeskow in Polen); J. H. aus d. Neumark gebürtig; **Mutter**: Sophie Elisabeth, geb. von Wedel; **Laufbahn**: seit 1723 im Militär, stand 1730 als Cornet, 1740 als Ltnt. im K-R Nr. 8, 1750 als Rittmstr. gen., Sep. 1751 Major u. Chef e. Escadron, vor 1764 abgegangen;

Quellen: Stabi, Ms. boruss. fol. 312, Bl. 75, Bl. 76, Bl. 77–77 RS; Fam.gesch. 1876, Tafel 45, S. 290–291;

Rittmstr. **Johann Christian Frhr. von der Goltz** (* 22. Aug. 1748, † 17. Sep. 1809)

Vater: Christoph Ludwig (1700–1784), Rittmstr., s. d.; **Mutter**: Johanna Auguste, geb. von Blankensee (1711–1788); **Bruder**: Carl Friedrich (1739–1822) *, seit 1754 im D-R Nr. 4, 1758 Sl, 1765 Pl, 1778 Major, (1778 bzw.) 1779 dim., von 1780 bis 1798 Oberforstmstr. im Hzgtm. Magdeburg; **Bruder**: Anton Gottlieb (1746–1821) *, Ltnt., s. d.; **Laufbahn**: engagierte sich 1763 im D-R Nr. 4, 1765 als Sl gen., Juni 1777 mit d. Charakter Rittmstr. dim.; **Güter**: seit 1784 Erbherr auf Wildenow im Krs. Friedeberg, 1801 im Wert von 35/m T., 1803 für 71 700 T. an e. Amtmann verkauft, erwarb dafür (Groß) Schöneberg bei Driesen im Krs. Friedeberg für 37 300 T.; **Ehefrau**: Marie Charlotte Beate Tugendreich, geb. von der Marwitz (1756–1829); **Sohn**: Johann Ludwig Carl Alexander (1778–1824), 1798 Ltnt. im D-R Nr. 3, (im Dez. 1798 bzw. Juni 1804 dim.), später russ. Ol; **Sohn**: Friedrich August Ferdinand (1785–1852), seit 1797 im Militär, Aug. 1802 Sl im I-R Nr. 35, Nov. 1809 Abschied, Mrz. 1813 freiwilliger Jäger beim Brandenburg. K-R, April 1815 d. 4. K-R als Pl aggr., Sep. 1820 zum 27. Landwehr-Reg., Mrz. 1821 Rittmstr., Mrz. 1843 als Pl pens.;

Quellen: GStA, II. HA, Abt. 12, Materien, Vas.tab. Nr. 6, Bl. 87 RS-88; Nr. 8, Bl. 90 RS-91; Stabi, Ms. boruss. fol. 313, Bl. 9, Bl. 15 RS, Bl. 16, Bl. 60–60 RS (hier als Hans Christian); Ms. geneal. fol. 120, Bl. 248; Gesch. D-R Nr. 3, S. 55, S. 60, S. 66 (je d. Vater), S. 199–200, S. 409 (Vater), S. 416–417 (J.L.C.A.), S. 423; Fam.gesch., 1875, S. 470–471, S. 480, S. 482–483; Tb. Uradel, 1910, S. 273, S. 275–276; Jb. Neumark, 11/1936, S. 71; biogr. Handbuch, S. 327–328 (A. G.), S. 330 (C. F.);

Cap. **Johann Rüdiger Frhr. von der Goltz** (1704–1765)

Vater: Joachim Rüdiger († 1727), Erbherr auf d. poln. Gütern Giesen, Worl, Langhof, Latzig; J. R. aus d. Neumark gebürtig; **Mutter**: Marie Elisabeth, geb. von der Goltz († 1747); **Bruder**: Ludwig (1693–1776), stand 30 Jahre in kursächs. Diensten, zuletzt Cap., Erbherr auf Worl; **Bruder**: Heinrich Joachim (* 1698, † nach 1747), Rittmstr., s. d.; **Bruder**: Friedrich Sigismund (1707–1786) *, 1726 ins I-R Nr. 21, Aug. 1731 als Cornet ins D-R Nr. 5, Juni 1734 Sl, Sep. 1739 Pl, Febr. 1746 als Stabs-Rittmstr. ins D-R Nr. 4, Okt. 1752 als Chef e. Escadron ins D-R Nr. 8, Mai 1757 Major, 1759 Orden p. l. m., Juli 1765 Kommandeur d. D-R Nr. 3, Aug. 1767 Ol, Juni 1769 Obrist, Juni 1772 mit 300 T. Pension dim., seit Sep. 1772 Direktor d. Marstalls in Potsdam, im April 1786 unbeerbt verst.; **Laufbahn**: seit 1721 im Militär, Febr. 1724 Fähnrich im I-R Nr. 8, Mrz. 1726 Sl, Jan. 1734 Pl, Aug. 1737 Cap. u. Chef e. Comp., Okt. 1745 auf Wunsch dim.; **Güter**: Erbherr auf d. westpreuß. Giesen; **Ehefrau**: Christine Apollonia Johanna (1729–1790), To. d. Generals Johann (Peter) von Wedel, sie saß 1765 u. 1774 auf d. väterlichen Gütern Zuchow, Groß Spiegel, Spring(e), Spornbrügge, Draghausen im Krs. Dramburg; **Sohn**: Hans Rüdiger Friedrich Ernst (1751–1810), 1770 ins D-R Nr. 3, 1775 Ltnt., seit 1785 Reg.-Adj., Mrz. 1789 als Cap. dim., später Ober-Zollinspektor in Stettin, Erbherr auf Giesen; **Sohn**: Ludwig Franz Ernst (1753–1831), Cornet, s. d., **Sohn**: Carl Wilhelm August Ernst (1757–1799), 1770 ins D-R Nr. 3, Febr. 1776 Sl, seit 1779 Reg.-Adj., Juni 1785 dim.;

Quellen: GStA, II. HA, Abt. 12, Materien, Vas.tab. Nr. 6, Bl. 79 RS-80; Nr. 8, Bl. 80 RS-81; Stabi, Ms. boruss. fol. 315, Bl. 183, Bl. 184 RS; Gesch. D-R 3, S. 55, S. 60 (je Bruder H. J.), S. 211 (Sohn C.W.A.E.: aus Polen), S. 212 (Sohn H. R. F.: aus Polen), S. 414, S. 415, S. 420; Albedyll, Anhang, S. 52 * (Bruder F. S.); Fam.gesch. 1875, Tafeln 48 u. 49, S. 302–303, S. 306–307; Priesdorff, Offz.stammliste, S. 73;

GM **Leopold Heinrich Graf von der Goltz** (* 19. Mrz. 1745, † 15. Juni 1816) *

Vater: George Franz Conrad Frhr. (1704–1747) *, aus Parsow in Pomm. gebürtig, stand bis 1729 in sächs. Diensten, Okt. 1729 Cap. u. Chef e. Comp. im D-R Nr. 5, Okt. 1734 Ol u. Kommandeur d. D-R Nr. 6, Mrz. 1741 Orden p. l. m., Mai 1741 Obrist, Aug. 1742 Kommandeur d. K-R Nr. 10, April 1743 Chef d. K-R Nr. 10, April 1743 GM, Erbherr auf Heinrichsdorf, Reppow, Blumenwerder in Polen, erwarb 1747 Mellentin im Krs. Soldin für 55/m T.; **Mutter**: Charlotte Wilhelmine, geb. von Graevenitz (1720–1771); **Bruder**: Wilhelm Bernhard (1736–1795) *, seit 1762 im diplomat. Dienst als Gesandter in St. Petersburg u. Paris, Juni 1791 GM; **Bruder**: Carl Franz (1740–1804) *, 1770 bis 1787 in poln. Diensten, Jan. 1793 GM, Jan. 1799 EM, 1787 auf Wilmersdorf gen.; **Laufbahn**: Febr. 1758 Junker im K-R Nr. 10, Okt. 1758 Cornet, Juni 1761 Ltnt., Jan. 1779 Rittmstr. u. Chef e. Escadron, Nov. 1786 Major, April 1789 Obrist, Sep. 1789 in d. Grafenstand erhoben, Mai 1789 a. o. Gesandter in St. Petersburg, Febr. 1793 Charakter als GM, Jan. 1795 Chef d. K-R Nr. 3, Febr. 1797 mit 2/m T. Pension dim., Jan. 1807 Charakter als Gl; **Güter**: 1767 saß L. H. mit seinen beiden Brüder auf Mellentin im Krs. Soldin u. Guttlow im Krs. Glogau um Wert von zs. 177 291 T., darauf Schulden von 149 432 T., 1774 Wilhelm Bernhard als Erbherr auf Mellentin gen., Carl Franz hatte seinen Wohnsitz damals auf Heinrichsdorf in Westpreußen; **Ehefrau**: Eleonore Juliane, geb. von Maltzahn († 1798), **Sohn**: Carl Friedrich Heinrich (1775–1822) *, im Mrz. 1787 ohne Sukzessionsrechte legitimiert, April 1787 Junker im H-R Nr. 8, Sep. 1791 Cornet, Sep. 1793 Sl, Jan. 1794 Orden p. l. m., Jan. 1803 Pl im D-R Nr. 14, Febr. 1807 Major, Mrz. 1813 Ol, Juli 1813 Obrist, Dez. 1813 GM, 1815 preuß. Gesandter in Paris;

Quellen: GStA, I. HA, Rep. 47, Tit. 11 b, Litt G 7; II. HA, Abt. 12, Materien, Vas.tab. Nr. 6, Bl. 122 RS-123 (1801 L. H. als unangesess. Vasall im Krs. Soldin geführt); Stabi, Ms. boruss. fol. 311, Bl. 89 (Vater); Ms. geneal. fol. 120, Bl. 252 RS (1774 d. drei Brüder gen.); Lehmann, S. 304 (Sohn C. F. H.); Moegelin, S. 61 (d. Brüder als Bernd Wilhelm, Carl Franz u. Heinrich Leopold); Priesdorff, Nr. 322 (Vater), Nr. 824 (Wilh. Bernh.), Nr. 867 (Carl Franz), Nr. 868 (L. H.); Nr. 1 198 (Sohn);

Cornet **Ludwig Franz Ernst Frhr. von der Goltz** (* 5. Mai 1753, † 16. Mrz. 1831)

Vater: Johann Rüdiger (1704–1765), Cap., Erbherr auf Giesen in Polen, s. d.; **Mutter**: Christine Apollonia Johanna, geb. von Wedel (1729–1790), 1774 auf Zuchow, Groß Spiegel u. Spring(e) im Krs. Dramburg gen., sie hatte damals drei Söhne im Militärdienst, bekam als Witwe 1784 Meliorationsgelder für Zuchow in Höhe von 3/m T.; **Bruder**: Hans Rüdiger Friedrich Ernst (1751–1810), 1770 ins D-R Nr. 3, 1774 als Cornet, 1775 als Ltnt. gen., 1785 Reg.adj., Mrz. 1789 als Cap. dim., später als Ober-Zollinspektor in Stettin versorgt; **Bruder**: Carl Wilhelm August

Ernst (1757–1799), 1770 ins D-R Nr. 3, Febr. 1776 Sl, seit 1779 Reg.adj., Juni 1785 dim., Erbherr auf Giesen; **Laufbahn**: 1767 ins Reg., im Nov. 1774 als Cornet im H-R Nr. 8 auf eigenen Wunsch verabschiedet, nach 1806 kgl.-sächs. Cap.; seit 1774 **verheiratet** mit Dorothea Henriette Elisabeth, e. Tochter d. Gl von Belling, beide wurden vor 1793 geschieden; **Güter**: 1801 u. 1805 Erbherr auf Zuchow, Spring(e), Groß Spiegel, Draghausen, Spornbrügge im Krs. Dramburg, im Mrz. 1780 im Wert von 39300 T., hier noch 1809 gen., hatte seinen Wohnsitz in Zuchow;

Quellen: GStA, II. HA, Abt. 12, Materien, Vas.tab. Nr. 6, Bl. 79 RS-80; Stabi, Ms. boruss. fol. 315, Bl. 203 RS; Ms. geneal. fol. 120, Bl. 247; Bratring, 3. Bd., S. 246; Schöning, 5. H-R, S. 125 (Rangliste 1772, hier e. Heinrich u. e. Fr. v. d. Goltz als Cornet gen.), S. 546 (Abgangsliste); Fam.gesch. 1875, Tafel 49, S. 306–307, Tafel 50, S. 310–311; Tb. Uradel, 1910, S. 272;

Ltnt. **Rudolph Siegmund Friedrich Wilhelm von der Goltz** (* 21. Jan. 1770, nach 1820) *

Vater: Johann Sigismund (* 6. Mai 1736, † 4. Juli 1779), aus Polen gebürtig, stand zunächst neun Jahre in sächs., seit 1761 in preußischen Diensten, Juni 1761 Rittmstr. u. Chef e. Escadron im K-R Nr. 6, Jan. 1771 Major, als aktiver Offz. gest., seit 1773 Erbherr auf Birkholz, auf Anteilen Stöwen u. Woltersdorf im Krs. Dramburg, erhielt 1777 Meliorationsgelder in Höhe von 4220 T. für d. Gut, 1784 bekam e. minderjähriger Sohn f. d. Gut weitere 6/m T.; **Mutter**: Caroline Helene, geb. von Grünberg (1745–1780); **Vater-Bruder**: George Sebastian (1733–1807), 1774 als Erbherr auf Zützer in Westpreußen gen.; **Schwester**: Charlotte Helene Agnese (* 1764), sie saß 1801 auf Birkholz mit Anteilen an Stöwen u. Woltersdorf im Wert von 42200 T.; **Bruder**: Johann Rudolph Siegmund (* 1774, † 9. Mrz. 1809), Juni 1787 Fähnrich im I-R Nr. 53, Mai 1790 Sl, Jan. 1791 beim Depot-Bat. d. Reg., Mrz. 1792 dim., seit 1801 Erbherr auf Repzin bei Schivelbein im Wert von 39/m T., 1805 wieder verkauft, hielt sich 1801 in Langen-Helwigsdorf nahe Jauer auf (1805 Erbherr auf Klemzow im Krs. Schivelbein); **Bruder**: Franz Friedrich Siegmund (* 1772), Mai 1790 Erlaubnis, in fremde Dienste zu gehen, 1798 als Ltnt. im kursächs. Karabinier-Garde-Reg. pens.; **Laufbahn**: April 1789 Fähnrich im I-R Nr. 21, Nov. 1792 Sl, Okt. 1800 Pl, April 1809 ohne Abschied entlassen, trat 1809 in braunschweigische Dienste, 1820 als Domherr in Merseburg gen.;

Quellen: GStA, II. HA, Abt. 12, Materien, Vas.tab. Nr. 6, Bl. 67–68; Nr. 8, Bl. 72 RS-73 (hier wird J. R. S. im I-R Nr. 21, R.S.F.W. als vorm. Fähnrich bei Owstien gen.); Stabi, Ms. boruss. fol. 907 a, Bl. 15 RS; Ms. geneal. fol. 120, Bl. 245; Fam.gesch. 1875, S. 228–229 (danach stand R.S.F.W. im I-R Nr. 21, J. R. S. im I-R 53); Moegelin, S. 263, S. 267; Jb. Neumark, 11/1936, S. 63–64;

Major **Hans George von Gombrecht** (* 1677)

aus Pommern bzw. d. Neumark gebürtig; **Laufbahn**: seit 1690 im Militär, Mai 1708 Fähnrich im I-R Nr. 1, Febr. 1711 Pl, Febr. 1714 Cap., noch 1726 als Cap. bei Glasenapp gen., zuletzt Major im I-R Nr. 1, Juli 1735 nach 39,6 Dj. als solcher dim.; **Güter**: erwarb 1724 vom Ltnt. George Heinrich von Schmiedeberg, dessen beiden Brüdern u. ihrem Vater einen Anteil an Zeinicke im Krs. Dramburg auf *Pfandschilling* für 30 Jahre, nach d. Tod von Schmiedeberg sen. kam es um 1726 zwischen beiden Parteien zu einem Streit, weil d. Ltnt. George Heinrich einige Regalien auf Zeinicke für sich beanspruchte, obwohl die lt. von Gombrecht mit verkauft worden waren; 1745 saß d. **Witwe** Major von Gombrecht auf 3/8 Zeinicke im Krs. Dramburg; (**verwandt**: 1751 wurde e. Witwe Cap. von Gumbrecht auf d. Schloßgut in Nörenberg im Krs. Arnswalde gen., sie hatte zwei Söhne von 20 u. 14 Jahren, jener war auf d. JG, dieser bei d. *cadets* in Berlin: BLHA, Rep. 78 I, Nr. 170, Bl. 26; Stabi, Ms. geneal. fol. 120, Bl. 224);

Quellen: GStA, I. HA, Rep. 22, Nr. 302 b, Paket 8 751; Stabi, Ms. boruss. fol. 310, Bl. 36; fol. 313, Bl. 176, Bl. 295, Bl. 295 RS, Bl. 298 RS (aus Pomm. geb.); fol. 319, Bl. 36; Zedlitz, 2. Bd., S. 303 (kz. Notiz, als von Gumbrecht, Nobilitierung 1741); 5. Bd., S. 200–201 (hier d. Major Hans Jürgen v. G. 1735 im I-R Nr. 1 gen.);

Ltnt. **George Ludwig von Gorck** (* 1684)

aus Zeinicke bei Dramburg; **Laufbahn**: seit 1700 im Militär, stand 1715 als Pl im I-R Nr. 12, vor 1722 abgegangen; (**verwandt**: Hans George von Gorck (* 1711, † 1. Mai 1739), aus Zeinicke, seit 1728 im Militär, Dez. 1738 Fähnrich im I-R Nr. 1: Stabi, Ms. boruss. fol. 313, Bl. 299; Pommern, S. 279 (kz. Biogramm, hier als Hans Jürgen von Jorck);

Quellen: Stabi, Ms. boruss. fol. 316, Bl. 232 (nicht in d. Abgangsliste), Bl. 237 RS; nicht in fol. 319, Bl. 50;

Ltnt. **August Friedrich von Gordon** (* 1681)

aus d. Neumark gebürtig; **Laufbahn**: seit 1701 im Militär, 1705 als Sergant in d. Füsilier-Garde gen., seine Comp. stand damals in d. Nehrung d. Elbinger Territoriums, Jan. 1714 Cornet im D-R Nr. 3, 1717 als Ltnt. gen., vor 1723 abgegangen; **Güter**: 1728 auf Anteil Gabbert im Krs. Arnswalde gen., hatte damals einen **Sohn**, der als Junker im K-R Nr. 3 stand;

Quellen: Stabi, Ms. boruss. fol. 313, Bl. 9; fol. 319, Bl. 29 RS (hier als Jordan); Ms. geneal. fol. 120, Bl. 213 RS; Siebmacher, Bd. 6/5, 1880, S. 33; Bardeleben, S. 421;

Rittmstr. **Christoph Heinrich von Graevenitz** (* 1733)

(aus der Kurmark gebürtig); **Laufbahn**: stand als Ltnt. im K-R Nr. 10, 1764 mit d. Charakter Rittmstr. verabschiedet; **Güter**: 1774 u. 1801 als Erbherr auf Bottschow im Krs. Sternberg gen., im Jan. 1795 mit e. Wert von 32/m T. angegeben, noch 1809 hier aufgeführt bzw. 1808 lt. Erbvertrag e. Pl von Graevenitz für 32/m T. überlassen;

Quellen: GStA, II. HA, Abt. 12, Materien, Vas.tab. Nr. 6, Bl. 127 RS-128; Nr. 8, Bl. 151 RS-152 (hier kein Sohn gen.); Stabi, Ms. boruss. fol. 311, Bl. 334 (nicht in d. Rangliste 1755, nur in d. Abgangsliste d. K-R 10); Ms. geneal. fol. 120, Bl. 253 RS; Bratring, 3. Bd., S. 276; Jb. Neumark, 11/1936, S. 93; nicht im Jb. dt. Adel; nicht bei Schwerin, K-R 10, 3. T., Anhang, Personalien;

Major **Leopold Ludwig Eduard von Graevenitz** (1739–1805)

Vater: preuß. Cap.; L. L. E. aus d. Mittelmark bzw. aus Mecklenburg gebürtig; **Bruder**: Christian Lebrecht (* um 1733),

Dez. 1766 Cap., zuletzt Major im Garn.-Reg. Nr. 7, 1801 u. 1803 Stadtdirektor in Striegau; **Laufbahn**: seit 1758 im Militär, Sep. 1760 Fähnrich im I-R Nr. 8, Dez. 1761 Sl, Aug. 1772 Pl, Okt. 1783 Stabs-Cap., Juni 1785 Cap. u. Chef e. Comp., Dez. 1793 mit d. Charakter Major dim.; **Güter**: 1801 u. 1803 als unangesessener Vasall im Krs. Sternberg geführt, hatte seinen Wohnsitz in Sonnenburg; **Sohn**: Johann Christian Lebrecht (* 1785), stand 1803 als Ltnt. im Regiment; **Sohn**: Ludwig Hermann Eduard (* 1787), 1803 bei d. Eltern;

Quellen: GStA, II. HA, Abt. 12, Materien, Vas.tab. Nr. 6, Bl. 139 RS-140; Nr. 8, Bl. 159 RS-160 (e. Bruder, hier als Elias Hermann); Stabi, Ms. boruss. fol. 315, Bl. 189, Bl. 194 RS; Priesdorff, Offz.stammliste, S. 76 (1741 in d. Mittelmark geb.);

Cap. **Carl Moritz von Gramm** (* 1726, † Jan. 1762)

(**Vater**: Friedberg, verkaufte 1706 d. Burglehn zu Woldenberg, 1715 als Erbherr auf Anteil Cratznick im Krs. Arnswalde gen.; **Großvater**: Balthasar Ludwig, saß auf d. Burglehn in Woldenberg); C. M. aus d. Neumark gebürtig; **Laufbahn**: seit 1743 im Militär, stand 1750 als Sl, 1756 als Pl im I-R Nr. 37, als Cap. an Blessuren 1762 gest.; (**verwandt**: ein Asmus Rudolph von Gramm stand 1696 als Ltnt. im 1. Bat. d. I-R von Brand an d. Maas: fol. 319, Bl. 17; Wilhelm von Gramm (* um 1720), aus d. Neumark gebürtig, stand drei Monate als aggr. Fähnrich im I-R Nr. 47, 1741 dim.: Stabi, Ms. boruss. fol. 316 (nur in d. Abgangsliste);

Quellen: Stabi, Ms. boruss. fol. 316, Bl. 107, Bl. 107 RS; Siebmacher, Bd. 6/5, 1880, S. 34 (danach ist d. neumärk. Fam. im Sep. 1761 mit d. Major Christian Ludwig, Kommandeur d. D-R Nr. 12, erloschen); Jb. Neumark, 1926, S. 61 (vor 1715 besaß d. Fam. v. Gram(m) auch e. Anteil an Gralow im Krs. Landsberg, 1715 gen. d. dän. Etatsrat Friedrich v. Gram); Jb. Neumark, 1927, S. 184 (1715 F. v. Gram; Mehrenthin im Krs. Friedeberg befand sich 1715 in d. Hand d. Fam. v. Sydow: 1926, S. 87);

Cap. **August Siegmund von Grape** (* 17. Aug. 1770, † 15. April 1812)

Vater: Jacob Ludwig (1735–1811) *, stand nach 1756 als Ltnt. im Reg. Puttkammer, 1762 Landrat im neumärk. Krs. Königsberg, 1767 zs. mit seiner Frau auf Blankenfelde im Krs. Königsberg, auch auf ¾ (Alt) Blessin u. ¾ Klemzow im Wert von insges. 86/m T. gen., erhielt 1776 für Meliorationen auf seinem Gut Blankenfelde 8 305 T., 1780 weitere 3 860 T., 1780 sollen d. Güter e. Wert von 101 248 T. gehabt haben, 1793 Kammerpräsident in Posen, verkaufte damals Blankenfelde; **Mutter**: Christine Charlotte, e. geb. von der Osten (1737–1784); **Bruder**: Carl Christian Heinrich (1768–1798), Ltnt. im Reg. Puttkammer, hielt sich nach d. Abschied in Oberschlesien auf; **Bruder**: Gottfried Ludwig (* 1772), Okt. 1787 Portepée-Fähnrich, 1802 Ltnt. im I-R Nr. 22, 1806 als Pl u. 1. Adjutant gen., 1809 als Cap. dim., als Steuerrat in Wolgast versorgt; **Laufbahn**: seit 1786 im Militär, Juli 1799 Pl im I-R Nr. 19, 1806 als Stabs-Cap. gelistet, 1812 als Cap. gest.;

Quellen: GStA, II. HA, Abt. 12, Materien, Vas.tab. Nr. 6, Bl. 106 RS-107; Stabi, Ms. boruss. fol. 313; fol. 314, Bl. 297 RS-298; fol. 907 a, Bl. 2 RS, Bl. 21 (Bruder G. L.); Tb. Uradel, 1917, S. 358–359 (Bruder G. L. hier als L. G., A. S. als S. A.); Moegelin, S. 261, S. 266; Jb. Neumark, 11/1936, S. 72–73; biogr. Handbuch, S. 342–343 (Vater);

Cap. **Friedrich Wilhelm von Graurock** (* 22. Nov. 1733, † 8. Dez. 1807)

Vater: Gottfried († um 1744), aus Thorn gebürtig, seit 1687 im brandenburg. Militärdienst, Juli 1729 von d. Unrangierten im I-R Nr. 6 ins Garn.-Bat. Nr. 2, 1730 hier als Stabs-Cap. gen., 1731 Cap. in d. Garn.-Comp. in Küstrin, 1742 Cap. im Garn.-Reg. in Stettin; F. W. aus Küstrin gebürtig; **Laufbahn**: seit 1751 im Militär, Juli 1755 Sl, Sep. 1762 Pl im Garn.-Reg. Nr. 10, 1764 ins Grenadier-Bat. Nr. 6 nach Neiße, hier bis 1773, Mai 1773 Cap. u. Chef e. Comp. im I-R Nr. 52, noch 1779 als solcher gen., Mai bzw. Okt. 1786 auf Wunsch dim.; **Ehefrau**: Friederica Eleonora, geb. Wichert; **Sohn**: Friedrich August Heinrich (1784–1861), stand 1806 als Sl im I-R Nr. 4, 1827 Cap. u. Adjutant d. 6. Armee-Corps, 1833 ins 10. I-R;

Quellen: GStA, I. HA, Rep. 176, Nr. 3 059; Stabi, Ms. boruss. fol. 314, Bl. 311 (Vater, 1730 als Stabs-Cap. gen.), Bl. 250; fol. 315, Bl. 18 RS, Bl. 19 RS; fol. 907 a, Bl. 32; Rangliste 1806, S. 49 (Sohn); Zedlitz, 2. Bd., S. 280; Conrady, S. 327, S. 364;

Obrist **Friedrich Ludwig Rudolph von Greiffenberg** (* 7. Juli 1741, † 24. Nov. 1814)

Vater: Hans (1699–1771), Erbherr auf Kuhweide in d. UM, 1746 verkauft, auf Rosenfelde u. Warsin in Pommern, auch auf Glambeck im Krs. Arnswalde; **Mutter**: Luise Dorothea, geb. von Bardeleben; **Bruder**: Hans Friedrich (1735–1758), Ltnt. im I-R Nr. 22, bei Zorndorf gefallen; **Laufbahn**: seit 1758 im Militär, stand 1764 u. 1772 als Ltnt. im D-R Nr. 4, 1778 als Rittmstr., 1783 u. 1789 als Major, zuletzt Obrist im D-R Nr. 4, 1794 (bzw. 1798) auf Wunsch mit Pension dim., nahm seinen Wohnsitz in Landsberg; **Güter**: 1772 als Erbherr auf Glambeck gen., erhielt damals 2/m T. Meliorationsgelder, d. Gut gehörte ihm zs. mit seinen vier **Schwestern**, 1774 gen.: Wilhelmina Tugendreich Dorothea (* 1732), Friederike Augusta Luise (* 1733), Johanne Christiane Charlotte (* 1738), Hyppolita Henriette Luise (* 1745); Glambeck wurde im Mai 1801 für 20/m T. an d. Bürgermstr. zu Reetz Joh. Gotthilf Kienitz verkauft;

Quellen: GStA, II. HA, Abt. 12, Materien, Vas.tab. Nr. 6, Bl. 6 RS-7; Stabi, Ms. boruss. fol. 313, Bl. 60 RS; Ms. geneal. fol. 120, Bl. 236; Gesch. D-R Nr. 3, S. 200, S. 212, S. 259, S. 425; Moegelin, S. 260; Jb. Neumark, 11/1936, S. 58; Tb. Uradel, 1923, S. 302;

Rittmstr. **Adolph Wilhelm von der Groeben** (* 10. Mrz. 1681)

Vater: Heinrich Wilhelm († nach 1695), brandenburg. Cap., seit 1690 Direktor d. Krs. Glien-Löwenberg, Erbherr auf Kotzeband u. Marwitz; A. W. aus d. NM gebürtig; **Mutter**: Erdmuthe Tugendreich, geb. von Ritterforth; **Laufbahn**: seit 1701 im Militär, April 1706 Rittmstr. im D-R Nr. 3, als solcher noch 1715 u. 1717 gen., 1719 dim., ließ sich in Schlesien nieder;

Quellen: Stabi, Ms. boruss. fol. 313, Bl. 9; fol. 319, Bl. 29 RS; Gesch. D-R Nr. 3, S. 409; Stammtafeln von der Groeben, S. 47–49;

Major **August Otto von der Groeben** (* 24. Aug. 1749, † 14. Mai 1829)

Vater: Carl Wilhelm (1711–1783), herzogl. sachsen-saalfeld. Oberstallmstr., s. d.; **Mutter**: Auguste Sophie, geb. von Halberstadt († 1759); **Laufbahn**: 1764 Junker, 1778 Sl im D-R Nr. 4, 1789 Stabs-Rittmstr., 1793 als Major mit Pension dim., als Postmeister in Konitz versorgt; **Güter**: saß von 1783 bis 1789 auf d. väterl. Gut Falkenberg in Pommern, 1789 für 44/m T. verkauft, 1801 Erbherr auf Boltenhagen im Krs. Schivelbein im Wert von 28/m T., 1802 verkauft, 1805 als unangesessener Vasall im Krs. Schivelbein aufgeführt; **Ehefrau**: Friederike Charlotte, geb. von Arnim (1758–1820); **Sohn**: Wilhelm Heinrich Otto (1783–1815), 1797 *cadet* in Berlin, 1801 Sl im D-R Nr. 5, als Pl im 2. K-R an bei Ligny erlittenen Blessuren gest.; **Sohn**: August Ludwig Otto (* 1784), 1801 Cornet im D-R Nr. 4, 1806 Sl, 1808 dim., ging in engl. Dienste, zuletzt hannov. Ol;

Quellen: GStA, II. HA, Abt. 12, Materien, Vas.tab. Nr. 6, Bl. 141 RS-142; Stabi, Ms. boruss. fol. 907 a, Bl. 89 (W. H. O.), Bl. 90 (A. L. O.); Gesch. D-R Nr. 3, S. 213, S. 259, S. 425; Tb. Uradel, 1903, S. 341; Jb. Neumark, 11/1936, S. 87; Pommern, S. 236 (Biogr. d. Vaters);

Fähnrich **Carl von der Groeben** (* 1749)

aus d. Neumark gebürtig; **Laufbahn**: seit 1765 im Militär, stand 1772 als Fähnrich im I-R Nr. 14, vor 1787 abgegangen;

Quellen: Stabi, Ms. boruss. fol. 311, Bl. 147;

Ltnt. **Carl Wilhelm von der Groeben** (* 13. April 1711, † 21. Nov. 1783) *

Vater: Christian Otto (1660–1735), stand 1703 als Cap. im Leib-D-R, zuletzt Ol, vor 1707 abgegangen, besaß 1713 d. Schulzengericht zu Dermietzel im Krs. Königberg, erwarb 1731 Treppeln im Krs. Crossen für 24/m T.; F. L. u. C. W. aus Küstrin gebürtig; **Mutter**: Helene, geb. von Schmettau (1680–1754); **Bruder**: Timotheus Otto (1703–1749) *, neumärkischer Vizekanzler; **Bruder**: Friedrich Ludwig (1708–1791), Cap. u. Flügel-Adjutant, machte sich auf Beisleiden in Preußen ansässig; **Schwester**: Helene Sophie, verheiratet mit d. Landrat von Holtzendorff; **Laufbahn**: seit 1726 im Militär, stand 1730 als Fähnrich im I-R Nr. 30, 1740 als Pl, vor 1757 abgegangen, später herzogl. sachsen-saalfeld. Oberstallmstr.; **Güter**: Erbherr auf Falkenberg in Pommern, verkaufte im Juli 1743 zs. mit d. Geschwistern seine Anspüche auf Arensdorf im Krs. Sternberg an d. Amtmann C. J Sydow; **Ehefrau**: Auguste Sophie, geb. von Halberstadt († 1759); **Sohn**: August Otto (1749–1829), Major, s. d.;

Quellen: GStA, I. HA, Rep. 62, Nr. 230 b; BLHA, Rep. 23 B, Nr. 446 (d. Vater hier 1713 gen.); Stabi, Ms. boruss. fol. 311, Bl. 187, Bl. 188 RS; Tb. Uradel, 1903, S. 340–341; Bardeleben, S. 412, S. 426; Stammtafeln von der Groeben, S. 56, S. 76–77; biogr. Handbuch, S. 351 (Bruder T. O.); Pommern, S. 236 (Biogramm von C. W., hier als Cap., zuerst in Saalfeld);

Cap. **Johann Adolph von der Groeben** (* 1744)

aus d. Neumark gebürtig; **Laufbahn**: seit 1761 im Militär, stand 1764 als Fähnrich im I-R Nr. 12, zuletzt Stabs-Cap., 1778 auf Wunsch dim.;

Quellen: Stabi, Ms. boruss. fol. 316, Bl. 232 RS, Bl. 243, Bl. 244–244 RS (in d. Rangliste 1774 nicht gen.);

Ltnt. **Johann Gottlieb von der Groeben** (* 1773) *

aus d. Neumark gebürtig; **Laufbahn**: seit 1790 im Militär, Mrz. 1792 Fähnrich im 2. Bat. Garde, Aug. 1796 als Sl dim.;

Quellen: Reinhard, S. 539, S. 556;

Ol **Otto August Heinrich Graf von der Groeben** (* 2. April 1741, † 17. April 1810) *

Vater: Joachim Heinrich (1705–1768), aus Marienwerder gebürtig, seit 1721 im Militär, 1737 Ltnt. im I-R Nr. 15, 1740 Rittmstr. im H-R Nr. 2, zs. mit seiner Frau Erbherr auf Zamzow u. Vorwerk Ruhleben im Krs. Dramburg, im Dez. 1742 *sub hasta* für 10/m T. aus d. Konkurs von dem Borne erworben, Zamzow hatte 15 Jahre im Konkurs gestanden, will es durch Meliorationen bis 1744 auf e. Wert von 20/m T. verbessert haben, d. Hypotheken betrugen damals 13/m T., erhielt im Aug. 1744 e. Indult für ein Jahr, sollte Anfang 1745 schuldenhalber aus d. Gut exmittiert werden, lag 1748 in e. Grenzstreit mit d. Ltnt. von Hertzberg auf Gienow, 1767 hatte Zamzow e. Wert von (3 530 bzw.) 15 080 T., darauf Schulden von 8 813 T.; **Mutter**: Luise Henriette Sophie, geb. Freiin von Hünecke (* 1718, † 25. Jan. 1772), sie wollte 1755 ihr Vorwerk Alt Zamzow (bzw. Ruhleben) im Krs. Dramburg für 5/m T. verkaufen, wies damals darauf hin, noch Zamzow zu besitzen, sie hinterließ 1772 drei im Militär stehende Söhne u. eine Tochter; **Bruder**: Wilhelm Heinrich Ludwig (1745–1794), Major, s. d.; **Bruder**: Carl Ernst (1750–1809) *, Mrz. 1764 Junker im D-R Nr. 12, Juni 1766 Cornet, erhielt als Ltnt. im Febr., Mrz. 1772 d. *venia aetatis*, stand im Okt. 1773 auf Postierung in Polen, Juli 1779 Pl, Mai 1790 Major, Dez. 1791 Chef e. Escadron, Juni 1794 Orden p. l. m., Febr. 1797 Kommandeur d. D-R Nr. 12, Mai 1800 Obrist, April 1806 als GM mit 800 T. Pension dim., in erster Ehe verh. mit Dorothea Auguste Sophie geschiedene GM von Reitzenstein (1761–1785), e. To. d. Generals F. W. von Podewils; **Laufbahn**: 1767 Ltnt. im I-R Nr. 7, Gen.-Adjutant d. Herzogs A. W. von Braunschweig-Bevern (1783 als Cap. im I-R Nr. 7 nach 26 Dj. dim.), erhielt später d. Charakter Ol, hatte 1801 seinen Wohnsitz in Königsberg in Preußen; **Güter**: übernahm im Mai 1796 Zamzow im Krs. Dramburg für 12/m T., noch 1805 hier gen., außerdem Majoratsherr auf Neudörfchen in Preußen; **Ehefrau**: Sophie Luise Wilhelmine, geb. von Podewils (1745–1800);

Quellen: GStA, I. HA, Rep. 22, Nr. 107; II. HA, Abt. 12, Materien, Vas.tab. Nr. 6, Bl. 77 RS-78; BLHA, Rep. 3, Nr. 11 925; Stabi, Ms. boruss. fol. 311, Bl. 251, Bl. 257 (je d. Bruder); fol. 314, Bl. 277; fol. 315, Bl. 72 (Vater); Tb. Uradel, 1903, S. 344; Moegelin, S. 64 (Wert Zamzow 1767: 3 530 T., hier als Aug. Otto Hr.); Jb. Neumark, 11/1936, S. 68; Priesdorff, Nr. 1112 (Bruder); Stammtafeln von der Groeben, S. 5, S. 133; Pommern, S. 235–236 (Biogramm d. Bruders C. E.);

Major **Wilhelm Heinrich Ludwig von der Groeben** (* 24. Febr. 1745, † 13. Juli 1794)

Vater: Joachim Heinrich (1705–1768), Rittmstr. im Reg. Kronprinz, dann im H-R Nr. 1, Erbherr auf Zamzow im Krs. Dramburg; **Mutter**: Luise Henriette Sophie, geb. Freiin von Hünecke (1718–1772); **Bruder**: Otto August Heinrich (1741–1810), Ol, s. d. mehr; **Laufbahn**: seit 1761 im Militär, Sommer 1767 als Sl ins I-R Nr. 35, 1787 als Stabs-Cap. gen., Dez. 1789 als Cap. u. Chef e. Comp. ins I-R Nr. 5, (Juli 1793 Orden p. l. m.), als vorm. Major 1794 gest.; **Ehefrau**: Henriette Emilie, geb. von Kropff (* 1770);

Quellen: GStA, I. HA, Rep. 22, Nr. 107; Stabi, Ms. boruss. fol. 311, Bl. 372 RS, Bl. 375 RS; Taeglichsbeck, S. 269; Tb. Uradel, 1903, S. 344; Lehmann,

S. 267 (hier als Ludwig Hr. Wilh.); Stammtafeln von der Groeben, S. 133;

Wachtmstr. **Johann Christian von Grünberg** (* 1704)

Vater: Johann Fabian (1679–1730), 1713, 1718, 1728 als Erbherr auf Lippen im Krs. Crossen im Wert von 8/m T. gen., hatte seinen Wohnsitz auf seinem Gut Droseheydau im Ftm. Glogau; **Mutter**: Johanne Helene, geb. von Berge (1687–1737); **Bruder**: Carl Friedrich (* 1706), stand 1728 als Corporal in sächsischen Diensten, vor 1745 als Cap. nach 15 Dj. abgegangen, 1745 als Erbherr auf Lippen gen., 1751 auch auf Klauswalde im Krs. Sternberg; **Bruder**: Rudolph Gottlob (* 1717), stand zuletzt als Gl in kursächsischen Diensten; **Bruder**: George (* 1718), 1728 gen.; **Laufbahn**: avancierte im preuß. Militärdienst bis zum Wachtmstr.;

Quellen: GStA, I. HA, Rep. 66, Nr. 18; BLHA, Rep. 23 B, Nr. 446; Rep. 78 I, Nr. 170, Bl. 8, Bl. 54; Stabi, Ms. geneal. fol. 120, Bl. 219 RS-220, Bl. 242 RS; Jb. dt. Adel, 2. Bd., S. 54 (hier nur d. Vater u. R. G.); Jb. Neumark, 1928, S. 108;

Gutsbesitzer **Ewald Friedrich von Güntersberg** (* 1676)

(aus d. Neumark gebürtig); **Bruder**: Johann Adam (* 1678), 1715 u. 1727 als Erbherr auf Gutsdorf, Balster, Anteil Kallies, ½ Alt Lobitz, Alt Körtnitz im Krs. Dramburg gen., die Brutto-Einnahmen betrugen 1735 2 654 T., netto 2 429 T., diese zu fünf Prozent gerechnet wurde d. Wert mit 55 113 T. angegeben; d. Fam. von Güntersberg verkaufte diese Güter nach 1732 an d. Obristen von Geßler, der sie 1735 an d. König veräußerte; **Laufbahn**. nahm keine Dienste; **Güter**: 1715, 1718, 1727 als Erbherr auf Pammin, Zuchow, Spring(e), Groß Spiegel, ½ Kallies, Anteil Jakobsdorf im Krs. Dramburg gen.; machte 1725 auf seinen Bruder J. A. aufmerksam u. verwahrte sich gegen d. Ansprüche d. Obristen Carl von der Marwitz, der Lehnsfolger d. Fam. von Güntersberg werden wollte;

Quellen: GStA, I. HA, Rep. 22, Nr. 201, Paket 8 641; Rep. 62, Nr. 267, Fasz. 7; Rep. 96, Nr. 304 C 1; II. HA, Abt. 13, Ämter, Amt Balster Nr. 1 a; Stabi, Ms. geneal. fol. 120, Bl. 226 RS; Jb. Neumark, 1927, S. 136–140; Märkische Forschungen, 2. Bd., S. 383–384 (d. Fam. soll mit d. Obristen George Wilhelm von G. 1799 ausgestorben sein); Siebmacher, Bd. 6/5, 1880, S. 36;

Cap. **George Ernst von Gütterbock** (* 1668)

aus Soldin gebürtig; **Laufbahn**: seit 1686 im Militär, Sep. 1715 Cap. im I-R Nr. 15, noch 1721 hier als Cap. u. Chef e. Comp. gen., vor 1740 abgegangen;

Quellen: Stabi, Ms. boruss. fol. 311, Bl. 112 RS; fol. 319, Bl. 38 RS;

Ltnt. **George August Sigmund von Hänseln** (* 1722)

aus Küstrin gebürtig; **Laufbahn**: seit 1741 im Militär, 1747 Fähnrich im I-R Nr. 29, noch 1750 als solcher gen., Sep. 1755 als Ltnt. dim.;

Quellen: Stabi, Ms. boruss. fol. 316, Bl. 57 (1755 als Hunseln), Bl. 63;

Ltnt. **Carl Friedrich von Hagen** (* 23. Febr. 1722, † 1781) *

Vater: Joachim Friedrich (1687–1737), Cap., 1715 u. 1728 Erbherr auf Grüneberg im Krs. Soldin; **Bruder**: Hans Heinrich Bernhard; **Laufbahn**: seit 1737 im Militär, 1743 Sl im I-R Nr. 46, im Dez. 1748 dim. u. als KD-rat in Halberstadt angesetzt, 1771 dim., kaufte sich in Schlesien an; **Ehefrau**: Johanne Juliane, e. To. d. GFM Johann von Lehwald, sie war in erster Ehe verheiratet gewesen mit d. Cap. Hans Sigismund von Hagen (1702–1756); **Sohn**: Johann Carl (1758–1823) *, Ltnt., 1796 bis 1806 KD-rat in Neu-Ostpreußen, nach 1806 Kammerherr u. Oberhofmstr. in Anhalt-Köthen;

Quellen: Stabi, Ms. boruss. fol. 316, Bl. 3, Bl. 26; Tb. Uradel, 1904, S. 310 (hier als Friedrich Carl, d. Sohn J. C. danach 1824 gest.); biogr. Handbuch, S. 370, S. 372–373 (Sohn J. C.);

Cap. **Carl Wilhelm von Hagen** (* 1690)

(**Vater**: Dubislav Christoph (1642–1681);) **Bruder**: Tido Christoph (1668–1737), Landrat; **Bruder**: Joachim Friedrich (1687–1737), Cap., 1715 u. 1728 auf Grüneberg im Krs. Soldin gen., Sohn: Carl Friedrich (1722–1781), Ltnt., s. d.; **Laufbahn**: seit 1708 im Militär, stand d. eigenen Angabe zufolge anfänglich sechs Jahre als Uffz., dann elf Jahre als Oberoffizier im I-R von Grumbkow, Febr. 1714 Sl im I-R Nr. 17, Okt. 1717 Pl, noch 1721 als solcher gen., um 1725 auf eigenen Wunsch mit d. Charakter Cap. abgegangen; **Güter**: 1718, 1725, 1745 als Erbherr auf ½ Deetz im Krs. Soldin gen., lag um 1735 mit seinem Nachbarn Philipp Christoph von Steinwehr (1686–1740), Erbherr auf ½ Deetz, im Streit; C. W. schuldete 1746 d. Erben d. Ol Bernhard Wilhelm von Waldow auf Adamsdorf 2 700 T., konnte nicht zahlen, sein Gutsanteil sollte daher subhastiert werden;

Quellen: GStA, I. HA, Rep. 22, Nr. 128, Paket 8 540; BLHA, Rep. 23 B, Nr. 446; Stabi, Ms. boruss. fol. 316, Bl. 49; fol. 319, Bl. 46; Tb. Uradel, 1904, S. 310–311 (evt. stimmt d. Sterbedatum von D. C. nicht, dann kommt dieser als Vater von C. W. u. J. F. in Frage); Jb. Neumark 1927, S. 76–77 (hier d. Landrat T. C. als Bruder von C. W. u. J. F. gen.);

Cap. **Christian Siegmund von Hagen** (* 17. Mrz. 1674, † 25. April 1717) *

Vater: Hans Siegmund (1635–1700), Cap. in e. kurbrandenburg. D-R, Erbherr auf Deetz u. Grüneberg im Krs. Soldin; **Mutter**: Catharine, geb. von Boehn; **Bruder**: Joachim Friedrich (1687–1737), Cap., Sohn: Carl Friedrich (1722–1781), Ltnt. s. d. mehr; **Laufbahn**: 1707 als Cap. im D-R Nr. 3 gen.; **Güter**: (Erbherr auf Deetz u. Grüneberg im Krs. Soldin), 1718 saß seine **Witwe** Dorothea Eleonore, geb. von der Goltz, auf Anteil Silberberg im Krs. Arnswalde; **Sohn**: Hans Sigismund (1702–1756), Cap. im I-R Nr. 10, siehe mehr bei dessen Sohn Johann Carl (* 1758), Ltnt.;

Quellen: Tb. Uradel, 1904, S. 303–304, S. 310; Bardeleben, S. 427; Jb. Neumark, 1927, S. 76–77 (in Deetz u. Grüneberg nicht gen.), S. 186 (hier als Chr. Sigismund);

Ltnt. **Ernst Gottlieb von Hagen** (1728–1760)

aus d. NM gebürtig; **Laufbahn**: seit 1743 im Militär, stand 1750 als Fähnrich im I-R Nr. 21, 1753 ins Garn.-Bat. Nr. 3 versetzt, 1757 Ltnt. im Kolberger Bat., als Pl in Torgau gefallen;

Quellen: Stabi, Ms. boruss. fol. 311, Bl. 207 RS, Bl. 210 RS; fol. 316, Bl. 169, Bl. 176;

Ltnt. **Friedrich Werner Tido Sigmund von Hagen** (* 1752)

Vater: Hans Sigismund (1698–1755), Obrist, s. d.; **Mutter**: Charlotte Sophie, geb. von Klitzing (* 1719), aus d. Ehe sechs Kinder; **Großvater**: Tido Christoph (1668–1737), Landrat im Krs. Soldin, Erbherr auf Naulin u. Rhenitz im Krs. Soldin; **Mutter-Brüder**: GM von Klitzing u. Major von Klitzing; **Bruder**. Leopold Christoph (1742–1823) *, Major im I-R Nr. 7; **Laufbahn**: seit 1765 im Militär (1767 Junker im 2. Bat. Garde), Nov. 1771 Fähnrich im I-R Nr. 22, Aug. 1785 Pl, vor 1806 abgegangen; **Güter**: machte im April 1781 e. Forderung an d. Nachlaß von Hagen über 4 645 T. geltend, dabei handelte es sich um rückständige Kaufgelder für Dieckow im Krs. Soldin, die d. Käufer B. F. H. von Schmeling noch nicht beglichen hatte;

Quellen: GStA, I. HA, Rep. 22, Nr. 128, Paket 8 542; Stabi, Ms. boruss. fol. 311, Bl. 391 (Vater); fol. 314, Bl. 222, Bl. 224 (je d. Vater), Bl. 283, Bl. 296 RS, Bl. 300 RS; Uradel 1904, S. 311 (hier nur d. Vater u. d. Bruder L. C.); Pommern, S. 249 (Biogramm d. Bruders L. C., hier als Christian Leopold);

GM **Hans Joachim von Hagen** (* 1646, † 6. April 1701) *

Vater: Tido Christoph (1618–1660), Fähnrich, Erbherr auf Naulin im Krs. Soldin; **Mutter**: Agnes, geb. von Eickstedt († 1663); **Bruder**: Dubislaf Christoph (1642–1681), Hof- u. Legationsrat, Erbherr auf Naulin; **Bruder**: Philipp Sigismund (1648–1717) *, weilte auf d. Viadrina, 1688 Major in d. kurbrandenburg. Garde, Nov. 1691 Ol beim Bat. von Heyden, Juni 1695 Obrist u. Kommandeur d. I-R Nr. 15, Jan. 1705 GM, Nov. 1708 Kommandant von Driesen, Mai 1715 Gl u. Gouverneur von Geldern, Erbherr auf Anteil Naulin u. Anteil Pitzerwitz, hatte d. ges. Hand an Dieckow; **Laufbahn**: studierte in Jena u. Frankfurt an d. Oder, 1666 Ltnt. in kurbrandenbg. Diensten, 1670 Cap., 1676 Major, 1683 Ol, Jan. 1687 Obrist u. Kommandeur d. Reg. von Strauss zu Pferd, Sep. 1692 Kommandant von Oderberg, Juni 1696 GM; **Güter**: Erbherr auf Naulin u. Pitzerwitz im Krs. Soldin; **Ehefrau**: Anna Ursula, geb. von Ketelhack;

Quellen: BLHA, Rep. 23 B, Nr. 446; Jb. Neumark, 1927, S. 75, S. 82 (je d. Bruder, in Naulin als Fr. Sigismd.); Tb. Uradel, 1904, S. 310–311 (H. J. hier nicht); Priesdorff, Nr. 106 (Bruder), Nr. 142 (H. J.);

Ltnt. **Hans Jost Anton vom Hagen** (* 21. Mrz. 1740, † 7. Okt. 1807) *

Vater: Jobst Carl (1706–1765?), wurde 1737 als Ltnt. vom I-R Nr. 21 dim., (stand von 1738 bis 1742 in sächs. Diensten), seit 1767 Erbherr auf Drieschnitz im Krs. Cottbus, dies im Wert von 13/m T. gegen Briesnigk in Sachsen eingetauscht; **Mutter**: Louise, geb. von Loeben († 1756); **Bruder**: Ludwig Friedrich (* 1747), Fähnrich im I-R Nr. 24; **Bruder**: Gottlob Lebrecht Friedrich (1752–1809), stand zwei Jahre u. zehn Monate als Gefr.corp. im Garn.-Reg. Nr. 5, wegen *blöden Gesichts* für d. Dienst unbrauchbar u. dim., bat im Dez. 1790 aus Triebel in d. Nl um Auszahlung seines Erbteils von 2/m T., das ihm seine Schwester Caroline Erdmuthe auf Drieschnitz nicht herausgeben wollte; Stief-**Bruder**, aus d. Verbindung d. Vaters mit seiner ledigen Stieftochter Johanna Charlotte von Kracht: Friedrich Ernst (* um 1762), seit 1779 im Militär, stand 1806 als Cap. u. Chef e. Comp. bei d. Magdeburger Füsilier-Brigade, Juni 1810 mit Wartegeld dim.; **Laufbahn**: Dez. 1761 Fähnrich im I-R Nr. 30, 1764 Abschied, trat 1766 erneut in d. Dienst, Dez. 1766 Sl im I-R Nr. 3, 1774 krankheitshalber dim. (erhielt als Cap. 1777 Meliorationsgelder für Drieschnitz in Höhe von 5 450 T.); seit 1783 Landrat im westpreuß. Krs. Cammin; **Ehefrau**: Anna Ernestine, geb. von Urbanowska; **Güter**: 1803 zs. mit d. Bruder G. L. F. als unangesessener Vasall im Krs. Cottbus gen.;

Quellen: GStA, I. HA, Rep. 22, Nr. 128, Paket 8 542; Rep. 176, Nr. 5 135, Tafel II (danach ist d. Vater erst am 19.12.1782 gest., hier d. Stief-Bruder); II. HA, Abt. 12, Materien, Vas.tab. Nr. 6, Bl. 60 RS-61; Gesch. I-R Nr. 3, S. 267; Tb. Uradel, 1904, S. 291 (für d. Vater d. Daten 1706–1765); Moegelin, S. 262; Jb. Neumark, 11/1936, S. 103; Krüger, Cottbus, S. 8–9; biogr. Handbuch, S. 372;

Cap. **Hans Siegmund von Hagen** (* 1709)

aus d. Neumark gebürtig; **Laufbahn**: seit 1725 im Militär, stand 1745 u. 1755 als Cap. u. Chef e. Comp. im Grenadier-Bat. Nr. 2, vor 1765 abgegangen;

Quellen: Stabi, Ms. boruss. fol. 314, Bl. 97, Bl. 98 (evt. identisch mit d. Cap. H. S. (1702–1756), Vater d. Ltnt.s Johann Carl, s. d.);

Obrist **Hans Sigismund von Hagen** (* 3. Jan. 1698, † 6. Juni 1755)

Vater: Tido Christoph (1688–1737), Cap., Landesdirektor, Landrat im Krs. Soldin, Erbherr auf Anteil Naulin u. Rehnitz im Krs. Soldin, 1718 auch auf Anteil Pitzerwitz gen.; (**Mutter**: e. geb. von Wedel); **Bruder**: Philipp Sigismund (* 1706), Ol, s. d.; **Bruder**: Dubislav Christoph, 1715 gen.; **Laufbahn**: seit 1713 im Militär, Juli 1714 Fähnrich, Dez. 1718 Sl im I-R Nr. 13, 1724 Pl, Juni 1732 Cap. u. Chef e. Comp., noch 1740 als Cap. gen., Mai 1741 Major, 1743 als Major ins I-R Nr. 47 versetzt, Mai 1747 Ol, Mai 1750 Obrist, April 1754 Kommandeur, 1755 als Obrist gest.; **Ehefrau**: Sophie Charlotte, geb. von Klitzing (* 1719); **Sohn**: Friedrich Werner Tido Sigmund (* 1752), Ltnt., s. d.; **Güter**: übernahm nach d. Tod d. Cornets Philipp Siegmund von Hagen († 1749), s. d., Sohn d. Kammerherrn, als Lehnsfolger Dieckow, Naulin u. Anteil Pitzerwitz im Krs. Soldin, mußte die Allodialerben auszahlen u. wurde von d. Gläubigern verklagt, d. Prozeß dauerte mehr als 17 Jahre; seine Witwe meinte 1772, ihren Kindern bleibe nur e. geringes väterliches Erbe; Dieckow soll um 1753 ohne d. Regalien u. ohne d. Heide Netto-Revenuen in Höhe von 2 071 T. getragen haben, d. Wert wurde mit d. Heide auf 55 673 T. beziffert;

Quellen: GStA, I. HA, Rep. 22, Nr. 128, Paket 8 541: Stabi, Ms. boruss. fol. 311, Bl. 31 RS, Bl. 33 RS, Bl. 391; fol. 319, Bl. 43; Ms. geneal. fol. 120, Bl. 216; König, 2. T., S. 110–111; Tb. Uradel, 1904, S. 311 (evt. auch gest. 7. Aug. 1757); Jb. Neumark, 1927, S. 75, S. 77, S. 82;

Ltnt. **Johann Carl von Hagen** (* Aug. 1758, † 18. Nov. 1823)

Vater: Hans Sigismund (1702–1756), Cap. im I-R Nr. 10; **Mutter**: Johanna Juliane, geb. von Lehwald, sie ging nach 1756 e. zweite Ehe ein mit d. Ltnt. Carl Friedrich von Hagen (1722–1781), s. d.; **Bruder**: Sigismund August (1748–1813) *, Major, machte sich in Pommern ansässig; **Bruder**: Hans Christian Friedrich (1747–1817), seit 1762 im Militär, 1779 Pl u. Adjutant im I-R Nr. 3, Mai 1793 als Major Orden p. l. m., Juni 1801 Obrist u. Kommandeur im I-R Nr. 29; **Laufbahn**: seit 1774 im Militär, Juni 1781 Sl im I-R Nr. 21, nach 14 Dj. als Ltnt. abgegangen, 1801 als kgl. Kammerherr bez.; **Güter**: seit 1799 Erbherr auf Göhren u. Tamnitz im Krs. Crossen im Wert von 130/m T., auf Kalke in Sachsen für 10/m T.; verkaufte seine Güter in Crossen 1803 für 154 500 T. an Gebhard Joachim Achaz von Alvensleben, hielt sich 1805 in Dessau auf;

Quellen: GStA, I. HA, Rep. 22, Nr. 128; II. HA, Abt. 12, Materien, Vas.tab. Nr. 6, Bl. 26 RS-27; Nr. 8, Bl. 56 RS-57; BLHA, Rep. 3, Nr. 11 925; Stabi, Ms. boruss. fol. 310, Bl. 40; fol. 316 (d. Vater nicht in d. Listen f. 1720, 1730, 1740); fol. 907 a, Bl. 53 (Bruder H. C. F.); Tb. Uradel, 1904, S. 304–306 (Vater u. Brüder, J. C. hier nicht, dieser ist nicht zu verwechseln mit d. KD-rat Johann Carl (1758–1823), Sohn d. Ltnt.s Carl Friedrich); Jb. Neumark, 11/ 1936, S. 79; Pommern, S. 250 (Biogramm d. Bruders S. A.);

Cornet **Philipp Siegmund von Hagen** (1701–1749)

Vater: Philipp Dubislav (* 1678, † um 1748), 1715 als Rittmstr., 1718 als Kammerherr auf Dieckow gen., 1745 auf Dieckow, Naulin u. Pitzerwitz im Krs. Soldin, bat damals darum, e. natürliche Tochter zu legitimieren; soll 1748 Lehnschulden von 9/m u. Allodialschulden von 25 985 T. hinterlassen haben; **Bruder**: Hans Joachim, 1715 gen.; **Laufbahn**: seit 1729 im Militär, 1740 Cornet im K-R Nr. 5, vor 1750 abgegangen; d. väterlichen Güter gerieten um 1748 in Konkurs u. fielen nach d. Tod d. Cornets 1750 an d. Lehnsfolger, d. Obristen Hans Sigismund von Hagen (1698–1755); **Schwager**: Jacob Lebrecht von Weiher, Ltnt. im I-R Nr. (39);

Quellen: GStA, I. HA, Rep. 22, Nr. 128, Paket 8 541; Nr. 384 f (von Weiher); BLHA, Rep. 23 B, Nr. 446; Stabi, Ms. boruss. fol. 311, Bl. 137 RS; Ms. geneal. fol. 120, Bl. 216; Jb. Neumark, 1927, S. 72–73 (d. Vater hier als Dubslaf Philipp);

Ol **Philipp Sigismund von Hagen** (* 1706)

Vater: Tido Christoph (1668–1737), Landrat d. Krs. Soldin, Erbherr auf Naulin; **Mutter**: e. geb. von Wedel; **Bruder**: Hans Sigismund (1698–1755), Obrist, s. d.; **Bruder**: Dubislav Christoph, 1718 erwähnt; **Laufbahn**: seit 1724 im Militär, Aug. 1738 Cap. u. Chef e. Comp. im I-R Nr. 28, 1743 als Cap. ins Garn.-Reg. Nr. 1 versetzt, 1745 als Ol in Memel gen., vor 1750 hier abgegangen; **Güter**: 1745 als Erbherr auf Rehnitz im Krs. Soldin aufgeführt;

Quellen: Stabi, Ms. boruss. fol. 314, Bl. 69 RS, Bl. 74; Ms. geneal. fol. 120, Bl. 216; Tb. Uradel, 1904, S. 311 (Vater u. Bruder H. S.); Jb. Neumark 1927, S. 82 (1718 drei Söhne d. Landrates gen.: H. S., Philipp Sigismund u. D. C.);

Ltnt. **Wiprecht Friedrich August von der Hagen** (* 11. Febr. 1765, † 16. April 1827)

Vater: Wiprecht Joachim Ludwig (1728–1764), Erbherr auf Langen in d. Kurmark; **Mutter**: Elisabeth Sophie Charlotte, geb. von Lüderitz (1739–1766); **Bruder**: Wiprecht Albrecht Friedrich (1761–1786), Ltnt. (bei d. Garde); **Laufbahn**: seit 1783 im Militär, 1787 als Cornet im D-R Nr. 3 gen., im Nov. 1790 als Ltnt. auf Wunsch dim., 1801 u. 1803 als Feuersozietäts-Direktor im Krs. Königsberg aufgeführt, hatte seinen Wohnsitz in Bärwalde; **Güter**: Erbherr auf Langen in d.

Kurmark; **Ehefrau**: Charlotte Wilhelmine Blandine, geb. von Bredow (1767–1804), sie saß 1801 u. 1803 auf d. freien Burglehn zu Bärwalde im Krs. Königsberg, im Dez. 1795 erworben für 9 200 T., 1805 für 20 300 T. verkauft;

Quellen: GStA, II. HA, Abt. 12, Materien, Vas.tab. Nr. 6, Bl. 93 RS-94 (hier als Gustav Fr. Wipr.); Stabi, Ms. boruss. fol. 313, Bl. 11; Geschichte D-R 3, S. 415; Tb. Uradel, 1904, S. 294; Jb. Neumark, 11/1936, S. 72;

Cornet **Christian Bernhard von Hake**
(* 1695) *

aus d. Krs. Cottbus gebürtig; **Laufbahn**: seit 1715 im Militär, stand 1717 als Cornet im D-R Nr. 3, vor 1723 abgegangen;

Quellen: Stabi, Ms. boruss. fol. 313, Bl. 9;

Ltnt. **George Ehrentreich von Hake**
(* 1717)

(**Vater**: George Anton (* 1695), schwed. Ltnt.; **Bruder**: Otto Friedrich, Ltnt., s. d.); G. E. aus d. Krs. Crossen gebürtig; **Laufbahn**: seit 1738 im Militär, stand 1740 als Corp., 1755 als Ltnt. im I-R Nr. 25, noch 1755 als Pl dim.;

Quellen: Stabi, Ms. boruss. fol. 314, Bl. 119, Bl. 140 RS, Bl. 143 RS;

Ltnt. **Otto Friedrich von Hake** (* 1725)

(**Vater**: George Anton (* 1686 bzw. 1695), 1715 als vorm. Sergant bez., auf Anteil Nickern, damals noch ledig, dann schwed. Ltnt. im Reg. Köller, vor 1728 abgegangen, saß 1728 auf 5/8 Nickern im Krs. Züllichau, hatte damals drei Söhne im Alter von zwölf, acht u. drei Jahren; **Mutter**: Emilie Sophie, geb. von Schöning; **Bruder**: George Ehrentreich (* 1717), Ltnt., s. d.), O. F. aus d. Neumark gebürtig; **Laufbahn**: seit 1743 im Militär, Febr. 1753 Sl im I-R Nr. 49, vor 1763 abgegangen;

Quellen: GStA, I. HA, Rep. 22, Nr. 126; Stabi, Ms. boruss. fol. 314, Bl. 165 RS; Ms. geneal. fol. 120, Bl. 216 RS (d. Fam. als Haake, Hacke, Hake, G. A. danach geb. 1695, 1728 vorm. schwed. Ltnt.); Fam.gesch. Schöning, 1830, S. 68; Jb. Neumark, 1928, S. 80 (G. A., hier als Haake, G. A. 1715 als Sergant a. D. bez.); Fam.gesch. von Hake, 1928, 2. Bd., S. 428–429, (danach hatte G. A. keine Söhne?);

Ltnt. **Samuel Rudolph von Hake**
(* 8. Febr. 1691) *

Vater: George III. (1655–1709), Erbherr auf Anteil Nickern u. Schönborn im Krs. Züllichau (auch auf Radewitsch); in erster Ehe verheiratet mit Anna Louise von Pannwitz; **Mutter**: Ursula Catharina, geb. von Troschke, sie verwaltete d. Güter 1715 für ihren unmündigen Sohn; Stief-**Bruder**: George Anton (* 8. Febr. 1686), Sergant, vor 1715 abgegangen, (schwed. Ltnt.) saß seit d. brüderl. Teilung 1709 auf Anteil Nickern, d. sog. Unterhof, im Krs. Züllichau, mußte 7/m T. altväterliche Schulden übernehmen, kam seinen Zahlungsverpflichtungen nicht nach, verheiratet mit Emilie Sophie, e. To. d. GM Hans Erdmann von Schöning, aus d. Ehe keine Kinder, lt. Bericht d. neumärk. Regierung von 1729 soll G. A. durch *üble Wirtschaft* viele Schulden gemacht haben, seine Gläubiger ließen d. Gut taxieren u. versuchten seine Fam. zu exmittieren, der auf 15/m T. gewürdigte Anteil Nickern fiel bei d. Subhastation um 1733 für 13 550 T. an d. Züllichauer Bürgermeister u. Tuchhändler

Christian Hoffmann, geringfügig höhere Gebote wurden von d. Gläubigern nicht berücksichtigt; **Laufbahn**: besuchte 1715 die Schule in Züllichau, Okt. 1718 Cornet im K-R Nr. 12, als Ltnt. abgegangen, beging 1725 zs. mit e. von Sack Exzesse in Züllichau, wurde deshalb mit e. fiskalischen Strafe von 100 T. belegt; **Güter**: saß 1718 als Erbherr auf Schönborn im Krs. Züllichau, verkaufte d. verschuldete Gut 1723 an d. sächs. Cap. Christian Adolph von Loeben; mit ihm u. seinem Bruder G. A. soll d. Haus Schönborn d. Fam. von Hake erloschen sein;

Quellen: GStA, I. HA, Rep. 22, Nr. 126 bis 126 a; BLHA, Rep. 23 B, Nr. 446; Stabi, Ms. boruss. fol. 319, Bl. 225 (hier ohne Vornamen); Fam.gesch. von Hake, 2. Bd., S. 426–430 (S. R. hier auch als Sebastian Rudolph); Jb. Neumark, 1928, S. 71, S. 80 (d. Bruder G. A. evt. identisch mit d. schwed. Ltnt. G. A., geb. 1695, 1715 u. 1718 gab es nur einen G. A. auf Nickern);

Ol **Johann Friedrich Ludwig von Hartmann** (* 1742)

(**Vater**: Christian Albrecht (* 1693), aus Sachsen gebürtig, seit 1711 im preuß. Militärdienst, stand 1725 als Ltnt. im I-R Nr. 26, im Dez. 1725 nobilitiert, 1733 als Cap. dim., im Aug. 1786 sollte seine Witwe e. Pension bekommen); J. F. L. aus Pommern gebürtig; **Laufbahn**: seit 1757 im Militär, 1764 Sl im I-R Nr. 39, April 1781 Pl, vor 1801 als Ol abgegangen; **Güter**: erwarb im Mrz. 1782 Herrendorf im Krs. Königsberg für 20/m T. vom Major A. F. von Sydow, noch 1801 u. 1803 hier gen., 1805 für 77/m T. verkauft;

Quellen: GStA, I. HA, Rep. 7, Nr. 13, Litt H 34 m (Vater?); II. HA, Abt. 12, Materien, Vas.tab. Nr. 6, Bl. 96 RS-97; Stabi, Ms. boruss. fol. 314, Bl. 10 RS, Bl. 17 (je d. Vater?); fol. 316, Bl. 306, Bl. 309; Bratring, 3. Bd., S. 117 (danach noch 1809 in Herrendorf gen.); Zedlitz, 2. Bd., S. 336 (Vater?); Jb. Neumark, 11/1936, S. 74; Pommern, S. 251 (kz., lückenhaftes Biogramm, hier als Ltnt.);

Ltnt. **Johann Christian Friedrich von Hauben** (* Jun 1745)

Vater: Ltnt., vor 1766 gest.; **Mutter**: Hedwig Erdmuth, geb. von Dewitz († um 1778); **Laufbahn**: Juli 1771 Cornet im Corps Bosniaken, Nov. 1771 zum H-R Nr. 5 versetzt, Febr. 1774 Sl, Aug. 1781 *weggeschafft*, suchte am 26. Mai 1788 aus Briesen um Wiederanstellung als Offizier in e. H-R nach, habe sich keines Vergehens schuldig gemacht, sei lediglich *durch die Chicanen d. Generals von Lossow* aus d. Dienst gekommen, Febr. 1798 schriftl. Abschied bewilligt; **Güter**: J. C. F. bzw. seine verwitw. Mutter erwarb vor 1766 von R. C. von Briesen, s. d., d. **Gut** Briesen A im Krs. Schivelbein im Wert von 8 653 T., 1777 wurden für d. Gut Meliorationsgelder in Höhe von 5 320 T. gezahlt, 1801 u. 1809 noch auf d. Gut gen.;

Quellen: GStA, I. HA, Rep. 22, Nr. 127 c; Rep. 62, Nr. 264 a, Fasz. 31 (1785 ohne Adelsprädikat); Rep. 96, Nr. 257 H; II. HA, Abt. 12, Materien, Vas. tab. Nr. 6, Bl. 141 RS-142; Stabi, Ms. geneal. fol. 120, Bl. 250 RS; Mackensen, Bd. 2, Anhang, S. 34 *; Moegelin, S. 264; Jb. Neumark, 11/1936, S. 87;

Major **Baltzer Ferdinand von Haugwitz** (1714–1758)

Vater: Ferdinand Adolph, 1715 als Pfandbesitzer auf Anteil Grabow im Krs. Sternberg gen., Lehnsträger war Balzer Reinhard von Falkenhayn, der seinen Wohnsitz in Polen hatte; B. F. aus d. Neumark gebürtig; **Laufbahn**: seit 1730 im

Militär, stand 1732 als Gefr.corp., 1743 als Pl im I-R Nr. 26, 1758 als Major an e. bei Hochkirch erlittenen Blessur gest.; (**verwandt**: Christoph George von Haugwitz (* 1692), 1728 als vorm. Uffz. im Krs. Sternberg gen.: Ms. geneal. fol. 120, Bl. 221 RS);

Quellen: BLHA, Rep. 23 B, Nr. 446; Stabi, Ms. boruss. fol. 314, Bl. 12, Bl. 19 RS, Bl. 21; Jb. Neumark, 1928, S. 20; nicht in d. Fam.gesch.;

Ltnt. **Friedrich Sigismund (seit Okt. 1768: von) Hern** (* 22. Mai 1743)

Vater: Christian Ludwig (1705–1778), 1739 bis 1747 Ober-Kriegs-Commissarius, Ober-Landeinnehmer d. Altmark in Tangermünde, 1746 u. 1774 als Erbherr auf Groß Breesen im Krs. Cottbus gen., 1767 im Wert von 5100 T., darauf Schulden von 6100 T.; F. S. aus Tangermünde in d. AM gebürtig; **Mutter**: Louise Charlotte, geb. Sobbe aus Berlin; **Bruder**: George Wilhelm (1744–1832), seit 1768 auf Groß Breesen, 1769 verkauft, 1778 bis 1782 Ober-Landeinnehmer d. Altmark in Tangermünde, 1795 Krs.einnehmer im Krs. Tangermünde; **Bruder**: Carl Bogislav (1747–1800), studierte 1774 in Halle, Gutspächter, Oberamtmann; **Bruder**: Johann Gustav (1750–1792), studierte 1774 (auf e. Gymn.) in Berlin, 1787 Sl im 1. Artillerie-Korps, zuletzt Amtmann u. Verwalter in Sandau an d. Elbe; **Laufbahn**: trat 1760 in d. Militärdienst ein, Febr. 1761 Cornet im K-R Nr. 1, 1766 als Cornet u. Adjutant gen., Jan. 1767 Ltnt. im K-R Nr. 7, am 21. Okt. 1768 nobilitiert, Mai 1774 als Ltnt. dim.; **Güter**: 1778 als Erbherr auf Rosenhof im altmärk. Krs. Osterburg gen., 1779 auf Germerslage in d. Altmark, Städteforstmstr. der Prignitz, 1789 zweiter kurmärkischer Städteforstmstr.;

Quellen: GStA, I. HA, Rep. 7, Nr. 13, H 34 v; Rep. 176, Nr. 3745 (auch als von Heeren); Stabi, Ms. boruss. fol. 315, Bl. 23 RS, Bl. 30; fol. 319, Bl. 340 (danach stand d. Bruder J. G. 1765 als Feuerwerker bei d. Artillerie, Okt. 1772 Sl); Ms. geneal. fol. 120, Bl. 241 RS (hier als von Heeren); Zedlitz, 2. Bd., S. 375; Siebmacher, Bd. 6/5, 1880, S. 38; Moegelin, S. 68; Krüger, Cottbus, S. 14 (hier als von Herm);

Obrist **Johann Friedrich (seit 29. Sep. 1786: von) Herrmann** (* 30. Nov. 1730, † 9. Juni 1818) *

Vater: Hans, geb. Hermann (1689–1737), Oberförster im neumärkischen Nordhausen; **Mutter**: Sabine, geb. Piehlemann († 1751); **Laufbahn**: seit 1756 im Militär, zunächst zwei Jahre im Land-Bat. von Arnim, dann vier Jahre im I-R Nr. 4, 1761 Sl u. Gen.-Adj. bei General von Thadden, Juni 1763 Pl im I-R Nr. 11, April 1772 Stabs-Cap., Okt. 1776 Cap. u. Chef e. Comp., Okt. 1785 Major, Sep. 1786 nobilitiert, Jan. 1792 Kommandeur d. Depot.-Bat. d. I-R Nr. 2, Mai 1802 Ol, Mai 1805 Obrist u. Kommandeur d. 3. Mousq.-Bat. d. I-R Nr. 2 in Pillau, Dez. 1806 Kommandant von Pillau, Nov. 1808 mit d. Charakter GM dim.; **Ehefrau**: Johanna Charlotte, geb. Zoeger (1736–1795), aus d. Ehe vier **Söhne**, u. a. Jacob Friedrich Wilhelm (1776–1833), Ol;

Quellen: Stabi, Ms. boruss. fol. 312, Bl. 61, Bl. 64 RS, Bl. 67 (Okt. 1786 Major); fol. 907 a, Bl. 26; Rangliste 1806, S. 40; Zedlitz, 5. Bd., S. 227; Becker, I-R Nr. 11, S. 333, S. 341, S. 422; Tb. Briefadel, 1907, S. 304–305; Priesdorff, Nr. 1146;

Cap. **Caspar Friedrich Sylvester von Hertzberg** (* 1721, † nach 1779) *

Vater: Jürgen Henning (* 1685), Erbherr auf Anteil Joduth im Krs. Neustettin; **Mutter**: Magdalene († 1771), e. To. von Tobias Silvester von Hertzberg auf Lottin D; **Laufbahn**: stand 20 Jahre im Dienst, zuletzt Cap. im Stettiner Garn.-Reg.; **Ehefrau**: Eleonore Barbara verwitw. Ltnt. Rüdiger Ewald von Versen, geb. von Münchow († 1777), aus ihrer ersten Ehe stammten sechs Kinder; **Güter**: seine Frau besaß Nelep im Krs. Schivelbein seit mind. 1745, 1767 im Wert von 3 070 T., sie erhielt für d. Gut 1769 e. Beihilfe von 471 T.; nach ihrem Tod fiel Nelep an d. Kinder erster Ehe, die d. Cap. wegen ihrer Forderungen aus d. Gut *verdrängten* u. es an d. Cap. von Versen für 2 416 T. verkauften; C. F. S. lebte 1779 in d. Stadt Schivelbein u. bat um e. Beihilfe;

Quellen: GStA, I. HA, Rep. 22, Nr. 136 k; Fam. gesch., Bd. 2, S. 356–359, S. 378–379, S. 381, S. 391–392, S. 400–401 († 1770, hier als C. F. Silv.); Jb. Neumark, 11/1936, S. 89; Pommern, S. 253–254 (Biogramm von C. F. S., kein Hinweis auf Nelep);

Ltnt. **Friedrich Wilhelm Ludwig Otto (seit 1786 Graf) von Hertzberg** (* 5. Juli 1780, † 10. Febr. 1821) *

Vater: Friedrich Wilhelm (1739–1815) *, Mai 1755 Junker im K-R Nr. 5, Jan. 1757 Cornet, Jan. 1760 Sl, bat im Okt. 1762 zs. mit d. Bruder G. L. um d. *venia aetatis*, sie wollten sich mit ihrer Stief-Mutter u. d. Stief-Geschwistern auseinandersetzen, Mai 1763 Pl, Mai 1769 Stabs-Rittmstr., Juni 1772 Rittmstr. u. Chef e. Escadron, Mrz. 1781 Major, Sep. 1786 in d. Grafenstand erhoben, Aug. 1790 Ol, Mai 1791 Obrist, Okt. 1797 Kommandeur d. K-R Nr. 5, Mrz. 1798 Chef d. D-R Nr. 9, Mai 1798 GM, Juni 1804 Orden p. l. m., Mai 1805 Gl., Okt. 1807 mit 1 200 T. Pension dim.; erwarb 1763 Gienow im Krs. Dramburg aus d. Konkurs seines Vaters, d. Ltnt.s Eustach Wilhelm (1700–1763) auf Gienow u. Golz, für 13 500 T., Golz ging für 8 050 T. an e. von Strauss, der es an d. GM H. C. von Billerbeck veräußerte, noch 1774 u. 1799 als Erbherr auf Gienow gen., d. Schulden wurden 1767 mit 12 331 T. angegeben, F. W. u. seinem Bruder G. L. standen damals 6 750 T. als Muttergut zu, ihm wurde im April 1767 u. Juni 1772 e. Indult gewährt, erhielt 1772 e. Kredit für Meliorationen über 5/m T., 1777 4 920 T., 1780 3 330 T. u. 1786 3 200 T., verkaufte Gienow im Jahr 1800 für 35 300 T., 1801 u. 1803 als unangesessener Vasall im Krs. Dramburg aufgeführt; **Mutter**: Dorothea Elisabeth, geb. von Loeschbrand (1715–1816); **Vater-Bruder**: Gustav Ludwig (1746–1823), seit 1759 im Militär, 1764 Ltnt. im K-R Nr. 5, Mai 1771 mit d. Charakter als Rittmstr. abgegangen, 1774 als Erbherr auf Anteil Kürtow im Krs. Arnswalde gen., machte sich 1784 in Westpreußen ansässig, verheiratet mit Caroline Magdalene, geb. von Mildenitz, Sohn: Friedrich Ernst Wilhelm Leopold (* 1771), weilte auf d. JG, Juni 1805 Fähnrich im I-R Nr. 34, Sohn: Ludwig George Bernd (1790–1856), Dez. 1805 Cornet im K-R Nr. 5; **Vater-Bruder**: Ewald Eustachius (* 1742) *, Ol; **Bruder**: Ernst Carl Erdmann (1782–1844), Sep. 1797 Cornet im K-R Nr. 5, 1806 als Sl gen., Mrz. 1820 als Sl beim Kösliner Landwehr-Reg. ausgeschieden; **Laufbahn**: Juni 1797 Cornet im D-R Nr. 3, 1806 als Sl gen., stand 1817 als aggr. Pl im 8. H-R, im Mai 1817 mit d. Charakter Rittmstr. dim.;

Quellen: GStA, I. HA, Rep. 22, Nr. 136 k; Nr. 322; II. HA, Abt. 12, Materien, Vas.tab. Nr. 6, Bl. 81 RS-82; Nr. 8, Bl. 82 RS-83; Stabi, Ms. boruss. fol. 311, Bl. 137 (Onkel C. L., hier als Gustav Ludwig), Bl. 139 (Vater); fol. 907 a, Bl. 87 RS, Bl. 90 RS; Ms. geneal. fol. 120, Bl. 236; Gesch. D-R Nr. 3, S. 316, S. 419; Fam.gesch., Bd. 2, S. 435, S. 443–445; Moegelin, S. 64, S. 260, S. 264, S. 266, S. 267; Jb. Neumark, 11/1936, S. 65; Priesdorff, Nr. 971 (Vater); Pommern, S. 255–256 (Biogramm d. Onkels E. E.);

Ltnt. **Otto Carl von Hertzberg** (* 1777)

Vater: Otto Heinrich (* 1745), Ltnt., kaufte im Juli 1795 d. Gut Gräden im Krs. Sternberg für 16/m T., 1801 an d. Oberamtmann J. F. W. Hart für 21/m T. veräußert; **Bruder**: Carl Heinrich (* 1775), stand 1801 als Ltnt. im I-R Nr. 21 (Herzog von Braunschweig), vor 1806 abgegangen; **Laufbahn**: 1798 u. 1801 als Ltnt. im I-R Nr. 10 gen., vor 1806 abgegangen;

Quellen: GStA, II. HA, Abt. 12, Materien, Vas.tab. Nr. 6, Bl. 129 RS-130; Nr. 8, Bl. 152 RS-153; Stabi, Ms. geneal. fol. 120, Bl. 254; Jb. Neumark, 11/1936, S. 94; so nicht in d. Fam.geschichte;

Cap. **Johann Carl von Herwarth** (1767–1807)

Vater: Johann Baptiste (* 1718), aus Oettingen in Schwaben gebürtig, trat 1741 in d. preuß. Militärdienst ein, stand 1742 als Sergant im Garn.-Reg. Nr. 7, diente im Siebenjährigen Krieg im I-R Nr. 7, zuletzt Ltnt., 1760 wegen schwerer bei Zorndorf erlittener Blessuren dim., als Proviant-Kommissar in Küstrin versorgt; J. C. aus d. Neumark gebürtig; **Mutter**: Sophia Concordia, geb. von Preuß aus Stettin († 24. Dez. 1796), sie bezog zuletzt e. Witwenpension von 100 T.; **Bruder**: Johann Ulrich († um 1797), Ltnt. im I-R Nr. 12; **Laufbahn**: trat 1785 ins Regiment ein, 1787 Gefr.corp., Febr. 1792 Sl im I-R Nr. 42, stand 1802 als Pl in Warschau, 1806 als jüngster Stabs-Cap. im I-R Nr. 42 geführt, 1807 gest.; bat 1798 u. 1802 um e. Pension für seine **Schwestern**, diese besaßen anfänglich noch e. Vermögen von 1/m T., bekamen nach dessen Verzehr eine Beihilfe;

Quellen: GStA, II. HA, Abt. 13 a, Tit. IV, Litt K, Nr. 1, Bd. 2 (Schwestern); Stabi, Ms. boruss. fol. 312, Bl. 10 u. Bl. 12 (je J. C.); fol. 313, Bl. 124 u. fol. 314, Bl. 270 RS (je. d. Vater); fol. 907 a, Bl. 41; Siebmacher, Bd. 6/5, 1880, S. 38–39 (auf Buckow);

Cap. **Carl August von der Heyden** (* 1703)

aus d. Lausitz gebürtig; **Laufbahn**: seit 1718 im Militär, Mai 1729 Sl u. Adjutant im I-R Nr. 20, Dez. 1733 Pl, als solcher noch 1740 gen., Nov. 1745 Cap. u. Chef e. Comp., vor 1756 abgegangen;

Quellen: Stabi, Ms. boruss. fol. 311, Bl. 114 RS, Bl. 117, Bl. 118;

Obrist **Ernst Friedrich von der Heyden** (* 1704)

Vater: Otto Sigismund, Cap. in sächs. Diensten, vor 1715 abgegangen, saß 1715 u. 1718 auf Anteil Klauswalde im Krs. Sternberg; **Bruder**: Otto Heinrich (* 1703), aus Radach im Krs. Sternberg gebürtig, seit 1722 im Militär, 1728 als Gefr. corp. gen., Mai 1731 Fähnrich im I-R Nr. 1, 1741 hier als Pl gen., um 1745 Stabs-Cap., Mai 1747 Cap. u. Chef e. Comp., Sep. 1753 dim.; **Bruder**: Bernd Christian (* 1712), 1728 *cadet* (1745 Ltnt. im I-R Nr. 3, Erbherr auf 1/4 Schönow im Krs. Sternberg, Sohn: Leopold Wilhelm Christian (* 1741), 1745 gen.); **Laufbahn**: seit 1720 im Militär, 1722 Gefr.corp. im I-R Nr. 12, 1730 Sergant, 1740 Sl, 1750 Cap. u. Chef e. Comp., 1764 Ol, erhielt 1767 als Obrist ein Garn.-Bataillon;

Quellen: BLHA, Rep. 23 B, Nr. 446; Stabi, Ms. boruss. fol. 313, Bl. 177, Bl. 251, Bl. 298 RS, Bl. 300 RS, Bl. 301 (jeweils O. H.); fol. 316, Bl. 233, Bl. 238 RS, Bl. 239 RS, Bl. 240 RS, Bl. 241 RS, Bl. 243; Ms. geneal. fol. 120, Bl. 221 RS; Zedlitz, 2. Bd., S. 383–385 (hier d. Obrist H. S. von der Heyde); Jb. Neumark, 1928, S. 24 (1715 d. drei Söhne gen.);

Cap. **Hans Otto von der Heyden** (* 1696)

Vater: Wulf Ernst (* 1661), Sergant bei Alt-Barfuss, 1715 u. 1718 als Erbherr auf Anteil Schönwalde im Krs. Sternberg gen.; **Laufbahn**: seit 1712 im Militär, Dez. 1715 Fähnrich im I-R Nr. 20, 1720 als Sl gen., April 1730 Stabs-Cap., vor 1740 abgegangen;

Quellen: BLHA, Rep. 23 B, Nr. 446; Stabi, Ms. boruss. fol. 311, Bl. 116 (1720 als von Hoeden, seit Nov. 1715 Sl), Bl. 117; fol. 319, Bl. 42 RS (Dez. 1715 Fähnrich, als v. Heiden); Ms. geneal. fol. 120, Bl. 221 RS; Jb. Neumark, 1928, S. 23 (Vater u. Sohn gen.);

Fähnrich **Johann Friedrich von der Heyden** (* 1703) *

aus d. Krs. Cottbus gebürtig; **Laufbahn**: seit 1720 im Militär, April 1728 Fähnrich im I-R Nr. 20, vor 1740 abgegangen;

Quellen: Stabi, Ms. boruss. fol. 311, Bl. 117;

Cap. **Carl Friedrich von Hoffstedt** (* 1701)

Vater: (Gustav Adolph, stand 1692 als Fähnrich in d. Garnison Küstrin) Erbherr auf bzw. Pfandbesitzer von Wolgast, Vorwerk Dicking u. Grapow im Krs. Friedeberg, 1715 wurde hier e. Frau von H. gen.; **Laufbahn**: avancierte im Leib-Reg. (I-R Nr. 6) bis zum Ltnt., 1728 als solcher u. als Erbherr auf Anteil Wolgast gen. (stand 1739 als Cap. in d. Garde, im Mai 1740 als solcher gest.);

Quellen: GStA, I. HA, Rep. 96, Nr. 518 B-C; Nr. 518 F, Bl. 34 (1734 stand ein Stabs-Cap. Adr. Carl von Hofstedt im 2. Bat. Garde); Stabi, Ms. boruss. fol. 319, Bl. 21 (1692: Vater?); Ms. geneal. fol. 120, Bl. 213; Reinhard, S. 513; Siebmacher, Bd. 6/5, 1880, S. 40 (mit Hinweis auf d. Gut Wolgast); Jb. Neumark, 1926, S. 88 (hier als Hoffstädt);

Ltnt. **Johann Friedrich von Hohendorff** (1784–1813) *

Vater: Johann Friedrich (1744–1820) *, aus Preußen gebürtig, 1764 Sl im I-R Nr. 24, 1803 Ol, zuletzt Obrist im I-R Nr. 24, 1793 bis 1798 Erbherr auf Buchholz im Krs. Saatzig, erwarb im Juni 1799 Anteil Fürstenau im Krs. Arnswalde für 40 400 T., 1803 veräußert für 98/m T. an d. Rittmstr. Achatius Wilhelm August von Waldow, s. d., der auch d. zweiten Anteil von Fürstenau kaufte; **Bruder**: Leopold Heinrich (1785–1813), seit 1796 im Regiment, Sep. 1800 Sl im I-R Nr. 24, noch 1806 als Sl gen., 1810 dim., als Stadtinspektor in Rügenwalde versorgt, verheiratet mit Leopoldine Philippine Emilie (* 12. Sep. 1784), e. Tochter d. GM von Schaetzel, sie bekam im Okt. 1805 d. *venia aetatis*, ihr Vermögen betrug damals 1 465 u. 3 651 T.; **Bruder**: Otto Wilhelm (* 1790); **Bruder**: Johann Wolff Ferdinand (* 1796); **Laufbahn**: seit 1795 im Reg., Okt. 1798 Sl im I-R Nr. 24, noch im Mai 1805 als solcher gen., 1806 Adjutant,

1813 als Major im 22. I-R an Blessuren gest.;

Quellen: GStA, I. HA, Rep. 22, Nr. 130; II. HA, Abt. 12, Materien, Vas.tab. Nr. 6, Bl. 5 RS-6; Nr. 8, Bl. 7 RS-8, Bl. 24 RS-25; Stabi, Ms. boruss. fol. 316, Bl. 326 (aus d. Mittelmark gebürtig); fol. 907 a, Bl. 13; Jb. Neumark 11/1936; S. 58; Pommern, S. 271 (Vater mit kz. Hinweis auf d. Söhne);

Ltnt. **Johann Zacharias von (Holy bzw.) Holle** (* 1695) *

aus (Rothendorf in) Braunschweig (bzw. aus d. NM) gebürtig; **Laufbahn**: engagierte sich 1715 (bzw. 1727) im preuß. Militärdienst, Mai 1740 als Fähnrich aus d. I-R Nr. 1 in ein Garn.-Reg. versetzt, stand 1751 nach 36 Dj. als Pl in d. Comp. d. Ol von Friedeborn zu Drossen; **Güter**: erheiratete mit seiner **Ehefrau** Marie Eleonore Magdalene, geb. von der Schulenburg (1706–1782), Witwe Cap. Ernst Christian von Ihlow auf Kirschbaum, d. Gut Pinnow, 1751 als Erbherr auf Pinnow im Krs. Sternberg gen. (suchte 1755 als Stabs-Cap. in d. Comp. d. Ol von Seiger im neuen Garn.-Reg. um e. Indult nach); seine Frau trat Pinnow 1772 ihrem Sohn erster Ehe Johann Ernst Christian von Ihlow für 16 500 T. ab;

Quellen: GStA, I. HA, Rep. 9, AV, Y 9, 1748 bis 1755; BLHA, Rep. 78 I, Nr. 170, Bl. 56; Stabi, Ms. boruss. fol. 313, Bl. 299 RS; Zedlitz, 5. Bd., S. 241 (hier Verweis auf e. Fam. Holle in Hannover); nicht bei Siegmacher, Bd. 6/5, 1880; Fam.gesch. v. d. Schulenburg, II. T., S. 516 (danach hieß er Zacharias von Hobe?); Jb. Neumark, 11/1936, S. 96 (als von Holle);

Cap. **Hans Ludwig Gottlob von Holtzendorff** (* 1750, † 8. Nov. 1801)

Vater: Gottlob Ludwig (* 1719), aus d. Uckermark gebürtig, seit 1737 im Militär, 1743 als Sl, 1756 als Pl, 1764 als Cap. u. Chef e. Comp. im I-R Nr. 24 gen., 1770 auf Wunsch mit d. Charakter Major dim., 1774 zs. mit seiner Frau als Erbherr auf ½ Werben im Krs. Cottbus aufgeführt, kaufte 1780 Komptendorf, von seinen Söhnen 1784 für 17 300 T. wieder veräußert; H. L. G. aus d. Nl gebürtig; **Mutter**: Luise Henriette, e. Tochter von Caspar Heinrich von Schönfeldt, Erbherr auf ½ Werben, sie erbte d. väterlichen Gutsanteil; **Bruder**: Friedrich Wilhelm (* 1752), seit 1769 im Regiment, stand 1774 als Cornet, 1786 als Sl im H-R Nr. 2, 1790 mit Pension dim.; **Laufbahn**: seit 1764 im Militär, stand 1774 als Ltnt. im D-R Nr. 3, Sep. 1785 mit d. Charakter Cap. dim.; **Güter**: erbte zs. mit seinem Bruder ½ Werben, sie bzw. ihre Mutter verkauften d. Anteil an d. Ltnt. Hans Friedrich Wilhelm von Witzleben; 1783 als Erbherr auf Hohenkarzig im Krs. Friedeberg gen., erworben für 22/m T.; **Ehefrau**: e. geb. von Langen, sie verkaufte als Witwe Hohenkarzig 1803 für 32 157 T.;

Quellen: GStA, I. HA, Rep. 22, Nr. 324, Paket 8 769; II. HA, Abt. 12, Materien, Vas.tab., Nr. 6, Bl. 84 RS-85 (hier als Heinrich Ludwig); Stabi, Ms. boruss. fol. 313, Bl. 13; fol. 315, Bl. 76 (Bruder, hier als F. W.); fol. 316, Bl. 317, Bl. 318, Bl. 319, Bl. 324 RS (je d. Vater); Ms. geneal. fol. 120, Bl. 241 (Bruder, hier als Caspar Fr.), Bl. 247 RS; Gesch. D-R Nr. 3, S. 414; Ardenne, H-R 2, Anlage, S. 417; Jb. Neumark, 11/1936, S. 70 (als Hr. Ludwig); Krüger, Cottbus, S. 23, S. 37–38;

Major **Alexander George von Homboldt** (1720–1779) *

Vater: Hans Paul (†1739), Cap.; **Mutter**: Sophia Dorothea, geb. von Schweder; **Großvater**: Erdmann Ludwig (†1723), Erbherr auf d. Vorwerk Zamenz im Krs. Neustettin, Amtshauptmann von Draheim; **Laufbahn**: seit 1736 im Militär, 1743 u. 1755 als Ltnt., 1759 als Major im D-R Nr. 10 gen., 1761 Abschied, 1765 Kammerherr beim Prinzen von Preußen; **Ehefrau**: Marie Eleonore verwitw. von Hollwede, geb. von Colomb; **Güter**: seine Frau besaß 1767 d. Gut Ringenwalde im Krs. Königsberg, dieses fiel 1795 an d. Landrat Carl Adolph Gottlob von Knobelsdorff; **Söhne**: Wilhelm (1767–1835) *, Gesandter, EM, Alexander (1769–1859) *, Reisender, Naturwissenschaftler;

Quellen: Stabi, Ms. geneal. fol. 120, Bl. 250; Jb. Neumark, 11/1936, S. 75; NDB, Bd. 10 (1974), S. 33–43 (Sohn Alexander von Humboldt), S. 43–51 (Sohn Wilhelm); Pommern, S. 272 (Biogramm d. Vaters);

GM **Carl Reinhold von Horcker** (* 1664, † 19. April 1727) *

Vater: Hans Sigismund, Erbherr auf Glasow im Krs. Soldin; **Bruder**: Ernst Bogislav, 1715 gen.; **Laufbahn**: 1688 Ltnt., Febr. 1694 Rittmstr. im Kav.-Reg. du Hamel, Mai 1695 dim., Jan. 1705 GM von d. Armee; **Güter**: 1715 als Erbherr auf Anteil Glasow im Krs. Soldin gen., dieser trug jährliche Revenuen von 700 T.; **Sohn**: Hans Sigismund, stand vor 1715 im Militärdienst, sein Aufenthalt war unbekannt;

Quellen: GStA, I. HA, Rep. 62, Nr. 66 c (1727 nur als Rittmstr. bez.); BLHA, Rep. 23 B, Nr. 446 (C. R. 1715 nur als Rittmstr. bez.); Stabi, Ms. boruss. fol. 319, Bl. 4 RS; König, 2. T., S. 182; Jb. Neumark, 1927, S. 83 (C. R. 1718 als Rittmstr. bez.); Priesdorff, Nr. 150;

Ltnt. **Christian George Achatz von Horcker** (* 1754)

(**Vater**: Christian Sigismund (* 1694), Cap., s. d.; **Bruder**: Christian Jacob (* 1737), Cap.; d. Vater evt. auch George Achatz (* um 1720, † um 1765), Cap. s. d.); **Laufbahn**: seit 1769 im Militär, stand 1774 als Fähnrich im I-R Nr. 24, 1784 als Ltnt. dim., bat 1786 um d. Charakter Cap., erneuerte im Febr. 1791 aus Grünrade sein Gesuch, bat zugleich um d. Erlaubnis zum Tragen d. Uniform; **Güter**: erhielt 1772 als Erbherr auf Anteil Glasow e. kgl. Kredit über 3/m T. für Meliorationsvorhaben, bekam 1784 zs. mit (seinem Bruder) Christian Jacob, der ebenfalls einen Anteil an Glasow besaß, f. das Gut weitere Meliorationsgelder in Höhe von 3/m T.; beide verkauften 1790 ihre Anteile an Glasow an d. Cap. Friedrich August von Sydow, 1801 u. 1809 saßen d. minderj. Geschwister von Sydow auf Glasow; **Sohn**: Christian Friedrich Achatz (* 1787); (**verwandt**: e. Horcker (* 1783), aus d. Neumark, seit 1797 im Militär, stand 1805 als Sl im D-R Nr. 4, 1809 abgegangen, 1825 Pl bei d. Land- u. Grenz-Brigade: Gesch. D-R Nr. 3, S. 318, S. 427);

Quellen: GStA, I. HA, Rep. 22, Nr. 136, Paket 8 547; Rep. 96, Nr. 96 H hh; Nr. 257 H; Stabi, Ms. boruss. fol. 316, Bl. 320 RS, Bl. 324 RS; Ms. geneal. fol. 120, Bl. 252 RS; Zedlitz, 5. Bd., S. 246 (allg. zur Fam.); Moegelin, S. 60, S. 261, S. 267; Jb. Neumark, 11/1936, S. 92 (1772 werden Chr. Jacob u. Chr. George A. als Brüder bez., evt. aber war Chr. Jacob auch d. Vater von C. G. A.);

Cap. **Christian Sigismund von Horcker** (* 1694)

Vater: George Christian († vor 1727), stand 1692 als Ltnt. im Kav.-Reg. Kurprinz, saß 1715 auf Anteil Glasow im Krs. Soldin, dieser trug jährliche Revenuen von 1100 T., 1727 wurde seine Witwe auf d. Gutsanteil gen.; **Laufbahn**: seit 1710 im Militär, Mai 1713 Fähnrich, Mrz. 1714 Sl im I-R Nr. 23, im Dez. 1715 ins I-R Nr. 27 versetzt, im Mrz. 1716 als Ltnt. im I-R Nr. 27 gen., 1724 als Pl (zu Rhyn) versetzt, als Cap. abgegangen; **Güter**: 1745 als Erbherr auf ½ Glasow im Krs. Soldin gen., hatte damals zwei **Söhne**: Christian Jacob (* 1737), seit 1755 im Militär, 1756 Junker im D-R Nr. 4, 1765 Sl, machte damals Forderungen auf d. Gut Stennewitz geltend, die auf seinen Vater zurückgingen, 1769 nach 15 Dj. als Cap. abgegangen, 1774 Erbherr auf Anteil Glasow im Krs. Soldin, 1767 im Wert von 32 326 T., darauf Schulden von 24 338 T., noch 1787 auf Glasow gen., unterstützte damals seine Schwägerin, d. Frl. Hedwig Louise Wilhelmine von Sanitz (* 1736), die bei ihm in Glasow lebte, kaufte 1790 Zollen im Krs. Soldin im Wert von 22/m T., verkaufte Zollen um 1801 an d. Landrat C. F. L. von Schaetzel, d. Kontrakt kam aber nicht zustande, d. Gut ging 1805 für 52 500 T. an d. Oberforstmstr. von Bredow; Schwager von C. J.: Carl Wilhelm von Sanitz, damals Major, zuletzt GM, s. d.; **Sohn**: Sigismund Leopold (* 1739); (**Sohn**: Christian George Achatz (* 1754), Ltnt. s. d.); e. **Tochter** war 1754 verh. mit d. Cap. George Achatz von Horcker, s. d.;

Quellen: GStA, I. HA, Rep. 22, Nr. 136, Paket 8 547; II. HA, Abt. 12, Materien, Vas.tab. Nr. 6, Bl. 119 RS-120; Nr. 8, Bl. 125 RS-126; BLHA, Rep. 23 B, Nr. 446; Stabi, Ms. boruss. fol. 313, Bl. 60; fol. 316, Bl. 82, Bl. 88, Bl. 276, Bl. 284; fol. 319, Bl. 3 RS, Bl. 49 RS; Ms. geneal. fol. 120, Bl. 217, Bl. 252 RS; Gesch. D-R Nr. 3, S. 423 (C. J.); Jb. Neumark, 1927, S. 83; Jb. Neumark, 11/1936, S. 92;

Cap. **George Achatz von Horcker** (* um 1720, † um 1765)

Vater: Lewin Ernst, Ltnt.; **Laufbahn**: seit 1738 im Reg., avancierte im I-R Nr. 25 bis zum Ltnt., im Mai 1750 krankheitshalber mit d. Charakter Cap. dim., trat 1756 wieder ein, stand 1758 bei Kalckreuth (I-R Nr. 56) in Magdeburg; **Güter**: strengte 1754 d. Einlösung d. altväterlichen Gutes Hanseberg im Krs. Königsberg an, das ehedem d. in Köln verst. Ol von Horcker († 1697) besessen hatte u. 400 Jahre in d. Fam. gewesen sein soll; erwarb um 1754 Stennewitz nebst Pertinenzien im Krs. Landsberg für 41/m T., dabei assistierte ihm sein **Schwiegervater**, d. Cap. Christian Sigismund von Horcker (* 1694) auf Glasow, s. d., der für Kredite bürgte u. dadurch selbst in Schwierigkeiten geriet; G. A. verpachtete Stennewitz 1756 für 2 200 T., d. Pächter floh beim Einfall d. russ. Truppen mit Vieh u. Inventar nach Polen, d. Revenuen blieben aus; Glasow u. Stennewitz wurden im Siebenjährigen Krieg von d. Feinden ruiniert; G. A. hinterließ e. unmündigen **Sohn** (Christian George Achatz (* 1754), Ltnt., s. d.); d. überschuldete Gut Stennewitz wurde mit Einverständnis d. Küstriner Pupillenkollegiums 1764 an d. Oberamtmann Lehmann in Quartschen verkauft, dieser trat 1768 seine Rechte an d. Kriegsrat W. G. Bayer ab;

Quellen: GStA, I, Rep. 22, Nr. 136, Paket 8 547; Stabi, Ms. boruss. fol. 314, Bl. 118 (Abgangsliste, nicht in d. Rangliste 1740);

Ltnt. **Adam von Horn** (* 1773)

Vater: Hofrat u. Land-Syndicus d. Neumark; **Mutter**: e. geb. Simon, Tochter e. Kaufmanns; **Laufbahn**: 1790 Junker im I-R Nr. 17, 1806 als Pl gen., 1823 als Ol im 24. Landwehr-Reg. pens.; (**verwandt**: 1715 saß d. vormalige Cap.-Ltnt. Melchior von Horn († vor 1718) vom I-R Nr. 4 (Reg. Barfus) auf Anteil Schönow im Krs. Sternberg, 1718 wurde seine Witwe auf d. Anteil gen.: BLHA, Rep. 23 B, Nr. 446; Jb. Neumark, 1928, S. 33–34);

Quellen: Stabi, Ms. boruss. fol. 316, Bl. 35 RS-36; fol. 907 a, Bl. 34 RS; Siebmacher, Bd. 6/5, 1880, S. 41; nicht in Tb. Briefadel 1916 u. 1917; nicht in Tb. Uradel 1917;

Ltnt. **Friedrich Wilhelm von Hornberg(er)** (* um 1765)

Vater: Gottlob Friedrich (* 1729, † 20. Dez. 1787), aus Sachsen gebürtig, stand seit 1756 im preuß. Militärdienst, Nov. 1772 Stabs-Cap., Sep. 1775 Cap. u. Chef e. Comp. im Garn.-Reg. Nr. 7 mit Standort Küstrin, 1787 Suizid in Küstrin, hinterließ eine Tochter u. zwei Söhne; **Mutter**: eine geb. von Hemminghausen († 24. Okt. 1797), sie bezog zuletzt e. neumärk. Witwenpension von 100 T.; **Bruder**: Carl Heinrich; **Laufbahn**: avancierte im Garn.-Reg. Nr. 7 zum Ltnt., erhielt zs. mit seinem Bruder am 18. Juni 1787 von König Friedrich Wilhelm II. e. Erneuerungs-Diplom ihres Adels;

Quellen: Stabi, Ms. boruss. fol. 313, Bl. 119, Bl. 122, Bl. 136; Zedlitz, 5. Bd., S. 247 (hier als Hornberg);

Major **Friedrich Wilhelm von Hülsen** (1750–1817)

(aus d. Neumark gebürtig); **Laufbahn**: seit 1768 im Militär, stand 1774 als Fähnrich im I-R Nr. 34, 1806 als Major, 1817 gest.;

Quellen: Stabi, Ms. boruss. fol. 311, Bl. 105; fol. 907 a, Bl. 11 RS;

dän. Ltnt. **Philipp Wilhelm von Hünecke** (* um 1690)

Vater: Cap. († vor 1715), Erbherr auf Anteil Eichow im Krs. Cottbus; **Mutter**: Sybilla Elisabeth, geb. von Stuart (* 1658), (in zweiter Ehe verheiratete von Rebhun), sie saß 1715 als Witwe u. noch 1728 mit 70 Jahren auf ½ Eichow; **Bruder**: Friedrich Wilhelm, weilte 1715 auf d. JG in Berlin (1728 Uffz. im I-R Nr. 29); **Laufbahn**: avancierte in dänischen Diensten bis zum Ltnt.; (**Güter**: 1715 wurden Philipp Lebrecht u. Heinrich Wilhelm mit Anteil Eichow belehnt, 1745 saß d. vormalige Ltnt. in preuß. Diensten Heinrich Wilhelm auf ½ Eichow; **verwandt**: Witwe Ol von Hünecke, geb. Dorothea Juliana von Schöning, 1721 auf Groß Schönberg im Krs. Dramburg: I, Rep. 22, Nr. 35, Paket 8 438);

Quellen: Stabi, Ms. geneal. fol. 120, Bl. 213 RS; Zedlitz, 2. Bd., S. 455 (als v. Hünicke, allg.); Siebmacher, Bd. 6/5, 1880, S. 41–42 (Hünecke, kein Bezug zur NM); Jb. Neumark, 1928, S. 164 (Hünecke, Nennung von P. W. u. F. W.); Krüger, Cottbus, S. 10;

Ltnt. **Adam Heinrich von Ihlow** (* 1709)

Vater: Hans Joachim (* um 1685, † 3. Sep. 1750), stand vor 1715 als Ltnt. in sächs. Diensten (1735 Cap. im I-R Nr. 1), erbte 1707 d. verschuldete Gut Tornow, 1715 als Erbherr auf Tornow im Krs. Sternberg gen., hatte damals drei kleine Söhne, im April 1720 ging Tornow bei d. Licitation für 14/m T. an d. Cap. Christoph

Ehrentreich von Mörner, 1744 verheiratet mit Charlotte Erdmuthe, geb. von Escher; **Mutter**: Louise, geb. von Krummensee; **Bruder**: Joachim Dietrich, 1715 gen.; **Bruder**: Friedrich Hartwig (* 1713), seit 1734 im Militär, stand 1757 als Rittmstr. im D-R Nr. 8, vor 1763 abgegangen, wollte 1729 zs. mit d. Bruder A. H. d. altväterliche Gut Tornow *reluiren*; **Laufbahn**: seit 1731 im Militär, stand 1740 als Fähnrich im Garn.-Bat. Nr. 1, 1750 als Pl gen., vor 1763 abgegangen;

Quellen: GStA, I. HA, Rep. 22, Nr. 137, Paket 8 551/1; Rep. 62, Nr. 230 a; Stabi, Ms. boruss. fol. 311, Bl. 198, Bl. 201 (Ihlow); Jb. Neumark, 1928, S. 26 (d. Fam. hier als von Ihlow); Zedlitz, 3. Bd., S. 34 (hier als Ilow);

Ltnt. **Anton Friedrich von Ihlow** (* 1733)

Vater: Caspar Friedrich (* 1698), stand seit Mitte 1717 als Junker im D-R Nr. 3, vor 1723 als Uffz. abgegangen, 1745 u. 1751 als Erbherr auf ½ Schmagorei im Krs. Sternberg gen.; **Schwester**: Ernestine Florine (* 1734), sie wohnte in Schmagorei u. bat im Dez. 1800 um e. Pension, wurde abgewiesen, weil sie noch ein Vermögen von 1200 T. besaß, hatte dazu freien Unterhalt auf d. Gut; **Schwester**: verh. Cap. von Waldow († Herbst 1800); **Laufbahn**: 1750 Corp. im Regiment, stand 1756 als Cornet im H-R Nr. 4, Mai 1760 Pl (als Ltnt. im Siebenjährigen Krieg in Prausnitz gest. bzw. noch im Juni 1764 als Pl im H-R Nr. 4 geführt);

Quellen: GStA, II. HA, Abt. 13 a, Tit. IV, Litt J, Nr. 1 (Schwester); BLHA, Rep. 78 I, Nr. 170, Bl. 58; Stabi, Ms. boruss. fol. 311, Bl. 350, Bl. 351, Bl. 352 RS; fol. 313, Bl. 9 (Vater); Ms. geneal. fol. 120, Bl. 220 (1745 werden Vater u. Sohn gen., als von Ihlow); Jb. Neumark 1928, S. 20–21;

Obrist **Ernst Dietrich Christian von Ihlow** (* 1735)

Vater: Hans Balthasar (* 1685), stand 1707 als Sl im Bat. von Schlabrendorff, vor 1715 als Cap. abgegangen (bzw. vorm. Cap. bei Prinz Friedrich), 1715, 1728 u. 1745 als Erbherr auf Anteil Kirschbaum im Krs. Sternberg gen.; **Vater-Brüder**, 1715 gen.: Curt Ehrentreich, Ltnt. in e. sächs. D-R, Ernst Johann Christian, Ltnt. im I-R Nr. 17, s. d.; Stief-**Bruder**: Hans Joachim (* 1721), seit 1739 im Militär, 1743 als Gefr.corp., 1745 als Fähnrich im I-R Nr. 24 gen., nahm als solcher 1747 d. Abschied, 1764 als Stabs-Cap., 1773 als Cap. u. Chef e. Comp. im Garn.-Reg. Nr. 5 gen., als Major dim., lebte 1798 noch; **Laufbahn**: seit 1753 im Militär, Febr. 1765 Pl, Jan. 1783 Major im Grenadier-Garde-Bataillon in Potsdam, im Juni 1785 ins I-R Nr. 12 versetzt, stand 1790 als Ol u. Chef d. Depot-Bat. d. I-R Nr. 1 in Strausberg, 1798 Obrist u. Chef d. 3. Mousq.-Bat. d. I-R Nr. 1, vor 1806 abgegangen; **Güter**: um 1765 als Erbherr auf Kirschbaum im Krs. Sternberg im Wert von 13 503 T. gen., darauf Schulden von 11 840 T., 1767 verkauft für 14/m T.;

Quellen: GStA, I. HA, Rep. 96, Nr. 257 J; Stabi, Ms. boruss. fol. 314, Bl. 181 RS, Bl. 183 (je Bruder H. J.); fol. 315, Bl. 67 (E. D. C.); fol. 316, Bl. 317 RS, Bl. Bl. 323 RS (je. H. J.); Ms. geneal. fol. 120, Bl. 220, Bl. 254 RS, Bl. 256 RS; Reinhard, S. 532, S. 558; Jb. Neumark, 1928, S. 21 (Vater, hier als Hans Balth., andernorts als Joachim B., C. E. als Ernst Chr.); Moegelin, S. 66; Jb. Neumark, 11/1936, S. 95;

Cap. **Ernst Johann Christian von Ihlow** (* um 1690, † 1743)

Vater: Hans Dietrich, 1659 als Erbherr auf Kirschbaum im Krs. Sternberg gen.; **Vater-Brüder**: Curt Ehrentreich; Hans Joachim (* um 1685, † 1750), Cap. (Erbherr auf Kirschbaum), siehe mehr bei dessen Sohn Adam Heinrich (* 1709), Ltnt.; **Bruder**: Curt Ehrentreich, stand 1715 als Ltnt. in sächsischen Diensten u. mit d. Armee in Polen; **Bruder**: Hans Balthasar (* 1685), Cap., siehe mehr bei dessen Sohn Ernst Dietrich Christian; **Laufbahn**: seit 1711 im Militär, Mai 1713 Sl im I-R Nr. 17, Febr. 1716 Pl, noch 1721 als Pl, 1728 u. 1730 als Stabs-Cap. im I-R Nr. 17 gen., vor 1740 abgegangen; **Güter**: 1715 Erbherr auf Anteil Kirschbaum; **Ehefrau**, seit 1742: Marie Eleonore Magdalene, geb. von der Schulenburg (1706–1782), sie ging nach 1743 e. zweite Ehe ein mit d. Cap. Johann Zacharias von Holle, s. d., ließ sich von diesem später scheiden; sie saß 1767 auf Pinnow im Krs. Sternberg im Wert von 14/m T., darauf Schulden von 15 513 T.;

Quellen: Stabi, Ms. boruss. fol. 316, Bl. 42; fol. 319, Bl. 46; Ms. geneal. fol. 120, Bl. 221 RS (als Ernst Christian, im Krs. Sternberg); Fam.gesch. Schulenburg, II. T., S. 516 (hier als Ernst Christian, d. zweite Ehemann als v. Hobe); Tb. Uradel, 1921, S. 387–388; Jb. Neumark, 1928, S. 21 (hier als Ernst Christian, Bruder d. Cap. Hans Balzer u. d. Ltnt. Curt Ehrentreich), S. 26 (1715 e. Ernst Chr. als Bruder von Asmus Ernst u. Fr. Wilh., s. d.); Moegelin, S. 66;

Ltnt. **Friedrich Wilhelm von Ihlow** (* 1703, † 1. Dez. 1746)

Vater: Friedrich Wilhelm († vor 1715), poln. Cap., Erbherr auf Ihlow im Krs. Oberbarnim, auf Bottschow u. Anteil Radach im Krs. Sternberg; F. W. jun. aus d. Neumark gebürtig; **Mutter**: Maria Elisabeth, geb. von Kettwig, sie saß 1715 als Witwe auf Anteil Radach, hatte ihren Wohnsitz in Ihlow; **Bruder**: Asmus Ernst, 1715 gen.; **Bruder**: Carl Dietrich (* 1706), weilte 1727 auf d. Viadrina, beide hatten sich damals mit ihrem ältesten Bruder wegen d. väterlichen Güter auseinandergesetzt u. baten im Aug. 1727 um d. *venia aetatis*; **Laufbahn**: stand 1727 als Fähnrich im I-R Nr. 27, 1728 zu Thiele versetzt, 1746 als Pl im Garn.-Reg. Nr. 5 gen.; **Güter**: saß 1728 als Erbherr auf Bottschow, bei d. Erbteilung 1727 für 17/m T. angenommen, verkaufte es 1740 für 20/m T. an Melchior Sigmund von Unruh, 1751 befand sich Bottschow im Besitz d. Kammerrates Adam Carl Bayer; F. W. wurde 1741 mit e. Strafe von 200 T. belegt, da er sich außerhalb d. Monarchie mit Sophie Dorothée von Lindstädt hatte kopulieren lassen;

Quellen: GStA, I. HA, Rep. 22, Nr. 137, Paket 8 551/1; Stabi, Ms. boruss. fol. 314, Bl. 182; Ms. geneal. fol. 120, Bl. 221 RS; Jb. Neumark, 1928, S. 21–22, S. 26 (hier 1715 d. unmündigen Brüder Asmus Ernst, Fr. Wilh. u. Ernst Christian v. Ihlow gen., sie besaßen gemeinsam ½ Bottschow im Krs. Sternberg, das verpfändet war);

Major **Hartwig Erdmann von Ihlow** (* 1718, † 2. Mai 1759)

Vater: Christian Friedrich († 1731), sächs. Ltnt., saß 1718 auf Anteil Radach im Krs. Sternberg; **Großvater**: Caspar Hartwig, 1715 Erbherr auf ¼ Schmagorei u. Anteil Radach im Krs. Sternberg; **Vater-Bruder**: Dietlof Otto, 1707 Fähnrich, zuletzt Ltnt. im I-R Nr. 15, vor 1715 abgegangen, seit 1718 Erbherr auf d. 4. Teil von Schmagorei, hinterließ vor 1746 d. Sohn Otto Friedrich, s. d.; **Laufbahn**: seit 1736 im Militär, diente 1740 als Cornet, 1742, 1753 als Ltnt. im D-R Nr. 3, als Major in österr. Gefangenschaft 1759 zu Prag verst.; **Güter**: prozessierte seit mind. 1746 gegen seinen Vetter Otto Friedrich, um in d. Besitz d. großväterlichen Anteils von Schmagorei zu kommen, wurde mehrfach mit seinen Anträgen abgewiesen; (**verwandt**: Wulff Bernhard von Ihlow (* 1722), aus d. Neumark gebürtig, seit 1739 Junker im D-R Nr. 3: fol. 313, Bl. 10);

Quellen: GStA, I. HA, Rep. 22, Nr. 137, Paket 8 551/ 1; Stabi, Ms. boruss. fol. 313, Bl. 10; Gesch. D-R Nr. 3, S. 83, S. 101, S. 412; Bardeleben, S. 429 (Onkel D. O.); Jb. Neumark 1928, S. 20–22 (d. Vater hier als Fr. Chr.);

Gutsbesitzer **Johann Ernst Christian von Ihlow** (* 16. Nov. 1743, † 16. Aug. 1797)

Vater: Ernst Johann Christian (* um 1690, † 1743), Cap. s. d.; J. E. C. aus d. Neumark gebürtig; **Mutter**: Marie Eleonore Magdalene, geb. von der Schulenburg (1706–1782); **Laufbahn**: trat weder in d. Militär- noch in d. Zivildienst ein; **Güter**: saß 1774 auf Pinnow im Krs. Sternberg, erwarb 1797 Liebenfelde im Krs. Königsberg für 35 300 T., 1797 Erbherr auf Kuhdamm u. Liebenfelde; **Ehefrau**: Wilhelmine Erdmute, geb. von der Schulenburg (* 1741), beide trafen im Mrz. 1797 e. Disposition über ihr Vermögen in Höhe von 40/m T., jedes d. beiden Kinder sollte zu ihren Lebzeiten 14/m T. bekommen, sie wollten sich 12/m T. vorbehalten; **Tochter**: Henriette Eleonore (* 11. Febr. 1775), sie suchte im Frühjahr 1798 um d. *venia aetatis* nach, stand vor d. Heirat mit d. Ltnt. Friedrich Carl Christoph von Weltzien vom H-R Nr. (2 bzw.) 5; **Sohn**: Anton Ernst (* 1773), erbte lt. väterl. Testament Kuhdamm u. Liebenfelde für zs. 41/m T., verkaufte Kuhdamm 1803 (um seine Schwester auszuzahlen) an d. Landrat W. H. von Pape, behielt Liebenfelde im Wert von 27 400 T., hatte hier seinen Wohnsitz;

Quellen: GStA, I. HA, Rep. 22, Nr. 137, Paket 8 551/ 1; II. HA, Abt. 12, Materien, Vas.tab. Nr. 6, Bl. 97 RS-98; Nr. 8, Bl. 100 RS-101; Stabi, Ms. geneal. fol. 120, Bl. 255; Fam.gesch. Schulenburg, II. T., S. 572; Tb. Uradel, 1921, S. 387–388; Jb. Neumark, 11/1936, S. 74;

GM **Otto Friedrich von Ihlow** (* April 1727, † 11. Nov. 1792) *

Vater: Dietlof Otto, 1707 Fähnrich im I-R Nr. 15, vor 1715 als Ltnt. abgegangen, 1718 als Erbherr auf Anteil Schmagorei im neumärk. Krs. Sternberg gen.; **Mutter**: Magdalene Tugendreich, geb. von Ihlow; **Laufbahn**: Mai 1742 *cadet* in Berlin, Mai 1746 Cornet im K-R Nr. 11, Juni 1755 Ltnt., Juni 1759 Stabs-Rittmstr., Juni 1761 Rittmstr. u. Chef e. Escadron, Okt. 1768 Major, Sep. 1780 Ol, Juni 1782 Obrist, Juni 1788 Kommandeur d. K-R Nr. 11, Juli 1788 Chef d. K-R Nr. 7, Mai 1789 GM, Mai 1789 Orden p. l. m.; **Ehefrau**: Elisabeth Sophie Albertine, Witwe Obrist von Plotho, geb. von der Hagen (1727–1799); **Güter**: 1745, 1751 u. 1767 als Erbherr auf ½ Schmagorei im Krs. Sternberg gen. (hier als Ihlow);

Quellen: BLHA, Rep. 78 I, Nr. 170, Bl. 58; Stabi, Ms. boruss. fol. 315, Bl. 40–40 RS, Bl. 48 RS, Bl. 52; Ms. geneal. fol. 120, Bl. 220 (Ihlow); König, Helden, 2. T., S. 207 (Ilow); Bardeleben, S. 429 (Vater); Lehmann, S. 199; Jb. Neumark, 1928, S. 20–21; 11/ 1936, S. 97 (Ihlow); Priesdorff, Nr. 779 (hier als v. Ilow, d. Vater: Detleff Oscar);

Gutsbesitzer **Wolf Erdmann von Ihlow** (* 13. Juli 1698)

Vater: Joachim Bernd († 9. Juni 1698), Erbherr auf Leichholz, sechs Wochen vor d. Geburt d. Sohnes gest.; **Laufbahn**: weilte sechs Jahre auf d. Viadrina, trat weder in d. Zivil- noch in d. Militärdienst ein; **Güter**: 1720, 1745, 1751 als Erbherr auf Leichholz im Krs. Sternberg gen., 1774 befand sich d. Gut in d. Hand d. Ltnt.s von Medem, s. d.; **Sohn**: Wolf Erdmann (* 1728), weilte 1745 bei seinem Vater;

Quellen: GStA, I. HA, Rep. 22, Nr. 137, Paket 8 551/ 1; BLHA, Rep. 78 I, Nr. 170, Bl. 55; Stabi, Ms. geneal. fol. 120, Bl. 222; Jb. Neumark 1928, S. 58;

Ltnt. **(Wolf Erdmann) von Ihlow** (1722–1741)

Vater: Wulf Christian Erdmann (* 1688), 1715, 1728 u. 1751 als Erbherr auf Wildenhagen im Krs. Sternberg gen., d. Gut war in seiner Minderjährigkeit verkauft worden, er reluierte es vor 1715 für 11 600 T., wurde 1741 wegen Schulden in Höhe von 6/m T. von seinen Gläubigern mit Personalarrest bedroht, zeigte bei dieser Gelegenheit d. Tod seines einzigen Sohnes an; **Großvater**: Berend, Erbherr auf Wildenhagen; **Laufbahn**: avancierte im Militärdienst bis zum Ltnt., 1741 bei Mollwitz gefallen;

Quellen: GStA, I. HA, Rep. 22, Nr. 137, Paket 8 555/ 1 (auch als Wolf C. E., d. Großvater als Bernd); BLHA, Rep. 78 I, Nr. 170, Bl. 60; Stabi, Ms. geneal. fol. 120, Bl. 221 RS; Jb. Neumark, 1928, S. 29;

Ol **Carl Wilhelm von Jäger** (* 1686, † Dez. 1744) *

aus d. Neumark gebürtig; **Laufbahn**: seit 1703 im Militär, stand 1722 als Sl, 1730 als Pl, 1740 als Grenadier-Cap. im I-R Nr. 12, 1744 Ol u. Chef e. Grenadier-Bat., 1744 im 58. Lebensjahr an Blessuren verst.;

Quellen: Stabi, Ms. boruss. fol. 316, Bl. 238 RS, Bl. 239 (je ohne Adelsprädikat); König, 2. T., S. 197; Zedlitz, 3. Bd., S. 20 (d. Ol hier erwähnt);

Ltnt. **Heinrich von Jagow** (1780–1812) *

aus d. Neumark gebürtig; **Laufbahn**: seit 1794 im Militär, stand 1805 als Sl im D-R Nr. 3, 1811 als Pl abgegangen;

Quellen: Stabi, Ms. boruss. fol. 907 a, Bl. 90 RS (gest. 1811); Gesch. D-R Nr. 3, S. 316, S. 419 (1812 gest.);

Cap. **Leopold Siegfried Ludwig von Jagow** (* 1764)

Vater: Leopold Siegfried Daniel (* 1718, † nach 1774), (aus d. AM bzw. NM gebürtig), seit 1740 im Militär, 1740 u. 1750 als Ltnt. im K-R Nr. 8, 1764 als Major gen., seit Aug. 1763 Erbherr auf Jessen im Krs. Cottbus im Wert von 20/m T.; **Mutter**: Johanne Jacobine, geb. Bergemann (* 1743), in zweiter Ehe vor 1783 verh. mit d. Major Carl Adolph von Bose (* 1733), aus Sachsen-Altenburg gebürtig, seit 1756 im preuß. Militär, stand 1766 als Rittmstr. u. Chef e. Escadron im H-R Nr. 2, (Mai 1775 bzw.) Dez. 1779 Major, 1783 ins K-R Nr. 12, Mrz. 1783 dim., d. Major u. seine Frau wurden 1783, 1801 u. 1805 als Erbherr auf Jessen gen., 1801, 1803 im Wert von 20/m T.; **Bruder**: Johann August Siegfried (* 1770), aus d. AM gebürtig, seit 1786 im Militär, Mrz. 1790 Sl im I-R Nr. 13,

1801 als Pl, 1806 als Stabs-Cap. gen., 1808 dim.; **Laufbahn**: aus Berlin gebürtig, seit 1780 im Militär, 1801 Pl im I-R Nr. 25, Mrz. 1802 Stabs-Cap., noch 1806 als solcher gen., 1809 dim.; **Güter**: ihre Mutter besaß 1763 allein, 1801, 1805 zs. mit d. zweiten Mann Jessen im Krs. Cottbus, sie hatte ihren Wohnsitz in Berlin;

Quellen: GStA, II. HA, Abt. 12, Materien, Vas.tab. Nr. 6, Bl. 48 RS-49; Nr. 8, Bl. 33 RS-34; IV. HA, Rep. 1, Nr. 71, Bl. 35 (Bose, kz. Notiz); Stabi, Ms. boruss. fol. 311, Bl. 15 RS (J. A. S.); fol. 312, Bl. 75, Bl. 76 (1750: aus d. NM), Bl. 73 RS (je d. Vater); fol. 314, Bl. 137 (L. S. L.); fol. 315, Bl. 75 (Bose); fol. 907 a, Bl. 6 (J. A. S.), Bl. 6 RS (L. S. L.); Ms. geneal. fol. 120, Bl. 238 RS-239 (d. Vater u. d. Söhne gen.); Jb. Neumark, 11/1936, S. 104; Krüger, Cottbus, S. 18–19;

Major **Carl Wilhelm Friedrich von Jargow** (1764–1807)

Vater: Carl Hans Adolph (* 1739), aus Mecklenburg gebürtig, seit 1757 im preuß. Militärdienst, Mai 1763 Pl im I-R Nr. 22, 1765 mit d. Charakter Cap. dim., ging in d. NM, (Erbherr auf Wutzig im Krs. Dramburg); C. W. F. aus d. NM gebürtig; **Mutter**: Amalia Wilhelmina Hedwig, geb. von Schön, 1774 auf Anteil Schlagenthin im Krs. Arnswalde gen.; **Laufbahn**: seit 1778 im Militär, 1787 als Ltnt., 1801 als Rittmstr., 1806 als Major im K-R Nr. 5 gen., 1807 gefallen; **Güter**: seit Sep. 1793 (bzw. 1798) Erbherr auf Wutzig im Krs. Dramburg im Wert von 36 900 T., suchte im Jan. 1804 um Beihilfen über 12 972 T. nach, noch 1806 auf d. Gut gen.;

Quellen: GStA, II. HA, Abt. 12, Materien, Vas.tab. Nr. 8, Bl. 79 RS-80; Abt. 13 a, Tit. II, Litt D, Nr. 7 (Hinweis auf d. Vater auf Wutzig); Stabi, Ms. boruss. fol. 311, Bl. 131 (hier als Carl Fr.); fol. 314, Bl. 289 RS, Bl. 292 RS (je d. Vater, als von Jarchow); fol. 907 a, Bl. 87 RS; Ms. geneal. fol. 120, Bl. 236 RS (Vater u. Mutter); Jb. Neumark, 11/1936, S. 62 (Mutter), S. 68 (danach kaufte C. W. F. erst 1798 Wutzig);

Cap. **Carl Friedrich von Jena** (* 19. Febr. 1770, † 20. Dez. 1838)

Vater: Friedrich Wilhelm (1735–1774), stand 1753 als Junker im D-R Nr. 3, Juni 1757 als Cornet wegen Blessuren (mit d. Charakter Ltnt.) abgegangen, Erbherr auf Döbbernitz im Krs. Sternberg, 1767 im Wert von 16 500 T., darauf Schulden von 12 985 T., auf Falkenberg, Dannenberg, Cöthen im Krs. Oberbarnim, bat 1770 wegen d. kriegsbedingten Schäden um e. Indult; **Mutter**: Anna Louise, geb. von Unruh (* 1734), ging 1786 e. zweite Ehe ein mit d. Major Friedrich Wilhelm von Polenz, sie hielt sich 1788 in Döbbernitz auf, besaß e. Vermögen von 616 T., eingetragen auf dem Gut ihrer Söhne, u. stand auf d. Expectantenliste für e. neumärk. Witwenpension, sie wurde 1796 von der Liste gestrichen, da die Vermögensumstände ihrer Söhne so waren, daß sie ihre Mutter unterstützen konnten; **Großvater**: Carl Friedrich (1710–1736), Cap. im D-R Nr. 1, sein Bruder Gottfried von Jena (1706–1775) *, KG-, Geh. Justizrat, saß 1715 u. 1718 auf Döbbernitz im Krs. Sternberg, erwarb 1722 d. Güter Cöthen, Falken- u. Danneberg im Oberbarnim für 44/m T.; **Bruder**: Gottfried (1767–1831), besuchte Schulen, zeitweilig Referendar beim Berliner Stadtgericht, hatte seinen Wohnsitz in Döbbernitz, im Dez. 1770 mit 18/m T. angegeben, noch 1809 hier gen., verheiratet mit Henriette von Koschembahr, diese ließ sich vor 1801 von ihm scheiden;

Laufbahn: weilte von Okt. 1784 bis 1786 auf d. Ritterakademie in Brandenburg an d. Havel, 1788 Junker im D-R Nr. 1, Mai 1788 Cornet, Mrz. 1790 Sl, bat im Febr. 1791 um d. *venia aetatis,* besaß zs. mit seinem Bruder d. mittelmärkischen Güter Cöthen, Falkenberg, Dannenberg sowie Döbbernitz im Krs. Sternberg, auf allen vier Gütern ruhten Schulden von 44/m T., jeder d. beiden besaß e. Vermögen von 11 140 T., am 7. Mrz. 1791 wurde sein Antrag abgelehnt, Dez. 1794 Abschied als Cap., Teilnahme am Feldzug von 1815, Abschied als Major; **Ehefrau**: Sophie Margarethe Eleonore, geb. Gans Edle zu Putlitz (1778–1837), sie bekam am 21. Mrz. 1796 d. *venia aetatis,* sie besaß e. Kapital von 700 T., ihre drei Güter in d. Prignitz hatten e. Wert von 75 879 T.; C. F. bewirtschaftete nach d. brüderlichen Teilung seit 1795 seine **Güter** Cöthen, Falkenberg u. Dannenberg;

Quellen: GStA, I. HA, Rep. 22, Nr. 141 b; II. HA, Abt. 12, Materien, Vas.tab. Nr. 6, Bl. 128 RS-129; Abt. 13 a, Tit. III, Generalia, Nr. 2, Bd. 14, fol. 5 RS-6; Tit. IV, Generalia, Nr. 25; Tit. IV, Litt S, Nr. 3; Stabi, Ms. boruss. fol. 314, Bl. 45; Ms. geneal. fol. 120, Bl. 253 RS; Gesch. D-R Nr. 3, S. 101, S. 411; Leers, Zöglinge, S. 124; Tb. Briefadel, 1916, S. 457; Moegelin, S. 66; Jb. Neumark, 11/1936, S. 93;

Major **Christian Friedrich von Kahlenberg** (* 1708)

aus Briesen bei Cottbus gebürtig; **Laufbahn**: seit 1726 im Militärdienst, stand 1733 als Ltnt., 1743 als Stabs-Cap. im I-R Nr. 24, Aug. 1747 Orden p. l. m., 1756 Cap. u. Chef e. Comp., erhielt 1757 als Major e. Grenadier-Bat.;

Quellen: GStA, IV. HA, Rep. 1, Nr. 76, Bl. 23 (hier nur e. Carl Christoph (* 1720) im I-R Nr. 7, aus (Grewitz, sic) Mecklenburg, Juli 1745 Pl, Juli 1764 als Major dim.); Stabi, Ms. boruss. fol. 316, Bl. 316 (aus Briesen bei Cottbus), Bl. 317 (aus d. Nl), Bl. 318 RS (aus d. NM), Bl. 323 RS; Märkische Forschungen, Bd. 2, S. 384–385 (über d. ausgestorbene märk. Fam. von K.); Lehmann, S. 39 (hier als Christof Friedrich);

Fähnrich **Friedrich Erdmann von Kahlenberg** (* 1704)

aus d. Neumark gebürtig; **Laufbahn**: seit 1722 im Militär, Okt. 1729 Fähnrich im I-R Nr. 20, vor 1740 abgegangen; (**verwandt**: im Febr. 1719 kaufte d. Ltnt. Rudolph Ehrentreich von Kahlenberg, aus Görlsdorf im Krs. Lebus gebürtig, d. Gut Lichtenow im Krs. Friedeberg für 22/m T. von d. Fam. von Möhlen, er konnte dieses infolge von Unglücksfällen nicht behaupten u. verkaufte es um 1738, 1740 wieder, machte sich dann auf Billerbeck in Pommern ansässig, im Alter von 58 Jahren gest., seine drei Töchter im Alter von 61, 63 u. 65 Jahren besaßen 1782 e. Vermögen von zs. 600 T., sie galten daher als qualifiziert für e. neumärkische Pension: GStA, I. HA, Rep. 22, Nr. 236; II. HA, Abt 13 a, Tit. III, Generalia, Nr. 2, Bd. 10, Bl. 43 RS-44; Jb. Neumark, 1926, S. 86);

Quellen: Stabi, Ms. boruss. fol. 311, Bl. 117; Siebmacher, Bd. 6/5, 1880, S. 43;

Major **Otto Wilhelm von Kahlenberg** (* 1722)

aus d. Krs. Cottbus gebürtig; **Laufbahn**: seit 1737 im Militär, Okt. 1742 Fähnrich im I-R Nr. 31, Okt. 1745 Sl, Sep. 1752 Pl, Sep. 1759 Stabs-Cap., Nov. 1759 Cap. u. Chef e. Comp., Mai 1765 Major, Sep. 1774 als Major dim.;

Quellen: GStA, IV. HA, Rep. 1, Nr. 76, Bl. 23; Stabi, Ms. boruss. fol. 314, Bl. 220 (1755: aus d. NM), Bl. 223 (1764: aus Sachsen), Bl. 234; Siebmacher, Bd. 6/5, 1880, S. 43;

Obrist **Adam Chrysostomus von Kalckreuth** (* 1749) *

Vater: Chrysostomus, Erbherr auf Kobelnik u. Pensowa in Polen; A. C. aus d. Neumark gebürtig; **Mutter**: Barbara Christine, geb. von Unruh (1721–1789); **Laufbahn**: seit 1763 im Militär, April 1765 Cornet im K-R Nr. 7, Juni 1772 Sl, Juni 1784 Stabs-Rittmstr., Mrz. 1792 Rittmstr., Okt. 1793 Major, April 1802 Chef e. Escadron, Juni 1803 Ol, Juni 1805 Obrist, Dez. 1809 ohne Ansprüche auf *Gnadenwohltaten* dim.;

Quellen: GStA, IV. HA, Rep. 1, Nr. 76, Bl. 39; Stabi, Ms. boruss. fol. 315, Bl. 24 (danach aus Polen), Bl. 29 (aus d. NM), Bl. 30 (aus d. NM); Fam.gesch., S. 424; Fam.gesch. Unruh, Sp. 380;

Cap. **Carl Balthasar Ernst von Kalckreuth** (* um 1720, † vor April 1788)

Vater: Caspar Oswald (sächs. Fähnrich), 1715 Erbherr auf Anteil Buckow im Krs. Züllichau; **Mutter**: Ursula Dorothea, geb. von Falkenhayn; **Großvater**: Balzer Reichart; **Laufbahn**: Dez. 1744 Fähnrich im I-R Nr. 36, Sep. 1749 Sl, Febr. 1757 Pl, Juli 1759 Stabs-Cap., Juli 1763 dim.; (zweite) **Ehefrau**: e. geb. Schmalz, sie bat als Witwe am 30. April 1788 um e. Pension; **Güter**: nahm nach 1763 d. Vorwerk Schlalach im Amt Saarmund in Erbpacht, erlitt um 1777 große Schäden, mußte d. Pacht aufgeben, hielt sich 1782 im Alter von 62 Jahren vermögenslos in Berlin auf; **Sohn**: Johann Friedrich, dieser erhob 1793 Ansprüche auf e. Anteil d. Gutes Bredenfeld in Mecklenburg;

Quellen: GStA, IV. HA, Rep. 1, Nr. 76, Bl. 38; Gesch. I-R Nr. 36, S. 81 (danach aus Schlesien gebürtig, teils andere Daten als in IV. HA, Rep. 1); Fam. gesch., S. 297, S. 298, S. 313–315;

Cap. **Carl Christian von Kalckreuth** (* 31. Dez. 1702, † Frühjahr 1742) *

Vater: Wolf Christian († 1721), 1715 als Erbherr auf Anteil Buckow im Krs. Züllichau gen.; C. C. aus Buckow bei Züllichau gebürtig; **Mutter**: Ursula Marianna, geb. von Loeben (1680–1725); **Bruder**: Caspar Rudolph (* 1706), Major, s. d.; **Bruder**: Sigismund Wilhelm (1722–1759), Cap., s. d.; **Laufbahn**: seit 1720 im Militär, April 1740 Cap. u. Chef e. Comp. im I-R Nr. 13, zw. 21. Mrz. u. 9. Mai 1742 an e. bei Solonitz (bzw. Lesch) in Mähren erlittenen Blessur mit 39,25 Jahren gest.;

Quellen: Stabi, Ms. boruss. fol. 311, Bl. 21 RS, Bl. 31; Fam.gesch., S. 289, S. 431, S. 452; Jb. Neumark 1928, S. 74;

Ltnt. **Carl Siegmund von Kalckreuth** (* 27. Febr. 1712, † 12. Febr. 1758)

Vater: Rudolph Ernst, Ltnt., Erbherr auf Anteil Glogsen u. Anteil Lochow im Krs. Züllichau, hatte 1715 vier unmündige Söhne; **Mutter**: Sabine Elisabeth, geb. von Loeben; **Brüder**, 1715 gen.: Christoph Balzer, Rudolph Eberhard, Sebastian Friedrich; **Laufbahn**: seit 1728 im Militär, Juni 1742 Sl im Garn.-Reg. Nr. 6, stand 1753 als Sl im Grenadier-Bat. Nr. 6, Jan. 1757 Pl, 1758 gefallen;

Quellen: GStA, IV. HA, Rep. 1, Nr. 76, Bl. 38; Stabi, Ms. boruss. fol. 311, Bl. 382; fol. 315, Bl. 94 RS; Fam.gesch., S. 462; Jb. Neumark 1928, S. 79 (d. Vater hier als Ernst Rudolph);

Major **Caspar Rudolph von Kalckreuth** (* 1706)

Vater: Wolf Christian († 1721), 1715 als Erbherr auf Anteil Buckow im Krs. Züllichau gen.; (C. R. aus d. Krs. Crossen gebürtig); **Mutter**: Ursula Marianna, geb. von Loeben (1680–1725); **Bruder**: Carl Christian (1702–1742), Cap., s. d.; **Bruder**: Ludwig Gottlob (1716–1783), GM, s. d.; **Laufbahn**: seit 1720 im Militär, Juli 1728 Cornet im K-R Nr. 3, Febr. 1739 Ltnt., Juni 1752 Stabs-Rittmstr., Aug. 1755 Rittmstr. u. Chef e. Escadron, Sep. 1757 Major, Mai 1763 dim.;

Quellen: GStA, IV. HA, Rep. 1, Nr. 76, Bl. 38; BLHA, Rep. 23 B, Nr. 446; Stabi, Ms. boruss. fol. 313, Bl. 109, Bl. 111 (hier als Casp. Adolph, aus Schlesien), in fol. 313 nicht in d. Abgangsliste; Fam. gesch., S. 296 (Vater); Jb. Neumark, 1928, S. 74;

Cap. **Friedrich Ernst von Kalckreuth** (* 1728)

Vater: Ernst George (1690–1762) *, seit 1708 im Militär, zuletzt Obrist, Kommandant von Emden, Chef d. Garn.-Bat. Nr. 12; F. E. aus d. Neumark gebürtig; **Mutter**: Anna Juliane, geb. von Stoessel († 1779); **Vater-Bruder**: Hans Otto, Major, dessen Söhne, beide 1771 gen., der Major Johann Nicolaus im K-R Nr. 5, u. Friedrich Wilhelm, Cap. im I-R Nr. 8, stammten aus Polnisch-Preußen; **Bruder**: Wilhelm Heinrich Adolph (1735–1811), Gl, s. d. mehr; **Bruder**: Johann Carl Sigismund (* 1738, † 19. Okt. 1814), seit 1756 im Militär, Juni 1757 Fähnrich im I-R Nr. 8, Nov. 1760 Sl, Mai 1766 Pl, Juni 1777 Stabs-Cap., Aug. 1780 Cap. u. Chef e. Comp., Okt. 1788 Major, Juni 1793 Chef d. Invaliden-Comp. d. I-R 8, Mrz. 1805 Ol, Jan. 1813 pens.; **Laufbahn**: Jan. 1746 Fähnrich im Garn.-Bat. Nr. 12, Febr. 1753 Sl, Jan. 1757 beim Grenadier-Bat. Nr. 5, April 1773 Pl, Mrz. 1776 Stabs-Cap., April 1776 Cap. und Chef e. Comp. im Grenadier-Bat. Nr. 5, Jan. 1788 mit 400 T. Pension dim.;

Quellen: GStA, IV. HA, Rep. 1, Nr. 76, Bl. 38 (F. E., J. C. S., hier als Johann Caspar Sigismund); Stabi, Ms. boruss. fol. 314, Bl. 39, Bl. 40, Bl. 41, Bl. 341; fol. 315, Bl. 180, Bl. 189 RS, Bl. 192 RS (je J. C. S., aus Ostfriesland geb.); Fam.gesch., S. 419 (Hinweis auf Vater u. Brüder); Pommern, S. 283–284 (Biogramm d. Vaters E. G.);

Cap. **Friedrich Wilhelm von Kalckreuth** (* 28. Dez. 1712, † 23. Juli 1784)

Vater: Carl (* 1649, † 15. Febr. 1726), 1692 als Cap. gen., stand 1707 als Ol, 1709 als Obrist u. Kommandeur im D-R Markgraf bzw. Prinz Albrecht, vor 1715 abgegangen, erhielt 1701 d. gesamte Hand an Guhren, saß 1715 auf Anteil Guhren u. 1718 auf Anteil Lochow im Krs. Züllichau (auch auf Rackau), in zweiter **Ehe** verheiratet mit Ursula Beate, geb. von Schlichting († 1750); **Vater-Bruder**: Friedrich Joachim (* 1671), seit 1687 im Militär, Mai 1705 Cap. im D-R Markgraf Albrecht, als solcher noch 1715 gen. (am 9. Nov. 1723 als Ol gest.); **Bruder**: Christian Ludwig, 1715 gen.; **Laufbahn**: Sep. 1740 Fähnrich im I-R Nr. 19, Sep. 1741 Sl, Jan. 1748 Pl, Febr. 1752 *cassirt*, Aug. 1755 beim Garn-Reg. Nr. 5, April 1761 (als Cap.) abgegangen; 1757 starb seine damalige Schwiegermutter, d. Hofrätin Thering in Frankfurt an d. Oder; (vierte) **Ehefrau**: Louise Maria Elisabeth (* 1744), e. Tochter d. Obristen u. Kommandanten von Glogau von Hake, sie hatte keine Kinder, hielt sich 1795 in Lieben bei Drossen auf, besaß als Witwe ein Vermögen von 1/m T.

u. konnte von den vier Prozent Zinsen nicht leben, sollte auf d. Expectantenliste für e. neumärk. Pension gesetzt werden;
Quellen: GStA, II. HA, Abt. 13 a, Tit. IV, Litt S, Nr. 3; IV. HA, Rep. 1, Nr. 76, Bl. 38; Stabi, Ms. boruss. fol. 319, Bl. 30 (Onkel); Geschichte I-R Nr. 19, S. 95; Fam.gesch. S. 287–288, S. 312, S. 448, S. 455, S. 461; Bardeleben, S. 426; Jb. Neumark, 1928, S. 69, S. 79;

Obrist **Hans Christoph Ernst von Kalckreuth** (* 14. Juni 1741, † 1. Nov. 1825) *

Vater: Rudolph Eberhard (1708–1750), (stammte aus d. Krs. Züllichau), seit 1729 im Militär, stand 1730 als Corp., 1740 als Wachtmstr. im K-R Nr. 8 (zuletzt Major in e. K-R), soll 30 Jahre gedient haben, Erbherr auf Arensdorf im Krs. Sternberg; **Mutter**: Theresia Beata, geb. von Wedel (1719–1806), sie saß 1767 als Witwe auf Arensdorf im Wert von 16 400 T., darauf Schulden von 17 617 T.; **Bruder**: Carl Sigismund (1744–1816) *, Jan. 1761 Fähnrich im I-R Nr. 18, Aug. 1764 Sl, Juli 1772 dim., seit 1789 Landrat im Krs. Sternberg, Mitbesitzer von Arensdorf, d. Gebr. erhielten 1772 e. Meliorationskredit für ihr Gut von 7/m T., 1780 weitere 8 160 T., 1801 wurde Arensdorf mit 22/m T. angegeben, seit 1797 auch auf Schönborn im Krs. Züllichau, erworben für 16/m T.; **Bruder**: Ernst Carl Rudolph (1745–1813) *, 1755 auf d. JG in Berlin, Jan. 1761 Fähnrich im I-R Nr. 18, April 1766 Sl, Mai 1778 Pl, Nov. 1786 Stabs-Cap., April 1788 Cap. u. Chef e. Comp., Juni 1794 Major, Febr. 1795 Kommandeur d. Grenadier-Bat., Juli 1799 Kommandeur d. I-R Nr. 38, Juni 1804 Ol, Juni 1806 Obrist, Febr. 1809 als GM mit Pension dim.; **Bruder**: Friedrich August Bogislav (* 1747, † 30. Juni 1821), Febr. 1766 Cornet im H-R Nr. 8, Mrz. 1771 Sl, Juni 1783 Pl, Febr. 1788 Stabs-Rittmstr., Aug. 1793 Orden p. l. m., Sep. 1793 Rittmstr. u. Chef e. Escadron, Juli 1794 Major, Dez. 1803 Kommandeur d. Reg., Mai 1806 Ol, Juni 1809 kein Zeugnis d. *Wohlverhaltens*; **Schwester**: Louisa Henriette (* 1747), **Schwester**: Friederika Wilhelmina (* 1749), beide hielten sich 1795 bei ihrem Bruder C. S. auf u. wurden von diesem unterstützt, sie wurden auf d. Expectantenliste für e. Pension gesetzt, beide gaben damals an, ihr Vater sei Major in e. K-R gewesen; **Laufbahn**: Aug. 1756 Gefr.corp. im I-R Nr. 32, Mrz. 1758 Fähnrich, Nov. 1760 Sl, April 1767 Pl, Aug. 1780 Stabs-Cap., Sep. 1781 Cap. u. Chef e. Comp. im I-R Nr. 32, April 1791 Major, Dez. 1792 Kommandeur d. Bat., Mrz. 1793 Orden p. l. m., Mai 1799 Ol, Okt. 1799 Kommandeur d. I-R Nr. 32, Mai 1801 Obrist, Dez. 1813 Abschied mit Pension, Juli 1814 Charakter GM; in erster Ehe **verheiratet** mit Christiane Maximiliane, geb. von Roeder (1745–1813), **Sohn**: Carl Ferdinand (* 1778, † 16. Febr. 1838), Mrz. 1794 Fähnrich im I-R Nr. 32, Okt. 1797 Sl, April 1811 Pl, Dez. 1811 als Stabs-Cap. dim., nach 1829 Postmstr. in Rathenow;
Quellen: GStA, I. HA, Rep. 96, Nr. 435 K, Bd. 1; II. HA, Abt. 12, Materien, Vas.tab. Nr. 6, Bl. 127 RS-128; Abt. 13 a, Tit. IV, Litt S, Nr. 3; IV. HA, Rep. 1, Nr. 76, Bl. 38 (hier nur d. Major Caspar Rudolph im K-R Nr. 3, s. d.), Bl. 39 (C. S., E. C. R., H. C. E., F. A. B.), Bl. 40 (Sohn C. F.); Stabi, Ms. boruss. fol. 312, Bl. 77 RS (Vater), Bl. 145 RS, Bl. 149, Bl. 150 (je H. C. E.); Jb. dt. Adel, 2. Bd., S. 147; Lehmann, S. 234, S. 275 (Bruder F. A. B.); Moegelin, S. 66, S. 260, S. 266; Priesdorff, Nr. 1147 (Bruder E. C. R.), Nr. 1224 (H. C. E.); biogr. Handbuch, S. 470–471 (Bruder C. S.);

GM **Ludwig Gottlob von Kalckreuth** (* 17. Sep. 1716, † 20. Mrz. 1783) *

Vater: Wolf Christian († 1721), Erbherr auf Anteil Buckow im Krs. Züllichau (auf Rackau in Schwiebus u. Zettitz in Crossen); **Mutter**: Ursula Marianna, geb. von Loeben (1680–1725); **Vater-Brüder**, 1713 gen.: Balzer Sigismund, vorm. Ltnt. im I-R Nr. 12, 1721 auf Petersdorf (in Schlesien), Hans George, 1715 Lehnsträger in Malsow, H. G. hatte Malsow 1703 von d. Fam. von Buntsch für 6 600 T. gekauft, Caspar Oswald, vorm. sächs. Fähnrich, auf Konradswaldau im Ftm. Liegnitz, d. drei älteren Brüder überließen 1713 d. jüngsten C. O. ihren Anteil an Buckow für 12/m T.; **Großvater**: Balzer Reichart, Erbherr auf Anteil Buckow; **Bruder**: Caspar Rudolph (* 1706), Major, s. d.; **Laufbahn**: Mai 1729 *cadet* in Berlin, seit Mai 1735 Gefr.corp. im I-R Nr. 25, Febr. 1739 Fähnrich, Febr. 1741 Sl, Aug. 1744 Pl, Mai 1750 Stabs-Cap., Nov. 1756 Cap. u. Chef e. Comp., Mai 1760 Major, Juni 1766 Ol, April 1767 Kommandeur d. I-R Nr. 34, Mai 1770 Obrist, Mrz. 1778 GM u. Chef d. I-R Nr. 1, April 1788 krankheitshalber mit Pension dim.; **Ehefrau**: Caroline Beate Dorothea (* 1754), e. To. d. Cap. Friedrich Wilhelm von Kalckreuth († 1784), s. d., sie ging 1785 e. zweite Ehe ein mit d. Pl Friedrich Adolph Erdmann von Winning vom I-R Nr. 24; **Güter**: Erbherr auf Lankwitz bei Berlin;

Quellen: GStA, I. HA, Rep. 22, Nr. 169, Paket 8 588; BLHA, Rep. 23 B, Nr. 446; Stabi, Ms. boruss. fol. 311, Bl. 105; fol. 314, Bl. 121, Bl. 140 RS, Bl. 143; König, 2. T., S. 226 (aus Schlesien geb.?); Crousaz, S. 33; Fam.gesch., S. 289, S. 297, S. 302, S. 313; Priesdorff, Nr. 642;

GM **Samuel Adolph von Kalckreuth** (* 1693, † 14. Okt. 1778) *

Vater: Hans Christoph († 1721), Ltnt., Erbherr auf Guhren im Krs. Züllichau; **Mutter**: Marie Elisabeth, geb. von Kleist; **Vater-Bruder**: Samuel, Cap.-Ltnt. in preuß. Diensten, 1715 Erbherr auf Anteil Lochow im Krs. Züllichau, Sohn: Adolph Lorenz; S. hatte zs. mit H. C. im Dez. 1713 e. Lehnbrief für Guhren erhalten, sie wollten es 1717 für 13/m T. reluieren; Stief-**Bruder**: Ernst George (1690–1762), Obrist, siehe bei dessen Sohn W. H. A.; **Bruder**: Hans Otto, Major; **Laufbahn**: 1710 Gefr.corp. im I-R Nr. 8, Jan. 1716 Fähnrich, Aug. 1720 Sl, Mrz. 1725 Pl, Okt. 1726 Stabs-Cap., April 1731 Cap. u. Chef e. Comp. im I-R Nr. 8, Okt. 1740 Major, Juli 1746 Ol, Mrz. 1747 Kommandeur d. I-R Nr. 8, Mai 1747 Obrist, Jan. 1757 GM u. Chef d. I-R Nr. 43, Jan. 1758 Chef d. neuen I-R von Loën, Aug. 1758 dim.; in Stettin 1778 ledig verst.;

Quellen: GStA, IV. HA, Rep. 1, Nr. 76, Bl. 38; König, 2. T., S. 225, S. 228–229 (E. G.); Fam.gesch., S. 403; Priesdorff, Offz.stammliste, S. 17–18; Jb. Neumark, 1928, S. 79; Priesdorff, Nr. 438; Pommern, S. 284 (kz. Biogr., d. Brüder u. d. Onkel hier nicht gen.);

Cap. **Sigismund Wilhelm von Kalckreuth** (* 30. Aug. 1722, † 12. Aug. 1759)

Vater: Wolf Christian († 1721), 1715 u. 1718 als Erbherr auf Anteil Buckow im Krs. Züllichau gen.; S. W. aus Buckow bei Züllichau gebürtig; **Mutter**: Ursula Marianna, geb. von Loeben (1680–1725); **Bruder**: Carl Christian (1702–1742), Cap. s. d.; **Bruder**: Caspar Rudolph (* 1706), Major, s. d.; **Bruder**: Ludwig Gottlob (1716–1783), GM, s. d.; **Laufbahn**: stand seit 1741 als

Gefr.corp. im I-R Nr. 39, 1745 als Fähnrich ins I-R Nr. 43 versetzt, April 1746 Sl, Juli 1756 Pl, Mai 1757 Stabs-Cap., Sep. 1758 Cap. u. Chef e. Comp., 1759 bei Kunersdorf gefallen;

Quellen: GStA, IV. HA, Rep. 1, Nr. 76, Bl. 38; BLHA, Rep. 23 B, Nr. 446; Stabi, Ms. boruss. fol. 316, Bl. 200, Bl. 299, Bl. 303; Fam.gesch., S. 451–452; Jb. Neumark, 1928, S. 74;

Gl **Wilhelm Heinrich Adolph von Kalckreuth** (* 1735, † 21. Dez. 1811) *

Vater: Ernst George (1690–1762) *, aus Pommern gebürtig, seit 1708 im Militär, Juli 1717 Ltnt., Juni 1724 Rittmstr. im K-R Nr. 5, seit 1744 in Emden, zuletzt Obrist, Kommandant von Emden, Chef d. Garn.-Bat. Nr. 12; **Mutter**: Anna Juliane, geb. von Stoessel († 1779); **Bruder**: Friedrich Ernst (* 1728), Cap., s. d.; **Laufbahn**: Aug. 1747 Fähnrich im Garn.-Bat. in Emden, Jan. 1757 Sl im I-R Nr. 33, April 1763 Pl, Aug. 1765 Stabs-Cap., Jan. 1771 Cap. u. Chef e. Comp., Jan. 1784 Major, Juli 1789 Kommandeur d. I-R Nr. 33, Mai 1791 Ol, Aug. 1791 Orden p. l. m., Febr. 1793 Obrist, Mai 1797 Chef d. I-R Nr. 4, Juni 1798 GM, Mai 1806 Gl, Okt. 1807 mit 1 200 T. Pension dim.; **Ehefrau**: Dorothea verwitw. Feuser, geb. Strauss;

Quellen: GStA, IV. HA, Rep. 1, Nr. 76, Bl. 38; Stabi, Ms. boruss. fol. 311, Bl. 5 (1787: aus d. UM), Bl. 7 (1764: aus d. NM), Bl. 8 (1774: aus d. NM); Jb. dt. Adel, 2. Bd., S. 145; Lehmann, S. 208; Priesdorff, Nr. 956 (W. H. A. aus Schwedt gebürtig); Pommern, S. 283–284 (Biogramm d. Vaters);

Major **Günter Friedrich von Kalisch** (* 1745)

Vater: Johann Friedrich (* 1710), Ltnt. im D-R Nr. 3, seit 1774 bzw. Mai 1776 Erbherr auf Völzkow (u. Wopersnow) im Krs. Schivelbein im Wert von 3 400 T., 1778 saß d. Rittmstr. Leopold Ehren(t)reich von der Osten vom D-R 3 auf Wopersnow, s. d., er verkaufte d. Gut 1781 für 18 300 T. an d. Frau Cap. von Uckermann; **Laufbahn**: Sep. 1759 Fähnrich im I-R Nr. 24, Sep. 1760 Sl, Jan. 1767 Pl, Dez. 1778 Stabs-Cap., Dez. 1781 Chef e. Comp., Nov. 1788 Major, Mai 1790 mit Pension dim.; **Güter**: saß 1785 auf Völzkow;

Quellen: GStA, I. HA, Rep. 62, Nr. 264 a, Fasz. 31 (1785 als bgl. Besitzer); IV. HA, Rep. 1, Nr. 76, Bl. 53; Stabi, Ms. boruss. fol. 316, Bl. 320 (G. F. danach aus Pomm. gebürtig); Ms. geneal. fol. 120, Bl. 252 (Vater u. Sohn 1774 gen.); Gesch. D-R Nr. 3 (d. Vater hier nicht); Jb. Neumark, 11/1936, S. 90 (d. Vater hier ohne Adelsprädikat); Pommern, S. 284 (hier als Gustav Fr. u. als Kali(t)sch, geb. 1744);

Obrist **Balthasar Ferdinand von Kalsow** (* um 1691, † 1. Okt. 1766) *

Vater: Carl Ferdinand († 1697), Erbherr auf Blankenhagen im Krs. Dramburg, auf Suckow (bzw. Suchow) u. Rützenow in Pommern; **Mutter**: Anna Luise, geb. von Dewitz; **Bruder**: Christian Ludwig (1694–1766) *, 1727 als Ltnt. gen., Erbherr auf Blankenhagen im Krs. Dramburg, Jan. 1745 GM, Mai 1750 Gl, Erbherr auf Zollen im Krs. Soldin; **Laufbahn**: seit 1707 im Militär, zunächst in hessischen Diensten, Mai 1713 Cap. im I-R Nr. 24, Febr. 1717 Major im I-R Nr. 8, seit Nov. 1722 im I-R Nr. 2, im Juli 1730 als Ol zum I-R Nr. 4 versetzt, Aug. 1733 Obrist im I-R Nr. 4; **Güter**: 1715 u. 1718 zs. mit d. Bruder als Erbherr auf Blankenhagen im Krs. Dramburg im Wert von 4/m T. gen., später Erbherr auf Rützenow in Pommern, 1728 saß d. Bruder C. L. auf d. Gut;

Quellen: GStA, IV. HA, Rep. 1, Nr. 76, Bl. 64 (hier C. L., B. F. nicht); BLHA, Rep. 23 B, Nr. 446; Stabi, Ms. boruss. fol. 313, Bl. 34 RS; fol. 315, Bl. 181; fol. 319, Bl. 46 RS (B. F., als Calsow, aus Pommern geb.); Brüggemann, T. 2/1, S. 446–447; Oelsnitz, I-R Nr. 2, S. 363, S. 922; Jb. Neumark, 1927, S. 110; Priesdorff, Nr. 324 (Bruder, hier Suchow gen.); Pommern, S. 284–285 (Biogr. d. Bruders C. L.);

Major **Carl Friedrich von Kaminsky** (1737–1781)

aus d. Neumark gebürtig; **Laufbahn**: trat 1751 in d. Militärdienst ein, Mrz. 1755 Cornet im D-R Nr. 4, Nov. 1757 Sl, Juni 1763 Pl, Juni 1764 Stabs-Rittmstr. im K-R Nr. 5, Juni 1766 Rittmstr. u. Chef e. Escadron, Mrz. 1778 Major, Mai 1781 dim. u. versorgt, noch 1781 gest.; **Ehefrau**: Wilhelmine, geb. von Könneritz († 1775); **Schwester**: Henriette Wilhelmine (* 1764), verheiratet mit d. Rittmstr. Alexander Gustav von Blankenburg im K-R Nr. 5; **Schwester**: Friederike Caroline Helene (* 1773), sie besaß 1792 e. Stelle im Stift Marienfließ u. zog daraus 60 T. jährlich, e. Gesuch um e. Pension wurde daher abgewiesen; **Sohn**: Carl August Wilhelm (* 1768) *, stand im I-R Nr. 35, zuletzt Cap.;

Quellen: GStA, II. HA, Abt. 13 a, Tit. IV, Litt S, Nr. 1, Bd. 1; IV. HA, Rep. 1, Nr. 76, Bl. 75 (C. F. u. C. A. W.); Stabi, Ms. boruss. fol. 311, Bl. 139; fol. 313, Bl. 60, Bl. 60 RS; Gesch. D-R Nr. 3, S. 422; Pommern, S. 296 (Biogramm d. Sohnes C. A. W.);

Ltnt. **Hans Albrecht Scipio von Katte** (* 1. April 1764, † Nov. 1838)

Vater: Albrecht Ludwig (1724–1774?), Febr. 1739 Cornet im K-R Nr. 11, Nov. 1744 Ltnt., Okt. 1752 Stabs-Rittmstr., Aug. 1757 Rittmstr., April 1759 Major, Sep. 1768 ins D-R Nr. 4, Juni 1769 Ol, Juni 1772 Obrist, Jan. 1775 gest., 1774 als Erbherr auf Anteil Grünrade im Krs. Königsberg gen.; **Mutter**: Johanna Auguste, geb. von Metzsch; **Bruder**: Hans Ludwig Cäsar (1766–1830), Aug. 1794 Cornet im K-R Nr. 11, Okt. 1797 Sl, Nov. 1808 als Pl dim., Mai 1813 bei d. pomm. Landwehr, Jan. 1819 vom Dienst entbunden; **Bruder**: Friedrich George (1772–1796), Juni 1790 Fähnrich im I-R Nr. 1, Okt. 1794 Sl, Juni 1796 gest.; **Laufbahn**: Febr. 1784 Cornet im K-R Nr. 5, Juni 1789 Sl, Nov. 1791 Pl, Juni 1794 Wartegeld, Aug. 1813 Major u. Kommandeur d. 1. Bat. d. 2. Pomm. Landwehr-I-R, Mrz. 1817 ausgeschieden; **Güter**: die Brüder wurden 1801 als unangesessene Vasallen aus d. Hs. Grünrade d. Fam. von Katte im Krs. Königsberg geführt;

Quellen: GStA, II. HA, Abt. 12, Materien, Vas.tab. Nr. 6, Bl. 105 RS-106 (F. G. hier noch als Ltnt. gen.); IV. HA, Rep 1, Nr. 76, Bl. 132 (Vater, 1775 gest.), Bl. 133 (H. A. C., hier als Aug. A. S.), Bl. 134 (F. G., H. L. C.); Stabi, Ms. geneal. fol. 120, Bl. 249 (Vater, vor 1778 gest., d. drei Söhne gen.); Tb. Uradel, 1908, S. 375 (Vater, 1795 gest.);

Ol **Hans Caspar von Ker(c)kow** (* 1723, † 21. Nov. 1777)

Vater: Hans Sigismund (* 1680, † vor 1755), 1715 u. 1745 als Erbherr auf Pammin im Krs. Arnswalde gen., hatte 1745 drei Söhne von 22, fünf u. einem Jahr, d. älteste stand als Ltnt. bei Bonin; **Bruder**: George Wilhelm (* um 1748, † Mrz. 1818) *, erhielt als Major im I-R Nr. 1 im Juli 1798 e. Legitimationspatent für seine beiden außer d. Ehe mit Friederica Sophia Hausmann erzeugten Söhne, diese bekamen aber nicht den väterlichen Stand u. sein Wappen, zuletzt Ol; **Bruder**: Ernst Siegismund (* 1747), 1774 Ltnt. im I-R Nr. 26; **Laufbahn**: seit 1738 im Militär, stand im Dez. 1740 als Junker im D-R Nr. 3, im Dez. 1741 als Junker im D-R Nr. 4, Aug. 1744 Cornet, Jan. 1746 Sl, Okt. 1755 Pl, Sep. 1758 Stabs-Rittmstr., Mai 1763 Major u. Chef e. Escadron, Mai 1775 Ol, 1777 als solcher gest.; **Güter**: 1767 als Erbherr auf Pammin im Krs. Arnswalde im Wert von 25 172 T. gen., darauf Schulden von 24 949 T.; **Ehefrau**: Anna Louise Deliana, geb. von Puttkamer (1736–1796), in erster Ehe verheiratet gew. von Mühlheim, sie verkaufte d. Gut 1776 für 22/m T. an ihren Bruder, d. Ltnt. Franz Ludwig George von Puttkamer (1742–1817); **Sohn**: Hans Ernst Siegismund (1765–1787), seit Mrz. 1778 auf d. Ritterakademie in Brandenburg an der Havel, Juli 1787 Sl im D-R Nr. 4, Aug. 1787 ertrunken;

Quellen: GStA, I. HA, Rep. 22, Nr. 144 a; IV. HA, Rep. 1, Nr. 76, Bl. 212 (H. C., G. W., E. S., H. E. S.); Stabi, Ms. boruss. fol. 313, Bl. 10 RS, Bl. 59, Bl. 60; Ms. geneal. fol. 120, Bl. 223, Bl. 236 RS; Gesch. D-R Nr. 3, S. 103, S. 199, S. 423 (H. C., je ohne Vornamen); Leers, Zöglinge, S. 115; Jb. Neumark, 1927, S. 161; Moegelin, S. 63; Jb. Neumark, 11/1936, S. 61; Fam.gesch. Puttkamer, 1984, S. 266, S. 272; Pommern, S. 299 (Biogramme von G. W. u. H. E. S.);

Ol **Christoph Heinrich Ferdinand von Kern** (* Jan. 1742, † 1810) *

aus Schlesien gebürtig; **Laufbahn**: seit 1761 im Militär, Mai 1762 Cornet im K-R Nr. 5, Juni 1767 Sl, Dez. 1770 dim., Sep. 1772 als Pl ins Garn.-Reg. Nr. 2, Nov. 1778 Stabs-Cap., Juni 1782 Cap. u. Chef e. Comp., 1788 ins neue Dep.-Bat. d. I-R Nr. 8, April 1792 Major, Dez. 1794 Kommandeur d. Bat., 1796 Kommandeur d. 3. Mousq.-Bat. d. I-R 8, Dez. 1802 auf Wunsch mit 400 T. Pension dim., Jan. 1803 Charakter Ol; **Güter**: erwarb im Juli 1800 Wiesenwerder im Krs. Arnswalde im Wert von 7 500 T., hier noch 1809 gen.;

Quellen: GStA, II. HA, Abt. 12, Materien, Vas.tab. Nr. 6, Bl. 17 RS-18; IV. HA, Rep. 1, Nr. 76, Bl. 214 (als Joh. Christian); Stabi, Ms. boruss. fol. 311, Bl. 137; Bratring, 3. Bd., S. 220; Zedlitz, 3. Bd., S. 97; Priesdorff, Offz.stammliste, S. 98 (als Christian Hr., aus Polen geb.);

Ltnt. **Conrad Melchior von Kettwig** (* 1685)

Vater: Christian Dietloff; C. M. aus Magdeburg gebürtig; **Großvater**: Bastian Bernd, Erbherr auf Gräden im Krs. Sternberg, verh. mit Anne Marie von Selchow, d. Vermögen von B. B. geriet in Konkurs, 1677 kam es zu e. Vergleich u. Gräden ging 1690 an d. Lehnsfolger, d. damaligen Major Johann Ernst von Kettwig, für 3 200 T. auf 40 Jahre; **Laufbahn**: seit 1701 im Militär, stand 1715 als Ltnt. im I-R Nr. 5, vor 1725 abgegangen; **Güter**: verwies in e. Gesuch vom Nov. 1724 auf seinen Großvater, dessen einziger Enkel er sei, und die 1730 ablaufenden Pfandjahre, wollte Gräden dann übernehmen, hätte sich bereits beim jetzigen Besitzer gemeldet, dieser wollte d. Gut aber nicht abtreten; d. Behörden sollten ihm zu seinem Recht verhelfen;

Quellen: GStA, I. HA, Rep. 22, Nr. 176; Rep. 176, Nr. 5 276, Tafel 1; Stabi, Ms. boruss. fol. 319, Bl. 40 RS (ohne Vornamen); Jb. Neumark, 1928, S. 35 (hier kein Hinweis auf C. M. u. seinen Vater);

Ol **Joachim Wilhelm Leberecht von Kettwig** (* 1722, † um 1790)

Vater: Adam Ernst († 8. Juli 1727), 1715 Erbherr auf Matschdorf im Krs. Sternberg, hinterließ sieben Kinder, darunter fünf Söhne; **Vater-Bruder**: Joachim Friedrich, 1715 Erbherr auf Gräden, hatte damals e. kleinen Sohn namens Balzer Friedrich; **Bruder**: Ernst Friedrich August (* 1712, † 1. Nov. 1739), seit 1727 im Reg., stand 1735 als Ltnt. im D-R Nr. 1, als Pl bei Platen 1739 gest.; **Bruder**: Wolf Alexander Otto (* 1722, † 18. Febr. 1775), absolvierte e. Studium, verkaufte 1748 Gräden, 1765 neuerlich erworben, saß 1751 u. 1774 auf Matschdorf im Krs. Sternberg, Amtsrat u. Gen.pächter von Frauendorf; **Bruder**: Johann Carl Rudolph (* um 1720, † vor 1785), seit 1740 im Reg., 1743 Junker, Aug. 1744 Cornet im D-R Nr. 3, Jan. 1746 Sl, Sep. 1753 Pl, Dez. 1757 Stabs-Rittmstr., April 1763 dim., 1778 auf Gräden u. Matschdorf; **Laufbahn**: seit 1737 im Regiment, Juni 1742 Cornet im D-R Nr. 3, Juni 1745 Sl, Aug. 1751 Pl, Nov. 1757 Stabs-Rittmstr., Mai 1761 Chef e. Escadron, Aug. 1762 Major, Juni 1773 Ol, Juli 1775 mit Pension dim.; **Güter**: saß 1785 auf Matschdorf, im Sep. 1787 verkauft;

Quellen: GStA, I. HA, Rep. 176, Nr. 5276, Tafel II (hier als Joachim Wilhelm Rudolph, d. Bruder J. C. R. als Carl Joh. Rud.); IV. HA, Rep. 1, Nr. 76, Bl. 241; Stabi, Ms. boruss. fol. 313, Bl. 12, Bl. 13, Bl. 14 RS (J. C. R. danach aus d. Mittelmark?, J. W. L. aus Sternberg), Bl. 62; fol. 314, Bl. 50 (E. F. A., aus Frankfurt geb.); Ms. geneal. fol. 120, Bl. 222 (Vater u. Söhne), Bl. 254, Bl. 255 (1774 d. drei Brüder gen.); Gesch. D-R Nr. 3, S. 83, S. 101, S. 197, S. 412, S. 413; Zedlitz, 3. Bd., S. 104 (Hinweis auf d. Krs. Sternberg); Siebmacher, Bd. 6/5, 1880, S. 46; Jb. Neumark, 1928, S. 35–36 (hier als Kettwich, Hinweis auf d. Vater-Bruder); Jb. Neumark, 11/1936, S. 94, S. 96;

Cap. **Christian Ludwig (seit Mrz. 1701: von) Kienitz** (* 1692, † 3. Mai 1758)

Vater: Joachim Ludwig (* um 1650, † 1711), stand 1692 als Cap. im 1. Bat. d. I-R Nr. 15 in Ungarn, 1694 hier nicht mehr gen., Erbherr auf Anteil Pitzerwitz u. auf Zollen im Krs. Soldin, dieses im Pfandbesitz für 5/m T.; **Mutter**: Ilse Catharina, geb. von Gloeden, sie gab in einer Supplik vom 2. Febr. 1701 an, von d. Cap. auf Pitzerwitz gegen ihren Willen geschwängert worden zu sein, bekam für d. Schwängerung e. Satisfaktion von 1/m T., sie erwirkte am 20. Mrz. 1701 d. Legitimation für ihren unehelichen Sohn C. L., er bekam d. Namen u. d. Wappen d. Vaters, wurde auf dessen ausdrücklichen Wunsch jedoch nicht lehnsfähig, weil d. Cap. noch sechs andere Kinder hatte; **Laufbahn**: seit 1724 im Militärdienst, seit Okt. 1741 im H-R Nr. 2, 1750 hier als Ltnt. gen., Jan. 1751 Stabs-Rittmstr., sollte im Aug. 1756 anderweit versorgt werden, Sep. 1756 Cap. u. Chef e. Comp. im Garn.-Reg. Nr. 11, 1758 als solcher gest.; **Güter**: besaß vor 1756 zs. mit seiner Ehefrau e. Haus am Kanal in Potsdam, beide gerieten in Schulden u. in langwierigen Streit mit d. Kaufmann Wegener; Erbherr auf Wolletz in d. Uckermark, ging zwei Ehen ein, darunter mit Ilse, geb. von Wolde; aus d. ersten Ehe d. **Sohn**: Christian Ludwig (1724–1797) *, Gl;

Quellen: GStA, I. HA, Rep. 22, Nr. 172 (hier als Kienitz, Legitimation von 1701); Rep. 62, Nr. 259 b; IV. HA, Rep. 1, Nr. 76, Bl. 203 (C. L. u. Sohn); Stabi, Ms. boruss. fol. 314, Bl. 172 RS (hier als v. Kienitz, aus d. NM); fol. 315, Bl. 70, Bl. 73, Bl. 74 (C. L., je aus d. NM, als Kenitz); fol. 319, Bl. 15 RS-16; Tb. Briefadel, 1918, S. 471 (d. Vater als Kienitz, C. L. soll sich von Kenitz genannt haben); Priesdorff, Nr. 700 (Sohn, als v. Kenitz; d. Vater danach geb. zu Wolletz/UM); Pommern, S. 298–299 (Biogramm d. Sohnes unter d. Namen Kenitz);

Cap. **Christian Gottfried von Kitscher** (* Dez. 1733)

Vater: Levin Dionysius (1675–1741), holländ. Ltnt., preuß. Cap. im I-R Nr. 2, 1715 u. 1728 als Erbherr auf Anteil Briesen gen., 1715 auch auf Anteil Karsbaum; C. G. geb. zu Briesen im Krs. Schivelbein; **Mutter**: Dorothea Agnes, geb. von Weber († 1738); **Bruder**: Carl Friedrich († 1. Mrz. 1770) *, 1737 Bombardier bei d. Artillerie, Nov. 1741 Sl, Dez. 1742 Pl, Aug. 1750 Stabs-Cap., Juli 1757 Cap., Aug. 1760 Orden p. l. m., Nov. 1760 Major, Dez. 1761 Ol, April 1763 Obrist u. Chef d. 2. Art.-Reg.; **Laufbahn**: Mai 1747 *cadet*, 1751 Junker, Febr. 1755 Fähnrich im I-R Nr. 19, Okt. 1756 Sl, Nov. 1760 Pl, Mai 1768 Stabs-Cap., Sep. 1772 Cap. u. Chef e. Comp., im Juli 1780 wegen kränklicher Umstände als Cap. auf Wunsch dim.;

Quellen: GStA, IV. HA, Rep. 1, Nr. 76, Bl. 302 (Bruder C. F. hier als Christoph Fr.); BLHA, Rep. 23 B, Nr. 446 (1715 d. Vater als Levin Dentz); Stabi, Ms. boruss. fol. 311 u. 319 (Vater 1715 u. 1730 nicht im I-R Nr. 2); Ms. boruss. fol. 314, Bl. 243 RS; fol. 319, Bl. 322 (Bruder); Ms. geneal. fol. 120, Bl. 229 RS; Gesch. I-R Nr. 19, S. 128–129; König, 2. T., S. 274–275 (Bruder C. F.); Oelsnitz, I-R 2 (d. Vater hier nicht); Lehmann, S. 89 (Bruder C. F.); Jb. Neumark, 1927, S. 102 (Vater);

Cap. **Heinrich Friedrich von Kittlitz** (* 1. Jan. 1730, † um 1790)

Vater: Joachim Friedrich (1695–1732), seit 1725 Erbherr auf Klein Polkwitz im Krs. Sprottau; **Mutter**: Johanna Helena, geb. von Seidlitz, Witwe von Loeben; **Laufbahn**: April 1746 *cadet*, Aug. 1750 Uffz. im I-R Nr. 39, Mai 1756 Fähnrich, April 1758 Sl, Aug. 1764 Pl, Okt. 1774 Stabs-Cap., Juli 1775 dim., als Salzinspektor in d. neumärkischen Vorderkreisen versorgt, nahm dieses Amt 16 Jahre lang wahr, um 1790 gest.; **Ehefrau**: Auguste Friederike, geb. von Zitzewitz (* 1735), diese besaß kein Vermögen u. hielt sich 1790 bei ihrer (einzigen) **Tochter** auf, der verheirateten Akziseeinnehmer Orthmann in Mohrin, sie wurde 1790 auf d. Expectantenliste für eine neumärk. Pension gesetzt;

Quellen: GStA, II. HA, Abt. 13 a, Tit. IV, Litt K, Nr. 1, Bd. 1 (danach 1772 dim.); IV. HA, Rep. 1, Nr. 76, Bl. 302; Stabi, Ms. boruss. fol. 316, Bl. 301, Bl. 305, Bl. 306 RS, Bl. 307 RS; Fam.gesch., T. 6, S. 52–54; nicht in Tb. Uradel 1920;

Cap. **Adam von Klaette** (* 1731)

aus d. Neumark gebürtig; **Laufbahn**: seit 1747 im Militär, stand 1750 als Gefr. corp. im I-R Nr. 20, Juni 1754 Fähnrich, Febr. 1757 Sl, Nov. 1760 Pl, Dez. 1766 Stabs-Cap., Febr. 1767 Cap. u. Chef e. Comp., Aug. 1772 dim.;

Quellen: GStA, IV. HA, Rep. 1, Nr. 76, Bl. 309; Stabi, Ms. boruss. fol. 311, Bl. 113, Bl. 114, Bl. 119, Bl. 120 RS;

Ltnt. **Engelbert Theodor von Kleinsorge** (1716–1765)

aus Westfalen gebürtig; **Laufbahn**: stand zunächst in württembergischen

Diensten, wechselte 1741 in preußische, Dez. als 1741 Pl im D-R Nr. 12 aufgeführt, Juni 1751 wegen Kriegsblessuren verabschiedet; **Ehefrau**: Sophia Friederika, geb. von Münchow, sie besaß 1788 zs. mit ihrer Schwester Dorothea Elisabeth u. d. Schwester-Tochter Friederika Louisa von Münchow e. Anteil an Karsbaum im Krs. Schivelbein, dieser bestand aus drei sog. Buschkaten im Wert von je 500 T., die drei konnten sich von d. Erträgen d. 1500 T. nur kümmerlich ernähren; **Tochter**: Theodora Wilhelmine (* 1743), sie besaß kein väterliches Erbe, war schwächlich, stand daher seit 1785 auf d. Expectantenliste für e. neumärkische Pension u. hatte die Anwartschaft auf d. mütterliche Pension in Höhe von 50 T.;

Quellen: GStA, I. HA, Rep. 22, Nr. 218 g; II. HA, Abt. 13 a, Tit. IV, Generalia, Nr. 25; Tit. IV, Litt S, Nr. 1, Bd. 1 (Witwe, d. Ltnt. hier als E. T.); IV. HA, Rep. 1, Nr. 77, Bl. 11 (hier als Franciscus von Kleinsorgen); Stabi, Ms. boruss. fol. 311, Bl. 254 (hieß danach Franziscus); Siebmacher, Bd. 6/5, 1880, S. 47;

Rittmstr. **Bogislav Christlieb von Kleist** (* 6. April 1749, † 1813) *

Vater: Gotthilf Christian (1682–1757), Juni 1703 Ltnt. im I-R Nr. 2, Nov. 1708 Stabs-Cap., Nov. 1710 Cap. u. Chef e. Comp., Mrz. 1719 Major, Nov. 1722 ins I-R Nr. 8, Sep. 1724 als Ol dim., 1718 als Pfandbesitzer von Ritzig im Krs. Schivelbein gen., seit 1720 Pfandbesitzer von Alt Wuhrow im Krs. Dramburg, u. a. 1727 hier gen. (zeitweilig auch Besitzer von Wusterwitz im Krs. Königsberg bzw. Dramburg, auf daß er 1738, 1743 größere Forderungen geltend machte); 1772 trat seine **Witwe** Erdmuth Lucretia, geb. von Kleist (1712–1779), d. Gut ihren beiden Söhnen ab, **Vater-Bruder**: Ewald (1667–1746), frz. GM, zuletzt kurköln. Gl; **Großvater**: Wilhelm Christian (1636–1726), 1713 als Pfandbesitzer von Ritzig u. als Erbherr auf Anteil Klützkow im Krs. Schivelbein gen.; **Bruder**: Gotthilf Christian Ernst (1747–1803) *, Major, besaß 1767 zs. mit B. C. d. väterliche Gut im Wert von 21 950 T., darauf Schulden von 21 174 T., 1777 wurden f. Meliorationen auf Alt Wuhrow 8 940 T. gezahlt; **Laufbahn**: Juni 1766 Cornet im K-R Nr. 5, Mai 1771 Ltnt., Okt. 1778 Abschied als Rittmstr., 1774 bis 1784 Erbherr auf Alt Wuhrow, von 1790 bis 1797 auf Parlin im Krs. Saatzig, seit 1798 auf Buchholz im Krs. Saatzig, 1804 im Wert von 27/m T.;

Quellen: GStA, IV. HA, Rep. 1, Nr. 77, Bl. 23 (Bruder), Bl. 24 (B. C. als B.); BLHA, Rep. 23 B, Nr. 446; Stabi, Ms. boruss. fol. 319, Bl. 41 RS (Vater); Ms. geneal. fol. 120, Bl. 238 RS (Vater); Fam.gesch., Linie Muttrin-Damen, S. 228–236, S. 253–254; Jb. Neumark, 1927, S. 88–89; Moegelin, S. 64, S. 263; Pommern, S. 315 (Biogramm d. Bruders G. C. E.);

Ltnt. **Carl Wilhelm Joseph Sigismund von Kleist** (* 1784, † April 1805) *

Vater: Johann Friedrich Bogislav (1751–1788), Mrz. 1773 als Fähnrich im I-R Nr. 22 dim.; **Vater-Bruder**: Christian (Ludwig) Friedrich (* 1752), galt als *blödsinning*; **Großvater**: Hans Christian (1715–1757), Cap. im I-R Nr. 39, verh. mit Eleonora Maria von Unruh (* 1722, † 1786), sie bekam als Witwe 1772 e. Meliorationskredit für Anteil Born über 1/m T., 1777 für Zetzin 840 T.; **Schwester**: Charlotte Louise Clara Marie (1786–1828); **Laufbahn**: Sep. 1800 Fähnrich im I-R Nr. 22, Dez. 1803 Sl, 1805 als Ltnt. gest.;

Güter: 1801 u. 1809 zs. mit seiner Schwester Erbherr auf ½ Born im Krs. Dramburg im Wert von 3 850 T.;

Quellen: GStA, II. HA, Abt. 12, Materien, Vas.tab. Nr. 6, Bl. 68 RS-69 (hier als Carl Joh. Wilh. Sigism.); IV. HA, Rep. 1, Nr. 77, Bl. 29; Stabi, Ms. geneal. fol. 120, Bl. 245; Fam.gesch., Linie Muttrin-Damen, S. 621 (kein Hinweis auf d. Vater); 2. Aufl. 1979, 2020, Linie Muttrin-Damen, S. 436–437; Moegelin, S. 260, S. 263; Jb. Neumark, 11/1936, S. 64;

Major **Erdmann Ernst von Kleist**
(* 1694) *

aus dem Wendischen gebürtig; **Laufbahn**: seit 1710 im Militär, stand 1740 als Major im D-R Nr. 3;

Quellen: Stabi, Ms. boruss. fol. 313, Bl. 10 (im Dez. 1740 als Major im D-R Nr. 3 gen.); Gesch. D-R Nr. 3 (in d. Ranglisten bis 1743 nicht gen.); so nicht in GStA, IV. HA, Rep. 1, Nr. 77; in d. Offz.liste d. Fam.gesch. von Kleist nur als Major 1740 im D-R 3 gen.;

Cap. **Friedrich Carl Leopold von Kleist**
(* 26. Dez. 1731, † Okt., Nov. 1799) *

Vater: Andreas Joachim (1678–1738), seit 1694 im Militär, 1698 Uffz. im Reg. Dohna, 1702 Fähnrich im I-R Nr. 17, 1703 Ltnt. im I-R Nr. 6, 1709 Stabs-Cap., 1710 Cap., 1712 Major beim Grenadier-Corps, 1715 Ol, 1724 Obrist, 1736 Chef d. I-R Nr. 14, seit 1714 Erbherr auf Schmenzin; **Mutter**: Marie Elisabeth, geb. von Hake (1700–1758), aus d. Ehe elf Söhne u. fünf Töchter; **Brüder**, u. a.: Friedrich Wilhelm (1717–1797), Juli 1756 Major im K-R Nr. 7, April 1759 dim., Ludwig Leopold (1723–1790), Major im I-R Nr. 19, als Ol dim., 1778 als Erbherr auf Klinge im Krs. Cottbus gen., Friedrich Wilhelm Gottfried (1724–1767) *, GM, seit 1759 Chef d. H-R Nr. 1; **Laufbahn**: Juni 1752 Fähnrich im I-R Nr. 27, Okt. 1756 Sl, Aug. 1758 Pl, geriet im Nov. 1759 bei Maxen in österr. Gefangenschaft, Juli 1765 als Cap. dim.; **Güter**: erwarb im Nov. 1772 Kahren u. Koppatz im Krs. Cottbus im Wert von 40 800 T., im Jahr 1800 hieß es, Kahren sei über Wert verschuldet, es sollte daher verkauft werden, es befand sich damals im Besitz d. Kinder d. Cap. F. C. L.; in erster Ehe **verheiratet** mit Marie Irene, geb. Freiin von Wetzel; 1801 übernahm seine Witwe u. zweite Ehefrau Regina Wilhelmine, geb. von Mellenthin, d. Güter; **Sohn**: Friedrich Anton Ulrich (1765–1833) *, Mrz. 1784 Cornet im D-R Nr. 11, Juli 1787 Sl, Jan. 1793 Pl, Okt. 1793 Stabs-Rittmstr., Mai 1794 Orden p. l. m., Sep. 1800 Rittmstr., Sep. 1804 Major, 1813 zur Gendarmerie, 1815 Kommandeur d. 8. Schlesischen Landwehr-Kav.-Reg., Juni 1815 Ol, Juni 1817 d. 6. Ulanen-Reg. aggr., Mrz. 1818 Obrist, April 1827 als GM dim.; **Sohn**: Friedrich Carl Gottlob (1771–1847), Mai 1788 Cornet im D-R Nr. 11, Dez. 1790 Sl, Mrz. 1799 Pl, Jan. 1802 General-Adjutant, Jan. 1807 Orden p. l. m., Febr. 1807 Stabs-Rittmstr., Febr. 1809 Rittmstr. im 2. Schlesischen H-R, Okt. 1811 als Major mit 300 T. Pension dim.; d. **Töchter** Marie Caroline Henriette (* 1770) u. Marie Irene Charlotte (* 1775) besaßen kein Vermögen u. wurden daher im April 1800 auf d. Expectantenliste für e. neumärkische Pension gesetzt;

Quellen: GStA, II. HA, Abt. 12, Materien, Vas.tab. Nr. 6, Bl. 49; Abt. 13 a, Tit. IV, Litt C, Nr. 1; Tit. IV, Litt K, Nr. 5; IV. HA, Rep. 1, Nr. 77, Bl. 18 (Bruder F. W.), Bl. 19 (L. L.), Bl. 20 (F. W. G.), Bl. 21 (F. C. L.), Bl. 27 (Sohn F. A. U.), Bl. 28 (Sohn F. C. G.); Stabi, Ms. geneal. fol. 120, Bl. 240 (F. C. L. u. seine Söhne im Krs. Cottbus); Fam.gesch., Linie Muttrin-Damen, S. 329–332, S. 364–370; S. 375–376; Jb. Neumark, 11/1936, S. 105; Priesdorff, Nr. 531 (F. W. G.), Nr. 1415 (F. A. U.);

Obrist **Friedrich Ferdinand Heinrich Emil von Kleist** (* 9. April 1762, † 17. Febr. 1823) *

Vater: Friedrich Conrad (1726–1808), Geh. Rat, Deputierter d. kurmärk. Landschaft; **Mutter**: Luise Dorothee Julie (1736–1779), e. To. d. Gl Reimer Julius von Schwerin, beider Ehe wurde geschieden; **Laufbahn**: 1774 Page bei Prinz Heinrich, Juli 1778 Fähnrich im I-R Nr. 46, April 1783 Sl, 1784 Adjutant, Mai 1790 Quartier-Meister-Ltnt., 1792 für Oberursel Orden p. l. m., Okt. 1792 Cap. von d. Armee, Jan. 1795 Major, Nov. 1799 ins I-R Nr. 13 versetzt, Kommandeur e. Grenadier-Bat., April 1803 bis 1807 vortragender Gen.adjutant d. Königs, Mai 1805 Ol, Mai 1806 Obrist, Nov. 1808 GM, Mrz. 1813 Gl, Dez. 1813 Ritter d. Schwarzen Adler-Ordens, Mrz. 1814 General d. Infanterie, Juni 1814 mit Beilegung d. Namens Kleist von Nollendorff in d. Grafenstand erhoben, Mai 1821 mit d. Charakter GFM dim.; **Ehefrau**: Hermine Caroline Charlotte, geb. von Retzow (1767–1838), sie erwarb im Jahre 1800 Rohrbeck im Krs. Königsberg für 36 518 T., 1802 für 80/m T. veräußert;

Quellen: GStA, II. HA, Abt. 12, Materien, Vas.tab. Nr. 6, Bl. 99 RS-100; Nr. 8, Bl. 102 RS-103; IV. HA, Rep. 1, Nr. 77, Bl. 26; Fam.gesch., Linie Muttrin-Damen, S. 369, S. 373; Jb. Neumark, 11/1936, S. 75; Priesdorff, Nr. 1145 (hier als Fr. Hr. Ferd. Emil);

GM **Friedrich Ludwig Wilhelm von Kleist** (* 4. Okt. 1694, † 22. Nov. 1757) *

Vater: Melchior Ludwig (* um 1660, † um 1728), 1728 als Erbherr auf Dolgen, 1715 u. 1718 auch auf ½ Dietersdorf im Krs. Dramburg gen., hatte vier Söhne; **Mutter**: Esther Elisabeth, geb. von Borcke (1672–1766); **Bruder**: Carl Conrad Bogislav (* 1697, † vor 1772), Okt. 1720 Cornet im K-R Nr. 10, Mrz. 1723 Sl, Aug. 1729 Pl, Jan. 1736 Stabs-Rittmstr., Aug. 1738 auf Wunsch dim.; **Laufbahn**: Aug. 1714 Fähnrich im I-R Nr. 1, Febr. 1717 Sl, Sep. 1720 Pl, Mai 1724 *cassirt*, Jan. 1727 wieder angestellt, Juli 1729 Stabs-Cap. im I-R Nr. 1, Aug. 1731 Cap. u. Chef e. Comp., Dez. 1740 Major u. Kommandeur d. Grenadier-Bat., Sep. 1743 Ol im I-R Nr. 46, Mai 1747 Obrist, Juni 1750 Kommandeur d. I-R Nr. 4, Juni 1753 Orden p. l. m., Mai 1756 GM, Okt. 1756 Chef d. I-R Nr. 9, bei Breslau 1757 gefallen; **Güter**: 1751 als Erbherr auf Heidenau in Crossen gen.;

Quellen: GStA, IV. HA, Rep. 1, Nr. 77, Bl. 15; BLHA, Rep. 78 I, Nr. 170, Bl. 8; Stabi, Ms. boruss. fol. 311, Bl. 329 (Bruder C. C. B., aus d. NM), Bl. 334 (1740 dim.); fol. 313, Bl. 27 RS (1750 im I-R Nr. 4: aus d. NM), Bl. 297 RS, Bl. 298 RS (1731 im I-R 1: aus d. NM); fol. 316, Bl. 3; Ms. geneal. fol. 120, Bl. 226 RS (Vater u. vier Söhne im Krs. Dramburg gen.); Fam.gesch., Linie Muttrin-Damen, S. 70–71, S. 73–76 (als Fr. Ludwig); Jb. Neumark, 1927, S. 126; Priesdorff, Nr. 424 (als Fr. Lud. Wilhelm, aus d. Krs. Neustettin geb.);

Major **Hans George Wedig von Kleist** (* 7. April 1750, † 31. Juli 1816) *

Vater: George Wedig (1707–1759), aus Hinterpommern gebürtig, seit 1728 im Regiment, stand 1730 als Corp., zuletzt als Cornet im K-R Nr. 2, nach 17 Dj. abgegangen, 1751 als Erbherr auf Anteil Briesen im Krs. Schivelbein im Wert von 500 T. gen., stand im Siebenjährigen Krieg als Cap. im Stettiner Garn.-Reg.;

H. G. W. aus (Alt) Briesen in d. Neumark gebürtig; **Mutter**: Charlotte Luise, geb. von Flemming (* 1711), sie saß 1772 als Witwe auf Anteil Briesen im Wert von 1 200 T.; **Laufbahn**: seit 1764 im Militär, Febr. 1768 (bzw. April 1769) Fähnrich im I-R Nr. 7, Febr. 1774 Sl, April 1782 Pl, Mrz. 1788 Stabs-Cap., Dez. 1793 Cap. u. Chef e. Comp., Mai 1802 Major, Nov. 1806 inaktiv, Juli 1812 als Postmstr. in Schlawe versorgt; **Ehefrau**: Constanze Friederike Christiane, geb. Hille (1760–1833), **Sohn**: Wilhelm Friedrich Heinrich (1785–1867) *, Okt. 1800 Fähnrich im I-R Nr. 7, Dez. 1803 Sl, Nov. 1806 bis 1811 inaktiv, Febr. 1811 d. 1. Pomm. I-R aggr., April 1815 Cap., Sep. 1841 Abschied als GM;

Quellen: GStA, IV. HA, Rep. 1, Nr. 77, Bl. 24 (H. G. W.), Bl. 30 (Sohn W. F. H.); BLHA, Rep. 78 I, Nr. 170, Bl. 56 RS-57; Stabi, Ms. boruss. fol. 314, Bl. 262 RS, Bl. 271; fol. 315, Bl. 159 (Vater); Fam. gesch., Linie Muttrin-Damen, S. 323–325; Priesdorff, Nr. 1 674 (Sohn, als Wilhelm Heinrich Fr.);

Obrist **Leopold von Kleist** (* 29. Jan. 1719, † 1787) *

Vater: Henning Alexander (1677–1749) *, GFM, Erbherr auf Raddatz, Dallentin in Pommern; **Mutter**: Albertine, geb. von Biedersee (1700–1731); **Bruder**: Wilhelm Christoph (* 1727, † nach 1792), Major; **Laufbahn**: Mrz. 1736 Fähnrich im I-R Nr. 36, Sep. 1738 Sl, Aug. 1741 Pl, Juni 1742 Stabs-Cap. im I-R Nr. 29, Juli 1743 Chef e. Comp., Juli 1753 Major, Mrz. 1759 Obrist, Juli 1759 dim.; **Güter**: von 1760 bis 1774 Erbherr auf Alt Klücken im Krs. Arnswalde, bekam 1776 für Meliorationen 2 638 T.; in zweiter **Ehe** verheiratet mit Marie Wilhelmine Caroline, Tochter d. Majors Joachim Rüdiger von der Goltz auf Hoffstädt u. Alt Klücken, aus beiden Ehen keine Kinder;

Quellen: GStA, IV. HA, Rep. 1, Nr. 77, Bl. 14, Bl. 18 (Leopold); Fam.gesch., Linie Villnow-Raddatz, S. 81–94, S. 95–97; Priesdorff, Nr. 245 (Vater); Stabi, Ms. geneal. fol. 120, Bl. 236; Moegelin, S. 261; Pommern, S. 319 (Biogr. d. Vaters, Angaben zu d. Söhnen);

Major **Adolph Erdmann von Klitzing** (* 2. Mai 1699, † 15. Okt. 1757)

Vater: Cuno Erdmann (1662–1710), Erbherr auf Schorbus im Krs. Cottbus; **Mutter**: Elisabeth Sophie, geb. von Nostitz (1669–1745); **Laufbahn**: seit 1714 im Militär, Dez. 1714 Fähnrich im I-R Nr. 6, Okt. 1719 Sl, Aug. 1722 Pl, Aug. 1726 Stabs-Cap., Nov. 1730 Cap. u. Chef e. Comp., stand noch im Mai 1739 als Cap. im 3. Bat. d. I-R Nr. 6, Juni bzw. Okt. 1739 Major im I-R Nr. 17, Mrz. 1741 bzw. 1742 dim.; in erster **Ehe** verheiratet mit Euphrosine Wilhelmine, geb. von Skirbs (1702–1734); erbte mehrere Güter in Sachsen, u. a. Reddern u. Gräbendorf; **Sohn**: Friedrich Wilhelm (1729–1790), 1751 als Fähnrich im I-R Nr. 18 auf sein Gesuch dim., Erbherr auf Reddern in Sachsen;

Quellen: GStA, I. HA, Rep. 96, Nr. 518 E, Bl. 7; Nr. 518 K, Bl. 22, Bl. 91 (hier als Ad. Ernst); IV. HA, Rep. 1, Nr. 77, Bl. 71; Stabi, Ms. boruss. fol. 316, Bl. 43 (1740: aus Sachsen); fol. 318, Bl. 111 RS; fol. 319, Bl. 33 RS (aus d. NM), Bl. 102, Bl. 111 RS; Fam. gesch., II. T., S. 163–165, S. 181–183;

GM **Carl Cuno Friedrich von Klitzing** (* 28. Mrz. 1728, † 14. Jan. 1786) *

Vater: Gottlob Leopold (1690–1748), Vize-Landeshauptmann d. Amtes Cottbus, seit 1712 Erbherr auf Schorbus u.

Reinpusch im Krs. Cottbus; **Mutter**: Christiane Luise, geb. von Thielau (1702–1773); **Bruder**: Christian Gottlob (* 13. April 1722, † 12. Febr. 1740), seit 1737 im Militär, stand 1740 als Cornet im D-R Nr. 3, als (Ltnt.) 1740 gest.; **Bruder**: Gottlob Leopold (* 3. Sep. 1726, † 20. Mai 1757), seit 1740 im Militär, Mrz. 1742 Fähnrich im I-R Nr. 37, Mai 1745 Sl, Sep. 1755 Pl, 1757 als Cap. an e. bei Prag erlittenen Blessur gest.; **Bruder**: Anton Wilhelm (* 15. Mrz. 1735, † 7. bzw. 27. Juli 1793), April 1755 Fähnrich im 2. Bat. Garde, Jan. 1758 Sl, Nov. 1760 Pl, April 1770 Stabs-Cap., Sep. 1772 Chef e. Comp., Aug. 1779 Major, Mrz. 1786 Kommandeur d. I-R Nr. 41, Dez. 1786 Orden p. l. m., Juni 1788 Ol, Sep. 1790 Obrist, 1793 gest., besaß zs. mit d. Bruder d. väterl. Gut Schorbus, beide wurden 1774 hier gen.; **Laufbahn**: Juli 1747 Fähnrich im 2. Bat. Garde, April 1755 Sl, April 1758 Pl, Nov. 1763 Stabs-Cap., Juni 1765 Major im I-R Nr. 47, Juni 1767 Kommandeur d. Reg., Juni 1772 Ol, Mai 1774 Orden p. l. m., Mai 1776 Obrist, April 1784 Chef d. I-R Nr. 54 in Graudenz, Mai 1784 GM, Jan. 1786 gest., **Güter**: saß 1767 zs. mit d. Bruder A. W. auf Schorbus im Krs. Cottbus im Wert von 30/m T., später jeder auf einer Hälfte für 12/m T.; **Ehefrau**: Johanna Charlotte Wilhelmine Regina, geb. von Wangelin (1740–1824), 1801 u. 1805 zs. mit ihrer **Tochter** Adolphine Susanna Caroline (1772–1844), verh. Kriegsrätin Christoph Wilhelm von Werdeck in Potsdam, auf Anteil Schorbus im Wert von 12/m T. gen.;

Quellen: GStA, I. HA, Rep. 22, Nr. 157, Paket 8 582; II. HA, Abt. 12, Materien, Vas.tab. Nr. 6, Bl. 53 RS-54 (Witwe GM); IV. HA, Rep. 1, Nr. 77, Bl. 71; BLHA, Rep. 3, Nr. 11 925; Stabi, Ms. boruss. fol. 311, Bl. 391, Bl. 393; fol. 313, Bl. 10; fol. 316, Bl. 107 RS (Bruder G. L.); Ms. geneal. fol. 120, Bl. 241 (Brüder auf Schorbus); König, 2. T., S. 297–298; Gesch. D-R Nr. 3, S. 64 (Bruder C. G., dieser nicht in d. Abgangsliste); Fam.gesch., II. T., S. 178–180 (Vater), S. 198 (Bruder C. G.), S. 199 (G. L.), S. 199–201 (C. C. F.), S. 202–203 (A. W.), S. 223–225 (Tochter); Lehmann, S. 122, S. 179 (Bruder A. W.); Jb. Neumark, 1928, S. 195; Jb. Neumark, 11/1936, S. 107; Krüger, Cottbus, S. 33; Priesdorff, Nr. 702;

Ol, Landrat **Carl Philipp von Klitzing** (* 15. Febr. 1677, † 2. Juli 1717) *

Vater: Hans Caspar (1641–1709), poln.-sächsischer Kammerherr, Landrichter d. Niederlausitz, Komtur zu Werben in d. Altmark, Direktor d. Cottbuser Weichbildes, Erbherr auf Briesen im Krs. Cottbus; **Mutter**: Ursula Marianne, geb. Gräfin von Callenberg (1648–1690), sie besaß e. Vermögen von 13/m T.; **Laufbahn**: bezog d. Viadrina, nahm dann sächs. Dienste, 1701 Cap. in braunschweigischen Diensten, 1709 Ol im K-R Schlippenbach, seit 1710 in d. Nachfolge seines Vaters Landrat im Krs. Cottbus, poln.-sächs. Kammerherr; **Güter**: seit 1709 Erbherr auf Briesen u. Brahmow im Krs. Cottbus, hatte hier seinen Wohnsitz, 1718 saß seine **Witwe** Eleonora Susanna, († 1754), e. Tochter d. sächs.-poln. EM George Ladislaus Frhr. von Reisewitz, die ihm e. Ehegeld von 12/m T. eingebracht hatte, auf beiden Gütern, die sie 1719 verkaufte;

Quellen: BLHA, Rep. 23 B, Nr. 446; Stabi, Ms. boruss. fol. 319, Bl. 4 (1694 nicht bei Schlippenbach gen.); Fam.gesch., II. T., S. 116–120; (Vater), S. 149–151; Bardeleben, S. 411; Jb. Neumark, 1928, S. 156–157; Krüger, Cottbus, S. 4–6;

Ltnt. **Carl Sigismund von Klitzing** (* 1773)

Vater: Johann Siegismund (* 14. Okt. 1726, † 22. Febr. 1803), im neumärk. Voigtsdorf geb., konnte wegen schwacher Gesundheit nicht dienen, reichte im Mai 1786 e. Immediatgesuch ein, gab an, kein Gut, sondern nur e. Kapital von 2/m T. zu besitzen, bat um e. Kredit über 6/m T. zu einem Prozent, sein Sohn sollte in d. Militärdienst eintreten, machte darauf aufmerksam, daß sein Vater, dessen Bruder u. zwei Bruder-Söhne im Siebenjährigen Krieg gefallen waren, erwirkte mit d. Hinweis, d. Letzte seines Fam.zweiges in Preußen zu sein, e. Legitimationspatent vom Juli 1787 für seinen Sohn Carl Sigismund, der d. väterl. Namen u. d. Wappen erhielt, 1801 als unangesessener Vasall im Krs. Sternberg geführt; **Großvater**: George Ernst (1698–1759) *, aus Preußen gebürtig, stand von 1714 bis 1729 im I-R Nr. 19, seit 1729 im I-R Nr. 31, Dez. 1758 GM, 1751 als Erbherr auf Tornow im Krs. Sternberg gen., erheiratet mit Wilhelmine Elisabeth († 1769), e. Tochter d. Cap. Christoph Ehrentreich von Mörner, mußte seinen Schwiegervater gerichtlich zur Herausgabe d. vereinbarten Brautschatzes zwingen, d. Gut wurde im Siebenjährigen Krieg ruiniert, d. Schulden betrugen 8 630 T., d. Witwe d. GM verkaufte es 1762 für 14/m T. an d. Hofrätin Graeve zu Frankfurt an d. Oder; **Laufbahn**: stand 1788 als Gefr.corp. bei Natalis, Okt. 1790 Cornet im D-R Nr. 3, Dez. 1792 Sl, Mrz. 1796 dim.;

Quellen: GStA, I. HA, Rep. 22, Nr. 157, Paket 8 582 (Großeltern); Rep. 47, Tit. 11 b, K 3; Rep. 96, Nr. 435 K, Bd. 3; II. HA, Abt. 12, Materien, Vas.tab. Nr. 6, Bl. 137 RS-138 (d. Sohn hier als Joh. Christoph); Nr. 8, Bl. 158 RS-159 (Sohn als J. C.); IV. HA, Rep. 1, Nr. 77, Bl. 71 (d. Sohn hier als Sigismund); Gesch. D-R Nr. 3, S. 416; Fam.gesch., II. T., S. 219–220 (Vater), S. 246; Priesdorff, Nr. 495 (Großvater);

Fähnrich **Friedrich Christoph von Klitzing** (* 1725)

Vater: Otto Christoph (1698–1728), 1726 als Erbherr auf Ranzow im Krs. Cottbus gen.; **Bruder**: Friedrich Wilhelm (* 1727), verkaufte 1765 Ranzow an d. Obristen Friedrich Eugen von Massow, ließ sich im kursächs. Krs. Senftenberg nieder; **Laufbahn**: seit 1743 im Militär, stand 1750 als Gefr.corp. im I-R Nr. 20, Juli 1751 Fähnrich, Juni 1754 abgegangen; **Güter**: saß seit 1740 auf d. väterlichen Gut Ranzow, wurde 1757 von Marie Dorothea Schier verklagt, mit der er e. Kind gezeugt hatte, deshalb zu e. sechsmonatigen Arrest verurteilt; F. C. bzw. d. Bruder F. W. verkaufte 1765 d. Gut an d. Obristen von Massow;

Quellen: GStA, I. HA, Rep. 22, Nr. 157, Paket 8 582; IV. HA, Rep. 1, Nr. 77, Bl. 71 (hier als Fr. Christian); BLHA, Rep. 23 B, Nr. 446 (1713 Caspar Christoph auf d. Gut); Stabi, Ms. boruss. fol. 311, Bl. 114; Fam.gesch., II. T., S. 178 (Vater, hatte danach nur e. Sohn), S. 197 (geb. Jan. 1717 od. 1727, soll danach schon 1740 Ltnt. gewesen sein); Jb. Neumark 1928, S. 163 (1715 u. 1718 Caspar Christoph auf Ranzow, seine Söhne 1715: Fr. Wilhelm u. Otto Christoph); Krüger, Cottbus, S. 31 (danach hieß d. Vater Otto Christoff);

GFM **Alexander Friedrich von Knobelsdorff** (* 18. Mai 1723, † 10. Dez. 1799) *

Vater: Hans Friedrich (1693–1760), Oberforstmstr. d. Mittelmark, Erbherr auf Kunow, Bobersberg (u. Kuckädel) im Krs. Crossen; **Mutter**: Wilhelmine Charlotte, geb. von Kalckreuth (1705–1761); **Bruder**: Rudolph August (1727–1794) *, 1741 Page bei König Friedrich II., Mrz. 1746 Sl im I-R Nr. 32, Aug. 1756 Pl, Juli 1763 Cap. u. Chef e. Comp., Dez. 1783 Major, Sep. 1787 Orden p. l. m., Juli 1789 Kommandeur d. I-R Nr. 32, Febr. 1793 Obrist, Sep. 1793 als GM mit Pension dim.; **Bruder**: Jobst Carl Ehrenreich (* 1729, † nach 1788), kgl. Hofpage, Juni 1750 Cornet im H-R Nr. 5, Nov. 1756 Sl, Sep. 1759 Pl, Mai 1763 Rittmstr. u. Chef e. Escadron, Mrz. 1769 dim.; **Bruder**: Carl Gottlob (1735–1807) *, 1749 Page beim König, Nov. 1752 Fähnrich im I-R Nr. 35, Okt. 1756 Sl, Febr. 1758 Pl, Jan. 1762 Stabs-Cap., Mai 1765 Cap. u. Chef e. Comp., Mai 1781 Major, Juni 1791 Obrist, Aug. 1797 Kommandant von Stettin, Sep. 1798 GM, Dez. 1806 entlassen, erste Ehefrau: Caroline Helene, geb. von Oppen († 1780), Söhne u. a. Heinrich Alexander Carl (1764–1807), Major; **Laufbahn**: weilte auf d. JG, Mai 1740 Page bei König Friedrich II., Aug. 1741 Fähnrich im D-R Nr. 6, April 1743 Sl, Juni 1750 Pl, April 1758 Cap. u. Chef e. Escadron im D-R Nr. 6, Juni 1758 Major im Frei-Reg. Graf von Hordt, Juni 1763 ins I-R Nr. 7, Juni 1765 Ol, Aug. 1767 Obrist, Febr. 1771 Kommandeur d. I-R Nr. 7, Dez. 1773 Kommandeur d. I-R Nr. 49, Okt. 1776 Chef d. I-R Nr. 27, Jan. 1777 GM, Mai 1785 Gl, Mai 1789 Ritter d. Schwarzen Adler-Ordens, Jan. 1794 General von d. Infanterie, Mai 1798 GFM; **Ehefrau**: Dorothea Ulrike Charlotte (1748–1822), e. To. d. Stettiner Reg.präs. von Ramin;

Quellen: GStA, IV. HA, Rep. 1, Nr. 77, Bl. 130 (A. F. u. R. A., J. C. E. als Carl Ehrenr., C. G. hier als Gottfried Curt); König, 2. T., S. 299–301; Tb. Uradel, 1902, S. 470; Priesdorff, Nr. 626, Nr. 883 (R. A.), Nr. 961 (C. G.);

Landrat **Carl Christoph Gottlob von Knobelsdorff** (* 1767, † 13. Febr. 1845) *

Vater: Caspar Gottlob (1737–1804), Erbherr auf Schloyn, Buchelsdorf u. Zeisdorf in Schlesien; **Mutter**: Henriette Sophie, geb. von Eckertsberg († 1782); **Bruder**: Heinrich Ferdinand (1765–1832), weilte von 1783 bis 1785 auf d. Ritterakademie in Liegnitz, Febr. 1787 Cornet im K-R Nr. 4, Sep. 1790 Ltnt., Juli 1794 dim., Dez. 1819 Cap. beim 1. Posenschen Landwehr-Reg.; **Laufbahn**: weilte von 1783 bis 1786 auf d. Ritterakademie in Liegnitz, anschließend auf d. Univ. Halle, 1795 bis 1798 Landrat im Krs. Königsberg; **Ehefrau**: Henriette verwitw. von Mühlheim, geb. von Reppert (1765–1838); **Güter**: 1801 als Erbherr auf Sellin im Krs. Königsberg gen., im Okt. 1795 für 90/m T. gekauft, außerdem seit 1795 auf ¾ Klemzow im Krs. Königsberg, erworben für 22106 T., u. auf d. Herrschaft Kletzke in d. Prignitz f. 300/m T.; Stief-**Sohn**: Friedrich von Mühlheim (* 1793), 1801 u. 1809 als Erbherr auf Guhden u. Mohrin im Krs. Königsberg gen., im Jan. 1783 auf 75/m T. taxiert;

Quellen: GStA, II. HA, Abt. 12, Materien, Vas.tab. Nr. 6, Bl. 94 RS-95, Bl. 101 RS-102; IV. HA, Rep. 1, Nr. 77, Bl. 133 (Bruder); Wendt, Liegnitz, S. 72; Tb. Uradel, 1902, S. 456; Jb. Neumark, 11/1936, S. 74 (hier als Carl Adolph Gottlob), S. 76; biogr. Handbuch, S. 502;

Ol **Carl Gottlob von Knobelsdorff** (* 1705, † 31. Jan. 1757) *

Vater: Hans Ernst (1681–1715), Erbherr auf Wutschdorf (im Krs. Schwiebus)

u. Anteil Langmeil im Krs. Züllichau; **Mutter**: Margaretha, geb. von Troschke (1677–1736); Stief-**Bruder**: Hans Caspar (1691–1751), Obrist, s. d. mehr; (**Bruder**: Balzer Sigismund († 1741), als Major bei Mollwitz gefallen); **Laufbahn**: 1735 als Ltnt. im I-R Nr. 19, 1753 als Cap. gen., stand zuletzt als ältester Cap. im I-R Nr. 19, Juli 1756 als Ol ins Garn.-Reg. Nr. 6 versetzt, 1757 in Breslau gest.; **Ehefrau**: Philippine Sophie, geb. Krug von Nidda († 1762); **Sohn**: Friedrich Wilhelm Ernst (1752–1820) *, Mai 1764 *cadet* in Berlin, Mrz. 1771 Gefr.corp. im 2. Bat. Garde, Aug. 1771 Fähnrich, April 1776 Sl, April 1783 Pl, Nov. 1788 Stabs-Cap., Jan. 1790 preuß. Gesandter in Konstantinopel, Febr. 1790 Major von der Armee, Juli 1798 Ol, Juni 1799 Obrist, Okt. 1804 GM von der Armee, Jan. 1805 Gesandter im Haag, 1805, 1806 Gesandter in Paris, 1809 Gesandter in Amsterdam, Jan. 1813 Abschied mit 1 200 T. Pension, April 1818 Gl, Ehefrau: Jeannette Philippine Hermine, geb. Freiin van Dedem tot de Gelder (1772–1860);

Quellen: GStA, IV. HA, Rep. 1, Nr. 77, Bl. 130 (kz. Notiz f. C. G.); Gesch. I-R Nr. 19, S. 98; Stammtafeln Knobelsdorff, IV, Tafel 32; Tb. Uradel, 1902, S. 463, S. 467; Priesdorff, Nr. 1 075 (Sohn F. W. E.);

Cap. **Carl Siegmund von Knobelsdorff** (* 1713, † 17. Mai 1742)

Vater: Hans Joachim († 1728), Ltnt., Erbherr auf Deutsch Sagar im Krs. Crossen; **Mutter**: Barbara Catharina, geb. von Reinsberg († 1763); **Bruder**: Johann George (* 1711), Rittmstr., s. d.; (**Großvater**: Hans George, Forstmstr., 1713 u. 1717 auf Anteil Deutsch Sagar im Wert von 12/m T. gen., hatte damals zwei Söhne, die zuvor im Militärdienst gestanden hatten); **Laufbahn**: seit 1735 im Militär, stand im Mrz. 1740 als Sl im I-R Nr. 15, Juni 1740 Cap. beim Grenadier-Bat. d. I-R Nr. 15, als Cap. im 2. Bat. Garde 1742 gefallen;

Quellen: GStA, I. HA, Rep. 66, Nr. 18 (H. G., Großvater?); Stabi, Ms. boruss. fol. 311, Bl. 99; Reinhard, S. 517, S. 553 (in d. Abgangsliste vom 2. Bat. Garde); Stammtafeln Knobelsdorff, IV, Tafel 35; Jb. Neumark, 1928, S. 112 (Großvater?); nicht in GStA, IV. HA, Rep. 1, Nr. 77, Bl. 130;

Major **Carl Vollrath Krafft von Knobelsdorff** (* 26. Juni 1745, † 29. Juli 1828)

Vater: Wilhelm Gottlob (1707–1776), stand anfängl. in ksl. Diensten, Okt. 1742 Major im Garn.-Bat. Nr. 8 bzw. 9, zuletzt Ol, 1755 in d. Listen weggelassen, wurde nach d. Affäre bei Glatz 1760 zur Untersuchung gezogen u. zu e. dreijährigen Arrest in Brieg verurteilt, saß noch im Mai 1764 in Brieg, 1763 als Ol dim., Erbherr auf Oblath im Krs. Züllichau, wollte dieses für 22/m T. an e. Dr. Neubauer aus d. poln. Fraustadt verkaufen, weil auf d. Gut nur 2/m T. Schulden lagen, wurde d. Gesuch am 22. Sep. 1764 abgelehnt; 1767 wurde d. Wert von Oblath mit 18/m T. angegeben, darauf Schulden von 17 450 T.; C. V. K. aus Schlesien gebürtig; **Mutter**: Margarethe Elisabeth, geb. von Schlichting († 1795); (Stief-)**Bruder**: Wilhelm Friedrich Heinrich (* 1740, † 23. Dez. 1775), 1757 Junker, Febr. 1758 Fähnrich im I-R Nr. 19, Okt. 1760 Sl, Mrz. 1766 Pl, 1775 als solcher gest.; **Laufbahn**: seit April 1761 im Regiment, Mai 1763 Fähnrich im I-R Nr. 19, Nov. 1765 Sl, Jan. 1776 Pl, April 1782 Stabs-Cap., Febr. 1787 Cap. u. Chef e. Comp., Nov. 1797 als Major dim.; **Güter**: übernahm lt. Testament vom Okt. 1776 d. väterliche Gut Oblath im Krs. Züllichau für 18/m T., hier noch 1801 u. 1805 gen., hatte seinen Wohnsitz 1805 in Berlin; **Ehefrau**: Louise Espérance, geb. Gräfin von Reuß-Köstritz, aus d. Ehe keine Kinder;

Quellen: GStA, I. HA, Rep. 22, Nr. 148 a, Paket 8 575; II. HA, Abt. 12, Materien, Vas.tab. Nr. 6, Bl. 165 RS-166 (hier als C. Vollrath K.); IV. HA, Rep. 1, Nr. 77, Bl. 130 (Vater), Bl. 132 (Brüder; C. V. K. hier als Carl Wolffradt Krafft); Stabi, Ms. boruss. fol. 314, Bl. 243, Bl. 244; Ms. geneal. fol. 120, Bl. 256 RS; Gesch. I-R 19, S. 131–132, S. 136; Bratring, 3. Bd., S. 332 (noch 1809 gen.); Stammtafeln Knobelsdorff, Tafel IV, 33 (hier als Carl Vollrath Kraft); Moegelin, S. 67; Jb. Neumark, 11/1936, S. 101;

Ltnt. **Carl Wilhelm Leopold von Knobelsdorff** (* 14. Dez. 1769, † 2. Nov. 1848) *

Vater: Friedrich Wilhelm (1744–1813), Erbherr auf Wuthenow u. Zollen im Krs. Soldin, auf Zeinicke u. Ziegelwerder im Krs. Dramburg, seit 1770 auf Falkenstein im Krs. Friedeberg, 1774 verkauft, neumärkischer Ritterschaftsdirektor; **Mutter**: Amalie Louise, geb. von Schmiedeberg (1746–1796); **Bruder**: Heinrich Ludwig George (1775–1826) *, Mai 1792 Cornet im D-R Nr. 1, Dez. 1793 Sl, Juli 1798 ins K-R Nr. 13, Juli 1799 Pl, Febr. 1803 Stabs-Rittmstr., Sep. 1806 Chef e. Escadron, Mai 1808 Major, Aug. 1813 Ol, Jan. 1814 Obrist, Mrz. 1817 GM; **Laufbahn**: seit 1783 im Militär, Sep. 1785 Cornet im D-R Nr. 3, Sep. 1787 Sl, Mrz. 1794 nach 15 Dj. dim., amtierte von 1796 bis 1800 als Landrat im Krs. Soldin, Mai 1816 Charakter Major, Nov. 1842 Charakter Ol, führte seit 1843 d. Namen Knobelsdorff-Brenkenhoff; **Güter**: seit 1794 Erbherr auf Wuthenow im Wert von 47/m T., 1803 für 60 300 T. verkauft, 1802 auf Mansfelde im Krs. Friedeberg im Wert von 60/m T.; **Ehefrau**: Franziska Caroline Philippine, geb. Schönberg von Brenkenhoff (1775–1858);

Quellen: GStA, II. HA, Abt. 12, Materien, Vas.tab., Nr. 6, Bl. 86 RS-87, Bl. 120 RS-121 (hier als vorm. Ltnt., auch H. L. G. gen.); Nr. 8, Bl. 94 RS-95 (kein Hinweis auf seinen Rang als Ltnt.); IV. HA, Rep. 1, Nr. 77, Bl. 133 (hier als Carl Leop. F. W., Bruder H. L.); Stabi, Ms. geneal. fol. 120, Bl. 253 RS; Tb. Uradel, 1902, S. 463–464, S. 467; Jb. Neumark, 11/1936, S. 70–71, S. 92; Priesdorff, Nr. 1 296 (Bruder H. L. G.); biogr. Handbuch, S. 502–503;

Obrist **Caspar Friedrich von Knobelsdorff** (* 1694, † Nov. 1748) *

Vater: Christoph Siegmund, Erbherr auf Heinersdorf im Krs. Züllichau; **Mutter**: Ursula Susanne, geb. von Waldow; **Bruder**: Otto Abraham (* 1696), Major, s. d. mehr; **Laufbahn**: Mai 1714 Fähnrich im I-R Nr. 25, Mrz. 1716 Ltnt., Mai 1725 Stabs-Cap., 1728 Cap., 1730 dim., 1741 Eintritt ins I-R Nr. 40, Jan. 1742 Orden p. l. m., Okt. 1743 Obrist u. Kommandeur, Dez. 1746 Obrist u. Kommandeur d. Garn.-Reg. Nr. 8;

Quellen: nicht in GStA, IV. HA, Rep. 1, Nr. 77; Stabi, Ms. boruss. fol. 314, Bl. 103 (ohne Angabe d. Herkunft), Bl. 115, Bl. 148 RS; fol. 319, Bl. 40 (1715 aus Pommern?); König, 2. T., S. 204; Stammtafeln Knobelsdorff, Tafel IV, 33; Lehmann, S. 10;

Major **George von Knobelsdorff** (1695–1741)

Vater: Hans Ernst (1681–1715), Erbherr auf Wutschdorf (im Krs. Schwiebus) u. Anteil Langmeil im Krs. Züllichau, ging drei Ehen ein; G. aus d. Krs. Crossen gebürtig; **Mutter**: Margaretha, geb. von Troschke (1677–1736); Stief-**Bruder**: Hans Caspar (1691–1751), Obrist, s. d.; **Bruder**: Carl Gottlob (1705–1757), Ol, s. d.; **Laufbahn**: seit 1712 im Reg., Aug. 1714 Cornet, 1717 Ltnt. im D-R Nr. 3, 1723 Rittmstr. u. Chef e. Escadron, 1739 Major, Chef d. 6. Escadron, 1741 bei Mollwitz gefallen; **Güter**: Erbherr auf Anteil Mosau im Krs. Züllichau, nach 1715 erworben für 22/m T. von d. Witwe Major von Mühlheim; 1745 saß seine **Witwe** Dorothea Elisabeth (1718–1754), e. Tochter von Balzer Sigismund von Knobelsdorff (1692–1746), 1715 auf Anteil Mosau gen., in zweiter Ehe verh. mit d. Cap. E. S. von Angern, auf d. Gut; d. Major machte im Jan. 1741 sein Testament, d. Frau sollte danach 6/m T. bekommen, jeder d. drei Söhne 5/m, jede der beiden Töchter 2 500, als Vormund fungierte nach 1741 d. Bruder C. G., der d. Nichten u. Neffen zu sich nahm; 1757 lebten nur noch ein Sohn u. eine Tochter; **Tochter**: Johanna Elisabeth (* 1735), sie erhielt im Jan. 1757 im Alter von 21 Jahren d. *venia aetatis*, ihr Vermögen betrug damals 5 297 T.; **Sohn**: Hans Ernst (* um 1737), hatte 1757 e. Vermögen von 19 300 T., stand im Siebenjährigen Krieg im Frei-Reg. Collignon, seit 1765, 1771 abwesend, auf Werbung verschwunden, galt als schwermütig, saß 29 Jahre auf d. württemberg. Festung Hohentwiel, ehedem Erbherr auf Anteil Mosau im Wert von 19 332 T. gewesen, 1801 als unangesessener Vasall im Krs. Züllichau geführt; Quellen: GStA, I. HA, Rep. 22, Nr. 148 a, Paket 8 574 (danach ist d. Major im D-R Nr. 3 im Mai 1742 bei Czaslau gefallen); II. HA, Abt. 12, Materien, Vas.tab. Nr. 6, Bl. 169 RS-170 (Sohn H. E.); BLHA, Rep. 23 B, Nr. 446 (d. 1715 auf Mosau gen. B. S. hatte studiert, stand nicht im Militär); Stabi, Ms. boruss. fol. 313, Bl. 15 RS (George); fol. 319, Bl. 29 RS; Ms. geneal. fol. 120, Bl. 217 (danach saß 1745 d. Witwe Major Balzer Sigismund auf Mosau, richtig: Witwe George), Bl. 257; Gesch. D-R Nr. 3, S. 43, S. 56, S. 60, S. 65 (George, aus Schlesien gebürtig?), S. 409; Stammtafeln Knobelsdorff, IV, Tafel 32, auf Tafel 37 Balth. Siegmd.; Jb. Neumark, 1928, Bl. 68 (B. S.);

Obrist **Hans Caspar von Knobelsdorff** (* um 1691, † 5. Febr. 1751)

Vater: Hans Ernst (* 1681, † 1715), Erbherr auf Wutschdorf (im Krs. Schwiebus) u. Anteil Langmeil bei Züllichau, verkaufte diesen Anteil 1715 für 24 Jahre bzw. 30 Jahre an d. Kaufmann Michael Felsch in Züllichau, hatte 1715 fünf Söhne; H. C. aus Schlesien gebürtig; (**Mutter**: e. geb. von Lossow), Stief-Mutter: Margaretha, geb. von Troschke (1677–1736); **Bruder**: George (1695–1741), Major, s. d.; **Bruder**: Sebastian (* 1697), Jan. 1716 Fähnrich im I-R Nr. 17, vor 1721 abgegangen; Stief-**Bruder**: Carl Gottlob (1705–1757), Ol, s. d.; **Laufbahn**: trat 1710 in d. Militärdienst ein, Jan. 1715 Ltnt. im D-R Nr. 3, Dez. 1716 Rittmstr., Dez. 1719 Major u. Chef e. Escadron, Aug. 1732 Ol, Juli 1737 Obrist im D-R Nr. 3, Juli 1740 als Obrist ins D-R Nr. 9 (Alt-Platen) versetzt, Okt. 1742 nach 32 Dj. u. sechs Monaten als Obrist abgegangen, Träger d. Ordens p. l. m., auf Wuthenow gest.; **Güter**: Erbherr auf Starpel bei Schwiebus, 1745 auf Wuthenow (u. Zollen) im Krs. Soldin, lt. Inventar vom Sep. 1751 betrug sein Vermögen 113 589 T., davon sollte d. einzige Sohn 27/m u. d. drei Töchter je 9/m T., d. Witwe d. Rest bekommen, v. a. wegen d. letzten Verfügung kam es zu langjährigen Querelen; in erster Ehe verheiratet mit e. geb. von Borstorf; seine zweite **Ehefrau** Johanne Christiane, geb. von Burgsdorff (1709–1763), war um 1750 d. Hauptgläubigerin d. Landrates Christian von d. Marwitz auf Falkenstein, sie nahm wegen e. Forderung über 10/m T. u. 1 500 T. Zinsen 1755 Falkenstein unter Sequester, nach ihrem Tod sollte es wieder verpachtet werden; d. **Sohn** Friedrich Wilhelm (get. 27. Okt. 1744, †1813) erhielt auf sein Gesuch am 7. Juni 1765 d. *venia aetatis*, lt. Teilungsrezeß mit seinen drei Schwestern betrug d. väterliche u. mütterliche Vermögen 108 593 T., davon entfielen auf d. Güter Wuthenow u. Starpel 55 055 T., nach Abzug d. Schulden verblieben für d. Supplikanten 45 340 T.; 1770 sollte das zur Subhastation stehende Gut Falkenstein dem Sohn F. W. für 11 900 T. zugeschlagen werden, d. Landrat Christian von der Marwitz protestierte dagegen u. machte auf d. Taxe von 17 671 T. aufmerksam; F. W. saß 1770 auf Wuthenow u. Zollen, seit Jan. 1783 auch auf zwei Anteilen Zeinicke im Krs. Dramburg im Wert von 13 218 T. u. 16 210 T., hier noch 1801 u. 1809 gen., u. vor 1801 auf Ziegelwerder, F. W. amtierte als Ritterschaftsdirektor, Sohn: Carl Wilhelm Leopold (1769–1848) *, Ltnt., Landrat, s. d. mehr; Sohn: Heinrich Ludwig George (1775–1826) *, Rittmstr.;

Quellen: GStA, I. HA, Rep. 22, Nr. 148 a, Paket 8 574; Nr. 201, Paket 8 645; II. HA, Abt. 12, Materien, Vas.tab. Nr. 6, Bl. 78 RS-79 (Sohn F. W.), Bl. 102 RS-121 (Sohn L. C. W.); IV. HA, Rep. 1, Nr. 77, Bl. 133 (Enkel L. C. W. u. H. L. G.); Stabi, Ms. boruss. fol. 313, Bl. 9, Bl. 15 RS (je George), Bl. (16); fol. 316, Bl. 41 (Sebastian); Gesch. D-R Nr. 3, S. 409 (H. C. u. G.); Stammtafeln Knobelsdorff, IV, Tafel 32; Tb. Uradel, 1902, S. 463–467; Lehmann, S. 161; Jb. Neumark 1928, S. 75; Priesdorff, Nr. 1 296 (H. L. G.); biogr. Handbuch (L. C. W., hier als C. W. L.);

Ltnt. **Joachim Wenzel von Knobelsdorff** (1696–1736)

Vater: Carl Siegmund; **Bruder**: Carl Ludwig (1695–1758), Erbherr auf Tauchel im Krs. Sorau, Sohn: Carl Ludwig (1724–1786) *, GM u. Chef d. D-R Nr. 4; **Laufbahn**: stand seit 1717 als Junker im Reg., 1723 Cornet im D-R Nr. 3, 1729 als Ltnt. gen., 1736 als Ltnt. ertrunken; **Güter**: Erbherr auf Grabow im Krs. Sternberg; **Ehefrau**: Sophie Friederike, geb. Misi(e)tschek von Wischkau;

Quellen: Stabi, Ms. boruss. fol. 313, Bl. 9, Bl. 16?; Gesch. D-R Nr. 3, S. 60 (1729: aus d. Nl), S. 410 (Cap. 1742 gefallen?); Stammtafeln Knobelsdorff, IV, Tafel 31; Priesdorff, Nr. 689 (C. L.);

Ltnt. **Johann Carl von Knobelsdorff** (* 20. April 1743, † 5. Juli 1795)

Vater: Johann Caspar (1700–1770), diente 13 Jahre im I-R Nr. 19, dann vier Jahre im neuen Berliner Garn.-Reg., zuletzt Cap., 1732 dim., 1767 Erbherr auf ½ Topper nebst Vorwerken Sorge u. Grunwald, auf ¼ Kunersdorf im Krs. Crossen; **Mutter**: Marianne Helene Tugendreich, geb. von Grünberg (1719–1781); **Vater-Bruder**: George Gottlob, Ltnt. im I-R Nr. 19, im Aug. 1735 mit d. Charakter Cap. dim., ging auf seinen Gutsanteil Topper in Crossen; **Laufbahn**: seit 1759 im Militär, Juni 1760 Cornet im D-R Nr. 11, Aug. 1764 Sl, Sep. 1769 dim.; **Ehefrau**: Marianne, geb. von Wiedebach (1758–1788); d. Söhne u. Erben saßen 1801, 1803 auf d. väterlichen **Gut** Topper u. d. Vorwerken Sorge u. Grunwald, 1748 u. 1801 im Wert von 11/m T.; **Sohn**: George Heinrich August (1784–1843), Mai 1801 Fähnrich im I-R Nr. 18, Juli 1804 Sl, Aug. 1807 dim.; **Sohn**: Johann Carl Balthasar (1786–1838), Juli 1801 Cornet im D-R Nr. 4, Juli 1805 Sl, Juli 1807 bei d. Dragoner-Brigade von Wedel dim., Jan. 1816 d. 24. I-R aggr., Nov. 1825 Cap., Juni 1835 mit d. Charakter Major dim.; **Sohn**: Ernst Friedrich (1787–1872), 1803 Junker im D-R Nr. 11;

Quellen: GStA, I. HA, Rep. 22, Nr. 148 a, Paket 8 574; II. HA, Abt. 12, Materien, Vas.tab. Nr. 6, Bl. 34 RS-35; IV. HA, Rep. 1, Nr. 77, Bl. 132 (J. C.), Bl. 134 (Söhne); Stabi, Ms. boruss. fol. 313, Bl. 143 RS; Ms. geneal. fol. 120, Bl. 218–219, fol. 243; Gesch. I-R Nr. 19, S. 83 (George Gottlob); Tb. Uradel, 1902, S. 468–469; Jb. Neumark, 11/1936, S. 82–83;

Rittmstr. **Johann George von Knobelsdorff** (* 1710)

Vater: Hans Joachim († 1728), Ltnt., 1728 als Erbherr auf Anteil Deutsch Sagar im Krs. Crossen gen.; **Mutter**: Barbara Catharina, geb. von Reinsberg († 1763); **Bruder**: Carl Siegmund (1713–1742), Cap., s. d.; **Laufbahn**: 1727 *cadet*, Dez. 1734 Cornet im K-R Nr. 5, Juni 1741 Ltnt., Aug. 1747 Stabs-Rittmstr., Juni 1756 Chef e. Escadron, Jan. 1757 als Rittmstr. dim.; **Güter**: 1745 als Erbherr auf Anteil Deutsch Sagar gen., verkaufte seinen Anteil vor 1753 an d. Obristen Johann Gottfried von Stockhausen für 12 500 T.; **Neffe**, Stief-Sohn seiner Schwester Helene Tugendreich verh. von Knobelsdorff, geb. von Knobelsdorff (1708–1775): Carl Ludwig (1724–1786) *, aus d. Krs. Sommerfeld gebürtig, Dez. 1740 *cadet* in Berlin, Nov. 1743 Cornet im K-R Nr. 5, Juli 1758 Rittmstr., bat 1766 als Major um d. *venia aetatis* für seine Frau Ulrike Beate Juliane, geb. von Schöning (1749–1819), diese hatte e. Vermögen von 15 809 T., sie erhielt am 9. Juli 1766 d. *venia aetatis*, Sep. 1778 Kommandeur d. K-R Nr. 5, Sep. 1782 GM u. Chef d. D-R Nr. 4, Erbherr auf Schönow im Krs. Pyritz;

Quellen: GStA, I. HA, Rep. 22, Nr. 148 a, Pakete 8 574, 8 575; IV. HA, Rep. 1, Nr. 77, Bl. 130 (J. G. u. C. L.); Stabi, Ms. boruss. fol. 311, Bl. 136, Bl. 137 RS; Ms. geneal. fol. 120, Bl. 218; König, 2. T., S. 302–304 (C. L.); Stammtafeln Knobelsdorff, IV, Tafel 35; Priesdorff, Nr. 689 (Neffe);

Major **Otto Abraham von Knobelsdorff** (* 1695, † zw. 1745 u.1753)

Vater: Christoph Siegmund; O. A. aus d. Neumark gebürtig; **Mutter**: Ursula Susanna, geb. von Waldow; **Bruder**: Caspar Friedrich (1694–1748), Obrist, s. d.; **Bruder**: Wilhelm Gottlob (1707–1776), 1743 Major im Garn.-Bat. Nr. 9, Erbherr auf Oblath, siehe mehr bei dessen Sohn Carl Vollrath Krafft; **Bruder**: Carl Siegmund (1713–1792), Mai 1735 Fähnrich im I-R Nr. 25, Dez. 1738 Sl, Febr. 1741 Stabs-Cap. im I-R 40, April 1745 Cap. u. Chef e. Comp., Sep. 1752 dim., Okt. 1756 ins I-R Nr. 37, Jan. 1759 ins Garn.-Reg. Nr. 10, Febr. 1759 Major, April 1771 Ol, Okt. 1775 dim.; **Bruder**: Balthasar George (1713–1759), Cap., Erbherr auf Heinzendorf in Schlesien, Sohn: Johann Christoph (1740–1803) * GM; **Laufbahn**: seit 1710 im Militär, Okt. 1718 Cornet im K-R Nr. 9, 1730 hier als Ltnt., 1740 als Rittmstr. u. Chef e. Escadron gen., vor 1749 abgegangen; 1745 als Major u. **Erbherr** auf Anteilen von Lindow im Krs. Sternberg aufgeführt; **Ehefrau**: Marie Elisabeth Charlotte, geb. von Derfflinger († um 1753);

Quellen: GStA, IV. HA, Rep. 1, Nr. 77, Bl. 130 (hier nur d. Brüder W. G. u. C. S.); Stabi, Ms. boruss. fol. 312, Bl. 176, Bl. 177, (Bl. 178 RS, 179 RS); fol. 314, Bl. 103, Bl. 116 (je d. Bruder C. S.); Ms. geneal. fol. 120, Bl. 221; Stammtafeln Knobelsdorff, IV, Tafel 33 (d. Bruder B. G. danach auf Heinersdorf); Priesdorff, Nr. 985 (J. C., auf d. schles. Heinzendorf);

Ltnt. **Sigmund Erdmann von Knobelsdorff** (* 1709)

aus d. Krs. Crossen gebürtig; **Laufbahn**: seit 1726 im Militär, 1740 Fähnrich im I-R Nr. 12, 1744 als Ltnt. ins I-R Nr. 27 versetzt;

Quellen: Stabi, Ms. boruss. fol. 316, Bl. 233, Bl. 240; (nicht in d. Listen für d. I-R 27); nicht in GStA, IV. HA, Rep. 1; nicht in d. Stammtafeln Knobelsdorff;

Major **George Friedrich von Knorr** (* 1725, † 26. Juli 1793)

Vater: Erbherr auf Anteil Radach im Krs. Sternberg, erwarb 1741 weitere Teile d. Gutes; G. F. aus d. Neumark gebürtig; **Großvater**: kaufte im Mai 1728 Anteile an Radach im Krs. Sternberg; **Laufbahn**: seit 1761 im Militär, April 1761 Stabs-Cap. bei d. leichten Dragonern von Kleist, Sep. 1772 Cap. im Garn.-Reg. Nr. 11, Okt. 1781 Major im Garn.-Reg. Nr. 11, April 1788 beim Depot-Bat. d. I-R Nr. 51, 1793 gest.; **Güter**: erbte d. großväterlichen u. väterlichen Anteile an Radach, kaufte 1750 e. weiteren Anteil, 1785 auf (ganz) Radach im Wert von 30/m T.;

Quellen: GStA, I. HA, Rep. 62, Nr. 264 a, Fasz. 31 (1785 als bgl. Besitzer); IV. HA, Rep. 1, Nr. 77, Bl. 152; BLHA, Rep. 78 I, Nr. 170, Bl. 58; Stabi, Ms. boruss. fol. 314, Bl. 168 (in d. Rangliste f. 1775, Bl. 170, nicht geführt); Ms. geneal. fol. 120, Bl. 254 RS; Jb. Neumark, 11/1936, S. 96–97;

GM **Albert Ernst von Koeckritz** (* 1723, † 27. Okt. 1800) *

Vater: Hans Joachim Curt Ehrentreich († 1777), Cap. im I-R Nr. 17, vor 1715 abgegangen, 1715 u. 1718 als Erbherr auf Zohlow im Krs. Sternberg geführt, damals noch ledig, Zohlow wurde 1730 an d. König verkauft, 1735 auf Hildesheim im Krs. Sternberg, vor 1751 an d. Witwe Stegmann verkauft; **Mutter**: Maria, geb. von Lettow († 1776); **Bruder**: Carl Sebastian (* 1736, † 26. Okt. 1777), seit 1756 im Militär, Okt. 1771 Stabs-Cap. im 2. Bat. Garde, 1777 als Cap. gest.; **Laufbahn**: (seit Mai 1740 im Regiment bzw.) Dez. 1740 *cadet* in Berlin, Mrz. 1746 Fähnrich im I-R Nr. 10, Jan. 1751 Sl, Mai 1757 Pl, Sep. 1759 Stabs-Cap., Febr. 1760 Cap. u. Chef e. Comp., Aug. 1771 Major, Mai bzw. Juni 1781 Ol, Mai 1783 Obrist, Dez. 1788 Kommandeur d. I-R Nr. 9, Aug. 1789 als GM mit 800 T. Pension dim., 1800 unbeerbt verst.;

Quellen: GStA, I. HA, Rep. 22, Nr. 150 a, Paket 8576 (Vater, auf Hildesheim); IV. HA, Rep. 1, Nr. 77, Bl. 190 (als Albert Ernst, hier auch C. S.); BLHA, Rep. 78 I, Nr. 170, Bl. 55; Stabi, Ms. boruss. fol. 315, Bl. 105, Bl. 106, Bl. 113, Bl. 118, Bl. 120 (je als Albert Ernst, 1777 Hinweis auf d. Bruder); Reinhard, S. 530 u. S. 555 (Bruder); Jb. Neumark, 1928, S. 37; Priesdorff, Nr. 792 (hier als Ernst Albrecht);

Fähnrich **Balthasar Friedrich von Koeckritz** (* 1713) *

(aus d. NM gebürtig); **Laufbahn**: stand als Fähnrich im I-R Nr. 31, vor 1751 abgegangen; **Güter**: 1751 auf d. Burglehn bei Zielenzig im Krs. Sternberg gen.; (**Sohn**: Carl Leopold (1744–1821), GM, s. d., dessen Vater Friedr. Albrecht auf d. Burglehn);

Quellen: BLHA, Rep. 78 I, Nr. 170, Bl. 60; nicht in IV. HA, Rep. 1, Nr. 77;

Ltnt. **Bernhard Alexander Friedrich von Koeckritz** (* 1721)

(**Vater**: Hans Joachim Curt Ehrentreich († 1777), Cap.; **Bruder**: Albert Ernst (1723–1800), GM, s. d.); **Laufbahn**: seit 1740 im Militär, Febr. 1745 Fähnrich im Garn-Reg. Nr. 10, Juli 1755 Pl, vor 1764 abgegangen; **Güter**: 1745 auf Wildenhagen im Krs. Sternberg gen.;

Quellen: GStA, IV. HA, Rep. 1, Nr. 77, Bl. 190 (A. E., B. A. F. nicht); Stabi, Ms. boruss. fol. 314, Bl. 251, Bl. 252 RS; Ms. geneal. fol. 120, Bl. 222;

poln. Obrist **Carl Gottlob von Koeckritz** († um 1714) *

Vater: Abraham Friedrich, bis 1703 Erbherr auf Lindchen im Krs. Cottbus; **Laufbahn**: stieg in polnischen Diensten bis zum Obristen auf, stand 1713 in d. *Campagne*; **Ehefrau**: Johanna Maria, geb. von Winckelmann; **Güter**: seit 1703 Erbherr auf Lindchen im Krs. Cottbus, noch 1713 hier gen., 1718 u. 1729 saß seine Witwe auf d. Gut; **Sohn**: Carl Gottlob (* 1684), 1713 poln. Rittmstr., stand 1715 bei d. Armee in Pommern, damals zs. mit d. Bruder auf Lindchen gen., 1728 als Rittmstr. im sächs. Leib-K-R bez., Erbherr auf Lindchen, 1739 (von seiner Tochter) verkauft an Hans Adolph von Strantz; **Sohn**: Hans Adam, 1713 poln. Garde-Ltnt., 1715 auch auf Göritz in d. sächs. Niederlausitz;

Quellen: GStA, I. HA, Rep. 22, Nr. 150 a, Paket 8 576; BLHA, Rep. 23 B, Nr. 446; Stabi, Ms. geneal. fol. 120, Bl. 213 RS; Jb. Neumark, 1928, S. 192; Krüger, Cottbus, S. 26–27;

GM **Carl Leopold von Koeckritz** (* 16. Juni 1744, † 30. Sep. 1821) *

Vater: Friedrich Albrecht, Erbherr auf Burglehn Zielenzig im Krs. Sternberg; **Mutter**: Beate Helene, geb. von Unruh (1712–1770); **Laufbahn**: Juni 1757 *cadet* in Berlin, Mai 1762 Fähnrich im Grenadier-Garde-Bat., Mrz. 1770 Sl, Juni 1781 Pl, Sep. 1786 Stabs-Cap., April 1790 Cap. u. Chef e. Companie, Okt. 1793 Orden p. l. m., Mrz. 1793 Major, Juli 1795 in d. Suite d. Kronprinzen, 1796 General-Adjutant, Nov. 1797 Ol u. General-Adjutant König Friedrich Wilhelms III., Mai 1798 Obrist, Mai 1803 GM, 1804 Roter Adler-Orden, Mrz. 1809 Gl, Dez. 1811 Schwarzer Adler-Orden, 1821 gest.;

Quellen: GStA, IV. HA, Rep. 1, Nr. 77, Bl. 190; Stabi, Ms. boruss. fol. 315, Bl. 67; Reinhard, S. 532, S. 536, S. 558; Crousaz, S. 37; Lehmann, S. 289; Priesdorff, Nr. 1 053;

Major **Moritz Siegfried von Koeckritz** (1731–1811)

Vater: Sigismund Siegfried († 1762), erwarb nach d. Verkauf seines in Sachsen gelegenen Gutes mit dem in d. Monarchie gezogenen Vermögen Pehlitz im Krs. Friedeberg im Wert von 13 800 T., dieses wurde im Siebenjährigen Krieg von d. Russen bis auf d. Grund ruiniert, seine Witwe besaß d. Gut lt. Erbrezeß auf Lebenszeit, mußte ihrer Tochter Henrietta Wilhelmina Tugendreich u. d. Stief-Sohn Moritz Siegfried deren väterliches Erbteil jedoch verzinsen, 1767 hatte

Pehlitz e. Wert von 13 750 T., darauf Schulden von 11 860 T., seit 1764 prozessierten d. Witwe u. ihr Stief-Sohn gegeneinander, sie soll ihm Zinsen vorenthalten u. entgegen dem Rezeß nur vier statt fünf Prozent gezahlt haben, außerdem soll d. Witwe versucht haben, d. Pl sein väterliches Erbteil in Höhe von 2 434 T. zu entziehen, er hatte außer seinem monatlichen *Tractament* jedoch keine weiteren Einnahmen u. benötigte d. Revenuen, im Mrz. 1768 schwebte d. Prozeß in d. dritten Instanz, im Okt. 1768 wurde die Klage d. Pl auf Zahlung von fünf Prozent Zinsen mit Hinweis auf e. grundsätzliches Votum d. Königs abgewiesen, d. Witwe konnte Pehlitz aus eigenen Kräften nicht retablieren, was durch die hohe Verschuldung noch erschwert wurde, allein d. Erben von Brünnow hatten Forderungen von 4 512 T., als diese ihr 1774 2/m T. aufkündigten, suchte sie um e. Indult nach, d. Witwe mußte Pehlitz nach 1774 schließlich an ihren Schwiegersohn, d. von Neckern auf Denzig im Krs. Dramburg, verkaufen, dieser veräußerte es an M. G. Frhr. von Dyherrn, anschließend kam es wegen d. Hypotheken u. einem Brand zwischen beiden zu e. langwierigen Prozeß; von Neckern prozessierte auch seit etwa 1765 gegen d. Küstriner KDK; Stief-**Mutter**: Theodora Elisabeth, geb. Havenstein (* 1716) aus Mansfelde im Krs. Friedeberg, sie wurde noch 1774 auf Pehlitz gen. u. besaß 1787 e. Kapital von 1 400 T., eingetragen auf Denzig, bekam wegen d. Prozesse ihres Schwiegersohns dafür aber kaum Zinsen, galt als qualifiziert für e. neumärk. Witwenpension; **Schwester**: Henrietta Wilhelmina Tugendreich, verheiratete von Neckern in Denzig; **Laufbahn**: Febr. 1753 Fähnrich im Garn.-Reg. Nr. 5, Febr. 1757 Sl, April 1761 Pl, Sep. 1769 Stabs-Cap., Sep. 1774 Cap. u. Chef e. Comp., April 1788 zum Depot-Bat. d. I-R Nr. 21, April 1794 Major, noch 1806 im I-R Nr. 21 gen., zwischen 1807 u. 1811 gest.;

Quellen: GStA, I. HA, Rep. 22, Nr. 150 a, Paket 8 576; II. HA, Abt. 13 a, Tit. IV, Litt D, Nr. 1 (d. Mutter mit Angaben über d. Fam.); IV. HA, Rep. 1, Nr. 77, Bl. 190 (d. Angabe Garn.-Reg. Nr. 6 ist falsch); Stabi, Ms. boruss. fol. 314, Bl. 181 (M. S. stand danach 1773 im Garn.-Reg. Nr. 5); fol. 315, Bl. 91–93 RS (1756 u. 1764 nicht im Garn.-Reg. Nr. 6); fol. 907 a, Bl. 16 (danach 1811 gest.); Ms. geneal. fol. 120, Bl. 248 (1774: Cap. im Garn.-Reg. Nr. 5); Moegelin, S. 63; Jb. Neumark, 11/1936, S. 71;

Rittmstr. **Ernst Bogislav von Koeller**
(* 1703)

aus d. Neumark gebürtig; **Laufbahn**: seit 1728 im Militär, stand 1734 als Ltnt., 1743 als Rittmstr. im D-R Nr. 2, vor 1756 abgegangen;

Quellen: Stabi, Ms. boruss. fol. 314, (Bl. 50); fol. 315, Bl. 172; nicht in IV. HA, Rep. 1, Nr. 76 u. nicht in Nr. 77, Bl. 204;

GM **George Bogislav von Koethen**
(* 6. Okt. 1722, † 19. Okt. 1808) *

Vater: George Ernst (1686–1760), Erbherr auf Krampe im Krs. Arnswalde u. Libbehn im pomm. Krs. Pyritz, hatte 1745 vier Söhne, von denen d. älteste (* 1719) sich beim Vater aufhielt, der jüngste (**Bruder**) Friedrich Wilhelm (* 1726) studierte in Halle, saß 1775 auf Krampe bei Kallies, die beiden mittleren standen im Militär, Krampe wurde vor 1795 verkauft; **Mutter**: Ilse Catharina, geb. von Wedel (1702–1766); **Bruder**: Balthasar Joachim (* 1719, † vor 1793), seit

1740 im Militär, (stand zuerst im I-R Nr. 17), Mrz. 1753 Pl im Garn.-Reg. Nr. 7, Mai 1754 Stabs-Cap., als solcher noch 1763 gen., 1765 auf Wunsch dim.; **Laufbahn**: 1738 Gefr.corp. im I-R Nr. 5, Juni 1740 ins neue I-R Nr. 42, Juni 1743 Fähnrich, Mai 1746 Sl im I-R Nr. 42, Sep. (1752 bzw.) 1755 Pl, Mai 1759 Stabs-Cap., Juli 1759 Cap. u. Chef e. Cap., Okt. 1775 Major, Okt. 1784 Ol, Mrz. 1786 Kommandeur d. I-R Nr. 42, Mai 1787 Obrist, Sep. 1788 Orden p. l. m., Mai 1792 GM, Juli 1792 Chef d. I-R Nr. 48, Aug. 1797 mit 1200 T. Pension dim.; **Ehefrau**: Justine Juliane, geb. von Sanitz (1731–1790);

Quellen: GstA, IV. HA, Rep. 1, Nr. 77, Bl. 240 (B. J. u. G. B., danach 1797 gest.); BLHA, Rep. 78 I, Nr. 170, Bl. 27; Stabi, Ms. boruss. fol. 312, Bl. 14, Bl. 20 RS, Bl. 21, Bl. 22 RS; fol. 313, Bl. 119, Bl. 123 RS, Bl. 125 RS (je B. J.); Ms. geneal. fol. 120, Bl. 224, Bl. 236; Jb. Neumark, 1927, S. 179; Jb. Neumark, 11/1936, S. 59; Priesdorff, Nr. 841; Pommern, S. 336–337 (Biogramm d. Bruders B. J.);

Ltnt. **Christian Rudolph von Kommerstedt** (* um 1710, † Mrz. 1744)

Vater: Caspar Dietrich († vor 1713), Erbherr auf (Anteil) Jessen im Krs. Cottbus; C. R. aus d. Neumark gebürtig; **Mutter**: Dorothea Sophia, geb. von Oppen, sie saß 1715 auf Jessen, 1716 verkauft; **Brüder**, 1715 gen.: Gottlob Siegfried, Friedrich Wilhelm; **Laufbahn**: seit 1725 im Militär, 1728 Gefr.corp., Mai 1731 Fähnrich im I-R Nr. 8, Mai 1735 Sl, Nov. 1741 Pl, 1744 gest.; (**verwandt**, identisch mit d. Bruder?: Friedrich Wilhelm von Kummerst(a)edt (* 1712), aus Crossen, seit 1730 im Militär, am 3. Sep. 1735 als Sergant im I-R Nr. 1 gest.: Stabi, Ms. boruss. fol. 313, Bl. 298 RS);

Quellen: BLHA, Rep. 23 B, Nr. 446; Stabi, Ms. boruss. fol. 315, Bl. 183, Bl. 184 RS (vor 1756 abgegangen); Zedlitz, 3. Bd., S. 150; Priesdorff, Offz. stammliste; S. 103 (geb. um 1710); Jb. Neumark, 1928, S. 188; Krüger, Cottbus, S. 18–19; in GStA, IV. HA, Rep. 1, Nr. 72 u. Nr. 77, 78 kein Kommerstedt, Kummerstedt, Commerstedt; nicht im Tb. Briefadel 1933;

Ltnt. **Christian Ulrich von Koschembahr** (* 1725)

Vater: Christian Ulrich (* 1686), Geh. Rat, 1745 als Erbherr auf ½ Schmöllen im Krs. Züllichau gen.; **Bruder**: Johann Carl Christian (* 1712), 1745 Erbherr auf Groß Schweinern im Ftm. Oels; **Bruder**: Friedrich Heinrich (* 1733), weilte 1745 beim Vater; **Laufbahn**: trat 1742 in d. Militärdienst ein, stand 1743 als Corp. im I-R Nr. 24, 1756 hier als Sl gen., nahm 1758 als Ltnt. d. Abschied;

Quellen: Stabi, Ms. boruss. fol. 316, Bl. 317 (1743: aus d. Nähe v. Züllichau), Bl. 318 RS (aus Schlesien) Bl. 323 RS; Ms. geneal. fol. 120, Bl. 217; nicht in GStA, IV. HA, Rep. 1, Nr. 77, Bl. 307 b;

Gutsbes. **Alex. Otto Conrad Frhr. von Kottwitz** (* 15. Sep. 1783, † 16. Febr. 1854)

Vater: Friedrich Gotthard Conrad (1747–1797), Erbherr auf Kossar, Kuckädel u. Zettitz im Krs. Crossen, auf Parchau in Schlesien; A. O. C. in Parchau geb.; **Mutter**: Wilhelmine Sophie Amalie, geb. Gräfin von Finckenstein (1753–1797); **Bruder**: Adam Friedrich Wilhelm (1777–1803), absolvierte e. Studium, übernahm im Erbvergleich Kossar u. Kuckädel im Krs. Crossen im Wert für 40/m T., 1803 wurde für beide e. Wert von 80/m T. gen., verheiratet mit Caroline Amalie, geb. Ernst von Ernsthausen (1774–1866);

Laufbahn: befand sich 1801 in Berlin in d. *École militaire*, studierte 1803 d. Forstwissenschaften in Berlin, nach 1806 anfänglich Volontair, Mrz. 1813 als Sl beim leichten Garde-Kav.-Reg. aggr., Mrz. 1815 beim 8. D-R bzw. beim 8. K-R, Aug. 1817 Pl, Aug. 1820 ausgeschieden; **Güter**: 1801 u. 1805 Erbherr auf Zettitz im Krs. Crossen im Wert von 40/m T., für diesen Betrag bei d. Erbteilung angenommen;

Quellen: GStA, I. HA, Rep. 22, Nr. 147, Paket 8 573; II. HA, Abt. 12, Materien, Vas.tab. Nr. 6, Bl. 24 RS-25, Bl. 35 RS-36; IV. HA, Rep. 1, Nr. 78, Bl. 1; BLHA, Rep. 3, Nr. 11 925; Bratring, 3. Bd., S. 323; Tb. frhrl. Hs., 1904, S. 394, S. 396; Jb. Neumark, 11/1936, S. 80, S. 83;

Landrat **Balthasar Erdmann von Kottwitz** († vor 1731)

(**Vater**: Erbherr auf Sommerfeld im Krs. Crossen); **Laufbahn**: amtierte 1715 als Landrat im Krs. Crossen; **Ehefrau**: Maria Eleonora, geb. von Bees († 28. Sep. 1755), aus beider Ehe nur eine **Tochter**: Anna Elisabeth († Mai 1739), verheiratet mit d. späteren General Friedrich Sigismund von Bredow, s. d.; d. Witwe M. E. von Kottwitz hinterließ 1755 e. Vermögen von 76 461 T., Univ.erbin wurde ihre Bruder-Tochter, d. Frau Ol von Richardy in Niederschlesien, die aber hohe Legate an Miterben auszahlen mußte; **Güter**: 1713 u. 1717 als Erbherr auf Schloß Sommerfeld, ½ Baudach u. ½ Gablenz im Krs. Crossen im Wert von mehr als 30/m T. gen., darauf fremde Schulden von 10/m T., damals zs. mit seinem **Vetter** Friedrich Carl von Kottwitz, dieser hatte 1703 als Cap. im Bat. Nassau-Dillenburg gestanden u. hielt sich 1713 in Berlin auf, auch auf (d. verpfändeten) Grabkow u. Dubrow im Krs. Crossen, diese beiden im Wert von 16/m T.; trat 1718 Sommerfeld an seinen Schwiegersohn ab, d. damaligen Ol F. S. von Bredow, seine Witwe prozessierte nach d. Tod d. Tochter jahrelang wegen deren Erbschaft gegen d. General von Bredow;

Quellen: GStA, I. HA, Rep. 22, Nr. 147, Paket 8 573; Rep. 66, Nr. 18; BLHA, Rep. 23 B, Nr. 446; Bardeleben, S. 417 (F. C.); Jb. Neumark, 1928, S. 119–120, S. 137;

Cap. **Christian Erdmann von Kottwitz** (* 4. Febr. 1718, † 3. Nov. 1760)

Vater: Caspar Rudolph († um 1726), 1713 als Erbherr auf Klein Döbbern, Trebendorf u. Mattendorf im Krs. Cottbus gen., hatte d. gesamte Hand auf Sommerfeld, Gablenz u. Baudach in Crossen; **Mutter**: Maria Sophia, geb. von Klitzing; **Bruder**: Caspar Rudolph (* 11. Okt. 1719, † 15. April 1767), besuchte von 1732 bis 1734 d. Ritterakademie in Brandenburg an der Havel, stand 1738 in kgl.-poln. Diensten, bat 1741 um d. *venia aetatis*, amtierte später als Landrat, verheiratet mit Elisabeth Sophie Tugendreich, geb. von Muschwitz (* 1722), Erbherr auf Trebendorf u. Mattendorf im Krs. Cottbus, 1738 bei d. brüderlichen Teilung für 25 322 T. angenommen, 1764 sollen Trebendorf u. Mattendorf e. Wert von 58 745 T. gehabt haben, erlitt im Siebenjährigen Krieg e. Verlust von 8 776 T., seine Untertanen von 11 610 T., 1767 wurde über sein Vermögen d. Konkurs eröffnet, seine Witwe saß 1774 auf Leuthen, sie hatte damals drei Töchter u. zwei Söhne, 1774 wurde sein Sohn Christian Rudolph Friedrich (* 1751), auf Trebendorf gen., hatte seinen Wohnsitz in Leuthen; Sohn:

Caspar Seyfried Anton (* 1757), April 1778 Cornet im D-R Nr. 6, Juni 1784 Sl, Mai 1790 Pl, Mai 1791 dim., 1798 in Trebendorf; 1795 sollen Trebendorf u. Mattendorf e. Wert von zs. 35 652 T. gehabt haben; 1801 saßen d. Gebr. C. R. F. u. C. S. A. mit ihren drei Schwestern auf Leuthen u. ½ Allmosen für zs. 36/m T. sowie auf Trebendorf für 25 322 T.; **Laufbahn**: weilte von 1732 bis 1734 auf d. Ritterakademie in Brandenburg an der Havel, erhielt 1738 mit 23 Jahren d. *venia aetatis*, Juli 1735 Fähnrich im I-R Nr. 8, Mrz. 1741 Sl, Mrz. 1744 Pl, Okt. 1752 Stabs-Cap., Okt. 1756 Cap. u. Chef e. Comp., 1760 bei Torgau gefallen; hinterließ d. vom Feind ruinierte u. verschuldete **Gut** Klein Döbbern im Krs. Cottbus, angenommen bei d. brüderl. Teilung 1738 für 16 177 T., d. Schulden betrugen 18 198 T., d. Bruder C. R. schlug deshalb d. Erbe anfänglich aus: KG-rat von Blücher erwarb Klein Döbbern für 24/m T., nach Befriedigung aller Gläubiger ergab sich e. Überschuß von rund 6/m T., die C. R. erst nach zahlreichen Gesuchen ausgezahlt bekam;

Quellen: GStA, I. HA, Rep. 22, Nr. 147, Paket 8 573; II. HA, Abt. 12, Materien, Vas.tab. Nr. 6, Bl. 51 RS-52, Bl. 54 RS-55; IV. HA, Rep. 1, Nr. 78, Bl. 1 (C. E. u. C. S. A.); Stabi, Ms. boruss. fol. 315, Bl. 182, Bl. 184; Ms. geneal. fol. 120, Bl. 213 RS, Bl. 214, Bl. 240; Leers, Zöglinge, S. 57; Priesdorff, Offz.stammliste, S. 104; Jb. Neumark, 1928, S. 197–198; Krüger, Cottbus, S. 21 (C. R. d. Ä. u. C. E. als Brüder?), S. 37 (d. Vater als C. R.);

Obrist **Johann Gottlob von Kottwitz** (* 14. Mai 1719, † 29. Jan. 1776)

Vater: Christoph Erdmann (1678–1758), ksl. Ltnt. (bzw. Major), 1715 u. 1745 Erbherr auf Neuhausen u. Bräsinchen im Krs. Cottbus; **Mutter**: Johanna Christiane, geb. von Stutterheim († 1735); **Vater-Bruder**: Wilhelm Seyfried, Erbherr auf Blas(en)dorf; **Bruder**: Christian Friedrich (* 1712, † 25. Mrz. 1762), Page, Aug. 1738 Ltnt. im K-R Nr. 10, Okt. 1745 Stabs-Rittmstr., Sep. 1752 Rittmstr. u. Chef e. Escadron, Okt. 1756 Major, Mai 1761 Obrist, 1762 an e. Brustkrankheit gest.; **Bruder**: Carl Wilhelm (* 1721, † 4. Nov. 1788), seit 1738 im Militär, Sep. 1740 Fähnrich im I-R Nr. 25, April 1742 Sl, Okt. 1745 Pl, Juni 1756 Stabs-Cap., Aug. 1757 Cap. u. Chef e. Comp., Nov. 1760 Major, Mai 1771 Ol, Juli 1771 Kommandeur d. Reg., Mai 1772 Obrist, Jan. 1774 Orden p. l. m., Mai 1780 Chef d. Magdeburger Land-Reg., bezog e. Pension von 380 T., 1788 nach e. zehnjährigen Krankheit (im 73. Jahr) gest., hinterließ seine Frau, e. geb. von Loeben; **Laufbahn**: seit 1734 im Militär, 1740 Junker im D-R Nr. 3, 1743 u. 1753 als Ltnt., 1764 als Major, 1774 als Obrist u. Kommandeur d. D-R Nr. 3 aufgeführt; **Ehefrau**: Christiane Sophie Luise, geb. von Schieck (1732–1799); **Güter**: seit 1763 Erbherr auf Neuhausen u. Bräsinchen, erhob zs. mit d. beiden Brüdern 1747, 1749, 1756, 1759, 1772 Anspruch auf Sommerfeld in Crossen, auf das ihr Vater zs. mit Lehnsvettern bei e. Vergleich 1718 mit d. Landrat Balthasar Erdmann von Kottwitz, s. d., gegen e. Abfindung verzichtet hatte, ihre Gesuche um Reluition wurden jeweils abgewiesen; erhielt 1772 für Neuhausen e. Meliorationskredit in Höhe von 4/m T.; **Sohn**: Hans Carl Friedrich Theodor (1768–1828), Juni 1786 Cornet im D-R Nr. 3, Mai 1785 Sl, Nov. 1796 Pl, Juli 1799 als Rittmstr. dim., 1796 u. 1805 Erbherr auf Neuhausen u. Bräsinchen, 1763 im Wert von 20/m T., verh. mit Elisabeth

Marie Juliane, geb. von Oertzen (1777–1813); **Sohn**: Heinrich Alexander Gottlieb (* 1773, † 26. Juli 1820), Jan. 1794 Fähnrich im I-R Nr. 35, Aug. 1794 Sl, Okt. 1806 Pl, Okt. 1812 zur Gendarmerie, Aug. 1813 zum Ersatz-Bat. d. 1. Westpreuß. I-R, Sep. 1814 Stabs-Cap., Mrz. 1815 Cap. im I-R Nr. 25, April 1816 Kreis-Brigadier bei d. Gendarmerie;

Quellen: GStA, I. HA, Rep. 22, Nr. 147, Paket 8 573 (1747 u. 1753 werden d. drei Brüder gen.); IV. HA, Rep. 1, Nr. 78, Bl. 1 (hier d. Sohn u. d. Brüder, J. G. nicht); Stabi, Ms. boruss. fol. 311, Bl. 327, Bl. 334 (Bruder C. F.); fol. 313, Bl. 10, Bl. 12, Bl. 13; fol. 314, Bl. 139, Bl. 140, Bl. 152 (je Bruder C. W.); Ms. geneal. fol. 120, Bl. 214; König, 2. T., S. 319–320 (Bruder C. W.); Gesch. D-R Nr. 3, S. 83, S. 101, S. 197, S. 210, S. 414; Tb. Uradel, 1904, S. 458–459 (hier nur d. Obrist J. G., nicht dessen Brüder); Lehmann, S. 120 (Bruder C. W.); Jb. Neumark, 1928, S. 177, S. 191; Moegelin, S. 260; Krüger, Cottbus, S. 28;

Ol **Alexander Sigismund von Kracht** (* 1702, † 6. bzw. 16. April 1752)

Vater: Caspar Heinrich († vor 1715), Erbherr auf Groß Oßnig im Krs. Cottbus (auch auf Klinge); **Mutter**: e. geb. von Loeben; Stief-Mutter: Anna Sophie Marie, geb. von Grünwald († nach 1757), 1752 in Türkendorf bei Spremberg gen.; **Bruder**: Carl Friedrich (* 1699 bzw. 1704), 1715 auf d. Schule in Sorau, seit 1722 im Militär, stand 1729 als Ltnt. im D-R Nr. 3, vor Dez. 1740 abgegangen; **Bruder**: Caspar Heinrich (1709–1766), Ltnt. im Reg. von Schwerin, Erbherr auf Helmsdorf in Sachsen, Sohn: Ernst Ferdinand Erdmann (1745–1785), Cap. im D-R Nr. 3?; **Laufbahn**: Okt. 1723 Fähnrich im I-R Nr. 24, Nov. 1726 Sl, Mrz. 1728 Pl im I-R Nr. 30, Juni 1731 Stabs-Cap., Aug. 1733 Cap. u. Chef e. Comp., Juni 1741 Major, Okt. 1745 Ol, Dez. 1745 Orden p. l. m., 1752 gest.; **Güter**: 1728 wurden Carl Friedrich, Alexander Sigismund u. Caspar Heinrich als Erbherrn auf Groß Oßnig gen., alle drei standen im preuß. Militärdienst; **Ehefrau**: e. geb. von Zülich; (**verwandt**: Christian Gottlob von Kracht (* 1712), seit 1731 im Militär, Mai 1740 Sl im I-R Nr. 20: fol. 311, Bl. 118 RS);

Quellen: GStA, IV. HA, Rep. 1, Nr. 78, Bl. 22 (hier nur A. S.); Stabi, Ms. boruss. fol. 311, Bl. 185, Bl. 187 RS, Bl. 188 RS; fol. 313, Bl. 15 (Bruder C. F.); Ms. geneal. fol. 120, Bl. 213 RS (Hinweis auf d. Vater u. Söhne); Gesch. D-R Nr. 3, S. 60 (C. F. aus d. MM geb.?), S. 63–66; Tb. Uradel, 1906, S. 418–419 (A. S. geb. 1705, C. F. geb. 1699, gest. nach 1739); Lehmann, S. 34 (hier als Alex. Ludwig); Jb. Neumark, 1928, S. 181;

Ltnt. **Carl Friedrich von Kracht** (* 1770)

Vater: Otto August (* 1722), Cap. in sächs. Diensten, 1774 als Erbherr auf Kalkwitz im Krs. Cottbus gen.; **Mutter**: Casparina Charlotta, geb. von Schönfeldt, sie brachte d. Gut in d. Ehe ein; **Bruder**: Friedrich August (* 1769); **Laufbahn**: Juni 1790 Sl im Füsilier-Bat. Nr. 5, Jan. 1795 dim.; **Güter**: verkaufte 1795 d. vom Bruder geerbte Gut Kalkwitz, 1798 als Erbherr auf Nehesdorf in Sachsen aufgeführt;

Quellen: GStA, II. HA, Abt. 12, Materien, Vas.tab. Nr. 6, Bl. 60 RS-61 (hier als Carl Hr.); IV. HA, Rep. 1, Nr. 78, Bl. 22; Stabi, Ms. geneal. fol. 120, Bl. 240; Jb. Neumark, 11/1936, S. 105; Krüger, Cottbus, S. 20;

Ltnt. **Caspar Friedrich von Kracht** (* um 1727) *

aus d. Neumark gebürtig; **Laufbahn**: Febr. 1745 Fähnrich im I-R Nr. 36, April 1752 Sl, Aug. 1756 zu e. Invaliden-Comp. nach Sommerfeld versetzt;

Quellen: Gesch. I-R Nr. 36, S. 71; nicht in IV. HA, Rep. 1, Nr. 78;

Cap. **Christian Moritz von Kracht** (* 23. Mai 1734, † 20. Mrz. 1806) *

Vater: Christoph Gottlob (* 22. Mrz. 1704, † 9. Jan. 1738), Ltnt. im sächs. K-R von Venediger, Erbherr auf Briesnigk im Krs. Sorau; **Mutter**: Christiane Luise, geb. von Loeben; **Laufbahn**: engagierte sich 1752 im preuß. Militärdienst, Dez. 1756 Fähnrich im Garn.-Reg. Nr. 10, April 1761 Sl, Mrz. 1769 Pl, Aug. 1776 Stabs-Cap., Nov. 1780 Cap. u. Chef e. Comp., 1788 ins Depot-Bat. d. I-R Nr. 47, garnisonierte in Neiße, Dez. 1798 mit Pension dim., 1806 gest.; **Güter**: saß 1792 auf Drieschnitz im Krs. Cottbus, verkaufte d. Gut 1796 an Heinrich Adolph von Oppell, 1803 als unangesessener Vasall im Krs. Cottbus aufgeführt; **Sohn**: Friedrich Ernst (* um 1760, † 22. Mai 1852), Nov. 1797 Gefr.corp. im I-R Nr. 47, Nov. 1799 Fähnrich, Juli 1803 Sl, Febr. 1813 zum Depot-Bat. d. 2. Schles. I-R, Nov. 1813 Pl, Aug. 1814 dim., 1841 Charakter Major;

Quellen: GStA, II. HA, Abt. 12, Materien, Vas.tab. Nr. 6, Bl. 60 RS-61; IV. HA, Rep. 1, Nr. 78, Bl. 22 (C. M. u. F. E.); Ms. boruss. fol. 314, Bl. 248 RS, Bl. 249, Bl. 250 RS; Ms. geneal. fol. 120, Bl. 240; Tb. Uradel, 1906, S. 424; 1914, S. 457;

Ol **Friedrich Wilhelm von Kracht** (* 1721, † 28. Sep. 1797) *

(**Vater**: Gottlob, 1711, 1748 Erbherr auf Tzschacksdorf in Sachsen; **Mutter**: Christiane Gottliebe, geb. von Koeckritz; **Bruder**: Heinrich Adolph (* 1733, † vor 1797), Rittmstr.); F. W. aus d. Neumark gebürtig; **Laufbahn**: Mrz. 1739 Cornet im D-R Nr. 7, Mrz. 1742 Ltnt., Mrz. 1758 Stabs-Rittmstr., Nov. 1762 als Rittmstr. Orden p. l. m., Dez. 1762 Major u. Chef e. Escadron, Mai 1775 Ol, Juni 1777 dim.;

Quellen: GStA, IV. HA, Rep. 1, Nr. 78, Bl. 22 (F. W., hier kein H. A.); Stabi, Ms. boruss. fol. 315, Bl. 124 RS; Lehmann, S. 113; Tb. Uradel, 1906, S. 417 (danach Ol im D-R Nr. 1?, geb. 1720, in Ms. boruss. fol. 314 kein Kracht im D-R 1);

Ltnt. **Gottlob Emanuel von Kracht** (* 1700)

aus Drachhausen (bzw. Lehsen od. e. Ort nahe Peitz) im Krs. Cottbus; **Laufbahn**: seit 1717 im Militär, 1720 Sergant im I-R Nr. 7, Nov. 1726 Fähnrich, Nov. 1730 Pl, als solcher noch 1740 gen., vor 1749 abgegangen;

Quellen: Stabi, Ms. boruss. fol. 314, Bl. 263 RS, Bl. 266, Bl. 267 (je e. anderer Herkunftsort, alle bei Cottbus); nicht in GStA, IV. HA, Rep. 1, Nr. 78, Bl. 22;

Gutsbesitzer **Johann Gottlob von Kracht** (* 24. Jan. 1730, † 1799)

Vater: Gottlob Heinrich (1690–1765), Landesältester im sächs. Krs. Spremberg, 1715 u. 1728 als Erbherr auf Gahry u. Klinge im Krs. Cottbus gen., auch auf Türkendorf bei Spremberg, hatte hier seinen Wohnsitz; **Mutter**: Christiane, geb. von Wiedebach; (**Bruder**: Friedrich Christian (* 1735), stand 1778 als Cap. u. Adjutant im sächs. I-R Prinz Anton, Erbherr auf ½ Gahry, verh. mit e. geb. von Muschwitz); **Laufbahn**: trat weder in d. Militär- noch in d. Zivildienst ein; **Güter**: erbte 1752 Gahry im Krs. Cottbus, erhielt auf sein Gesuch im Sep. 1752 d. *venia aetatis*; 1774 auf (½) Gahry u. auf Pohsen in Sachsen gen.; (**Ehefrau**: Eva Christiane, geb. von Polenz, sie saß 1798 als Witwe auf Gahry);

Quellen: GStA, I. HA, Rep. 22, Nr. 155, Paket 8 580; Stabi, Ms. geneal. fol. 120, Bl. 213 RS-214, Bl. 239; Tb. Uradel, 1906, S. 424; Jb. Neumark, 1928, S. 180–181; Jb. Neumark, 11/1936, S. 103; Krüger, Cottbus, S. 11–12;

Cap. **Johann Simon von Kracht** (* 1732, † 12. Mrz. 1790) *

Vater: Carl Friedrich (* 1699, † nach 1739), seit 1718 im Militär, 1729 Ltnt. im D-R Nr. 3, Erbherr auf Klinge im Krs. Cottbus; J. S. aus d. Neumark gebürtig; **Bruder**: Carl August (* 1737), 1745 gen.; **Laufbahn**: seit 1750 im Militär, Mai 1757 Fähnrich, April 1763 Sl im I-R Nr. 33, Okt. 1770 Pl, Febr. 1779 Stabs-Cap., Mrz. 1783 Cap. u. Chef e. Comp., 1790 als aktiver Offz. gest.; **Ehefrau**: Dorothea Sophie Elisabeth, geb. Maltsch († 1793); (**verwandt**: Johann Siegismund (* 1702), stand als Ltnt. in sächs. u. in ksl. Diensten, 1745 als Erbherr auf Anteil Sternberg gen.);

Quellen: GStA, IV. HA, Rep. 1, Nr. 78, Bl. 22; Stabi, Ms. boruss. fol. 311, Bl. 5 RS, Bl. 7 RS (hier als Joh. Siegmd.), Bl. 8 (Joh. Simon); Ms. geneal. fol. 120, Bl. 222 (hier als Joachim Siegismund); Gesch. D-R Nr. 3, S. 60 (Vater); Tb. Uradel, 1906, S. 419;

Ltnt. **Carl Friedrich von Kremtzow** (* 1722)

aus d. Neumark gebürtig; **Laufbahn**: seit 1741 im Militär, stand 1753 u. 1757 als Ltnt. im D-R Nr. 3;

Quellen: Stabi, Ms. boruss. fol. 313, Bl. 62 (alt); Gesch. D-R Nr. 3, S. 101, S. 198 (1765 stand e. Carl Salomon v. K. im D-R 3, dieser ist im Jan. 1766 gest.; C. F. nicht in d. Abgangsliste ab S. 410); in GStA, IV. HA, Rep. 1, Nr. 78, auf Bl. 94 nur d. Cap. Curt Christoph v. K. im D-R 4, 1758 gest.; Zedlitz, 3. Bd., S. 171 (als von Krempzow);

Rittmstr. **Johann Caspar von Krockow** (1714–1752)

aus d. Neumark gebürtig; **Laufbahn**: trat 1732 in d. Militärdienst ein, stand im Dez. 1741 als Junker im D-R Nr. 4, 1752 als Stabs-Rittmstr. gest.; hinterließ e. **Tochter** Marie Charlotte (* 1745), verheiratet mit Carl Bogislav von Walther († 1785) auf Anteil Anteil Ziezeneff in Pommern, C. B. hinterließ seine Frau u. d. Sohn Carl Christian in dürftigen Umständen, dieser stand 1794 als Junker, 1806 als Sl im I-R Nr. 45, d. Witwe M. C. erhielt seit 1793 e. neumärk. Pension von 100 T.;

Quellen: GStA, II. HA, Abt. 13 a, Tit. IV, Litt S, Nr. 1, Bd. 1 (Tochter); Stabi, Ms. boruss. fol. 313, Bl. 59; nicht in GStA, IV. HA, Rep. 1, Nr. 78 (hier nur d. GM Hans Caspar);

ksl. Cap.-Ltnt. **Philipp Reinhold von Krockow** (* um 1675)

(aus d. Neumark gebürtig); **Bruder**: Döring Jacob, 1713 als pomm. Landrat mit Wohnsitz in Polzin gen.; **Bruder**: Caspar Wilhelm, poln. Cap., hatte 1713 seinen Wohnsitz in Woltersdorf (im Krs. Dramburg); **Laufbahn**: stieg in ksl. Diensten bis zum Cap.-Ltnt. auf, vor 1713 abgegangen; **Güter**: besaß 1715 e. Anteil Zamzow im Krs. Dramburg auf Pfandschilling, zugleich mit seinen Brüdern Erbherr auf Güntershagen im Krs. Dramburg im Wert von 15/m T., vor 1715 an d. Reg.rat Friedrich von Martitz verkauft, 1728 vom Fiskus erworben, P. R. war später Erbherr auf Polzin in Pommern; **Ehefrau**: Anna Marie, geb. von Borcke; **Söhne**: Anton Friedrich (1714–1778) *, Gl, Döring Wilhelm (1719–1803) *, General d. Infanterie;

Quellen: BLHA, Rep. 23 B, Nr. 446; Jb. Neumark, 1927, S. 114 (d. Gebr. von Krockow in Güntershagen nicht gen.), S. 117 (P. R. in Zamzow); Priesdorff, Nr. 471, 576 (Söhne); Pommern, S. 343 (Biogramm des Sohnes D. W.);

Ltnt. **Hilmar Ernst von Krummensee** (* 1670) *

aus d. Neumark gebürtig; **Laufbahn**: seit 1692 im Militär, 1694 als Fähnrich im 4. Bat. kurmärk. Garde in Berlin gen., Juni 1701 Ltnt., stand 1705 als Ltnt. in e. Comp., die sich in d. Nehrung d. Elbinger Territoriums aufhielt; (**verwandt**: 1715 waren Otto Siegmund und Heinrich Hartwig von Krummensee Lehnsträger von Beelitz im Krs. Sternberg: Jb. Neumark, 1928, S. 24);

Quellen: Stabi, Ms. boruss. fol. 319, Bl. 9 RS; Märkische Forschungen, 2. Bd., S. 386 (über d. ausgest. Fam.); Bardeleben, S. 414, S. 421;

Fähnrich **Alexander Heinrich von Kühne** (* 1694)

aus d. Neumark gebürtig; **Laufbahn**: seit 1714 im Militär, 1721 Fähnrich im I-R Nr. 9, vor 1730 abgegangen; (**verwandt**: Johann Friedrich Kühne (* 1689), aus Küstrin, seit 1707 im Militär, Aug. 1714 Ltnt. im I-R Nr. 19, nahm im Mai 1723 als Cap. seinen Abschied u. ging zu seinem Bruder, e. Ol bei d. Garde, nach England: Stabi, Ms. boruss. fol. 319, Bl. 34; Geschichte I-R 19, S. 80 (hier als Keine);

Quellen: Stabi, Ms. boruss. fol. 315, Bl. 107 RS, Bl. 111–111 RS;

Cornet **Erdmann Ludwig von Kühne** (* 1705)

(**Vater**: Alexander Heinrich, 1718 als Erbherr auf Anteil Storkow im Krs. Dramburg gen.), E. L. aus Storkow in d. NM gebürtig; **Brüder**: Hans Christian (* 1692), stand 1728 als Cap. in hessischen Diensten; Zander Heinrich (* 1695), hatte 1728 als vorm. Ltnt. seinen Wohnsitz in Cussenow im Krs. Schivelbein; **Laufbahn**: seit 1719 im Militär, 1723 als Fourier im I-R Nr. 1 gen., 1727 Junker, 1728 Uffz., 1735 Cornet im D-R Nr. 5, vor 1740 abgegangen; **Güter**: 1728 zs. mit d. beiden Brüdern auf (Neu-) bzw. Anteil Storkow im Krs. Dramburg gelistet;

Quellen: Stabi, Ms. boruss. fol. 313, Bl. 45, Bl. 64 (hier je als von Kühne, andernorts als von Kühn), Bl. 297 RS; Ms. geneal. fol. 120, Bl. 228 RS; Zedlitz, 3. Bd., S. 184 (e. Fam. Kühn); Jb. Neumark, 1927, S. 111;

Cap. **Philipp von Kühne** (* 1695)

aus der Neumark gebürtig; **Laufbahn**: seit 1714 im Militär, Sep. 1716 Sergant, Juni 1721 Sl im I-R Nr. 1, April 1724 als Sl (nach 35 Dj.) dim., erhielt später d. Prädikat Cap.; **Güter**: 1727, 1728 u. 1751 als Erbherr auf Anteil Cussenow im Krs. Schivelbein aufgeführt, 1751 im Wert von 4/m T., war ohne Leibeserben; (**verwandt**: 1715 gab es d. Gebr. Caspar u. Si-

mon von Kühne auf Klein Grünow im Krs. Dramburg: Jb. Neumark, 1927, S. 111);
Quellen: GStA, I. HA, Rep. 96, Nr. 304 C 1; BLHA, Rep. 78 I, Nr. 170, Bl. 56 RS-57; Stabi, Ms. boruss. fol. 313, Bl. 296, Bl. 297, Bl. 297 RS, fol. 319, Bl. 50 RS;

Major **Johann George (seit Juni 1764: von) Küsell** (* 1712, † vor 1783)

aus Pommern gebürtig; **Laufbahn**: seit 1729 im Militärdienst, diente vor 1746 als Feldwebel, Mai 1746 Fähnrich im I-R Nr. 22, Febr. 1751 Sl, Nov. 1756 Pl, Nov. 1756 Cap. u. Chef e. Comp. im neu errichteten I-R Nr. 58, Jan. 1761 Orden p. l. m., damals zum Grenadier-Bat. von Ingersleben kommandiert, Juni 1764 nach 35 Dj. als Major dim. u. am 5. Juni 1764 nobilitiert, stand zuletzt im Grenadier-Bat. von Ingersleben, erhielt d. Adel zs. mit d. Söhnen seines Bruders Samuel u. Johann George Küsell; **Güter**: erwarb um 1770 vom Kammerpräsidenten George Albrecht von Birckholtz d. Gut Neu Lobitz im Krs. Dramburg für 9/m T.; **Ehefrau**: diese ging als Witwe e. zweite Ehe ein mit d. vorm. Oberforstmstr. F. W. von Blankensee, der 1783 auf Neu Lobitz gen. wurde;
Quellen: GStA, I. HA, Rep. 7, Nr. 13, Litt. K 45 z (hier Hinweis auf d. Grend.-Bat. v. Ingersleben, als von Küsell); IV. HA, Rep. 1, Nr. 78, Bl. 248 (hier als Küsel); Stabi, Ms. boruss. fol. 314, Bl. 286; Ms. geneal. fol. 120, Bl. 245 RS; Zedlitz, 3. Bd., S. 184 (Küsel); Lehmann, S. 99; Jb. Neumark, 11/1936, S. 67 (danach soll Neu Lobitz bis 1795 im Besitz d. Majors v. K. gewesen sein);

Major **Wilhelm Sigismund von Küssow** (* 1670)

Vater: Caspar, Obrist, Erbherr auf Klücken u. Kloxin im Krs. Pyritz; W. S. aus d. Neumark gebürtig; **Mutter**: e. geb. von Arnim; **Bruder**: Balzer Friedrich, stand 1694 als Ltnt. im 1. Bat. preuß. Garde am Rhein, zuletzt Cap., 1689 Erbherr auf 1/3 Kloxin u. 1/2 Klücken im Krs. Pyritz; **Bruder**: George Ehrenreich († 1739), Cap., Erbherr auf Kloxin, Klücken, Schönow; **Laufbahn**: seit 1687 im Militär, 1689 als Ltnt. gen., Jan. 1710 Major, stand 1715 als solcher im I-R Nr. 4, vor 1728 abgegangen; **Güter**: verkaufte seinen Anteil an Kloxin, erwarb dafür 1696 Schönow im Krs. Pyritz, 1715 u. 1718 als Erbherr auf Trampe im Krs. Soldin gen.; **Ehefrau**: e. geb. von Oppen, diese erwarb, übernahm 1741 (aus d. Nachlaß ihres Mannes) Schönow in Pommern u. Trampe in d. Neumark, ihre Töchter verkauften Schönow 1749; **Sohn**: Carl († vor 1752);
Quellen: BLHA, Rep. 23 B, Nr. 446; Stabi, Ms. boruss. fol. 319, Bl. 9 RS (B. F.), Bl. 39 RS; Brüggemann, T. 2/1, S. 147–148, S. 162–163; Gesterding, S. 268, S. 271, S. 274; Jb. Neumark, 1927, S. 73;

Ltnt. **Christoph Ehrentreich von Kuhmeise** (* 1686)

aus d. Neumark gebürtig; **Laufbahn**: seit 1702 im Militär, April 1713 Sl im I-R Nr. 10, 1715 hier noch gen., vor 1720 abgegangen; (**verwandt**: 1692 stand ein Hans Caspar von Kuhmeise als Ltnt. im Kav.-Reg. Kurprinz, zuletzt Rittmstr., dieser H. C. war 1714 Kurator d. unmündigen Dubislav Richard von Natzmer auf Ruwen im Krs. Arnswalde: I, Rep. 22, Nr. 168, Nr. 221 b; Stabi, Ms. boruss. fol. 319, Bl. 3 RS);
Quellen: Stabi, Ms. boruss. fol. 319, Bl. 48 RS; Siebmacher, Bd. 6/5, 1880, S. 52 (allg. über d. Fam.); Jb. Neumark, 1927, S. 185 (1718 saß e. Caspar Ernst

v. Kuhmeise auf Anteil Hohengrape im Krs. Arnswalde);

Cap. **Carl Friedrich Erdmann von Langen** (* 24. Aug. 1768, † 14. Nov. 1813) *

Vater: Caspar Rudolph Carl Friedrich (1737–1801) *, GM; **Mutter**: Marianne Elisabeth, geb. Opterbeck (1737–1819); **Laufbahn**: seit 1783 im Regiment, Juni 1787 Fähnrich im I-R Nr. 22, Mai 1790 Sl, Dez. 1797 Pl, Mai 1801 als Cap. dim.; **Ehefrau**: Dorothea Elisabeth Henriette (1767–1829), e. To. von George Berend Alexander von der Marwitz (1719–1782), Erbherr auf Hohen- u. Niederlübbichow u. Bellinchen im Krs. Königsberg, geschiedene David Bernd Friedrich von der Marwitz auf Leine, verwitw. Major Carl Bogislav von Zychlinsky (1744–1800), s. d., seine Frau hatte d. Güter 1787 geerbt u. saß 1801 u. 1809 auf d. **Gütern** Hohen-, Niederlübbichow u. Bellinchen, im April 1748 u. 1809 auf 93/m T. beziffert;

Quellen: GStA, II. HA, Abt. 12, Materien, Vas.tab. Nr. 6, Bl. 96 RS-97 (Frau); IV. HA, Rep. 1, Nr. 79, Bl. 60; Stabi, Ms. boruss. fol. 314, Bl. 300; Redern, Marwitz, S. 133; Jb. Neumark, 11/1936, S. 74; Priesdorff, Nr. 929 (Vater); Pommern, S. 351 (Biogr d. Cap. C. F. E., hier d. Frau u. ihre Güter nicht gen.);

Ltnt. **Carl Friedrich Wilh. Erdmann von Langen** (1775–1823)

Vater: Friedrich Erdmann (* 1741, † 1775), aus Sachsen gebürtig, stand seit 1756 im preuß. Militärdienst, 1773 als Pl im I-R Nr. 35 gen., 1775 als Ltnt. gest.; C.F. W.E. aus d. Mittelmark gebürtig; Stief-Vater: Hans Albrecht von Hake (* 1749), aus d. Mark, seit 1763 im Militär, stand 1787 als Stabs-Cap., 1797 als Major im I-R Nr. 35, vor 1805 abgegangen; **Mutter**: e. geb. Gräfin von Podewils, ging nach 1775 e. zweite Ehe ein; **Laufbahn**: Juli 1791 Fähnrich im I-R Nr. 24, April 1794 Sl, bat 1797 um d. *venia aetatis*, besaß damals e. Vermögen von 1 625 T., Nov. 1803 Pl im I-R Nr. 24, Jan. 1808 zum I-R Nr. 11, April 1808 Stabs-Cap., Juli 1809 Stabs-Rittmstr. beim Brandenburg. Ulanen-Reg., Juni 1812 Rittmstr. beim 2. Schlesischen H-R, Mai 1814 Major, Aug. 1817 Reg.-Kommandeur, 1823 als Major u. Kommandeur d. 6. H-R gest.; **Ehefrau**: Auguste Friederike (1777–1798), e. To. d. Cap. G. K. von dem Borne auf Berneuchen, s. d., sie besaß e. väterl. Vermögen von 2 280 T. u. hatte von ihrer Tante, d. verst. Landesdirektor von Wobeser, e. freies Vermögen von 14 995 T. geerbt, zog dazu Revenuen aus e. Fideikommißkapital; **Schwager**: Cap. G. J. F. von Borne auf Berneuchen;

Quellen: GStA, I. HA, Rep. 22, Nr. 189 bis 189 a, Paket 8 633; IV. HA, Rep. 1, Nr. 79, Bl. 61; Stabi, Ms. boruss. fol. 311, Bl. 371 (Vater), Bl. 372 (Hake), Bl. 375 RS (Vater); fol. 316, Bl. 326; fol. 907 a, Bl. 13;

Major **Johann Friedrich Bernhard von Lebbin** (* 1756, † 14. Aug. 1837)

aus d. Uckermark gebürtig; **Laufbahn**: Dez. 1778 Fähnrich im I-R Nr. 21, Juni 1781 Sl, Mai 1787 Adjutant d. Herzogs C. W. F. von Braunschweig, Juni 1787 Pl, Mai 1790 Stabs-Cap., Febr. 1795 mit d. Charakter Major dim., Aug. 1813 Kommandeur d. 3. Bat. d. 1. Neumärk. Landwehr-I-R, Aug. 1814 als Ol dim.; **Güter**: 1801 Erbherr auf Trampe im Krs. Soldin im Wert von 48/m T., hier noch 1827; **Sohn**: Anton Friedrich Christoph (* 1791, † 29. April 1829), Sep. 1810 Sl im K-R Nr. 13, April 1816 Rittmstr., Jan. 1819 ausgeschieden;

Quellen: GStA, II. HA, Abt. 12, Materien, Vas.tab. Nr. 6, Bl. 118 RS-119; IV. HA, Rep. 1, Nr. 79, Bl. 151 (Vater u. Sohn); Stabi, Ms. boruss. fol. 310, Bl. 39 RS; Zedlitz, 3. Bd., S. 208–209; Jb. Neumark, 11/ 1936, S. 92;

Major **Anton Heinrich Friedrich von Le(c)kow** (* 9. Jan. 1730, † 28. Juli 1779)

Vater: Johann George (1698–1768), Ol im Garn.-Reg. Nr. 8; **Mutter**: Charlotte Luise, geb. von Barthelt († 1738), aus Hessen gebürtig; **Vater-Bruder**: Friedrich Wilhelm (1715–1782), Ol, s. d. mehr; **Laufbahn**: seit 1738 im Militär, 1749 ins Reg. Garde, April 1752 Cornet im D-R Nr. 5, Dez. 1755 Sl, April 1756 Reg.-Adj., Febr. 1757 Gen.-Adj., April 1761 Pl, Mai 1763 Inspekt.-Adj., Sep. 1766 Major im H-R Nr. 7, 1779 als Major u. Chef e. Escadron dim. (1781 als vorm. Major gest.); **Ehefrau**: Luise Wilhelmine Sophie, geb. von Wiersbitzky (1754–1843); **Sohn**: Carl Friedrich Christian Ludwig (1776–1806), Mai 1794 Cornet im D-R Nr. 10, Aug. 1797 Sl, im Jan. 1806 als solcher gest.;

Quellen: GStA, IV. HA, Rep. 1, Nr. 79, Bl. 162; Stabi, Ms. boruss. fol. 313, Bl. 50, Bl. 89, Bl. 99; Zedlitz, 3. Bd., S. 209 (hier als Leckow, in d. Quellen auch als Lekow); Tb. Uradel, 1915, S. 416; Albedyll, Anhang, S. 63–64 *;

Ol **Friedrich Wilhelm von Le(c)kow** (* 2. Febr. 1715, † 10. Jan. 1782)

Vater: George Adrian (1663–1743), Erbherr auf Anteil Leckow im Krs. Schivelbein; **Mutter**: Elisabeth Charlotte, geb. von Weber (1675–1737); (**Vater-Bruder**: Eustachius Friedrich, 1713 auf Anteil Berkenow gen.); **Bruder**: Johann George (1698–1768), seit 1715 im Militär, im Nov. 1742 noch nicht im Garn.-Reg. Nr. 8, Mai 1745 Cap. im Garn.-Reg. Nr. 8, Juli 1750 Major, Febr. 1758 Ol, 1762 mit d. Reg. in Gefangenschaft geraten; **Bruder**: Joachim Friedrich (1704–1774), GM, s. d.; **Laufbahn**: seit 1728 im Reg., 1740 Fähnrich im I-R Nr. 2, zuletzt Sl, Juli 1743 als Pl ins I-R Nr. 43 versetzt, Febr. 1744 Cap. u. Flügel-Adj., Dez. 1751 Major im D-R Nr. 11, Mai 1756 Ol, Mrz. 1758 dim.; **Ehefrau**: Friederike Charlotte, geb. von Berge u. Herrendorf (erheiratete mit ihr d. schlesischen **Güter** Pfaffendorf u. Pilgramsdorf);

Quellen: GStA, IV. HA, Rep. 1, Nr. 79, Bl. 162 (J. G., J. F. u. F. W.); Stabi, Ms. boruss. fol. 312, Bl. 135 (J. G.); fol. 313, Bl. 140; Oelsnitz, I-R 2, S. 926; Tb. Uradel, 1915, S. 416 (d. Mutter hier als Elis. Eleonore, d. Bruder J. F. hier nicht), S. 419; Lange, Soldaten, S. 465;

GM **Joachim Friedrich von Le(c)kow** (* 1704, † 31. Okt. 1774) *

Vater: George Adrian (1663–1743), 1713 u. 1727 Erbherr auf 1/3 Leckow im Krs. Schivelbein; **Mutter**: Elisabeth Charlotte, geb. von Weber (1675–1737); (**Vater-Bruder**: Bernd Valentin (* um 1670), seit 1686 im Militär, Juni 1694 Fähnrich in d. Garde zu Fuß, 1705 u. 1707 Ltnt. in d. Füsilier-Garde, vor 1727 als Cap. abgegangen, 1713 u. 1727 auf 1/3 Leckow im Krs. Schivelbein); **Laufbahn**: seit 1718 im Regiment, Aug. 1726 Fähnrich im I-R Nr. 2, Jan. 1734 Sl, Aug. 1737 Pl, Dez. 1741 Stabs-Cap., Dez. 1743 Cap. u. Chef e. Comp., Juni 1750 Major, Sep. 1754 Ol, Aug. 1758 Kommandeur d. I-R Nr. 2, Dez. 1758 Obrist, Febr. 1760 GM, Febr. 1765 mit 1/m T. Pension dim.; 1774 in Leckow gest.; **Güter**: 1783 saß Johann George Friedrich von Le (c)kow (1746–1823), e. **Neffe** d. verst. GM, auf Anteil Leckow u. Teschenbusch, Landrat d. Krs., s. d., hatte d. Gut bei d. Auseinandersetzung mit seiner Mutter u. d. Schwestern im Mai 1777 für 11 389 T. angenommen, saß noch 1809 auf d. Gut;

Quellen: GStA, IV. HA, Rep. 1, Nr. 79, Bl. 162; Stabi, Ms. boruss. fol. 311, Bl. 227, Bl. 228 RS, Bl. 229 RS, Bl. 230; Ms. geneal. fol. 120, Bl. 251 RS (J. G. F.); König, 2. T., S. 375–376; Oelsnitz, I-R 2, S. 926; Bardeleben, S. 414, S. 422, S. 427 (je B. V.); Tb. Uradel, 1915, S. 416 (J. F. hier nicht gen., als Söhne von G. A. hier nur J. G., C. R. u. F. W.); Jb. Neumark, 11/1936, S. 88; Priesdorff, Nr. 519 (hier als Lekow);

Landrat **Johann George Friedrich von Le(c)kow** (* 22. Nov. 1746, † 7. Mrz. 1823) *

Vater: Christian Reinhard (1705–1777), Erbherr auf Leckow, d. Vorwerken Kunow u. Teschenbusch im Krs. Schivelbein, 1767 im Wert von 15 200 T., darauf Schulden von 21 489 T., 1777 wurden für Meliorationen 10 800 T. gezahlt; **Mutter**: Charlotte, geb. Rieter (1720–1778); **Vater-Brüder**: Joachim Friedrich (1704–1774), GM, s. d., Friedrich Wilhelm (1715–1782), Ol, s. d.; **Laufbahn**: arbeitete nach d. Studium in Halle zeitweilig als Referendar bei d. kurmärk. Kammer, amtierte von 1779 bis 1808 als Landrat im Krs. Schivelbein; erste **Ehefrau**: Modeste Ernestine, geb. von Blankenburg (1754–1783); **Güter**: übernahm beim Erbvergleich mit seiner Mutter im Mai 1777 d. väterlichen Güter für 11 389 T., 1801 wurden Leckow u. Vorwerk Teschenbusch mit e. Wert von 24 539 T. angegeben, saß noch 1809 auf beiden Gütern;

Quellen: GStA, II. HA, Abt. 12, Materien, Vas.tab. Nr. 6, Bl. 146 RS-147; Stabi, Ms. geneal. fol. 120, Bl. 251 RS; Bratring, 3. Bd., S. 254; Tb. Uradel, 1915, S. 419; Moegelin, S. 65, S. 264; Jb. Neumark, 11/1936, S. 88: biogr. Handbuch, S. 559;

Ol **Wolff Friedrich Wilhelm von Legat** (* 3. Aug. 1712, † 11. Dez. 1796)

Vater: Hartwig Ludolph (1676–1730), Salzjunker, Bürgermstr. in Staßfurt, Landrat; W. F. W. aus Stendal in d. Altmark gebürtig; **Mutter**: Martha Maria, geb. von Krafft (1684–1725); **Bruder**: Alexander August Leberecht (1716–1796), seit 1732 im Militär, Dez. 1732 Pl, als Pl im Garn.-Reg. Nr. 10 im Mai 1753 dim., in Nimptsch gest.; **Laufbahn**: seit 1728 im Militär, 1730 als Corp. gen., Juli 1734 Cornet im K-R Nr. 4, Juli 1738 Ltnt., Dez. 1746 Stabs-Rittmstr., Sep. 1750 Chef e. Escadron, Aug. 1756 Major, Febr. 1758 wegen schweren Blessuren nach 32 Dj. dim., Mrz. 1758 Charakter als Ol, nach 1763 als Tabakmagazin-Inspektor in Cottbus versorgt, erhielt nach Aufhebung d. Tabakregie e. Pension von 300 T., 1796 in Cottbus gest.; **Ehefrau**: Johanna Sophia, geb. von Haugwitz (1723–1786), sie stammte aus Oberschlesien; **Sohn**: Wolfgang Ferdinand (* 1761, † 12. April 1802), aus Schlesien gebürtig, Aug. 1785 Cornet im H-R Nr. 8, Juni 1789 Sl, April 1794 Pl, Jan. 1797 Stabs-Rittmstr., als solcher 1802 gest., verh. mit Anna Caroline Dorothea, geb. von Lettow (1772–1837); **Tochter**: Marie Helene Friederike (1749–1799), verh. mit Johann von Heynitz; **Tochter**: Johanna Caroline (1752–1808); **Tochter**: Eleonore Wilhelmine Sophia (* 1753, † 4. Okt. 1808), diese hielt sich 1798 in Cottbus auf, besaß e. Vermögen von 500 T., das in Cottbus zinsbar angelegt war, sie konnte davon jedoch nicht leben, wurde bis zum Tod d. Vaters von dessen Pension mit ernährt, mußte seitdem für ihren Unterhalt Handarbeit leisten, sie galt lt. Bericht d. zuständigen Landrates für unterstützungswürdig, wurde daher am 16. Aug. 1798 auf d. neumärk. Expectantenliste notiert u. erhielt mit CO vom 6. Dez. 1800 e. Pension von 50 T., 1808 in Cottbus gest.;

Quellen: GStA, II. HA, Abt. 13 a, Tit. IV, Litt L, Nr. 3 (Tochter mit Angaben zur Fam., Vater u. Sohn hießen danach Wolff Fr. Wilh.); IV. HA, Rep. 1, Nr. 79, Bl. 176 (d. Ol u. sein Sohn, dieser hier als Wolfgang Ferdinand); Stabi, Ms. boruss. fol. 314, Bl. 251 RS (Bruder A. A. L.); fol. 316, Bl. 183 (Vater); Schöning, 5. H-R, S. 168; Tb. Uradel, 1939, S. 252–253;

Ltnt. **George Henning von Lettow** (* 1740, † vor 1801)

Vater: George Ulrich (1714–1792) *, seit 1739 Landrat, Geh. Rat u. Direktor d. Krs. Greifenberg, Erbherr auf Natelvitz A im Ostenschen Krs., auf Wendisch Pribbernow A im Krs. Greifenberg; **Mutter**: Eleonore Sophie, e. To. d. Ol Henning Jürgen von Kameke im I-R Nr. 20; Stief-**Bruder**: George Friedrich Ludwig (1753–1821) *, Ltnt. im I-R Nr. 24, kgl. Kammerherr, kaufte um 1800 alle Teile von Schönow im Krs. Sternberg für 60/m T. vom Ol von Schenckendorff, seit 1805 auch Erbherr auf Kurtschow im Krs. Crossen, gekauft für 62/m T., hatte seinen Wohnsitz in Starpel im Krs. Schwiebus, Sohn: Friedrich Wilhelm Ludwig Alexander (1785–1847), seit 1798 im Reg., April 1803 Sl im D-R Nr. 4; **Laufbahn**: weilte 1755 auf d. Schule, dann Ltnt. im I-R Nr. 24; **Güter**: erwarb 1788 d. Gut Starpel im Krs. Schwiebus (bzw. Züllichau) für 60/m T. vom Obristen Hans Caspar von Knobelsdorff (hier 1790 gest.); nach seinem Tod vor 1801 fiel d. Gut an d. Bruder G. F. L.;

Quellen: GStA, II. HA, Abt. 12, Materien, Vas.tab. Nr. 6, Bl. 133 RS-134 (Bruder); IV. HA, Rep. 1, Nr. 79, Bl. 293 (hier nur G. F. L. als Ltnt. F. W. im I-R Nr. 24); Stabi, Ms. boruss. fol. 316 (G. H. nicht in d. Ranglisten f. 1756 u. 1764); Müller, Wörterbuch, 4. Bd., S. 338 (Starpel im Krs. Züllichau, so nicht bei Bratring, 3. Bd.); Fam.gesch., 2, 1882, S. 153, S. 169 (danach stand G. H. als Ltnt. im I-R Nr. 24); Jb. Neumark, 11/1936, S. 80, S. 97 (G. F. L. hier als G. L. Alex.); Pommern, S. 369–370 (Biogr. d. Bruders G. F. L., nichts zu d. neumärk. Gütern);

Major **Gerhard von Levetzow** (* 25. April 1744, † 29. Jan. 1795)

Vater: Gerd Heinrich (1703–1769), Erbherr auf Klaber in Mecklenburg; **Mutter**: Caroline Christine, geb. von der Osten (1720–1762); **Laufbahn**: trat 1760 in d. preuß. Militärdienst ein, (Mai 1761 Cornet) im D-R Nr. 1, Mrz. 1762 Sl, Nov. 1776 Pl, in d. Campagne von 1778/1779 Adjutant d. Gl von Möllendorff, Juni 1781 dim., erhielt später d. Charakter Major; **Güter**: erwarb 1791 Belgen u. 2/3 Gossow im Krs. Königsberg für 60/m T., auch auf Sellin im Wert von 80/m T., vom Sohn 1796 an d. Landrat v. Knobelsdorff verkauft; **Ehefrau**: Adolphine Friederike Albertine, geb. von Bredow (1763–1810), sie hatte e. Ehegeld von 13/m T.; **Tochter**: Henriette Louise Dorothee (* 4. Mai 1783); **Tochter**: Sophie Adolphine Charlotte (* 25. Sep. 1786); **Sohn**: Gerhard Wilhelm (* 13. Aug. 1784, † 14. März 1865), besuchte von Sep. 1796 bis Juni 1802 d. Ritterakademie in Brandenburg an d. Havel, dann ab 1802 d. Univ. Erlangen u. Halle, machte auf d. Akademie keine Schulden, erhielt dank günstiger Zeugnisse am 15. Okt. 1806 die *venia aetatis,* besaß 1806 (e. Anteil an) Belgen u. 2/3 von Gossow im vom Vater fixierten Wert von 60/m T., tatsächlich sollen sie jedoch lt. väterl. Testament, publiziert im Jan. 1796, e. Wert von 85/m T. gehabt haben, d. Schulden betrugen 52 796 T., ausschließlich Forderungen d. Mutter u. d. Schwestern; noch 1809 auf d. Gütern genannt; stand im Juni 1813 als Sl beim 2. Neumärk. Landwehr-Kav.-Reg., Febr. 1816 als Pl dim.;

Quellen: GStA, I. HA, Rep. 22, Nr. 200 n; II. HA, Abt. 12, Materien, Vas.tab. Nr. 6, Bl. 95 RS-96; IV. HA, Rep. 1, Nr. 79, Bl. 310 (G. u. G. W., als Lewetzow); Stabi, Ms. boruss. fol. 314, Bl. 53; Bratring, 3. Bd., S. 111, S. 115; Tb. Uradel, 1901, S. 548 (als Levetzow, als Gerd u. Wilhelm Gerhard); Leers, Zöglinge, S. 148–149; Jb. Neumark, 11/1936, S. 72;

Cap. **Carl Joachim Wilhelm von Lichnowsky** (* 1704)

Vater: Carl Ferdinand († vor 1715), 1713 als Erbherr auf Treppeln im Krs. Crossen gen., hatte damals fünf kleine Söhne, Treppeln fiel 1716 für 21/m T. an seinen Vetter Johann Hermann von Lichnowsky auf Liebthal; C. J. W. aus d. Krs. Crossen gebürtig; **Mutter**: Beata Elisabeth, e. geb. von Dechen; **Bruder**: Ludwig Ferdinand (* 1709, † 31. Dez. 1777), 1728 *cadet,* April 1731 Fähnrich im I-R Nr. 5, Okt. 1734 Sl, Mrz. 1746 Stabs-Cap., April 1752 Cap. u. Chef e. Comp., Nov. 1757 Orden p. l. m., Dez. 1757 Major, April 1762 Ol, Mai 1763 Kommandant in Glogau, machte sich 1764 im Krs. Glogau mit Gütern ansässig, 1768 Obrist, 1777 gest.; **Bruder**: Johann Friedrich Gottlieb (* 1708, † 6. Mai 1757), seit 1727 im Militär, Juni 1732 Fähnrich im I-R Nr. 21, April 1736 Sl, Aug. 1740 Pl im I-R Nr. 39, Nov. 1746 Stabs-Cap., Mai 1747 Cap. u. Chef e. Comp., 1757 bei Prag gefallen; **Schwester**: Henriette Catharina, 1755 gen.; **Laufbahn**: weilte von 1717 bis 1721 auf d. Ritterakademie in Brandenburg an der Havel, seit 1725 im Militär, Juni 1728 Fähnrich im I-R Nr. 18, Juni 1732 Ltnt., Aug. 1743 Cap. u. Chef e. Comp. im I-R Nr. 46, nahm im Juni 1745 seinen Abschied; (seit April 1774 Oberforstmstr. im Ftm. Halberstadt, als solcher 1777 gest., verh. mit Sophia Henriette, geb. von Luck († 1776), Sohn: Ludwig Friedrich Franz (* 1755), Cap., s. d.); **Güter**: erhob seit 1738 zs. mit seinem Bruder Anspruch auf Drehnow gegen Frankfurt im Krs. Crossen, das sein 1704 verst. Großvater, d. Ol Joachim von Dechen, besessen hatte, beide erzielten nach langjährigen Prozessen e. Vergleich mit d. späteren Besitzerin, d. Gräfin von Finckenstein, u. bekamen e. Abfindung in Höhe von 4 500 T.; (**verwandt**: Constantin (* 1717), seit 1733 im Militär, 1737 Gefr.corp. im I-R Nr. 5);

Quellen: GStA, I. HA, Rep. 22, Nr. 200 k; Rep. 66, Nr. 18; IV. HA, Rep. 1, Nr. 79, Bl. 328 (Brüder L. F. u. J. F. G., C. J. W. hier nicht); Stabi, Ms. boruss. fol. 311, Bl. 210, Bl. 212; fol. 316, Bl. 300, Bl. 303 RS (je J. F. G.); fol. 313, Bl. 74 RS, Bl. 76 RS, Bl. 160, Bl. 169, Bl. 172; fol. 316, Bl. 3 RS, Bl. 26; Stabi, Ms. geneal. fol. 120, Bl. 218 RS (hier wird 1728 ein Carl Heinrich (* 1699) auf Liebthal u. Treppeln in Crossen gen.); Rangirrolle Saldern, Abgangsliste I-R Nr. 5; Adler, Lichnowsky, S. 131 (Bruder L. F., hier als Heinrich Friedrich Ludwig Ferd.), S. 180; Leers, Zöglinge, S. 27; Lehmann, S. 61 (d. Bruder L. F. als Hr. Fr. Lud. Ferd.); Jb. Neumark 1928, S. 107–108; biogr. Handbuch, S. 573 (Oberforstmstr.);

Ltnt. **Friedrich August Lichnowsky von Woschitz** (* 1722)

Vater: Wilhelm Ferdinand (* 1655, † nach 1729), vorm. Cornet in ksl. Diensten (1713 als poln. Ol auf 1/3 Weißig gen.), saß 1718 als Pfandinhaber auf ½, 1728 auf (ganz) Briesnitz im Krs. Crossen, hatte damals vier Söhne, in erster Ehe verheiratet mit Maria Theresia, geb. von Lichnowsky († 1706); F. A. aus d. Krs. Crossen gebürtig; **Vater-Bruder**: Carl Heinrich († nach 1731), Vize-Verweser, Erbherr auf Liebthal u. Treppeln, verkaufte dieses 1731 an d. Ol Christian Otto von der Groeben für 24/m T.; **Bruder**: Wilhelm Ferdinand (* 1712), Major, s. d.; **Bruder**: Franz Gottl. (* 1719); **Laufbahn**: trat im Herbst 1740 als Gefr.corp. ins I-R Nr. 34 ein, Dez. 1741 Fähnrich, Juli 1746 Sl, Mai 1755 dim.;

Quellen: GStA, I. HA, Rep. 22, Nr. 200 k; Rep. 62, Nr. 230 b; IV. HA, Rep. 1, Nr. 79, Bl. 328; Stabi, Ms. boruss. fol. 311, Bl. 100, Bl. 106; Ms. geneal. fol. 120, Bl. 218 RS; Adler, Lichnowsky, S. 129; Jb. Neumark, 1928, S. 105, S. 111;

Cap. **Ludwig Friedrich Franz von Lichnowsky** (* 1755)

(**Vater**: Carl Joachim Wilhelm (* 1706), Cap., s. d., seit 1774 Oberforstmstr. im Ftm. Halberstadt, 1777 gest.); L. F. F. aus Crossen gebürtig; **Mutter**: Sophia Henriette, geb. von Luck († 1776), sie hinterließ ihren beiden Söhnen e. mütterl. Vermögen von 900 T.; **Bruder**: Carl Heinrich Otto (1745, † 19. Sep. 1805), seit 1761 im Militär, Mai 1763 Fähnrich im I-R Nr. 5, Febr. 1766 Sl, Okt. 1774 Pl, Juni 1782 Stabs-Cap., April 1787 wegen Gicht dim., als Stadtinspektor in Aken an d. Elbe versorgt, bezog 1794 e. monatliche Pension von acht Talern; **Laufbahn**: seit 1770 im Militär, Jan. 1776 Fähnrich, Mrz. 1779 Sl im I-R Nr. 21, Mrz. 1785 Pl, Febr. 1789 dim., Febr. 1798 Charakter als Cap.;

Quellen: GStA, I. HA, Rep. 22, Nr. 200 k; IV. HA, Rep. 1, Nr. 79, Bl. 328; Stabi, Ms. boruss. fol. 310, Bl. 40, Bl. 40 RS; fol. 311, Bl. 217, Bl. 220 RS; fol. 313, Bl. 73 RS, Bl. 79 (Bruder C. H. O.); biogr. Handbuch, S. 573 (Vater, Oberforstmstr.);

Major **Wilhelm Ferdinand Lichnowsky von Woschitz** (* 1712)

Vater: Wilhelm Ferdinand (* 1655), vorm. Cornet in ksl. Diensten, 1718, 1728 als Pfandbesitzer auf ¼ bzw. ½ Briesnitz im Krs. Crossen gen., hatte 1728 vier Söhne; **Bruder**: Carl Ferdinand (* 1686), hielt sich 1728 in Polen auf; **Bruder**: Franz Gottl. (* 1719); **Bruder**: Friedrich August (* 1722), Ltnt., s. d.; **Laufbahn**: seit 1726 im Militär, 1728 als *cadet* gen., Aug. 1735 Fähnrich im I-R Nr. 21, Febr. 1739 Sl, Mrz. 1744 Pl, Okt. 1746 Stabs-Cap., Jan. 1747 Cap. u. Chef e. Comp., Juni 1751 Orden p. l. m., Mai 1757 Major, Juni 1763 dim.;

Quellen: GStA, IV. HA, Rep. 1, Nr. 79, Bl. 328 (hier als Fr. Wilh.); Stabi, Ms. boruss. fol. 311, Bl. 206 RS, Bl. 207 RS, Bl. 210 RS; Ms. geneal. fol. 120, Bl. 218 RS; Lehmann, S. 44 (hier als Fr. Wilh.);

Cap., Platzmajor **Erdmann Ernst von Liebenthal** (* um 1665)

aus d. Neumark gebürtig; **Laufbahn**: seit 1683 im Militär, stand 1713 als Stabs-Cap. im I-R Nr. 23, im April 1715 als Platzmajor in Kolberg angesetzt; (**verwandt**: 1718 u. 1728 saß ein Siegmund Christian von Liebenthal (* 1667) auf Craazen im Krs. Soldin, hatte 1718 e. **Sohn** namens

Joachim Christian: Ms. geneal. fol. 120, Bl. 216 RS; Jb. Neumark, 1927, S. 76);

Quellen: Stabi, Ms. boruss. fol. 316, Bl. 276, Bl. 284; fol. 319, Bl. 48; Zedlitz, 3. Bd., S. 238 (hier als Fam. v. Liebthal auf Craazen);

Ltnt. **Carl Heinrich von Lindenau** (* 20. Jan. 1766, † 31. Mai 1844)

Vater: Wolf Gottlob (1721–1799), sächs. Ol; **Mutter**: Friederike Wilhelmine Christine, geb. Marschall von Biberstein (1731–1791); **Bruder**: Wolf Friedrich Wilhelm (1762–1829), sächs. Major; **Laufbahn**: Aug. 1784 Fähnrich im I-R Nr. 24, Juni 1787 Sl, April 1791 Pl, Febr. 1798 auf Wunsch dim., Mrz. 1827 Charakter als Cap. (hielt sich um 1827 in Pförten auf); **Ehefrau**: Henriette Juliane Gottliebe, geb. Ungnad, diese besaß seit d. mit ihrer Schwester im Juni 1796 geschlossenen Vergleich d. **Gut** Lochow im Krs. Züllichau im Wert von 34/m T.; beider Ehe wurde 1802 geschieden, sie war 1805 verheiratet mit e. Dr. Cratos; d. Ltnt. C. H. heiratete im Nov. 1802 Charlotte Beate, e. Tochter d. Cap. u. Landrates Ernst Sigismund von Angern auf Mosau, s. d.;

Quellen: GStA, II. HA, Abt. 12, Materien, Vas.tab. Nr. 6, Bl. 163 RS-164, Nr. 8, Bl. 166 RS-167; IV. HA, Rep. 1, Nr. 80, Bl. 41; BLHA, Rep. 3, Nr. 11 925; Stabi, Ms. boruss. fol. 316, Bl. 321 RS, Bl. 328 RS; Tb. Uradel, 1904, S. 492 (d. erste Ehefrau Ungnad hier nicht gen.); Jb. Neumark, 11/1936, S. 100;

Cap. **Carl Friedrich von List** (* 1701, † 28. Jan. 1751)

Vater: George (1659–1736), vor 1695 Erbherr auf Anteil Drieschnitz, seit 1695 Erbherr auf Kahsel im Krs. Cottbus, hier noch 1713 u. 1728 gen.; C. F. aus d. NM gebürtig; **Bruder**: Caspar Ernst, 1713 als poln. Ltnt. geführt; **Bruder**: Heinrich Ernst († 1763), seit 1736 Erbherr auf Kahsel, verh. mit e. geb. von Muschwitz, 1769 fiel Kahsel für 12 100 an vier Schwestern von List, 1767 wurde d. Wert mit 15 036 T. angegeben, darauf Schulden von 12 760 T.; **Laufbahn**: seit 1721 im Militär, Jan. 1729 Fähnrich im I-R Nr. 9, Mai 1735 Sl, April 1741 Pl, Mrz. 1746 Cap. u. Chef e. Comp., 1751 als Cap. gest.;

Quellen: GStA, I. HA, Rep. 22, Nr. 188, Pakete 8 631 (Stammtafel, 1757 gest.), 8 632, 8 633; IV. HA, Rep. 1, Nr. 80, Bl. 95 (danach 1751 gest.); BLHA, Rep. 23 B, Nr. 446; Stabi, Ms. boruss. fol. 315, Bl. 105 RS, Bl. 111, Bl. 112 RS, Bl. 115; Ms. geneal. fol. 120, Bl. 213 RS (Vater); Jb. Neumark, 1928, S. 178; Krüger, Cottbus, S. 20;

Ltnt. **Carl Wilhelm von List** (* um 1735, † Jan. 1765) *

Vater: Gottlob Ernst († 1743), 1715 Junker im D-R Nr. 5, nach 1718 Erbherr auf Drieschnitz im Krs. Cottbus, ihm wurde nach d. Heirat mit e. Schäferstochter d. Lehngut genommen; **Großvater**: Gottfried, 1713 u. 1718 als Erbherr auf Drieschnitz im Krs. Cottbus gen.; **Bruder**: Gottlob Heinrich, unbeerbt verst.; **Bruder**: Friedrich Ernst (1729–1764), seit 1742 im Militär, Aug. 1756 Fähnrich im Garn.-Reg. Nr. 4, d. väterl. Gut Drieschnitz wurde 1748 schuldenhalber an d. sächsischen Kammerjunker Maximilian von Oertzen auf Horno verkauft; **Laufbahn**: als Junker ins Reg., Juli bzw. Aug. 1756 Fähnrich im I-R Nr. 19, Jan. 1758 Sl, Jan. bzw. Febr. 1762 Pl, am 28. Jan. 1765 im Duell mit d. Ltnt. Carl Wilhelm von Spitznase vom I-R Nr. 34 in Berlin durch e. Pistolenschuß getötet; **Güter**: von 1763 bis 1765 Erbherr auf Kahsel im Krs. Cottbus;

Quellen: GStA, I. HA, Rep. 22, Nr. 188, Paket 8 631 (Stammtafel); IV. HA, Rep. 1, Nr. 80, Bl. 95 (C. W., d. Bruder F. E. hier nicht); BLHA, Rep. 23 B, Nr. 446; Stabi, Ms. boruss. fol. 312, Bl. 189 (Bruder F. E.); Gesch. I-R Nr. 19, S. 115; Jb. Neumark, 1928, S. 177–178; Krüger, Cottbus, S. 20;

Ltnt. **Caspar Heinrich von List** (* 1723, † 25. April 1747)

Vater: Gottlob Erdmann (1687–1729), 1713 u. 1728 Erbherr auf Komptendorf im Krs. Cottbus, hatte damals vier Söhne im Alter von vier bis 15 Jahren; **Bruder**: Friedrich Erdmann (1712–1741), seit 1737 im Militär, Juni 1739 Fähnrich im I-R Nr. 7, als Ltnt. in d. ersten schlesischen *Campagne* von 1741 gefallen; **Bruder**: Anton Rudolph (1719–1748), seit 1735 im Militär, Nov. 1738 Fähnrich im I-R Nr. 7, als Ltnt. in e. *rencontre* in Cottbus von e. dim. Cap. von Loeben *todt gehauen worden*, mit A. R. starb d. Linie Komptendorf d. Fam. von List aus; **Bruder**: Christian Ernst (* 1725, † 4. Juni 1745), seit 1741 im Militär, 1743 Gefr.corp. im I-R Nr. 24, in d. Schlacht bei Hohenfriedberg gefallen; **Laufbahn**: seit 1739 im Militär, stand 1743 als Fähnrich im I-R Nr. 24, erschoss sich 1747 als Ltnt. in Frankfurt an der Oder;

Quellen: GStA, I. HA, Rep. 22, Nr. 188, Pakete 8 631 (Stammtafel), 8 632; keiner d. Brüder in GStA, IV. HA, Rep. 1, Nr. 80; Stabi, Ms. boruss. fol. 314, Bl. 263–263 RS; fol. 316, Bl. 317, Bl. 323 RS; Ms. geneal. fol. 120, Bl. 213 RS-214; Jb. Neumark, 1928, S. 178; Krüger, Cottbus, S. 23;

Cap. **Christian Ludwig von List** (* 1720, † 3. Juli 1783 bzw. 1787)

Vater: Otto Abraham (1680–1723), kursächsischer Ltnt., Erbherr auf Kahsel; **Mutter**: Eleonore Gottliebe, geb. von Mandelsloh; **Vater-Bruder**: Wolf Ernst († 1716), kursächs. Ltnt., 1716 vor Posen gefallen; **Bruder**: Gottlob Heinrich (* 1710), Cap., s. d.; **Laufbahn**: seit 1741 im Militär, Jan. 1742 Fähnrich im Garn.-Reg. Nr. 5, Sep. 1748 Sl, Okt. 1752 Pl, Juni 1757 Stabs-Cap., Sep. 1760 Cap. u. Chef e. Comp. im Garn.-Reg. Nr. 5, Sep. 1770 dim., besaß seiner Frau zufolge kein eigenes Vermögen; **Ehefrau**: Helene Sophie, geb. von List (* 13. Nov. 1738), ihrer Mutter gehörte 1791 d. Gut Kahsel im Krs. Cottbus, welches nach deren Tod an H. S. und ihre beiden Schwestern (d. verh. Caroline Friederique von Muschwitz u. d. verh. von Lesser) fallen sollte, H. S. gab an, im Erbfall nur 50 T. jährliche Revenuen aus d. Gut ziehen zu können; H. S. hatte 1791 eine Tochter Christiane Sophie Henriette (* 4. Dez. 1755) u. einen **Sohn** Gottlob Heinrich Ernst (* 22. Juni 1766, † 21. Juni 1849): Sep. 1787 Fähnrich im I-R Nr. 11, Mai 1796 Sl, Juni 1802 Pl, Jan. 1807 als Stabs-Cap. ausgeschieden, Juni 1813 Cap. u. Chef e. Comp. im 7. Kurm. Landwehr-I-R, Nov. 1818 mit Pension dim.;

Quellen: GStA, II, HA, Abt. 13 a, Tit. IV, Litt C, Nr. 1 (hier d. Hinweis, daß Kahsel 1791 d. Schwiegermutter v. C. L. gehörte, die drei Töchter hatte); IV. HA, Rep. 1, Nr. 80, Bl. 95 (hier als Christoph L., Sohn G. H. E.); Stabi, Ms. boruss. fol. 314, Bl. 183, Bl. 184 RS (hier als Christian L.); Ms. geneal. fol. 120, Bl. 213 RS (Vater-Bruder?); Tb. Uradel, 1905, S. 447–448; Jb. Neumark, 1928, S. 178; Krüger, Cottbus, S. 20 (danach gehörte Kahsel seit 1769 d. Frau von Muschwitz u. Frau von Lesser, bd. e geb. von List);

Cap. **Gottlob Heinrich von List** (* 1710, † vor 1792)

Vater: Otto Abraham (1680–1723), kursächs. Ltnt., Erbherr auf Kahsel im Krs. Cottbus; **Mutter**: Eleonore Gottliebe, geb. von Mandelsloh; **Bruder**: Carl August († 15. Dez. 1745), als kursächs. Ltnt. in d. 2. Garde bei Kesselsdorf gefallen; **Bruder**: Christian Ludwig (1720–1787), Ltnt., s. d. **Laufbahn**: seit 1727 im Militärdienst (anfänglich drei Jahre im Garn.-Bat. Nr. 4), seit 1732 im I-R Nr. 27, Okt. 1740 Fähnrich im I-R Nr. 36, Febr. 1745 Sl, Juni 1756 Pl, Jan. 1759 Stabs-Cap., Juli 1759 Cap. u. Chef e. Comp., Juli 1763 dim:, **Güter**: seit Sep. 1754 Erbherr auf Anteil Komptendorf im Krs. Cottbus, d. Anteil war ihm als Lehnsfolger zugesprochen worden, mußte deshalb Schulden übernehmen, diese beliefen sich 1756 auf 2 165 T., das ganze Gut Komptendorf war von 1748 bis 1753 für 800 T. jährlich verpachtet gewesen; lt. Pachtanschlag von 1771 betrug d. Pacht 1 010 T.; d. Schulden d. Cap. G. H. wurden damals mit 15 437 T. angegeben, davon sollen 9/m T. Kriegsschäden gewesen sein, ihm wurde wegen d. Überschuldung u. d. Ausstellung e. angebl. falschen Hypothekenscheins über 16/m T. d. Gut 1769 entzogen, er widersetzte sich dem u. wurde wegen öffentlicher Gewalttätigkeit im Mrz. 1771 zu einem Jahr Festungsarrest verurteilt, saß diesen in Küstrin ab; **Ehefrau**: Johanna Erdmuthe Henriette (* 1741), eine Tochter von Heinrich Ernst von List († 1763) auf Kahsel im Krs. Cottbus, 1768 saß ihre Mutter, e. geb. von Muschwitz auf d. Gut, dieses wurde auf 18/m T. geschätzt, d. Schulden betrugen 16 723 T., darunter Forderungen d. Mutter von 10 400 T., J. E. H. besaß e. Vermögen von 3/m T., das 1770 auf Kahsel eingetragen war, sie konnte dafür aber seit 1763 keine Zinsen bekommen, übernahm 1769 zs. mit ihren drei Schwestern Kahsel für 12 100 T., aus ihrer Ehe mit G. H. entstammten fünf Söhne u. e. Tochter, 1774 u. 1792 gen., sie hatte nach d. Tod ihres Mannes e. Vermögen von 800 T. besessen, das sie für d. Erziehung d. Kinder ausgab, J. E. H. war 1792 vermögenslos u. lebte von Handarbeit; **Sohn**: Gottlob Heinrich Ernst (* 1755), 1774 *cadet* in Berlin, Jan. 1776 Fähnrich im I-R Nr. 46, Sep. 1781 Sl, Mai 1789 Pl, Aug. 1792 entlassen; **Sohn**: Christian Friedrich Ernst (* 1757, † 2. Aug. 1819), 1774 *cadet* in Berlin, Febr. 1778 Fähnrich im I-R Nr. 10, Aug. 1787 Pl, Juni 1793 Stabs-Cap., Juni 1795 Cap. u. Chef e. Comp., Jan. 1804 Major, Nov. 1813 mit Pension dim.; **Sohn**: August Ludwig Wilhelm (* 1765, † 21. Mai 1844), 1783 *cadet* in Berlin, Juli 1786 Sl im Grenad.-Bat. Nr. 3, Juni 1787 ins I-R Nr. 41, April 1788 Pl, Okt. 1801 Stabs-Cap., Febr. 1813 zur Gendarmerie, Juni 1813 Cap. beim 2. Pomm. Landwehr-I-R, April 1815 zum Res.-Bat., Febr. 1816 Wartegeld; **Sohn**: Carl Gottlob (* 1768), 1783 *cadet* in Berlin, 1784 Gefr. corp. im I-R Nr. 19, Febr. 1799 Pl, 1806 hier als Stabs-Cap. gen., 1808 gest. (bzw. Suizid); **Sohn**: Otto Ludwig Heinrich (1770–1843), Dez. 1789 Fähnrich im I-R Nr. 7, Jan. 1793 Sl, Sep.1802 Pl, Mrz. 1813 zur Gendarmerie, Aug. 1813 zum 1. Pomm. Landwehr-I-R, Febr. 1815 mit d. Charakter Stabs-Cap. u. Pension dim.;

Quellen: GStA, I, HA, Rep. 22, Nr. 188, Pakete 8 631 (Stammbaum), 8 632, 8 633; II. HA, Abt. 13 a, Tit. IV, Litt C, Nr. 2 (1792 d. sechs Kinder gen.); IV. HA, Rep. 1, Nr. 80, Bl. 95 (hier als Gottlieb Hr., Sohn C. F. E. als Fr. E., C. G. als Carl Hr.?); VI. HA, Nl. Caprivi, Nr. 3; Stabi, Ms. boruss. fol. 314, Bl. 244

(Sohn C. G. hier als Carl Heinrich); fol. 316, Bl. 22 RS (G. H. E.); fol. 907 a, Bl. 7 RS; Ms. geneal. fol. 120, Bl. 240; Gesch. I-R 36, S. 82; Tb. Uradel, 1905, S. 447 (hier nur Gottlob Hr. u. d. Sohn O. L. H.); Jb. Neumark, 1928, S. 178 (kein O. A. auf Kahsel gen.); Krüger, Cottbus, S. 23 (danach 1769 nur zwei Schwestern auf Kahsel, lt. d. Akten waren es vier; kein O. A. auf d. Gut);

Rittmstr. **Adolph Friedrich von Loeben** (* 1700)

Vater: Caspar Adolph (1664–1719), 1715 als Erbherr auf Kunersdorf im Krs. Cottbus gen., hatte damals vier Söhne; **Mutter**: Johanne Helene, geb. von Maxen; **Bruder**: Carl Gottlob (1698–1758), 1717 Junker, 1723 Ltnt. im D-R Nr. 3, vor 1728 als Ltnt. abgegangen, 1728 Erbherr auf Kunersdorf; **Bruder**: Friedrich Adolph (1699–1745), Ol, s. d.; **Bruder**: Heinrich Wilhelm (* 1709), russ. Ol, 1767 auf Kunersdorf im Wert von 20/m T. gen., darauf Schulden von 16/m T., d. Kriegsschäden sollen 3 521 T. betragen haben, seine beiden Söhne, darunter George Friedrich (* 1758), Ltnt., s. d. mehr, gerieten 1774 in Konkurs u. mußten d. Gut verkaufen; **Bruder**: Hans Caspar (1711–1741), seit 1724 im Militär, stand im Dez. 1739 als Ltnt. im D-R Nr. 3, als Ltnt. gest.; **Laufbahn**: seit 1714 im Militär, 1715 *cadet* in Dresden, 1717 Junker im D-R Nr. 3, 1723 als Cornet, 1729 als Ltnt. geführt, im Dez. 1739 u. Dez. 1740 als Rittmstr. im D-R Nr. 3 gen., noch ohne Escadron, stand 1741 als Rittmstr. im D-R Nr. 4 (1742 gest. oder in e. H-R versetzt);

Quellen: GStA, I, HA, Rep. 22, Nr. 179 a, Paket 8 616; IV. HA, Rep. 1, Nr. 80, Bl. 124 (hier keiner d. Brüder); Stabi, Ms. boruss. fol. 313, Bl. 9, Bl. 10, Bl. 59; Ms. geneal. fol. 120, Bl. 213 RS; Gesch. D-R Nr. 3, S. 55–56 (C. G. u. A. F.), S. 60 (A. F.), S. 63 (A. F.), S. 420 (1742 starb ein Rittmstr. von Loeben im D-R 4, ein zweiter wurde in e. H-R versetzt); Tb. Uradel, 1905, S. 462 (hier nur d. Eltern u. d. Bruder H. W.); Jb. Neumark, 1928, S. 160 (hier als F. A.); Jb. Neumark, 11/1936, S. 105; Krüger, Cottbus, S. 25;

Obrist **Anton Ehrenreich von Loeben** (* 1703, † 12. Aug. 1759)

Vater: Caspar Friedrich († vor 1713), Erbherr auf Kurtschow u. Heidenau im Krs. Crossen, hinterließ drei Söhne; **Mutter**: Anna Dorothea, geb. von Loeben; **Bruder**: George Friedrich († vor 1736), bekam bei d. brüderlichen Teilung Heidenau für 5 799 T. zugesprochen, klagte 1729 wegen d. Erbes gegen seine Brüder, verh. mit Beate Elisabeth von Knobelsdorff, sie nahm als Witwe Heidenau für 6 010 T. an, G. F. hinterließ d. Sohn Gottlob Erdmann, s. d.; **Bruder**: Caspar Friedrich († 1745), nahm bei d. Erbteilung Kurtschow für 13 930 T. an, Landrat im Krs. Crossen, hatte sechs Söhne, u. a.: Johann Ehrentreich (* 1730), Major, s. d.; **Laufbahn**: seit 1718 im Militär, Jan. 1722 Fähnrich im I-R Nr. 26, Nov. 1724 Sl, April 1728 Pl, Nov. 1734 Stabs-Cap., Mai 1735 Cap. u. Chef e. Comp., Mai 1750 Major im I-R Nr. 47, Febr. 1757 Ol, Mai 1757 Obrist, 1759 an bei Kunersdorf erlittenen Blessuren ohne Leibeserben gestorben; hatte im Febr. 1755 sein Testament errichtet, setzte darin seine Neffen zu seinen Erben ein;

Quellen: GStA, I. HA, Rep. 22, Nr. 179 a, Pakete 8 614, 8 616; Rep. 66, Nr. 18; IV. HA, Rep. 1, Nr. 80, Bl. 124; Stabi, Ms. boruss. fol. 311, Bl. 391 (hier als Anton Christian); fol. 314, Bl. 11 RS, Bl. 19 RS,

Bl. 21 RS; Jb. Neumark 1928, S. 90; Fam.gesch., S. 109–110;

Major **Anton Ludwig von Loeben** (* um 1703, † 4. Mai 1778) *

Vater: Hans Adam (1662–1715), bis 1697 Erbherr auf Krieschow im Krs. Cottbus (u. Klein Messow); **Mutter**: Barbara, geb. von Ihlow († 1724); **Vater-Bruder**: Adam Jobst (1665–1744), 1713 u. 1728 Erbherr auf Krieschow, 1697 für 21/m T. übernommen, 1733 für 33 200 T. verkauft, amtierte 1728 als Landrat; **Laufbahn**: seit 1724 im Militär, 1727 Junker, Juli 1730 Cornet im D-R Nr. 5, Nov. 1733 Sl, Sep. 1739 Pl, Okt. 1741 dim., stand im Siebenjährigen Krieg als Major im Pommerschen Land-Miliz-Bat. in Stettin, hier u. a. 1761 gen., erhob damals Anspruch auf d. Güter Kunersdorf in Cottbus u. Limberg in Sachsen, geriet in Streit mit anderen Agnaten aus d. Familie; verkaufte d. geerbten **Güter**, erwarb dafür Ronzo (? Ranzow); **Ehefrau**: Christiane Erdmuthe, geb. von Klitzing († 1757); **Söhne**: Hans Siegfried (* 1750), Anton Wilhelm (* 1752) u. Anton Ludwig (* 1757);

Quellen: GStA, I. HA, Rep. 22, Nr. 179 b, Paket 8 616; IV. HA, Rep. 1, Nr. 80, Bl. 124; Stabi, Ms. boruss. fol. 313, Bl. 45, Bl. 64 RS; Albedyll, Anhang, S. 48 *; Tb. Uradel, 1905, S. 462 (hier als Vater Hans Heinrich (* 1663); Krüger, Cottbus, S. 24; Fam.gesch., S. 143 (d. Mutter hieß danach Beate Sophie von Nostitz; im Exemplar d. Herold fehlen d. Tafeln);

Cap. **Carl Sigismund von Loeben** (* 1698)

aus d. Niederlausitz bzw. d. Krs. Cottbus gebürtig; **Laufbahn**: seit 1716 im Militär, Jan. 1719 Fähnrich im I-R Nr. 26, April 1722 Sl, Okt. 1725 Pl, April 1733 Stabs-Cap., Mai 1734 Cap. u. Chef e. Comp., Mai 1750 dim.;

Quellen: GStA, IV, HA, Rep. 1, Nr. 80, Bl. 124; Stabi, Ms. boruss. fol. 314, Bl. 17, Bl. 19, Bl. 21–21 RS (1743 nicht als Cap. gen.);

Ol **Caspar Siegfried von Loeben** (* 1700) *

Vater: Wolf George, 1715 u. 1718 als Erbherr auf Auras im Krs. Cottbus aufgeführt, hatte 1715 vier Söhne, verkaufte Auras 1733; **Bruder**: Erdmann Gottlob, 1715 poln. *cadet*; **Bruder**: Wolf George, 1715 poln. *cadet*; **Bruder**: Gottlob Ehrenreich, 1715 gen.; **Laufbahn**: seit 1718 im Militär, Jan. 1723 Fähnrich im I-R Nr. 26, Juni 1726 Sl, Dez. 1731 Pl, Mrz. 1735 Stabs-Cap., Mai 1735 Chef d. Garn.-Comp., Mai 1747 Orden p. l. m., 1747 ins I-R Nr. 43 versetzt, Febr. 1748 Major im I-R Nr. 43, Febr. 1757 als Ol dim.;

Quellen: GStA, IV. HA, Rep. 1, Nr. 80, Bl. 124 (ausführl. über d. Karriere); Stabi, Ms. boruss. fol. 314, Bl. 11, Bl. 17 RS, Bl. 19 RS, Bl. 21 RS; fol. 316, Bl. 200; Ms. geneal. fol. 120, Bl. 213 RS; Lehmann, S. 36; Jb. Neumark, 1928, S. 191; Krüger, Cottbus, S. 3;

Cap. **Caspar Siegfried von Loeben** (* 1701, † 24. Juni 1768) *

aus d. Krs. Cottbus gebürtig; **Laufbahn**: seit 1719 im Militär, Jan. 1723 Fähnrich im I-R Nr. 26, Okt. 1725 Sl, Sep. 1731 Pl, Juli 1733 zur Garnison Küstrin versetzt, Juni 1743 Stabs-Cap. beim Garn-Reg. Nr. 5, Juni 1751 ins Berliner Garn.-Reg., 1768 gest.;

Quellen: GStA, IV. HA, Rep. 1, Nr. 80, Bl. 124 (ausführlich zur Karriere); Stabi, Ms. boruss. fol. 314, Bl. 17, Bl. 19 RS, Bl. 182 (Verwechslungen möglich:

1732 standen sechs von Loeben im I-R Nr. 26, darunter ein Carl Siegmund u. zwei Caspar Siegfried, der eine aus Auras, der andere aus Crossen);

poln. Cap. **Christian Adolph von Loeben** (* 1665)

aus d. Neumark gebürtig; **Laufbahn**: avancierte im sächsisch-poln. Militärdienst bis zum Rang e. Cap. (1697 abgegangen); **Güter**: 1709, 1715 als Erbherr auf Raackow im Krs. Cottbus gen., 1719 verkauft; 1728 Erbherr auf Schönborn im Krs. Züllichau; (**Ehefrau**: e. geb. von Plantnig);

Quellen: BLHA, Rep. 23 B, Nr. 446; Stabi, Ms. geneal. fol. 120, Bl. 216 RS; Jb. Neumark, 1928, S. 184; Krüger, Cottbus, S. 30;

sächs. Cap. **Christian Friedrich von Loeben** (1692–1754)

Vater: Caspar Friedrich, 1713, 1718 Erbherr auf Wiesendorf u. Kackrow im Krs. Cottbus; Stief-**Mutter**: Margarethe, geb. von Knobelsdorff († 1758); **Bruder**: Leberecht, 1713 *cadet* in Dresden, 1715 als preuß. Offz. bez.; **Laufbahn**: seit 1696 im Militär, 1705 Gefr.corp. in d. Füsilier-Garde, Okt. 1709 Pl im I-R Nr. 1, 1715 erster Pl im Reg., stand damals bei d. Armee in Pommern, wechselte dann als Cap. in sächsische Dienste, zuletzt Landesältester im Krs. Spremberg; **Güter**: 1745 als Erbherr auf Wiesendorf u. Kackrow im Krs. Cottbus aufgelistet (1753 dem Sohn abgetreten), besaß damals auch d. Gut Brodkowitz in Sachsen; **Sohn**: Rudolph Leopold (* 1732), s. d.;

Quellen: BLHA, Rep. 23 B, Nr. 446; Stabi, Ms. boruss. fol. 310, Bl. 36; fol. 319, Bl. 36; Ms. geneal. fol. 120, Bl. 214; Tb. Uradel, 1905, S. 461 (kein Hinweis auf d. Militärdienst); Bardeleben, S. 422; Jb. Neumark, 1928, S. 161; Jb. Neumark, 11/1936, S. 108 (1767 Rud. Leop.); Krüger, Cottbus, S. 38 (danach seit 1733 Rudolph Leopold auf Wiesendorf);

Major **Curth Ernst von Loeben** (1724–1783)

Vater: Ernst Dietloff (* 1677, † vor 1757), Cap. in e. I-R, 1715, 1745 u. 1751 als Erbherr auf Anteil Reichenwalde im Krs. Sternberg gen., verkaufte d. ½ Gut 1752 an d. Landrat H. F. von Winning für 8 050 T., hatte 1751 fünf Söhne, von denen zwei im aktiven Dienst standen, zwei bereits ausgeschieden waren; **Großvater**: Henning Dietloff, Cap. im I-R Nr. 10, vor 1715 abgegangen, 1715 u. 1720 Erbherr auf Anteil Reichenwalde; **Vater-Bruder**: Curt Wilhelm Ludwig (* 1676), saß 1728 im Alter von 52 Jahren auf Wandern, hatte damals drei Söhne von 14, 13 u. zehn Jahren; **Bruder**: Carl Philipp (* 1720), Sep. 1741 Fähnrich im I-R Nr. 19, April 1744 zum Garn.-Reg. Nr. 8, Nov. 1745 Sl, Juni 1750 dim., hielt sich 1751 auf d. väterl. Gut auf; **Bruder**: Ludwig Adolph (* 1722), 1745 Gefr.corp. im I-R Nr. 34, weilte 1751 als vorm. Fähnrich beim Vater (Okt. 1756 Sl im Garn.-Bat. Nr. 9 bzw. Ltnt. bei Manstein), wohnte 1774 in Reichenwalde; **Bruder**: Otto Friedrich (* 1725), stand 1751 als Uffz. im I-R Nr. 5; **Bruder**: George Dietloff (* 1737), hielt sich 1751 bei d. Eltern auf; **Laufbahn**: stand 1745 als Gefr. corp., 1751 als Fähnrich, 1757 als Sl im I-R Nr. 46, Jan. 1758 Pl, als solcher noch 1765 gen., Jan. 1783 Major, noch 1783 gest.; erwirkte im Juni 1782 d. Legitimation seines mit d. Tochter e. Hautboisten erzeugten Sohnes August Friedrich Wilhelm von 4,5 Jahren, dieser bekam jedoch nicht d. adligen Stand d. Vaters; **Güter**: protestierte seit 1757 zs. mit seiner Mutter u. Agnaten gegen d. Verkauf von Reichenwalde, sie wollten es für 22/m T. zurückkaufen, es blieb jedoch im Besitz von H. F. von Winning, dieser wurde 1767, seine Tochter 1801 auf d. Gut gen.;

Quellen: GStA, I. HA, Rep. 22, Nr. 179 b, Pakete 8 614, 8 616; Rep. 47, Tit. 11 b, L 3; IV. HA, Rep. 1, Nr. 80, Bl. 125; BLHA, Rep. 78 I, Nr. 170, Bl. 58; Stabi, Ms. boruss. fol. 315, Bl. 84 (L. A.); fol. 316, Bl. 3, Bl. 10, Bl. 22; Ms. geneal. fol. 120, Bl. 222, Bl. 256 RS (L. A. hier als L. Sigismd.); Gesch. I-R Nr. 19, S. 90 (C. P.); Jb. Neumark, 1928, S. 28;

Major **Erdmann Ulrich von Loeben** (* um 1673, bestattet 29. Aug. 1725) *

Vater: Seyfried (1636–1698), Erbherr auf Papitz, Kunersdorf, Ruben im Krs. Cottbus, auf Limberg in Sachsen; **Mutter**: Margarethe Elisabeth, geb. von Hohenstein, seit 1666 Erbherrin auf Milkersdorf; **Bruder**: Caspar Adolph (1664–1719), Erbherr auf Kunersdorf u. Limberg; **Laufbahn**: seit 1694 im Militärdienst, (stand 1703 als Fourier im I-R Nr. 1), Dez. 1706 Fähnrich in d. Grenadier-Leibgarde (I-R Nr. 6), 1707 hier als jüngster Ltnt. geführt, Nov. 1707 Ltnt. im I-R Nr. 18, 1725 als gew. Major zu Calau gest.; **Ehefrau**: Margarethe Luise, geb. von Stuart († 1730);

Quellen: Stabi, Ms. boruss. fol. 313, Bl. 294 RS (1703 im I-R 1); Bardeleben, S. 423, S. 427; Krüger, Cottbus, S. 27–28; Fam.gesch., S. 148–150;

Ltnt. **Ernst Philipp von Loeben** (* 1732, † 19. Mai 1804) *

Vater: Jobst Ernst (1704–1742), kursächs. Offz. (Erbherr auf Groß Oßnig im Krs. Cottbus); **Mutter**: Johanna Luise, geb. von Normann († 1762); **Vater-Bruder**: Joachim Rudolph (1703–1737), Ltnt., s. d.; **Großvater**: Adam Jobst (1665–1744), 1713 herzogl.-sächs. Hofmeister in Spremberg, Erbherr auf Krieschow, 1728, 1733 als Landrat im Krs. Cottbus geführt; **Laufbahn**: Aug. 1757 Fähnrich im I-R Nr. 25, Okt. 1759 Sl, Mai 1764 Pl, Okt. 1767 dim. (erhielt später d. Charakter Major); **Güter**: 1766 u. 1774 auf Groß Oßnig gen., 1788 verkauft, ließ sich 1792 im sächs. Wiese nieder; in erster **Ehe** verheiratet mit Charlotte Henriette, geb. von Pannwitz († 1785), aus d. Ehe drei Töchter;

Quellen: GStA, I. HA, Rep. 22, Nr. 179 b, Paket 8 616; IV. HA, Rep. 1, Nr. 80, Bl. 126; BLHA, Rep. 23 B, Nr. 446 (Großvater); Tb. Uradel, 1905, S. 462 (hier als Major bez.); Jb. Neumark, 1928, S. 162; Jb. Neumark, 11/1936, S. 104; Krüger, Cottbus, S. 16; Fam.gesch., S. 144–145 (danach 1793 gest.);

Fähnrich **Ferdinand von Loeben** (* 1700) *

aus d. Krs. Cottbus gebürtig; **Laufbahn**: seit 1720 im Militär, 1722 Fähnrich im I-R Nr. 24, vor 1733 abgegangen; (**verwandt**: Rudolph Gottlob von Loeben (* 1700), aus d. Krs. Cottbus, seit 1715 im Militär, 1722 Gefr.corp. im I-R 24: Bl. 315);

Quellen: Stabi, Ms. boruss. fol. 316, Bl. 315 (1722 standen drei v. L. im Reg., davon zwei als Fähnrich, aber keiner in d. Abgangsliste 1722 bis 1745);

Ol **Friedrich Adolph von Loeben** (* 1699, † 20. Febr. 1745) *

Vater: Caspar Adolph (1664–1719), seit 1698 Erbherr auf Kunersdorf im Krs. Cottbus u. Limberg in Sachsen; **Mutter**: Johanne Helene, geb. von Maxen; **Bruder**: Hans Caspar (* 1711, † Mai 1741), seit 1725 im Militärdienst, stand im Dez. 1740 als Ltnt. im D-R Nr. 3, 1741 ins D-R Nr. 4, an bei Mollwitz erlittenen Blessuren gest.; **Laufbahn**: sächs. *cadet*, seit 1716 im preuß. Militärdienst, stand 1723 als Cornet im D-R Nr. 3, avancierte im Reg. bis zum Stabs-Rittmstr., im Dez. 1740 als Rittmstr. gen., 1741 ins D-R Nr. 4, Jan. 1742 als Major ins H-R Nr. 4, Aug. 1743 Ol, als solcher 1745 gest.;

Quellen: BLHA, Rep. 23 B, Nr. 446; Gesch. D-R Nr. 3, S. 55, S. 60, S. 63–64, S. 420; Krüger, Cottbus, S. 24–25; Fam.gesch., S. 150, S. 154–155; in IV. HA, Rep. 1, Nr. 80, Bl. 124–125 (keiner d. Brüder);

Ltnt. **Friedrich Adolph von Loeben** (* 1699) *

aus d. Niederlausitz gebürtig; **Laufbahn**: seit 1717 im Militär, Dez. 1719 Fähnrich im I-R Nr. 26, Aug. 1722 Sl, Juni 1725 (bzw. 1731) dim.;

Quellen: GStA, IV. HA, Rep. 1, Nr. 80, Bl. 124 (1725 dim.); Stabi, Ms. boruss. fol. 314, Bl. 10, Bl. 17 RS;

Gutsbes. **Friedrich Ehrentreich Frhr. von Loeben** (* um 1660) *

Vater: Adolph Maximilian (1631–1682), Erbherr auf Schönfeld u. Merzdorf im Krs. Crossen, auf Schiedlo, Uckro, Paserin u. Pickel in d. Lausitz; **Mutter**: Luise Hedwig, geb. von Burgsdorff (1641–1669); **Bruder**: Curt Hildebrand (1661–1730) *, GM, siehe bei dessen Sohn Rudolph Curt Lebrecht (1698–1746), GM; **Laufbahn**: trat weder in d. Zivil- noch in d. Militärdienst ein; **Güter**: 1713 u. 1717 als Erbherr auf Schönfeld, Schmachtenhagen u. Vorwerk Siebenbeuthen, auf Merzdorf im Krs. Crossen gen., d. ges. Hand auf diese Güter hatte jeweils sein Bruder C. H., d. Güter sollen 1717 schuldenfrei gewesen sein;

Quellen: GStA, I. HA, Rep. 66, Nr. 18; BLHA, Rep. 23 B, Nr. 446; Jb. Neumark, 1928, S. 88, S. 102, Priesdorff, Nr. 176 (Bruder C. H.);

Ltnt. **Friedrich Wilhelm von Loeben** (* 1725, † um 1798)

Vater: Siegfried Wolf Adam († 31. Jan. 1744), ksl. Cap., 1718 u. 1722 auf Papitz u. Anteil Ruben im Krs. Cottbus gen., verkaufte diese 1733 an d. Major Julius Ulrich von Buggenhagen, s. d., erwarb dafür im Juli 1733 Raackow im Krs. Cottbus für 11 700 T. von d. Witwe Stallmstr. Caspar Siegfried von Loeben, geb. Maria Dorothea Plattner, S. W. A. soll e. *exorbitante* Lebensführung gehabt haben, seine Frau fürchtete daher um ihre *illata* u. wollte deshalb 1735 Raackow übernehmen; **Mutter**: Henriette Wilhelmine, e. geb. von Stuart, sie gab 1744 an, seit zehn Jahren von ihrem Vermögen zu leben, weil Raackow ruiniert war; **Großvater**: Seyfried (1636–1698), seit 1678 Erbherr auf Papitz; **Bruder**: Heinrich Wilhelm (* 1730), Gefr.corp. im I-R Nr. 8, Juli 1756 Sl beim Garn.-Reg. Nr. 7, Febr. 1758 dim., hatte 1774 seinen Wohnsitz in Raackow; **Laufbahn**: 1745 Gefr.corp. im I-R Nr. 8, Aug. 1748 Fähnrich, Dez. 1753 dim., 1774 als Ltnt. bez.; **Güter**: saß 1774 auf Raackow u. Kunersdorf, dieses 1774 für 10/m T. von d. Söhnen d. verst. russ. Ol Heinrich Wilhelm von Loeben gekauft, 1797, 1798 beide Güter an d. Landrat Friedrich Ehrentreich von Muschwitz verkauft bzw. vererbt, s. d.;

Quellen: GStA, I. HA, Rep. 22, Nr. 179 a, Paket 8 615; IV. HA, Rep. 1, Nr. 80, Bl. 125; Stabi, Ms. boruss. fol. 313, Bl. 125 RS (H. W.); Ms. geneal. fol. 120, Bl. 214, Bl. 239; Tb. Uradel, 1905, S. 464 (d. Vater danach 1774 gest., verh. mit Marianne v. List);

Priesdorff, Offz.stammliste, S. 111; Jb. Neumark, 1928, S. 161; Krüger, Cottbus, S. 24–25, S. 29 (d. Vater hier als Adam Seyfried), S. 30; Fam.gesch., S. 151–152 (d. Vater hier als Wolf Adam Siegfried, danach soll F. W. nicht gedient haben, siehe hier aber Beilage, B 2);

Ltnt. **George Abraham von Loeben** (* um 1685)

Vater: Zacharias Eberhard († vor 1713), 1647 auf d. Viadrina, 1651 bis 1663 am Hof in Dresden, erwarb 1680 Hammer (bzw. Eichberg), erbte von seinem Vater Glogsen im Krs. Züllichau; **Bruder**: Zacharias Heinrich, dän. Ltnt., d. Brüder wurden 1713 mit Glogsen u. Hammer belehnt, Glogsen um 1718 verkauft; **Laufbahn**: avancierte im I-R Nr. 19 bis zum Ltnt., wurde im Sep. 1706 in d. Schlacht bei Turin in beide Beine geschossen, mußte wegen dieser Blessur 1708 d. Abschied nehmen, ging auf sein Gut (nach Schlesien); beging 1709 e. Exzess, konnte die ihm auferlegte Strafe von 200 T. nicht zahlen; **Güter**: mußte vor 1719 sein Gut Hammer (in Crossen bzw. Züllichau) für 7100 T. an e. von Knobelsdorff verkaufen, seine Schulden betrugen 9 563 T.;

Quellen: GStA, I. HA, Rep. 22, Nr. 179 a, Paket 8 614; Gesch. I-R Nr. 19, S. 71; Fam.gesch., S. 97–99;

Ltnt. **George Friedrich von Loeben** (* 1758)

Vater: Heinrich Wilhelm (* 1706, † Anfang 1770), Nov. 1719 *cadet* in Berlin, April 1721 Gefr.corp. im I-R Nr. 26, 1725 Fähnrich, (1728 Sl bzw.) bat als Ltnt. im Juni 1727 um d. *venia aetatis*, 1733 als Ltnt. dim., ging 1738 mit kgl. Erlaubnis in russ. Dienste, avancierte hier bis zum Ol, kehrte mit Familie nach 1763 in d. preußische Monarchie zurück, nahm d. väterlichen Güter Limberg in Sachsen u. Kunersdorf im Krs. Cottbus in Besitz, dieses angeblich im Wert von mehr als 20/m T., darauf Schulden von 14100 T.; hinterließ drei Söhne u. zwei Töchter; **Mutter**: Dorothea, e. geb. von Wenden, sie war in erster Ehe verheiratet gewesen mit d. russ. Schiffskapitän von Wilster, aus d. Verbindung stammte d. Tochter Johanna von Wilster (* um 1740), D. hatte 1788 ihren Wohnsitz im Amtsdorf Burg u. bezog seit 1771 e. Pension von 100 T.; **Großvater**: Caspar Adolph (1664–1719), Erbherr auf Kunersdorf im Krs. Cottbus u. Limberg in Sachsen; **Großmutter**: Johanne Helene, geb. von Maxen; **Vater-Bruder**: Carl Gottlob (* 1698, † 5. Dez. 1758), sächs. *cadet*, seit 1715 im preuß. Militär, 1725 Ltnt. im D-R Nr. 3, Nov. 1727 dim., Erbherr auf Kunersdorf u. Limberg; **Schwestern**: Johanne (* 1742), Sophia Dorothea (* 1759), beide waren 1788 noch ledig; **Bruder**: Alexander Wilhelm († um 1772), Fähnrich; **Bruder**: Curth Heinrich (1745–1810), Jan. 1767 Fähnrich im I-R Nr. 24, April 1770 zum Garn.-Reg. Nr. 7, Mai 1770 dim., nach d. Abschied Erbherr auf dem im Sächsischen gelegenen Gut Limberg nahe Cottbus, Kunersdorf geriet in Konkurs u. mußte 1774 verkauft werden, auch Limberg befand sich zeitweilig in anderen Händen, konnte von C. H. jedoch 1792 wieder erworben werden, bat im Okt. 1786 immediat darum, d. Uniform tragen zu dürfen; **Laufbahn**: Sep. 1772 Fähnrich im I-R Nr. 19, Okt. 1776 Sl, wurde im Bayer. Erbfolgekrieg am Fuß blessirt, dadurch dienstuntauglich, Nov. 1779 dim. u. als Postmeister in Gardelegen, dann in Stendal versorgt; **Güter**: Kunersdorf befand sich seit 1771 in Sequestration u. war anfangs für 400, dann für 600 T. verpachtet, G. F. u. C. H. protestierten zuerst gegen die zu geringe Pachtsumme, dann gegen den Verkauf des auf 14 850 T. taxierten Gutes für 10/m T., sie bezifferten dessen Wert auf mind. 20/m T. u. wollen durch den zu geringen Erlös ihr väterliches Vermögen in Höhe von 12/m T. verloren haben, auch konnten nicht alle Gläubiger d. russ. Ol befriedigt werden, 1773, 1774 ging Kunersdorf an den Ltnt. F. W. von Loeben auf Raackow, s. d., dem vorgeworfen wurde, nur als Strohmann des Hofrates Kirchhoff in Küstrin fungiert zu haben;

Quellen: GStA, I. HA, Rep. 22, Nr. 179 a, Pakete 8 614, 8 616, 8 617; II. HA, Abt. 12, Materien, Vas. tab. Nr. 6, Bl. 58 RS-59; Abt. 13 a, Tit. IV, Litt C, Nr. 1; IV. HA, Rep. 1, Nr. 80, Bl. 126 (d. Bruder hier als Carl Hr.); Stabi, Ms. boruss. fol. 314, Bl. 10, Bl. 17 (je d. Vater), Bl. 243 RS (Abgangsliste I-R Nr. 19); Gesch. D-R Nr. 3, S. 55–56; Tb. Uradel, 1905, S. 462–463; Fam.gesch., S. 150, S. 156–158;

Fähnrich **Gottlieb Maximilian Frhr. von Loeben** (* um 1700, † 1733) *

Vater: Curt Hildebrand Frhr. (1661–1730) *, Gl; (G. M. aus d. Neumark gebürtig); **Mutter**: Dorothea Juliane, geb. von Krosigk (1668–1711); **Bruder**: Rudolph Curt Lebrecht (1698–1746) *, GM, s. d. mehr; **Laufbahn**: weilte bei d. *cadets*, Mai 1721 Fähnrich im I-R Nr. 8, April 1722 *cassirt*, wechselte anschließend in sächsische Dienste, beging 1733 in Meißen Suizid; **Ehefrau**: Gottliebe, geb. von Üchtritz; (**verwandt**: ein Johann Maximilian Frhr. von Loeben stand 1694 als Cap. im 1. Bat. preuß. Garde am Rhein: Stabi, Ms. boruss. fol. 319, Bl. 9 RS);

Quellen: Priesdorff, Offz.stammliste, S. 111; Fam. gesch. S. 131–132;

Ltnt. **Gottlob Erdmann von Loeben** (* 1725, † 13. Jan. 1759)

Vater: George Friedrich (* 1682, † vor 1736), 1728 als Erbherr auf Heidenau im Krs. Crossen gen.; **Mutter**: Beate Eleonore, geb. von Knobelsdorff, sie erwarb als Witwe um 1736 Heidenau sub hasta für 6 010 T.; **Vater-Bruder**: Anton Ehrenreich (1703–1759), Obrist, s. d.; **Laufbahn**: seit 1741 Gefr.corp. im I-R Nr. 40, Febr. 1744 Fähnrich, Okt. 1746 Sl, Aug. 1756 Pl, 1759 als solcher im Winterquartier gest.; **Schwester**: Ursula Susanna (* 1726, † 5. Dez. 1800), sie war verheiratet mit e. Ltnt. von Ludwig, aus d. Krs. Sternberg gebürtig, dieser hatte im I-R Nr. 19 gedient, war dann dim. worden, sie lebte seit dieser Zeit in traurigen Umständen, besaß im Jahr 1800 e. Vermögen von 800 T., hatte sich bisher von d. Zinsen, von Nähen u. Stricken ernährt, war dazu altershalber nicht mehr in d. Lage, d. zuständige Landrat votierte daher im Mrz. 1800 für d. Vergabe e. Pension, im April 1800 sollte sie mit e. Pension von 50 T. bedacht werden, wenige Monate später gest.;

Quellen: GStA, I. HA, Rep. 22, Nr. 179 a, Paket 8 614; II. HA, Abt. 13 a, Tit. IV, Litt L, Nr. 2 (Schwester, mit Hinweis auf d. väterl. Gut Heidenau, auf Bruder u. Mann); IV. HA, Rep. 1, Nr. 80, Bl. 125; Stabi, Ms. boruss. fol. 315, Bl. 259 (1750: aus Schlesien), Bl. 278 (1743: aus Heidenau); Ms. geneal. fol. 120, Bl. 218 RS;

Ltnt. **Hans Christoph von Loeben** (* 1683) *

aus d. Krs. Crossen gebürtig; **Laufbahn**: seit 1702 im Militär, April 1711 Pl im I-R Nr. 10, vor 1720 abgegangen;
Quellen: Stabi, Ms. boruss. fol. 319, Bl. 48 RS;

Cap. **Heinrich August von Loeben** (* 1703) *

(lt. Rangliste 1725: aus d. Niederlausitz, 1732: aus Sachsen gebürtig); **Laufbahn**: seit 1719 im Militär, 1725 Gefr. corp., Sep. 1727 Fähnrich im I-R Nr. 26, Sep. 1731 Sl, Mrz. 1735 Pl, Juli 1740 Cap. im Bat. Beaufort, 1743 ins I-R Nr. 32, Sep. 1746 dim.;
Quellen: GStA, IV. HA, Rep. 1, Nr. 80, Bl. 124; Stabi, Ms. boruss. fol. 314, Bl. 10 RS, Bl. 17 RS, Bl. 19 RS (nicht ident. mit Hr. Wilh., s. o. bei George Friedrich);

Cap. **Heinrich Friedrich von Loeben** (* 1766, † 26. Febr. 1824)

Vater: Ernst Friedrich († 13. Juni 1778), Ltnt. in österr. Diensten, Mrz. 1761 Sl im I-R Nr. 44, Febr. 1762 wegen schwerer Blessuren dim., erhielt e. monatl. Gnadenpension von fünf Talern, gest. mit 48 Jahren; **Mutter**: Christine Elisabeth, geb. von Schönfeldt (* 1727), sie besaß kein Vermögen, war an Krebs erkrankt u. hielt sich 1783 in Guhrow auf; **Großvater**: Friedrich Siegfried, 1738 bis 1742 Erbherr auf Jessen im Krs. Cottbus, mitbelehnt auf Milkersdorf, Pächter von Klein Buckow in Sachsen; **Laufbahn**: Militärwaisenhaus Potsdam, Mai 1778 *cadet*, 1784 ins I-R Nr. 49, Mai 1787 Fähnrich, Juni 1790 Sl, Mai 1799 Pl, Febr. 1806 Stabs-Cap. im I-R 49, Juni 1814 dim.;
Quellen: GStA, II. HA, Abt. 13 a, Tit. III, Generalia, Nr. 2, Bd. 11, Bl. 21 RS-22 (Mutter); IV. HA, Rep. 1, Nr. 80, Bl. 126 (Vater), Bl. 127 (H. F., Sep. 1824 gest.); Stabi, Ms. boruss. fol. 314, Bl. 161 (H. F.); Fam.gesch., S. 153;

Major **Heinrich Otto von Loeben** (* 1690, † Mrz. 1734)

Vater: Balzer Hans George, Erbherr auf Anteil Plau im Krs. Crossen, 1697 verkauft; H. O. aus d. Neumark gebürtig; **Laufbahn**: seit 1707 im Militär, Sep. 1715 Stabs-Cap. im I-R Nr. 19, Dez. 1716 Cap. u. Chef e. Comp., Juli 1724 Major, 1734 als solcher gest.; **Ehefrau**: Christine, geb. von Hagen; **Sohn**: Carl Friedrich Albrecht (* 30. April 1730), Mai 1743 Page bei Markgraf Carl, April 1750 Fähnrich im I-R Nr. 19, Nov. 1752 Sl, Jan. 1758 Pl, Nov. 1760 Stabs-Cap., Febr. 1762 Cap. u. Chef e. Comp. im I-R Nr. 19, geriet bei Maxen in Gefangenschaft, 1767 bzw. Jan. 1768 Orden p. l. m., Juli 1773 Major u. Chef e. Grenadier-Bat., April 1782 in d. Nachfolge d. verst. Ol von Rothkirch Chef d. Berliner Land-Reg., bat im April 1782 um e. Zulage von 150 T. zu d. geringen Salair d. Reg.chefs, wie sie sein Vorgänger bekommen hatten, suchte im Nov. 1786 mit Hinweis darauf, im Siebenjährigen Krieg sein Vermögen verloren zu haben, um e. weitere Zulage nach; **Ehefrau**: Philippine, geb. von Wallmirath;
Quellen: GStA, I. HA, Rep. 22, Nr. 179 a, Paket 8 615; Rep. 96, Nr. 94 T 1; Nr. 257 L; IV. HA, Rep. 1, Nr. 80, Bl. 125 (Sohn); Stabi, Ms. boruss. fol. 319, Bl. 34; Gesch. I-R Nr. 19, S. 82 (H. O.), S. 124–125 (C. F. A.); König, 2. T., S. 426–427 (Sohn); Lehmann, S. 118 (Sohn C. F. A.); Fam.gesch., S. 93–94;

Cap. **Joachim Rudolph von Loeben** (* 5. Dez. 1703, † Okt. 1737)

Vater: Adam Jobst (1665–1744) *, von 1717 bis 1740 Landrat im Krs. Cottbus, bis 1733 Erbherr auf Krieschow, dann auf Groß Oßnig; **Mutter**: Barbara Sabina, geb. von Ihlow († 7. Febr. 1724), aus dieser Ehe zwei Söhne u. eine Tochter; **Bruder**: Jobst Ernst (1704–1742), *cadet*, dann Gefr. corp. im I-R Nr. 29, zuletzt Offz. in kursächs. Diensten, Sohn: Ernst Philipp (1732–1804), Major, s. d.; **Laufbahn**: avancierte (im preuß. Militärdienst) bis zum Ltnt., erhielt im Sommer 1726 d. *venia aetatis*; 1732 Cap. in e. kursächs. Grenadier-Bat., als Cap. im I-R Haxthausen vor Belgrad gefallen;

Quellen: GStA, I. HA, Rep. 22, Nr. 179 a, Paket 8 614; Schönfeldt, Beiträge, S. 77 (d Vater hieß danach Jobst Adam); Tb. Uradel, 1905, S. 462 (hier nur d. Vater A. J. u. d. Sohn J. E.); Fam.gesch., S. 144; biogr. Handbuch, S. 583 (Vater);

Ol **Jobst Seyfried von Loeben** (* 1702, † 14. Mai 1757) *

(**Vater**: Hans Adam, Erbherr auf Krieschow im Krs. Cottbus; **Mutter**: Beate Sophie, geb. von Nostitz); J. S. aus d. Neumark gebürtig; **Laufbahn**: seit 1718 im Militär, Mrz. 1723 Fähnrich im I-R Nr. 24, Aug. 1724 Sl, Jan. 1732 Pl, Juni 1739 Stabs-Cap., Okt. 1740 Cap. u. Chef e. Comp., Aug. 1747 Orden p. l. m., Jan. 1749 (bzw. 1747) Major, Febr. 1757 Ol, sechs Tage vor seiner Beförderung zum Obristen im I-R Nr. 24 an bei Prag erlittenen Blessuren gest.;

Quellen: GStA, IV. HA, Rep. 1, Nr. 80, Bl. 124 (als Jobst Friedrich); Stabi, Ms. boruss. fol. 316, Bl. 317 RS, Bl. 318, Bl. 323 RS (als Jobst Siegfried); Lehmann, S. 39 (hier als Jobst Siegfried); Fam.gesch., S. 142–143;

Major **Johann Ehrentreich von Loeben** (* 1730)

Vater: Caspar Friedrich († vor 1745), Landrat im Krs. Crossen, Erbherr auf Kurtschow, hinterließ sechs Söhne, von denen 1745 vier im preuß. Militärdienst standen, ein Sohn starb vor 1755; **Mutter**: Margarethe, geb. von (Loeben bzw.) Knobelsdorff († 1759); **Vater-Bruder**: Anton Ehrenreich (1703–1759), Obrist, s. d.; **Bruder**: Anton Friedrich (* 1720), Juli 1741 Cornet im D-R Nr. 9, Okt. 1743 ins D-R Nr. 10, April 1745 Sl, Mai 1754 dim., Aug. 1754 Charakter als Cap., 1774 auf seinem Gut in Preußen; **Bruder**: Alexander Ludwig (* 1725), Cap. im Land-Bat. de Rège, nach dessen Auflösung dim., verheiratet mit Eva Christina, geb. von Maltitz, verließ diese mit Schulden u. ging nach Surinam, hier 1774 gen.; **Bruder**: Adolph Maximilian (1728–1745), an bei Kesselsdorf erlittenen Blessuren gest.; **Bruder**: Ernst Gottlob (* 1733), 1745 als *cadet* gen., Juli 1753 Fähnrich im I-R Nr. 35, Mrz. 1757 Sl, Jan. 1760 Pl, Mai 1765 Stabs-Cap., Sep. 1772 Cap. u. Chef e. Comp., Nov. 1784 mit 200 T. Pension dim., Mrz. 1787 Charakter Major; **Bruder**: George Dettloff (* 1736, † 11. Mai 1779), als Junker ins Reg., Sep. 1753 Fähnrich im I-R Nr. 19, Juni 1756 Sl, Mrz. 1758 Pl, erlitt bei Torgau 1760 starke Blessuren, Jan. 1762 Stabs-Cap., Sep. 1765 als Invalide dim. u. als Unterbrigadier bei d. Tabaksverwaltung in Glogau versorgt, Sep. 1772 Cap. im Garn.-Reg. Nr. 11, Okt. 1772 Major, 1779 gest.; **Laufbahn**: seit 1746 im Militär, April 1752 Fähnrich im I-R Nr. 5, Aug. 1755 Sl, Nov. 1759 Pl,

Mai 1763 Stabs-Cap., April 1765 Cap. u. Chef e. Comp., Juli 1776 Major, Juni 1777 bei d. Salz-Kontrolle in Schönebeck versorgt; **Güter**: d. Gebr. verkauften nach d. Tod ihrer Mutter, die 1759 e. Forderung über 12/m T. auf d. Gut zu stehen hatte, Kurtschow 1765 für 17/m T. in Gold an d. Cap. Friedrich Wilhelm von Fritze, Sohn d. Bgmstr. in Züllichau, 1769 war d. Käufer, der auch d. fremden Schulden von 7 450 T.übernommen hatte, noch 4 620 T. in Gold vom Kaufpretium schuldig, d. Gebr. sprachen 1771 von Fritze d. Adel ab u. prozessierten bis mind. 1780 vergeblich um Annulierung d. Kaufvertrages; Kurtschow war im Nov. 1775 für 15 200 T. an d. Witwe von Kettwig verkauft worden;

Quellen: GStA, I, HA, Rep. 22, Nr. 179 a, Pakete 8 616, 8 617; Rep. 66, Nr. 18; IV. HA, Rep. 1, Nr. 80, Bl. 125 (F. A. hier als A. F.); BLHA, Rep. 78 I, Nr. 170, Bl. 7; Stabi, Ms. boruss. fol. 311, Bl. 359 (Bruder F. A., hier als A. F.); fol. 313, Bl. 73 RS, Bl. 78 RS (je. J. E.); Ms. geneal. fol. 120, Bl. 219 (Vater u. Brüder), Bl. 244 (1774 werden fünf Brüder gen., mit teils anderen Vornamen); Gesch. I-R Nr. 19, S. 116 (G. D.); Fam.gesch., S. 109–110;

Cap. **Johann Friedrich von Loeben** (* 1705)

(**Vater**: Hans Adam, Erbherr auf Krieschow im Krs. Cottbus; **Mutter**: Beate Sophie geb. von Nostitz; **Bruder**: Jobst Seyfried, Ol, s. d.); J. F. aus d. Krs. Cottbus gebürtig; **Laufbahn**: seit 1722 im Militär, 1732 Gefr.corp. im I-R Nr. 26, Juni 1733 Fähnrich, Mai 1735 Sl, Sep. 1740 Pl, Febr. 1748 Stabs-Cap., April 1748 Cap. u. Chef e. Comp., Juni 1754 dim. (trat im Siebenjährigen Krieg als Major wieder ein); **Ehefrau**: Charlotte Magdalene († Jan. 1756), e. Tochter von Friedrich Reichsgraf von Flemming (1707–1777) auf Buckow im Krs. Lebus, sie besaß e. Mitgift von 10/m T., d. Schwiegervater trat ihm 1754 d. mittelmärkische **Gut** Garzau in traurigen Umständen für 16/m T. ab, 3/m T. erlegte J. F. dafür in bar, 10/m T. entfielen auf d. *illata* seiner Frau u. für 3/m T. mußte er e. Hypothek aufnehmen; verpachtete Garzau von 1756 bis 1762 für jährl. 500 T., geriet in Streit mit d. Pächter; im Nov. 1778 machte d. Major darauf aufmerksam, seinen beiden im Militär stehenden **Söhnen** zu Beginn d. *Campagne* Zuschüsse zur *Equipage* gegeben zu haben, d. ältesten Sohn 190 T., d. zweiten 1 530 T., beide hätten aus d. ansehnlichen Allodialnachlaß ihres verst. Großvaters von Flemming e. größeres Erbe zu erwarten; (**Sohn**: Friedrich Wilhelm (* um 1750), Sep. 1772 Fähnrich im I-R Nr. 13, Sep. 1776 ins I-R Nr. 39, Sep. 1778 Sl, Jan. 1779 dim., will im Verlaufe d. Bayer. Erbfolgekrieges in d. Hände e. Wucherers gefallen sein, machte dazu (in Dresden) Spielschulden, seine Verbindlichkeiten beliefen sich Mitte 1779 auf 1 700 T., bezichtigte d. Reg.quartiermstr. Katsch vom Frei-Reg. von Hordt d. Wuchers); (**verwandt**: e. Cap. v. Loeben d. 1. im I-R Nr. 26 ist bei Mollwitz am 16.4.1741 gefallen: fol. 314, Bl. 10 RS, Abgangsliste);

Quellen: GStA, I, HA, Rep. 22, Nr. 179 a, Paket 8 617; IV. HA, Rep. 1, Nr. 80, Bl. 125, Bl. 126 (F. W.); Stabi, Ms. boruss. fol. 314, Bl. 11 RS, Bl. 19, Bl. 21 RS; Chronik Flemming, 1, S. 210; Fam.gesch., S. 142–143;

GM **Rudolph Curt Lebrecht Frhr. von Loeben** (* 1698, † 22. Nov. 1746) *

Vater: Curt Hildebrand Frhr. (1661–1730), 1685 brandenburg. Ltnt., Jan. 1688 Cap. im I-R Nr. 1, stand 1692 als Cap. im 4. Bat. kurmärk. Garde in Berlin, Dez. 1698 Major, Mai 1713 GM, Dez. 1714 Chef d. neuen I-R Nr. 26, Mai 1721 Gl, Juni 1724 Gouverneur von Kolberg, Erbherr auf Schönfeld, Schiedlo u. Falkenberg, hinterließ fünf Söhne u. vier Töchter, vier Söhne u. zwei Tö. starben ohne Leibeserben, d. älteste To. war verh. mit d. General von Arnim; **Mutter**: Dorothea Juliane, geb. von Krosigk (1668–1711); **Bruder**: George Ludwig (1696–1728), weilte von 1710 bis 1712 auf d. Ritterakademie in Brandenburg an der Havel, Juni 1714 Fähnrich im I-R Nr. 21, Mai 1717 Ltnt., Sep. 1722 Cap.; **Bruder**: Gottlieb Maximilian (1700–1733), Fähnrich, s. d.; **Bruder**: Alexander Samuel (1705–1780) *, 1750 als Präs. d. Küstriner KDK dim., seit 1765 Amtshauptmann d. Niederlausitz, war d. Letzte aus d. freiherrl. Linie d. Familie; **Schwester**: Louisa Dorothea, galt 1774 als *gemütskrank*, sie besaß damals e. Vermögen von 5 900 T.; **Laufbahn**: 1712 Gefr.corp. im I-R Nr. 18, April 1715 Fähnrich, Mrz. 1717 Sl, Juni 1723 Cap. u. Chef e. Comp., (stand 1725 als Stabs-Cap. im I-R Nr. 26, 1729 als Cap. ins I-R Nr. 25 versetzt), Mai 1730 Major im I-R Nr. 25, Aug. 1740 Ol, Okt. 1741 Kommandeur d. I-R Nr. 25, 1741, 1742 Orden p. l. m., Mai 1743 Obrist, Okt. 1745 GM u. Chef d. Garn.-Reg. Nr. 8; **Ehefrau**: Sophie Friederike, To. d. GFM George Abraham von Arnim (1651–1734) *; **Güter**: Erbherr auf (Falkenburg im Krs. Dramburg) Merzdorf, Schmachtenhagen, Schönfeld, Siebenbeuthen im Krs. Crossen, auf Falkenberg in d. Mark, auf Schiedlo in Sachsen; seine Schönfeldschen Güter standen 1742 unter Sequester, sie sollen Revenuen von 4 328 T. gehabt haben; seine ges. Schulden wurden im Dez. 1742 mit 172 697 T. angegeben, dazu rückständige Zinsen von 19/m T., er will d. väterl. Güter in Crossen, d. Mark, Sachsen bereits mit 84/m T. Schulden übernommen haben, dazu mußte er d. Brüder abfinden, will durch Wasser- u. Feuerschäden weitere 22/m T. verloren haben, seine Werbungskosten bei d. *ungar. Campagne* betrugen 19/m T.; 1744 geriet sein Vermögen in Konkurs, 1747 u. 1749 standen d. Güter in Crossen für 83 718 T. zur Subhastation, d. Kammerpräs. A. S. bot 55 812 T. od. zwei Drittel d. Taxe, bekam jedoch nicht d. Zuschlag, sondern d. Güter gingen im Mai 1751 für 65/m T. an d. Witwe Kriegsrat Eller;

Quellen: GStA, I. HA, Rep. 22, Nr. 179 a, Paket 8 615; IV. HA, Rep. 1, Nr. 80, Bl. 124 (C. H. u. R. C. L.); Stabi, Ms. boruss. fol. 314, Bl. 10, Bl. 17 (hier als Rudolph Conrad); fol. 319, Bl. 10 (Vater); König, 2. T., S. 412–415 (Vater, Sohn); Tb. Uradel, 1905, S. 461; Leers, Zöglinge, S. 14 (Bruder G. L.); Lehmann, S. 17; Priesdorff, Nr. 96 (Arnim), Nr. 176 (C. H.); Nr. 363 (R. C. L., hier d. Güter Matzdorf u. Falkenburg im Krs. Dramburg gen.); biogr. Handbuch, S. 583–584 (Bruder);

Ltnt. **Rudolph Gottlob von Loeben** (1703–1775)

(**Vater**: Curt Hildebrand (1661–1730) * Gl; **Mutter**: Dorothea Juliane, geb. von Krosigk (1668–1711);) R. G. aus d. Niederlausitz bzw. d. *Wendischen* gebürtig; **Laufbahn**: 1723 ins K-R Nr. 1, Sep. 1731 Cornet im D-R Nr. 5, Sep. 1737 Sl, Jan. bzw. Mai 1741 Pl, 1745 Orden p. l. m., sollte im Aug. 1756 bei e. Garn.-Reg. versorgt werden, noch im Aug. ins Garn.-Reg. Nr. 3, 1763 reduziert mit e. Pension; **Ehefrau**: e. geb. von der Dollen;

Quellen: GStA, IV. HA, Rep. 1, Nr. 80, Bl. 125; Stabi, Ms. boruss. fol. 313, Bl. 45, Bl. 47, Bl. 45 (alt, 1750: aus Sachsen); Albedyll, Anhang, S. 57; Tb. Uradel, 1905, S. 461 (C. H., R. G. hier nicht gen.); Priesdorff, Nr. 176 (Vater?);

Ober-Steuereinnehmer **Rudolph Leopold von Loeben** (* 1732)

Vater: Christian Friedrich (1692–1754), sächs. Cap., s. d., **Großvater**: Caspar Friedrich, 1715 auf Wiesendorf u. Kackrow; **Bruder**: Friedrich Adam (* 1724, † vor 1754), 1745 Fähnrich, Mai 1748 Sl im I-R Nr. 32, 1750 noch gen., vor 1754 gest., seine Güter Wiesendorf u. Kackrow fielen an d. Bruder R. L.; **Laufbahn**: bat nach d. Tod d. Bruders u. d. Übernahme d. Güter 1754 um d. *venia aetatis*; amtierte als Ober-Steuereinnehmer d. Markgrafschaft Niederlausitz, hatte seinen Wohnsitz in d. sächs. Stadt Calau; **Güter**: Erbherr auf Wiesendorf nebst Pertinenzien im Krs. Cottbus, 1751 im Wert von 20/m T., 1767 wurden sie mit 36/m T. angegeben, darauf Schulden von 28 653 T., erhielt 1777 Meliorationsgelder in Höhe von 4 520 T.; **Ehefrau**: Charlotte Seiffertine Tugendreich, geb. von Muschwitz, sie besaß 1767 e. Anteil an Laasow im Krs. Cottbus; **Sohn**: Carl Friedrich Wilhelm (* 1773), 1801 Landesdep. im Krs. Lübben, 1809 auf Wiesendorf;

Quellen: GStA, I, HA, Rep. 22, Nr. 179 a, Paket 8 615; II. HA, Abt. 12, Materien, Vas.tab. Nr. 6, Bl. 55 RS-56; Stabi, Ms. boruss. fol. 312, Bl. 147; Ms. geneal. fol. 120, Bl. 214; Bratring, 3. Bd., S. 355; Tb. Uradel, 1905, S. 461–462 (für R. L. hier keine Daten, d. Sohn als Curt Fr.); Moegelin, S. 68, S. 262; Jb. Neumark, 11/1936, S. 106, S. 108; Krüger, Cottbus, S. 38 (1733 bzw. 1753 R. L. auf Wiesendorf);

Obrist **Wolf Christoph von Loeben** (* 1690, † 7. Sep. 1756)

aus Rosenthal in der Niederlausitz gebürtig; **Laufbahn**: seit 1708 im Militär, Mrz. 1715 Ltnt. im I-R Nr. 19, Febr. 1737 als Major ins Berliner Garn.-Reg. versetzt, Aug. 1743 Ol, Mai 1749 Obrist, stand 1756 als Obrist u. Chef e. Comp. im Garn.-Reg. Nr. 6, als Kommandeur d. Reg. gest.;

Quellen: GStA, IV. HA, Rep. 1, Nr. 80, Bl. 124 (hier als Wolf Christian); Stabi, Ms. boruss. fol. 315, Bl. 93, Bl. 94, Bl. 95; fol. 319, Bl. 34; Gesch. I-R Nr. 19, S. 83;

Ltnt. **Christian Friedrich Graf von Logau** (* 1786, † 14. Febr. 1835)

Vater: Carl Christian Heinrich (1735–1796) *, Präsident d. KDK Küstrin; **Mutter**: Charlotte Rosine, geb. Flaminius, 1791 wurden die außerehelich geborenen vier Kinder aus dieser Verbindung legitimiert; **Bruder**: Carl Heinrich († 30. Aug. 1813), stand seit Dez. 1801 als Cornet im D-R Nr. 4, Juli 1806 Sl, Mrz. 1808 dim., 1813 als Rittmstr. im 7. Schlesischen Landwehr-Kav.-Reg. bei Culm gefallen; (**Bruder**: August, Okt. 1818 Sl beim 6. D-R, Febr. 1825 ausgeschieden, Dez. 1840 Charakter Rittmstr.); **Laufbahn**: seit 1799 im Militär, Febr. 1801 Cornet im D-R Nr. 3, Juli 1803 Sl, (im Sep. 1805 auf Wunsch dim. bzw.) im Nov. 1807 als Sl in d. 1. Dragoner-Brigade ausgeschieden, Febr. 1813 zum Schlesischen K-R, Mai 1813 Pl, Jan. 1814 Stabs-Rittmstr., Juni 1815 Rittmstr., Mrz. 1818 ausgeschieden;

Quellen: GStA, IV. HA, Rep. 1, Nr. 80, Bl. 172; Gesch. D-R Nr. 3, S. 317, S. 318, S. 417, S. 427; biogr. Handbuch, S. 588–589 (Vater);

Ltnt. **Balthasar Siegmund von Lossow** (* 1723, † 11. Okt. 1759) *

aus Zielenzig in d. Neumark; **Laufbahn**: seit 1740 im Militär, 1743 Gefr. corp., Sep. 1745 Fähnrich, Mrz. 1749 Sl, Febr. 1757 Pl im I-R Nr. 24, an bei Kay 1759 erlittenen Blessuren gest.;

Quellen: GStA, IV. HA, Rep. 1, Nr. 80, Bl. 211 (hier als Siegmd. Balth.); Stabi, Ms. boruss. fol. 316, Bl. 317 RS, Bl. 318 RS, Bl. 324;

Ltnt. **Carl Alexander von Lossow** (* 1725, † 6. Mai 1757) *

aus d. Krs. Sternberg gebürtig; **Laufbahn**: seit 1740 im Militär, Mrz. 1747 Fähnrich im I-R Nr. 8, Juni 1754 Sl, 1757 bei Prag gefallen;

Quellen: GStA, IV. HA, Rep. 1, Nr. 80, Bl. 211; Stabi, Ms. boruss. fol. 315, Bl. 188, Bl. 190; Priesdorff, Offz.stammliste, S. 113 (geb. um 1725);

Cap. **Christian von Lossow** (* 1719, † Febr. 1785) *

aus d. Krs. Schwiebus gebürtig; **Bruder**: Friedrich Wilhelm (1738–1759), aus Schlesien gebürtig, seit 1754 im Militär, Nov. 1756 Fähnrich im I-R Nr. 3, Juli 1757 Sl u. Reg.-Adj., am 23. Juli 1759 bei Kay gefallen; **Laufbahn**: Okt. 1740 Fähnrich im I-R Nr. 3, Sep. 1743 Sl, April 1748 Pl, Mai 1757 Stabs-Cap., Okt. 1757 Cap. u. Chef e. Comp., Jan. 1761 wegen starker Blessuren verabschiedet, Jan. 1775 Cap. im Stettiner Land-Reg., hielt sich nach d. Abschied zunächst in Sonnenburg auf; **Ehefrau**: Beate, geb. von Schenckendorff (* um 1735), sie besaß zs. mit ihrer Schwester 1785 e. verschuldeten **Anteil** an Schönow im Krs. Sternberg, nach Abzug d. Kreditzinsen blieb von den Revenuen kaum etwas übrig für d. Unterhalt d. Witwe u. deren Tochter, ihr Mann hatte nichts hinterlassen, d. eigene Vermögen d. Witwe ging bei d. russ. Invasion im Krieg u. durch d. lange Krankheit d. Mannes verloren, sie stand deshalb 1785 auf d. Expectantenliste für eine neumärkische Pension;

Quellen: GStA, II. HA, Abt. 13 a, Tit. III, Generalia, Nr. 2, Bd. 13, fol. 16 RS-17; IV. HA, Rep. 1, Nr. 80, Bl. 211 (C. u. F. W., dieser danach am 22. Nov. 1759 abgegangen); Gesch. I-R Nr. 3, S. 215, S. 220;

Gl **Daniel Friedrich von Lossow** (* Nov. 1721, † 12. Okt. 1783) *

Vater: Friedrich Wilhelm (* 1696, † um 1760), stand acht Jahre als Uffz. im Reg. Prinz Albrecht, Erbherr auf Niedewitz im Krs. Schwiebus, 1745 auch auf Anteil Lindow im Krs. Sternberg, disponierte 1746 über seinen Nachlaß, setzte D. F. zu seinem Universalerben ein, in Drossen gest.; **Mutter**: Catharina Luise, geb. von Luck; **Vater-Bruder**: Christoph Daniel, stand in österr. Diensten, hielt sich 1761 in Coburg auf, sein Sohn diente damals bei d. Reichsarmee; **Laufbahn**: 1736 Gefr.corp. im I-R Nr. 12, 1742 Junker im H-R Nr. 4, Mrz. 1745 Cornet, Febr. 1748 Sl, Mai 1753 Pl, Aug. 1757 Stabs-Rittmstr. im H-R Nr. 4, Febr. 1758 Rittmstr. u. Chef e. Escadron im H-R Nr. 3, Juni 1758 Major, Nov. 1759 Ol, Orden p. l. m., Dez. 1759 zum H-R Nr. 5, Jan. 1760 Kommandeur d. H-R Nr. 5, Mai 1761 Obrist, Mai 1762 Chef d. H-R Nr. 5 u. Chef d. Bosniakenkorps, Mai 1766 GM, Mai 1781 Gl; **Ehefrau**: Sophie

Eleonore, geb. von Zedmar († 7. April Okt. 1795);
Quellen: GStA, I. HA, Rep. 22, Nr. 191; IV. HA, Rep. 1, Nr. 80, Bl. 211; Stabi, Ms. boruss. fol. 311, Bl. 351 (aus Brandenburg gebürtig); Ms. geneal. fol. 120, Bl. 221 (mit Hinweisen auf d. Vater); König, 2. T., S. 432–433; Priesdorff, Nr. 561 (geb. in Malsow in d. NM);

Ltnt. **George Balthasar von Lossow** (* 1765, † 29. Aug. 1790) *
aus d. Neumark gebürtig; **Laufbahn**: seit 1780 im Militär, Mrz. 1786 Fähnrich im 2. Bat. Garde, April 1789 Sl, 1790 als Sl gestorben;
Quellen: GStA, IV. HA, Rep. 1, Nr. 80, Bl. 212; Reinhard, S. 535, S. 556;

Fähnrich **Johann Sebastian von Lossow** (* 1695)
Vater: Sebastian, Ltnt., 1715 als Erbherr auf ¼ Groß Gandern im Krs. Sternberg gen.; **Laufbahn**: stand 1715 als Gefr. corp. im Reg. Prinz Albrecht zu Fuß (I-R Nr. 19), als Fähnrich abgegangen; **Güter**: 1728 als Erbherr auf ¼ Groß Gandern aufgeführt;
Quellen: BLHA, Rep. 23 B, Nr. 446; Stabi, Ms. geneal. fol. 120, Bl. 220 RS; Jb. Neumark, 1928, S. 31;

Ltnt. **Maximilian Erdmann von Lossow** (* 1705)
Vater: George Christoph (* 1665), vorm. Ltnt. bei Alt-Heyden, 1715 als Erbherr auf ¼ Groß Gandern im Krs. Sternberg gen., saß noch 1728 im Alter von 62,5 Jahren auf diesem Gutsanteil, hatte damals zwei Söhne im Alter von 24,5 u. 22,5 Jahren; **Bruder**: Otto Friedrich (* 1704, † 16. Mai 1749), seit 1720 im Militär, stand 1728 als Ltnt., 1741 als Cap. u. Chef e. Comp. im I-R Nr. 1, 1746 als Major, 1749 nach 29 Dj. als Major gest.; **Laufbahn**: seit 1726 im Militär, 1728 Gefr. corp., 1733 Fähnrich im I-R Nr. 24, 1738 als Ltnt. auf Wunsch ausgeschieden; **Güter**: saß 1745 zs. mit d. Bruder O. F., 1751 allein auf ½ Groß Gandern im Krs. Sternberg, hatte damals zwei Söhne von drei u. sechs Jahren; (**Sohn**: Johann George Ehrentreich (* 1744), s. u. bei Siegmund Balthasar);
Quellen: BLHA, Rep. 78 I, Nr. 170, Bl. 54; Stabi, Ms. boruss. fol. 313, Bl. 251 RS, Bl. 301 RS (je d. Bruder O. F.); fol. 316, Bl. 316, Bl. 322 RS; Ms. geneal. fol. 120, Bl. 220 RS, Bl. 222; Jb. Neumark, 1928, S. 31; M. E. u. O. F. nicht in GStA, IV. HA, Rep. 1, Nr. 80, Bl. 211;

Ltnt. **Melchior Siegismund von Lossow** (* 1666) *
aus d. Neumark gebürtig; **Laufbahn**: avancierte im Bat. von Horn bis zum Ltnt.; **Güter**: 1728 als Erbherr auf 1/3 Buckow im Krs. Züllichau gen.;
Quellen: Stabi, Ms. geneal. fol. 120, Bl. 216 RS;

Ltnt. **Siegmund Balthasar von Lossow** (* um 1722, † 11. Okt. 1759)
(**Vater**: Johann Sebastian (* 1695), Fähnrich, s. d., Erbherr auf Anteil Groß Gandern); S. B. aus Zielenzig gebürtig); **Laufbahn**: seit 1740 Gefr.corp., Sep. 1745 Fähnrich im I-R Nr. 24, Mrz. 1749 Sl, Febr. 1757 Pl, 1759 gest.; **Ehefrau**: Anna Margarethe, geb. von Rohr, sie gab im Juli 1774 in e. Gesuch an, *illata* von 9/m T. zu haben, sie wollte das im Siebenjährigen Krieg schwer verwüstete Gut Groß Gandern, das seit 1770 zur Subhastation stand, im Interesse ihrer Söhne überneh-

men, d. Gut soll damals e. Wert von 18 150 T. gehabt haben, 1767 wurde Anteil Groß Gandern auf 17/m T. geschätzt, darauf Schulden von 15 015 T., sie lebte 1797 noch, aus d. Ehe drei Söhne und eine Tochter; **Sohn**: Johann George Ehrentreich (* 1744), Mrz. 1762 Cornet im H-R Nr. 5, Dez. 1765 Sl, Sep. 1767 dim., bat im Nov. 1786 immediat um d. Charakter Cap., nach 1767 zeitweilig Erbherr auf Anteil Groß Gandern im Wert von 24/m T., 1798 auf Grünhof im Krs. Arnswalde, erwarb im Juli 1800 Röstenberg im Krs. Arnswalde für 20 500 T., 1802 wieder veräußert an d. vorm. Landrat J. J. von Brunn für 27/m T.; **Sohn**: Maximilian Friedrich (* 1746, † 17. April 1820), seit 1762 im Militär, Juli 1765 Cornet im H-R Nr. 5, April 1766 Sl, Jan. 1773 Pl, Mai 1776 Stabs-Rittmstr., Dez. 1778 Rittmstr. u. Chef e. Escadron, Nov. 1792 Major, Mai 1803 Ol, Juni 1803 Kommandeur d. H-R Nr. 5, Juni 1804 Obrist, Sep. 1806 mit 600 T. Pension dim.; **Sohn**: Carl Gottlieb (* 1757), 1774 *cadet* in Berlin, Jan. 1775 Cornet im H-R Nr. 5, April 1778 Sl, Aug. 1778 *cassirt*; **Tochter**: Anna Sophia (1741–1823), 1797 Witwe Johann Otto Sigismund von Wegerer (1742–1795) in Bobersberg im Krs. Crossen, siehe bei dessen Sohn;

Quellen: GStA, I. HA, Rep. 22, Nr. 191 (1774, Witwe); Rep. 96, Nr. 257 L; II. HA, Abt. 12, Materien, Vas.tab. Nr. 6, Bl. 13 RS-14; Abt. 13 a, Tit. IV, Litt C, Nr. 2 (Tochter mit Angaben über d. Fam); IV. HA, Rep. 1, Nr. 80, Bl. 211 (S. B., J. G. E., M. F.), Bl. 212 (C. G.); Stabi, Ms. boruss. fol. 312, Bl. 156 RS (M. F.); fol. 316, Bl. 317 RS (S. B.); Ms. geneal. fol. 120, Bl. 220 RS, Bl. 253 RS; Moegelin, S. 67; Jb. Neumark, 11/1936, S. 59, S. 61, S. 94;

Fähnrich **Carl Leopold Theodor von Lubrecht** (* 1760, um 1801)

Vater: Johann Christoph (* 1695), Rittmstr. in ksl. Diensten, Erbherr auf Butow im Krs. Dramburg u. Ziegelwerder im Krs. Arnswalde, noch 1774 hier erwähnt, um 1783 gest.; **Mutter**: Carolina Constantia, geb. von Jaskoletzka, sie bekam als Witwe 1784 für Butow Meliorationsgelder in Höhe von 4/m T.; **Bruder**: Carl Constantin (* 1758, † 29. Nov. 1801), Fähnrich im Garn.-Reg. Nr. 2, desertierte Juni 1775 aus Königsberg in Pr., sein Aufenthalt war 1783 unbekannt; **Laufbahn**: 1774 *cadet* in Berlin, 1783 als vorm. Fähnrich gen., hielt sich in Butow auf, 1798 Kreisdeputierter d. Krs. Dramburg mit Sitz in Steinhöfel, Erbherr auf Nöblin, Gloshagen, Anteil Langenhagen; 1801 wurden d. Erben d. Kreisdeputierten auf seinen **Gütern** gen., Steinhöfel, Gloshagen, Nöblin, Anteil Langenhagen waren im Jan. 1792 für 45 500 T. gekauft worden; 1809 saß noch ein von Lubrecht auf Nöblin, später ist die Familie erloschen;

Quellen: GStA, II. HA, Abt. 12, Materien, Vas.tab. Nr. 6, Bl. 72 RS-73 u. 75 RS-76; Stabi, Ms. geneal. fol. 120, Bl. 238; Ms. boruss. fol. 314, Bl. 312, Bl. 312 RS (d. Bruder im Mrz. 1774 nicht im Garn.-Reg. Nr. 2); Bratring, 3. Bd., S. 240; Zedlitz, 5. Bd., S. 317 (kz. Notiz: Butow u. Ziegelwerder im Besitz d. Fam.); Moegelin, S. 267; Jb. Neumark, 11/1936, S. 68;

Ltnt. **Carl David von Luck** (* 1721) *

aus d. NM gebürtig; **Laufbahn**: seit 1735 im Militär, 1746 Sl im I-R Nr. 1, vor 1756 abgegangen;

Quellen: Stabi, Ms. boruss. fol. 313, Bl. 301; nicht in IV. HA, Rep. 1, Nr. 80;

Cap. **Carl Siegmund von Luck** (* 1722, † 21. Aug. 1760)

Vater: Friedrich Wilhelm (* 1695), stand 1715 als Gefr.corp., 1718 als Fähnrich, zuletzt als Ltnt. im I-R Nr. 14, 1714 als Erbherr auf Anteil Malsow im Krs. Sternberg gen., dieser Anteil hatte 1710 e. Wert von 6 505 T., d. väterl. Vermögen betrug nach Abzug d. Schulden damals 1 011 T., F. W. hatte 1745 vier Söhne; **Mutter**: Ursula Beate, geb. von Knobelsdorff; **Großvater**: Friedrich Wilhelm († vor 1714), Erbherr auf Anteil Malsow, verh. mit Anna Elisabeth, geb. von Luck; **Bruder**: George Friedrich (* 1721, † 2. Juni 1771), Febr. 1744 Fähnrich im I-R Nr. 42, Dez. 1747 Sl, Aug. 1757 Pl, Mrz. 1763 Stabs-Cap., April 1763 Cap. u. Chef e. Comp., 1771 gest.; **Bruder**: Caspar Fabian Gottlieb (1723–1797) *, 1740 Leibpage beim König, Juli 1743 Pl im I-R Nr. 29, Juni 1745 Stabs-Cap., Febr. 1750 Cap. u. Chef e. Comp., 1757 bzw. 1759 Orden p. l. m., Juli 1757 Major, Mai 1764 Ol, Sep. 1764 Kommandeur d. I-R Nr. 33, Aug. 1767 Obrist, Juni 1773 Chef d. I-R 53, Juni 1774 GM, Juni 1780 mit 500 T. Pension dim., verh. mit Ernestine Caroline, geb. von Luck (1738–1812), Sohn: George Wilhelm Ernst (1754–1775), Sl im I-R Nr. 33, Sohn: Carl Christoph Fabian (* 1761), 1787 Ltnt. im I-R Nr. 53; **Bruder**: Johann David Gottlob (1739–1762), Mai 1760 Fähnrich im I-R Nr. 29, 1762 in d. russ. Gefangenschaft gest.; **Laufbahn**: seit 1739 im Militär, Febr. 1741 Fähnrich im I-R Nr. 1, Aug. 1744 Sl, Dez. 1752 Pl, Mai 1747 Stabs-Cap., Mai 1757 Cap. u. Chef e. Comp., 1760 an Blessuren gest.;

Quellen: GStA, I. HA, Rep. 22, Nr. 192, Paket 8 636; IV. HA, Rep. 1, Nr. 80, Bl. 236 (alle vier Brüder, C. F. G. als Balthasar Leopold, Page u. 1745 Cap. im I-R Nr. 29, hier auch G. W. E.), Bl. 237 (e. Carl Gottlob wurde Jan. 1787 als Sl im I-R Nr. 53 dim.); Stabi, Ms. boruss. fol. 312, Bl. 20 RS, Bl. 22 (je. G. F.); fol. 313, Bl. 178, Bl. 251 RS, Bl. 300; fol. 314, Bl. 28 (C. F. G.); fol. 316, Bl. 63 RS (Bruder C. F. G.); Ms. geneal. fol. 120, Bl. 221 (Vater u. alle Söhne), Bl. 221 RS; König, 2. T. S. 443–444 (Bruder C. F. G.); Jb. Neumark, 1928, S. 40–41 (Vater); Priesdorff, Nr. 607 (C. F. G.);

Ol **Christoph Franz von Luck** (* 12. Dez. 1688, † April 1743)

Vater: Erbherr auf Plau im Krs. Crossen; C. F. aus Plau gebürtig; **Bruder**: George Otto, 1715, 1717 auf Plau gen., in d. brüderlichen Teilung für 17/m T. angenommen, darauf fremde Schulden in Höhe von 5/m T., seine beiden Brüder standen damals als Ltnt. in königl. Diensten; **Bruder**: Christoph George (1697–1766), Obrist, s. d.; **Laufbahn**: weilte auf d. Gymnasium in Lauban u. auf d. Viadrina, 1710 Gefr.corp. im I-R Nr. 1, Febr. 1711 Fähnrich, Sep. 1713 Sl, stand sechs Jahre im I-R Nr. 1, Jan. 1717 als Stabs-Cap. ins I-R Nr. 8, Okt. 1717 Cap. u. Chef e. Comp., Mrz. 1731 Major, Okt. 1740 Ol, 1743 zu Schönow gest.; **Güter**: 1713 zs. mit d. Brüdern auf Plau im Krs. Crossen, 1715 zs. mit seinen Brüdern als Erbherr auf Anteil Schönow im Krs. Sternberg, 1728 auf 1/3 Schönow gen.; (**Sohn**: Christian Franz (* 1723), seit 1739 *cadet*, stand bis 1747 als Cornet im K-R Nr. 13, hatte 1745 e. Bruder namens George Otto (* 1727), der auf d. Univ. gewesen war, C. F. saß 1767, 1774 auf Plau, 1767 im Wert von 17 200 T., darauf Schulden von 18 794 T., erhielt 1776 für Meliorationen 3 687 T., d. vorm. Cornet hatte 1774 zwei Söhne: Christoph Wilhelm Bogislav (* 1752), Christoph George

Carl (* 1761), hatte 1798 seinen Wohnsitz in Crossen, C. F. verkaufte d. Gut 1792 bzw. 1794 an C. L. C. von Berg, s. d.);

Quellen: GStA, I. HA, Rep. 66, Nr. 18; BLHA, Rep. 78 I, Nr. 170, Bl. 8 (Christoph Franz, 1751 gen.); nicht in IV. HA, Rep. 1, Nr. 80, Bl. 236; Stabi, Ms. boruss. fol. 310, Bl. 36; fol. 315, Bl. 181 RS, Bl. 183 RS; fol. 319, Bl. 36; Ms. geneal. fol. 120, Bl. 220 (Sohn?), Bl. 221 RS, Bl. 243; Priesdorff, Offz. stammliste, S. 114–115; Jb. Neumark, 1928, S. 33–34, S. 107; Moegelin, S. 67, S. 261 (C. F. hier als H. von Luck, ohne militär. Rang); Jb. Neumark, 11/1936, S. 81;

Obrist **Christoph George von Luck** (1697–1766) *

Vater: Erbherr auf Plau im Krs. Crossen; C. G. aus d. Krs. Crossen gebürtig; **Bruder**: Christoph Franz (1688–1743), Ol, s. d.; **Laufbahn**: seit 1713 im Militär, April 1713 Fähnrich im I-R Nr. 10, Okt. 1716 Sl, Nov. 1723 Pl, Okt. 1728 Stabs-Cap., Jan. 1733 Cap. u. Chef e. Comp., Juni 1743 Major, Sep. 1750 als Kommandeur ins I-R Nr. 29 versetzt, Juni 1752 Ol, Sep. 1754 Obrist, April 1755 Chef d. Garn.-Reg. Nr. 1, Mrz. 1757 mit Pension dim.; **Güter**: 1745 als Erbherr auf (drei) Anteilen von Schönow im Krs. Sternberg gen., 1751 auf 1/3 Schönow, auf 1/3 saß d. Witwe von der Heyden, auf 1/3 Frl. von Buntsch;

Quellen: GStA, IV. HA, Rep. 1, Nr. 80, Bl. 236; BLHA, Rep. 78 I, Nr. 170, Bl. 58; Stabi, Ms. boruss. fol. 311, Bl. 197; fol. 316, Bl. 216, Bl. 219, Bl. 224, Bl. 227 (je aus Crossen); fol. 319, Bl. 48 RS (danach aus Frankfurt an d. Oder); Ms. geneal. fol. 120, Bl. 222 (hier als George Friedr.); König, 2. T., S. 444; Jb. Neumark 1928, S. 107; Jb. Neumark, 11/1936, S. 97 (danach erbte e. Obrist (C. F. G.?) von Luck e. Anteil von Schönow);

Cap. **Hans Leonhard von Luck** (* 1722, † 24. Juli 1759) *

(**Vater**: Christian Erdmann (* 1670), Sergant im I-R Nr. 3, 1715 u. 1728 Erbherr auf 1/3 Schönow im Krs. Sternberg, war 1715 noch ohne Erben); H. L. aus d. Neumark gebürtig; **Laufbahn**: seit 1737 im Militär, Febr. 1744 Fähnrich im I-R Nr. 3, Dez. 1745 bzw. 1746 Sl, Juni 1756 Pl, Febr. 1758 Stabs-Cap., Febr. 1759 Cap. u. Chef e. Comp., an bei Kay erhaltenen Blessuren gest.;

Quellen: GStA, IV. HA, Rep. 1, Nr. 80, Bl. 236 (als Hans Bernhard, 22. Dez. 1759 dim.); BLHA, Rep. 23 B, Nr. 446; Stabi, Ms. geneal. fol. 120, Bl. 221 RS; Gesch. I-R Nr. 3, S. 215 (Juli 1759 gest.); Jb. Neumark, 1928, S. 33–34;

Ltnt. **Carl Siegismund von Ludwig** (* 27. Juli 1783, † 6. Sep. 1836)

Vater: George Sigismund (* 1720), (aus Kohlow in d. Neumark gebürtig), seit 1740 im Militär, Aug. 1743 Sl im I-R Nr. 46, Dez. 1746 Pl, Sep. 1749 *cassirt*, hatte 1798 seinen Wohnsitz in Sternberg, 1801 als unangesessener Vasall im Krs. Sternberg gen.; **Mutter**: Maria Dorothea, geb. von Nimptsch; **Bruder**: Ernst Wilhelm, 1801 *cadet* in Potsdam, 1803 beim Reg., April 1809 Sl im Leib-I-R, Juni 1809 dim.; **Laufbahn**: 1798 *cadet* in Potsdam, Jan. 1801 Fähnrich im I-R Nr. 19, Juli 1803 Sl, 1806, 1807 beim Grenadier-Bat. von Waldenfels, Aug. 1808 zum Leib-I-R, Okt. 1810 Pl, Nov. 1811 mit Pension dim.;

Quellen: GStA, I. HA, Rep. 176, Nr. 5768; II. HA, Abt. 12, Materien, Vas.tab. Nr. 6, Bl. 137 RS-138; Nr. 8, Bl. 158 RS-159; IV. HA, Rep. 1, Nr. 80, Bl. 251 (Vater u. Söhne); Stabi, Ms. boruss. fol. 316, Bl. 3 RS (d. Vater hier als G. Simon, aus Kolen in Brandenburg, sic, Kohlow?), Bl. 26 (als G. Sigmund); Ms. geneal. fol. 120, Bl. 256 RS;

Ltnt. **Friedrich Bernhard Alexander von Ludwig** (* 14. Mai 1769)

Vater: Conrad Adolph (* 1719, † 18. Dez. 1769), engagierte sich 1734 im Militärdienst, Mrz. 1741 Cornet im K-R Nr. 5, Aug. 1747 Ltnt., Aug. 1749 ins K-R Nr. 1 versetzt, Mai 1753 als Rittmstr. dim., von 1745 bis 1765 Erbherr auf Wandern, anfangs zs. mit seinem Bruder, dann allein; **Mutter**: e. geb. von List; **Vater-Bruder**: Carl Bernd (* 1714), siehe bei dessen Sohn Hans Wilhelm Rudolph; **Großvater**: Curt Wilhelm, sächs. Ltnt., 1715 als Erbherr auf Wandern im Krs. Sternberg gen., hatte damals zwei kleine Söhne: Friedrich Wilhelm u. Carl Bernd; **Bruder**: Carl Wilhelm Erdmann (* 1764), 1774 *cadet* in Potsdam; **Laufbahn**: (1778 bei seinem Stief-Vater in Niedewitz); April 1787 Cornet im D-R Nr. 2, Jan. 1790 Sl, April 1793 Pl, Okt. 1805 dim.; **Güter**: saß 1801 u. 1803 auf Wandern im Krs. Sternberg, lt. Rezeß vom April 1779 im Wert von 9 025 T., 1806 war Wandern für 1 200 T. verpachtet;

Quellen: GStA, I. HA, Rep. 176, Nr. 5 768 (Tafeln II u. III); II. HA, Abt. 12, Materien, Vas.tab. Nr. 6, Bl. 135 RS-136; IV. HA, Rep. 1, Nr. 80, Bl. 251; BLHA, Rep. 78 I, Nr. 170, Bl. 59 (Vater, danach geb. 1725); Stabi, Ms. boruss. fol. 312, Bl. 84 RS, Bl. 89; fol. 315, Bl. 177; Ms. geneal. fol. 120, Bl. 221 (C. B. u. C. A. 1745, d. Vater auch als Curt Ad.), Bl. 256; Zedlitz, 3. Bd., S. 314; Siebmacher, Bd. 6/5, 1880, S. 57–58; Jb. Neumark, 1928, S. 38; Jb. Neumark, 11/1936, S. 98 (d. Vater als Curt Adolph);

Rittmstr. **Hans Wilhelm Rudolph von Ludwig** (* 26. Dez. 1754)

Vater: Carl Bernd (* 1714), saß 1745 zs. mit seinem Bruder auf Wandern, seit 1749 für d. verst. Carl Rudolph von Ludwig als Lehnsfolger auf Kohlow u. Klein Lübbichow im Krs. Sternberg, hier noch 1774; **Mutter**: Anne Sophie, geb. von Zabeltitz; **Vater-Bruder**: Conrad Adolph (* 1719, † Dez. 1769), Erbherr auf Wandern, siehe bei dessen Sohn Friedrich Bernhard Alexander; **Bruder**: Carl Friedrich Benjamin (* 16. Mai 1763), 1774 auf Schulen in Frankfurt an der Oder, später in Baudach in Crossen, 1805 als unangesessener Vasall im Krs. Crossen aufgeführt; **Laufbahn**: 1774 lehnte König Friedrich II. d. Beförderung von H. W. R. zum Cornet ab, weil angeblich nicht von Adel, d. Geh. Archiv bestätigte auf Anfrage d. Vaters d. Existenz d. kurfürstl. *Confirmation* d. ksl. Adelsdiploms von 1662 für d. Amtskammerrat Peter Ludwig, nach e. Immediateingabe wurde d. Beförderung jetzt gebilligt, Mrz. 1775 Cornet im H-R Nr. 8, Mrz. 1778 Sl, Mai 1779 entlassen, (1787 Rittmstr.); **Ehefrau**: Caroline Luise, geb. von Göllnitz; **Güter**: saß 1798 u. 1801 als vorm. Rittmstr. auf Kohlow (u. Klein Lübbichow) im Krs. Sternberg, 1779 u. 1799 im Wert von 32/m T., 1805 an d. Cap. von Berg für 69 500 T. verkauft;

Quellen: GStA, I. HA, Rep. 22, Nr. 200 b; Rep. 176, Nr. 5 768, Tafel II; II. HA, Abt. 12, Materien, Vas. tab. Nr. 6, Bl. 130 RS-131; IV. HA, Rep. 1, Nr. 80, Bl. 251; BLHA, Rep. 3, Nr. 11 925; Stabi, Ms. geneal. fol. 120, Bl. 255; Jb. Neumark, 11/1936, S. 95 (d. Vater als Carl Bernhard);

Cap. **Johann George von Ludwig** (* 1713, † 27. Juli 1760)

Vater: George Adolph (* 1670), 1696 Fähnrich im Reg. von der Marwitz, 1699 ins I-R Nr. 2 versetzt, 1700 als Ltnt. nach 15 Dj. dim., 1713 mit Kohlow im Krs. Sternberg belehnt, saß 1715 zs. mit seinem Bruder, d. Cap. Carl Rudolph (* 1674) vom Bat. bzw. Reg. Nassau-Dillenburg zu Fuß, auf Kohlow u. Klein Lübbichow im Krs. Sternberg, 1728 wurde hier auch noch ein dritter Bruder Hans Lorenz (* 1675) gen., vorm. Gefr.corp. bei Schlabrendorff in Küstrin; **Laufbahn**: seit etwa 1730 Uffz. im I-R Nr. 31, erhielt am 24. Okt. 1734 e. Legitimationspatent, aber ohne d. adligen Namen d. Vaters u. dessen Wappen, erwirkte aber offenbar später d. vollständige Anerkennung, Juni 1737 Fähnrich im I-R Nr. 31, Mai 1740 Sl, Juni 1745 Pl, Sep. 1752 Stabs-Cap., Mai 1754 Cap. u. Chef e. Comp., 1760 als Cap. bei Dresden gefallen;

Quellen: GStA, I. HA, Rep. 47, Tit. 11 b, L 5; Rep. 176, Nr. 5 768; IV. HA, Rep. 1, Nr. 80, Bl. 251; BLHA, Rep. 23 B, Nr. 446 (d. Vater als George Adolph); Stabi, Ms. boruss. fol. 314, Bl. 220 RS, Bl. 224, Bl. 233; Ms. geneal. fol. 120, Bl. 220 RS; Jb. Neumark, 1928, S. 38–39 (d. Vater hier als Gustav Ad.);

Obrist **Carl Ludwig von Lüderitz** (* um 1714, † 9. Febr. 1778) *

Vater: Ludolph George (* um 1665, † 8. Juli 1751), amtierte 1715 als neumärkischer Oberforstmstr., 1751 als Oberforstmstr. im Hzgtm. Magdeburg in Kolbitz gest., 1714 als Erbherr auf Kleinmantel im Krs. Königsberg, 1715 als Erbherr auf Frauendorf im Krs. Sternberg genannt, hatte hier seinen Wohnsitz, beide vor 1718 verkauft; (C. L. in Frauendorf geb.); **Bruder**: George Ulrich Philipp, **Bruder**: Samuel August (* 1710), aus d. Hzgtm. Magdeburg gebürtig?, seit 1727 im Militär, Jan. 1731 Fähnrich im Feld-Bat. Röseler, Mai 1735 Sl, 1740 noch als Ltnt. gen., 1743 nicht mehr aufgeführt; **Laufbahn**: Aug. 1730 als Bombardier zur Artillerie, Nov. 1739 Sl, Okt. bzw. Dez. 1742 Pl, Aug. 1750 Stabs-Cap., Juni 1756 Cap., Mai 1759 Major, Dez. 1761 Ol, Mai 1765 Obrist, Mrz. 1770 Chef d. 2. Artillerie-Regiments, als solcher 1778 gest.;

Quellen: GStA, IV. HA, Rep. 1, Nr. 80, Bl. 273 (Bruder S. A.), Bl. 274 (C. L.); BLHA, Rep. 23 B, Nr. 446; Stabi, Ms. boruss. fol. 314, Bl. 217 RS (Bruder S. A.); fol. 319, Bl. 320 RS; Tb. Uradel, 1919, S. 470; Jb. Neumark, 1927, S. 42; 1928, S. 47 (hier als Carl Friedrich);

Cap. **Adolph Heinrich Alexander Christian von der Lütke** (* 4. Okt. 1762, † 12. Jan. bzw. Febr. 1831)

Vater: Hans Ehrentreich (* 1. Mrz. 1728, † 1767 bzw. Nov. 1768), befand sich mit 19 Jahren auf d. Ritterakademie in Brandenburg an d. Havel, H. E. bat am 24. Okt. 1768 um e. Indult für seine Güter Groß u. Klein Ziethen in d. Mittelmark, für Tornow u. Anteil Schlabendorf im Krs. Cottbus, die er verschuldet von seinem Vater, d. Ol M. C., übernommen hatte, gab damals an, nach Bezahlung aller Schulden noch e. Vermögen von 100/m T. zu besitzen; **Mutter**: Anna Wilhelmine, geb. von Koehler († 1820), To. e. Geh. Rates, sie soll *illata* von 20/m T. gehabt haben, 1771 machte sie Forderungen über 37/m T. geltend, eingetragen auf Groß u. Klein Ziethen, 1781 saß d. Witwe auf Tornow u. Anteil Schlabendorf, die sie aus d.

Konkursmasse ihres Mannes für 28/m T. u. damit für 2/3 d. Taxe erstanden hatte, d. Hypotheken beliefen sich auf 27 408 T, Groß u. Klein Ziethen waren zu diesem Zeitpunkt bereits an e. von Schlippenbach verkauft; sie bekam 1781 auf ihr Gesuch e. Indult; **Großvater**: Marcus Christoph, Ol, s. d.; **Bruder**: Marcus Friedrich Ehrentreich (* 9. Mai 1755, † Okt. 1794), aus d. Havelland gebürtig, seit 1769 im Militär, 1778 Cornet im H-R Nr. 2, 1786 als Sl gen., April 1792 Pl, Mai 1792 Gen.-Adjutant, Jan. 1792 Stabs-Rittmstr., 1794 als solcher gest.; **Schwester**: Rudolphine Christiane Wilhelmine (* 1. Sep. 1756); **Schwester**: Sophie Louise Ulrike (* 1760); **Laufbahn**: Mai 1782 Fähnrich im I-R Nr. 34, Juni 1787 Sl, Mrz. 1793 Stabs-Cap., Juni 1806 Cap. u. Chef e. Comp., Juni 1813 beim 7. Kurmärk. Landwehr-I-R, Sep. 1813 pens., April 1815 zum Cottbuser Landwehr-Res.-Bat., Dez. 1815 (als Major) pens.; **Güter**: seine Mutter verkaufte Tornow im Mai 1804 an Friedrich August von Gontard u. dessen Frau für 56/m T., sie behielt Anteil Schlabendorf; (A.H.A.C. noch 1809 als Erbherr auf Schlabendorf u. Tornow im Krs. Cottbus gen.);

Quellen: GStA, I. HA, Rep. 22, Nr. 198 b, Paket 8 635 (hier teils andere Geb.daten als im Tb. Briefadel); II. HA, Abt. 12, Materien, Vas.tab. Nr. 8, Bl. 38 RS-39; IV. HA, Rep. 1, Nr. 80, Bl. 300 (als Frhr. v. d. Lütke, Bruder als v. Lüttke); BLHA, Rep. 3, Nr. 11 925; Stabi, Ms. boruss. fol. 315, Bl. 76 (Bruder M. F. E.); fol. 907 a, Bl. 11 RS (A. H. A.); Ms. geneal. fol. 120, Bl. 241; Rangliste 1806, S. 21 (A. H. A.); Bratring, 3. Bd., S. 355; Tb. Briefadel, 1916, S. 620–621; Jb. Neumark, 11/1936, S. 108; Krüger, Cottbus, S. 36;

Ol **Marcus Christoph von der Lütke** (* 16. Mrz. 1700, † 19. Sep. 1765)

Vater: Marcus Ehrenreich (1668–1730), ksl. Cap., Geh. Justiz- u. Landrat, Erbherr auf Kremmen, Groß u. Klein Ziethen, auf Vehlefanz in d. Mittelmark (auch auf Tornow im Krs. Cottbus); M. C. aus d. Neumark gebürtig; **Mutter**: Jacobine Maria, geb. von Frank († 1705); **Großvater**: Marcus (1603–1686), ksl. Ol, Reichsadel von April 1643, kurbrandenburg. GM, seit 1651 Erbherr auf Groß u. Klein Ziethen u. auf Vehlefanz in d. Mittelmark; **Laufbahn**: seit 1718 im Militär, Mai 1720 Sl im I-R Nr. 29, Jan. 1730 Pl im I-R 29, Mai 1730 Cap. u. Chef e. Comp. im I-R Nr. 33, noch 1740 hier als Cap., 1745 als Ol gen., 1746 dim.; **Ehefrau**: Charlotte Luise, geb. von Bardeleben (1709–1742); **Güter**: saß 1745 auf Groß u. Klein Ziethen in d. Mittelmark, auf Tornow u. Schlabendorf im Krs. Cottbus, verpachtete 1765 Tornow auf sechs Jahre für jährlich 2 100 T., um 1770 sollen beide neumärk. Güter e. Pacht von zs. 1 600 T. erbracht haben; **Sohn** Hans Ehrentreich (1728–1767), Erbherr auf Tornow, siehe bei dessen Sohn Adolph Heinrich Alexander Christian (1762–1731);

Quellen: GStA, I, HA, Rep. 22, Nr. 198 b, Paket 8 635; Stabi, Ms. boruss. fol. 311, Bl. 4 (in d. Abgangsliste als Liedicke), Bl. 146; Ms. boruss. fol. 316, Bl. 66 (1725: aus d. Mittelmark), Bl. 69 (1730 als Lüdicke); Ms. geneal. fol. 120, Bl. 214; nicht in IV. HA, Rep. 1; Siebmacher, Bd. 6/5, 1880, S. 58; Tb. Briefadel, 1916, S. 620–621; Jb. Neumark, 1928, S. 165 (hier 1715 e. Landrat Maximilian v. d. L. im Krs. Glien-Löwenberg gen.); Priesdorff, Nr. 37 (Großvater);

sächs. Kammerherr **Rochus August Graf zu Lynar** (* 17. April 1773, † 1. Aug. 1800) *

Vater: Christian Ernst (1742–1784), kursächs. Kammerherr, Besitzer d. freien Standesherrschaft Lübbenau in Sachsen, seit 1779 Erbherr auf Bischdorf u. Groß Lübbenau im Krs. Cottbus im Wert von zs. 38 700 T., erworben von d. Familie von Pannwitz; **Mutter**: Auguste Caroline Luise, geb. Gräfin von Pückler (* 1750), beide wurden 1783 geschieden; (**Bruder**: Heinrich Ludwig (* 1779), weilte 1801 auf d. Univ. Leipzig); **Laufbahn**: nahm keine Dienste; **Ehefrau**: Auguste Charlotte, geb. von Schönberg; **Sohn**: Hermann Rochus (* 1797); **Güter**: erbte von seinem Vater nach 1784 d. Güter Bischdorf u. Gr. Lübbenau, diese fielen im Jahre 1801 an seinen unmündigen Sohn H. R., noch 1803 mit e. Wert von 38 700 T. angegeben;

Quellen: GStA, II. HA, Abt. 12, Materien, Vas.tab. Nr. 6, Bl. 43 RS-44; Nr. 8, Bl. 28 RS-29; Stabi, Ms. geneal. fol. 120, Bl. 238 RS; Genealog. Staatshandbuch, 1. T., 1805, S. 665; hist.-herald. Tb., 1855, S. 550.552; Jb. Neumark, 11/1936, S. 102; Krüger, Cottbus, S. 4;

Cap. **Ernst George Heinrich von Maltitz** (* 28. Juli 1759, † 2. Nov. 1836) *

Vater: Nicol Otto (1712–1764), seit 1730 im Militär, (1740) als Fähnrich im I-R Nr. 25 gen., Jan. 1740 Sl, zuletzt Pl, 1744 als (invalider) Cap. dim., Erbherr auf Anteil Werben im Krs. Cottbus, auf Tauche im Krs. Beeskow u. Luckaitz im sächs. Krs. Lübben, sein Gut Werben wurde im Siebenjährigen Krieg ruiniert, seine Söhne besaßen nach 1764 e. fideikommiss. Anteil an Werben, traten diesen vor 1801 ab; **Mutter**: Anna Eleonora, geb. von Langen (1726–1796), sie saß 1774 auf 1/8 von Werben im Krs. Cottbus, hatte damals sechs Söhne, von denen vier in sächs., zwei in preuß. Diensten standen; **Bruder**: Sigismund Wilhelm Ludwig (1747–1782), sächs. Rittmstr.; **Bruder**: Sigismund Otto Christoph Ehrenreich (1752–1805), Cap. in sächs. Diensten, vor 1801 dim., auf Luckaitz; **Bruder**: Moritz August Leberecht (1758–1814), 1774 Fähnrich im I-R Nr. 54, Okt. 1781 dim., 1798 als Zolldirektor in Wittenberge gen.; **Bruder**: Gottlob Johann Friedrich (1763–1812), hielt sich 1801 bei M. A. L. in Wittenberge auf; **Bruder**: Carl Adolph Nicolaus (1764–1808), 1801 als Ltnt. in sächs. Diensten gen.; **Schwester**: Charlotte (1748–1820), stand seit 1788 auf d. Expectantenliste für e. neumärk. Pension, E. G. H. bat im Febr. 1790 darum, e. vakante Pension seiner Schwester zu geben; **Laufbahn**: 1778 Junker im I-R Nr. 26, Mai 1783 Sl, Jan. 1791 Pl, Febr. 1796 Stabs-Cap., Dez. 1803 Cap. u. Chef e. Comp., geriet 1806 bei Erfurt in Gefangenschaft, Nov. 1809 Major, Nov. 1815 pens., Sep. 1826 Postmstr. in Guttstadt; **Güter**: 1803 zs. mit seinen Brüdern als unangesessener Vasall im Krs. Cottbus aufgeführt;

Quellen: GStA, II. HA, Abt. 12, Materien, Vas.tab. Nr. 6, Bl. 59 RS-60; Nr. 8, Bl. 45 RS-46; Abt. 13 a, Tit. IV, Generalia, Nr. 8; IV. HA, Rep. 1, Nr. 81, Bl. 67; Stabi, Ms. boruss. fol. 314, Bl. 6 (E. G. H., 1807: aus Krs. Cottbus), Bl. 24 (E. G. H. aus Krs. Cottbus), Bl. 140 (Vater), Bl. 193 RS (M. A. L. danach aus Sachsen geb.); Ms. geneal. fol. 120, Bl. 241; Jb. dt. Adel, 2. Bd., S. 514–519; Tb. Uradel, 1900, S. 589–590; Jb. Neumark, 11/1936, S. 108;

Ltnt. **Hans Ernst von Maltitz** (* 1683) *

aus d. Neumark gebürtig; **Laufbahn**: seit 1710 im Militär, 1722 Fähnrich im I-R Nr. 12, 1730 als Pl gen., vor 1740 abgegangen; (**verwandt**: 1694 stand e. Ltnt. Joachim Ernst von Maltitz im Bat. Huet in Flandern: Ms. boruss. fol. 310, Bl. 18 RS);

Quellen: Stabi, Ms. boruss. fol. 316, Bl. 238, Bl. 239 RS;

Ltnt. **Joachim Ernst Friedrich von Maltitz** (* 17. Juni 1755, † 19. Febr. 1812)

Vater: Friedrich Ludwig (1716–1780), aus d. Mittelmark gebürtig, seit 1735 im Militär, 1740 Cornet im K-R Nr. 7, zuletzt Pl, 1747 *cassirt*, Erbherr auf Pitschen u. Lipten in d. Niederlausitz; **Mutter**: Eva Sabina, geb. von Oppen (1716–1799); **Bruder**: Sigismund Otto Friedrich (* 1749), Ltnt. in sächs. Diensten; **Bruder**: Wilhelm Erdmann Ludwig (* 1750), Ltnt. in sächs. Diensten; **Laufbahn**: seit 1773 im Militär, stand 1774 als Fähnrich im I-R Nr. 31, 1783 als Sl dim. bzw. *cassirt*, hatte im Regiment Schulden gemacht, galt als *unwirtschaftlich*; **Ehefrau**: Albertine Marianne (1762–1840), e. Tochter d. Generals Friedrich Wilhelm Frhr. von Seidlitz-Kurzbach (1721–1773), sie war in erster Ehe seit 1777 verh. mit d. Breslauer Reg. rat R. F. W. Frhr. von Skrbensky, in zweiter seit 1782 mit J. E. F., 1789 geschieden, in dritter Ehe verh. mit d. Pfarrer Carl Friedrich Berndt († 1850), von diesem ebenfalls geschieden; **Güter**: sie erwarb mit ihrem Vermögen 1784 d. Gut Kompptendorf im Krs. Cottbus von d. Gebr. von Holzendorff für 17 300 T., im Juli 1786 sollte d. Eheleuten von Maltitz d. *Prodigalitätsprozeß* gemacht werden;

Quellen: GStA, I. HA, Rep. 22, Nr. 215 a, Paket 8 657; IV. HA, Rep. 1, Nr. 81, Bl. 67; Stabi, Ms. boruss. fol. 314, Bl. 215 RS, Bl. 236; fol. 315, Bl. 23, Bl. 27 (je d. Vater); Jb. dt. Adel, 2. Bd., S. 520 (Eltern); Tb. Uradel, 1900, S. 590 (Vater); in Jb. Neumark, 11/1936, Komptendorf nicht gen.; Krüger, Cottbus, S. 23 (danach kaufte sie 1784 als Frau Pfarrer Carl Friedrich Berndt d. Gut Komptendorf); Neumann-Reppert, Maltitz, Bl. 22, Bl. 26;

Cap. **Wilhelm von Maltitz** (* 1738) *

aus d. Neumark gebürtig; **Laufbahn**: seit 1748 im Militär, stand 1764 als Sl im I-R Nr. 31, zuletzt hier Pl, Sep. 1767 mit d. Charakter Stabs-Cap. dim.;

Quellen: GStA, IV. HA, Rep. 1, Nr. 81, Bl. 67 (kz. Notiz); Stabi, Ms. boruss. fol. 314, Bl. 223, Bl. 234;

Major **Johann Christoph Friedrich von Mandelsloh** (* 20. April 1747, † 27. Okt. 1829) *

Vater: Caspar Siegmund (* 1694, † 18. Juni 1748), seit 1712 im Regiment, Aug. 1714 Cornet im D-R Nr. 3, 1717 als Ltnt. gen., (nach 23 Dj.) vor Dez. 1723 als Cap. abgegangen, Erbherr auf Seegenfelde im Krs. Friedeberg, dieses war 1748 mit 17/m T. verschuldet, geriet in Konkurs, wurde 1751 *sub hasta* zum Verkauf gestellt, es wurde damals zu vier Prozent auf 26 489 T. taxiert, bei verschiedenen Licitationen fand sich jedoch kein adliger Käufer, im Juli 1765 wurde d. Antrag d. Vormundes d. minderj. von Mandelsloh, Seegenfelde an e. bürgerlichen Interessenten zu verkaufen, abgelehnt, 1767 wurde d. Wert mit 14/m T. angegeben, darauf Schulden von 17 038 T., d. sechs Kindern fiel deshalb kein väterliches Erbe zu, d. Gut wurde 1774 verkauft; **Mutter**: Augusta Benigna, geb. von Brederlow; (**Bruder**: Joachim Friedrich (1740–1761), als Cornet bzw. Ltnt. im K-R Nr. 2 am 2. Juni 1761 gefallen); **Bruder**: Carl Wilhelm (* 1742), seit 1757 im Regiment, 1764 Fähnrich im I-R Nr. 18, noch im April 1764 abgegangen, erhielt d. Charakter Ltnt.; **Schwester**: Christiana Friederica; (Stief-)**Schwester**: Amalia Louise (* 1721), sie war 1783 u. 1787 noch ledig, ernährte sich u. e. kränklichen Stief-Bruder C. W. von Handarbeit, stand auf d. Expectantenliste für e. Pension; **Laufbahn**: Juni 1758 *cadet*, Jan. 1763 ins Regiment, Mai 1763 Fähnrich im I-R Nr. 3, Juni 1766 Sl, Febr. 1776 Pl, Juni 1785 Stabs-Cap., Juni 1790 Chef e. Comp., Okt. 1797 Major, Okt. 1805 mit Pension dim., Mai 1808 Charakter Ol, Dez. 1808 Kommandant von Spandau, Dez 1812 Obrist, Juni 1813 pens., 1829 gest.; **Güter**: 1801 u. 1803 zs. mit d. Bruder C. W. als unangesessene Vasallen im Krs. Friedeberg aufgeführt;

Quellen: GStA, I. HA, Rep. 22, Nr. 321; II. HA, Abt. 12, Materien, Vas.tab. Nr. 6, Bl. 89 RS-90; Nr. 8, Bl. 92 RS-93; Abt. 13 a, Tit. III, Generalia, Nr. 2, Bd. 11, fol. 23 RS-24; Tit. IV, Generalia, Nr. 5; IV. HA, Rep. 1, Nr. 81, Bl. 79 (hier nur J. C. F.); Ms. boruss. fol. 313, Bl. 9, Bl. 161 RS, Bl. 167 (je C. W., als Caspar S., aus d. Nl); fol. 314, Bl. 31 RS, Bl. 34; fol. 315 (in d. Abgangsliste K-R 2 kein M.); fol. 319, Bl. 29 RS (Vater, danach aus d. Nl gebürtig, als Caspar Siegmund); Ms. geneal. fol. 120, Bl. 212, Bl. 249; Gesch. I-R Nr. 3, S. 266 (d. Vater hier als Carl Siegmund); Gesch. D-R Nr. 3, S. 408 (kein Abgangsjahr f. d. Vater); nicht im Tb. Uradel 1922; Moegelin, S. 62; Jb. Neumark, 11/1936, S. 71;

Ltnt. **Caspar Heinrich Joachim von Manteuffel** (* 1760, † Mrz. 1790) *

Vater: George (1705–1779), 1774 als unangesessener Vasall im Krs. Schivelbein gen.; C. H. J. aus Meseritz im Krs. Schivelbein gebürtig; **Laufbahn**: Juni 1770 *cadet* in Stolp, April 1773 *cadet* in Berlin, seit 1777 im Regiment, Juni 1778 Fähnrich im I-R Nr. 5, Mai 1784 Sl, Mrz. 1790 gest.;

Quellen: GStA, IV. HA, Rep. 1, Nr. 81, Bl. 101; Stabi, Ms. boruss. fol. 310, Bl. 41 (aus Pomm.); Ms. geneal. fol. 120, Bl. 252; Stolper Kadetten, S. 4; Pommern, S. 409 (kz. Biogramm, hier als Caspar Heinrich);

Ol **Carl Ludwig von Martitz** (* 1748, † 2. Dez. 1811)

Vater: Johann Friedrich (1713–1783) *, seit Mai 1743 neumärkischer Vizekanzler, Nov. 1771 Geh. Justizrat beim Tribunal in Königsberg; **Mutter**: Sophia, geb. von Twardowsky (* 1727); **Bruder**: Friedrich Heinrich (* 23. Juni 1753, † 7. Okt. 1821), seit 1770 im Militär, 1775 als Fähnrich im I-R Nr. 10 gen., Okt. 1784 Pl, Okt./Nov. 1787 Orden p. l. m., Juni 1790 Stabs-Cap., Juli 1793 Cap. u. Chef e. Comp., Mrz. 1800 Major, Dez. 1802 wegen körperlicher Gebrechen mit Pension dim., Jan. 1803 Charakter Ol, 1821 in Minden gest., war verheiratet mit Johanna Albertine, geb. Kautz († 21. Mai 1839), aus beider Ehe keine Kinder; **Laufbahn**: weilte von 1766 bis 1767 auf d. Ritterakademie in Liegnitz, 1767 ins H-R Nr. 1, König Friedrich II. erkannte seinen Adel nicht an u. verwarf daher die Beförderung zum Cornet, im Okt. 1767 wurde sein adliger Stand bestätigt, C. L. sollte jedoch bei e. Garn.-Reg. plaziert werden, lehnte das ab u. wechselte 1770 in hessische Dienste, 1773 Rückkehr ins preuß. Militär, Stabs-Rittmstr. im H-R Nr. 10, Febr. 1786 Rittmstr. u. Chef e. Escadron, Nov. 1794 Major, Träger d.

Ordens p. l. m., Mrz. 1804 Kommandeur d. 2. Bat., Mai 1806 Ol im H-R Nr. 10, als solcher 1811 gest.;

Quellen: GStA, IV. HA, Rep. 1, Nr. 81, Bl. 151; Stabi, Ms. boruss. fol. 316, Bl. 221, Bl. 229 (Bruder F. H.), Bl. 295 RS (C. L.); Wendt, Liegnitz, S. 68; Fam. gesch., S. 55–68; Lehmann, S. 189 (Bruder F. H.); biogr. Handbuch, S. 619–620 (Vater);

Hofrat **George Friedrich von Martitz** (* 15. Okt. 1710, † 11. Mrz. 1783) *

Vater: Friedrich Heinrich (1678–1732), nach d. Studium an d. Viadrina Reg.rat in Küstrin, 1728 Erbherr auf ½ Nörenberg, Rahnwerder, (Anteil Spechtsdorf), Klein Spiegel im Krs. Arnswalde, 1718 auch auf Güntershagen u. Anteil Jakobsdorf im Krs. Dramburg; **Mutter**: Gertrud Dorothea, e. Tochter d. Rittmstrs. George von Rüchel auf Denzin in Pommern, sie prozessierte 1745 gegen ihren Sohn, weil dieser ihr seit 1740 d. Zinsen für e. Kapital von 4/m T. schuldig war, beide hatten 1735 e. Vergleich miteinander geschlossen, für ihre Forderungen in Höhe von 7/m T. trat er ihr ½ Klein Spiegel für 3/m T. ab, für d. verbleibende Kapital wollte er ihr jährlich 200 T. zahlen, kam dem jedoch nur bis 1740 nach; **Laufbahn**: absolvierte e. Studium, nahm keine Dienste, erhielt d. Charakter Hofrat; **Güter**: 1751, 1774 als Erbherr auf Rahnwerder, d. Vorwerken Kolk, Springerfelde, Grützort, Eichort u. auf Klein Spiegel im Krs. Arnswalde gen., d. Güter wurden 1767 wegen rückständiger Zinszahlungen gerichtlich beschlagnahmt, lt. Taxe hatten sie e. Wert von 45 467 T., d. Schulden betrugen 20 369 T., allein d. Berliner Armendirektion hatte e. Forderung über 13/m T.; **Frau**: Helene Tugendreich (1722–1782), e. Tochter von Philipp Christian von Wedel auf Wedelsdorf, aus beider Ehe keine Kinder;

Quellen: GStA, I. HA, Rep. 22, Nr. 218 c; BLHA, Rep. 78 I, Nr. 170, Bl. 26; Stabi, Ms. geneal. fol. 120, Bl. 223 RS, Bl. 236 RS; Jb. Neumark, 1927, S. 114, S. 139, S. 180–181; Schulze, Statistik, S. 102; Fam. gesch., S. 37; biogr. Handbuch, S. 619–620;

Major u. Flügel-Adjutant **N. N. von der Marwitz** († 19. Juli 1759) *

(aus d. NM gebürtig); **Laufbahn**: 1746 als Ltnt. im 3. Bat. Garde gen., Dez. 1756 Flügel-Adjutant beim König, Jan. 1758 vom Cap. zum Major befördert, 1759 als Major u. Flügel-Adj. gest.; **Güter**: lag 1746 im Streit mit e. Vetter über Ansprüche auf Grünrade im Krs. Königsberg;

Quellen: GStA, I. HA, Rep. 22, Nr. 201, Paket 8 644; IV. HA, Rep. 1, Nr. 81, Bl. 153 (kz. Notiz, kein Vorname); Stabi, Ms. boruss. fol. 319, Bl. 115 RS, Lange, Soldaten, S. 470; so nicht bei Diest in d. Fam. gesch.;

GM **Alexander Magnus von der Marwitz** (* 13. Sep. 1668, † 1. April 1726) *

Vater: Hans Joachim († 1675), brandenburg. Major, Erbherr auf Sellin im Krs. Königsberg; **Mutter**: Dorothea Maria, geb. von Sydow († 1668); **Vater-Bruder**: Curt Hildebrand (1641–1701) *, Gl; **Laufbahn**: 1688 Ltnt., 1697 Cap., Jan. 1704 Major im I-R Nr. 17, April 1707 Ol, April 1714 Kommandeur d. I-R Nr. 21, Juni 1714 Obrist, Dez. 1719 Kommandeur d. I-R Nr. 7, Sep. 1724 als GM dim.; erste **Ehefrau**: Margarethe Elisabeth, geb. von der Marwitz († 1713); **Güter**: 1713 u. 1718 als Erbherr auf Anteil Bellin im Krs. Königsberg gen.; **Sohn**: Joachim Christoph (1701–1785), Obrist, s. d.;

Quellen: BLHA, Rep. 23 B, Nr. 446; Stabi, Ms. boruss. fol. 314, Bl. 267; fol. 319, Bl. 43 RS; König, 3. T., S. 23 (C. H.); Jb. Neumark, 1927, S. 36; Diest, Marwitz, S. 21; Priesdorff, Nr. 220;

Ltnt. **Carl Anton von der Marwitz**
(* 1732, † Juli 1758) *

(**Vater**: Hans George (1700–1768);) C. A. aus d. Neumark gebürtig; **Laufbahn**: seit 1749 im Militär, stand 1750 als Corp., 1756 als Sl im I-R Nr. 37, als solcher 1758 gest.;

Quellen: GStA, IV. HA, Rep. 1, Nr. 81, Bl. 153 (gest. 1. Okt. 1758); Stabi, Ms. boruss. fol. 316, Bl. 107, Bl. 107 RS; Diest, Marwitz, S. 25 (hier als Sohn von H. G. e. Hans Christian Anton (* 1730), kein weiteren Angaben);

GM **Carl August von der Marwitz**
(* 2. Mrz. 1737, † 8. Mai 1808) *

Vater: Alexander Magnus Curt (1693–1743), seit 1708 im Militär, Mai 1713 Sl im I-R Nr. 23, Mrz. 1724 als Cap. wegen Hämorrhoiden dim., Erbherr auf Grapow im Krs. Friedeberg; **Mutter**: Charlotte Lucretia, geb. von Ihlow († 1754); **Bruder**: Friedrich Wilhelm Siegmund (1726–1788) *, Mrz. 1743 *cadet* in Berlin, Jan. 1746 Uffz. im I-R Nr. 34, Mai 1751 Fähnrich, Nov. 1754 Sl, Okt. 1757 Pl, Dez. 1758 Stabs-Cap., Febr. 1760 Cap. u. Chef e. Comp., Aug. 1760 Orden p. l. m., Mai 1768 Major, Jan. 1777 Ol, Juli 1779 Obrist, Mai 1781 Kommandeur d. I-R Nr. 34, Mai 1787 GM, Juli 1787 Chef d. I-R Nr. 10, verh. mit Christiane Friederike Caroline, geb. von Woldeck (1730–1804), Sohn: Ferdinand Hans Fr. Christian (1767–1794), Sl im K-R Nr. 2, Sohn: Alexander Wilh. Aug. George (1769–1827), Juni 1787 Fähnrich im I-R Nr. 34, Mai 1790 Sl, Mrz. 1803 Pl, Okt. 1807 dim., Juni 1808 Charakter Cap., Sohn: Carl Magnus Sigismund (1770–1804), Mai 1786 Fähnrich im I-R Nr. 1, April 1783 Sl, Okt. 1797 Pl, April 1802 Stabs-Cap.; **Bruder**: Ernst Christian Alexander (1736–1800), seit 1751 im Reg., 1756 als Cornet im D-R Nr. 4 gen., Dez. 1763 als Stabs-Rittmstr. dim., seit 1764 Erbherr auf Grapow im Krs. Friedeberg, 1767 im Wert von 10 506 T., darauf Schulden von 10 203 T., in zweiter Ehe verh. mit Caroline Friederike, geb. von Schnell († 1829), sie wurde 1801 als Witwe Rittmstr. auf Grapow im Wert von 8/m T. gen., Sohn: Heinrich George Christian Friedrich (1789–1852), Ltnt. s. d.; **Bruder**: Hans Heinrich (1741–1805), seit 1757 im Militär, 1765 als Sl gen., Mai 1774 Pl, Aug. 1783 Stabs-Cap., Jan. 1784 Cap. u. Chef e. Comp., Nov. 1793 Major, Juni 1803 Ol, Juli 1804 Kommandeur d. I-R Nr. 1, als solcher 1805 gest., verheiratet mit Henriette Ernestine, geb. von Wulffen (* 24. Aug. 1764), sie besaß e. Vermögen von 7 118 T. u. erhielt am 28. April 1788 d. *venia aetatis*; **Bruder**: George Ehrenreich (1743–1804), Jan. 1757 *cadet* in Berlin, Jan. 1762 ins I-R Nr. 34, 1764 als Fähnrich, 1774 als Sl gen., Juli 1787 Stabs-Cap., Juli 1790 pens., Nov. 1791 als Postmstr. in Driesen versorgt; **Laufbahn**: 1753 Junker im K-R Nr. 2, Jan. 1757 Cornet, Juni 1759 Ltnt., Mai 1765 Stabs-Rittmstr., Juni 1767 Rittmstr. u. Chef e. Escadron im K-R Nr. 2, Okt. 1782 Major, Sep. 1790 Ol, Dez. 1790 Kommandeur d. K-R Nr. 2, Mai 1792 Orden p. l. m., Juni 1792 Obrist, Mai 1800 GM;

Quellen: GStA, I. HA, Rep. 22, Nr. 201, Paket 8 645; II. HA, Abt. 12, Materien, Vas.tab. Nr. 6, Bl. 85 RS-86; IV. HA, Rep. 1, Nr. 81, Bl. 153 (F. W. S., E. C. A., C. A., H. H., G. E.); Bl. 154 (A.W.A.G., C. M. S.); Stabi,

Ms. boruss. fol. 311, Bl. 100 RS, Bl. 103, Bl. 104, Bl. 105 (je F. W. S.), Bl. 104, Bl. 105 (je G. E.); fol. 313, Bl. 60 (E. F. A.), Bl. 244, Bl. 304 RS (H. H.); fol. 315, Bl. 164, Bl. 166 (je C. A.); fol. 316, Bl. 277 (Vater); König, 3. T., S. 26–27 (Bruder F. W. S.); Redern, Marwitz, S. 124–125 (hier als Curt Aug.); Lehmann, S. 86 (Bruder F. W. S.), S. 222; Moegelin, S. 62; Jb. Neumark, 11/1936, S. 70; Priesdorff, Nr. 745 (Bruder), Nr. 1 005;

GM **Carl Christian August von der Marwitz** (* 20. Aug. 1736, † 30. Aug. 1800) *

Vater: Hans George (* 1685, † nach 1731), seit 1704 im Militär, Mai 1714 Cap. im D-R Nr. 3, nahm nach 1715 (als Major) seinen Abschied, verkaufte 1731 sein Gut Dölzig im Krs. Königsberg; **Mutter**: Ernestine Charlotte, geb. von Barfuss; **Vater-Bruder**: Friedrich Ludwig, 1713 u. 1720 bei d. Erbteilung gen., Cap. in savoyischen Diensten; **Großvater**: Friedrich Wilhelm (1639–1706) *, 1658 Cap. in kurbrandenburg. Diensten, Dez. 1697 Kommandant von Oderberg, Mrz. 1703 GM, Erbherr auf Dölzig im Krs. Königsberg; **Laufbahn**: Mrz. 1757 Fähnrich im 1. Bat. Garde, April 1758 Sl (für Liegnitz Orden p. l. m.), Nov. 1763 Pl im 1. Bat. Garde, Sep. 1769 Cap. u. Chef e. Comp. im I-R Nr. 43, Juni 1782 Major, Jan. 1790 Kommandeur d. I-R Nr. 43, Sep. 1790 Ol, Juni 1792 Obrist, Mai 1796 Chef d. I-R Nr. 38, Juni 1798 GM; ging drei Ehen ein;

Quellen: BLHA, Rep. 23 B, Nr. 446 (noch 1713 F. W. auf Dölzig gen.?); Stabi, Ms. boruss. fol. 313, Bl. 9 (Vater); fol. 316, Bl. 197, Bl. 202, Bl. 204; fol. 319, Bl. 29 RS (Vater); Gesch. D-R Nr. 3, S. 408 (Vater); Redern, Marwitz, S. 117; Jb. Neumark 1927, S. 21; Diest, Marwitz, S. 23; Priesdorff, Nr. 119 (Großvater), Nr. 951;

Cap. **Carl Friedrich von der Marwitz** (* um 1680, † 12. Mai 1729)

Vater: Curt Balthasar († vor 1735), als Cap. bez., Johanniter-Ordenskanzler, Erbherr auf Stennewitz u. Anteil Pyrehne im Krs. Landsberg; **Mutter**: Anna Elisabeth (* 1681, † nach 1740), Schwester d. Cap., Kammerherrn Joachim Ehrentreich von Burgsdorff (1688–1758) auf Hohenjesar, sie hatte 1699 bei ihrer Heirat e. Ehegeld von 4/m T. u. saß 1735 nach d. Tod d. Sohnes als Witwe auf Stennewitz; **Laufbahn**: avancierte im Militärdienst bis zum Cap.; **Güter**: 1715 u. 1718 als Erbherr auf Stennewitz u. Anteil Pyrehne gen., seine Witwe verglich sich im Mai 1740 mit d. Vettern von der Marwitz, zahlte e. Abfindung von 4/m T. u. behielt Stennewitz zur freien Verfügung; **Sohn**: Adam Curth Ludwig (* um 1705, † vor 1735), 1723 zu d. *cadets*, 1724 Gefr.corp. im I-R Nr. 23, Okt. 1730 als Fähnrich *cassirt*, weil über d. Urlaub ausgeblieben, wollte 1728 zs. mit seiner Mutter Stennewitz u. Anteil Pyrehne an d. König verkaufen, sie behielten jedoch Stennewitz, das sie mit d. Erlös aus d. Verkauf von Pyrehne 1730 in Höhe von 13/m T. entschuldeten, als letzter Lehnsfolger auf Stennewitz vor 1735 gest., seit mind. 1739 klagten daher d. Gevatter von d. Marwitz gegen seine Mutter;

Quellen: GStA, I. HA, Rep. 22, Nr. 201, Paket 8 642; II. HA, Abt. 13, Ämter, Amt Himmelstädt, Nr. 1 c; BLHA, Rep. 23 B, Nr. 446; Stabi, Ms. boruss. fol. 316, Bl. 278; Jb. Neumark, 1926, S. 47, S. 54 (1715, 1718 als Cap. bez.); Diest, Marwitz, S. 22 (C. F., A. C. L. als Nr. 183, keine Eltern angegeben); Schulze, Statistik, S. 99; Gesch. Fam. von Burgsdorff, T. 2, S. 367, 370–371;

Ltnt. **Carl Friedrich von der Marwitz** (* 1749, † vor 1783)

Vater: Bernhard Ludwig (1715–1780), Fähnrich, 1751 als (Ltnt.) Erbherr auf Zernickow im Krs. Königsberg im Wert von 16/m T. gen.; **Mutter**: Eleonore Marie Sophie, geb. von Bredow (* 1729); **Vater-Bruder**: Wilhelm Ludwig (* 1713), 1751 auf Liebenfelde im Krs. Königsberg im Wert von 16/m T.; **Bruder**: Friedrich Ludwig (1751–1804), 1783 Erbherr auf Zernickow u. Vorwerk Pinnow, später auch auf Damerow in Pommern, verkaufte Zernickow 1801 an Lupold Christoph von Wedel, Ltnt., s. d.; Ehefrau: Charlotte Dorothee Catharina, geb. von Enckevort (1764–1824), Sohn: Friedrich Gustav (1782–1811), Ltnt.; **Laufbahn**: seit 1768 im Militär, 1770 Fähnrich im I-R Nr. 39, im Juni 1774 als Sl dim.;

Quellen: GStA, IV. HA, Rep 1, Nr. 81, Bl. 153; BLHA, Rep. 78 I, Nr. 170, Bl. 47; Stabi, Ms. boruss. fol. 316, Bl. 301, Bl. 307 RS; Ms. geneal. fol. 120, Bl. 249 RS (danach stand F. L. im I-R Nr. 39?); Tb. Uradel, 1905, S. 494 (hier nur F. L.); Diest, S. 14 (keine Altersangaben für C. F., aber Hinweis auf d. Dienst im I-R 39; Onkel W. L. danach geb. 1723); Jb. Neumark, 11/1936, S. 77;

Cap., Landrat **Curd Dietrich von der Marwitz** (* 20. Dez. 1661, † 20. Febr. 1731) *

Vater: Moritz Werner (1628–1698), Erbherr auf Anteil Gralow, Zantoch, Gennin im Krs. Landsberg, tauschte Marwitz im Krs. Königsberg ein; **Mutter**: Adelgunde Charlotte, geb. von dem Borne (1633–1667); **Laufbahn**: stand 1692 als Cap. im 1. Bat. Kurprinz, amtierte nach d. Abschied als Hof- u. Landrat, Direktor d. Landsberger Kreises; **Güter**: 1715 u. 1718 als Erbherr auf Gennin u. (Anteil) Marwitz gen., verkaufte Gennin 1728 an König Friedrich Wilhelm I.; **Ehefrau**: Dorothea Luise, geb. von Brand (1682–1738); **Sohn**: Curth Wilhelm, s. d., 1747 als Fähnrich gen., verkaufte damals d. väterliche Gut Marwitz, lag deshalb im Konflikt mit seiner Schwägerin; **Sohn**: Friedrich (* 1701, † vor 1747), Junker im K-R Nr. 5, zuletzt Cornet, verheiratet mit Friederica Tugendreich, geb. von Küssow;

Quellen: GStA, I. HA, Rep. 22, Nr. 201, Paket 8 644; BLHA, Rep. 23 B, Nr. 446; Stabi, Ms. boruss. fol. 319, Bl. 10; Redern, Marwitz, S. 102–103 (kein Hinweis auf d. Militärdienst); Diest, Marwitz, S. 15 (hier als Kurt D., kein Hinweis auf seinen Militärdienst); Jb. Neumark, 1926, S. 55, S. 62; Schulze, Statistik, S. 90–91; Jb. Neumark, 11/1936, S. 85–86;

Fähnrich **Curth Wilhelm von der Marwitz** (* um 1710) *

Vater: Curd Dietrich (1661–1731), Hof- u. Landrat, s. d.; **Mutter**: Dorothea Luise, geb. von Brand (1682–1738); **Laufbahn**: avancierte im Militärdienst bis zum Fähnrich; **Güter**: saß auf Grüneberg im Krs. Soldin, suchte im Mrz. 1743 um e. Moratorium nach, bezifferte seine Aktiva auf 23 160 T. u. d. Passiva auf 15 098 T., lt. Taxe hatte allein d. Gut e. Wert von 16 622 T., im Dez. 1743 lehnte d. Küstriner Reg. e. Moratorium ab, weil er keine Unglücksfälle nachgewiesen, nicht alle Schuldner benannt u. sich d. Gläubiger gegen e. Moratorium ausgesprochen hatten, gekauft hatte er Grüneberg 1741 *sub hasta* für 11 500 T., d. Gläubiger warfen ihm besonders vor, sein Erbteil in Höhe von 12/m T. in kurzer Zeit *depensirt* zu haben; d. Gut wurde um 1744 an e. von Hagen verkauft, C. W. besaß auch (e. Anteil an) Marwitz im Krs. Königsberg, 1747 verkauft;

Quellen: GStA, I. HA, Rep. 22, Nr. 201, Paket 8 643; Diest, Marwitz, S. 15 (nur wenige Angaben über C. W., daher e. Verwechslung möglich);

Cap. **David Sebastian von der Marwitz** (1679–1748)

Vater: David (1649–1707) *, 1674 Ltnt., 1678 Rittmstr. im Reg. Derfflinger, 1685 Major, Okt. 1688 Ol, Sep. 1691 Obrist, Mai 1703 Kommandant von Driesen, Dez. 1704 GM, (Kommandant von Oderberg), Erbherr auf Gleißen im Krs. Sternberg u. Bärfelde im Krs. Königsberg; **Mutter**: Anna Maria, geb. von Waldow (†1710); **Bruder**: Balthasar Dietrich (1682–1731), seit 1696 im Militär, Jan. 1712 Major, stand 1715 als Major im I-R Nr. 17, zuletzt Obrist im I-R Nr. 26, 1715 auf Anteil Gleißen gen.; **Bruder**: Moritz Adolph (1686–1722), Dez. 1715 Major im I-R Nr. 14; **Bruder**: Curt Ehrentreich (*1694), seit 1710 im Militär, (Mai 1713 Sl im I-R Nr. 17, Juli 1716 Pl) stand 1725 als Cap. u. Chef e. Comp. im I-R Nr. 14, noch 1728 hier gen., vor 1730 abgegangen; **Bruder**: Friedrich Wilhelm (*1697), diente zeitweilig im I-R Nr. 25, wegen *übler Aufführung* dim., (1715 auf Anteil Gleißen gen.), wollte 1724 e. Frl. von Seidlitz in Polen heiraten, forderte dafür d. Auszahlung seines Erbteils in Höhe von 4/m T., d. Brüder D. S. u. B. D. bezeichneten ihn als *blödsinnig* u. wollten ihm sein Erbe verweigern; **Laufbahn**: 1703 Ltnt. im Reg. Alt-Heyden, avancierte bis zum Cap. im Reg. Erbprinz von Hessen (I-R Nr. 10), vor 1707 bzw. 1715 abgegangen; **Ehefrau**: Erdmute Sofie, geb. von Unruh (*1685); **Güter**: 1715 u. 1718 Pfandinhaber von Herzogswalde im Krs. Sternberg, auch auf Anteil Gleißen, saß 1745 auf ¼ Gleißen im Krs. Sternberg im Wert von 10/m T., dieses ging bei d. Subhastation nach 1745 an d. Obristen Wilhelm Ludwig von der Marwitz, der 1753 d. ganze Gut Gleißen besaß, siehe bei d. Ol Friedrich (1724–1783);

Quellen: GStA, I. HA, Rep. 22, Nr. 201, Pakete 8 641, 8 644; Stabi, Ms. boruss. fol. 311, Bl. 152 RS (Bruder C. E.); fol. 319, Bl. 11 RS (Vater), Bl. 42 (Bruder M. A., hier ohne Vornamen u. ohne Dj.), Bl. 46 (B. D. u. C. E., hier als Conrad Ehr.); Ms. geneal. fol. 120, Bl. 221 RS, Bl. 222 (hier als D. S.); Bardeleben, S. 416, S. 433, Jb. Neumark, 1926, S. 55; 1928, S. 41; Diest, Marwitz, S. 27 (hier nur als Sebastian, C. E. nicht gen.); Priesdorff, Nr. 127 (Vater);

Ol, Kammerpräs. **David Sigismund von der Marwitz** (1699–1779) *

Vater: Christian (1658–1709), Obrist, Kommandant von Driesen, Erbherr auf Bärfelde im Krs. Königsberg, hinterließ drei Söhne; **Mutter**: Louise Sophie (1678–1741), e. To. d. Obristen Sigismund Christoph von der Marwitz auf Hohenlübbichow; **Bruder**: Otto Christian Adolph (1701–1757), Rittmstr., s. d.; **Bruder**: Albrecht Bernd Ludwig (1707–1793), Ltnt. im I-R Nr. 21, saß 1745 zs. mit seinen Brüdern auf Bärfelde, siehe bei dessen Sohn Ludwig Sigismund Casimir (1760–1845), Cap.; **Laufbahn**: 1713 Gefr.corp. im Reg. Jung-Dönhoff, Mai 1723 Pl im I-R Nr. 29, als solcher noch 1730 geführt, zuletzt hier Cap., im Juli 1735 ins I-R Nr. 31 versetzt, stand 1740 als Cap. u. Chef e. Comp., dann als Major im I-R 31, zuletzt Ol im I-R Nr. 31, Dez. 1753 dim.; rückte noch im Dez. 1753 zum Präsidenten d. KDK Königsberg auf, 1761 entlassen, er-

hielt seit 1763 e. Pension; **Ehefrau**: Elisabeth, e. To. d. GM Elias von Niephagen;
Quellen: GStA, IV. HA, Rep. 1, Nr. 81, Bl. 153 (kz. Notiz); Stabi, Ms. boruss. fol. 311, Bl. 210, Bl. 212 (je A. B. L.); fol. 314, Bl. 224 RS; fol. 316, Bl. 55, Bl. 66 RS, Bl. 69 RS; Tb. Uradel, 1905, S. 506 (Vater u. Brüder, D. S. hier nicht); Jb. Neumark, 1927, S. 19; Diest, Marwitz, S. 34; biogr. Handbuch, S. 620–621;

Ol, Kammerherr **Ernst Ludwig von der Marwitz** (1677–1706) *

Vater: Hans Dietrich (1609–1680), (Reg.rat), Verweser d. Hzgtms. Crossen, Erbherr auf Marwitz, dann auf Gralow, Zantoch, Jahnsfelde, Treppeln; **Mutter**: Hedwig Elisabeth, geb. von der Lancken (1640–1712), sie erwarb 1689 für 21 300 T. d. Güter Zernickow u. Liebenfelde im Krs. Königsberg von d. Witwe d. GM J. C. von Strauss, s. d., hinterließ 1712 e. Vermögen von 29 779 T., dazu Schulden von 13 850 T., jeder ihrer beiden Enkel u. Erben, O. L. u. C. W. D., bekam damit 7 964 T.; **Bruder**: Otto Friedrich († 1693), stand 1692 als Cornet im Reg. Kurprinz zu Fuß, dessen Witwe Anna Barbara, geb. von Schmalenberg, ging 1698 e. zweite Ehe ein mit d. späteren Ol F. W. von Schöning; Sohn: Otto Ludwig († 1756), vormals Fähnrich in preuß. Diensten, 1714 als Erbherr auf Zernickow u. Liebenfelde gen., um diese zu entschulden bat er damals um d. Erlaubnis, d. Lehngüter Gralow u. Anteil Jahnsfelde verkaufen zu dürfen, veräußerte sie 1715 an seinen Stiefvater, d. Ol Friedrich Wilhelm von Schöning (1660–1730), siehe bei dessen Sohn Ludolph; **Laufbahn**: stand 1703 als Rittmstr. im Reg. Kronprinz zu Pferd, zuletzt Ol, Kammerherr; **Güter**: Erbherr auf Gralow u. Zantoch, auf Zernickow u. Liebenfelde; **Ehefrau**: Ehrentraut Charlotta, geb. von Goetze (1684–1731); **Tochter**: Charlotta Wilhelmina Dorothea, 1722 verheiratete von Morrien;
Quellen: GStA, I. HA, Rep. 22, Nr. 201, Paket 8 641; BLHA, Rep. 23 B, Nr. 446 (O. L.); Stabi, Ms. boruss. fol. 319, Bl. 3 RS (O. F.); Fam.gesch. Schöning 1830, S. 64 (Stiefvater); Bardeleben, S. 411; Diest, Marwitz, S. 14;

Cornet **Friedrich von der Marwitz** (* 1705) *

aus d. Neumark gebürtig; **Laufbahn**: seit 1724 im Militär, April 1725 Cornet im K-R Nr. 5, noch 1730 als solcher gen., vor 1740 abgegangen;
Quellen: Stabi, Ms. boruss. fol. 311, Bl. 132;

Ltnt. **Friedrich von der Marwitz** (1708–1738)

Vater: Otto Berend (1672–1749), seit 1697 im Militär, Aug. 1714 Major im D-R Nr. 3, nahm nach 1715 nach 30 Dj. (als Ol) seinen Abschied, saß 1713 u. 1745 auf Hohenlübbichow, Niederlübbichow u. Bellinchen im Krs. Königsberg, seine Güter sollen damals e. Wert von 120 905 T. gehabt haben, die Schulden wurden auf 107/m T. beziffert, darunter 26/m T. Fideikommiß- u. 24/m Lehnstammgelder, d. Güter wurden zur Licitation angeboten, d. Gebote betrugen jedoch nur 96/m T. bzw. 80 800 T., e. *privatim* mit d. Markgrafen F. W. von Schwedt geschlossener Vertrag über e. Verkauf für 104/m T. wurde im Mrz. 1747 aufgehoben, Hohen- u. Niederlübbichow waren für 3 150 T. verpachtet, 1748 fielen d. Güter bei e. neuen Licitation an seine Söhne, d. Gebr. Otto Ludwig († 1756), Kandid. jur., u. George

Berend Alexander von der Marwitz für 93/m T.; **Mutter**: Charlotte Louise, geb. von der Marwitz (1684–1735); **Bruder**: George Berend Alexander (1719–1782), trat in keine Dienste, G. B. A. übernahm Hohen-, Niederlübbichow u. Bellinchen beim brüderl. Vergleich für 93/m T., bat im Nov. 1769 um e. Indult, d. *fremden* Schulden betrugen 1770 72 448 T., dazu kamen Fideikommißgelder in Höhe von 16 333 T. sowie weitere Verbindlichkeiten, d. Güter waren für 4 410 T. verpachtet, G. B. A. war verheiratet mit e. geb. von der Osten, deren Heiratsgut 2 400 T. betrug, im Aug. 1770 bekam G. B. A. e. Indult auf drei Jahre, d. Güter fielen nach seinem Tod an seine Tochter Dorothea (* 1767), in dritter Ehe verheiratet mit d. Cap. Carl Friedrich Erdmann von Langen, s. d.; **Laufbahn**: seit 1726 im Militär, stand 1730 als Fähnrich im I-R Nr. 21, 1738 als Ltnt. gest. (bzw. 1745 als vorm. Fähnrich gen., hielt sich beim Vater auf);

Quellen: GStA, I. HA, Rep. 22, Nr. 201, Paket 8 644; Rep. 62, Nr. 131 b; Stabi, Ms. boruss. fol. 311, Bl. 210 (lt. Abgangsliste I-R 21 ist 1738 e. Ltnt. v. d. Marwitz gest., e. Ltnt. Marwitz wurde 1740 versetzt), Bl. 212; fol. 319, Bl. 29 RS; Ms. geneal. fol. 120, Bl. 225 (Vater u. Söhne gen.); Gesch. D-R Nr. 3, S. 408; Jb. Neumark, 1927, S. 45–46; Diest, Marwitz, S. 31–32 (danach ist Fr. 1738 als Ltnt. gest., sein Bruder O. L. ist nicht identisch mit d. Fähnrich O. L., s. o.); Jb. Neumark, 11/1936, S. 74;

Ol **Friedrich von der Marwitz** (* 20. Juli 1724, † 9. Sep. 1783)

Vater: Balthasar Dietrich (1682–1731), seit 1698 im Militär, Jan. 1712 Major im I-R Nr. 17, stand 1725 als Ol im I-R Nr. 26, zuletzt Obrist, 1731 dim., 1715, 1718 Erbherr auf Anteil Gleißen im Krs. Sternberg; **Mutter**: Charlotte, geb. von Unruh († 1737); **Bruder**: Wilhelm Ludwig (1717–1764), Obrist (bzw. nahm keine Dienste), 1745 Erbherr auf ¾, 1753 auf ganz Gleißen im Krs. Sternberg, 1767 im Wert von 50 490 T., darauf Schulden von 41 995 T., verheiratet mit Sophia Wilhelmina, geb. von der Marwitz, sie saß 1772 als Witwe auf Gleißen u. machte *illata* von 8/m u. e. Gegenvermächtnis von 3/m T. geltend, die fremden Schulden bezifferte sie damals auf über 20/m T., W. L. hinterließ e. Sohn namens Carl Leopold (1755–1768) u. fünf Töchter, darunter Friederique Louise (* 1744), verheiratet mit Christian Wilhelm Ernst von Oppell († 1772) auf Thiemendorf, die anderen vier waren 1783 noch ledig u. hielten sich bei d. Mutter auf; **Bruder**: Carl Alexander (* 1718, † 16. Okt. 1758), seit 1735 im Militär, 1737 Fähnrich im I-R Nr. 5, 1754 Pl, im Nov. 1757 als Cap. Orden p. l. m., 1758 als Cap. gest.; **Bruder**: Louis Dietrich Ehrentreich (* 1725), studierte 1745 an d. Viadrina; **Laufbahn**: seit 1738 im Militär, Febr. 1746 Ltnt. im K-R Nr. 9, 1763 als Rittmstr. u. Chef e. Escadron, 1775 als Major gen., Mrz. 1781 mit d. Charakter Ol dim.; **Ehefrau**: Josepha Leopoldine Gottliebe, geb. Freiin von Wilamowski (1732–1801); **Sohn**: Friedrich Heinrich Carl (1773–1816), Kammerherr, Erbherr auf Rudnik in Oberschlesien;

Quellen: GStA, I. HA, Rep. 22, Nr. 201, Paket 8 645 (danach ist W. L. am 22. April 1765 gest.); IV. HA, Rep. 1, Nr. 81, Bl. 153 (kz. Notizen f. C. A. u. F., hier kein W. L.); Stabi, Ms. boruss. fol. 312, Bl. 175, Bl. 176, Bl. 183 (je Fr.); fol. 313, Bl. 74, Bl. 76 (C. A.); fol. 314, Bl. 10, Bl. 17 (Vater); fol. 319, Bl. 46 (Vater); Ms. geneal. fol. 120, Bl. 222 (1745 Vater u. Brüder gen.); Rangirrolle Saldern, Abgangsliste I-R Nr. 5 (C. A.); Tb. Uradel, 1905, S. 502–503 (hier nur Friedrich); Lehmann, S. 61 (Bruder C. A. hier als Alex. Carl); Diest, Marwitz, S. 32 (W. L. als Obrist bez.); Moegelin, S. 66; Jb. Neumark, 11/1936, S. 93–94;

Ol **George von der Marwitz** (* 29. Juni 1678, † 7. Okt. 1727)

Vater: Curt Hildebrand (1641–1701) *, Gl, Gouverneur von Küstrin, Erbherr auf Sellin im Krs. Königsberg; **Mutter**: Beate Luise (1647–1715), e. Tochter d. Feldmarschalls von Derfflinger; **Bruder**: Heinrich Carl (1680–1744), General d. Infanterie, Gouverneur von Breslau, s. d. mehr; **Bruder**: Christian Ludwig († nach 1701), Fähnrich; **Laufbahn**: seit 1695 im Militär, stand im Nov. 1705 als Cap. bei d. Füsilier-Garde, 1713 als Ol im Reg. Wartensleben zu Pferd, vor 1715 abgegangen; **Güter**: 1718 Erbherr auf Sellin im Krs. Königsberg u. Clessin im Krs. Lebus; **Ehefrau**: Henriette Sibylle, geb. von der Marwitz (1693–1738); **Sohn**: George Friedrich (* 31. Okt. 1720, † 1777), bat als Ltnt. im I-R Nr. 37 am 28. Aug. 1742 zs. mit seinem Bruder Carl Ludwig um d. *venia aetatis*, beide waren aus Sellin gebürtig u. konnten gute Zeugnisse ihrer Reg.chefs vom Sep. 1742 vorweisen, sie erhielten d. *venia* am 11. Okt. 1742, Sep. 1746 als Cap. im I-R Nr. 37 dim., erhielt später d. Charakter Ol, Erbherr auf Sellin, siehe mehr bei seinem Sohn Johann Ludwig (1748–1837), Major; **Sohn**: Carl Ludwig (* 5. Juni 1722, † 1745), seit 1739 im Militär, stand 1743 als Pl im I-R Nr. 24, 1745 als Ltnt. an e. Blessur gest.;

Quellen: GStA, I. HA, Rep. 22, Nr. 201, Pakete 8 643, 8 644; Stabi, Ms. boruss. fol. 316, Bl. 105 (Sohn G. F.), Bl. 317 RS (C. L., hier als Carl Ludwig), Bl. 323 RS (C. L.); Ms. geneal. fol. 120, Bl. 225 (Sohn G. F.); Redern, Marwitz, S. 114–115; Bardeleben, S. 420; Tb. Uradel, 1905, S. 495; Jb. Neumark, 1927, S. 17; Diest, Marwitz, S. 21 (Sohn C. L. hier als Curt Ludwig, nur d. Geb.datum); Priesdorff, Nr. 56 (Vater), Nr. 224 (Bruder);

Obrist **Hans Otto von der Marwitz** († 1703) *

Vater: Hans (1608–1675), Obrist, Kommandant von Küstrin, Erbherr auf Grünrade u. Bärfelde im Krs. Königsberg, auf Wormsfelde u. Zantoch im Krs. Landsberg; **Mutter**: Anna, geb. von Münchhausen; **Bruder**: Friedrich Wilhelm († vor 1705), Obrist (bzw. GM) in sächs.-poln. Diensten, als solcher gefallen, errichtete im Febr. 1701 e. Ehestiftung mit Magdalena Sibylla, e. Tochter d. Gl Joachim Balthasar von Dewitz, sie brachte ihm e. Mitgift von 6 663 T. ein, erhielt dazu von ihm e. Verbesserung von 3 331 T. u. 1/m T. Morgengabe, dieses Kapital wurde auf Wormsfelde im Krs. Landsberg eingetragen, lt. Vertrag durfte sie nach seinem Tod d. Gut so lange nutzen, bis ihr d. ganze Geld ausgezahlt worden war, durch Urteile von 1705 u. 1713 fiel ihr Wormsfelde zu, auf Drängen d. Gläubiger wurde d. Gut jedoch um 1717 subhastiert, ihr nur eine jährliche Alimente von 400 T. zugesprochen, wogegen sie klagte, M. S. war in zweiter Ehe verheiratet mit e. von Zychlinsky; **Laufbahn**: avancierte im brandenburg. Militärdienst bis zum Obristen, stand 1694 als Obrist im Kav.-Reg. Kurprinz; **Ehefrau**: Emilie (1658–1727), e. Tochter d. GFM von Derfflinger, sie wurde 1718 auf Anteil Bärfelde u. auf Grünrade gen.; **Güter**: Erbherr auf Grünrade u. Bärfelde im Krs. Königsberg;

Quellen: GStA, I. HA, Rep. 22, Nr. 201, Paket 8 641; Stabi, Ms. boruss. fol. 319, Bl. 4; Jb. Neumark, 1926, S. 64; 1927, S. 19–20 (H. O. noch 1713 als Vasall gen.); Diest, Marwitz, S. 17, S. 23 (H. O. gest. 1703);

General **Heinrich Carl von der Marwitz** (* 6. April 1680, † 22. Dez. 1744) *

Vater: Curt Hildebrand (1641–1701) *, Juli 1677 kurbrandenburg. Obrist u. Kommandeur d. Reg. Derfflinger, 1682 Chef d. Reg. von Görtzke, Juni 1684 GM, Mai 1690 Gl u. Gouverneur von Küstrin; H. C. aus Sellin im Krs. Königsberg gebürtig; **Mutter**: Beate Luise (1647–1715), e. Tochter d. Feldmarschalls von Derfflinger; **Bruder**: George (1678–1727), Ol, s. d., 1713 zs. mit H. C., 1718 als alleiniger Erbherr auf Sellin im Krs. Königsberg gen.; **Laufbahn**: April 1697 Fähnrich im Reg. Derfflinger, 1700 Ltnt., Mai 1704 Stabs-Cap. im I-R Nr. 14, Mrz. 1706 Cap. u. Chef e. Comp. im I-R Nr. 6, Jan. 1707 Major, Febr. 1709 Ol, Mai 1713 Kommandeur d. I-R Nr. 18, Okt. 1715 Obrist, Mai 1717 zum I-R Nr. 15, Juli 1724 Chef d. I-R Nr. 21, Juni 1725 GM, Dez. 1737 Gl, Jan. 1739 Ritter d. Schwarzen Adler-Ordens, Juni 1741 Kommandant von Stettin, Aug. 1741 Gouverneur von Breslau, Mai 1742 General von der Infanterie, Dez. 1744 mit Pension dim.; **Ehefrau**: Albertine Eleonore, geb. Freiin von Wittenhorst-Sonsfeld (1693–1721), Tochter d. Gl, aus d. Ehe drei Töchter;

Quellen: BLHA, Rep. 23 B, Nr. 446; Stabi, Ms. boruss. fol. 311, Bl. 212, Bl. 213; König, 3. T., S. 21–23 (Vater, gest. 1700); Jb. Neumark, 1927, S. 17 (George, 1713 im Reg. Wartensleben); Diest, Marwitz, S. 21; Priesdorff, Nr. 56 (Vater), Nr. 224;

Ltnt. **Heinrich George Christian Friedrich von der Marwitz** (* 18. April 1789, † 12. Juni 1852),

Vater: Ernst Christian Alexander (1736–1800), seit 1750 im Militär, stand 1751 als Junker im D-R Nr. 4, zuletzt Stabs-Rittmstr., 1763 dim., Erbherr auf Grapow im Krs. Friedeberg im Wert von 8/m T., von seiner Witwe 1802 verkauft; **Mutter**: Caroline Friederike, geb. von Schnell († 1829); **Vater-Bruder**: Carl August (1737–1808), GM, s. d. mehr; **Laufbahn**: seit 1801 im Militär, Juni 1804 Cornet im D-R Nr. 3, Mai 1805 Sl, Juli 1809 beim Brandenburg. Ulanen-Reg., Nov. 1810 dim., Juni 1813 beim 1. Neumärk. Landwehr-Kav.-Reg., Aug. 1815 Rittmstr., 1828 aggr. Rittmstr. im 10. H-R, Mrz. 1834 Major, Mrz. 1834 zur Disposition, Juni 1848 Charakter Ol;

Quellen: GStA, II. HA, Abt. 12, Materien, Vas.tab. Nr. 6, Bl. 85 RS-86; IV. HA, Rep. 1, Nr. 81, Bl. 154 (hier als Friedrich); Stabi, Ms. boruss. fol. 313, Bl. 60 (d. Vater hier als Ernst Fr. Alex.); fol. 907 a, Bl. 91; Gesch. D-R Nr. 3, S. 317 (1805 als Heinrich, 20 Jahre alt), S. 419; Redern, Marwitz, S. 124–125; Tb. Uradel, 1905, S. 500 (Vater als Ernst Christian Alexander); Diest, Marwitz, S. 24 (Vater als Ernst Christian); Jb. Neumark, 11/1936, S. 70;

Obrist **Joachim Christoph von der Marwitz** (1701–1785)

Vater: Alexander Magnus (1668–1726), GM, Erbherr auf Bellin im Krs. Königsberg, s. d.; **Mutter**: Margarethe Elisabeth, geb. von der Marwitz († 1713); **Laufbahn**: seit 1718 im Militär, 1720 Sergant im I-R Nr. 7, Aug. 1726 Sl, Juli 1737 Cap. u. Chef e. Comp., Juni, Juli 1745 Orden p. l. m., zuletzt Major, 1756 als Obrist u. Kommandeur zu Blankensee versetzt, stand im Juni 1764 als Obrist im I-R Nr. 34, im Dez. 1764 dim.; **Ehefrau**: Sophie, geb. Gräfin von Burghaus (1716–1787); aus beide Ehe nur d. **Tochter** Charlotte (* 1750);

Quellen: GStA, IV. HA, Rep. 1, Nr. 81, Bl. 153 (kz. Notiz); Stabi, Ms. boruss. fol. 311, Bl. 98, Bl. 104; fol. 314, Bl. 263 RS, Bl. 265 RS, Bl. 267; fol. 319, Bl. 11 RS, Bl. 43 RS (je d. Vater); Lehmann, S. 28 (hier als J. C. Haubold, Cap. im I-R 7); Jb. Neumark 1927, S. 36; Diest, Marwitz, S. 21 (als Joachim Christ. Hildebrand, Obrist bei d. Artillerie);

Cap. **Johann Friedrich Anton von der Marwitz** (* 20. Mrz. 1752, † 28. Mrz. 1809)

Vater: Christian (1705–1775) *, Landrat, Erbherr auf Falkenstein, hatte 1774 vier Söhne; **Mutter**: Sophie Louise, geb. von Brüsewitz (1727–1758); **Bruder**: Johann George (1750–1804), Major, s. d. mehr; **Bruder**: Balthasar Constantin (* 20. Sep. 1754, † 20. bzw. 25. Dez. 1783), 1774 Gefr.corp., als Sl im I-R Nr. 20 gest.; **Bruder**: Carl Fides (* 5. Okt. 1756, † 24. Sep. 1793), 1774 Uffz. bei d. *cadets*, Mrz. 1783 Sl im I-R Nr. 39, Mai 1792 mit Pension dim., 1793 in d. Charité gest.; **Laufbahn**: seit 1772 im Militär, 1774 als Feuerwerker gen., Mai 1775 Sl im Feld-Artillerie-Corps, Mai 1793 pens., Juli 1793 Charakter als Cap., 1798 als Hospital-Direktor in Breslau versorgt; **Ehefrau**: Helene Sophie Elisabeth, geb. Seidenburg († 1799);

Quellen: GStA, II. HA, Abt. 12, Materien, Vas.tab. Nr. 6, Bl. 89 RS-90; IV. HA, Rep. 1, Nr. 81, Bl. 153; Ms. boruss. fol. 311, Bl. 122 (Bruder B. C.); fol. 319, Bl. 340 RS; Ms. geneal. fol. 120, Bl. 249; Tb. Uradel, 1905, S. 501–502; biogr. Handbuch, S. 620 (Vater);

Major **Johann George von der Marwitz** (* 21. Mai 1750, † 7. Jan. 1804)

Vater: Christian (1705–1775) *, Landrat im Krs. Friedeberg, Erbherr auf Falkenstein, 1736 erworben für 15/m T., auf d. Gut lagen Schulden von 18/m T., 1748 wurde Falkenstein auf 27 338 T. taxiert, es stand seit 1755 unter Sequester, wegen e. Forderung über 10/m T. wurde 1755 d. Obristin von Knobelsdorff in d. Gut immittiert, sie besaß es zu Johannis 1764 seit neun Jahren, durch d. russische Invasion im Krieg soll es Schäden in Höhe von 9 401 T. erlitten haben, 1770 fiel Falkenstein an Friedrich Wilhelm von Knobelsdorff, Sohn d. Obristen Hans Caspar auf Wuthenow, für 11 900 T., Christian protestierte gegen d. Verkauf, weil der Wert von Falkenstein lt. Ertragstaxe von 1 148 T. zu vier Prozent gerechnet bei 28 700 T. lag, über d. Vermögen d. Landrates wurde d. Konkurs verhängt, 1767 wurde d. Gut auf 29 187 T. beziffert, d. Schulden betrugen 24 170 T.; **Mutter**: Sophie Louise, geb. von Brüsewitz (1727–1758); **Bruder**: Johann Friedrich Anton (1752–1809), Cap., s. d.; **Bruder**: Balthasar Constantin (1754–1783), seit 1767 im Militär, Dez. 1773 Fähnrich im I-R Nr. 20, als solcher noch 1783 gen.; **Bruder**: Carl Fides (1756–1793), seit 1773 im Militär, Mrz. 1781 Sl im I-R Nr. 39; **Laufbahn**: stand 1776 als Ltnt. u. General-Adjutant im K-R Nr. 5, Juni 1783 Stabs-Rittmstr., Juli 1788 als Major dim.; **Ehefrau**: Auguste Christine Friederike, geb. von Krockow (* 1756); **Güter**: bis 1796 Erbherr auf Klockow in Pommern;

Quellen: GStA, I. HA, Rep. 22, Nr. 201, Pakete 8 644, 8 645; IV. HA, Rep. 1, Nr. 81, Bl. 153 (J. G. u. C. F.); Stabi, Ms. boruss. fol. 310, Bl. 45 (Bruder B. C.); fol. 311 (nicht in d. Ranglisten f. 1775 u. 1787 auf Bl. 131 u. 139); fol. 316, Bl. 309 RS (C. F.); Tb. Uradel, 1905, S. 501; Diest, Marwitz, S. 23, S. 25; biogr. Handbuch, S. 620 (Vater); Pommern, S. 417 (Biogramm von J. G., nur kurz über d. Vater, v. a. über seine Söhne);

Major **Johann Ludwig von der Marwitz** (* um 1748, † 17. Jan. 1838)

Vater: George Friedrich (* 31. Okt. 1720, † 7. Mai 1777 bzw. nach 1792), seit 1738 im Militär, stand 1741 als Sl im I-R Nr. 37, erhielt im Okt. 1742 zs. mit seinem Bruder d. *venia aetatis*, ihre Eltern waren bereits verst., sie besaßen zs. d. Güter Sellin in d. NM u. Clessin in d. Mittelmark, 1751 im Wert von 70/m T., zuletzt Pl, Sep. 1746 als Cap. nach neun Dj. dim. (zog sich wegen Hochkirch d. Ungnade d. Königs zu, zuletzt Ol), lebte 1792 noch, ehedem Erbherr auf Sellin, 1767 im Wert von 42 269 T., darauf Schulden von 32 188 T., 1773 soll Sellin lt. Taxe e. Wert von 75 550 T. gehabt haben, dazu e. Inventar von 6 703 T., d. Hypotheken betrugen 25 995 T., d. gesamten Schulden 47 667 T., im Nov. 1773 bekam d. Besitzer e. *Indultum Moratorium* auf drei Jahre, erhielt 1776 für Meliorationen 5 717 T., besaß 1792 kein Vermögen mehr, hielt sich in Landsberg an d. Warthe auf, genoß d. *Competenz* e. Fideikommißkapitals von 6 666 T., hatte drei Töchter u. drei Söhne; **Mutter**: Johanna Friederike, geb. von Nimptsch; **Vater-Bruder**: Carl Ludwig (1722–1745), Pl im I-R Nr. 24; **Bruder**: Carl August Friedrich (* 1742 bzw. 1745, † 20. Febr. 1782), seit 1762 im Militär, stand 1770 als Sl im I-R Nr. 39, 1782 als Pl gest.; **Bruder**: George Adolph Casimir (* 26. April 1748, † 11. Juni 1823), seit 1766 im Militär, Mrz. 1783 Pl, Dez. 1788 Stabs-Rittmstr. im H-R Nr. 2, Nov. 1792 Rittmstr. u. Chef e. Escadron, Jan. 1793 Major, Aug. 1793 Orden p. l. m., Aug. 1800 Kommandeur d. 2. Bat., Mai 1803 Ol, Aug. 1804 Kommandeur d. Reg., Mai 1805 Obrist, Sep. 1813 pens., **Bruder**: Curth Ernst Ferdinand (* 1764), Juni 1783 Sl im D-R Nr. 4, Febr. 1793 Pl, Mai 1794 auf Wunsch dim., Charakter Cap., verh. mit Maria Theresia verwitw. Fr. Wilhelm von Schöning, s. d., geb. Calderarii, seine Frau besaß 1801, 1809 d. Gut Jahnsfelde im Krs. Landsberg im Wert von 30/m T., dazu Zantoch C für 4/m T., C. E. F. erwarb 1802 Krining im Krs. Arnswalde im Wert von 38/m T., hier noch 1809 gen.; **Schwester**: Johanna Beate Charlotte (1754–1805), verh. mit d. GM George Ludolph von Wulffen (1719–1792) *; **Schwester**: Johanna Wilhelmina Eleonora, ledig; **Schwester**: Friederike Sibilla Ernestina (* 1750), sie hielt sich bei ihrer verh. Schwester auf u. bat 1792 um e. Pension, machte darauf aufmerksam, kein Vermögen zu besitzen, nach d. Tod ihres Vaters hatte jedes d. sechs Geschwister nur d. Nießbrauch e. Kapitals von 1 111 T. zu erwarten, sie wurde 1792 auf d. Expectantenliste für e. neumärk. Pension gesetzt; **Laufbahn**: engagierte sich im D-R Nr. 1, seit April 1764 im K-R Nr. 13, avancierte hier zum Ltnt., Febr. 1789 Stabs-Rittmstr., Jan. 1795 Major, Juli 1795 auf Wunsch dim.; **Ehefrau**: Caroline Charlotte, geb. von Splittgerber (1763–1800); **Güter**: die Brüder wurden 1801 als unangesessene Vasallen d. Fam. von der Marwitz aus d. Hs. Sellin im neumärkischen Krs. Königsberg geführt;

Quellen: GStA, I. HA, Rep. 22, Nr. 201, Paket 8 645; II. HA, Abt. 12, Materien, Vas.tab. Nr. 6, Bl. 105 RS-106, Bl. 111 RS-112; Nr. 8, Bl. 10 RS-11; Abt. 13 a, Tit. IV, Litt K, Nr. 1, Bd. 1 (Schwester mit Angaben über d. Fam.); IV. HA, Rep. 1, Nr. 81, Bl. 153 (C. A. F., J. L., G. A. C., d. Vater hier nicht), Bl. 154 (Curth E. F.); Stabi, Ms. boruss. fol. 311, Bl. 206 (Vater); fol. 315, Bl. 76 (Bruder G. A. C.); fol. 316, Bl. 105 (Vater), Bl. 301 RS, Bl. 307 (je d. Bruder C. A. F.); Gesch. K-R 13, S. 304–305; Redern, Marwitz, S. 114–115 (gest. 1837); Tb. Uradel, 1905, S. 495–496 (danach war d. Vater G. F. Ol, gest. Mai 1777 od. 1800, hier nur G. A. C. u. J. L.); Lehmann, S. 269 (G. A. C.); Diest, Marwitz, S. 21–22 (J. L. mit d. Daten 1747–1837); Moegelin, S. 61, S. 261; Jb. Neumark, 11/1936, S. 76; Priesdorff, Nr. 609 (Schwager von Wulffen, dieser war aus Driesen gebürtig);

Ltnt. **Johann Wilhelm von der Marwitz** (1753–1794) *

aus d. Neumark gebürtig; **Laufbahn**: seit 1773 im Militär, Mrz. 1774 Fähnrich im I-R Nr. 46, Mrz. 1783 Sl, Okt. 1790 Pl, 1794 gefallen;

Quellen: GStA, IV. HA, Rep. 1, Nr. 81, Bl. 154; Stabi, Ms. boruss. fol. 316, Bl. 22 RS;

Ltnt. **Leopold Albrecht von der Marwitz** (1715–1735)

Vater: Balthasar Dietrich (1682–1731), seit 1696 im Militär, Jan. 1712 Major, stand 1715 als Major im I-R Nr. 17, zuletzt Obrist im I-R Nr. 26, 1715 u. 1718 als Erbherr auf Anteil Gleißen im Krs. Sternberg gen.; **Mutter**: Charlotte, geb. von Unruh; **Vater-Bruder**: David Sebastian (1679–1748), s. d.; **Bruder**: Wilhelm Ludwig (1717–1764) Obrist; **Bruder**: Carl Alexander (1718–1749), Ltnt. im I-R Nr. 5; **Bruder**: Friedrich (1724–1783), Ol im K-R Nr. 9, s. d. mehr; **Bruder**: Ludwig (1727–1793), Ol in päpstlichen Diensten; **Laufbahn**: seit 1725 im Militär, stand 1732 als Fähnrich im I-R Nr. 26, 1733 als solcher dim., als Ltnt. gest.;

Quellen: Stabi, Ms. boruss. fol. 314, Bl. 10, Bl. 19; fol. 319, Bl. 46 (Vater); Jb. Neumark, 1928, S. 41; Diest, Marwitz, S. 27, S. 32 (hier als Friedrich Albert);

Cap. **Ludwig Sigismund Casimir von der Marwitz** (* 17. Mai 1760, † 5. Mai 1845)

Vater: Albrecht Bernd Ludwig (1707–1793), seit 1727 im Militär, stand 1740 als Sl im I-R Nr. 21, 1744 nach 20 Dj. dim., Erbherr auf Bärfelde u. Vorwerk Babin im Krs. Königsberg, Bärfelde 1751 im Wert von 29/m T., 1767 von 52 400 T., darauf Schulden von 39 550 T., bekam 1777 für Meliorationen 2 230 T.; **Mutter**: Johanna Charlotte Amalie, geb. von der Marwitz; **Bruder**: Otto Friedrich (1751–1820), Cap., s. d.; **Laufbahn**: seit 1771 im Militär, Sl im D-R Nr. 1, Jan. 1786 nach 15 Dj. als Cap. dim.; **Ehefrau**: Elisabeth Marianne, geb. von dem Borne (1762–1849), sie besaß 1801 Diedersdorf im Krs. Landsberg als Fideikommiß**gut**, im Juli 1770 gewürdigt auf 16 110 T., d. Cap. selbst besaß kein Gut, er hatte seinen Wohnsitz 1798 in Rohrbeck im Krs. Arnswalde; 1803 wollte seine Frau Diedersdorf für 33/m T. erwerben, taxiert war es auf 31 744 T., d. Revenuen betrugen 1 320 T., d. Wohnhaus wurde damals auf 800 T. geschätzt, die Holzung auf 6 917 T.; E. M. saß noch 1809 als Fideikommiß-Besitzerin auf d. Gut; **Sohn**: Carl Heinrich Wilhelm (1785–1862), Nov. 1799 Fähnrich im I-R Nr. 35, Nov. 1803 Sl, Sep. 1811 dim., von 1811 bis 1853 Landrat d. Krs. Greifenberg; **Sohn**: Friedrich Ludwig Elias (1785–1851), Jan. 1802 Cornet im D-R Nr. 4, Sep. 1806 Sl,

Okt. 1808 beim Neumärk. D-R, April 1810 dim. (als Rittmstr.);

Quellen: GStA, II. HA, Abt. 12, Materien, Vas.tab. Nr. 6, Bl. 111 RS-112; IV. HA, Rep. 1, Nr. 81, Bl. 153 (kz. Notiz), Bl. 154 (Söhne); BLHA, Rep. 78 I, Nr. 170, Bl. 50; Stabi, Ms. boruss. fol. 311, Bl. 206, Bl. 210 RS (je d. Vater); Ms. geneal. fol. 120, Bl. 235 RS, Bl. 247; Bratring, 3. Bd., 1809, S. 154 (E. M. 1809); Tb. Uradel, 1905, S. 507–509; Moegelin, S. 62; Diest, Marwitz, S. 34; Jb. Neumark, 11/1936, S. 72 (d. Vater A. B. L. hier 1732 als Otto B. L., sein Sohn als Erdmann Wilh. Kreuzw.), S. 84 (danach wurde Diedersdorf 1804 verkauft);

Rittmstr. **Otto Christian Adolph von der Marwitz** (* 20. Mai 1701, † 30. Sep. 1757) *

Vater: Christian (1658–1709), Obrist, Kommandant zu Driesen, Erbherr auf Bärfelde im Krs. Königsberg; **Mutter**: Louise Sophie, geb. von der Marwitz (1678–1741); **Bruder**: David Sigismund (1699–1779), Ol, Kammerpräsident, s. d. mehr; **Laufbahn**: 1717 ins K-R Nr. 10, stand 1730 als Ltnt. im K-R Nr. 10, 1740 als Rittmstr. ins K-R Nr. 5 versetzt, vor 1750 abgegangen; **Güter**: Erbherr auf Diedersdorf im Krs. Teltow; **Ehefrau**: Gottliebe Elisabeth Eva Marie, geb. von der Marwitz; **Sohn**: Otto Sigismund Albrecht Alexander (1746–1819) *, Juli 1763 Gefr. corp. im 1. Bat. Garde, stand 36 Jahre in diesem Reg., erwirkte am 14. Mai 1790 als Stabs-Cap. im 1. Bat. Garde u. Major von d. Armee e. Legitimationspatent für seinen mit Dorothea Wilhelmina Charlotte Gebler außer d. Ehe erzeugten Sohn, Juni 1792 Chef e. Comp., Mai 1798 Obrist im I-R 15, Febr. 1799 Kommandeur d. I-R Nr. 37, Juli 1802 Kommandant von Glogau, Juni 1803 GM, Febr. 1810 kassiert u. zu zehn Jahren Festungshaft verurteilt, Sohn: Gottlieb Felix Ludwig (get. 23. Juni 1780, † 1853), nach 1806 Major; **Sohn**: Friedrich Ferdinand David Carl (1755–1806), 1773 Fähnrich im I-R Nr. 5, Juni 1788 Pl, Mai 1792 Stabs-Cap., Mai 1795 Chef e. Comp., Mai 1801 Major, 1806 bei Jena gefallen;

Quellen: GStA, I. HA, Rep. 22, Nr. 201, Paket 8 646; IV. HA, Rep. 1, Nr. 81, Bl. 153 (Söhne, O. C. A. hier nicht); BLHA, Rep. 78 I, Nr. 170, Bl. 50; Stabi, Ms. boruss. fol. 311, Bl. 327 RS, Bl. 329 (je aus d. NM), Bl. 334 (1739 als Ltnt. versetzt); Schwerin, K-R 10, 3. T., Anhang, Personalien; Redern, Marwitz, S. 140–141; Priesdorff, Nr. 1 055 (Sohn O.S.A.A.);

Ltnt. **Otto Friedrich von der Marwitz** (* 5. Jan. 1751, † 3. Okt. 1820)

Vater: Albrecht Bernd Ludwig (1707–1793), Ltnt., Erbherr auf Bärfelde u. Vorwerk Babin im Krs. Königsberg; **Mutter**: Johanna Charlotte Amalie, geb. von der Marwitz; **Bruder**: Ludwig Sigismund Casimir (1760–1845), Cap., s. d. mehr; **Laufbahn**: seit 1767 im Militär, Febr. 1770 Fähnrich im I-R Nr. 13, zuletzt Ltnt., Juli 1780 als Invalide dim.; **Güter**: von 1793 bis 1812 Erbherr auf Bärfelde, 1732 u. 1801 im Wert von 47 794 T., 1793 von 66/m T.; **Ehefrau**: Charlotte Henriette Luise, geb. von der Marwitz (* 1750); **Sohn**: Friedrich Ludwig Joachim (1783–1840), Jan. 1798 Fähnrich im I-R Nr. 13, Mrz. 1801 Sl, Okt. 1803 dim.; **Sohn**: Friedrich Casimir Bernd (1788–1838) 1801 u. 1803 beim Vater auf d. Gut;

Quellen: GStA, II. HA, Abt. 12, Materien, Vas.tab. Nr. 6, Bl. 93 RS-94; IV. HA, Rep. 1, Nr. 81, Bl. 153 (kz. Notiz), Bl. 154 (Sohn hier als Heinr. Fr.); Stabi, Ms. boruss. fol. 311, Bl. 17, Bl. 26; Tb. Uradel, 1905, S. 507; Jb. Neumark, 11/1936, S. 72;

Cap. **Siegmund Ludwig von der Marwitz** (1700–1755)

Vater: Joachim Siegmund (1657–1710), Erbherr auf Diedersdorf im Krs. Landsberg; **Mutter**: Catharina Elisabeth, geb. von Sydow (1669–1714); **Bruder**: George Friedrich (* um 1700, † 1743), seit 1714 im Militär, stand 1741 als Major u. Chef e. Comp. im I-R Nr. 37, zuletzt Ol u. Kommandeur d. I-R Nr. 37, Kommandant von Glogau; **Bruder**: Christian (1705–1775) *, Landrat d. Krs. Friedeberg; **Laufbahn**: stand 1719 als Fähnrich, 1726 als Pl im I-R Nr. 1, um 1728 (mit d. Charakter Cap.) dim.; **Güter**: 1742 saß d. Cap. S. L. auf Heidenau im Krs. Crossen, vor 1741 gekauft für 6 450 T. von der Witwe von Loeben, geb. von Knobelsdorff (die es vom Grafen von Rothenburg, der es 1739 für 6 400 T. erwarb, erstanden hatte), vor 1742 war d. Gut zweimal taxiert worden: auf 7 667 u. 8 860 T.; d. Gut sollte um 1743 subhastiert werden, 1744 wurde aufgrund seiner Forderungen d. Ol F. L. W. von Kleist in d. Gut immittiert, es soll diesem für 4 800 T. zugeschlagen worden sein, obwohl sich nach Angaben d. Fam. von der Marwitz d. Wert auf 8/m T. belief, die Brüder protestierten daher gegen d. Überlassung;

Quellen: GStA, I. HA, Rep. 22, Nr. 210, Pakete 8 641-8 643; Stabi, Ms. boruss. fol. 313, Bl. 176 (S. L.); fol. 316, Bl. 105 (Rangliste Dez. 1741, lt. Abgangsliste I-R 37: G. F. gest. Juni 1747); fol. 319, Bl. 194 (S. L.); Diest, Marwitz, S. 17, S. 23 (d. Vater J. S. evt. auch auf Dietersdorf in d. MM);

Rittmstr. **Ewald Friedrich von Massow** (* 12 Sep. 1761, † 4. Jan. 1827) *

Vater: Ewald Valentin (1716–1766) *, Major im D-R Nr. 5, Erbherr auf Grumbkow im Krs. Stolp; **Mutter**: Sophia Johanna, geb. von Burgsdorff († 1779), in zweiter Ehe verh. mit d. Major Adam Friedrich von Bock im D-R Nr. 1; **Laufbahn**: 1781 Cornet im K-R Nr. 3, Sep. 1786 Sl, Okt. 1791 Pl, Dez. 1793 dim., Juli 1801 Charakter als Rittmstr.; **Güter**: (erhielt bei d. Auseinandersetzung mit seinem Stief-Vater Adam Friedrich von Bock im Mai 1779 d. Gut Tankow im Krs. Friedeberg bzw.) erwarb 1803 von d. Witwe Major von Bock, geb. von Papstein, Tankow für 32/m T., noch 1809 auf d. Gut gen.; **Ehefrau**: e. geb. von Kamptz;

Quellen: GStA, II. HA, Abt. 12, Materien, Vas.tab. Nr. 8, Bl. 90 RS-91; IV. HA, Rep. 1, Nr. 81, Bl. 172; Bratring, 3. Bd. S. 191; Fam.gesch. 1878, S. 108–109, S. 135 (danach seit 1779 auf Tankow, d. Stief-Vater als von Borck); Jb. Neumark, 11/1936, S. 71 (seit 1803 auf Tankow); Pommern, S. 423 (Biogramm d. Vaters E. V.);

Cap. **Wilhelm Anton von Massow** (* 21. Dez. 1761, † 1. Aug. 1815) *

Vater: Friedrich Eugen (1719–1774) *, Obrist, seit 1765 Erbherr auf Ranzow im Krs. Cottbus; **Mutter**: Martha Elisabeth, verwitw. von Sonnentag, geb. von List (1724–1798), sie saß 1774 als Witwe auf Groß Gaglow im Krs. Cottbus, hatte ihrem Mann auch Ranzow eingebracht; **Laufbahn**: 1774 Gefr.corp. im I-R Nr. 24, 1779 Fähnrich, Okt. 1783 Sl, Mai 1790 Pl, April 1794 Stabs-Cap., Dez. 1800 auf Wunsch dim., **Güter**: (erbte von seiner Mutter Gallinchen im Krs. Cottbus, um 1800 an d. Fürsten von Pückler in Branitz verkauft) bekam vom Vater Cunsow u. Wussecken in Pommern, von 1782 bis 1785 auch auf Ranzow; **Schwester**: Charlotte Lucie Juliane (* 1775), sie saß 1803 u.

1805 auf Germersdorf im Krs. Cottbus, für 16 100 T. erworben;

Quellen: GStA, II. HA, Abt. 12, Materien, Vas.tab. Nr. 8, Bl. 32 RS-33 (Schwester mit Verweis auf d. Bruder, dieser als A. W.); IV. HA, Rep. 1, Nr. 81, Bl. 172; Stabi, Ms. boruss. fol. 316, Bl. 321, Bl. 328; Ms. geneal. fol. 120, Bl. 239; Fam.gesch. 1878, S. 116–117, S. 148–149; Jb. Neumark, 11/1936, S. 102 (1767 Fürst Pückler auf Gallinchen); Krüger, Cottbus, S. 31 (Galllinchen seit 1753 im Besitz d. Fürsten v. Pückler); Pommern, S. 425, S. 432 (Biogramme von F. E. u. W. A., nichts zu d. neumärk. Gütern);

sächs. Cap. **Carl Andres von Maxen** (* um 1680)

(aus d. Neumark gebürtig); **Laufbahn**: avancierte im sächsischen Militärdienst bis zum Cap.; **Güter**: 1715 u. 1718 Pfandbesitzer von Neudorf im Krs. Sternberg, Lehnsträger war d. Ol Caspar Adam von Waldow auf Arensdorf u. Rauden; 1718 auch auf Anteil Költschen u. Hammer im Krs. Sternberg; (**verwandt**: 1703 stand ein Adam Friedrich von Maxen bei d. *cadets* in Berlin: Stabi, Ms. boruss. fol. 310, Bl. 87 RS);

Quellen: BLHA, Rep. 23 B, Nr. 446, Jb. Neumark, 1928, S. 43–44; Siebmacher, Bd. 6/5, 1880, S. 59; nicht bei Boetticher, 2. Bd., S. 141–153; nicht im Tb Uradel, 1941;

Ltnt., Kammerherr **Philipp Eberhard George Carl Frhr. von Medem** (* 1768) *

Vater: Friedrich George (1725–1795), aus Kurland gebürtig, preuß. Kammerherr, Hofmarschall bei Prinz Ferdinand, gab vor 1774 dieses Amt auf, Kammerpräs. d. St. Johanniter-Ordens, 1774 als Erbherr auf Leichholz im Krs. Sternberg gen., auch auf Wulckow, Dermietzel, Wahlsdorf, hatte seinen Wohnsitz in Frankfurt an d. Oder, in erster Ehe verheiratet mit Sophia Christiane, geb. von Eickstedt (* 1725), beider Ehe wurde geschieden, gemäß Testament vom 26. Jun 1792 ging Leichholz an d. Sohn erster Ehe u. d. zweiten Sohn zweiter Ehe; P.E.G.C. aus Berlin gebürtig; **Mutter**: Charlotte Auguste (1740–1833), e. Tochter d. neumärk. Kanzlers Timotheus Otto von der Groeben, sie brachte ihrem Mann e. großes Vermögen ein, er vermachte ihr daher in seinem Testament vom 26. Juni 1792 d. kurmärk. Güter Wahlsdorf u. Charlottenfelde nebst Inventar sowie das Haus in Berlin, weil von ihrem Geld u. auf ihren Namen erworben; Stief-**Bruder**: Friedrich George Eberhard; **Bruder**: Heinrich Philipp Otto Eberhard (* 9. Jan. 1777, † 12. Juni 1863), seit 1795 zs. mit d. Stief-Bruder F. G. E. Erbherr auf Leichholz im Krs. Sternberg, sie übernahmen es mit Hypotheken lt. väterl. Testament inkl. Holzungen für 20/m T, H.P.O.E. bekam im Juni 1795 d. *venia aetatis*, später auch Erbherr auf Wahlsdorf; **Laufbahn**: Page, Febr. 1782 im Alter von 15 Jahren Gefr.corp. im I-R Nr. 18, Dez. 1786 Fähnrich, April 1788 Sl, im Jan. 1789 dim.; (seit 1797 kgl. Kammerherr, Erbherr auf Wahlsdorf im Krs. Luckenwalde);

Quellen: GStA, I. HA, Rep. 22, Nr. 209 a; IV. HA, Rep. 1, Nr. 81, Bl. 244 (hier als Carl, im I-R 18 auch e. Peter, Mai 1787 Sl, Nov. 1787 dim.); Stabi, Ms. boruss. fol. 313, Bl. 163 (im Nov. 1787 abgegangen: Peter; 1789 Carl), Bl. 173 (Peter (* um 1764), aus Kurland gebürtig, seit 1782 im Militär, April 1782 Fähnrich im I-R Nr. 18; Carl (* 1769), seit 1782 im Militär); Handbuch preuß. Hof 1804, S. 8; Siebmacher, Bd. 6/5, 1880, S. 59; Jb. Neumark, 11/1936, S. 95 (d. Bruder hier als Heinrich Philipp Otto August; d. Kammerherr u. Ltnt. als Philipp Eberhard George Carl); Tb. freiherrl. Hs., 1863, S. 624–626 (hier ein Friedrich Ludwig (* 3. Mai 1758 in Berlin, † 1819), und: Carl Philipp (1768–1814), dies wohl d. Ltnt.); GHdA, Bd. 69, 1979, S. 229 (hier nur Vater u. H.P.O.E.);

Cap. **Bernhard Bogislav Sigismund von Mellenthin** (* 1721, † 22. April 1780) *

(**Vater**: Joachim Siegmund, 1745 auf Dolgenow gen., lag damals im Streit mit seinem Nachbarn, d. poln. Cornet von Ravisard auf Berkenow); B. B. S. aus Pommern gebürtig; **Laufbahn**: seit 1738 im Militär, stand 1740 als Gefr.corp. im I-R Nr. 29 (seit 1759 Cap. im Grenadier-Bat. Nr. 2), 1764 als Cap. u. Chef e. Comp. im Grenadier-Bat. Nr. 2 gen., Juni 1769 (nach 33 Dj.) dim.; **Ehefrau**: Henriette Sophie (* 1737), e. Tochter d. Majors Martin Friedrich von Wedel auf Denzig im Krs. Arnswalde, sie erbte d. Gut Dolgenow im Krs. Schivelbein, lt. Inventar überstiegen seine Schulden die Aktiva um 3 416 T., sie verlor bei d. Übernahme seines Nachlasses daher ihre *illata* in Höhe von 3 754 T., H.S bewirtschaftete d. Gut selbst, bekam angesichts d. Schulden jedoch keine Revenuen u. stand daher 1783 auf d. Expectantenliste für eine Pension, 1791 wurde Dolgenow verkauft; **Güter**: besaß zs. mit seiner Frau d. Gut Dolgenow im Krs. Schivelbein, stritt 1771, 1772 mit seinem Nachbarn, d. Cap. Joh. Christoph von Briesen auf Kreitzig, über d. Hütung auf d. Heide; bekam 1776 für Meliorationen 2 683 T., auf d. Gut 1780 verst.;

Quellen: GStA, I. HA, Rep. 22, Nr. 218 e; II. HA, Abt. 13 a, Tit. III, Generalia, Nr. 2, Bd. 1, fol. 24 RS-25; Tit. IV, Litt S, Nr. 1, Bd. 1; IV. HA, Rep. 1, Nr. 81, Bl. 282; Stabi, Ms. boruss. fol. 314 (1745 u. 1755 noch nicht im Grenad.-Bat. Nr. 2); fol. 316, Bl. 65 (nicht in d. Rangliste 1750, nicht in d. Abg.liste I-R 29); Moegelin, S. 261; Jb. Neumark, 11/1936, S. 87; Pommern, S. 433 (kz. Biogramm, mit Lücken, nur als B. B.);

Major **Christian Friedrich Ernst von Mellenthin** (* 21. Nov. 1750, † 28. Okt. 1818)

Vater: Cuno Friedrich (1713–1775), Fähnrich bzw. Ltnt. im I-R Nr. 8, Erbherr auf Klein Lienichen u. Anteil Langenhagen im Krs. Dramburg, erhielt 1772 e. Meliorationskredit über 2/m T., 1777 wurden für Klein Lienichen noch einmal 4 230 T. gezahlt; **Mutter**: Ernestine Marie, geb. von Wedel (1718–1775); **Laufbahn**: 1774 Fähnrich im I-R Nr. 22, 1779 Ltnt., Juni 1783 Pl, Dez. 1789 Stabs-Cap., Mai 1793 Cap., Okt. 1798 Major, Nov. 1804 Kommandant in Glatz, Jan. 1806 mit Pension dim.; **Güter**: 1801 als Miterbe d. Krs.deputierten von Lubrecht auf e. Anteil von Langenhagen u. auf Klein Lienichen im Krs. Dramburg gen., 1775 im Wert von 15 635 T., 1809 auf Klein Lienichen; **Ehefrau**: Friederike Eleonore, geb. von Wedel (1763–1823); **Sohn**: Friedrich Heinrich Otto (1783–1858), Okt. 1797 Fähnrich im I-R Nr. 22, Febr. 1799 Sl, Sep. 1803 dim., später Reg.rat;

Quellen: GStA, II. HA, Abt. 12, Materien, Vas.tab. Nr. 6, Bl. 72 RS-73; IV. HA, Rep. 1, Nr. 81, Bl. 282 (C. F. E., d. Sohn hier als F. O. H.); Stabi, Ms. boruss. fol. 314, Bl. 296 RS, Bl. 300 RS; Ms. geneal. fol. 120, Bl. 246; Bratring, 3. Bd., S. 238; Jb. dt. Adel, 2. Bd., S. 574–575; d. Vater nicht bei Priesdorff, Offz.stammliste; Jb. Neumark, 1927, S. 135 (1715 e. Matth. Friedrich v. M. auf Kl. Lienichen); Moegelin, S. 260 (Vater hier als Carl Fr., ohne militär. Rang), S. 263; Jb. Neumark, 11/1936, S. 66 (hier als C. E. F.);

Ltnt. **Ernst Heinrich von Mellenthin** (* 1732, † 11. Okt. 1759) *

Vater: Ernst Christian (* 1704), Ltnt. bei Dohna, 1745 als Erbherr auf Klein Lienichen im Krs. Dramburg gen., stritt 1743 mit seinem Bruder Cuno Friedrich (1713–1775), Erbherr auf Anteil Langenhagen, über Fischereirechte auf e. kleinen See nahe Klein Lienichen; **Großvater**: Matthias Friedrich (* um 1670), 1715 u. 1728 Erbherr auf Klein Lienichen; **Bruder**: Christian Friedrich (* 1730), stand 1745 als Junker im I-R Nr. 22; **Laufbahn**: seit 1750 im Militär, Mai 1755 Fähnrich im I-R Nr. 22, 1759 als Ltnt. an e. Blessur gest.; **Güter**: Klein Lienichen ging nach 1763 an e. anderen Zweig d. Familie;

Quellen: GStA, I. HA, Rep. 22, Nr. 218 e; IV. HA, Rep. 1, Nr. 81, Bl. 282 (kz. Notiz); Stabi, Ms. boruss. fol. 314, Bl. 286 (danach aus Pomm. gebürtig), Bl. 292 RS; Ms. geneal. fol. 120, Bl. 228 (E. H. hier als H. E.); Jb. Neumark, 1927, S. 135;

Major **Ernst Friedrich von Meseritz** (* 1723, † 15. Mrz. 1778)

Vater: George Heinrich (* 1695), 1727, 1728 Erbherr auf 2/3 Berkenow im Krs. Schivelbein; E. F. aus d. Neumark gebürtig; **Laufbahn**: seit 1738 im Militärdienst, stand 1742 als Corp. im I-R Nr. 39, 1745 als Fähnrich ins I-R Nr. 43 versetzt, 1750 hier als Sl gen., 1764 Cap. u. Chef e. Comp. im I-R Nr. 43, Sep. 1770 Major, stand 1775 als Major u. Chef e. Comp. im I-R Nr. 49, 1778 als solcher gest.; **Güter**: 1745 (mit 24 Jahren) als Erbherr auf Anteil Berkenow im Krs. Schivelbein aufgeführt, 1751 im Wert von 3/m T., auf d. anderen Teil für 6/m T. saß Peter Ernst von Meseritz (* 1703), Ltnt.; verkaufte d. Gutsanteil 1763;

Quellen: GStA, I. HA, Rep. 96, Nr. 304 C 1; IV. HA, Rep. 1, Nr. 82, Bd. 1, Bl. 4 (kz. Notiz); BLHA, Rep. 78 I, Nr. 170, Bl. 55 RS-56; Stabi, Ms. boruss. fol. 314, Bl. 166; fol. 316, Bl. 198, Bl. 200 RS, Bl. 303; Ms. geneal. fol. 120, Bl. 230; Jb. Neumark, 1927, S. 104; Jb. Neumark, 11/1936, S. 86 (1763 als Cap. George Friedrich v. M.);

Ltnt. **George von Meseritz** (* 1698)

Vater: Paul Friedrich (bzw. Heinrich, † vor 1713), 1713 u. 1718 als Erbherr auf Anteil Berkenow im Krs. Schivelbein gen., hatte 1715 einen Sohn namens (Jürgen bzw.) George; G. aus d. Neumark gebürtig; **Laufbahn**: seit 1719 im Militär, Mai 1720 Cornet, stand 1724 u. 1727 als Ltnt. im D-R Nr. 1, vor 1735 abgegangen;

Quellen: BLHA, Rep. 23 B, Nr. 446 (d. Sohn 1715 als Jürgen); Stabi, Ms. boruss. fol. 314, Bl. 49, Bl. 58; Jb. Neumark, 1927, S. 104 (bei d. 1715 gen. Sohn von Paul Friedr. namens Jürgen handelte es sich offenbar um George Hr., geb. 1695; evt. sind G. u. G. H. auch identisch, s. o.);

Rittmstr. **Joachim Ernst von Meseritz** (* 1735, † 8. Sep. 1791)

Vater: Heinrich Ludwig (* 1709, † 24. Sep. 1765), saß 1727 zs. mit seinen beiden Brüdern als Erbherr auf Meseritz, studierte 1728 (am JG) in Berlin, nahm keine Dienste, Erbherr auf Anteil Meseritz im neumärk. Krs. Schivelbein, besaß auch Güter, Gutsanteile in Pommern, die er noch zu Lebzeiten verkaufte, mußte seinem Sohn zufolge aufgrund von *Verfolgungen durch Blutsfreunde nach Polen fliehen*; **Vater-Bruder**: George (* 1698), Ltnt., s. d.; **Vater-Bruder**: Peter Ernst (* 1703, † vor 1759), seit 1719 im Militär, stand 1727, 1731 als Cornet im K-R Nr. 1, 1739 nach 24 Dj. als Ltnt. abgegangen, saß

1745 als Erbherr auf Anteil Meseritz, bewirkte 1750 die Präklusion d. Rechte seines Bruders H. L. auf d. Gut Meseritz, verheiratet mit Modesta Sophia Dorothea, geb. von Beneckendorff, diese saß 1759 als Witwe auf Meseritz, lag wegen d. Gutes im Rechtsstreit mit J. E., mußte diesem Meseritz abtreten, forderte 1766 d. Auszahlung ihrer 1741 eingebrachten Mitgift in Höhe von 4 500 fl.; **Großvater**: Heinrich († vor 1713), Erbherr auf Meseritz, 1713 saß seine Witwe mit ihren drei unmündigen Söhnen auf d. Gut; **Schwester**: Henriette Elisabeth (* um 1735, † Dez. 1804), 1787 unverheiratet, sie besaß e. mütterliches Erbteil von 1 197 T., das wegen ihrer *Blödigkeit* von ihrem Bruder verwaltet wurde, ihre jährl. Einkünfte von 48 T. reichten nicht für d. Unterhalt, e. Hinzuverdienst war ihr wegen *Leibesschwäche* nicht möglich, sie stand dazu unter Aufsicht, was Kosten verursachte, ihr Bruder konnte sie nicht unterstützten, sie stand seit 1785 auf d. Expectantenliste für e. neumärk. Pension, bekam zuletzt 50 T.; **Laufbahn**: stand seit 1751 im Militär, 1755 Junker im K-R Nr. 7, ihm wurde 1759 als Ltnt. bei d. *Action* bei Kay der Arm zerschossen, daher untüchtig für d. weiteren Dienst, 1762 (bzw. 1763) mit d. Charakter Rittmstr. dim., erhielt als Invalide seit 1769 e. jährliche Pension von 200 T.; **Güter**: übernahm 1765 d. verschuldete u. im Krieg runinierte Meseritz für 12/m T., darauf 1787 Schulden von 10 923 T., J. E. wohnte auf d. Gut, hatte für dieses 1777 Meliorationsgelder in Höhe von 2 560 T. bekommen; in zweiter Ehe **verheiratet** mit Elisabeth Sophia Barbara (* 1742), älteste Tochter d. Landrates von Blankenburg († 1779) auf Schlenzig im Krs., diese besaß 1787 *illata* u. a. Forderungen über 3 089 T.; es hieß damals ausdrücklich, ohne jene 200 T. Pension könnte d. Rittmstr. seine Familie nicht ernähren; d. Witwe bat im Dez. 1791 um e. Pension, sie hatte bei d. Auseinandersetzung d. Kindern d. Gut Meseritz für 16 260 T. überlassen, darauf Schulden von 7 700 T.; sie galt als qualifiziert u. wurde 1792 für e. Pension notiert; aus d. ersten Ehe ihres Mannes stammten die beiden **Töchter** Friederike Juliane Amalie (* 1767) u. Ernestine Auguste Juliane (* 1768), aus der zweiten ihre leiblichen Töchter Charlotte Ulrike Ernestine (* 1774) u. Hypolite Louise Sophie (* 1775), diese suchte 1787 um e. Pension für sich nach, sowie d. **Sohn** Ludwig Ferdinand (* 14. Okt. 1781), dieser studierte in Frankfurt, Halle u. Leipzig, machte auf d. Schulen Schulden, April 1802 Fähnrich im I-R Nr. 37, Juni 1804 als Ltnt. dim., er besaß 1803 d. Gut Meseritz im Krs. Schivelbein, hatte es bei d. Erbteilung für 14/m angenommen, d. Brutto-Ertrag belief sich auf 635 T, mußte f. Zinsen, d. Unterhalt von Mutter u. Geschwistern 421 T. erlegen, d. Bau- u. Meliorationskosten betrugen 100 T., damit blieben ihm jährlich nur 114 T., erhielt im dritten Anlauf am 2. Mai 1803 d. *venia aetatis*; befand sich 1805 schuldenhalber in Arrest in der Hausvogtei zu Berlin; veröffentlichte 1806 e. kritische Schrift über d. preuß. Monarchie, soll darin d. König geschmäht haben, ihm wurde in erster Instanz wegen falscher Kaufkontrakte e. fiskalische Geldstrafe von 20/m T. auferlegt, d. Adel abgesprochen, d. Ltnt. zu einer zwei- bzw. vierjährigen Zuchthausstrafe verurteilt;

Quellen: GStA, I, HA, Rep. 22, Nr. 218 b; II. HA, Abt. 12, Materien, Vas.tab. Nr. 6, Bl. 146 RS-147; Nr. 8, Bl. 138 RS-139; Abt. 13 a, Tit. III, Generalia,

Nr. 2, Bd. 13, fol. 17 RS-18; Tit. IV, Litt S, Nr. 1, Bd. 1; IV. HA, Rep. 1, Nr. 82, Bd. 1, Bl. 4 (Sohn L. F.); Stabi, Ms. boruss. fol. 312, Bl. 84 RS, Bl. 90 (P. E.); fol. 314, Bl. 49, Bl. 58 (George); fol. 315, Bl. 23 RS, Bl. 31; Ms. geneal. fol. 120, Bl. 230, Bl. 252; Jb. Neumark, 1927, S. 103; Moegelin, S. 264; Jb. Neumark, 11/1936, S. 86–87 (danach saß e. George Fr. auf d. Gut);

Obrist **Ludwig George Christian von Meyerinck** (* 16. Mai 1752, † 2. Juli 1804) *

Vater: Dietrich Reichard (1701–1775) *, aus Lippstadt gebürtig, 1716 Gefr.corp. im I-R Nr. 6, April 1724 Fähnrich, Mrz. 1729 Sl im I-R Nr. 15, Juni 1740 Stabs-Cap., 1741 Orden p. l. m., Mai 1743 Obrist, April 1747 Kommandeur d. 2. Bat. Garde, Mai 1747 GM, Aug. 1749 Chef d. I-R Nr. 26, Febr. 1757 Gl, Jan. 1758 dim., Erbherr auf Leuenberg im Krs. Oberbarnim; **Mutter**: Catharina Johanna Wilhelmine, geb. von Herold (1726–1809); **Bruder**. Adolph Friedrich (* 16. Mai 1752); **Bruder**: Friedrich Richard (* 1. Mai 1754, † 31. Okt. 1813), seit 1770 im Militär, 1774 als Fähnrich im I-R Nr. 26 gen., Mrz. 1789 Pl, Dez. 1790 Stabs-Cap., Febr. 1796 Cap. u. Chef e. Comp., Dez. 1804 Major, Mrz. 1810 ½ Gehalt, 1813 gest.; **Bruder**: Wilhelm Heinrich Jacob (* 23. Aug. 1755, † 23. Nov. 1792), seit 1771 im Militär, Sep. 1774 Sl im I-R Nr. 5, April 1787 Pl, Juni 1787 Gen.-Adj. u. Cap., Mai 1791 Major u. Chef e. Comp. im I-R Nr. 53, Mai 1792 zum I-R Nr. 21; **Laufbahn**: seit 1771 im Militär, April 1782 Pl im I-R Nr. 39, Okt. 1786 Cap., Dez. 1789 Major, 1793 Kommandeur d. Grenadier-Bat. d. I-R Nr. 1, Mai 1795 Kommandeur d. I-R Nr. 35, Juni 1798 Ol, Juni 1799 Obrist, Mai 1801 Kommandeur d. I-R Nr. 1, als solcher 1804 gest.; **Güter**: 1801 u. 1803 als unangesessener Vasall im Krs. Soldin aufgeführt, in d. Tabelle auch seine Brüder Friedrich Richard (u. Wilhelm (* 1756), vormaliger Major im I-R Nr. 1) verzeichnet;

Quellen. GStA, II. HA, Abt. 12, Materien, Vas.tab. Nr. 6, Bl. 122 RS-123; Nr. 8, Bl. 127 RS-128; IV. HA, Rep. 1, Nr. 82, Bd. 1, Bl. 41 (Vater u. Söhne); Stabi, Ms. boruss. fol. 310, Bl. 41 (W. H. J.); fol. 314, Bl. 2 RS (F. R.); fol. 316, Bl. 309 (L. G. C.); König, 3. T., S. 45–46; Priesdorff, Nr. 370 (Vater);

Gl **George Adolph (seit 1682: Frhr.) von Micrander** (* 1638, † 26. Okt. 1722) *

Vater: George, ksl., schwedischer Obrist; **Laufbahn**: bis 1673 in schwedischen u. ksl. Diensten, 1673 kurbrandenbg. Obristwachtmstr., 1674 Ol, Juli 1677 Obrist, Nov. 1679 Kommandant von Frankfurt an der Oder, April 1682 Reichsfreiherrnstand, April 1689 GM, 1692 als GM in d. Garnison Frankfurt gen., April 1699 Gouverneur von Kolberg u. Chef d. dortigen Garn.-Bat., Jan. 1701 Gl, Okt. 1713 Gouverneur von Frankfurt an d. Oder; **Ehefrau**: Anna Catharina, geb. von Klingspor († 1738); **Güter**: 1713, 1717 als Erbherr auf Tammendorf u. Klebow im Krs. Crossen im Wert von 11 100 T. gen., darauf keine Schulden, hatte damals nur eine **Tochter**;

Quellen: GStA, I. HA, Rep. 66, Nr. 18; BLHA, Rep. 23 B, Nr. 446; Stabi, Ms. boruss. fol. 319, Bl. 21; König, 3. T., S. 46–47; Jb. Neumark, 1928, S. 92–93; Priesdorff, Nr. 68;

Rittmstr. **Ferdinand Friedrich Leopold Mi(e)sitschek von Wischkau** (1768–1827)

Vater: Ferdinand Friedrich Abraham (* 1741), stand von 1761 bis 1764 im

D-R Nr. 6, zuletzt Cornet, seit Juli 1764 Erbherr auf Drehnow gegen Schlesien im Krs. Crossen, 1767 im Wert von 28 800 T., darauf Schulden von 22 437 T., erhielt 1777 Meliorationsgelder in Höhe von 7 600 T., 1780 weitere 4 280 T., noch 1801 u. 1805 auf Drehnow gen.; **Vater-Bruder**: Carl Gottlieb Sigismund (1745–1810) *, aus d. schles. Krs. Grünberg gebürtig, Jan. 1761 Cornet im D-R Nr. 12, Juni 1763 Sl, April 1778 Pl, Sep. 1782 Stabs-Cap., Juni 1789 Major, Mai 1790 Chef e. Escadron, 1794 Orden p. l. m., Jan. 1795 Assessor im Oberkriegskollegium, Juni 1798 Ol, Juni 1799 Obrist, Mai 1806 GM, Dez. 1808 Ruhestand; (**Urgroßvater**: Melchior Friedrich (* 1679), 1713 u. 1728 auf Drehnow gen., hatte 1728 zwei Söhne von 16 u. 14 Jahren); **Bruder**: Philipp Gotthilf August (* 1771), 1805 Amthauptmann zu Sorau; **Bruder**: Wilhelm Carl Ernst (* 1780), 1801 auf d. Univ. Halle, 1803 Referendar bei d. neumärk. Kammer, vor 1805 abgegangen; **Laufbahn**: seit 1784 im Militär, Juli 1785 Cornet im D-R Nr. 11, Juni 1788 Sl, Okt. 1800 Rittmstr., Febr. 1808 pens., April 1815 Charakter Major, Dez. 1817 Major beim 2. Liegnitzer Landwehr-Reg., 1827 gest.; **Güter**: übernahm 1807 d. väterliche Gut Drehnow gegen Schlesien;

Quellen: GStA, II. HA, Abt. 12, Materien, Vas.tab. Nr. 6, Bl. 26 RS-27; IV. HA, Rep. 1, Nr. 82, Bd. 1, Bl. 115 (Onkel C. G. S. als Carl, d. Angaben für F. F. L. teils nicht lesbar); Stabi, Ms. boruss. fol. 311, Bl. 251, 252, 257 (je C. G. S.); fol. 313, Bl. 144; fol. 907 a, Bl. 112 RS; Ms. geneal. fol. 120, Bl. 219, Bl. 243; Zedlitz, 3. Bd. S. 414; Siebmacher, Bd. 6/5, 1880, S. 61 (allg. zur Fam.); Orlop, Anlage, S. 126 * (hier als Misitzscheim); Jb. Neumark, 1928, S. 110; Moegelin, S. 263, S. 266; Jb. Neumark, 11/1936, S. 78; Priesdorff, Nr. 1 099 (Onkel, hier als Gottlieb Sigismd. Carl, Sohn von Gottlob Siegmund);

Ltnt. **Carl Ludwig von Misbach** (* 1707) *

aus Neuwedell im Krs. Arnswalde gebürtig; **Laufbahn**: seit 1726 im Militär, stand 1746 als Sl im Garn.-Reg. Nr. 5, 1751 Pl, vor 1764 abgegangen;

Quellen: Stabi, Ms. boruss. fol. 314, Bl. 182 RS, Bl. 184; Siebmacher, Bd. 6/5, 1880, S. 62 (allg. zur Fam.); nicht in GStA, IV. HA, Rep. 1;

Quartiermstr. **Friedrich Ernst von Misbach** (* 1704) *

aus d. Neumark gebürtig; **Laufbahn**: seit 1725 im Militär, stand 1727 u. 1735 als Quartier-Mstr. im D-R Nr. 5, vor 1740 abgegangen;

Quellen: Stabi, Ms. boruss. fol. 313, Bl. 45, Bl. 64 RS;

Cap. **Joachim Friedrich von Misbach** (1696–1749)

Vater: Johann Ernst (1666–1741), ksl. Adelsbrief vom 26. Juli 1695, brandenburg. Adelsbestätigung Sep. 1699, 1715 u. 1728 als Erbherr auf Grüneberg u. Anteil Spechtsdorf im Krs. Arnswalde gen.; Stief-**Mutter**: Benigna Louisa, geb. von Wedel; **Bruder**: Johann Ernst (* 1699, † 10. Jan. 1735), seit 1716 im Militär, Okt. 1723 vom I-R Nr. 19 ins I-R Nr. 29 versetzt, Mai 1724 Pl im I-R Nr. 29 in Wesel, Jan. 1735 als Ltnt. gest.; Stief-**Bruder**: Christian Ehrentreich (* um 1717, † 1757), als vorm. Ltnt. gest., siehe mehr bei Johann Magnus Ewald; **Laufbahn**: seit 1720 im Militär, 1739 Ltnt. im D-R Nr. 3, im Dez. 1740 hier nicht mehr gen., 1743 als Cap. bez.; **Güter**: saß 1743 auf d. väterl. Gut Grüneberg im Wert von 18/m T., beklagte sich damals darüber, von seinem Vater zum Vorteil von Stief-Mutter u. Stief-Bruder im Erbe verkürzt worden zu sein, sollte an beide 23 975 T. auszahlen, ihm blieben damit nur 12 575 T., nach seinem Tod fiel d. Gut an d. Stief-Bruder, Grüneberg war 1756 für 900 T. jährlich verpachtet;

Quellen: GStA, I. HA, Rep. 22, Nr. 216 b; Rep. 176, Nr. 6 303, Tafel II; Stabi, Ms. boruss. fol. 313, Bl. 15; fol. 316, Bl. 54 RS, Bl. 66 RS, Bl. 69; Ms. geneal. fol. 120, Bl. 223 RS; Gesch. I-R Nr. 19, S. 80; Tb. Briefadel, 1918, S. 593; Jb. Neumark, 1927, S. 179, S. 181;

Cap. **Johann von Misbach** (* 1739, † 15. April 1794) *

Vater: Johann Christian; **Mutter**: Wilhelmine Dorothee, geb. von Wedel; **Laufbahn**: *cadet*, Febr. 1760 als Junker ins I-R Nr. 36, Sep. 1760 Fähnrich, 1761 bis 1763 in Gefangenschaft, Juli 1765 Sl, Jan. 1779 Pl, als solcher noch 1782 gen., Nov. 1786 Stabs-Cap., Juli 1789 Cap. u. Chef e. Comp., April 1794 wahrscheinlich ertrunken;

Quellen: GStA, IV. HA, Rep. 1, Nr. 82, Bd. 1, Bl. 110 (v. Misbach hier alphabetisch nach Moelle falsch eingeordnet); Stabi, Ms. boruss. fol. 314, Bl. 344 RS, Bl. 347; Gesch. I-R Nr. 36, S. 104–105;

Ltnt. **Johann Ernst Carl von Misbach** (* 1. Jan. 1778, † 30. Mrz. 1841)

Vater: Johann Magnus Ewald (1744–1784), Cap., s. d.; **Mutter**: Dorothea Marie, geb. Nitz († 1792); **Bruder**: Ferdinand Magnus (* 1780, † 29. Jan. 1822), Mrz. 1796 Fähnrich im I-R Nr. 50, Sep. 1797 Sl, Juli 1809 d. 2. Westpreuß. I-R aggr., Sep. 1809 Pl, Febr. 1813 Stabs-Cap., Sep. 1815 Major, Mrz. 1817 ausgeschieden; **Schwester**: Beate Wilhelmine (* 1783); **Laufbahn**: Sep. 1794 Fähnrich im I-R Nr. 39, Okt. 1797 Sl, Jan. 1800 zum I-R Nr. 34, Nov. 1807 zum 2. Neumärk. Res.-Bat., Dez. 1808 zum 4. Ostpreuß. I-R, Sep. 1809 Pl, Aug. 1812 Stabs-Cap., Juli 1813 Cap., Juli 1815 Major, Jan. 1816 zum 15. I-R, Mai 1833 als Ol dim.; **Güter**: 1801 u. 1803 zs. mit d. Bruder F. M. als unangesessene Vasallen im Krs. Arnswalde aufgeführt;

Quellen: GStA, I. HA, Rep. 22, Nr. 216 b (hier zwei Söhne von J. M. E. gen.); Rep. 176, Nr. 6 303, Tafel III; II. HA, Abt. 12, Materien, Vas.tab. Nr. 6, Bl. 21 RS-22; IV. HA, Rep. 1, Nr. 82, Bd. 1, Bl. 110 (hier d. Vater, J. E. C. u. F. M.); Stabi, Ms. boruss. fol. 314, Bl. 262–262 RS, Bl. 265 RS, Bl. 277–277 RS (je J. M. E. u. C. G.); fol. 907 a, Bl. 12 (J. E. C.), Bl. 44 RS; Ms. geneal. fol. 120, Bl. 236 (1774 Erben v. Misbach auf Grüneberg gen.); Brüggemann, T. 2/1, S. 276–277; Zedlitz, 3. Bd., S. 414 (danach stammte d. Fam. aus Pommern); Tb. Briefadel, 1918, S. 593 (hier d. Vater J. M. E., die Söhne aber nicht);

Ltnt. **Johann Heinrich Ferdinand von Misbach** (* 2. Jan. 1784, † 11. Juli 1849) *

Vater: Ernst Sigismund Ferdinand (1752–1813), zeitweilig Referendar, 1774 im pomm. Ruhnow gen., Ritterschaftsrat, Erbherr auf Neu Lobitz im Krs. Dramburg, im Juli 1795 erworben für 18/m T.; **Mutter**: Ida Louise, geb. von Mellenthin († 1818); **Vater-Bruder**: Johann Magnus Ewald († 1784), Cap., s. d. mehr; **Brüder**: Otto Caspar Wilhelm (1787–1825), April 1812 Sl im I-R Nr. 7, Jan. 1818 Cap., Franz Leopold Carl (* 1788), August Ewald Ludwig (1790–1851); **Laufbahn**: Okt. 1799 Fähnrich im I-R Nr. 7, Juli 1802 Sl, Jan. 1812 als Ltnt. pens.;

Quellen: GStA, II. HA, Abt. 12, Materien, Vas.tab. Nr. 6, Bl. 73 RS-74; Nr. 8, Bl. 76 RS-77; IV. HA, Rep. 1, Nr. 82, Bd. 1, Bl. 110; Ms. bouss. fol. 907 a, Bl. 22; Ms. geneal. fol. 120, Bl. 246; Tb. Briefadel, 1918, S. 593–594;

Cap. **Johann Magnus Ewald von Misbach** (* 1744, † 13. Febr. 1784)

Vater: Christian Ehrentreich (* um 1717, † 22. Juni 1757), seit 1734 im Militär, Sep. 1740 Fähnrich im I-R Nr. 1, Aug. 1742 als Sl dim., 1751 als Erbherr auf Grüneberg im Krs. Arnswalde gen., hatte damals drei Söhne von vier, sechs u. sieben Jahren; **Mutter**: Barbara Sophie Luise, geb. von Wedel aus Neuwedell († 1762); **Vater-Bruder**: Joachim Friedrich (1696–1749), Cap., s. d.; **Bruder**: Christian Friedrich (1745–1766), seit 1760 im Militär, 1764 Fähnrich im I-R Nr. 12, am 2. Mrz. 1766 als Ltnt. in Prenzlau gest.; **Bruder**: Carl Gotthilf (1747–1778), seit 1764 im Militär, Febr. 1771 Sl im I-R Nr. 7, 1778 als Ltnt. in Zittau gest., 1774 wurden vier Brüder u. zwei Schwestern von Misbach auf Ruhnow (u. Anteil Winningen) im Krs. Dramburg gen.; **Bruder**: Ernst Sigismund Ferdinand (1752–1817), siehe bei dessen Sohn Johann Heinrich Ferdinand (1784–1849), Ltnt.; **Schwester**: Agneta Louisa, verh. mit Peter Friedrich von Wedel auf Winningen; **Laufbahn**: seit 1758 im Militär, Sep. 1763 Sl im I-R Nr. 7, als solcher noch 1772 gen., Dez. 1783 Stabs-Cap., 1784 gest., seine drei natürlichen Kinder aus d. Verbindung mit Dorothea Marie Nitz († 1792) wurden im April 1784 legitimiert, erhielten aber nicht d. (adligen Stand d. Vaters u.) Sukzessionsrecht; **Sohn**: Johann Ernst Carl (* 1778), Ltnt. s. d.; **Güter**: 1762 galt Grüneberg infolge d. Krieges als total ruiniert, es gehörte d. minderjährigen von Misbach; 1772 zs. mit (seinem Bruder) Fr. K. G. von Misbach als Erbherr auf Grüneberg im Krs. Arnswalde gen., beide bekamen e. kgl. Beihilfe in Höhe von 5/m T.; hinterließ Grüneberg im Wert von 20 637 T. mit hohen Schulden, d. Gut sollte subhastiert werden, befand sich noch 1798 im Besitz d. Familie, aber die Revenuen reichten nicht zur Bezahlung d. Zinsen, Grüneberg wurde mit Zustimmung d. Küstriner Pupillenkollegiums im Mrz. 1799 an d. Rittmstr. O. L. von Versen für 32 550 T. verkauft, nach Abzug d. Schulden blieben den Mündeln 6 202 T.;

Quellen: GStA, I, HA, Rep. 22, Nr 216 b; Rep. 176, Nr. 6 303, Tafel II; IV. HA, Rep. 1, Nr. 82, Bd. 1, Bl. 110; BLHA, Rep. 78 I, Nr. 170, Bl. 27; Stabi, Ms. boruss. fol. 313, Bl. 176 RS, Bl. 299 RS (je. d. Vater); fol. 314, Bl. 262 RS, Bl. 277 RS; fol. 316, Bl. 234, Bl. 243 (je d. Bruder C. F., hier als Carl); Ms. geneal. fol. 120, Bl. 246; Tb. Briefadel, 1918, S. 593 (hier als Mißbach); Moegelin, 1934, S. 260 (hier 1772 e. Fr. K. G. gen.); Jb. Neumark, 11/1936, S. 59;

Gefr.corp. **Joachim Christoph von Mittelstaedt** (* 1695)

Vater: Joachim Christoph († vor 1713), stand 1694 als Rittmstr. im Kav.-Reg. von Lüttwitz, 1703 als Rittmstr. im Reg. Kronprinz zu Pferd, Erbherr auf Anteil Völzkow im Krs. Schivelbein, seine Witwe hatte d. Anteil 1713 für 250 T. verpachtet, damals wurden ihre drei Söhne gen.; **Bruder**: Friedrich Wilhelm, **Bruder**: Alexander Christian; **Laufbahn**: seit 1717 im Militär, stand 1725 als Sergant, 1730 als Gefr.corp. im I-R Nr. 29, vor 1740 abgegangen;

Quellen: BLHA, Rep. 23 B, Nr. 446; Stabi, Ms. boruss. fol. 316, Bl. 66, Bl. 69 RS; fol. 319, Bl. 4 RS; Siebmacher, Bd. 6/5, 1880, S. 62; Bardeleben, S. 411; Jb. Neumark, 1927, S. 90;

Fähnrich **Carl Friedrich von Möhlen**
(* 24. Mrz. 1754, † 28. Juni 1779)

Vater: Otto Wilhelm (* 1719), seit 1736 im Militär, stand 1740 als Fähnrich im I-R Nr. 18, 1750 als Pl, 1756 als Stabs-Cap. gen., Jan. 1758 als Cap. bei Liegnitz gefallen bzw. abgegangen, Erbherr auf Hohenkarzig im Krs. Friedeberg; **Mutter**: Caroline Erdmuthe, geb. von Holtzendorff; **Laufbahn**: seit Mai 1766 auf d. Ritterakademie in Brandenburg an der Havel, stand 1773 als Fähnrich im Reg. Prinz von Preußen (I-R 18), suchte im Febr. 1773 um d. *venia aetatis* nach, besaß d. **Gut** Hohenkarzig im Krs. Friedeberg, es war damals für 1 080 T. verpachtet, auf d. Gut lagen Schulden von 9 600 T., 1770 soll es e. Wert von 32/m T. gehabt haben, 1772 wurde e. Meliorationskredit von 2/m T. gewährt; sein erstes Gesuch wurde abgelehnt, weil er noch nicht 20 Jahre alt war, erneuerte seinen Antrag im Mai 1774, bekam auch auf Fürsprache d. Majors Carl Friedrich von Holtzendorff vom I-R Nr. 18, d. **Bruders seiner Mutter**, am 4. Aug. 1774 d. *venia aetatis*, 1779 als Fähnrich gest.; d. Möhlenschen Erben erhielten 1780 für Hohenkarzig Meliorationsgelder in Höhe von 4 960 T.;

Quellen: GStA, I. HA, Rep. 22, Nr. 207, Paket 8 654; IV. HA, Rep. 1, Nr. 82, Bd. 1, Bl. 107 (Vater, kz. Notiz); Stabi, Ms. boruss. fol. 313, Bl. 170, Bl. 171, Bl. 172 (je d. Vater); Ms. geneal. fol. 120, Bl. 247 RS; Märkische Forschungen, 2. Bd., S. 381; Siebmacher, Bd. 6/5, 1880, S. 62 (mit d. Fähnrich C. F. soll d. Fam. erloschen sein); Leers, Zöglinge, S. 106 (danach geb. 24.3.1745?); Moegelin, S. 260, S. 266;

Cap. **Friedrich Gottlieb von Möhlen**
(* 1718, † 10. Nov. 1760) *

aus d. Neumark gebürtig; **Laufbahn**: seit 1732 im Militär, 1737 Gefr.corp. im I-R Nr. 5, Nov. 1740 Fähnrich, Aug. 1744 Sl, April 1753 Pl, Nov. 1757 Orden p. l. m., Juli 1758 Stabs-Cap., Okt. 1758 Cap. u. Chef e. Comp., 1760 als Cap. an bei Torgau erlittenen Blessuren gest.;

Quellen: GStA, IV. HA, Rep. 1, Nr. 82, Bd. 1, Bl. 107; Stabi, Ms. boruss. fol. 313, Bl. 74, Bl. 76 RS; Rangirrolle Saldern, Abgangsliste I-R Nr. 5; Siebmacher, Bd. 6/5, 1880, S. 62; Lehmann, S. 61;

Obrist **George Ehrentreich von Möhlen**
(* 1661, † Febr. 1741)

(**Vater**: Erbherr auf Hohenkarzig im Krs. Friedeberg); G. E. aus Hohenkarzig gebürtig; **Bruder**: Joachim Philipp (1692 u. 1694 Cornet im Leib-D-R), 1715 in türkischer Gefangenschaft (1714 saß e. Witwe Rittmstr. v. M. auf Anteil Lichtenow im Krs. Friedeberg, Sohn: George Wilhelm, auf d. Akademie); **Bruder**: Balzer Friedrich, saß 1715 auf Anteil Hohenkarzig, Ltnt., fungierte 1719 als Vormund d. unmündigen Ernst Wilhelm, Sohn des vor 1714 verst. Rittmstrs. von Möhlen auf Lichtenow, dieser hatte d. adligen Gutsanteil besessen u. 1708 d. sog. Papsteinschen Anteil oder 1/6 für 5/m T. gekauft, bei seinem Ableben war Lichtenow mit 14/m T. verschuldet u. wurde im Febr. 1719 für 22/m T. verkauft; **Laufbahn**: seit 1675 im Militär, stand 1692 als Ltnt. im 1. Bat. d. I-R Markgraf Philipp, Nov. 1709 Obrist im I-R Nr. 12, noch 1715 als solcher gen., 1716 wegen Blessuren abgegangen; **Güter**: 1715 zs. mit d. Brüdern auf Hohenkarzig gen., sie waren alle ohne Leibeserben; 1718 auch auf Anteil Wugarten; erwarb 1716 für 30 Jahre auf Pfandschilling d. Gut Dolgen im Krs. Friedeberg von d. Erben d. verst. kursächs. GM Thomas Friedrich von Bornstedt: seiner Witwe Johanne Eleonore, geb. von Bose, u. d. minderj. Sohn Johann Friedrich; 1745 u. 1759 wurde d. **Witwe** d. Obristen genannt, e. geb. Freiin von Schwan, (unehelicher) **Sohn**: Ernst Wilhelm, dieser weilte 1717 bis 1718 auf d. Ritterakademie in Brandenburg an der Havel, hielt sich 1759 in Dolgen auf; auf Hohenkarzig saßen 1745 die Lehnsfolger d. Obristen: Friedrich Gottlieb von Möhlen (*1718), 1745 Ltnt. im I-R Nr. 5, s. o., u. Otto Wilhelm (*1719), 1745 als Ltnt. im I-R Nr. 18 gen., siehe bei dessen Sohn Carl Friedrich (1754–1779);

Quellen: GStA, I. HA, Rep. 22, Nr. 207, Paket 8 654, Nr. 236; BLHA, Rep. 23 B, Nr. 446; Stabi, Ms. boruss. fol. 316, Bl. 232, Bl. 237 RS; fol. 319, Bl. 6 RS (J. P., 1692 als von Mehlen), Bl. 7 (1694, J. P. als von Möhle), Bl. 10 RS (hier als Jürgen Ehrentr.), Bl. 50; Ms. geneal. fol. 120, Bl. 213 (Witwe u. Lehnsfolger); Leers, Zöglinge, S. 30 (hier E. W., Sohn d. Obristen G. E.); Jb. Neumark, 1926, S. 86;

Obrist **Hans Sigismund von Mörner**
(*10. Juli 1664, †31. Juli 1732)

Vater: Bernd Joachim (*um 1621, †18. Juni 1675), Obrist in e. Kav.-Reg., bei Fehrbellin gefallen, Erbherr auf Klossow u. Zellin im Krs. Königsberg, ging drei Ehen ein; **Mutter**: Catharina Elisabeth, geb. von Sack; **Vater-Bruder**: Wilhelm Adam (†1696), brandenburg. Obrist, Erbherr auf Nigripp, Oberforstmstr. d. Altmark, Söhne: Achatz Joachim (†1729), auf Nigripp, Oberforstmstr. in Minden, mitbelehnt auf Klossow u. Zellin, George (Joachim) Wichard, stand 1692 als Ol im Kav.-Reg. von Schöning; Stief-**Bruder**: Curt Ehrentreich (1647–1676), Major, Sohn: Bernhard Joachim (†1741), dän. Gl; **Bruder**: Balthasar Dietloff (†1708), Mrz. 1694 Ltnt. im alten Leib-Bat. kurmärk. Garde, stand damals an d. Maas, noch 1703 als Ltnt. in d. Garde zu Fuß gen., 1708 vor Lille als Cap. gefallen; **Bruder**: Christoph Ehrentreich (*um 1674, †21. Juli 1736), 1703 Ltnt. im I-R Nr. 2, zuletzt hier Cap., vor 1707 abgegangen, 1713 auf Anteil, 1722 u. 1728 als Erbherr auf Klossow im Krs. Königsberg u. Tornow im Krs. Sternberg gen., letzteres bei e. Liciation 1720 für 14/m T. gekauft, 1724 sollen beide Güter e. Wert von zs. 39/m T. gehabt haben, darauf Schulden von 6/m T., 1729 wollten d. Gebr. von Ihlow Tornow reluiren, C. E. führte e. langen Rechtsstreit mit seinem Neffen, d. dän. Gl Bernhard Joachim von Mörner, wegen 1/3 von Klossow im Wert von 7 600 T., er klagte gegen d. Major Wolf Asmus von Selchow auf Beelitz wegen strittiger Grenzen, wegen Exzessen gegenüber Untertanen zu Geldstrafen verurteilt, verh. mit Hedwig Sophia, geb. von der Marwitz, Sohn: Erdmann Wilhelm Kreuzwendedich (*um 1721, †1787), 1751 u. 1774 als Erbherr auf Klossow gen., 1751 im Wert von 40/m T., hinterließ vier (bzw. fünf) natürl. Söhne u. eine Tochter, die im Okt. 1788 legitimiert wurden, d. väterl. Namen u. sein Wappen erhielten, d. Lehngut Klossow wurde 1788 vom König eingezogen u. zum Amt Zellin geschlagen; **Laufbahn**: stand 1707 als Cap. im I-R Nr. 17, vor 1713 als Obrist abgegangen; **Güter**: 1713, 1728 als Erbherr auf Anteil Zellin im Krs. Königsberg gen., lag mehrfach im Streit mit seinen Untertanen wegen strittiger Dienste, verkaufte Zellin im Jan. 1732 an

König Friedrich Wilhelm I., lt. Kaufanschlag von 1721 betrug d. Wert 64 098 T.; zweite **Ehefrau**: Louisa Tugendreich, geb. von Sack, diese stiftete e. Ehe zw. d. dän. GM Jacob Friedrich Ernst von Mörner († 1744), Sohn d. dän. Gl, u. Luise Catharine Wilhelmine, e. To. d. Cap. von Klitzing vom I-R Nr. 31, die dieser zu verhindern suchte; **Sohn**: Hans Wilhelm (* um 1700, † vor 1759), weilte seit Mai 1715 auf d. Univ. Halle, 1745 neumärk. Regierungs- u. Konsistorialrat, Erbherr auf Klossow u. Dölzig, in erster Ehe verheiratet mit Wilhelmine Sophia (* 9. Mai 1703, † 8. Dez. 1734), e. To. d. GM Bernd von der Marwitz, 1751 wurde f. Dölzig e. Wert von 34 800 T. gen., seine Erben verkauften im Mai 1759 Dölzig für 33/m T. am d. Cap. Hans Albrecht Ernst von Bredow, s. d.;

Quellen: GStA, I. HA, Rep. 22, Nr. 206, Pakete 8 651, 8 652; Rep. 47, Tit. 11 b, M 6 (Legit. d. Kinder von E. W. K.); II. HA, Abt. 13, Ämter, Amt Zellin, Nr. 1; nicht in IV. HA, Rep. 1, Nr. 82, Bd. 1, Bl. 151 (hier von Mörner, Offz. erst ab 1790 gen.); BLHA, Rep. 78 I, Nr. 170, Bl. 46; Stabi, Ms. boruss. fol. 310, Bl. 6 RS (G. W.); fol. 313, Bl. 289 RS (1697 ist e. Ltnt. Balzer Dietl. von d. Garde abgegangen), Bl. 290 (1698 wurde e. B. D. Pl); fol. 316 (in d. Ranglisten bis 1740 f. I-R 17 kein Mörner); fol. 319, Bl. 9 (Bruder B. D., hier als Baltzer Detloff); Ms. geneal. fol. 120, Bl. 224 RS, Bl. 249; Bardeleben, S. 414 (Bruder B. D.), S. 416 (C. E.), S. 434 (H. S.); Tb. Uradel, 1918, S. 579–580; Jb. Neumark, 1927, S. 35–36 (hier 1718 nur H. S. u. C. E., dieser 1718 gest.?); Schulze, Statistik, S. 105 (d. Obrist 1732 hier als Hans Wilhelm);

Major **Johann Wilhelm von Monjou** (* 1716)

aus d. Neumark gebürtig; **Laufbahn**: seit 1739 im Militär, stand 1750 als Pl im H-R Nr. 3, 1756 Stabs-Rittmstr., zuletzt hier Major, 1758 Chef e. neuen Frei-Bat., 1759 dim.;

Quellen: Stabi, Ms. boruss. fol. 314, Bl. 330 (danach aus d. NM); König, 3. T., S. 61 (wechselte aus frz. in preuß. Dienste); Zedlitz, 3. Bd., S. 425;

Cornet **Gottlob Tobias von Morstein** (* 1706)

Vater: Stephan († vor 1718), 1713 als Erbherr auf Anteil Griesel im Krs. Crossen gen., hatte damals zwei unmündige Söhne, d. Anteil war von seinem Vater für 8/m T. gekauft worden; **Bruder**: Christian Stanislav, 1745 als vormaliger Gefr.corp. in sächs. Diensten gen.; **Bruder**: Samuel Ladislaus; **Laufbahn**: seit 1721 im Militär, stand 1734 als Cornet im D-R Nr. 2, vor 1743 abgegangen; **Güter**: 1745 als vormaliger Cornet u. Erbherr auf ½ Griesel in Crossen aufgeführt, hatte damals zwei Söhne im Alter von fünf u. einem Jahr; (**Sohn**: Maximilian Ehrentreich Samuel (* 1744), saß 1774 auf Anteil Griesel, hatte damals zwei Söhne: Carl August Siegismund u. Otto Friedrich Ehrentreich);

Quellen: GStA, I. HA, Rep. 66, Nr. 18; BLHA, Rep. 23 B, Nr. 446; Rep. 78 I, Nr. 170, Bl. 7; Stabi, Ms. boruss. fol. 314 (Bl. 50); Ms. geneal. fol. 120, Bl. 219, Bl. 243; Siebmacher, Bd. 6/5, 1880, S. 63; Jb. Neumark, 1928, S. 95 (hier als Morstin de Kariborsko); Jb. Neumark, 11/1936, S. 79;

Ltnt. **George Ludwig von Mühlheim** (* 1725, † vor 1772)

Vater: Friedrich Wilhelm (1686–1732), aus d. Neumark gebürtig, Kammerjunker König Friedrichs I., Juli 1713 Cap. im I-R Nr. 8, 1720 als Cap. u. Chef e. Comp. gen., Sep. 1724 Major, Mrz. 1731 mit Pension dim., 1715 u. 1728 Erbherr auf Anteil Mosau im Krs. Züllichau, seine verwitw. Mutter hatte auf Lebenszeit d. Nießbrauch d. Gutes, besaß noch (Wundlacken in Preußen u.) Wardin im Krs. Arnswalde, verkaufte 1725 Hohenwalde für 17 500 T. an Christian Ludwig Bresemann, 1745 saß seine Witwe auf Wardin; **Vater-Bruder**: Ludwig (* 1693), aus Preußen gebürtig, seit 1714 im Militär, April 1715 Fähnrich im I-R Nr. 25, 1713 zs. mit d. Bruder F. W. auf Simonsdorf im Krs. Königsberg gen., beide hatte ihr Lehngut Hohenwalde im Krs. Landsberg vor 1715 an d. Amtmann Bresemann verpfändet; **Großvater**: George Wilhelm, neumärkischer Oberforstmstr., erwarb 1702 Anteil Mosau für 10/m T., verpfändete Hohenwalde im Krs. Landsberg 1707 auf 30 Jahre für 16 500 T. an Gottfried Bresemann; **Bruder**: Anton Bogislav (* 1729), 1745 auf d. Viadrina; **Laufbahn**: trat 1743 in d. Militärdienst ein, Juli 1745 Fähnrich im I-R Nr. 7, zuletzt Sl, im Mrz. 1750 dim.; **Güter**: 1745 auf Wardin im Krs. Arnswalde u. Simonsdorf im Krs. Königsberg gen.; 1774 saßen seine Erben: zwei Söhne u. e. Tochter, auf Wardin, Kölpin u. Cratznick im Krs. Arnswalde; **Sohn**: Friedrich Franz (1756–1795) *, Kammerpräsident, vererbte seine Güter Guhden u. Mohrin im Wert von 75/m T. an seinen Sohn Friedrich (* 1793), dieser bekam auch Nordhausen; **Sohn**: Ludwig Wilhelm (1757–1780), 1774 auf d. Viadrina, 1778 Cornet im H-R Nr. 2, 1780 als Ltnt. an d. Gicht in Mecklenburg gest.; **Tochter**: Dorothea Charlotta Wilhelmina (* 1758), 1778 verheiratet mit d. Ltnt. im D-R Nr. 4 u. späteren Landrat Carl Johann Christoph von Dietherdt (1746–1809) *, sie brachte ihm ein bzw. er kaufte 1782 d. Güter Wardin, Kölpin u. Cratznick für 35/m T., noch 1809 hier gen:;

Quellen: GStA, I. HA, Rep. 62, Nr. 137 b, Nr. 264 b, Fasz. 21; IV. HA, Rep. 1, Nr. 82, Bd. 2, Bl. 66 (G. L. u. L. W.); BLHA, Rep. 23 B, Nr. 446; Ms. boruss. fol. 314, Bl. 264; fol. 315, Bl. 71 (Sohn L. W. im H-R 2), Bl. 181 RS; fol. 319, Bl. 49 (je d. Vater); fol. 319, Bl. 40 (Onkel Ludwig); Ms. geneal. fol. 120, Bl. 216 RS (als v. Müllenheim), Bl. 223, Bl. 238; Siebmacher, Bd. 6/5, 1880, S. 63 (als Mülheim); Priesdorff, Offz.stammliste, S. 123 (Vater); Jb. Neumark, 1926, S. 50; 1927, S. 27 (hier als v. Mühlenheim); 1928, S. 68 (Mühlenheim); Jb. Neumark, 11/1936, S. 74; biogr. Handbuch, S. 659–660 (Sohn), S. 210 (von Dietherdt);

Ltnt. **Johann Ludwig von der Mülbe** (1732–1783)

Vater: Wilhelm Ludwig (1691–1745), seit 1698 im Militär, Sep. 1715 Fähnrich im I-R Nr. 11, 1719 Ltnt., 1728 Cap., 1732 abgegangen, Erbherr auf d. preußischen Gütern Woplauken u. Scharfenort; **Mutter**: Catharina Barbara, geb. von der Mülbe, 1746 auf Partsch, 1752, 1756 als Witwe auf Windkeim für 6 400 fl. gen.; **Bruder**: Heinrich Wilhelm (1729–1797) *, seit 1745 im Militär, stand 1750 als Fähnrich im I-R Nr. 21, 1754 als Ltnt. desertiert (1759 Wiedereintritt, 1772 Ltnt. im D-R Nr. 10, Okt. 1775 dim. u. versorgt), seit 1775 Landrat im Krs. Oletzko; **Schwager**: Major von Schmalenberg; **Laufbahn**: 1752 Junker, 1754 Fähnrich im I-R Nr. 11,

1756 wegen Krankheit mit d. Charakter Ltnt. dim.; **Ehefrau**: Sophie Johanne Charlotte, geb. von Schmalenberg, sie ließ sich wegen seiner *dissoluten* Lebensart von ihm scheiden, S. J. C. hatte d. altväterliche Gut 1752 schuldenfrei übernommen, von 1758 bis 1773 nahm sie zs. mit ihrem Mann Schulden in Höhe von 5 201 T. auf; J. L. ging 1782 e. zweite **Ehe** mit Johanna Nicolai ein, Tochter d. 1781 verst. Landrates Caspar Heinrich von Mellenthin auf Woltersdorf in Pommern, er wurde am 25. Sep. 1786 angewiesen, sich d. Prodigalitätsprozeß zu unterziehen, hatte seit d. Heirat bereits 1/m T. aus d. Vermögen seiner zweiten Frau verbraucht; **Güter**: saß 1767 auf d. erheirateten Anteil Groß Silber im Krs. Arnswalde im Wert von 13 500 T., darauf Schulden von 11 172 T., d. Pacht betrug 550 T., es wurde bei d. Licitation für 16 970 T. angeboten u. zu zwei Dritteln für 11 314 im April 1774 an Friedrich Adolph von Piper verkauft; (saß 1783 als Ltnt. auf Flackensee); **Sohn**: Friedrich Ludwig (* 1751), 1774 als Junker im D-R Nr. 5 gen. (zuletzt Ltnt.); (**verwandt**: Johann Ludwig (* 1724), aus Preußen gebürtig, Sohn von Andreas Gottfried von Mülbe (* 1694), 1752 ohne Güter, seit 1741 im Militär, stand 1746 u. 1752 als Cornet im D-R Nr. 1, Dez. 1756 als Ltnt. versetzt (1786 auf d. neumärkischen Flackensee gen.): XX. HA, EM, Tit. 110 g, Nr. 40, S. 334–335; Stabi, Ms. boruss. fol. 314, Bl. 44, Bl. 48);

Quellen: GStA, I. HA, Rep. 22, Nr. 218 h; IV. HA, Rep. 1, Nr. 82, Bd. 2, Bl. 68 (H. W., 1775 dim.); XX. HA, Adelsarchiv, Nr. 803, Bd. 15 (R. v. Flanß, S. 25: H. W. danach 1754 dim., J. L. als Fähnrich; S. 31 e. anderer Joh. Ludwig, auf Flackensee); XX. HA, EM, Tit. 110 g, Nr. 34, S. 40–41; Stabi, Ms. boruss. fol. 311, Bl. 207 RS, Bl. 210 RS (je d. Bruder H. W.), Bl. 357 (Bruder? H. W.); fol. 312, Bl. 68 (Vater); Ms. geneal. fol. 120, Bl. 236 RS; Becker, I-R 11, S. 412, S. 415; Moegelin, S. 63; Jb. Neumark, 11/1936, S. 59; d. Sohn F. L. nicht bei Albedyll, Anhang; biogr. Handbuch, S. 660 (Bruder);

Obrist **Alexander Christoph von Münchow** (* 19. Okt. 1726, † Herbst 1806)

Vater: Christian Ernst (1671–1749) *, Präsident d. KDK in Küstrin, von 1736 bis 1749 Kommendator in Lietzen; **Mutter**: Eleonore Philippine, geb. Chalkowska von Chalkowo (bzw. von Chevallerie) (1693–1741); **Bruder**: Ernst Philipp (* 1713, † vor 1758) *, Major; **Laufbahn**: seit 1743 im Militärdienst, stand 1750 als Cap. u. Chef e. Comp. im I-R Nr. 43, Jan. 1757 als Major dim., erhielt später d. Charakter Obrist, seit 1797 Kommendator zu Burschen, bezog aus seiner Kommenderie jährlich 4/m T., 1806 in Drossen gest.; **Ehefrau**: Wilhelmine Dorothea, geb. von Münchow (1730–1805), **Sohn**: (Gustav Ludwig, schrieb sich im Mrz. 1768 an d. Viadrina für d. Rechte ein), gest. mit 22 Jahren als Referendar bei d. Regierung in Breslau; **Sohn**: Wilhelm Ernst (1754–1829), Ltnt; A. C. änderte nach d. Tod seiner Frau sein Testament, setzte darin zu Erben seines kleinen Vermögens d. vier Enkelkinder ein u. enterbte deren Vater und seinen einzigen Sohn bis aufs Pflichtteil in Höhe von 2/m T., in e. Schreiben vom 20. Aug. 1805 gab er Aufschluß über seine Gründe: danach habe W. E. zeitlebens *unzählige Vergehen* gegen seinen Vater begangen, habe einen *incorrigiblen Charakter, einfältigen Stolz u. Verschwendungssucht*, kein Hofmeister hätte es länger als ein Jahr bei ihm ausgehalten, bezog mit 22 Jahren (im

April 1774) d. Univ., wurde bei e. Prof. untergebracht, bekam für seinen Unterhalt jährlich 400 T., bestahl dennoch auf d. Viadrina einen anderen Studenten, wurde daher nach fünf Wochen relegiert, A. C. hätte ihn daher zur Besserung in d. Militärdienst geschickt, d. Sohn diente fünf Jahre als Gefr.corp. in e. Garn.-Reg., nach d. Beförderung zum Offizier verfiel er wieder in seine Laster, machte im Verlaufe von 18 Monaten 1100 T. Schulden, nahm ohne Vorwissen d. Vaters seinen Abschied, wurde Sekretär bei d. Zollverwaltung in Posen, beging hier Diebstähle, verkaufte Akten d. Akzise als Makulatur, wurde daraufhin kassiert, heiratete gegen d. väterlichen Willen e. blutarmes Mädchen, verklagte d. Vater auf Zahlung e. jährlichen Pension von 400 T., dieser billigte ihm, seiner Frau u. d. vier Kindern jedoch nur 300 T. zu;

Quellen: GStA, I. HA, Rep. 22, Nr. 218 g; IV. HA, Rep. 1, Nr. 82, Bd. 2, Bl. 121; Ms. boruss. fol. 316, Bl. 200 RS (A. C.); Tb. Uradel, 1938, S. 359 (A. C. u. Sohn W. E.); biogr. Handbuch, S. 670 (Vater, Bruder); Pommern, S. 450–451 (Biogramm d. Bruders E. P.);

Major **August Leopold von Münchow** (* 1737)

Vater: George Heinrich († 1752), preuß. Cap., 1745 u. 1751 als Erbherr auf 2/3 Herrendorf im Krs. Königsberg im Wert von 13/m T. gen., hatte damals vier Söhne, im Okt. 1752 wurde e. Vormund für d. unmündigen Kinder d. verst. Cap. gesucht; (**Mutter**: e. geb. von Damitz; **Schwester**: Marie Antoinette († 1781), verh. mit d. Major Albrecht Friedrich von Sydow); **Bruder**: Otto Friedrich (1723–1759), seit 1740 im Militär, stand 1755 als Pl im I-R Nr. 31, als Cap. 1759 an Blessuren gest.; **Bruder**: Berend Christian (* 1729), 1751 beim Vater; **Bruder**: Günter Felix (* um 1731), galt 1774 als *blödsinnig*; **Laufbahn**: trat 1752 in d. Militärdienst ein, stand 1755 als Corp., 1764 als Pl, 1774 als Cap. u. Chef e. Comp., 1787 als Major im I-R Nr. 31, noch 1801 als Major gen., damals als unangesessener Vasall im Krs. Königsberg geführt, vor 1806 abgegangen;

Quellen: GStA, I. HA, Rep. 22, Nr. 218 g; II. HA, Abt. 12, Materien, Vas.tab. Nr. 6, Bl. 104 RS-105; IV. HA, Rep. 1, Nr. 82, Bd. 2, Bl. 121 (kz. Notizen); BLHA, Rep. 78 I, Nr. 170, Bl. 46; Stabi, Ms. boruss. fol. 314, Bl. 214, Bl. 215 RS, Bl. 220 (O. F., 1755 als Aug. Leopold), Bl. 223 (1764 als Carl Leopold), Bl. 232 (O. F.); Ms. geneal. fol. 120, Bl. 226;

Cap. **Christoph Siegmund von Muschwitz** (* 15. Jan. 1724, † 26. Juni 1768)

Vater: Christian Siegmund (* 1682, † nach 1753), Erbherr auf Steinkirchen u. Waltersdorf (in d. Lausitz); **Mutter**: e. geb. von Ruitz; **Bruder**: Christian Ernst (* 1718, † 6. Okt. 1753), seit 1736 im Militär, 1745 Sl im I-R Nr. 27, 1753 als Pl gest., seit 1753 Erbherr auf Wintdorf; **Laufbahn**: seit 1739 im Militär, 1741 Gefr.corp., 1756 Pl im I-R Nr. 1, 1757 Stabs-Cap., im Sep. 1757 dim.; **Güter**: seit 1767 bzw. 1769 Erbherr auf Allmosen u. Wintdorf im Krs. Cottbus, erhielt 1772 e. Meliorationskredit von 4/m T.; **Ehefrau**: Sophie Luise, geb. Stephany († 1785); **Sohn**: Wilhelm Christoph Siegmund (get. 7. Febr. 1755, † um 1818), seit 1769 im Militär, stand 1779 als Sl im I-R Nr. 47, 1785 dim., gab im Jan. 1786 an, 17 Jahre gedient zu haben, davon zehn Jahre als Adjutant, habe vor einigen Jahren bei d. Revue nach e. Sturz vom Pferd e. Brustschaden erlitten, mußte deshalb seinen Abschied nehmen, übernahm e. kleines väterliches Erbgut im Krs. Cottbus, darauf viele Schulden, außerdem wurde es im Siebenjährigen Krieg *deteriorirt*, hätte sein Leben ursprünglich d. *Militär gewidmet*, sei in d. jetzigen Lage *unglücklich*, seine Umstände wären bedrängt, er könnte durch d. Heirat mit e. Tochter d. sächsischen Ober-Landjägermstrs. von Preuß e. gute Partie machen, sie besäße e. Kapital von 12/m T. u. gutes Mobiliar, Voraussetzung für d. Ehe wäre aber d. Charakter Cap., den ihm d. König verleihen möge, u. d. Erlaubnis zum Tragen d. Uniform, erneuerte am 28. Mrz. 1786 immediat sein Gesuch, ging noch im Mai d. J. e. Ehe ein mit Wilhelmine Amalie, geb. von Preuß aus d. Hs. Bennewitz; 1801 u. 1805 als Erbherr auf Wintdorf u. Anteil Allmosen im Krs. Cottbus gen., 1753 im Wert von 21/m T., Sohn: Anton Wilhelm Siegesmund (* 1789), 1801 bei d. Eltern, 1805 Junker im I-R Nr. 24; (**verwandt**: Gottlob August (1734–1757), seit 1751 im Militär, 1756 Fähnrich im I-R Nr. 1, am 6. Mai 1757 als Fähnrich gefallen: Ms. boruss. fol. 313, Bl. 177 RS, Bl. 302 RS);

Quellen: GStA, I. HA, Rep. 96, Nr. 95, M mm, Bl. 15; II. HA, Abt. 12, Materien, Vas.tab. Nr. 6, Bl. 55 RS-56; BLHA, Rep. 3, Nr. 11 925; Stabi, Ms. boruss. fol. 311, Bl. 391 RS, Bl. 393; Ms. boruss. fol. 313, Bl. 177 RS, Bl. 302 RS; fol. 316, Bl. 83 RS, Bl. 92 (je d. Bruder C. E., hier als Friedrich Ernst); Tb. Uradel, 1920, S. 615–616; Moegelin, S. 260; Krüger, Cottbus, S. 38–39;

Cap., Landrat **Friedrich Ehrentreich von Muschwitz** (1736–1822)

Vater: Caspar Heinrich (1690–1759), weilte seit 1708 auf d. Ritterakademie in Brandenburg an der Havel, Erbherr auf Geisendorf, Görick, Petershain im Krs. Cottbus, Geisendorf u. Görick hatten 1767 e. Wert von 25 321 T., darauf Schulden von 21 707 T.; **Mutter**: Henriette Charlotte, geb. von Preuß (1708–1743); **Großvater**: Jacob Heinrich, 1715 u. 1718 auf Petershain gen.; **Bruder**: Heinrich Ehrentreich, 1715 gen.; **Laufbahn**: 1751 Junker im I-R Nr. 19, 1756 Fähnrich, Mrz. 1758 Sl, Okt. 1762 (bzw. 1764) mit d. Charakter Cap. dim.; seit 1777 Ritterschaftsrat, 1781 bis 1804 (bzw. 1806) Landrat im Krs. Cottbus; **Güter**: Erbherr auf Kunersdorf, Görick, Geisendorf im Krs. Cottbus, erhielt für dieses 1777 Meliorationsgelder in Höhe von 7/m T., 1797 alle drei zs. im Wert von 34/m T., auch auf Raackow u. Domsdorf f. 9 200 T., d. fünf Güter waren noch 1809 im Besitz d. Fam.; **Ehefrau**: Henriette Wilhelmine Sophie, geb. von Preuß (1716–1797); **Sohn**: Gottlob Friedrich (* 14. Febr. 1769, † 28. Juli 1844), 1789 auf d. *Ècole militaire*, 1798 Ltnt. im Füsilier-Bat. Nr. 13, vor 1801 mit d. Charakter Cap. dim., hielt sich 1801 in Raackow auf;

Quellen: GStA, II. HA, Abt. 12, Materien, Vas.tab. Nr. 6, Bl. 45 RS-46; Nr. 8, Bl. 30 RS-31; Stabi, Ms. geneal. fol. 120, Bl. 239; Gesch. I-R Nr. 19, S. 112; Leers, Zöglinge, S. 10; Tb. Uradel, 1920, S. 618; Jb. Neumark, 1928, S. 193; Moegelin, S. 68, S. 262; Jb. Neumark, 11/1936, S. 104 (1767 Hans Ehrentr. auf Geissendorf gen., Widerspruch zu S. 105); Krüger, Cottbus, S. 12–13; biogr. Handbuch, S. 672 (F. E.);

(sächs.) Ltnt. **Gottlob Heinrich von Muschwitz** (* 5. Juli 1728)

Vater: George Ernst († Mrz. 1740), Erbherr auf Gahlen im Krs. Cottbus u. Luckaitz in Sachsen; **Mutter**: Helena Marianne, geb. von Mandelsloh († nach 1741); **Vater-Bruder**: Caspar Friedrich († 23. Juli 1734), poln.-sächs. Cap., 1718 als Erbherr auf Gahlen im Krs. Cottbus gen., hinterließ sein ganzes Vermögen, inkl. von Gahlen, d. beiden Töchtern Johanna Sophia u. Clara Dorothea, C. F. hatte 1720 e. Pakt mit seinen fünf Brüdern errichtet, wonach jeder von diesen e. Lehnstamm von 700 T. auf Gahlen bekommen sollte, nach 1734 bestritten George Ernst, Christoph Loth, Christian Siegmund, Wolf Nicol u. Otto Hieronymus ihren beiden Nichten d. Besitz von Gahlen; **Großvater**: Hans Caspar († 1712), seit 1696 Erbherr auf Gahlen, erworben für 9 400 T., hinterließ sechs Söhne; **Laufbahn**: avancierte (im Siebenjährigen Krieg) bei d. Land-Miliz bis zum Ltnt. (bzw. Ltnt. in sächs. Diensten); **Güter**: 1767 u. 1774 als Erbherr auf Gahlen im Krs. Cottbus gen., 1767 im Wert von 16 845 T., darauf Schulden von 13 352 T., hatte nur eine Tochter u. Erbin namens Marianne Erdmuth, verheiratet mit Carl Friedrich von Brietzke (* 1728); **Ehefrau**: Magdalene Eleonore Tugendreich, geb. von Roebel;

Quellen: GStA, I. HA, Rep. 22, Nr. 210 a, Paket 8 654; Stabi, Ms. geneal. fol. 120, Bl. 214, Bl. 239; Tb. Uradel, 1920, S. 615; Jb. Neumark, 1928, S. 166; Moegelin, S. 69; Krüger, Cottbus, S. 11;

Major **Heinrich Ludwig von der My(h)len** (* um 1724, † 4. Okt. 1782)

Vater: Egidius (* 1683, † vor 1752), aus Preußen gebürtig, seit 1701 im Militär, Nov. 1717 Major im I-R Nr. 7, Jan. 1735 Obrist, stand 1740 als Obrist im I-R Nr. 7, 1752 saß seine Witwe auf Rückgarben; **Großvater**: Johann Ludwig, Ol bei d. Garde, Kommandant von Draheim; H. L. aus Rückgarben in d. preuß. Parochie Schippenbeil gebürtig; **Brüder**: Johann († vor 1759), Ltnt. im I-R Nr. 14, Carl Friedrich (* 1722, † vor 1768), 1746 Ltnt. im I-R Hessen-Darmstadt, Egidius (* 1732), nahm keine Dienste, saß 1775 auf Rückgarben; **Laufbahn**: seit 1742 im Militär, 1746 als Fähnrich gen., Okt. 1747 Sl im I-R Nr. 7, 1763 nach 21 Dj. als Major dim.; **Ehefrau**: Concordia Sabina, geb. Uhl († 1798), in zweiter Ehe verheiratet mit d. Major Johann Christian Julius von Aschenbach, Erbherr auf Gerbin im Krs. Schlawe; **Güter**: erwarb 1764 bzw. 1767 Krining im Krs. Arnswalde, 1774 als Erbherr auf Krining gen.; (**verwandt**: Dietrich Ludwig von der Mylen (* 1721, † vor 1789), aus Gallgarben im preuß. Amt Schaaken nahe Königsberg gebürtig, seit 1737 im Militär, Juni 1739 Fähnrich im I-R Nr. 7, Sep. 1741 Pl, Mai 1764 Ol, als Obrist 1768 mit 350 T. pens., verheiratet mit Charlotte Christina, geb. von der Osten: Ms. boruss. fol. 314, Bl. 263, Bl. 264 RS, Bl. 265, Bl. 270 RS);

Quellen: GStA, I. HA, Rep. 176, Nr. 6 587 (hier als Vater D. L. († vor 1789) gen.); XX. HA, EM, Tit. 110 g, Nr. 40, S. 18–19; Nr. 64, S. 442–443 (Bruder Egidius); Stabi, Ms. boruss. fol. 314, Bl. 263 (1740 standen Egidius, Dietrich Ludwig u. Carl Fr. von Mylen im I-R Nr. 7, alle aus Preußen), Bl. 264 RS, Bl. 270; Ms. geneal. fol. 120, Bl. 236; Siebmacher, Bd. 6/5, 1880, S. 63 (als von Mühlen u. Myhlen);

Rittmstr. **Christoph Friedrich Carl von Nassau** (* 1761, † 7. Dez. 1812)

Vater: Christoph Wilhelm (* 1723, † 6. Okt. 1779), seit 1736 im Regiment, Juli 1739 Cornet im K-R Nr. 8, Dez. 1745 Ltnt., Sep. 1756 Stabs-Rittmstr., Aug. 1758 Rittmstr. u. Chef e. Escadron, Mai 1760 Major, Mai 1772 Ol, Mai 1775 Obrist, 1779 in Grottkau gest.; C. F. C. aus Schlesien gebürtig; **Mutter**: Johanne Christiane, geb. von Loeben († 1798); **Bruder**: Wilhelm Christoph (* um 1758), Nov. 1774 Cornet im K-R Nr. 8, Okt. 1779 Sl, 1788 versorgt; **Laufbahn**: Dez. 1778 Cornet im D-R Nr. 4, Juni 1782 Sl, Jan. 1793 Pl, Mai 1797 Stabs-Rittmstr., Sep. 1797 dim.; **Güter**: saß nach d. Vergleich mit seiner geschiedenen **Frau** Sophie Eleonore Tugendreich, geb. von Kracht, diese hatte d. Gut 1783 für 22 823 T. angenommen, auf Kleinmantel im Krs. Königsberg, 1801 im Wert von 60/m T., 1805 an d. Major von Sydow für 68 200 T. verkauft; 1812 in Kleinmantel gest.;

Quellen: GStA, I. HA, Rep. 176, Nr. 6 762, Tafel II; II. HA, Abt. 12, Materien, Vas.tab. Nr. 6, Bl. 97 RS-98 (hier als Christ. Fr. Carl); Nr. 8, Bl. 100 RS-101; IV. HA, Rep. 1, Nr. 83, Bl. 27 (Vater, Bruder W. C., C. F. C. hier hier als Fr. Wilh.); Bratring, 3. Bd., S. 119 (d. Cap. hier noch 1809 auf Kleinmantel gen.); Schöning, D-R Nr. 3, S. 259, S. 425; Siebmacher, Bd. 6/5, 1880, S. 64; Jb. Neumark, 11/1936, S. 74 (hier als Christoph Friedr. Carl);

Ltnt. **Dubislav Friedrich Wilhelm von Natzmer** (* 22. Mrz. 1753, † 25. Juni 1821) *

Vater: Friedrich Wilhelm Felix (1727–1765), suchte 1742 um d. *venia aetatis* nach, war damals 18? Jahre alt, im Mai 1742 wurde d. Antrag abgelehnt, er sollte d. *venia aetatis* erst im Alter von 21 Jahren bekommen, Erbherr auf Ruwen im Krs. Arnswalde u. Kuhts im Krs. Schlawe, dieses 1747 verkauft, Ruwen wurde im Siebenjährigen Krieg verwüstet, es trug daher 1767 nur noch e. jährliche Pacht von 500 T., wurde für sechs Jahre verpachtet, e. 1773 erstellter Anschlag bezifferte d. jährlichen Revenuen auf 784 T., die Pachtsumme sollte daher auf 600 bis 650 T. erhöht werden, auf d. Gut lasteten damals Hypotheken von 7 500 T., es geriet um 1777 in Konkurs; (**Mutter**: Charlotte verwitw. Röhrchen, geb. Fesken); **Großvater**: Dubislav Richard (1689–1731), stand 1715 als *cadet* im Reg. Prinz George, 1721 Fähnrich im I-R Nr. 1, 1723 als Sl ins I-R 29 (von Bardeleben) versetzt, Erbherr auf Ruwen im Krs. Arnswalde, 1714 auf 8 127 T. taxiert, darauf Schulden von 7 168 T., deshalb sollte auf Vorschlag d. Vormundes d. geerbte Kuhts verkauft werden, um Ruwen zu entschulden; **Laufbahn**: seit 1769 im Militär, Juli 1773 Cornet im D-R Nr. 7, Aug. 1776 Sl, Mai 1785 ins D-R Nr. 8 versetzt, Mai 1790 Pl, Jan. 1793 zur Invaliden-Comp. d. I-R Nr. 30, 1801 als Ltnt. in Demmin gen., Juli 1809 zur 2. Vorpomm. Prov.-Invaliden-Comp., Mrz. 1810 Stabs-Cap., 1821 gest.; **Güter**: 1774 als Erbherr auf Ruwen gen., d. Gut war seit 1767 für 500 T., seit 1774 für 630 T. verpachtet, es wurde seit 1777 von d. Küstriner Kammer administriert, seine Mutter bat im Nov. 1786 u. Dez. 1787 mit Verweis auf d. Kriegsschäden, ihre beiden Töchter u. d. im Kriegsdienst stehenden Sohn um e. Beihilfe; d. Gut wurde 1798 für 25 300 T. an d. Cap. Caspar Heinrich von Mellenthin verkauft; D. F. W. 1801 u. 1803 als unangesessener Vasall im Krs. Arnswalde gen.;

Quellen: GStA, I. HA, Rep. 22, Nr. 221 b; Rep. 96, Nr. 260, N 1; II. HA, Abt. 12, Materien, Vas.tab. Nr. 6, Bl. 20 RS-21; IV. HA, Rep. 1, Nr. 83, Bl. 38 (hier als Fr. Wilh.); Stabi, Ms. boruss. fol. 310 (als Dub. Fr., aus Pommern gebürtig); fol. 311 (aus d. NM); fol. 313, Bl. 297–297 RS (Großvater D. R., danach geb. 1699); Brüggemann, T. 2/2, S. 874; Tb. Uradel 1906, S. 518; Jb. Neumark, 1927, S. 170; Jb. Neumark, 11/1936, S. 62; Pommern, S. 462 (kz. Biogr., keine Angaben über d. Güter);

Ltnt. **Friedrich Wulf Ernst von Natzmer** (1776–1810) *

Vater: Wulf Heinrich (1735–1787) *, Obrist; **Mutter**: Dorothea Hedwig Charlotte, geb. von Natzmer (1749–1827); **Laufbahn**: war 2,5 Jahre Leib-Page beim König, Febr. 1790 Sl im I-R Nr. 35, Sep. 1798 dim.; **Ehefrau**: Caroline Philippine Dorothea, geb. von Restorff (* 1775); **Güter**: seine Ehefrau kaufte 1799 bzw. 1801 Anteil Schlagenthin im Krs. Arnswalde für 28/m bzw. 39/m T., 1801 wieder veräußert; d. Ltnt. saß 1801 auf Grüneberg im Krs. Arnswalde, 1805 für 50 200 T. verkauft, 1803, 1804 auf d. Gut bzw. Vorwerk Blockhaus gen., für 12 200 T. gekauft, dieses war 1806 für 200 T. jährlich verpachtet;

Quellen: GStA, I. HA, Rep. 22, Nr. 221 b; II. HA, Abt. 12, Materien, Vas.tab. Nr. 6, Bl. 7 RS-8, Bl. 14 RS-15; Nr. 8, Bl. 9 RS-10; Jb. Neumark, 11/1936, S. 57–59, S. 62; Pommern, S. 463–464 (Biogr. d. Vaters mit Hinweis auf d. Brüder);

Cap. **Friedrich Wilhelm von Nauendorff** (* 1721, † 12. Jan. 1761)

(**Vater**: Conrad Wilhelm, 1715 u. 1718 Erbherr auf Anteil Görbitsch im Krs. Sternberg); F. W. aus d. Krs. Sternberg gebürtig; **Laufbahn**: seit 1741 im Militär, April 1744 Fähnrich im I-R Nr. 27, Juni 1746 Sl, Juni 1756 Pl, Jan. 1758 Stabs-Cap., 1761 als solcher gest.;

Quellen: GStA, IV. HA, Rep. 1, Nr. 83, Bl. 46; BLHA, Rep. 23 B, Nr. 446; Stabi, Ms. boruss. fol. 316, Bl. 92, Bl. 94 RS; Siebmacher, Bd. 6/5, 1880, S. 64; Jb. Neumark, 1928, S. 25; nicht im Tb. Uradel 1904;

Major **Adolph Friedrich August von Naumann** (* 1736, † Mrz. 1803) *

aus d. Neumark gebürtig; **Bruder**: Johann Sigismund (* 1751), 1774 *cadet* (1778 Ltnt. im I-R Nr. 33, vor 1787 abgegangen); **Laufbahn**: Dez. 1757 Fähnrich im I-R Nr. 10, April 1760 Sl, Aug. 1767 Pl, Nov. 1768 zum Feld-Jäger-Corps versetzt, Mrz. 1778 Stabs-Cap., Juni 1786 Cap. u. Chef e. Comp. beim Bat. Fußjäger, Nov. 1790 Major, Dez. 1792 mit Pension dim., Juli 1796 Chef d. Invaliden-Comp. d. I-R Nr. 57;

Quellen: GStA, IV. HA, Rep. 1, Nr. 83, Bl. 48 (hier nur A. F. A.); Rep. 11, Nr. 90; Stabi, Ms. boruss. fol. 311, Bl. 5–5 RS (1787 kein N. im I-R 33); fol. 316, Bl. 217, Bl. 226; Ms. geneal. fol. 120, Bl. 255 (J. S. im I-R 33?);

Ltnt. **Carl Gottfried von Naumann** (* 1737, † Jan. 1806) *

(aus d. NM gebürtig); **Laufbahn**: Juni 1758 Fähnrich im I-R Nr. 20, April 1761 als 1. Fähnrich aufgeführt, avancierte bis zum Ltnt., vor 1774 abgegangen, zuletzt Sl beim Invaliden-Corps; **Güter**: 1767 u. 1774 als Erbherr auf Anteil Lindow im Krs. Sternberg gen., vor 1767 für 2/m T. erworben; (1806 gest.);

Quellen: GStA, IV. HA, Rep. 1, Nr. 83, Bl. 48; Stabi, Ms. geneal. fol. 120, Bl. 255; Jb. Neumark, 11/1936, S. 96;

Ol **Wulf Siegismund von Naumann** (* 1692)

aus d. Krs. Züllichau bzw. Crossen gebürtig; **Laufbahn**: seit 1709 im Militär, Aug. 1714 Fähnrich im I-R Nr. 20, vor 1720 versetzt, Mrz. 1727 Pl im I-R Nr. 31, Okt. 1729 Stabs-Cap., Dez. 1733 Cap. u. Chef e. Comp., Mrz. 1744 Major, Sep. 1751 Ol, Febr. 1752 dim.; **Güter**: erhob 1727 Ansprüche auf Anteil Mosau im Krs. Züllichau, der ehedem im Besitz seiner Familie gewesen sei, dieser Anteil geriet 1640 in Konkurs u. war seit 1644 *caduc*; W. S. wurde mit seinen Forderungen 1728 abgewiesen;

Quellen: GStA, I. HA, Rep. 62, Nr. 137 b; IV. HA, Rep. 1, Nr. 83, Bl. 48 (hier als Wolff Sigismd); Stabi, Ms. boruss. fol. 314, Bl. 222 (1729 als Wulf Simon, aus Crossen, seit 1717 im Militär), Bl. 224 RS; fol. 319, Bl. 42 RS (aus Züllichau); Siebmacher, Bd. 6/5, 1880, S. 65 (hier als Neumann, auch als Naumann);

Ltnt. **Friedrich Heinrich von Neckern** (* um 1748)

Vater: Carl Friedrich (1701–1771), seit 1714 im Militär, 1726 Sl im I-R Nr. 27, Aug. 1735 Grenadier-Cap., noch 1740 im I-R 27 gen., vor 1745 abgegangen, 1755 u. 1770 auf 2/3 bzw. 4/7 Denzig im Krs. Dramburg für 12/m T. gen.; **Mutter**: e. geb. von Wedel; **Vater-Bruder**: Martin Heinrich (* 1696), Rittmstr., s. d.; **Laufbahn**: seit 1761 im Militär, stand zuerst im I-R Nr. 43, Dez. 1761 Fähnrich im I-R Nr. 3, 1763 dim. (mit d. Charakter Ltnt.); **Ehefrau**: e. geb. von Koeckritz; **Güter**: saß 1774, 1801 u. 1805 als Ltnt. auf Anteil Denzig u. Lauenbrügge im Krs. Dramburg, 1785 im Wert von 12/m T., noch 1809 hier gen., seit 1756 prozessierten erst C. F., dann F. H. gegen d. Küstriner Kammer bzw. d. Fiskus wegen d. Jagd u. Hütung in d. sog. Großen Heide, die zum Amt Balster gehörte, d. Fam. von Neckern verlangte d. 3. Teil d. Balsterschen Amtsforsten, sie erstritten bis etwa 1793 e. Teil d. Heide, dann kam es zu einer längeren Grenzregulierung zwischen beiden Parteien;

Quellen: GStA, I. HA, Rep. 22, Nr. 221 d; II. HA, Abt. 12, Materien, Vas.tab. Nr. 6, Bl. 69 RS-70; Nr. 8, Bl. 73 RS-74; IV. HA, Rep. 1, Nr. 83, Bl. 61 (danach gest. 12. Okt. 1763, evt. ist diese Angabe falsch, gemeint ist d. Abschied); Stabi, Ms. boruss. fol. 316, Bl. 79, Bl. 91 (je d. Vater C. F., nicht in d. Abgangsliste); Ms. geneal. fol. 120, Bl. 245; Gesch. I-R Nr. 3, S. 227 (hier nur: 1763 dim.); Bratring, 3. Bd., S. 232; Jb. Neumark, 11/1936, S. 64 (falsche Notiz, daß C. F. 1755 d. Anteil d. Fam. von Wedel gekauft habe);

Rittmstr. **Martin Heinrich von Neckern** (* 1696)

Vater: Nicolaus (* um 1650, † vor 1731), noch 1728 im Alter von 79 Jahren als Erbherr auf Denzig u. Lauenbrügge im Krs. Dramburg gen.; **Bruder**: Carl Friedrich (1701–1771), Cap., siehe mehr bei dessen Sohn Friedrich Heinrich; **Bruder**: Hans Ernst (* 1714), seit 1731 im Militär, 1740 Sl im I-R Nr. 23, 1745 als Cap. gen., im Mai bzw. Juni 1747 als Major ins Garn.-Reg. Nr. 10 versetzt, hier noch im Mrz. 1756 als Major aufgeführt, Juli 1756 Ol, stand 1764 u. 1775 als Ol im Garn.-Reg. Nr. 10, vor 1787 abgegangen; **Laufbahn**: seit 1713 im Militär, 1725 Cornet, 1734 Ltnt. im D-R Nr. 2, um 1745 als Rittmstr. abgegangen; **Güter**: saß 1731, 1745 zs. mit d. Bruder C. F. auf ½ Denzig im Krs. Dramburg, beide lagen 1745 mit ihrem

Nachbarn, d. Major Martin Friedrich von Wedel auf ½ Denzig im Krs. Arnswalde, im Streit um d. Kruggerechtigkeit; (**verwandt**: Nicol Joachim von Neckern (* 1700), aus d. Neumark, seit 1713 im Militär, 1732 Fähnrich im Bat. von Beaufort, vor 1740 abgegangen: fol. 314, Bl. 217);

Quellen: GStA, I. HA, Rep. 22, Nr. 221 d; keiner d. Brüder in IV. HA, Rep. 1, Nr. 83, Bl. 61; Stabi, Ms. boruss. fol. 311, Bl. 172 (1743 nicht mehr gen.), Bl. 250 (d. Rangliste f. 1725 unter d. D-R 12 abgelegt); fol. 314, (Bl. 50: M. H. im D-R 2), Bl. 249, Bl. 250, Bl. 251 u. Bl. 252 (je H. E.); fol. 316, Bl. 279, Bl. 288 RS (je H. E.), Ms. geneal. fol. 120, Bl. 228 (1745 als Rittmstr. gen.); Jb. Neumark, 11/1936, S. 64 (C. F. auf Denzig);

Rittmstr. **August Ernst Ludwig von Normann** (1768–1808)

Vater: Wilhelm Erdmann (1734–1806), Cap., s. d., in erster Ehe verh. mit Juliana Charlotta, geb. von Rieben; **Mutter**: Friederique Wilhelmine Auguste, geb. Freiin von Vernezobre (* 1754?) aus Krieschow im Krs. Cottbus, sie erstand zs. mit ihrer Schwester (Krieschow u.) Brahmow aus d. Konkurs ihres Vaters im Febr. 1781 für 17/m T., verkaufte es schuldenhalber noch 1781 für 10/m T. an Johanne Louise von Kottwitz, erstand dafür Milkersdorf 1783 bzw. 1790 für 7/m T., darauf 1806 Hypotheken von 6/m T., die nicht eingetragenen Schulden betrugen damals 3 500 T., sie konnte sich daher von dem Gut nur kümmerlich ernähren; **Vater-Bruder**: Johann Alexander (1743–1799), seit 1757 im Militär, 1764 Ltnt., zuletzt Obrist im D-R Nr. 3; Stief-**Bruder**: Friedrich Wilhelm Heinrich (1771–1829), stand im Juni 1787 als Gefr.corp. im I-R Nr. 24, Dez. 1789 Fähnrich, Dez. 1792 Sl, im Mrz. 1801 auf Wunsch dim., setzte sich 1801 mit seinen Geschwistern auseinander u. übernahm d. Gut Illmersdorf im Krs. Cottbus im Wert von 15/m bzw. 20/m T., 1803 u. 1809 als Erbherr gen., seit 1805 Landrat im Krs. Cottbus; **Schwestern**: Johannette u. Juliane, 1806 im Alter von 24 u. 22 Jahren, beide waren bisher von d. väterlichen Pension unterhalten worden, wurden nach deren Wegfall auf d. Expectantenliste für e. neumärk. Pension gesetzt; **Laufbahn**: 1783 Junker, Mai 1784 Cornet im K-R Nr. 11, Mrz. 1790 Sl, Jan. 1794 Pl u. General-Adjutant, Nov. 1803 Stabs-Rittmstr., April 1804 Rittmstr. im K-R Nr. 11, 1808 gest.;

Quellen: GStA, II. HA, Abt. 12, Materien, Vas.tab. Nr. 6, Bl. 48 RS-49, Bl. 51 RS-52 (Mutter); Abt. 13 a, Tit. IV, Litt N, Nr. 1; IV. HA, Rep. 1, Nr. 83, Bl. 251 (A. E. L. hier als Aug. Ludwig, F. W. H. als Johann); Stabi, Ms. boruss. fol. 315, Bl. 38; fol. 316, Bl. 321 (Bruder F. W. H. hier als Johann Christoph, aus Illmersdorf), Bl. 328 RS; Ms. geneal. fol. 120, Bl. 239 RS, Bl. 240; Bratring, 3. Bd. S. 348; Fam. gesch. 1894, S. 119–120, Stammtafel III, Linie Dubnitz; Krüger, Cottbus, S. 4–5, S. 28; Pommern, S. 468 (Biogramm d. Onkels Joh. Alex.);

GM **Carl Ludwig von Normann**
(* 22. April 1705, † 23. April 1780) *

Vater: Philipp Martin (* um 1676), Erbherr auf Werder im Krs. Demmin; C. L. aus Demmin gebürtig; **Laufbahn**: Aug. 1723 Junker im I-R Nr. 6, Sep. 1725 Sl im D-R Nr. 1, Febr. 1741 Rittmstr. u. Chef e. Escadron im D-R Nr. 3, April 1741 Major im D-R Nr. 4, 1741, 1742 Orden p. l. m., Juli 1749 Obrist, Sep. 1753 Kommandeur d. D-R Nr. 4, Mai 1755 GM, Juni 1755 Chef d. D-R Nr. 1 (bat 1756 um d. Legitimierung seiner außer d. Ehe erzeugten Tochter Carolina), April 1761 dim.; **Ehefrau**: Rosina Amalie, geb. von Waldow, aus d. Ehe d. Tochter Amalie Catharina († 1797), verh. mit d. Cap. Cord Dietrich von Normann, s. d.; **Güter**: erwarb 1750 vom poln. Rittmstr. Johann Friedrich von Wedel die mit über 40/m T. verschuldeten Güter ½ Fürstenau, ½ Neuwedell, ½ Nemischhof, ganz Körtnitz u. Anteile Mienken im Krs. Arnswalde für 58/m T., diese hatten zuvor d. 1744 gest. Hans Adam von Wedel gehört, dessen Allodialerben machten erhebliche Forderungen geltend u. fochten d. Verkauf an; seine Witwe konnte e. Teil d. Güter bis 1802 behaupten;

Quellen: GStA, I. HA, Rep. 22, Nr. 221 e; Nr. 372, Paket 8 826; Nr. 372, Paket 8 828; Stabi, Ms. geneal. fol. 120, Bl. 236 RS; Gesch. D-R Nr. 3, S. 83, S. 103, S. 420; Lehmann, S. 22; Fam.gesch. 1894, S. 172; Jb. Neumark, 11/1936, S. 58, S. 61; Priesdorff, Nr. 420; Pommern, S. 466–467 (Biogramm von C. L., ohne Hinweis auf d. neumärk. Güter);

Major **Christian Friedrich von Normann,** (* 10. Aug. 1712, † 2. Juni 1767)

Vater: Jürgen Arend (1671–1724), schwedischer Major, hatte seinen Wohnsitz zuletzt im mecklenburg. Stresow; C. F. aus Plau in Mecklenburg gebürtig; **Mutter**: Sofie Hedwig, geb. von Kamptz; **Bruder**: Jürgen Heinrich, als preuß. Ltnt. mit 28 Jahren gefallen; **Bruder**: Ernst Christoph (1716–1770), 1748 als Cap. in ksl. Diensten gen., zuletzt GM; **Laufbahn**: seit 1732 im Militär, Mrz. 1741 Fähnrich im I-R Nr. 26, Aug. 1741 Sl, April 1748 Pl, Juli 1754 Stabs-Cap., Juni 1756 Cap. u. Chef e. Comp., Febr. 1759 Major (Kommandant von Torgau, Träger d. Ordens p. l. m.), Mai 1765 nach 32 Dj. wegen e. Brustkrankheit dim., hinterließ seine zweite Frau in dürftigen Umständen; **Güter**: machte sich nach d. Abschied mit e. Bürgerhaus u. einigen Äckern in Neuwedell ansässig, galt als befreundet mit d. GM Carl Ludwig von Normann auf Neuwedell, s. d., zog deshalb in dessen Nähe; hinterließ seiner zweiten Frau nur d. baufällige Haus in Neuwedell im Wert von 300 T.; erste **Ehefrau**: Ida Ilsabe, geb. von Behr (1727–1758), aus dieser Ehe d. **Sohn**: Philipp Christian Friedrich (1756–1817), ging 1768 ohne Wissen seiner Stiefmutter zu Verwandten nach Württemberg, besaß in d. NM e. Vermögen von 1 116 T., war 1772 Page in Ludwigsburg u. hielt sich beim württemberg. Kammerherrn u. Obermundschenk von Behr auf, sollte 1774 in d. preuß. Monarchie zurückkehren, 1778 württemberg. Reg.rat, vor 1782 wurde sein väterliches Vermögen in Höhe von 130 T. von d. neumärkischen Regierung eingezogen, 1800 Geh. Rat, 1801, 1803 als unangesessener Vasall im Krs. Arnswalde geführt, trug seit 1802, 1803 d. Namen Normann-Ehrenfels, 1806 württemberg. Graf; zweite Ehefrau von C. F.: Sophie Friederique, geb. Helms (* 1724), aus dieser Ehe eine Tochter namens Rosine Caroline u. d. **Sohn**: Friedrich Wilhelm (1761–1788), (seit 1766 im Militär), Juli 1771 Cornet im H-R Nr. 8, April 1777 Sl, Juni 1780 dim. (mit d. Charakter Rittmstr., verh. mit e. To. d. EM Valentin von Massow); d. Witwe Sophie Friederique hatte nach 1767 noch e. Vermögen von 600 T. besessen, mußte davon jedoch 300 T. für d. Equipage d. Sohnes F. W. aufbringen, sie hatte für sich u. d. Tochter nur jährliche Zinseinkünfte von 15 T. u. wurde deshalb im Mrz. 1782 auf d. Expectantenliste für e. neumärk. Pension gesetzt;

Quellen: GStA, I. HA, Rep. 22, Nr. 221 e; Rep. 96, Nr. 435 N, Bd. 2,; II. HA, Abt. 13 a, Tit. III, Generalia, Nr. 2, Bd. 11, Bl. 26 RS-27 (d. Witwe als geb. Helmsin); IV. HA, Rep. 1, Nr. 83, Bl. 250 (C. F. u. d. Sohn F. W., geb. 1761, 1771 Cornet?); Stabi, Ms. boruss. fol. 314, Bl. 12 (1765: aus Schwed.-Pomm.), Bl. 21 (aus Meck.bg.); Schöning, 5. H-R, S. 139 (d. Sohn F. W. danach 1753 in d. Mittelmark geb.); Fam.gesch. 1894, S. 137 (Vater), S. 138 (d. 2. Frau hieß danach Melms), S. 145–147 (Sohn P. C. F.), S. 147–148 (F. W., geb. 1761);

Cap. **Cord Dietrich von Normann**
(* 1736, † 1801 bzw. 1803)

Vater: Joachim Christoph, in Tribbevitz ansässig (bzw. auf d. neumärk. Fürstenau, C. D. aus Fürstenau, lt. Rangliste 1764 aus Schwed.-Pommern gebürtig); **Mutter**: e. geb. von Hobe; **Laufbahn**: seit 1750 im preuß. Militärdienst, Mrz. 1757 Fähnrich im I-R Nr. 26, Okt. 1758 Sl, im Sep. 1764 als Pl gen., Mai 1768 als Cap. (nach 15 Dj.) dim.; **Güter**: erwarb im Juli 1773 e. Anteil an Fürstenau im Krs. Arnswalde von seinem Schwiegervater für 20/m T., hier noch 1801, 1803 wurde d. Anteil an d. Rittmstr. Achatz Wilh. Aug. von Waldow verkauft, s. d.; **Ehefrau**: Amalie Catharina († 1797), e. To. d. GM Carl Ludwig von Normann (1705–1780), s. d., aus d. Ehe vier Töchter u. drei Söhne, C. D. erwarb 1782 für seine **Tochter** Carolina Wilhelmina Amalia e. sog. *Kauf-Praebende* im Stift Marienfließ bei Stargard; (**Tochter**: Christiane Louise (* 14. Okt. 1784), sie erhielt im April 1804 d. *venia aetatis*, ihr Vermögen betrug 10 923 T., versichert auf d. Gütern Fürstenau u. Nemischhof, sie war verh. mit Carl Otto Sigismund von Wegerer, s. d.); **Sohn**: Carl Ludwig (* 1772), (1798 Gemeiner im H-R Nr. 2, wurde 1806 blessiert), hielt sich 1801 bei seinem Vater auf, machte sich im Krs. Belgard ansässig; **Sohn**: Gottlieb Christoph (* 1775, † 23. Febr. 1808), Aug. 1794 Cornet im H-R Nr. 1, Juni 1797 Sl, (Nov. 1798 Pl), 1808 als aktiver Offz. gest.; **Sohn**: Johann August Leopold (* 1790), besuchte 1801 d. Lateinschule in Neustettin, nach 1806 Pl im K-R Nr. 5;

Quellen: GStA, I. HA, Rep. 22, Nr. 221 e; Rep. 96, Nr. 435 N, Bd. 2; II. HA, Abt. 12, Materien, Vas.tab. Nr. 6, Bl. 5 RS-6; Nr. 8, Bl. 24 RS-25; IV. HA, Rep. 1, Nr. 83, Bl. 250, Bl. 251 (Sohn G. C.); Stabi, Ms. boruss. fol. 314, Bl. 20; Ms. geneal. fol. 120, Bl. 236; Fam.gesch. 1894, S. 46, S. 137, S. 139–140, S. 172, Stammtafel I d. Linie Tribbevitz; Jb. Neumark, 11/ 1936, S. 58 (hier als Conrad D. u. als Vater irrtümlich d. GM Carl Ludwig angegeben), Priesdorff, Nr. 420 (Schwiegervater);

Cap. **Wilhelm Erdmann von Normann**
(* 14. Sep. 1734, † 24. Mrz. 1806)

Vater: Caspar Ernst (1696–1748), seit 1713 im Militär, stand 1715 als Cornet, 1717 als Ltnt. im D-R Nr. 3, 1723 u. 1729 als Rittmstr., 1740 Rittmstr. u. Chef e. Escadron, nahm um 1740 (als Major) seinen Abschied, ging auf seine Güter in d. Lausitz, im Krs. Cottbus: Radensdorf, (Illmersdorf), Hänchen, dessen beide Teile 1738 u. 1740 für zs. 21 600 T. gekauft, (auch auf Bliesdorf im Oberbarnim); **Mutter**: Johanna Louise, geb. von Barfuss; **Großvater**: Dubislav Philipp, Fähnrich, 1699 abgegangen, 1715 Erbherr auf Illmersdorf im Krs. Cottbus; **Bruder**: August Christian (1736–1807), weilte von 1750 bis 1752 auf d. Ritterakademie in Brandenburg an der Havel, Nov. 1754 Cornet im D-R Nr. 4, Okt. 1757 Sl, Dez. 1762 Pl, Juni 1766 Stabs-Cap., Juni 1774 als

Major dim., als neumärk. Oberforstmstr. versorgt, verheiratet mit Francisca von Rosdragewsky, erwirkte am 24. Aug. 1798 d. Legitimation seines außer der Ehe erzeugten Sohnes Carl Julius (* 1773), der d. väterl. Namen u. d. Wappen erhielt, stand damals als Feldjäger im Dienst, nach 57 Dj. gest., verkaufte 1758 d. geerbte Gut Illmersdorf 1759 an d. Bruder W. E.; **Bruder**: Otto Lebrecht (1737–1757), bezog 1750 d. Ritterakademie in Brandenburg an der Havel, seit 1751 Gefr.corp. im Regiment, Dez. 1756 Fähnrich im I-R Nr. 25, als solcher 1757 bei Kolin gefallen; **Bruder**: Johann Alexander (1743–1799) *, Obrist, von 1767 bis 1796 Erbherr auf Hänchen im Krs. Cottbus, für 32 300 T. verkauft, erstand 1779 Krieschow im Krs. Cottbus aus d. Konkurs, vererbte es seiner Frau Friederique Auguste, geb. von Bojanowska, sie saß 1801 u. 1809 auf d. Gut; **Laufbahn**: bezog 1750 d. Ritterakademie in Brandenburg an der Havel, seit 1751 im Regiment, Juli 1756 Cornet im D-R Nr. 3, Nov. 1757 Ltnt., Aug. 1763 dim., Jan. 1771 Charakter als Cap., bezog zuletzt e. Pension von 96 T.; in dritter **Ehe** verheiratet mit Friederique Wilhelmine Auguste, geb. Freiin von Vernezobre; **Güter**: seit 1759 Erbherr auf Illmersdorf im Krs. Cottbus, 1767 auf Illmersdorf u. Liebenow in d. UM im Wert von 102 150 T. gen., darauf Schulden von 79 724 T., erhielt 1780 Meliorationsgelder für Illmersdorf in Höhe von 1 500 T.; **Sohn**: August Ernst Ludwig (1768–1808), Rittmstr., s. d. mehr;

Quellen: GStA, I. HA, Rep. 22, Nr. 221 e; IV. HA, Rep. 1, Nr. 83, Bl. 250 (W. Erdm. als W. Ernst; O. L. hier nicht); Stabi, Ms. boruss. fol. 313, Bl. 9 (Vater 1717 als Ernst Caspar), Bl. 15 RS, Bl. 16, Bl. 60; fol. 314, Bl. 119, Bl. 143; fol. 319, Bl. 29 RS (Vater); Ms. geneal. fol. 120, Bl. 214; Gesch. D-R Nr. 3, S. 55 (1723 als Caspar Ernst), S. 60, S. 65, S. 409, S. 423; Fam.gesch. 1894, S. 119–120; Leers, Zöglinge, S. 85; Jb. Neumark, 1928, S. 168; Moegelin, S. 68, S. 266; Krüger, Cottbus, S. 18; Pommern, S. 468 (Biogramm d. Bruders J. A.);

Major **Hans Christoph von Oertzen**
(* 20. Mai 1745, † 17. Mrz. 1812)

Vater: Victor Wilhelm (1716–1780), aus Mecklenburg gebürtig, seit 1732 im preuß. Militärdienst, 1737 Fähnrich im I-R Nr. 5, zuletzt hier Ltnt., 1740 mit d. Charakter Cap. dim., stand im Sep. 1740 unter Hausarrest, durfte bei Strafe von 1/m Dukaten d. Haus nicht verlassen, lag im Streit mit d. Kammerjunker Maximilian von Oertzen auf d. sächs. Horno, war von e. Pächter denunziert worden, V. W. bestritt die Händel u. gab an, sich nach seiner Genesung wieder im Militär engagieren zu wollen, trat 1756 erneut in preuß. Dienste, 1757 Cap. im I-R Nr. 52 (von Oldenburg), um 1758 mit d. Charakter Major abgegangen, 1745 als Erbherr auf Laubsdorf im Krs. Cottbus gen., 1767 im Wert von 13/m T., darauf Schulden von 10/m T., u. seit 1761 auf Leppin in Mecklenburg, bat im April 1764 aus Küstrin darum, d. Exekution gegen ihn aufzuheben, weil er für e. Kredit über 6/m T. seit 1758 keine Zinsen gezahlt hatte, will auf Laubsdorf im Siebenjährigen Krieg Schäden in Höhe von 9 661 T. erlitten haben, suchte im Febr. 1772 um e. Indult nach, Laubsdorf wurde nach seinem Tod mit 17/m T. angesetzt; **Mutter**: Eva Sophie Eleonore, geb. von Krackewitz (1721–1796), ihre Forderungen an d. Nachlaß ihres Mannes betrugen 1780 30/m T.; **Großvater**: Hans Felix (1671–1733), dän. Ol, seit 1716 Erbherr auf Laubsdorf im Krs.

Cottbus, auch Erbherr auf Leppin in Mecklenburg; **Bruder**: Christoph Heinrich (1747–1826), trat 1763 ins K-R Nr. 5 ein, Aug. 1763 Cornet, Mai 1769 Ltnt., Mai bzw. Juni 1780 auf Wunsch mit d. Charakter Rittmstr. dim., von 1782 bis 1788 Erbherr auf Laubsdorf, für 21 400 T. an Christian Joseph von Tietze u. Hennig verkauft, machte sich um 1800 nahe Glogau ansässig; **Bruder**: Christian Carl Friedrich (1748–1814), Febr. 1769 Sl im H-R Nr. 2, Febr. 1781 *abgeschafft*, seit 1782 Erbherr auf Leppin im Wert von 70 600 T., darauf Schulden von 62/m T.; **Bruder**: Victor Wilhelm (1751–1772), als Cornet im K-R Nr. 11 gest.; **Bruder**: Ernst Philipp (1754–1820), Okt. 1770 Fähnrich im I-R Nr. 8, Juni 1774 Sl, Okt. 1783 Pl, Mrz. 1787 dim., später Kammerherr in Mecklenburg-Strelitz; **Laufbahn**: Mai 1763 Cornet im K-R Nr. 11, Mrz. 1768 Ltnt., Okt. 1778 Stabs-Rittmstr., suchte im Mrz. 1783 immediat um d. Beförderung nach, am 23. Mrz. um Geduld bis zur Revue angehalten, erneuerte am 26. Mai aus d. Lager bei Körbelitz seinen Antrag, am 29. Mai 1783 (vom König, der sich bedrängt fühlte) dim., Juni 1783 Charakter Major; **Ehefrau**: Charlotte Caroline Sophie, geb. von Zegelin (1765–1837); **Güter**: prozessierte seit 1773 mit seinen Brüdern gegen d. außer d. Ehe erzeugten Carl Friedrich August von Oertzen wegen d. sächs. Gutes Horno, dieser war e. natürl. Sohn d. Kammerjunkers Maximilian von Oertzen, war als sog. *Mantelkind* 1765 bereits legitimiert, galt aber als nicht sukzessionsfähig, d. Prozeß dauerte beim Gericht in Lübben bis nach 1785; seit 1782 Erbherr auf Rattey in Mecklenburg-Strelitz, bei d. Kavelung mit 53/m T. angesetzt;

Quellen: GStA, I. HA, Rep. 22, Nr. 224 b; Rep. 96, Nr. 95 O oo; IV. HA, Rep. 1, Nr. 84, Bl. 43 (d. Vater V. W. hier nicht, H. C. als Johann, E. P. angeblich 1787·gest.); Stabi, Ms. boruss. fol. 311, Bl. 139 (Chr. Hr.); fol. 313, Bl. 76 (Vater); fol. 315, Bl. 40, Bl. 40 RS (H. C. je aus Meck.bg.), Bl. 48 RS; Ms. geneal. fol. 120, Bl. 215, Bl. 240 (hier fälschlich als Söhne von V. W. 1774 gen: Maximilian (* 1747), 1774 als Cornet, 1775 als Ltnt. im K-R Nr. 5 gen., Juni 1780 als Rittmstr. dim.; Wilhelm Erdmann (* 1752), 1774 Cornet im H-R Nr. 2, Febr. 1781 abgeschafft); Rangirrolle Saldern, Abgangsliste I-R Nr. 5 (Vater); Fam.gesch., 5. T., S. 224–235, S. 238–257, S. 262, S. 264–270; Tb. Uradel, 1903, S. 654; Jb. Neumark, 1928, S. 177; Moegelin, S. 69; Jb. Neumark, 11/1936, S. 106; Krüger, Cottbus, S. 26 (hier irrtümlich als Sohn von V. W. 1782 gen: Christoph Joseph von Tietze u. Hennig);

Ltnt. **George Sebastian von Oesterreich** (* 1704, † 27. April 1740)

Vater: Hans Caspar (* 1676), 1728 als Erbherr auf Anteil Pitzerwitz im Krs. Soldin gen., 1718 auch auf Anteil Hohengrape im Krs. Arnswalde bzw. im Krs. Pyritz; G. S. aus Hohengrape in Pommern gebürtig; **Laufbahn**: seit 1720 im Reg., im Aug. 1724 vom Gefr.corp. zum Fähnrich im I-R Nr. 1 befördert, 1740 als Ltnt. gest.;

Quellen: Stabi, Ms. boruss. fol. 313, Bl. 176 RS, Bl. 297 RS; Ms. geneal. fol. 120, Bl. 216 RS; Siebmacher, Bd. 6/5, 1880, S. 66; Jb. Neumark, 1927, S. 185;

Major **Hans Heinrich Jürgen von Oldenburg** (1723–1785)

Vater: George Friedrich (1694–1758) *, 1709 Junker im K-R Nr. 9, Jan. 1714 Fähnrich im I-R Nr. 17, Juli 1716 Sl, Sep. 1722 Pl, Aug. 1731 Stabs-Cap., Juni 1732 Cap. u. Chef e. Comp., 1741 Orden p. l. m., April

1741 Major, Juli 1745 Ol, Mai 1747 Obrist, Nov. 1748 Kommandeur d. I-R Nr. 17, Febr. 1757 GM, Dez. 1757 Chef d. I-R Nr. 9, 1727 als Erbherr auf Sarranzig im Krs. Dramburg gen. (auch auf Neu Stüdnitz); **Mutter**: Modeste Sophie, geb. von Beneckendorff († 1732); Stief-Mutter: Maria Clara, geb. von Kleist (* 1705), sie saß 1774 auf Sarranzig im Krs. Dramburg; **Großvater**: Joachim Friedrich, Erbherr auf Stüdnitz im Krs. Arnswalde; **Schwager**: Emanuel von Schöning, GM, verheiratet mit seiner Schwester Auguste Christiane; **Laufbahn**: Page beim GFM von Katte im K-R Nr. 9, 1745 Fähnrich, 1775 Cap. im Grenadier-Bat. Nr. 1, zuletzt Major u. Kommandeur d. Bat., Sep. 1782 mit 300 T. pens.;

Quellen: GStA, I. HA, Rep. 96, Nr. 304 C 1; IV. HA, Rep. 1, Nr. 84, Bl. 81 (kz. Notiz f. H. H. J., d. Vater hier nicht); Stabi, Ms. boruss. fol. 316, Bl. 43 RS (aus d. NM), Bl. 49 RS (aus Pomm.); fol. 319, Bl. 46 (Vater, aus d. NM); Ms. geneal. fol. 120, Bl. 228, Bl. 246; König, 3. T., S. 115–118 (Vater); Siebmacher, Bd. 6/5, 1880, S. 65; Priesdorff, Nr. 441 (Vater);

Major **Rüdiger Christoph von Oldenburg** (1703–1741)

(**Vater**: Hans Adam (* 1680), aus d. Neumark gebürtig, seit 1696 im Militär, Dez. 1703 Cap. im I-R Nr. 14, stand noch 1715 hier als Cap., 1734 als Major u. Erbherr auf Neu Stüdnitz im Krs. Arnswalde aufgeführt); R. C. aus Stüdnitz gebürtig; **Laufbahn**: (1717 *cadet* in Berlin) seit 1719 im Militär, 1725 Gefr.corp. im I-R Nr. 14, 1741 als Major im I-R Nr. 14 gest.; hinterließ e. **Tochter** namens Anna Maria Charlotta (* 1722), sie hielt sich 1783 u. 1787 in Kallies auf, 1783 hieß es: sie besitze kein Vermögen u. habe keine nahen Verwandten, lebe von Handarbeit, u. weil schon alt, zum größten Teil von *Wohltaten* u. Almosen, sie bezog seit 1785 e. neumärkische Pension von 50 T.;

Quellen: GStA, I. HA, Rep. 22, Nr. 222 c; II, HA, Abt. 13 a, Tit. III, Generalia, Nr. 2, Bd. 13, fol. 12 RS-13; Tit. IV, Litt D, Nr. 1 (Tochter); Stabi, Ms. boruss. fol. 311, Bl. 152 RS (R. C. 1725 nur als Christoph, aus Stüdnitz), Bl. 154–154 RS (im Juni 1740 nicht gen.?); fol. 319, Bl. 42 (H. A.); Crousaz, S. 32 (als Rüdig. Chr.); Jb. Neumark, 1927, S. 180;

Ltnt. **George Friedrich Ferdinand von Oppell** (* 1766)

G. F. F. aus d. Neumark gebürtig; **Großvater**: 1779 in Reichenwalde (im Krs. Sternberg gen., G. F. F. hatte sich bei diesem aufgehalten); **Laufbahn**: seit 1778 im Militär, Jan. 1783 bzw. Sep. 1784 Fähnrich im I-R Nr. 29, April 1788 Sl, Febr. 1791 dim., 1801 u. 1805 als Krs.dep. aufgeführt; **Güter**: erwarb im Nov. 1798 Schmachtenhagen im Krs. Crossen für 36/m T., hier noch 1805 u. 1809;

Quellen: GStA, II. HA, Abt. 12, Materien, Vas.tab. Nr. 6, Bl. 33 RS-34; IV. HA, Rep. 1, Nr. 84, Bl. 102; BLHA, Rep. 3, Nr. 11 925; Stabi, Ms. boruss. fol. 316, Bl. 61; Ms. geneal. fol. 120, Bl. 244 (hier als G. F. F., Hinweis auf d. Großvater); Bratring, 3. Bd., S. 319; Jb. Neumark, 11/1936, S. 81;

Ltnt. **Johann George von Oppell** (* 1730)

Vater: Hans George (1685–1751), Ltnt. in sächs. Diensten, 1745 Erbherr auf Fritschendorf im Krs. Crossen, auch auf Eckartswalde im Krs. Sorau; **Mutter**: Sophie Erdmuthe, geb. von Oppell (1703–1739), **Bruder**: Johann Ernst (1734–1791) *, seit 1769 Landrat im Krs. Crossen, 1774 als Erbherr auf Briesnitz gen.; **Laufbahn**:

stand 1745 als Junker, 1751 als Fähnrich, 1756 als Sl im I-R Nr. 24, nahm Febr. 1759 seinen Abschied; **Güter**: saß 1751 auf Fritschendorf u. ½ Deutsch Sagar in Crossen, 1767 auf Fritschendorf im Wert von 14 060 T., darauf Schulden von 11 299 T.;

Quellen: GStA, IV. HA, Rep. 1, Nr. 84, Bl. 102 (kz. Notiz); BLHA, Rep. 78 I, Nr. 170, Bl. 6 (hier als George Gottlob); Stabi, Ms. boruss. fol. 316, Bl. 318, Bl. 324; Ms. geneal. fol. 120, Bl. 219, Bl. 243 (J. E. 1774 als von Oppell, d. Fam. andernorts auch als von Oppeln); Moegelin, S. 67; Jb. Neumark, 11/ 1936, S. 79 (1767 hier als Joh. Gottlob von Oppen); biogr. Handbuch, S. 703 (Bruder J. E.);

Cap. **Siegmund Wilhelm von Oppell**
(* 1748, † Mai 1829)

Vater: Christian Wilhelm (* 1714), im Jan. 1740 nach elf Dj. als Fähnrich im I-R Nr. 19 dim., Erbherr auf Thiemendorf bei Crossen, 1767 im Wert von 17 250 T., darauf Schulden von 13 650 T.; **Mutter**: Charlotte, geb. von (Lücker bzw.) Lyncker; **Großvater**: George Abraham († vor 1717), erwarb Thiemendorf für 17/m T., 1717 im Besitz d. Witwe u. ihrer drei unmündigen Söhne, darauf fremde Schulden von 7 634 T.; **Bruder**: Christian Wilhelm Ernst (* 24. Mrz. 1746, † 1772), 1767 Erbherr auf Thiemendorf im Wert von 24 257 T., verheiratet mit Friederique Louise von der Marwitz (* 1744), sie hatte 1783 Thiemendorf gepachtet, das ihrer Tochter Friederique Caroline Helene (* 1772) gehörte, nach Abführung der Zinsen für d. beträchlichen Schulden blieb ihnen von d. Revenuen nur e. geringer Überschuß, sie sollten daher mit e. Pension bedacht werden; (**Bruder**: Johann Carl Friedrich (* 10. Mrz. 1747), aus Thiemendorf, seit Mrz. 1764 im Militär, Mrz. 1766 Fähnrich im I-R Nr. 19, Sep. 1780 Pl, Okt. 1784 auf Werbung kommandiert, Mrz. 1788 Stabs-Cap., Nov. 1794 Cap. u. Chef e. Comp., Mrz. 1799 mit d. Charakter Major u. 300 T. Pension dim., 1798 u. 1801 als Erbherr auf Thiemendorf im Krs. Crossen im Wert von 24 257 T. gen.); **Schwestern**: Johanna Tugendreich (* um 1748) u. Charlotte Elisabeth (* um 1749), sie hielten sich im Jahre 1800 in Kemnath auf, danach hieß ihr Vater George Otto (1712–1795), Erbherr auf 1/3 Kemnath, die Mutter Marie Elisabeth, geb. von Winning (1717–1776), die Schwestern besaßen aus d. Verkauf von 1/3 Kemnath e. Vermögen von 200 T., dazu 15 T. jährliche Revenuen aus e. Legat u. Freiheiten an e. Wohnhaus im Wert von 13 T., ihr Bruder Siegmund Wilhelm, Cap. im Land-Reg., konnte sie nicht unterstützen, sie bekamen deshalb im Dez. 1800 zs. e. Pension von 50 T. aus d. neumärk. Witwenfonds; **Laufbahn**: seit 1761 im Militär, 1764 Fähnrich im I-R Nr. 26, zuletzt hier Pl, Juli 1773 dim., dann als Stabs-Cap. im Berliner Land-Reg. angestellt mit 160 T. Pension; **Güter**: 1783 als Pächter d. adligen Anteils von Seedorf bez.; 1805 als unangesessener Vasall in d. Tabelle für d. Krs. Crossen aufgelistet; suchte als pens. Cap. am 13. April 1806 aus Thiemendorf um e. Pension für seine drei unversorgten **Töchter** im Alter von neun bis 20 Jahren nach, seine Frau galt nach e. Kindbettkrankheit als *blödsinning*, wurde am 23. April abgewiesen; **Sohn**: Friedrich Wilhelm (* 1775, † 23. Febr. 1850), Febr. 1796 Fähnrich im I-R Nr. 56, Okt. 1797 Sl, Juni 1813 Cap. beim 2. Neumärk. Landwehr-I-R, Febr. 1816 mit Pension dim.;

Quellen: GStA, II. HA, Abt. 12, Materien, Vas.tab. Nr. 6, Bl. 37 RS-38 (als von Oppeln, andernorts als von Oppen); Abt. 13 a, Tit. III, Generalia, Nr. 2, Bd. 11, fol. 17 RS-18 (Bruder C. W. E.); Tit. IV, Litt C, Nr. 2; Litt O, Nr. 1 (Schwestern); IV. HA, Rep. 1, Nr. 84, Bl. 102; BLHA, Rep. 78 I, Nr. 170, Bl. 6 (d. Vater hier als Christian Wilhelm); Stabi, Ms. boruss. fol. 314, Bl. 20 (S. W.), Bl. 244 (J. C. F.); Ms. geneal. fol. 120, Bl. 244; Gesch. I-R Nr. 19, S. 84 (Vater?), S. 139 (Joh. Carl Fr.); Moegelin, S. 67; Jb. Neumark, 11/1936, S. 82;

Gutsbes. **Alexander Ernst von Oppen** (* 8. Aug. 1766, † 8. Febr. 1803) *

Vater: Ernst Gottlob (1711–1785), aus Preußen gebürtig, seit 1730 im Militär, 1743 als Cornet im D-R Nr. 2, 1756 als Ltnt., 1763 als Major u. Chef e. Escadron im D-R Nr. 2 gen., Sep. 1769 nach 41 Dj. abgegangen, Erbherr auf Wildenhagen, von seiner Frau 1772 gekauft, auf Groß u. Klein Gandern im Krs. Sternberg, erhielt 1776 zs. mit d. Major A. F. B. von Selchow für Groß Gandern Meliorationsgelder über 1 711 T.; **Mutter**: Johanne Marie Luise, geb. von Oppeln-Bronikowski (1732–1804); **Großvater**: Caspar Fabian, Erbherr auf Pruskeim u. Ernstwalde in Preußen; **Laufbahn**: bezog im Sep. 1785 d. Viadrina, trat weder in den Militär- noch in d. Zivildienst ein; **Güter**: nach 1776 Erbherr auf allen Anteilen von Groß Gandern im Wert von 60/m T., saß 1801 auf (Riesnitz u.) Fritschendorf u. Dt. Sagar im Wert von 24 800 T., auch auf Groß u. Klein Gandern im Krs. Sternberg, im Wert von 30/m T. u. 18/m T., hatte dort seinen Wohnsitz, zeitweilig auf Leichholz für 33/m T.; **Ehefrau**: Caroline Gottliebe, geb. von Dziembowski (1769–1842);

Quellen: GStA, II. HA, Abt. 12, Materien, Vas.tab. Nr. 6, Bl. 26 RS-27, Bl. 129 RS-130, Bl. 131 RS-132; IV. HA, Rep. 1, Nr. 84, Bl. 104 (Vater, kz. Notiz); Stabi, Ms. boruss. fol. 315, Bl. 172, Bl. 174, Bl. 175 (je d. Vater); Ms. geneal. fol. 120, Bl. 254; Jb. dt. Adel, 2. Bd., S. 666; Tb. Uradel, 1900, S. 661; Moegelin, S. 261; Jb. Neumark, 11/1936, S. 94, S. 98;

Ltnt. **Caspar von Oppen** (* 1701) *

aus d. Neumark gebürtig; **Laufbahn**: seit 1718 im Militär, stand 1725 als Sl im I-R Nr. 26, 1732 als Pl gen., 1733 dim.; (**verwandt**: George Henning von Oppen (* 1689), aus d. NM, seit 1707 im Militär, stand 1713 als Sergant im I-R Nr. 26, Febr. 1714 Fähnrich, vor 1725 abgegangen: fol. 314, Bl. 18; fol. 319, Bl. 47 RS);

Quellen: Stabi, Ms. boruss. fol. 314, Bl. 10, Bl. 17 RS, Bl. 19;

Ol **George Friedrich von Oppen** (* 1714, † 7. Mrz. 1774) *

Vater: Landesältester, Erbherr auf Platkow in d. Niederlausitz; **Bruder**: Joachim Erdmann (* 1706, † 17. Mrz. 1776), seit 1721 im Militär, stand 1741 als Pl, 1746 als Cap. im I-R Nr. 1, zuletzt Major, April 1764 dim. u. versorgt; vier **Schwestern** lebten 1774 in Lieberose; **Laufbahn**: seit 1731 im Militär, diente 1739 als Ltnt., 1750 als Major u. Chef e. Escadron im K-R Nr. 10, Juni 1755 Ol, Okt. 1756 bei Lobositz schwer verwundet, dienstunfähig, 1757 als Ol dim., Jan. 1758 als Oberforstmstr. in Halberstadt versorgt, hier unbeerbt verst.;

Quellen: GStA, IV. HA, Rep. 1, Nr. 84, Bl. 104 (kz. Notizen f. G. F. u. J. E.); Stabi, Ms. boruss. fol. 311, Bl. 327–327 RS (aus d. Nl bzw. dem Wendischen), Bl. 334; fol. 313, Bl. 178, Bl. 251, Bl. 301 (je d. Bruder J. E., aus e. Ort bei Beeskow gebürtig); Schwerin, K-R 10, 3. T., Anhang, Personalien; biogr. Handbuch, S. 704 (danach gest. 20.3.);

Major **Balthasar Heinrich von der Osten** (* 15. Mrz. 1694, † 21. Aug. 1741)

Vater: Christoph Heinrich (1660–1718), schwed. Cap., 1713 Erbherr auf Warnitz im Krs. Königsberg; **Mutter**: Christiana, geb. von Dewitz; **Vater-Bruder**: Heinrich Adam († 1729), 1713 als Rittmstr. gen.; **Vater-Bruder**: Alexander Friedrich (1668–1736) *, Reg.präsident; **Bruder**: Alexander Berndt (1695–1715), weilte von Mrz. 1709 bis Nov. 1711 auf d. Ritterakademie in Brandenburg an der Havel, Juni 1713 Fähnrich im I-R Nr. 25, Okt. 1715 Sl, Dez. 1715 vor Stralsund gefallen; **Bruder**: George Christoph, Kammerjunker bei d. Markgräfin von Schwedt, Cornet; **Laufbahn**: weilte von Mrz. 1709 bis Nov. 1711 auf d. Ritterakademie in Brandenburg an der Havel, von Nov. 1711 bis 1713 auf d. Univ. Halle, Kammerjunker bei König Friedrich Wilhelm I., Okt. 1717 vom Kammerjunker zum Stabs-Cap. im I-R Nr. 8 befördert, Aug. 1721 Cap. u. Chef e. Comp., Juli 1737 Major, Aug. 1741 (bzw. 1744) im Lager bei Brandenburg an d. Havel gest.; **Güter**: seit 1720 Erbherr auf Warnitz; in erster Ehe **verheiratet** mit Sophie Charlotte, geb. von Sydow (1708–1727);

Quellen: BLHA, Rep. 23 B, Nr. 446; nicht in GStA, IV. HA, Rep. 1, Nr. 84, Bl. 146; Stabi, Ms. boruss. fol. 315, Bl. 181, Bl. 184; Leers, Zöglinge, S. 12; Jb. Neumark, 1927, S. 24; Priesdorff, Offz.stammliste, S. 128 (B. H. danach geb. um 1700, gest. Aug. 1741); Fam.gesch. 1960, S. 140–141; biogr. Handbuch, S. 708 (A. F.);

Rittmstr. **Hans Joachim von der Osten** (* 1697, † 6. Juni 1779)

Vater: Christoph Sigismund (1664–1738), Erbherr auf Anteil Rohrbeck im Krs. Arnswalde; **Mutter**: Catharina Elisabeth, geb. von Koethen (1669–1700); **Bruder**: Joachim Wilhelm (1691–1762), Ltnt., Erbherr auf Anteil Rohrbeck, Söhne: Friedrich Gottlieb Moritz (1738–1807), Friedrich Magnus (1748–1811); **Laufbahn**: seit 1722 im Militär, stand im Dez. 1734 als Rittmstr. im D-R Nr. 2, vor 1743 abgegangen; **Güter**: 1745 als Erbherr auf ½ Rohrbeck gen., 1767 im Wert von 10 330 T., darauf Schulden von 8 355 T., hatte damals sieben Söhne, von denen fünf bereits im Militär standen, erhielt 1772 Meliorationsgelder von 2/m T., machte am 28. Juni 1777 sein Testament, nach seinem Tod ließ d. Witwe e. Inventar d. Nachlasses anfertigen, im Dez. 1779 überstiegen die Passiva seines Vermögens d. Aktiva um 497 T., allein seine Witwe hatte Forderungen in Höhe von 4 633 T. (bzw. von 5 333 T.), sie entsagte daher d. Erbschaft; auf d. zweiten Hälfte d. Gutes saß sein Bruder J. W., 1767 dann dessen Sohn Friedrich Gottlieb Moritz (1738–1807), diese Hälfte wurde damals gewürdigt auf 15 448 T, die Schulden betrugen 13 480 T.; **Ehefrau**: Sophia Christina Friederike, geb. von Beneckendorff (1719–1795), ihre Mitgift betrug 3/m T., von ihren acht im Militär stehenden Söhnen waren 1790 noch fünf aktiv, sie bezog e. Pension von 100 T., auf die ihre beiden Töchter die Anwartschaft bekommen sollten, deren väterliches Erbteil hatte je 200 T. betragen; **Sohn**: Christoph Friedrich (* 17. Dez. 1740, † 21. Juni 1819) *, 1756 Junker im D-R Nr. 2, Febr. 1758 Cornet, Jan. 1760 Sl, Okt. 1767 Pl, Sep. 1778 Stabs-Rittmstr., Okt. 1789 Major, Jan. 1790 Chef e. Escadron, Jan. 1793 Orden p. l. m., Juni 1798 Ol, Juni 1799 Obrist, April 1801 Kommandeur d. D-R Nr. 2, Sep. 1806 Chef

d. D-R Nr. 12, Nov. 1806 inaktiv, Okt. 1809 GM, Dez. 1813 Abschied mit e. Pension von 800 T., erhielt durch d. väterl. Testament d. Anteil Rohrbeck im Wert von 10/m T. nebst Inventar in Höhe von 737 T. zugesprochen, trat d. Gut 1780 d. Bruder L. E. ab, s. d.; **Sohn**: Hans Gustav (1742–1758), als Ltnt. (bzw. Junker 1757 bei Breslau) gefallen; **Sohn**: Carl Gottlieb (* 1743), Mrz. 1759 Cornet im D-R Nr. 12, 1763 reduziert, ging außer Landes, weil d. Vater ihn nicht bei sich dulden wollte, sein Aufenthalt war 1779 unbekannt, auf Antrag d. Bruders C. F. sollten seine Rechte auf Rohrbeck 1784 aufgehoben werden; **Sohn**: George Philipp (* 1744, † 10. Okt. 1810), 1767 Gefr.corp. im I-R Nr. 24, 1778 Sl im I-R Nr. 44, Juni 1782 Pl, Mai 1787 Stabs-Cap., Mai 1793 Chef e. Comp., April 1795 Major, Juni 1806 Ol, Juli 1806 mit 500 T. pens.; **Sohn**: Leopold Ehren(t)reich (1745–1806), Obrist, s. d.; **Sohn**: Ernst Ferdinand (* 1746), seit 1763 im Militär, stand 1765 als Cornet im D-R Nr. 4, Juni 1766 dim., diente in d. *Campagne* von 1778 bis 1779 als Ltnt. beim Proviantfuhrwesen, nach Kriegsende auf d. Versorgungsliste gesetzt, legte bei d. neumärkischen Kammer e. Examen ab, danach für e. Amt als Postmstr. oder Salzinspektor geeignet, suchte im Febr. 1782 um e. Versorgung nach, reflektierte im Okt. 1782 auf e. vakante Stelle als Förster in Ostpreußen; **Sohn**: Otto Moritz (1754–1826), seit 1770 im Militär, stand 1775 als Sl im I-R Nr. 43, April 1790 Pl, Aug. 1794 Stabs-Cap., Okt. 1798 Chef e. Comp., Jan. 1810 Major, Dez. 1813 pens.; **Sohn**: Hans Gotthold Lüdicke (* 17. Mai 1757, † 10. Jan. 1826), stand als Fähnrich im I-R Nr. 46, bat im Aug. 1779 um d. *venia aetatis*, um sich mit seinen Geschwistern auseinanderzusetzen, an väterl. Vermögen war nichts zu teilen, erhielt diese am 7. Okt. 1779, Nov. 1782 Sl, Aug. 1790 Pl, Juni 1793 Stabs-Cap., Jan. 1799 Cap. u. Chef e. Comp., Mrz. 1807 Major, Juni 1813 zum 3. Neumärk. Landwehr-I-R, Mrz. 1816 als Ol mit Pension dim.;

Quellen: GStA, I. HA, Rep. 22, Nr. 223; Rep. 96, Nr. 435 O, Bd. 2 (Sohn E. F.); II. HA, Abt. 13 a, Tit. IV, Generalia, Nr. 8; IV. HA, Rep. 1, Nr. 84, Bl. 146 (Sohn C. F., hier als Friedrich; Söhne L. E., E. F., O. M., G. P., d. Söhne H. G. u. C. G. hier nicht), Bl. 147 (Sohn H. G. L.); Stabi, Ms. boruss. fol. 313, Bl. 11, Bl. 12, Bl. 13 (je d. Sohn L. E.); fol. 314 (Bl. 50, hier als Johann); fol. 315, Bl. 173, Bl. 177 (je d. Sohn C. F., hier als Fr.); Ms. geneal. fol. 120, Bl. 224 (1745 als Hans, vorm. Cap.); Gesch. D-R Nr. 3, S. 198, S. 200 (E. F.), S. 422 (E. F.); Lehmann, S. 230 (C. F.); Moegelin, S. 63; Priesdorff, Nr. 1150 (Sohn C. F., hier als Christian Fr., gest. 1819); Fam. gesch. 1960, S. 152–153 (Sohn C. F. hier als Christoph Friedrich, gest. 1795; Sohn G. P. gest. 1796);

Rittmstr. **Hans Wilhelm Leopold von der Osten** (* 25. Febr. 1764, † 20. Juli 1826) *

Vater: Friedrich Gottlieb Moritz (1738–1807), konnte wegen schwacher Gesundheit nicht in d. Militärdienst eintreten, 1767 Erbherr auf Anteil Rohrbeck im Krs. Arnswalde, seit 1782 auf Schmagorei A im Krs. Sternberg, 1785 im Wert von 11 400 T., seit 1792 auch auf B für 10 500 T., dazu auf Neuwalde, im Juli 1778 für 20/m gekauft, 1804 wieder veräußert, 1801 wurden sechs Söhne gen.; **Mutter**: Sophie, geb. von Roeder († 1764); Stief-**Bruder**: Friedrich Wilhelm Erdmann (1775–1809), Nov. 1792 Cornet im H-R Nr. 2, Aug. 1793 Sl, Juni 1794 Orden p. l. m., Mai 1805 Pl, April 1809 dim.; Stief-

Bruder: Carl Gottlob Ehrenreich (1785–1857), Nov. 1801 Fähnrich im I-R Nr. 18, Mai 1805 Sl, Mai 1809 dim., Aug. 1813 Cap. beim 3. Schles. Landwehr I-R, Nov. 1817 Major, Juli 1836 mit d. Charakter Obrist dim.; Stief-**Bruder**: August Wilhelm Sigismund (1788–1813), Aug. 1805 Cornet im D-R Nr. 11, Jan. 1813 Sl, Dez. 1813 an bei Leipzig erlittenen Blessuren gest.; **Laufbahn**: Aug. 1783 Cornet im D-R Nr. 3, bat im Dez. 1784 immediat um Meliorationsgelder für d. väterl. Gut Schmagorei, machte dabei auf F. G. M.s sieben Kinder aufmerksam, Juni 1785 Sl, Dez. 1792 Pl, Nov. 1796 Stabs-Rittmstr., Okt. 1800 Rittmstr., Okt. 1810 Major, Juni 1813 beim 4. Kurmärk. Landwehr-Kav.-Reg., Febr. 1816 Wartegeld, Mai 1816 Charakter Ol, 1826 gest.;

Quellen: GStA, I. HA, Rep. 96, Nr. 435 O, Bd. 2; II. HA, Abt. 12, Materien, Vas.tab. Nr. 6, Bl. 133 RS-134; IV. HA, Rep. 1, Nr. 84, Bl. 147 (H. W. L., F. W. E.), Bl. 148 (C. G. E.), Bl. 149 (A. W. S.); Stabi, Ms. boruss. fol. 313, Bl. 11; Gesch. D-R Nr. 3, S. 258, S. 346; Lehmann, S. 317 (F. W. E.); Moegelin, S. 260; Jb. Neumark, 11/1936, S. 96–97; Fam.gesch. 1960, S. 153 (F. W. E. hier nicht);

Cap. **Henning Friedrich von der Osten** (* 11. Nov. 1756, † 31. Juli 1810) *

Vater: Heinrich Carl (1732–1811) *, Cap., Erbherr auf Blumberg u. Kasekow im Krs. Randow; **Mutter**: Eleonore Henriette, geb. von Sydow (1737–1782); **Bruder**: Heinrich Carl (1759–1849), Cap., auf Blumberg u. Penkun; **Laufbahn**: seit 1771 im D-R Nr. 1, 1780 u. 1787 als Sl im D-R Nr. 1 gen., Febr. 1789 dim., Dez. 1798 Charakter als Cap.; **Güter**: 1787 bis 1804 Erbherr auf Breitenstein u. Falkenstein im Krs. Friedeberg, 1787 u. 1797 beide im Wert von 71 800 T., 1802 bis 1806 auf Rohrbeck im Krs. Königsberg, für 90/m T. erworben; erste **Ehefrau**: Johanne Sophie, geb. von Enckevort (1770–1803); **Sohn**: Henning Adolph Heinrich (1791–1813), Mai 1806 Fähnrich im I-R Nr. 1, Jan. 1810 Sl beim 1. Pomm. I-R, an bei Leipzig erlittenen Blessuren gest.;

Quellen: GStA, II. HA, Abt. 12, Materien, Vas.tab., Nr. 6, Bl. 84 RS-85; Nr. 8, Bl. 102 RS-103; IV. HA, Rep. 1, Nr. 84, Bl. 147, Bl. 149 (Sohn); Stabi, Ms. boruss. fol. 314, Bl. 44 RS, Bl. 56; Jb. Neumark, 11/1936, S. 69, S. 75; Famgesch. 1960, S. 117; Pommern, S. 477 (Biogramm d. Vaters, hier auch über d. Brüder);

Ltnt. **Johann George Ferdinand von der Osten** (* 3. Febr. 1768, † 18. Sep. 1807)

Vater: Friedrich August (1726–1776), Amtshauptmann, 1751 Erbherr auf Warnitz im neumärk. Krs. Königsberg, 1767 im Wert von 64 705 T., darauf Schulden von 57 937 T., 1777 wurden für Meliorationen 1 659 T. gezahlt; **Mutter**: Friederike Luise, geb. von Winterfeld (1729–1798); **Bruder**: Alexander Carl Julius (* 1757, † 23. Mai 1805), seit 1771 im Regiment, Mai 1784 Ltnt. im K-R Nr. 7, Jan. 1790 dim., 1801 in Warnitz; **Bruder**: Leopold (1770–1827) *, 1801 Hofgerichtsdirektor in Bromberg; **Laufbahn**: seit 1782 im Militär, Juli 1786 Fähnrich im I-R Nr. 17, April 1788 Sl, Mrz. 1790 dim.; **Ehefrau**: Wilhelmine Ernestine, geb. von Winterfeld; **Güter**: Erbherr auf Warnitz im Krs. Königsberg, bei d. brüderlichen Teilung 1795 für 70/m T. angenommen, noch 1803 hier gen.;

Quellen: GStA, II. HA, Abt. 12, Materien, Vas.tab. Nr. 6, Bl. 102 RS-103; IV. HA, Rep. 1, Nr. 84, Bl. 147 (hier als Joh. Geo. Friedrich; A. C. J.); Stabi, Ms.

boruss. fol. 315, Bl. 24, Bl. 29 (je C. A. J., hier als C. A. J.); fol. 316, Bl. 31, Bl. 34 RS; Moegelin, S. 61, S. 264; Jb. Neumark, 11/1936, S. 77 (hier als J. G. Friedr.); Fam.gesch. 1960, S. 141 (hier nur J. G. F. u. L.); biogr. Handbuch, S. 709 (Bruder Leopold); Bl. 146, Bl. 148 (Sohn); Stabi, Ms. boruss. fol. 313, Bl. 11, Bl. 12, Bl. 13 (L. E.); Gesch. D-R Nr. 3, S. 198, S. 211, S. 257, S. 316, S. 417; Moegelin, S. 261; Jb. Neumark, 11/1936, S. 62, S. 69–70; Fam.gesch. 1960, S. 152–153 (L. E. gest. 2. Dez. 1806), S. 262;

Obrist **Leopold Ehren(t)reich von der Osten** (* 3. April 1745, † Juni 1807)

Vater: Hans Joachim (1697–1779), Rittmstr., s. d., Erbherr auf Anteil Rohrbeck im Krs. Arnswalde, 1779 im Wert von 10/m T., hinterließ 1779 zwei Töchter u. sieben Söhne, seine Schulden überstiegen d. Aktiva, die Witwe entsagte daher d. Erbschaft u. überließ d. ältesten Sohn d. Gut; **Mutter**: Sophia Christina Friederike, geb. von Beneckendorff (1719–1795); **Brüder**: siehe bei H. J.; **Laufbahn**: seit 1760 im Reg., stand 1765 u. 1774 als Ltnt. im D-R Nr. 3, 1787 als Rittmstr., Dez. 1792 Major, Dez. 1796 Chef e. Escadron, Mai 1801 Ol, Mai 1804 Obrist im D-R Nr. 3, 1807 gest.; **Güter**: von 1780 bis 1799 Erbherr auf Rohrbeck A u. B im Krs. Arnswalde, dann für 65/m T. an d. Ltnt. Friedrich Heinrich Ferdinand von Sydow verkauft; seit 1798 auf Burglehn Driesen im Wert von 2 550 T.?, gekauft für 10 150 T., 1778 bis 1781 auf Wopersnow u. Liepz im Krs. Schivelbein; aus d. **Verbindung** mit Anna Maria Wittken der im Juni 1797 legitimierte **Sohn** Sigismund Ehrenreich (1772–1850), Juli 1794 Cornet im H-R Nr. 8, Mrz. 1808 Sl, Jan. 1807 als Rittmstr. dim., 1809 beim Corps d. Herzogs von Braunschweig-Oels;

Quellen: GStA, I. HA, Rep. 22, Nr. 223, Paket 8 671 (1779 werden sieben Söhne von H. J. gen., d. verst. C. G. fehlt); II. HA, Abt. 12, Materien, Vas. tab. Nr. 6, Bl. 22 RS-23 (hier werden 5 Brüder im Militär gen.), Bl. 85 RS-86; IV. HA, Rep. 1, Nr. 84,

Ltnt. **Ludwig von der Osten** (* 1699)

Vater: Christoph Sigismund (1664–1738), Erbherr auf Anteil Rohrbeck im Krs. Arnswalde; **Mutter**: Catharina Elisabeth, geb. von Koethen (1669–1700); **Bruder**: Hans Joachim (1697–1779), Rittmstr., s. d.; Stief-**Bruder**: Hans (1701–1721), seit 1713 im Militär, Aug. 1718 Ltnt. im K-R Nr. 4; **Laufbahn**: seit 1715 im Militär, Aug. 1718 Cornet im K-R Nr. 4, 1730 hier als Ltnt. gen., vor 1740 abgegangen; **Ehefrau**: Auguste, geb. von Roeder;

Quellen: Stabi, Ms. boruss. fol. 316, Bl. 167 (alt); fol. 319, Bl. 31 RS; Ms. geneal. fol. 120, Bl. 224; Jb. Neumark, 1927, S. 173; Fam.gesch. 1960, S. 152–153;

Major **Gottlob Heinrich von Paczensky** (* 1732)

aus Schlesien gebürtig; **Laufbahn**: seit 1747 im Militär, stand 1773 als Stabs-Cap. im Garn.-Reg. Nr. 5, erhielt 1780 für Grunow Meliorationsgelder in Höhe von 2 950 T., zuletzt Major im 3. Mousq.-Bat. d. I-R Nr. 3, als solcher pens., hatte 1795, 1798 seinen Wohnsitz in Halle; erheiratete mit seiner **Frau** Johanna Helena Friederica, geb. von Grünberg (* 1742), d. Gut **Grunow** im Krs. Crossen, beide wurden 1778 hier gen., sie verkauften Grunow 1798; 1767 hatte d. Frau bzw. Witwe J. H. F. von Grünberg auf Grunow im Wert von 13 772 T. gesessen, darauf Schulden von 17 617 T.;

Quellen: Stabi, Ms. boruss. fol. 314, Bl. 181 (danach geb. 1702?); Ms. geneal. fol. 120, Bl. 242 RS (geb. 1732); Moegelin, S. 67, S. 266; Jb. Neumark, 11/1936, S. 79;

Gl **Anton von Pannwitz** (get. 25. Sep. 1659, † 1. Okt. 1731) *

Vater: Christian (1624–1679), brandenburg. Cap., Direktor d. Krs. Cottbus, Erbherr auf Kahren; **Mutter**: Hedwig Sophie, geb. von Wulffen (1624–1707); **Bruder**: Ludolph (1652–1719) *, seit 1670 im brandenburg. Militär, 1675 Ltnt., 1683 Cap. bei d. Garde, 1686 Major, Dez. 1689 Ol, Jan. 1794 Obrist u. Kommandeur d. D-R Markgraf Albrecht, Jan. 1705 GM, Jan. 1712 Chef d. D-R Sayn-Wittgenstein, Mai 1715 Gl, Nov. 1715 dim.; **Bruder**: Christian (1655–1703), brandenburg. Oberjägermstr.; **Bruder**: Friedrich (1656–1731), Cap.; **Bruder**: Adam Ernst (1665–1701), Ol; **Laufbahn**: 1678 Ltnt. in brandenburg. Diensten, 1685 Cap., Juni 1689 Major bei d. Garde, April 1691 Ol, April 1695 Obrist bei d. Grenadier Garde, April 1703 Gouverneur von Peitz. Jan. 1705 GM, April 1713 Chef e. Bataillons, Mai 1715 Gl, Sep. 1715 Chef d. I-R Nr. 13, Sep. 1722 dim.; **Ehefrau**: Dorothea Levira, geb. von Schlabrendorff († 1711); **Güter**: 1713 Erbherr auf Tranitz, Grötsch, (Groß) u. Klein Lieskow im Krs. Cottbus;

Quellen: GStA, I. HA, Rep. 22, Nr. 241, Paket 8 682; Stabi, Ms. boruss. fol. 311, Bl. 33; fol. 319, Bl. 7 RS-8 (Bruder Ludolph); König, 3. T., S. 124–125 (Bruder L.), S. 125–126 (Anton); Tb. Uradel, 1922, S. 647 (d. Vater Christian danach geb. 1616); Jb. Neumark, 1928, S. 183–184, S. 186, S. 194–195; Jb. Neumark, 11/1936, S. 103; Priesdorff, Nr. 132 (Bruder), Nr. 140; Krüger, Cottbus, S. 21–22, S. 36;

Rittmstr. **Anton von Pannwitz** (* 1. Aug. 1665, † 16. Okt. 1736)

Vater: Anton (1630–1685), Cap. in spanischen Diensten, Erbherr auf Baudach im Krs. Crossen u. ½ Balkow im Krs. Sternberg; **Mutter**: Ursula Polixena verwitw. von Promnitz, geb. von Rothenburg (1642–1712); **Vettern**: Friedrich (1656–1731), Cap. in preuß. Diensten; Anton (1659–1731), Gl, s. d.; **Laufbahn**: 1703 als Rittmstr. im D-R Prinz Albrecht Friedrich gen., vor 1715 abgegangen; **Güter**: saß 1715 u. 1728 auf Anteil Baudach in Crossen u. Anteil Balkow im Krs. Sternberg; **Ehefrau**: Dorothea Helena, geb. von Glaubitz (* 1689); **Sohn**: Friedrich, 1715 gen.;

Quellen: BLHA, Rep. 23 B, Nr. 446 (d. Vas.tab. für 1713 weist für ganz Baudach nur d. Rittmstr. aus, bei Sommerfeld heißt es aber, B. E. von Kottwitz auch auf ½ Baudach); Bardeleben, S. 412 (hier ohne Vornamen); Tb. Uradel, 1922, S. 648; Jb. Neumark, 1928, S. 35, S. 96);

Rittmstr. **Ernst Heinrich Wilhelm von Pannwitz** (* 9. Juni 1770, † 28. Juni 1843)

Vater: Carl Wilhelm (1743–1807), seit 1760 im Militär, stand 1764 als Ltnt. im D-R Nr. 3, im Jan. 1766 auf Wunsch dim., seit 1766 Erbherr auf Babow im Krs. Cottbus im Wert von 20/m T., 1767 auf 29 009 T. beziffert, d. Schulden betrugen 26 316 T. (zudem Erbherr auf Bischdorf in Cottbus u. Groß Lübbenau, d. Güter wurden im Juni 1779 an d. Grafen von Lynar verkauft), auch auf Gulben in Sachsen für 16/m T., hatte hier 1801 u. 1805 seinen Wohnsitz; **Mutter**: Sophie Luise, geb. von Schönfeldt (1740–1828); **Vater-Bruder**: Friedrich August Wilhelm, Rittmstr., s. d.; **Bruder**: Wilhelm Ludwig Theodor

(1772–1849), seit 1787 im Militär, Aug. 1802 Pl im I-R Nr. 24, 1806 als Stabs-Cap. gen., 1810 dim.; **Bruder**: Carl Otto Philipp (1776–1795), Fähnrich im I-R Nr. 24; **Laufbahn**: 1787 als Junker ins K-R Nr. 10, Mrz. 1789 Cornet, Febr. 1796 Sl, 1802 Pl, Aug. 1803 Stabs-Rittmstr., Herbst 1806 in Gefangenschaft, dann inaktiv, amtierte von 1822 bis 1843 als Landrat im Krs. Cottbus;

Quellen: GStA, II. HA, Abt. 12, Materien, Vas.tab. Nr. 6, Bl. 43 RS-44; Nr. 8, Bl. 28 RS-29; Stabi, Ms. boruss. fol. 313, Bl. 12 (Vater); fol. 316, Bl. 321, Bl. 326 (je d. Bruder), Bl. 328 RS (C. O. P.); fol. 907 a, Bl. 12 RS (Bruder), Bl. 80 RS; Ms. geneal. fol. 120, Bl. 239 (Carl, 1774 auf Bischdorf gen.); Gesch. D-R Nr. 3, S. 413 (Vater); Schwerin, K-R 10, 3. T., Anhang, Personalien; Tb. Uradel, 1922, S. 652–653; Moegelin, S. 68; Jb. Neumark, 11/1936, S. 102 (danach saß seit 1769 F. A. W. auf Babow?); Krüger, Cottbus, S. 3 (seit 1766 Carl Wilhelm auf Babow);

Ltnt. **Ernst Ludwig von Pannwitz**
(* 1683)

aus d. Neumark gebürtig; **Laufbahn**: seit 1711 im Militär, stand 1723 als Wachtmstr., 1729 als Ltnt. im D-R Nr. 3, noch 1740 hier als Ltnt. gen., vor 1742, 1743 abgegangen;

Quellen: Stabi, Ms. boruss. fol. 313, Bl. 10 RS, Bl. 15 RS, Bl. 16; Gesch. D-R Nr. 3, S. 60, S. 66;

Cap. **Friedrich Anton von Pannwitz**
(* 4. Juni 1751, † 18. Mrz. 1818)

Vater: Carl Christian (1724–1768), seit 1742 im Militär, stand 1743 als Corp. im I-R Nr. 24, als Ltnt. abgegangen, seit 1750 Erbherr auf Schlichow im Krs. Cottbus im Wert von 18/m T., sein Nachlaß geriet in Konkurs, d. Gut wurde seit 1768 von d. Behörden administriert, 1788 erwarb es sein Sohn F. A.; **Mutter**: Gottliebe Charlotte, geb. von Muschwitz (1729–1785), sie brachte 1748 1 500 T. in d. Ehe ein, nach 1768 beliefen sich ihre Forderungen auf 3 600 T., verlor im Konkurs d. Mannes ihr Kapital, erhielt zuletzt e. kleine Pension, starb in Armut; **Großvater** (George Rudolph), stand 1758 als Ltnt. bei d. Landmiliz, 1725 u. 1745 auf Schlichow gen.; **Bruder**: Friedrich Heinrich Rudolph (1750–1811), seit 1764 im Militär, 1774 Sl, Febr. 1779 Pl im I-R Nr. 26, Okt. 1797 Major, noch 1806 im Reg., nahe Spandau gest.; **Bruder**: Carl Wilhelm (1752–1827), stand 1786 im I-R Nr. 13, 1801 als Cap., 1805 als Major, vor 1806 als Ol abgegangen; **Bruder**: Christian August (1755–1811), seit 1770 im Militär, stand 1784 als Sl im I-R Nr. 19, vor 1798 abgegangen, verheiratet mit Luise Friederike Charlotte, geb. von Muschwitz (1759–1809), erwarb im Febr. 1787 d. Güter Frauendorf u. Groß Oßnig im Krs. Cottbus für 58/m T., saß noch 1801 auf beiden, Frauendorf 1803 für 30/m T. verkauft, Sohn: Friedrich Wilhelm (1787–1852), 1801 Junker im I-R Nr. 1, 1806 Sl, 1809 dim., Sohn: Carl Heinrich (1788–1855), 1801 Junker im I-R Nr. 26, 1806 Sl, 1813 als Sl im 3. D-R dim.; **Schwestern**: Caroline Friederike (* 1755) u. Henriette Eleonore (* 1760), beide hielten sich 1786 in Schlichow auf, besaßen kein elterliches Vermögen u. konnten von d. Brüdern, die das Ihrige für sich brauchten, nicht unterstützt werden, sie wurden daher auf d. Expectantenliste für e. neumärk. Pension gesetzt; **Laufbahn**: seit 1765 im Militär, stand 1784 als Sl im I-R Nr. 19, nach 1784 als Cap. abgegangen; **Güter**: seit 1786 bzw. 1788 Erbherr auf Schlichow, bei d. Licitation für 11/m T. erworben, seit 1798 auf Lagowitz im Krs. Meseritz im Wert von 110/m T., hatte 1805 dort seinen Wohnsitz; **Ehefrau**: Caroline Dorothea Louise, geb. Finne (1757–1817);

Quellen: GStA, I. HA, Rep. 22, Nr. 241, Paket 8 682; II. HA, Abt. 12, Materien, Vas.tab. Nr. 6, Bl. 46 RS-47 (Bruder C. A.); Nr. 8, Bl. 38 RS-39 (F. A., Hinweis auf Lagowitz); Abt. 13 a, Tit. III, Generalia, Nr. 2, Bd. 14; Tit. IV, Generalia, Nr. 25; Stabi, Ms. boruss. fol. 314, Bl. 2, Bl. 6, Bl. 24 (je F. H. R.), Bl. 244 RS (F. A. u. C. A.); fol. 316, Bl. 317 (Vater); fol. 907 a, Bl. 5, Bl. 9 (Söhne von C. A.); Ms. geneal. fol. 120, Bl. 240 RS; Tb. Uradel, 1922, S. 648–650; Jb. Neumark, 11/1936, S. 103, S. 107; Krüger, Cottbus, S. 10, S. 16, S. 32–33;

Rittmstr. **Friedrich August Wilhelm von Pannwitz** (* 24. Dez. 1747, † 20. Aug. 1805)

Vater: Otto Heinrich (1706–1751), Erbherr auf Babow u. Müschen im Krs. Cottbus, auf Gulben in Sachsen, hinterließ zwei Söhne u. sieben Töchter, legte in seinem Testament vom 5. April 1751 fest, Gulben, das er von seinem Vater für 16/m T. übernommen hatte, zu verkaufen, um mit d. Erlös Babow u. Müschen zu entschulden, Babow setzte er mit 20/m, Müschen mit 10/m T. an, seine Schulden betrugen 16/m T., damit blieben 14/m T. frei, jeder Sohn sollte 7/m T. haben, davon jedoch jede Schwester mit 1/m T. abfinden; **Mutter**: Juliane Charlotte, geb. von Schönfeldt (1710–1763); **Großvater**: Heinrich Wilhelm (* 1677, † 1. Sep. 1749), 1713 u. 1718 als Erbherr auf Babow u. Müschen gen., seit 1740 Landrat d. Krs. Cottbus; **Bruder**: Carl Wilhelm (1743–1807), preuß. Ltnt., seit 1766 Erbherr auf Babow im Krs. Cottbus u. Gulben in Sachsen, siehe mehr bei dessen Sohn Ernst Heinrich Wilhelm (1770–1843), Rittmstr.; **Laufbahn**: bezog im April 1763 d. Ritterakademie in Brandenburg an der Havel, seit 1766 im Militär, stand 1767 als Cornet, 1775 als Sl im H-R Nr. 1, Sep. 1782 Pl, Sep. 1783 (mit d. Charakter Rittmstr.) dim.; **Güter**: saß auf Müschen im Krs. Cottbus, im Jan. 1766 geerbt bzw. bei d. brüderlichen Erbteilung 1769 für 10/m T. übernommen, 1767 auf 18 405 T. beziffert, darauf Schulden von 15 859 T., noch 1801 u. 1803 als Erbherr registriert, hatte seinen Wohnsitz im sächsischen Wormlage, 1786 erworben; **Ehefrau**: Johanne Marie verwitw. von Schönfeldt, geb. Freiin Digeon von Monteton; **Sohn**: Carl Ludwig August (1787–1805), seit 1801 im Regiment, Jan. 1802 Fähnrich im I-R Nr. 24; **Sohn**: Johann Otto Wilhelm (1790–1838), nach 1806 Major;

Quellen: GStA, I. HA, Rep. 22, Nr. 241, Paket 8 682; II. HA, Abt. 12, Materien, Vas.tab. Nr. 6, Bl. 52 RS-53; Stabi, Ms. boruss. fol. 311, Bl. 292; fol. 316, Bl. 326 RS (Sohn C. L. A.); Leers, Zöglinge, S. 101; Tb. Uradel, 1922, S. 652–653; Jb. Neumark, 1928, S. 157 (hier als H. O., Bruder: Heinrich Ernst, 1715 Sergant bei Dönhoff); Moegelin, S. 69; Jb. Neumark, 11/1936, S. 102; Krüger, Cottbus, S. 28;

Vize-Kanzler **Friedrich Wilhelm von Pannwitz** (* 24. Dez. 1682, † 25. April 1731) *

Vater: Christian (1655–1703), kurfürstl.-brandenbg. Oberjägermstr., Amtshauptmann d. Ämter Potsdam u. Saarmund; **Mutter**: Anna Justina, geb. von Lüderitz (1664–1718); **Bruder**: Ludwig Ernst (1687–1759), 1728 kgl. Hofrat, seit 1707 Erbherr auf Kahren, Koppatz, Roggosen u. Anteil Haasow im Krs. Cottbus, verheiratet mit Catharina Amalia, geb. Magirus; **Laufbahn**: trat in d. Zivildienst ein, 1713 als neumärkischer Regierungsrat, 1728 als neumärkischer Vize-Kanzler u. Cap. d. Cottbuser Weichbildes gen.; **Güter**: seit d. brüderlichen Erbteilung von 1707 Erbherr auf Gablenz u. Sergen im Krs. Cottbus; **Ehefrau**: Helene Juliane, geb. von Arnim (†1762); **Sohn**: Anton Dietrich Wilhelm (1723–1782), besuchte d. Univ. Leipzig, 1745 als Erbherr auf Gablenz, Sergen, Tranitz, Gablenz, Roggosen, Kathlow, Grötsch im Krs. Cottbus gen., 1767 hatten seine Güter e. Wert von 72177 T., Ehefrau: Charlotte Marie, geb. von Kleist (1729–1805), sie saß 1803 auf Gablenz, Grötsch, 2/3 von Haasow, Klein Lieskow, Kathlow, Roggosen, Sergen u. Tranitz im Wert von 67377 T. lt. Taxe von 1777;

Quellen: GStA, I. HA, Rep. 22, Nr. 241, Paket 8682; II. HA, Abt. 12, Materien, Vas.tab. Nr. 8, Bl. 31 RS-32; BLHA, Rep. 23 B, Nr. 446; Ms. geneal. fol. 120, Bl. 215; Tb. Uradel, 1922, S. 647; Jb. Neumark, 1928, S. 183–184, S. 186, S. 194–195; Jb. Neumark, 11/1936, S. 103; Krüger, Cottbus, S. 11, S. 19, S. 34, S. 36 (d. Angaben widersprechen z. T. denen im Jb. NM 1936);

Ltnt. **George Rudolph von Pannwitz** (*22. Sep. 1698, †1759)

Vater: Adam Christian (1663–1712), Erbherr auf Schlichow, Anteil Haasow u. Anteil Kathlow im Krs. Cottbus; **Mutter**: Eleonora Tugendreich, geb. von der Heyde (†nach 1715); **Bruder**: Carl Friedrich, 1715 erwähnt; **Laufbahn**: seit 1716 im Militär, 1720 Gefr.corp. im I-R Nr. 13, vor 1730 als Fähnrich gen., im Siebenjährigen Krieg Ltnt. bei d. Landmiliz, 1759 gefallen; **Ehefrau**: Anna Brigitta, geb. von Bibran; **Sohn**: Carl Christian (1724–1768), Ltnt., seit 1750 Erbherr auf Schlichow, 1767 im Wert von 25/m T., nach seinem Tod geriet d. Gut in Konkurs;

Quellen: Stabi, Ms. boruss. fol. 311, Bl. 21, Bl. 33; Tb. Uradel, 1922, S. 648; Jb. Neumark, 1928, S. 187–188; Jb. Neumark, 11/1936, S. 107; Krüger, Cottbus, S. 32–33;

GM **Gottlob Ernst von Pannwitz** (*1694, †11. Mrz. 1765) *

Vater: Friedrich Wilhelm (1656–1720), Erbherr auf Klein Gaglow im Sächsischen, d. Sohn in Werben im Krs. Cottbus geboren, lt. Ranglisten stammte G. E. aus d. Neumark bzw. *d. Wendischen*; **Mutter**: Erna Marianne, geb. von Muschwitz; (**Bruder**: Caspar Friedrich (*1689, †28. Mrz. 1750), als Gefr.corp. ins I-R Nr. 8, April 1713 Fähnrich, Jan. 1716 Sl, Mai 1723 ins neue I-R Nr. 29, noch 1723 abgegangen, 1750 zu Klein Gaglow gest.); **Laufbahn**: April 1713 Fähnrich, Mai 1715 Sl im I-R Nr. 10, Juni 1723 Pl, Okt. 1728 Stabs-Cap., Mrz. 1731 Cap. u. Chef e. Companie, Mai 1741 Major, Okt. 1745 Ol, Juli 1749 Obrist, Nov. 1755 Kommandeur d. I-R Nr. 10, Febr. 1757 GM, Mai 1757 Chef d. I-R Nr. 10, 1757 bis 1758 in Gefangenschaft, Febr. 1759 mit 1200 T. Pension dim.;

Quellen: Stabi, Ms. boruss. fol. 316, Bl. 216 RS, Bl. 219 (als Gottlieb), Bl. 220, Bl. 223 (Gottlieb), Bl. 224 RS, Bl. 227; fol. 319, Bl. 48 RS; König, 3. T., S. 131 (G. E., geb. 1697 in d. Lausitz); Priesdorff, Offz.stammliste, S. 128 (?Bruder C. F.); Priesdorff, Nr. 444 (Gottlob E.);

Obrist **Hans Caspar von Pannwitz** (*um 1658, †1715)

Vater: Otto Heinrich (†1683) Erbherr auf Babow im Krs. Cottbus; **Bruder**: Heinrich Wilhelm (*1677), Landrat, seit

1713 Erbherr auf Babow; **Bruder**: Christian Sigismund († vor 1713); **Laufbahn**: seit 1678 im Militärdienst, stand 1706 als Major im D-R Nr. 3, 1714 als Ol, bei d. Belagerung von Stralsund 1715 als Obrist an der Ruhr gest.; **Güter**: wurde zs. mit seinen Brüdern nach d. Tod d. Vaters mit Babow belehnt;

Quellen: BLHA, Rep. 23 B, Nr. 446 (H. W. mit Hinweis auf d. Ol); Gesch. D-R Nr. 3, S. 35, S. 42, S. 408; Krüger, Cottbus, S. 3;

Ol **Nicolaus Sigismund von Pannwitz**
(* 1700, † 18. Aug. 1748) *

Vater: Joachim Friedrich († vor 1715), Erbherr auf Klein Oßnig im Krs. Cottbus; **Bruder**: Joachim Friedrich (* 1698), seit 1720 im Regiment, stand 1723 als Cornet im D-R Nr. 3, 1739 als Ltnt., 1742 als Rittmstr., 1753 Major u. Chef e. Escadron, Nov. 1757 als Ol abgegangen (1767 Erbherr auf Klein Oßnig im Wert von 16/m T.); **Laufbahn**: 1715 zs. mit d. Bruder als *cadet* in Magdeburg gen., engagierte sich 1719 bei d. Artillerie, 1724 Sl, April 1729 Pl, 1736 Stabs-Cap., 1737 Cap., 1745 Major, 1748 Ol u. Kommandeur d. schlesischen Artillerie-Bat., 1748 im 49. Jahr gest.; **Güter**: 1715 u. 1745 zs. mit d. Bruder auf Klein Oßnig gen., als ihr Vormund fungierte 1715 Friedrich Wilhelm von Pannwitz auf Klein Gaglow in Sachsen;

Quellen: Stabi, Ms. boruss. fol. 313, Bl. 15, Bl. 16 (je d. Bruder J. F.); fol. 319, Bl. 320; Ms. geneal. fol. 120, Bl. 215 (Brüder 1745 gen., Hinweis auf d. Vater); König, 3. T., S. 131–132 (N. S.); Gesch. D-R Nr. 3, S. 60, S. 65, S. 82, S. 102, S. 411 (Bruder); Jb. Neumark, 1928, S. 176; Jb. Neumark, 11/1936, S. 105 (danach saß J. F. 1767 auf Klein Oßnig); Krüger, Cottbus, S. 22 (nach 1748 keine Jahrezahl f. d. von Gladis gen.);

GM **Wolf Adolph von Pannwitz**
(* 13. Mrz. 1679, † 30. April 1750) *

Vater: Wolf Christoph (1650–1715), Erbherr auf Groß Gaglow im Krs. Cottbus; **Mutter**: Martha Elisabeth, geb. von Kyau (1654–1729); **Laufbahn**: Febr. 1703 Cornet bei d. Garde du Corps, Jan. 1704 Ltnt., Sep. 1705 Rittmstr. im K-R Nr. 10, Aug. 1714 Major, Mai 1719 Ol, Aug. 1725 Kommandeur d. K-R Nr. 10, Juni 1728 Obrist, Mai 1739 Chef d. K-R Nr. 10, Mai 1741 GM, Mrz. 1743 mit e. Pension von 3/m T. dim.; in erster **Ehe** verheiratet mit Sophie Catharina, geb. von Pannwitz (1689–1717); **Güter**: 1715 u. 1718 Erbherr auf Groß Gaglow im Krs. Cottbus, 1730 für 9 200 T. an seine Schwester verkauft, seit 1735 Erbherr auf Schönfließ im Krs. Niederbarnim; **Sohn**: Friedrich Wilhelm (1720–1790) *, seit 1738 im Militär, stand 1740 als Cornet im K-R Nr. 10, 1741 ins K-R Nr. 13 versetzt, Nov. 1742 Ltnt., erwarb sich Verdienste bei d. Eindämmung e. Feuers im Charlottenburger Schloß 1747, April 1747 Major im D-R Nr. 10, Juni 1755 Ol, Juni 1759 dim., 1790 als residierender Komtur von Lagow gest., verheiratet mit Sophie Albertine, geb. von Viereck, Hofdame der Königin, aus d. Ehe zwei Söhne;

Quellen: BLHA, Rep. 23 B, Nr. 446; Stabi, Ms. boruss. fol. 311, (Bl. 325 RS), Bl. 327 RS (Sohn), Bl. 329, Bl. 334; fol. 319, Bl. 24; König, 3. T., S. 130; Schwerin, K-R Nr. 10, 3. T. Anhang, Personalien (W. A. u. d. Sohn); Jb. Neumark, 1928, S. 174; Priesdorff, Nr. 277; Krüger, Cottbus, S. 15 (hier als Wolff Rudolph, d. Vater als Wolff Christian);

Obrist **Adolph Friedr. Siegmund (seit Juli 1755: von) Pape** (* 1725, † 27. Okt. 1789)

(**Vater**: Christoph Friedrich (* um 1694), aus d. Mittelmark gebürtig, seit 1713 im Militär, stand 1715, 1717 als Cornet im D-R Nr. 3, 1723 als Ltnt., 1729 als Cap., 1739 Rittmstr. u. Chef e. Escadron, um 1740 in e. H-R versetzt, als vorm. Cap. in Dramburg gest.); A. F. S. aus d. NM gebürtig; **Laufbahn**: seit 1740 im Militär, am 19. Juli 1755 als Pl im D-R Nr. 4 nobilitiert, Aug. 1758 Orden p. l. m., 1773 als Major u. Chef e. Escadron im D-R Nr. 2 geführt, 1789 als Obrist u. Kommandeur d. D-R Nr. 4 gest.; **Güter**: saß 1774 auf Friedrichsdorf im Krs. Dramburg, 1771 für 10/m T. erworben, 1777 verkauft; zweite **Ehefrau**: Caroline Auguste, geb. von Boehmer (1745–1831) aus Glogau; **Sohn**: Wilhelm Heinrich (1771–1860) *, diente von 1784 bis 1791 im D-R Nr. 4, als Ltnt. auf Wunsch dim., erwarb 1791 d. Gut Theeren im Krs. Königsberg, vor 1799 wieder veräußert, 1798 Ritterschaftsrat, seit 1801 Landrat im Krs. Königsberg, 1801 auf Braunsfelde im Krs. Friedeberg im Wert von 64/m T., hatte seinen Wohnsitz in Kuhdamm im Krs. Königsberg, 1803 für 13 800 T. gekauft; **Sohn**: August Carl Wilhelm Adolph (1777–1807), seit 1789 im Militär, stand 1805 als Sl im D-R Nr. 3, als Pl in d. 1. Dragoner-Brigade 1807 gest.;

Quellen: GStA, I. HA, Rep. 7, Nr. 13, Litt P 70 h; II. HA, Abt. 12, Materien, Vas.tab. Nr. 6, Bl. 84 RS-85; Stabi, Ms. boruss. fol. 313, Bl. 9, Bl. 15 RS (je d. Vater?); fol. 315, Bl. 173; Ms. geneal. fol. 120, Bl. 245; Gesch. D-R Nr. 3, S. 55, S. 60 (je d. Vater?), S. 103, S. 316 (A.C.W.A., hier als Wilhelm), S. 408 (Vater?), S. 418 (A.C.W.A.), S. 424; Lehmann, S. 75; Tb. Briefadel, 1912, S. 707 (kein Hinweis auf d. Vater); Jb. Neumark, 11/1936, S. 74; biogr. Handbuch, S. 717 (Sohn W. H.);

GM **Carl Friedrich von Papstein** (* 1678, † 22. Aug. 1733) *

Vater: Henning, Cap. in brandenburg. Diensten, diente zuletzt im Leib-D-R; **Bruder**: Christoph Henning (1675–1736), Rittmstr., siehe bei dessen Sohn Ernst Egidius; **Laufbahn**: engagierte sich 1698 im Militär, Juni 1702 Fähnrich im I-R Nr. 9, Febr. 1704 Sl, Sep. 1705 Stabs-Cap., Juli 1709 Rittmstr. u. Chef e. Escadron im K-R Nr. 4, Jan. 1712 Major, Sep. 1716 Ol u. Kommandeur d. K-R Nr. 4, Juni 1721 Obrist, Aug. 1729 Chef d. K-R Nr. 7, Juli 1733 auf Wunsch mit d. Charakter GM u. 900 T. Pension dim.;

Quellen: Stabi, Ms. boruss. fol. 316, (Bl. 193); fol. 319, Bl. 31 RS; König, 3. T., S. 132; Siebmacher, Bd. 6/5, 1880, S. 66; Priesdorff, Nr. 242 (C. F. aus d. NM gebürtig);

Rittmstr. **Ernst Egidius von Papstein** (* 28. Febr. 1716, † 26. Juli 1757) *

Vater: Christoph Henning (* 1675, † 22. Jan. 1736), 1701 u. 1703 Cornet, zuletzt Rittmstr. im Leib-D-R, vor 1715 abgegangen, Erbherr auf Pumptow im Krs. Pyritz, 1718 auf Anteil Mansfelde im Krs. Friedeberg, dieser war für 1/m T. verpachtet, hinterließ drei Söhne u. zwei Töchter; E. E. aus d. Neumark gebürtig; **Mutter**: Sabina Elisabeth, geb. von Kahlenberg; **Bruder**: Henning Friedrich (* 1. Sep. 1718), 1738 Corp. im I-R Nr. 7, 1745 als Gefr.corp. u. Erbherr auf Anteil Mansfelde gen., s. d.; **Laufbahn**: seit 1730 im Militär, stand 1735 als Ltnt. im D-R Nr. 1, im Dez. 1743 als Ltnt. im D-R Nr. 10 gen., 1755 Rittmstr. im D-R Nr. 10, 1757 in Königsberg, Pr. gest., hinterließ Witwe u. vier Kinder; **Güter**: verkaufte schuldenhalber d. halbe Gut Mansfelde im Krs. Friedeberg u. machte sich im Krs. Osterode ansässig, d. preuß. Gut wurde im Siebenjährigen Krieg runiert u. von der Witwe verkauft; **Ehefrau**: Helena Augusta, e. Tochter d. Cap. Behrend Christoph von Küssow († 1744) auf Klein Küssow u. Verchland in Pommern, sie galt 1782 als hilfsbedürftig u. stand deshalb auf d. Expectantenliste für e. neumärk. Pension; **Sohn**: Ernst August (1754–1781), aus d. NM gebürtig, seit 1771 im Militär, stand 1774 als Gefr.corp. im I-R Nr. 26, 1781 als Ltnt. gest., seine Mutter hatte sich 1780 bei ihm in Berlin aufgehalten; **Sohn**: Henning (* 1752, † 3. Febr. 1780), aus d. NM, seit 1770 im Militär, Jan. 1777 Fähnrich im I-R Nr. 13, als solcher 1780 gest.; (**verwandt**: Heinrich Carl (1720–1758), aus d. NM, seit 1736 im Militär, stand 1746 als Ltnt. im D-R Nr. 1, hier noch 1756 als Ltnt. gen., 1758 als Major gefallen; **verwandt**: George Wilhelm von Papstein (1724–1745), aus d. NM gebürtig, seit 1739 im Militär, stand 1740, 1743 als Cornet im D-R Nr. 3, 1745 als Ltnt. bei Hohenfriedberg gefallen: Gesch. D-R Nr. 3, S. 83, S. 410);

Quellen: GStA, I. HA, Rep. 30, Nr. 43, Paket 9 236, vol. X, Bl. 148; II. HA, Abt. 13 a, Tit. III, Generalia, Nr. 2, Bd. 10, Bl. 55 RS-56; Stabi, Ms. boruss. fol. 311, Bl. 17, Bl. 38 RS (je d. Sohn Henning), Bl. 358, Bl. 359; fol. 314, Bl. 2, Bl. 13 (je d. Sohn E. A.), Bl. 44 (in d. Abgangsliste nur d. Major von 1758), Bl. 47 (H. C., hier als Carl Henning), Bl. 48 (H. C.), Bl. 50; Ms. geneal. fol. 120, Bl. 206 RS, Bl. 212; Bardeleben, S. 402 u. S. 412 (je d. Vater), Pommern, S. 482–483 (Biogr. von E. E., hier als Cap.);

Ltnt. **George Wilhelm Heinrich von Papstein** (* 1775, † 22. Nov. 1856) *

Vater: Wilhelm Ernst (* um 1745), zeitweilig auf Pumptow im Krs. Pyritz, Erbherr auf Niepölzig im Krs. Arnswalde, erhielt im Dez. 1788 d. Erlaubnis, sein Gut an e. Bürgerlichen zu verkaufen, Niepölzig hatte damals e. Wert von 13 400 T., darauf Schulden von 11 175 T., 1801 u. 1803 als unangesessener Vasall im Krs. Arnswalde gen., hatte seinen Wohnsitz in Altdamm, damals wurde auch d. Sohn G. W. H. gen.; **Mutter**: Juliane Charlotte Friederike, geb. von Wolde; **Laufbahn**: bezog im Sep. 1789 d. Ritterakademie in Brandenburg an der Havel, Sep. 1794 Cornet im K-R Nr. 5, Sep. 1797 Sl, Febr. 1807 Pl, April 1807 Abschied als Rittmstr.;

Quellen: GStA, I. HA, Rep. 30, Nr. 244, Paket 9 993; II. HA, Abt. 12, Materien, Vas.tab. Nr. 6, Bl. 22 RS-23; Nr. 8, Bl. 23 RS-24; Leers, Zöglinge, S. 133; Jb. Neumark, 11/1936, S. 61 (danach wurde Niepölzig 1786 vom Cap. Caspar Hr. Fr. von Mellenthin gekauft);

Gefr.corp. **Henning Friedrich von Papstein** (* 1. Sep. 1718)

Vater: Christoph Henning (1675–1736), vorm. Rittmstr. im Leib-D-R, 1718 als Erbherr auf Anteil Mansfelde im Krs. Friedeberg gen., hatte 1728 drei Söhne; **Mutter**: Sabina Elisabeth, geb. von Kahlenberg; **Großvater**: Jacob, Landrat, saß 1715 auf Tankow, Mansfelde, Anteil Wugarten im Krs. Friedeberg; **Vater-Bruder**: Carl Friedrich (* 1678), GM, s. d.; **Vater-Bruder**: Friedrich Wilhelm, hatte 1715 seinen Wohnsitz in Tankow, Sohn: Jacob Christoph (1715–1789), GM, s. d.; **Bruder**: Ernst Egidius (1716–1757), Rittmstr., s. d.; **Bruder**: Carl Rudolph (* 1723), erwirkte

am 31. Aug. 1742 d. *venia aetatis*, seine Mutter sprach sich im Sep. 1742 dagegen aus, ihm d. *venia aetatis* zu erteilen, er sei dafür noch zu jung, wolle gegen ihren Willen heiraten, vergehe sich gegen d. 4. Gebot u. suche sie aus d. Dorf u. ihrer Wohnung zu vertreiben, ihr Gesuch kam jedoch zu spät ein u. sie wurde deshalb abgewiesen; saß 1745 u. 1774 auf ½ Mansfelde, Sohn: Joachim Heinrich (* 1744), weilte 1774 beim Vater; **Laufbahn**: stand 1738 als Gefr.corp. bei Bredow (I-R 7), vor 1745 abgegangen, erhielt am 18. April 1739 zs. mit d. Bruder E. E. d. *venia aetatis*; **Güter**: 1745 zs. mit d. Bruder C. R. auf Mansfelde gen.; **Sohn**: Joachim Henning (* 1744), hielt sich 1803 in Haferwiese auf;
Quellen: GStA, I. HA, Rep. 22, Nr. 236; BLHA, Rep. 23 B, Nr. 446; Stabi, Ms. boruss. fol. 319, Bl. 31 RS (Onkel); Ms. geneal. fol. 120, Bl. 206 RS, Bl. 212, Bl. 248; Bardeleben, S. 412 (C. H. od. C. F.); Jb. Neumark, 1926, S. 72, S. 77, S. 86; Jb. Neumark, 11/ 1936, S. 70–71;

GM **Jacob Christoph von Papstein** (* 1715, † 22. Jan. 1789) *

Vater: Friedrich Wilhelm, Erbherr auf Pumptow u. Blumberg im Krs. Pyritz, 1718 auf Tankow im Krs. Friedeberg; **Vater-Bruder**: Carl Friedrich (* 1678), GM, s. d. (Erbherr auf Geilenfelde im Krs. Friedeberg); **Bruder**: Sigismund Friedrich (* 1717) *, Dez. 1734 Cornet im D-R Nr. 5, Sep. 1739 Sl, April 1744 Pl, Mai 1751 dim.; **Bruder**: Carl Friedrich (1719–1758), seit 1736 im Militär, 1746 Ltnt. im D-R Nr. 1, Mrz. 1758 als Major gefallen; **Bruder**: Ehrenreich Friedrich Philipp (* 11. April 1728, † Jan. 1783), 1745 Junker im D-R Nr. 5, Jan. 1747 Cornet, April 1752 Sl, Mrz. 1758 Pl, Juli 1764 Stabs-Rittmstr., Okt. 1775 Rittmstr. u. Chef e. Escadron, Mrz. 1778 Major, 1783 unbeerbt in Pasewalk gest., Mitbesitzer von Tankow; **Laufbahn**: seit 1730 im Militär, Mrz. 1734 Cornet im D-R Nr. 4, Mai 1739 Sl, 1745 Ltnt. im D-R Nr. 4, Sep. 1747 Stabs-Rittmstr., Nov. 1757 Rittmstr., Dez. 1757 Major, Aug. 1758 Ol im D-R Nr. 4, Mai 1760 Commandeur d. D-R Nr. 8, Aug. 1762 Orden p. l. m., Juni 1769 Obrist, Aug. 1777 krankheitshalber mit d. Charakter GM u. 1/m T. Pension verabschiedet; **Güter**: 1745, 1767 zs. mit d. Brüdern, 1774 allein auf Tankow im Krs. Friedeberg gen.;
Quellen: Stabi, Ms. boruss. fol. 312, Bl. 112 (J. C.); fol. 313, Bl. 10 RS, Bl. 47 RS (S. F.), Bl. 48 RS, Bl. 49 RS, Bl. 59; fol. 314, Bl. 44, Bl. 47, Bl. 48 (Bruder C. F. hier als Heinrich bzw. Henning Carl); fol. 316, Bl. 168 (Onkel); fol. 319, Bl. 31 RS (Onkel); Ms. geneal. fol. 120, Bl. 212 (Vater als F. W., vier Söhne gen.), Bl. 248; König, 3. T., S. 133 (Vater: Christoph Henning auf Wulkow); Albedyll, Anhang, S. 53 * (Bruder S. F.), S. 71 * (Bruder E. F. P., Vater als F. W., Obrist); Lehmann, S. 111; Jb. Neumark, 11/ 1936, S. 71; Priesdorff, Nr. 627 (d. Vater als Christoph Henning?, J. C. geb. im Krs. Saatzig, lt. Ranglisten aus d. NM); Pommern, S. 483 (kz. Biogramm d. Buders S. F.);

Ltnt. **Ernst Heinrich Wilhelm von Perbandt** (* 13. Mrz. 1773, † 2. Juli 1848) *

Vater: Friedrich Erdmann (1737–1776), Ltnt. im I-R Nr. 8, 1767 u. 1774 als Erbherr auf Flackensee im Krs. Arnswalde gen., hatte d. Gut (erheiratet); E. H. W. aus Diedersdorf bei Frankfurt gebürtig, die Eltern hielten sich 1782 in Kallies auf; **Mutter**: Wilhelmine Amalie Philippine. geb. von Wedel, sie verkaufte Flackensee nach 1780 an d. Ltnt. von Bockelberg, s. d., u. ging als Witwe e. zweite Ehe ein mit e. Johann Ludwig von der Mülbe, ließ sich jedoch scheiden, nahm ihren Wohnsitz in Kallies; **Bruder**: Carl Friedrich (* 31. Mrz. 1768, † 1. Juni 1839), 1783 bei d. *cadets*, 1801 als vormaliger Train-Offizier gen., galt als versorgt, unangesessener Vasall im Krs. Arnswalde, zuletzt Major, Kommandeur d. Kadettenkorps u. zweiter Chef d. Militärwaisenhauses in Potsdam; **Laufbahn**: Mai 1782 *cadet* in Stolp, Aug. 1786 *cadet* in Berlin, Mrz. 1788 ins I-R Nr. 34, 1803 Ltnt. u. unangesessener Vasall im Krs. Arnswalde, stand 1806 als erster Sl im I-R Nr. 34, 1827 als Obrist u. Kommandant von Wesel mit d. Charakter GM dim.;

Quellen: GStA, II. HA, Abt. 12, Materien, Vas.tab. Nr. 6, Bl. 19 RS-20; Stabi, Ms. boruss. fol. 907 a, Bl. 12; Ms. geneal. fol. 120, Bl. 236; Stolper Kadetten, S. 16; Crousaz, S. 39; Jb. dt. Adel, 2. Bd., S. 777–779; Tb. Uradel, 1900, S. 688; Jb. Neumark, 11/1936, S. 58; Priesdorff, Nr. 1 435; d. Vater nicht bei Priesdorff, Offz.stammliste, nicht in Ms. boruss. fol. 315: Ranglisten 1756 u. 1764;

Ltnt. **Andreas Ernst von Pfoertner**
(* 1769)

(Vater: Ernst Ludwig († um 1775), erwarb im Juni 1762 von d. Witwe Isolde Barbara Johanne von Wulffen, geb. von Schenckendorff, Anteil Griesel im Krs. Crossen für 16 400 T., 1767 im Wert von 17 790 T.); **Mutter**: Charlotte Luise, geb. von Winning (* 1748), 1778 auf Fritschendorf u. Dt. Sagar im Krs. Crossen; **Laufbahn**: 1783 als Gefr.corp. ins I-R Nr. 24, 1787 hier als Fähnrich aufgeführt, zuletzt Sl im I-R Nr. 24, 1789 auf Wunsch dim.; fungierte 1801 u. 1805 als Deputierter d. Krs. Crossen; **Güter**: saß 1795, 1801 u. 1805 als Erbherr auf (beiden Anteilen) Griesel im Krs. Crossen im Wert von 39/m T., hier noch 1809;

Quellen: GStA, I. HA, Rep. 22, Nr. 242 i; II. HA, Abt. 12, Materien, Vas.tab. Nr. 6, Bl. 27 RS-28; BLHA, Rep. 3, Nr. 11 925; Stabi, Ms. boruss. fol. 316, Bl. 321 (hier als Ernst Andr.), Bl. 325; Ms. geneal. fol. 120, Bl. 242 RS; Bratring, 3. Bd., S. 312; Jb. Neumark, 11/1936, S. 79; nicht in Tb. Briefadel 1918;

Ltnt. **Caspar Friedrich Erdmann von Pfoertner** (* 6. Mai 1756, † 15. Nov. 1801)

Vater: Gottfried, Erbherr auf d. schlesischen Gütern Döringau, Netschütz, Seiffersdorf; **Mutter**: Sophie Erdmuthe, geb. von Oppell; **Bruder**: Carl Gottlob Moritz Gottfr. (1745–1823), Erbherr auf Döringau u. Netschütz, Landrat im schles. Krs. Freystadt; **Laufbahn**: stand im Mrz. 1773 als Junker im D-R Nr. 2, zuletzt Ltnt., im Juni 1787 als solcher nach 14 Dj. dim.; **Ehefrau**: Luise Margarethe, geb. von Langen, verwitw. von Knobelsdorff (1750–1801?); **Güter**: erwarb 1797 Briesnitz im Krs. Crossen für 32 150 T., 1803 u. 1809 saß seine Witwe mit ihren drei Söhnen auf d. Gut;

Quellen: GStA, I. HA, Rep. 176, Nr. 7 434; II. HA, Abt. 12, Materien, Vas.tab. Nr. 6, Bl. 24 RS-25; Nr. 8, Bl. 87 RS-88; BLHA, Rep. 3, Nr. 11 925 (1805 lebte d. Witwe noch); Stabi, Ms. boruss. fol. 315, Bl. 173, Bl. 177 (hier als Carl, geb. 1757); Ms. geneal. fol. 120, Bl. 242 RS; Bratring, 3. Bd., S. 308; Tb. Briefadel, 1918, S. 669–670 (als Pf. von der Hölle); Jb. Neumark, 11/1936, S. 78;

General **Ernst Ludwig von Pfuel**
(* 8. Dez. 1716, † 5. Mai 1798) *

Vater: Friedrich Wilhelm (1690–1756), Cap., E. L. aus d. Amtsdorf Plagow im Krs. Arnswalde gebürtig; **Mutter**: Dorothea Hedwig, geb. Scultetus von Unfried; **Laufbahn**: Mai 1731 *cadet* in Berlin, Mrz. 1737 Gefr.corp. im I-R Nr. 10, Juni 1740 Fähnrich, Juli 1741 Sl, Jan. 1746 Pl, Juni 1757 Stabs-Cap., Dez. 1757 Cap. u. Chef e. Comp., Juni 1760 Major, Juli 1762 Orden p. l. m., Aug. 1767 Ol, Juni 1768 Kommandeur d. I-R Nr. 10, Juni 1771 Obrist, Juni 1779 GM, Juli 1779 Chef d. I-R Nr. 46, Jan. 1784 Gouverneur von Spandau, Mrz. 1786 Gl, Mai 1786 Ritter d. Schwarzen Adler-Ordens, Jan. 1794 General von der Infanterie; **Ehefrau**: Anna Catharina Margarethe, geb. von Pott (1739–1803); **Sohn**: August Christoph Adolph (* 14. April 1768), engagierte sich im I-R Nr. 46, als Oberförster versorgt; **Sohn**: Christoph Ludwig (* 1770, † 26. Mai 1813), seit 1783 im Regiment, Jan. 1798 Stabs-Cap., 1806 Cap. u. Chef e. Comp. im I-R Nr. 18, Mai 1813 Major u. Kommandeur d. Füsilier-Bat. d. 1. Westpreuß. I-R, 1813 an Blessuren gest.;

Quellen: Stabi, Ms. boruss. fol. 313, Bl. 152 (Sohn C. L.); fol. 316, Bl. 223 (1750: aus Pomm.), Bl. 221 (1775: aus Pomm.); König, 3. T., S. 147–154; Crousaz, S. 33 (als von Pfuhl); Priesdorff, Nr. 662 (E. L. aus Plagow gebürtig);

Ltnt. **Hans Friedrich von Pfuhl** (* 1716) * aus d. Neumark gebürtig, **Laufbahn**: seit 1731 im Militär, Juli 1744 Sl im I-R Nr. 14, noch 1750 hier gen., vor 1763 abgegangen;

Quellen: Stabi, Ms. boruss. fol. 311, Bl. 149;

Rittmstr. **Heino Friedrich Wilhelm von Pfuhl** (1714–1794)

Vater: George Friedrich Wilhelm Ehrenreich (1690–1730), Erbherr auf Voigtsdorf u. Vorwerk Schulzendorf im Krs. Königsberg; **Mutter**: Dorothea, geb. von Unfried; (**Großvater**: Balzer Ägidius, vorm. sächs. Fähnrich, 1713 u. 1718 als Erbherr auf Voigtsdorf gen.); **Bruder**: George Ludwig Dittloff (* 1716), seit 1734 im Militär, 1743 Ltnt. im D-R Nr. 10, noch 1755 als Ltnt. gen., vor 1763 als Rittmstr. vom D-R Nr. 10 abgegangen, 1774 Erbherr auf Voigtsdorf, 1779 für 20 100 T. verkauft, verheiratet mit Henriette Gottliebe, geb. Freiin von Schrötter; **Bruder**: Carl Christoph August (1720–1797) *, 1738 als Junker ins D-R Nr. 5, Aug. 1740 Cornet, April 1742 Sl, Mai 1751 Pl, Febr. 1757 auf Wunsch als Stabs-Cap. dim., von 1771 bis 1797 Landrat d. Krs. Lebus, Erbherr auf Schulzendorf; **Laufbahn**: seit etwa 1730 im Militär, 1738 Cornet im D-R Nr. 6, 1749 als Pl gen., zuletzt Stabs-Rittmstr., im Aug. 1756 dim.; ging zwei **Ehen** ein; **Sohn**: Carl Ludwig Friedrich (1761–1844), Stabs-Cap. im I-R Nr. 1, um 1790 beim Feld-Proviant-Amt angestellt; **Güter**: 1745 u. 1751 zs. mit seinen beiden Brüdern als Erbherr auf Voigtsdorf im Wert von 16/m T. aufgeführt;

Quellen: BLHA, Rep. 78 I, Nr. 170, Bl. 49; Stabi, Ms. boruss. fol. 311, Bl. 42, Bl. 83, Bl. 89 RS; Bl. 358, Bl. 359 (je d. Bruder G. L.); fol. 313, Bl. 45 (Bruder C. C. A., aus d. Mittelmark?), Bl. 179 (Sohn C. L. F. im I-R Nr. 1); Ms. geneal. fol. 120, Bl. 225 (d. drei Brüder auf Voigsdorf gen.), Bl. 250; Wegner, D-R Nr. 6, S. 34; Albedyll, Anhang, S. 58 * (hier Carl Ernst August, geb. 1720); Orlop, Anlage, S. 127 * (H. F. W.); Tb. Uradel, 1906, S. 580 (als F. W. Ehrenreich, kein Hinweis auf d. Dienst, d. Brüder nicht gen.); Jb. Neumark, 1927, S. 19 (Großvater?); Jb. Neumark, 11/1936, S. 77; biogr. Handbuch, S. 733 (C. C. A. (1720–1797), danach 1759 dim.);

Ltnt. **Carl Heinrich Christian von Piper** (* 20. Okt. 1769)

Vater: Friedrich Adolph (* um 1725, † 20. Jan. 1779), Erbherr auf Sandow u. Bergen im Krs. Sternberg sowie auf Anteil Groß Silber, hinterließ seinen drei unmündigen Kindern e. Vermögen von 77 565 T. u. Schulden von 57 728 T., seine Witwe bewirtschaftete Sandow u. Bergen selbst, Groß Silber war verpachtet, um jene zu behaupten bat sie im Mrz. 1781 darum, Groß Silber für 9/m T. zu verkaufen, um Schulden abzutragen, am 28. Mai 1781 wurde ihr Antrag genehmigt; C. H. C. aus Sandow im Krs. Sternberg gebürtig; **Vater-Bruder**: Wilhelm Christian (1732–1811) *, Geh. Fi-rat; **Laufbahn**: seit 1783 im Militär, stand 1787 als Fähnrich, zuletzt als Sl im I-R Nr. 24, im April 1790 suchte seine Mutter für ihn um d. *venia aetatis* nach, d. Sl besaß wie seine beiden Schwestern e. väterliches Vermögen von 6 612 T., im Jan. 1792 auf Wunsch dim.; **Güter**: saß 1801 auf Sandow u. Bergen im Krs. Sternberg im Wert von 63 943 T., 1805 für 142 500 T. verkauft (bzw. noch 1809 hier gen.);

Quellen: GStA, I. HA, Rep. 22, Nr. 242 h; II. HA, Abt. 12, Materien, Vas.tab. Nr. 6, Bl. 133 RS-134; Nr. 8, Bl. 154 RS-155; Stabi, Ms. boruss. fol. 316, Bl. 321 RS, Bl. 328; Bratring, 3. Bd., S. 290 (danach noch 1809 hier gen.); Jb. Neumark, 11/1936, S. 97 (1805 verkauft); biogr. Handbuch, S. 735–736 (Onkel);

Cap. **Wilhelm Heinrich von Piper** (1773–1813)

Vater: Wilhelm Christian (1732–1811) *, Geh. Fi-rat, 1767 u. 1779 als Erbherr auf Riesnitz im Krs. Crossen gen., 1767 im Wert von 20 566 T., vor 1801 verkauft; W. H. aus Berlin gebürtig; **Vater-Brüder**: Friedrich Adolph (* um 1725, † 1779), 1778 Erbherr auf Sandow u. Bergen, Carl Heinrich (* 1735), weilte 1778 in Berlin; **Großvater**: Johann Heinrich (1680–1752) *, April 1717 Geh. Rat bei d. damaligen General-Rechenkammer, am 28. Aug. 1736 nobilitiert, April 1744 Präsident d. Ober-Rechenkammer, erheiratete mit Anna Sophie († 1772), Tochter d. Bürgermeisters Johann Christian Fuchs in Fürstenwalde, d. Güter Sandow u. Bergen im Krs. Sternberg, Wesendahl im Krs. Oberbarnim u. Riesnitz in Crossen, sie beschwerte sich im Dez. 1771 über d. früheren Kriegsrat Piper vom Berliner Armendirektorium, dem sie in Sandow Unterhalt gewährte, der jedoch d. Untertanen gegen sie aufbrachte, auf ihren Antrag sollte er *aufgehoben* u. auf ihre Kosten in Küstrin verwahrt werden; **Mutter**: e. geb. Schrader aus Minden; **Laufbahn**: 1788 Gefr.corp., Juni 1790 Fähnrich im I-R Nr. 13, zuletzt Ltnt., Mrz. 1806 Abschied als Cap.; **Güter**: 1801 u. 1805 zs. mit seinem Vater als unangesessene Vasallen im Krs. Crossen aufgeführt;

Quellen: GStA, I. HA, Rep. 7, Nr. 13, Litt P 70 e 2; Rep. 22, Nr. 242 h; II. HA, Abt. 12, Materien, Vas. tab. Nr. 6, Bl. 40 RS-41; BLHA, Rep. 78 I, Nr. 170, Bl. 8 (J. H. 1751 auf Riesnitz); Stabi, Ms. boruss. fol. 311, Bl. 15 RS (hier als Wilh. Franz), Bl. 18 RS; Ms. geneal. fol. 120, Bl. 242 RS, Bl. 255 RS; Ditfurth, Ober-Rechnungskammer, S. 81–82 (Großvater); Jb. Neumark, 11/1936, S. 81; biogr. Handbuch, S. 735–736 (Vater);

GM **Heinrich Ernst Edler von Planitz** (* 1723, † 15. Dez. 1793) *

(**Vater**: Erbherr auf Anteil Seedorf, 1713 saß ein Cap. v. P. auf 3,5 Hufen in

Seedorf); H. E. aus Seedorf im Krs. Crossen gebürtig; **Laufbahn**: Juli 1739 *cadet* in Berlin, Nov. 1741 Uffz., Mrz. 1745 Fähnrich im I-R Nr. 12, Febr. 1749 Sl, Nov. 1756 Pl, Sep. 1759 Stabs-Cap., Mrz. 1764 Cap. u. Chef e. Comp., Febr. 1778 Major, Mai 1787 Ol, Mai 1789 Obrist, Mrz. 1790 Kommandeur d. I-R Nr. 12, Okt. 1792 Orden p. l. m., Jan. 1793 als GM mit 800 T. Pension dim.; **Ehefrau**: Marie Dorothea, geb. Tiede (1721–1802); **Sohn**: Carl Gottlieb Heinrich (* 1763, † 4. Febr. 1826), Sep. 1782 Cornet im D-R Nr. 12, Juni 1786 Sl, Juli 1794 Pl, Dez. 1797 Stabs-Rittmstr., Okt. 1800 Rittmstr., Febr., 1809 pens.; **Sohn**: Friedrich Ernst (* 3. Juli 1766, † 3. Nov. 1820), seit 1783 im Reg., Juni 1787 Fähnrich im I-R Nr. 22, Dez. 1789 Sl, Okt. 1797 Pl, Juni 1804 Stabs-Cap. bei d. Hinterpomm. Prov.-Invaliden-Comp., Sep. 1814 zur 2. Ostpreuß. Prov.-Invaliden-Comp.;

Quellen: GStA, IV. HA, Rep. 1, Nr. 85, Bl. 10 (H. E. u. Söhne); BLHA, Rep. 23 B, Nr. 446 (Vater?); Stabi, Ms. boruss. fol. 316, Bl. 241, Bl. 243 RS, Bl. 244; Tb. Uradel, 1905, S. 613 (Verweis auf e. 1736 gen. preuß. GM von Planitz?), S. 614 (e. 1766 gest. Cap. Ernst soll mit Maria Dorothea Thiede verh. gewesen sein); Priesdorff, Nr. 877 (ohne Angabe d. Vaters);

Ltnt. **Johann Heinrich von Planitz**
(* 1736) *

aus d. Krs. Crossen gebürtig; **Laufbahn**: 1753 ins Reg. Jung-Sydow, Mrz. 1759 als Cornet ins D-R Nr. 5, Mai 1763 Sl, Okt. 1771 wegen *schwachen Gesichts* dim.;

Quellen: GStA, IV. HA, Rep. 1, Nr. 85, Bl. 10; Stabi, Ms. boruss. fol. 313, Bl. 48 RS; Albedyll, Anhang, S. 67 *;

Obrist **Albrecht Christian von Platen**
(* 1684, † 16. Sep. 1756)

Vater: Heinrich Wulf, 1715 u. 1718 als neumärk. Landesdirektor gen., Erbherr auf Breitenstein im Krs. Friedeberg, hatte damals vier im Militärdienst stehende Söhne, auch auf d. sog. Schloßgut Bernstein, verkaufte dieses im Dez. 1713 für 10 400 T. an d. Geh. Rat Christoph von Waldow, dieser blieb 3/m T. d. Kaufgeldes schuldig, weshalb es zu e. Prozeß kam; **Bruder**: Hans Friedrich (* 1675), seit 1692 im Militär, Jan. 1712 Major im D-R Nr. 3, stand 1715 als Major, 1718 als Ol im Reg. Wartensleben zu Pferd, 1715 Erbherr auf Anteil Pitzerwitz im Krs. Soldin (1728 als Landrat im Krs. Friedeberg gen., Erbherr auf Breitenstein); **Bruder**: Wulf Christoph (* 1677, † 21. April 1740), vorm. poln. Cap., 1728 u. 1740 Erbherr auf Breitenstein; **Bruder**: Carl Ludwig (* 1693), seit 1710 im Militär, Febr. 1715 Fähnrich im I-R Nr. 23, im Sep. 1718 ins D-R Nr. 3 versetzt (nicht in d. Rangliste für 1723); **Laufbahn**: seit 1700 im Militär, Sep. 1709 Ltnt., Okt. 1713 Cap., 1721 bzw. Juni 1722 Major im I-R Nr. 3, Juni 1731 als Ol ins Bat. Röseler, Juli 1740 Obrist im Bat. Kröcher, Aug. 1743 zum I-R Nr. 32, 1744 Obrist im Garn.-Bat. Nr. 9, 1756 als Obrist gest.; **Ehefrau**, seit 1720: Antoniette, geb. von Günthersfeld (1681–1754), e. To. d. Fürsten Anton Günther von Anhalt-Zerbst, er war ihr dritter Ehemann, ihre *illata* betrugen 4/m T., ihr Vermögen 7 555 T., sie separierte sich 1730 von ihm, teils wegen seines *üblen Betragens*, teils wegen d. Krankheit ihrer Mutter, er hatte ihr nach d. Trennung jährlich 200 T. Alimente zugesagt, von 1730 bis 1744 jedoch nur 450 T. gezahlt u. schuldete ihr damit 2 350 T., andererseits hatte sie ihre

Zahlungsverpflichtungen ihm gegenüber (von jährlich 500 T. nach d. Heirat) auch nicht eingehalten, beide führten 1744 e. Prozeß bei d. neumärkischen Regierung gegeneinander; **Güter**: verkaufte 1744 seinen Anteil an Pitzerwitz im Krs. Soldin an d. Rittmstr. Hans Joachim von Scheel, 1745 als Erbherr auf Breitenstein im Krs. Friedeberg gen.;

Quellen: GStA, I. HA, Rep. 22, Nr. 227 b; IV. HA, Rep. 1, Nr. 85, Bl. 16 (A. C. zweimal aufgeführt, Laufbahn u. Sterbedatum); BLHA, Rep. 23 B, Nr. 446; Stabi, Ms. boruss. fol. 314, Bl. 217 RS; fol. 315, Bl. 85; fol. 316, Bl. 284 RS (C. L.); fol. 319, Bl. 25 RS, Bl. 36 RS-37, Bl. 48 (C. L.); Ms. geneal. fol. 120, Bl. 206 RS, Bl. 212 (Landrat Hans Friedrich als Vater von A. C.?), Bl. 216 RS (1728 Landrat H. F.); Gesch. I-R Nr. 3, S. 178; Siebmacher, Bd. 6/5, 1880, S. 68; Jb. Neumark, 1926, S. 79; 1927, S. 75; Jb. Neumark, 11/1936, S. 69 (hier Breitenstein erst ab 1767);

Ltnt. **Carl Christian von Platen** (* 1714)

Vater: Ernst Wilhelm († vor 1718), 1707 als Cap. im I-R Nr. 19 gen., im Dez. 1708 auf eigenen Wunsch mit e. Pension von 120 T. dim., erhielt d. Charakter Major, 1715 als Pfandinhaber e. Teils von Kemnath im Krs. Sternberg aufgeführt, hatte damals zwei Söhne: Friedrich Wilhelm u. Carl Christoph, 1718 saß seine Witwe auf d. Gutsanteil; C. C. aus d. Neumark gebürtig; **Laufbahn**: seit 1730 im Militär, stand 1741 als Sl im H-R Nr. 3, vor 1750 abgegangen;

Quellen: BLHA, Rep. 23 B, Nr. 446; Stabi, Ms. boruss. fol. 314, Bl. 329; Gesch. I-R Nr. 19, S. 72; Bardeleben, S. 428; Jb. Neumark, 1928, S. 40 (hier als Carl Christoph);

Ltnt. **Friedrich Ernst von Platen** (* 14. Mai 1767, † 16. Juli 1830)

Vater: Ernst Joachim (1727–1795), 1745 Page beim Prinzen von Preußen, 1756 Cornet im K-R Nr. 2, Febr. 1757 dim. (mit d. Charakter Rittmstr.), von 1759 bis 1762 Erbherr auf Seetz u. Garlin in d. Prignitz, hatte diese mit *leerer Hand* für 41 533 T. erworben, sein elterliches Erbe betrug nur 3 293 T., d. Schulden beliefen sich im Febr. 1763 auf 51 750 T., d. Gesuch um Verkauf an e. bürgerl. Amtmann für 56/m T. wurde am 9. Febr. 1763 abgewiesen, seine Frau erbte von e. Herrn von Gühlen 1763 Groß u. Klein Brütz in Mecklenburg, E. J. ging mit ihr dort 1767 in Konkurs, erwarb 1771 d. Kolonie Vietzer Radung im Krs. Landsberg *sub hasta* für 13 600 T., suchte im Juni 1785 um Retablissementsgelder nach, im Okt. d. J. bezifferte d. Küstriner Reg. d. reinen Ertrag d. Kolonie auf 410 T., d. Schulden aber auf 18 200 T., 1787 wurde e. Konkursverfahren eröffnet, d. Verbindlichkeiten überstiegen d. Aktiva, inkl. d. mütterlichen Vermögens d. Kinder in Höhe von 10/m T. betrugen d. Schulden 20/m T., d. gesamten Revenuen flossen an d. Gläubiger; F. E. aus d. NM gebürtig; **Mutter**: Dorothea Sophie, geb. von Diercke (1726–1776), Witwe von Gühlen; **Vater-Bruder**: Carl Ludwig (1731–1806), aus d. Prignitz gebürtig, seit 1749 im Militär, 1757 Cornet im K-R Nr. 2, wurde bei Kunersdorf verwundet, zuletzt Stabs-Rittmstr., April 1763 *cassirt;* **Vater-Brüder**: Reimar Friedrich (* 13. Okt. 1735), erhielt 1752 bei d. Verkavelung d. väterl. Gut Kuhwinkel nebst Platenhof, Alexander Hartwig (* 10. April 1739), 1762 Ltnt. im I-R Nr. 31, Wilhelm George (* 24. Jan. 1741), 1762 Ltnt. im Leib-K-R, beide besaßen 1762 e. Vermögen von je 4/m T.; **Großvater**: Hartwig Heinrich († 1745), Erbherr auf Kuhwinkel u. Platenhof, hinterließ sechs Söhne u. drei Töchter; **Schwester**: Sophia Wilhelmina (* 1761), ihr Vater konnte nichts zum Unterhalt beisteuern, sie galt als bedürftig u. sollte aufgrund d. Umstände als Waise angesehen werden, hielt sich 1787 auf d. Vietzer Radung auf u. wurde für e. Pension notiert; **Laufbahn**: 1784 von d. *cadets* ins D-R Nr. 5, April 1786 Cornet, Okt. 1788 Sl, April 1794 mit Pension dim., als Postmstr. in Bernau versorgt, als solcher *cassirt*, erwarb e. Gut in Ostpreußen; **Ehefrau**: Caroline, geb. de Maillefort;

Quellen: GStA, I. HA, Rep. 22, Nr. 227 b; II. HA, Abt. 13 a, Tit. III, Generalia, Nr. 2, Bd. 15, fol. 43 RS-44; Tit. IV, Generalia, Nr. 25 (Schwester); IV. HA, Rep. 1, Nr. 85, Bl. 16 (Vater u. Onkel C. L.), Bl. 18 (F. E.); Stabi, Ms. boruss. fol. 313, Bl. 46 RS; fol. 315, Bl. 164 (Onkel); Albedyll, Anhang, S. 79 * (hier als Ernst Friedrich); Tb. Uradel, 1903, S. 678; Fam.gesch., 1986, 1989, T. 1, S. 92, S. 94;

Ltnt. **Ernst Ludwig Carl von Platen** (* 9. Dez. 1745, † 27. Okt. 1823) *

Vater: Hartwig Christian (* 20. Aug. 1716, † vor 1767), schrieb sich im Mai 1734 in Halle für d. Rechte ein, erhielt auf sein Gesuch am 30. Okt. 1735 d. *venia aetatis*, wollte sich wegen Starpel mit Mutter u. Geschwistern auseinandersetzen, Erbherr auf Starpel im Krs. Schwiebus u. Wallwitz im Krs. Sternberg; **Mutter**: Sophie Marie Philippine, geb. von Wahlen-Jurgass (1720–1794), 1767 als Witwe auf Anteil Wallwitz im Krs. Sternberg im Wert von 5 987 T. gen., darauf Schulden von 16 558 T.; **Großvater**: Hartwig Caspar Ernst, KG-rat, Landrat d. Krs. Niederbarnim; **Bruder**: Christian Johann Wilhelm (* 9. Juli 1744), seit 1764 im Militär, stand 1764 als Sl im I-R Nr. 24, Juni 1766 auf Wunsch dim., 1778 als Erbherr auf Anteil Wallwitz im Krs. Sternberg gen., 1783 hier nicht mehr; **Bruder**: Friedrich August (1748–1813) *, 1767 Junker im H-R Nr. 8, Mrz. 1778 als Ltnt. dim.; **Laufbahn**: Jan. 1763 als Fähnrich ins I-R Nr. 35, bat am 3. Okt. 1768 als Ltnt. im I-R Nr. 35 zs. mit seinen beiden Brüdern um d. *venia aetatis*, sie konnten gute Zeugnisse ihrer Reg.chefs vorweisen u. besaßen jeder e. Vermögen von 567 T., E. L. C. u. F. A. erhielten d. *venia* am 9. Dez. 1768, d. älteste Bruder war damals bereits majorenn, Juli 1770 als Sl wegen schwacher Brust dim.; **Güter**: lt. Erbvergleich vom Sep. 1776 Erbherr auf Pätzig im Krs. Königsberg im Wert von 32 735 T., als solcher mit seinen beiden Brüdern Lehnsfolger d. verst. Majors Heinrich Wilhelm von Platen, s. d., erhielt 1784 Meliorationsgelder in Höhe von 6/m T., auf Pätzig noch 1801 u. 1809 gen.;

Quellen: GStA, I. HA, Rep. 22, Nr. 227 b; II. HA, Abt. 12, Materien, Vas.tab. Nr. 6, Bl. 98 RS-99; Nr. 8, Bl. 101 RS-102 (als vorm. Ltnt. bez.); IV. HA, Rep. 1, Nr. 85, Bl. 16 (kz. Notizen für C. J. W., F. A. u. E. L. C.); Stabi, Ms. boruss. fol. 313 (nicht in d. Abgangsliste d. I-R 18); fol. 316, Bl. 319 (Bruder C. J. W. hier als J. C. W.), Bl. 324; Ms. geneal. fol. 120, Bl. 249 RS (hier d. drei Brüder u. d. verst. Major H. W. gen.), Bl. 256; Taeglichsbeck, S. 268; Tb. Uradel, 1903, S. 676; Moegelin, S. 67, S. 267; Jb. Neumark, 11/1936, S. 75, S. 98 (in Wallwitz nur d. Mutter 1767 gen.); Pommern, S. 506 (Biogramm d. Bruders F. A.);

Major **Heinrich Wilhelm von Platen** (* um 1715, † 1768)

Vater: Ludwig Carl (* 1659, † um 1736), Landesdirektor d. Prignitz, erwarb im Jan. 1717 Pätzig im Krs. Königsberg für 31 500 T., nahm seine Brüder Heinrich Hartwig, Caspar Ernst u. Wilhelm Friedrich zur gesamten Hand, noch 1728 als Erbherr auf Pätzig gen., auch auf Mechow in d. Prignitz, hatte 1728 vier Söhne im Alter von zwölf bis 31 Jahren; H. W. aus d. Prignitz (bzw. d. Hzgtm. Magdeburg) gebürtig; **Bruder**: Ernst Friedrich (* 1697, † um 1740), aus d. Prignitz gebürtig, seit 1712 im Militär, stand u. a. neun Jahre im I-R Nr. 1, 1728 Cap. im I-R Nr. 16, vor 1737 abgegangen, seit 1737 Erbherr auf Pätzig, verheiratet mit e. geb. von Herold, ohne Leibeserben verst.; **Bruder**: Caspar Wichard (1699–1754) *, Präsident d. KDK in Magdeburg; **Bruder**: Carl Hartwig (* 1711, † um 1744), aus d. Prignitz, seit 1728 im Militär, stand im Juni 1740 als Cap. u. Chef e. Comp. im I-R Nr. 16, im Juni 1741 als Cap. im Lager bei Genthin, beklagte sich damals über d. alten Pächter d. Gutes Pätzig, dieser hatte schlecht gewirtschaftet, d. Gut verwüstet u. bei seinem Abzug Pachtreste hinterlassen, wollte für Pätzig e. neuen Pächter, vor 1744 aus d. I-R Nr. 16 abgegangen; **Laufbahn**: seit 1740 im Militär, Aug. 1740 Sl im I-R Nr. 33, Juni 1751 Cap., stand 1756 als Cap. u. Chef e. Comp. im I-R Nr. 33, April 1758 als Major dim.; **Güter**: nach d. Tod d. Vaters errichteten d. vier Söhne im Sep. 1736 e. Rezeß, wonach Pätzig als Allod anzusehen sein, auf d. Gut wurde e. Lehnstamm eingetragen, seit Mai 1737 saß d. Cap. Ernst Friedrich auf ganz Pätzig, dann Carl Hartwig; nach d. Tod d. Bruders C. H. schloß H. W. mit d. Bruder C. W. e. Vergleich, H. W. übernahm 1742 (bzw. 1744) halb Mechow, halb Gantikow, halb Rehfeld in d. Prignitz u. halb Pätzig in d. NM, sein Bruder bekam d. gesamte Hand an diesen Gütern sowie d. Zinsen von 12/m T., weil er mit d. Zinszahlung in Rückstand geriet, wurde er von C. W. verklagt; (H.W saß seit April 1754 auf ganz Pätzig) Heinrich Wilhelm erklärte im Okt. 1765, nachdem sich kein Gesamthänder gemeldet hatte, Pätzig *pro Allodio*, es sollte seinen künftigen Allodialerben zufallen, nach seinem Tod 1768 nahmen Vettern aus d. Hs. Stolpe u. Wallwitz Pätzig als Lehngut in Anspruch, d. neumärkische Regierung erkannte ihre Ansprüche an, d. Allodialerben sollten 1776 abgefunden werden; 1776 ging d. Gut an d. Ltnt. Ernst Ludwig Carl von Platen (1745–1823), s. d.;

Quellen: GStA, I. HA, Rep. 22, Nr. 227 b; IV. HA, Rep. 1, Nr. 85, Bl. 16 (kz. Notiz); BLHA, Rep. 78 I, Nr. 170, Bl. 51 (hier ohne Vornamen, Alter u. d. Reg.); Stabi, Ms. boruss. fol. 311, Bl. 9 u. 146 (je H. W.); Bl. 297 RS (E. F.), Bl. 301 RS (C. H.); Ms. geneal. fol. 120, Bl. 225 RS, Bl. 249 RS (hier irrtümlich als GM u. d. Lehnsfolger als seine Brüder bez.); Jb. Neumark, 1927, S. 25; Jb. Neumark, 11/1936, S. 75; biogr. Handbuch, S. 738 (Bruder C. W.);

Cap. **Carl Friedrich Siegmund von Ploetz** (* 1733, † Nov. 1769)

Vater: Hans Siegismund (* 1696), seit 1712 im Militär, diente 1715 u. 1722 als Fähnrich im I-R Nr. 12, 1725 als Ltnt. nach 20 Dj. wegen e. Lähmung abgegangen, 1751 Erbherr auf Wartenberg im Krs. Königsberg im Wert von 20/m T.; **Großvater**: Hans Bertram (1656–1736), 1713 als Erbherr auf Wartenberg im Krs. Königsberg gen., auch auf Krakow C im pomm. Krs. Randow; **Vater-Bruder**: Otto Wilhelm (* 1686), schwedischer Fähnrich, saß 1728 auf Krakow; **Vater-Bruder**: Friedrich Bernd (1701–1753) *, seit 1715 im Militär, 1722 Sergant, 1728, 1730 Ltnt. im I-R Nr. 12, 1740 Pl, (zuletzt Stabs-Cap., 1741 auf Wunsch od. 1745 als Cap. dim.), Erbherr auf Krakow C, dessen drei Söhne, die alle im I-R Nr. 7 standen, erhoben 1770 Anspruch auf d. Lehnsanteil d. Gutes Wartenberg; **Bruder**: Hans Dietloff (* 1730), stand 1751 als Junker im Garn.-Reg. Nr. 8; **Laufbahn**: avancierte bis zum Rang e. Cap.; **Güter**: 1767 als Erbherr auf Wartenberg im Krs. Königsberg im Wert von 15 908 T. gen. (darauf Schulden von 24 596 T.), ¾ d. Gutes waren allodial, ¼ Lehn des St. Johanniter-Ordens, dieser sollte 1770 an d. Hofmarschall Frhr. von Medem vergeben werden, er fiel jedoch wie der allodiale Teil an d. Witwe d. Cap. C. F. S.; **Ehefrau**: Johanna Gottliebe, geb. von Briesen, sie saß 1774 als Witwe auf Wartenberg, angenommen nach e. Vergleich mit ihren Töchtern im Okt. 1772 für 16/m T., sie bezifferte d. fremden Schulden 1776 auf 6/m T.;

Quellen: GStA, I. HA, Rep. 22, Nr. 237; IV. HA, Rep. 1, Nr. 85, Bl. 53 (hier div. Offz. namens P., alle ohne Vornamen); BLHA, Rep. 23 B, Nr. 446; Rep. 78 I, Nr. 170, Bl. 51; Stabi, Ms. boruss. fol. 316, Bl. 232, Bl. 238 RS (je d. Vater), Bl. 239, Bl. 240 (jeweils F. B.); Ms. geneal. fol. 120, Bl. 226, Bl. 250; Tb. Uradel, 1907, S. 600 (Großvater, Vater-Bruder F. B.); Jb. Neumark, 1927, S. 24; Jb. Neumark, 11/1936, S. 77; Pommern, S. 511 (Biogr. d. Onkels F. B.);

Hofgerichtsrat **Michael Christoph von Ploetz** (* 1687, † 2. Okt. 1765) *

Vater: Joachim Christoph († 1708), Landrat, Erbherr auf Stuchow A, Staarz A, Medewitz B u. C im pomm. Krs. Greifenberg; **Mutter**: Esther Barbara, geb. von Brockhusen († 1727); **Bruder**: Caspar Henning (1690–1757), Rittmstr.; **Laufbahn**: absolvierte e. Studium in Jena, 1717 Referendar beim pomm. Hofgericht, Mrz. 1732 Prädikat Geh. Reg.rat, 1738 als Mitglied d. Hofgerichtes in Stargard gen., seit etwa 1740 in Stettin tätig, nahm 1747 seinen Abschied; **Güter**: Erbherr auf Stuchow A u. Medewitz C, 1745 auch auf ½ Glasow im Krs. Soldin; **Ehefrau**: Dorothee Louise, geb. von Schönebeck (1693–1761); **Sohn**: Joachim Heinrich (1729–1775) *, Ltnt. im D-R Nr. 5, erhielt d. Charakter Cap., erbte d. väterlichen Güter, Glasow vor 1772 verkauft;

Quellen: Stabi, Ms. geneal. fol. 120, Bl. 217; Tb. Uradel, 1907, S. 598; Jb. Neumark, 11/1936, S. 91; biogr. Handbuch, S. 741; Pommern, S. 512 (Biogramm d. Sohnes J. H., Glasow bei Vater u. Sohn nicht gen.);

Rittmstr. **Wilhelm Friedrich von Ploetz** (* 1692)

(**Vater**: Friedrich Gottfried, 1715, 1718 Erbherr auf Anteil Golz u. Anteil Piepstock im Krs. Dramburg; **Bruder**: Hans George (* 1701), 1728 Fähnrich im I-R Nr. 28); W. F. aus d. Neumark gebürtig; **Laufbahn**: seit 1709 im Militär, Aug. 1717 Cornet im K-R Nr. 5, Mai 1728 Rittmstr., 1740 als Rittmstr. u. Chef e. Escadron gen., vor 1750 abgegangen; **Güter**: 1745 Erbherr auf ½ Golz im Krs. Dramburg, auf d. zweiten Hälfte saß (d. Bruder) Hans George (* 1701), Fähnrich;

Quellen: Stabi, Ms. boruss. fol. 311, Bl. 132, Bl. 134, Bl. 137 RS; Ms. geneal. fol. 120, Bl. 226 RS; Jb. Neumark, 1927, S. 141–142; nicht in IV. HA, Rep. 1, Nr. 85;

Ltnt. **Bogislav George Friedrich von Podewils** (* 1717, † vor 1755)

Vater: George Friedrich († vor 1744), Landrat u. Direktor d. Krs. Schivelbein, auch Hof- u. Burggerichtspräsident, hatte seinen Wohnsitz in Schivelbein, 1718, 1727 Erbherr auf Rützenhagen u. Boltenhagen; **Mutter**: Maria Helena, geb. von Münchow; **Vater-Bruder**: Franz Wilhelm (1705–1780) *, Cap., diesem fielen bei d. Kavelung d. pommerschen Güter zu, **Großvater**: George Joachim († 23. Dez. 1719), englischer Major, 1713 Erbherr auf Rützenhagen u. Boltenhagen in d. NM, auf Podewils, Glötzin, Groß Latzkow in Pommern; **Bruder**: Heinrich Wilhelm (* um 1720, † um 1759) *, Ltnt. im I-R Nr. 29; **Bruder**: Adrian (* 1728, † 16. Nov. 1760), 1745 Uffz. bei Dohna, 1756 Ltnt. im I-R Nr. 23, als solcher 1760 gest.; **Laufbahn**: seit Herbst 1740 Fähnrich im I-R Nr. 34, 1750 hier als Sl gen., Mai 1751 dim.; **Güter**: saß 1745 zs. mit seinen beiden Brüdern auf Rützenhagen u. Boltenhagen im Krs. Schivelbein, seit 1749 Erbherr auf Cantreck in Pommern;

Quellen: GStA, I. HA, Rep. 22, Nr. 242 e; Rep. 96, Nr. 304 C 1; IV. HA, Rep. 1, Nr. 85, Bl. 75 (B. G. F., A.); BLHA, Rep. 23 B, Nr. 446; Stabi, Ms. geneal. fol. 120, Bl. 230; Jb. Neumark 1927, S. 97; Pommern, S. 521, S. 525 (Biogramm d. Onkels F. W., d. Bruders H. W.);

ksl. Ltnt. **Matthis Heinrich von Podewils** (* um 1670) *

Vater: Anshelm, Erbherr auf d. großen Gut Podewils im Krs. Belgard, setzte dieses in Konkurs, 1715 u. 1718 als immittierter Gläubiger auf Dolgenow im Krs. Schivelbein gen; **Bruder**: Joachim Ehrentreich, 1715 erwähnt; **Laufbahn**: avancierte in ksl. Diensten bis zum Ltnt., vor 1715 abgegangen, hatte seinen Wohnsitz 1715 in Dolgenow;

Quellen: BLHA, Rep. 23 B, Nr. 446 (d. Bruder 1715 auch als Andreas Joachim); Brüggemann, T. 2/1, S. 658; Jb. Neumark, 1927, S. 90;

Obrist **Friedrich Wilhelm Lebrecht Frhr. von Poellnitz** (* 26. Mai 1741, † 16. Mai 1805)

Vater: Wilhelm Christian Gottlob (1708–1781), aus Sachsen gebürtig, seit 1741 im preuß. Militärdienst, stand 1750 als Major u. Chef e. Escadron im K-R Nr. 5, zuletzt Obrist, um 1764 mit er. Pension von 300 T. dim., ging drei Ehen ein; F. W. L. aus Sachsen gebürtig; Stief-**Mutter**: Amalie Hedwig (* 1726), e. Tochter d. Majors von Küssow im Reg. Jung-Dohna (I-R Nr. 38), sie besaß kein Vermögen u. stand 1783 auf d. Expectantenliste für e. neumärkische Pension; **Laufbahn**: seit 1756 im preuß. Militärdienst, 1764 u. 1774 als Ltnt., 1779 u. Juni 1786 als Stabs-Rittmstr. im D-R Nr. 11 gen., Sep. 1786 Major, Mai 1791 Chef e. Escadron, Jan. 1793 Ol, Nov. 1794 Kommandeur d. D-R Nr. 11, Jan. 1795 Obrist, Mrz. 1799 dim., Okt. 1799 600 T. Pension, stand 43 Jahre im D-R Nr. 11; **Ehefrau**: Amalie, geb. (Haienski); **Güter**: erwarb im Juni 1799 Krämersborn im Krs. Crossen im Wert von 50/m T., 1803 für 80/m T. verkauft, 1801 auch im Krs. Sternberg gen., 1803 als unangesessener Vasall aufgeführt, hatte seinen Wohnsitz in Zielenzig, 1809 befand sich d. Gut in d. Hand d. Oberförsters Uttech zu Beutnitz;

Quellen: GStA, II. HA, Abt. 12, Materien, Vas.tab. Nr. 6, Bl. 25, Bl. 138 RS-139; Nr. 8, Bl. 159 RS-160; Abt. 13 a, Tit. III, Generalia, Nr. 2, Bd. 11, fol. 27 RS-28; IV. HA, Rep. 1, Nr. 85, Bl. 86 (F. W. L., d. Vater hier nicht); Stabi, Ms. boruss. fol. 311, Bl. 136; fol. 313, Bl. 138, Bl. 141–141 RS, Tb. Uradel, 1900, S. 697, S. 791; Bratring, 3. Bd., S. 309; Jb. Neumark, 11/1936, S. 80;

Major **Friedrich Wilhelm von Polenz** (* 1738, † Nov. 1786)

(Vater: Carl Friedrich, Lehnsrat, 1715 u. 1718 als Erbherr auf Stolzenberg im Krs. Landsberg gen.); F. W. aus d. Neumark gebürtig; **Laufbahn**: seit 1755 im Militär, Mai 1770 Pl im Grenadier-Garde-Bat., Juni 1781 Cap., Juni 1785 Major, 1786 gest.; (**Ehefrau**: Anna Louise, geb. von Unruh (* 1734);)

Quellen: GStA, IV. HA, Rep. 1, Nr. 85, Bl. 115; Stabi, Ms. boruss. fol. 315, Bl. 67; Reinhard, S. 532, S. 536, S. 558; Jb. Neumark, 1926, S. 38; nicht im Tb. Uradel 1904;

Major **Philipp Siegmund von Polenz** (* 1746, † 5. Juli 1814) *

aus d. Neumark gebürtig; **Laufbahn**: seit 1759 im Militär, stand 1774 als Sl, 1787 als Pl im I-R Nr. 28, Mrz. 1788 Stabs-Cap., Jan. 1793 Cap. u. Chef e. Comp., Jan. 1802 Major im I-R Nr. 28, Dez. 1813 pens.;

Quellen: GStA, IV. HA, Rep. 1, Nr. 85, Bl. 115; Stabi, Ms. boruss. fol. 314, Bl. 64 RS, Bl. 67 RS; Siebmacher, Bd. 6/5, 1880, S. 69;

Ltnt. **Carl Gustav Sigismund von Poser u. Gr.-Naedlitz** (* 9. April 1782) *

Vater: Friedrich Wilhelm (1745–1815) *, von 1779 bis 1799 Präsident d. neumärk. Regierung in Küstrin, kaufte 1774 bei e. Licitation Gleißen, noch 1801, 1809 als Erbherr auf Gleißen, d. Vorwerken Gehauenstein, Helminenwalde, Posersfelde im Krs. Sternberg für 68 028 T. gen.; **Mutter**: Johanna Eleonore, geb. Gräfin von Zedlitz u. Leipe (1750–1785); **Laufbahn**: trat als Gefr.corp. ins I-R Nr. 35 ein, Juni 1803 Fähnrich, Mrz. 1805 Sl, 1806 inaktiv, Jan. 1813 ins 1. Schles. I-R, Juli 1814 zum 10. Res.-I-R, Febr. 1814 Pl, Jan. 1815 als Ober-Grenzkontrolleur im Reg.bezirk Aachen versorgt, 1828 Reg.sekretär in Gumbinnen;

Quellen: GStA, II. HA, Abt. 12, Materien, Vas.tab. Nr. 6, Bl. 128 RS-129; IV. HA, Rep. 1, Nr. 85, Bl. 164; Stabi, Ms. boruss. fol. 311, Bl. 366 RS; fol. 907 a, Bl. 11; Moegelin, S. 267; Jb. Neumark, 11/1936, S. 93–94; Fam.gesch., S. 166; biogr. Handbuch, S. 749–750 (Vater);

Ltnt. **George Wilhelm von Prophalow** (* Febr. 1729, † 18. Juni 1757) *

Vater: Ernst († 18. Dez. 1730), 1724 als Major gen., erhielt am 22. Juli 1721 zs. mit seinem Bruder Friedrich e. Adelsbrief, kaufte im Sep. 1727 *sub hasta* d. Gut Grassee, 1730 verkauft an Melchior Magnus von Wedel auf Braunsforth für 11/m T.; G. W. aus Pommern gebürtig; **Vater-Bruder**: Friedrich, besaß 1718 d. Gut Wolgast u. d. Vorwerk Dicking sowie Grapow im Krs. Friedeberg; **Mutter**: Anna Louise, geb. von dem Borne (* Okt. 1701), in zweiter Ehe verheiratet mit d. Ltnt. Arndt von Schmiedeberg, aus dieser Verbindung d. Tochter Sophie Charlotte Catharine, A. L.

war 1753 Witwe; Stief-**Bruder**: Christian Ernst von Schmiedeberg, siehe mehr bei dessen Sohn, d. Cap. Ernst Friedrich; C. E. kaufte G. W. um 1753 dessen Anteil an Petznick im Krs. Dramburg für 6 300 T. ab, d. damalige Fähnrich trug von d. Erlös seine Schulden in Höhe von 5 300 T. ab, d. Überschuß von 1/m blieb auf Anteil Petznick stehen u. wurde verzinst, nach d. Verkauf besaß d. Fähnrich George Wilhelm kein Gut mehr in d. Monarchie; **Laufbahn**: seit 1744 im Reg., Juni 1747 Fähnrich im I-R Nr. 3, Juni 1755 Sl, bei Kolin 1757 gefallen, blieb dem Torschreiber Friedrich Wilhelm Hochkirch in Halle 240 T. schuldig; **Güter**: um 1750 Erbherr auf Anteil Petznick im Krs. Dramburg;

Quellen: GStA, I. HA, Rep. 7, Nr. 13, Litt P 70 e 1 (Adel v. 1721); Rep. 22, Nr. 302 b, Paket 8 751; nicht in IV. HA, Rep. 1, Nr. 85, Bl. 262; BLHA, Rep. 23 B, Nr. 446 (danach saß Ernst auf Grapow); Geschichte I-R Nr. 3, S. 209; Siebmacher, Bd., 6/5, 1880, S. 70; Fam.gesch. von dem Borne, 1. Bd., S. 122 (G. W. hier als Georg Ludwig); Jb. Neumark, 1926, S. 88 (hier Friedrich 1715 u. 1718 auf Grapow gen.); Pommern, S. 530 (kz. Biogramm G. W., hier geb. 1728);

Gutsbes. **August Heinrich Reichsgraf v. Pückler** (* 7. Nov. 1720, † 9. Febr. 1810) *

Vater: Erdmann (1687–1742), Stifter d. lausitzschen Linie d. Familie, poln. Kammerherr, Erbherr auf Branitz, Groß Döbbern, Anteil Haasow, Kiekebusch im Krs. Cottbus; **Mutter**: Constantia Henriette, geb. Freiin von Ilgen († 1747); **Laufbahn**: trat weder in d. Militär- noch in d. Zivildienst ein; **Güter**: seit mind. 1767 Erbherr auf Branitz, Kiekebusch, Groß Döbbern, Gallinchen im Wert von 62 600 T., noch 1801 u. 1804 auf diesen Gütern, auch auf Klein Buckow in Sachsen für 9/m T.; erste **Ehefrau**: Lucie Charlotte, geb. Freiin von Grote (1722–1757); **Sohn**: Ludwig Johann Carl Erdmann (1754–1811), sächs. Geh. Rat, gelangte durch seine Frau Clementine Kunigunde Charlotte, geb. Gräfin von Callenberg (1770–1850), in d. Besitz d. Standesherrschaft Muskau, Sohn: Hermann Ludwig Heinrich (1785–1871) *, weilte auf d. Pädagogium in Halle u. auf d. Univ. Leipzig, Aug. 1803 Sl in sächs. Diensten, Sep. 1805 Pl, April 1806 Abschied, 1813 Major in russ. Diensten, Juni 1824 Ol in preußischen Diensten, Juni 1833 Charakter als GM, Mrz. 1863 Charakter Gl;

Quellen: GStA, II. HA, Abt. 12, Materien, Vas.tab. Nr. 6, Bl. 43 RS-44; Stabi, Ms. geneal. fol. 120, Bl. 238 RS; histor-herald. Tb., 1855, S. 735–736; Jb. Neumark, 1928, S. 1787, S. 190–191; Jb. Neumark, 11/1936, S. 102; Priesdorff Nr. 1 464 (H. L. H.);

Cap. **George Ernst von Puttkamer** (1748–1820)

Vater: Daniel Christian († 1779), Uffz., Erbherr auf Bramstädt B im Krs. Belgard; **Mutter**: Eleonore, geb. von Krockow († 1767); **Vater-Bruder**: Michael Friedrich (1708–1747) *, Cap.; **Laufbahn**: seit 1762 im Militär, Aug. 1768 Sl, Aug. 1785 als Pl im I-R Nr. 22 dim., erhielt später d. Charakter Cap.; **Ehefrau**: Eleonora Dorothea Friederike, geb. von Briesen (* 1750), sie besaß d. **Gut** Karsbaum A im Krs. Schivelbein, einschl. d. 1786 gewährten Meliorationsgelder in Höhe von 3 600 T. im Wert von 8/m T. (1805), G. E. war Erbherr auf Bramstädt B im Krs. Belgard, beide hatten ihren Wohnsitz in Karsbaum in d. NM; d. Cap. erwarb im

Juni 1804 Cussenow u. Anteil Völzkow im Krs. Schivelbein von d. Major C. P. G. von Tresckow für 25 530 T.;
Quellen: GStA, IV. HA, Rep. 1, Nr. 85, Bl. 317; BLHA, Rep. 3, Nr. 11 925; Jb. Neumark, 11/1936, S. 87, S. 90; Fam.gesch. 1984, S. 488–490; Pommern, S. 552–553 (Biogr. d. Onkels M. F.);

Obrist **Carl Friedrich Wilhelm von Rabenau** (* Mai 1716, † 14. Nov. 1786)

Vater: Carl Christoph Ludwig (1683–1725), 1713 als poln. Ol u. Erbherr auf 1/3 Weißig in Crossen gen.; **Mutter**: Margarethe, geb. von Diebitsch; **Bruder**: Johann George (1725–1798), Major; **Laufbahn**: seit 1736 im Militär, 1743 Fähnrich im I-R Nr. 26, Dez. 1757 als Cap. Orden p. l. m., 1764 als Major u. Chef e. Comp. im I-R Nr. 26 gen., zuletzt Obrist, seit 1773 Kommandant in Brieg;
Quellen: BLHA, Rep. 23 B, Nr. 446 (Vater); Stabi, Ms. boruss. fol. 314, Bl. 12 RS, Bl. 20, Bl. 21 RS; Ms. geneal. fol. 120, Bl. 218 RS; Tb. Uradel, 1900, S. 713 (hier nur d. Vater); Lehmann, S. 65; Fam.gesch., S. 66; Neumann-Reppert, Rabenau, Bl. 12, Bl. 17;

Major **Gottlob Ernst von Rabenau** (* 27. Febr. 1721, † 30. Juni 1793) *

Vater: Johann Ferdinand (1691–1751), 1718 u. 1728 Erbherr auf Kuckädel im Krs. Crossen, auch auf Schertendorf u. Schenkendorf in Schlesien, Pächter von (Tschausdorf); **Mutter**: Johanna Charlotte, geb. von Oppell (1701–1764); **Bruder**: Johann Carl Abraham (1724–1797), Major, s. d.; **Laufbahn**: seit 1738 im Militärdienst, erhielt im Juni 1757 als Pl im D-R Nr. 1 d. Orden p. l. m., 1764 als Rittmstr. u. Chef e. Escadron aufgeführt, 1769 als Major im D-R Nr. 1 dim., wurde durch d. Warkotsche Verschwörung bekannt; (**Güter**: zu Gersdorf in Crossen gest.);
Quellen: Stabi, Ms. boruss. fol. 314, Bl. 44 RS, Bl. 47 u. Bl. 53 (danach je aus Schlesien gebürtig); Lehmann, S. 58; Jb. Neumark, 1928, S. 110 (1718 Joh. Ferd., auf Kuckädel); Neumann-Reppert, Rabenau, Bl. 18;

Major **Johann Carl Abraham von Rabenau** (* 1. Okt. 1724, † 1797) *

Vater: Johann Ferdinand (1691–1751), von 1721 bis 1728 Erbherr auf Kuckädel im Krs. Crossen, dann auf Schertendorf im Krs. Grünberg; J. C. A. aus Crossen gebürtig; **Mutter**: Johanna Charlotte, geb. von Oppell (1701–1764); **Bruder**: Gottlob Ernst (1721–1793), Major, s. d.; **Laufbahn**: seit Dez. 1741 im Regiment, stand 1750 als Fähnrich, 1764 als Cap. u. Chef e. Comp., 1774 als Cap. im I-R Nr. 9, nach 1777 als Major abgegangen, 1797 in Soest gest.; **Ehefrau**: Charlotte, geb. von Langen; **Sohn**: Carl Christian Johann (1766–1832), aus Soest gebürtig, stand 1806 als Stabs-Cap. im I-R Nr. 9, 1808 mit d. Charakter Major dim.;
Quellen: Stabi, Ms. boruss. fol. 315, Bl. 104 RS, Bl. 105, Bl. 113, Bl. 118 (aus Crossen); fol. 907 a, Bl. 60 (Sohn); Jb. dt. Adel, 3. Bd., S. 294–295 (hier nur J. C. A. als Sohn von Joh. Ferd.); Fam.gesch., S. 104; Neumann-Reppert, Rabenau, Bl. 13 (danach ist d. Vater J. F. nach 1771 gest.), Bl. 18;

Ol **Maximilian Wilhelm von Rabenau** (* 1690, † 30. Aug. 1758)

Vater: Carl Sebastian († um 1714), Erbherr auf Weißig im Krs. Crossen, auf Anteil Briesnitz; **Mutter**: Elisabeth Sidonie, geb. Scharowetz von Scharowa; **Bruder**: Carl Christoph Ludwig (1683–1725), 1713 als poln. Ol gen., hatte damals zs.

mit G. F. d. gesamte Hand auf Briesnitz; **Bruder**: George Friedrich (* um 1690, † 1723), 1703 Cornet in d. Garde du Corps, zuletzt hier Cap., vor 1707 abgegangen, später schwed. Cap., besaß 1717 1/3 Weißig in Crossen auf Pfandschilling für 4 500 T., von 1704 bis 1706 auch auf Thiemendorf; **Laufbahn**: (stand 1713 u. 1718 als Cornet im Reg. Wartensleben zu Pferd bzw.) seit 1723 im Militär, 1729 Ltnt. im I-R Nr. 31, 1740 als Stabs-Cap. gen. (stand 1750 als Cap., 1756 als Ol u. Chef e. Comp. im Garn.-Reg. Nr. 2), als Ol an bei Groß-Jägersdorf erlittenen Blessuren gest.; **Güter**: 1713 als Erbherr auf ganz Briesnitz, 1718 auf 1/2 bzw. ¼ Briesnitz im Krs. Crossen gen., 1717 waren drei Teile von Briesnitz für 12 750 T. verpfändet, M. W. saß auf d. vierten Teil, der mit 1 500 T. belastet war, später Erbherr auf Lindow; seit 1720 **verheiratet** mit Sophia Elisabeth, geb. von Gersdorff aus Lindow; **Sohn**: Maximilian Christoph (1721–1776), seit 1740 im Militär, stand 1743 als Cornet, 1753 als Ltnt. im D-R Nr. 3, erhielt 1755 auf Wunsch d. Abschied, später Ol, Kriegsrat, Deichhauptmann zu Küstrin; (**verwandt**: Friedrich von Rabenau (* 1709), seit 1728 im Militär, stand 1740 als Serg. im I-R Nr. 31: Ms. boruss. fol. 314, Bl. 224);

Quellen: GStA, I. HA, Rep. 66, Nr. 18; BLHA, Rep. 23 B, Nr. 446 (G. F. u. M. W.); Stabi, Ms. boruss. fol. 314, Bl. 222 RS, Bl. 224, Bl. 308, Bl. 308 RS; fol. 319, Bl. 25 RS (M. W. hier 1715 nicht gen.); Ms. geneal. fol. 120, Bl. 218 RS (1728 Witwe von Rabenau auf Briesnitz in Crossen); Gesch. D-R Nr. 3, S. 83, S. 101, S. 411 (je d. Sohn); Bardeleben, S. 410 (G. F.); Jb. Neumark 1928, S. 105 (hier 1713 u. 1718 als Cornet im Reg. Wartensleben gen.); Neumann-Reppert, Rabenau, Bl. 9, Bl. 12, Bl. 13, Bl. 17 (Sohn);

Cap. **Christoph Andreas von Rappen** (* 1683)

aus Preußen gebürtig; **Laufbahn**: seit 1698 im Militärdienst, 1730 Cap. u. Chef e. Comp. im I-R Nr. 30, stand in Anklam, vor 1740 abgegangen; **Güter**: 1728 als Erbherr auf ½ Groß Silber im Krs. Arnswalde gen., 1751 saß d. Witwe von Rappen auf ½ Groß Silber;

Quellen: BLHA, Rep. 78 I, Nr. 170, Bl. 26; Stabi, Ms. boruss. fol. 311, Bl. 187 RS; Ms. geneal. fol. 120, Bl. 223 RS;

Ltnt. **Friedrich Ferdinand Christoph Albrecht von Rathenow** (* 10. Okt. 1751, † 24. Okt. 1823)

Vater: Franz Ehrentreich (1716–1785), Cap., Erbherr auf Pinnow, verkauft, dann auf Metzelthin u. Carwesee, alle in d. Mark gelegen; **Mutter**: Friederike Charlotte, geb. von Kröcher; Stief-**Bruder**: Christoph Ernst Franz Wilhelm (* 28. Dez. 1755, † 12. Sep. 1806), seit 1770 im Militär, 1789 Sl im D-R Nr. 4, 1806 als Major wegen Invalidität in d. Ruhestand versetzt; Stief-**Bruder**: Gottlob Friedrich (1763–1829), stand 1801 als Ltnt. im K-R Nr. 2, vor 1806 als Rittmstr. abgegangen; **Laufbahn**: avancierte im preuß. Militärdienst bis zum Ltnt., 1801 u. 1803 als Feuer-Sozietäts-Direktor im Krs. Sternberg gen.; **Güter**: 1788 Erbherr auf Pinnow (im Krs. Sternberg), 1801 als unangesessener Vasall im Krs. Sternberg geführt, hatte seinen Wohnsitz in Seeren im Krs. Sternberg, kaufte im Okt. 1802 Wallwitz A u. B für zs. 22/m T., saß 1805 auf ganz Wallwitz für 37 300 T., noch 1809 auf Wallwitz im Krs. Sternberg; zweite **Ehefrau**: Amalie Emerentia Tugendreich, geb. von Winterfeld (* 1759); **Sohn**: Otto

Wilhelm (1783–1855), 1801 Fähnrich im I-R Nr. 18, 1803 Ltnt., vor 1806 abgegangen, nach 1806 Ol;

Quellen: GStA, II. HA, Abt. 12, Materien, Vas.tab. Nr. 6, Bl. 139 RS-140; Nr. 8, Bl. 156 RS-157 (hier als Friedrich Otto Albrecht); Gesch. D-R Nr. 3, S. 259 (C.E.F.W. danach aus d. MM gebürtig), S. 426; Tb. Uradel, 1904, S. 700–701; Jb. Neumark, 11/1936, S. 98 (1803, 1805 in Wallwitz gen., S. 96 aber nicht in Pinnow);

Fi-rat **Christian Wilhelm von Reck** (* 1710, † 31. Dez. 1773) *

Vater: Hermann Friedrich († 1726), altmärkischer Gerichtsrat, zuletzt Reg.direktor, Kanzler in Küstrin, erwirkte 1702 d. Anerkennung seines Adels; **Mutter**: Margaretha, geb. Wachmann; **Laufbahn**: 1741 als KD-rat in Küstrin gen., 1746 Kammerdirektor in Königsberg, 1763 Geh. Firat im Berliner Generaldirektorium; **Ehefrau**: Appolonia Hedwig, e. Tochter von Ewald Friedrich von Güntersberg (* 1676), 1728 als Erbherr auf Kallies, Pammin u. Zuchow im Krs. Dramburg gen.; **Güter**: verließ nach d. Einmarsch d. Russen in Preußen 1757 Königsberg u. ging auf seine Schloßgüter Kallies, die für 1 070 T. verpachtet waren, lag im Streit mit d. Pächter; 1767 hatten d. Güter e. Wert von 40 050 T., darauf Schulden von 30 321 T.; 1773 als Erbherr auf Kallies, Pammin, Jacobsdorf gest.; die Güter fielen an seine Tochter Christine Wilhelmine u. ihren Mann, die sie um 1798 verkauften; 1798 u. 1809 saß d. Landrat George Friedrich Felix von Bonin (* 1750) auf diesen Gütern;

Quellen: GStA, I. HA, Rep. 22, Nr. 248 B; Stabi, Ms. geneal. fol. 120, Bl. 226 RS, Bl. 244 RS; Moegelin, S. 63; Jb. Neumark, 11/1936, S. 66; biogr. Handbuch, S. 775–776;

Rittmstr. **Bernhard Friedrich von Reckow** (* 1726)

(aus Pommern gebürtig); **Laufbahn**: (seit 1735 im Militär, stand 1750 als Rittmstr. im K-R Nr. 5, 1756 Chef e. Escadron, vor 1764 abgegangen bzw.) Rittmstr., vor 1774 abgegangen; **Ehefrau**: e. geb. von Schenck; **Güter**: erhielt im Dez. 1755 e. zweijähriges Moratorium für Prochnow im Krs. Dramburg, 1768 wurde sein Gesuch um e. Indult abgelehnt, sah sich damals nicht in d. Lage e. Darlehen über 300 T. an d. Kommerzienrat Winckelmann zurückzuzahlen, noch 1774 auf Prochnow gen., erhielt 1777 Meliorationsgelder in Höhe von 1 360 T., verkaufte d. Gut 1792 an L. M. F. von Germar, s. d.; **Sohn**: Moritz Carl (1756–1778), Junker im D-R Nr. 12;

Quellen: GStA, I. HA, Rep. 22, Nr. 278 a; Stabi, Ms. boruss. fol. 311, Bl. 136 (geb. 1716); Ms. geneal. fol. 120, Bl. 246 (geb. 1726); Moegelin, S. 263; Jb. Neumark, 11/1936, S. 67; Pommern, S. 564 (kz. Biogr. d. Rittmstrs. Friedrich; an anderer Stelle Verweis auf e. Bernh. Fr., geb. 1716, 1741 Ltnt. im I-R Nr. 38);

Rittmstr. **Friedrich Wilhelm Frhr. von Reede** (* 1769) *

Vater: Arend Wilhelm (* 1747), avancierte in holländischen Diensten bis zum GM, a. o. Gesandter in Berlin, erwarb 1801 d. Gut Ringenwalde im Krs. Königsberg für 101/m T., hatte 1803 seinen Wohnsitz auf d. Gut, noch 1809 hier gen.; **Laufbahn**: 1801 u. 1803 als preuß. Rittmstr. à la Suite gen., hielt sich im Oldenburgischen auf;

Quellen: GStA, II. HA, Abt. 12, Materien, Vas.tab. Nr. 6, Bl. 99 RS-100; Nr. 8, Bl. 102 RS-103 (jeweils als von Reede); Bratring, 3. Bd., S. 122; Jb. Neumark, 11/1936, S. 75;

Major **Johann Ludwig Carl du Rège** (1748–1816)

Vater: Peter (* um 1706, † 17. Juli 1780), seit 1726 im Militärdienst, Okt. 1731 Cornet im D-R Nr. 3, 1756 als Major ins (sächs.) I-R von Hauß, dann Kommandant von Crossen, erwarb als Major im Nov. 1763 von d. Gebr. Johann Friedrich u. Otto Friedrich von Wesenbeck Anteil Balkow u. Vorwerk Grimnitz im Krs. Sternberg für 22/m T., erlegte nur 4 700 T., blieb 16 650 schuldig, wurde deshalb von d. Gebr. von Wesenbeck verklagt, veräußerte Anteil Balkow im Mai 1765 an d. Frau Hofmarschall von Stosch für 23 300 T., die wenig später mit ihren Gütern in Konkurs geriet, bei d. Licitation im Mai 1769 ging Anteil Balkow nebst Vorwerk Grimnitz für 12/m T. an d. Frau Rittmstr. O. F. von Wesenbeck, s. d., d. Gebot d. Majors du Rège blieb unberücksichtigt; **Mutter**: Eleonore Gottliebe, geb. von Schlichting; **Vater-Bruder**: Jacob (1701–1743), Grenadier-Cap.; **Großvater**: Gidéon († 1722), Major; **Laufbahn**: Mai 1767 Fähnrich im I-R Nr. 24, 1771, 1774 als Sl, 1787 als Pl im I-R Nr. 24 gen., Mrz. 1803 Major, als pens. Major gest.; **Güter**: bat im Sep. 1769 um e. neue Licitation für Balkow, beklagte sich darüber, daß d. Gebot seines Vaters bei d. ersten Ausbietung nicht berücksichtigt worden war, wurde am 12. Sep. 1769 abgewiesen; (**verwandt**: George Vollrath du Rège, kam 1756 zur Artillerie, Jan. 1759 Sl, Sep. 1764 Pl, Juli 1765 *cassirt* u. nach Spandau gebracht, 1781 entlassen: Stabi, Ms. boruss. fol. 319, Bl. 331);

Quellen: GStA, I. HA, Rep. 22, Nr. 384 c; Rep. 176, Nr. 7 860, Tafel A; Stabi, Ms. boruss. fol. 316, Bl. 320, Bl. 321, Bl. 326; fol. 907 a, Bl. 12 RS; Zedlitz, 4. Bd., S. 97 (hier als de Rege);

poln. Ol **George Sigismund von Reisewitz** († vor 1722)

(aus Schlesien oder Sachsen gebürtig); **Laufbahn**: avancierte in poln. Diensten bis zum Ol; **Güter**: erwarb 1697, 1698 Leeskow im Krs. Cottbus mit d. Geld seiner Frau für 5 250 T., erhielt im Dez. 1717 zs. mit seinen beiden **Brüdern** Johann Nicolaus u. Hans Sigismund d. gesamte Hand an Leeskow, bekamen zugleich d. Pardon für ihren Lehnsfehler; **Ehefrau**: Margarethe Elisabeth, geb. von Engel, sie besaß e. Mitgift von 5 200 T.; (**verwandt**: Witwe Obristin von Reisewitz, geb. Sophia Dorothea von Dryander, sie wurde im Juli 1719 gen., ihr Mann war Pfandbesitzer von Gütern d. Fam. von Borcke auf Falkenburg gewesen, d. Güter sollten reluiert werden);

Quellen: GStA, I. HA, Rep. 22, Nr. 267 b; Krüger, Cottbus, S. 26;

Major **Ernst Carl Siegmund von Reitzenstein** (1746–1818)

aus Pommern gebürtig; **Laufbahn**: seit 1762 im Regiment, stand 1765 als Sl im D-R Nr. 4, noch 1778 hier als Sl gen., zuletzt Rittmstr. im D-R Nr. 4, 1785 dim., bat am 18. Jan. 1786 mit d. Hinweis darauf, im Siebenjährigen Krieg seine Gesundheit verloren zu haben, immediat um d. Charakter Major, erhielt diesen am 27. Jan. 1786; **Ehefrau**: Hedwig Eleonore Apollonia, geb. von Schöning (1736–

1803); **Güter**: 1778 Erbherr auf Hammer u. Anteil Költschen im Krs. Sternberg, lt. Taxe von Jan. 1776 im Wert von 84/m T., bekam 1777 für Hammer Meliorationsgelder in Höhe von 14180 T., suchte im Dez. 1782 um weitere Hilfen nach, erhielt 1784 neuerlich 3/m T., hier noch 1801 u. 1809 gen., zuletzt im Wert von 155 645 T.;

Quellen: GStA, I. HA, Rep. 96, Nr. 95 R rr, Nr. 435 R, Bd. 2; II. HA, Abt. 12, Materien, Vas.tab. Nr. 6, Bl. 129 RS-130 (hier als C. S. E.); Stabi, Ms. geneal. fol. 120, Bl. 254 (als Carl Siegm. Ernst); Gesch. D-R Nr. 3, S. 200, S. 212, S. 424 (danach als Major 1785 dim.); Moegelin, S. 265, S. 267; Jb. Neumark, 11/ 1936, S. 94; Pommern, S. 568 (kz. Biogramm, ohne Hinweis auf d. neumärk. Güter);

Ltnt. **Carl Heinrich Ludwig von Restorff** (* um 1768, † um 1826) *

Vater: Christian Ludwig (1733–1796) *, stammte aus Mecklenburg, diente im Siebenjährigen Krieg im I-R Nr. 7, zuletzt Pl, mußte wegen Blessuren 1763 seinen Abschied nehmen, amtierte von 1765 bis 1796 als Landrat im Krs. Soldin, ging drei Ehen ein; **Mutter**: Louise Caroline Margarethe, geb. von Blankensee (1735–1776); Stief-Mutter: Henriette Charlotte, geb. von Lüskow (1742–1801); **Großvater**: August Christian (1700–1745), herzogl.-mecklenbg. Kammerjunker, Hofmstr. d. Herzogin Ulrike Sophie von Mecklenburg; **Bruder**: Friedrich Ludwig Carl Ulrich (1776–1821); Stief-**Bruder**: Ludwig Ernst Julius (1781–1834), Juli 1788 *cadet* in Stolp, April 1793 *cadet* in Berlin, Sep. 1797 Fähnrich im I-R Nr. 58, Juni 1798 Sl, Jan. 1808 ins 2. Westpreuß. I-R, Juli 1811 Pl, Juni 1813 Stabs-Cap., Sep. 1813 Cap., Jan. 1817 Kommandant von Ehrenbreitstein, 1834 als Major u. 2. Kommmandant von Ehrenbreitstein gest.; Stief-**Bruder**: Friedrich Julius Ludwig (1783–1848), Juli 1791 *cadet* in Stolp, Mai 1795 *cadet* in Berlin, 1802 Fähnrich im I-R Nr. 21, 1806 Sl u. Adj. im I-R Nr. 59, nach 1815 Major, 1829 Ol, 1832 Obrist; **Schwestern**: Sophie Friederike Louise, Henriette Charlotte Elisabeth, Dorothea Philippine Caroline, sie hielten sich 1798 in Lippehne auf, ihr Vater hatte ihnen kein Vermögen hinterlassen, sie lebten in armseligen Umständen und mußten sich von Handarbeit ernähren, im Juli 1798 bekamen sie auf Vorschlag d. Ministers von Voss zs. e. Pension von 100 T.; **Laufbahn**: 1787 als Junker ins H-R Nr. 10, 1790 Cornet, 1794 Sl, noch 1806 als Sl im H-R Nr. 10 gen., seit 1817 bei d. Pomm. Invaliden-Comp. in Regenwalde, 1826 (als Ltnt.) in d. 3. Invaliden-Comp. gest.; **Güter**: 1801 u. 1803 wurden C. H. L. u. seine Brüder L. E. J. u. F. L. J. als unangesessene Vasallen im Krs. Soldin gen., dabei ausdrücklich auf d. verst. Landrat verwiesen;

Quellen: GStA, II. HA, Abt. 12, Materien, Vas.tab. Nr. 6, Bl. 122 RS-123 (d. Brüder 1801 im Krs. Soldin gen.); Abt. 13 a, Tit. IV, Generalia, Nr. 16; Stabi, Ms. boruss. fol. 314, Bl. 270–270 RS (d. Vater nicht in d. Abgangsliste I-R 7); fol. 907 a, Bl. 24 (E. L. J.), Bl. 101 (C. H. L.); Tb. Uradel, 1900, S, 739 (Vater u. Bruder F.L.C.U.); Stolper Kadetten, S. 24, S. 28; Fam.gesch., Teil II, S. 42–45 (Bruder L. E. J. hier mit d. Daten 1780–1821); biogr. Handbuch, S. 798 (Vater);

Reg.rat **Heinrich XXXIX. Graf von Reuß** (* 24. Jan. 1750, † 17. Febr. 1815) *

Vater: Heinrich IX. (1711–1780), preuß. Justizminister; **Mutter**: Amalia, geb. Gräfin von Wartensleben (1715–1787); **Laufbahn**: nach d. Studium d.

Rechtswissenschaften in Halle seit 1775 Rat bei d. Oberamts-Reg. zu Brieg, 1783 auf Wunsch dim.; **Ehefrau**: Henriette Luise Sophie, geb. von Knobelsdorff (1740–1826); **Güter**: erwarb im April 1789 Niederklemzig im Krs. Züllichau im Wert von 50/m T., im Juni 1789 d. Vorwerk Harthe für 21/m T., hatte 1801 seinen Wohnsitz in Niederklemzig, 1807 an Heinrich XLIV. Graf von Reuß verkauft;

Quellen: GStA, II. HA, Abt. 12, Materien, Vas.tab. Nr. 6, Bl. 160 RS-161, Bl. 162 RS-163; BLHA, Rep. 3, Nr. 11 925; Bratring, 3. Bd., S. 330, S. 331 (hier noch 1809 auf d. Gütern gen.); Jb. Neumark, 11/1936, S. 100; biogr. Handbuch, S. 800;

Hofmarschall **Heinrich XLIV. Graf von Reuß** (* 20. April 1753, † 3. Juli 1832)

Vater: Heinrich IX. (1711–1780), preuß. Justizminister, seit 1765 auf Radewitsch u. Trebschen, gekauft für 56/m T., erwarb 1775 vom regierenden Fürsten von Schönaich-Carolath d. Güter Ostritz u. Padligar für 65/m T., gezahlt wurden nur 25/m T., dafür d. Hypotheken in Höhe von 40/m T. übernommen, d. Brutto-Revenuen von beiden Gütern beliefen sich damals auf 4 768, netto waren es 4 478 T., diese zu fünf Prozent in Kapital waren 89 560 T.; **Mutter**: Amalia, geb. Gräfin von Wartensleben (1715–1787); **Bruder**: Heinrich XXXIX. (1750–1815), Reg.rat, s. d.; **Laufbahn**: amtierte als Hofmarschall bei d. verwitw. Königin Elisabeth Christine von Preußen (1715–1797), kgl. Kammerherr; seit 1783 **verheiratet** mit Wilhelmine, geb. Freiin von Geuder zum Rabensteiner (1755–1790), in zweiter Ehe mit Auguste Amalie Leopoldine, geb. Riedesel Freiin zu Eisenbach (1771–1805); **Güter**: saß 1801 u. 1805 auf Padligar u. Ostritz im Wert von 65/m T., auf Radewitsch u. Trebschen für 56/m T., alle im Krs. Züllichau gelegen, 1809 wurde ein Wert von 107 500 T. gen., seit 1807 auch auf Ober- und Niederklemzig für 81/m T., hatte seinen Wohnsitz 1801 in Berlin, wo auch seine minderjährigen **Söhne** lebten: Heinrich LX. (1784–1833), studierte 1805 in Jena, Heinrich LXIII. (1786–1841) *, Dez. 1804 Cornet im K-R Nr. 10, 1807 dim., 1813 bis 1815 Rittmstr. u. Adjutant d. Generals von Jurgaß, 1816 als Major dim., Heinrich LXX. (1793–1821) u. Heinrich LXXIV. (1798–1886), die beiden jüngsten weilten 1805 beim Vater in Berlin;

Quellen: GStA, II. HA, Abt. 12, Materien, Vas.tab. Nr. 6, Bl. 166 RS-167; X. HA, Rep. 37, Trebschen, Nr. 119 u. 120; BLHA, Rep. 3, Nr. 11 925; Stabi, Ms. boruss. fol. 907 a, Bl. 80 RS; Reichs-Handbuch auf d. Jahr 1795, 1. T., S. 244–245; Schwerin, K-R 10, 3. T., Anhang, Personalien; Jb. Neumark, 11/1936, S. 101; Schwennicke, N. F. Bd. I/3, 2000,Tafeln 364, 365;

sächs. Ltnt. **Christian Friedrich von Rex** (* 31. Mrz. 1747, † 25. Mai 1802)

Vater: Siegmund Siegfried (1722–1782), Erbherr auf Uckro, Paserin, Pickel in Sachsen nahe Luckau; **Mutter**: Eva Sophie, geb. von Knoch (1725–1785); **Laufbahn**: avancierte in e. sächs. K-R bis zum Ltnt., vor 1801 abgegangen; **Ehefrau**: Johanne Elisabeth, geb. von Waltersdorf (1749–1822); **Güter**: saß seit 1789 auf Buchholz, Lubochow, Leeskow im Krs. Cottbus im Wert von 27/m T., hatte diese Güter bei d. Erbteilung angenommen, 1774 wurde Otto Ernst von Knoch (* 1733) auf Buchholtz, Lubochow u. Leeskow gen., auch auf Pritzen in Sachsen, stand in keinen Diensten, dessen Bruder Gottlob Ernst Ferdinand (* 1751) studierte in Leipzig; d. Witwe d. Ltns. C. F. von Rex ging 1803 e. zweite Ehe ein mit Johann Friedrich Graf von Beust (* 1760), beide saßen noch 1803 u. 1809 auf d. Gütern, 1803 mit 27/m T. angegeben;

Quellen: GStA, II. HA, Abt. 12, Materien, Vas.tab. Nr. 6, Bl. 44 RS-45; Nr. 8, Bl. 29 RS-30; Stabi, Ms. geneal. fol. 120, Bl. 239 (von Knoch); Tb. Uradel, 1903, S. 764; Jb. Neumark, 11/1936, S. 102; Krüger, Cottbus, S. 7, S. 26–27;

Rittmstr. **Christian Lud. Adolph Frhr. von Rhade** (* 1. Jan. 1764, † 27. Apr. 1813) *

Vater: Gottlieb Wilhelm (1715–1779), stand bis 1763 als Major im preuß. Militärdienst, herzogl.-mecklenbg. Drost zu Mirow; **Mutter**: Sophie Louise, geb. von Kröcher (* 1725); **Laufbahn**: trat 1778 in d. preuß. Militärdienst ein, seit Mrz. 1781 im Reg., 1786 als Cornet im K-R Nr. 13 gen., 1788 als Quartiermstr.-Ltnt. in d. kgl. Suite, nahm 1791 als Rittmstr. seinen Abschied, von 1803 bis 1808 Landrat im Krs. Landsberg; erste **Ehefrau**: Henriette Friederike Elisabeth, geb. von Billerbeck (1755–1842), beide wurden geschieden; **Güter**: saß 1788 u. 1809 auf Gralow im Krs. Landsberg im Wert von 100/m T., dazu (seit 1788 bzw.) 1801 auf ½ Pollychen für 30/m T. u. Zantoch B für 15/m T., auch auf Wittenhagen in Mecklenburg-Strelitz für 50/m T.; bezifferte 1811 sein Vermögen auf 118 792 T., die Schulden auf 41 405 T.;

Quellen: GStA, I. HA, Rep. 22, Nr. 278 d 1; II. HA, Abt. 12, Materien, Vas.tab. Nr. 6, Bl. 111 RS-112, Bl. 113 RS-114; Nr. 8, Bl. 118 RS-119; Bratring, 3. Bd., S. 156; Schöning, K-R 13, S. 144, S. 302–303 (als A. C.); Tb. Uradel, 1932, S. 428 (hier als Ad. Chr. Lud.); Jb. Neumark, 11/1936, S. 84 (danach ging Gralow 1803 an L. von Wendessen); biogr. Handbuch, S. 802;

Ltnt. **Friedrich von Rhaden** (* 1707)

Vater: Friedrich Nicolaus (1666–1739), Ol bei d. kgl.-poln. Garde du Corps, vor 1713 abgegangen, erhielt vom preuß. König d. Charakter als Ol, seit 1711 Erbherr auf ½ Hänchen im Krs. Cottbus, 1738 für 11 600 T. verkauft, suchte 1719 vergeblich um d. vakante Lehn Brunschwig nach, besaß außerdem Güter auf d. Insel Rügen, hatte 1728 fünf Söhne, einer war damals Uffz. im Reg. Kronprinz, ein zweiter bei d. *cadets*; **Bruder**: Carl Nicolaus (* 1711), preuß. Rittmstr, auf Petershain; **Bruder**: Anton Bogislav (1714–1732), Corp. bei Marwitz; **Laufbahn**: seit 1722 im Militär, 1726 ins Regiment, stand 1728 als Cornet, 1738 als Ltnt. im D-R Nr. 6, 1741 abgegangen;

Quellen: BLHA, Rep. 23 B, Nr. 446; Stabi, Ms. boruss. fol. 311, Bl. 89 RS, Bl. 90 (auch als von Rahden); Ms. geneal. fol. 120, Bl. 214 RS; Orlop, Anlage, S. 128 * (hier als von Raden); Jb. Neumark, 1928, S. 175; T. Uradel, 1932, S. 428–429 (hier als Carl Fr. († 1738), Ordenshauptmann d. Johanniter?); Krüger, Cottbus, S. 17–18;

Cap. **Hans Casimir von Rhaden** (* 1704, † April 1763) *

Vater: Arnold Bernhard (* 1656, † vor 1728), Hofrat, Erbherr auf Giesenbrügge im Krs. Soldin, hatte 1715 fünf Söhne, 1728 wurden sechs Söhne gen., war dessen zweiter Sohn; **Mutter**: Dorothee Justine, e. To. d. GM Johann Friedrich von Printzen; **Bruder**: Friedrich Ludwig, als Major in russ. Diensten gest.; **Bruder**: Lucius Arnold (* 3. Sep. 1710, † 2. Febr. 1784), seit 1723 im Militär, 1726 als Gefr.corp.

ins I-R Nr. 3, Okt. 1731 Cornet im D-R Nr. 5, Sep. 1737 Sl, Mrz. 1742 Pl, Mai 1742 bei Chotusitz schwer blessiert, erhielt für Hohenfriedberg 1745 d. Orden p. l. m., 1753 als Cap. im D-R Nr. 5 dim., heiratete im Dez. 1753 Anna Catharina, e. To. d. Kriegsrates Meyenn, Erbherr auf Helpte in Mecklenburg, 1783 an e. von Oertzen verkauft; **Bruder**: Marquard Ludwig Sebastian (1712–1759), seit 1729 im Militär, 1734 Corp. im D-R Nr. 2, 1743 Ltnt., 1756 hier nicht mehr gen., 1759 als Major (im D-R Nr. 9) gest.; **Bruder**: Carl Otto (†1754), Aug. 1743 Pl im I-R Nr. 19, Juni 1747 als Invalide mit e. Pension von 120 T. dim.; **Bruder**: Gottlieb Wilhelm (1715–1779), seit 1735 im Militär, Okt. 1740 Pl im I-R Nr. 33, 1743 als Stabs-Cap. zu Kröcher versetzt, Aug. 1744 Cap. u. Chef e. Comp. im Garn.-Bat. Nr. 9, Juni 1756 Major, 1763 als Major u. Kommandeur d. Garn.-Bat. Nr. 9 dim., verh. mit Sophie Luise (* 1725), e. To. d. verst. Gl George Vollrath von Kröcher; **Laufbahn**: als Gefr.corp. ins I-R Nr. 19, Jan. 1739 Stabs-Cap., Sep. 1739 Cap. u. Chef e. Comp., seit Okt. 1735 Johanniter-Ritter, seit Juli 1751 Ordenskanzler d. Johanniter, schied aus d. Reg. aus;

Quellen: BLHA, Rep. 23 B, Nr. 446; Stabi, Ms. boruss. fol. 311, Bl. 4, Bl. 146 RS (Bruder G. W.); fol. 313, Bl. 45, Bl. 47 (je d. Bruder L. A., auch als von Rahden); fol. 315, Bl. 84, Bl. 85 (je G. W.), Bl. 172 (1743 im D-R 2: Ludwig); Ms. geneal. fol. 120, Bl. 216 RS; Gesch. d. I-R Nr. 19, S. 92 (Bruder C. O.), S. 94–95; Albedyll, Anhang, S. 55 * (Vater hier als Lucius, Hofkanzler in Berlin); Lehmann, S. 32 (Bruder L. A.); Jb. Neumark 1927, S. 82; Tb. Uradel, 1932, S. 428 (hier nur d. Vater u. Sohn G. W.);

Cap. **Caspar Heinrich von Rheinbaben** (get. 27. Jan. 1743)

Vater: Johann George (†1757), Erbherr auf Gottersdorf in Schlesien; **Mutter**: Sylvia Wilhelmine Charlotte, geb. von Sack; **Laufbahn**: trat 1756 in d. Militärdienst ein, 1764 als Fähnrich, 1770 als Sl im I-R Nr. 39 gen., Nov. 1782 Pl, nach 1791 als Cap. abgegangen; **Güter**: saß zeitweilig auf Rehdorf (1786 hier gen.), 1801 als vormaliger Besitzer von Rohrbeck im neumärk. Krs. Königsberg aufgeführt, hatte damals seinen Wohnsitz in Züllichau; ging drei **Ehen** ein, in erster 1774 mit d. vermögenden Wilhelmine Henriette von Burgsdorff (* um 1751), beide wurden 1775 geschieden, sie sollte 1776 wegen Verschwendung e. Vormund bekommen, in zweiter mit Caroline Sophie verwitw. von Tempsky, geb. (Rollas) du Rosey (†1793); **Sohn**: Carl Heinrich Traugott (1781–1843); **Sohn**: August Gotthilf Leberecht (1785–1859), beide hielten sich 1801 beim Vater in Züllichau auf;

Quellen: GStA, I. HA, Rep. 22, Nr. 13 f, 1775–1785 (1. Frau); Rep. 96, Nr. 435 R, Bd. 2; II. HA, Abt. 12, Materien, Vas.tab. Nr. 6, Bl. 106 RS-107; Nr. 8, Bl. 109 RS-110 (Hinweis auf Rohrbeck); Stabi, Ms. boruss. fol. 316, Bl. 306, Bl. 307, Bl. 309, Tb. Uradel; 1913, S. 577–578;

Cap. **Caspar Ludwig von Rhoeden** (1704–1745)

Vater: Adam George (†vor 1713), fürstl.-lünebg. Major, Erbherr auf ½ Winningen u. Anteil Ruhnow im Krs. Dramburg; **Mutter**: e. geb. von Loewenclau; **Bruder**: Hans Nicolaus (†1756), Cap., sieh bei dessen Sohn H. H. A.; **Bruder**: Adam Friedrich (* 1698), aus Reetz, seit 1714 im Militär, 1720 Fähnrich, 1730 Ltnt. im I-R

Nr. 18, 1740 Cap. u. Chef e. Comp., erhielt 1745 e. Garn.-Comp. in Preußen; **Bruder**: Carl Otto (1702–1741), 1727 als *cadet* gen., stand 1740 als Cornet im K-R Nr. 5, als Ltnt. gest.; **Laufbahn**: seit 1726 im Militär, 1727 als Uffz. gen., 1740 Sl im I-R Nr. 12, als Stabs-Cap. 1745 bei Czaslau gefallen; **Güter**: 1727 saßen d. vier Brüder auf ½ Winningen im Krs. Dramburg;

Quellen: GStA, I. HA, Rep. 96, Nr. 304 C 1; Stabi, Ms. boruss. fol. 311, Bl. 137 RS (Bruder C. O.); fol. 313, Bl. 160, Bl. 168 u. Bl. 169 RS (Bruder A. F.); fol. 316, Bl. 233 RS, Bl. 240 RS; Tb. Uradel, 1915, S. 658;

Cornet **Christian Joseph Leopold von Rhoeden** (* um 1712)

Vater: Johann Christian (* 1656, † 30. Mrz. 1716), aus d. Neumark gebürtig, stand seit 1673 im kurbrandenburg. Militärdienst, 1694 Rittmstr. im Kav.-Reg. von Lüttwitz, Dez. 1696 Major im K-R Nr. 2, noch 1703 hier als Major gen., Mrz. 1709 Obrist, kommandierte zehn Jahre lang d. K-R Nr. 2, 1713 abgegangen, 1715 Erbherr auf Anteil Ruhnow u. Winningen im Krs. Dramburg, 1718 wurden hier seine Erben gen.; **Mutter**: Clara, geb. Freiin von Hauxler u. Mödersheim aus Brabant; **Bruder**: Johann Friedrich Wilhelm (1703–1750), 1727 Uffz., 1730 Junker im K-R Nr. 2, stand 1746 als Cap. im Grenadier-Bat. Nr. 4 (bzw. im Garn.-Reg. Nr. 2); **Laufbahn**: Junker im K-R Nr. 7 (1727 Uffz. im K-R Nr. 2), Aug. 1731 als Cornet ins D-R Nr. 5, Okt. 1734 dim.; **Güter**: 1727 zs. mit d. Bruder J. F. W. als Erbherr auf ½ Ruhnow gen.;

Quellen: GStA, I. HA, Rep. 96, Nr. 304 C 1; Stabi, Ms. boruss. fol. 312, Bl. 165; fol. 315, Bl. 159; fol. 319, Bl. 4 RS, Bl. 25 (je d. Vater); König, 3. T., S. 303 (Vater, als von Röhden); Albedyll, Anhang, S. 44 *; Fam.gesch., S. 36 (d. Vater zuletzt GM, nicht bei Priesdorff); Bardeleben, S. 411; Tb. Uradel, 1915, S. 660 (Vater als GM bez.); Jb. Neumark, 1927, S. 115–116;

Obrist **Hans Heinrich Adam von Rhoeden** (* 27. Dez. 1715, † 14. April 1784)

Vater: Hans Nicolaus (* 1689, † 1756), aus Winningen gebürtig, seit 1711 im Militär, 1715 als Cornet gen., stand 1729 als Pl im I-R Nr. 29, zuletzt Cap. im Stettiner Land-Bat., saß 1727 zs. mit seinen drei Brüdern auf ½ Winningen im Krs. Dramburg, mußte aus seinem Erbteil drei Brüder u. fünf Schwestern abfinden, wollte 1734 seine Gutsanteile verkaufen, noch 1750 auf Anteil Winningen; **Mutter**: Charlotte Henriette, geb. von Schmiedeberg († 1715), sie hinterließ ihrem Sohn H. H. A. e. Vermögen von 1 435 fl.; Stief-Mutter: Sophie Eleonore, geb. von Le(c)kow (1701–1766), aus dieser Ehe stammten zwei Söhne u. vier Töchter; **Großvater**: Adam George († vor 1715), Erbherr auf Anteil Ruhnow im Krs. Dramburg; **Vater-Bruder**: Adam Friedrich (* 1698), seit 1714 im Militär, 1740 Cap. u. Chef e. Comp. im I-R Nr. 18, siehe mehr beim Bruder u. Cap. C. L.; **Vater-Brüder**: Caspar Ludwig (1704–1745), Cap., s. d., Carl Otto, 1727 *cadet* in Berlin; Stief-**Bruder**: Friedrich Wilhelm († 1783) *, Cap., gest. in Schweidnitz; Stief-**Bruder**: Carl Christian Theodor (* 1734), seit 1748 Gefr.corp. im I-R Nr. 43, 1754 abgegangen; Stief-**Bruder**: George Leopold Askan (* 1735, † 21. Juni 1791), seit 1751 im Militär, stand 1764 als Stabs-Rittmstr. im K-R Nr. 5, Mai 1769 dim., Erbherr auf Anteil Schlönwitz im Krs. Schivelbein, bat im Mai 1784 mit Verweis auf d. jüngst verst. Bruder, seine eigene Dienstzeit u. seine fünf Kinder, darunter vier Söhne, um e. Unterstützung, Sohn: Johann Friedrich Wilhelm Aug. (1773–1814), Ltnt., s. d. mehr; **Laufbahn**: Dez. 1734 Cornet im K-R Nr. 5, April 1741 Ltnt., 1750 Rittmstr., 1752 Chef e. Escadron, 1758 Major, für d. Schlacht bei Torgau Orden p. l. m., 1767 Ol, 1772 Obrist, um 1773 als Obrist aus d. K-R Nr. 5 abgegangen, nahm seinen Wohnsitz in Reetz, unbeerbt verst.; (**verwandt**: Carl Ludwig von Rhoeden († 14. Mai 1778), als Stabs-Cap. im I-R Nr. 18 zu Beginn d. *Campagne* von 1778, 1779 gest.: Rep. 22, Nr. 252; Ms. boruss. fol. 313, Bl. 162 RS);

Quellen: GStA, I. HA, Rep. 22, Nr. 252; Rep. 96, Nr. 95 R rr (Bruder G. L. A.); Rep. 96, Nr. 304 C 1; Stabi, Ms. boruss. fol. 311, Bl. 136, Bl. 137, Bl. 137 RS (je H. H. A.); fol. 313, Bl. 160, Bl. 168, Bl. 169 RS, Bl. 172 RS (je A. F.); fol. 314, Bl. 222 RS (Vater); fol. 316, Bl. 200 (Bruder C. C. T.), Bl. 239 (Bruder C. L.); Stabi, Ms. geneal. fol. 120, Bl. 229; Fam.gesch., S. 43–44: Tb. Uradel, 1915, S. 658–660; Jb. Neumark 1927, S. 116; Pommern, S. 573–574 (Biogr. d. Bruders Friedrich Wilhelm);

Cornet **Johann Friedrich Wilhelm August von Rhoeden** (1773–1814)

Vater: George Leopold Askan (1735–1791), diente von 1751 bis 1769 im K-R Nr. 5, zuletzt als Stabs-Rittmstr., Erbherr auf Anteil Schlönwitz im Krs. Schivelbein, suchte am 21. Mai 1784 immediat um e. Teil d. Pension seines verst. Bruders nach, d. Obristen Hans Heinrich Adam, s. d., begründete das mit seiner kümmerlichen Lage, hinterließ eine Tochter u. fünf Söhne; **Mutter**: Eleonore Charlotte Dorothea, geb. Zadow (* 1749), ihr Vater Friedrich Wilhelm (1727–1794), besaß seit 1755 e. Anteil am Gut Schlönwitz im Wert von 4 333 T., der nach seinem Tod an d. einzige To. fallen würde, sie hatte e. Mitgift von 2 666 T. in d. Ehe eingebracht, verkaufte d. Anteil um 1805 an d. Ober-Amtmann Wurm, dieser zahlte e. Handgeld von 4/m T., blieb jedoch d. Zinsen für d. Hypotheken in Höhe von 16 218 T. schuldig, ihr Antrag auf Aufhebung d. Kaufvertrages wurde abgewiesen; **Bruder**: Carl Christian Leopold (1776–1794), 1791 *cadet* in Berlin, Fähnrich im I-R Nr. 39; **Bruder**: Adam George Wilhelm (1778–1859), ging 1791 als *cadet* nach Berlin, nach 1806 Ol; **Bruder**: Heinrich Ferdinand (* 1780), **Bruder**: Alexander August Ferdinand (* 1784), beide hielten sich 1801 bei d. Mutter auf; **Schwester**: Marie Charlotte (* 1782); **Laufbahn**: stand 1791 als Junker im D-R Nr. 7, vor 1801 als Cornet abgegangen, nach 1806 Pl bei d. neumärk. Landwehr; **Güter**: d. Nachlaß ihres Vaters bestand in e. Anteil an Schlönwitz im Krs. Schivelbein, den G. L. A. 1790 an e. Arrendator für 8/m T. verkauft hatte, darauf Schulden von 5 800 T., damit blieben den sechs Kindern nur 2 200 T.; J.F.W.A. besaß außerdem d. Nießbrauch e. Fideikommißkapitals seines Vater-Bruders, d. Obristen von Rhoeden, in Höhe von 3/m T., das zu d. Schulden von 5 800 T. gehörte; 1796 u. 1801 auch als Erbherr auf Dolgenow im Krs. Schivelbein im Wert von 12/m T. gen.;

Quellen: GStA, I. HA, Rep. 22, Nr. 252; Rep. 96, Nr. 95 R rr, Bl. 29; II. HA, Abt. 12, Materien, Vas. tab. Nr. 6, Bl. 146 RS-147; Abt. 13 a, Tit. IV, Litt S, Nr. 1, Bd. 1; Tb. Uradel, 1915, S. 658–659; Jb. Neumark, 11/1936, S. 87 (als von Rhäden);

poln. Ol **Theodor Ascan von Rhoeden** (1702–1760)

Vater: Johann Ascan († 16. Jan. 1738), Prälat in Naumburg, erbte 1723 von seinem Bruder Adam ½ Ruhnow u. ½ Winningen im Krs. Dramburg, darauf Schulden von 12/m T., auf beiden 1727 gen., besaß außerdem Zscheiplitz u. Müncheroda in Sachsen; **Mutter**: Dorothea Sophia Amalia verwitw. von Kalb, geb. von Merkelbach (1664–1726); **Bruder**: Carl Ascan (1699–1750), kursächs. Reg.rat in Zeitz (Erbherr auf Anteil Ruhnow u. Anteil Winningen); **Laufbahn**: avancierte im poln. Heer bis zum Ol, stand zuletzt im D-R Graf Rutowski; **Güter**: verkaufte 1750 d. väterlichen Gutsanteile für 14/m T. an d. Witwe Eleonora Constantia von Wedel, geb. von Woedtke, zu Fürstensee; d. andere Hälfte von Ruhnow u. Winningen besaß 1750 d. Cap. Hans Nicolaus von Rhoeden;

Quellen: GStA, I. HA, Rep. 22, Nr. 252; Rep. 96, Nr. 304 C 1; Stabi, Ms. geneal. fol. 120, Bl. 229; Tb. Uradel, 1915, S. 660–661; Jb. Neumark, 1927, S. 115–116;

Rittmstr. **Johann Wilhelm Ludwig Graf von Rittberg** (* 16. April 1752) *

Vater: Johann Diedrich Arnold (seit 30.12.1751 Graf) von Rittberg (1707–1785) *, Obrist; **Laufbahn**: 1767 Gefr.corp. im D-R Nr. 1, 1774 Cornet, zuletzt Ltnt., Nov. 1783 als Rittmstr. dim.; **Güter**: erwarb 1801 Buchholz im Krs. Sternberg für 35 600 T. u. ließ sich hier nieder, noch 1803 u. 1809 gen., später Erbherr auf Adamsdorf; in zweiter **Ehe** seit 1790 verheiratet mit Charlotte Caroline Friederike, geb. von Beeren (* 1760); **Söhne**: Johann Carl Ludwig August (* 1791), Carl August Otto (* 1792);

Quellen: GStA, I. HA, Rep. 7, Nr. 13-1, Litt. R, Nr. 23; II. HA, Abt. 12, Materien, Vas.tab. Nr. 6, Bl. 128 RS-129; Nr. 8, Bl. 151 RS-152; Probst, D-R 1, 1841, S. 157; Jb. Neumark, 11/1936, S. 93; Pommern, S. 575 (Biogramm d. Vaters);

Ltnt. **Carl Ludwig von Roebel** (* 1707) *

aus d. Neumark gebürtig; **Laufbahn**: seit 1726 im Militär, Dez. 1735 Pl, stand noch 1740 als solcher im I-R Nr. 29, Juni 1743 dim.;

Quellen: Stabi, Ms. boruss. fol. 316, Bl. 56, Bl. 65 RS; nicht im Tb. Uradel 1917;

Major **Ernst Philipp Ehrenreich von Roebel** (* 1738)

Vater: Carl Gustav (1704–1770), aus Sachsen gebürtig, erwarb 1766 Briesen im Krs. Cottbus von Friedrich Wilhelm Frhr. von Vernezobre im Wert von 27 300 T.; **Mutter**: Hypolita Margarethe, geb. von Kracht (* 1701), sie lebte 1785 zs. mit e. verwitw. Tochter in Werben bei Cottbus, ihre Söhne hatten ihr jährlich 150 T. zur Alimentation ausgesetzt, diese gingen aber nur unregelmäßig ein; **Bruder**: Friedrich August Gustav (1733–1776), Cap., siehe mehr bei dessen Sohn Joachim Hans Ludwig (* 1773), Ltnt.; **Laufbahn**: seit 1759 im Militär, 1774 Ltnt., Juni 1781 Stabs-Cap. im I-R Nr. 36, zuletzt Cap. im I-R 45, vor 1798 als Major abgegangen; **Güter**: 1773 zs. mit seinen Brüdern auf Briesen im Krs. Cottbus gen.; sie verkauften d. Gut 1783 für 32/m T. an d. Cap. (Ludwig Carl Wilhelm bzw.) Lebrecht von Wackerbarth; 1803 als unangesessener Vasall im Krs. Cottbus aufgeführt, hatte seinen Wohnsitz in d. Stadt Cottbus;

Quellen: GStA, I. HA, Rep. 22, Nr. 260, Pakete 8709, 8710; II. HA, Abt. 12, Materien, Vas.tab. Nr. 8, Bl. 44 RS-45 (danach 1738 geb.); Stabi, Ms. geneal. fol. 120, Bl. 239; Tb. Uradel, 1917, S. 759 (danach geb. 1746); Jb. Neumark, 11/1936, S. 102; Krüger, Cottbus, S. 5–6;

Ltnt. **Joachim Hans Ludwig von Roebel** (* 1773)

Vater: Friedrich August Gustav (* 1733, † 8. Okt. 1776), seit 1756 im Militär, 1763 als Pl gen., April 1772 Cap. im I-R Nr. 11; **Vater-Bruder**: Johann Dietrich Gottlob (1727–1778), seit 1756 als Junker im Regiment, als Stabs-Cap. im I-R Nr. 11 nach sieben Dj. 1763 dim., 1773 zs. mit seinen Brüdern Erbherr auf Briesen im Krs. Cottbus, seit 1777 auf Ringenwalde in d. Mittelmark; **Vater-Bruder**: Samuel George Wilhelm (1735–1786), seit 1751 im Militär, Okt. 1756 Fähnrich im I-R Nr. 35, 1763 u. 1773 als Pl gen., zuletzt Stabs-Cap. im I-R Nr. 35, als solcher nach 33 Dj. 1786 gest., seine fünf Söhne u. eine Tochter erhielten im Nov. 1787 e. Legitimationspatent, sie durften d. väterl. Namen u. sein Wappen führen; **Vater-Bruder**: Ernst Philipp Ehrenreich (* 1738), Major, s. d.; **Laufbahn**: stand 1806 als Sl u. Adjutant im I-R Nr. 33, 1807 dim., ging auf sein Gut in Preußen: **Güter**: zs. mit d. **Vater-Bruder** E. P. E. 1803 als unangesessener Vasall im Krs. Cottbus aufgeführt;

Quellen: GStA, I. HA, Rep. 47, Tit. XI b, Litt P-Z, R 5; II. HA, Abt. 12, Materien, Vas.tab. Nr. 6, Bl. 59 RS-60; Stabi, Ms. boruss. fol. 311, Bl. 374 RS (S. G. W.), Bl. 375 RS, Bl. 377 (je S. G. W. als Wilh.); fol. 312, Bl. 46 (J. D. G.), Bl. 61 RS, Bl. 64 (je d. Vater); fol. 314, Bl. 347 (Onkel E. P. E., geb. 1738?); fol. 346, Bl. 347 (E. P. E.); fol. 907 a, Bl. 49 (J. H. L.); Stabi, Ms. geneal. fol. 120, Bl. 239; Taeglichsbeck, S. 267 (Onkel S. G. W.); Tb. Uradel, 1917, S. 759; Jb. Neumark, 11/1936, S. 102 (S. G. W. hier als Thomas G.W);

KD-rat **Johann Friedr. Wilhelm Carl v. Roebel** (* 30. Mrz. 1757, † 15. Sep. 1827) *

Vater: Hans Christian Ludwig (* 18. Juli 1734), aus Hemsendorf im sächs. Krs. Schweinitz gebürtig, erwarb 1756 Butow im Krs. Dramburg, 1767 im Wert von 8/m T., will im Siebenjährigen Krieg 14/m T. verloren haben, sein Gesuch um e. Indult wurde 1769 abgelehnt, Butow sollte im Dez. 1769 subhastiert werden, es geriet durch seine *schlechte Wirtschaft* 1772 in d. *stärksten* Konkurs, zog sich e. *Inquisitions-Prozeß* zu, seine Schulden betrugen 1772 inkl. rückständiger Zinsen 29 209 T., trat aus, bekam im Febr. 1774 e. *Salvus conductus*, als *vorsätzlicher Bankrotteur* im Juni 1777 zu e. dreijährigem Festungsarrest verurteilt, trat diesen im Jan 1778 in Küstrin an, hatte zuvor als Tabaks-Brigadier gearbeitet, seine Frau bat im Juni 1778 darum, ihn zu entlassen oder ihm e. *standesgemäße Alimentation* zu gewähren, durch d. Konkurs verloren d. Kinder ihr mütterliches Vermögen, nach seiner Haftentlassung hatte d. Vater *keinen gewißen Aufenthalt, sondern vagirte herum und bettelte*; Butow gehörte 1770 d. Gläubigern, 1772 wurde es an d. Rittmstr. Johann Christoph von Lubrecht, s. d., für 14 020 T. verkauft; **Mutter**: e. geb. von Greiffenberg († um 1768); Stief-Mutter: Catharina Louisa, geb. von der Mülbe, deren Bruder Heinrich Wilhelm von der Mülbe (* 1729), Ltnt. im D-R Nr. 10, setzte sich 1770 in mehreren Immediatgesuchen für seinen Schwager ein; **Vater-Brüder**: Hans Friedrich Wilhelm (1730–1765), kursächs. Cap., Erbherr auf Vorwerk Kruge u. Gersdorf im Krs. Ober-Barnim im Wert von 40/m T., 1766 für 92 500 T. an Matthäus Frhr. von Vernezobre für 92 500 T. verkauft, Christian Friedrich (1733–1771), sächsischer Kreishauptmann; **Großvater**: Christian Friedrich (1674–1747), poln. Ol, Erbherr auf Hohenschönhausen, Kruge, Gersdorf, Ruhlsdorf in d. Mittelmark, auf d. sächs. Hemsendorf, d. Söhne alle hier geb.; **Schwester**: Friederique Wilhelmine (* 1762), sie wurde nach d. Inhaftierung ihres Vaters durch *Wohlthun fremder Leute* erzogen u. unterhalten, hielt sich 1783 bei d. von Wedel auf Berkenbrügge auf, mit dem sie weitläufig verwandt war, dieser konnte sie jedoch nicht weiter unterstützen, sie galt als pensionsberechtigte Waise; e. **Mutter-Bruder**, d. Cap. Ernst Ludwig von Greiffenberg (* 1728) im I-R Nr. 39, vermochte seiner Nichte ebenfalls nicht beizustehen, sie stand deshalb 1783 u. 1787 auf d. Expectantenliste für e. neumärkische Pension; **Laufbahn**: wurde seit 1768 in Neidenburg erzogen, nach d. Studium mit Hilfe e. Familien-Stipendiums an d. Albertina seit 1777 Referendar bei d. KDK in Königsberg, seit Okt. 1781 KD-rat in Gumbinnen, bat im April 1789 um seinen Abschied, machte sich in Ostpreußen ansässig; **Güter**: 1801 u. 1803 als unangesessener Vasall im Krs. Arnswalde geführt;

Quellen: GStA, I. HA, Rep. 22, Nr. 260, Pakete 8 709, 8 710 (d. Vater hier als Joh. Ludwig Chr.); II. HA, Abt. 12, Materien, Vas.tab. Nr. 6, Bl. 19 RS-20; Abt. 13 a, Tit. III, Generalia, Nr. 2, Bd. 11, fol. 28 RS-29; Tit. IV, Generalia, Nr. 25; Stabi, Ms. boruss. fol. 311, Bl. 357 (Schwager); Tb. Uradel, 1917, S. 757 (Großvater u. Vater-Brüder), S. 758 (Vater u. J.F. W.C.); Jb. Neumark, 11/1936, S. 64; biogr. Handbuch, S. 815–816;

Fähnrich **Johann Adam von Roenne** (* 1695)

aus d. Neumark gebürtig; **Laufbahn**: seit 1712 im Militär, Febr. 1716 Fähnrich im I-R Nr. 27, 1719 als Fähnrich dim.; (**verwandt**: ein Hans Adam von Roenne stand 1692 als Cap. im 1. Bat. d. I-R Jung-Holstein (I-R Nr. 11) in Ungarn: Ms. boruss. fol. 319, Bl. 13 RS; nach Becker, I-R Nr. 11, S. 408: Hans Adam, 1690 Fähnrich, 1692 Ltnt., 1694 Stabs-Cap., nach 1696 abgegangen);

Quellen: Stabi, Ms. boruss. fol. 316, Bl. 82, Bl. 88 RS; fol. 319, Bl. 49 RS; Zedlitz, 5. Bd., S. 382 (allg.); d. Fam. nicht bei Siebmacher, Bd. 6/5, 1880;

Ltnt. **Arend Friedrich von Rohr** (* um 1720, † 1760) *

aus d. Neumark gebürtig; **Laufbahn**: seit 1738 im Militär, 1746 Sl im I-R Nr. 1, 1760 bei Torgau gefallen;

Quellen: Stabi, Ms. boruss. fol. 313, Bl. 178, Bl. 301;

Ltnt. **Carl von Rohr** (* 1783)

Vater: Wilhelm Johann Friedrich (1747–1834) *, seit 1765 im Militär, stand 1778 als Sl im D-R Nr. 4, 1781 als Ltnt. mit d. Charakter Cap. dim., seit 1785 neumärkischer Städteforstmstr., saß 1801 auf Briesenhorst im Krs. Landsberg im Wert von 12/m T., hier noch 1809 gen.; **Vater-Brüder**: Ferdinand Ernst Johann Albrecht, 1804 Cap. im Grenadier-Bat. Crety, Franz Carl Ludwig, Cap. im I-R Nr. 58; **Vater-Schwester**: Caroline, sie besaß kein Vermögen, hielt sich bei W. J. F. auf, der sie unterstützte, bekam auf sein Immediatgesuch im Juli 1806 e. neumärkische Pension von 50 T.; **Großvater**: Caspar Otto Christoph (1711–1762) *, Landrat in Ruppin, Erbherr auf Stöffin, hinterließ sieben Kinder, darunter drei Söhne, seine Passiva beliefen sich auf 33 863 T., d. Gutsrevenuen auf jährlich 1 711 T.; **Laufbahn**: 1795 *cadet*, 1801 als Fähnrich, 1806 als Sl im I-R Nr. 34 gen., 1827 Rittmstr. im 2. H-R, 1834 Major im 18. Landwehr-Reg.; (**verwandt**: Ferdinand Johann Carl von Rohr (* 1788), aus d. NM, seit 1804 im Militär, 1805 Portepée-Fähnrich im I-R Nr. 24: Stabi, Ms. boruss. fol. 316, Bl. 326 RS);

Quellen: GStA, I. HA, Rep. 22, Nr. 274, Paket 8 722; II. HA, Abt. 12, Materien, Vas.tab. Nr. 6, Bl. 115 RS-116; Abt. 13 a, Tit. IV, Litt R, Nr. 2 (Caroline); Stabi, Ms. boruss. fol. 907 a, Bl. 12; Bratring, 3. Bd., S. 152; Gesch. D-R Nr. 3, S. 213, S. 423; biogr. Handbuch, S. 821 (Großvater, Vater); d. Ltnt. nicht in d. Fam.gesch. von 1963;

Ltnt. **Johann Christian Ludwig von Rohr** (* 1724) *

aus d. Neumark gebürtig; **Laufbahn**: seit 1741 im Militär, stand 1750 als Cornet, 1756 als Ltnt. im K-R Nr. 8, vor 1764 abgegangen;

Quellen: Stabi, Ms. boruss. fol. 312, Bl. 75, Bl. 76;

preuß. Rittmstr., holländ. GM **Berend Christoph von Rohwedel** (* 1708) *

Vater: Hans (1673–1722), 1715 u. 1718 als Landrat u. Erbherr auf Kranzin im Krs. Arnswalde gen., hatte damals vier unmündige Söhne; **Mutter**: Elisabeth Maria, geb. von Wedel († 1751), sie saß 1728 als Witwe auf d. Gut; **Bruder**: Wilhelm (1704–1774) *, zuletzt Fi-rat in Berlin; **Bruder**: George Friedrich (1711–1765), Landrat, siehe bei dessen Sohn Hans (1740–1785); **Bruder**: Hans Ernst; **Laufbahn**: weilte 1725 auf d. Ritterakademie in Brandenburg an der Havel, 1728 Junker, Juli 1730 Cornet im K-R Nr. 10, Mai 1734 Ltnt., 1738 dim., Mai 1741 Rittmstr. im D-R Nr. 11, vor Dez. 1741 abgegangen, (zeigte als (holländ.) Obrist im Mai 1748 an, daß sich d. Witwe GM von Weiher in e. formelle Eheverbindlichkeit mit ihm eingelassen habe, hätte für sie Schulden gemacht, sie lehne d. Vollziehung d. Ehe jetzt ab u. wolle auch keinen Abstand zahlen, d. Konsistorium sollte seinen Ansprüchen an d. Witwe Nachdruck verleihen, wurde von d. Behörde an d. König verwiesen, 1768 GM in holländ. Diensten); **Güter**: 1728 protestierten d. vier Mündel gegen d. Verpachtung d. väterlichen Gutes auf sechs Jahre durch ihren Vormund, Kranzin war zuvor nicht taxiert worden, die Pacht ihrer Ansicht nach daher zu niedrig, 1746 verkauften drei Gebr. von Rohwedel Kranzin für 100/m T. an d. Oberhofmstr. Albrecht Christoph Burggraf zu Dohna, 1775 starb dessen Sohn Friedrich Alexander Ferdinand Graf zu Dohna in Kranzin, 1782 ging Kranzin bei e. Licitation für 70 300 T. an d. Kammerherrn A. S. F. von Blankensee, s. d.;

Quellen: GStA, I. HA, Rep. 22, Nr. 264, Paket 8 715; Stabi, Ms. boruss. fol. 311, Bl. 334; fol. 313, Bl. 139; Ms. geneal. fol. 120, Bl. 223 RS; Leers, Zöglinge, S. 45 (hier d. Hinweis auf d. D-R 11 u. d. Rang Obrist); Jb. Neumark, 1927, S. 163; biogr. Handbuch, S. 825–826 (Bruder Wilhelm);

Ltnt. **Hans von Rohwedel** (* Juni 1740, † 12. Okt. 1785)

Vater: George Friedrich (1711–1765) *, seit 1727 im Militär, 1728 Fähnrich im I-R Nr. 5, 1730 (als Ltnt.) dim., 1740 auf d. Vorwerk Marienhof (Krs. Arnswalde od. Krs. Dramburg) gen., prozessierte damals gegen seinen Schwiegervater, d. Cap. von Küssow; seit 1755 Landrat im Krs. Dramburg, Erbherr auf Wusterwitz im Krs. Dramburg, um 1744 erworben für 13 500 T., soll im Siebenjährigen Krieg sein Vermögen verloren haben, mußte das 1748 auf 48/m T. taxierte Gut nach 1763 für 25/m T. verkaufen, will durch d. Verkauf in minderwertiger Münze u. d. Münzreduktion noch einmal 8/m T. verloren haben; **Mutter**: Anna Sabina, geb. von Küssow († 1778); **Großvater**: Hans (1673–1722), neumärkischer Landrat, Erbherr auf Kranzin im Krs. Arnswalde; **Bruder**: Friedrich Abraham Ernst (1735–1793), Landschafts-Syndikus der Neumark, heiratete um 1764 Erdmuth Anna (* 29. Mai 1746), Tochter d. früheren neumärk. Landschafts-Syndikus Johann Arnold Schmiden († 3. Febr. 1764), diese soll e. Vermögen von 22 821 T. geerbt haben, sie erhielt auf ihr Gesuch im Dez. 1764 d. eingeschränkte *venia aetatis*, auf e. neues Gesuch am 25. Mrz. 1766 d. volle Verfügung über ihr Vermögen; F. A. E. bat im Juni 1767 immediat um e. einmalige Beihilfe über 800 T., mußte zwei Kinder, Mutter, Brüder u. e. Onkel von e. Einkommen von 400 T. unterhalten; **Bruder**: Carl Ernst (1741–1775), seit 1758 im Militär, Sep. 1763 Sl im I-R Nr. 22, 1775 als Ltnt. gest.; **Laufbahn**: seit 1754 im Militär, Mai 1759 Sl im I-R Nr. 22, 1764 als Quartiermstr.-Ltnt. aus d. I-R 22 abgegangen, wegen e. Urlaubsüberschreitung um 1767 (als Cap.) *cassirt*, verbüßte bis 1770 e. zweijährige Festungsstrafe in Neiße, amtierte von etwa 1772 bis 1775 als Landrat im westpreuß. Krs. Inowraclaw, zeitweilig ansässig auf Kitzerow im pomm. Krs. Saatzig, als Kreissteuereinnehmer in Schwiebus gest.; **Ehefrau**: Auguste Juliane, geb. von Brederlow (* 1749);

Quellen: GStA, I. HA, Rep. 22, Nr. 264, Paket 8 715; Stabi, Ms. boruss. fol. 314, Bl. 289–289 RS, Bl. 292 RS, Bl. 293; Ms. geneal. fol. 120, Bl. 247 (1774 drei Söhne d. verst. Landrates gen.); Rangirrolle Saldern, Abgangsliste I-R 5; Tb. Uradel, 1918, S. 742 (für C. E. hier keine Vornamen u. Daten); biogr. Handbuch, S. 825 (Vater u. Bruder F. A. E., C. E. hier nicht);

Ltnt. **Leopold (Rollas) du Rosey** (* 2. Nov. 1743)

Vater: Otto (1703–1760), bis 1747 Erbherr auf Schönwalde im Osthavelland, seit 1755 auf Schildberg im Krs. Königsberg, erworben für 84 150 T., ging drei Ehen ein, d. Söhne aus Berlin gebürtig; **Mutter**: Marie Sophie, geb. von Naumeister (1713–1777), 1774 als Witwe du Rosey auf Schildberg im Krs. Königsberg gen., hier auch gest., d. Gut wurde um 1790 verkauft; **Bruder**: Carl Friedrich (1739–1791), seit 1761 im Militär, um 1762 Fähnrich, seit 1764 Sl im I-R Nr. 1, 1775 als Pl aufgeführt, 1778 (mit d. Charakter Cap.) dim. (als Kammersekretär versorgt); **Bruder**: Ludwig Wilhelm (1745–1768), Cornet; **Laufbahn**: seit 1759 im Militär, 1764 Fähnrich, stand 1774 als Pl im I-R Nr. 12, 1779 auf Wunsch dim.; **Ehefrau**: Wilhelmine, geb. von Hilmershausen (1746–1804); **Güter**: d. Brüder wurden 1801 als unangesessene Vasallen aus d.

Hs.e Schildberg im neumärkischen Krs. Königsberg geführt;

Quellen: GStA, II. HA, Abt. 12, Materien, Vas.tab. Nr. 6, Bl. 105 RS-106 (Carl Fr. hier noch gen.); Stabi, Ms. boruss. fol. 313, Bl. 178, Bl. 304 RS; fol. 316, Bl. 232 RS, Bl. 243, Bl. 244; Ms. geneal. fol. 120, Bl. 250 (Witwe u. 2 Sö.); Jb. Neumark, 11/1936, S. 76 (d. Mutter als v. Naumeister); GHbA, Bd. 12 d. Ges.reihe, 1956, S. 350;

Cornet **Alexander Rudolph Graf von Rothenburg** (1729–1791)

Vater: Johann Siegmund (1705–1779), Erbherr auf Beutnitz, Polnisch Nettkow, Rothenburg, Dobersaul, Drewitz, Straube, Lehwalde, Glembach, Kunersdorf, Plothow im Krs. Crossen u. in Schlesien, 1778 sollen d. Güter e. Wert von 227 275 T. gehabt haben, darauf Pfandbriefe über 153 700 T.; **Mutter**: Hedwig Sophie, geb. Freiin von Richthofen (1711–1773); **Großvater**: Alexander Rudolph (1677–1758), Landrat in Crossen, April 1736 in d. preuß. Grafenstand erhoben, Erbherr auf Deutsch Nettkow, von seinem Vater 1704 für 42 700 T. gekauft, auf Polnisch Nettkow, vom Vater in d. brüderlichen Teilung für 6/m T. angenommen, auf beiden 1717 Schulden von 20/m T., Beutnitz, Dobersaul, Glembach, Drewitz u. Straube hatte er bis 1719 im Pfandbesitz, dann dauerhaft erworben, auch auf Rothenburg; besaß Pommerzig 1713 *in Communion* mit d. poln. Obristen George Sebastian von Rothenburg, 1714 für 48/m T. auf Wiederkauf für 30 Jahre veräußert, verheiratet mit Eva Sophie, geb. von Falkenhayn (1685–1712); **Vater-Bruder**: Friedrich Rudolph (1710–1751) *, bezog 1724 d. Viadrina, seit 1727 in frz. Mililtärdiensten, 1728 Cap., 1739 Obrist, April 1741 Wechsel in preußische Dienste als Obrist u. Chef d. D.R Nr. 3, Okt. 1741 GM, Mai 1742 Schwarzer Adler-Orden, Jan. 1745 Gl, Erbherr auf Rothenburg, Dt. u. Poln. Nettkow im Krs. Crossen; **Laufbahn**: (seit 1746 im Regiment, 1749 als Ltnt. dim. bzw.) erhielt 1747 als Cornet im D-R Nr. 3 d. gewünschten d. Abschied; auf seinen vom Vater geerbten **Gütern** in d. Neumark u. in Schlesien, 1786 im Wert von 506 537 T., dazu hatte er Mobilien für 6 500 T., ruhten Schulden von 503 171 T., allein d. Hypotheken beliefen sich auf 408 593 T., d. jährl. Ertrag lag bei 24/m T., 1777 wurden für Meliorationen auf Poln. Nettkow 10 900 T. angewiesen, im Mrz. 1787 wurden d. neumärk. Güter Beutnitz, Deutsch u. Poln. Nettkow u. Kunersdorf auf 350/m T. beziffert, auf Beutnitz u. Nettkow hafteten Pfandbriefe über 210 800 T., nach d. Tod seines Vaters soll A. R. weitere Schulden in Höhe von mind. 90/m T. aufgenommen haben, er konnte d. Verwendung dieser Summen nicht nachweisen, d. vorm. Cornet deshalb 1785 *pro prodigo* erklärt, d. Güter wurden um 1787 (für zs. 435/m T. an d. Herzog von Kurland) verkauft, 1803 u. 1809 waren sie im Besitz d. Erbprinzessin von Hohenzollern-Hechingen, geb. Prinzessin von Kurland-Sagan, 1803 inklusive d. schlesischen Güter Plothow u. Schertendorf im Wert von 455/m T.; **Ehefrau**: Eva Henriette, geb. Freiin von Inn- u. Knyphausen (1725–1774);

Quellen: GStA, I. HA, Rep. 22, Nr. 246, Pakete 8 696-8 698; Rep. 66, Nr. 18; II. HA, Abt. 12, Materien, Vas.tab. Nr. 8, Bl. 54 RS-55; BLHA, Rep. 23 B, Nr. 446; Rep. 78 I, Nr. 170, Bl. 2; Stabi, Ms. boruss. fol. 313, Bl. 14 RS (Onkel, A.R nicht in d. Ranglisten); Ms. geneal. fol. 120, Bl. 243; Gesch. D-R Nr. 3, S. 410; König, 3. T., S. 321–325; Tb. Uradel, 1905,

S. 708; Jb. Neumark, 1928, S. 97–100; Moegelin, S. 262; Jb. Neumark, 11/1936, S. 78 (d. Vater hier als Joachim S.); Priesdorff, Nr. 290 (Onkel);

Obrist **Carl Sigismund von Rothenburg** (* 1714, † 24. Aug. 1773)

aus d. Neumark gebürtig; **Laufbahn**: 1728 *cadet*, seit 1730 im Militär, stand im Sep. 1740 als Sl im Feld-Bat. von Beaufort, Juli 1745 Pl im I-R Nr. 32, als solcher noch 1750 u. 1756 gen., Mai 1757 Brigade-Major beim GFM von Schwerin, 1757, 1758 Cap. u. Flügel-Adjutant in d. kgl. Suite, 1761 Kommandeur d. Grenadier-Bat., Nov. 1762 Major, 1763 als Major u. Chef e. Comp. ins I-R Nr. 48 versetzt, Mai 1773 Obrist u. Kommandeur d. I-R Nr. 48, als solcher wenige Monate später gest.;
Quellen: Stabi, Ms. boruss. fol. 312, Bl. 125 RS, Bl. 126, Bl. 147, Bl. 148; fol. 314, Bl. 216; König, 3. T., S. 325; nicht bei Lange, Soldaten, S. 470–471 (in d. Liste d. Flügel-Adj.);

Ltnt. **Carl Wilhelm Sigismund von Rothenburg** (* 18. Jan. 1777, † 21. Aug. 1838) *

Vater: Sigismund Adrian (* 1745, † 22. Febr. 1797), Erbherr auf Oberklemzig im Krs. Züllichau im Wert von 22 400 T., konnte d. Gut wegen d. altväterlichen Schulden nicht behaupten, erhielt nach 1793 e. Anstellung als Zoll- u. Konsumtions-Steuereinnehmer im südpreuß. Rawitsch, dort verst.; **Mutter**: Wilhelmine Philippine, geb. von Schlichting (1756–1790), S. A. ging nach ihrem Tod e. zweite Ehe ein mit Friederike (* 1755), e. To. d. Posener Kaufmanns Hartsch, aus der 1805 ein zehnjähriger Sohn stammte; **Bruder**: Johann Julius Eduard Philipp (1788–1826), 1798 u. 1801 *cadet* in Kalisch, 1805 auf d. Ingenieur-Akademie in Potsdam, nach 1806 Cap. u. Platz-Ingenieur in Magdeburg; **Bruder**: Carl Heinrich Louis Wilhelm (1789–1815), 1798 u. 1801 *cadet* in Kalisch, 1805 *cadet* in Berlin, später Ltnt., 1815 verschollen; **Schwester**: Emilie (* geb. 1784), sie hielt sich 1805 in Züllichau auf u. bat um e. neumärk. Pension, verwies auf ihre drei im Militärdienst stehenden Brüder, besaß e. mütterliches Erbe von 1/m T., d. Kapital war auf Klemzig angelegt, weil d. Gut *sub hasta* stand, hatte sie seit sieben Jahren dafür keine Zinsen bekommen, auch ihre Brüder hatte e. mütterliches Vermögen von je 1/m T., welches sie für ihre Equipierung benötigten, sie waren noch auf Zuschüsse angewiesen u. konnten ihr daher nicht helfen, von ihrem Vater hätten d. Geschwister *keinen Dreier geerbt*, ihr Antrag wurde am 6. Aug. 1806 abgewiesen, weil ihre Stief-Mutter seit Jan. 1805 eine Pension von 100 T. bezog; eine zweite **Schwester** war 1805 mit d. Stadt-Inspektor Fraise verheiratet; **Laufbahn**: Nov. 1790 *cadet* in Berlin, Mrz. 1794 Fähnrich im I-R Nr. 49, Okt. 1797 Sl, Dez. 1806 Adjutant bei General Graf von Goetzen, Dez. 1807 Orden p. l. m., Nov. 1808 dim., Febr. 1809 wirkl. Cap. von der Armee, Juni 1811 Major, Okt. 1811 Kommandant von Cosel, Febr. 1812 Kommandant von Neiße, Mrz. 1813 Chef d. Generalstabes bei General Graf von Tauentzien, Mrz. 1814 Ol, Okt. 1815 Obrist u. Chef d. Generalstabes des VI. Armeekorps, Jan. 1821 ins Kriegsministerium versetzt, Mrz. 1822 GM, Mai 1834 Kommandant von Wesel, Mrz. 1837 Charakter Gl; **Güter**: d. väterl. Oberklemzig fiel im Okt. 1801 bei d. Subhastation, auf 22 400 T. taxiert, für d. *Meistgebot* von 30/m T. an Ernst von Schlichting,

Erbherr auf Muschten im Krs. Schwiebus;

Quellen: GStA, II. HA, Abt. 12, Materien, Vas.tab. Nr. 6, Bl. 162 RS-163; Nr. 8, Bl. 164 RS-165; Abt. 13 a, Tit. IV, Litt R, Nr. 1, Nr. 4 (Schwester); BLHA, Rep. 3, Nr. 11 925; Stabi, Ms. boruss. fol. 907 a, Bl. 48; Ms. geneal. fol. 120, Bl. 257 RS, Tb. Uradel, 1905, S. 709; Jb. Neumark, 11/1936, S. 100; Priesdorff Nr. 1 373 (hier als v. Rottenburg);

Ltnt. **Caspar Ferdinand (Frhr.) von Rothenburg** (1775–1813)

Vater: Johann Gottlob Siegmund (* 1741, † vor 1801), stand seit 1756 im Militär, 1764 als Sl, 1774 als Pl im D-R Nr. 11 gen., nahm nach 26 Dj. (um 1781) seinen Abschied als Cap. von der Armee, als Polizei-Bürgermstr. zu Neusalz verst., von 1778 bis 1789 Erbherr auf (Niederklemzig u.) Harte im Krs. Züllichau, für 18/m T. erworben, erhielt 1784 für Harte Meliorationsgelder in Höhe von 2/m T.; **Mutter**: Johanne Charlotta, geb. von Knobelsdorff (* 1755); **Laufbahn**: avancierte im D-R Nr. 3 bis zum Ltnt., tauschte im April 1803 seinen Platz mit d. Ltnt. von Graevenitz u. wechselte ins I-R Nr. 57, hier 1806 als Pl geführt, 1813 als Cap. im 14. Schles.-Landwehr-Reg. an Blessuren gest.; **Güter**: 1801 u. 1805 als unangesessener Vasall im Krs. Züllichau geführt;

Quellen: GStA, II. HA, Abt. 12, Materien, Vas.tab. Nr. 6, Bl. 170 RS-171; BLHA, Rep. 3, Nr. 11 925; Stabi, Ms. boruss. fol. 313, Bl. 141, Bl. 143 RS; fol. 907 a, Bl. 51 RS; Ms. geneal. fol. 120, Bl. 257 RS; Gesch. D-R Nr. 3, S. 417 (hier als George); Moegelin, S. 267; Jb. Neumark, 11/1936, S. 100;

Ltnt. **Emanuel Christoph von Rothenburg** (* 1746) *

aus d. Neumark gebürtig; **Laufbahn**: seit 1762 im Militär, 1766 Fähnrich im I-R Nr. 30, 1773 als Sl ohne Abschied entlassen;

Quellen: Stabi, Ms. boruss. fol. 311, Bl. 184, Bl. 189;

Cap. **Friedrich Gottlieb von Rothenburg** (* 1757, † 9. Juli 1811)

Vater: Samuel Gottlieb (1703–1770) *, seit 1717 im Militär, Okt. 1745 Cap. u. Chef e. Comp. im I-R Nr. 19, April 1750 wegen kränklicher Umstände dim., seit Dez. 1750 Präsident d. Küstriner KDK, 1763 dim., Erbherr auf Laesgen im Krs. Schwiebus, erwarb 1760 Klemzig u. (Anteil) Harte im Krs. Züllichau; **Muter**: Henriette Tugendreich, geb. Gräfin von Rothenburg; **Bruder**: Sigismund Adrian (1745–1797), absolvierte e. Studium an d. Viadrina, Erbherr auf Anteil Klemzig u. Harte, siehe bei dessen Sohn Carl Wilhelm Sigismund; **Laufbahn**: seit 1771 im Militär, 1774 Gefr.corp., 1787 Sl im I-R Nr. 24, zuletzt Stabs-Cap., erhielt im Nov. 1793 die Invaliden-Comp. d. I-R Nr. 24, stand noch 1806 als Cap. bei d. Invaliden-Comp. in Züllichau; **Güter**: schloß 1771 mit seinem Bruder e. Rezeß über d. väterlichen Nachlaß, Oberklemzig hatte e. Wert von 22 400, Niederklemzig von 41 089 u. Harte von 17 856 T., zs. 82 065 T. (nach anderer Angabe von 55 073 T., d. Schulden betrugen 45 432 T.), jeder Bruder sollte Schulden von 18 961 T. übernehmen, S. A. saß 1782 auf d. Hälfte oder auf Oberklemzig u. bewirtschaftete seinen Gutsanteil, F. G. verpachtete seinen Anteil 1771 u. verkaufte ihn nach Erlangung d. Volljährigkeit 1779 (bzw. Mai

1782) für 36/m T. und damit unter Wert (40/m T.) an d. Ltnt. Carl Wilhelm Frhr. von Korff, nach Abzug d. Schulden blieben d. Ltnt. nur 6/m T., auf die er gegen d. Zahlung e. jährlichen Pension von 300 T. verzichtete; soll außerdem seit 1771 einige 1/m T. verschwendet haben; seine Tante beantragte im Mai 1782, ihn unter Kuratel zu stellen; **Ehefrau**: Charlotte Friederike Amalie, geb. Schmeling (1780–1829);

Quellen: GStA, I. HA, Rep. 22, Nr. 246, Paket 8 697; II. HA, Abt. 12, Materien, Vas.tab. Nr. 6, Bl. 170 RS-171; Stabi, Ms. boruss. fol. 316, Bl. 320, Bl. 321, Bl. 327, Bl. 328; Ms. geneal. fol. 120, Bl. 257; Gesch. I-R Nr. 19, S. 93 (Vater); Rangliste 1806, S. 23; Tb. Uradel, 1905, S. 709; Jb. Neumark, 11/1936, S. 100; biogr. Handbuch, S. 833 (Vater);

Ltnt. **Friedrich Wilhelm von Rothenburg** (1743–1779) *

aus d. Neumark gebürtig; **Laufbahn**: seit 1753 im Militär, stand 1764 als Sl im I-R Nr. 31, 1774 als Pl, 1779 als Pl gest.;

Quellen: Stabi, Ms. boruss. fol. 314, Bl. 215, Bl. 223, Bl. 235;

Ltnt. **Ladislaus Christian von Rothenburg** (* 1713) *

aus d. Neumark gebürtig; **Laufbahn**: seit 1729 im Militär, stand 1734 im D-R Nr. 6, zuletzt Pl, 1744 abgegangen;

Quellen: Stabi, Ms. boruss. fol. 311, Bl. 89; Orlop, Anlage, S. 129 * (hier als Stanislaus Chr.);

Ltnt. **Hans Otto Hermann von Rothkirch** (* 23. Febr. 1722, † 27. Febr. 1785)

Vater: Christoph Hermann († 1759), Erbherr auf Biegnitz, Alt-Kranz, Wiersebenne, Manngerichts-Assessor im Ftm. Glogau; **Mutter**: Victoria Elisabeth, geb. von Nostitz; **Laufbahn**: avancierte im preuß. Militär bis zum Ltnt.; **Ehefrau**: Modeste Christiane Charlotte, geb. von der Schulenburg (1720–1787), sie war in erster Ehe verheiratet gewesen mit d. kursächs. Cap. Carl Friedrich von Grünberg, nach 1748 verh. mit H. O. H.; **Güter**: suchte am 13. Mrz. 1761 aus Driesen darum nach, sein erheiratetes Gut Klauswalde im Krs. Sternberg an e. Bürgerlichen verkaufen zu dürfen, will sein Vermögen durch d. Verwüstungen der Russen verloren haben, gab die auf Klauswalde erlittenen Schäden mit 15/m T. an, konnte d. Gut aus eigenen Kräften nicht retablieren u. auch die Zinsen nicht zahlen, d. Russen hatten d. Inventar geraubt u. d. Untertanen ausgeplündert, lt. Bericht d. Küstriner Regierung vom 24. Mai 1763 ruhten auf d. Gut Schulden in Höhe von insges. 23 196 T. bzw. 26 136 T., darunter Hypotheken über 19 696 T., Klauswalde galt als ganz *deteriorirt*, allein d. rückständigen Zinsen beliefen sich auf 2 939 T., d. jährlichen Revenuen wurden auf 1 360 T. veranschlagt, zu fünf Prozent machte d. e. Wert von 26 200 T., inkl. von Gebäuden u. Rechten von 28 200 T., Amtsrat Carl Ludwig Jaeckel wollte d. Gut für 28 900 T. kaufen, am 8. Juni 1763 wurde d. Konsens zum Verkauf erteilt; H. O. H. hielt sich 1773 zs. mit seiner Frau in Frankfurt an d. Oder auf, sie baten am 6. Dez. d. J. um e. Indult, sie benötigten für d. Schuldentilgung sowie d. Instandsetzung von Haus u. Garten (in Frankfurt) e. Betrag von 5 401 T., machten in d. Zusammenhang darauf aufmerksam, im Siebenjährigen Krieg auf d. Gut Klauswalde e. Schaden von 9 907 T. erlitten u. dafür keine Vergütung bekommen zu haben,

H. O. H. amtierte zuletzt als Feuer-Bürgermeister in Greifenberg; **Tochter**: Modeste Constance (1765–1804), verheiratet mit d. Hütten-Inspektor Dorn;

Quellen: GStA, I. HA, Rep. 22, Nr. 278 h; Stammbuch Rothkirch, S. 113–114, Tafel XIII; Fam.gesch. Schulenburg, II. T. 1899, S. 567; Jb. Neumark, 11/1936, S. 95 (Klauswalde ging 1763 an Jaeckel);

Major **Carl Otto von Rottberg** (1733–1789)

Vater: Carl († 22. Dez. 1765), Geh. Justizrat, Präsident d. kurmärkischen Pupillenkollegiums in Berlin, 1745 als Erbherr auf Petershain im Krs. Cottbus gen.; **Mutter**: Charlotte Louise, geb. von Thiele; Stief-**Bruder**: Heinrich Albrecht (* 1725), (Kammerdirektor), 1766 bis 1773 Erbherr auf Petershain, s. u. bei C. A. H.; **Bruder**: August Wilhelm (* 30. April 1735, † 1. Febr. 1808), Dez. 1751 Junker, Juli 1756 Fähnrich im I-R Nr. 19, Jan. 1758 Sl, Okt. 1761 Pl im I-R Nr. 19, Okt. 1766 mit d. Charakter Cap. dim., erhielt später d. Charakter Major, 1774 Erbherr auf Radensdorf im Krs. Cottbus, 1784 für 14 050 T. verkauft, 1801 u. 1805 auf Petershain für 21 500 T., verheiratet mit Wilhelmine Josepha, geb. von Gersdorff († 1817), Sohn: Wilhelm Emilius Heinrich (1784–1857), 1801 Cornet im D-R Nr. 11, 1806 Sl, 1819 Rittmstr. im 1. Ulanen-Reg., als Major dim:, Sohn: Friedrich Rudolph August (1789–1857), 1801 bei d. Eltern, 1805 Junker im Fuß-Jäger-Corps; **Laufbahn**: trat 1750 in d. Militärdienst ein, 1755 Cornet, 1764 Rittmstr. im K-R Nr. 10, zuletzt Major, 1784 verabschiedet; **Güter**: seit 1773 Erbherr auf Petershain im Krs. Cottbus, nach seinem Tod ging d. Gut an d. Bruder A. W.;

Quellen: GStA, II. HA, Abt. 12, Materien, Vas.tab., Nr. 8, Bl. 37 RS-38 (Bruder A. W.); BLHA, Rep. 3, Nr. 11 925; Stabi, Ms. boruss. fol. 311, Bl. 326 (hier als von Rothenburg, aus Berlin geb.), Bl. 334 RS; fol. 314, Bl. 243 (A. W., als von Rothenburg); fol. 907 a, Bl. 113 (W. E. H.); Ms. geneal. fol. 120, Bl. 215, Bl. 240; Bratring, 3. Bd., S. 352; Gesch. I-R Nr. 19, S. 117–18; Tb. Briefadel, 1936, S. 557 (f. d. Vater danach d. Daten: 1693–1768, d. Bruder als W. A.); Jb. Neumark, 11/1936, S. 107; Krüger, Cottbus, S. 29–30 (danach kaufte 1766 Aug. Wilh. v. Pannwitz Radensdorf);

Ltnt. **Christian August Heinrich von Rottberg** (* 1769)

Vater: Heinrich Albrecht (* 1725), (vorm. märkischer Kammerdirektor), Erbherr auf Lindchen im Krs. Cottbus, 1772 für 4/m T. erworben; **Mutter**: e. geb. von Klitzing; **Laufbahn**: 1787 Junker im D-R Nr. 3, 1798 Ltnt. u. Adjutant, 1806 Pl u. Gen.-Adjutant, 1816 Rittmstr. im 7. Kurmärk. Landwehr-Kav.-Reg., als Major pens.; **Güter**: 1801 u. 1809 als Erbherr auf Lindchen im Krs. Cottbus gen., 1801 im Wert von 4/m T.;

Quellen: GStA, II. HA, Abt. 12, Materien, Vas.tab. Nr. 6, Bl. 51 RS-52 (hier als v. Rotberg); Ms. boruss. fol. 313, Bl. 11; fol. 907 a, Bl. 90 RS; Ms. geneal. fol. 120, Bl. 240 (hier d. Vater als gew. Direktor bez.); Rangliste 1806, S. 117 (als von Rottberg); Jb. Neumark, 11/1936, S. 106 (als von Rothberg); Krüger, Cottbus, S. 26–27;

Ol **George Ernst von Rüchel** (* 1673)

(**Vater**: Michael Heinrich († vor 1713), Erbherr auf Anteil Semerow im Krs. Schivelbein, 1713 standen von seinen drei Söhnen zwei im Militärdienst); G. E. aus d. Neumark gebürtig; **Bruder**: Heinrich Wilhelm, 1713 u. 1718 Erbherr auf Anteil

Semerow; **Laufbahn**: seit 1689 im Militär, 1703 Ltnt. im I-R Nr. 10, April 1709 Cap., 1720 Cap. u. Chef e. Comp. im I-R Nr. 10, 1728 Ol u. Kommandant von Frankfurt an der Oder; **Güter**: saß 1727, 1728 zs. mit seinem **Bruder** Caspar Joachim auf Anteil Semerow im Krs. Schivelbein, dieser war 1713 *cadet* in Kolberg gewesen; C. J. verkaufte seinen Anteil 1754 für 2/m T. an seinen Vetter, d. Cap. George Adam von Rüchel auf Ziezeneff;

Quellen: GStA, I, HA, Rep. 22, Nr. 278 e; Rep. 96, Nr. 304 C 1; BLHA, Rep. 23 B, Nr. 446 (auch als Jürgen Ernst); Stabi, Ms. boruss. fol. 316, Bl. 222, Bl. 224 (1720: aus d. AM); fol. 319, Bl. 48 RS (1715 aus d. NM); Siebmacher, Bd. 6/5, 1880, S. 77 (allg. zur Fam.);

Cap. **George Heinrich von Rüchel** (* 1704)

Vater: Adam Siegfried (* um 1665), Wachtmstr., 1718 auf Anteil Cussenow im Krs. Schivelbein, 1713, 1718, 1728 Erbherr auf Anteil Karsbaum im Krs. Schivelbein, hatte 1728 vier Söhne von 17 bis 25 Jahren, von denen drei im Militär standen (auch auf Anteil Semerow im Krs. Schivelbein); **Bruder**: Adam Siegfried (* um 1705) *, Major; **Bruder**: Gustav Wilhelm (* um 1708), seit 1726 im Militär, 1730 Gefr.corp. im I-R Nr. 14, vor 1740 versetzt, stand 1746 als Pl, 1757 als Cap. u. Chef e. Comp. im Grenadier-Bat. Nr. 4, im Juni 1757 nach 30 Dj. dim.; **Laufbahn**: seit 1719 im Militär, stand 1732 als Ltnt. im Bat. von Beaufort, dann Grenadier-Cap. im Reg. Jung-Schwerin, vor d. Dimission Cap. u. Chef d. Invaliden-Comp. in Spandau; **Ehefrau**: Ilsabeth Maria, geb. von Rüchel; **Güter**: Erbherr auf Anteil Semerow im Krs. Schivelbein im Wert von 5 300 T., d. Gut wurde im Siebenjährigen Krieg ruiniert, d. Gebäude waren ganz verfallen, d. Cap. konnte es nicht retablieren, außerdem waren auf Semerow rückständige Kaufgelder u. a. Passiva in Höhe von 3/m T. eingetragen; wollte d. Gut daher für 5 300 T. an d. Arrendator Christian Bloedorn zu Breitenfelde verkaufen, beide schlossen darüber im Dez. 1762 e. Vertrag, dieser wurde aber erst nach mehreren Immediatsuppliken im Mrz. 1764 gebilligt;

Quellen: GStA, I. HA, Rep. 22, Nr. 278 e; Rep. 96, Nr. 304 C 1; Stabi, Ms. boruss. fol. 312, Bl. 165, Bl. 166 (je d. Bruder G. W.); fol 314, Bl. 217; Jb. Neumark, 1927, S. 89; Pommern, S. 582 (Biogr. d. Bruders A. S.);

Cornet **Joachim Heinrich von Rüchel** (* 1713)

Vater: (Caspar, 1713 u. 1718 Pfandbesitzer von Anteil Falkenberg im Krs. Schivelbein, erworben für 1 800 fl.), Ltnt., *cedirte* seinem Sohn J. H. d. Anteil Falkenberg; **Laufbahn**. seit 1734 im Militär, stand 1740 als Cornet im K-R Nr. 5, vor 1750 abgegangen; **Güter**: saß 1728 zs. mit d. (verwitweten) Mutter u. Schwestern auf Anteil Falkenberg, sie hatten Kontributionsrückstände von 333 T., konnten diese nicht zahlen, 1734 wurde Anteil Falkenberg auf 570 T. taxiert u. bei d. Licitation im Juli 1736 J. E. von Beneckendorff auf Klemzow zugeschlagen; d. Cornet protestierte gegen d. Verfahren, v. a. gegen d. zu geringen Verkaufspreis, will aus seinem Vermögen in Falkenberg investiert, Bauten errichtet haben, sollte mit Orde vom 22. Sep. 1735 jedoch aus d. Gut *exmittirt* werden;

Quellen: GStA, I. HA, Rep. 22, Nr. 278 e (Vater als Ltnt. bez., trat d. Gut d. Sohn ab); BLHA, Rep. 23 B, Nr. 446; Stabi, Ms. boruss. fol 311, Bl. 137 RS (hier als Heinrich Ehrentreich); Ms. geneal. fol. 120, Bl. 229 RS; Jb. Neumark, 1927, S. 96 (danach hatte Caspar v. R. keine Söhne);

Obrist **Valentin Friedrich von Rüchel** (* 20. Juni 1723, † 23. Sep. 1784) *

Vater: Eustach Heinrich († 1738), Ltnt. im Garn.-Bat. Nettelhorst (Nr. 8), Erbherr auf Anteil Cussenow im Krs. Schivelbein; **Mutter**: e. geb. von Briesen; **Laufbahn**: 1736 *cadet*, seit 1741 als Junker im Regiment, Jan. 1746 Sl im I-R Nr. 27, 1756 als Pl gen., 1764 als Cap., Febr. 1766 Major, Mai 1775 Ol, Sep. 1776 Orden p. l. m., Juni 1779 Obrist, seit 1782 Chef d. Garn.-Bat. Nr. 4 in Aken, hier 1784 gest.; **Güter**: saß 1778 auf Anteil Karsbaum im Krs. Schivelbein, (V. F. bzw. seine Schwester) Ilsabeth Maria, verwitw. George Heinrich von Rüchel, geb. von Rüchel, verkaufte d. Anteil im Aug. 1781 für 2 150 T. an d. Cap. Joh. Christoph von Briesen, s. d.; (**verwandt**: 1727 saß e. vorm. Fähnrich Gustav Heinrich von Rüchel, identisch mit Eustach Heinrich?, vom I-R Nr. 8 auf Anteil Cussenow: GStA, I. HA, Rep. 96, Nr. 304 C 1);

Quellen: Stabi, Ms. boruss. fol. 310, Bl. 48 (aus Pomm.); fol. 316, Bl. 85 (nicht in d. Abgangsliste), Bl. 89, Bl. 93, Bl. 94 (je aus Pomm.); Ms. geneal. fol. 120, Bl. 250 RS; König, 3. T., S. 330–331; Lange, Soldaten, S. 264; Lehmann, S. 126; Jb. Neumark, 1927, S. 89 (1718 in Cussenow e. Adam Siegfr. von R. gen.); Jb. Neumark, 11/1936, S. 88 (V. F. saß danach seit 1772 auf Kreitzig);

Ltnt. **Joachim Friedrich von Rülicke** (* 1692)

Vater: Dietrich, Erbherr auf Anteil Gralow im Krs. Landsberg; **Vetter**: Caspar Diedrich (* 1695), Sohn von Christoph, Erbherr auf Anteil Gralow, seit 1711 im Militär, Okt. 1714 Fähnrich im I-R Nr. 13, vor 1720 abgegangen; **Laufbahn**: seit 1709 im Militär, Jan. 1714 Cornet im K-R Nr. 4, Aug. 1718 Ltnt., vor 1730 abgegangen; **Güter**: sein Anteil an Gralow u. der seines Vetters befanden sich 1715 im Pfandbesitz d. Gl von Wreech, ihr Lehngut Lipke im Krs. Landsberg im Besitz d. Kammerherrn Christian von Brand; (**verwandt**: 1692 standen ein Friedrich Siegmund und ein Joachim von Rühlicke (sic) als Ltnt. im Kav.-Reg. von Schöning: Stabi, Ms. boruss. fol. 319, Bl. 6 RS; 1703 e. Cap. von Rühlicke im Leib-D-R: Bardeleben, S. 412; 1692 ein Wolf Joachim von Rühlicke als Ltnt. im I-R Nr. 12: fol. 319, Bl. 10 RS);

Quellen: BLHA, Rep. 23 B, Nr. 446 (Hinweis auf Gralow u. Lipke); Stabi, Ms. boruss. fol. 316, Bl. 168 (alte Pag.), (Bl. 193); fol. 319, Bl. 31 RS (hier als Rühlicke), Bl. 43 (C. D., hier als Rühlbecken); Siebmacher, Bd. 6/5, 1880, S. 77; Jb. Neumark 1926, S. 61 (hier als Rühlke);

Rittmstr. **Friedrich von Ruskowsky** (1766–1814)

(**Vater**: Christian Gottlieb (1722–1781), aus d. MM gebürtig, seit 1740 im Militär, Juni 1773 Ol im I-R Nr. 11, zuletzt Obrist, verh. mit e. geb. von Bornstedt, hinterließ drei Kinder, bzw. Johann Friedrich (* 1713) *, Juli 1743 Cornet im D-R Nr. 5, Okt. 1746 Sl, Sep. 1756 Pl, Febr. 1760 wegen schwerer Blessuren als Stabs-Cap. dim., später Forstmstr. in

Pommern); F. aus d. Neumark gebürtig; **Bruder**: Ludwig George (* 1773), aus Cammin gebürtig, Juli 1786 *cadet* in Stolp, Mai 1788 *cadet* in Berlin, bat im Nov. 1786 als *cadet* um e. Zulage zur Pension seiner Mutter; **Laufbahn**: seit 1784 im Militär, stand 1787 als Cornet, 1806 als Rittmstr. im D-R Nr. 10, 1814 als pens. Offz. gest.;

Quellen: GStA, I. HA, Rep. 96, Nr. 260 R; Stabi, Ms. boruss. fol. 311, Bl. 360; fol. 312, Bl. 161 (Ol C. G.); fol. 907 a, Bl. 95; Albedyll, Anhang, S. 60 * (Vater J. F.?); Stolper Kadetten, S. 21;

poln. Ltnt. **Carl Friedrich von Sack** (* 1688)

Vater: Sigismund Friedrich († vor 1715), Erbherr auf Anteil Radewitsch im Krs. Züllichau, hinterließ vier Söhne u. eine Tochter; **Mutter**: Dorothea Helene, geb. von Gersdorff, sie saß 1715 als Witwe auf Anteil Radewitsch, ihr Ehegeld betrug 800 T., ihre gesamten Forderungen 1720 2/m T.; **Bruder**: Wolf Caspar (* 1679), 1715, 1728 als Erbherr auf Anteil (Lang-) Heinersdorf gen., 1718 auch auf Anteil Buckow, amtierte 1728 als Landrat u. Direktor d. Züllichauer Krs., Sohn: Heinrich Adolph (* 1711), weilte 1728 auf d. Schule in Sorau, 1745 Landrat d. Krs. Züllichau, Erbherr auf Heinersdorf; **Brüder**, 1715 gen.: Friedrich Wilhelm (* 1676), ksl. Kassendirektor d. Krs. Schwiebus, 1728 auf Muschten im Krs. Schwiebus, Wolf Ernst, vormaliger Cornet in schwed. Diensten, Caspar Heinrich u. George Wilhelm (* 1696) in Muschten im Krs. Schwiebus, letzterer hielt sich 1728 im poln. Bentschen auf, hatte vor 1726 zs. mit d. vorm. Ltnt. von Hake in Züllichau e. Exzess begangen, wurde deshalb mit e. fiskalischen Strafe von 100 T. belegt, seine Erbportion auf Heinersdorf mit Arrest belegt; **Schwester**: Eva Juliane, ihr standen lt. väterlichem Testament 1 500 T. zu, sie verlangte 1720 von C. F. jedoch noch 1 250 T. mütterl. Erbe, soll damals mit e. Bauernknecht namens Loppen verheiratet gewesen sein; **Laufbahn**: avancierte in poln. Diensten bis zum Ltnt.; **Güter**: 1715 u. 1718 als Lehnsfolger für ½ (Lang-) Heinersdorf gen., 1718 auch auf Anteil Radewitsch im Krs. Züllichau, 1720 von ihm auf e. Wert von 12/m T. beziffert, 1728 auf Rietschütz im Krs. Schwiebus;

Quellen: GStA, I. HA, Rep. 22, Nr. 322, Paket 8 766; Stabi, Ms. geneal. fol. 120, Bl. 217 RS-218; Jb. Neumark, 1928, S. 73 (danach hatte W. C. 1715 fünf Brüder), S. 77 (danach hatte d. Mutter 1715 (nur) einen Sohn); nicht in Tb. Uradel 1922;

Cap. **Carl Friedrich Gustav von Sack** (* 1725) *

aus d. Neumark gebürtig; **Laufbahn**: seit 1745 im Militär, stand 1764 als Stabs-Cap. im I-R Nr. 39, (im Nov. 1782 als Major dim.);

Quellen: Stabi, Ms. boruss. fol. 316, Bl. 301 (in d. Abgangsliste als Friedrich Gotth.), Bl. 306;

Ltnt. **Christoph Friedrich von Sack** (* 1748)

Vater: Hans Christoph (1711–1773), saß 1751 zs. mit seinem Bruder George Friedrich (* 1723) auf Vietnitz, ½ (Alt) Reetz, 1/3 bzw. ¼ Blessin im Krs. Königsberg im Wert von 40/m T.; **Laufbahn**: seit 1764 im Militärdienst, 1774 Ltnt. im D-R Nr. 3, im Aug. 1779 auf Wunsch dim.; **Güter**: erwarb bei e. Subhastation 1781 das auf 17 973 T. gewürdigte Gut Dolgen im Krs. Friedeberg, das zuvor d. Fam.

von Bornstedt gehört hatte, für 12/m T., noch 1801, 1803 (u. 1809) auf Dolgen gen.;
Quellen: GStA, II. HA, Abt. 12, Materien, Vas.tab. Nr. 6, Bl. 85 RS-86; BLHA, Rep. 78 I, Nr. 170, Bl. 50; Stabi, Ms. boruss. fol. 313, Bl. 13; Ms. geneal. fol. 120, Bl. 247 RS; Gesch. D-R Nr. 3, S. 414; Bratring, 3. Bd., S. 181; Jb. Neumark, 11/1936, S. 69;

Ltnt. **Heinrich Ludwig Leopold von Sack** (* 29. Sep. 1776)

Vater: George Friedrich (* 1723), nahm keine Dienste, Erbherr auf Vietnitz, ½ (Alt) Reetz u. ¼ Blessin im Krs. Königsberg, im Jan. 1773 wurde sein Gesuch um e. Indult abgewiesen, seine Güter hatten e. Wert von 76 851 T., dazu Aktiva über 17 700 T., d. Schulden wurden mit 64 627 T. angegeben, hatte 1778 vier Söhne im Alter von 2,5 bis 13,5 Jahren, verkaufte d. Güter um 1782 für 88 300 T. an d. Geh. Leg.rat Adolph Friedrich von Buch zu Stolpe in d. Uckermark; **Mutter**: Dorothea Elisabeth (* 1744), e. To. d. Gl Hans Friedrich von Katte (1698–1765) *, sie will ihr unbeträchtliches Vermögen nach d. Tod d. Mannes für d. Erziehung d. Kinder u. d. eigenen Unterhalt ausgegeben haben, wurde im Febr. 1799 auf d. Expectantenliste für e. Pension aufgenommen u. bekam seit Aug. 1802 65, seit Dez. 1801 insges. 100 T. Pension; **Vater-Bruder**: Hans Christoph (1711–1773); **Mutter-Bruder**: Johann Friedrich Heinrich von Katte (1740–1813) * Gl; **Großvater**: Hans George († 1744), Major, Erbherr auf Vietnitz, s. u. bei GM Siegmund; **Bruder**: Hans Carl Friedrich (1765–1822), seit 1779 im Militär, Mrz. 1782 Fähnrich im I-R Nr. 39, im Jahr 1800 als Ltnt., 1806 als Cap. im I-R Nr. 39 gen., 1820 Major bei d. Gendarmerie; **Bruder**: George August Ferdinand (* 1772), Mrz. 1791 Fähnrich im I-R Nr. 35, Nov., Dez. 1800 als Sl auf Wunsch dim., 1801 Krs.dep. im Krs. Soldin, auf Sophienhof bei Lippehne; **Bruder**: Wilhelm Gustav (1773–1844) *, Sep. 1785 *cadet* in Berlin, Sep. 1793 Fähnrich im I-R Nr. 42, Juni 1796 Sl, Aug. 1806 Pl, Juli 1807 Stabs-Cap., Febr. 1809 ins 1. Schles. I-R, Febr. 1810 Cap., Mrz. 1813 Major im 11. I-R, Okt. 1815 Ol u. Kommandeur d. 22. I-R, Sep. 1818 Obrist, Mrz. 1828 GM, Aug. 1837 Abschied als Gl; **Schwester**: verheiratet mit d. Ltnt. von Arenstorff vom D-R Nr. 7; **Laufbahn**: seit 1792 im Militär, stand im Jahr 1800 als Ltnt. im I-R Nr. 34, erhielt auf Antrag seiner Mutter am 3. Febr. 1800 d. *venia aetatis*, sein Vermögen betrug 2 875 T. in Gold u. 983 T. in Silber, angelegt in Pfandbriefen; vor 1806 abgegangen; **Güter**: 1801 u. 1803 wurden d. Brüder H. C. F., G. A. F., W. G. u. H. L. L. von Sack aus d. Hs. Vietnitz als unangesessene Vasallen im Krs. Königsberg aufgeführt;
Quellen: GStA, I. HA, Rep. 22, Nr. 322, Paket 8 767; II. HA, Abt. 12, Materien, Vas.tab. Nr. 6, Bl. 104 RS-105, Bl. 123 RS-124; Abt. 13 a, Tit. IV, Litt S, Nr. 4 (Mutter); Stabi, Ms. boruss. fol. 311, Bl. 367 (G. A. F. im I-R 35); fol. 312, Bl. 10 (Bruder W. G. hier als August); fol. 907 a, Bl. 36 RS (H. C. F.), Bl. 41 (W. G.); Ms. geneal. fol. 120, Bl. 249 RS; Taeglichsbeck, S. 272 (G. A. F., als F. A. von Sacken); Jb. Neumark, 11/1936, S. 77; Priesdorff, Nr. 356 (H. F. v. Katte), Nr. 838 (J. F. H. v. Katte); Nr. 1 424 (W. G. als Christoph August Gustav Wilhelm);

Major **Johann Albrecht Leopold von Sack** (1731–1788)

aus Selchow im Krs. Sternberg gebürtig; **Laufbahn**: seit 1749 im Militär, Sep. 1756 Fähnrich im Garn.-Reg. Nr. 11,

Nov. 1758 Sl, Mai 1769 Pl, als solcher noch 1775 gen., vor 1787 versetzt, zuletzt Major u. Kommandeur d. Depot-Bat. d. I-R Nr. 55 im westpreuß. Seeburg, hier 1788 gest.; **Ehefrau**: Margarethe Marianne Sabine, geb. von Lossow (* 1733), sie stammte aus Niedewitz im Krs. Schwiebus, hielt sich 1791 in Züllichau auf, ihr Mann hatte ihr kein Vermögen hinterlassen, sie ernährte sich von Handarbeit; **Schwager**: Caspar Heinrich von Lossow, Cap., Erbherr auf d. verschuldeten Gut Rissen im Krs. Schwiebus, konnte seine Schwester nicht unterstützen; **Schwager**: Ltnt. von Lossow (im I-R Nr. 37), wurde bei Leuthen blessiert, an d. Blessuren gest.;

Quellen: GStA, II. HA, Abt. 13 a, Tit. IV, Litt Z, Nr. 1 (lt. d. Witwe stammte d. Major aus Selchow); IV. HA, Rep. 1, Nr. 80, Bl. 211 (hier nur e. Carl Hr. von Lossow im I-R Nr. 28); Stabi, Ms. boruss. fol. 314, Bl. 170, Bl. 171, Bl. 172 (je aus Preußen); nicht im Tb. Uradel 1922;

GM **Siegmund von Sack** (* 1662, † 17. Aug. 1740) *

Vater: Hans Christoph, Erbherr auf Vietnitz u. Butterfelde im Krs. Königsberg; **Mutter**: Ursula Tugendreich, geb. von Winterfeld (1640–1705); **Bruder**: Carl Aemilius (* 1680), im Febr. 1711 als Stabs-Cap. im I-R Nr. 1 nach 18 Dj. dim., erhielt d. Charakter Major, 1713, 1738, 1745 Erbherr auf Blankenfelde, 2/3 Klemzow, 2/3 Blessin im Krs. Königsberg, 1751 im Wert von 86 619 T., hatte 1739 keine Leibeserben; **Bruder**: Hans George († Jan. 1744), Major, Erbherr auf Vietnitz, Anteil Blessin u. Anteil bzw. halb (Alt) Reetz im Krs. Königsberg, hinterließ zwei Töchter u. d. beiden Söhne Hans Christoph († 1773) u. George Friedrich, dieser saß 1768, 1774 auf Vietnitz, Anteil Blessin u. Anteil (Alt) Reetz, siehe bei dessen Sohn Heinrich Ludwig Leopold (* 1776), Ltnt.; **Laufbahn**: 1688 brandenburg. Ltnt., Febr. 1692 Cap. im I-R Nr. 4, Nov. 1704 Major, Jan. 1707 Ol, Jan. 1711 Obrist, Dez. 1715 Kommandeur d. I-R Nr. 4, Mai 1718 Chef d. Garn.-Bat. Nr. 3, Jan. 1722 Kommandant von Kolberg, Aug. 1723 GM; **Ehefrau**: Ilse Lucretia, geb. von Winterfeld; **Güter**: 1713, 1718, 1728 Erbherr auf Butterfelde, Woltersdorf u. ½ (Alt) Reetz im Wert von 51 595 T., verkaufte diese im Juni 1738 an König Friedrich Wilhelm I. für 46 550 T.; **Sohn**: Hans George (1698–1735), Sep. 1715 Fähnrich, Dez. 1718 Pl im I-R Nr. 13, als solcher noch 1730 gen., 1732 als Cap. ins I-R Nr. 26 versetzt, 1735 hier als Cap. gest., Erbherr auf Woltersdorf; **Töchter**: e. verh. mit d. Major von Aschersleben vom D-R Nr. 2, eine verh. mit d. Major Otto Christoph von Saldern (* 1687), dieser stand 1730 als Cap. im Garn.-Bat. Nr. 3;

Quellen: GStA, I. HA, Rep. 22, Nr. 322, Pakete 8 766, 8 767; BLHA, Rep. 23 B, Nr. 446 (H. G. 1713 ohne Rang); Stabi, Ms. boruss. fol. 311, Bl. 21, Bl. 33 (Sohn als Hans Jürgen), Bl. 36 (als Joh. George); fol. 313, Bl. 295 RS (Bruder C.Ae.); fol. 314, Bl. 103 RS (Abgangsliste I-R Nr. 26); fol. 316, Bl. 174, Bl. 178; fol. 319, Bl. 39 RS, Bl. 43 (Sohn); Ms. geneal. fol. 120, Bl. 226 (Bruder C. E.); König, 3. T., S. 338–339; Jb. Neumark, 1927, S. 31 (d. Bruder C.Ae. hier als Major von d. Garde), S. 32, S. 33, S. 37–38; Schulze, Statistik, S. 85; Priesdorff, Nr. 223; nicht im Tb. Uradel 1922;

GM **Carl Wilhelm von Sanitz** (* 11. Jan. 1747, † 4. Aug. 1821) *

Vater: Ernst Ludwig (1711–1757), aus Falkenstein bei Friedeberg, seit 1730 im

Militär, Mai 1735 Pl im I-R Nr. 7, protestierte 1735 gegen d. beabsichtigte Heirat seines *übel conduisirten* Bruders in Berlinchen, vor 1745 als Cap. abgegangen, trat 1756 erneut in d. Dienst, Cap. bei Manstein (I-R Nr. 53), 1757 beim Ausmarsch aus Böhmen gefallen, 1751 auf ½ Raakow im Krs. Arnswalde, von seinem Schwiegervater übernommen, u. auf Anteil Braunsfelde im Krs. Friedeberg im Wert von 45/m T., dieser war 1758 für 1500 T. verpachtet, im Verlaufe d. Siebenjährigen Krieges wurde d. Gut ruiniert, d. Russen raubten d. Pächter d. gesamte Vieh u. d. Inventar, 1767 wurde sein Wert mit 20 743 T. angegegeben, darauf Schulden von 27 800 T., Braunsfelde befand sich 1768 im Konkurs, 1770 wurde d. Subhastation ausgesetzt; **Mutter**: Luise Gottliebe, geb. von Staudach, sie suchte am 2. Dez. 1768 immediat darum nach, d. Gut bei d. Fam. zu erhalten, sie wies darauf hin, daß ihr Mann im Krieg gefallen war, ihr einziger Sohn als Ltnt. bei Tauentzien stand u. sie noch vier Töchter zu unterhalten hatte, ihr wurde zur Geduld geraten, 1769 wollte d. König der Neumark ein Gnadengeschenk machen; **Großvater**: Carl Heinrich, 1715 Erbherr auf Anteil Falkenstein, seit 1710 auf Pfandschilling für 15 Jahre auf Braunsfelde im Wert von 7 600 T., dieses hatte zunächst seinem Stief-Bruder Thomas Ehrentreich, e. poln. Ltnt. gehört, d. wegen Exzessen 1707 zu fünfjährigem Arrest verurteilt u. unter Kuratel gestellt worden war, C. H. hatte 1715 sechs Söhne; **Vater-Bruder**: Wolf Wilhelm (* 1697), 1723 Junker, 1729 Ltnt. im D-R Nr. 3, vor 1739 abgegangen, 1728 als Erbherr auf Falkenstein gen., Sohn: Wolf Wilhelm, 1745 Cornet im D-R Nr. 3, Erbherr auf Falkenstein; **Vater-Bruder**: Carl Friedrich (* 1707), 1728 Uffz. im I-R Nr. 14; **Vater-Bruder**: Thomas Wilhelm (* 1708, † Okt. 1750), seit 1724 im Militär, seit 1733 im D-R Nr. 6, 1738 als Ltnt., 1745 u. 1749 als Stabs-Rittmstr. im D-R Nr. 6 gen., 1750 als solcher gest.; **Laufbahn**: trat 1759 in d. Militärdienst ein, Mai 1763 Fähnrich im I-R Nr. 31, Juli 1765 Sl, Nov. 1770 Pl, Sep. 1780 Cap. u. Chef e. Comp., Juni 1785 Major im I-R Nr. 32, Juni 1792 Ol, Mrz. 1793 Orden p. l. m., Jan. 1794 Obrist, Febr. 1799 Kommandeur d. I-R Nr. 32, Okt. 1799 Chef d. I-R Nr. 50, Mai 1800 GM, Aug. 1815 Abschied als Gl; mußte e. Aussage seiner Schwester von 1787 zufolge, d. **Gut** Braunsfelde 1757 mit 23/m T. Schulden annehmen, zuvor hatten d. Gebr. von Sanitz d. väterl. Gut Falkenstein 1745 für 14 700 T. an d. Landrat Christian von der Marwitz verkauft, 1768 wurde Braunsfelde nur noch auf 34 999 T. geschätzt, d. Pacht betrug 1 200 T., Braunsfelde stand seit Dez. 1768 *sub hasta*, im Nov. 1769 bekam d. Ltnt. f. d. Gut 10 020 T. kgl. Gnadengelder, mit deren Hilfe er Schulden abtragen konnte, d. Forderungen Fremder betrugen 1772 17 125, d. gesamten Passiva 27 976 T., d. Forderungen d. Mutter beliefen sich auf rund 13/m T., Mitte 1774 hieß es, d. Gut sei für d. Fam. nicht zu konservieren, es sollte daher für 24/m T. an Wilh. Ludwig von Sydow auf Stolzenfelde gehen, d. Verkauf kam jedoch nicht zustande, 1774 wurde d. Brutto-Ertrag mit 1 694, d. Netto-Ertrag mit 1 594 T. angegeben, im Aug. 1775 d. Ltnt. e. *Indultum moratorium* auf vier Jahre gewährt, C. W. bekam 1782 weitere Meliorationsgelder in Höhe von 6/m T., bat im Febr. 1788 mit Verweis auf d. Pfandbriefe in Höhe von 17/m T. u. d. Forderungen seiner Geschwister von 7/m T. um e. kgl. Darlehen; Braunsfelde wurde 1792 von d. Ol von Sanitz für 46/m T. an d. Major F. W. von Braunschweig verkauft, s. d., 1801 u. 1809 befand sich d. Gut in d. Hand d. Landrates von Pape, s. d.; C. W. konnte seine vermögenslose **Schwester** Hedwig Louise Wilhelmine (* 1746) nicht unterstützen, sie lebte von der Mildtätigkeit ihres **Schwagers** C. J. von Horcker auf Glasow im Krs. Soldin, s. d.; **Ehefrau**: Wilhelmine Sophie Elisabeth, geb. von Grolman (1762–1842); **Sohn**: Ludwig Friedrich Bogislav (1783–1836) *, seit Juli 1796 im Reg., Dez. 1797 Fähnrich im I-R Nr. 32, Mai 1801 Sl, Aug. 1807, Aug. 1808 Stabs-Cap. im I-R Nr. 8, April 1812 Cap., Juni 1813 Major, Okt. 1814 ins 1. Schles. I-R, Okt. 1815 Ol, April 1817 Kommandeur d. 16. I-R, Mrz. 1823 Obrist, Mrz. 1831 als GM dim.;

Quellen: GStA, I, HA, Rep. 22, Nr. 323, Paket 8 768; Rep. 96, Nr. 260 S; II. HA, Abt. 13 a, Tit. III, Generalia, Nr. 2, Bd. 11, fol. 22 RS-23; Tit. IV, Generalia, Nr. 5 (Schwester mit Hinweisen auf Vater u. Bruder); Stabi, Ms. boruss. fol. 311, Bl. 63, Bl. 83 RS, Bl. 89, Bl. 93 (jeweils T. W.); fol. 312, Bl. 145; fol. 313, Bl. 16; fol. 314, Bl. 215 RS, Bl. 223, Bl. 239, Bl. 263 RS (Vater); Ms. geneal. fol. 120, Bl. 212 RS-213, Bl. 248; Gesch. D-R Nr. 3, S. 56, S. 60 (Wilhelm); Orlop, Anlage, S. 129 * (Bruder Th. W.); Jb. Neumark, 1926, S. 79–80; Moegelin, S. 62, S. 266; Jb. Neumark, 11/1936, S. 69; Priesdorff, Nr. 993, Nr. 1 459 (Sohn);

Ltnt. **Christoph Albrecht von Saucken**
(* 1757)

(aus d. Neumark gebürtig); **Laufbahn**: seit 1773 im Militär, 1775 ins Regiment, stand 1785 als Sl im D-R Nr. 6, im Febr. 1786 nach zwölf Dj. dim.;

Quellen: Stabi, Ms. boruss. fol. 311, Bl. 44 (als Ernst Christian v. Sauken), Bl. 87 (als C. A. v. Saucken); Orlop, Anlage, S. 129 * (als Ernst Christian Albert);

Ltnt. **Hans Friedrich von Schack**
(* 29. Mrz. 1729, † 9. Mai 1800) *

Vater: Hans Christian (1680–1741), holländischer Rittmstr., Erbherr auf Anteil Prüllwitz im Krs. Pyritz, wurde 1738 Erbe seines Onkels, d. Majors Wilhelm Christoph von Beneckendorff, s. d.; **Mutter**: Henriette Charlotte, geb. von Waldow; **Bruder**: Friedrich Christoph (1725–1773) *, April 1747 Fähnrich im I-R Nr. 26, Jan. 1758 mit d. Charakter Cap. dim., Dez. 1758 Cap. im Berliner Kadettenhaus, Nov. 1768 Major, saß 1751 zs. mit d. Bruder auf Niepölzig im Krs. Arnswalde; **Laufbahn**: seit 1743 im Militär, 1745 Gefr.corp. im I-R Nr. 21, Juni 1751 Fähnrich, Dez. 1751 Abschied (erhielt später d. Charakter Cap.); **Güter**: erbte von seinem Vater e. Anteil an Prüllwitz, saß 1774 auf Niepölzig im Krs. Arnswalde, erhielt 1772 dafür 1/m T. Meliorationsgelder, 1786 für 35/m T. verkauft, machte sich im pomm. Groß Latzkow ansässig, hatte 1798 seinen Wohnsitz im pomm. Kölpin; **Ehefrau**: Tessina Henriette, geb. von Dietherdt († 1798), aus d. Ehe d. **Tochter** Luisa Charlotte Vincentia (* 1755), seit 1774 verheiratet mit d. späteren Cap. Carl Christoph von Waldow vom D-R Nr. 4, Erbherr auf Groß Latzkow;

Quellen: BLHA, Rep. 78 I, Nr. 170, Bl. 27; Stabi, Ms. boruss. fol. 311, Bl. 210 RS; Ms. geneal. fol. 120, Bl. 236 RS, Bl. 238; Fam.gesch., Prillwitzer Linie, S. 82–84; Moegelin, S. 260; Jb. Neumark, 11/1936, S. 61; Pommern, S. 587–588 (Biogr. d. Bruders F. C.);

Ltnt. **Carl Friedrich Ludwig von Schaetzel** (* Aug. 1775) *

Vater: Christoph Friedrich (1740–1784), 1757 Gefr.corp. im I-R Nr. 35, Febr. 1758 Fähnrich, Juli 1762 als Sl d. Orden p. l. m., 1764 als Sl dim., Mai 1765 ins Garn.-Reg. Nr. 7 (1775 als Major im Garn.-Reg. Nr. 10 gen.), nach d. *Verlust d. Gesichtes* 1782 nach 38 Dj. als Ol ohne Pension dim., bat im Dez. 1782 um d. Anwartschaft auf d. Postamt in Pyritz; **Mutter**: e. geb. von Lichnowsky, C. F. hinterließ dieser außer e. Haus in Pyritz kein Vermögen, aus beider Ehe eine Tochter u. zwei Söhne, die 1782 zu d. *cadets* sollten, d. ältere Sohn war 1775 in Neiße geboren; **Vater-Bruder**: Samuel Friedrich (* 1733, † vor 1804) *, Cap., seit 1785 Erbherr auf Mellentin im Krs. Soldin für 64 500 T., hier noch 1803 u. 1809 gen., auch auf Naulin im Krs. Soldin im Wert von 42/m T.; **Laufbahn**: seit 1791 im I-R Nr. 24, 1798 als Sl krankheitshalber u. wegen d. Erhalts e. größeren Erbschaft dim., ging anschließend zu seinem Onkel S. F. in d. Neumark, amtierte von 1801 bis 1806 Landrat im Krs. Soldin; **Ehefrau**: Henriette, e. Tochter d. Landesdirektors von Massow;

Quellen: GStA, II. HA, Abt. 12, Materien, Vas.tab. Nr. 6, Bl. 118 RS-119 (Onkel), Bl. 122 RS-123; Taeglichsbeck, S. 266–267 (Vater u. Onkel); Jb. Neumark, 11/1936, S. 92 (Onkel); biogr. Handbuch, S. 848–849; Pommern, S. 590 (Biogramm d. Onkels S. F.);

Cap. **Balzer Siegmund von Schaplow** (* um 1675)

(**Vater**: Wulf Friedrich, Erbherr auf Wulkow, Platikow, Gusow im Krs. Lebus); **Laufbahn**: 1692 als Ltnt. im 2. Bat. kurmärk. Garde gen., Jan. 1694 (Stabs-) Cap. in d. Garde zu Fuß, stand 1694 mit d. 1. Bat. Garde am Rhein, 1699 Cap., als solcher noch 1703 gen., vor 1705 abgegangen; (**verwandt**: 1728 saß Jobst Ehrentreich von Schaplow auf Leitersdorf im Krs. Crossen, mit ihm soll d. Fam. ausgestorben sein);

Quellen: Stabi, Ms. boruss. fol. 313, Bl. 288 RS, Bl. 291 (danach seit 1699 Cap.); fol. 319, Bl. 8 RS, Bl. 9 RS; Ms. geneal. fol. 120, Bl. 219 RS; Zedlitz, 4. Bd., S. 159–160 (hier als Schapelow); Siebmacher, Bd. 6/5, 1880, S. 79–80; Bardeleben, S. 413 (hier keine Herkunft gen.);

Cap. **Christoph Leonhard Scharowetz von Scharowa** (* 1694)

Vater: Christoph Wellen (* 1662), diente bei d. Albrecht-Dragonern, erwarb 1693 von Daniel von Selchow e. Anteil am Gut Biberteich, saß 1715 u. 1728 auf 1/3 Biberteich u. Anteil Schönwalde im Krs. Sternberg, hatte 1728 drei Söhne, mußte Biberteich um 1730 für 16/m T. an d. Fam. von Selchow abtreten, die es reluiert hatte; **Vater-Brüder**: Carl Bernhard, Ol, Kommandant d. Festung Altena, Johann Heinrich, stand 1715 als Major in holländischen Diensten; **Bruder**: Gustav Wilhelm, 1715 gen.; **Bruder**: Franz Heinrich (* um 1702), seit 1717 im Militär, stand 1720 als Gefr.corp. im I-R Nr. 20, zuletzt Uffz., hielt sich 1728 in Polen auf; **Bruder**: Carl Ferdinand, 1715 gen.; **Laufbahn**: seit 1711 im Militärdienst, Aug. 1714 Sl im I-R Nr. 20, Febr. 1716 Pl, vor 1728 als Cap. abgegangen, hielt sich 1728 bei seinem Vater auf; (**verwandt**: Leopold Carl von Scharowetz († 1764), im Okt. 1736 vom I-R Nr. 3 als Cap. ins Bat. Wachholtz versetzt, Okt. 1741 ins Garn-

Reg. Langen, von hier dim., 1757 ins altmärk. Land-Reg. von Borcke: Gesch. I-R Nr. 3, S. 181; Christoph Otto von Scharowetz (1734–1779), aus Crossen, seit 1753 im Militär, 1756 Gefr.corp., 1757 Fähnrich im I-R Nr. 1, zuletzt hier Cap., am 26. Mrz. 1779 gest.: fol. 313, Bl. 178 RS, Bl. 302 RS);
Quellen: GStA, I. HA, Rep. 22, Nr. 315, Paket 8 762; BLHA, Rep. 23 B, Nr. 446; Stabi, Ms. boruss. fol. 311, Bl. 116 RS; fol. 319, Bl. 42 RS; Ms. geneal. fol. 120, Bl. 219 RS; Jb. Neumark, 1928, S. 23 (danach hat d. Vater als Cap. im I-R 3 gestanden);

Ltnt. **Friedrich Wilhelm Scharowetz von Scharowa** (* 1701) *

aus Zielenzig gebürtig; **Laufbahn**: seit 1723 im Militär, stand 1723 u. 1730 als Serg. im I-R Nr. 28, 1749 als Ltnt. dim.;
Quellen: Stabi, Ms. boruss. fol. 314, Bl. 65 RS, Bl. 74, Bl. 79;

Major **Hans Christoph von Scheel** (* 9. April 1671, † 22. Dez. 1734)

Vater: Hans Jacob († 1685), Ltnt. in brandenburg. Diensten, Erbherr auf Neklade auf Rügen; H. C. aus d. Neumark gebürtig; **Mutter**: Anna Margarethe, geb. von Hagen aus Naulin; **Bruder**: Ernst Ludwig († 1745), schwed. Obrist d. Kavallerie; **Laufbahn**: seit 1687 im Militär, Dez. 1699 Fähnrich im I-R Nr. 1, Dez. 1700 Ltnt., Mai 1705 Cap. im I-R Nr. 1 bzw. bei d. Füsilier-Garde, Sep. 1714 Major im I-R Nr. 4, nach 1715 abgegangen; **Güter**: 1718 als Erbherr auf Anteil Pitzerwitz u. Vorwerk Klein Lindenbusch im Krs. Soldin gen.; **Ehefrau**: Eva Catharine, verwitw. Ltnt. Joachim Christoph von Dossow († 1702), geb. von Platen (1683–1752); Stief-**Sohn**: Richard Christoph von Dossow (* 1701), seit 1718 im Militär, stand 1726 als Ltnt. im I-R Nr. 27, 1735 als Cap. u. Chef e. Comp. ins I-R Nr. 31 versetzt, vor 1740 abgegangen; **Sohn**: Hans Sigismund Bernhard, nur 1715 gen.; **Sohn**: Hans Joachim (* 1704, † 9. Febr. 1769), seit 1725 im Militär, Juni 1731 Ltnt. im K-R Nr. 6, Dez. 1741 Rittmstr. u. Chef e. Escadron, noch 1750 als solcher im K-R Nr. 6 gen., Okt. 1756 Major, Jan. 1759 Orden p. l. m., zuletzt Ol, 1764 als Obrist dim., erwarb 1744 Anteil Pitzerwitz u. Vorwerk Klein Lindenbusch im Krs. Soldin für 10/m T. vom Obristen A. C. von Platen, s. d.; erhob im Okt. 1754 zs. mit seiner Schwester Anna Philippine Justine als Erben ihrer verst. Mutter Anspruch auf einen Teil d. Erträge d. Gutes Breitenstein im Krs. Friedeberg, das vormals dem Landesdirektor, dann d. Obristen von Platen gehört hatte, sie bezifferten die seit 1709 eingekommenen Revenuen auf 38 525 T., im Ergebnis ihrer Klage wurde Breitenstein 1755 d. Schwester zugesprochen;
Quellen: GStA, I. HA, Rep. 22, Nr. 227 b; BLHA, Rep. 23 B, Nr. 446; Stabi, Ms. boruss. fol. 313, Bl. 28, Bl. 291–291 RS, Bl. 292; fol. 315, Bl. 4 RS, Bl. 5, Bl. 6 (1734, 1740, 1750, 1756: Sohn, jeweils aus Pomm.?); fol 316, Bl. 82 RS, Bl. 91 (je d. Stiefsohn); fol. 319, Bl. 39 RS; Ms. geneal. fol. 120, Bl. 217; Monteton, S. 80 (Sohn H. J.); Bardeleben, S. 414, S. 420; Lehmann, S. 77 (Sohn H. J.); Jb. Neumark, 1927, S. 75 (d. Sohn 1718 als Hans Sigismund); Tb. Briefadel, 1930, S. 722 (hier als von Scheele); Jb. Neumark, 11/1936, S. 69, S. 91–92; Pommern, S. 590 (lückenhaftes Biogr. d. Sohnes H. J.);

Reg.präs. **Johann Friedrich (seit Febr. 1794: von) Scheibler** (1750–1810) *

Vater: Johann Friedrich (1718–1784), Prof. am Groeningianum in Stargard;

Mutter: Johanne Charlotte Louise, geb. Sadewasser; **Bruder**: Johann Daniel (1745–1812), Geh. Obertribunalsrat in Berlin; **Laufbahn**: Febr. 1777 Reg.rat in Marienwerder, Nov. 1799 Präs. d. neumärkischen Regierung; **Ehefrau**: Johanna Louise Friederike, geb. Zimmermann (* 1757); **Sohn**: Wilhelm Leopold (1791–1825), Ltnt.; **Güter**: saß 1800 auf Blankenhagen, Piepstock u. drei Anteilen Storkow im Krs. Dramburg im Wert von 180/m T., 1809 wurde sein Schwiegervater auf d. Gütern gen.;

Quellen: GStA, II. HA, Abt. 12, Materien, Vas.tab. Nr. 6, Bl. 67 RS-68; Bratring, 3. Bd., S. 230; Jb. Neumark, 11/1936, S. 64; biogr. Handbuch, S. 856–857;

Major **Friedrich (Conrad) von Scheidt** (1746–1797)

(**Vater**: seit 1747 Oberforstmstr. in d. NM, 1750 gest.) *; F. C. aus d. Neumark gebürtig; **Laufbahn**: seit 1764 im Regiment, 1766 als Cornet im H-R Nr. 2 gen., Mrz. 1782 Pl im H-R Nr. 2, als solcher noch 1786 aufgeführt, (erhielt als Rittmstr. im H-R Nr. 2 am 6. Sep. 1790 e. Adelsdiplom), hat sich 1797 als Major *selbst erschossen*; **Ehefrau**: Caroline Amalie Gottfriede, geb. Bayer, sie war 1801 als Witwe Miterbin von Stennewitz im Krs. Landsberg im Wert von 60/m T., hatte ihren Wohnsitz in Berlin; (**verwandt**: Gottlieb Heinrich von Scheidt (* 1745), aus d. Altmark gebürtig, seit 1761 im Militär, 1785 Cap. im I-R Nr. 49, Sep. 1790 nobilitiert; Johann August Heinrich von Scheidt (* 1748), aus Magdeburg gebürtig, seit 1761 im Militär, 1787 Cap. im I-R Nr. 49, Sep. 1790 nobilitiert: I. HA, Rep. 176, Nr. 8 483; Stabi, Ms. boruss. fol. 314, Bl. 161 (in d. Rangliste f. 1787 beide mit Adelsprädikat);

Quellen: GStA, I. HA, Rep. 176, Nr. 8 483; II. HA, Abt. 12, Materien, Vas.tab. Nr. 6, Bl. 113 RS-114; Stabi, Ms. boruss. fol. 315, Bl. 75, Bl. 76; Ardenne, H-R Nr. 2, Anlage, S. 418; Jb. Neumark, 11/1936, S. 86; biogr. Handbuch, S. 857 (Vater?);

Ltnt. **Alexander Christian von Schenckendorff** (* 8. Febr. 1705, † 11. Nov. 1768)

Vater: Christoph Albrecht (1670–1723), besuchte e. Univ., Landrat u. Direktor d. Krs. Züllichau, Erbherr auf Anteil Schmöllen; **Mutter**: Ursula Catharina, geb. von Unruh (1678–1758); **Großvater**: (George Wilhelm, Erbherr auf Anteil Schmöllen bzw.) Hans Christoph, Cap., 1715 Landrat d. Krs. Züllichau, auf Anteil Schmöllen; **Bruder**: Carl Siegmund (* um 1700), sächs. Major, s. d.; **Bruder**: Friedrich Wilhelm (1714–1758), Ltnt., s. d.; **Laufbahn**: seit 1724 im Militär, stand 1732 als Sergant im I-R Nr. 26, vor 1743 als Ltnt. abgegangen (zuletzt Ol); erste **Ehefrau**: Charlotte Emerantia, geb. von Sydow (1709–1758); **Güter**: 1745 als Erbherr auf Anteil Schmöllen gen.; **Sohn**: Alexander Christian Albrecht (* 12. Aug. 1744, † 1. Febr. 1792), seit 1760 im Militär, stand 1767 als Fähnrich, 1773 als Sl im Garn.-Reg. Nr. 5, 1779 als Krs.dep. d. Krs. Züllichau gen., sein Anteil an Schmöllen, 1767 im Wert von 26 030 T., darauf Schulden von 20 400 T., erhielt 1772 e. Meliorationskredit von 3/m T., mußte schuldenhalber an d. Major Christian Conrad von Troschke verkauft werden, s. d.; **Sohn** zweiter Ehe: Carl Friedrich August (1762–1809), Ltnt., s. d.;

Quellen: GStA, I. HA, Rep. 22, Nr. 318 (danach war C. F. A. d. Halb-Bruder von A. C. A., dieser hatte mit e. geb. Bronzeln e. To Erdmuthe Carol. Wilh., geb. 1785); Rep. 176, Nr. 8 866, Tafel 4; Stabi, Ms. boruss. fol. 313, Bl. 172 (F. W.); fol. 314, Bl. 19 RS (hier als Alex. Chr., nicht in d. Abgangsliste), Bl. 181 RS (Sohn A. C. A.); Ms. geneal. fol. 120, Bl. 217 RS, Bl. 218, B. 256 RS; Tb. Uradel, 1906, S. 683; Jb. Neumark, 1928, S. 78 (d. Vater hier als Chr. Adolph, A. C. hatte 1715 d. Brüder: Hans Christoph, Carl Siegmund); Moegelin, S. 67, S. 260; Jb. Neumark, 11/1936, S. 101; Fam.gesch. (online), Tafeln 5 u. 6;

Cap. **Asmus Friedrich von Schenckendorff** (* 1693, † Okt. 1725)

Vater: Asmus († 17. Jan. 1713), Ol, hatte fünf Söhne u. (1715) d. ges. Hand auf Schmöllen im Krs. Züllichau, seit 1712 Erbherr auf Möstchen im Krs. Schwiebus; **Bruder**: Johann George (Friedrich), poln. Rittmstr. (zuletzt Ol im K-R Nr. 5); **Bruder**: Carl Oswald (* 1684), seit 1705 im Militär, Juni 1710 Ltnt., stand 1715 bei du Portail, seit 1717 im D-R Nr. 6, im Mai als 1718 Rittmstr. u. Chef e. Escadron im D-R Nr. 6 gen., 1721 abgegangen, Erbherr auf Merzdorf; **Bruder**: Christoph Wilhelm, vorm. schwed. Major; **Bruder**: Ernst Lewin, vorm. Fähnrich; **Ehefrau**: Anna Maria, geb. von Diebitsch (* 1702); **Laufbahn**: seit 1710 im Militär, Sep 1714 Fähnrich im I-R Nr. 8, Jan. 1716 Sl, Juni 1725 Stabs-Cap., als solcher gest.;

Quellen: BLHA, Rep. 23 B, Nr. 446; Stabi, Ms. boruss. fol. 311, Bl. 91; fol. 315, Bl. 181; fol. 319, Bl. 27 (Bruder C. O.), Bl. 49; Orlop, Anlage, S. 129 *; Jb. Neumark 1928, S. 78 (hier A. F. als poln. Ltnt. bez.); Priesdorff, Offz.stammliste, S. 153; Fam. gesch., Tafeln 21 u. 22 (Johann George Friedrich († Jan. 1750) danach preuß. OL?);

Cap. **Balthasar Friedrich von Schenckendorff** († 4. April 1754) *

Vater: George Oswald († 1745), 1699 Sergant bei d. brandenburg. Leibgarde; **Mutter**: Johanne Louise, geb. Tentzer; **Bruder**: Friedrich Oswald († 1757), als Fähnrich bei Koschembahr bei Prag gefallen; **Laufbahn**: Fähnrich im I-R Nr. 3, Juni 1740 als Fähnrich ins 2. Bat. Garde, als Cap. im 2. Bat. Garde 1754 gest.;

Quellen: GStA, I. HA, Rep. 176, Nr. 8 866, Tafel 2; Gesch. I-R Nr. 3, S. 183 (danach Aug. 1753 als Grenadier-Cap. in Potsdam gest.); Reinhard, S. 520, S. 554;

Ltnt. **Bernhard Rudolph von Schenckendorff** (* 1664)

Vater: Balzer, 1715 Erbherr auf ¼ Buckow im Krs. Züllichau, hatte damals sechs Söhne, die alle im brandenburg. Kriegsdienst gestanden hatten u. nach Blessuren dim. worden waren; **Mutter**: Barbara, geb. von Hake aus Schönborn; **Bruder**: Christoph Balzer (1668–1728), vorm. Feldwebel, wohnte 1715 in Rissen im Krs. Schwiebus; **Bruder**: Carl, vorm. *cadet* in Berlin; **Bruder**: George Oswald († 1745), seit 1699 Sergant im I-R Nr. 1, später Ltnt., 1718 auf Anteil Buckow gen.; **Bruder**: Wolf Heinrich († 9. Mai 1746), gew. Ltnt.; **Bruder**: Hans Friedrich, Fähnrich (1696 in d. brandenburg. Leibgarde); **Laufbahn**: avancierte im I-R Nr. 3 bis zum Ltnt., wegen Blessuren vor 1703 dim.; **Güter**: 1713 u. 1728 als Erbherr auf ½ Griesel im Krs. Crossen gen., von seinem Vater im Wert von 8/m T. geerbt;

Quellen: GStA, I. HA, Rep. 66, Nr. 18; Rep. 176, Nr. 8 866, Tafel 2 (d. Vater danach 9. Mrz. 1709 gest.); BLHA, Rep. 23 B, Nr. 446; Stabi, Ms. boruss. fol. 313, Bl. 290 RS (G. O.); Ms. geneal. fol. 120,

Bl. 218 RS; nicht in Gesch. I-R Nr. 3, nicht bei Bardeleben; Jb. Neumark, 1928, S. 74; Fam.gesch., Tafel 15 (hier als Balthasar Rud.);

Major **Carl Asmus von Schenckendorff** (1717–1757)

Vater: Carl Oswald, Cap., Erbherr auf Anteil Merzdorf im Krs. Crossen; **Vater-Bruder**: Hans George (* 1685), seit 1699 im Militär, Febr. 1708 Rittmstr. im K-R Nr. 5, Nov. 1719 Major u. Chef e. Escadron, Mai 1728 Ol, stand 1730 mit seiner Escadron in Schwedt, 1736 Ol u. Kommandant auf d. Regenstein, vor 1740 abgegangen; **Laufbahn**: seit 1738 im Militär, Juni 1740 als Fähnrich (bzw. Pl vom I-R Nr. 12) ins 2. Bat. Garde Nr. 15 versetzt, Juni, Juli 1745 als Stabs-Cap. bei d. Garde Orden p. l. m., 1746 als Cap. ins I-R Nr. 25, 1757 als Major bei Breslau gefallen; **Ehefrau**: Auguste Christiane, geb. von Nüßler; **Sohn**: Johann Carl Maximilian († 21. Jan. 1818), Cap., Erbherr auf Weißensee bei Berlin;

Quellen: GStA, I. HA, Rep. 176, Nr. 8 866, Tafel 5 (danach waren C. A. u. H. G. Brüder, Hinweis auf Merzdorf); Stabi, Ms. boruss, fol. 310, Bl. 113; fol. 311, Bl. 132, Bl. 134 (je H. G.); fol. 314, Bl. 119; fol. 316, Bl. 240; fol. 319, Bl. 29 (H. G.); Reinhard, S. 520, S. 553; Lehmann, S. 29; Jb. Neumark, 1928, S. 88, S. 102 (1713, 1718 kein S. hier gen.); Fam. gesch., Tafeln 22 u. 23 (d. Onkel danach Johann George Friedrich, gest. 1750, s. o. bei Asmus Friedrich);

Ltnt. **Carl Friedrich August von Schenckendorff** (* 25. Sep. 1762, † 20. Mrz. 1809)

Vater: Alexander Christian (1705–1768), Ol, Erbherr auf Anteil Schmöllen im Krs. Züllichau, s. d.; **Mutter**: Magdalena Maria Charlotte, geb. von Stosch († 1794), in zweiter Ehe verh. mit Bogislav von Wedel, s. d., sie ließ sich von diesem scheiden, wegen hoher Schulden mußte Anteil Schmöllen vor 1787 *sub hasta* verkauft werden, sie lebte 1787 in großer Armut u. galt als pensionswürdig; **Stief-Bruder**: Alexander Christian Albrecht (1744–1792), Ltnt.; **Schwestern**: Henriette Eleonore Charlotte Tugendreich (1765–1791), N. N. (* 1768), stand 1797 auf d. Expectantenliste für e. Pension, e. dritte Schwester war verheiratet mit d. Steuereinehmer Friedrich Wilhelm von Bock (1764–1816) zu Kalisch; **Laufbahn**: seit 1776 im Militär, 1783 Cornet, 1786 Sl im H-R Nr. 1, 1798 vorm. Ltnt., als Steuereinnehmer im südpreuß. Unruhstadt versorgt, vor 1803 abgegangen, hatte 1805 seinen Wohnsitz auf Anteil Schmöllen; **Güter**: (besaß zeitweilig e. Anteil von Wallwitz im Krs. Sternberg), seit Juli 1795 Erbherr auf Schmöllen B, im Juni 1795 auf 27 120 T. taxiert, darauf Schulden von 17 140 T., (hatte d. Anteil von d. Witwe d. Ltnt.s A. C. A. Schenckendorff, seiner Schwägerin, übernommen); **Ehefrau**: Charlotte Jeanette Wilhelmine, geb. von Unruh († 1812);

Quellen: GStA, I. HA, Rep. 176, Nr. 8 866, Tafel 4; Abt. 12, Materien, Vas.tab. Nr. 6, Bl. 167 RS-168; Abt. 13 a, Tit. III, Generalia Nr. 2, Bd. 15, Bl. 43 (Mutter, hier heißt es ausdrücklich, d. Vater hat nicht in Diensten gestanden); Tit. IV, Litt Z, Nr. 1 (Schwestern); Stabi, Ms. boruss. fol. 311, Bl. 293; Tb. Uradel, 1906, S. 683 (hier als Vater Alex. Chr. Albr., Ltnt., 1779 Krs.dep., verh. mit Mag. Ch. v. Stosch, d. Angaben für d. Vater wohl falsch); Jb. Neumark, 11/1936, S. 101 (danach war Magd. Charl. 1767 bereits verh. mit B. von Wedel); Fam. gesch., Tafel 6;

Ol **Carl Gottlob von Schenckendorff** (* 17. Aug. 1745, † 12. Febr. 1801)

Vater: George Heinrich Gottlob (* 24. April 1706), 1745 als Erbherr auf ½ Pinnow aufgeführt, auch Erbherr auf Anteil Schönow im Krs. Sternberg, 1767 im Wert von 11 350 T., darauf Schulden von 8 901 T., seine Güter wurden im Siebenjährigen Krieg von d. Russen ruiniert; **Mutter**: Johanna Dorothea, geb. von Bock (1712–1752); **Bruder**: George Heinrich Ferdinand (1744–1813), seit 1758 im Militär, stand 1763 als Junker, 1772 als Ltnt. im D-R Nr. 8, vor 1787 abgegangen, 1794 u. 1804 (als KD-rat) in Tilsit erwähnt, Sohn: Gottlob Ferdinand Maximilian Gottfried (1783–1817), Dichter; **Bruder**: Hans Friedrich, 1767 *cadet*; **Laufbahn**: seit Febr. 1760 im I-R Nr. 9, 1764 Fähnrich u. Adjutant, Juni 1767 Sl, 1769 Adjutant u. Ltnt. (1788 Major u. Flügel-Adj.), 1797 als Ol gen.; seit 1769 **verheiratet** mit Wilhelmine, geb. von Kickoll (e. To. d. Obristen Johann Gottfried von Kickoll (1699–1759), aus Preußen, seit 1720 im Militär, 1759 als Obrist im I-R Nr. 9 gefallen), zweite Ehe mit Caroline Wilhelmine Elisabeth, geb. Freiin von Doernberg; **Güter**: 1788 Erbherr auf Schönow bei Zielenzig, mit CO vom 24. Jan. 1788 sollte d. damalige Major, da d. König mit seiner Dienstführung zufrieden war, 34 600 T. für d. Retablissement von Schönow bekommen, im Frühjahr 1797 wurde die letzte Rate mit 1 250 T. ausgezahlt;

Quellen: GStA, I. HA, Rep. 22, Nr. 318; Rep. 176, Nr. 8 866, Tafel 3; II. HA, Abt. 13 a, Tit. II, Litt S, Nr. 7; Stabi, Ms. boruss. fol. 312, Bl. 112 (Bruder G. H. F., 1763 u. 1772: aus Schlesien); fol. 315, Bl. 104, Bl. 119, Bl. 120 (C. G. 1787 nicht mehr im I-R Nr. 9); Tb. Uradel, 1906, S. 684; Moegelin, S. 66; Jb. Neumark, 11/1936, S. 97; Fam.gesch., Tafeln 25 u. 26;

kursächs. Major **Carl Siegmund von Schenckendorff** (* um 1700)

Vater: Christoph Albrecht († vor 1728), Landrat, Erbherr auf Anteil Schmöllen (bzw. kgl. Post-Commissarius); **Mutter**: Ursula Catharina, geb. von Unruh (* 1679); **Bruder**: Alexander Christian (1705–1770), Ltnt., s. d. mehr; **Laufbahn**: trat auf Betreiben seines Mutter-Bruders, d. sächs. Obristen Alexander von Unruh (1677–1728), 1725 in sächs. Dienste ein, avancierte hier in d. Kavallerie bis zum Major; **Güter**: erwarb 1748 mit seinem aus Sachsen gezogenen Vermögen aus d. Konkurs d. Geh. Rates Christian Ulrich von Koschembahr e. Anteil an Schmöllen im Krs. Züllichau; bat am 14. Mai 1751 aus Chemnitz immediat darum, den auf sein Vermögen gelegten Arrest aufheben zu lassen, erhielt von König Friedrich II. die Erlaubnis, in sächsischen Diensten zu bleiben, am 20. Mai 1751 wies d. König an, d. Arrest auf d. Vermögen aufzuheben;

Quellen: GStA, I. HA, Rep. 22, Nr. 318; Fam.gesch. Unruh, Sp. 102–103 (Mutter, Onkel); Jb. Neumark, 1928, S. 78 (1715 als Sohn von C. A. gen.);

GM **Friedrich August von Schenckendorff** (* 1710, † 21. Juli 1780) *

Vater: Hans Carl Ludwig († vor 1738), Erbherr auf Anteil Griesel im Krs. Crossen; **Mutter**: Barbara Maria, geb. von Schlichting aus Rietschütz; **Bruder**: Balthasar Rudolph (1699–1771) *, Mai 1720 Fähnrich im I-R Nr. 3, Okt. 1724 Sl, Febr. 1731 Pl, Okt. 1736 Stabs-Cap., Aug. 1738 Cap. u. Chef e. Comp., Juni 1743 Major, Juni 1751 Ol, Mai 1753 Kommandeur d. I-R Nr. 43, Sep. 1754 Obrist, 1758 Orden p. l. m., Mrz. 1758 GM, April 1760 Chef d. I-R Nr. 22, Dez. 1766 Gl, Mrz. 1768 mit 2/m T. Pension dim.; **Bruder**: Carl Ludwig († April 1745), stand als Pl im I-R Nr. 19, bei Landshut gefallen; **Bruder**: Otto Oswald (* 1716, † 10. April 1741), seit 1730 im Militär, stand im Mrz. 1740 als Fähnrich im I-R Nr. 15, Juni 1740 Fähnrich im 1. Bat. d. I-R Nr. 15, 1741 als Sl bei Mollwitz gefallen; **Laufbahn**: Sep. 1724 *cadet* in Berlin, Aug. 1730 Fähnrich im I-R Nr. 23, Febr. 1732 ins I-R Nr. 9 versetzt; Mai 1735 Sl, Juni 1740 als Cap. u. Chef e. Comp. ins I-R Nr. 36 umgesetzt, Juni 1756 Major u. Kommandeur d. Grenad.-Bat. Nr. 35, Dez. 1757 Orden p. l. m., Okt. 1758 Ol, Febr. 1759 Obrist u. Kommandeur d. I-R Nr. 36, Mrz. 1759 GM, Juli 1759 Chef d. I-R Nr. 9. Juli 1763 dim.; **Güter**: Erbherr auf Jerchel (im Krs. Jerichow), unbeerbt verst.;

Quellen: GStA, I. HA, Rep. 176, Nr. 8 868, Tafel 2; Ms. boruss. fol. 311, Bl. 99 (Bruder O. O.); fol. 315, Bl. 112 RS, Bl. 116 (je F. A.); Gesch. I-R Nr. 3, S. 198; Gesch. I-R Nr. 19, S. 90 (Bruder C. L.); König, 3. T., S. 359–360 (B. R.), S. 360–361 (F. A.); Crousaz, S. 34 (F. A.); Reinhard, S. 517, S. 519, S. 549 (je O. O.); Lehmann, S. 67; Priesdorff, Nr. 472 (Bruder B. R.), Nr. 515; Fam.gesch., Tafel 16;

Ltnt. **Friedrich Wilhelm von Schenckendorff** (1714–1758)

Vater: Christoph Albrecht (1670–1723), absolvierte e. Studium, hielt sich 1715 in Schmöllen auf, hatte damals drei Söhne; F. W. aus Schmöllen bei Züllichau gebürtig; **Bruder**: Alexander Christian (1705–1768), Ltnt., s. d.; **Großvater**: Hans Christoph, preuß. Cap., 1718 als Landrat u. Erbherr auf Anteil Schmöllen verzeichnet; **Laufbahn**: seit 1736 im Militär, stand 1740 als Sl im I-R Nr. 18, 1741 als Sl verabschiedet; **Güter**: 1745 (zs. mit d. Bruder A. C.) als Erbherr auf Anteil Schmöllen genannt; **Ehefrau**: Caroline Marianne (* 16. Mrz. 1738, † 1763), e. Tochter d. Majors Carl von Unruh († 1750) auf Kay u. Guhren im Krs. Züllichau, sie besaß e. Mitgift von 5/m T., ging nach 1758 e. zweite Ehe ein;

Quellen: GStA, I, Rep. 22, Nr. 318; Stabi, Ms. boruss. fol. 313, Bl. 159 RS, Bl. 172; Ms. geneal. fol. 120, Bl. 217 RS-218 (F. W. u. A. C.); Fam.gesch. Unruh, Sp. 104; Jb. Neumark, 1928, S. 78; Fam.gesch., Tafel 5;

Ltnt. **Johann Friedrich von Schenckendorff** (* 1720, † 30. Sep. 1745) *

aus der Neumark gebürtig; **Laufbahn**: seit 1734 im Militär, stand 1740 als Fähnrich im I-R Nr. 18, 1745 bei Soor als Sl gefallen;

Quellen: Stabi, Ms. boruss. fol. 313, Bl. 160, Bl. 172;

Ltnt. **Hans Friedrich von Schenckowsky** (* 1692)

(**Vater**: seit 1703 Pfandbesitzer von Anteil Stolzenfelde im Krs. Arnswalde, gekauft für 4 500 T. auf 30 Jahre); H. F. aus d. Neumark gebürtig; **Laufbahn**: seit 1710 im Militär, Juni 1713 Fähnrich im I-R Nr. 5, (1719) hier als Pl genannt, 1718 versetzt;

Quellen: GStA, I. HA, Rep. 22, Nr. 10 d; Stabi, Ms. boruss. fol. 319, Bl. 40 RS, Bl. 199; Rangirrolle Saldern, Abgangsliste I-R Nr. 5 (1718 versetzt); Jb. Neumark, 1927, S. 172 (d. Vater 1715, 1718 in Stolzenfelde nicht gen.);

Cap. **Leopold Maximilian von Schlegel** (* 1714–1784) *

Vater: Lebrecht (1673–1728), Erbherr auf Zehringen u. Merzien in Anhalt, Kammerpräsident in Halberstadt; **Mutter**: Juliane Henriette, geb. von Esebeck (1676–1726); **Laufbahn**: trat 1728 in d. preuß. Militärdienst ein, stand 1743 als Stabs-Cap. im I-R Nr. 24, zuletzt Cap., Jan. 1749 wegen schwacher Gesundheit dim., amtierte von 1751 bis 1763 als Landrat im Krs. Crossen; **Ehefrau**: Helene Louise, geb. von Sommerfeld u. Falkenhayn; **Güter**: erwarb 1750 Kähmen u. Murzig im Krs. Crossen für 22/m T. vom Cap. Christoph Wilhelm von Brand, s. d.; 1767 hatten d. Güter e. Wert von 26 160 T., darauf Schulden von 24 100 T., bekam 1772 e. Meliorationskredit in Höhe von 9/m T., 1777 weitere 4 340 T., nach seinem Tod gingen sie 1786 an d. Schwiegersohn Gustav Heinrich von Schkopp im schlesischen Ottendorf, verheiratet mit seiner **Tochter** Helene Friederike (1751–1795); d. zweite **Tochter** war 1784 verheiratet mit d. Regimentsquartiermeister Wüsthoff vom Garn.-Reg. Nr. 5, diese sollte auf Wunsch d. älteren Schwester von d. Übernahme d. väterl. Güter ausgeschlossen werden;

Quellen: GStA, I, HA, Rep. 22, Nr. 314 b; Stabi, Ms. boruss. fol. 316, Bl. 317, Bl. 323 RS; Ms. geneal. fol. 120, Bl. 243; Moegelin, S. 67, S. 262; Jb. Neumark, 11/1936, S. 80; biogr. Handbuch, S. 876;

Ol **Carl Ludwig von Schlichting** (* 1703, † 29. Mrz. 1769)

Vater: Caspar Samuel (1687–1737), russ. Cap., Erbherr auf Bauchwitz im Krs. Meseritz; C. L. lt. Ranglisten aus d. Krs. Crossen gebürtig; **Mutter**: Esther Margarethe, geb. von der Goltz, in erster Ehe verheiratet gewesen mit George Wilhelm von Anclam, ihr Sohn C. S. erhob im Juni 1723 in ihrem Namen Ansprüche auf d. Lehngut Stolzenberg im Krs. Landsberg, das ihr erster Mann von Anclam gekauft, nach dessen Tod jedoch d. Lehnsrat C. F. von Polenz an sich gebracht hatte; **Bruder**: Maximilian († 14. Febr. 1754), kursächs. Ol; **Bruder**: Christoph Simon (Siegmund) (* 1698) *, aus Pommern gebürtig, seit 1714 im Militär, 1723 Fähnrich im I-R Nr. 26, stand im Dez. 1740 als Pl im I-R Nr. 35, April 1742 ins Garn.-Reg. Nr. 8 versetzt, hier im Nov. 1742 als Cap. u. Chef e. Comp. gen., vor 1756 abgegangen; **Bruder**: Friedrich Sigismund († 1745), kursächs. Garde-Cap., bei Kesselsdorf gefallen; **Laufbahn**: seit 1718 im Militär, 1723 als Wachtmstr. bez., stand 1730 als Cornet, 1740 als Stabs-Rittmstr. im K-R Nr. 7, Dez. 1741 als solcher dim., wechselte als Ol in kursächsische Dienste, 1756 als preuß. Ol in Stettin gen.; **Güter**: seit 1742 Erbherr auf Kummerow im Krs. Regenwalde; in zweiter Ehe **verheiratet** mit Catharina Magdalena, geb. von Tresckow (1724–1786); **Sohn**: Lebrecht Carl Friedrich (1747–1817), Ltnt. im D-R Nr. 1, 1801 als Cap. beim Artillerie-Train bez., seit 1796 Erbherr auf Pritten A im Krs. Dramburg, erworben für 8 900 T., seine Ehefrau Johanna Modesta Sigismunde Louise, geb. von Damnitz, saß auf Pritten B im Wert von 4/m, beide hier noch 1805 erwähnt, auch auf Kummerow u. Justin in Pommern;

Quellen: GStA, I. HA, Rep. 22, Nr. 231; Nr. 236; II. HA, Abt. 12, Materien, Vas.tab. Nr. 6, Bl. 73 RS-74 (Sohn 1801); Stabi, Ms. boruss. fol. 311, Bl. 370, Bl. 373 (Bruder C. S., hier als Chr. Simon); fol. 312, Bl. 134 (C. S.); fol. 315, Bl. 22 RS, Bl. 27-27 RS; Taeglichsbeck, S. 262 (Bruder C. S.); Stammtafeln Schlichting; Jb. dt. Adel, 3. Bd., S. 399–400, S. 402; Jb. Neumark, 11/1936, S. 67 (Sohn auf Pritten); Pommern, S. 592–593 (kz. Biogramm d. Bruders C. S. u. d. Sohnes L. C. F.);

Rittmstr. **Johann Conrad von Schlichting** (* um 1700, † vor 1774)

(aus Schlesien gebürtig); **Laufbahn**: avancierte (im K-R Nr. 2) bis zum Rittmstr., vor 1749 abgegangen; **Ehefrau**: Christiane Gottliebe, geb. von Bornstedt († 1761), erheiratete mit ihr Anteil Nickern im Krs. Züllichau, sie brachte lt. Ehepakt von 1744 e. Mitgift von 6/m T. ein; er galt als *Verschwender u. schlechter Mann*, soll sie mit *ehrenrührigen Worten tractirt* u. mit e. *poln. Kantschu geschlagen* haben, C. G. ließ sich im Jan. 1749 von ihm scheiden, er mußte d. Gut räumen, sie angehalten, ihm einen wöchentlichen Unterhalt von drei, auf ihren Einspruch hin von zwei Talern zahlen, wogegen sie sich sträubte; C. G. verlor ihr Vermögen 1759 beim Einfall d. Russen, als das Gut verwüstet u. in Brand gesetzt wurde, 1763 wurde Anteil Nickern an d. Cap. Johann Abraham von Troschke verkauft; **Sohn**: George Asmus (* 1746), konnte krankheitsbedingt nicht in d. Dienst eintreten, hielt sich 1774 bei G. A. von Stosch in Palzig auf;

Quellen: GStA, I. HA, Rep. 22, Nr. 302 c (hier als Joh. Conrad); Stabi, Ms. geneal. fol. 120, Bl. 256 RS (hier als Joh. Caspar); Ms. boruss. fol. 315 (J. C. nicht in d. Ranglisten 1730 u. 1740 f. d. K-R 2); nicht in d. Stammtafeln von Schlichting;

Gl **Samuel von Schlichting** (* 3. Dez. 1682, † 19. April 1751) *

Vater: Caspar (1634–1687), Erbherr auf Lochow im Krs. Züllichau; **Mutter**: Susanne, geb. von Naumann; **Laufbahn**: April 1701 Fähnrich im I-R Nr. 3, Juni 1702 Sl, April 1705 Pl, April 1709 Stabs-Cap., Okt. 1713 Cap. u. Chef e. Comp., Mrz. 1719 Major im I-R Nr. 21, Juli 1729 Ol, Juni 1737 Kommandeur d. I-R Nr. 21, Mai 1739 Obrist, April 1743 GM, Aug. 1743 Chef d. I-R Nr. 33, Okt. 1743 Chef d. I-R Nr. 2, 1745 Orden p. l. m., Mai 1747 Gl, Juni 1750 mit 1/m T. Pension dim., unbeerbt verst.; setzte testamentarisch seine beiden **Brüder** zu Erben ein: Wolfgang u. Maximilian, die beide im Krs. Schwiebus angesessen waren, Maximilian saß 1754 auf Rietschütz, sie erhielten zs. 10/m T., d. Rest seines Vermögens hatte d. Gl für Legate an zwei Neffen u. a. Verwandte ausgesetzt;

Quellen: GStA, I. HA, Rep. 22, Nr. 302 c, Paket 8 752; Stabi, Ms. boruss. fol. 311, Bl. 212, Bl. 213 (aus d. NM geb.); fol. 319, Bl. 36 (aus Züllichau); Gesch. I-R Nr. 3, S. 171; König, 3. T., S. 372–373; Stammtafeln Schlichting; Priesdorff, Nr. 311;

Ltnt. **Samuel Rudolph von Schlichting** (* 21. Jan. 1715)

Vater: Wolfgang (1679–1751), aus Lochow gebürtig, Fähnrich in preuß. Diensten, Erbherr auf Rietschütz im Krs. Schwiebus, 1715 auf Anteil Lochow im Krs. Züllichau; S. R. aus Lochow im Krs. Züllichau gebürtig; **Vater-Brüder**: Samuel (1682–1751), Gl, s. d., Maximilian, vor 1715 als Fähnrich abgegangen; **Laufbahn**: seit 1732 im Militär, stand 1740 als Corporal im I-R Nr. 18, um 1750 als Sl abgegangen;

Quellen: BLHA, Rep. 23 B, Nr. 446; Stabi, Ms. boruss. fol. 313, Bl. 172; Stammtafeln Schlichting; Jb. Neumark, 1928, S. 79;

Major **Wolff Friedrich von Schlichting** (* 22. Juli 1686, † 12. April 1736)

Vater: Elias Philipp (1649–1702), Erbherr auf Griesel in Crossen (u. auf Golzen im Krs. Züllichau); W. F. aus d. Krs. Crossen gebürtig; **Mutter**: Hedwig, geb. von Rothenburg (1660–1720); **Bruder**: Alexander (1693–1737), seit 1713 im Militär, Jan. 1713 Sl im I-R Nr. 17, als solcher noch 1721, 1730 als Stabs-Cap. gen., amtierte nach d. Abschied als Landrat in Crossen, Erbherr auf Kunow im Krs. Crossen; **Laufbahn**: seit 1708 im Militär, Febr. 1710 Cornet im K-R Nr. 7, Sep. 1718 Rittmstr., 1730 hier als Rittmstr. u. Chef e. Escadron gen., als Major abgegangen, im altmärkischen Arneburg gest.; **Ehefrau**: Johanna Marianna, geb. von Unruh; **Sohn**: George Philipp Rudolph (get. 4. Nov. 1727, † 2. Juni 1799), seit 1743 im Militär, Nov. 1761 Major im I-R Nr. 43, Mai 1773 Obrist u. Kommandeur im I-R Nr. 53, Okt. 1773 dim., verheiratet mit Johanne Friederike, geb. von Hohberg, Erbherr auf Gassendorf u. Nieder Lobendau bei Liegnitz;

Quellen: Stabi, Ms. boruss. fol. 314, Bl. 28 (Sohn G. P. R., aus d. NM geb.); fol. 315, (Bl. 27 RS, Bl. 32 RS); fol. 316, Bl. 42, Bl. 49 RS (jeweils A.), Bl. 198 (G. P. R., aus d. AM gebürtig); fol. 319, Bl. 31 (W. F.), Bl. 46 (A.); Stammtafeln Schlichting (W. F. hier als Wolf Friedhelm bzw. Erasmus);

Obrist **Johann Heinrich von Schlieben** (* 1744, † April 1798)

aus d. Neumark gebürtig; **Laufbahn**: seit 1757 im Militär, Mai 1770 Pl im Grenadier-Garde-Bat., Jan. (1783 bzw.) 1784 Cap., Nov. 1793 als Ol u. Kommandeur d. Bat. d. Orden p. l. m., Febr. 1795 Obrist, 1798 gest.;

Quellen: Stabi, Ms. boruss. fol. 315, Bl. 67; Reinhard, S. 532, S. 536, S. 539, S. 558; Lehmann, S. 295;

Rittmstr. **George Abraham von Schlieben** (* um 1685)

Vater: Hans Heinrich, Major, vor 1715 abgegangen, 1715 Erbherr auf Anteil Pinnow im Krs. Sternberg; **Laufbahn**: avancierte bis zum Rittmstr., 1718 als solcher aufgeführt, saß damals auf Anteil Pinnow; (**Sohn**: Ludwig Aegidius, s. u.);

Quellen: BLHA, Rep. 23 B, Nr. 446 (als George Abraham); Jb. Neumark, 1928, S. 25 (hier als Jürgen Abraham);

Fähnrich **Ludwig Aegidius von Schlieben** (* 1742)

Vater: (George Abraham, s. d.) stand als Rittmstr. im K-R Nr. 5, in Pinnow gest.; **Laufbahn**: avancierte im I-R Nr. 37 bis zum Fähnrich, im Mrz. 1763 wegen schlechter Aufführung *cassirt*, soll 1778 bei d. Kronarmee in Polen gestanden haben;

Quellen: Stabi, Ms. boruss. fol. 311 (in d. Ranglisten d. K-R Nr. 5 kein S.); fol. 316 (L. A. nur in d. Abgangsliste d. I-R Nr. 37); Ms. geneal. fol. 120, Bl. 256;

Major **Friedrich Ludwig von Schmalenberg** (* 1734)

aus d. Neumark gebürtig; **Laufbahn**: seit 1749 im Militär, stand 1756 als Cornet im K-R Nr. 8, 1764 als Rittmstr. gen., Sep. 1775 als Major Orden p. l. m., vor 1787 abgegangen;

Quellen: Stabi, Ms. boruss. fol. 312, Bl. 73 RS, Bl. 75; Lehmann, S. 125; Siebmacher, Bd. 6/5, 1880, S. 82 (hier als Schmallenberg);

Cap. **Otto Friedrich von Schmalenberg**
(* 1693, † vor 1745)

Vater: Erbherr auf Anteil Rohrbeck im neumärk. Krs. Königsberg; **Bruder**: Wulf Christoph (* 1695), 1713 Gefr.corp. im I-R Nr. 3, Mai 1717 (bzw. 1718) Pl im I-R Nr. 3, im Jan. 1720 ins D-R Nr. 6 versetzt, stand 1728 als Rittmstr. u. Chef e. Escadron im D-R Nr. 6, 1729 Cap. im I-R Nr. 28 in Wesel; **Laufbahn**: seit 1708 im Militär, 1713 Uffz. bei d. sächs. *cadets*, im Febr. 1714 als Fourier im I-R Nr. 1 gen., Mrz. 1714 Fähnrich im I-R Nr. 1, 1728 Cap., 1738 Cap. u. Chef e. Comp. im I-R Nr. 4; 1745 saß e. **Witwe** Cap. von Schmalenberg auf 1/4 Rohrbeck; **Sohn**: Wolfgang Christoph (* 1731), stand 1751 als Gefr.corp., 1756 als Fähnrich im I-R Nr. 22, noch 1756 in e. sog. sächs. Reg. versetzt, dort im Kriegsverlauf gest.; **Söhne**: Carl Ludwig (* 1738), evt. identisch mit Friedrich Ludwig, s. o., Friedrich Wilhelm (* 1743);
Quellen: BLHA, Rep. 23 B, Nr. 446; Rep. 78 I, Nr. 170, Bl. 50 (Sohn W. C. hier als Wulf Christian); Stabi, Ms. boruss. fol. 311, Bl. 90 (d. Bruder hier als Wolfgang Christoph, so auch schon 1722); fol. 313, Bl. 296; fol. 314, Bl. 286 RS, Bl. 292 (je d. Sohn W. C.); fol. 319, Bl. 36; Ms. geneal. fol. 120, Bl. 225 RS; Gesch. I-R Nr. 3, S. 171 (hier als Wolfgang Ernst); Orlop, Anlage, S. 130 * (Wolfgang Christoph, von 1721 bis 1733 im D-R 6, zuletzt Rittmstr., S. * 17 als Schmallenberg); Jb. Neumark, 1927, S. 30 (d. Brüder 1713 als Otto Friedrich u. Wulf Christian bzw. Christoph v. Schmalenberg);

Ltnt. **Bogislav Carl von Schmeling**
(* Mai 1754 bzw. 1756, † 20. Dez. 1831) *

Vater: Bogislav Friedrich Heinrich (1703–1774), aus Pommern gebürtig, seit etwa 1720 im Militär, 1730 als Cornet im K-R Nr. 12, 1740 als Ltnt. gen., Dez. 1742 als Rittmstr. dim., Erbherr auf Dieckow im Krs. Soldin, 1767 im Wert von 64 998 T. darauf Schulden von 51 927 T., noch 1774 hier gen., (seine Witwe) bekam 1776 für Meliorationen 5 842 T.; **Mutter**: Magdalene Charlotte, geb. von der Marwitz († Okt. 1783), sie verkaufte als Witwe Dieckow an Bernhard Wilhelm von Waldow auf Liebenfelde für 60 600 T.; **Bruder**: Wilhelm Ludwig (* 1756, † 26. Aug. 1836) *, 1774 Junker im D-R Nr. 4, 1777 Cornet, Dez. 1779 Sl, Mai 1792 Pl, Febr. 1793 Stabs-Rittmstr., Sep. 1800 Rittmstr., Mai 1802 Major, Aug. 1802 dim., Juni 1813 beim 4. Kurmärk. Landwehr-Kav.-Reg., Mrz. 1814 Ol, Okt. 1815 Obrist, Febr. 1816 pens.; **Bruder**: Friedrich Otto (* 1760), 1778 *cadet*, 1798, 1801 Salz-Inspektor d. neumärk. Vorderkreise; **Schwester**: Ernestine Henriette (* 1747), sie besaß 1787 e. elterliches Vermögen von 3/m T., 1 777 T. waren jedoch mit Arrest belegt u. standen vor d. Ausfall, von d. Zinsen d. verbleibenden 1 223 T. konnte sie nicht leben u. wurde daher für e. neumärkische Pension notiert; **Laufbahn**: 1771 als Junker ins D-R Nr. 5, Sep. 1773 Cornet, Juni 1777 Sl, Dez. 1787 auf Wunsch dim., erwarb d. Gut Klein Siewken in Preußen, seit 1792 Landrat d. Krs. Seehesten in Preußen; **Ehefrau**: Ulrike Friederike, geb. Freiin von Lepel (* 1759);
Quellen: GStA, II. HA, Abt. 12, Materien, Vas.tab. Nr. 6, Bl. 121 RS-122; Abt. 13 a, Tit. IV, Generalia, Nr. 25; IV. HA, Rep. 1, Nr. 86, Bl. 5 (Vater), Bl. 6 (C. B., kz. Notiz, ausführl. über W. L.); Stabi, Ms.

boruss. fol. 311, Bl. 268, Bl. 240; fol. 313, Bl. 49 RS; Ms. geneal. fol. 120, Bl. 252 RS; Albedyll, Anhang, S. 73 *; Tb. Uradel, 1906, S. 704; Moegelin, S. 60, S. 261; biogr. Handbuch, S. 884–885; Pommern, S. 602 (Biogr. d. Bruders W. L.);

Obrist **Bernhard Alexander Gottfried Graf von Schmettau** (* 5. Mai 1748, † 26. Mrz. 1816) *

Vater: Gottfried Heinrich (1710–1762), Oberjägermstr., EM, Erbherr (auf Anteil Eichow im Krs. Cottbus) auf Pommerzig im Krs. Crossen, 1721 für 60/m T. gekauft, hinterließ 93/m T. Schulden auf d. Majorat; **Mutter**: Franzeline Leopoldine Benjamine, geb. Freiin von Schönaich (1708–1794); **Großvater**: Gottfried Wilhelm (1682–1728), dän. Ol, Erbherr auf Pommerzig; **Bruder**: Gottfried Heinrich Ludwig (1732–1812), Major, s. d.; **Bruder**: Carl Erdmann Gottfried (* 17. Sep. 1738, † 23. Juli bzw. Okt. 1759), seit 1756 im Militär, 1757 Cornet im K-R Nr. 12, Okt. 1759 an bei Kay erlittenen Blessuren gest.; **Bruder**: Philipp Samuel Gottfried (* 1745), seit 1762 im Militär, stand 1764 als Fähnrich, 1774 als Sl u. Adjutant im I-R Nr. 34, Mai 1775 als Ltnt. dim.; **Laufbahn**: Febr. 1763 Cornet im K-R Nr. 3, Juni 1767 Ltnt., Mai 1782 Stabs-Rittmstr., Sep. 1786 Rittmstr. u. (Chef e. Escadron), Dez. 1792 Major, (Jan. 1794 Escadronchef), Mai 1801 Ol, Mai 1803 Kommandeur d. K-R Nr. 3, Mai 1804 Obrist, Sep. 1813 Abschied mit Pension, Juni 1815 Charakter als GM; **Ehefrau**: Auguste Johanna Antonie, geb. von Wulffen (1751–1826); **Sohn**: Bernhard Philipp Gottfried (1787–1872), nach 1815 Ol;

Quellen: GStA, I. HA, Rep. 22, Nr. 325 e, Pakete 8 780, 8 781; IV. HA, Rep. 1, Nr. 86, Bl. 17 (C. E. G., P. S. G.), Bl. 18 (B. A. G.); Stabi, Ms. boruss. fol. 311, Bl. 98 RS, Bl. 104, Bl. 105 (je P. S. G.), Bl. 271 (C. E. G.); fol. 313, Bl. 110 alt (B. A. G., aus Schlesien geb.); Ms. geneal. fol. 120, Bl. 242 RS (1778 d. drei Brüder gen.); Priesdorff, Nr. 1 230; Fam.gesch., S. 538–542;

Ltnt. **Carl Ludwig Ferdinand Leopold Graf v. Schmettau** (* 26. Juli 1780, † 11. Mrz. 1839) *

Vater: Friedrich Heinrich Ferdinand (1741–1793), aus Berlin gebürtig, seit 1756 im Militär, bat im Febr. 1764 als Ltnt. im I-R Nr. 24 zs. mit seinem Bruder Friedrich Wilhelm Carl (1743–1806) * um die *venia aetatis*, besaß damals e. Vermögen von 2 903 u. 378 Talern, erhielt am 16. Mrz. 1764 e. gutes Attest von seinem Reg. chef, auch seine Mutter unterstützte d. Antrag, beide erhielten am 3. Mai 1764 d. *venia aetatis*, Dez. 1778 als Grenadier-Cap. ohne Abschied entlassen; C. L. F. aus d. NM gebürtig; **Mutter**: Luise Amalie Friederike, geb. von Kahlenberg, sie besaß 1778 e. Vermögen von 3 500 T.; **Laufbahn**: als Gefr.corp. ins I-R Nr. 8, Febr. 1795 Fähnrich, Mrz. 1797 Sl, Okt. 1799 ins I-R Nr. 13, Juli 1806 Pl, Nov. 1807 dim., 1839 gest.;

Quellen: GStA, I. HA, Rep. 22, Nr. 325 e, Paket 8 780; IV. HA, Rep. 1, Nr. 86, Bl. 17 (Vater, kz. Notiz), Bl. 18; Stabi, Ms. boruss. fol. 313, Bl. 162 RS, Bl. 167; hist.-herald. Handbuch, 1855, S. 879; Priesdorff, Offz.stammliste, S. 156; Priesdorff, Nr. 940 (Onkel F. W.C); Fam.gesch., S. 556 (hier als Carl Ludwig Leop., kein Hinweis auf seinen Militärdienst);

Gutsbes. **Friedrich (seit Aug. 1701: Frhr.) von Schmettau** (* 16. Juli 1695, † 31. Aug. 1719) *

Vater: Wolfgang (1648–1711), Diplomat, seit Aug. 1701 Reichsfreiherr, Erbherr auf Königswalde im Krs. Sternberg; **Mutter**: Charlotte (1669–1735), e. To. d. brandenburg. EM Paul von Fuchs; **Laufbahn**: trat weder in d. Militär- noch in d. Zivildienst ein; **Güter**: besaß zs. mit seiner Mutter 1715 u. 1718 als Pfandbesitzer d. Güter Osterwalde u. Königswalde im Krs. Sternberg, Lehnsträger war d. Komtur Adolph Friedrich von Waldow; F. besaß auch Kehrberg (in d. Prignitz);

Quellen: Jb. Neumark, 1928, S. 26–27; Fam.gesch., S. 536–537;

Major **Gottfried von Schmettau** (* 1745, † um 1809)

Vater: Heinrich Wilhelm (1702–1767) *, Direktor d. kurmärk. Kammer, Erbherr auf Anteil Eichow im Krs. Cottbus; G. aus Berlin gebürtig; **Mutter**: Friederike Wilhelmine, geb. von Schmettau (1715–1799); **Bruder**: Friedrich Wilhelm (1738–1758), Ltnt.; **Bruder**: Samuel Ernst George (1741–1790) *, Reg.rat in Halberstadt; **Bruder**: Ludwig Christian (* 1747), 1763 ins I-R Nr. 36, Sep. 1763 Fähnrich, als solcher noch 1767 hier gen., stand 1779 als Sl im Garn.-Reg. Nr. 8, 1798 als Ltnt., 1801 als Stabs-Cap. bei d. Invaliden-Comp. in Trebbin gen.; **Bruder**: Carl Ludwig (* 1749), stand 1764 als Gefr.corp. im I-R Nr. 25, nach sieben Jahren vom Reg. abgegangen, zeitweilig Referendar bei d. kurmärk. KDK, dann neun Jahre Rentmstr. d. kurmärk. Haupt-Service-Kasse in Berlin, erwarb im Aug. 1781 (von seiner Mutter) Laasow im Krs. Cottbus für 20/m T., hier noch 1809 gen., bat im Juni 1786 um d. Charakter Kriegsrat, Sohn: Carl August (* 1785); **Laufbahn**: seit 1762 im Militär, 1764 Fähnrich im I-R Nr. 25, 1774 Pl, 1779 Stabs-Cap., Mai 1782 vom I-R Nr. 25 gegen seinen Willen dim., kam am 12. Juni 1782 mit e. Immediatsupplik ein, machte darauf aufmerksam, 1762, 1763 d. Affäre bei Leutmannsdorf u. d. Belagerung von Schweidnitz mitgemacht zu haben, war im Bayer. Erbfolgekrieg bei Pfaffenberge dabei, soll im Febr. 1779 mit d. Bataillon bei Jägerndorf *gefehlt* haben, wäre damals aber gar nicht vor Ort gewesen, wurde bei d. Frühjahrs-Revue von 1782 wegen e. Fehlers beim *Retiriren* vom König in Arrest gesetzt u. anschließend entlassen, bat um e. Pension oder e. Versorgung; Nov. 1788 Chef d. Invaliden-Comp. im kurmärk. Trebbin, Dez. 1793 Major, Febr. 1809 dim., im schles. Buchwald bei Sagan gest.; **Güter**: von 1785 bis 1788 Erbherr auf Ranzow im Krs. Cottbus, für 8 500 T. erworben, dann an d. (sächs.) Ol Johann Friedrich von Mauritius für 9 500 T. verkauft;

Quellen: GStA, I. HA, Rep. 96, Nr. 435 S, Bd. 14; II. HA, Abt. 12, Materien, Vas.tab. Nr. 6, Bl. 50 RS-51; IV. HA, Rep. 1, Nr. 86, Bl. 18 (G., hier fälschlich d. I-R 39 zugeordnet, Bruder L. C. hier nicht); Stabi, Ms. boruss. fol. 312, Bl. 139 RS (Bruder L. C.); fol. 314, Bl. 123, Bl. 139, Bl. 152 RS, Bl. 157; Ms. geneal. fol. 120, Bl. 239 RS; Gesch. I-R Nr. 36, S. 106; Bratring, 3. Bd., S. 349; Krüger, Cottbus, S, 25, S. 30–31; Fam.gesch., S. 560–562; biogr. Handbuch, S. 887–888 (Vater);

Major **Gottfried Heinrich Leopold Reichsgraf von Schmettau** (* 21. Okt. 1732, † 15. Nov. 1812) *

Vater: Gottfried Heinrich (1710–1762), seit Febr. 1742 Reichsgraf, preuß. Oberjägermstr., EM, Erbherr auf Pommerzig im Krs. Crossen, für 60/m T. erworben; **Mutter**: Franzeline Leopoldine Benjamine, geb. Freiin von Schönaich (1708–1794), sie wollte 1760 ihr Gut Scheegeln nebst Anteil Preichow im Krs. Crossen für 18/m T. an d. Amtsrat Gülle verkaufen; **Bruder**: Bernhard Alexander Gottfried (1748–1816), GM, s. d. mehr; **Laufbahn**: 1751 ins K-R Nr. 12, 1756 Adjutant bei GM C. F. S. von Plettenberg, 1757 bei Kolin Adjutant von A. W. Herzog von Braunschweig-Bevern, 1757 bei Leuthen Adjutant bei Gl G. W. von Driesen, nach d. Einnahme von Breslau wieder Adjutant bei GM von Plettenberg, dann Adjutant beim General d. Kavallerie von Zieten, bei GM H. C. von Krockow, in d. Schlacht bei Bettlern wieder beim Herzog von Bevern, Febr. 1763 Stabs-Rittmstr. im K-R Nr. 12, Okt. 1765 auf Wunsch dim., 1778 als Major gen., will sich zu Beginn d. Bayer. Erbfolgekrieges d. König offeriert haben, wurde aber nicht einrangiert, 1786 als Major von d. Armee bez.; **Güter**: 1778 als Majoratsherr auf Pommerzig gen., gab damals an, beim Tod seines Vaters in d. *Campagne* gewesen zu sein, hätte die Erbschaft angenommen, ohne das Ausmaß der Schulden zu kennen, d. väterliche Allodialvermögen hätte nicht zur Deckung der Verbindlichkeiten ausgereicht, bat 1778 um Schutz vor seinen Gläubigern, 1772 trug Pommerzig e. jährl. Pacht von 4 400 T., 1802 wurde über d. Vermögen d. Majoratsherrn G. H. L. auf Pommerzig d. Konkurs eröffnet, 1801 war d. Gut f. 5 500 T. verpachtet, davon gingen 500 T. *Competenz* an d. Besitzer, 5/m an d. Gläubiger, die Schulden auf d. Majorat betrugen 124/m T.; **Ehefrau**: Charlotte Luise (1750–1818), e. Tochter d. Generals Bogislav von Tauentzien (1710–1791); G. H. L. zeigte 1770 an, ein ihm gehörendes Allodialgut seinem Schwiegervater verkauft zu haben, um altväterliche Schulden von mehr als 90/m T. abzutragen, nach diesem Verkauf hätten sich die Forderungen noch auf 16/m T. belaufen; um für d. Unterhalt von Mutter, einer Schwester und zwei Brüdern sorgen zu können, bat er darum, e. Darlehen über 16/m T. auf d. Majorat Pommerzig aufnehmen zu dürfen, dieses wollte er mit jährlich 1/m T. tilgen, d. jährliche Pacht soll 1770 angeblich 6/m T. betragen haben; **Sohn**: August Bogislav Gottfried (1767–1816), seit Juni 1787 Legationsrat in d. Pepinière d. Kabinettsministeriums, 1791 Kammerherr, hatte als Legationsrat bei d. preuß. Gesandtschaft in Regensburg Schulden gemacht u. wurde deshalb von seinen Gläubigern bedrängt, Ehefrau: Ulrica Maria, geb. Frein von Behr-Negendonck (1767–1852), sie erwarb im Jahr 1800 d. Gut Herzogswalde im Krs. Sternberg für 35 900 T., beide hatten hier ihren Wohnsitz, noch 1809 hier gen.;

Quellen: GStA, I. HA, Rep. 22, Nr. 325 e, Pakete 8 780 u. 8 781; Rep. 96, Nr. 257 S, Bl. 32; II. HA, Abt. 12, Materien, Vas.tab. Nr. 6, Bl. 31 RS-32, Bl. 129 RS-130 (Sohn); Nr. 8, Bl. 152 RS-153 (Sohn u. dessen Frau); IV. HA, Rep. 1, Nr. 86, Bl. 17; X. HA, Rep. 37, Trebschen, Nr. 321; Stabi, Ms. boruss. fol. 311, Bl. 271 RS (G. H. L.); Ms. geneal. fol. 120, Bl. 242 RS (1778 d. drei Brüder gen.); Bratring, 3. Bd., S. 282; Jb. Neumark, 11/1936, S. 94; Fam. gesch., S. 538–540;

GM **Johann Ernst von Schmettau** (* 1703, † 20. Mai 1764) *

Vater: Friedrich Wilhelm (1663–1732), Hofrat, Oberamtmann, Direktor d. JG in Berlin; **Mutter**: Sophie Dorothea, geb. von Hünecke (1681–1763) aus Eichow bei Cottbus; **Laufbahn**: 1718 Junker im K-R Nr. 11, Aug. 1721 Cornet, Sep. 1727 Ltnt., Mai 1738 Rittmstr. u. Chef e. Escadron im K-R 11, Dez. 1744 Major, Dez. 1745 für Kesselsdorf Orden p. l. m., Juni 1755 Obrist, Juni 1757 Kommandeur d. K-R Nr. 11, Dez. 1757 GM, Jan. 1758 Chef d. K-R Nr. 4, 1764 im schlesischen Neustadt gest.; **Ehefrau**: Anna Sophie, geb. Schlüter (1712–1747); **Sohn**: Casimir Friedrich Ernst (1730–1798), Mai 1749 als Junker ins I-R Nr. 36, Nov. 1751 Fähnrich, Juni 1756 Sl, Jan. 1758 Pl, Juni 1763 Stabs-Cap., Sep. 1766 Cap. u. Chef e. Comp., April 1780 dim.; **Sohn**: Carl Wilhelm Friedrich (* 28. Dez. 1734, † 31. Mrz. 1798) *, Mai 1747 Ritterakademie in Brandenburg an der Havel, Juni 1752 Cornet im K-R Nr. 11, Juli 1757 Ltnt., Febr. 1761 Orden p. l. m., April 1765 Rittmstr. u. Chef e. Escadron, Sep. 1784 Obrist, Juli 1788 Kommandeur d. K-R 11, Aug. 1790 GM, Jan. 1796 Gl;

Quellen: GStA, IV. HA, Rep. 1, Nr. 86, Bl. 17 (kz. Notiz für J. E. u. C. F. E.), Bl. 18 (C. W. F.); Stabi, Ms. boruss. fol. 316, Bl. 183 RS? (J.E, aus d. Krs. Cottbus); Gesch. I-R Nr. 36, S. 95; König, 3. T., S. 402–403, S. 403–404 (Sohn); Lehmann, S. 99 (Sohn C. W. F.); Priesdorff, Nr. 465 (geb. in Zeitz), Nr. 801 (Sohn C. W. F.); Fam.gesch., S. 560–563;

Major **Caspar Friedrich von Schmiedeberg** (* um 1660) *

(**Vater**: Erbherr auf Anteil Herrendorf im Krs. Königsberg); C. F. aus d. Neumark gebürtig); **Bruder**: Joachim Christoph († vor 1713); **Laufbahn**: stand 1703 als Rittmstr. im D-R Prinz Albrecht Friedrich, vor 1713 als Major abgegangen; **Güter**: 1713 Erbherr auf Anteil Herrendorf im Krs. Königsberg, erheiratete diesen mit d. Witwe Henning von Drosedow, wurde 1701 mit diesem Anteil belehnt, erhielt auf seine Gesuch im Jan. 1716 den von Sydowschen Anteil an Herrendorf im Wert von 500 T., das sog. rote Gütchen, als Lehn zugesprochen, es hatte zuletzt Curth Sigmund von Sydow gehört, noch 1718 auf Anteilen in Herrendorf gen., verkaufte 1725 zwei Anteile von Herrendorf an Heinrich Daniel Ludwig von Schmiedeberg für 3 750 T.; in zweiter Ehe **verheiratet** mit Elisabeth Sophie, geb. von Schmalenberg, diese besaß e. Mitgift in Höhe von 4 500 T., aus beider Verbindung keine Kinder;

Quellen: GStA, I. HA, Rep. 22, Nr. 302 b, Paket 8 751; Rep. 62, Nr. 90 d; BLHA, Rep. 23 B, Nr. 446; Bardeleben, S. 412; Jb. Neumark, 1927, S. 22;

Ltnt. **Christian Friedrich von Schmiedeberg** (1727–1774)

aus Pommern gebürtig; **Laufbahn**: 1745 als *cadet* gen., stand 1746 als Gefr. corp. im I-R Nr. 22, erhielt 1772 als vorm. Ltnt. im I-R Nr. 22 für d. **Vorwerk** Friedrichsfelde bei Zeinicke im Krs. Dramburg e. Meliorationskredit über 1/m T., hatte damals vier Brüder, von denen noch drei im Militär standen, einer als Ltnt. abgegangen war, bekam 1777 weitere 950 T. für Verbesserungen auf d. Gut; **Ehefrau**: Eleonore Maria, geb. von Goetzen (* 1736); C. F. hinterließ d. **Sohn** Friedrich (* 1767), 1783 *cadet* in Berlin u. drei unmündige **Töchter**, 1787 im Alter von 26, 23 u. 20 Jahren, seine Witwe besaß 1786

d. Vorwerk Friedrichsfelde im Wert von 2 700 T., darauf eingetragen d. väterliche Erbe ihrer Kinder in Höhe von 600 T. u. d. beiden Meliorationskredite, die mit einem bzw. zwei Prozent zu verzinsen waren, von ihrem jüngst verst. Vater hatte sie 2 100 T. geerbt, sie besaß daher keine Aussicht auf e. neumärk. Witwenpension;

Quellen: GStA, II. HA, Abt. 13 a, Tit. III, Generalia, Nr. 2, Bd. 14, fol. 4 RS-5 (Witwe mit Angaben über ihren Mann); Ms. geneal. fol. 120, Bl. 247 (1774 C. F. auf Fr.felde gen.); Moegelin, S. 260, S. 263;

Ltnt. **Christian Wilhelm von Schmiedeberg** (* 1750)

Vater: Carl Friedrich Otto († vor 1767), Major, Erbherr auf Anteil Storkow im Krs. Dramburg, hinterließ zwei Söhne, 1773 befand sich sein Nachlaß im Konkurs; **Mutter**: Marianna Charlotte, geb. von Bornstedt, sie bat als Witwe 1767 um e. Indult für ihren Anteil an Storkow im Wert von 7/m T., ihre ges. Aktiva betrugen damals 8 300 T., d. Schulden 5 505 T., sie erhielt 1772 ein Darlehen für Meliorationen in Höhe von 1/m T.; **Bruder**: Joachim Friedrich (* 1758), 1774 Page beim Herzog von Bevern, **Laufbahn**: seit 1765 im Militär, stand 1779 als Ltnt. im D-R Nr. 12, Juni 1781 bei d. Revue dim.; nahm seinen Wohnsitz in Storkow; **Güter**: suchte im Mai 1782 immediat um Beihilfen für sein Gut Storkow im Krs. Dramburg in Höhe von 10/m T. nach; (**Ehefrau**: Sophie Albertine, geb. von Blankensee, 1798 in Storkow gen.);

Quellen: GStA, I. HA, Rep. 22, Nr. 302 b, Paket 8 751; Rep. 96, Nr. 435 S, Bd. 3; IV. HA, Rep. 1, Nr. 86, Bl. 79 (C. W., kz. Notiz), Bl. 78 (J. F.); Stabi, Ms. boruss. fol. 311, Bl. 256 RS (hier als Ludwig); Ms. geneal. fol. 120, Bl. 246; Moegelin, S. 260;

Cap. **Christoph Friedrich von Schmiedeberg** (* 1691, † 1. Mai 1755) *

Vater: Christoph Friedrich, Erbherr auf Anteil Zeinicke im Krs. Dramburg; **Vater-Bruder**: Adam Gottfried (* 1685, † 1766), stand 15 Jahre als Ltnt. bei d. Grenadieren in Potsdam, 1727 zs. mit seinem Bruder C. F. auf neun Hufen in Zeinicke gen., 1745 Erbherr auf 1/3 Zeinicke, hinterließ seine Frau, e. geb. von Rüchel, diese bekam 1786 als Witwe e. Pension; **Laufbahn**: seit 1708 im Militär, stand zwei Jahre im I-R Nr. 9, dann 18,5 Jahre im I-R Nr. 5, 1729 als Stabs-Cap. ins I-R Nr. 3, 1731 Cap. u. Chef e. Comp., Mrz. 1734 dim.; **Güter**: saß 1745 auf 1/8 Zeinicke; seit 1733 **verheiratet** mit Christiane Louise, geb. Sellentin (1725–1760), aus d. Ehe vier Töchter u. d. **Sohn** Christoph Carl Gustav (* 23. Juni 1748, † 24. April 1811) *, seit 1765 auf d. Univ. Halle, erhielt als Referendar bei d. Küstriner Regierung am 6. Dez. 1770 d. *venia aetatis*, d. Gutsanteil seines Vaters soll 1770 e. Wert von 10/m T. gehabt haben, darauf Schulden von 4 500 T., C. C. G. erbte ½ Zeinicke von seinem Onkel, d. Ltnt. (A. G.) von Schmiedeberg, 1774 hier gen., d. Ref. soll 1772 Charlotte Sophie Ziegel (* 1752) aus Küstrin geschwängert haben, diese belangte ihn deshalb bei d. Gerichten, seit 1797 Vizepräsident d. Regierung in Marienwerder;

Quellen: GStA, I. HA, Rep. 22, Nr. 302 b, Paket 8 751; Rep. 62, Nr. 90 d; Rep. 96, Nr. 304 C 1; Nr. 435 S, Bd. 3; Stabi, Ms. geneal. fol. 120, Bl. 228; Gesch. I-R Nr. 3, S. 179–180; Jb. Neumark, 1927, S. 109; biogr. Handbuch, S. 892 (Sohn);

Major **Ernst von Schmiedeberg** (* 1741)

(Vater: Wilhelm († vor 1745), Erbherr auf Anteil Langenhagen im Krs. Dramburg); E. aus d. NM gebürtig; **Bruder**: Carl Gottfried (* 1734) vor 1774 als Ltnt. abgegangen; **Bruder**: Gustav Bernhard (* 1733) *, seit 1754 im Militär, 1756 Gefr. corp., 1757 Fähnrich im I-R Nr. 1, 1764 Pl, Mai 1774 Stabs-Cap., April 1779 Cap., Jan. 1787 Major im I-R Nr. 1, Nov. 1793 mit 400 T. pens.; **Bruder**: Carl (* 1736), 1774 Ltnt., 1798 Major im Königsberger Garn.-Reg.; (**Bruder**: Friedrich (* 1756), aus Storkow gebürtig (sein Vater soll bei Prag gefallen sein), seit 1771 im Militär, 1779 als Fähnrich im I-R Nr. 7 gen., 1787 Sl, Jan. 1789 Pl, Mai 1790 als Invalide pens., hielt sich 1798 in Pommern auf, Juli 1803 Charakter Cap.); **Laufbahn**: stand 1773 als Ltnt. im D-R Nr. 9, 1798 Major im K-R Nr. 7; **Güter**: 1801 u. 1803 wurden Carl, Major im Reg. Sommerfeld in Königsberg, Ernst, Major im K-R Nr. 7, u. August bzw. G. B., Major im I-R Nr. 1, als unangesessene Vasallen im Krs. Dramburg aufgelistet; (**verwandt**: Johann Ernst von Schmiedeberg (1741–1784), aus Pommern, seit 1758 im Militär, stand 1777 als Pl im I-R Nr. 10, in d. Rangliste von 1777 Verweis auf seinen Bruder (G. B.) im I-R Nr. 1, Okt. 1782 Cap.: Stabi., Ms. boruss. fol. 316, Bl. 215);

Quellen: GStA, II. HA, Abt. 12, Materien, Vas.tab. Nr. 6, Bl. 80 RS-81; Nr. 8, Bl. 81 RS-82; IV. HA, Rep. 1, Nr. 86, Bl. 78 (G. B., J. E., F.), Bl. 79 (hier u. Bl. 78 kein E, kein Carl); Stabi, Ms. boruss. fol. 312 (in d. Listen D-R Nr. 9, 1763, 1772, 1786 kein v. S.); Ms. boruss. fol. 313, Bl. 189, Bl. 244, Bl. 302 (je G. B.); fol. 314, Bl. 271 RS, Bl. 274 RS (Friedrich, Ltnt. im I-R 7, Hinweis auf zwei Brüder, die als Major im I-R 1 u. I-R 10 standen); Bl. 287 (C. F.); Ms. geneal. fol. 120, Bl. 229 (1745 werden fünf Brüder gen.), Bl. 247 (1774 vier Brüder v. S. im Krs. Dramburg); Pommern, S. 604 (Biogramm d. Bruder G. B. mit Angaben über J. E.);

Cap. **Ernst Friedrich von Schmiedeberg** (* 1762, † 3. April 1818)

Vater: Christian Ernst († 1771), stand als Ltnt. im neumärkischen Land-Bat., seit 1752 Erbherr auf ½ Petznick im Krs. Dramburg, 1753 betrug d. Gutswert 6 300 T., darauf Schulden von 5 300 T., d. Gut wurde im Siebenjährigen Krieg ruiniert, C. E. soll beim Einfall d. Russen sein Vermögen verloren haben, hinterließ seinen Kindern nur d. *Nachruhm*, noch 1766 wurde d. dim. Ltnt. C. E. auf Anteil Petznick gen.; **Mutter**: Anna, geb. von Wedel (* 1735), sie saß 1771 auf Anteil Petznick im Wert von 12 833 T., darauf fremde Schulden von 2 850 T. u. ihre *dota* in Höhe von 6 533 T., auf ihr Gesuch bekam sie e. Indult; 1784 wurde d. Gut von d. Ritterschaft administriert, die Schulden lagen jetzt bei 12 533 T., davon Pfandbriefe über 6/m T. u. jene 6 533 T., die d. Witwe Anna gehörten; **Laufbahn**: 1772 *cadet* in Berlin, Febr. 1780 ins Regiment, Mrz. 1784 Cornet im K-R Nr. 13, bat am 15. Dez. 1784 immediat um e. Beihilfe zur *Equipage*, sei arm, verwies auf d. Kriegsverluste d. Vaters u. d. damalige Sequestration d. Gutes, Okt. 1787 Sl im D-R Nr. 12, Juli 1793 dim., Febr. 1798 Charakter als Cap.; **Güter**: Erbherr auf (Klein Grünow) u. Anteil Petznick, wollte als Mündel Mitte 1784 e. Kredit auf sein Gut aufnehmen, wofür er d. Zustimmung d. Pupillenkollegiums benötigte, hatte nach seiner Beförderung zum Cornet die *Equipage* d. verst. Rittmstrs. von Seher für 600 T. gekauft u. mußte diese jetzt bezahlen, erhob damals Ansprüche auf Klein Grünow, die jedoch als fragwürdig bezeichnet wurden, hatte Petznick zs. mit seinen vier Schwestern geerbt, seine jährlichen Revenuen aus d. Gut betrugen nur 65 T., verkaufte Petznick 1796 für 35 700 T. an d. Major Friedrich Wilhelm von Wurmb;

Quellen: GStA, I. HA, Rep. 22, Nr. 302 b, Paket 8 751; Rep. 96, Nr. 95, S ss, Bl. 22; IV. HA, Rep. 1, Nr. 86, Bl. 78; Stabi, Ms. geneal. fol. 120, Bl. 246; Gesch. K-R Nr. 13, S. 302–303; Jb. Neumark, 11/1936, S. 67;

Ltnt. **George Heinrich von Schmiedeberg** (* 1688)

(**Vater**: Gottfried († um 1725), Erbherr auf Anteil Zeinicke im Krs. Dramburg, 1715 hier gen.); G. H. aus d. NM gebürtig; **Laufbahn**: seit 1705 im Militär, stand 1715 als Fähnrich im I-R Nr. 26, 1717 als Ltnt. desertiert; **Güter**: d. Vater u. seine drei Söhne, d. Ltnt. George Heinrich (auf Clausburg) wurde dabei ausdrücklich gen., verkauften im Juni 1724 ihren Anteil an Zeinicke auf Pfandschilling für 30 Jahre an d. Cap. Hans George von Gombrecht, s. d., wegen unklarer Verkaufsmodalitäten prozessierten beide Parteien anschließend gegeneinander;

Quellen: GStA, I. HA, Rep. 22, Nr. 302 b, Paket 8 751; Stabi, Ms. boruss. fol. 314, Bl. 9 (aus Pommern), Bl. 23 (aus d. NM); Jb. Neumark, 1927, S. 109;

Cap. **George Heinrich von Schmiedeberg** (* um 1700)

Vater: Heinrich, Ltnt., 1715 als Erbherr auf Anteil, 1727 auf 1/2 Storkow im Krs. Dramburg gen.; G. H. aus d. Neumark gebürtig; **Bruder**: Joachim Friedrich († vor 1739), 1715 erwähnt, 1734 auf Anteil Storkow; **Laufbahn**: seit 1714 im Militär, 1715 *cadet* in Magdeburg, seit 1716 im I-R Nr. 18, 1720 hier als Fähnrich aufgeführt, befand sich 1734 als Ltnt. auf Werbung, im Juli 1738 als Stabs-Cap. dim. (stand 1741 bis 1742 erneut im I-R Nr. 18); **Güter**: saß seit 1739 auf ¼ Storkow im Krs. Dramburg, zeigte am 2. Juli 1744 aus Storkow an, von 1716 bis 1739 bei Derschau gedient zu haben, in dieser Zeit wären seine Eltern u. d. Bruder Joachim Friedrich gest., dieser hatte e. Sohn hinterlassen, der 1744 bei d. *cadets* stand, als dessen Vormund fungierte d. Landrat George Ernst Frhr. von der Goltz auf Karwitz, dieser soll mit d. Gütern seines Mündels schlecht gewirtschaftet haben, d. Cap. u. d. Landrat prozessierten deshalb gegeneinander, d. Schöppenstuhl zu Halle gab 1747 e. Urteil über beider Händel ab, danach mußte d. Cap. George Heinrich wegen d. Gebrauchs von Schmäh- u. Schimpfworten eine Ehrenerklärung gegenüber seinem Kontrahenten abgeben u. eine fiskalische Strafe von 40 T. zahlen, der Landrat seinerseits mußte e. Strafe von 25 T. erlegen; d. Cap. George Heinrich hatte außerdem vor 1744 e. neunjährigen Prozeß gegen d. Frau Major von Gombrecht wegen e. Betrages von 900 T. geführt u. gegen d. Cornet Paul Ludwig von Ravisard geklagt, er hatte diesem 1732 sein kl. Gut Berkenow im Krs. Schivelbein für 3 100 T. verkauft, d. Cornet zahlte jedoch nur 1/m T. u. behielt d. Rest d. Kaufpretiums ein, weil d. Revenuen geringer gewesen sein sollen als angegeben u. er nicht d. ganze Inventar bekommen habe, daraufhin ließ d. Cap. d. Cornet aus Anteil Berkenow exmittieren, anschließend wurde über d.

Gut d. Sequester verhängt; bei d. Licitation im Okt. 1747 kaufte d. Cap. G. H. Berkenow zurück, mit letztwilliger Verfügung ging d. Gut im Mai 1755 an Frau Rosine Agnese Charlotte von Wobeser, geb. von Schmiedeberg; (1774 saß e. George Heinrich von Schmiedeberg, 69 Jahre, auf Anteil Zehrten im Krs. Arnswalde);

Quellen: GStA, I. HA, Rep. 22, Nr. 302 b, Paket 8 751 (1734 wird J. F. explizit als Bruder d. Ltnt.s George im I-R 18 gen.); Rep. 176, Nr. 8 802; BLHA, Rep. 23 B, Nr. 446; Stabi, Ms. boruss. fol. 313, Bl. 159 RS, Bl. 168; Jb. Neumark, 1927, S. 111;

Ltnt. **Gottfried von Schmiedeberg** (* um 1700)

(aus d. Neumark gebürtig); **Laufbahn**. avancierte im I-R Nr. 19 bis zum Ltnt., Nov. 1721 auf Wunsch dim., ging auf sein neumärkisches **Gut**: 1728 auf Anteil Nörenberg im Krs. Arnswalde gen.;

Quellen: Stabi, Ms. geneal. fol. 120, Bl. 223 RS; Gesch. I-R Nr. 19, S. 79;

Ltnt. **Wilhelm von Schmiedeberg** (* 1. Jan. 1750)

Vater: Adam Christian (* 1710), stand als Junker im K-R Nr. 7 (von Bredow), nach 15 Dj. als Ltnt. dim., Erbherr auf ¼ Storkow im Krs. Dramburg, 1739 auch auf Anteil Klein Grünow, prozessierte 1739 gegen d. Witwe d. Cap.-Ltnt.s August Christian von Schmiedeberg, der ohne Leibeserben gest. war, wegen Lehnsanteilen an Storkow; **Großvater**: Faustin Heinrich (* 1680), 1727 auf ½ Klein Grünow, 1745 als Erbherr auf ¼ Storkow im Krs. Dramburg gen., hatte nur d. Sohn A. C.; **Laufbahn**: avancierte im D-R Nr. 12 bis zum Ltnt., reichte im Sep. 1776 aus Naugard e. Immediatsupplik ein, machte darauf aufmerksam, der Lehnsfolger seines verst. **Bruders**, d. Rittmstrs. Carl Friedrich, der 1772 e. Meliorationskredit über 2/m T. bekommen hatte, auf Anteil Storkow zu sein, d. Gut wurde nach d. Tod d. Bruders *sub hasta* gestellt, d. Supplikant war zu diesem Zeitpunkt auf Werbung, sein Vormund habe bei d. Licitation im Sep. 1775 für ihn auf d. Gut geboten, d. Zuschlag habe jedoch eine Frau von der Osten für 5 600 T., bekommen, d. neumärkische Regierung forderte ihn daraufhin auf, Storkow bei d. Gerichten einzuklagen;

Quellen: GStA, I. HA, Rep. 22, Nr. 302 b, Paket 8 751; Rep. 96, Nr. 304 C 1; IV. HA, Rep. 1, Nr. 86, Bl. 79 (im Juni 1767 wurde e. Ltnt. im K-R Nr. 5 dim.), auf Bl. 78 u. 79 nur C. W. u. E. F. im D-R 12; Stabi, Ms. boruss. fol. 311, Bl. 137 (1764 im K-R Nr. 5 e. Carl Friedrich, geb. 1744, seit 1757 im Militär), Bl. 256 RS (1779 hier nur e. Ludwig); Stabi, Ms. geneal. fol. 120, Bl. 228 (Vater); Moegelin, S. 260;

Cap. **Wilhelm Friedrich August von Schmiedeberg** (* 1756, † Okt. 1813)

Vater: Cuno Gottfried (* 1725, † 21, Juni 1780), stand vor 1765 als Ltnt. im I-R Nr. 36, 1767 Erbherr auf Anteil Storkow im Krs. Dramburg im Wert von 5 748 T., darauf Schulden von 4 509 T.; **Mutter**: Christiana Maria Elisabeth, verwitw. George Bogislav von Briesen, geb. von Rhoeden (* 1727), sie hielt sich 1783 u. 1787 in Zeinicke auf, besaß kein Vermögen, ernährte sich mühsam von Handarbeit, stand auf d. Expectantenliste für e. Pension; **Großvater**: Wilhelm, hinterließ fünf Söhne, 1745 im Alter von 18 bis zehn Jahren; Stief-**Bruder**: Friedrich Wilhelm von Briesen, hielt sich 1787 bei seiner Mutter auf, galt als *blödsinnig*; **Laufbahn**: seit 1782 im Militär, Mai 1786 Fähnrich im I-R Nr. 25, Sep. 1788 Sl, Okt. 1794 Pl, Sep. 1804 Stabs-Cap., Okt. 1812 zur Gendarmerie, Mrz. 1813 zum 3. Res.-Bat. d. Leib-I-R, April 1813 Cap., Aug. 1813 als Major zum 9. I-R, Okt. 1813 an Blessuren gest.;

Quellen: GStA, II. HA, Abt. 13 a, Tit. III, Generalia, Nr. 2, Bd. 13, fol. 13 RS-14; Tit. IV, Litt D, Nr. 1; IV. HA, Rep. 1, Nr. 86, Bl. 78; Stabi, Ms. boruss. fol. 314, Bl. 137; Ms. geneal. fol. 120, Bl. 229, Bl. 245 RS, Bl. 246; Gesch. I-R Nr. 36 (hier kein v. S.);

Ltnt. **Ernst Ludwig von Schmigilsky** (* 1751) *

aus d. Neumark gebürtig; **Laufbahn**: seit 1768 im Militär, Nov. 1773 Sl im I-R Nr. 30, zuletzt hier Pl, als solcher 1783 wegen *übler Conduite* dim.;

Quellen: Stabi, Ms. boruss. fol. 311, Bl. 184, Bl. 191;

Cap. **George Wilhelm von Schmolcke** (* 1702)

Vater: Johann Wilhelm, verpfändete seinen Anteil an Schönwalde im Krs. Sternberg vor 1718, saß damals als Pfandbesitzer auf Anteil Malsow; in d. Rangliste f. 1730 heißt es für G. W. explizit, aus Schönwalde geb.; **Laufbahn**: seit 1720 als Gefr.corp. im I-R Nr. 20, Febr. 1730 Pl, noch 1740 als Pl gen., zuletzt Cap. im I-R Nr. 20, Juni 1751 dim.;

Quellen: GStA, IV. HA, Rep. 1, Nr. 86, Bl. 95 (kz. Notiz); Stabi, Ms. boruss. fol. 311, Bl. 116, Bl. 117, Bl. 118; Zedlitz, 4. Bd., S. 185 (Hinweis auf Schönwalde als Stammsitz); Jb. Neumark, 1928, S. 23, S. 40–41 (hier jeweils als Schmulcke);

Ltnt. **Anton Lebrecht von Schnell** (* 1733)

aus d. Neumark gebürtig; **Bruder**: Carl Heinrich Lebrecht (* 1754), 1774 Junker (bzw. Ltnt.) im I-R Nr. 4; **Laufbahn**: vor 1774 Uffz. im D-R Nr. 3, 1783 Ltnt. im I-R Nr. 4, 1798 Ltnt. bei d. Invaliden-Comp. in Mohrin im Krs. Königsberg, 1801 in Rathenow; **Güter**: 1801 u. 1803 als unangesessener Vasall im Krs. Friedeberg gen.;

Quellen: GStA, II. HA, Abt. 12, Materien, Vas.tab. Nr. 6, Bl. 89 RS-90; Nr. 8, Bl. 92 RS-93; nicht in IV. HA, Rep. 1, Nr. 86, Bl. 120–121; Stabi, Ms. geneal. fol. 120, Bl. 249 (1774 d. Brüder gen.);

Cap. **Andreas Friedrich von Schön** (* 1730)

Vater: Erbherr auf ½ Schlagenthin († vor 1745), 1745 saß seine Witwe auf d. Anteil im Krs. Arnswalde, sie hatte damals zwei Söhne von 15 u. 17 Jahren, der ältere diente im I-R Nr. 22; **Bruder**: Carl David (* 1731, † 23. Juli 1759 bzw. 29. Mai 1760), seit 1745 im Militär, 1746 als Corp. gen., Mai 1750 Fähnrich im I-R Nr. 22, Juni 1753 Sl, 1756 als Sl u. Adj. gen., Mrz. 1757 Pl, April 1759 2. Adjutant d. Prinzen Moritz von Anhalt-Dessau, April 1759 Stabs-Cap., 1759 bei Kay gefallen bzw. an dort erlittenen Blessuren 1760 gest.; **Laufbahn**: seit 1743 im Militär, 1746 Gefr. corp., Okt. 1748 Fähnrich, Juni 1752 Sl im I-R Nr. 22, 1756 nach zwölf Dj. zu einem sog. sächs. Reg. versetzt, dann zu Rothkirch, Dez. 1763 bzw. Febr. 1764 Cap. u. Chef e. Comp. im I-R Nr. 32, noch 1774 hier als Cap. geführt, 1778 Chef d. Grenadier-Comp. d. I-R Nr. 32, April 1780 dim.; (**verwandt**: e. Cornet von Schön im K-R

Nr. 9, am 19. Aug. 1758 gefallen: IV. HA, Rep. 1, Nr. 86, Bl. 152);

Quellen: GStA, IV. HA, Rep. 1, Nr. 86, Bl. 152 (A. F. hier als von Schoene, für ihn zwei Nennungen: im Okt. 1756 zuletzt im I-R 22 gen., April 1780 als Cap. im I-R Nr. 32 dim., C. D., 1760 gefallen); Stabi, Ms. boruss. fol. 312, Bl. 149 RS, Bl. 150 RS (je A. F.); fol. 314, Bl. 285 (Carl), Bl. 286–286 RS, Bl. 287 (A. F. u. C. D., als von Schönn), Bl. 292 (Abgangsliste, 1756 A. F. versetzt), Bl. 292 RS (C. D. als Cap. gefallen); Ms. geneal. fol. 120, Bl. 223 (Mutter?), Bl. 238; Zedlitz, 4. Bd., S. 187 (1792 suchte d. Amtsrat von Schön auf Schlagenthin um d. Erneuerung seines Adels nach); lt. Siebmacher, Bd. 6/5, 1880, S. 83 hieß die Fam. seit 1586 von Schön;

Major **Carl Frhr. von Schönaich** (* 1744, † 28. Nov. 1822)

Vater: George Philipp Gottlob Reichsfreiherr (1704–1790) *, aus Berlin gebürtig, 1719 Cornet in ksl. Diensten, 1741 ksl. Obrist, seit Mrz. 1751 als GM in preuß. Diensten, Febr. 1752 Chef d. D-R Nr. 3, April 1753 Chef d. K-R Nr. 6, April 1759 dim., Erbherr auf Mellendorf u. Schlaupitz in Schlesien; d. Sohn Carl aus d. Stadt Crossen gebürtig; **Mutter**: Anna Maria, geb. Gräfin von Castell († 1778); **Bruder**: Otto Philipp Fabian Johann (1745–1801), seit 1761 im Militär, stand 1764 u. 1776 als Ltnt. im D-R Nr. 5, Juni 1783 als Pl dim., Jan. 1798 Charakter Cap. (später Charakter Major), Mai 1801 Erlaubnis, in fremde Dienste zu gehen; **Großvater**: Hans Georg († 1708) Besitzer d. Standesherrschaft Beuthen; **Laufbahn**: seit Okt. 1760 im Regiment, im Febr. 1773 als Ltnt. im K-R Nr. 13 gen., Mrz. 1784 Stabs-Rittmstr., Juni 1787 als Major dim., amtierte anschließend als Direktor der Ritterakademie zu Liegnitz, hatte hier seinen Wohnsitz; **Güter**: erwarb Guhlow im Krs. Crossen 1798 für 10 100 T., noch 1805 hier gen. (1809 befand sich d. Gut in anderen Händen); (**verwandt**: Otto Albrecht Frhr. von Schönaich (* 1702), trat weder in d. Zivil- noch in d. Militärdienst ein, 1778 als Erbherr auf Gersdorf im Hzgtm Crossen u. auf Amtitz in d. Niederlausitz gen., hatte hier seinen Wohnsitz: Ms. geneal. fol. 120, Bl. 242 RS);

Quellen: GStA, II. HA, Abt. 12, Materien, Vas.tab. Nr. 6, Bl. 28 RS-29; IV. HA, Rep. 1, Nr. 86, Bl. 145 (Vater, kz. Notiz), Bl. 146 (Carl u. O. P. F.); Stabi, Ms. boruss. fol. 313, Bl. 48, Bl. 49 RS (je O. P. F.); Ms. geneal. fol. 120, Bl. 242 RS; Bratring, 3. Bd., S. 347; Gesch. K-R Nr. 13, S. 138, S. 302–303; Zedlitz, 4. Bd., S. 188 (hier als Geo. Wilhelm Gottl.); Jb. Neumark, 11/1936, S. 79; Priesdorff, Nr. 388 (Vater, Carl hier nicht gen.);

Ltnt. **Carl Emil Graf von Schönaich-Carolath** (* 1725)

Vater: Hans Carl (1688–1763), EM, Präs. d. OA-Reg. in Breslau, Fürst von, Erbherr auf Gersdorf im Krs. Crossen, auf Padligar u. Ostritz im Krs. Züllichau, beider Netto-Erträge sollen 1766 zs. 3 278 T. betragen haben, Besitzer d. Herrschaften Beuthen u. Carolath in Schlesien, hatte 1751 als Senior d. Familie seinen Wohnsitz in Breslau; C. E. aus Schlesien gebürtig; **Mutter**: Amalie, geb. Gräfin zu Dohna-Schlodien (1692–1761); **Bruder**: Friedrich Johann Carl (1716–1791) *, seit 1735 in kaiserl., seit April 1741 in preuß. Diensten als Ol im K-R Nr. 11, Mai 1743 Obrist, 1745 Orden p. l. m., April 1745 Kommandeur d. K-R Nr. 8, Mai 1747 GM, Sep. 1751 Chef d. K-R Nr. 9, Mai 1756 Gl, Jan. 1758 dim., Febr. bis Nov. 1764 a. o. Gesandter in Warschau, Dez. 1764 Schwarzer Adler-Orden; seit Nov. 1763 reg. Fürst; **Bruder** N. N.: (* 1727), stand 1751 als Ltnt. im D-R Nr. 11, Sep. 1756 abgegangen; **Laufbahn**: seit 1744 im Militär, stand 1750 als Sl im I-R Nr. 38, Sep. 1751 (bzw. 1754) als Ltnt. dim.;

Quellen: GStA, IV. HA, Rep. 1, Nr. 86, Bl. 145 (C. E., 1751 dim., F. J. C., Bruder 1756 dim.); X. HA, Rep. 37, Trebschen, Nr. 390; BLHA, Rep. 78 I, Nr. 170, Bl. 7 (d. Vater u. seine Söhne 1751 auf Gersdorf gen.); Stabi, Ms. boruss. fol. 316, Bl. 155, Bl. 165; Priesdorff, Nr. 355 (Bruder F. J. C.);

Cap. **Berend Christian von Schönebeck** (* um 1686)

Vater: Berend Christian (1645–1718) *, Okt. 1688 Major in Magdeburg, Dez. 1691 Ol, Mrz. 1696 Obrist, Sep. 1709 GM, Okt. 1713 Chef d. Bat. Micrander in Kolberg, Dez. 1715 mit Pension dim., 1713 Erbherr auf Ringenwalde im Krs. Königsberg; **Mutter**: Adelheid, geb. von Bismarck; **Vater-Bruder**: Hans George (* 1658, † 1716), Obrist, s. d. mehr; **Laufbahn**: Mrz. 1707 Sl im I-R Nr. 12, Dez. 1713 Stabs-Cap., April 1714 ins I-R Nr. 8, Dez. 1715 als Cap. u. Chef e. Comp. ins I-R Nr. 24, Sep. 1720 auf Wunsch dim.; **Güter**: 1715, 1718 als Erbherr auf Ringenwalde im Krs. Königsberg gen., 1751 befand sich Ringenwalde im Besitz d. Erben d. GM von Schönebeck, die sich in Weißenfels aufhielten; **Ehefrau**: e. geb. von Bismarck;

Quellen: GStA, IV. HA, Rep. 1, Nr. 86, Bl. 153 (Vater); BLHA, Rep. 23 B, Nr. 446; Stabi, Ms. boruss. fol. 319, Bl. 11 RS, Bl. 12 (je d. Vater), Bl. 49 (danach aus Kolberg gebürtig); Zedllitz, 4. Bd., S. 189 (als Schönbeck, Schönebeck, Schönebecke); Fam. gesch. Bismarck, S. 105 (d. Mutter hieß danach Hippolyta Sophie (1657-vor 1706); Priesdorff, Offz.stammliste, S. 159; Jb. Neumark, 1927, S. 21; Priesdorff, Nr. 164 (Vater); Pommern, S. 611 (kz. Biogr., als Bernd C. v. Schönbeck);

Cap. **Bernd Christian von Schönebeck** (1706–1745)

aus d. Neumark gebürtig; **Laufbahn**: seit 1724 im Militär, Mai 1735 Pl im I-R Nr. 13, als solcher noch 1740 gen., 1745 als Cap. gest.;

Quellen: Stabi, Ms. boruss. fol. 311, Bl. 21 RS, Bl. 32; Siebmacher, Bd. 6/5, 1880, S. 83 (B. C. war evt. e. Sohn d. Reg.rates Carl v. S., d. Fam. auch als Schönbeck);

Ltnt. **Christian Friedrich von Schönebeck** (* 1695, † 27. Sep. 1767)

Mutter: Eva Juliana, geb. von Damitz; C. F. auf d. Vorwerk Joachimsthal im Krs. Friedeberg bzw. im Krs. Dramburg geb.; **Laufbahn**: seit 1710 im Militär, 1715 Sergant im I-R Nr. 12, 1722 als Fähnrich, 1730 als Sl gen., noch 1730 auf Wunsch (nach 26 Dj.) abgegangen; **Güter**: 1745 als Erbherr auf Geilenfelde im Krs. Friedeberg verzeichnet; **Sohn**: Hans Carl Friedrich (1751–1805), Ltnt., s. d.;

Quellen: Stabi, Ms. boruss. fol. 316, Bl. 232, Bl. 237 RS, Bl. 238 RS, Bl. 239 RS; Ms. geneal. fol. 120, Bl. 212; Jb. Neumark, 11/1936, S. 70;

Cap. **George Friedrich von Schönebeck** (* um 1670)

(**Vater**: George Friedrich († vor 1715), Erbherr auf Groß u. Klein Cammin im Krs. Landsberg); G. F. aus d. Neumark gebürtig; **Bruder**: Christoph Sigismund, russ. Cap., vor 1713 abgegangen; (**Bruder**: Christian Friedrich, vorm. Cap. bei d.

Garde, 1715 zs. mit C. S. als Lehnsträger gen.); **Laufbahn**: stand 1692 als Ltnt. im 1. Bat. kurmärk. Garde, befand sich 1694 mit d. Bat. an d. Maas, vor 1703 als Cap. abgegangen; **Güter**: saß als vorm. Cap. von d. Garde zu Fuß zs. mit d. Bruder 1713 auf d. Gut Zachow im Krs. Königsberg; 1716 vom König erworben, zum kgl. Amt Zehden geschlagen;

Quellen: BLHA, Rep. 23 B, Nr. 446 (C. F. explizit als vorm. Cap. d. Garde bez.); Stabi, Ms. boruss. fol. 319, Bl. 8 RS, Bl. 9; Jb. Neumark, 1926, S. 58–59 (1715 C. S. u. C. F. als Lehnsträger d. Güter Groß u. Klein Cammin im Krs. Landsberg gen.); Jb. Neumark, 1927, S. 44; Schulze, Statistik, S. 105;

Major **Hans von Schönebeck** (* 1665)

aus d. Neumark gebürtig: **Laufbahn**: seit 1683 im Militärdienst, stand 1692 u. 1694 als Ltnt. im 4. Bat. kurmärk. Garde in Berlin, 1699 Pl im I-R Nr. 1, Aug. 1701 Cap. bei d. Leib-Garde, 1705 als Cap. in Königsberg gen., 1707 Cap. im Leib-Regiment zu Fuß, 1713 Major im I-R Nr. 5, vor 1715 abgegangen; **Güter**: 1713, 1722 u. 1745 auf Mohrin u. Guhden im Krs. Königsberg gen., 1751 befanden sich beide Güter im Wert von 50/m T. im Besitz seines Schwiegersohns, d. Fähnrichs Hasso Ernst von Papstein; **Ehefrau**: Johanna Elisabeth, geb. von (Brincken); **Tochter**: Anna Luise Tugendreich, verh. von Papstein, sie saß 1780, 1785 mit ihren vier Söhnen auf Mohrin u. Guhden, d. Güter befanden sich 1783 im Konkurs, Hasso Ernst bezifferte seine Schulden auf 96 260 T, damit ergab sich e. Insuffizienz von 11 171 T., in d. Konkurs verwickelt wurde auch sein Gut Blumberg im Krs. Pyritz;

Quellen: GStA, I. HA, Rep. 22, Nr. 236 (danach betrugen d. Schulden 1754 50/m T.); Nr. 293, Paket 8 745; BLHA, Rep. 23 B, Nr. 446; Stabi, Ms. boruss. fol. 313, Bl. 290 RS; fol. 319, Bl. 9 RS, Bl. 10; Ms. geneal. fol. 120, Bl. 225; Siebmacher, Bd. 6/5, 1880, S. 83–84; Bardeleben, S. 414, S. 421, S. 428; Jb. Neumark, 1927, S. 34; Jb. Neumark, 11/1936, S. 74;

Ltnt. **Hans Carl Friedrich von Schönebeck** (1751–1805)

Vater: Christian Friedrich (* 1695, † 27. Sep. 1767), Ltnt., s. d.; **Bruder**: George Ernst Heinrich (* 1752), seit 1770 Junker im K-R Nr. 5, 1775 als Cornet gen., April 1776 krankheitshalber (als Ltnt.) dim., saß 1767 zs. mit d. Bruder, 1783 u. 1801 allein auf Geilenfelde im Krs. Friedeberg, 1801 im Wert von 18 575 T., Sohn: Ernst Carl Friedrich Alex. (1784–1815), Dez. 1800 Fähnrich im I-R Nr. 35, Aug. 1804 Sl, Juni 1815 als Cap. im 9. I-R gefallen; **Laufbahn**: seit 1767 im Militär, stand 1778 als Sl im D-R Nr. 4, im Juni 1782 dim., suchte im Okt. 1786 um d. Charakter Rittmstr. nach; **Güter**: 1774 u. 1783 zs. mit d. Bruder G. E. H. als Erbherr auf Geilenfelde gen., veräußerte sein Gut Buchholz im Krs. Sternberg 1801 für 35 600 T., gekauft im Jan. 1786 für 22/m T., erwarb im Sep. 1801 Deutsch Sagar im Krs. Crossen für 39/m T. von Johann Friedrich Wüsthoff, 1807 wurde seine Witwe, 1809 (e. Sohn) u. d. Gebr. von Oppen auf d. Gut gen.; **Ehefrau**: Friederike Dorothea, geb. Schulz, ihre beiden **Söhne** von 9 u. 15 Jahren waren 1803 auf d. Schule in Crossen, 1805 stand Friedrich Leopold Ferdinand (* 1788) als Gefr.corp. im I-R Nr. 24 (1814 als Ltnt. gest.);

Quellen: GStA, I, Rep. 22, Nr. 293, Paket 8 745; II. HA, Abt. 12, Materien, Vas.tab. Nr. 6, Bl. 32 RS-33,

Bl. 85 RS-86, Bl. 128 RS-129; IV. HA, Rep. 1, Nr. 86, Bl. 153 (G. E. H.), Bl. 154 (kz. Notiz für H. C. F., E.C. F.A., F. L. F.); BLHA, Rep. 3, Nr. 11 925; Stabi, Ms. boruss. fol. 311, Bl. 139 (Bruder), Bl. 366 (Neffe); fol. 316, Bl. 232, Bl. 239 RS (je d. Vater?); fol. 907 a, Bl. 11 (Neffe); Ms. geneal. fol. 120, Bl. 212 (Vater?), Bl. 248, Bl. 254; Bratring, 3. Bd., S. 319; Gesch. D-R Nr. 3, S. 213, S. 424 (hier als Schönbeck); Jb. Neumark, 11/1936, S. 70;

Obrist **Hans George von Schönebeck**
(* 1658, † 19. Febr. 1716)

(**Vater**: Erbherr auf Geilenfelde im Krs. Friedeberg u. Ringenwalde im Krs. Königsberg); H. G. aus d. Neumark gebürtig; **Bruder**: Berend Christian (1645–1718) *, GM, Sohn: Berend Christian (* um 1685), Cap., s. d. mehr; **Laufbahn**: seit 1678 im Militär, diente 1692 als Cap. im 1. Bat. d. I-R von Derfflinger (1705 Cap. im I-R Nr. 1), Jan. 1710 Obrist, stand 1715 als Obrist im I-R Nr. 15, 1716 in Minden gest.; **Güter**: hatte 1713 zs. mit seinem Bruder B. C. d. gesamte Hand auf die Güter Mohrin u. Guhden, auf denen damals d. Major Hans von Schönebeck saß, s. d.; 1715 als Erbherr auf Geilenfelde im Krs. Friedeberg gen., 1718 saß seine Witwe auf d. Gut;

Quellen: GStA, IV. HA, Rep. 1, Nr. 86, Bl. 153; BLHA, Rep. 23 B, Nr. 446; Stabi, Ms. boruss. fol. 313, Bl. 292 RS; fol. 319, Bl. 12, Bl. 38 RS; König, 3. T., S. 409 (danach Mai 1713 GM, 1725 dim.); Priesdorff, Nr. 164 (Bruder, geb. 1645 zu Rügenwalde?); Jb. Neumark, 1926, S. 73;

Ltnt. **Hans George von Schönebeck**
(* 1712)

aus d. Neumark gebürtig; **Laufbahn**: seit 1727 im Militär, Mai 1735 Fähnrich im I-R Nr. 22, Okt. 1740 Sl, noch im Mrz. 1746 als Sl gen., wegen starker Blessuren im Mai 1746 dim. u. als Postmstr. in Freienwalde versorgt; sein Vermögen befand sich seit 1751 im Konkurs, suchte um e. Unterstützung nach, 1757 zum Pl im Berliner Garn.-Reg. ernannt;

Quellen: GStA, I. HA, Rep. 22, Nr. 293, Paket 8 745 (auch als Hans Jürgen); IV. HA, Rep. 1, Nr. 86, Bl. 153 (kz Notiz); Stabi, Ms. boruss. fol. 314, Bl. 282, Bl. 287;

Cap. **Joachim Bernd von Schönebeck**
(* um 1670)

(aus d. Neumark gebürtig); **Laufbahn**: stand 1694 als Ltnt. im 1. Bat. d. Reg. von Derfflinger in Köln, vor 1707 abgegangen, 1715 als (vorm.) Cap. gen.; **Güter**: saß 1715 u. 1718 als Erbherr auf Anteil Falkenstein im Krs. Friedeberg;

Quellen: BLHA, Rep. 23 B, Nr. 446; Ms. boruss. fol. 319, Bl. 11 RS; Bardeleben, S. 425–427; Jb. Neumark, 1926, S. 79;

Cap. **Friedrich Wilhelm von Schönfeldt**
(* 12. Aug. 1753, † 29. Okt. 1830)

Vater: Jobst Adam (1727–1782), hielt sich 1766 in Tornitz in Sachsen auf, erhob seit mind. 1756 Ansprüche auf Guhrow im Krs. Cottbus, prozessierte gegen d. Verkauf d. Gutes an Fremde, sein Vater Friedrich Wilhelm (1681–1740), aus Guhrow gebürtig, Erbherr auf Tornitz, war ehedem mit e. Geld-Kavel von 3/m T. abgefunden worden; **Urgroßvater**: George Jobst (1641–1702), Erbherr auf Guhrow (u. Werben) im Krs. Cottbus, hinterließ fünf Söhne, legte in d. Kodizill von 1702 fest, daß d. Güter zu e. Fideikommiß werden sollen; **Bruder**: Carl Friedrich August (1751–1835), 1786 als sächs. Ltnt. gen.; **Mutter**: Charlotte Elisabeth, geb.

von Ziegler († nach 1784), sie machte 1784 für ihre Söhne Ansprüche auf Werben geltend, ihre Söhne führten 1786 e. Lehnsprozeß gegen d. Gebr. von Holzendorff, die e. Anteil von Werben besessen u. ihn an d. Cap. von Wackerbarth verkauft hatten; **Laufbahn**: seit 1772 im Militär, Sep. 1783 Sl im I-R Nr. 19, Dez. 1790 Pl, Jan. 1795 Stabs-Cap., Juni 1800 Cap. u. Chef e. Comp., Nov. 1813 pens.;

Quellen: GStA, I. HA, Rep. 22, Nr. 324, Paket 8 769; IV. HA, Rep. 1, Nr. 86, Bl. 156 (als von Schönefeld); VI. HA, Nl Caprivi, Nr. 3; Stabi, Ms. boruss. fol. 314, Bl. 244 RS; Tb. Uradel, 1904, S. 764–765;

Fähnrich **George Ernst von Schönfeldt** (* 11. Aug. 1696, † 13. Jan. 1747)

Vater: George Jobst (1641–1702), Erbherr auf ganz Guhrow (u. Werben) im Krs. Cottbus; **Mutter**: Marie Elisabeth, geb. von Muschwitz (1664–1735); **Brüder**: Wolf Adolph (1685–1717) u. Caspar Sigismund (1685–1752), beide bekamen 1709 je eine Hälfte von Guhrow; **Laufbahn**: seit 1707 im Militär, Juli 1714 Fähnrich im I-R Nr. 9, vor 1721 abgegangen; **Güter**: Erbherr auf Lichtenau in Sachsen; in erster **Ehe** verheiratet mit Marie Helene, geb. von Buxdorf (1698–1780); **Sohn**: Friedrich Ernst (* 16. Mrz. 1722, † 24. Sep. 1775), Cap. in kursächsischen Diensten, Erbherr auf Triebel in Sachsen, erhob 1769 Ansprüche auf Guhrow im Krs. Cottbus;

Quellen: GStA, I. HA, Rep. 22, Nr. 324, Paket 8 769; BLHA, Rep. 32, Nr. 446 (1713 d. Gut Gohre gen., hier nur d. Brüder W. A. u. C. S.); Stabi, Ms. boruss. fol. 319, Bl. 41; Tb. Uradel, 1904, S. 764–765 (teils andere Daten als in d. Fam.gesch.); Fam. gesch., Tafeln 21, 22 (d. Frau hieß danach: Margarethe Elisabeth); Krüger, Cottbus, S. 16–17;

Ltnt. **Hans Sigismund von Schönfeldt** (* 12. Okt. 1726, † 11. Okt. 1759)

Vater: Hans August (1691–1751), Erbherr auf Anteil Werben, auf Sigismunds Hof; **Mutter**: Margarethe, geb. von Koeckritz (1689–1758), **Bruder**: Christoph Sigismund (1725–1775); **Laufbahn**: seit 1744 im Militär, stand 1756 als Sl im I-R Nr. 24, 1759 bei Kay gefallen;

Quellen: GStA, IV. HA, Rep. 1, Nr. 86, Bl. 162 (kz. Notiz, d. Fam. hier als Schönfeld); Stabi, Ms. boruss. fol. 316, Bl. 318, Bl. 324; Fam.gesch., Tafel 20;

Cap. **Heinrich Wilhelm von Schönfeldt** (get. 16. Mrz. 1718, † 19. Jan. 1789)

Vater: Caspar Sigismund (1685–1752), im Dez. 1703 von d. *cadets* abgegangen, 1715 u. 1745 als Erbherr auf ½ Guhrow im Krs. Cottbus im Wert von 11 300 T. gen.; **Mutter**: Eleonore Gottliebe, geb. von Metzradt (1693–1726); Stief-Mutter: Brigitte Tugendreich, geb. von Oertzen (1707–1779); **Bruder**: Caspar Friedrich (* 1713, † 16. Mai 1757), seit 1728 im Militär, Dez. 1729 Fähnrich im I-R Nr. 1, 1741 Sl, 1746 Pl im I-R Nr. 1, hatte bei Mollwitz am Fuß Blessuren erlitten, Juni 1757 als Cap. dim., noch 1757 an e. Verwundung gest.; **Bruder**: George Jobst August (1722–1793) *, Febr. 1735 *cadet* in Berlin, Nov. 1741 Fähnrich im I-R Nr. 38, April 1744 Sl, Juli 1756 Pl, Dez. 1757 Stabs-Cap., Jan. 1758 Cap. u. Chef e. Comp., Juli 1761 Major, Sep. 1764 ins I-R Nr. 43 versetzt, Jan. 1772 Kommandeur d. I-R Nr. 43, Juni 1772 Ol, Mai 1773 Obrist, Mai 1782 GM u. Chef d. I-R Nr. 30, Mai 1789 Gl, Nov. 1792 mit 1 200 T. Pension dim.; (Stief-)**Bruder**: Friedrich Wilhelm (1730–1805) *, Febr. 1751 Fähnrich im I-R Nr. 38, Okt. 1756 Sl, Jan. 1758 Pl, Dez. 1760 Stabs-Cap., Sep.

1764 Cap. u. Chef e. Comp., Dez. 1779 Major, Juni 1788 Ol, Sep. 1788 Orden p. l. m., Sep. 1790 Obrist, Juni 1791 Kommandeur d. I-R Nr. 38, Jan. 1795 GM u. Chef d. I-R Nr. 49, Okt. 1800 mit 1/m T. Pension dim., ging drei Ehen ein; **Schwester**: Christine Elisabeth (* 1727), Witwe Ltnt. Ernst Friedrich von Loeben († 1778), sie besaß 1783 kein Vermögen u. hielt sich in Guhrow auf; **Laufbahn**: seit 1734 im Militär, 1743 Sl im I-R Nr. 26, 1748 als Cap. ins Invaliden-Haus versetzt, noch 1757 beim Tod seines Bruders C. F. u. 1783 als solcher gen.; **Güter**: nach d. Tod ihres Vaters konnten d. Söhne Guhrow nicht *manteniren*, sie verkauften d. Anteil an d. Mann ihrer Schwester, d. Ltnt. (Carl Friedrich) von Buxdorff;

Quellen: GStA, I. HA, Rep. 22, Nr. 324, Paket 8 769; II. HA, Abt. 13 a, Tit. III, Generalia, Nr. 2, Bd. 11, fol. 21 RS-22; IV. HA, Rep. 1, Nr. 86, Bl. 162 (C. F.), Bl. 163 (G. J. A., F. W.); Stabi, Ms. boruss. fol. 311, Bl. 178; fol. 313, Bl. 177 RS, Bl. 299, Bl. 310 (je Bruder C. F.); fol. 314, Bl. 11, Bl. 21; fol. 316, Bl. 150, Bl. 151 (je G. J. A.), Bl. 164 RS (F. W.), Bl. 202; Ms. geneal. fol. 120, Bl. 215; König, 3. T., S. 409–410 (Bruder G. J. A.); Tb. Uradel, 1904, S. 765 (nur d. Vater u. Sohn F. W.); Lehmann, S. 220 (F. W.); Jb. Neumark, 1928, S. 163; Fam.gesch., Tafel 21 (d. Vater hier mit d. Daten: 1685–1752, d. Bruder C. F. geb. 1713, F. W. gest. 1803), S. 50–51 (C. F., G. J. A., F. W.); Priesdorff, Nr. 677 (G. J. A.), Nr. 916 (F. W.);

Gutsbesitzer **Johann Heinrich Ernst von Schönfeldt** (* 23. Sep. 1773, † 8. Dez. 1812)

Vater: Ernst Albrecht (1746–1782), bezog im Juni 1762 d. Ritterakademie in Brandenburg an der Havel, nahm keine Dienste, Erbherr auf ¼ Werben im Krs. Cottbus, auch auf Wormlage in Sachsen; **Mutter**: Johanne Marie, geb. Freiin Digeon von Monteton (1752–1803); **Großvater**: Hans Ernst (1712–1781), Erbherr auf ¼ Werben; **Laufbahn**: trat weder in d. Militär- noch in d. Zivildienst ein; nach 1806 kgl.-sächs. Landesältester d. Krs. Krummspree; **Ehefrau**: Johanna Ulrike Charlotte, geb. von Loeben (1771–1822); **Güter**: saß 1801 auf ¼ Werben im Krs. Cottbus im Wert von 14 689 T.;

Quellen: GStA, I. HA, Rep. 22, Nr. 324, Paket 8 769; II. HA, Abt. 12, Materien, Vas.tab. Nr. 6, Bl. 55 RS-56; Tb. Uradel, 1904, S. 763; Leers, Zöglinge, S. 99 (Vater); Fam.gesch., Tafel 24 (J. H. E. geb. 21. Sep., d. Mutter: 1754–1803, d. Frau: 1770–1823); Krüger, Cottbus, S. 37;

Gl **Nicolaus Heinrich von Schönfeldt** (* 9. Mrz. 1733, † 22. Aug. 1795) *

Vater: Caspar Heinrich, Erbherr auf Schlönwitz im Krs. Schivelbein; **Mutter**: Dorothea Christiane, geb. von Schwerin; **Laufbahn**: 1747 Junker im D-R Nr. 12, Jan. 1751 Cornet, Jan. 1751 Adjutant d. Reg.chefs, Okt. 1754 Ltnt. im K-R Nr. 10, Juli 1755 zum H-R Nr. 3 kommandiert, Okt. 1758 Stabs-Rittmstr., Dez. 1759 Rittmstr. u. Chef e. Escadron im K-R Nr. 10, Juni 1761 dim., Jan. 1762 an d. Hof d. Landgrafen von Hessen, Nov. 1762 Rittmstr. in d. kurhess. Garde du Corps, Mai 1766 Major, Aug. 1776 Obrist, Dez. 1782 Ol in d. kurhess. Garde du Corps mit d. Rang als GM, Mrz. 1790 Abschied aus hess. Diensten, Febr. 1791 Gl in preuß. Diensten, Febr. 1791 Gouverneur in Schweidnitz, Juli 1792 Großer Roter Adler-Orden, Juli 1793 Ritter des Schwarzen Adler-Ordens; in erster **Ehe** verheiratet mit Marie Eleonore Dorothea, geb. von Wintzingerode (1732–1780);

Quellen: GStA, IV. HA, Rep. 1, Nr. 86, Bl. 163; Stabi, Ms. boruss. fol. 311, Bl. 333, Bl. 334; Schwerin, K-R 10, 3. T., Anhang, Personalien; Fam.gesch., S. 51 (Verweis); Priesdorff, Nr. 821;

Obrist **Christoph Friedrich von Schöning** (* 1690, † 15. Sep. 1769)

Vater: Christian Ehrenreich († 1699), Cap. in brandenburg. Diensten, Erbherr auf Schönrade u. Birkholz im Krs. Friedeberg, hinterließ vier Söhne; **Mutter**: e. geb. von Güntersberg; **Bruder**: Hans Adam († vor 1743), poln. Cap., seit 1715 Erbherr auf ½ Schönrade, noch 1732 als solcher gen., verh. mit Dorothea Hedwig, geb. von Voigt, sie verzichtete nach d. Tod ihres Mannes auf dessen verschuldeten Nachlaß, ging e. zweite Ehe mit e. von Wedel ein, 1743 als Witwe von Wedel gen.; **Bruder**: George Wilhelm (* 1686), Jagdjunker, seit 1715 Erbherr auf ½ Birkholz, seit 1721 auf d. ganzen Gut; **Bruder**: Franz Friedrich (* 1696 bzw. 1700, † 1731 bzw. um 1750), seit 1709 im Militär, 1715 als Corp., 1718 als Fähnrich gen., stand 1722 als Ltnt. im I-R Nr. 24, 1731 als Cap. auf Urlaub bzw. nach d. ersten beiden Schlesischen Kriegen als Cap. im I-R 17 gest.; **Laufbahn**: seit 1705 im Militär, Jan. 1715 Ltnt. im D-R Nr. 3, 1717 Rittmstr., 1723 als Major, 1729 als Ol gen., nahm 1739 als Ol im D-R Nr. 3 seinen Abschied, ging auf sein Gut, erhielt später d. Charakter Obrist, 1764 sollte die Lehnsfähigkeit seiner beiden Söhne untersucht werden, weil er sie erst nach ihrer Geburt 1748 durch d. Ehe mit ihrer Mutter, Tochter e. Pächters, legitimiert hatte; **Ehefrau**: Marie Eleonore, geb. von Bergen; **Güter**: 1715 u. 1718 zs. mit G. W. auf Birkholz gen., überließ dieses später G. W., 1715 u. 1767 Erbherr auf Schönrade; **Sohn**: Christoph Friedrich (1737–1797) *, Febr. 1757 Cornet im K-R Nr. 2, Febr. 1760 Ltnt., Mai 1762 Stabs-Rittmstr., Jan. 1778 Rittmstr. u. Chef e. Escadron, Juni 1783 Major, Okt. 1790 Ol, Jan. 1793 Obrist im K-R Nr. 2, Juli 1794 mit 600 T. Pension dim., Aug. 1794 Charakter GM, verheiratet mit Elisabeth Ernestine Helmine, geb. von Maltzahn († 1854), d. Witwe saß 1801 auf Schönrade im Krs. Friedeberg im Wert von 30/m T., Sohn: Helmut Albrecht Wilhelm (* 1785), ging im Sep. 1798 auf d. Ritterakademie in Brandenburg an der Havel, Dez. 1801 Cornet im K-R Nr. 10, Mai 1803 Sl, Nov. 1809 dim., Mai 1815 Rittmstr., 1839 Charakter Major, Sohn: Bernhard Carl Ludwig (1787–1813), weilte von 1800 bis 1802 auf d. Ritterakademie in Brandenburg, Okt. 1805 Sl im K-R Nr. 13, Mai 1808 Pl, Febr. 1810 Stabs-Rittmstr., Okt. 1811 Rittmstr., 1813 als Major gefallen; **Sohn**: Carl Ludwig (1739–1786), seit 1758 im Militär, 1763 Ltnt., Mai 1772 als Rittmstr. im K-R Nr. 2 dim. (bzw. Febr. 1767 als Major dim.), (Erbherr auf Niepöltzig); **Tochter**: Hedwig Eleonore Apollonia (1736–1803), seit 1772 verheiratet mit d. Major E. C. S. von Reitzenstein († 1818), dieser saß auf der 1778 errichteten Kolonie Reitzenstein im Krs. Sternberg;

Quellen: GStA, I. HA, Rep. 22, Nr. 286, Paket 8 739; II. HA, Abt. 12, Materien, Vas.tab, Nr. 8, Bl. 89 RS-90; IV. HA, Rep. 1, Nr. 86, Bl. 171 (C. L., C. F. sen. hier nicht), Bl. 172 (C. F. jun.), Bl. 172 (H. A. W., hier als W.T.H.A.), Bl. 173 (B.C.L.F., hier als C.F.L. L., gest. 6. Juni 1813); Stabi, Ms. boruss., fol. 313, Bl. 9, Bl. 15 (C. F. sen. noch im Dez. 1739 (irrtümlich) als Ol im D-R Nr. 3 gen.); fol. 315, Bl. 164 (Söhne C. F. u. C. L.), Bl. 166 (Sohn C. F.); fol. 316, Bl. 315, Bl. 322 RS (Franz Friedrich); fol. 319, Bl. 29

RS (C. F. sen.); Ms. geneal. fol. 120, Bl. 212, Bl. 248; Fam.gesch. 1830, S. 180–184; Gesch. D-R Nr. 3, S. 55, S. 59, S. 409; Leers, Zöglinge, S. 152, S. 155; Jb. Neumark, 1926, S. 74, S. 78; Jb. Neumark, 11/1936, S. 71; Priesdorff, Nr. 902 (C. F.);

Ltnt. **Christoph Samuel von Schöning** (* 1688)

aus der Neumark gebürtig; **Laufbahn**: seit 1701 im Militär, Mai 1713 Sl im I-R Nr. 17, Juli 1716 Pl, noch 1721 als solcher gen., vor 1730 abgegangen;

Quellen: Stabi, Ms. boruss. fol. 316, Bl. 49; fol. 319, Bl. 46; so nicht in d. Fam.gesch. von 1830 u. 1891;

Ltnt. **Friedrich Wilhelm von Schöning** (* 1754, † 21. Okt. 1793) *

Vater: Hans Eberhardt († 1785), Dez. 1753 Adels-Legitimation unter d. Namen Meyer von Schöning, seit April 1761 Erbherr auf Gralow, Jahnsfelde u. Morrn im Krs. Landsberg, Krs.deputierter, erwirkte im April 1771 d. Legitimierung seiner drei natürlichen Söhne; **Mutter**: Johanna Christina, geb. Rumpff († 1785), geschiedene KD-Rätin Johann Christoph Bittorff, beider Eheschließung war 1762; **Bruder**: Stephan Christian (1752–1802), Ltnt., Landrat, s. d.; **Bruder**: Friedrich Eberhard (1759–1809), seit 1774 im Militär, stand 1778 als Cornet im D-R Nr. 4, April 1787 als Sl dim., ging auf sein Gut Gralow, das er bei d. Erbteilung für 60/m T. angenommen hatte, verkaufte dieses 1788 bzw. im Dez. 1789 für 150/m an d. Landrat C. L. A. Frhr. von Rhade u. erwarb dafür Güter in Westpreußen, u. a. Wierzbiano (bzw. Wierzbyczany), hier 1804 gen., erhob damals Ansprüche auf Jahnsfelde, in erster Ehe verheiratet mit Ernestine Conradine Amalie, e. geb. Freiin von Mehling; **Laufbahn**: seit 1772 im Militär, stand 1778 als Sl im D-R Nr. 4, Juni 1786 ohne Abschied entlassen (suchte im Jan. 1791 um d. förmlichen Abschied als Cap. nach); **Ehefrau**: Maria Theresia, geb. Calderarii, sie ging nach 1793 e. zweite Ehe ein mit d. Cap. Curth Ernst Ferdinand von d. Marwitz (* um 1763) in Krining, siehe bei dessen Bruder Joh. Ludwig v. d. Marwitz (1748–1838); **Güter**: nahm bei d. Erbteilung Jahnsfelde (u. Anteil Zantoch) für 24/m T. an, vermachte d. Gut, 1793 mit 40/m T. angegeben, seiner Frau, die 1801 mit ihrem zweiten Mann hier gen. wurde, u. d. Söhnen seines Bruders Stephan Christian;

Quellen: GStA, I. HA, Rep. 22, Nr. 286, Paket 8 740; Rep. 96, Nr. 257 S, Bl. 40 (F. W.); II. HA, Abt. 12, Materien, Vas.tab. Nr. 6, Bl. 111 RS-112; IV. HA, Rep. 1, Nr. 86, Bl. 172; Stabi, Ms. geneal. fol. 120, Bl. 251; Gesch. D-R Nr. 3, S. 213, S. 424; Fam.gesch. 1830, S. 77, S. 83–84; biogr. Handbuch, S. 901–902 (Bruder S. C.);

Rittmstr. **Hans Christoph von Schöning** (* 11. Dez. 1683, † 23. Jan. 1745) *

Vater: Hans Ehrenreich (1648–1710) *, 1670 Ltnt., 1677 Rittmstr. im Reg. von Pfuel, 1682 Major im Reg. d. Kronprinzen, 1686 Ol, April 1691 Obrist u. Kommandeur e. Reg. zu Pferd, April 1702 Brigadier, Nov. 1703 als GM dim., seit 1683 Erbherr auf Nordhausen; Stief-**Mutter**: Elisabeth Sophie Charlotte, geb. von der Marwitz († 1727); **Bruder**: Hans Adam, Ltnt.; Stief-**Bruder**: Hans Lupold († 17. Mai 1742), als Major im K-R Nr. 4 bei Mollwitz gefallen; **Laufbahn**: seit 1696 im Militär, 1708 als Ltnt. gen., Okt. 1709 Rittmstr., 1715 Rittmstr. im K-R Nr. 9, vor 1720 abgegangen; **Güter**: 1713 u. 1718 als

Erbherr auf Nordhausen im Krs. Königsberg aufgeführt, 1751 saßen seine vier Söhne auf d. Gut, sie hielten sich teils in Stuttgart, teils in Sergen auf; in zweiter **Ehe** verheiratet mit Anna Helene, geb. von Pannwitz (1707–1790), Tochter d. neumärk. Vizekanzlers von Pannwitz; **Sohn**: Gottlieb Christoph Wilhelm (* 1741), als Ltnt. d. hannöverschen Garde im Siebenjährigen Krieg bei Hedemünde gefallen; **Sohn**: Gottfried Carl August (1743–1807), nach d. Studium an der Viadrina Erbherr auf Nordhausen, dieses hatte 1751 e. Arrende von 2 500 T., 1792 verkauft, ließ sich in Sergen im Krs. Cottbus nieder; **Sohn**: Gotthard Hans Christoph (* 1744), seit 1761 im H-R Nr. 1, Mrz. 1776 dim., dann Ol in holländischen Diensten, 1807 als preuß. Obrist gen.;

Quellen: GStA, IV. HA, Rep. 1, Nr. 86, Bl. 171 (kz. Notiz f. G. H. C., H. C. hier nicht); BLHA, Rep. 78 I, Nr. 170, Bl. 51; Stabi, Ms. boruss. fol. 312, Bl. 178; fol. 319, Bl. 6 RS, Bl. 28; König, 3. T., S. 415–416 (Vater); Fam.gesch. 1830, S. 60–63, S. 66–67 (auch als Hans Stephan, hier kein Hans Lupold), S. 74–77; Jb. Neumark, 1927, S. 31; Jb. Neumark, 11/1936, S. 75; Priesdorff, Nr. 120 (Vater, hier nur d. Bruder H. L. gen.);

sächs. Obrist, poln. Kammerherr **Hans Ludwig von Schöning** (1675–1714) *

Vater: Hans Adam II. (1641–1696) *, brandenburg. Gl, kursächs. GFM, Erbherr auf Tamsel u. Warnick im Krs. Landsberg, auf Birkholz im Krs. Friedeberg; **Mutter**: Johanna Margarethe Luise, Tochter d. Generals Johann von Poellnitz (1641–1698); **Bruder**: Bogeslav (1669–1693), brandenburg. Major, sächs. Ol; **Laufbahn**: nahm 1693 als Cap. sächsische Dienste, 1694 Major, nach 1696 Obrist u. Chef d. sächs. Leibgarde zu Fuß, um 1699 dim., nach d. Abschied poln. Kammerherr; **Ehefrau**: Juliane Charlotte († 1733), e. Tochter d. Gl Friedrich von Dönhoff; aus d. Ehe e. **Tochter** Eleonore Louise (1708–1764), seit 1722 verheiratet mit d. späteren Gl Adam Friedrich von Wreech, sie erbte, bis auf Birkholz, d. väterlichen Besitzungen; **Güter**: Erbherr auf Tamsel, Warnick, Birkholz, Schönhof, Pfandbesitzer von Groß und Klein Cammin im Krs. Landsberg;

Quellen: BLHA, Rep. 23 B, Nr. 446; König, 3. T., S. 411–415 (Vater); Fam.gesch. 1830, S. 108–171 (Vater); S. 171–174 (H. L.); Nachträge, 1891, S. 24; Jb. Neumark, 1927, S. 58–59; Priesdorff, Nr. 46 (Vater, H. L. hier nicht gen.);

Fähnrich **Ludolph von Schöning** (1703–1749) *

Vater: Friedrich Wilhelm (1660–1730), trat 1675 in d. brandenburg. Militärdienst ein, (1692 Cap. im I-R Nr. 12), stand bis 1702 im I-R Nr. 7, dann im I-R Nr. 19, zuletzt Major, 1705 mit d. Charakter Ol dim., seit 1722 Landrat d. Krs. Landsberg, 1715 als Erbherr auf Jahnsfelde u. Anteil Gralow gen., 1730 mit 28/m T. angegeben, prozessierte seit mind. 1727 gegen d. späteren Gl Adam Friedrich von Wreech auf Anteil Gralow; **Mutter**: Anna Barbara verwitw. von der Marwitz, geb. von Schmalenberg († 1721); **Bruder**: George Wilhelm (1700–1745), seit 1731 Erbherr auf Anteil Gralow, bis 1744 Landrat d. Krs. Landsberg, lag 1734 im Streit mit d. Obristen, sp. Gl Adam Friedrich von Wreech; **Bruder**: Hans Wilhelm (1703–1778), aus Landsberg an d. Warthe gebürtig, seit 1716 im Militär, stand 1720 als Gefr.corp. im I-R Nr. 20, Juni 1725 Pl, noch

1730 als solcher gen., um 1735 nach 18 Dj. im Reg. abgegangen, nach d. Tod d. Bruders Ludolph seit 1749 Erbherr auf Jahnsfelde, Anteil Gralow u. Zantoch, erlitt auf seinen Gütern in d. Jahren 1758 bis 1760 durch d. Einfall russ. Truppen große Verluste, Sohn: Hans Eberhardt († 1785), Erbherr auf Gralow, Jahnsfelde u. Morrn; **Bruder**: Adam Wilhelm (1706–1759), Cornet, siehe mehr bei dessen Sohn Otto Ludolph (1741–1820), Ltnt.; **Laufbahn**: April 1723 *cadet* in Berlin, 1728 u. 1730 Fähnrich im I-R Nr. 30, nach d. Tod d. Vaters abgegangen, um d. **Gut** Jahnsfelde zu bewirtschaften; in erster Ehe **verheiratet** mit Sophie Catharine, geb. von Arnim († 1747), in zweiter mit Dorothea Adelheide Amalie, geb. von Lüskow († 1799), aus dieser Verbindung stammte e. Tochter;

Quellen: Stabi, Ms. boruss. fol. 311, Bl. 116, Bl. 117 (je H. W.), Bl. 187 RS; fol. 319, Bl. 10 RS (Vater 1692?); Fam.gesch. 1830, S. 64–65, S. 68–70, S. 77; Crousaz, S. 33;

Ltnt. **Otto Ludolph von Schöning** (* 1741, † 29. Mai 1820)

Vater: Adam Wilhelm (1706–1759), trat 1725 ins D-R Nr. 5 ein, als Junker bzw. Cornet abgegangen, 1745 u. 1751 Erbherr auf Herzogswalde im Krs. Sternberg, hatte 1751 zwei Söhne von elf u. 14 Jahren; **Mutter**: Marie Elisabeth, geb. von Lüskow; **Vater-Bruder**: Ludolph (1703–1749), Fähnrich, s. d.; **Bruder**: George Friedrich Wilhelm (1738–1805), Jan. 1757 ins K-R Nr. 5, 1763 wegen e. Blessur abgegangen, machte sich 1775 in Sachsen ansässig; **Laufbahn**: stand als Ltnt. im K-R Nr. 8, nach d. Abschied seit 1786 Ritterschaftsrat im Krs. Sternberg; **Güter**: nahm 1765 d. väterliche Gut für 12 185 (bzw. 19 600 T.) an, darauf Schulden von 4 897 T., jedem Bruder fielen damit 3 643 T. zu, noch 1774 auf Herzogswalde gen., später verkauft, 1801 Erbherr auf Lindow, für 15/m T. erworben; **Ehefrau**: e. geb. von Mayen; **Sohn**: Christian Ludolph Gottlob (1767–1813), Jan. 1789 Cornet im D-R Nr. 2, Mai 1791 Sl, April 1801 Pl, Juni 1806 Stabs-Rittmstr., April 1812 mit Pension dim.; **Sohn**: Johann Wilhelm Ferdinand (* 1773), Nov. 1793 Cornet im H-R Nr. 7, Mai 1796 Sl, Mrz. 1813 zur Gendarmerie, Juni 1813 ohne Abschied dim.;

Quellen: GStA, I. HA, Rep. 22, Nr. 296, Paket 8 740; II. HA, Abt. 12, Materien, Vas.tab., Nr. 6, Bl. 131 RS-132; Nr. 8, Bl. 153 RS-154; IV. HA, Rep. 1, Nr. 86, Bl. 171 (O. L. hier nicht), Bl. 172 (C. L. G. hier als Lud. Gottlieb); Stabi, Ms. boruss. fol. 312 (nicht in d. Rangliste K-R 8 1756 u. 1764); fol. 313, Bl. 64 (Vater); fol. 315, Bl. 177 (Sohn C. L. G.); Ms. geneal. fol. 120, Bl. 221, Bl. 255; Fam.gesch. 1830, S. 70–71, S. 77–78, S. 84 (Sohn C. L. G. hier als Gottlieb Christian L., J. W. F. als Hans W. F.);

Rittmstr. **Richard Ehrentreich von Schöning** (1747–1806) *

Vater: Wilhelm Richard (1709–1781) *, Landrat im Krs. Soldin, Erbherr auf Plönzig im Krs. Pyritz, dann auf Cossin B u. Mietzelburg, hinterließ fünf Söhne, die alle im Militär dienten; **Mutter**: Eleonore Sophie, geb. von Papstein († 1784); **Bruder**: Christian Ludwig (1739–1807) *, Major; **Laufbahn**: Juni 1765 Cornet im H-R Nr. 6, Nov. 1770 Sl, Juli 1782 Pl, Nov. 1786 Stabs-Rittmstr., Mai 1788 nach 26 Dj. dim.; **Güter**: 1801 auf Vorwerk Mietzelburg im Krs. Soldin im Wert von 2/m T. gen., außerdem auf Cossin u. Klemmen in Pommern; **Ehefrau**: Marianne Louise

Tugendreich, To. d. Obristen von Billerbeck auf Warnitz;

Quellen: GStA, II. HA, Abt. 12, Materien, Vas.tab. Nr. 6, Bl. 119 RS-120; IV. HA, Rep. 1, Nr. 86, Bl. 172 (kz. Notiz); Stabi, Ms. geneal. fol. 120, Bl. 252 RS; Fam.gesch. 1830, S. 65–66, S. 72–74; Gesch. H-R Nr. 6, S. 253, S. 258; biogr. Handbuch, S. 902 (Vater); Pommern, S. 612–613 (Biogr. d. Bruders Christian Ludwig);

Major **Siegmund Christoph von Schöning** (* 1727, † vor 1785) *

Vater: Hans Ernst (1684–1752), *Commissarius*, Erbherr auf Lübtow A u. B sowie auf Klemmen im Krs. Pyritz; **Mutter**: Margarethe Tugendreich, geb. von Burgsdorff; **Bruder**: Hans Friedrich (1717–1787) *, Kammerpräsident; **Bruder**: Ernst Wilhelm (1718–1784) *, Major im I-R Nr. 7; **Laufbahn**: seit 1742 im Militärdienst, 1750 Cornet im K-R Nr. 2, 1757 Ltnt., 1763 Rittmstr. im K-R Nr. 2, Febr. 1767 als Major dim.; **Güter**: 1774 als Erbherr auf Falkenstein im Krs. Friedeberg gen., hatte hier auch seinen Wohnsitz, später Erbherr auf Klemmen im Krs. Pyritz; **Ehefrau**: Caroline Wilhelmine, älteste Tochter d. Generals von Kowalsky, sie ging 1785 als Witwe eine zweite Ehe mit Heinrich Frhr. von der Goltz ein;

Quellen: GStA, IV. HA, Rep. 1, Nr. 86, Bl. 171; Stabi, Ms. geneal. fol. 120, Bl. 248; Fam.gesch. 1830, S. 71, S. 79–80; biogr. Handbuch, S. 900–901 (Bruder H. F.); Pommern, S. 613–614 (Biogr. d. Bruders Ernst Wilhelm);

Ltnt., Landrat **Stephan Christian von Schöning** (* 27. Aug. 1751, † 30. Okt. 1802) *

Vater: Hans Eberhardt Meyer (seit Dez. 1753: M. von Schöning) (1731–1785), Erbherr auf Gralow u. Morrn im Krs. Landsberg; **Mutter**: Johanna Christina, geb. Rumpff; **Bruder**: Friedrich Wilhelm (1754–1793), Ltnt., s. d.; **Laufbahn**: stand seit 1773 im I-R Nr. 54, Jan. 1774 Fähnrich, im Juni 1783 als Sl abgegangen, suchte im Dez. 1786 vergeblich um d. Prädikat Cap. nach, amtierte von 1792 bis 1802 als Landrat im Krs. Landsberg; **Ehefrau**: Juliane Therese Tugendreich (1760–1844), e. Tochter d. Generals Ehrenreich Wilhelm von Besser, beider Ehe wurde auf ihr Betreiben 1796 geschieden, J. T. T. u. S. C. sollten anschließend jeweils für d. Erziehung von drei ihrer sechs Kinder sorgen, ihr wurde dafür ein Kapital von 10/m T. ausgesetzt, d. Landrat soll d. *Trunk ergeben* gewesen sein u. e. *schlechtes Betragen* gezeigt haben, ließ seine Geschäfte durch d. Kreiseinnehmer besorgen, in seinem Testament setzte er letzteren zum Vormund aller sechs Kinder ein u. übertrug ihm d. Verwaltung d. Vermögens, wogegen d. geschiedene Frau beim neumärkischen Pupillenkollegium protestierte, sie warf d. Kreiseinnehmer Treulosigkeit, Undank, Unehrlichkeit vor; **Güter**: seit 1785 Erbherr auf Morrn u. Alexandersdorf im Krs. Landsberg, im April 1784 mit 40/m T. angegeben, am 20. Sep. 1805 bez. d. Küstriner Pupillenkollegium d. Vermögenszustand d. verst. Landrates als verwickelt, Morrn wurde auf 108 467 T. taxiert, darauf Schulden von 65 300 T., es war bis 1812 für jährlich 4 300 T. verpachtet, davon gingen 2 777 T. für Zinsen ab, so daß nur 1 522 T. blieben, neue Schulden mußten aufgenommen werden, weshalb d. Behörde für e. Subhastation d. Gutes plädierte; **Sohn**: Hans Wilhelm (* 15. Sep. 1786, † 20. Juli 1842), 1798 *cadet* in Berlin, 1801 Junker, Juli 1803 Fähnrich im I-R

Nr. 25, Febr. 1805 ins D-R Nr. 3 versetzt, Mai 1805 Sl, Mrz. 1809 d. Neumärk. D-R aggr., Juni 1811 auf Wunsch dim., Aug. 1813 d. Neumärk. D-R aggr., Nov. 1813 Pl, Dez. 1814 als Stabs-Rittmstr. dim., nach 1815 Landrat d. Krs. Züllichau-Schwiebus; **Sohn**: Ernst Eberhard George (* 3. Aug. 1788, † 1. April 1809), *cadet* in Berlin, 1803 ins I-R Nr. 21, Mai 1805 Fähnrich, Juni 1808 als Ltnt. dim.; **Sohn**: Curd Wolfgang Wilhelm (* 13. Aug. 1789, † 2. April 1859), *cadet* in Berlin, April 1806 Fähnrich im I-R Nr. 35, Sep. 1815 Cap., Mrz. 1821 Major, Mai 1827 mit d. Charakter Ol abgegangen, Hofmarschall d. Prinzen Carl;

Quellen: GStA, I. HA, Rep. 22, Nr. 286, Paket 8 740; II. HA, Abt. 12, Materien, Vas.tab. Nr. 6, Bl. 112 RS-113; IV. HA, Rep. 1, Nr. 86, Bl. 172 (S. C.), Bl. 173 (H. W., E. E. G. hier als Ernst Heinrich, Curt Wilh. Gustav, sic); Stabi, Ms. boruss. fol. 314, Bl. 193; Fam.gesch. 1830, S. 82–86; Jb. Neumark, 11/1936, S. 86; biogr. Handbuch, S. 901–902;

poln.-sächs. Obrist **Hans Joachim von Schütz** (* 1669)

Vater: Hans Jacob, seit 1685 Erbherr auf Bahnsdorf im Krs. Cottbus; **Laufbahn**: avancierte in polnisch-sächsischen Diensten bis zum Obristen, 1713 als Ol bei d. Garde gen., 1728 Kommandant der Festung Sonnenstein in Sachsen; seine vier **Brüder** standen 1713 ebenfalls in sächsischen Diensten; **Güter**: kaufte 1705 Bahnsdorf von seinem Vater, noch 1728 als Erbherr im Krs. Cottbus gen., hatte 1715 d. Söhne Carl Wilhelm u. Adam Heinrich, 1728 e Sohn von 14 Jahren; **Ehefrau**: Rosine, geb. von Gersdorff, trat dieser 1731 Bahnsdorf ab; **Sohn**: Hans Adam Heinrich (1715–1745) *, engagierte sich 1736 in russ. Diensten, wechselte 1741 in preußische, Major u. Kommandeur d. H-R Nr. 8, 1744 Ol u. Kommandeur d. H-R Nr. 4, Febr. 1745 Orden p. l. m., Juli 1745 Obrist, als solcher in Böhmen gefallen; Sohn: Johann Carl (* 1744, † Febr. 1803), seit 1758 im Militär, 1763 u. 1773 als Cornet, 1774 als Ltnt. im H-R Nr. 3 gen., 1786 Pl, Sep. 1786 Stabs-Rittmstr., Febr. 1790 Chef e. Escadron, Dez. 1793 Major, Juni 1799 Ol, 1803 als solcher gest.;

Quellen: GStA, IV. HA, Rep. 1, Nr. 87, Bl. 61 (Enkel J. C. hier als Johann); BLHA, Rep. 23 B, Nr. 446; Stabi, Ms. boruss. fol. 314, Bl. 332, Bl. 333 (je J. C., aus Preußen geb.); Ms. geneal. fol. 120, Bl. 214 RS; König, 3. T., S. 444–446 (H. A. H.); Siebmacher, Bd. 6/5, 1880, S. 85 (Hinweis auf d. Fam.gut Bahnsdorf); Lehmann, S. 25; Jb. Neumark, 1928, S. 192; Krüger, Cottbus, S. 4; nicht in Tb. Briefadel 1925;

Major **Joachim Benjamin von Schütz** (* 1705, † 12. Aug. 1759)

Vater: Joachim Dettleff (* 1675), Cap. bei d. Dragonern Sachsen-Weißenfels, 1727 u. 1745 als Erbherr auf 1/5 Buckow im Krs. Züllichau gen., soll auch e. Gut im Krs. Schwiebus besessen haben, wollte 1727 Anteil Nickern kaufen, wurde von d. Gläubigern d. Fam. von Hake aber nicht berücksichtigt, hatte 1728 vier, 1745 drei Söhne; J. B. aus Buckow gebürtig; **Bruder**: Maximilian (* 1700), 1745 als gew. ksl. Cap. bez.; **Bruder**: Gustav (* 1713), stand 1745 als Ltnt. bei Goltz; **Bruder**: Carl Ernst (1716–1741), seit 1738 Gefr. corp. im I-R Nr. 18, 1741 in Wünschelburg als Fähnrich gest.; **Laufbahn**: seit 1721 im Militär, stand 1725 als Sergant im I-R Nr. 29, Nov. 1728 Fähnrich, 1745 als Cap. gen., 1759 als Major im I-R Nr. 29 gefallen;

Quellen: GStA, I. HA, Rep. 22, Nr. 126 bis 126 a; IV. HA, Rep. 1, Nr. 87, Bl. 60 (irrige Angaben für J. B., er stand nicht im I-R 10, nicht gest. 11. Okt. 1759); Stabi, Ms. boruss. fol. 313, Bl. 159 RS, Bl. 172 (Bruder C. E.); fol. 316, Bl. 57 (gest. 12.8.1759), Bl. 66, Bl. 69 (jew. J. B.); Ms. geneal. fol. 120, Bl. 218 (J. D. u. Söhne, 1745 gen.); nicht im Tb Briefadel 1925;

Major **Joachim Siegmund August von Schütz** (* 1721, † 11. Okt. 1759) *

aus d. Krs. Crossen gebürtig; **Laufbahn**: seit 1726 im Militär, 1737 Sl im I-R Nr. 5, 1749 Pl, 1754 als Cap. ins I-R Nr. 40 versetzt, als Major 1759 an erlittenen Blessuren gest.;

Quellen: GStA, IV. HA, Rep. 1, Nr. 87, Bl. 60 (kz. Notiz); Stabi, Ms. boruss. fol. 313, Bl. 76; Rangirrolle Saldern, Abgangsliste I-R Nr. 5;

Kammerpräs. **Johann Friedr. (seit April 1790: von) Schütz** (* 1740, † 9. Mai 1798) *

Vater: Johann Wilhelm, Bürgermeister in Pasewalk; **Bruder**: George Carl Gotthilf (1758–1805) *, Geh. Fi-rat; **Laufbahn**: seit April 1770 KD-rat in Stettin, Dez. 1780 Geh. Fi-rat im I. Dep. d. Berliner GD, Juli 1795 Präsident d. pomm. KDK in Stettin; **Ehefrau**: e. geb. Noething aus Stettin; **Sohn**: Johann Carl Friedrich († Mrz. bzw. April 1795), Febr. 1793 Cornet im D-R Nr. 1, Dez. 1794 Sl; **Güter**: erwarb bei e. Subhastation 1780 Rehdorf im Krs. Königsberg für 41 300 (bzw. 43/m) T., d. Gut befand sich 1801 u. 1809 in d. Hand seiner Erben;

Quellen: GStA, II. HA, Abt. 12, Materien, Vas.tab. Nr. 6, Bl. 98 RS-99; IV. HA, Rep. 1, Nr. 87, Bl. 61 (Sohn J. C. F.); Bratring, 3. Bd., S. 121; Probst, S. 159 (Sohn, gest. 23.3.1795, hier als v. Schulz); Jb. Neumark, 11/1936, S. 75; biogr. Handbuch, S. 915–916;

Ltnt. **Anton Ulrich von der Schulenburg** (* 18. April 1701, † 1779) *

Vater: Johann Ernst (1659–1732), Adelserneuerung von 1718, Konsistorialrat in Braunschweig, Superintendent in Quedlinburg; **Mutter**: Clara Margarete, geb. Bodenmeyer († 1734); **Bruder**: Daniel Levin Andreas (1690–1752) *, Landrat, Erbherr auf Schwochow in Pommern; **Laufbahn**: engagierte sich im preuß. Militärdienst, avancierte im D-R Nr. 3 bis zum Ltnt., vor 1733 abgegangen, später Ltnt. im kursächs. Reg. von Rustowsky, nahm 1757 seinen Abschied; **Ehefrau**: Agnes Henriette Erdmute, geb. von Drahndorf; **Güter**: erwarb im Juli 1758 d. Gut Wedelsdorf im Krs. Arnswalde, noch 1774 hier genannt; **Sohn**: Johann Ernst (1739–1783?), ihm fiel gemäß Testament vom Nov. 1779 d. Anteil Wedelsdorf zu, lebte lt. Vasallentabelle noch 1801 (u. 1809) auf Anteil Wedelsdorf im Wert von 2 500 T.;

Quellen: GStA, II. HA, Abt. 12, Materien, Vas.tab. Nr. 6, fol. 16 RS-17 (1801: Joh. Ernst, 63 J., auf d. Gut); Stabi, Ms. boruss. fol. 313 (in d. Rangliste d. D-R 3 für 1717, 1723 u. 1739 kein A. U., dafür andere Mitglieder d. Fam.); Ms. geneal. fol. 120, Bl. 238 (1774 auf Wedelsdorf gen.); Gesch. D-R Nr. 3, S. 59–61 (kein A. U.); Fam.gesch., II. T. 1899, S. 438–439, S. 513–514; S. 515, S. 572; Jb. Neumark, 11/1936, S. 63; biogr. Handbuch, S. 920 (Bruder D. L. A.);

Ltnt. **Ernst August Christoph Ludwig von der Schulenburg** (* 31. Aug. 1731, † 21. Dez. 1757)

Vater: Johann Ludwig Julius (1697–1743), engagierte sich im I-R Nr. 6, Mrz. 1724 Sl im I-R Nr. 15, Juni 1729 Pl, Mai 1735 Cap., seit 1730 Erbherr auf Radach im

Krs. Sternberg, *sub hasta* erworben für 9 800 T.; **Mutter**: Eleonore, geb. Freiin von Lützow († 1745); **Bruder**: Johann Christian (1739–1782), diente im Reg. Neuwied, Juli 1762 Sl im Frei-Bat. Courbière, April 1763 abgegangen, 1770 Einnehmer in Bobersberg, 1782 Salzinspektor in Konitz, nahm bei d. brüderlichen Teilung 1/3 Radach für 10/m T. an, d. Schulden sollen um 1768 9 595 bzw. 14 439 T. betragen haben, sein Gesuch um e. Indult wurde abgelehnt, weil er sich dafür *nicht qualifiziere*, geriet mit d. Münzrendanten Johann George von Pfeil in Streit, d. keinen Konsens für d. Ankauf bekommen hatte, über die Rückzahlung der bereits erlegten 4 578 T.; Anteil Radach ging im Nov. 1775 von d. Gläubigern für 10 450 T. an seine Schwester Catharine Rosine Eleonore (1734–1781), verheiratete von Burgsdorff; **Laufbahn**: Mai 1754 als Fähnrich ins I-R Nr. 35, als Sl an bei Breslau erlittenen Blessuren gest.;

Quellen: GStA, I. HA, Rep. 22, Nr. 325 a, Paket 8 774; IV. HA, Rep. 1, Nr. 87, Bl. 69 (J. C., E.A.C.L. hier nicht, hier e. SC im I-R 34, Okt. 1757 gest.); Stabi, Ms. boruss. fol. 311, Bl. 374 (hier nur als Ludwig); Ms. geneal. fol. 120, Bl. 255; Fam.gesch., II. T., S. 514–515, S. 569–571, Taeglichsbeck, S. 266; Jb. Neumark, 11/1936, S. 97–97;

ksl. Major **Friedr. Carl Ludwig Graf v. Schwerin** (* 14. Juli 1753, † 18. Okt. 1801) *

Vater: Leopold Ferdinand (1716–1757), Ltnt., Erbherr auf Radewitsch u. Trebschen im Krs. Züllichau, für 25 500 T. erworben; **Mutter**: Henriette Sophie Amalie, geb. Gräfin zu Wied (1731–1799); **Vater-Brüder**: Eugenius (1717–1769) *, KD-rat in Glogau, fürstbischöfl. Reg.präs. in Pleß u. Neiße, Landeshauptmann in Grottkau, verh. mit e. geb. Freiin von Schütz, suchte im Okt. 1764 zs. mit seiner Frau um d. Befreiung von d. landreiterlichen Exekution nach, sie schuldeten d. Sekretär Stahn bei d. OA-Regierung in Glogau 6 600 T.; Wilhelm Carl Aemilius (1727–1789), Obrist in holländischen Diensten; **Bruder**: Wilhelm Heinrich Florus (1754–1828), Rittmstr. im frz. H-R Saxe, 1792 dim., in Dierdorf gest.; **Laufbahn**: trat in ksl.-österreichische Dienste, zuerst Rittmstr., zuletzt Major im 8. I-R Erzherzog Ludwig, in Iglau gest.; **Güter**: erbte zs. mit d. Bruder Trebschen und Radewitsch, diese gerieten nach d. Tod ihres Vaters in Konkurs und fielen *sub hasta* 1765 für 56/m T. an Heinrich IX. Graf von Reuß; 1803 u. 1805 wurden d. Brüder als unangesessene Vasallen im Krs. Züllichau aufgeführt;

Quellen: GStA, I, Rep. 22, Nr. 279 b; II. HA, Abt. 12, Materien, Vas.tab. Nr. 8, Bl. 171 RS-172; BLHA, Rep. 3, Nr. 11 925; Fam.gesch., Tafel XVIII, S. 322–323, S. 325; biogr. Handbuch, S. 937–938 (Onkel);

Gl **Reimer Julius von Schwerin** (* 30. Jan. 1695, † 11. Sep. 1754) *

Vater: Johann Bogislav (1660–1698), neumärkischer Landrat, Erbherr auf Wopersnow, Liepz im Krs. Schivelbein, auf Schellin u. Strachmin in Pommern; **Mutter**: Dorothea Elisabeth, geb. von Borcke (1668–1720); **Brüder**, 1715 gen.: Philipp Bogislav (1687–1733), Obrist in schwedischen Diensten, zuletzt schwedischer GM, seit 1732 russ. Feldmarschall-Ltnt., Otto Friedrich (1692–1741), Rittmstr. in schwedischen Diensten, zuletzt Ol; **Laufbahn**: 1715 Cap. in schwedischen Diensten, April 1717 Stabs-Rittmstr. im preuß. D-R Nr. 6, Sep. 1718 Rittmstr. u. Chef e. Escadron, Juni 1721 Major, Okt. 1726 ins D-R Nr. 2, Mai 1734 Ol, Juni 1735 Kommandeur d. D-R Nr. 2, Febr. 1745 GM, Mai 1745 Orden p. l. m., Mai 1749 Chef d. D-R Nr. 2, Juni 1752 Gl, Sep. 1752 Schwarzer Adler-Orden; **Ehefrau**: Charlotte Albertine, geb. von Kreytz (1708–1769); **Güter**: trat zs. mit seinen Brüdern d. väterliche Gut Wopersnow um 1715 auf Pfandschilling d. Cap. August Wilhelm von Wichmannsdorf ab, s. d.;

Quellen: GStA, IV. HA, Rep. 1, Nr. 87, Bl. 207; BLHA, Rep. 23 B, Nr. 446; Stabi, Ms. boruss. fol. 311, Bl. 91; fol. 314, (Bl. 50); fol. 316, Bl. 172; König, 3. T, S. 464–465; Tb. Uradel, 1905, S. 741–742 (hier nur d. Brüder P. B. u. O. F.); Jb. Neumark, 1927, S. 98; Priesdorff, Nr. 347;

GM **Alexander Gottlob Bogislav von Seidlitz** (* um 1703, † 2. Mai 1782) *

Vater: Johann Friedrich (1666–1738), sardinischer Generalfeldzeugmeister, Erbherr auf Grochow bei Schermeisel; A. G. B. aus d. Herzogtum Crossen gebürtig; **Mutter**: Margarethe Catharina, geb. von der Schulenburg (* 1658, † vor 1728); **Bruder**: Balthasar Heinrich (1694–1762), Major, s. d.; **Laufbahn**: seit 1719 im Militär, Juli 1727 Fähnrich im I-R Nr. 18, Nov. 1730 Sl, Nov. 1733 Pl, Jan. 1742 Major im H-R Nr. 3, April 1745 Ol u. Kommandeur d. H-R Nr. 3, Sep. 1747 Obrist u. Chef d. H-R Nr. 8, Mrz. 1758 GM, April 1759 mit 500 T. Pension dim., 1782 ledig verst.;

Quellen: GStA, IV. HA, Rep. 1, Nr. 88, Bl. 115 (als v. Seydlitz); Stabi, Ms. boruss. fol. 313, Bl. 169 RS, Bl. 172 RS; fol. 315, Bl. 214 (alt); König, 4. T., S. 9; Fam.gesch. Schulenburg, II. T., S. 485; Priesdorff, Nr. 473;

Major **Balthasar Heinrich von Seidlitz** (1694–1762) *

Vater: Johann Friedrich (1666–1738), Major bzw. General-Feldzeugmeister in sardinischen Diensten; B. H. aus d. Krs. Crossen gebürtig; **Mutter**: Margarethe Catharina, geb. von der Schulenburg (* 1658, † vor 1728); Stief-Mutter: Eva Marianna, geb. von Wedel (1677–1751); **Laufbahn**: seit 1721 im Militär, Juli 1742 Stabs-Cap. im Garn.-Reg. Nr. 8, Sep. 1746 Cap. u. Chef e. Comp., Juli 1757 Major, Febr. 1763 bei d. Reduktion d. Reg. abgegangen; **Ehefrau**: Elisabeth Margarethe, geb. von Rabenau (* 1700, † nach 1782); drei seiner fünf **Söhne** sollen im Siebenjährigen Krieg gefallen sein; **Sohn**: Franz Gottlob (1730–1804) *, aus Briesnitz gebürtig, seit 1747 im Militär, April 1752 Fähnrich im I-R Nr. 13, Juni 1757 Sl, bei Prag *blessirt*, Febr. 1758 wegen seiner Wunden als Invalide dim., seit 1759 Steuerrat in Kolberg, dann KD-rat in Köslin, zuletzt in Stettin;

Quellen: GStA, I. HA, Rep. 176, Nr. 8 540, Tafel I; IV. HA, Rep. 1, Nr. 88, Bl. 115 (Vater u. Sohn); Stabi, Ms. boruss. fol. 311, Bl. 23, Bl. 28 (je F. G.); fol. 312, Bl. 135; Jb. dt. Adel, 3. Bd., S. 464–465 (hier nur d. Sohn F. G.); biogr. Handbuch, S. 946–947 (Sohn);

General **Friedrich Wilhelm von Seidlitz** (* 3. Febr. 1721, † 8. Nov. 1773) *

Vater: Daniel Florian (* 1682, † 26. Mrz. 1728), seit 1704 im Militär, Febr. 1711 Ltnt. im K-R Nr. 5, Sep. 1718 Rittmstr u. Chef e. Escadron, 1721 auf Werbung am Niederrhein, 1726 Abschied als Major, 1728 gest.; **Mutter**: Luise Tugendreich, geb. von Ihlow († 1758); **Großvater**: Daniel Caspar, Erbherr auf Schermeisel nahe

Zielenzig; **Laufbahn**: Febr. 1740 Cornet im K-R Nr. 5, Juli 1743 Rittmstr. u. Chef e. Escadron im H-R Nr. 4, Juli 1745 Major, Sep. 1752 Ol, Okt. 1752 Kommandeur d. D-R Nr. 12, Febr. 1753 Kommandeur d. K-R Nr. 8, Juni 1755 Obrist, Juni 1757 GM, Nov. 1757 Gl, Ritter d. Schwarzen Adler-Ordens, Chef d. K-R Nr. 8, Juli 1767 General d. Kavallerie; seit April 1760 **verheiratet** mit Susanne Johanna Albertine (1743–1804), Tochter d. Generals Hans Christoph Friedrich Graf von Hake, beider Ehe wurde 1764 geschieden, aus d. Ehe zwei **Töchter**, darunter Albertine Marianne (* 1762), verh. mit d. Ltnt. Joachim Ernst Friedrich von Maltitz, s. d.;

Quellen: GStA, I. HA, Rep. 176, Nr. 8 239 (Übersichtstafel, Großvater, Vater); IV. HA, Rep. 1, Nr. 88, Bl. 115; Stabi, Ms. boruss. fol. 311, Bl. 134 (Vater), Bl. 137 RS (aus d. NM); fol. 319, Bl. 29 (Vater); König, 4. T., S. 2–8 (danach geb. 3.2.1722); Priesdorff, Nr. 317 (Hake), Nr. 453 (F. W., geb. 1721);

Cornet **George Oswald von Seidlitz** (* 1698) *

aus d. Neumark gebürtig; **Laufbahn**: seit 1714 im Militär, Aug. 1718 Cornet im K-R Nr. 5, vor 1730 abgegangen;

Quellen: Stabi, Ms. boruss. fol. 311, Bl. 134;

Rittmstr. **Gottlob Boguslav Sigismund von Seidlitz** (* 4. Juni 1741, † 9. Nov. 1804)

Vater: George Friedrich (1691–1763), Erbherr auf Schermeisel in Polen; G. B. S. aus der NM gebürtig; **Mutter**: Eva Elisabeth, geb. von Wedel (1702–1785); **Laufbahn**: seit 1757 im Militär, Dez. 1758 Cornet im K-R Nr. 7, Mai 1763 Ltnt., Jan. 1778 Stabs-Rittmstr., April 1778 krankheitshalber dim., 1798 Postmstr., 1801 Akzise-Einnehmer in Zielenzig; **Güter**: erwarb 1782 d. adligen Anteil bzw. ¼ von Lindow im Krs. Sternberg für 10/m T., im Jahr 1800 für 15/m T. verkauft, 1767 zs. mit d. **Bruder** George Carl, 1783 allein auf d. adligen Anteil von Groß Kirschbaum gen., 1786 verkauft (außerdem Erbherr auf Schermeisel), 1801 u. 1803 auf d. freien Burglehn in Zielenzig im Wert von 600 T.; **Ehefrau**: Sophie Eva Charlotte, geb. von Ludwig; **Sohn**: George Carl (1782–1808), seit 1795 im Regiment, Okt. 1797 Fähnrich im I-R Nr. 24, April 1800 Sl, April 1808 gest.;

Quellen: GStA, II. HA, Abt. 12, Materien, Vas.tab. Nr. 6, Bl. 135 RS-136 (d. Sohn G. C. hier als Heinrich Fr. Bernh.); IV. HA, Rep. 1, Nr. 88, Bl. 119 (hier als Siegfried), Bl. 121 (Sohn George Carl); Stabi, Ms. boruss. fol. 315, Bl. 29, Bl. 30; fol. 316, Bl. 326 (Sohn); Ms. geneal. fol. 120, Bl. 254 RS; Jb. dt. Adel, 3. Bd., S. 461; Jb. Neumark, 11/1936, S. 96;

Ltnt. **Hans Heinrich von Seidlitz** (1733–1758) *

aus d. Krs. Crossen gebürtig; **Laufbahn**: seit 1753 im Militär, stand 1756 als Gefr.corp. im I-R Nr. 33, 1758 als Sl gest.;

Quellen: Stabi, Ms. boruss. fol. 311, Bl. 4 RS, Bl. 9; nicht in IV. HA, Rep. 1, Nr. 88;

Major **Andreas Friedrich Balthasar von Selchow** (1715–1778)

Vater: Joachim Bernhard (* um 1678, † um 1744), Landrat im Krs. Sternberg, 1715 als Erbherr auf ½ Groß Gandern gen., hatte damals seinen Wohnsitz in Lieben, seit 1736 auch auf Görbitsch im Krs. Sternberg, hinterließ drei Söhne u. drei Töchter; A. F. B. aus Lieben gebürtig; **Bruder**: Bernhard Adolph (* 1706, † vor

Mrz. 1775), seit 1722 im Militär, stand 1725 als Gefr.corp., 1732 als Sl im I-R Nr. 26, 1743 Cap. u. Chef e. Comp., im April 1748 als Ol dim., 1746, 1759, 1771 als Erbherr auf Görbitsch im Krs. Sternberg gen. (verheiratet mit d. Witwe seines Bruders A. L.); **Bruder**: Alexander Ludwig (1714–1756) *, 1744 Landrat im Krs. Sternberg, Erbherr auf d. väterl. Gut Lieben (seit 1744 auf Görbitsch für 22/m T.), erwarb 1747 Biberteich u. Beelitz für 31 600 T., heiratete Charlotte Elisabeth, geb. von Risselmann (* 1724, † um 1801), diese wurde 1783 u. 1801 auf Beelitz im Krs. Sternberg gen., im Okt. 1767 im Wert von 14/m T., 1783 auch auf Biberteich (1801 auf Görbitsch); **Laufbahn**: seit 1730 als Corp. im Regiment, stand 1740 als Cornet im K-R Nr. 12, Juni 1747 Stabs-Rittmstr., 1757 Rittmstr. und Chef e. Escadron, im Jan. 1758 als Major im K-R Nr. 12 dim.; **Güter**: 1745 u. 1751 Erbherr auf ½ Groß Gandern, übernahm gemäß Teilungsrezeß vom Okt. 1765 d. Gut Lieben für 24 500 T., nach d. Tod d. Bruders A. L. auch auf Biberteich u. Beelitz, sollte alle Schulden auf d. drei Gütern Biberteich, Beelitz u. Lieben übernehmen u. d. Geschwister auszahlen, kam aber seinen Verpflichtungen nicht nach, es kam daher zum Streit; erhielt auf sein Gesuch im Mrz. 1772 e. Indult von drei Jahren u. e. Meliorationskredit in Höhe von 11/m T., besaß 1776 Lieben, Groß Gandern u. Biberteich zs. mit Erben seiner verst. Schwester, d. Geschwistern von Bojanowsky, von denen einer in poln., einer in ksl. Diensten stand, sie sollen e. Wert von 65 983 T. gehabt haben, waren für 2 600 T. jährlich verpachtet, 1776 befand sich sein Vermögen im Liquidationsprozeß; (**Ehefrau**: Louisa Elisabeth, geb. von Risselmann (* 1723), sie wurde 1783 auf Biberteich gen., hatte ihren Wohnsitz in Trebus im Krs. Lebus);

Quellen: GStA, I. HA, Rep. 22, Nr. 315, Paket 8 763; II. HA, Abt. 12, Materien, Vas.tab. Nr. 6, Bl. 127 RS-128; IV. HA, Rep. 1, Nr. 88, Bl. 70 (A. F. B. hier als A. B. F.); BLHA, Rep. 78 I, Nr. 170, Bl. 54 (1751 auf Görbitsch: Adolph, geb. 1700), Bl. 59; Stabi, Ms. boruss. fol. 311, Bl. 268, Bl. 270, Bl. 271 (A. F. B.); fol. 314, Bl. 17, Bl. 19 RS, Bl. 21 (je B. A.); Ms. geneal. fol. 120, Bl. 220 RS, Bl. 254, Bl. 257; Jb. Neumark, 1928, S. 22 (1715 nur zwei Brüder: B. A. hier als Ad. Bernh.), S. 31 (Vater); Moegelin, S. 260; Jb. Neumark, 11/1936, S. 93–96; biogr. Handbuch. S. 948 (Bruder A. L.);

Ltnt. **Christ. Gottl. von Selchow** (* 1727) *

aus d. Neumark gebürtig; **Laufbahn**: seit 1743 im Militär, stand 1750 als Sl im I-R Nr. 44, Mai 1757 abgegangen;

Quellen: GStA, IV. HA, Rep. 1, Nr. 88, Bl. 70 (kz. Notiz); Stabi, Ms. boruss. fol. 316, Bl. 200; nicht in d. Gesch. I-R 44;

Major **Christoph Wilhelm von Selchow** (* 1694)

(**Vater**: Hans Caspar (* 1665), 1728 im Alter von 62,5 Jahren gen., hatte damals zwei Söhne); **Bruder**: Hans Caspar (* 1696), seit 1713 im Militär, 1715 Fähnrich, 1722 Sl im I-R Nr. 12, 1730 als Ltnt. (Pl) gen. (1736 als Cap. gest.); **Laufbahn**: seit 1711 im Militär, Juni 1718 Cornet im K-R Nr. 5, Juni 1723 Ltnt., noch 1730 als solcher, 1740 als Rittmstr. u. Chef e. Escadron, 1750 als Major gen., vor 1764 abgegangen;

Quellen: Stabi, Ms. boruss. fol. 311, Bl. 132, Bl. 134, Bl. 136, Bl. 137 (je C. W.); fol. 316, Bl. 233 RS, Bl. 238, Bl. 239; fol. 319, Bl. 50; Ms. geneal. fol. 120,

Bl. 220 RS; beide nicht in GStA, IV. HA, Rep. 1, Nr. 88, Bl. 70 (hier nur d. Major im K-R 12);

Cap., Landrat **Friedrich Wilhelm von Selchow** (* 22. Juni 1722, † 19. Mai 1789)

Vater: Wolf Asmus (* 1689, † 24. April 1740), (1715 Cap. im Reg. Prinz Heinrich zu Fuß), 1718 als Gen.-Adjutant, 1728 als Gen.-Adj. u. Major im I-R Nr. 1 gen., als Obrist im I-R Nr. 1 gest., 1718 u. 1728 Erbherr auf (Biberteich u.) Beelitz im Krs. Sternberg, diese waren 1739 für 2 050 T. verpachtet, ging drei Ehen ein, hinterließ zwei Söhne; **Bruder**: Friedrich Ludwig (* 1727), stand seit 1743 im Militär, 1750 Sl im I-R Nr. 43, Mai 1757 dim.; **Laufbahn**: seit 1735 im Militär, im Nov. 1743 nach neun Dj. vom I-R Nr. 1 ins I-R Nr. 21 versetzt, stand 1750 als Cap. u. Chef e. Comp. im I-R Nr. 21, Juni 1752 *cassirt* (bzw. desertiert), 1753 hieß es, er soll sich *absentirt* haben; amtierte seit 1787 als Landrat in d. Gfsch. Hohenstein; **Güter**: 1745 zs. mit d. Bruder als Erbherr auf d. Gütern Biberteich u. Beelitz gen., diese wurden bei d. Licitation im Jan. 1747 an d. Landrat Alexander Ludwig von Selchow für 31 600 T. verkauft; saß 1780 auf Branderode in d. Gfsch. Hohenstein;

Quellen: GStA, I. HA, Rep. 22, Nr. 315, Pakete 8 762 u. 8 763 (Bruder als Fr. Ludwig); IV. HA, Rep. 1, Nr. 88, Bl. 70 (kz. Notiz: *cassirt*, Bruder); Stabi, Ms. boruss. fol. 311, Bl. 207 RS, Bl. 210 RS (danach *cassirt*); fol. 313, Bl. 176 RS (Vater), Bl. 300 (F. W.); fol. 316, Bl. 200 (Bruder, hier als Christian Gottl.); fol. 319, Bl. 50 (1715 kein Cap. von Selchow bei Prinz Heinrich); Ms. geneal. fol. 120, Bl. 220 RS; Jb. dt. Adel, 3. Bd., S. 469; Jb. Neumark, 1928, S. 24 (d. Vater hier als Wulf Erasmus); biogr. Handbuch, S. 948 (F. W. danach 1763 als Major dim.);

Cornet **Heinrich Gottlob von Selchow** (* 1705)

Vater: Hans Heinrich († vor 1728), 1715 Erbherr auf Anteil Klauswalde im Krs. Sternberg; **Vater-Brüder**, 1715 aufgeführt: Nickel Friedrich, Cap. bei d. Fränkischen Krs.truppen; Daniel; Wolf Asmus, Cap. im Reg. Prinz Heinrich zu Fuß; **Bruder**: Hans Friedrich, 1715 erwähnt; **Laufbahn**: seit 1718 bzw. 1724 im Militär, im Mrz. 1725 als Corp. gen., Juni 1725 Cornet im K-R Nr. 6, noch 1734 als solcher aufgelistet, vor 1740 abgegangen; **Güter**: saß 1728 auf d. väterlichen Anteil von Klauswalde;

Quellen: BLHA, Rep. 23 B, Nr. 446; Stabi, Ms. boruss. fol. 315, Bl. 6; Ms. geneal. fol. 120, Bl. 220 RS; Jb. Neumark, 1928, S. 24 (Onkel W. A. identisch mit Wolf Asmus (1689–1740)?, s. o.);

Cap. **Ludwig Maximilian von Selchow** (* 1764, † 18. Juli 1813) *

aus d. Neumark gebürtig; **Laufbahn**: seit 1783 im Militär, Jan. 1786 Fähnrich, Mrz. 1788 Sl im I-R Nr. 13, Okt. 1797 Pl, Juni 1799 Stabs-Cap., Aug. 1811 Cap., Febr. 1813 zur Gendarmerie, als Cap. gest.;

Quellen: GStA, IV. HA, Rep. 1, Nr. 88, Bl. 70; VI. HA, FA von Schlieffen, Nr. 1; Stabi, Ms. boruss. fol. 311, Bl. 15 RS; fol. 907 a, Bl. 5 RS;

Gl **Wolf Balthasar von Selchow** (* 1684, † 23. Dez. 1744) *

Vater: Melchior (1621–1687), brandenburg. Rittmstr., Erbherr auf Lieben u. Anteil Görbitsch im Krs. Sternberg; **Mutter**: Anna Modeste, geb. von Koeckritz († 1693); (**Bruder**: Joachim Bernhard (* um 1678), 1728 als Landrat u. Erbherr auf Lieben gen.); **Laufbahn**: stand seit 1702 in hessen-kasselschen Diensten,

1709 Ltnt., Dez. 1710 Cap., Okt. 1713 Wechsel ins preuß. Militär, Jan. 1716 Major im I-R Nr. 25, Aug. 1723 Ol, Mai 1725 Kommandeur d. I-R Nr. 25, Aug. 1725 zum I-R Nr. 12 versetzt. Jan. 1732 Kommandeur d. I-R Nr. 12, Mai 1733 Obrist, Mai 1741 Chef d. I-R Nr. 12, Juni 1741 GM, Dez. 1743 mit d. Charakter Gl u. e. Pension von 3/m T. dim., Ritter d. Schwarzen Adler-Ordens, 1744 ledig verst.; **Güter**: 1715 u. 1728 als Erbherr auf ½ Görbitsch im Krs. Sternberg gen.;

Quellen: GStA, IV. HA, Rep. 1, Nr. 88, Bl. 70 (kz. Notiz); BLHA, Rep. 23 B, Nr. 446; Stabi, Ms. boruss. fol. 316, Bl. 239, Bl. 240; fol. 319, Bl. 40; Ms. geneal. fol. 120, Bl. 220 RS; König, 4. T., S. 1–2; Jb. Neumark, 1928, S. 25 (hier als Wulf Balzer); Priesdorff, Nr. 287;

Cap. **Johann Carl Ludwig von Seld** (1724–1809)

Vater: Julius Ludwig (* 1700) *, Geh., Reg.rat in Stettin, seit 1750 Erbherr auf Anteil Geiglitz, 1768 auf Woldenburg im Ostenschen Krs. gen.; J. C. L. aus Pommern gebürtig; **Großvater**: erwarb vor 1750 Boltenhagen im Krs. Schivelbein; **Laufbahn**: diente von Jugend an, stand im Siebenjährigen Krieg im Frei-Bat. von Salenmon, wurde dann wegen seiner poln. Sprachkenntnisse als Rittmstr. im Frei-H-R von Lubomirski angestellt, zuletzt Cap. u. Chef e. Comp. im Rekruten-Bat. von Bevern, nach 1763 wegen Blessuren dim.; **Güter**: erwarb 1764 d. Gut Boltenhagen im Krs. Schivelbein, hier 1778 gen., hatte d. Gut von d. Reg.rat Loeper gekauft, um 1800 wieder veräußert, amtierte als Krs.deputierter, besaß auch Steinbrück in Mecklenburg; erwirkte nach 1783 d. Anerkennung d. Adels d. Familie; **Ehefrau**: Catharina Elisabeth, geb. von Keuler (1728–1802); sie stammte aus Polen, will mit ihr zs. 1783 e. Vermögen von 100/m T. besessen haben, gab damals an, seine Söhne dem Militärdienst gewidmet zu haben; **Sohn**: Franz Stanislaus (* 1756), studierte 1778 in Halle, 1783 Referendar beim Berliner KG; **Sohn**: George Sigismund August Frhr. (1761–1837) *, Juni 1786 als Cornet im H-R Nr. 7 dim.;

Quellen: GStA, I. HA, Rep. 62, Nr. 264 a, Fasz. 31 (1785 ohne Adelsprädikat); Rep. 96, Nr. 435 S, Bd. 5; Stabi, Ms. geneal. fol. 120, Bl. 250 RS; Tb. frhrl. Hs., 1897, S. 955; Jb. Neumark, 11/1936, S. 87; biogr. Handbuch, S. 948 (Vater); Pommern, S. 631 (Biogramm d. Sohnes G. S. A., J. C. L. hier als Ol);

Major **Friedrich von Seydel** (* 1704)

aus d. Neumark gebürtig; **Laufbahn**: seit 1720 im Militär, stand 1730 als Sl, 1740 als Rittmstr. u. Chef e. Escadron im K-R Nr. 10, 1747 als Major verabschiedet; (**Güter**: Erbherr auf Biesdorf u. Lüdersdorf im Krs. Oberbarnim im Wert von 21 104 T., darauf Schulden von 12 500 T., sie wurden 1751 gerichtlich subhastiert u. von der Witwe Geh. Rat von Marschall erworben); (**verwandt**: 1709 gen. d. Witwe Legationsrat Andreas Erasmus von Seidel: I. HA, Rep. 62, Nr 269, Fasz. 8);

Quellen: GStA, I. HA, Rep. 22, Nr. 325 f (d. Major auf Lüdersdorf u. Biesdorf identisch mit d. Major im K-R Nr. 10?); Stabi, Ms. boruss. fol. 311, Bl. 327 RS (1740: aus d. NM), Bl. 329 (1730: aus d. MM), Bl. 334; Siebmacher, Bd. 6/5, 1880, S. 87 (hier d. Hinweis auf Biesdorf, aber auch auf e. Cap. Carl Aug., 1734 in Zielenzig gest.);

Cap. **Friedrich Christoph von Seyplitz** (* 1746, † Mrz. 1796)

Vater: August Friedrich Leopold († 1760), stand als Ltnt. im I-R Nr. 41, bei Eisfeld in Hessen durch eine Kanonenkugel gefallen; **Mutter**: Sophie Henriette († vor 1787), e. Tochter d. Heidelberger Oberkonsistorialrates Johann Friedrich von Wiepach († 1748), sie stand 1782 auf d. Liste d. Kreises Crossen für e. neumärk. Witwenpension, bezog nach e. Immediatgesuch e. jährl. Pension von 25 T., ernährte sich u. d. Tochter Christine Philippine (* 1752) davon u. vom Nähen u. Stricken, nach d. Tod d. Mutter lebte die auf e. Auge erblindete C. P. von Almosen, sie hielt sich 1787 in Sommerfeld im Krs. Crossen auf, besaß als Waise keinerlei Vermögen u. stand auf d. Expectantenliste für e. neumärkische Pension; **Bruder**: Johann Christian Friedrich (* 1750), seit 1767 im Militär, Juli 1773 Sl im I-R Nr. 46, Mrz. 1783 Pl, Febr. 1789 Stabs-Cap., Aug. 1792 entlassen; **Laufbahn**: seit 1765 im Militär, Dez. 1768 Fähnrich im I-R Nr. 36, April 1777 Sl, Dez. 1785 Pl, Juni 1790 Stabs-Cap., 1796 als solcher gest.;

Quellen: GStA, II. HA, Abt. 13 a, Tit. III, Generalia, Nr. 2, Bd. 10, Bl. 45 RS-46 (hier als Christoph Fr.); Tit. IV, Generalia, Nr. 5, Nr. 25; IV. HA, Rep. 1, Nr. 88, Bl. 109 (J. C. F. als Joh.Gottlob, unter Seyblitz), Bl. 130 (F. C. unter Seyplitz); Stabi, Ms. boruss. fol. 314, Bl. 345 (F. C. im I-R 36, unter Seyplitz, aus Schlesien gebürtig?); fol. 316, Bl. 22 RS (J. C. F. als J. G. von Seiplitz, aus d. Nl gebürtig); in Gesch. I-R Nr. 41 d. Vater nicht gen., auch in fol. 315, Abgangsliste Nr. 41 nicht gen.;

Major **Friedrich Christian Martin von Sobbe** (* 12. Sep. 1742, † 25. Dez. 1805)

Vater: Friedrich Christian (1716–1777) *, Steuerrat; F. C. M. aus Magdeburg gebürtig; **Mutter**: Dorothea Margaretha, geb. Diedrichs (1720–1791); **Laufbahn**: seit 1761 im Militär, stand 1764 als Cornet, 1775 als Ltnt., 1787 als Stabs-Rittmstr. im K-R Nr. 5, Okt. 1790 Rittmstr., Juli 1795 als Major mit Pension dim.; **Ehefrau**: Maximiliane Ulrike Philippine (1773–1829), e. To. von Gerhard Ewald von Manteuffel (1730–1787), Cap. im I-R Nr. 24, 1783 auf Schilde gen., hatte seinen Wohnsitz in Collatz im Krs. Neustettin; **Güter**: saß 1801, 1805 zs. mit seiner Frau auf Schilde im Krs. Dramburg, sie hatte es im Jan. 1795 lt. Erbrezeß für 13/m T. angenommen; **Schwager**: Christian Heinrich Ewald von Manteuffel (1785–1857) *, stand 1805 als Sl im K-R Nr. 5;

Quellen: GStA, II. HA, Abt. 12, Materien, Vas.tab. Nr. 6, Bl. 74 RS-75 (als Christoph Fr.); Nr. 8, Bl. 77 RS-78; IV. HA, Rep. 1, Nr. 88, Bl. 224; Stabi, Ms. boruss. fol. 311, Bl. 131, Bl. 137, Bl. 139; Ms. geneal. fol. 120, Bl. 245 RS; Jb. Neumark, 11/1936, S. 68; Tb. Briefadel, 1938, S. 509 (preuß. Adelsanerkennung 1742); biogr. Handbuch, S. 957–958 (Vater); Pommern, S. 409 (Schwager);

Major **Johann Christoph von Sohr** († 14. April 1772)

(Vater: Carl Friedrich Albrecht (1714–1776), seit 1754 neumärkischer Oberforstmstr., Erbherr auf Schönfeld im Krs. Crossen; **Mutter**: e. Tochter d. Kriegsrates Johann Christoph Stecher; **Vater-Bruder**: George Wilhelm (* 1726, † 30. Mrz. 1800), aus Wittstock gebürtig, seit 1742 im Militär, Aug. 1750 Sl beim Feld-Artillerie-Bat., erlitt bei Prag 1757

Blessuren am Kopf, hatte seitdem *Anfälle*, April 1758 Pl, Dez. 1761 Cap. u. Chef e. Comp., Mai 1772 Major, April 1786 Obrist, Juni 1786 auf sein Gesuch mit Hinweis auf sein Kopfleiden nach 44 Dj. mit Pension dim., erwirkte e. Renovationsdiplom d. Adels d. Fam. vom 22. Nov. 1787, Jan. 1788 publiziert, verheiratet mit Maria Dorothea Elisabeth, geb. von Briest, Söhne: Friedrich George Ludwig (1775–1845) *, Gl, Ludwig August Wilhelm (1777–1848) *, Gl, mit letzterem erlosch dieser Fam. zweig); J. C. aus d. NM gebürtig; **Laufbahn**: Juli 1748 Sl bei d. Artillerie-Garn.-Comp. in Neiße, Okt. 1755 Pl bei d. Art.-Garn.-Comp. in Schweidnitz, im Dez. 1759 als Stabs-Cap. im schlesischen Garn.-Bat. d. Artillerie gen., Dez. 1761 Cap. u. Chef e. Comp. beim Feld-Artillerie-Reg, Mrz. 1770 Major, 1772 als Major gest.; (**verwandt**: Christian Heinrich Sohr, Hofrat, 1713 u. 1718 als Erbherr auf Wittstock im Krs. Königsberg gen.: Jb. Neumark, 1927, S. 50; Carl Friedrich von Sohr, Dez. 1768 Sl beim Feld-Artillerie-Corps, April 1787 dim.: IV. HA, Rep. 1, Nr. 88, Bl. 240; fol. 319, Bl. 338);

Quellen: GStA, I. HA, Rep. 7, Nr. 13-1, Litt. S, Nr. 92; Rep. 96, Nr. 95, S ss (G. W.); IV. HA, Rep. 1, Nr. 88, Bl. 240 (J. C., ausführlich, ohne Adelsprädikat; Onkel? G. W., ohne Adelsprädikat), Bl. 241 (kz. Notiz für J. C., mit Adelsprädikat, ohne Vornamen); Stabi, Ms. boruss. fol. 319, Bl. 334; Schöning, Artillerie, 2. Bd., S. 15–16, S. 158, S. 161, S. 164; Malinowski, 1. Bd., S. 108 (J. C. u. G. W.); Gritzner, S. 52 (George Wilhelm); Priesdorff, Nr. 1357 u. 1481 (Söhne von G. W.); biogr. Handbuch, S. 959–960 (Vater? u. Onkel);

Obrist **Friedrich Siegmund von Sommerfeld** (* 1736, † 11. Mai 1800)

aus d. Krs. Crossen gebürtig; **Laufbahn**: seit 1750 im Militär, stand 1764 als Sl im I-R Nr. 24, 1774 als Pl, zuletzt Stabs-Cap. (1777 als Landvogt mit d. Charakter Obrist abgegangen), seit 1780 Obrist u. Chef d. Königsberger Land-Regiments, zeigte am 26. April 1782 im Kabinett seine vollständige Genesung an, wollte wieder in einen anderen Dienst, könne in seiner *jetzigen Lage nicht tätig* werden; bat im Aug. 1791 mit Verweis auf sein monatliches *Tractament* von 15 T. u. darauf, sein Vermögen im Dienst zugesetzt zu haben, um e. Zulage;

Quellen: GStA, I. HA, Rep. 96, Nr. 257 S, Bl. 72; Nr. 435 S, Bd. 6; IV. HA, Rep. 1, Nr. 88, Bl. 260; Stabi, Ms. boruss. fol. 316, Bl. 319 RS, Bl. 320 RS (jetzt als Christian), Bl. 324 RS; Siebmacher, Bd. 6/5, 1880, S. 88; nicht im Tb. Briefadel 1907;

Major **Gottfried Wilhelm von Sommerfeld** (1741–1817)

aus d. Neumark gebürtig; **Laufbahn**: seit 1757 im Militär, Jan. 1760 Fähnrich im I-R Nr. 35, stand 1773 als Pl im Reg., Juli 1783 Stabs-Cap., April 1786 Cap. u. Chef e. Comp. im I-R 35, Nov. 1793 Orden p. l. m., Febr. 1794 Major, April 1802 als Major u. Kommandeur d. III. Mousq.-Bat. ins I-R Nr. 12, Sep. 1813 pens.;

Quellen: GStA, IV. HA, Rep. 1, Nr. 88, Bl. 260 (als Gottfr. Carl, gest. 14. Febr. 1817); Stabi, Ms. boruss. fol. 311, Bl. 372 RS, Bl. 375 RS; Taeglichsbeck, S. 268 (hier als G. Carl); Lehmann, S. 294 (als Gottfried Carl);

Ltnt. **Friedrich Rudolph von Somnitz** (1781–1815)

aus d. Neumark gebürtig; **Laufbahn**: Nov. 1798 Cornet im K-R Nr. 11, Febr. 1803 Sl, 1815 als Pl im 2. Brandenburg. Garn.-Bat. gest.;

Quellen: GStA, IV. HA, Rep. 1, Nr. 88, Bl. 266; Stabi, Ms. boruss. fol. 315; fol. 907 a, Bl. 85 RS; Rangliste 1806, S. 111;

kursächs. Ltnt. **Carl von Sonnentag** (* 1709) *

Vater: George (* 1672, † 27. Mai 1734), avancierte im Reg. Derfflinger bis zum Cap., nach d. Abschied versorgt, zunächst Hofrat, 1719 neumärkischer Reg.rat, 1726 u. 1728 als neumärkischer Steuerrat gen., 1718 Erbherr auf Gallinchen im Krs. Cottbus, erworben für 6 200 T.; **Bruder**: George Siegfried (bzw. Johann Gottlieb), absolvierte e. Studium, 1745 Erbherr auf Gallinchen, 1753 an A. H. Graf von Pückler verkauft; **Vetter**: Johann Gottlob von Sonnentag (1697–1778), KG-Rat; **Laufbahn**: stieg in sächsischen Diensten bis zum Ltnt. auf;

Quellen: Stabi, Ms. geneal. fol. 120, Bl. 214 RS; Jb. Neumark, 1928, S. 175; Krüger, Cottbus, S. 12 (d. Vater hier als Daniel); biogr. Handbuch, S. 964–965 (Vetter);

Major **Christian Gustav von Staudach** (* 1690) *

(**Vater**: Erbherr auf Wildenow im Krs. Friedeberg); C. G. aus d. NM gebürtig; **Bruder**: Carl Ernst (* 1682), vorm. Cap. in sardinischen Diensten, 1745 Erbherr auf Wildenow; **Bruder**: Carl Ferdinand (* 1688), 1728 Ol beim Fürsten von Ostfriesland; **Laufbahn**: trat 1704 in d. Militärdienst ein, Mai 1713 Sl, 1718 Stabs-Cap. im I-R Nr. 3, 1720 Cap. u. Chef e. Comp., 1731 Major im I-R Nr. 3, Mai 1735 verabschiedet, ging auf sein Gut; **Ehefrau**: Maria Louise verwitw. von Hesler, geb. von Weißbach; (**verwandt**: Ernst Ludwig von Staudach stand 1692 als Rittmstr. im Kav.-Reg. von Schöning, dieser verkaufte 1716 (bzw. vor 1713) als Major seinen Anteil an Rostin: GStA, I. HA, Rep. 22, Nr. 302 b; Ms. boruss. fol. 319, Bl. 6 RS);

Quellen: Stabi, Ms. boruss. fol. 319, Bl. 36 RS (danach aus d. Mittelmark), Ms. geneal. fol. 120, Bl. 213; Gesch. I-R Nr. 3, S. 180; Siebmacher, Bd. 6/5, 1880, S. 89–90 (hier d. Major Ernst Ludwig gen.);

Ltnt. **Abraham Ernst von Steinkeller** (* 17. Juli 1757, † 30. Okt. 1826)

Vater: Ludolph Ernst Adolph (1711–1772), preuß. Cap., bis 1751 Erbherr auf Bahrensdorf u. Krügersdorf in d. Mittelmark (später auf Birkholz in d. NM); **Mutter**: Christiane Luise, geb. von Zabeltitz (1731–1807); **Vater-Bruder**: Anton Abraham (1714–1781) *, GM u. Kommandant von Berlin; **Bruder**: Otto Christoph (1766–1783), Junker im D-R Nr. 3; **Schwester**: Christiane Ernestine (1756–1817), seit 1780 verh. mit Friedrich Moritz Sigismund von Langen († 1817), Erbherr auf Kittlitz; **Laufbahn**: 1774 als Junker ins I-R Nr. 24, Fähnrich, Juni 1783 Sl, Aug. 1784 dim.; **Güter**: saß 1777, 1794, 1801 u. 1809 auf d. Majoratsgut Birkholz im Krs. Friedeberg im Wert von 44/m T., in diesem Besitz Nachfolger d. Majors Balthasar Christoph von Steinkeller, s. d., gestiftet hatte d. Majorat d. Gl von Ruitz;

Quellen: GStA, I. HA, Rep. 22, Nr. 321; II. HA, Abt. 12, Materien, Vas.tab. Nr. 6, Bl. 84 RS-85; Nr. 8,

Bl. 87 RS-88; IV. HA, Rep. 1, Nr. 89, Bl. 35 (hier als Albrecht Ernst); Stabi, Ms. boruss. fol. 316, Bl. 325 (nur in d. Abgangsliste I-R 24); Ms. geneal. fol. 120, Bl. 248 (hier als Fr. Wilh., geb. 1755); Jb. Neumark, 11/1936, S. 69 (danach war A. E. d. Sohn von Balth. Chr., s. u.); Tb. Uradel, 1926, S. 681 (hier als Vater von A. E.: Ludwig Ernst Aug.); Priesdorff, Nr. 566 (Onkel A. A.);

Major **Balthasar Christoph von Steinkeller** (* 12. Mrz. 1719, † vor 1777)

Vater: Martin Christian Ernst (1688–1736), Cap., Erbherr auf Görsdorf, Krügersdorf u. Bahrensdorf in d. Mark; **Mutter**: Anna Margarethe, geb. von Ruitz († 1752), Schwester d. Gl Erdmann Ernst von Ruitz (1693–1756), Erbherr auf Birkholz; **Bruder**: Anton Abraham (1714–1781) *, GM, Kommandant von Berlin; **Bruder**: Ludolph Ernst Adolph (1711–1772), Cap. (zuletzt Erbherr auf d. neumärk. Birkholz); **Laufbahn**: seit 1733 im Militär, stand 1739 als Junker im D-R Nr. 3, 1743 als Ltnt., 1757 als Cap. gen., bei Kolin blessiert u. im Febr. bzw. Mai 1758 als Invalide mit d. Charakter Major dim.; **Güter**: seit (1742 bzw.) 1757 Besitzer d. von seinem Schwager E. E. von Ruitz gestifteten Majoratsgutes Birkholz im Krs. Friedeberg, Kaufpreis 44/m T., hier noch 1774 gen.;

Quellen: GStA, I. HA, Rep. 22, Nr. 321; IV. HA, Rep. 1, Nr. 89, Bl. 35 (kz. Notiz); Stabi, Ms. boruss. fol. 313, Bl. 14 RS, Bl. 15; Ms. geneal. fol. 120, Bl. 248 (1778 nicht mehr auf Birkholz gen.); Gesch. D-R Nr. 3, S. 82, S. 102 (B. C., jeweils nur als Christoph), S. 411 (B. C.); Zedlitz, 4. Bd., S. 139 (Fam. Rüts bzw. Ruitz); Tb. Uradel, 1926, S. 681–682; Jb. Neumark, 11/1936, S. 69 (danach ging Birkholz 1742 an B. C.); Priesdorff, Nr. 350 (Gl E. E. von Ruiz, hier als Rüts); Nr. 566 (Bruder A. A., d. Mutter als: Rüts);

Ltnt. **Carl von Steinwehr** (* um 1775, † 7. Mrz. 1835) *

aus d. Neumark gebürtig; **Laufbahn**: Juni 1794 Fähnrich im I-R Nr. 54, Juni 1796 Sl, Nov. 1811 Pl, Juni 1813 zum 5. Res.-I-R, Sep. 1813 Stab-Cap., Mrz. 1815 im 17. I-R, April 1815 Cap., Mrz. 1824 Major, Okt. 1834 als Ol dim.; (**verwandt**: Ernst von Steinwehr, Juni 1796 Fähnrich im I-R Nr. 54, Okt. 1797 Sl, Mai 1813 zum 2. Ostpreuß. Brig. Garn.-Bat., Febr. 1816 als Major dim., 31. Okt. 1856 gest.);

Quellen: GStA, IV. HA, Rep. 1, Nr. 89, Bl. 49 (hier auch Ernst); Stabi, Ms. boruss. fol. 314; fol. 907 a, Bl. 32 RS;

Cap. **David Christian Bernd von Steinwehr** (* 1705, † 24. Febr. 1755)

Vater: Otto Dietloff († vor 1715), Erbherr auf Anteil Deetz im Krs. Soldin; **Bruder**: Wulf Balthasar Adolph (* 1703, † 3. April 1771), schrieb sich im Mai 1722 in Wittenberg für Theologie ein, April 1724 Magister, Sep. 1726 Mag. legens, 1729 Assessor, 1745 Hofrat u. Prof. an d. Viadrina, seit 1755 Erbherr auf ½ Deetz, setzte in seinem Testament d. Viadrina zu seiner Univ.erbin ein, d. damalige Cap. Friedrich Wilhelm von Steinwehr, s. d., legte dagegen Einspruch ein; **Laufbahn**: seit 1723 im Militär, stand 1740 als Ltnt. im Garn.-Bat. Nr. 1, 1746 Pl im Grenadier-Bat. Nr. 4, 1755 als Stabs-Cap. in Königsberg gest.; **Güter**: 1715, 1718 zs. mit d. Mutter u. d. Bruder auf Anteil Deetz im Krs. Soldin gen.; (**verwandt**: ein Major Balzer Gottfried von Steinwehr stand 1692 als Cap. im 1. Bat. kurmärk. Garde: Stabi, Ms. boruss. fol. 319, Bl. 8 RS);

Quellen: GStA, I. HA, Rep. 22, Nr. 285; IV. HA, Rep. 1, Nr. 89, Bl. 48 (kz. Notiz); BLHA, Rep. 23 B,

Nr. 446; Stabi, Ms. boruss. fol. 311, Bl. 201; fol. 312, Bl. 165; Ms. geneal. fol. 120, Bl. 216 RS-217; Siebmacher, Bd. 6/5, 1880, S. 91; Jb. Neumark, 1927, S. 76; Matrikel Wittenberg. S. 455;

Obrist **Dubislav Friedrich von Steinwehr** (* 1679, † um 1749)

Vater: Joachim Friedrich, Erbherr auf Anteil Deetz im Krs. Soldin, vor 1715 gest.; **Bruder**: George Wilhelm Christoph (* 1684), Cap., s. d. mehr; **Laufbahn**: seit 1701 im Militär, Jan. 1708 Cap. im I-R Nr. 7, noch 1711 u. 1715 als solcher gen., vor 1720 als Ol abgegangen, stand 1745 als Obrist bei d. Stettiner Garnison; **Güter**: 1715, 1718, 1745 als Erbherr auf Klein Latzkow im Krs. Soldin gen., bei d. brüderlichen Teilung für 10 500 T. angenommen, nach seinem Tod wurde es für 14 500 T. verkauft; war 1715 noch ohne Leibeserben; (**Tochter**: Johanna Elisabeth (* 13. Nov. 1727, † 21. Jan. 1756), seit 1752 verheiratet mit d. Ltnt. Bernd August von Bismarck (1725–1758); **Tochter**: Louisa Charlotte Augusta (* 6. Nov. 1728););

Quellen: GStA, I. HA, Rep. 22, Nr. 285; BLHA, Rep. 23 B, Nr. 446; Stabi, Ms. boruss. fol. 310, Bl. 34 RS, Bl. 35; Ms. geneal. fol. 120, Bl. 216; Jb. Neumark, 1927, S. 76, S. 81;

Ltnt. **Franz Dubislav von Steinwehr** (* 1729, † 19. Febr. 1763)

Vater: Franz Joachim (* 1678), aus d. Uckermark gebürtig, seit 1693 im Militär, stand im Nov. 1705 als Ltnt. bei d. Füsilier-Garde, zuletzt Cap. bei d. Garde, 1715 u. 1718 Erbherr auf Anteil, 1745 Erbherr auf (ganz) Kremlin im Krs. Soldin, hatte damals drei Söhne; **Vater-Bruder**: Philipp Christoph, siehe bei dessen Sohn Friedrich Wilhelm (1733–1809), GM; **Bruder**: Gottfried Siegismund (* 1731, † Dez. 1797), engagierte sich 1753 bei d. Artillerie, Dez. 1756 Ltnt., Dez. 1761 Stabs-Cap., April 1763 Chef d. preuß. Comp., April 1782 Major in Pillau, April 1791 Ol, Mai 1791 Kommandeur d. preuß. u. pomm. Artillerie-Garn.-Comp., Mrz. 1794 Obrist; **Bruder**: Philipp Ehrentreich (* 1732), **Laufbahn**: seit 1748 im Militär, stand 1750 als Gefr.corp. im I-R Nr. 29, April 1755 Fähnrich, 1763 als Ltnt. gest.;

Quellen: GStA, I. HA, Rep. 22, Nr. 285; IV. HA, Rep. 1, Nr. 89, Bl. 48 (G. S.); BLHA, Rep. 23 B, Nr. 446; Stabi, Ms. boruss. fol. 316, Bl. 57 RS, Bl. 63 RS; fol. 319, Bl. 329 (F. D., Bruder G. S.); Ms. geneal. fol. 120, Bl. 217; Bardeleben, S. 420; Jb. Neumark, 1928, S. 80–81;

Gl **Friedrich Wilhelm von Steinwehr** (* 5. Aug. 1733, † 22. Sep. 1809) *

Vater: Philipp Christoph (1686–1740), 1718 als Erbherr auf Anteil Deetz im Krs. Soldin gen.; **Mutter**: Anna Margarethe, geb. von Kienitz († 1743); **Vater-Bruder**: George Wilhelm Christoph, s. d.; **Bruder**: Carl Ehrentreich (* 1730), weilte 1745 als *cadet* in Berlin; **Bruder**: Christian Joachim Ludwig (* 1737, † Nov. 1805), seit 1755 im Militär, Mrz. 1759 Sl im I-R Nr. 46, Sep. 1779 Cap., Jan. 1787 Major, Jan. 1795 Ol, Jan. 1796 Obrist im I-R Nr. 46, Jan. 1796 mit Pension dim., seit 1801 Chef d. Invaliden-Comp. in Patschkau; **Laufbahn**: Febr. 1750 Gefr.corp. im I-R Nr. 23, Juni 1755 Fähnrich, Juni 1757 Sl, Nov. 1760 Pl, Jan. 1765 Stabs-Cap., Mai 1768 Cap. u. Chef e. Comp. im I-R Nr. 23, Nov. 1778 Orden p. l. m., Dez. 1778 Major, Jan. 1783 Kommandeur d. I-R Nr. 23, Juni 1788 Ol, Aug. 1790 Obrist, Jan. 1795 GM u.

Chef d. I-R Nr. 40, Mai 1801 Gl, Sep. 1805 mit 1200 T. Pension dim.; **Güter**: 1767 auf Anteil Deetz im Wert von 10300 T. gen., darauf Schulden von 12150 T., erhob im Juni 1771 zs. mit d. Bruder C. J. L. Ansprüche auf d. halbe Gut Deetz, das der im April 1771 verst. Hofrat u. Professor an d. Viadrina Wulf Balthasar Adolph von Steinwehr besessen hatte, dieser war ohne Leibeserben gest. u. hatte d. Universität zu seinem Universalerben eingesetzt, lt. seinem Testament sollte ½ Deetz verkauft, der Erlös zinsbar zugunsten d. Viadrina angelegt werden u. d. Agnaten nur e. Lehnstamm in Höhe von 4/m T. bekommen; seit 1773 auf ganz Deetz, bekam 1776 für Meliorationen 20681 T., verkaufte d. Gut 1783 für 67500 T.; in erster **Ehe** verh. mit Margarethe Henriette, geb. von Below (1744–1775), in zweiter 1777 mit Charlotte Luise Hedwig, geb. von Below (1755–1793); **Sohn**: Carl Friedrich Christian (1769–1826), April 1787 Fähnrich im I-R Nr. 17, Juni 1789 Sl, Okt. 1797 Pl, Jan. 1800 Stabs-Cap., Juli 1809 Cap., Febr. 1810 zum Kadetten Korps, Okt. 1811 Major, Okt. 1815 Ol, Juni 1825 Obrist, gest. als Obrist u. Direktor d. Kadettenhauses in Potsdam; **Sohn**: Philipp Heinrich (1771–1846), Febr. 1788 Fähnrich im I-R Nr. 36, Mai 1790 Sl, Aug. 1791 ins I-R Nr. 19, Mai 1801 Pl, Jan. 1806 mit Wartegeld dim., Juni 1806 Charakter Cap., Juni 1813 Cap. beim 3. Neumärk. Landwehr-I-R, April 1815 pens., Sep. 1820 Charakter Major, Mrz. 1837 Postmstr. in Schlawe; **Sohn**: Wilhelm Ludwig Bogislav (1774–1854) *, Mrz. 1791 Fähnrich im I-R Nr. 26, Juni 1793 Sl, Juli 1804 Pl, Nov. 1806 Stabs-Cap., Mai 1807 Cap. u. Quartier-Mstr.-Ltnt., Mai 1809 Major, Dez. 1813 Ol, April 1820 GM, Mrz. 1834 als Gl dim.; **Sohn**: Friedrich Franz Ferdinand (1781–1841), Mrz. 1801 Fähnrich im I-R Nr. 32, Mrz. 1803 Sl, 1809 beim Corps d. Herzogs von Braunschweig-Oels, 1824 Major in braunschweig. Diensten; **Sohn**: August Ferdinand (1784–1801), Eleve d. Ingenieurakademie; **Sohn**: Friedrich Wilhelm Franz (1785–1860), April 1800 Fähnrich im I-R Nr. 40, Mai 1803 Sl, Mai 1808 Pl im Generalstab, Mrz. 1809 Stabs-Cap., Nov. 1813 d. Brandenburgischen I-R aggr., April 1815 Major, April 1820 ausgeschieden; **Sohn**: Ernst Christoph Ludwig (1786–1809), Jan. 1803 Cornet im H-R Nr. 2, April 1806 Sl, gefallen im Freikorps d. Herzogs von Braunschweig;

Quellen: GStA, I. HA, Rep. 22, Nr. 285; II. HA, Abt. 12, Materien, Vas.tab. Nr. 6, Bl. 121 RS-122; IV. HA, Rep. 1, Nr. 89, Bl. 48 (F. W. u. Bruder), Bl. 49 (Söhne); Stabi, Ms. boruss. fol. 316, Bl. 13, Bl. 22 (je d. Bruder); Ms. geneal. fol. 120, Bl. 217; Lehmann, S. 138; Moegelin, S. 60, S. 261; Jb. Neumark, 11/1936, S. 91; Priesdorff, Nr. 814, Nr. 1327 (Sohn W. L. B.);

Cap. **George Wilhelm Christoph von Steinwehr** (* 1684, † nach 1751)

Vater: Joachim Friedrich, Erbherr auf Anteil Deetz im Krs. Soldin; 1718 saß sein **Bruder** Philipp Christoph (1686–1740) auf Anteil Deetz, d. ges. Hand an d. Anteil hatten G. W. C. u. seine anderen Brüder Franz Joachim (* 1678), Dubislav Friedrich (* 1679), Obrist, s. d., u. Christian Sigismund; **Laufbahn**: seit 1700 im Militärdienst, stand im Nov. 1705 als Fähnrich in d. Füsilier-Garde, Mai 1708 Pl im I-R Nr. 23, Febr. 1715 Stabs-Cap., im Mai 1730 *wegen Unvermögen* dim., ging nach Schwed.-Pommern; **Güter**: besaß e. Lehnstamm in Höhe von 2625 T. auf

Klein Latzkow im Krs. Soldin, das bei d. Erbteilung seinem Bruder D. F. zugefallen war; nach dessen Tod wurde d. Gut verkauft, es kam zu e. Prozeß wegen d. Lehnstammgelder;

Quellen: GStA, I. HA, Rep. 22, Nr. 285 (hier e. Stammbaum d. Linie Deetz); BLHA, Rep. 23 B, Nr. 446; Stabi, Ms. boruss. fol. 316, Bl. 277, Bl. 284; fol. 319, Bl. 48; Bardeleben, S. 421; Jb. Neumark, 1927, S. 76;

Cap. **George Ernst von Stempel**
(* 24. Mai 1771, † 30. Nov. 1850)

Vater: Gerhard Wilhelm (1735–1792), aus Kurland gebürtig, seit 1749 im preuß. Militärdienst, stand 1763 als Sl im Garn.-Reg. Nr. 1, vor 1774 abgegangen, übernahm 1773 von seiner Frau Kartlow im Wert von 5/m T.; G. E. geb. zu Kartlow; **Mutter**: Witwe Claus von Blankenburg, geb. Elisabeth von Wobersnow, auf Kartlow im Krs. Schivelbein; **Bruder**: Ludwig Ernst Wilhelm (* 1765, † 10. Juli 1822), Dez. 1783 Fähnrich im I-R Nr. 8, April 1788 Sl, Febr. 1795 Pl, Juni 1798 Stabs-Cap., Dez. 1803 Cap. u. Chef e. Comp., Sep. 1808 *cassirt*, 1813 beim 3. Pomm. Landwehr-I-R, Juli 1815 Major, Mrz. 1820 ins 5. Landwehr-Reg., Mrz. 1822 Ol; **Bruder**: Carl Friedrich (Ludwig) (* 1770, † 1. Mrz. 1833), Juni 1789 Fähnrich im I-R Nr. 7, Nov. 1792 Sl, Jan. 1804 Pl, April 1807 als Cap. mit Pension dim., Mrz. 1814 zum 2. Garn.-Bat., Juni 1815 Cap. u. Chef e. Comp. im 25. Garn.-Bat., Mai 1819 mit Pension dim.; (Stief-)**Bruder**: Carl Ernst Gerhard (* 8. Okt. 1785) *, als Gefr.corp. ins I-R Nr. 8, Nov. 1798 Fähnrich, Mrz. 1801 dim., 1806, 1807 Volontair beim Schillschen Freikorps, Febr. 1808 als Ltnt. dim., trat dann in d. dt.-engl. Legion in Spanien ein; **Laufbahn**: Gefr.corp. im I-R Nr. 8, Dez. 1789 Fähnrich, Dez. 1791 Sl, Aug. 1800 Pl, Jan. 1805 Stabs-Cap., Okt. 1808 Cap. im Grenadier-Bat. von Wangenheim, Nov. 1808 zum Kolberger I-R, Juli 1811 mit Pension dim., 1850 in Köslin gest.; **Güter**: 1805 wurden die vier Gebr. von Stempel als unangesessene Vasallen im Krs. Schivelbein aufgelistet;

Quellen: GStA, IV. HA, Rep. 1, Nr. 89, Bl. 57 (d. Vater hier nicht); BLHA, Rep. 3, Nr. 11 925; Stabi, Ms. boruss. fol. 311, Bl. 199 (Vater); Ms. geneal. fol. 120, Bl. 250 RS-251; Tb. Uradel, 1911, S. 675–676 (hier z. T. andere Angaben f. d. Brüder); Priesdorff, Offz.stammliste, S. 164–165; Jb. Neumark, 11/1936, S. 88; Pommern, S. 643 (Biogramm d. Bruders C. E. G.);

Rittmstr. **Ernst Rudolph von Stentsch**
(* 1723)

Vater: Erbherr auf Treppeln im Krs. Crossen; **Mutter**: Eleonore Charlotte, geb. Freiin von Kittlitz u. Ottendorff, sie saß 1751 als Witwe auf Treppeln; **Bruder**: Maximilian Adolph (1725–1783) *, seit 1746 Erbherr auf Prittag im Krs. Grünberg, bis 1783 Landrat im Krs. Grünberg; **Laufbahn**: avancierte im K-R Nr. 2 bis zum Rittmstr.; **Güter**: 1774 als Erbherr auf Treppeln im Krs. Crossen gen., erhielt 1776 für Meliorationen 2 013 T., 1779 als unangesessener Vasall in Treppeln, 1783 zu Grünberg in Schlesien gen.; (**identisch** mit Ernst Rudolph († 1782)?, auf Wallwitz im Krs. Sternberg, s. u. bei Heinrich Fr. Rudolph (* 1762););

Quellen: BLHA, Rep. 78 I, Nr. 170, Bl. 3; nicht in IV. HA, Rep. 1, Nr. 89, Bl. 67 (Stentsch), Bl. 69 (Stenzsch); Stabi, Ms. boruss. fol. 315 (nicht in d. Ranglisten d. K-R 2); Ms. geneal. fol. 120, Bl. 244; Siebmacher, Bd. 6/5, 1880, S. 91; Moegelin, S. 261;

Jb. Neumark, 11/1936, S. 83; biogr. Handbuch, S. 980 (Bruder);

Ltnt. **Friedrich Wilhelm von Stentsch** (* 1719)

aus d. Krs. Züllichau gebürtig; **Laufbahn**: seit 1736 im Militär, stand 1742 als Ltnt. im D-R Nr. 3, Okt. 1750 auf Wunsch dim.;

Quellen: GStA, IV. HA, Rep. 1, Nr. 89, Bl. 67 (kz. Notiz); Stabi, Ms. boruss. fol. 313, Bl. 14 RS; Gesch. D-R Nr. 3, S. 83, S. 410; (identisch mit d. Kammerpräs. in Dessau?);

Major **George Siegmund von Stentsch** (* 1714)

aus d. Krs. Crossen gebürtig; **Laufbahn**: seit 1729 im Militär, stand 1742 als Ltnt. im D-R Nr. 3, zuletzt hier Rittmstr., seit 1752 Flügel-Adjutant beim König, Febr. 1757 mit d. Charakter Major dim.; **Ehefrau**: Sophie Helena Christiana, geb. von der Groeben, sie erhielt im Mai 1756 d. *venia aetatis*;

Quellen: GStA, I, HA, Rep. 22, Nr. 299 d; IV. HA, Rep. 1, Nr. 89, Bl. 67 (kz. Notiz); Stabi, Ms. boruss. fol. 313, Bl. 14 RS; Gesch. D-R Nr. 3, S. 83 (1742 zwei S. im Reg.), S. 411; Lange, Soldaten, S. 469;

Ltnt. **Heinrich Friedrich Rudolph von Stentsch** (* 7. Juni 1762)

Vater: Ernst Rudolph († 3. Mai 1782), Cap. (Erbherr auf Anteil Wallwitz im Krs. Sternberg), hinterließ zwei Töchter u. zwei Söhne, sein Nachlaß hatte e. Wert von 7 400 T. bzw. 10 800 T.; **Vater-Bruder**: Friedrich Wilhelm († 6. Okt. 1796), Kammerpräs. in Anhalt-Dessau, verheiratet mit Eleonore Charlotte Amalie (* 20. Dez. 1724), e. Tochter d. Gl von Wreech, seine beiden Töchter erhielten 1769 d. *venia aetatis*, sie besaßen zs. e. mütterl. u. groß-mütterl. Vermögen von 18 100 T.; **Bruder**: George Otto (* 1771, † Juli 1846), Jan. 1790 Fähnrich im I-R Nr. 19, Mai 1792 Sl, Okt. 1799 dim.; **Schwester**: Augusta Friederika, 1789 verheiratet mit e. Schneider Ludwig Karg in Züllichau, sie forderte ihr Erbteil von 2 224 T. ein; **Laufbahn**: stand als Sl im Grenadier-Bat. Nr. 3, 1782 durch *eigenes Verschulden* u. aus *caprice* dim., wurde mit seinem Gesuch um d. *venia aetatis* u. a. aufgrund e. Zeugnisses seines Onkels, gegen den er sich *schlecht betragen* hatte, am 4. Sep. 1783 abgewiesen, ihm stand d. vierte Teil d. väterl. Nachlasses in Höhe von 1 850 T. zu, hielt sich 1784 in Kemnath auf, 1801 als unangesessener Vasall in Wallwitz im Krs. Sternberg gen.; (**verwandt**: e. vorm. Cap. Erdmann Matthias (* 1724) saß 1778 auf Anteil Wallwitz im Krs. Sternberg, dieser ist evt. identisch mit d. Vater Ernst Rudolph: Stabi, Ms. geneal. fol. 120, Bl. 255 RS);

Quellen: GStA, I. HA, Rep. 22, Nr. 299 d; II. HA, Abt. 12, Materien, Vas.tab. Nr. 6, Bl. 139 RS-140; IV. HA, Rep. 1, Nr. 89, Bl. 69 (hier e. Carl v. S., seit Mrz. 1774 Rittmstr. im H-R Nr. 10, Aug. 1781 dim.; H. F. R.); Stabi, Ms. geneal. fol. 120, Bl. 255 RS (s. o.); Zedlitz, 4. Bd., S. 236 (allg. zur Fam.); Siebmacher, Bd. 6/5, 1880, S. 91;

Rittmstr. **Johann Friedrich von Stentsch** (* 1687)

Vater: Eustachius, 1715 Erbherr auf Anteil Schönwalde im Krs. Sternberg, um 1698 für 1 300 T. gekauft, hatte damals e. Sohn, der als Cornet diente; **Laufbahn**: engagierte sich 1702 im Militärdienst, Mrz. 1712 Cornet im K-R Nr. 5, Sep. 1717

Ltnt., Aug. 1724 Rittmstr. u. Chef e. Escadron im K-R Nr. 5, garnisonierte in Angermünde, noch 1730 als Rittmstr. gen., vor 1740 abgegangen; **Güter**: 1728 als Erbherr auf Anteil Schönwalde aufgeführt, hielt sich 1754 in Wriezen auf;

Quellen: Stabi, Ms. boruss. fol. 311, Bl. 132, Bl. 134; fol. 319, Bl. 29; Ms. geneal. fol. 120, Bl. 219 RS; Jb. Neumark, 1928, S. 23 (hier als Hans Fr.);

Ltnt. **Carl Ludwig Gustav von Stephany** (* 1768, † 17. Okt. 1827)

aus d. Neumark gebürtig; **Laufbahn**: seit 1787 im Militär, Mrz. (bzw. Mai) 1790 Fähnrich im I-R Nr. 13, Jan. 1794 Sl, Juli 1809 Stabs-Cap., Sep. 1810 dim., Dez. 1812 Inspektor beim Invalidenhaus in Brandenburg, 1827 Ober-Inspektor d. Straf- u. Besserungs-Anstalt in Brandenburg an d. Havel;

Quellen: GStA, I. HA, Rep. 22, Nr. 283 d (hier nur e. Fam. v. St. mit Gütern in d. AM u. UM); IV. HA, Rep. 1, Nr. 89, Bl. 73; Stabi, Ms. boruss. fol. 311, Bl. 15 RS; fol. 907 a, Bl. 6; Siebmacher, Bd. 6/5, 1880, S. 91 (Fam. v. Stephani);

Gefr.corp. **Sigismund Abraham von Stössel** (1712–1764)

Vater: Hans Christoph (1683–1740), Ltnt., vor 1713 abgegangen, zs. mit d. Bruder Erbherr auf Leitersdorf im Krs. Crossen im Wert von 28/m T., auch auf Steinbach (im Krs. Lauban); **Mutter**: Ursula Beata, geb. von Unruh; **Vater-Bruder**: Sigmund Heinrich, Cap., vor 1713 abgegangen, Erbherr auf Leitersdorf, sein Vermögen geriet in Konkurs, d. Schulden betrugen 21 717 T., d. Gut war nur auf 16/m T. taxiert worden u. wurde 1722 für 11 120 T. verkauft; **Laufbahn**: seit 1729 im Militär, stand 1733 als Gefr.corp. im I-R Nr. 24, vor 1743 abgegangen, später Kreishauptmann; **Ehefrau**: Dorothea Margarethe, geb. von der Schulenburg († 1794); **Sohn**: Christoph Sigismund Ludwig (1742–1814), ksl. Cap., besaß Güter in d. Krs.en Schwiebus, Lüben, Glogau u. Lublinitz;

Quellen: GStA, I. HA, Rep. 22, Nr. 302 c bis d, Paket 8 752; Rep. 66, Nr. 18; BLHA, Rep. 23 B, Nr. 446; Stabi, Ms. boruss. fol. 316, Bl. 316; Siebmacher, Bd. 6/5, 1880, S. 93; Jb. dt. Adel, 2. Bd., S. 879; Jb. Neumark, 1928, S. 93;

Cap. **George Gottlieb von Stojentin** (* 1744) *

aus Schivelbein gebürtig; **Laufbahn**: seit 1761 im Militär, Dez. 1763 Sl im I-R Nr. 7, noch 1772 als solcher aufgeführt, Febr. 1784 Stabs-Cap., Juni 1784 wegen Blindheit auf eigenen Wunsch dim.;

Quellen: GStA, IV. HA, Rep. 1, Nr. 89, Bl. 150; Stabi, Ms. boruss. fol. 314, Bl. 262, Bl. 277 RS;

Cornet **Carl Friedrich von Stosch** (* 1738)

(**Vater**: George Abraham (* 1693), vorm. Hofmarschall zu Herford, 1745 Erbherr auf Palzig im Krs. Züllichau (1751 auch auf 2/3 Balkow im Krs. Sternberg), auf Baudach in Crossen u. Hammer in Schwiebus; **Mutter**: Eleonore Dorothea, geb. von Pannwitz, 1765 auf Balkow mit Vorwerk Grimnitz gen.; **Bruder**: George Abraham (1744–1800), Erbherr auf Palzig, siehe bei dessen Sohn G. A.); C. F. aus Crossen gebürtig; **Laufbahn**: Jan. 1757 Cornet im K-R Nr. 6, Mai 1763 dim.;

Quellen: GStA, IV. HA, Rep. 1, Nr. 89, Bl. 170; BLHA, Rep. 78 I, Nr. 170, Bl. 54; Stabi, Ms. boruss. fol. 315, (Bl. 3 RS-4);

Kammerherr **Christoph Lassel von Stosch** (* um 1690) *

Vater: Balzer (1653–1720), 1715 Erbherr auf Klein Tschirne u. Hartau in Schlesien; **Mutter**: Catharina Beate, geb. von Landskron (1679–1733); **Brüder**: George Alexander u. George Abraham (* 1693), beide befanden sich 1715 auf d. Univ. Jena, Hans Gottlob (1694–1753) u. Caspar Sigmund, beide hielten sich 1715 beim Vater auf; **Laufbahn**: besuchte d. Univ. (in Jena), trat weder in d. Militär- noch in d. Zivildienst ein, erhielt d. Charakter Kammerherr; **Güter**: 1715 u. 1718 als Erbherr auf Palzig im Krs. Züllichau gen.;

Quellen: BLHA, Rep. 23 B, Nr. 446; Tb. freiherrl. Hs., 1894, S. 913–914 (hier nur d. Vater u. H. G., dieser als H. Gottlieb); Jb. Neumark, 1928, S. 71;

Rittmstr. **Friedrich von Stosch** (* 1691)

(**Vater**: Friedrich Wilhelm (1648–1704), Hofrat in Berlin; **Bruder**: Friedrich Wilhelm (* 1679, † um 1714), Hofrat); F. aus Berlin gebürtig; **Laufbahn**: seit 1720 im Regiment, Jan. 1720 Ltnt. im D-R Nr. 6, zuletzt in d. Rangliste für 1726 aufgeführt, mit d. Charakter Rittmstr. abgegangen, als solcher 1727 erwähnt; **Güter**: 1727 als Erbherr auf Grössin im Krs. Schivelbein gen.;

Quellen: GStA, I. HA, Rep. 96, Nr. 304 C 1; Stabi, Ms. boruss. fol. 311, Bl. 434 (alt); Orlop, Anlage, S. 16 *, S. 17 *, nicht im alphabet. Verz. d. Offz.; Jb. Neumark, 1927, S. 100; Tb. Briefadel, 1907, S. 750 (hier d. Hofrat Friedrich Wilhelm (1648–1704), unter seinen Söhnen aber kein Fr., geb. um 1691);

Cornet **George Abraham von Stosch** (* 1772)

Vater: George Abraham (* 1744, † 10. April 1800), bat 1772 zs. mit seiner Schwester um e. Indult, Palzig u. Hammer sollen damals e. Wert von 46 882 T. gehabt haben, darauf Schulden von 30 596 T., 1778 als Erbherr auf Palzig im Krs. Züllichau gen., 1726 im Wert von 40 128 T., saß auch auf Steinbach u. Hammer im Krs. Schwiebus für zs. 30/m T., verkaufte Palzig, Hammer u. Steinbach im Mrz. 1800 an d. GM Graf von Tauentzien für 170/m T.; seine **Vater-Schwester** Dorothea Charlotte, d. Witwe Major von Paczkowsky, hatte auf Palzig u. Hammer e. Sukzessionsrecht u. nahm diese nach e. Prozeß mit gerichtlicher Verfügung vom Dez. 1803 in Besitz, ihr Sohn George Friedrich von Paczkowsky (* 1770), stand als Ltnt. im I-R Nr. 20, als Cap. dim., hatte 1803 seinen Wohnsitz in Palzig; d. GM von Tauentzien blieb nur Steinbach; **Mutter**: Ernestine Caroline Gottliebe, geb. von Stoessel, sie ließ sich wegen seiner Trunksucht, Verschwendung, *Affären mit liederlichen Frauen* von G. A. scheiden; **Großvater**: George Abraham (* 1693), vorm. Hofmarschall zu Herford, 1745 als Erbherr auf Palzig gen., 1751 auch auf Baudach in Crossen u. Hammer in Schwiebus, verheiratet mit Eleonore Dorothea, geb. von Pannwitz; **Laufbahn**: avancierte im D-R Nr. 11 bis zum Cornet, vor 1798 abgegangen, hatte seinen Wohnsitz in Palzig;

Quellen: GStA, I. HA, Rep. 22, Nr. 283 b, Paket 8 736 (danach ist d. Vater gest. 26.5.1790, d. Großmutter auch als Dorothea Eleonore bzw. Dorothea Elisabeth); II. HA, Abt. 12, Materien, Vas.tab. Nr. 6, Bl. 166 RS-167; Nr. 8, Bl. 168 RS-169; Stabi,

Ms. geneal. fol. 120, Bl. 218, Bl. 257; Jb. Neumark, 11/1936, S. 78, S. 101;

Fähnrich **Hans Caspar von Stosch** (* um 1690) *

Vater: Caspar Alexander, 1715 u. 1718 Pfandbesitzer von Golzen im Krs. Züllichau; **Bruder**: George Otto, 1715 erwähnt; (**Bruder**: Hans Gottlob (* 1694), siehe bei dessen Sohn Heinrich Rudolph); **Laufbahn**: 1715 als Fähnrich gen.;

Quellen: BLHA, Rep. 23 B, Nr. 446; Jb. Neumark, 1928, S. 72 (H. C. 1715 gen.);

Ltnt. **Heinrich Rudolph von Stosch** (* 1726, † 18. Juni 1757)

Vater: Hans Gottlob (1694–1753), 1745 Erbherr auf Golzen im Krs. Züllichau, auf Hartau u. Polnisch Kessel in Schlesien; **Großvater**: Caspar Alexander; **Bruder**: Balthasar Ferdinand (* 1724), saß 1762 auf Hartau u. Poln. Kessel; **Brüder**: Hans Gottlieb (* 1731), George Abraham (* 1732), beide 1745 gen.; **Laufbahn**: avancierte im 1. Bat. Garde bis zum Sl, 1757 bei Kolin gefallen; **Güter**: übernahm bei d. Erbteilung d. väterliche Gut Golzen für 19/m T., 1757 fiel es an Balthasar Ferdinand, dieser wollte es im April 1762 an d. Kaufmann Andreas Heinrich Windell für 30/m T. verkaufen, d. Vertrag wurde jedoch nicht gebilligt; 1770 saß d. Witwe Johanne Magdalene Charlotte von Stosch auf d. Gut, sie verkaufte es später an d. Gebr. Windell; 1803 saß d. Kaufmann Carl Philipp Heinrich Windell (* 1767) auf Golzen, lt. Vergleich vom Mai 1781 im Wert von 18/m T.;

Quellen: GStA, I. HA, Rep. 22, Nr. 283 b, Paket 8 735; II. HA, Abt. 12, Materien, Vas.tab. Nr. 8, Bl. 162 RS-163 (Kfm. Windell); Stabi, Ms. geneal. fol. 120, Bl. 218; Reinhard, S. 550 (hier kein Vorname für d. Sl, daher auch H. G. od. G. A. als Sl möglich); Jb. Neumark, 11/1936, S. 99;

Ltnt. **August Carl Heinrich von Strantz** (* 10. Nov. 1781, † 9. Dez. 1845) *

Vater: Hans Carl Ludolph (1739–1815) *, aus d. Krs. Lebus gebürtig, 1756 Junker im D-R Nr. 4, Jan. 1758 Cornet, Mai 1760 Sl, Mai 1769 Pl, Juli 1775 Stabs-Cap., Mrz. 1780 Major, Jan. 1781 Chef e. Escadron, Mai 1789 Ol, Okt. 1789 Kommandeur d. D-R Nr. 4, Aug. 1790 Obrist, Okt. 1792 Orden p. l. m., Mai 1795 GM, Jan. 1797 Chef d. D-R Nr. 3, Okt. 1800 mit 1/m T. Pension dim., Güter: saß 1774 auf Seegenfelde im Krs. Friedeberg, 1782 auf Wugarten in Friedeberg, für das er damals Meliorationsgelder in Höhe von 6/m T. erhielt, zuletzt als Erbherr auf Grapow im Krs. Friedeberg gen., 1802 für 18 600 T. gekauft; **Mutter**: Luise Sophie Helene, geb. von der Asseburg (1757–1846); **Bruder**: Carl Adolph Ferdinand (* 13. Mai 1783, † 3. Aug. 1865) *, Mai 1799 Cornet im D-R Nr. 3, Juni 1800 Sl, Juli 1809 beim Brandenburg. Ulanen-Reg., Okt. 1810 Pl, Nov. 1812 Stabs-Rittmstr., Mrz. 1813 Rittmstr., Mrz. 1836 Obrist, April 1842 GM, Mai 1845 als Gl dim:, **Bruder**: Ludwig Maximilian Sigismund (1788–1839), Dez. 1804 Cornet im K-R Nr. 6, Mrz. 1815 Rittmstr. beim 6. Ulanen-Reg., Juli 1818 Major, Mrz. 1836 Obrist; **Laufbahn**: Febr. 1795 Cornet im D-R Nr. 4, Sep. 1797 Sl, Mrz. 1809 zum Neumärk. D-R, Juli 1811 Pl, Juni 1813 Stabs-Rittmstr., Nov. 1813 Rittmstr., Jan. 1817 Major, Febr. 1820 mit Pension dim.;

Quellen: GStA, II. HA, Abt. 12, Materien, Vas.tab. Nr. 8, Bl. 88 RS-89, Bl. 90 RS-91; IV. HA, Rep. 1,

Nr. 89, Bl. 197; Gesch. D-R Nr. 3, S. 316, S. 318, S. 428; Fam.gesch., 1838, S. 38–44 (d. Mutter danach e. geb. von Alvensleben); Tb. Uradel, 1900, S. 783–784; Moegelin, S. 266; Jb. Neumark, 11/ 1936, S. 70 (Vater); Priesdorff, Nr. 922 (Vater), Nr. 1 707 (Bruder C. A. F.);

Major **Bogislav Ehrentreich Wilhelm von Strantz** (* 27. Sep. 1726, † 3. Aug. 1788)

Vater: George Ludolph (* 23. Juli 1700, † 23. Dez. 1773), bekam im Febr. 1724 d. *venia aetatis*, war zuvor auf d. Akademie u. auf Reisen gewesen, saß zunächst auf Sieversdorf im Krs. Lebus, erwarb im Mrz. 1747 zs. mit seinem Bruder Albrecht Ehrentreich (* 29. Jan. 1711, † 8. Juni 1766), seit d. brüderl. Teilung auf Petersdorf, bei e. Licitation von d. Familie von Hagen ½ Deetz im Krs. Soldin für 24 300 T., A. E. trat es ihm im Juli 1753 ab, erlitt im Siebenjährigen Krieg größere Schäden, büßte u. a. das Inventar ein, dessen Neuanschaffung 3/m T. kosten sollte, bat im April 1766 u. im Dez. 1768 um e. Indult od. um e. königl. Vorschuß in Höhe von 6 bis 8/m T., 1767 soll d. Anteil Deetz e. Wert von 36 100 T. gehabt haben, d. Schulden betrugen 33 584 T., erhielt 1772 4/m T. Beihilfe für Meliorationen; **Mutter**: Sophia Helena, geb. von Wedel († 1767); **Vater-Brüder**: Carl Ernst (* 14. April 1706, † 20. Febr. 1790), Albrecht Ehrentreich, Hans Adolph (* 1713), dieser besaß Lindchen im Krs. Cottbus; **Großvater**: Ludolph Ehrentreich (1660–1723), Landrat, Erbherr auf Sieversdorf, Petersdorf u. Petershagen im Krs. Lebus, soll e. Vermögen von 70/m T. hinterlassen haben; **Laufbahn**: seit 1743 im Militär, stand 1750 als Cornet im K-R Nr. 10, Aug. 1753 als Cornet dim. (trat im Verlaufe d. Siebenjährigen Krieges wieder ins Militär ein, avancierte jetzt bis zum Rang e. Majors); 1767, 1774 als vorm. Major gen., hatte seinen Wohnsitz in Sieversdorf bei Frankfurt an d. Oder;

Quellen: GStA, I. HA, Rep. 22, Nr. 302 a (auch als Bog. Ernst); IV. HA, Rep. 1, Nr. 89, Bl. 196; Stabi, Ms. boruss. fol. 311, Bl. 327 (hier 1750 als Bog. Ehrentreich Wilh. (* 1726), aus d. Mittelmark gebürtig); Ms. geneal. fol. 120, Bl. 252 RS; Fam.gesch. 1838, S. 22 (d. Vater danach geb. Aug. 1699, d. Sohn als B. E. W.); Jb. dt. Adel, 3. Bd., S. 481, S. 489 (hier nur d. Vater-Brüder C. E. u. A. E., mit teils anderen Daten); Moegelin, S. 60, S. 260; nicht im Tb. Uradel 1939;

Major **Carl Wilhelm Lebrecht von Strantz** (* 1760, † 18. Juni 1816) *

(**Vater**: Cap., **Mutter**: e. geb. von Kameke); C. W. L. aus d. Neumark gebürtig; (ein **Bruder** stand um 1790 bei Stutterheim, ein Bruder bei Brünning); **Laufbahn**: seit 1776 im Militär, Okt. 1779 Fähnrich im I-R Nr. 8, Mrz. 1783 Sl, Dez. 1793 Pl, Febr. 1795 Stabs-Cap., Juli 1798 Cap. u. Chef e. Comp., Mai 1806 Major, Jan. 1808 zum 1. Pomm. I-R, Juni 1810 mit Pension dim.;

Quellen: Stabi, Ms. boruss. fol. 315, Bl. 192 RS, Bl. 195 RS-196; Priesdorff, Offz.stammliste, S. 166; C. W. L. nicht in IV. HA, Rep. 1, Nr. 89, Bl. 197, nicht in d. Fam.gesch. von 1838, nicht in d. Stammtafel von 1925, nicht im Tb. Uradel 1939;

Rittmstr. **Claus Otto von Strauss** (* um 1660)

(aus d. Neumark gebürtig); **Laufbahn**: stand 1692 als Rittmstr. im Kav.-Reg. Kurprinz, vor 1713 abgegangen; **Güter**: 1713 als Pfandbesitzer auf ½ Stolzenfelde im Krs. Königsberg gen., d. Gut wurde 1714 von d. Gebr. Cap. Ernst Ludwig u. Ltnt. Arend Wilhelm von Sydow *reluirt*; (**verwandt**: 1692 stand e. Cornet Hans Gottfried von Strauss im Kav.-Reg. Kurprinz: Ms. boruss. fol. 319, Bl. 3 RS);

Quellen: BLHA, Rep. 23 B, Nr. 446; Stabi, Ms. boruss. fol. 319, Bl. 3 RS, Jb. Neumark, 1927, S. 25;

Major **George Friedrich von Strauss** (* 1768, † 22. Mai 1831)

Vater: George Friedrich (* 1712, † 12. Okt. 1794), nahm keine Dienste, 1745 Erbherr auf Anteil Adamsdorf im Krs. Soldin, 1781 soll d. Anteil e. Wert von 16 224 T. gehabt haben, darauf Schulden von 3 436 T., er hatte dafür Retablissementsgelder von 2 334 T. bekommen, 1787 befand sich ein Anteil im Wert von 7/m bzw. 9 200 T., darauf 6/m T. Schulden, in seiner Hand, vier in denen d. Fam. von Waldow, G. F. bekam 1788 e. Beihilfe von 2/m T.; **Vater-Bruder**: Carl Friedrich Adolph (* 1728), vorm. Cap. beim Land-Bat. von Bornstedt; **Schwester**: Augusta Amalia (* 1758), sie wurde auf Antrag von G. F. im Jan. 1795 auf d. Expectantenliste für e. neumärk. Pension gesetzt, heiratete im April 1796 d. Cap. Johann Casimir Rackelmann; **Bruder**: Carl Wilhelm Lebrecht (* 1760, † 18. Juni 1816), Okt. 1779 Fähnrich im I-R Nr. 8, Mrz. 1783 Sl, Dez. 1793 Pl, 1794 Orden p. l. m., Febr. 1795 Stabs-Cap., Juli 1798 Cap. u. Chef e. Comp., Mai 1806 Major, Jan. 1808 ins 1. Pomm. I-R, Juni 1810 mit Pension dim.; **Laufbahn**: April 1778 Fähnrich im I-R Nr. 39, April 1782 Sl, Mrz. 1793 Pl, Nov. 1793 Orden p. l. m., April 1794 Stabs-Cap., Mai 1802 Cap. u. Chef e. Comp., Dez. 1803 als Major dim., wurde für e. Provinzial-Invaliden-Comp. vorgesehen (Juni 1813 beim 2. Ostpreuß. Landwehr-I-R); **Güter**: zs. mit d. Bruder 1801 u. 1803 als unangesessene Vasallen im Krs. Soldin aufgeführt;

Quellen: GStA, I. HA, Rep. 22, Nr. 313; II. HA, Abt. 12, Materien, Vas.tab. Nr. 6, Bl. 121 RS-122; Nr. 8, Bl. 126 RS-127; Abt. 13 a, Tit. IV, Litt S, Nr. 2, Nr. 3; IV. HA, Rep. 1, Nr. 89, Bl. 206; Stabi, Ms. boruss. fol. 316, Bl. 309; Ms. geneal. fol. 120, Bl. 251 RS, Bl. 252 RS; Siebmacher, Bd. 6/5, 1880, S. 93; Priesdorff, Offz.stammliste, S. 166 (Bruder C. W. L.); Lehmann, S. 292; Jb. Neumark, 1927, S. 85; Jb. Neumark, 11/1936, S. 90;

GM **Johann Christoph von Strauss** (* 1635, † 2. Sep. 1686) *

(**Vater**: Erbherr auf Zernickow u. Liebenfelde im Krs. Königsberg); J. C. aus d. NM gebürtig; **Laufbahn**: seit 1660 im kurbrandenburg. Militärdienst, Mrz. 1670 als Rittmstr. dim., anschließend Kommissar d. Krs. Königsberg, 1673 Ol im Reg. Marwitz zu Pferd, 1674 Kommandeur d. Reg. Kurprinz, 1675 Orden de la générosité, Dez. 1677 Obrist, Jan. 1686 Chef e. neuen Reg., Juli 1686 GM, im Sep. 1686 beim Sturm auf Ofen gefallen; **Ehefrau**: Eva Catharina, geb. von Goerne, in zweiter Ehe verh. Geh. Rätin von Bose; **Sohn**: Egidius Wilhelm († 1699), 1692 als Ol im Kav.-Reg. von Flemming gen., kurbrandenburg. Obrist u. Kommandant von Frankfurt an d. Oder; **Sohn**: Wilhelm († 1694), im Türkenkrieg gefallen; **Güter**: Erbherr auf Zernickow u. Liebenfelde, sie gerieten nach seinem Tod in Konkurs u. fielen 1689 seiner Witwe für 25/m T. zu, diese verkaufte sie noch 1689 für 21 300 T. an d. Frau Reg.rat von der Marwitz, geb. Hedwig Elisabeth von der

Lancken († 1712), Zernickow u. Liebenfelde gingen jetzt als neue Lehn an Ernst Ludwig von der Marwitz, s. d., 1714 wurde hier d. Fähnrich Otto Ludwig von der Marwitz gen.;

Quellen: GStA, I. HA, Rep. 22, Nr. 201, Paket 8 641; Stabi, Ms. boruss. fol. 310, Bl. 3 RS (Sohn E. W.); Jb. Neumark, 1927, S. 26; Priesdorff, Nr. 57;

Ltnt. **George Carl Leonhard Ludwig August von Stülpnagel** (* 27. Sep. 1785, † 16. Dez. 1862) *

Vater: Otto Wilhelm (* 1. Jan. 1758, † 9. Febr. 1794), aus d. NM gebürtig, seit 1772 im Militär, stand im Mrz. 1786 als Sl im D-R Nr. 5, Dez. 1787 dim., erhielt später d. Charakter Cap., seit 1788 auf Liebenow u. Vorwerk Liebenfelde im Krs. Arnswalde im Wert von 40/m T., erwarb im Febr. 1793 d. Gut Helpe im Krs. Arnswalde für 24 450 T.; **Mutter**: Auguste Amalie Albertine, geb. von Eickstedt (1762–1809), lt. e. Bericht d. Küstriner Pupillenkollegiums vom 18. Juni 1805 hatten d. Güter Liebenow, Liebenfelde, Helpe nebst Vorwerken e. Wert von 47 742 T., d. jährl. Pachteinnahmen betrugen 3 120 T., allein für d. Zinsen waren 1 488 T. aufzubringen, für d. Unterhalt d. Witwe u. ihrer Kinder verblieben jährlich 1 210 T.; **Bruder**: Otto Friedrich Heinrich Ferd. (1786–1857), (Sep. 1797 Cornet im K-R Nr. 2, Jan. 1799 Sl, Febr. 1809 als Stabs-Rittmstr. dim., Juni 1813 bei d. Landwehr, Aug. 1813 bei Wittstock gefallen); **Laufbahn**: Mrz. 1797 Junker, Okt. 1800 Cornet im K-R Nr. 2, Jan. 1802 Sl, Okt. 1809 d. brandenburg K-R als Sl aggr., Dez. 1810 ins brandenburg. Ulanen-Reg., Okt. 1812 Orden p. l. m., Nov. 1812 Pl, Mrz. 1813 Stabs-Rittmstr., Mrz. 1815 Rittmstr. u. Chef e. Escadron, Mai 1820 Major beim 1. Garde-Ulanen-Reg., Mrz. 1833 Kommandeur d. 2. K-R, Mrz. 1835 Ol, Mrz. 1837 Obrist, Mrz. 1843 GM, Mai 1849 Gl, Jan. 1854 Ruhestand, seit 1808 verh. mit Henriette Antoinette Charlotte von Ramin (1786–1862); **Güter**: saß 1801 zs. mit seinen beiden Brüdern u. zwei Schwestern auf Helpe, d. **Bruder** Leopold Hans Joachim (1789–1855) hielt sich 1801 mit d. beiden mind. Schwestern bei d. Mutter in Prenzlau auf; d. minderj. Kinder wurden noch 1809 auf d. Gut gen.;

Quellen: GStA, I. HA, Rep. 22, Nr. 292; II. HA, Abt. 12, Materien, Vas.tab. Nr. 6, Bl. 10 RS-11 (d. Brüder standen 1801 als Ltnt. u. Cornet im K-R Nr. 2); Nr. 8, Bl. 10 RS-11 (1803 beide als Ltnt. im K-R 2); IV. HA, Rep. 1, Nr. 89, Bl. 277 (danach standen 2 S. im K-R Nr. 2, d. spätere Gl G.C.L.L. u. Wolf Leopold Otto, der 1813 gefallen ist, d. Angaben für O. F. H. sind fraglich); Stabi, Ms. boruss. fol. 313, Bl. 46 (Vater); fol. 907 a, Bl. 81–81 RS (hiernach ist St. d. 1. 1813 als Rittmstr. gefallen, Stülpnagel d. 2. war 1827 Major); Bratring, 3. Bd. S. 211; Tb. Uradel, 1905, S. 784–786; Jb. Neumark, 11/1936, S. 59–60; Priesdorff, Nr. 1 711 (G.C.L.L.);

Ltnt. **Friedrich Seyfried Benjamin von Stutterheim** (* 2. Juli 1765, † um 1807) *

Vater: Joachim Heinrich (1729–1776), bis 1764 Erbherr auf Waldow im Krs. Luckau; **Mutter**: Marie Sophie Louise, geb. Cammann († um 1782); **Bruder**: Gottlob Heinrich Leberecht (1756–1804), seit 1770 im preuß. Militärdienst, stand als Sl im I-R Nr. 47, April 1791 Pl, Okt. 1792 Stabs-Cap., Febr. 1798 Cap. u. Chef e. Comp., Juli 1803 Major, Jan. 1804 gest.; **Bruder**: August Friedrich Wilhelm (* 1760, † nach 1807), Junker im I-R Nr. 46, Febr. 1784 Fähnrich, Juni 1787 Sl, Dez.

1796 dim., als Akzise-Kontrolleur in Oranienburg versorgt; **Bruder**: Heinrich Adolph Wilhelm (* 1770, † nach 1831), 1798 Ingenieur beim Ober-Kriegskollegium, Ingenieur-Geograph, April 1800 Sl, Sep. 1806 als Kämmerer in Neumarkt in Schlesien versorgt; **Laufbahn**: Juli 1786 Fähnrich im I-R Nr. 7, April 1788 Sl, Mai 1793 verabschiedet, 1803 u. 1805 als Salzfaktor in Dramburg gen.; **Güter**: seit 1793 Erbherr auf Anteilen d. Vorwerks Karlsberg im Krs. Dramburg im Wert von 1/m T. (bat 1794 vergeblich um d. Armenrecht), hatte hier 1801 seinen Wohnsitz, vor 1803 verkauft; 1803, 1805 mit seinen Brüdern als unangesessene Vasallen im Krs. Dramburg aufgeführt;

Quellen: GStA, I. HA, Rep. 22, Nr. 299 b; II. HA, Abt. 12, Materien, Vas.tab. Nr. 6, Bl. 78 RS-79; Nr. 8, Bl. 83 RS-84; IV. HA, Abt. 1, Nr. 89, Bl. 299–300; Stabi, Ms. geneal. fol. 120, Bl. 246 RS; Fam.gesch., S. 205–207;

Cap. **Otto Heinrich von Stutterheim** († 28. Jan. 1727) *

Vater: Wolff Magnus (1627–1702), Rittmstr. in brandenburg. Diensten, seit 1677 Erbherr auf Müschen im Krs. Cottbus, erworben für 3 500 T.:, **Mutter**: Eleonore, geb. von Loeben (1629–1704); **Laufbahn**: stand 1690 als Fourier im I-R Nr. 1, avancierte bis zum Cap., vor 1713 abgegangen; **Güter**: seit 1703 bzw. 1706 Erbherr auf Müschen, 1714 für 10/m T. an seinen Schwiegersohn Heinrich Wilhelm von Pannwitz auf Babow verkauft, erwarb 1723 von diesem Babow für 20/m T., 1713 auch auf Anteil Werben gen.; **Ehefrau**: Ursula Gottlieb, geb. von Mühlen († 1743); d. Cap. hinterließ keine Leibeserben;

Quellen: GStA, I. HA, Rep. 22, Nr. 299 b; BLHA, Rep. 23 B, Nr. 446; Stabi, Ms. boruss. fol. 313, Bl. 274; Krüger, Cottbus, S. 3, S. 28; Fam.gesch., S. 65–66;

Major **Willibald Christian von Stutterheim** (* 15. Dez. 1702, † Jan. 1744) *

Vater: Alexander Christoph (* um 1657, † 1720), seit 1682 Erbherr auf Anteil Werben im Krs. Cottbus im Wert von 3 400 T.; **Mutter**: Margarethe Elisabeth, geb. von Kottwitz († 1742); **Bruder**: George Siegmund (1688–1763), Major in württemberg. Diensten, stiftete 1751 e. Fideikommiß auf Anteil Werben im Wert von 11/m T.; **Bruder**: Alexander Wilhelm (1693–1762), poln. Major; **Laufbahn**: zunächst Fähnrich in württemberg. Diensten, Okt. 1726 Fähnrich im I-R Nr. 25, April 1729 Sl, 1740 als Stabs-Cap. gen., Juli 1742 Major; **Ehefrau**: Constantia Charlotte Maria, geb. Freiin Riedel von Leuenstern;

Quellen: GStA, I. HA, Rep. 22, Nr. 299 b; Stabi, Ms. boruss. fol. 314, Bl. 103, Bl. 117, Bl. 140 RS; Ms. geneal. fol. 120, Bl. 214 RS; Jb. Neumark, 1928, S. 159; Krüger, Cottbus, S. 38; Fam.gesch., S. 96–97;

Ltnt. **Bogislav Ferdinand Hr. Wilh. von Suter** (* 19. April 1770, † 7. Sep. 1831)

Vater: Carl Wilhelm (1736–1786), aus Preußen gebürtig, seit 1743 im Militär, April 1744 Fähnrich, Mrz. 1750 Sl im Garn.-Reg. Nr. 5, Aug. 1755 Pl, erhielt im Mrz. 1756 als Ltnt. zs. mit seinen drei Brüdern, d. alle als Uffz. in e. preuß. H-R standen, d. preuß. Adelserneuerung, April 1761 Stabs-Cap., April 1765 Cap., Okt. 1785 Major im Garn.-Reg. Nr. 5; B. F. H. aus Züllichau gebürtig **Mutter**: Marie Helene Johanne, geb. Eisenhardt, beide wurden 1782 geschieden; **Vater-Bruder**: Friedrich Wilhelm (1733–1815) *, aus Preußen gebürtig, Juni 1751 Junker im D-R Nr. 7, Nov. 1756 Cornet im H-R Nr. 5, Dez. 1760 Sl, Jan. 1762 Pl, Mrz. 1762 Stabs-Rittmstr., Juni 1769 Rittmstr. u. Chef e. Escadron im H-R Nr. 5, Jan. 1776 Major, Mai 1787 Ol, Mai 1789 Obrist, Juni 1789 Orden p. l. m., Jan. 1794 GM, Jan. 1795 Chef d. H-R Nr. 5, Mai 1800 Gl, Dez. 1804 dim mit 1 200 T. Pension; **Großvater**: Bogislav Ernst Wilhelm (1691–1741), Rittmstr. im D-R Nr. 7; **Laufbahn**: seit 1786 im Regiment, stand 1787 als Gefr. corp. im I-R Nr. 37, Mai 1790 Fähnrich, Mrz. 1793 Sl, Mrz. 1800 bzw. Mai 1806 Pl, Sep. 1809 Stabs-Cap., Febr. 1813 Cap. beim 1. Res.-Bat. d. 2. Westpreuß. I-R, 1820 als Major beim 2. Köln. Landwehr-Reg. pens.; **Ehefrau**: Sophie Eleonore Amalie, geb. von Droege (1769–1866) aus Hanau;

Quellen: GStA, IV. HA, Rep. 1, Nr. 89, Bl. 340 (Vater, Onkel, B.F.H.W.); Stabi, Ms. boruss. fol. 314, Bl. 184 (Vater); fol. 316, Bl. 104, Bl. 129; fol. 907 a, Bl. 38; Tb. Briefadel, 1909, S. 810–811; Priesdorff, Nr. 887 (Onkel, danach für d. Großvater d. Daten 1698–1740);

Ltnt. **Adam Wilhelm von Sydow** (* 1737, † 16. Juli 1784)

Vater: Wilhelm Ehrenreich (1705–1760), Cap., Erbherr auf Hanseberg im Krs. Königsberg; **Mutter**: Henriette Luise, geb. von Waldow; Stief-**Bruder**: Bernhard Friedrich (1738–1761), Ltnt., s. d. mehr; **Laufbahn**: diente bis zum Beginn d. Siebenjährigen Krieges als Ltnt. im I-R Nr. 46 in Berlin, wurde dann von Prinz Heinrich als Ltnt. in e. neuen Frei-Corps plaziert, stand hier sechs Jahre, erlitt verschiedene Blessuren, war ein Jahr in österr. Gefangenschaft, wurde ausgewechselt u. 1763 dim., mit e. Posten als Grenz-Brigadier (bei d. Akzise) versorgt, mußte diesen wegen seiner Blessuren aufgeben, machte e. kleine Erbschaft, lebte bis zu seinem Ableben *in Untätigkeit*; **Ehefrau**: Sabine Wilhelmine, geb. von Waldow, sie bat am 16. Okt. 1787 aus Küstrin um e. Witwenpension, gab bei dieser Gelegenheit Auskunft über die Laufbahn ihres Mannes, sie hielt sich noch 1789 in Küstrin auf, hatte zwei unmündige Kinder und stand seit 1787 auf d. Expectantenliste für e. neumärkische Pension; ihr Bruder, d. Prokonsul von Waldow in Drossen, setzte sich 1791 für d. Vergabe einer Pension an seine Schwester ein;

Quellen: GStA, II. HA, Abt. 13 a, Tit. IV, Generalia, Nr. 5; Tit. IV, Litt K, Nr. 1, Bd. 1; Litt S, Nr. 3; IV. HA, Rep. 1, Nr. 89, Bl. 352 (danach wurde e. Ltnt. v. S. im Juni 1760 vom I-R Nr. 46 *weggejagt*); Stabi, Ms. boruss. fol. 316, Bl. 26 RS (e. Wilhelm v. S. im Jan. 1761 *cassirt*); Genealogie Sydow, 1897, S. 41 (danach 1786 gest.);

Major **Albrecht Friedrich von Sydow** (* 27. Juli 1770, † 22. Aug. 1820) *

Vater: Albrecht Friedrich (1710–1791), aus Zernickow in d. Uckermark, seit 1726 im Militär, erhielt als Cornet im K-R Nr. 12 im April 1732 d. *venia aetatis*, stand 1740 als Ltnt. im K-R Nr. 12, Febr. 1745 Rittmstr. u. Chef e. Escadron, Mai 1753 (als Major) dim., 1751 als Erbherr auf 1/3 Herrendorf im Krs. Königsberg im Wert von 9 630 T. gen. (erheiratete mit seiner Frau d. anderen zwei Drittel von Herrendorf), bekam 1777 Meliorationsgelder in Höhe von 2 350 T., verkaufte d. ganze Gut 1782 für 20/m T., wollte im Mrz. 1782 d. Verkauf rückgängig machen, wurde deshalb an d. neumärk. Reg. verwiesen; **Mutter**: Marie Antoinette, geb. von Münchow († 1781); **Bruder**: Ferdinand Carl (1771–1830), Juni 1787 Fähnrich im I-R Nr. 12, Juni 1790 Sl, Febr. 1801 Pl, Nov. 1804 Stabs-Cap., Mai 1809 dim.; **Bruder**: George Friedrich (1774–1839), Nov. 1790 Cornet im H-R Nr. 7, April 1793 Sl, Aug. 1801 Pl, April 1809 Stabs-Rittmstr., Aug. 1813 Rittmstr. beim 4. Kurmärk. Landwehr-Kav.-Reg., Mai 1814 Major, Mrz. 1822 Ol, Mai 1833 mit d. Charakter Obrist dim.; **Schwester**: Sophie Friederike (* 1760), verheiratet mit d. Cap. Friedrich Carl von Ernatius (* 1745) aus Ansbach, seit 1765 im Militär, Sep. 1772 Fähnrich im Garn.-Reg. Nr. 6, nach 25 Dj. als Cap. dim. u. als Postmstr. in Neustadt-Eberswalde versorgt, verließ um 1790 seine Frau, die mittellos blieb; **Laufbahn**: seit 1783 im Regiment, Aug. 1786 Cornet im K-R Nr. 5, Okt. 1790 Sl, Sep. 1794 Pl, Febr. 1802 Stabs-Rittmstr., Jan. 1804 Rittmstr., Okt. 1805 mit d. Charakter Major u. 300 T. Pension dim., Juni 1813 Major beim 1. Neumärk. Landwehr-Kav.-Reg., Okt. 1815 Ol, seit Mrz. 1820 im 14. Landwehr-Reg.; **Ehefrau**: Auguste, geb. von Wobeser (1775–1855); **Güter**: 1801, 1803 zs. mit d. Brüdern als unangesessene Vasallen im Krs. Königsberg aufgeführt;

Quellen: GStA, II. HA, Abt. 12, Materien, Vas.tab., Nr. 6, Bl. 105 RS-106; Abt. 13 a, Tit. IV, Litt E, Nr. 1 (Schwester); IV. HA, Rep. 1, Nr. 89, Bl. 352 (Vater), Bl. 354 (A. F., Bruder F. C. hier als C. F.), Bl. 355 (Bruder G. F.); Stabi, Ms. boruss., fol. 311, Bl. 131 RS; Bl. 270, Bl. 270 RS (je d. Vater); fol. 315, Bl. 90 RS (Ernatius); Genealogie Sydow, 1897, S. 67–69; Tb. Uradel 1900, S. 796–797; Moegelin, S. 264; Jb. Neumark, 11/1936, S. 74;

Ltnt. **Alexander Wilhelm von Sydow** (* 1698, † 28. April 1735) *

Vater: Balthasar Friedrich (1652–1733), Gl, s. d., seit 1695 Erbherr auf Raduhn; A. W. aus Küstrin gebürtig; **Mutter**: Anna Luise, geb. von Mörner; **Bruder**: Adam Wilhelm (1703–1756), 1745 u. 1751 als Erbherr auf Raduhn im Krs. Königsberg gen., von 1756 bis 1763 saß seine Witwe, e. geb. von Küssow, auf d. Gut; **Laufbahn**: weilte von 1708 bis 1711 auf d. Ritterakademie in Brandenburg an der Havel, April 1712 Fähnrich im I-R Nr. 13, Okt. 1714 Ltnt., Mrz. 1718 Abschied, nahm seinen Wohnsitz in Driesen;

Quellen: Stabi, Ms. boruss. fol. 319, Bl. 43; Ms. geneal. fol. 120, Bl. 225; Genealogie Sydow, 1897, S. 39–40; Leers, Zöglinge, S. 9; Jb. Neumark, 11/1936, S. 75;

Cap. **Anton Ludwig von Sydow** (* 1721, † 28. Febr. 1755)

Vater: Egidius Ehrenreich (1669–1749), General, s. d. mehr; **Mutter**: Anna Charlotte, geb. von Brand (1691–1752); **Bruder**: Friedrich Wilhelm (1718–1767), Cap. im I-R Nr. 18; **Bruder**: Joachim Siegmund (1727–1763), Cap. im I-R Nr. 19; **Laufbahn**: seit 1735 im Militärdienst, Sep. 1740 Sl im I-R Nr. 1, wurde in d. *Campagne* von 1742 von d. österr. Husaren gefangen, 1746 als Pl gen., Mai 1749 Stabs-Cap. im I-R Nr. 4, Juni 1753 dim.; **Güter**: seit 1753 Erbherr auf Zollen im Krs. Soldin, erworben von seinem Bruder F. W., d. Gut wurde nach 1755 verkauft;

Quellen: GStA, IV. HA, Rep. 1, Nr. 89, Bl. 352 (kz. Notiz); Stabi, Ms. boruss. fol. 313, Bl. 24 RS, Bl. 251 RS, Bl. 299 RS, Bl. 300, Bl. 300 RS; Genealogie Sydow, 1897, S. 71–72;

Rittmstr. **Arnd Wilhelm von Sydow** (* 1687, † 8. Jan. 1762) *

Vater: Otto Friedrich (* 1651), 1674 aus d. brandenburg. Kriegsdienst ausgeschieden, verpfändete 1680 1/2 Stolzenfelde im Krs. Königsberg, ging 1690 in fremde Dienste; **Mutter**: Magdalena, geb. von Sydow (1657–1723); **Bruder**: Hans Sigismund (1680–1710), Ltnt. im I-R Nr. 10; **Bruder**: Ernst Ludwig (1685–1730), Major, s. d.; **Laufbahn**: seit 1707 im Militär, 1713 Ltnt. im D-R Markgraf Albrecht, Aug. 1718 Rittmstr. u. Chef e. Escadron im K-R Nr. 7, 1720 abgegangen, unbeerbt 1762 in Schmarse bei seiner Schwägerin gest.;

Quellen: Stabi, Ms. boruss. fol. 315, Bl. 32 RS; nicht in IV. HA, Rep. 1, Nr. 89; Genealogie Sydow, 1897, S. 8; Jb. Neumark, 1927, S. 25;

Gl **Balthasar Friedrich von Sydow** (* 21. Mrz. 1652, † 31. Mrz. 1733) *

Vater: Adam, 1643 als Erbherr auf Rehdorf im Krs. Königsberg gen.; **Mutter**: Hyppolitha, geb. von Sack; **Bruder**: Adam Wilhelm (1650–1711) *, Juni 1689 Ol bei d. Garde, Juli 1692 Obrist, stand 1694 mit d. I. Bat. d. I-R von Lottum in Ungarn, Mrz. 1703 GM u. Kommandeur d. I-R Nr. 17, Sohn: Daniel Friedrich (1675–1727), Ol, 1713 u. 1718 als Erbherr auf Hanseberg u. Rehdorf gen.; **Laufbahn**: seit 1670 im Militär, 1683 Cap. beim Reg. von Schöning, Aug. 1687 Major bei d. Garde, Aug. 1682 Kommandant von Wesel, Febr. 1697 Ol, Aug. 1702 Obrist, Jan. 1705 Kommandant von Küstrin, Sep. 1709 GM, Sep. 1720 Gl, Jan. 1721 dim.; **Güter**: (Erbherr auf Zellin im Krs. Königsberg) seit 1695 auf Raduhn, hier noch 1713 u. 1718 aufgeführt; **Ehefrau**: Anna Luise, geb. von Mörner; **Sohn**: Alexander Wilhelm (1698–1735), Ltnt., s. d.;

Quellen: BLHA, Rep. 23 B, Nr. 446; Stabi, Ms. boruss. fol. 314, Bl. 155; fol. 319, Bl. 8 RS, Bl. 15 RS; König, 4. T., S. 66 (hier als Balzer Fr.); Genealogie Sydow, 1897, S. 39–40; Jb. Neumark, 1927, S. 47–48; Priesdorff, Nr. 122 (Bruder), Nr. 168;

Ol **Bernd Ludwig von Sydow** (* 13. Febr. 1680, † 3. Mrz. 1744) *

Vater: Hans Ehrenreich (* 1652, † nach 1690), Erbherr auf Voigtsdorf im Krs. Königsberg, Pfandbesitzer von Sydow, Schönefeld, Gründel (bzw. Grünthal) im Krs. Oberbarnim; **Mutter**: Gertrud, geb. Becker († 1681); Stief-**Bruder**: Hans Ehrenreich (1689–1730), seit 1707 im Militär, 1713 Fähnrich im I-R Nr. 3, Juni 1713 bzw. Aug. 1714 Pl im I-R Nr. 20, 1728 Cap., 1729 abgegangen; **Laufbahn**: seit 1695 im Militär, 1706 Cap. im I-R Nr. 3, Nov. 1713 Major im I-R Nr. 9, (1721 Major im I-R Nr. 24) zuletzt Ol im I-R Nr. 32; **Güter**: seit 1727 Pfandbesitzer von Schönefeld u. Sydow im Krs. Oberbarnim, später Erbherr auf Alt-Schlage in Pommern; erste **Ehefrau**: Charlotte Wilhelmine, geb. Freiin von Danckelman (1699–1721), aus d. Ehe zwei Töchter;

Quellen: Stabi, Ms. boruss. fol. 311, Bl. 116 (H. E.); fol. 319, Bl. 41, Bl. 42 RS (H. E. Aug. 1714 Pl); Gesch. I-R Nr. 3, S. 167 (H. E., 1713 ins I-R 20); Genealogie Sydow, 1897, S. 45–46;

Ltnt. **Bernhard Friedrich von Sydow** (1738–1761)

Vater: Wilhelm Ehrenreich (1705–1760), Ltnt. im I-R Nr. 23 (Jan. 1731 wegen starker Unpäßlichkeit dim., ging in d. NM), erhielt d. Prädikat Cap., 1745 Erbherr auf Hanseberg (u. Raduhn) im Krs.

Königsberg, 1750 an d. Kriegsrat Anton Ludwig Crüger verkauft, Wert 58/m T., machte sich in Pommern ansässig; **Mutter**: Ernestine Henriette, geb. von der Goltz (1717–1799); Stief-**Bruder**: Otto Christoph August (1735–1821), Cap. im I-R Nr. 39, s. d.; Stief-**Bruder**: Adam Wilhelm (1737–1786), Ltnt. im I-R Nr. 46, 1760 ausgeschieden, s. d.; **Laufbahn**: seit 1754 Gefr.corp. im I-R Nr. 39, 1761 als Sl gest.;

Quellen: Stabi, Ms. boruss. fol. 316, Bl. 278 (Vater?), Bl. 300 RS, Bl. 305; Ms. geneal. fol. 120, Bl. 225 (hier werden 1745 vier Brüder gen.: Adam Wilhelm, Egidius Ehrenreich, Otto Chr. Aug. u. Behrend Friedrich, 11, 10, 9 u. 7 Jahre), Bl. 249 RS; Genealogie Sydow, 1897, S. 41 (hier e. Anton Fr. Bernd, als Kind gest., kein B. F.); nicht in GStA, IV. HA, Rep. 1, Nr. 89;

Ltnt. **Carl Ernst Rudolph Heinrich von Sydow** (* 9. Mrz. 1776, † 9. Okt. 1814) *

Vater: George Friedrich (1743–1823), aus Zernickow in d. UM gebürtig, seit 1760 im K-R Nr. 5, 1762 Ltnt., Juni 1766 als Ltnt. (mit d. Charakter Rittmstr.) dim., erwarb 1766 d. nahe Wittenberg gelegenen Güter (Gablenz u. Rasdorf), 1811 wieder verkauft; **Mutter**: Christiane Luise Amalie, geb. von Schmieden (1745–1810); **Bruder**: Heinrich Wilhelm Ludwig Leopold (1782–1807), Febr. 1798 Fähnrich bei d. Garde, Juli 1801 Sl im 2. Bat., Okt. 1804 ins D-R Nr. 4, Nov. 1806 d. H-R Nr. 6 aggr.; **Laufbahn**: 1792 Gefr.corp. im 2. Bat. Garde, Jan. 1795 Fähnrich, Okt. 1796 Sl, Sep. bzw. Okt. 1801 dim., 1813 ins 5. Ostpreuß. Reserve-I-R, an bei Dennewitz im Sep. 1813 erlittenen Blessuren gest.; **Ehefrau**: Beate Luise Christine, geb. von Berg (1783–1856); **Güter**: 1802 bis 1803 auf Zietenfier im Krs. Arnswalde, gekauft für 24 450 T., 1806 für 36/m T. wieder veräußert, von 1804 bis 1808 auf Petznick (u. Pammin) im Krs. Dramburg, hatte 1805 seinen Wohnsitz in Petznick, seit 1808 auf Kallies, amtierte als Landrat d. Krs. Dramburg;

Quellen: GStA, II. HA, Abt. 12, Materien, Vas.tab. Nr. 8, Bl. 18 RS-19; IV. HA, Rep. 1, Nr. 89, Bl. 352 (Vater), Bl. 355 (bei C.E.R.H. kein Hinweis auf d. Wiedereintritt 1813); BLHA, Rep. 3, Nr. 11 925; Stabi, Ms. boruss. fol. 311, Bl. 137 (Vater); Reinhard, S. 539, S. 556; Genealogie Sydow, 1897, S. 65–66; Jb. Neumark, 11/1936, S. 63, S. 66–67;

Ltnt. **Carl Friedrich von Sydow** (* 1699) *

aus Blumberg in d. Neumark gebürtig; **Laufbahn**: seit 1715 im Militär, Mrz. 1718 Fähnrich im I-R Nr. 13, 1727 als Ltnt. dim.;

Quellen: Stabi, Ms. boruss. fol. 311, Bl. 21, Bl. 33;

Rittmstr. **Carl Friedrich von Sydow** (* 1730)

aus Reetz in d. NM gebürtig; **Laufbahn**: seit 1756 im Militär, 1771 Ltnt. im K-R Nr. 12, später Stabs-Rittmstr., Dez. 1785 als Rittmstr. mit Pension verabschiedet;

Quellen: GStA, IV. HA, Rep. 1, Nr. 89, Bl. 353; Stabi, Ms. boruss. fol. 311, Bl. 265;

Obrist **Carl Friedrich von Sydow** (* 1744, † 11. Mrz. 1807)

aus d. Neumark gebürtig; **Laufbahn**: seit 1757 im Militär, Mrz. 1763 Sl im I-R Nr. 42, Sep. 1774 Pl, Sep. 1783 Stabs-Cap., Nov. 1784 Cap. u. Chef e. Comp., Sep. 1792 Major, Juni 1800 Ol, Mai 1803 Obrist, Okt. 1804 Kommandeur d. I-R Nr. 42, Jan. 1807 dim.;

Quellen: GStA, IV. HA, Rep. 1, Nr. 89, Bl. 353; Stabi, Ms. boruss. fol. 312, Bl. 10, Bl. 14, Bl. 20; fol. 907 a, Bl. 40 RS;

Ltnt. **Carl George Heinrich von Sydow** (* 11. Aug. 1787, † 10. Jan. 1853) *

Vater: Christian David (1729–1789), seit 1748 im Militär, stand 1756 als Cornet im K-R Nr. 8 (1758 Cap. u. Chef e. Comp. im Garn.-Reg. Nr. 4), 1761 als Ltnt. im K-R Nr. 8 abgegangen, 1767 auf Falkenwalde im Krs. Königsberg im Wert von 40/m T. gen., 1776 als Rittmstr. bez., tauschte im April 1776 Falkenwalde gegen Tornow im Krs. Sternberg mit d. Kriegsrätin Crüger, erhielt dazu e. Ausgleichszahlung von 2/m T.; **Mutter**: Luise Friederike Christiane, geb. von Winterfeld (1750–1795); **Laufbahn**: Juni 1800 Gefr.corp. im I-R Nr. 35, Mrz. 1804 Fähnrich, Jan. 1806 Sl im I-R Nr. 35, 1813 zum 9. Res.-I-R, 1815 als Pl zum 21. I-R, 1816 als Cap. beim Rhein. Landwehr-I-R abgegangen; **Ehefrau**: Auguste, geb. Stein; **Güter**: saß 1801 zs. mit seinem **Bruder** Friedrich Sigismund auf Tornow im Krs. Sternberg im Wert von 13/m T., 1802 verkauft;

Quellen: GStA, II. HA, Abt. 12, Materien, Vas.tab. Nr. 6, Bl. 134 RS-135; Nr. 8, Bl. 159 RS-160; IV. HA, Rep. 1, Nr. 89, Bl. 352 (Vater, im K-R 8?), Bl. 356 (C. G. H. als Wilhelm); Stabi, Ms. boruss. fol. 311, Bl. 366 RS (hier als Wilhelm); fol. 312, Bl. 75 (Vater), Bl. 189 (Vater); fol. 907 a, Bl. 11; Taeglichsbeck, S. 275 (als Wilhelm); Genealogie Sydow, 1897, S. 27 (beim Vater kein Hinweis auf d. Garn.-Reg. Nr. 4); Jb. Neumark, 11/1936, S. 98;

Obrist **Carl Heinrich Ludwig von Sydow** (* Sep. 1732, † 14. Febr. 1793)

Vater: Curt Friedrich (* um 1687, † 1738), seit 1701 im Militär, stand 1715 als Ltnt., 1730 als Cap. u. Chef e. Comp. im I-R Nr. 12, 1738 als Major gest., 1713 Erbherr auf Schmarsendorf, 1717 u. 1735 auf Gossow u. Belgen im Krs. Königsberg, hinterließ Schulden von 40/m T., d. Kurator d. minderj. Söhne votierte 1741 für d. Verkauf von Gossow nebst Belgen im Wert von 55 022 T. zur Schuldentilgung u. für d. Erhalt von Schmarsendorf im Wert von 39 490 T.; **Mutter**: Anna Dorothea, geb. von Beeren; **Bruder**: George Siegmund (1723–1765), Cap., s. d. mehr; **Bruder**: Curt Detloff (1727–1780), Juli 1748 Sl im I-R Nr. 23, Okt. 1756 Pl, Sep. 1760 Stabs-Cap., Nov. 1760 Orden p. l. m., Dez. 1764 Major, Juni 1775 Ol, Nov. 1778 Obrist, verheiratet mit Eleonore Luise, geb. Freiin von Lyncker (1729–1801); **Laufbahn**: seit 1747 im Militär, 1748 Gefr.corp., 1753 Sl im Grenadier-Garde-Bat., 1768 Cap. im I-R Nr. 5, setzte wie sein Bruder d. väterliche Erbe bis zum Erhalt d. Comp. im Dienst zu, (1774 bzw.) April 1782 Major im I-R Nr. 19, Sep. 1790 Ol, Juni 1792 Obrist, Dez. 1792 zum Depot-Bat. d. Reg. nach Küstrin versetzt, 1793 als Obrist nach 45 Dj. gest., hinterließ zwei Söhne u. eine Tochter, sein Nachlaß reichte nicht zur Befriedigung d. Gläubiger; **Güter**: beklagte sich im Febr. 1767 darüber, daß d. väterlichen Güter Gossow u. Schmarsendorf während seiner Minderjährigkeit verkauft wurden, auch habe d. Bruder G. S., der sein Vormund gewesen sei, keine Vormundschaftsrechnung abgelegt, trug sich mit d. Gedanken, d. Güter zu reluieren, war dazu mangels Vermögen jedoch nicht in d. Lage; hinterließ mehrere 1/m T. Schulden, seine Witwe schlug d. Erbe aus, d. Nachlaß ging in Konkurs; **Ehefrau**: Elise Lucie Helene, geb. von Brandt, Tochter d. Jägermeisters am Hof zu Mecklenburg-Schwerin u. Pächter d. Ämter Plau u. Wredenhagen, sie besaß *illata* in Höhe von 8 750 T., diese wurden nach d. Heirat für d. Tilgung seiner Schulden u. im Konkurs zur Abfindung der Kreditoren verwendet, erhielt e. Pension von 500 T. aus d. Witwenverpflegungsfonds, die für d. Unterhalt d. Fam. jedoch nicht reichte, da e. Teil d. Pension an d. Gläubiger floß, mehrere Gesuche um e. Erhöhung dieser Pension wurden abgelehnt, so zuletzt im Okt. 1793; **Sohn**: Carl Heinrich Ludwig (1779–1807), Sep. 1797 Fähnrich, Juli 1798 Sl im I-R Nr. 30, 1807 in Kolberg gefallen; **Sohn**: Friedrich Wilhelm (* 1783), Mrz. 1803 Fähnrich, Juli 1804 Sl im I-R Nr. 23, 1806 ausgeschieden, trat in frz. Dienste;

Quellen: GStA, I. HA, Rep. 22, Nr. 288, Pakete 8 741, 8 743; II. HA, Abt. 13 a, Tit. III, Litt S, Nr. 27; IV. HA, Rep. 1, Nr. 89, Bl. 352 (Bruder C. D.), Bl. 353, Bl. 355–356 (Söhne); Stabi, Ms. boruss. fol. 314, Bl. 244 (1784); fol. 316, Bl. 232, Bl. 239 (Vater); fol. 319, Bl. 50 (Vater); Genealogie Sydow, 1897, S. 29–30; Lehmann, S. 96 (Bruder C. D.); Jb. Neumark, 1927, S. 15–18;

Major **Carl Wilhelm von Sydow**
(* 28. April 1751, † 14. Dez. 1814) *

Vater: Carl Friedrich (1714–1772), seit 1747 Erbherr auf Trampe im Krs. Soldin, 1767 im Wert von 23/m T., darauf Schulden von 24 803 T.; **Mutter**: Henriette Catharina, geb. von Waldow (1722–1769); **Vater-Bruder**: Christian Siegmund (1705–1755), 1751 zs. mit d. Bruder D. A. als Erbherr auf Schönfeld im Krs. Königsberg im Wert von 18/m T. gen.; **Vater-Bruder**: David Adolph (1716–1760), als Stabs-Cap. im I-R Nr. 8 bei Torgau gefallen, s. d.; **Bruder**: Arnd Wilhelm (1757–1801), seit 1772 im Militär, Mai 1783 Sl im K-R Nr. 7, Dez. 1789 Pl, Jan. 1793 Stabs-Rittmstr., Dez. 1794 Rittmstr., 1801 als solcher gest.; **Laufbahn**: seit 1767 im Militär, 1774 Cornet bzw. Sl im D-R Nr. 1, Mai 1788 Pl, Juni 1790 Stabs-Rittmstr., Sep. 1800 Rittmstr., Mai 1803 Major, Dez. 1804 mit 400 T. Pension dim.; **Güter**: saß zs. mit d. Bruder seit 1775 auf Trampe, 1801 für 48/m T. verkauft;

Quellen: GStA, II. HA, Abt. 12, Materien, Vas.tab. Nr. 8, Bl. 128 RS-129; IV. HA, Rep. 1, Nr. 89, Bl. 354 (C. W. u. A. W.); BLHA, Rep. 78 I, Nr. 170, Bl. 49; Stabi, Ms. boruss. fol. 314, Bl. 52, Bl. 56 (je C. W.); fol. 315, Bl. 24 RS, Bl. 29 (je A. W., aus d. NM); Genealogie Sydow, 1897, S. 28–29; Moegelin, S. 60; Jb. Neumark, 11/1936, S. 92;

Major **Christian Wilhelm von Sydow**
(† Aug. 1710) *

Vater: Arnd (1598–1678), Landesdirektor d. Neumark, Erbherr auf Dobberphul, Anteil Görlsdorf, ½ Stolzenfelde im Krs. Königsberg; **Mutter**: Scholastica Sophie, geb. von Rühlicke; Stief-**Bruder**: Hans Sigismund (1625–1666), Erbherr auf Adamsdorf u. Anteil Görlsdorf; **Bruder**: Wolf Christoph (1677–1738), Erbherr auf Dobberphul; **Laufbahn**: trat in d. brandenburg. Militärdienst ein, stand 1692 als Cap. im Fuß-Bat. von Horn, zuletzt Major im Leib-Reg., 1710 in Flandern gefallen; **Güter**: Erbherr auf ½ Stolzenfelde, d. Gut fiel nach seinem Tod an Lehnsvettern; **Ehefrau**: Dorothea Eleonore, geb. von Strauss († 1724);

Quellen: Stabi, Ms. boruss. fol. 319, Bl. 19; Genealogie Sydow, 1897, S. 13–15;

Rittmstr. **Christoph Friedrich von Sydow** (* 1739) *

aus d. Neumark gebürtig; **Laufbahn**: seit 1756 im Militär, Mrz. 1760 Ltnt. im K-R Nr. 4, Aug. 1772 mit d. Charakter Rittmstr. dim.;

Quellen: GStA, IV. HA, Rep. 1, Nr. 89, Bl. 352; Stabi, Ms. boruss. fol. 316, Bl. 183 RS;

Ltnt. **Colmar Friedrich Heinrich Otto von Sydow** (* 6. Febr. 1784, † 7. Febr. 1854) *

Vater: Friedrich August (1752–1798), seit 1767 im Militär, stand 1774 als Sl im D-R Nr. 1, Juni 1781 mit d. Charakter Cap. dim., Erbherr auf Woltersdorf u. Schönow (im Krs. Randow), erwarb 1790 Rehnitz u. Glasow, 1801 im Wert von 29 886 u. 69 500 T.; **Ehefrau**: Cunigunde Luise, geb. von Randow (1754–1799); **Bruder**: Albert Guido Maximilian (1795–1853), 1813 Sl beim Brandenburg. D-R, 1816 zur Landwehr, 1834 ausgeschieden; **Laufbahn**: 1798 Junker im K-R Nr. 10, Mrz. 1800 Cornet, Mrz. 1802 Sl, 1807 bis 1812 inaktiv, Febr. 1813 d. brandenburg. K-R aggr., Sep. 1813 Pl, Mai 1814 Stabs-Rittmstr., Mrz. 1815 zum 2. Brandenbg. H-R, Juni 1815 Rittmstr., Mrz. 1820 mit Pension verabschiedet; **Güter**: saß 1801 mit vier minderj. Geschwistern auf Rehnitz u. Glasow im Krs. Soldin, hier noch 1809 gen.;

Quellen: GStA, II. HA, Abt. 12, Materien, Vas.tab. Nr. 6, Bl. 120 RS-121; IV. HA, Rep. 1, Nr. 89, Bl. 352 (Vater), Bl. 355 (hier als Ludwig Colmar); Stabi, Ms. boruss. fol. 314, Bl. 44 RS, Bl. 52 (je d. Vater); Bratring, 3. Bd., S. 138, S. 142; Schwerin, K-R 10, 3. T., Anhang, Personalien; Genealogie Sydow, 1897, S. 78–79 (hier als Colmar F. H. A., sonst als Fr. Hr. Otto Ludwig Colmar); Jb. Neumark, 11/ 1936, S. 91;

Obrist **David Adolph von Sydow** (* 16. April 1690, † 25. April 1767) *

Vater: Hans Christian (1639–1709), 1675 kurbrandenburg. Rittmstr., zuletzt Obrist, seit 1695 Amtshauptmann zu Freienwalde, Erbherr auf Neuendorf u. seit 1677 auf Trossin im Krs. Königsberg; **Mutter**: Helene Elisabeth, geb. von Brand (1644–1695); **Bruder**: Ernst Ludwig (* 1683), stand 1707 als Fähnrich im I-R Nr. 15, vor 1715 als Ltnt. abgegangen, erhielt später d. Charakter Cap., 1713 Erbherr auf Trossin, 1723 verkauft für 24 500 T. an d. magdebg. Reg.rat von der Marwitz, d. Verkauf führte zu langwierigen Prozessen; Stief-**Bruder**: Friedrich Wilhelm (1699–1753), nahm keine Dienste, 1713 auf Neuendorf im Bruche, 1731 an d. König verkauft, seit 1732 Erbherr auf Falkenwalde u. Gräfendorf, seit 1742 auf Gossow u. Belgen, alle im Krs. Königsberg; **Laufbahn**: trat 1707 in d. Militärdienst ein, 1710 Fähnrich im I-R Nr. 21, Juli 1713 Pl, 1713 in d. *Campagne*, 1730 als Cap. u. Chef e. Comp. im I-R 21 gen., Juli 1732 Major, Jan. 1741 Ol, 1743 als Ol (ins I-R 46) versetzt, stand 1750 als Ol im Garn.-Bat. Nr. 4, Febr. 1757 Obrist, im Juni 1758 als Obrist im Garn.-Reg Nr. 4 gen., 1760 ausgeschieden; **Güter**: 1713, 1718 Erbherr auf Falkenwalde im Krs. Königsberg, 1732 an d. Bruder F. W. verkauft, 1713 u. 1718 auch auf Gräfendorf, lt. e. Kaufanschlag von 1724 betrug d. Netto-Arrende von Falkenwalde u. Gräfendorf 1 203 T., d. Wert 29 294 T.; **Ehefrau**: Louise Sophie, geb. von der Marwitz († 1729); **Sohn**: Friedrich Wilhelm (1722–1775), Major, s. d.; **Sohn**: Christian David (1723–1781), Juni 1742 Cap. u. Flügel-Adj., Sep. 1755 dim. (bzw. 1746 Ltnt. u. Flügel-Adjutant, 1748 Cap.), Febr. 1757 Cap., im Juni 1758 als Cap. u. Chef e. Comp. im Garn.-Reg. Nr. 4 gen., 1760 ausgeschieden, 1768 Ol in kursächs. Diensten, 1778 Obrist, 1779 Kommandeur d. Reg. Prinz Clemens;

Quellen: GStA, I. HA, Rep. 22, Nr. 288, Paket 8741; Nr. 305 b; Rep. 96, Nr. 435 S, Bd. 23; IV. HA, Rep. 1, Nr. 89, Bl. 352 (D. A. hier nicht, nur kz. Notizen f. d. Söhne, C. D. 1755 dim., kein Hinweis auf Garn.-Reg. Nr. 4); Stabi, Ms. boruss. fol. 311, Bl. 210, Bl. 212, Bl. 213; fol. 312, Bl. 189, Bl. 191; fol. 319, Bl. 43 RS; Lange, Soldaten, S. 464 (Sohn C. D.); Genealogie Sydow, 1897, S. 22–24, S. 26; Bardeleben, S. 429 (Bruder E. L.); Jb. Neumark, 1927, S. 16, S. 18, S. 42;

Cap. **David Adolph von Sydow** (* 1720, † 3. Nov. 1760)

Vater: Christian David (1675–1732), Landrat u. Direktor d. Krs. Königsberg in d. NM, 1713 Erbherr auf Schönfeld (Schmarsendorf) u. Anteil Neuendorf im Krs. Königsberg, verkaufte seine Anteile an Neuendorf u. Ortwig 1731 für 55/m T. an König Friedrich Wilhelm I.; **Mutter**: Beate Caroline, geb. von Rothenburg (1686–1759); **Bruder**: Christian Siegmund (1705–1755), Erbherr auf Schönfeld; **Bruder**: Carl Friedrich (1714–1772), Erbherr auf Trampe; **Laufbahn**: seit 1737 im Militär, Sep. 1739 Fähnrich im I-R Nr. 8, Nov. 1741 Sl, Mrz. 1747 Pl, Jan. 1757 Stabs-Cap., 1760 bei Torgau gefallen; **Güter**: 1751 zs. mit d. Bruder C. S. als Erbherr auf Schönfeld gen.;

Quellen: GStA, II. HA, Abt. 13, Ämter, Amt Zellin, Verpachtungs-Sachen, Nr. 1 (Vater, 1731); IV. HA, Rep. 1, Nr. 89, Bl. 352 (kz. Notiz); Stabi, Ms. boruss. fol. 315, Bl. 184, Bl. 188; Genealogie Sydow, 1897, S. 28–29; Priesdorff, Offz.stammliste, S. 169; Jb. Neumark, 1927, S. 18–19; Schulze, Statistik, S. 105;

General **Egidius Ehrenreich von Sydow** (* 8. Sep. 1669, † 8. Nov. 1749) *

Vater: Jochen (1615–1671), schwed. Rittmstr., Erbherr auf Blumberg in Pommern; E. E. geb. zu Zollen im Krs. Soldin; **Mutter**: Sophie, geb. von Liebenthal; **Laufbahn**: seit 1687 im brandenburg. Militär, 1691 *cadet* im I-R Nr. 1, 1692 Fähnrich, 1695 Ltnt., Febr. 1704 Cap. u. Chef e. Comp. im I-R Nr. 17, Jan. 1707 zum I-R Nr. 18, Sep. 1709 Major, April 1710 zum I-R Nr. 13, (Juli 1710 bzw.) Jan. 1712 Ol, Juni 1717 Kommandeur d. I-R Nr. 13, Jan. 1719 Obrist, Mrz. 1729 Chef d. I-R Nr. 23, Juni 1732 GM, Dez. 1735 Kommandant von Berlin, Juli 1740 Gl, Jan. 1741 Schwarzer Adler-Orden, Juli 1743 General von der Infanterie; **Güter**: erwarb um 1712 Zollen im Krs. Soldin von Eva Maria von Strauss, Witwe d. Cap. Joachim Ludwig von Kienitz, damals noch ledig, auf sein Gesuch bekam daher sein Vetter, d. Ol Daniel Friedrich von Sydow auf Hanseberg, d. gesamte Hand an Zollen, d. damalige Ol E. E. dafür d. ges. Hand an Hanseberg, Klein Zarnow u. Rehdorf, 1745 Erbherr auf Zollen u. Craazen im Krs. Soldin, erwarb außerdem 1729 Görlsdorf im Krs. Königsberg auf Wiederkauf, veräußerte dieses im Juni 1732 an König Friedrich Wilhelm I. für 42500 T.; **Ehefrau**: Anna Charlotte, geb. von Brand (1691–1752), sie schloß im Febr. 1750 e. Erbvergleich mit ihren drei Töchtern u. drei Söhnen, Zollen wurde mit 15/m, Craazen mit 30/m T., d. Berliner Haus mit 10/m T., d. Mobiliar mit 10249 T. angesetzt, ihre Forderungen an Ehegeld etc. beliefen sich auf 21 250 T., sie begnügte sich jedoch mit 19 800 T., von d. Teilungsmasse in Höhe von 48 949 T. entfielen auf jeden Sohn 9 158, auf jede Tochter 8 158 T.; **Sohn**: Friedrich Wilhelm (* 1718, † nach 1760), aus Zollen gebürtig, (seit 1720 im Militär, Mai 1720 Fähnrich im I-R Nr. 13), als solcher noch 1730 gen., zuletzt Ltnt. im I-R 13, 1738 od. 1739 als Cap. ins I-R Nr. 18 versetzt, 1740 als Cap. u. Chef e. Comp. im I-R Nr. 18 gen., Sep. 1744 als Cap. abgegangen, übernahm 1750 d. väterl. Güter Craazen u. Zollen, entwich um 1751/1752 schuldenhalber, bekam am 1. Okt. 1752 e. *Salvum conductum*, bezifferte seine Aktiva auf 29 341, d. Passiva auf 22 205 T., verkaufte d. Güter im Krs. Soldin 1752 an seine Brüder: Craazen für 30/m T. an J. S. u. Zollen für 15/m an A. L., machte sich auf Westhusen in Westfalen ansässig; **Sohn**: Anton Ludwig (* Febr. 1721, † 28. Febr. 1755), Cap., s. d.; **Sohn**: Joachim Siegmund (* 28. Mai 1727, † 16. April 1763), Sep. 1745 Sl im I-R Nr. 19, Febr. 1755 Pl, 1757 Stabs-Cap., Jan. 1758 Cap. u. Chef e. Comp. im I-R Nr. 19, Febr. 1762 dim., an bei Hochkirch erlittenen Blessuren gest. (1745 auf Pehlitz im Krs. Friedeberg gen.), seit Dez. 1752 auf Craazen; **Tochter**: Anna Hedwig (get. 2. Mai 1730), sie bekam im Mai 1753 d. *venia aetatis*, sie besaß e. väterl. u. mütterl. Vermögen von 7 900 u. 2 516 T., heiratete d. Cap. Christoph Ernst von Aderkas;

Quellen: GStA, I. HA, Rep. 22, Nr. 288, Paket 8 742; Nr. 305 b; IV. HA, Rep. 1, Nr. 89, Bl. 352 (kz. Notiz f. F. W., A. L., J. S.); Stabi, Ms. boruss. fol. 311, Bl. 21, Bl. 33 (je E. E.), Bl. 36 (F. W.); fol. 313, Bl. 160, Bl. 172 RS (je F. W.), Bl. 177, Bl. 251 RS (je A. L.); fol. 319, Bl. 43; Ms. geneal. fol. 120, Bl. 213, Bl. 216; Gesch. I-R Nr. 19, S. 110–111 (A. L.); König, 4. T., S. 64–66; Genealogie Sydow, 1897, S. 71–72; Jb. Neumark, 1927, S. 80; Schulze, Statistik, S. 90; Priesdorff, Nr. 244;

Major **Ernst Ludwig von Sydow** (* 1685, † 5. Mai (bzw. Aug.) 1730)

Vater: Otto Friedrich (* 1651), Erbherr auf ½ Stolzenfelde, nach 1690 in fremden Kriegsdiensten verschollen; **Mutter**: Magdalena, geb. von Sydow (1657–1723); **Bruder**: Arnd Wilhelm (1687–1762), Rittmstr., s. d.; **Laufbahn**: nahm 1700 kurpfälzische Dienste, wechselte 1708 bzw. 1710 in preußische, Juli 1714 Cap. im I-R Nr. 10, 1720 als Cap. u. Chef e. Comp., 1730 als Major aufgeführt, noch 1730 in Bielefeld gest.; **Güter**: 1718 als Erbherr auf Anteil Stolzenfelde im Krs. Königsberg gen., hatte diesen zs. mit A. W. 1714 reluiert, auf d. zweiten Anteil saß damals Wolf Christoph von Sydow; **Ehefrau**: Johanna Franzisca (1700–1771), e. Tochter d. Generals von Schmerheim, sie machte sich 1753 in Schmarse im Krs. Schwiebus (später Krs. Züllichau) ansässig; **Sohn**: Friedrich Ludwig (1721–1793), nach d. Studium Erbherr auf Schmarse;

Quellen: Stabi, Ms. boruss. fol. 316, Bl. 219, Bl. 224 RS; fol. 319, Bl. 48 RS; Genealogie Sydow, 1897, S. 8; Jb. Neumark, 1927, S. 25; nicht in GStA, IV. HA, Rep. 1, Nr. 89;

Ltnt. **Friedrich Heinrich Ferdinand von Sydow** (* 1761, † 9. Dez. 1804) *

Vater: Arnd Wilhelm (1712–1779), 1735 Ltnt. im K-R Nr. 8, 1745 Rittmstr., 1753 Major, 1756 Ol, Sep. 1758 als Obrist dim., besaß d. Freigut Fürstenfelde im Krs. Königsberg, 1767 im Wert von 12 390 T., darauf Schulden von 11 592 T.; **Mutter**: e. geb. von der Goltz; **Laufbahn**:

Nov. 1784 Cornet im D-R Nr. 1, Juli 1787 Sl, Mai 1792 nach elf Dj. abgegangen; **Güter**: erwarb im April 1799 Rohrbeck im Krs. Arnswalde für 65/m T., d. Ltnt. hinterließ 1804 seiner Witwe u. sechs unmündigen Kindern Aktiva von 66 800 T. u. Schulden von 65 202 T., darunter Hypotheken über 31 508 T. u. Forderungen d. Witwe über 30/m T., sie übernahm mit ihren Kindern d. Gut; **Ehefrau**: Ernestine Friederike Charlotte (1768–1854), e. To. d. Obristen von Lüttichau; **Sohn**: Carl Wilhelm Friedrich Ernst (1792–1848), 1808 Sl im I-R Nr. 58, 1845 Obrist;

Quellen: GStA, I. HA, Rep. 22, Nr. 288, Paket 8 743; II. HA, Abt. 12, Materien, Vas.tab. Nr. 6, Bl. 13 RS-14; IV. HA, Rep. 1, Nr. 89, Bl. 352 (kz. Notiz für d. Vater), Bl. 354 (F. H. F. als Carl Fr. Hr.); Stabi, Ms. boruss. fol. 314, Bl. 56; Genealogie Sydow, 1897, S. 16; Moegelin, S. 62 (hier d. Wert u. d. Schulden für 1767); Jb. Neumark, 11/1936, S. 62, S. 73 (1769 soll d. Wert d. Freigutes nur 5/m T. betragen haben);

Major **Friedrich Wilhelm von Sydow**
(* 26. Aug. 1722, † 8. Mai 1775)

Vater: David Adolph (1690–1767), Obrist., s. d.; **Mutter**: Louise Sophie, geb. von der Marwitz († 1729); **Laufbahn**: engagierte sich 1742 im Militärdienst, 1775 als Major im H-R Nr. 7 nach 33 Dj. gest.; erste **Ehefrau**: Sophie Louise, geb. von (Ciesielski) (* 1730); F. W. hinterließ sechs Kinder, darunter d. **Töchter**: Caroline Louise (* 1752) und Friederike Wilhelmine (* 1759), beide hielten sich 1783 in Soldin bei ihrer Tante auf, d. Witwe Obrist von der Marwitz, sie besaßen kein Vermögen u. konnten sich durch Handarbeit nichts verdienen, bekamen daher 1790 zs. e. Pension von 50 T., d. Tö. Auguste Henriette (* 1765), Louise Friederika (* 1767), erhielten nach 1790 zs. e. Pension von zs. 50 T., Auguste Henriette heiratete um 1799 d. Cap. von Arnim vom I-R Nr. 4, Caroline Louise heiratete im Mrz. 1800 d. Cap. Johann Erdmann von Felden (1755–1807) vom I-R Nr. 24, dieser stammte aus Sachsen, diente seit 1768 im preuß. Militär, Dez. 1803 Major, 1807 als solcher gest., u. d. **Sohn**: Friedrich Adolph (1766–1845), seit 1780 im Militär, Sep. 1784 Cornet im D-R Nr. 7, Okt. 1787 Sl, Dez. 1791 dim.;

Quellen: GStA, II. HA, Abt. 13 a, Tit. III, Generalia, Nr. 2, Bd. 11, fol. 32 RS-33; Tit. IV, Generalia Nr. 5, Nr. 25; IV. HA, Rep. 1, Nr. 89, Bl. 352 (kz. Notiz), Bl. 354 (Sohn); Stabi, Ms. boruss. fol. 313, Bl. 88 RS (d. Major nur in d. Abgangsliste H-R Nr. 7); fol. 315, Bl. 123 (Sohn F. A., danach aus Preußen gebürtig); Genealogie Sydow, 1897, S. 23–24;

Major **George Siegmund von Sydow**
(* 10. April 1723, † 19. Febr. 1765) *

Vater: Curt Friedrich (1687–1738), seit 1701 im Militär, 1710 Ltnt. im I-R Nr. 12, 1730 Cap. u. Chef e. Comp., zuletzt Major im I-R Nr. 12, 1738 auf Wunsch dim., Amtshauptmann zu Beeskow, 1710 Erbherr auf Schmarsendorf, seit 1717 auf Gossow u. Belgen, verkaufte 1731 seine Anteile an Neuendorf u. Ortwig für 8/m T. an König Friedrich Wilhelm I., 1741 befanden sich seine Güter in e. *Liquidations-Prozeß*; **Mutter**: Anna Dorothea, geb. von Beeren; **Bruder**: Friedrich Wilhelm (1721–1745), seit 1738 im Militär, stand im März. 1740 als Fähnrich im I-R Nr. 15, zuletzt Pl im 2. Bat. Garde, bei Soor gefallen (bzw. im Sep. 1746 als Pl erschossen); **Bruder**: Otto Christian (1724–1758), seit 1738 im Militär, stand 1740 als Junker,

1751 als Cornet, 1745 als Ltnt. im K-R Nr. 10, 1756 Rittmstr. u. Chef e. Escadron, Dez. 1757 Orden p. l. m., 1758 Major, bei Hochkirch gefallen; **Bruder**: Curt Detloff (1727–1780), 1748 Sl im I-R Nr. 23, 1756 Pl, 1758 Stabs-Cap., 1764 Major, 1775 Ol; **Bruder**: Carl Heinrich Ludwig (1732–1793), Obrist, s. d.; **Laufbahn**: stand anfänglich bei d. Garde, 1748 Ltnt. im 1. Bat. Garde, 1749 Brigade-Major, 1752 Cap. im I-R Nr. 21, als Major u. Kommandeur d. 2. Bat. in Quedlinburg gest.; **Ehefrau**: Caroline Helene (1731–1789), Tochter d. kgl. Oberschenks u. Ritter d. Schwarzen Adler-Ordens Leo Maximilian Graf Henkel von Donnersmarck († 1771), Standesherr d. Herrschaft Beuthen; aus d. Ehe eine Tochter namens Caroline (1756–1797); nach d. Tod d. Majors entstand Konkurs über sein Vermögen, d. Witwe verlor ihr Ehegeld u. befand sich 1775 mit d. Tochter in ärmlichen Umständen, sie galt 1782 als qualifiziert für e. neumärkische Witwenpension, bekam e. solche in Höhe von 50 T. u. starb am 24. Mrz. 1789 in Rheinsberg;

Quellen: GStA, I. HA, Rep. 96, Nr. 435 S, Bd. 23; II. HA, Abt. 13 a, Tit. III, Generalia, Nr. 2, Bd. 10, Bl. 42 RS-43; Tit. IV, Generalia, Nr. 7 (Witwe); IV. HA, Rep. 1, Nr. 89, Bl. 352 (G. S. u. Brüder); Stabi, Ms. boruss. fol. 311, Bl. 99, Bl. 208, Bl. 210 RS, Bl. 327, Bl. 334 (je d. Bruder O. C.); fol. 316, Bl. 232, Bl. 238 RS, Bl. 239 (je d. Vater), Bl. 290, Bl. 291 (je Bruder C. D.); Schwerin, K-R 10, 3. T., Anhang, Personalien; Reinhard, S. 517, S. 553 (Bruder F. W.); Genealogie Sydow, 1897, S. 29–30; Lehmann, S. 69 (Bruder O. C.);

Major **George Sigismund Friedrich Wilhelm von Sydow** (1724–1790) *

Vater: Christoph Friedrich (1692–1745), 1714 auf Mehrenthin, Pfandbesitzer von Braunsfelde, seit 1738 auf Pehlitz, alle im Krs. Friedeberg; **Mutter**: Marie Louise, geb. von Sanitz; **Laufbahn**: Ltnt., 1758 Cap. im I-R Nr. 19, Febr. 1762 mit d. Charakter als Major abgegangen; **Ehefrau**: Johanna Dorothea, geb. Stöffler; **Güter**: erwarb im Juni 1765 Schönwalde im Krs. Sternberg für 20/m T. vom Cap. Matthäus von Wesenbeck, erlegte 8/m T. sofort, in e. zweiten Rate 3 500 T., blieb mit e. Zahlung von 2 500 T. jedoch zurück u. wurden von d. Verkäufer deshalb verklagt, beide Parteien lagen noch 1774 im Streit, lt. d. Major soll d. Cap. d. Pachthöhe u. damit d. Wert nicht richtig angegeben haben, seine Witwe verkaufte Schönwalde 1791 an d. Cap. F. A. E. von Winning;

Quellen: GStA, I. HA, Rep. 22, Nr. 288, Paket 8 743; IV. HA, Rep. 1, Nr. 89, Bl. 352 (kz. Notiz, hier kein Vorname, wohl nicht G.S.F.W., sondern J. S.); Gesch. I-R Nr. 19 (danach ist 1762 abgegangen d. Cap. Joachim Sigmund v. Sydow, Sohn d. Generals E. E.); Genealogie Sydow, 1897, S. 36–37 (hier d. Hinweis auf d. I-R Nr. 19); Jb. Neumark, 11/ 1936, S. 97;

Rittmstr. **Gottlieb Wilhelm von Sydow** (* 15. Aug. 1730, † 8. Febr. 1793)

Vater: Friedrich Ludwig (1701–1742), weilte 1717 auf d. Ritterakademie in Brandenburg an der Havel, Erbherr auf Steinwehr, 1732 verkauft, dann von etwa 1732 bis 1736 auf Anteil Rohrbeck im Krs. Königsberg, bis 1742 auch auf Lichtenow im Krs. Friedeberg, seit 1736 Landrat d. Krs. Friedeberg, erwarb 1736 Tobelhof im

Krs. Arnswalde; **Mutter**: Auguste Sophie, geb. von Waldow; **Bruder**: Christian Ludwig (1733–1795), Cap., Landrat, siehe mehr bei dessen Sohn Ludwig Gustav Wilhelm (1763–1842) Ol; **Laufbahn**: seit 1744 im Militär, stand 1749 als Cornet, 1757 als Ltnt. im D-R Nr. 6, zuletzt hier Stabs-Rittmstr., nach 20 Dj. im Aug. 1764 dim., 1774 als unangesessener Vasall im Krs. Friedeberg geführt, hielt sich damals in Breslau auf;

Quellen: GStA, I. HA, Rep. 22, Nr. 288, Paket 8 741; IV. HA, Rep. 1, Nr. 89, Bl. 352 (kz. Notiz); Stabi, Ms. boruss. fol. 311, Bl. 43, Bl. 83, Bl. 86; Ms. geneal. fol. 120, Bl. 248; Genealogie Sydow, 1897, S. 14–15; Leers, Zöglinge, S. 29;

Major **Hans Christoph Friedrich von Sydow** (* 1713, † 31. Mai 1773)

Vater: Hans Friedrich (1683–1726), Cap. bei d. Leibgarde, Erbherr auf Görlsdorf im Krs. Königsberg, trat dieses 1728 d. späteren General Egidius Ehrenreich von Sydow auf Wiederkauf ab, 1718 zs. mit seinem Bruder Christoph Friedrich Erbherr auf Mehrenthin im Krs. Friedeberg; **Mutter**: Maria Elisabeth, geb. von Brockhusen; **Bruder**: Joachim Friedrich (1709–1741), seit 1725 im Militär, stand zwei Jahre bei d. *cadets* u. zwei Jahre im Reg. d. Königs, 1728 Junker, 1735 Ltnt. im D-R Nr. 1, zuletzt hier Stabs-Cap.; **Laufbahn**: seit 1732 im Militär, stand 1743 als Sl im I-R Nr. 40, Febr. 1744 Pl, Okt. 1755 Stabs-Cap., 1756 versetzt, Mrz. 1757 Major u. Chef e. Comp. im Garn.-Reg. Nr. 7, 1773 als solcher gest.; **Ehefrau**: e. geb. Passelius; **Güter**: forderte 1749 d. Auszahlung e. Lehnstamms in Höhe von 4/m T. auf Görlsdorf, seinem Vetter (Friedrich), Ltnt. im I-R Nr. 19, sollten davon 2/m T. zufallen; (1767 als Erbherr auf Schönwalde im Krs. Sternberg im Wert von 16 100 T. gen., darauf Schulden von 13 300 T., erhielt 1772 e. Meliorationskredit von 1/m T., 1776 weitere 7 231 T.); **Sohn**: Carl Friedrich Wilhelm (1762–1820), Mrz. 1785 Sl im I-R Nr. 25, Juni 1790 Stabs-Cap. beim Depot-Bat., Sep. 1801 bei d. Salzverwaltung in Kalisch versorgt; **Sohn**: Carl Friedrich August (1764–1794), Jan. 1787 Fähnrich im I-R Nr. 40, Juni 1788 Sl, Dez. 1794 gest:;

Quellen: GStA, I. HA, Rep. 22, Nr. 288, Paket 8 742; IV. HA, Rep. 1, Nr. 89, Bl. 352 (kz. Notiz); Bl. 354 (Söhne, C. F. W. hier als C. W. F., C. F. A. als F. A., gest. 1794); Stabi, Ms. boruss. fol. 313, Bl. 112 RS, Bl. 123; fol. 314, Bl. 50 (Bruder J. F.); fol. 315, Bl. 259, Bl. 278; Genealogie Sydow, 1897, S. 37 (kein Hinweis auf Schönwalde, Sohn C. F. A. gest. 1794); d. Vater bei Bardeleben 1703 u. 1705 nicht gen.; Jb. Neumark, 1926, S. 87; (Moegelin. S. 66, S. 260–261); Jb. Neumark, 11/1936, S. 97 (1767 auf Schönwalde d. Major G.S.F.W. v. Sydow, s. d.);

Cap. **Hans Ehren(t)reich von Sydow** (* 1692) *

aus d. Neumark gebürtig; **Laufbahn**: seit 1707 im Militär, Dez. 1720 Cap., stand 1742 als Cap. u. Chef e. Comp. im Garn.-Reg. Nr. 7, April 1743 *cassirt*, 1757 Stabs-Cap. im Garn.-Bat. Nr. 12, vor 1764 abgegangen;

Quellen: Stabi, Ms. boruss. fol. 311, Bl. 278 (1757 gen., nicht in d. Abgangsliste Garn.-Bat. Nr. 12 auf Bl. 276–276 RS); fol. 313, Bl. 118 RS, Bl. 124; Genealogie Sydow, 1897, S. 46 (eventuell identisch mit H. E., geb. 1689, Sohn von Hans Ehrenreich (* 1652), 1729 als Cap. im I-R 20 abgegangen); nicht in GStA, IV. HA, Rep. 1, Nr. 89, Bl. 351–352;

Cap. **Hans Siegmund von Sydow** (* 1667, † vor 1710)

Vater: Joachim († 1671), schwedischer Rittmstr., Erbherr auf Blumberg, erheiratete Craazen in d. NM; H. S. aus Rehnitz im Krs. Soldin gebürtig; **Mutter**: Maria Sophia, geb. von Liebenthal; **Bruder**: George Heinrich (* 1668, † vor 1694), Fähnrich; **Laufbahn**: seit 1677 im Militär, 1692 (bzw. 1694) Ltnt. im 1. Bat. kurmärk. Garde, Febr. 1696 Cap., stand 1703 als Cap. bei d. Garde zu Fuß, im Nov. 1705 als Cap. bei d. Grenadier-Garde, 1705 als Cap. u. Chef e. Comp. gen., war damals verheiratet u. hatte ein Kind; **Güter**: Erbherr auf Craazen im Krs. Soldin;

Quellen: Stabi, Ms. boruss. fol. 313, Bl. 292 RS (danach aus Rehnitz); fol. 319, Bl. 8 RS; Bardeleben, S. 413, S. 420; Genealogie Sydow, 1897, S. 71;

Ltnt. **Johann George von Sydow** (* 21. Nov. 1742, † 15. Juli 1804)

Vater: Friedrich Wilhelm (1699–1753), seit 1732 Erbherr auf Falkenwalde, seit 1742 auch auf Gossow u. Belgen im Krs. Königsberg, seine Güter hatten 1751 e. Wert von 68/m T., von seinen vier Söhnen standen 1751 bereits drei im Militärdienst; **Mutter**: Euphemia Luise, geb. von Winterfeld (* 1709); Stief-**Bruder**: Christian David (1729–1789), Rittmstr., siehe bei dessen Sohn Carl George Heinrich (1787–1853), Ltnt.; **Bruder**: Ernst Wilhelm (* 1731), stand 1750 als Corp. bzw. 1751 als Junker im K-R Nr. 8, 1756 nicht mehr gen.; **Bruder**: Friedrich Sigismund (* 1733), seit 1750 im Militär, 1751 Gefr.corp. im I-R Nr. 30; **Laufbahn**: seit 1759 im Militär, Dez. 1765 Sl im I-R Nr. 30, Dez. 1765 (bzw. 1766) auf Wunsch dim.; **Güter**: anfänglich Mitbesitzer von Falkenwalde, 1774 Erbherr auf Anteil Grünrade im Krs. Königsberg, vor 1767 für 28/m T. gekauft, J. G. bzw. seine Frau erwarb 1796 Pinnow im Krs. Sternberg für 36/m T.; **Ehefrau**: Beate Dorothea, geb. von Winterfeld (1740–1819); **Söhne**: Ludwig Friedrich Siegismund (1767–1780), *cadet* in Berlin; George Heinrich Carl (1768–1797), April 1790 Fähnrich im I-R Nr. 34, Nov. 1792 Sl, Febr. 1797 dim.;

Quellen: GStA, II. HA, Abt. 12, Materien, Vas.tab., Nr. 8, Bl. 154 RS-155; IV. HA, Rep. 1, Nr. 89, Bl. 352, Bl. 354 (Sohn G. H. C., hier als Joh. Hr. Carl); BLHA, Rep. 78 I, Nr. 170, Bl. 51; Stabi, Ms. boruss. fol. 311, Bl. 177 RS, Bl. 185 (Bruder F. S.), Bl. 189 RS; fol. 312, Bl. 76 (Bruder E. W.); Ms. geneal. fol. 120, Bl. 249; Genealogie Sydow, 1897, S. 26–27 (d. Bruder E. W. hier nicht gen.); Jb. Neumark, 11/1936, S. 96;

Cap. **Johann Sigismund von Sydow** (* 10. Nov. 1710, † 18. Mai 1779) *

Vater: Daniel Friedrich (1675–1727), Ol, 1713 u. 1718 Erbherr auf Hanseberg u. Rehdorf im Krs. Königsberg, auch auf Klein Zarnow in Pommern; **Mutter**: Barbara Juliana, geb. von der Hagen; Stief-**Bruder**: Wilhelm Ehrenreich (1705–1760), Cap. im I-R Nr. 23, siehe bei dessen Sohn Otto Christoph August; **Laufbahn**: seit 1729 im Militär, Sep. 1731 Cornet im D-R Nr. 5, Aug. 1737 Sl, Okt. 1741 Pl, Juni 1751 auf Wunsch mit d. Charakter Cap. dim.; 1764 Johanniter-Ritter; **Güter**: 1751 auf Rehberg gen., hatte seinen Wohnsitz bis 1773 in Kl. Zarnow, verkauft, dann in Rehdorf im Krs. Königsberg im Wert von 40/m T.; strengte nach d. Tod von W. E. zs. mit d. Vetter Adam Heinrich d. Herausgabe von Raduhn an, auf dem seit 1755 die Witwe von Adam Wilhelm von

Sydow, geschiedene Reg.rat von Wobeser, geb. von Küssow saß, strittig war d. Abtretungssumme, ein im Herbst 1763 geschlossener Vergleich sprach ihr die Zahlung von 10 800 T. in *altem Geld* zu;
Quellen: GStA, I. HA, Rep. 22, Nr. 288, Paket 8 743; IV. HA, Rep. 1, Nr. 89, Bl. 352 (kz. Notiz); Stabi, Ms. boruss. fol. 313, Bl. 45, Bl. 47 RS; Ms. geneal. fol. 120, Bl. 250; Albedyll, Anhang, S. 53 *; Genealogie Sydow, 1897, S. 40–41; Jb. Neumark, 1927, S. 47;

Rittmstr. **Ludwig Gustav Wilhelm von Sydow** (* 1763, † 8. Mrz. 1842)

Vater: Christian Ludwig (1733–1795) *, stand seit 1747 16 Jahre im D-R Nr. 3, 1750 Cornet, 1753 Sl, Dez. 1764 auf Wunsch als Cap. dim., seit 1769 Landrat d. Krs. Arnswalde, verkaufte 1765 d. väterl. Gut Lichtenow, erwarb dafür Helpe im Krs. Arnswalde im Wert von 16/m T., wohnte in d. Stadt Arnswalde zur Miete, bekam 1776 für Meliorationen 1 319 T., wollte sich 1788 ein Haus für 1/m T. kaufen u. bat dafür um e. Unterstützung, verkaufte Helpe 1793; **Mutter**: Louise Agnes, geb. von Flemming; **Schwestern**: Agnese Louise (1766–1808) u. Henriette (1769–1802), sie standen 1797 auf d. Expectantenliste für e. neumärk. Pension, jede von ihnen besaß e. Vermögen von 1 500 T., eingetragen auf d. Gut Helpe und mit vier Prozent verzinst, sie lebten damals von der *Güte* ihrer Stief-Mutter, e. geb. von Dorpowska, die sich selbst nur kümmerlich ernähren konnte, beide Schwestern mußten ihr Kapital angreifen, das deshalb von ehedem 1 600 auf 1 400 T. (1798) gesunken war; **Laufbahn**: engagierte sich im D-R Nr. 3, Okt. 1782 Cornet im D-R Nr. 3, Sep. 1785 Sl, Dez. 1794 Pl, Okt. 1797 Stabs-Rittmstr., Okt. 1800 Rittmstr., Juni 1811 dim., Juni 1813 beim 1. Neumärk. Landwehr-Kav.-Reg., Okt. 1813 Major, April 1815 als Ol pens.; **Güter**: 1801 u. 1803 als unangesessener Vasall im Krs. Arnswalde aufgeführt;
Quellen: GStA, II. HA, Abt. 12, Materien, Vas.tab. Nr. 6, Bl. 19 RS-20 (hier als Gustav Ludwig Wilhelm); Abt. 13 a, Tit. IV, Litt A, Nr. 1; IV. HA, Rep. 1, Nr. 89, Bl. 352 (Vater), Bl. 354; Stabi, Ms. boruss. fol. 313, Bl. 12 (Vater); Ms. geneal. fol. 120, Bl. 236; Gesch. D-R Nr. 3, S. 102 (d. Vater als Ludwig), S. 412; Genealogie Sydow, 1897, S. 15; Moegelin, S. 261; Jb. Neumark, 11/1936, S. 59; biogr. Handbuch, S. 1000–1001 (Vater);

Major **Otto Christoph von Sydow** (1683–1748)

aus d. Neumark gebürtig; **Laufbahn**: seit 1699 im Militär, 1707 Fähnrich, dann Pl im I-R Nr. 12, Dez. 1715 Cap., 1722 als Cap. u. Chef e. Comp. aufgeführt, 1728 wegen *schwacher Leibes Constitution* abgegangen, 1735 Major beim Berliner Garnison-Regiment; **Güter**: machte sich 1727 in d. UM anässig;
Quellen: Stabi, Ms. boruss. fol. 316, Bl. 232, Bl. 237 RS, Bl. 238 RS; fol. 319, Bl. 50; Genealogie Sydow, 1897, S. 81–82 (ohne Angaben d. Eltern); Bardeleben, S. 428;

Cap. **Otto Christoph August von Sydow** (* 13. Mai 1735, † 27. April 1821) *

Vater: Wilhelm Ehrenreich (1705–1760), Cap. im I-R Nr. 23 (im Juni 1736 wegen e. Brustkrankheit dim.), 1745 Erbherr auf Hanseberg (u. Raduhn) im Krs. Königsberg, 1750 an d. Kriegsrat Crüger verkauft, seit 1749 auf Sannort u. Eulenburg in Pommern; **Mutter**: Henriette Luise, geb. von Waldow; Stief-**Bruder**: George Gottlieb Leopold (1751–1804) *, Major;

Laufbahn: seit 1751 im Militär, 1756 als Gefr.corp., 1764 als Sl im I-R Nr. 39 gen., zuletzt Pl, im (Juli bzw.) Aug. 1772 mit d. Charakter Cap. dim.; **Güter**: von 1766 bis 1773 Erbherr auf Klein Zarnow in Pommern, dann zeitweilig auf Rehberg; **erheiratete** Schildberg im Krs. Königsberg mit Dorothea Juliana, geb. du Rosey (1750–1777), 1798 u. 1803 hier gen., 1801 im Wert von 124 744 T., 1805 für 208/m T. verkauft; **Sohn**: Otto Heinrich Ludwig (1773–1794), Ltnt. im D-R Nr. 3;

Quellen: GStA, II. HA, Abt. 12, Materien, Vas.tab. Nr. 6, Bl. 99 RS-100; IV. HA, Rep. 1, Nr. 89, Bl. 352 (kz. Notiz); Stabi, Ms. boruss. fol. 316, Bl. 278, Bl. 300 RS (e. Fähnrich Otto v. Sydow im I-R 39 starb am 25.8.1762), Bl. 301, Bl. 305 RS, Bl. 306; Genealogie Sydow, 1897, S. 41; Jb. Neumark, 11/1936, S. 76; Pommern, S. 656–657 (Biogramm d. Bruders G. G. L.);

Landrat **Wilhelm Ludwig von Sydow**
(* 25. Febr. 1748, † 17. Juli 1826) *

Vater: Friedrich Ludwig (1721–1793), seit 1741 Erbherr auf Schmarse, seit 1746 auf Stolzenfelde im Krs. Königsberg, erwarb 1748 Dobberphul, d. Güter 1751 im Wert von 42/m T. (verkaufte 1751 Stolzenfelde an d. Cap. Carl Friedrich von Germar); **Mutter**: Dorothea Sabine, geb. von Waldow (1724–1760); **Bruder**: Friedrich Ludwig (1749–1820), seit 1763 im Militär, stand 1764 als Cornet, 1770 als Sl im D-R Nr. 11, Mai 1779 als Ltnt. dim., 1798 Charakter Rittmstr., seit etwa 1793 Erbherr auf Schmarse im Krs. Schwiebus, seit Jan. 1792 auch Erbherr auf Kalzig A im Krs. Züllichau im Wert von 42 050 T., hier noch 1801 gen., besaß im Mai 1802 Kalzig A u. B, hatte Schmarse für 2/m T. verpachtet, amtierte als Direktor d. Glogau-Saganschen Landschaft; **Laufbahn**: seit 1770 Landrat im Krs. Friedeberg, 1775 bis 1787 Landrat im Krs. Königsberg; **Ehefrau**: Friederike Wilhelmine Sophie, geb. von der Goltz (1760–1822); **Güter**: erwarb 1781 d. Herrschaft Thamm in Schlesien, seit 1775 Erbherr auf Stolzenfelde im Krs. Königsberg, 1734 im Wert von 20 500 T., zs. mit seinem Bruder F. L. auf Dobberphul, 1793 im Wert von 40/m T., seit 1805 alleiniger Besitzer von Dobberphul im Wert von jetzt 85/m T., auf Vietnitz, 1793 inkl. 1/4 Blessin für zs. 79 500 T., hatte seinen Wohnsitz in Stolzenfelde; **Sohn**: Wilhelm (1784–1840), Okt. 1800 Cornet im D-R Nr. 4, Aug. 1802 Sl, Okt. 1807 dim., Juni 1813 beim 2. Schles. Landwehr-Kav.-Reg., Jan. 1814 Rittmstr. u. Chef e. Escadron, Mai 1831 dim.;

Quellen: GStA, II. HA, Abt. 12, Materien, Vas.tab. Nr. 6, Bl. 94 RS-95, Bl. 101 RS-102, Bl. 161 RS-162 (Bruder F. L.); Abt. 13 a, Tit. II, Litt Z, Nr. 3; IV. HA, Rep. 1, Nr. 89, Bl. 352 (Bruder F. L.), Bl. 355 (Sohn); Stabi, Ms. boruss. fol. 313, Bl. 141, Bl. 143 RS (je d. Bruder F. L.); Gesch. D-R Nr. 3, S. 318, S. 427 (jeweils d. Sohn); Genealogie Sydow, 1897, S. 8; Jb. Neumark, 11/1936, S. 73, S. 76; biogr. Handbuch, S. 1001–1003;

Cap. **Wolf Carl Gustav von Sydow**
(* 1717, † 20. Mrz. 1757) *

Vater: Wolf Christoph (1677–1738), 1713, 1718 Erbherr auf Dobberphul u. Anteil Stolzenfelde im neumärk. Krs. Königsberg, im Mrz. 1739 schlossen seine Söhne e. Teilungsrezeß; **Mutter**: Eva Hedwig, geb. von Staudach; **Bruder**: Arnd Wilhelm (1712–1779), seit 1728 im Militär, 1735 Ltnt. im K-R Nr. 8, 1745 Rittmstr., 1753 Major, 1756 Ol, 1758 als Obrist dim., siehe mehr bei dessen Sohn

Friedrich Heinrich Ferdinand; **Bruder**: Ernst Christoph (1710–1743), Ltnt. im I-R Nr. 25, 1735 ausgetreten, ksl. Cap., Adjutant d. Generals von Suckow, 1743 in Italien gefallen, hinterließ d. Sohn Nicolaus Franz Wilhelm Carl (* 1741), dieser hielt sich 1748 in Znaim bei Verwandten auf, sollte in d. preuß. Monarchie geholt werden; **Laufbahn**: 1732 ins I-R Nr. 19, 1734 Fähnrich, erhielt im Jan. 1739 als Fähnrich d. *venia aetatis*, 1740 Sl, 1741 Cap. u. kgl. Flügel-Adjutant, 1744 Brigade-Major, Sep. 1755 als Cap. dim., 1757 gest.; **Güter**: verkaufte 1748 (zs. mit A. W.) d. väterl. Gut, bat im Mrz. 1748 um d. Aufhebung e. Lehnstamms in Höhe von 3 251 T., in d. Vas.tab. für 1751 noch geführt;

Quellen: GStA, I. HA, Rep. 22, Nr. 288, Paket 8 742 (danach soll E. C. 1740 gest. sein); IV. HA, Rep. 1, Nr. 89, Bl. 253; BLHA, Rep. 23 B, Nr. 446; Rep. 78 I, Nr. 170, Bl. 52; Stabi, Ms. boruss. fol. 312 (A. W. im K-R Nr. 8: aus d. NM); Gesch. I-R Nr. 19, S. 86 (Vater: auf Dobberphul); Genealogie Sydow, 1897, S. 15–16; Jb. Neumark, 1927, S. 29;

Obrist **Wulff Ludwig von Sydow** (1659–1724) *

Vater: Hans Sigismund (1625–1666), Erbherr auf Adamsdorf im Krs. Soldin u. Anteil Görlsdorf im Krs. Königsberg; **Mutter**: Catharina, geb. von Puttkamer; **Bruder**: Ernst Friedrich (1666–1723), seit 1681 im Militär, 1692 Rittmstr. im K-R Nr. 9, Mrz. 1705 Major, Mai 1709 Ol, zuletzt Obrist, vor 1720 aus d. K-R Nr. 9 abgegangen, 1718 Erbherr auf Görlsdorf; **Laufbahn**: seit 1673 im Militär, Aug. 1708 Obrist, stand 1715 als solcher im I-R (Nr. 4 bzw.) Nr. 23, im Sep. 1716 abgegangen; **Ehefrau**: Sabina Clara, geb. von Schlabrendorff; **Güter**: 1715 u. 1718 (zs. mit d. Bruder) als Erbherr auf ½ Adamsdorf im Krs. Soldin gen.;

Quellen: BLHA, Rep. 23 B, Nr. 446; Stabi, Ms. boruss. fol. 312, Bl. 178 (E. F.); fol. 316, Bl. 276 (danach am 1. Sep. 1716 gest.), Bl. 284 RS; fol. 319, Bl. 7, Bl. 28 RS (je d. Bruder E. F.), Bl. 39 RS (1716 im I-R Nr. 4), Bl. 48 (1715 im I-R 23); Genealogie Sydow, 1897, S. 14; Jb. Neumark, 1927, S. 28, S. 84–85;

Ltnt. **Johann Heinrich Tiesel von Taltitz** (* 1716)

aus d. Krs. Crossen gebürtig; **Laufbahn**: seit 1733 im Militär, Mai 1742 Pl im I-R Nr. 49, vor 1756 abgegangen; (**verwandt**: Sergant Otto Wilhelm Tiesel von Taltitz (* 1713) aus d. Krs. Crossen gebürtig, seit 1727 im Militärdienst, stand 1740 als Sergant im I-R Nr. 33, vor 1756 abgegangen: Stabi, Ms. boruss. fol. 311, Bl. 146 RS);

Quellen: GStA, XX. HA, EM, Tit. 110 g, Nr. 47, S. 160–161 (1756 e. George (Wilhelm) Heinrich Tiesel von Taltitz auf Kukehnen); Stabi, Ms. boruss. fol. 314, Bl. 164; nicht bei Siebmacher, Bd. 6/5, 1880 (es handelte sich um e. aus Österreich stammende Fam.);

Ltnt. **Samuel Wilhelm von Taschitzky** (* 1724, † 25. Nov. 1768)

aus d. Neumark gebürtig; **Laufbahn**: seit 1746 im Militär, Mai 1760 Pl im Garn.-Reg. Nr. 11 (1768 als Ltnt. im Garn.-Reg. Nr. 8 auf d. Jagd erschossen);

Quellen: GStA, IV. HA, Rep. 1, Nr. 90, Bl. 17 (Ltnt. im Garn.-Reg. Nr. 8); Stabi, Ms. boruss. fol. 314, Bl. 171;

Major **Carl Heinrich von Tauentzien** (* 21. Mrz. 1766, † 16. Okt. 1807)

Vater: Bogislav Friedrich (1710–1791) *, General, 1774 als Erbherr auf Blumberg im Krs. Crossen gen.; **Mutter**: Johanna Charlotte, geb. von dem Knesebeck (1727–1798); **Bruder**: Friedrich Bogislav Emanuel (1760–1824) * Gl, Graf von; **Laufbahn**: seit 1780 im Militär, Fähnrich im I-R Nr. 31, Sep. 1783 Sl, Dez. 1790 Pl, Jan. 1795 Stabs-Cap., Juli 1799 mit d. Charakter Major dim.; **Güter**: 1801 Erbherr auf Balkow A u. B im Krs. Sternberg im Wert von 28/m u. 23/m T., noch 1803 u. 1809 hier mit seinem Wohnsitz aufgeführt;

Quellen: GStA, II. HA, Abt. 12, Materien, Vas.tab. Nr. 6, Bl. 127 RS-128; IV. HA, Rep. 1, Nr. 90, Bl. 25; Stabi, Ms. geneal. fol. 120, Bl. 243; Jb. Neumark, 11/1936, S. 93; Priesdorff, Nr. 485 (Vater), Nr. 1576 (Bruder);

Cap. **Friedrich Heinrich Carl von Theler** (* um 1760, † 24. Juli 1830)

Vater: Ltnt. im vormaligen Reg. von Sydow, so e. Notiz von 1783; F. H. C. aus d. Niederlausitz gebürtig; **Schwester**: Caroline Henriette Brigitte (* 1764), sie besaß e. väterl. u. mütterl. Erbteil von 115 T., das vom neumärk. Pupillenkollegium verwaltet wurde, mußte von dessen Zinsen u. von *Wohltaten* leben, stand daher 1783 auf d. Expectantenliste für e. neumärk. Pension, hielt sich 1787 in Geisendorf im Krs. Cottbus auf; **Laufbahn**: seit 1777 im preuß. Militärdienst, 1783 als Fähnrich im I-R Nr. 26 gen., damals hieß es, er habe kein Vermögen mehr, nachdem d. elterliche Erbe für d. Anschaffung seiner *Equipage* verwandt worden sei, Mai 1784 Sl, Okt. 1794 Pl, Jan. 1802 Stabs-Cap. im I-R Nr. 26, geriet im Okt. 1806 in Erfurt in Gefangenschaft, hielt sich 1807 in Berlin auf, Juli 1809 Cap., Febr. 1814 als Cap. mit 150 T. pens.;

Quellen: GStA, II. HA, Abt. 13 a, Tit. III, Generalia, Nr. 2, Bd. 11, fol. 26 RS-26 (Schwester, hier als von Thelen); Tit. IV, Generalia, Nr. 25; IV. HA, Rep. 1, Nr. 90, Bl. 91 (als von Theler, hier fälschlich d. I-R 21 angegeben); Stabi, Ms. boruss. fol. 314, Bl. 6, Bl. 24 RS; fol. 904 a, Bl. 8 RS (1806 im I-R 26); Rangliste 1806, S. 16; nicht bei von Boetticher, Adel;

Uffz. **Wolf Christoph von Theler** (* 15. Jan. 1699)

Vater: Johann Conrad († 23. Juni 1717), Uffz. bei Bardeleben, 1715 als Erbherr auf Laasow im Krs. Cottbus gen., 1717 gest. im Alter von 47 Jahren; **Mutter**: Helene Sophia, geb. von Gersdorff († 27. Dez. 1725); ein **Vater-Bruder** stand 1713 als Rittmstr. in kgl.-poln. Diensten; **Bruder**: Heinrich Rudolph (* 20. Mrz. 1703), vorm. Uffz. in sächs. Diensten; **Bruder**: Conrad Ulrich (* 27. Mai 1700), aus d. Krs. Cottbus gebürtig, seit 1715 im Militär, stand 1722 als Serg. im I-R Nr. 24, hatte 1728 als vorm. Uffz. seinen Wohnsitz im sächs. Vetschau (1750 auf Bahnsdorf gen.); **Bruder**: Johann Friedrich (* 2. Juli 1706); **Laufbahn**: 1728 als Uffz. im I-R Nr. 1 aufgeführt; **Ehefrau**: Sophie Margarethe, geb. von Pentzig; **Güter**: verkaufte Laasow 1730 an Eva Catharina von Muschwitz;

Quellen: BLHA, Rep. 23 B, Nr. 446; Stabi, Ms. boruss. fol. 316, Bl. 315 (Bruder C. U.); Ms. geneal. fol. 120, Bl. 214 RS; Gauhe, 1, Sp. 1870–1871; Boetticher, Adel, Bd. 2, S. 987 (kz. Notiz), Bd. 4, S. 82–83; Jb. Neumark, 1928, S. 164 (1715 werden vier Brüder gen: Wolf Christoph, Conrad Ulrich, Heinrich

Rudolph, Johann Friedrich); Krüger, Cottbus, S. 25 (d. Fam. hier als von Thäler);

Ltnt. **Heinrich Otto von Thielau** (* 19. Okt. 1760, † 28. Febr. 1854) *

Vater: Carl Johann Erdmann (1724–1778), poln. Ol, seit 1750 Erbherr auf Ressen im Krs. Cottbus, 1767 im Wert von 29/m T., darauf Schulden von 38 300 T., u. Neu Döb(b)ern in Sachsen, hinterließ sechs Söhne; H. O. aus Sachsen gebürtig; **Mutter**: Caroline Christiane, geb. von Jasmund (1735–1767); **Bruder**: Carl Florian (1755–1825), 1774 Page beim Herzog von Braunschweig, 1783 Stallmstr., 1801 Ober-Stallmstr. in Braunschweig, Kammerherr; **Bruder**: Friedrich Erdmann (* 1756), 1774 auf d. Schule in Sorau, Studium in Leipzig, 1801 Kammerjunker, Kammerherr in Braunschweig; **Bruder**: August Wilhelm (1759–1829), 1774 Junker, Juli 1780 als Fähnrich vom I-R Nr. 24 abgegangen, hatte 1801 seinen Wohnsitz in Braunschweig; **Laufbahn**: 1770 *cadet* in Dresden, seit 1776 im preuß. Militärdienst, Dez. 1782 Fähnrich, Mai 1787 Sl im I-R Nr. 47, Aug. 1789 dim., nach 1806 kgl.-sächs. Kreishauptmann; **Ehefrau**: Johanna Eleonore Caroline, geb. von Houwald; **Güter**: besaß zs. mit seinen Brüdern d. Gut Ressen im Krs. Cottbus, sie verkauften es 1782 für 10/m T. an d. Amtmann Hubert; 1803, 1805 als unangesessene Vasallen im Krs. Cottbus aufgeführt;

Quellen: GStA, II. HA, Abt. 12, Materien, Vas.tab. Nr. 8, Bl. 44 RS-45; IV. HA, Rep. 1, Nr. 90, Bl. 100; Stabi, Ms. boruss. fol. 311, Bl. 391 RS (H. O.); fol. 316, Bl. 324 RS (A. W.); Ms. geneal. fol. 120, Bl. 241 (Vater u. alle Söhne gen.); Tb. Briefadel, 1909, S. 819–820 (d. Vater hier als Carl Joh.); Moegelin, S. 69; Jb. Neumark, 11/1936, S. 107; Krüger, Cottbus, S. 31;

Geh. Rat, Hofmarschall **Carl Gottfried (von) Thiele** (* 1706, † 11. Mai 1793) *

Vater: Martin (1672–1733), seit 1688 im Militär, Jan. 1710 Ol, am 12. Mai 1713 nobilitiert, stand 1715 als Ol, dann als Obrist im I-R Nr. 17, zuletzt Chef d. I-R Nr. 30, Erbherr auf Ruhlsdorf im Krs. Teltow; **Mutter**: Dorothea Louise, geb. Gregory; **Bruder**: Carl Friedrich Wilhelm (1709–1782) *, 1722 auf d. Ritterakademie in Brandenburg an der Havel, Nov. 1730 Sl im I-R Nr. 30, Juni 1739 Cap. im I-R Nr. 19, Aug. 1751 Major, Aug. 1759 GM, Febr. 1760 Chef d. I-R 28, Juni 1770 dim.; **Bruder**: George Friedrich (1724–1760), 1740 Fähnrich, 1750 Pl, 1757 Cap. u. Chef e. Comp.im I-R Nr. 35, 1760 als Major an e. Blessur gest.; **Laufbahn**: von 1730 bis 1751 a. o., dann ordentl. KD-rat in d. kurmärk. Kammer, erhielt d. Charakter Geh. Rat, seit 1751 Hofmarschall d. Markgrafen Carl; in zweiter **Ehe** verheiratet mit Hermine Dorothea, geb. von Zieten; **Güter**: 1752 bis 1778 Erbherr auf Ruhlsdorf, seit 1765 Erbherr auf Möthlow im Havelland; seine Frau besaß seit 1772 alle drei Teile d. Gutes Rohrbeck im Krs. Königsberg, im Jahre 1800 für 36 518 T. verkauft an d. Frau d. damaligen Majors Friedrich Ferdinand Heinrich Emil von Kleist, s. d., geb. Hermine Caroline Charlotte von Retzow; **Sohn**: Carl Wilhelm (* 1741, † Dez. 1768), Okt. 1761 Fähnrich im I-R Nr. 19, Juli 1763 Sl, Dez. 1768 gest.;

Quellen: GStA, I. HA, Rep. 22, Nr. 345 c; Rep. 176, Nr. 9 815, Tafel I; IV. HA, Rep. 1, Nr. 90, Bl. 125 (Brüder C. F. W. u. G. F., Sohn, je kz. Notizen, als von Thile); Stabi, Ms. boruss. fol. 311, Bl. 371,

Bl. 373 RS, Bl. 374 RS, Bl. 378 RS (je G. F.); fol. 319, Bl. 46 (Vater); Ms. geneal. fol. 120, Bl. 250; Gesch. I-R Nr. 19, S. 135 (Sohn, geb. 10. April 1747?); Zedlitz, 4. Bd., S. 266–267; Jb. Neumark, 11/1936, S. 75; Priesdorff, Nr. 508 (Bruder, als von Thile); biogr. Handbuch, S. 1014 (als v. Thiele);

Ltnt. **Carl Friedrich von Thierbach** (* 1712)

Vater: Nicolaus Sigismund (* 1688), vorm. poln. *cadet*, saß 1715 zs. mit e. von Schenckendorff auf ¼ Lindow im Krs. Sternberg, erwarb 1716 Daube im Krs. Crossen für 6 400 T., darauf 1717 Schulden von 3/m T., noch 1745 u. 1751 als Erbherr auf Daube gen., hatte damals vier im Militär stehende Söhne; **Mutter**: Eva Maria, geb. von Rabenau (1697–1738); d. älteste **Bruder** Gottlob Erdmann (* 1707) stand seit 1731 in ksl. Diensten, vor 1751 als Cap. abgegangen; **Bruder**: Balthasar Ehrenfried (* um 1718), seit 1732 im Militär, diente 1740 als Gefr.corp., 1745 als Ltnt. im I-R Nr. 31, 1751 Pl im Garn.-Reg. Nr. 5; **Bruder**: Friedrich August (* 1724), seit 1742 im Militär, stand 1746 als Gefr. corp. im Garn.-Reg. Nr. 6, Juni 1755 Sl, vor 1764 abgegangen, seit 1761 verheiratet mit Henriette Tugendreich von Rabenau (* 1741); **Laufbahn**: seit 1727 im Militärdienst, 1737 Fähnrich, zuletzt Ltnt. im I-R Nr. 5, April 1753 dim.;

Quellen: GStA, I. HA, Rep. 66, Nr. 18; IV. HA, Rep. 1, Nr. 90, Bl. 116 (kz. Notiz für C. F.); BLHA, Rep. 78 I, Nr. 170, Bl. 5; Stabi, Ms. boruss. fol. 313, Bl. 76 RS (hier als Carl Ferdinand); fol. 314, Bl. 184, Bl. 224 (je Bruder B. E.); fol. 315, Bl. 93, Bl. 94 (je Bruder F. A.); Ms. geneal. fol. 120, Bl. 219 (als Ltnt. bez.); Jb. Neumark 1928, S. 16, S. 116 (identisch mit d. Vater?: 1718 Nicolaus Erdmann auf Seedorf), S. 118; Schulze, Statistik, S. 111; Jb. Neumark, 11/1936, S. 118 (1718: N. S. auf Daube);

Gefr.corp. **Hans Siegismund von Thierbach** (* 1716)

Vater: Hans Christoph (* 1697), Gefr. corp. bei Loeben, 1728 u. 1745 auf ½ Seedorf im Krs. Crossen; H. S. aus Crossen gebürtig; (**Großvater**: Nicolaus Erdmann, seit 1690 auf ½ Seedorf, gekauft für 4 300 T.); **Laufbahn**: seit 1734 im Militär, stand 1740 als Gefr.corp. im I-R Nr. 31; (**verwandt**: Jürgen Friedrich von Thierbach (* 1701), aus Sommerfeld, seit 1717 im Militär, stand 1722 als Corp. im I-R Nr. 24: fol. 316, Bl. 315 RS);

Quellen: GStA, I. HA, Rep. 66, Nr. 18; BLHA, Rep. 78 I, Nr. 170, Bl. 5; Stabi, Ms. boruss. fol. 314, Bl. 224; Ms. geneal. fol. 120, Bl. 219 (1728: H. C. auf Anteil Seedorf); Jb. Neumark, 1928, S. 116 (1713 Nicolaus Erdmann von Thierbach auf Seedorf);

Ol **Heinrich Ludwig August von Thümen** (* 30. Dez. 1757, † 5. Mrz. 1826) *

Vater: Christian Joachim Heinrich (1732–1810), nahm keine Dienste, Erbherr auf Stücken u. Kerzendorf in Mecklenburg, zeitweilig auf Radach im Krs. Sternberg, 1801 als unangesessener Vasall im Krs. Sternberg gen., hatte seinen Wohnsitz in Radach, besaß damals e. Lehnstamm in Höhe von 6/m T. u. genoß auf Lebenszeit d. Zinsen eines Kapitals von 7/m T., erwarb um 1803 mit Blick auf jenen Lehnstamm Döllensradung bzw. Fichtwerder bei Landsberg mit e. Angeld von 1/m T., konnte d. Rest d. Kaufsumme jedoch nicht aufbringen, wurde deshalb vom Verkäufer in Anspruch genommen, dieser belegte d. jährlichen Zinseinnahmen von C. J. H. in Höhe von 200 T. mit

Arrest, d. Ol H. L. A. reichte im Mrz. 1806 e. Supplik für seinen Vater ein u. bat darum, jenen Arrest aufzuheben; **Mutter**: Anna Dorothea Sophie, geb. von der Lippe († 1786); **Bruder**: Alexander (* 1762, † Febr. 1794), (seit 1770 im Militär), April 1784 Fähnrich im I-R Nr. 49, Mai 1787 Sl, 1794 an e. Blessur in Mainz gest.; **Bruder**: Hans Gustav Ferdinand (* 7. Febr. 1768, † 16. Juni 1815), 1787 Cornet im H-R Nr. 4, Nov. 1790 Sl, Jan. 1803 Pl, April 1807 Stabs-Rittmstr., Aug. 1808 Rittmstr. bei d. Husaren-Brigade von Zieten, Febr. 1809 Chef e. Escadron im Schles. H-R, Mrz. 1811 Major, Dez. 1813 Ol, Mai 1814 Obrist, Juni 1815 gefallen; **Bruder**: Alexander Carl Eduard (* 1773), Juni 1792 Fähnrich im I-R Nr. 47, Okt. 1797 Sl, April 1803 dim., Aug. 1806 als Akzise-Kassenkontrolleur in Berlinchen versorgt; **Schwestern**, 1802 in Radach gen.: Charlotte, 42 Jahre, Christiane, 40, Louisa, 36, Philippine, 34, Leopoldine, 26, Henriette, 22 Jahre, sie wiesen auf d. Vater u. ihre vier Brüder hin u. baten um e. neumärkische Pension, wurden abgewiesen, weil ihr Vater noch lebte; **Laufbahn**: Juni 1769 Gefr. corp. im I-R Nr. 18, Sep. 1775 Fähnrich, Aug. 1781 Sl, Mai 1787 als Stabs-Cap. zum Füsil.-Bat. Nr. 11, Juli 1789 Cap. in d. ostpreuß. Füsilier-Brigade, Febr. 1795 Major im Füsilier-Bat. Nr. 6, Sep. 1798 Chef d. Füsilier-Bat. Nr. 11, Juni 1802 Orden p. l. m., Jan. 1805 Kommandant d. I-R Nr. 1, Juni 1805 Ol, Ende 1806 inaktiv, April 1809 Kommandant von Spandau, Mai 1809 Obrist, Mrz. 1813 GM, Febr. 1814 Gl, Jan. 1820 Ruhestand; **Güter**: 1803 zs. mit seinen Brüdern als unangesessener Vasall im Krs. Sternberg aufgeführt; später Erbherr auf Caputh u. Neu Langerwisch im Krs. Teltow; **Ehefrau**: Caroline Luise, geb. Fischer (1762–1856);

Quellen: GStA, I. HA, Rep. 22, Nr. 336; II. HA, Abt. 12, Materien, Vas.tab. Nr. 6, Bl. 138 RS-139; Nr. 8, Bl. 159 RS-160; Abt. 13 a, Tit. IV, Litt T, Nr. 1 (Schwestern); IV. HA, Rep. 1, Nr. 90, Bl. 151 (H. L. A. u. H. G. F.), Bl. 152 (A. C. E.); Stabi, Ms. boruss. fol. 314, Bl. 161 RS (Bruder Alex.); Ms. geneal. fol. 120, Bl. 257 RS; Tb. Uradel, 1902, S. 823–824 (hier nur H. L. A. u. H. G. F. gen.); Priesdorff, Nr. 1 212;

Major **Levin Friedrich Christoph von Thümen** (* 29. Sep. 1697, † 14. Aug. 1759)

Vater: Levin (1660–1726), Erbherr auf Löwendorf im Krs. Teltow; **Mutter**: Gottliebe, geb. von Goertzke († 1719); **Laufbahn**: seit 1711 im Militär, Nov. 1717 Fähnrich im I-R Nr. 12, Mrz. 1723 Sl, Juli 1730 Pl, April 1739 Cap., Mai 1750 als Major dim.; **Güter**: kaufte 1755 Glogsen im Krs. Züllichau von Frhr. von Kottwitz aus d. Hand für 18 750 T.; **Ehefrau**: Charlotte, geb. von Winterfeld; **Sohn**: Friedrich Levin Gottlieb (1749–1816), seit 1770 Erbherr auf Glogsen, zeigte im Jan. 1771 an, Universalerbe seines in Berlin verst. Onkels Moritz Friedrich Gottlob von Thümen († 1763) geworden zu sein, sei nach sächsischem Recht im Febr. 1770 mit 21 Jahren majorenn geworden, wollte jetzt die Erbschaft einziehen, um Schulden auf Glogsen abzutragen, noch 1783 auf d. Gut gen., 1792 für 23 200 T. an d. Landrat G. S. W. von Gersdorff auf Kay verkauft, s. d.; hatte noch 1805 seinen Wohnsitz in Glogsen;

Quellen: GStA, I. HA, Rep. 22, Nr. 104 b; Nr. 336; IV. HA, Rep. 1, Nr. 90, Bl. 151; Stabi, Ms. boruss. fol. 316, Bl. 232, Bl. 239, Bl. 240, Bl. 241 RS; Ms. geneal. fol. 120, Bl. 257 RS; Tb. Uradel, 1902, S. 823; Jb. Neumark, 11/1936, S. 99;

Major **Otto Adrian von Thun** (* 1701) *

Vater: Otto Christoph, 1715 u. 1718 Erbherr auf Steinhöfel im Krs. Dramburg im Wert von 8/m T., hatte damals sechs Söhne; O. A. aus Stargard gebürtig; **Bruder**: Christian Balthasar (* 1709) *, aus Pomm. gebürtig, Jan. 1727 *cadet* in Berlin, 1734 Cornet, 1735 Ltnt. im D-R Nr. 1, noch 1743 als Ltnt. gen., 1755 Rittmstr. u. Chef e. Escadron im D-R Nr. 10, zuletzt Major, 1759 *cassirt*; **Bruder**: Heinrich Wilhelm (* 1713, † 23. Aug. 1754) *, aus Pommern gebürtig, seit 1721 im Militär, Nov. 1735 Sl im I-R Nr. 14, 1750 Stabs-Cap., 1754 als Cap. gest.; **Laufbahn**: Nov. 1716 *cadet* in Magdeburg, 1717 *cadet* in Berlin, Jan. 1723 Fähnrich, Mrz. 1725 Sl im I-R Nr. 28, 1740 als Pl gen., Mai 1745 Cap. u. Chef e. Comp. im I-R Nr. 33, Jan. 1753 Major, 1756 ins Garn.-Reg. Nr. 8 versetzt, vor 1764 von hier abgegangen;

Quellen: GStA, IV. HA, Rep. 1, Nr. 90, Bl. 161 (C. B. u. H. W., O. A. hier nicht); BLHA, Rep. 23 B, Nr. 446 (d. Vater 1715 gen.); Stabi, Ms. boruss. fol. 311, Bl. 9 (O. A.), Bl. 148 RS (H. W.), Bl. 358 (B. C. im D-R Nr. 10); fol. 314, Bl. 50 RS (C. B.), Bl. 65, Bl. 69, Bl. 79 (je O. A.); Crousaz, Beilage C, S. 32 (O. A.), S. 33 (C. B. als B. C.); Jb. Neumark, 1927, S. 112 (Vater u. sechs Söhne, C. B. hier als B. C.); Koglin, S. 201 (e. Otto Christoph von T. saß 1719 auf Anteil Lessentin im Borckeschen Krs.); Pommern, S. 663–664 (kurze Biogramme d. drei Brüder, H. W. 1750 als von Thüm; hier kein Vater gen., auch kein Hinweis, daß sie Brüder waren);

Oberrechnungsrat **Carl Ludwig von Tielckau** (* 1706, † 11. Jan. 1786)

Vater: Martin Christian (* 1673), Postmstr. in Crossen, erwarb 1715 von Abraham von Czettritz d. Gut Guhlow auf Wiederkauf für 7/m T., dieses befand sich schon 1725 in anderen Händen, 1745 als Erbherr auf Leitersdorf gen.; **Bruder**: Johann Carl Christian (* 1713), führte 1745 d. Wirtschaft auf d. väterl. Gut, noch 1774 erwähnt, beide Brüder erwarben 1753 d. Gut Steinbach im Krs. Schwiebus; **Laufbahn**: seit Febr. 1735 a. o. Kriegsrat bei d. Oberrechenkammer in Berlin, zuletzt Geh. Rat, Febr. 1770 pens.; **Ehefrau**: Charlotta Carolina (* 1719, † um 1786), e. Tochter d. Hofrates Sigismund Michael u. Schwester d. Geh. Sekretärs bei d. Oberrechenkammer Johann Wilhelm Michael († 1784), aus beider Ehe keine Leibeserben; **Güter**: 1774 als Erbherr auf Leitersdorf im Krs. Crossen u. auf Steinbach im Krs. Schwiebus aufgeführt;

Quellen: GStA, I. HA, Rep. 66, Nr. 18; BLHA, Rep. 78 I, Nr. 170, Bl. 7, 8; Stabi, Ms. geneal. fol. 120, Bl. 219 (Vater, 1745 mit Adelsprädikat, als von Thielckau), Bl. 243 (hier als Tielckau u. Hochkirch); Ditfurth, Ober-Rechnungskammer, S. 146–147 (Michael), S. 154–155; Jb. Neumark, 1928, S. 104 (1718 auf Guhlow in Crossen d. Postmstr. Marten Christian Thielkow, ohne Adelsprädikat); biogr. Handbuch, S. 1 017;

Major **Carl Philipp Gebhard von Tresckow** (* 19. Mrz. 1752, † 19. Juli 1832)

Vater: Levin Friedrich (1699–1763), Ol, Erbherr auf Scharteuke im Hzgtm. Magdeburg; **Mutter**: Sophie Charlotte Henriette, geb. von Foerder (1716–1766); **Bruder**: Hans Adam Friedrich (* 1742), April 1778 als Stabs-Rittmstr. im K-R Nr. 7

cassirt; **Bruder**: Christoph Heinrich Wilhelm (1750–1823), Sep. 1783 Pl im Grenadier-Bat. Nr. 3, Okt. 1791 Stabs-Cap. im I-R Nr. 44, Sep. 1797 Cap. im 3. Mousq.-Bat. d. I-R Nr. 22, Dez. 1803 mit 300 T. pens.; **Laufbahn**: Sl im H-R Nr. 10, April 1784 Pl, Mrz. 1789 Stabs-Rittmstr., Juni 1794 Chef e. Escadron im H-R Nr. 3, Juli 1794 ins H-R Nr. 8, (noch 1794) als Major dim.; **Güter**: 1801 als Erbherr auf Cussenow im Krs. Schivelbein im Wert von 13 607 T. gen., 1781 neben e. Anteil an Völzkow vom Obristen V. F. von Rüchel erworben, verkaufte Cussenow nebst Pertinenzien im Juni 1804 an d. Cap. George Ernst von Puttkammer, s. d., hielt sich 1805 im hinterpomm. Bütow auf; **Ehefrau**: Friederike Charlotte Sophie, geb. Essen (* 1769);

Quellen: GStA, II. HA, Abt. 12, Materien, Vas.tab. Nr. 6, Bl. 145 RS-146; IV. HA, Rep. 1, Nr. 90, Bl. 269 (Bruder H. A. F.), Bl. 270 (Bruder C. H. W., hier als Wilhelm, C. P. G.); Stabi, Ms. geneal. fol. 120, Bl. 251 RS; Bratring, 3. Bd., S. 253 (hier v. Tresckow noch 1809 gen.); Tb. Uradel, 1904, S. 839–841; Jb. Neumark, 11/1936, S. 87;

Rittmstr. **Hans Joachim Albrecht Friedrich von Tresckow** (* 5. Aug. 1743, † 23. Aug. 1814)

Vater: Joachim Friedrich (* 1697, † 4. Aug. 1764), aus Magdeburg gebürtig, seit 1713 im Militär, stand 1740 als Cap. u. Chef e. Comp. im I-R Nr. 30, zuletzt Major, seit 1740 Erbherr auf Schmarsendorf im Krs. Königsberg, 1751 mit 20/m T. angegeben (H.J.A.F. aus Magdeburg gebürtig); **Mutter**: Hippolyta Beata, geb. von Sydow (1720–1750); **Bruder**: Johann Friedrich (* um 1740), Dez. 1760 Fähnrich im I-R Nr. 19, 1763 Sl, Nov. 1765 auf Wunsch dim., (ging auf sein Gut Schmarsendorf, s. u. bei H.J.A.F.); **Bruder**: Carl Otto Friedrich (* 1. Febr. 1745), seit 1762 im Militär, stand 1764 als Junker, 1774 als Sl im D-R Nr. 1, zuletzt Pl im D-R Nr. 1, Mrz. 1787 als Cap. dim., 1801 u. 1809 als Erbherr auf Dölzig im Krs. Königsberg im Wert von 107/m gen., erworben 1794, verh. mit Dorothee Friederike von Diringshofen; **Bruder**: Johann Leopold Ludwig (* 16. Mrz. 1747, † 19. Juli 1801), Pl im D-R Nr. 4, Juli 1785 Stabs-Rittmstr., Febr. 1794 Major, Febr. 1797 Chef e. Escadron, 1801 als Major gest.; **Laufbahn**: seit 1756 im Militär, 1766 u. 1775 als Ltnt. im K-R Nr. 7 gen., April 1778 als Stabs-Rittmstr. *cassirt*; **Güter**: seit 1765 auf Schmarsendorf im Krs. Königsberg, lt. Rezeß von 1768 im Wert von 43 008 T. bzw. 43 192 T., darauf 1767 Schulden von 32 471 T., bekam 1777 Meliorationsgelder in Höhe von 440 T., 1780 weitere 4 380 T., noch 1809 in Schmarsendorf gen., saß 1801 auch auf Blankenfelde für 55/m, 1802 an d. Sohn C.L.S.F. abgetreten, auf ¾ Blessin für 32/m T.; **Ehefrau**: Luise Emilie Christiane, geb. von der Marwitz (1749–1809); **Sohn**: Carl Ludwig Sigismund Friedrich (1772–1853), Okt. 1789 Cornet im D-R Nr. 4, Mai 1792 Sl, Jan. 1799 dim., seit 1802 Erbherr auf Blankenfelde, vom Vater für 59/m T. übernommen; **Sohn**: August Otto Leopold Albrecht (1773–1831), Juni 1789 Cornet im D-R Nr. 1, Mrz. 1790 Sl, Mai 1803 Pl, Sep. 1809 Stabs-Cap., Mrz. 1813 zur Gendarmerie, Juni 1813 Rittmstr. beim 3. Pomm. Landwehr-Kav.-Reg., Dez. 1813 Major, Nov. 1816 als Ol dim.; **Sohn**: Joachim Ludwig Carl Ferdinand (1779–1853), Dez. 1794 Cornet im D-R Nr. 1, Juli 1798 Sl, Mrz. 1813 zur Gendarmerie, Juni 1813 beim 2. Neumärk. Landwehr-Kav.-Reg., Mrz. 1814 Pl, Febr. 1816 als Rittmstr. mit Pension dim.;

Sohn: Carl Fr. Heinrich Ludwig (1780–1831), Okt. 1797 Fähnrich im I-R Nr. 25, Sep. 1801 Sl, Mrz. 1812 als Pl dim., Juni 1813 Cap. beim 1. Neumärk. Landwehr-I-R, Juni 1815 dim.; **Sohn**: August Bernhard Carl (1782–1836), Okt. 1799 Fähnrich im I-R Nr. 25, Juli 1803 Sl, Nov. 1807 dim., Juni 1813 Kommandeur d. 1. Bat. d. 1. Neumärk. Landwehr-I-R, Sep. 1814 als Ol dim.; **Sohn**: Ernst Albrecht Otto Heinrich (1784–1822), seit 1797 im Militär, Jan. 1803 Sl im I-R Nr. 35, 1822 als Major im 14. Landwehr-Reg. gest.; (**verwandt**: Friedrich von Tresckow (* 1745, † 2. Febr. 1771), aus Magdeburg, seit 1763 im Militär, 1766 Cornet im K-R Nr. 7, zuletzt Ltnt., als solcher gest.);

Quellen: GStA, II. HA, Abt. 12, Materien, Vas.tab. Nr. 6, Bl. 93 RS-94, Bl. 95 RS-96, Bl. 100 RS-101; IV. HA, Rep. 1, Nr. 90, Bl. 269 (d. Vater nicht, hier als Joh. Adam Fr., Brüder, auch J. F.), Bl. 270 (Sohn C. L.S.F. hier als Wilhelm, A.O.L.A.), Bl. 271 (Sohn J. L.C.F., C.F.H.L., Sohn A. B. C. hier als Joh.); Stabi, Ms. boruss. fol. 311, Bl. 188 (Vater), Bl. 366 (E.A.O. H.); fol. 314, Bl. 52 (C. O. hier als Otto Carl), Bl. 53; fol. 315, Bl. 23, Bl. 29, Bl. 30 (je als Joh. Adam); fol. 907 a, Bl. 11 (Sohn E.A.O.H.); Gesch. I-R Nr. 19, S. 116 (Bruder J. F.); Tb. Uradel, 1904, S. 826–829, S. 832 (J. F. hier nicht); Moegelin, S. 61 (hier 1767 irrtüml. vier Söhne vom Bruder J. F. gen.), S. 264, S. 266; Jb. Neumark, 11/1936, S. 72–73, S. 76;

Cap. **Alexander Friedrich Ferdinand von Troschke** (* 1745, † 19. Jan. 1789)

Vater: Friedrich Adolph (1718–1755), Ltnt., s. d.; **Laufbahn**: seit 1757 im Militär, stand 1764 als Fähnrich im I-R Nr. 26, Mai 1768 als Ltnt. dim., erhielt später d. Charakter Cap., als Brigade-Inspektor (bei d. Tabak-Administration) versorgt; **Güter**: erwarb um 1778 2/3 von Kemnath im Krs. Sternberg für 6/m T., darauf lagen größere Schulden; dritte **Ehefrau**: Wilhelmine Beate, geb. von der Marwitz (* 1748, † 9. Dez. 1803), sie hatte 1789 vier unmündige Kinder, zwei Söhne standen bereits im Militär, sie ging 1793 e. zweite Ehe ein mit d. Justizrat Grothe; **Sohn**: Carl Gottlieb Ferdinand (* 13. Nov. 1769, † 20. Nov. 1820), 1788 Junker im I-R Nr. 9, Jan. 1790 Fähnrich, Mai 1792 Sl, Febr. 1794 mit Versorgung entlassen, Juni 1796 Konsumtionssteuer-Rendant in Südpreußen (1801 Stadtinspektor in Lissa); **Sohn**: Ernst Bogislav (* 4. Febr. 1771, † 20. Febr. 1813), 1788 Junker im I-R Nr. 46, Mrz. 1791 Fähnrich, Febr. 1795 Sl, Okt. 1803 zum I-R Nr. 1 versetzt, Mrz. 1809 als Cap. dim.; **Tochter**: Helene Caroline (* 20. Sep. 1788, † 25. Sep. 1828), sie hielt sich 1805 bei ihrem Bruder E. B. in Berlin auf, soll in d. Neumark keine näheren Verwandten mehr gehabt haben;

Quellen: GStA, I. HA, Rep. 22, Nr. 340; II. HA, Abt. 12, Materien, Vas.tab. Nr. 6, Bl. 139 RS-140; Nr. 8, Bl. 159 RS-160; Abt. 13 a, Tit. IV, Litt S, Nr. 3; IV. HA, Rep. 1, Nr. 90, Bl. 306 (kz. Notiz für A. F., C. G. F., E. B.); Stabi, Ms. boruss. fol. 314, Bl. 20 RS; Ms. geneal. fol. 120, Bl. 256 RS; Stammtafeln Troschke 1898; Paul von Troschke, S. 58 (hier Alex. Ferd. als Sohn von Friedrich Adolph); Jb. Neumark, 11/1936, S. 94–95 (hier nicht gen.);

Obrist **Alexander Ludwig von Troschke** (* 1710, † 28. Mrz. bzw. April 1760)

Vater: Carl Wilhelm (* 1678), 1715 u. 1728 als Erbherr auf 1/3 Klemzig im Krs. Züllichau gen., Kreisdeputierter, hatte 1728 drei Söhne im Alter von zehn bis 19 Jahren, d. älteste stand als Corp. im Reg. von Loeben; **Vater-Brüder**, 1715 erwähnt: Conrad Alexander (1671–1728), poln. Kammerherr, Erbherr auf Trebschen im Krs. Züllichau, um 1725 mit e. Wert von 50/m bzw. 65/m T. angegeben, Kammerjunker Samuel Rudolph, poln. Major George Sigmund; **Bruder**: Bernd Conrad (* 1714, † 21. Juli 1762), seit 1728 im Militär, stand 1737 als Fähnrich, 1740 als Sl im I-R Nr. 31, 1755 als Cap. u. Chef e. Comp., Aug. 1760 als Major Orden p. l. m., 1762 als Obrist bei Ludwigsdorf gefallen; **Laufbahn**: seit 1725, 1726 im Militär, stand 1732 als Corp. bzw. Gefr.corp. im I-R Nr. 26, Okt. 1733 Fähnrich, Mai 1736 Ltnt., 1743 als Pl gen., Okt. 1747 als Cap. ins I-R Nr. 28 versetzt, Sep. 1755 Major, Dez. 1758 Ol, Febr. 1760 Obrist, als solcher in Neiße gest., Träger d. Ordens p. l. m.; **Güter**: A. L. u. B. C. führten seit mind 1736 e. Rechtsstreit mit d. Witwe Hofrat Joachim Ehrenreich von Burgsdorff (1665–1710), geb. Sophie Marie von der Marwitz (1675–1766), wegen noch ausstehender Kaufgelder, diese hatte nach d. Tod d. Rittmstrs. Sebastian von Troschke († 1709) von dessen Witwe Lucia Charlotte, geb. von der Marwitz, nach 1718 zwei Drittel von Klemzig im Wert von 40/m T. auf Pfandschilling übernommen, nach Ablauf d. Pfandjahre 1733 wurden d. Erben zitiert, doch nur B. C. meldete sich, hatte jedoch kein Geld zur Einlösung, bei e. Subhastation erwarb d. Witwe von Burgsdorff noch d. 3. Teil von Klemzig;

Quellen: GStA, IV. HA, Rep. 1, Nr. 90, Bl. 306 (kz. Notizen f. d. Brüder); Stabi, Ms. boruss. fol. 314, Bl. 11, Bl. 17 RS (1725 e. Serg. Conrad Alex. v. T. im I-R 26, aus Trebschen), Bl. 19 (1732 ein Gefr.corp. Alex. aus Trebschen, geb. 1708, seit 8 Jahren im Dienst, u. ein Alex. Ludwig, geb. 1710, seit 1728 im Dienst, aus Klemzig), Bl. 21 RS, Bl. 70 RS (1752: aus d. Krs. Züllichau), Bl. 75, Bl. 220 RS, Bl. 224 RS, Bl. 233 (jeweils B. C.); Ms. geneal. fol. 120, Bl. 217 RS; Lehmann, S. 88 (Bruder B. C.), S. 169; Jb. Neumark, 1928, S. 76 (1715 C. W. als Vater, A. L. als Sohn gen., hier auch d. Witwe Lucia Charlotte 1715 u. 1718 auf 2/3 gen.);

Major **Carl Gottlob von Troschke**
(* 3. Aug. 1722, † 3. Jan. 1760) *

Vater: Friedrich Abraham (1688–1735), aus Langmeil im Krs. Züllichau gebürtig, Fähnrich im I-R Nr. 9, 1713 abgegangen; **Mutter**: Margaretha Eleonore, geb. von Oppell (1700–1775); **Bruder**: Johann Abraham (1720–1786), Cap., s. d. mehr; **Bruder**: Ernst Gotthilf (1724–1786), Obrist, siehe mehr bei dessen Sohn, d. Ltnt. Gustav Gotthilf; **Laufbahn**: seit Mrz. 1741 im Reg., 1744 Cornet im H-R Nr. 2, April 1746 Ltnt., Aug. 1757 Stabs-Rittmstr., Febr. 1759 als Major ins H-R Nr. 5 versetzt, 1760 hier als Major gest.; **Sohn**: Carl Otto; (**verwandt**: ein Conrad von Troschke (* 1686), aus Langmeil, seit 1701 im Militär, stand 1705 als Gefr.corp. im I-R Nr. 1: Stabi, Ms. boruss. fol. 313, Bl. 293 RS);

Quellen: GStA, I. HA, Rep. 9, Y 8, 1760, Paket 3859; IV. HA, Rep. 1, Nr. 90, Bl. 306 (kz. Notiz f. E. G., C. G. hier nicht); Stabi, Ms. boruss. fol. 315, Bl. 70, Bl. 73 RS; Ms. geneal. fol. 120, Bl. 243; Stammtafeln Troschke; Mackensen, Bd. 2, Anlage, S. 24 * (als C. Gottlieb); Ardenne, H-R Nr. 2, Anlage, S. 414;

Major **Christian Conrad von Troschke**
(* 1731, † 2. Nov. 1798)

Vater: Friedrich Abraham (1688–1735), Erbherr auf Langmeil; C. C. aus Schlesien gebürtig; **Bruder**: Carl Gottlob (1722–1760), Major, s. d. mehr; **Bruder**: Ernst Gotthilf (1724–1786), Obrist; **Laufbahn**: seit 1747 im Militär, Jan. 1752 Fähnrich im I-R Nr. 32, noch 1756 als solcher geführt, Mrz. 1759 als Ltnt. *cassirt*, dann Cap. im Frei-Dragoner-Reg. von Kleist, erhielt später d. Charakter Major; **Güter**: besaß e. Anteil an Schmöllen im Krs. Züllichau; **Sohn**: Christian Heinrich Friedrich (* 1787), befand sich 1801 auf d. Pädagogium in Züllichau, Aug. 1803 Cornet im D-R Nr. 12, Juli 1804 Sl, Juli 1806 *wegen Neigung zum Trunk* dim.;

Quellen: GStA, II. HA, Abt. 12, Materien, Vas.tab. Nr. 6, Bl. 170 RS-171; IV. HA, Rep. 1, Nr. 90, Bl. 306 (kz. Notiz für C. C., Sohn C. H. F.); BLHA, Rep. 3, Nr. 11 925; Stabi, Ms. boruss. fol. 312, Bl. 148 RS; fol. 907 a, Bl. 93 RS (Sohn); Ms. geneal. fol. 120, Bl. 256 RS; Paul von Troschke, S. 57 (hier d. Hinweis, daß E. G. u. C. C. Brüder waren); C. C. nicht in d. Stammtafeln Troschke;

Sergant **Conrad Andreas von Troschke** (* 1709) *

aus d. Krs. Züllichau gebürtig; **Laufbahn**: seit 1725 im Militär, stand 1730 u. 1740 als Sergant im I-R Nr. 30;

Quellen: Stabi, Ms. boruss. fol. 311, Bl. 187, Bl. 188 RS; Jb. Neumark, 1928, S. 75–76 (?Vater: poln. Kammerherr Conrad Alexander von Troschke, 1715 auf Trebschen, dieser hatte e. Sohn namens Conrad Alexander);

Cap. **Ernst Friedrich von Troschke** (* 1704, † 18. Mai 1747) *

aus d. NM gebürtig; **Laufbahn**: seit 1725 im Militär, 1730 Sergant im I-R Nr. 21, 1740 als Sl gen., zuletzt hier Cap., 1745 ins I-R Nr. 46 versetzt, wurde 1747 (bei e. Duell) erstochen;

Quellen: Stabi, Ms. boruss. fol. 311, Bl. 206 RS, Bl. 210 RS, Bl. 212 RS; fol. 316, Bl. 26; nicht in GStA, IV. HA, Rep. 1, Nr. 90, Bl. 306;

GM **Ernst Friedrich Frhr. von Troschke** (* 18. Okt. 1741, † 16. Sep. 1809) *

Vater: Otto Abraham (1690–1749), aus Langmeil gebürtig (Erbherr auf Neu Lagow im Krs. Sternberg); **Mutter**: Luise, geb. von Winning (1701–1774); **Laufbahn**: 1756 *cadet* in Berlin, Mai 1757 Gefr. corp. im I-R Nr. 24, Sep. 1759 Fähnrich, Dez. 1760 Sl, Jan. 1768 Pl, Dez. 1778 Stabs-Cap., Mai 1782 Cap. u. Chef e. Comp. im I-R Nr. 24, Mai 1790 Major, Jan. 1795 Orden p. l. m., Juli 1798 Ol, Nov. 1799 Kommandeur d. I-R Nr. 24, Mai 1800 Obrist, Dez. 1804 mit 600 T. Pension dim., Dez. 1804 Charakter GM; **Güter**: (1783 als Erbherr auf Kurtschow in Crossen gen.) erwarb vor 1801 Tammendorf u. Klebow im Krs. Crossen für 65/m T., 1805 verkauft für 110/m T. an Franz Albrecht Wilhelm Graf von Finckenstein; in zweiter **Ehe** seit 1778 verheiratet mit Caroline Sophie Henriette, geb. von Oppell (1756–1803), Schwester seiner ersten Frau; **Sohn**: August Friedrich Alexander (1774–1819), Juni 1791 Cornet im K-R Nr. 2, Jan. 1792 Sl, Nov. 1803 Pl, Okt. 1803 Stabs-Rittmstr., Sep. 1806 Rittmstr., Febr. 1808 dim., Okt. 1809 Charakter Major; **Sohn**: Ernst Maximilian (1780–1847) *, April 1795 Fähnrich im I-R Nr. 24, Okt. 1797 Sl, April 1804 dim., Juni 1813 Major beim 9. Schles. Landwehr-I-R, Juni 1816 d. 14. I-R aggr., Mrz. 1817 Ol, Juni 1825 Obrist, Mrz. 1835 GM, Mrz. 1842 Abschied als Gl; **Sohn**: Friedrich Wilhelm (1782–1800), Okt. 1797 Fähnrich im I-R Nr. 24, Okt. 1798 Sl; **Sohn**: Heinrich Friedrich (1787–1829), 1805 Gefr.corp. im I-R Nr. 24, Dez. 1812 Sl, Sep. 1820 dim., Mai 1824 Charakter Cap.;

Quellen: GStA, II. HA, Abt. 12, Materien, Vas.tab. Nr. 8, Bl. 62 RS-63; IV. HA, Rep. 1, Nr. 90, Bl. 306–307; BLHA, Rep. 3, Nr. 11 925; Stabi, Ms. boruss.

fol. 316, Bl. 319 RS, Bl. 320, Bl. 321 RS, Bl. 329; Ms. geneal. fol. 120, Bl. 242 RS; Bratring, 3. Bd., S. 309, S. 321 (1809 v. Troschke noch auf T. gen.); Stammtafeln Troschke 1898; Lehmann, S. 393; Schulze, Statistik, S. 111 (zu Neu Lagow); Jb. Neumark, 11/1936, S. 80, Priesdorff, Nr. 1072 (Vater auf Neu Lagow), Nr. 1529 (Sohn E. M.);

Ltnt. **Friedrich Adolph von Troschke** (* 20. April 1718, † 12. Febr. 1755) *

Vater: Conrad Alexander (1671–1728), sächsisch-poln. Kammerherr, Erbherr auf Schwarmitz im Krs. Grünberg u. 1715 auf Trebschen im Krs. Züllichau; **Mutter**: Eva Elisabeth, geb. von Kalckreuth; **Bruder**: Rudolph August (1710–1757), Cap. s. d.; **Bruder**: Carl Ludwig Gottlob (1718–1801) *, April 1731 *cadet* in Berlin, Mrz. 1739 Fähnrich im I-R Nr. 29, Juli 1743 Sl, Juni 1749 Pl, Juni 1757 Stabs-Cap., Dez. 1758 Cap. u. Chef e. Comp., Sep. 1759 Major, Mai 1765 Ol, Mai 1771 Obrist, Juni 1771 Kommandeur d. I-R Nr. 49, Nov. 1773 Kommandeur d. neuen I-R Nr. 54, Nov. 1778 Chef d. Bat. Nr. 50, Juli 1779 GM, Mai 1787 Gl, Dez. 1794 mit 1200 T. Pension dim.; **Laufbahn**: seit 1732 im Militärdienst, stand 1743 als Sl im I-R Nr. 26, 1755 als solcher gest.; **Sohn**: Alexander Friedrich Ferdinand (1745–1789), Ltnt. im I-R Nr. 26, s. d.;

Quellen: GStA, IV. HA, Rep. 1, Nr. 90, Bl. 306 (kz. Notiz für F. A. u. A. F. F., Bruder C. L. G.); Stabi, Ms. boruss. fol. 314, Bl. 11 RS, Bl. 21 RS, Bl. 193 (Bruder); fol. 316, Bl. 65, Bl. 70, Bl. 73 (je Bruder C. L. G.); König, 4. T., S. 102 (C. L. G.); Tb. Uradel, 1907, S. 750; Priesdorff, Nr. 660 (Bruder C. L. G., d. Vater hier nur als Alex., Mutter als Sophie Elisabeth, fraglich d. Geb.datum: 24.7.1718, drei Monate nach F. A.?);

Ltnt. **Gustav Gotthilf (seit Mrz. 1797 Frhr.) von Troschke** (* 13. (bzw. 30). Juni 1772, † 18. Okt. 1826)

Vater: Ernst Gotthilf (* 1724, † 20. Jan. 1786), aus Schlesien gebürtig, seit 1741 im Militär, 1743 Gefr.corp. im I-R Nr. 26, Dez. 1757 als Pl Orden p. l. m., 1760, 1764 Cap. u. Chef e. Comp., 1774 als Major gen., Dez. 1778 Obrist u. Kommandeur d. I-R Nr. 26, Erbherr auf Daube im Krs. Crossen; **Mutter**: Luise Wilhelmine, geb. von Oppell (1744–1813); **Bruder**: Ernst Wilhelm Rudolph (* 20. Okt. 1762, † 24. Mai 1839) *, Mai 1785 Sl im I-R Nr. 24, 1787 zu e. Garn.-Reg. versetzt, um 1788, 1790 abgegangen, seit 1791 Landrat im Krs. Crossen, 1801 als Erbherr auf Tornow im Wert von 24/m T. gen., hatte seinen Wohnsitz in Weißig im Wert von 28/m T., besaß beide Güter noch 1805, Tornow 1806 verkauft; **Bruder**: Carl Anton Ferdinand (* 10. bzw. 20. Dez. 1769, † 7. Juli 1818), Mai 1786 Fähnrich im I-R Nr. 36, April 1788 Sl, Juli 1794 Pl, Dez. 1794 Stabs-Cap. bei d. Niederschles. Füsilier-Brigade, April 1799 dim.; **Laufbahn**: Febr. 1791 Cornet im H-R Nr. 4, Juni 1794 Sl, Nov. 1796 dim., Frhrn.-Diplom vom 18. Mrz. 1797 für d. Kinder d. verst. Obristen; **Schwester**: Friederike Leopoldine (* 22. Juni 1780, † 26. Aug. 1809), sie erhielt im Jan. 1803 d. *venia aetatis*, sie hatte e. Vermögen von 4 bis 5/m T.; **Güter**: d. drei Brüder erbten d. väterliche Gut Daube u. bekamen am 3. April 1786 vom König wegen d. treuen Dienste ihres Vaters d. Gut Tornow im Wert von 20/m T. geschenkt, sie traten daher Daube an ihre drei Schwestern ab: Wilhelmine Eleonore, Christine Gottliebe Amalia u. Friederike Leopoldine;

Quellen: GStA, I, HA, Rep. 7, Nr. 13-1, Litt. T, Nr. 15; Rep. 22, Nr. 340, Paket 8800; II. HA, Abt.

12, Materien, Vas.tab. Nr. 6, Bl. 34 RS-35 (Bruder E. W. R.); IV. HA, Rep. 1, Nr. 90, Bl. 306 (Vater, G. G. u. Brüder); Stabi, Ms. geneal. fol. 120, Bl. 242 RS-243; Stammtafeln Troschke 1898; Jb. Neumark, 11/1936, S. 78 (d. Obrist E. G. noch 1800 gen.?), S. 83;

Rittmstr. **Johann Abraham von Troschke** (get. 23. Mrz. 1720, † 1. Nov. 1786) *

Vater: Friedrich Abraham (1688–1735), aus Langmeil im Krs. Züllichau gebürtig, Fähnrich im I-R Nr. 9, 1713 abgegangen, 1715 u. 1718 als Erbherr auf Anteil Langmeil gen.; **Mutter**: Margarethe Eleonore, geb. von Oppell (1700–1775); **Bruder**: Friedrich Wilhelm (1721–1757), 1740 Junker im I-R Nr. 3, als Pl im Grenadier-Bat. Nr. 6 bei Leuthen gefallen; **Bruder**: Carl Gottlob (1722–1760), Major, s. d.; **Bruder**: Ernst Gotthilf (1724–1786), Obrist, siehe bei dessen Sohn Gustav Gotthilf (1772–1826), Ltnt.; **Laufbahn**: stand von 1735 bis 1746 in poln., 1746 bis 1760 in französischen, seit 1760 in preußischen Diensten, zuletzt Rittmstr. bei d. Frei-Dragonern von Kleist; **Ehefrau**: Charlotte Wilhelmine Elisabeth verwitw. von Schütz, geb. von Finck († 1783); **Güter**: saß 1774 auf Anteil Nickern im Krs. Züllichau, auf d. zweiten Anteil saßen damals d. Gebrüder Hoffmann, beide Parteien lagen 1772 in e. Rechtstreit mit ihren Untertanen;

Quellen: GStA, I. HA, Rep. 22, Nr. 340; IV. HA, Rep. 1, Nr. 90, Bl. 306 (hier nur d. Bruder E. G.); Stabi, Ms. boruss. fol. 314, Bl. 2, Bl. 13 RS, Bl. 20, Bl. 21, Bl. 24 (je E. G.); Ms. geneal. fol. 120, Bl. 256 RS; Stammtafeln Troschke 1898; Lehmann, S. 65 (Bruder E. G.); Jb. Neumark, 1928, S. 75 (hier als Heinrich Friedrich Abraham); Jb. Neumark, 11/1936, S. 101;

Fähnrich **Johann August von Troschke** (* 1752, † Aug. 1780)

Vater: Landedelmann, konnte wegen lahmer Füße keine Dienste nehmen; J. A. aus d. Krs. Crossen gebürtig; **Bruder**: als Ltnt. im I-R Nr. 26 vor 1786 wegen Kränklichkeit dim.; **Schwester**: Johanna Elisabeth (* 1750), sie hielt sich 1786 in Kemnath im Krs. Sternberg auf, besaß kein Vermögen, habe wegen d. frühen Tod ihrer Eltern *keine Gelegenheit gehabt, etwas zu erlernen*, konnte von ihrem noch lebenden Bruder nicht weiter unterstützt werden, weil der selbst fünf Kinder hatte, sie sollte daher auf d. Expectantenliste für e. neumärk. Pension gesetzt werden; **Laufbahn**: seit Jan. 1770 im I-R Nr. 44, Juli 1775 Fähnrich, 1780 als Fähnrich gest.;

Quellen: GStA, II. HA, Abt. 13 a, Tit. III, Generalia, Nr. 2, Bd. 15, fol. 6 RS-7 (Schwester, mit Angaben zu ihren Brüdern); Tit. IV, Generalia, Nr. 25; IV. HA, Rep. 1, Nr. 90, Bl. 306 (J. A., im I-R 26 nur Alexander Friedrich Ferdinand (1745–1789), s. d., u. ein 1774 gest. Fähnrich); Stabi, Ms. boruss. fol. 312, Bl. 6;

Cap. **Rudolph August von Troschke** (1710–1757)

Vater: Conrad Alexander (1671–1728), sächs.-poln. Kammerherr, auf Schwarmitz im Krs. Grünberg u. 1715 auf Trebschen im Krs. Züllichau; R. A. aus d. Krs. Crossen gebürtig; **Mutter**: Eva Elisabeth, geb. von Kalckreuth; **Vater-Bruder**: Carl Wilhelm, 1715 Erbherr auf 1/3 Klemzig im Krs. Züllichau; **Bruder**: Friedrich Adolph (1718–1755), Ltnt., s. d. mehr; **Bruder**: Carl Ludwig Gottlob (1718–1801), Gl; **Laufbahn**: seit 1728 im Militär, Jan. 1735 Fähnrich im I-R Nr. 20, noch 1740 als solcher gen., Nov. 1745 Pl, Juni 1755 Stabs-Cap., bei Kolin Sep. 1757 gefallen;

Quellen: GStA, IV. HA, Rep. 1, Nr. 90, Bl. 306 (kz. Notiz); BLHA, Rep. 23 B, Nr. 446 (hier als Aug. Rudolph); Stabi, Ms. boruss. fol. 311, Bl. 114 RS (1750: aus Schlesien), Bl. 118 RS (1740 aus Crossen), Bl. 114, Bl. 119; Paul von Troschke, S. 57 (hier d. Hinweis, daß R. A. u. d. Gl Carl Ludwig Gottlob Brüder waren);

Ltnt. **Siegmund Carl Gottlob Frhr. von Troschke** u. Rosenwerth (* 1748)

aus Schlesien gebürtig; **Laufbahn**: trat 1764 in d. Militärdienst ein, stand 1772 als Ltnt. im K-R Nr. 2, vor 1780 abgegangen; **Güter**: erwarb um 1772 d. Gut Gleißen im Krs. Sternberg für 37 310 T. u. damit für zwei Drittel d. taxierten Wertes, e. erste Taxe hatte es auf 73 116 T., e. zweite auf 52 332 T. beziffert, es wurde zu d. letzten Betrag ausgeboten u. von d. Ltnt. erstanden, d. Ertrag war 1771 mit 1 750 T. angegeben worden; d. Witwe Sophia Wilhelmina von Marwitz in Gleißen, deren Mann Wilhelm Ludwig im April 1765 gstorben war, will bei diesem Verkauf ihr Vermögen von 11/m T. verloren haben, darunter 8/m T. *illata*; d. Ltnt. verkaufte d. Gut 1774 an d. Reg.präs. F. W. von Poser; **Ehefrau**: e. geb. von Wiersbitzky;

Quellen: GStA, I. HA, Rep. 22, Nr. 201, Paket 8 645; Stabi, Ms. boruss. fol. 315, Bl. 167? (in d. Rangliste K-R Nr. 2 im Mrz. 1772 gen.); Ms. geneal. fol. 120, Bl. 254; Jb. Neumark, 11/1936, S. 93–94 (kein Hinweis auf d. Ltnt.); nicht in IV. HA, Rep. 1, Nr. 90, Bl. 306;

Ltnt. **Curth Friedrich von Troyen** (* um 1698)

Vater: Adam Christoph (* 1671), 1713, 1728 Erbherr auf 1/8 Schlönwitz im Krs. Schivelbein, hatte 1715 drei Söhne; C. F. aus Schlönwitz gebürtig; **Vater-Bruder**: Alexander Heinrich (* 1675), 1713 als vorm. preuß. Ltnt. bez., 1715 Ltnt. bei d. Miliz, 1728 als Erbherr auf 3/8 Schlönwitz gen.; **Brüder**: Jacob Joachim u. Christoph Friedrich, beide 1715 erwähnt; **Laufbahn**: seit 1713 im Militär, stand 1715 u. 1718 als Gefr.corp. im I-R Nr. 25, Sep. 1726 Sl, Aug. 1729 Pl, 1730 dim.; bat im Juli 1756 aus Wopersnow im Krs. Schivelbein um d. Legitimierung seines unehelichen **Sohnes** Wilhelm Curth, s. d., der mit 15 Jahren in d. Armee einrücken sollte, gab in d. Zs.hang an, der Letzte seiner Familie zu sein;

Quellen: GStA, I. HA, Rep. 96, Nr. 304 C 1; Tit. 435 T, Bd. 2; Stabi, Ms. boruss. fol. 314, Bl. 103, Bl. 114, Bl. 148 (Curth Friedrich), Bl. 149 RS (seit 1723 Ltnt.?, auch als Carl Fr.); Ms. geneal. fol. 120, Bl. 229 RS (hier als Troje); Zedlitz, 5. Bd., S. 448–449 (hier als Troyen von der Woldenburg); Jb. Neumark 1927, S. 102–103 (hier Adam Christoph u. drei Söhne gen., auch Alexander Heinrich, 1715 Ltnt. bei d. Miliz);

Rittmstr. **Wilhelm Curth von Troyen** (* 1740, † um 1785)

Vater: Curth Friedrich (* um 1698), Ltnt., s. d., Erbherr auf Anteil Schlönwitz im Krs. Schivelbein; W. C. aus d. Neumark gebürtig; **Laufbahn**: seit 1756 im Militär, stand 1763 als Sl im D-R Nr. 6, 1773 als Pl, zuletzt Stabs-Rittmstr., im Juni 1781 nach 24 Dj. dim.; **Ehefrau**: Maria Charlotte, geb. von der Trenck; **Gü-**

ter: erheiratete Laggarben im preuß. Krs. Gerdauen;

Quellen: GStA, IV. HA, Rep. 1, Nr. 90, Bl. 320 (hier als v. Troyen); Stabi, Ms. boruss. fol. 311, Bl. 44 (als Troyen), Bl. 85 RS (als Trojen), Bl. 88 RS (Troyen); Siebmacher, Bd. 6/5, 1880, S. 97 (hier W. C. gen., nach 1789 gest.); Wagner, Gerdauen, 2, S. 800–801;

Ltnt. **Leopold Wilhelm von Tschammer** (* 1697, † Juli 1722)

Vater: Wulf Sigismund, 1715 Erbherr auf ¼ bzw. 1/3 Groß Kirschbaum im Krs. Sternberg, hatte damals sechs Söhne; **Bruder**: Hans Sigmund, Cap. in sächsischen Diensten; **Bruder**: Otto Rudolph, schwedischer Cap.; **Bruder**: Hiob († 15. Aug. 1715), 1707 Fähnrich, 1715 Ltnt. im I-R Nr. 19, an bei der Peenemünder Schanze erlittenen Blessuren gest.; **Bruder**: Wenzel Heinrich, vor 1715 als Fähnrich im I-R Nr. 19 abgegangen; **Bruder**: Bernd Sigismund, hielt sich 1715 als Mündel in Schwedisch-Vorpommern auf; **Laufbahn**: seit 1714 im Militär, Sep. 1715 Fähnrich im I-R Nr. 19, als Ltnt. 1722 in e. Duell von e. von Kalckreuth nahe d. poln. Grenze erschossen;

Quellen: BLHA, Rep. 23 B, Nr. 446 (1715 d. Vater u. d. sechs Söhne gen.); Stabi, Ms. boruss. fol. 319, Bl. 34; Gesch. I-R Nr. 19, S. 76 (Bruder Hiob), S. 78–79 (e. Stabs-Cap. Christoph von Tschammer erhielt im Mai 1721 d. Abschied), S. 79 (L. W.); Bardeleben, S. 429; nicht in Tb. Uradel 1914; Jb. Neumark, 1928, S. 16 (hier nur d. Vater); Schulze, Statistik, S. 111 (über Groß Kirschbaum);

Ltnt. **Conrad George von Uckermann** (* 5. Nov. 1773, † 25. April 1849) *

Vater: Franz Alexander Conrad (1739–1808) *, Cap. im Grenadier-Bat. Nr. 6, Erbherr auf Wopersnow im Krs. Schivelbein, bekam 1782 für d. Gut Meliorationsgelder in Höhe von 7 500 T.; **Mutter**: Christine Friederike verwitw. von Zitzewitz, geb. Freiin von Mehling (1746–1831), sie erwarb 1781 d. Gut Wopersnow u. 1799 Klützkow; **Bruder**: Gebhard Friedrich (1780–1847), Dez. 1798 Cornet im H-R Nr. 8, Aug. 1799 dim., seine Mutter überließ ihm im Okt. 1802 d. Gut Klützkow im Krs. Schivelbein für 20/m T.; **Laufbahn**: Mrz. 1791 Cornet im D-R Nr. 12, Juli 1793 Sl, Febr. 1794 dim.; **Güter**: erwarb von seiner Mutter 1798 Wopersnow im Krs. Schivelbein für 54/m T., hatte hier 1801 seinen Wohnsitz; veräußerte d. Gut zs. mit Lankow im Aug. 1804 für 120/m T. an d. Gebrüder Adrian und Ludwig Leopold von Dewitz; **Ehefrau**: Dorothea Friederike Caroline, geb. von Beneckendorff (1774–1840);

Quellen: GStA, II. HA, Abt. 12, Materien, Vas.tab. Nr. 6, Bl. 150 RS-151; IV. HA, Rep. 1, Nr. 91, Bl. 2; BLHA, Rep. 3, Nr. 11 925 (1805 werden d. Vater u. fünf Söhne gen.); Tb. Briefadel, 1925, S. 893–895; Moegelin, S. 266; Jb. Neumark, 11/1936, S. 88, S. 90; Pommern, S. 668–669 (Biogramm d. Vaters, Conrad hier nicht gen.);

Obrist **Christian Friedrich von Ulrich** (* um 1712)

aus d. Neumark gebürtig; **Laufbahn**: seit 1733 im Militär, stand 1743 als Ltnt. im D-R Nr. 9, (1747 Rittmstr. im H-R Nr. 8) 1764 als Major u. Chef e. Escadron, 1771 als Obrist im K-R Nr. 11, im Okt. 1771 dim.;

Quellen: GStA, IV. HA, Rep. 1, Nr. 91, Bl. 31 (kz. Notiz, hier ohne Adelsprädikat); Stabi, Ms. boruss. fol. 312, Bl. 115 (mit Adelsprädikat); fol. 315, Bl. 40–40 RS, Bl. 48, Bl. 214 (alt);

Rittmstr. **Friedrich Wilhelm von Unfried** (* 1710, † vor 1764)

Vater: Carl Friedrich (1674–1752) *, Reg.rat in Küstrin, seit 1689 Erbherr auf Breitenwerder im Krs. Friedeberg, (1763 bzw.) 1765 von seinen Erben an d. Fi-rat von Brenckenhoff verkauft; **Mutter**: Hedwig Charlotte, geb. von Bylin-Kurnatowski; **Bruder**: Carl Ludwig (1706–1761) *, Kammerdirektor; **Bruder**: Hans Joachim, dieser saß 1764 auf d. väterlichen Gut Breitenwerder, hatte im Siebenjährigen Krieg größere Verluste erlitten, sah sich zu Meliorationen außerstande, d. Schulden betrugen lt. e. Bericht d. neumärk. Reg. vom 4. Dez. 1764 9 521 T., H. J. bot es d. fünf noch lebenden Lehnsvettern zum Kauf an, die waren dazu nicht in d. Lage, veräußerte es 1765 gegen d. Widerstand d. Agnaten, darunter d. Cap. Ludwig Wilhelm († 22. Sep. 1773) vom I-R Nr. 43, aus Memel gebürtig, als Major im I-R Nr. 51 gest., d. Stabs-Cap. Carl Bernhard u. d. Ltnt. Friedrich Emilius von Unfried vom I-R Nr. 37, beide aus Preußen gebürtig, an d. Fi-rat F. B. von Brenckenhoff, der d. Schulden übernehmen u. e. Kaufpretium von 3/m T. in Gold erlegen wollte, H. J. hatte nur zwei Töchter; **Laufbahn**: seit 1724 im Militär, stand 1740 als Ltnt. im K-R Nr. 7, 1741 als Rittmstr. ins K-R Nr. 12 versetzt, 1744 als Rittmstr. im K-R Nr. 12 gen., vor 1750 abgegangen;

Quellen: GStA, I. HA, Rep. 22, Nr. 346 e (1764 werden alle fünf Agnaten mit ihren Rängen gen.); IV. HA, Rep. 1, Nr. 91, Bl. 36 (hier F. E., 1771 gest., u. L. W., F.W nicht); Stabi, Ms. boruss. fol. 313, Bl. 71 (L. W.); fol. 315, Bl. 23, Bl. 27; fol. 316, Bl. 106–106 RS (C. B. u. F. E.), Bl. 198 RS (L. W.); Schulze, Statistik, S. 106 (danach kaufte v. Brenckenhoff d. Gut schon 1763, lt. Rep. 22, Nr. 346 e war es noch im Dez. 1764 im Besitz v. U.); biogr. Handbuch, S. 1035 (Vater u. Bruder);

sächs. Obrist **Alexander von Unruh** (* 16. April 1677, † 21. Mrz. 1728) *

Vater: Christoph (1638–1721), Landrat d. Krs. Züllichau, 1715 Erbherr auf Anteil Kay, Anteil Guhren, Anteil Schmöllen u. auf ganz Oblath im Krs. Züllichau, 1721 im Wert von 92 500 T., darauf Schulden von 26 900 T.; **Mutter**: Barbara Margarethe, geb. von Loeben (1651–1688); **Bruder**: Christoph George (1689–1723), trat in sächs. Dienste, Aug. 1712 Cap. im D-R Weißenfels, wurde 1723 in e. Streit erstochen; **Bruder**: Carl (1682–1750), sächs.-poln. Ltnt., vor 1715 abgegangen, erhielt im April 1721 d. Charakter als preuß. Major, 1728 als Erbherr auf Kay u. Guhren gen., Sohn: Friedrich Leopold (* 1. Mrz. 1713), Mrz. 1733 Fähnrich im D-R Nr. 3, dann Ltnt. in e. I-R, 1754 dim., nahm nach 1750 d. väterlichen Güter Kay u. Guhren für 48/m T. an, wegen d. hohen Schulden blieben ihm d. eigenen Angabe zufolge nur 5/m T., d. Güter gerieten in Konkurs u. gingen bei d. Licitation für 53 100 T. an d. Major Carl Siegmund von Gersdorff, F. L. ging später nach Mähren u. avancierte dort zum Vize-Krs.hauptmann, verheiratet mit Floriane Tugendreich, geb. von Seidlitz, Schwester d. Generals Friedrich Wilhelm von Seidlitz, Sohn: Alexander (* 29. Jan. Dez. 1725), Dez. 1745 Fähnrich in d. Garde, trat wegen *liederlicher Aufführung u. Schulden* in Höhe von 558 T. heimlich aus, sein Vermögen von 4 417 T. wurde eingezogen; **Laufbahn**: engagierte sich im sächs. D-R Weißenfels, Mrz. 1722 Obrist, als solcher gest.; **Ehefrau**: Anna (Magdalena) Sybilla, geb. von

Metzsch († 1729); **Güter**: übernahm bei d. Erbteilung im Juni 1721 Anteil Schmöllen für 21/m, Radewitsch für 12/m T., Carl übernahm drei Anteile Kay für 28 500 T., Christoph George Anteile Oblath u. Guhren für zs. 31/m T., alle Gutsanteile zs. waren mit 26 900 T. belastet, außerdem mußte jede Schwester mit 3 883 T. abgefunden werden;

Quellen: GStA, I. HA, Rep. 22, Nr. 348; Stabi, Ms. geneal. fol. 120, Bl. 217 RS; Fam.gesch., Sp. 100–104, Sp. 107–109; Jb. Neumark, 1928, S. 67, S. 78, S. 81;

Major **Alexander Gottlob von Unruh** (* 11. Okt. 1742, † 22. Okt. 1810) *

Vater: Melchior Sigmund (1717–1755), seit 1746 Erbherr auf Kuckädel im Krs. Crossen, erworben für 10 500 T., seine Witwe erklärte sich 1757 zum Nicht-Erben, d. Passiva von M. S. wurden mit 20 842 T. angegeben, im Okt. 1761 verkaufte seine zweite Frau Sophie Helene Christiane von Unruh, geb. von Kettwig, Kuckädel für 9 200 T. an d. Obristen F. O. L. Graf von Finckenstein, s. d.; **Mutter**: Dorothea Amalie, geb. von der Marwitz (1712–1742); Stief-**Bruder**: Sigmund Ernst Carl (1744–1763), im Mrz. 1763 gefallen; **Laufbahn**: Mai 1760 ins D-R Nr. 6, April 1761 Cornet, (Febr.) 1764 Sl, Sep. 1776 Pl, April 1787 Stabs-Cap., Okt. 1788 Chef d. Invaliden-Comp. in Tapiau, Febr. 1794 Major, Jan. 1808 als Ol mit 400 T. Pension dim.; **Ehefrau**: Gottliebe Henriette, geb. von Kreytzen († 1783); **Sohn**: George Gottlob Wilhelm (1776–1836), 1791 als Junker ins Regiment, Jan. 1796 Cornet im D-R Nr. 5, Sep. 1797 abgegangen; **Güter**: 1774 als unangesessener Vasall im Krs. Crossen bez., machte sich 1790 auf Lippau im Krs. Neidenburg ansässig;

Quellen: GStA, I. HA, Rep. 22, Nr. 348; II. HA, Abt. 12, Materien, Vas.tab. Nr. 6, Bl. 37 RS-38; IV. HA, Rep. 1, Nr. 91, Bl. 42; Stabi, Ms. boruss. fol. 311, Bl. 84 RS, Bl. 85 RS, Bl. 88 RS; Ms. geneal. fol. 120, Bl. 244; Albedyll, Anhang, S. 81 * (Sohn); Fam. gesch., Sp. 380–381;

Cap. **Balthasar Sigmund von Unruh** (* 31. Dez. 1694, † Mai 1742) *

Vater: Sigmund Gottlob (1657–1694), Verwalter von Kay, Pächter von Mosau im Krs. Züllichau; **Mutter**: Helene Erdmuthe, geb. von Kalckreuth († 1727); **Laufbahn**: trat 1715 ins I-R Nr. 17 ein, April 1719 Fähnrich, Okt. 1722 Sl, Nov. 1728 Pl, Mai 1735 Cap. u. Chef e. Comp., 1742 bei Chotusitz gefallen, ledig;

Quellen: Stabi, Ms. boruss. fol. 316, Bl. 42 RS, Bl. 43 RS, Bl. 49; Fam.gesch., Sp. 132–133;

Ltnt. **Carl Alexander von Unruh** (* Sep. 1762, † 10. Juni 1842)

Vater: Christoph Balthasar (1736–1794), Fähnrich im I-R Nr. 37, zeitweilig Erbherr auf Anteil Grabow, 1767 im Wert von 11 866 T., darauf Schulden von 12 420 T., u. Klein Gandern im Krs. Sternberg, veräußerte dieses an d. Major Carl Maximilian von Stentsch, dieser erlegte nur e. Teil d. Kaufgeldes, deshalb kam es zu e. langwierigen Prozeß, zuletzt seit 1785 auf Groß Kirschbaum für 6/m T., darauf Hypotheken von 5 100 T.; **Mutter**: Johanne Friederike Charlotte, geb. Stosch; **Vater-Bruder**: Adam Nicolaus (1743–1785), 1767 Fähnrich, Sep. 1778 Pl im I-R Nr. 40, als solcher ledig verst.; **Großvater**: Alexander (1709–1797), stand von 1740 bis 1745 im preußischen Militärdienst, (zuletzt Major), zog sein Vermögen aus Polen in d. preuß. Monarchie, erwarb 1765 e. Anteil an Grabow im Krs. Sternberg, den er 1766 d. Sohn C. B. überließ, ein anderer Anteil Grabow hatte 1767 e. Wert von 10 720 T., darauf Schulden von 11 120 T.; **Bruder**: Christoph Wilhelm Sigmund (* 1769, † vor 1804), 1783 Page beim Fürsten von Carolath, seit 1786 Erbherr auf Groß Kirschbaum im Wert von 6/m T.; **Laufbahn**: trat 1780 als Junker ins I-R Nr. 43 ein, Juni 1785 Fähnrich, Febr. 1788 Sl, Jan. 1791 beim Depot-Bat., Aug. 1809 Pl, Jan. 1814 Stabs-Cap. beim Garn.-Bat. d. Brandenburger I-R, April 1820 ausgeschieden;

Quellen: GStA, I. HA, Rep. 22, Nr. 348; II. HA, Abt. 12, Materien, Vas.tab., Nr. 8, Bl. 153 RS-154; Abt. 13 a, Tit. IV, Litt S, Nr. 3; IV. HA, Rep. 1, Nr. 91, Bl. 44 (hier als Carl George); Stabi, Ms. geneal. fol. 120, Bl. 244, Bl. 256 RS; Fam.gesch., Sp. 395–398 (als Carl Alexander); Moegelin, S. 65–66;

Major **Caspar Rudolph von Unruh**
(* 18. Mai 1710, † 23. Dez. 1781) *

Vater: Sebastian († 1741), Erbherr auf Niedewitz im Krs. Schwiebus; **Mutter**: Anna Barbara, geb. von Sack; **Bruder**: Wolf Heinrich (* 1708, † 5. Nov. 1745), Febr. 1723 *cadet*, Sep. 1725 Junker im D-R Nr. 6, Okt. 1730 Cornet, Nov. 1734 Ltnt., Febr. 1745 Stabs-Rittmstr., unbeerbt verst.; **Bruder**: Friedrich Wilhelm (* 25. Mai 1717, † 30. Mrz. 1746), 1731 *cadet* in Berlin, 1736 Gefr.corp., Ltnt. im I-R Nr. 30, als solcher gest.; **Laufbahn**: 1725 Gefr. corp. im I-R Nr. 10, 1730 Fähnrich, Dez. 1735 Sl, Juni 1740 als Pl ins I-R Nr. 37, Febr. 1746 Cap. u. Chef e. Comp. im I-R Nr. 44, Okt. 1750 als Major ins Grenadier-Bat. von Ingersleben, Mai 1757 Kommandeur d. Bat., geriet Juli 1760 in österr. Gefangenschaft, Juni 1763 dim.; **Güter**: seit 1749 Erbherr auf Niedewitz; erste **Ehefrau**: Luise Juliane, geb. von Zobeltitz; **Sohn**: Dietrich Hans Sebastian (* 26. Febr. 1748, † um 1799), Juli 1763 Cornet im D-R Nr. 3, Okt. 1766 Sl, Juni 1775 als Ltnt. mit Pension dim., Erbherr auf Heinersdorf im Krs. Züllichau, erhielt 1782 für d. Gut Meliorationsgelder in Höhe von 7 300 T., seit Sep. 1786 kgl. Kammerherr, ließ sich nach 1786 auf Clausdorf bei Deutsch Krone in Westpreußen nieder; **Sohn**: Anselm Rudolph (* 11. Aug. 1753, † 21. Febr. 1832), Mai 1770 als Gefr.corp. ins I-R Nr. 24, Febr. 1772 Fähnrich, Okt. 1777 Sl, Juni 1787 dim., Mai 1798 Charakter als Cap., erwarb im Juni 1787 von seinem Bruder D. H. S. pfandweise d. Gut Heinersdorf im Krs. Züllichau für 26/m T., hier noch 1805 gen., amtierte als Ritterschaftsrat im Krs. Züllichau, seit 1797 Landrat im südpreuß. Krs. Bomst, hatte hier d. gleichnamige Herrschaft erworben, sein natürlicher Sohn August erhielt am 4. Juli 1804 d. väterlichen Namen u. d. Wappen, nach 1806 Landrat in Züllichau;

Quellen: GStA, I. HA. Rep. 22, Nr. 348; II. HA, Abt. 12, Materien, Vas.tab. Nr. 6, Bl. 161 RS-162; IV. HA, Rep. 1, Nr. 91, Bl. 42; Stabi, Ms. boruss. fol. 311, Bl. 89, Bl. 90 (Bruder W. H.); fol. 316, Bl. 219, Bl. 227 RS, Bl. 320 RS, Bl. 325; Ms. geneal. fol. 120, Bl. 256 RS; Gesch. D-R Nr. 3, S. 198 (hier als August?), S. 414; König, 4. T., S. 117–118 (C. R.); Fam. gesch., Sp. 114–116, Sp. 357; Moegelin, S. 266; Jb. Neumark, 11/1936, S. 99; biogr. Handbuch, S. 1 036-1 037 (Sohn A. R.);

poln., preuß. Kammerherr **George Christoph von Unruh** (* 1739, † 21. Nov. 1808) *

Vater: George Sebastian (1694–1761), poln. Ol; **Mutter**: Eleonore, geb. von Unruh († 1787); **Laufbahn**: trat in d. sächsischen Militärdienst ein, seit 1773 poln. Kammerherr, später preuß. Kammerherr; in erster **Ehe** verheiratet mit Philippine Henriette Wilhelmine, geb. Freiin von Blankenburg († 1777), übernahm 1770 von seinem Schwiegervater d. Friedländer Güter in Westpreußen; seit 1791 in dritter Ehe verh. mit Charlotte Lucie, geb. von Loos; **Güter**: 1798, 1801, 1803 auf Köntopp, Mittelfelde, Welschenburg u. Kessel im Krs. Dramburg, 1779 im Wert von 30 938 T. gen., diese Güter waren von seiner Frau 1775 für 30 311 T. erworben worden u. gehörten ihr; **Sohn**: Alexander August Gotthilf (* 6. Juni 1769, † 24. Mrz. 1821), Juni 1785 Gefr.corp. im I-R Nr. 19, Juni 1787 Fähnrich, April 1788 Sl, Juni 1800 Pl, Okt. 1806 in Erfurt in frz. Gefangenschaft, April 1809 als Stabs-Cap. wieder angestellt, April 1813 Cap. beim Westpreuß. 2. I-R, April 1814 Major; **Sohn**: Carl George Bogislaus (* um 1773, † 12. Okt. 1809), Mrz. 1787 als Gefr.corp. ins I-R Nr. 19, April 1790 Fähnrich, Juni 1793 Sl, Juli 1803 Pl, 1806 in Erfurt gefangen, April 1807 als Stabs-Cap. wieder angestellt, Febr. 1808 Cap.;

Quellen: GStA, II. HA, Abt. 12, Materien, Vas.tab. Nr. 6, Bl. 72–73; Nr. 8, Bl. 76 RS-77; IV. HA, Rep. 1, Nr. 91, Bl. 44 (Söhne); VI. HA, Nl. Caprivi, Nr. 3 (Söhne, beide aus Crossen gebürtig); Stabi, Ms. geneal. fol. 120, Bl. 244 RS; Fam.gesch., Sp. 353–358, Sp. 361 u. 407 (Söhne, geb. in Pieske bzw. in Crossen); Jb. Neumark, 11/1936, S. 67;

Ltnt. **Heinrich Siegmund von Unruh** (* 10. Febr. 1748, † 1797)

Vater: Balthasar Wladislaus (1724–1752), Fähnrich in sächsischen Diensten, Erbherr auf Neuhaus (im poln. Krs. Birnbaum); H. S. aus d. Neumark gebürtig; **Mutter**: Anna Charlotte, geb. von Konorska; **Laufbahn**: 1764 Fähnrich im I-R Nr. 34, Mai 1768 Sl, Mai 1772 als Ltnt. dim., ließ sich in Bentschen nieder;

Quellen: GStA, IV. HA, Rep. 1, Nr. 91, Bl. 42 (kz. Notiz); Stabi, Ms. boruss. fol. 311, Bl. 98, Bl. 104; Fam.gesch., Sp. 378–379, Sp. 387–388;

Major **Hans Christoph von Uthmann** (1703–1771)

aus Schlesien gebürtig; **Laufbahn**: seit 1724 im Militär, stand 1740 als Ltnt. im D-R Nr. 3, 1742 als Cap., 1753 als Major, Mai 1758 als Major im D-R Nr. 3 wegen kränklicher Umstände auf Wunsch dim.; **Güter**: erwarb als Gläubiger mit e. Forderung über 5/m T. 1761 d. Gut bzw. Vorwerk Fürstenfelde im Krs. Königsberg im Umfang von acht Freihufen von der Witwe von Briesen für 15/m T., darauf ruhten Schulden von 12 467 T., d. Witwe blieb e. Erlös von nur 2 532 T.; d. Major wollte d. Gut 1762 für 16/m T. an e. bürgerlichen Interessenten verkaufen, bekam dafür keinen Konsens; H. C. errichtete am 10. Aug. 1771 sein Testament, setzte darin seine Ehefrau zur Alleinerbin ein, seine Geschwister waren bereits alle verst., über seinen Nachlaß sollte kein Inventar angefertigt werden, hinterließ ihr d. mit 5/m T. belastete Allodialgut Fürstenfelde sowie e. Kapital von 4/m T.; 1772 befand sich Fürstenfelde in der Hand seiner **Witwe** Johanna Beate Charlotte, geb. von der Marwitz (1754–1805), diese ging 1772 e. zweite Ehe ein mit d. späteren GM George Ludolph von Wulffen, s. d.; hinterließ d. natürlichen **Sohn** Johann Friedrich Uthmann, der am 12. Jan. 1774 legitimiert wurde, aber ohne d. Stand u. d. Wappen d. Vaters zu erhalten, er stammte aus d. Verbindung mit Dorothea Sophia Paulisch, später verheiratete Ziegel; d. Major hatte d. Mutter e. kleine Abfindung gezahlt u. d. Heirat vermittelt; 1774 stellte J. F. Ansprüche an den Nachlaß seines verst. Vaters;

Quellen: GStA, I. HA, Rep. 22, Nr. 346 d (hier als Uttmann); Nr. 383; IV. HA, Rep. 1, Nr. 91, Bl. 72 (als Uthmann); Gesch. D-R Nr. 3, S. 66 (als Uthmann), S. 82 (als von Uttmann), S. 102, S. 411; Zedlitz, 4. Bd., S. 289; Jb. Neumark, 11/1936, S. 73; Diest, Marwitz, S. 22;

Cap. **Friedrich Wilhelm Frhr. von Vernezobre** (* 7. Aug. 1721, † 5. Nov. 1781) *

Vater: Franciscus Mathäus (1690–1748), Kaufmann, 1721 in d. Freiherrnstand erhoben, seit 1721 Besitzer d. Herrschaft Hohenfinow in d. Mittelmark; **Mutter**: Marie Henriette, e. geb. Vernezobre (1697–1748); **Laufbahn**: stand als Ltnt. im D-R Nr. 3, Sep. 1750 mit d. Charakter Cap. dim., amtierte seit 1760 als Landrat im Krs. Cottbus; **Ehefrau**: e. geb. Freiin von Kottwitz, diese besaß e. Mitgift von 12/m T.; **Güter**: seit 1749 Erbherr auf Brahmow, Briesen, Krieschow, Milkersdorf im Krs. Cottbus, übernahm diese von seinem Vater für zs. 78/m T., 1756 betrugen d. Schulden 40/m T., erlitt im Siebenjährigen Krieg auf seinen Gütern Schäden in Höhe von 37 616 T., verkaufte Briesen 1766 für 27 300 T., (1767 wurden Krieschow u. Milkersdorf mit e. Wert von 110 458 T. angegeben, darauf Schulden von 91 832 T. bzw.) F. W. bezifferte 1767 seine jährl. Revenuen auf 1 550 T., d. Wert von Brahmow u. Milkersdorf zs. auf 50 700 T., d. Verbindlichkeiten inkl. d. *illata* seiner Frau auf 60 200 T., wovon noch 15/m aus d. Erlös von Briesen getilgt werden sollten; d. Güter gerieten in Konkurs u. wurden nach u. nach verkauft, 1779 wurde ihr Wert mit 80/m T., die Schulden mit 50/m T. angegeben; hinterließ seinen Töchtern nur e. geringes Vermögen;

Quellen: GStA, I. HA, Rep. 22, Nr. 350 c; IV. HA, Rep. 1, Nr. 91, Bl. 137 (kz. Notiz, 1750 dim.); Stabi, Ms. geneal. fol. 120, Bl. 238 RS; Gesch. D-R 3, S. 411 (1753 dim., in keiner Rang-, nur in d. Abgangsliste); Moegelin, S. 68; Krüger, Cottbus, S. 4–6, S. 24, S. 28; biogr. Handbuch, S. 1 044-1 045;

Major **Gotthilf von Versen** (* 1743, † 17. Febr. 1814)

Vater: Rüdiger Ewald († vor 1745), Aug. 1721 Ltnt. im I-R Nr. 25, als solcher noch 1728 gen., 1729 abgegangen, erhielt später d. Charakter Cap.; **Mutter**: Eleonore Barbara, geb. von Münchow, sie saß 1745 als Witwe auf Nelep im Krs. Schivelbein, in zweiter Ehe verh. mit e. Cap. Caspar Friedrich Sylvester von Hertzberg, dieser saß 1767 auf Nelep im Wert von 3 070 T., darauf Schulden von 3 102 T.; **Bruder**: Carl Friedrich (* 1734), stand 1745 als Uffz. im I-R Nr. 22, 1758 als Ltnt. im Garn.-Reg. Nr. 6 *cassirt*; **Bruder**: Ludwig Siegmund (* 1732) *, 1767 Pl im I-R Nr. 36, im April 1777 auf Wunsch als Cap. dim.; **Laufbahn**: 1754 *cadet* in Berlin, Jan. 1759 Fahnenjunker im I-R Nr. 36, Sep. 1760 Fähnrich, 1761 bis 1763 in österr. Gefangenschaft, Dez. 1764 Sl, Mrz. 1778 Pl, Mai 1785 Stabs-Cap., Juni 1787

Cap. u. Chef e. Comp., Juni 1795 Major, Mrz. 1805 mit 400 T. Pension dim.; **Güter**: d. Anteil Nelep im Wert von 2 416 T. fiel an Wilhelmine Friederike Antoinette von Versen (* 1775), (die Tochter von Ludwig Siegmund), 1801 verheiratet mit d. Rittmstr. Carl Christian Ewald von Wolky vom H-R Nr. 8, beide verkauften d. Gutsanteil 1804 an d. Amtmann Christian Wilhelm Krieger für 16 800 T.; d. Major Gotthilf wurde 1805 als unangesessener Vasall im Krs. Schivelbein aufgeführt;

Quellen: GStA, II. HA, Abt. 12, Materien, Vas.tab. Nr. 6, Bl. 147 RS-148; IV. HA, Rep. 1, Nr. 91, Bl. 139; BLHA, Rep. 3, Nr. 11 925; Stabi, Ms. boruss. fol. 314, Bl. 103, Bl. 114 (Vater), Bl. 344 RS, Bl. 346; Ms. geneal. fol. 120, Bl. 230; Gesch. I-R Nr. 36, S. 100 (Bruder L. S.), S. 104; Moegelin, S. 65; Jb. Neumark, 11/1936, S. 89; Pommern, S. 675 (Biogramm d. Bruders LS.);

Cap. **Joachim Friedrich Wilhelm von Versen** (* 1750, † 16. April 1811)

Vater: Lorenz Wilhelm (1714–1799) *, Rittmstr., auf Tiezow im Krs. Belgard; **Mutter**: Ernestine Sophie Amalie, geb. von der Goltz (1723–1792); **Bruder**: Otto Ludwig (* 1751), Major, s. d.; **Laufbahn**: seit etwa 1763 im Militärdienst, 1764 Gefr. corp., 1767 Fähnrich, Nov. 1771 Sl im I-R Nr. 22, Juni 1782 krankheitshalber nach 19 Dj. als Sl dim., bat noch im Juni d. J. um d. Charakter Cap., erneuerte sein Gesuch im Sep. u. Dez. 1782; **Güter**: seit 1791 Erbherr auf Pobanz im Krs. Belgard, um 1793 verkauft, erwarb dafür 1791 Steinbusch, Werder, Springe im Krs. Arnswalde für 30/m T., noch 1798 u. 1803 hier gen., 1805 verkauft; **Ehefrau**: Charlotte Sophie Beate, geb. von Arnim (1752–1837), geschiedene Hans Heinrich von Bredow; **Sohn**: Joachim Ernst Wilhelm (* 1787), 1801 auf d. JG in Berlin, stand 1803 als Junker im I-R Nr. 22, 1806 Fähnrich, 1811 pens.;

Quellen: GStA, II. HA, Abt. 12, Materien, Vas.tab., Nr. 6, fol. 15 RS-16; IV. HA, Rep. 1, Nr. 91, Bl. 139; Stabi, Ms. geneal. fol. 120, Bl. 235 RS; Fam.gesch. Arnim, T. 2/2, S. 314 (danach aus d. Ehe keine Kinder); Jb. Neumark, 11/1936, S. 62; Pommern, S. 674–675 (Biogramm d. Vaters, Hinweise auf d. Söhne);

Major **Otto Ludwig von Versen** (* 1751)

Vater: Lorenz Wilhelm (1714–1799) *, Rittmstr., auf Tiezow im Krs. Belgard; **Mutter**: Ernestine Sophie Amalie, geb. von der Goltz (1723–1792); **Laufbahn**: seit 1766 im Militär, 1767 Uffz., 1772 überkompletter Cornet im H-R Nr. 8, 1778 als Sl, 1793 als Stabs-Rittmstr. im H-R Nr. 8 gen., 1794 pens., später als Train-Direktor angestellt, erhielt 1805 d. Charakter Major; **Güter**: erwarb 1798 Grüneberg im Krs. Arnswalde für 32 600 T., 1801 an d. Ltnt. Friedrich Wulf Ernst von Natzmer verkauft, s. d., machte sich 1801 im Ftm. Cammin ansässig;

Quellen: GStA, IV. HA, Rep. 1, Nr. 91, Bl. 139; Stabi, Ms. geneal. fol. 120, Bl. 235 RS; Schöning, 5. H-R, S. 125, S. 139, S. 168, S. 551; Jb. Neumark, 11/1936, S. 59; Pommern, S. 674–675 (Biogramm d. Vaters, Angaben zum Sohn O. L.);

Ltnt. **Anton Ludwig von Vigny** (* 1763, † Febr. 1795)

Vater: Louis Jérémie (1738–1793/1794), Ltnt. im Grenadier-Bat. von Ingersleben, seit 1762 auf Reinfeld im Krs. Belgard, 1768 gegen Haselberg im Oberbarnim vertauscht, von 1777 bis 1793 auf Kerstenbruch im Oberbarnim; A. L. aus

d. Neumark gebürtig; **Mutter**: Luise Dorothea Tugendreich, geb. von Manteuffel († 1804); **Brüder**: Siegmund Friedrich (1765–1832), aus d. Kurmark gebürtig, seit 1781 im Regiment, April 1785 Fähnrich im I-R Nr. 26, Nov. 1786 desertiert, trat in holländische Dienste, April 1814 wieder in preuß. Dienste bei e. Reserve-Bat., zuletzt Cap. in Cosel; Carl Wilhelm (1768–1806), Febr. 1785 Fähnrich im I-R Nr. 46, Mrz. 1788 Sl, Okt. 1796 ins I-R Nr. 26, Juli 1801 Pl, Nov. 1804 Stabs-Cap., am 4. Febr. 1806 gest.; Johann Ernst (1770–1804), Juli 1786 Fähnrich im I-R Nr. 35, April 1788 Sl, Okt. 1797 Pl, Mrz. 1804 Suizid; Heinrich Ferdinand (1776–1840), Febr. 1796 Fähnrich im I-R Nr. 46, Okt. 1797 Sl, Okt. 1802 ins I-R Nr. 13, April 1804 dim., Mai 1813 ins Garn.-Bat. d. d. 2. Ostpreuß. I-R, Dez. 1818 als Cap. im 12. Garn.-Bat. dim.; **Laufbahn**: seit 1775 im Militär, Okt. 1784 Sl im K-R Nr. 11, April 1793 Pl, 1795 gest.;

Quellen: GStA, I. HA, Rep. 176, Nr. 10 152, Tafel 1 (d. Fam. auch als de Flavigny de Vigny); IV. HA, Rep. 1, Nr. 91, Bl. 168 (A. L. u. Brüder); Stabi, Ms. boruss. fol. 314, Bl. 13 RS, Bl. 14 (Brüder S. F., C. W.), Bl. 24 RS (S. F.); fol. 315, Bl. 38; Zedlitz, 4. Bd., S. 297 (danach wurde d. Fam. erst 1788 geadelt; dieser Zweig stammte aus Philippsthal: Rep. 176, Nr. 10 153); Siebmacher, Bd. 6/5, 1880, S. 99; Taeglichsbeck, S. 272 (Bruder J. E.);

Cap. **Johann Wilhelm Bartolomäus (seit Okt. 1786: von) Vogel** (* 21. Dez. 1750, † vor 1805)

Vater: Friedrich Wilhelm, preuß. Hofrat; **Mutter**: Marie Luise, geb. Kirchheim, alle drei Söhne wurden in Küstrin geboren; **Bruder**: Samuel Friedrich (* 19. Sep. 1740, † 1788), seit 1759 im Militär, April 1760 Fähnrich u. Adjutant im I-R Nr. 49, vor 1775 als Ltnt. abgegangen u. als Postmstr. in Cosel versorgt; **Bruder**: August Gottlieb (* 28. Jan. 1753), ksl.-russ. Rittmstr.; **Laufbahn**: seit 1766 im Militär, Okt. 1772 Sl im Artillerie-Corps, Aug. 1790 Pl, Juni 1792 als Cap. nach 26 Dj. dim., hatte 1801 d. Anwartschaft auf e. Domherrnpfründe in Magdeburg; **Ehefrau**: Sophia Christiana Witwe Reg.rat Theodor Franz Gottfr. Hornejus, geb. Grünberg (* 1764), To. e. Frankfurter Kaufmanns; d. Cap. (erheiratete die) **Güter** Kähmen u. Murzig im Krs. Crossen, im Dez. 1795 im Wert von 75 350 T., 1774 waren d. Güter im Besitz d. Landrates von Schlegel gewesen, 1805 verkaufte seine Witwe d. Güter für 87 330 T.;

Quellen: GStA, I. HA, Rep. 1, Nr. 13-1, Litt. V, Nr. 11; II. HA, Abt. 12, Materien, Vas.tab. Nr. 6, Bl. 29 RS-30; IV. HA, Rep. 1, Nr. 91, Bl. 190; Stabi, Ms. boruss. fol. 314, Bl. 162 (Bruder S. F.); fol. 319, Bl. 340; Siebmacher, Bd. 6/5, 1880, S. 99; Jb. Neumark, 11/1936, S. 80; Tb. Briefadel, 1936, S. 666;

Major **Carl Friedrich August von Voigt** (* 1716, † 8. Dez. 1760)

Vater: Johann August (1677–1742) *, Nov. 1710 Cap. im I-R Nr. 19, 1714 nobilitiert, Febr. 1725 Kommandeur d. I-R 19, Mai 1733 Obrist, Mrz. 1741 Orden p. l. m., Aug. 1741 Chef d. I-R Nr. 20, Nov. 1741 GM; C. F. A. aus d. Neumark gebürtig; **Mutter**: Elisabeth, geb. Martin († 1732); **Laufbahn**: seit 1738 im Militär, 1740 Fähnrich im I-R Nr. 18, 1750 als Pl gen., Aug. 1758 als Major d. Orden p. l. m., 1760 als Major in Spandau gest.; (**verwandt**: 1715 u. 1718 saßen Balzer Sigismund u. Valentin Sigismund, Vater u. Sohn, auf Sadelberg im Krs. Dramburg: Jb. Neumark, 1927, S. 110);

Quellen: GStA, IV. HA, Rep. 1, Nr. 91, Bl. 200 (danach gest. 24. Dez. 1760); Stabi, Ms. boruss. fol. 313, Bl. 161 RS, Bl. 170 RS, Bl. 172; Lehmann, S. 75; Jb. Neumark, 11/1936, S. 80; Priesdorff, Nr. 291 (Vater, Sohn C. F. A. gest. 5.12.1760);

Ltnt. **Christoph Friedrich von Voigt** (* 1683) *

aus d. Neumark gebürtig; **Laufbahn**: seit 1698 im Militär, Nov. 1714 Sl im I-R Nr. 14, 1725 als Pl gen., vor 1740 abgegangen; (**verwandt**: 1714 saß e. Fähnrich von Voigt auf Anteil Bärfelde im Krs. Arnswalde: Jb. Neumark, 1927, S. 171);

Quellen: Stabi, Ms. boruss. fol. 311, Bl. 152; fol. 319, Bl. 42;

Cap. **Ernst Ludwig von Voigt** (* 1689) *

aus d. Neumark gebürtig; **Laufbahn**: seit 1709 im Militär, Dez. 1715 Sl im I-R Nr. 17, noch 1721 als Ltnt., 1730 als Stabs-Cap. gen., vor 1740 abgegangen;

Quellen: Stabi, Ms. boruss. fol. 319, Bl. 42, Bl. 46, Bl. 49;

Ltnt. **Friedrich Wilhelm von Vo(i)gt** (* 1720)

(**Vater**: Johann August (1677–1742) *, GM; **Mutter**: Elisabeth, geb. Martin († 1732); **Bruder**: Carl Friedrich August (1716–1760), Major, s. d. mehr); F. W. aus d. Neumark gebürtig; **Laufbahn**: seit 1738 im Militär, stand 1740 als Fähnrich im I-R Nr. 28, 1741 ins I-R Nr. 20 versetzt, Okt. 1748 Pl im I-R Nr. 20, vor 1756 abgegangen;

Quellen: Stabi, Ms. boruss. fol. 311, Bl. 114 RS; fol. 314, Bl. 69 RS, Bl. 73 RS; Priesdorff, Nr. 291 (Vater?, hier e. Sohn F. W., geb. 1718, Adjutant d. Gl Hans Carl v. Winterfeld, Nr. 352);

Ltnt. **Hans Ehrentreich von Vorhauer** (* 1700) *

Vater: Thomas Ehrentreich († um 1712), stand 1703 als Major im I-R Nr. 12, Erbherr auf Anteil Pehlitz im Krs. Friedeberg im Wert von (1800 bzw.) 3 bis 3500 T., hinterließ drei Söhne zweiter Ehe, diese wurden 1715 u. 1718 auf Anteil Pehlitz gen., der Sohn erster Ehe war bei Lebzeiten d. Vaters in (fremde) Kriegsdienste gegangen; **Mutter**: Dorothea Sophie († um 1714), älteste Tochter d. Landesdirektors Heinrich Wulf von Platen, sie besaß e. Ehegeld von 1500 T u. zog davon e. jährliche Pension von 150 T.; **Bruder**: Rudolph Ehrentreich, vor 1715 in schwedischen Diensten verschollen, evt. 1706 bei Fraustadt gefallen; **Bruder**: Philipp Jacob († vor 1721); **Schwestern**: Magdalene Sophie u. Dorothea Christiane, H. E. sollte diese 1721 mit 1625 T. abfinden, d. Gutsanteil hatte aber nur e. Wert von 1800 T.; **Laufbahn**: seit 1718 im Militär, stand 1720 als Quartier-Mstr. im K-R Nr. 4, 1730 hier als Cornet gen., nahm 1734 als Ltnt. seinen Abschied, erwarb in Preußen d. Gut Bredienen, amtierte seit 1752 als Landrat im Krs. Seehesten; **Ehefrau**: Maria Elisabeth, geb. von Gollen; H. E. starb als letzter seiner Familie;

Quellen: GStA, I. HA, Rep. 22, Nr. 349 (hier als Heinrich Ehrentreich, d. Bruder als Rudolph Ernst); Rep. 62, Nr. 269, Fasz. 8; BLHA, Rep. 23 B, Nr. 446; Stabi, Ms. boruss. fol. 316, Bl. 167 (alt); Siebmacher, Bd. 6/5, 1880, S. 100; Bardeleben, S. 415; Jb. Neumark, 1926, S. 87; biogr. Handbuch, S. 1054;

Ltnt. **Carl Heinrich von Wachholtz** (1730–1762)

Vater: Carl Albrecht (1699–1757), seit 1725 Erbherr auf Klützkow im Krs. Schivelbein, seine beiden Söhne starben 1762, d. Gut wurde deshalb vom Cap. Lorenz Christian von Wachholtz († 1763), dann von dessen Sohn Ludwig Christoph, 1765 u. 1769 Pl, zuletzt Stabs-Cap. bei d. Garde, in Anspruch genommen, sie konnten ihre Ansprüche jedoch nicht durchsetzen; **Mutter**: Sophia Margaretha Louisa, geb. von Broecker, diese saß als Witwe 1765 auf Klützkow; **Großvater**: Hans Heinrich, Erbherr auf Anteil Klützkow; **Bruder**: Ewald Heinrich (1731–1762), Uffz., s. d.; **Laufbahn**: seit 1749 im Militär, Jan. 1756 Fähnrich im Garn.-Reg. Nr. 7, 1762 als Ltnt. gest. (bzw. 1763 auf Wunsch als Pl dim.);

Quellen: GStA, I. HA, Rep. 22, Nr. 381 (d. 1757 verst. C. A. als Erbherr auf Klützkow gen.); Stabi, Ms. boruss. fol. 313, Bl. 119 RS, Bl. 126; Spruth, S. 185, S. 189; Jb. Neumark, 1927, S. 89 (1715 Hans Heinrich auf Anteil Klützkow, minderj. Sohn: Carl Albrecht);

Rittmstr. **Ewald Ehrentreich von Wachholtz** (1692–1739)

aus d. Neumark gebürtig; **Laufbahn**: seit 1713 im Militärdienst, stand 1717 als Ltnt. im D-R Nr. 3, 1723 als Rittmstr., 1739 als Rittmstr. u. Chef e. Escadron gen., noch 1739 als Rittmstr. in d. Garnison Woldenberg gest.; hinterließ e. unmündige **Tochter**; als deren Vormünder fungierten 1743 seine **Brüder**: d. Obrist Hans Michael u. d. Cap. Lorenz Christoph von Wachholtz (* um 1670);

Quellen: GStA, I. HA, Rep. 22, Nr. 381; Stabi, Ms. boruss. fol. 313, Bl. 9, Bl. 15 RS, (Bl. 16); Gesch. D-R Nr. 3, S. 409; nicht im Jb. dt. Adel, 2. Bd.;

Uffz. **Ewald Heinrich von Wachholtz** (1731–1762)

Vater: Carl Albrecht († 1757), 1751 als Erbherr auf Klützkow im Krs. Schivelbein im Wert von 5/m T. gen., hinterließ seine Frau u. zwei Söhne, beide starben 1762; **Bruder**: Carl Heinrich (1730–1762), Ltnt., s. d.; **Laufbahn**: seit 1748 im Reg., stand 1751 als Uffz. im D-R Nr. 4 in Landsberg an d. Warthe;

Quellen: BLHA, Rep. 78 I, Nr. 170, Bl. 56 RS-57 (d. Vater hier als Ewald Albrecht, d. Söhne als Ewald Friedrich u. Ewald Heinrich); Stabi, Ms. geneal. fol. 120, Bl. 230 (d. Vater hier als Carl Albr., E. H. als Carl Hr.); Jb. Neumark, 1927, S. 89 (1715 auf Klützkow Hans Heinrich, dessen Sohn Carl Albrecht); Spruth, S. 185, S. 189 (d. Vater hieß danach Carl Albrecht, hier nur d. Söhne Ewald (Friedrich bzw.) Heinrich u. Carl Heinrich gen.);

Fähnrich **George Friedrich von Wachholtz** (* 1697)

Vater: Jacob Joachim, 1713 u. 1718 als Erbherr auf Anteil Völzkow im Krs. Schivelbein im Wert von 2 800 T. gen., verpfändete d. Gut um 1719, geriet in Konflikt mit d. Pfandbesitzerin, 1751 saß d. Pfarrer Johann Valentin Kohlmey (* 1688) auf Anteil Völzkow im Wert von 3 400 T.; **Brüder**, 1715 erwähnt: Otto Rüdiger, Carl Ludwig; **Laufbahn**: seit 1712 im Militär, stand 1715 als Gefr.corp., 1718 als Sergant im I-R Nr. 25, 1727 als Fähnrich desertiert;

Quellen: GStA, I. HA, Rep. 22, Nr. 381; BLHA, Rep. 23 B, Nr. 446; Stabi, Ms. boruss. fol. 314, Bl. 113, Bl. 148 (hier als George W.); Jb. Neumark, 1927,

S. 90; Spruth, S. 158, S. 186 (d. Vater danach Ewald Jacob (1656–1723), G. F. mit d. Daten 1694–1741, kein Hinweis auf d. Militärdienst);

Cap. **Hans Adam von Wachholtz** (* 1697, † vor 1739)

Vater: Otto Christoph († 1709), Erbherr auf Baumgarten im Krs. Dramburg, 1715 saß seine Witwe Dorothea, geb. von Roenne, auf d. Gut im Wert von 3 500 T.; H. A. aus d. Neumark gebürtig; **Bruder**: George Christoph (1700–1765) *, Reg.präs. in Stettin; **Laufbahn**: seit 1710 im Militär, Aug. 1714 Fähnrich im I-R Nr. 24, 1723 ins Regiment Mosel (I-R Nr. 28) versetzt, vor 1727 abgegangen; **Güter**: 1727, 1728 als vorm. Cap. auf Baumgarten im Krs. Dramburg gen., dieses war für 600 T. jährlich verpachtet, verkaufte d. Gut vor seinem Tod für 13 200 T. an d. Amtmann Dreier u. dessen Frau Anna Dorothea, geb. von Pötter, diese gerieten wegen ausstehender Gelder in Streit mit d. Geh. Rat G. C.; **Ehefrau**: Hedwig Elisabeth, geb. von Podewils;

Quellen: GStA, I. HA, Rep. 22, Nr. 381; Rep. 96, Nr. 304 C 1; BLHA, Rep. 23 B, Nr. 446; Stabi, Ms. boruss. fol. 316, Bl. 322; fol. 319, Bl. 46 RS; Ms. geneal. fol. 120, Bl. 226 RS; Jb. Neumark, 1927, S. 128; Spruth, S. 151, S. 184 (danach hieß d. Vater Ventz Henning, poln. Ltnt.); biogr. Handbuch, S. 1 059 (Bruder);

Cap. **Ludwig Carl Wilhelm von Wackerbarth** (* 1747)

Vater: Balthasar Heinrich, ansbachischer „Oberhauptmann"; L. C. W. aus d. Lausitz gebürtig; **Laufbahn**: erhielt (ohne gedient zu haben) d. Charakter Cap.; **Ehefrau**: Marie Helene, geb. von Bomsdorff (* 1759); **Güter**: erwarb von d. Söhnen d. Majors G. L. von Holtzendorff nach 1782 e. Anteil von Werben im Krs. Cottbus, verkaufte diesen wieder; saß 1801 auf Briesen im Wert 32/m T., im Juni 1769 auf diesen Wert geschätzt, seit Aug. 1797 auch auf Guhrow für 30/m T.; noch 1805 auf Briesen u. Guhrow gen.

Quellen: GStA, II. HA, Abt. 12, Materien, Vas.tab. Nr. 6, Bl. 44 RS-45, Bl. 47 RS-48; BLHA, Rep. 3, Nr. 11 925; Stabi, Ms. geneal. fol 120, Bl. 238 RS; Fam.gesch. von Oertzen, 5. T., S. 437 (Hinweis auf d. Vater); Jb. Neumark, 11/1936, S. 102; Krüger, Cottbus, S. 6, S. 16–17;

Rittmstr. **von Waldow** (* 1768, † 31. Mrz. 1836) *

aus d. Neumark gebürtig; **Laufbahn**: Juni 1783 Cornet im D-R Nr. 4, Juli 1786 Sl, Mai 1794 Pl, Okt. 1800 Stabs-Rittmstr., Dez. 1801 Rittmstr., Nov. 1807 ½ Gehalt, Mai 1809 als Major dim.;

Quellen: GStA, IV. HA, Rep. 1, Nr. 92, Bl. 49; Gesch. D-R Nr. 3, S. 259, S. 318;

Rittmstr. **Achatz Wilhelm August von Waldow** (* 11. Jan. 1771, † 31. Jan. 1848)

Vater: Adolph Friedrich (1725–1801), bezog 1740 d. JG, engagierte sich 1742 bei d. Garde, 1745 Cornet im D-R Nr. 8, 1746 Ltnt., April 1754 dim., ging auf seine Güter, mecklenburg. Kammerherr, seit 1771 auf Stubbenhagen im Krs. Sternberg, 1774 als Domherr zu Cammin, als Erbherr auf Königswalde u. Osterwalde im Krs. Sternberg gen., 1767 im Wert von 68 622 T., darauf Schulden von 56 450 T., auf Dannenwalde in Mecklenburg, erwarb nach 1776 Sadelberg im Krs. Dramburg, dieses war 1753 mit 11 800 T. angegeben worden, erhielt 1777 für Königswalde Meliorationsgelder in Höhe von 10 420 T.; seine Söhne fochten nach 1801 d. Umwandlung eines Teils seiner Liegenschaften in Fiedeikommißgüter an; **Mutter**: Elisabeth Dorothee Sophie, geb. von Bismarck (1736–1810); **Großvater**: Adolph Friedrich (1698–1754), preuß. Geh. Rat, Erbherr auf Dannenwalde, reluierte 1738 das verpfändete Königswalde für 29 200 T. u. Osterwalde für 10/m T. von d. Erben Friedrich Frhr. von Schmettau; **Bruder**: Adolph Friedrich (* 28. Nov. 1760, † 23. Nov. 1832), weilte von 1774 bis 1776 auf d. Ritterakademie in Brandenburg an der Havel, Aug. 1786 Sl im K-R Nr. 7, Mrz. 1792 Pl, Okt. 1798 Stabs-Rittmstr., April 1802 Rittmstr., Aug. 1806 Major, Sep. 1813 mit 300 T. pens., seit 1801 Erbherr auf Königswalde u. Osterwalde, lt. väterl. Testament für 59 150 T. angenommen; **Bruder**: Ferdinand Heinrich Thomas (* 23. Dez. 1765, † 12. Okt. 1830), weilte seit April 1780 auf d. Ritterakademie in Brandenburg an der Havel, Okt. 1782 Fähnrich im I-R Nr. 24, Nov. 1786 Sl, Dez. 1793 Pl, Okt. 1798 Stabs-Cap., Mai 1802 mit d. Charakter Major dim., Erbherr auf Dannenwalde; **Bruder**: Carl Ernst Christian (* 5. Dez. 1766, † 21. Mrz. 1831), bezog im April 1783 d. Ritterakademie in Brandenburg an der Havel, Jan. 1787 Fähnrich im I-R Nr. 18, April 1788 Sl, Febr. 1795 Pl, Sep. 1798 Stabs-Cap., Febr. 1803 mit d. Charakter Major dim., Sep. 1813 Kommandeur d. 3. Bat. d. 3. Neumärk. Landwehr-I-R, Juli 1816 als Ol ausgeschieden, Dez. 1827 Charakter Obrist, in zweiter Ehe verheiratet mit Friederike verwitw. von Maltzahn, geb. von Schöning (1783–1808), nach 1806 Erbherr auf Steinhöfel, seit 1802 Besitzer d. Fideikommißgüter Sadelberg u. Zanthier im Krs. Dramburg; **Laufbahn**: weilte von Jan. 1785 bis Ende 1786 auf d. Ritterakademie in Brandenburg an der Havel, Juni 1788 Cornet im K-R Nr. 7, Juni 1791 Sl, Juni 1793 Orden p. l. m., Aug. 1798 Pl, Mai 1802 als Rittmstr. dim., nach 1810 Landrat d. Krs. Arnswalde, 1838 Charakter Major; erste **Ehefrau**: Friederike, geb. von Füllgraf (1776–1815); **Güter**: erwarb 1803 beide Anteile d. Gutes Fürstenau im Krs. Arnswalde für 98/m T., 1801 u. 1803 auch auf Stubbenhagen u. Vorwerk Sophienwalde im Krs. Sternberg für zs. 20/m T.;

Quellen: GStA, I. HA, Rep. 22, Nr. 356, Paket 8 817; II. HA, Abt. 12, Materien, Vas.tab. Nr. 6, Bl. 130 RS-131, Bl. 134 RS-135; Nr. 8, Bl. 7 RS-8; IV. HA, Rep. 1, Nr. 92, Bl. 39 (C. E. C.), Bl. 48 (Vater), Bl. 49–50; Stabi, Ms. boruss. fol. 316, Bl. 321, Bl. 329; Ms. geneal. fol. 120, Bl. 255; Tb. Uradel, 1901, S. 869 (hier nur A. W. A. u. C. E. C.), S. 871; Fam.gesch., S. 88–95 (Großvater, Vater), Tafel E; Leers, Zöglinge, S. 113, S. 117, S. 121 (mit teils anderen Daten für C. E. C.), S. 125; Lehmann, S. 255; Moegelin, S. 265; Jb. Neumark, 11/1936; S. 58, S. 67;

Ol **August Ludwig von Waldow**
(* 27. Dez. 1748, † 24. Mrz. 1814)

Vater: Joachim August (1706–1757) *, seit 1725 im Militär, 1730 Fähnrich, 1740 Pl im I-R Nr. 12, 1750 als Cap. u. Chef e. Comp. gen., Juni 1757 Orden p. l. m., als Major im I-R Nr. 12 1757 bei Kolin gefallen; **Großvater**: Bernd Christian, Erbherr auf Mellentin (im Krs. Soldin); **Bruder**: Friedrich Wilhelm August Anton (* 1754, † 4. Mrz. 1832), seit 1767 im Militär, 1774 Fähnrich im I-R Nr. 12, April 1786 Pl, Nov. 1791 Stabs-Cap., Okt. 1797 Cap. u. Chef e. Comp., Sep. 1804 zum I-R Nr. 40 versetzt, Okt. 1804 Major, 1813 Lazarett-Kommandeur in Striegau, Dez. 1813 pens.; **Laufbahn**: seit 1764 im Militär, stand Febr. 1771 als Fähnrich im I-R Nr. 12, erhielt damals mit 22 Jahren d. *venia aetatis*, konnte für sein Gesuch e. gutes Attest d. Reg.chefs vom Nov. 1770 vorlegen, sein väterliches Vermögen betrug 800 T., später Pl im I-R Nr. 12, Juni 1788 Stabs-Cap., Juni 1791 Cap. u. Chef e. Comp., April 1794 Major, Mai 1801 Kommandeur d. Reg., Juni 1803 Ol, Nov. 1804 mit 300 T. Pension dim.;

Quellen: GStA, I. HA, Rep. 22, Nr. 356, Paket 8 816; IV. HA, Rep. 1, Nr. 92, Bl. 48–49, Bl. 50 (F.W.A.A.); Stabi, Ms. boruss. fol. 316, Bl. 239, Bl. 240 RS, Bl. 241 RS (je J. A.), Bl. 244 (F.W.A.A.), Bl. 244 RS (A. L. danach aus Prenzlau gebürtig); König, 4. T., S. 138–139 (Vater); Fam.gesch., Tafel K; Lehmann, S. 56 (d. Vater hier als Jochen Aug.); Pommern, S. 682 (kz. Biogr. d. Vaters);

Cap. **Carl Adolph von Waldow**
(* 29. Nov. 1704, † 29. Okt. 1747)

Vater: Caspar Adam (1667–1717), seit 1683 im Militär, Aug. 1691 Cap., stand 1692 als Cap. im 3. Bat. kurmärk. Garde, noch 1703 als Cap. in d. Garde zu Fuß gen., April 1705 Major, Sep. 1709 Ol, 1715 als Kommandant d. Festung Peitz aufgeführt, Erbherr auf Arensdorf, ½ Gleißen, (Rauden u. Neudorf) im Krs. Sternberg, diese wurden bei d. Teilung zwischen seinen Söhnen für 12/m, 12/m u. 8/m T. angenommen; **Mutter**: Beate Dorothea, geb. von Kalckreuth (1680–1708); **Vater-Bruder**: Balthasar Friedrich (1665–1714), stand 1692 als Cap. in d. Leib-Garde, nahm um 1700 seinen Abschied, Erbherr auf ½ Gleißen u. auf d. von ihm eingelösten Herzogswalde im Krs. Sternberg; **Bruder**: Caspar Friedrich (1700–1740), seit 1718 im Militärdienst, Nov. 1722 Gefr. corp. im I-R Nr. 1, Juli 1724 auf Wunsch als Uffz. dim. (bzw. ksl. Rittmstr.), soll sich 1719 vor Zeugen mit e. Bürgertochter verlobt haben, diese klagte seit 1727 auf Einlösung d. Eheversprechens, 1728 als Erbherr auf Arensdorf gen., verh. mit Christiane Juliane, geb. von Pannwitz, setzte sie in seinem Testament zu seiner Allodialerbin ein, d. Witwe geriet nach 1740 in e. langwierigen Rechtsstreit mit ihrem Schwager C. A., der d. Testament seines Bruders angefochten hatte; **Bruder**: Johann Wilhelm (1708–1739), weilte von 1717 bis 1721 auf d. Ritterakademie in Brandenburg an der Havel, seit 1725 im Militär, Dez. 1726 Cornet im K-R Nr. 8, Juli 1733 Ltnt., Mai 1735 Abschied als Rittmstr., Erbherr auf Neudorf u. Rauden im Krs. Sternberg, verfiel in Melancholie, beging Exzesse, deshalb auf d. Schloß zu Küstrin gebracht, befand sich dort *in custodia*, Ehefrau: Tugendreich, geb. von Horcker; **Laufbahn**: 1717 *cadet* in Berlin, Mai 1725 Fähnrich im I-R Nr. 6, Aug. 1729 Ltnt., noch im Mai 1739 als Sl im 3. Bat. d. I-R Nr. 6 gen., Juni (bzw. Juli) 1740 Cap. u. Chef e. Comp. im I-R Nr. 30, Jan. 1742 dim. (bzw. noch 1744 als Cap. geführt); **Ehefrau**: Helena Dorothea, e. Tochter d. Cap. Hoffmann (gefallen vor Fleuri), sie kam am 4. Mai 1743 mit e. Supplik ein u. drang auf Vollziehung d. Ehe mit d. Cap. C. A., dieser hatte sich vor Jahren auf e. Ehegelöbnis mit ihr eingelassen u. ihr Geschenke gemacht, aus d. Verbindung stammten zwei Söhne, er habe sie immer wieder vertröstet u. wollte jetzt e. andere Frau heiraten, d. Konsistorium erlegte ihm offenbar e. entstprechende Verpflichtung auf; **Güter**: verkaufte ½ Gleißen 1727 an d. Obristen von der Marwitz, saß 1739, 1745 auf ½ Rauden, ¼ Költschen u. auf Neudorf im Krs. Sternberg, alle geerbt von seinen beiden verst. Brüder, d. preuß. Rittmstr. Johann Wilhelm u. d. ksl. Cap. Caspar Friedrich, beide waren ohne Leibeserben verst., auf d. Gütern Schulden von 20 626 T., machte 1742 weitere Erbansprüche gegenüber seiner Schwägerin u. C. J. Sydow geltend; Caspar Friedrich hatte im Aug. 1739 Arensdorf für 18/m T. an d. Oberamtmann Carl Justin Sydow verkauft, dieser erlegte dafür 9 100 T. in bar u. übernahm e. Teil d. Schulden, d. Fam. von Waldow machte Sydow d. Besitz streitig, 1744 wurde Arensdorf auf 16 058 T. taxiert, e. neuer Pachtanschlag erbrachte jedoch Brutto-Revenuen von 1 427 T. u. e. Wert von 37 503 T., auf d. Gut erhebliche Schulden, allein d. Cap. Carl Adolph forderte Lehnstammgelder auf Arensdorf in Höhe von 6/m T. sowie weitere 2 400 T., die Sydow nicht aufbringen konnte u. deshalb in Konkurs geriet, d. Gut fiel nach 1744 an andere Gläubiger; C. A. machte am 24. Okt. 1747 sein Testament, danach soll bei d. Teilung von 1739 d. Gut Neudorf e. Wert von 18 161, nach Verbesserungen 1747 von 26/m T. gehabt haben, Rauden wurde mit 15 216 T. angegeben, auf beiden lagen damals Schulden von 10/m T., andererseits hatte er offene Forderungen von 8 500 u. 6/m T., für Neudorf wurde e. jährliche Pacht von 950 T. angegeben; Universalerbe wurde d. Züllichauer Waisenhaus, dieses war noch 1809 im Besitz d. beiden Güter;

Quellen: GStA, I. HA, Rep. 22, Nr. 356, Pakete 8 813 bis 8 816; Rep. 96, Nr. 518 E, Bl. 20, Bl. 43; Nr. 518 K, Bl. 92; Stabi, Ms. boruss. fol. 312, Bl. 77 (Bruder J. W.); fol. 313, Bl. 297 (C. F.); fol. 314, Bl. 155 (Vater); fol. 318, Bl. 111 RS; fol. 319, Bl. 8 RS (Vater u. B. F.); Ms. geneal. fol. 120, Bl. 220 RS-221; Bratring, 3. Bd. S. 287, S. 289; Crousaz, S. 31; Reinhard, S. 514; Fam.gesch., S. 95–96 (Balth. Fr.), Tafel H; Bardeleben, S. 413; Leers, Zöglinge, S. 28 (C. A. war danach 1717 auf d. Ritterakademie, soll ledig gewesen sein, seine Mutter Dorothea Sophie, geb. von Wulffen), S. 30 (Bruder J. W., danach gest. 17. Okt. 1753); Jb. Neumark, 1928, S. 41–43; Jb. Neumark, 11/1936, S. 96 (danach waren Neudorf u. Rauden seit 1739 im Besitz d. Waisenhauses zu Züllichau);

Ltnt. **Carl Christoph von Waldow**
(* 1732, † 1. Dez. 1760)

Vater: Bernhard Wilhelm (1678–1737), mecklenburgischer Ol, saß 1715 zs. mit seinen Brüdern auf ½ Adamsdorf (u. Klein Latzkow) im Krs. Soldin; **Mutter**: Henriette Eleonore, geb. von Sydow (1699–1767); **Vater-Bruder**: Arnold Christoph (1672–1743) *, stand 1715 als Obrist in herzogl.-mecklenburg. Diensten, wechselte im Okt. 1723 in preuß. Dienste, Juli 1731 GM, Juli 1740 Gl; **Vater-Bruder**: Friedrich Sigismund (1682–1742) *, stand bis 1715 in schwedischen Diensten, zuletzt als Major, Nov. 1715 Ol im D-R Nr. 3, Febr. 1728 Kommandeur d. K-R Nr. 8, Aug. 1737 GM; **Bruder**: Otto Ludwig (* 1719), weilte von 1734 bis 1735 auf d. Ritterakademie in Brandenburg an der Havel, bezog 1736 d. Viadrina, seit 1736 im Militär, Sep. 1739 Cornet im D-R Nr. 3, nahm 1740 seinen Abschied, **Bruder**: Anton Wilhelm (1722–1779), seit 1737 im Militär, 1743 Ltnt. im D-R Nr. 3 (Sep. 1752 als Ltnt. dim.), 1772 als Erbherr auf Klein Latzkow im Krs. Soldin gen., Sohn: Carl Friedrich (1759–1820), Cap., 1799 u. 1803 auf Klein Latzkow; **Bruder**: Ahrend Sigismund (1726–1767), 1745 Ltnt. im D-R Nr. 3, Dez. 1756 als Ltnt. dim.; **Bruder**: Christian Friedrich (1728–1790), Erbherr auf

Adamsdorf, Sohn: Christian Wilhelm (1771–1844), Rittmstr., s. d. mehr; **Bruder**: Bernhard Wilhelm (1736–1802), seit etwa 1782 Erbherr auf Dieckow im Krs. Soldin, gekauft für 60 600 T.; **Laufbahn**: seit 1749 im Militär, 1751 Junker im D-R Nr. 4, 1756 Ltnt., an bei Kunersdorf erlittenen Blessuren 1759 bzw. 1760 gest.;

Quellen: GStA, II. HA, Abt. 12, Materien, Vas.tab., Nr. 8, Bl. 122 RS-123, Bl. 123 RS-124; IV. HA, Rep. 1, Nr. 92, Bl. 48 (C. C., gest. Dez. 1760, u. Brüder); BLHA, Rep. 23 B, Nr. 446; Stabi, Ms. boruss. fol. 313, Bl. 10, Bl. 13 RS, Bl. 59 RS, Bl. 60; Ms. geneal. fol. 120, Bl. 216; Gesch. D-R Nr. 3, S. 64, S. 83, S. 410–411, S. 422 (C. C. 1760 gest.); Fam.gesch., Tafeln L u. M (danach C. C. 1759 bei Kunersdorf gefallen); Tb. Uradel, 1901, S. 873 (Vater u. drei Brüder); Leers, Zöglinge, S. 60; Jb. Neumark, 1927, S. 81 (1715 kein Waldow auf Kl Latzkow); S. 84–85; Jb. Neumark, 11/1936, S. 91; Priesdorff, Nr. 255 (A. C.), Nr. 257 (F. S.);

Rittmstr. **Carl Christoph von Waldow**
(* 22. Jan. 1745, † 9. Juli 1785)

Vater: Carl Ludwig (1721–1790), Ltnt. im K-R Nr. 12, Juni 1745 dim.; **Mutter**: e. geb. von der Trenck; **Laufbahn**: seit 1763 im Militär, 1764 Cornet im D-R Nr. 4, dann Pl im D-R Nr. 4, Juni 1783 Stabs-Rittmstr., 1785 als solcher gest.; **Güter**: bat im Febr. 1772 um e. Indult bzw. um einen Kredit d. Königs über 8/m T., seine Güter Hammer u. Költschen im Krs. Sternberg hatten lt. Taxe von 1766 e. Wert von 61 253 T, darauf Schulden von 22/m T., wurde an d. Küstriner Regierung verwiesen, verkaufte d. Güter 1774; **Ehefrau**: Luise Charlotte Friederike, geb. von Schack († 1788); **Sohn**: Carl Friedrich Wilhelm (* 1775), Aug. 1792 Fähnrich im I-R Nr. 39, Juli 1793 Sl, Sep. 1794 wegen *Blödsinnigkeit* dim., Sep. 1796 Erlaubnis, in fremde Dienste zu gehen, im russ. Militärdienst nach 1802 gest.;

Quellen: GStA, I. HA, Rep. 22, Nr. 356, Paket 8 817; II. HA, Abt. 13 a, Tit. IV, Litt S, Nr. 2 (Tochter); IV. HA, Rep. 1, Nr. 92, Bl. 48 (Vater), Bl. 49 (hier als Carl Fr.), Bl. 50 (Sohn); Stabi, Ms. boruss. fol. 313, Bl. 60 RS (hier als Carl Christoph); Ms. geneal. fol. 120, Bl. 221; Gesch. D-R Nr. 3, S. 424; Fam.gesch., Tafel M (als Carl Christoph); Jb. Neumark, 11/1936, S. 94 (hier 1767 irrtüml. Carl Friedrich v. Waldow als Besitzer);

Cap. **Carl Friedrich von Waldow**
(* 15. Juni 1706, † 13. Juli 1782)

Vater: Sebastian (* 1681, † Febr. 1742), löste 1721 d. an d. General Fr. Sigismund von Waldow verpfändete Gut Neuwalde für 13/m T. wieder ein, reluierte dazu vor 1718 Stubbenhagen für 4/m T., führte wegen der Güter Prozesse gegen seine Vettern Arend Christoph u. Carl Adolph von Waldow auf Hammer u. Neudorf, seit 1735 erhob auch d. Geh. Rat Adolph Friedrich von Waldow (1698–1754) auf Königswalde Ansprüche auf Stubbenhagen u. Neudorf, dieser wollte 1736 auch Anteil Gleißen vom Cap. D. S. von der Marwitz reluieren; nach d. Tod von Sebastian wurde zwischen seinen beiden Söhnen 1742 d. Erbteilung vorgenommen, Neuwalde auf 12/m u. Stubbenhagen auf 3/m T. taxiert, auf beiden Schulden von 7 002 T., so daß jeder Sohn 3 998 T. erhielt; **Mutter**: Anna Margarethe, geb. von Schlichting († 1714); **Bruder**: Hans Caspar (1708–1741), seit 1724 im Militär, 1732 Gefr.corp. im I-R Nr. 26, als Ltnt. bei Mollwitz gefallen; **Bruder**: Sebastian Wilhelm (1710–1769), siehe bei dessen Sohn Friedrich Sigismund,

Rittmstr., S. W. erhielt bei d. Teilung 1742 d. Gut Stubbenhagen; **Laufbahn**: seit 1722 im Militär, 1730 Fähnrich, 1740 Pl im I-R Nr. 14, Juli 1741 nach 20 Dj. dim., erhielt vor 1745 d. Charakter Cap.; **Güter**: saß seit 1742 auf Neuwalde u. 1/3 Költschen im Krs. Sternberg, bekam 1777 für d. Gut Meliorationsgelder in Höhe von 5 600 T.; **Ehefrau**: Sabine Helene, geb. von Lossow; **Sohn**: Carl Siegismund August (* 1743, † vor 1772); **Sohn**: Friedrich Wilhelm (1755–1781), dieser sollte als einziger Sohn auf Wunsch d. Vaters 1772 d. *venia aetatis* bekommen u. später d. Gut Neuwalde im Wert von 15/m T. übernehmen, es war damals für 600 T. verpachtet; **Sohn**: Sebastian Rudolph (* 1760, † vor 1781); d. Cap. C. F. verkaufte 1778 Neuwalde für 20/m T. an seinen Schwiegersohn Friedrich Gottlieb Moritz von der Osten (1738–1807) auf Schmagorei, in vierter Ehe verheiratet mit seiner **Tochter** Johanna Gottliebe von Waldow (1755–1809); 1782, 1784 erhob d. Neffe von C. F., d. Rittmstr. Friedrich Sigismund von Waldow, vergeblich Anspruch auf d. Gut, s. d., dann dessen Bruder Carl August Ferdinand; (**Tochter**: Henriette Albertine (* 9. Mrz. 1782), sie erhielt im Sep. 1802 d. *venia aetatis*, ihr Vermögen betrug damals 2 331 T.);

Quellen: GStA, I. HA, Rep. 22, Nr. 356, Pakete 8 816 u. 8 817 (d. To. H. A. war wohl d. To. d. Cap. Carl Friedrich (1759–1820), siehe bei E. W.); IV. HA, Rep. 1, Nr. 92, Bl. 49; BLHA, Rep. 78 I, Nr. 170, Bl. 55; Stabi, Ms. boruss. fol. 311, Bl. 150, Bl. 154; fol. 314, Bl. 10 RS, Bl. 19 (H. C.); Ms. geneal. fol. 120, Bl. 221; Fam.gesch., Tafel H; Moegelin, S. 265; Fam.gesch. von der Osten, 1960, S. 153;

Ltnt. **Christian Wilhelm von Waldow** (* 31. Okt. 1771, † 23. Mai 1844) *

Vater: Christian Friedrich (1728–1790), Erbherr auf Anteil Adamsdorf im Krs. Soldin, 1767 im Wert von 46 600 T., darauf Schulden von 36 375 T.; **Mutter**: Henriette Wilhelmine, geb. von Strantz; **Bruder**: Carl Friedrich Philipp (1778–1847), Febr. 1793 Cornet im D-R Nr. 4, Aug. 1794 Sl, Aug. 1803 Pl, Okt. 1812 bei d. Gendarmerie, April 1813 beim 2. Pomm. Leichten Kav.-Reg., Juni 1813 Rittmstr., April 1816 Major, Aug. 1823 dim., Jan. 1834 Charakter Ol; **Laufbahn**: trat 1786 in d. Militärdienst ein, 1787 Junker, Aug. 1788 Cornet im D-R Nr. 3, Mai 1790 Sl, Juni 1797 dim.; **Ehefrau**: Johanne Luise Friederike, geb. von Wartenberg (* 2. Okt. 1780), erheiratete mit ihr d. **Gut** Wartenberg im neumärk. Krs. Königsberg, von ihrer Mutter beim Vergleich vom April 1775 für 13/m T angenommen, sie bekam im Mrz. 1802 d. *venia aetatis*;

Quellen: GStA, I. HA, Rep. 22, Nr. 356, Paket 8 817; II. HA, Abt. 12, Materien, Vas.tab. Nr. 6, Bl. 102 RS-103 (hier als Justus Friedrich); IV. HA, Rep. 1, Nr. 92, Bl. 49–50; Stabi, Ms. boruss. fol. 313, Bl. 11; Ms. geneal. fol. 120, Bl. 247 RS-248; Gesch. D-R Nr. 3, S. 318, S. 429 (C. F. P.); Fam.gesch., Tafel M; Tb. Uradel, 1901, S. 874; Moegelin, S. 61; Jb. Neumark, 11/1936, S. 77 (als Justus Fr.);

Ltnt. **Ernst Wilhelm von Waldow** (* 30. Dez. 1757, † 3. Mai 1785) *

Vater: Anton Wilhelm (1722–1779), stand 1742 als Ltnt. im D-R Nr. 3, 1751 auf Wunsch dim., 1774 Erbherr auf Klein Latzkow im Krs. Soldin; **Mutter**: Helene Dorothea, geb. von Barfuss (1725–1800); **Bruder**: Carl Friedrich (* 30. Mai 1759, † 4. Jan. 1820), seit 1775 im Militär, Mrz.

1783 Sl im D-R Nr. 1, Juni 1790 Pl, Dez. 1793 nach 20 Dj. mit d. Charakter Cap. dim., 1801 als Erbherr auf Klein Latzkow im Krs. Soldin im Wert von 16/m T. gen., noch 1809 hier aufgeführt, Ehefrau: Henriette Friederike, geb. von Waldow (1769–1812); **Laufbahn**: seit 1772 im Regiment, 1775 Junker, 1778 Cornet im K-R Nr. 5, als Ltnt. 1785 gest.;

Quellen: GStA, II. HA, Abt. 12, Materien, Vas.tab. Nr. 6, Bl. 118 RS-119 (Bruder C. F.); IV. HA, Rep. 1, Nr. 92, Bl. 49 (E. W., C. F. im D-R 1 hier als Heinrich); Stabi, Ms. boruss. fol. 311, Bl. 139 (E. W.); fol. 314, Bl. 45, Bl. 56 (je C. F.); Stabi, Ms. geneal. fol. 120, Bl. 252 RS; Bratring, 3. Bd., S. 140; Gesch. D-R Nr. 3, S. 83, S. 410; Fam.gesch., Tafel M; Tb. Uradel, 1901, S. 873 (hier C. F. u. d. Vater); Jb. Neumark, 11/1936, S. 91;

Rittmstr. **Friedrich Sigismund von Waldow** (* 21. Aug. 1740, † Anfang 1787)

Vater: Sebastian Wilhelm (1710–1769), vorm. Gefr.corp. im I-R Nr. 24, 1745 u. 1767 Erbherr auf Stubbenhagen u. Anteil Költschen im Krs. Sternberg; F. S. aus der Neumark gebürtig; **Mutter**: Anna Charlotte Tugendreich, geb. von Lossow (1720–1760); **Vater-Bruder**: Carl Friedrich (1706–1782), Cap. s. d.; **Bruder**: Anton Wilhelm (* 1747, † 31. Dez. 1779), seit 1761 im Militär, im April 1766 als Fähnrich vom I-R Nr. 19 ins Garn.-Reg. Nr. 7 versetzt, Nov. 1772 Sl, Nov. 1772 Pl; **Bruder**: Carl August Ferdinand (1760–1846), suchte im Nov. 1781 um d. *venia aetatis* nach, hatte wegen schwacher Gesundheit nicht in d. Militärdienst eintreten können, wollte von d. Zinsen seines Vermögens leben, lt. Pupillenkollegium betrug dieses 3 525 T., erhielt am 18. Mrz. 1782 d. *venia*, amtierte 1787 als Polizei-Bürgermeistr. in Drossen, erhob nach d. Tod von F. S. Anspruch auf d. Gut Neuwalde, wurde mehrfach abgewiesen; **Schwester** Sabine Wilhelmine (* 1742), 1782 verheiratet mit e. Ltnt. von Sydow; **Laufbahn**: trat 1755 in d. Militärdienst ein, stand 1771 als Ltnt. im K-R Nr. 11, zuletzt Stabs-Rittmstr., im Juni 1775 krankheitshalber dim., als Magazin-Inspektor versorgt, dann kassiert, erhob 1784 Ansprüche auf Neuwalde; **Ehefrau**: e. geb. von Troschke (* 1746), To. e. Ol im D-R von Platen († 1764); **Güter**: hielt sich 1782 in Sandow (im Krs. Sternberg) auf, erwarb im Herbst 1786 ein sog. Kolonistenlos zu Fahlenwerder im Umfang von 30 Morgen magdeburgisch Ackerland und Wiesenwachs für 450 T., starb wenige Monate später; hinterließ seine Witwe und drei **Töchter** im Alter von zwölf, elf und drei Jahren, sie wurde im Sep. 1787 auf d. Expectantenliste für eine neumärkische Pension gesetzt; mit CO vom 18. Mrz. 1790 bekam d. Witwe e. Pension von 100 T.;

Quellen: GStA, I. HA, Rep. 22, Nr. 356, Paket 8 817; II. HA, Abt. 13 a, Tit. IV, Litt S, Nr. 2 (Witwe); IV. HA, Rep. 1, Nr. 92, Bl. 48 (kz. Notiz f. F. S. u. A. W.); Stabi, Ms. boruss. fol. 313, Bl. 122, Bl. 135 (je. A. W.); fol. 315, Bl. 40, Bl. 48; Ms. geneal. fol. 120, Bl. 221, Bl. 256 RS; Fam.gesch., Tafel H;

Ltnt. **Friedrich Wilhelm von Waldow** (* 5. Aug. 1717, † 24. Mai 1762)

Vater: Friedrich Sigismund (1682–1743) *, GM, Erbherr auf Mehrenthin u. Wolgast im Krs. Friedeberg; **Mutter**: Hedwig Catharina, geb. von Oppen († 1735); **Vater-Bruder**: Arnold Christoph (1672–1743) *, Nov. 1696 Cornet im K-R Nr. 4, Nov. 1703 als Ltnt. wegen Blessuren dim., 1704 Cap. in mecklenbg. Diensten, 1705 Major, 1712 Obrist, 1720 dim., Okt. 1723 Obrist u. Kommandeur d. K-R Nr. 8, Febr. 1728 Chef d. K-R Nr. 12, Juli 1731 GM, Juli 1740 Gl, Juli 1741 Schwarzer Adler-Orden, 1743 an bei Chotusitz erlittenen Blessuren gest., 1718 als Erbherr auf Anteil Hammer u. Költschen im Krs. Sternberg gen., führte 1740 e. Rechtsstreit gegen d. Geh. Rat Adolph Friedrich von Waldow auf Königswalde, Sohn: Carl Ludwig (1721–1790), seit 1732 im Militär, 1740 Cornet, zuletzt Ltnt. im K-R Nr. 12, Juni 1745 dim., 1745 Erbherr auf Hammer u. Költschen im Krs. Sternberg, 1767 im Wert von 35 402 T., darauf Schulden von 35 087 T.; **Bruder**: (Friedrich) Wilhelm Leopold (1718–1788), Major, s. d. mehr; Stief-**Bruder**: George Siegismund (1726–1759), stand 1745 als Junker im K-R Nr. 7, 1750 hier als Cornet, 1755 als Ltnt. gen. (1757 bzw.) am 13. Jan. 1759 als Rittmstr. im K-R 7 gest.; Stief-**Bruder**: Christian Friedrich (1732–1762), stand 1751 als Cornet im D-R Nr. 4, zuletzt hier Pl, 1762 als solcher gest.; **Laufbahn**: trat 1733 in d. Militärdenst ein, stand 1739 als Cornet, im Dez. 1740 als Ltnt. im D-R Nr. 3, im Dez. 1741 als Ltnt. im D-R Nr. 4, 1745 als Ltnt. im D-R Nr. 4 dim.; **Güter**: saß 1745 zs. mit seinen Brüdern auf Mehrenthin im Krs. Friedeberg; **Ehefrau**: Henriette, geb. von der Marwitz; **Sohn**: Johann Friedrich Ludolph (1761–1830), Mrz. 1783 Sl im D-R Nr. 3, Sep. 1789 dim., erhielt später d. Charakter Cap., Erbherr auf Mehrenthin, bekam 1784 Meliorationsgelder in Höhe von 6/m T., 1803 hatte d. Gut e. Wert von 20 649 T., verheiratet mit Henriette, geb. von Waldow (1769–1840);

Quellen: GStA, II. HA, Abt. 12, Materien, Vas.tab., Nr. 8, Bl. 89 RS-90; IV. HA, Rep. 1, Nr. 92, Bl. 48 (Brüder W. L. u. C. F., Bruder G. S.?), Bl. 49 (Sohn); Stabi, Ms. boruss. fol. 311, Bl. 268 (Onkel), Bl. 270 (C. L.); fol. 312, Bl. 62 (W. L. hier als F. W. L.), Bl. 65; fol. 313, Bl. 10 RS, Bl. 15 RS, Bl. 59; fol. 315, Bl. 22 RS, Bl. 31, Bl. 32 (je d. Bruder G. S.); Ms. geneal. fol. 120, Bl. 221 (Onkel); Gesch. D-R Nr. 3, S. 65, S. 84, S. 420, S. 422; König, 4. T., S. 135–136 (Onkel), S. 137 (Vater); Fam.gesch., Tafel N; Tb. Uradel, 1901, S. 875 (hier nur F. W. u. W. L. gen), S. 876–877; Jb. Neumark, 1928, S. 43–44 (Onkel hier als Arend bzw. Adam Chr.); Moegelin, S. 67, S. 267; Jb. Neumark, 11/1936, S. 71; Priesdorff, Nr. 255 (Onkel), Nr. 257 (Vater), Nr. 1 545 (Neffe);

Major **(Friedrich) Wilhelm Leopold von Waldow** (* 3. Aug. 1718, † 6. Febr. 1788) *

Vater: Friedrich Sigismund (1682–1743) *, stand zunächst als Major in schwedischen Dienste, Nov. 1715 Ol im D-R Nr. 3, Okt. 1718 Kommandeur d. Reg., Juli 1724 Obrist, Aug. 1726 Kommandeur d. K-R Nr. 12, Okt. 1734 Chef d. K-R Nr. 8, Aug. 1737 GM, 1715, 1718 Pfandinhaber von Neuwalde im Krs. Sternberg, d. Gut wurde 1721 von Sebastian von Waldow reluiert, 1718 auf Anteil Költschen gen., Erbherr auf Mehrenthin u. Wolgast im Krs. Friedeberg; **Mutter**: Hedwig Catharina, geb. von Oppen (1694–1725); **Vater-Bruder**: Bernhard Wilhelm (1678–1737), mecklenbg. Ol, 1715 u. 1718 Erbherr auf Anteil Adamsdorf im Krs. Soldin; **Vater-Bruder**: Arnold Christoph (1672–1743) *, Gl, 1743 an Blessuren gest.; **Bruder**: Friedrich Wilhelm (1717–1762), Ltnt., s. d.; **Laufbahn**: Juni 1735 Fähnrich im I-R Nr. 11, Aug. 1739 Sl, 1742 Pl, 1752 Stabs-Cap., 1754 Cap. u. Chef e. Comp., Okt. 1758 Major, 1760 bis 1763 in österr. Gefangenschaft, Juni 1763 als Invalide dim.; **Güter**:

1774 Erbherr auf Wolgast im Krs. Friedeberg, setzte in seinem Testament Frau u. Kinder zu seinen Erben ein, 1801 wurden seine Erben u. Söhne gen.; **Ehefrau**: Julie Wilhelmine, geb. von Waldow (1718–1788) aus Adamsdorf; **Sohn**: Friedrich Wilhelm Leopold (1759–1823), Cornet im K-R Nr. 5, Juni 1785 Sl, Juni 1790 Pl, Juni 1793 auf Wartegeld, 1803 Erbherr auf Wolgast im Wert von 15/m T.; **Sohn**: Christian Leopold (1770–1813), Juni 1787 Cornet im D-R Nr. 3, Sep. 1789 Sl, Febr. 1798 Pl, Nov. 1804 Stabs-Rittmstr., Jan. 1807 Rittmstr., Okt. 1812 Chef e. Escadron im Neumärk. D-R, Aug. 1813 Major, am 14. Okt. 1813 gefallen; **Sohn**: Friedrich Carl (1773–1813), Dez. 1789 Cornet im D-R Nr. 4, Mai 1792 Sl, Dez. 1801 Pl, Sep. 1806 Stabs-Rittmstr., Okt. 1813 bei Leipzig gefallen; **Sohn**: Ludwig Sigismund (1775–1846), Mai 1790 Cornet im D-R Nr. 1, Mai 1793 Sl, Juli 1810 Pl, April 1813 Cap. beim Garn.-Bat. d. Kolberger Reg., Okt. 1819 dim., Sep. 1820 Charakter Major; **Sohn**: Carl Wilhelm (1777–1836) *, Aug. 1792 Junker, Jan. 1795 Cornet im D-R Nr. 3, Nov. 1796 Sl, Sep. 1808 als Pl zum neumärk. D-R, Dez. 1811 Stabs-Rittmstr., Nov. 1813 Rittmstr., April 1816 Major, Sep. 1835 als GM dim.;

Quellen: GStA, I. HA, Rep. 22, Nr. 356, Paket 8 817; II. HA, Abt. 12, Materien, Vas.tab. Nr. 6, Bl. 87 RS-88; Nr. 8, Bl. 90 RS-91; IV. HA, Rep. 1, Nr. 92, Bl. 48 (W. L.), Bl. 49–50 (Söhne); Stabi, Ms. boruss. fol. 312, Bl. 62, Bl. 77; fol. 313, Bl. 9; Ms. geneal. fol. 120, Bl. 248; Gesch. D-R Nr. 3, S. 258, S. 316, S. 409; Becker, I-R 11, S. 417; Fam.gesch., S. 102–106 (hier u. auf d. Tafel nur als W. L.), Tafel N u. O; Jb. Neumark, 1927, S. 85; 1928, S. 43 (Vater); Jb. Neumark, 11/1936, S. 71–72; Priesdorff, Nr. 255 (Onkel A. C.), Nr. 257 (Vater), Nr. 1 545 (Sohn C. W.);

Rittmstr **Joachim Ernst von Waldow** (* 27. Mai 1723, † 12. Aug. 1759) *

Vater: Hans Christoph, poln. Major; J.E aus Neuwalde in d. NM gebürtig; **Großvater**: Hans Sigismund (1643–1696), dän. Cap., Erbherr auf Herzogswalde im Krs. Sternberg; **Laufbahn**: seit 1738 im Militär, im Mrz. 1740 als Junker im K-R Nr. 12 geführt, Juni 1746 Ltnt., stand im Mrz. 1757 als Rittmstr., aber noch ohne Escadron, im Krs. Nr. 12, an bei Zorndorf erlittenen Blessuren gest.; **Güter**: erhob 1748 Ansprüche auf die Güter Neudorf u. Rauden, die d. verst. Cap. Carl Adolph von Waldow im Okt. 1747 d. Waisenhaus in Züllichau vermacht hatte;

Quellen: GStA, I. HA, Rep. 22, Nr. 356, Paket 8 816; IV. HA, Rep. 1, Nr. 92, Bl. 48 (danach gest. Okt. 1759); Stabi, Ms. boruss. fol. 311, Bl. 270, Bl. 270 RS, Bl. 271; Fam.gesch., Tafel H;

Ltnt. **Matthias Siegmund von Waldow** (* 17. Jan. 1698, † 19. Juni 1717)

Vater: Joachim Friedrich (1667–1737), preuß. Cap., 1715 u. 1728 Erbherr auf Niepölzig im Krs. Arnswalde; **Mutter**: Gottliebe Tugendreich, geb. von Horcker († 1707); **Bruder**: Philipp Wilhelm, 1715 erwähnt; **Laufbahn**: seit 1713 im Militär, 1715 Ltnt. im I-R Nr. 12, 1716 ins Regiment d. Königs (I-R Nr. 1) versetzt, wurde 1717 im Duell erstochen;

Quellen: Stabi, Ms. boruss. fol. 316, Bl. 233; fol. 319, Bl. 50; Ms. geneal. fol. 120, Bl. 223 RS; Fam. gesch., Tafel K; Jb. Neumark, 1927, S. 169;

Ltnt. **Paul Simon von Waldow** († vor 1728)

(aus d. Neumark gebürtig); **Laufbahn**: avancierte im (preuß. od. fremden) Militärdienst bis zum Ltnt.; **Güter**:

1718 als Erbherr auf Anteil Hohengrape im Krs. Arnswalde bzw. im Krs. Pyritz gen.; (seine **Witwe** saß 1728 auf Bärfelde, Bernstein u. Vorwerk Siede im Krs. Arnswalde, 1728 wurden diese Güter *sub hasta* vom Fiskus erworben);

Quellen: Stabi, Ms. geneal. fol. 120, Bl. 223 RS; Jb. Neumark, 1927, S. 171, S. 185; nicht in d. Stammtafeln Fam.gesch. Waldow; Schulze, Statistik, S. 84;

Ltnt. Wilhelm Ludwig von **Waldow** (* 5. Aug. 1767, † 31. Mrz. 1830)

Vater: Bernhard Wilhelm (1736–1802), seit 1753 im Militär, stand 1756 als Cornet im D-R Nr. 4, zuletzt Ltnt., nach zwölf Dj. 1761 mit d. Charakter Cap. dim., Erbherr auf Liebenfelde im Krs. Königsberg, im Febr. 1767 für 24/m T. an (e. von Enckevort bzw. an) George Heinrich von Eickstedt verkauft, erwarb um 1784 Dieckow im Krs. Soldin für 56/m T. von d. Frau Rittmstr. B. F. H. von Schmeling, darauf Schulden von 42 707 T., 1787 wurde es auf 72 993 T. taxiert, Dieckow durfte 1803 mit Zustimmung d. neumärkischen Pupillenkollegiums ohne Taxation u. Subhastation zugunsten d. minderjährigen Geschwister von Waldow für 170/m T. an d. Grafen von Schlippenbach verkauft werden, B. W. hatte es selbst zuletzt mit 150/m T. angegeben; **Mutter**: Christine Charlotte, geb. von der Marwitz († 1778), aus dieser Ehe fünf Kinder, sie besaßen 1784 zs. e. mütterliches Vermögen von 5/m T., eingetragen auf Liebenfelde; **Laufbahn**: 1787 Junker, Aug. 1788 Cornet im D-R Nr. 3, Mai 1790 Sl, Juni 1797 auf Wunsch dim. (1801 als Cap. bez., nach 1806 als Major); **Ehefrau**: Binette, geb. von Wilczeck;

Quellen: GStA, I. HA, Rep. 22, Nr. 356, Paket 8 817; II. HA, Abt. 12, Materien, Vas.tab. Nr. 6, Bl. 118 RS-119 (d. Vater hier als Wilh. Bernh.); IV. HA, Rep. 1, Nr. 92, Bl. 49; Stabi, Ms. boruss. fol. 313, Bl. 11, Bl. 60 (Vater); Ms. geneal. fol. 120, Bl. 253; Gesch. D-R Nr. 3, S. 416 (W. L.), S. 422 (Vater); Fam.gesch., Tafel M; Jb. Neumark, 11/1936, S. 74, S. 91;

Ol **Christoph Sigmund von Wallenroth** (* 1724, † 29. Okt. 1779)

Vater: Johann Ernst (* um 1660, † um 1738), dän. Sergant, 1732 auf vier Hufen in Zatzkowen im Amt Seehesten im Krs. Sensburg im Wert von 800 fl. gen.; C. S. aus Preußen gebürtig; **Bruder**: Johann Ludwig (* 1718); (**Mutter**: e. geb. von York od. Gorck); **Laufbahn**: stand zunächst 13 Jahre in hessen-kasselschen Diensten, wechselte dann in preußische, wurde bei Leuthen u. Hochkirch verwundet, im Jan. 1774 ins I-R Nr. 41, Juni 1775 Ol, Juni 1778 als Kommandeur d. I-R Nr. 41 nach 33 Dj. dim:, **Güter**: 1779 als Erbherr auf Raakow im Krs. Arnswalde im Wert von 14/m T. gen., das er von seiner Tante, d. Frau Landrat Susanna Margaretha Freiin von der Goltz, geerbt hatte; 1785 saß sein Neffe Wilhelm Engmann auf d. Gut;

Quellen: GStA, I. HA, Rep. 62, Nr. 264 a, Fasz. 31; IV. HA, Rep. 1, Nr. 92, Bl. 69 (kz. Notiz); XX. HA, Adelsarchiv, Nr. 1 350, Bd. 4, Bl. 125 (Stammbaum, kz. Notiz); XX, ostpreuß. Folianten, Nr. 14 801, Bl. 219 RS-220; Stabi, Ms. boruss. fol. 315, Bl. 149; Ms. geneal. fol. 120, Bl. 237; Jb. Neumark, 11/1936, S. 61; nicht im Jb. dt. Adel, 3. Bd.;

Ltnt. **Johann Heinrich von Waltersdorff** (* 1706)

aus d. Krs. Cottbus gebürtig; **Laufbahn**: seit 1726 im Militär, stand 1730 als

Sergant, 1740 als Sl im I-R Nr. 30, vor 1757 abgegangen; (**identisch**?: 1746 stand e. Ltnt. von Waltersdorf (* 1710), aus d. Nl, seit 1730 im Militär, als Ltnt. im Garn.-Reg. Nr. 5, Sep. 1747 dim.: GStA, IV. HA, Rep. 1, Nr. 92, Bl. 81; Stabi, Ms. boruss. fol. 314, Bl. 182);

Quellen: Stabi, Ms. boruss. fol. 311, Bl. 187, Bl. 188; Siebmacher, Bd. 6/5, 1880, S. 101;

Ltnt. **Reimar Albrecht Friedrich von Wartenberg** (* 1747, † 12. Dez. 1819)

Vater: Egidius Ehrenreich Joachim (Erbherr auf Dergenthin in d. Prignitz); R. A. F. aus d. Prignitz gebürtig; **Mutter**: Marie Charlotte Friederike, geb. von Rathenow; **Bruder**: Henning Ludwig Ehrenreich (1753–1826), seit 1769 im Militär, stand 1775 als Fähnrich im I-R Nr. 1, Nov. 1786 Pl, Juni 1790 Stabs-Cap., Nov. 1796 Cap. u. Chef e. Comp., Jan. 1805 Major im I-R Nr. 1, Mrz. 1805 dim.; **Laufbahn**: seit 1763 im Militär, stand 1764 als Cornet, 1774 als Ltnt. im D-R Nr. 3, im Juni 1777 *weggeschafft* bzw. auf Wunsch dim. **Güter**: erheiratete 1777 mit Louise Eleonore Juliane, geb. von Ploetz, Wartenberg im Krs. Königsberg, hier 1783 aufgeführt, vor 1801 seiner **Tochter** Johanne Luise Friederike, verheiratet mit d. Cap. Christian Wilhelm von Waldow (1771–1844), s. d., abgetreten, hatte seinen Wohnsitz damals in Kerstenbrügge im Krs. Königsberg; **Sohn**: Friedrich Sigismund Ludwig;

Quellen: GStA, II. HA, Abt. 12, Materien, Vas.tab. Nr. 6, Bl. 103, Bl. 105 RS-106 (als Albr. Fr.); IV. HA, Rep. 1, Nr. 92, Bl. 128 (für R. A. F. kz. Notiz, H. L. E.); Stabi, Ms. boruss. fol. 313, Bl. 12, Bl. 13 (je als Reinh. Friedr.), Bl. 189 RS, Bl. 244 RS (je H. L. E.); Ms. geneal. fol. 120, Bl. 249 RS; Gesch. D-R Nr. 3, S. 414; Tb. Uradel, 1908, S. 782; Jb. Neumark, 11/1936, S. 77;

Ltnt. **Wilhelm Constantin Moritz Graf von Wartensleben** (* 14. Mrz. 1780, † 23. Mai 1851) *

Vater: Leopold Alexander (1744–1822) *, Nov. 1760 Fähnrich im I-R Nr. 19, Nov. 1762 Sl im 1. Bat. Garde, Aug. 1769 Pl im I-R Nr. 2, April 1773 Cap. u. Chef e. Comp. im I-R Nr. 51, Juni 1782 Major, Mrz. 1787 Kommandeur d. I-R Nr. 36, Juni 1788 Ol, Sep. 1790 Obrist, Sep. 1791 Orden p. l. m., Mai 1792 Kommandeur d. I-R Nr. 35, Jan. 1795 GM, Mai 1795 Chef d. I-R Nr. 43, Juni 1797 Roter Adler-Orden, Mai 1802 Gl, Jan. 1803 Chef d. I-R 59, Sep. 1809 wegen d. Kapitulation von Magdeburg kassiert u. zu Festungshaft verurteilt; W. C. M. geb. in Marienburg; **Mutter**: Caroline Luise Dorothea, geb. von der Recke (1753–1825); **Bruder**: Gustav Adolph Hermann (1773–1834) *, Nov. 1790 Fähnrich im 1. Bat. Garde, Jan. 1795 Sl, Juli 1798 als Pl zur Niederschles. Füsilier-Brigade, Jan. 1803 zum I-R 59, Mrz. 1827 als GM dim.; **Bruder**: Leopold Ludwig Ferdinand (1778–1840), Dez. 1792 Cornet im K-R Nr. 6, Jan. 1794 Sl, Juni 1801 Pl, Jan. 1806 Stabs-Rittmstr., 1829 als Obrist dim.; **Laufbahn**: Nov. 1792 Fähnrich im Depot-Bat. d. I-R Nr. 35, Mrz. 1795 Sl im Reg., Jan. 1796 ins I-R Nr. 34, Febr. 1799 ins I-R Nr. 43, Jan. 1803 Abschied, ging zu deren Bewirtschaftung auf seine Güter, 1809 als Major in herzogl.-braunschweig. Dienste, Okt. 1811 Stabs-Rittmstr. in ksl.-österr. Diensten, Sep. 1813 Rittmstr., Jan. 1822 mit d. Charakter Major pens.; **Ehefrau**: seit 1801 verheiratet mit Emilie Louise Wilhelmine, geb. Gräfin von Reichenbach-Goschütz (1780–1856), beide wurden 1809 geschieden; **Güter**: seine Frau kaufte im Sep. 1801 d. Gut Klinge im Krs. Cottbus für 24/m T. von ihrer Mutter, der Witwe Heinrich Graf von Reichenbach-Goschütz (1731–1790), geb. Antoinette Caroline Louise Gräfin von Schönburg-Rochsburg (1752–1818), die Klinge seit mind. 1795 besessen hatte, d. Ltnt. u. seine Frau verkauften Klinge 1805 für 66/m T. an Rudolph von Unruh; W. C. M. besaß 1803 d. Güter Dobrischau in Schlesien;

Quellen: GStA, II. HA, Abt. 12, Materien, Vas.tab. Nr. 6, Bl. 49 RS-50; Nr. 8, Bl. 34 RS-35; IV. HA, Rep. 1, Nr. 92, Bl. 132 (Vater, Brüder, W. C. M.); BLHA, Rep. 3, Nr. 11 925; Fam.gesch. Wartensleben, 2. T., S. 157–199 (Vater); S. 233–236; Krüger, Cottbus, S. 22–23; Priesdorff, Nr. 918 (Vater, W. C. M. hier als C. M. G.), Nr. 1 420 (G. A. H. hier als G. H. A.);

Ltnt. **Adam Christian von Wedel** († vor 1713) *

(aus d. Neumark gebürtig); **Laufbahn**: stieg im Militärdienst bis zum Ltnt. auf; **Güter**: vor 1713 als Erbherr auf Anteil Gabbert im Krs. Arnswalde gen., 1713 u. 1718 saß seine Witwe auf d. Gutsanteil, 1728 wurde August Friedrich von Gordon auf Gabbert aufgeführt, s. d.;

Quellen: Stabi, Ms. geneal. fol. 120, Bl. 223 RS; Jb. Neumark, 1927, S. 185;

dän. Ltnt. **Adam Christoph von Wedel** († vor 1743)

Vater: Johann George († 1679), Erbherr auf Nantikow im Krs. Arnswalde; **Laufbahn**: avancierte in dänischen Diensten bis zum Ltnt.; **Güter**: 1715 u. 1718 als Erbherr auf Nantikow, 1713 u. 1718 auf Anteil Gabbert gen., erwarb später Groß Silber im Krs. Arnswalde; **Ehefrau**: Catharina, geb. von Schlieffen; **Sohn**: Hans Christoph, 1715 erwähnt; **Sohn**: Ernst Adam (* 1723), stand 1743 als Minderjähriger im Militärdienst, Ltnt., s. d.;

Quellen: GStA, I. HA, Rep. 22, Nr. 372, Paket 8 822; Stabi, Ms. geneal. fol. 120, Bl. 224 (1745 hier noch gen.); Gesamtmatrikel Wedel, 1919, Linie Reetz-Noerenberg (als Nr. 77); Jb. Neumark, 1927, S. 168, S. 185 (hier als A. Christian);

Cap. **Bernhard Siegmund von Wedel** (* 1681)

Vater: Franz Moritz, 1683 auf Steinberg erwähnt; B. S. aus d. Neumark gebürtig; **Laufbahn**: seit 1695 im Militär, 1705 Ltnt. bei d. Füsilier-Garde, Aug. 1710 Stabs-Cap. im I-R Nr. 1, noch 1715 als solcher gen.;

Quellen: Stabi, Ms. boruss. fol. 310, Bl. 36; fol. 313, Bl. 292 RS, Bl. 295; fol. 319, Bl. 36; Bardeleben, S. 421; Gesamtmatrikel Wedel, 1919, Linie Reetz-Noerenberg (als Bernd S., keine Lebensdaten);

Ltnt. **Bogislav Ludwig von Wedel** (* 1727, † 27. April 1771) *

(**Vater**: Martin Friedrich (1689–1764), als Major im K-R Nr. 12 im Juli 1738 auf Wunsch dim., 1745 Erbherr auf Anteil Denzig im Krs. Arnswalde, ging drei **Ehen** ein, mit e. von Kleist, e. von Knobelsdorff, mit e. von Anclam (1718–1767), d. Sohn B. L. stammt aus d. ersten Ehe); **Bruder**: Carl Ludwig (* 1718), Major bei Treskow, vor 1774 abgegangen; (**Bruder**: Johann Magnus Christoph (1746–1812), Major, s. d. mehr); **Schwester**: Theresia Beata (1719–1806), verheiratet mit Rudolph Eberhard von Kalckreuth (1708–1750), sie saß 1774 zs. mit ihren Kindern auf Arensdorf im Krs. Sternberg, d. vormalige Ltnt. B. L. weilte damals bei ihr; **Laufbahn**: seit 1742 im Militärdienst, Sep. 1749 Fähnrich im I-R Nr. 40, 1755 Sl, Jan. 1759 (nach 26 Dj.) als Ltnt. dim.; **Güter**: erwarb im Nov. 1762 d. Gut Heidenau im Krs. Crossen bei d. Subhastation von d. Erben d. Gl F. L. W. von Kleist für 8 100 T., suchte 1767 um e. Indult nach, sollte auf Drängen d. Gläubiger aus d. Gut exmittiert werden, sein Vermögen geriet in Konkurs, Heidenau wurde 1774 vom Obristen F. O. L. Graf von Finckenstein, s. d., erworben; besaß danach keinerlei Vermögen mehr, beklagte sich im Febr. 1762 u. Mrz. 1769 bei d. Behörden darüber, als Sohn erster Ehe von seinem Vater hart behandelt, in seinem mütterlichen Erbe verkürzt worden zu sein; **heiratete** d. Witwe von Schenckendorff, geb. Magdalena Charlotte von Stosch († 1794), diese wollte sich 1773 wegen *Verschwendung* u. *tyrannischem Betragen* von ihm scheiden lassen, sie mußte ihm bis zur rechtskräftigen Scheidung jedoch e. jährliche Alimente von 72 Taler zahlen, sie beklagte sich darüber u. wies darauf hin, daß d. Gut Schmöllen ihren Kindern erster Ehe gehörte, d. jährliche Pacht betrug 600 T., davon mußten für d. Schulden in Höhe von 9 550 T. Zinsen von 487 T. bezahlt werden, so daß für sie und d. Kinder nur 112 T. blieben; im Dez. 1774 war d. Ehe immer noch nicht geschieden, M. C. beschwerte sich deshalb über d. Dauer d. Scheidungsprozesses; hinterließ seinen **Töchtern** Caroline Henriette Amalie (* 1764) u. Juliane Wilhelmine Albertine (* 1766) kein Vermögen, sie besaßen lediglich zs. ein Kapital von 1 200 T., ererbt von ihrer Tante Auguste Louise von Wedel, von dessen Zinsen in Höhe von 48 T. sie jedoch nicht leben konnten, sie standen daher 1783 u. 1787 auf d. neumärk. Expectantenliste;

Quellen: GStA, I. HA, Rep. 22, Nr. 372, Pakete 8 827, 8 829; II. HA, Abt. 13 a, Tit. III, Generalia, Nr. 2, Bd. 11, fol. 32 RS-33; Tit. IV, Generalia, Nr. 25; IV. HA, Rep. 1, Nr. 92, Bl. 166 (Vater), Bl. 167 (hier als Wilhelm Ludwig); Stabi, Ms. geneal. fol. 120, Bl. 253 RS, Bl. 256; Jb. dt. Adel, 1. Bd., S. 950 (hier nur d. Vater u. d. Sohn Joh. Ernst Gottlob (1740–1802); Gesamtmatrikel Wedel, 1919, Tafel Neuwedell (hier d. Vater als Nr. 92 u. sechs Söhne, B. L. u. C. L. nicht); Pommern, S. 684–685 (Biogramm von B. L., ausführl. über d. Vater, nur kurz zu d. Gütern);

GM **Carl Alexander von Wedel**
(* 15. Mrz. 1741, † 5. Nov. 1807) *

Vater: Adam Daniel, poln. Rittmstr., Erbherr auf Brotzen im Krs. Deutsch Krone; **Mutter**: Sophie, geb. von Dziembowski; **Laufbahn**: Mrz. 1758 *cadet* in Berlin, Nov. 1760 Fähnrich im I-R Nr. 5, Mai 1763 Sl, Jan. 1770 Pl, Juni 1779 Stabs-Cap., Okt. 1781 Cap. u. Chef e. Comp., Juli 1787 Major im Füsilier-Bat. Nr. 19, Mai 1789 Orden p. l. m., Jan. 1795 Ol, Mrz. 1795 Kommandeur d. Füsilier-Bat. Nr. 1, Mai 1798 Obrist in d. kurmärk. Füsilier-Brigade, Aug. 1799 Kommandeur d. I-R Nr. 41, Dez. 1803 Chef d. I-R Nr. 10, Mai 1804 GM; **Ehefrau**: Friederike Sophie, geb. von Stephani;

Quellen: GStA, IV. HA, Rep. 1, Nr. 92, Bl. 168; Stabi, Ms. boruss. fol. 310, Bl. 40 RS (1783: aus Polen); fol. 313, Bl. 73 RS u. 78 RS (je aus d. NM); Lehmann, S. 199; Priesdorff, Nr. 1 064 (danach aus Poln.-Preußen geb.);

Cap. **Carl Friedrich von Wedel** (* 1728)

Vater: Christoph Friedrich (* um 1680, † 1765), Ltnt. in holländischen Diensten, s. d.; **Mutter**: Louisa Maria, geb. von Fronhoefer; **Laufbahn**: seit 1746 im Militär, Febr. 1746 Fähnrich im I-R Nr. 3, Sep. 1756 Sl, Jan. 1758 Pl, bei Kay *blessirt*, Aug. bzw. Nov. 1760 als Cap. (nach 28 Dj.) dim.; seit 1761 **verheiratet** mit e. von Mellenthin (bzw. mit Johanna Barbara Elisabeth, geb. von Misbach (* 1755);) **Güter**: 1767 als Erbherr auf Neuwedell u. Zietenfier im Krs. Arnswalde im Wert von zs. 23 600 T. gen., darauf Schulden von 21 331 T., saß noch 1778 auf Brückengut Neuwedell, Zietenfier, Grünhof, Nemischhof, Mienken, nach 1778 nach Rußland entwichen; **Sohn**: Carl Friedrich (* 1763), 1778 *cadet* in Berlin, 1779 Junker im I-R Nr. 7, 1783 Fähnrich im 1. Bat. Garde, Dez. 1783 *cassirt*;

Quellen: GStA, I. HA, Rep. 22, Nr. 372, Paket 8 827; IV. HA, Rep. 1, Nr. 92, Bl. 167 (kz. Notiz), Bl. 168 (Sohn, kz. Notiz); Stabi, Ms. geneal. fol. 120, Bl. 224 (d. Vater hier als Hans Adam, dieser saß auf Neuwedell, auf Zietenfier Friedrich Wilhelm), Bl. 236 RS-237; Gesch. I-R Nr. 3, S. 218; Gesamtmatrikel Wedel, 1919, Linie Neuwedell; Moegelin, S. 63;

holländ. Ltnt. **Christoph Friedrich von Wedel** (* um 1680, † 1765)

Vater: Christoph Rüdiger († vor 1689), Erbherr auf Denzig; **Laufbahn**: avancierte in holländ. Diensten bis zum Ltnt., zuletzt Senior d. Fam., in d. NM ansässig; **Güter**: bat im Juli 1750 um e. Kredit über 4/m T. beim Montis pietatis, d. Hypothek sollte auf sein Brückengut Neuwedell eingetragen werden, das angeblich e. Wert von 10/m T. hatte, lt. Hypothekenschein betrug er jedoch nur 5 200 T., C. F. besaß außerdem (Silberberg) Grünhof, (Stüdnitz) u. Zietenfier im Krs. Arnswalde; galt 1750 zs. mit d. poln. Rittmstr. Johann Friedrich von Wedel als Nachfolger d. verst. Hans Adam von Wedel auf Fürstenau; **Ehefrau**: Louisa Maria, geb. von Fronhoefer; **Sohn**: Carl Friedrich (* 1728), Cap., s. d.;

Quellen: GStA, I. HA, Rep. 22, Nr. 372, Paket 8 825; Gesamtmatrikel Wedel, 1919, Linie Neuwedell;

Major **Christoph Rüdiger von Wedel** (* 1699) *

Vater: Bernd Ludwig († vor 1713), Erbherr auf Denzig u. Anteil Neuwedell; **Bruder**: Bernd Christian, poln. Cap., 1728 u. 1733 gen., Erbherr auf Denzig, Neuwedell, Anteil Silberberg im Krs. Arnswalde; **Bruder**: Martin Friedrich (1689–1764), Major, siehe bei dessen Sohn J. M. C.; **Laufbahn**: stand von 1714 bis 1725 in dän. Diensten, 1725 Fähnrich im I-R Nr. 30, 1727 ins D-R Nr. 5, Sep. 1731 Sl, Sep. 1739 Pl, Mai 1745 Stabs-Rittmstr., Aug. 1756 Cap. u. Chef e. Comp. im Garn.-Reg. Nr. 6, Aug. 1762 Major, Sep. 1763 (bzw. 1764) dim.;

Quellen: GStA, IV. HA, Rep. 1, Nr. 92, Bl. 167 (hier als Christian R., Sep. 1765 dim.); Stabi, Ms. boruss. fol. 313, Bl. 45; fol. 315, Bl. 91 RS; Ms. geneal. fol. 120, Bl. 224 (Bruder B. C.); Albedyll, Anhang, S. 56 *; Gesamtmatrikel Wedel, 1919, Linie Neuwedell (hier als Rüdiger Christoph);

Cap. **Conrad Ernst von Wedel** (* 1689)

Vater: Adam Mathias († 1718), Erbherr auf Groß Silber, als Senior d. Fam. gest.; C. E. aus d. Neumark gebürtig; **Laufbahn**: seit 1707 im Militär, Juni 1711 Fähnrich im I-R Nr. 5, 1719 hier als Pl genannt, stand 1730 als Cap., aber noch ohne Comp., im I-R Nr. 30, vor 1740 aus d. I-R 30 abgegangen; **Güter**: 1729 forderte seine Tante Lucretia verwitw. von Borne, geb. von Wedel, ihr Heiratsgut in Höhe von 2/m T. aus d. Gütern Golz u. Zamzow im Krs. Dramburg;

Quellen: GStA, I. HA, Rep. 22, Nr. 372, Paket 8 822; nicht in GStA, IV. HA, Rep. 1, Nr. 92; Stabi, Ms. boruss. fol. 311, Bl. 187; fol. 319, Bl. 40 RS, Bl. 199; Gesamtmatrikel Wedel, 1919, Linie Reetz-Noerenberg (als Nr. 65);

Ltnt. **Conrad Ludwig von Wedel** (* 1721, † 25. Mrz. 1758)

Vater: Hans Joachim († vor 1746), Erbherr auf Zietenfier im Krs. Arnswalde; in zweiter **Ehe** verheiratet mit e. geb. von Koethen; **Bruder**: Hans Joachim († vor 1746); **Bruder**: Friedrich Wilhelm (* um 1717, † vor 1746), Domänenrat, Erbherr auf Zietenfier im Krs. Arnswalde; **Laufbahn**: seit 1738 im Militär, stand 1750 als Cornet, 1757 als Ltnt. im K-R Nr. 2, 1758 gest.;

Quellen: GStA, IV. HA, Rep. 1, Nr. 92, Bl. 167 (kz. Notiz); BLHA, Rep. 78 I, Nr. 170, Bl. 27 (danach lebte F. W. 1751 noch); Stabi, Ms. boruss. fol. 315, Bl. 152, Bl. 162, Bl. 162 RS; Gesamtmatrikel Wedel, 1919, Linie Neuwedell (C. L. hier als Rittmstr. bez.); Jb. Neumark, 1927, S. 179;

Ltnt., russ. Gl **Conrad Rüdiger von Wedel** (1696–1740)

Vater: Ernst († 1709), Ltnt., 1682, 1700 Erbherr auf Glambeck im Krs. Arnswalde; **Mutter**. Catharina Eleonore, geb. von Wedel, sie saß 1715 als Witwe auf d. Gut, hatte vier Söhne; **Bruder**: Gustav Bernd, weilte 1715 auf d. Gut; **Bruder**: Johann Ernst (* 1682), 1715 Fähnrich, zuletzt Cap. in sächs. Diensten; **Bruder**: Joachim Friedrich (* 1702), seit 1716 im Militär, Aug. 1722 Fähnrich im I-R Nr. 1, 1724 desertiert, ging anschließend in russ. Dienste, stieg hier bis zum Ol auf; **Laufbahn**: (seit 1712 im Militär, Jan. 1721 Fähnrich im I-R Nr. 1, im Aug. 1724 dim., hatte zuvor d. Ltnt. von Zarth erstochen u. war entlaufen); ging in russ. Dienste, als russ. Gl gest.;

Quellen: BLHA, Rep. 23 B, Nr. 446; Stabi, Ms. boruss. fol. 313, Bl. 176, Bl. 297 (J. F.), Bl. 297 RS (als Rüd. Chr., s. u., hier liegt evt. e. Verwechslung für d. Ltnt. im I-R 1 vor); fol. 319, Bl. 50 RS (C. R. hier als Rüdiger Chr., J. F. als Johann Fr.); Gesamtmatrikel Wedel, 1919, Linie Reetz-Noerenberg (als Nr. 80); Jb. Neumark 1927, S. 182 (hier als Köne Rüdiger?);

Major **Curt Ernst von Wedel** († 1737) *

Vater: Ernst Lewin († 1689), Landrat, Erbherr auf Cossin im Krs. Soldin u. im Krs. Pyritz, auf Gr. Latzkow u. Fürstensee in Pommern, war zweimal verheiratet; **Bruder**: Friedrich Wilhelm (1664–1721), Cap., Leg.rat, Reisender; **Bruder**: George Christoph († 1717), vorm. dän. Ltnt., hatte 1715 seinen Wohnsitz in Cossin, Sohn: Ernst Sigismund (1704–1758), Major im I-R Nr. 23, um 1745 Erbherr auf Cossin; **Laufbahn**: avancierte im Militärdienst bis zum Major, vor 1715 abgegangen; **Ehefrau**: Louise Dorothea, geb. von Podewils; **Güter**: 1715 u. 1718 als Erbherr auf Anteil Cossin gen., hatte seinen Wohnsitz im pomm. Groß Latzkow;

Quellen: GStA, I. HA, Rep. 22, Nr. 372, Paket 8 822; Brüggemann, T. 2/1, S. 136–137; Gesamtmatrikel Wedel, 1919, Tafel Reetz-Noerenberg (als Nr. 72); Jb. Neumark, 1927, S. 77 (C. E. 1715 auf Anteil Cossin in d. NM gen.);

Ltnt. **Ernst Adam von Wedel** (* 1723)

Vater: Adam Christoph († vor 1743), dän. Ltnt., s. d., erwarb Groß Silber (Erbherr auf Rahnwerder u. Vorwerk Eichort im Krs. Arnswalde); **Mutter**: Catharina, geb. von Schlieffen, sie saß 1751 als Witwe auf Rahnwerder u. Eichort, ihr einziger Sohn stand damals als Adjutant beim Regiment in Habelschwerdt; **Laufbahn**: seit 1738 im Militär, stand 1742 als Fähnrich im Garn.-Reg. Nr. 8, Mrz. 1753 Pl, vor 1764 abgegangen;

Quellen: BLHA, Rep. 78 I, Nr. 170, Bl. 27; Stabi, Ms. boruss. fol. 312, Bl. 134, Bl. 135 RS; Gesamtmatrikel Wedel, 1919, Tafel Reetz-Noerenberg (Nr. 77 u. 91);

Ltnt. **Ernst Ewald Leopold von Wedel** (* 16. Mrz. 1766, † 13. Sep. 1833)

Vater: Johann Ernst Gottlob (1740–1802), seit 1778 Erbherr auf Anteil Denzig im Krs. Arnswalde, 1767 auf 10/m T. beziffert, lt. Erbrezeß im Wert von 8 716 T.; **Mutter**: e. geb. von Seidlitz († vor 1786); Stief-Mutter: Amalie Charlotte Tugendreich, geb. von Unruh (1749–1806), sie ließ sich vor 1802 von ihrem Mann scheiden; **Vater-Bruder**: Johann Magnus Christoph (1746–1812), Major, s. d. mehr; Stief-**Bruder**: Florian Friedrich Gottlieb (* 17. Nov. 1789, † 16. Sep. 1856), 1802 bei d. Mutter in Neuwedell, später Erbherr auf Pegelow u. Karkow in Pommern; **Laufbahn**: Juni 1787 Fähnrich im I-R Nr. 23, Mai 1790 Sl, Dez. 1795 dim., kehrte zu seinem Vater nach Denzig zurück, soll sich seiner Stief-Mutter zufolge d. väterliche Vertrauen verschafft haben, um d. Bewirtschaftung d. Gutes an sich zu bringen, dabei stand sie ihm im Wege, bewog seinen Vater dazu, sich scheiden zu lassen, drängte seine Stief-Mutter aus d. Haus, sie ging mit ihrem Sohn nach Neuwedell, im Febr. 1797 wurde d. Ehe geschieden, sie zum schuldigen Teil erklärt, erhielt e. monatl. Betrag von 24 T. zugesprochen; E. E. L. hielt sich 1801 bei seinem Vater in Denzig auf, Juni 1813 Cap. beim 1. Neumärk. Landwehr-I-R, Dez. 1820 ausgeschieden (zuletzt Obrist, Brigadier bei d. Gendarmerie); **Ehefrau**: Caroline Friederike Amalie, geb. Kerger (* 1770); **Güter**: seit 1802 Erbherr auf Anteil Denzig; 1804 beklagte sich seine Stief-Mutter darüber, daß sie ihren minderjährigen rechten Sohn, der zum Studium in Stargard weilte, auf ihre Kosten unterhalten müsse, ihr majorenner Stief-Sohn sei legitimiert worden u. daher nicht sukzessionsfähig, Denzig sollte e. Wert von 20/m T. haben, dessen Lehnsqualität sei jedoch strittig, darüber müsse noch entschieden werden, d. Gut werde administriert, d. Pacht von 800 T. gehe an d. Ltnt. E. E. L., ihr Sohn habe aus Denzig noch nichts erhalten, ihre auf d. Gut stehende *illata* bezifferte sie auf 2 900 T. (1809 saß Florian Fr. Gottl. von Wedel auf Denzig);

Quellen: GStA, I. HA, Rep. 22, Nr. 372, Pakete 8 829, 8 830; II. HA, Abt. 12, Materien, Vas.tab. Nr. 6, Bl. 4 RS-5; Nr. 8, Bl. 6 RS-7; IV. HA, Rep. 1, Nr. 92, Bl. 168 (Vater-Brüder), Bl. 169; Jb. dt. Adel, 1. Bd., S. 950–951, S. 952; Gesamtmatrikel Wedel, 1919, Linie Neuwedell; Jb. Neumark, 1927, S. 58; Jb. Neumark, 11/1936, S. 58;

Obrist **Ernst George von Wedel** (* 1725, † 22. Febr. 1800)

Vater: Ernst Bogislav, erwarb nach 1722 Anteil Nörenberg, Zehrten, Anteil Wedelsdorf u. Vorwerk Rohrphul im Krs. Arnswalde für 8/m T.; E. G. aus d. Neumark gebürtig; **Laufbahn**: seit 1743 im Militär, stand 1757 als Sl im I-R Nr. 30, 1766 als Major u. Chef e. Comp., 1773 als

Ol ins I-R Nr. 53 versetzt, Juni 1783 als Obrist im I-R Nr. 53 mit 200 T. Pension dim.; **Güter**: Erbherr auf Dolgenow im Krs. Schivelbein; **Ehefrau**: Luise, geb. von Podewils;

Quellen: GStA, I. HA, Rep. 22, Nr. 372, Paket 8 825 (hier als George Ewald); IV. HA, Rep. 1, Nr. 92, Bl. 168 (kz. Notiz); Stabi, Ms. boruss. fol. 311, Bl. 184, Bl. 185, Bl. 189; Gesamtmatrikel Wedel, 1919, Linie Reetz-Noerenberg (Nr. 86, als George Ewald);

Major **Ernst Sigismund von Wedel** (* 1742, † Dez. 1804) *

Vater: Johann Ernst (* 1682), sächs. Cap., 1751 auf Vorwerk Sponbrügge gen., hatte damals drei Söhne im Alter von 24, sieben u. drei Jahren, 1745 Erbherr auf Glambeck u. Anteil Nantikow im Krs. Arnswalde; **Bruder**: Friedrich Wilhelm (* 1749), aus Pommern gebürtig, seit 1763 im Militär, Okt. 1770 Sl im I-R Nr. 49, Juni 1782 Pl, Febr. 1784 als Polizei-Bürgermstr. in Ottmachau versorgt; (**Bruder**: Johann Adam (* 1751), Ltnt. im Garn.-Reg. Nr. 1); **Laufbahn**: seit 1760 im Militär, Mrz. 1766 Sl im I-R Nr. 1, Sep. 1778 Pl, Okt. 1783 Cap., Nov. 1786 Chef e. Comp., Juni 1793 als Major zum Depot-Bat. d. I-R Nr. 20 versetzt, 1804 gest.; **Güter**: 1801 u. 1803 als unangesessener Vasall im Krs. Arnswalde aufgeführt;

Quellen: GStA, II. HA, Abt. 12, Materien, Vas.tab. Nr. 6, Bl. 20 RS-21; IV. HA, Rep. 1, Nr. 92, Bl. 168; BLHA, Rep. 78 I, Nr. 170, Bl. 26, Stabi, Ms. boruss. fol. 313, Bl. 179 RS, Bl. 189, Bl. 244 RS, Bl. 252 (alt, je E. S., als E. Sigmd., lt. Ranglisten aus Pommern geb.); fol. 314, Bl. 166 (Bruder F. W.); Ms. geneal. fol. 120, Bl. 238 (als Vater hier gen: Peter Friedrich (* 1729), Erbherr auf Sponbrügge); Gesamtmatrikel Wedel, 1919, Linie Reetz-Noerenberg (als Nr. 93, als Nr. 94 J. A.); Pommern, S. 690 (kz. Biogramm, hier als Ernst Sigmund);

Cap. **Friedrich Wilhelm von Wedel** (* 1753)

Vater: diente im Siebenjährigen Krieg als Cap. im Land-Bat. von Arnim; F. W. aus d. Neumark gebürtig; **Mutter**: Helena, geb. von Winning (* 1727), sie hielt sich 1787 als 60jährige Witwe zu Fahlenwerder im Krs. Soldin auf, mußte sich kümmerlich von *Wohltaten* u. ihrer Hände Arbeit ernähren, stand auf d. Expectantenliste für e. neumärk. Pension; **Laufbahn**: seit 1771 im Militär, stand 1774 als Fähnrich, 1779 als Sl im I-R Nr. 25, krankheitshalber 1782 als Cap. ins Land-Reg. von Loeben versetzt; **Güter**: 1801 u. 1803 als unangesessener Vasall im Krs. Arnswalde aufgeführt; (**identisch**? mit Johann Friedrich Wilhelm (1753–1819), Ltnt., s. d., dagegen spricht aber dessen Laufbahn);

Quellen: GStA, II. HA, Abt. 12, Materien, Vas.tab. Nr. 6, Bl. 20 RS-21 (hier als Wilhelm Friedrich); Abt. 13 a, Tit. III, Generalia, Nr. 2, Bd. 14, fol. 5 RS-6; Tit. IV, Generalia, Nr. 5, Nr. 25; Stabi, Ms. boruss. fol. 314, Bl. 123, Bl. 152, Bl. 157 RS;

Major **George Detlof von Wedel** (* 1749, † 4. April 1813)

Vater: Lorenz George (1702–1780), Ritter d. St. Johanniter-Ordens, erbte 1731 den pomm. u. neumärk. Teil von Fürstensee in d. Krs. Saatzig u. Arnswalde, noch 1774 als Erbherr auf Fürstensee im Krs. Arnswalde gen., auch auf Anteil Gerzlow im Krs. Pyritz, hatte damals vier Söhne, die alle im Militärdienst standen; **Mutter**: Dorothea Friederike, geb. Gräfin von Schlippenbach († 19. Dez. 1774); **Bruder**:

Carl Friedrich (1748–1779), seit 1763 im Militär, stand 1764 als Junker, zuletzt als Cornet im D-R Nr. 3; **Bruder**: Otto Friedrich Wilhelm (* 13. Juni 1752, † 2. Okt. 1808), 1774 Cornet im D-R Nr. 4, 1775 dim., 1801 u. 1803 als Erbherr auf d. neumärk. Anteil von Fürstensee gen.; **Bruder**: Ernst David Ludwig (* 10. Mai 1757, † 1. Febr. 1827), 1774 Junker im Regiment, Sl im D-R Nr. 3, Okt. 1790 Pl, Dez. 1794 Stabs-Rittmstr., im Okt. 1795 auf Wunsch dim. (Erbherr auf Blankensee in Pommern); **Bruder**: August Vincenz (* 1761, † 5. Sep. 1813), seit 1777 im Militär, Sl im D-R Nr. 4, Mrz. 1793 Pl, Mrz. 1793 Stabs-Ritttmstr., Sep. 1800 Rittmstr., Okt. 1805 Major, Sep. 1806 Chef e. Escadron, Sep. 1812 als Ol mit 400 T. Pension dim.; **Laufbahn**: seit 1766 im Militär, Sl im D-R Nr. 4, Juli 1785 Pl, Okt. 1789 Stabs-Rittmstr., Febr. 1797 Major, Okt. 1800 Chef e. Escadron, Juli 1807 Ol u. Kommandeur e. Dragoner-Brigade, Okt. 1808 als Kommandeur d. 3. Neumärk. D-R mit 500 T. pens.;

Quellen: GStA, IV. HA, Rep. 1, Nr. 92, Bl. 168; Stabi, Ms. boruss. fol. 313, Bl. 11, Bl. 12 (C. F.), Bl. 13 (Ernst, 1774: aus Pomm.?); Ms. geneal. fol. 120, Bl. 236 (d. Sohn C. F. hier nicht gen.); Gesch. D-R Nr. 3, S. 258 (Ernst), S. 259 (G. D. u. A. V., beide aus Pommern?), S. 416 (Ernst), S. 423 (O. F.); Gesamtmatrikel Wedel, 1919, Linie Reetz-Noerenberg (als Nr. 99);

Ltnt. **George Sigismund Gottlieb von Wedel** (* 1761)

Vater: Ewald Friedrich (* 1721, † Okt. 1784), 1774 Erbherr auf Anteil Kürtow, Fürstenau, Springe, Werder u. Steinbusch im Krs. Arnswalde, hatte damals vier Söhne, erhielt 1776 zs. mit d. Hofrätin von Mildenitz für Meliorationen auf Kürtow 4 427 T., kaufte 1783 Falkenwalde u. Ziegenhagen im pomm. Krs. Saatzig; **Mutter**: Johanna Friederike, geb. von der Goltz (1732–1805); **Großvater**: Johann (Peter) (1680–1742) *, GM, Erbherr auf Steinbusch u. Fürstenau, s. d., **Vater-Bruder**: Friedrich Wilhelm Leopold († 1757), als Sl im I-R Nr. 22 gefallen; **Bruder**: Christian Wilhelm (* 1765), 1783 auf d. Pädagogium in Halle, 1798 bei seiner Mutter in Ziegenhagen, galt als *blödsinnig*; **Bruder**: Carl Leopold (1769–1794), Ltnt.; **Bruder**: Friedrich August (* 1772, † 1. Okt. 1836) *, Jan. 1790 Fähnrich im I-R Nr. 7, Mai 1793 Sl, Juli 1793 dim., zeitweilig Erbherr auf Ziegenhagen u. Steinbusch, hielt sich 1798 als vorm. Ltnt. bei seiner Mutter auf; **Laufbahn**: 1778 Junker im D-R Nr. 3, Juni 1783 Sl im D-R Nr. 12, Juni 1787 dim., suchte im Okt. 1790 aus Steinhöfel um d. Erlaubnis nach, d. Uniform tragen zu dürfen; **Güter**: wollte Klützkow 1796 für 27/m T. an e. Ltnt. von Braunschweig verkaufen, d. Vorhaben zerschlug sich jedoch, zwischen beiden entstand darüber e. Rechtsstreit, 1791, 1798 als Erbherr auf Klützkow im Krs. Schivelbein gen., 1799 für 27 200 T. verkauft (auch auf Zuchen in Pommern u. Anteil Nemischhof im Krs. Arnswalde), hatte damals einen neunjährigen **Sohn** namens Johann Ernst Gottlob;

Quellen: GStA, I. HA, Rep. 22, Nr. 372 Paket 8 830; Rep. 96, Nr. 257, W-Z; IV. HA, Rep. 1, Nr. 92, Bl. 168, Bl. 169 (F. A.); Stabi, Ms. boruss. fol. 311, Bl. 251, Bl. 257; Ms. geneal. fol. 120, Bl. 236, Bl. 251 RS; Gesamtmatrikel Wedel, 1919, Linie Neuwedell (d. Großvater hier als Hans Peter); Moegelin, S. 261; Priesdorff, Nr. 271 (Großvater, hier nur als Johann); Pommern, S. 691 (Biogramm d. Bruders Friedrich August);

Cap. **Gustav Julius von Wedel** (* Febr. 1771, † 27. Dez. 1827) *

Vater: Ewald George, 1773 Ol im I-R Nr. 53, zuletzt hier Obrist, Juni 1783 mit 200 T. Pension dim.; **Mutter**: Eva Luise, geb. von Podewils; **Laufbahn**: April 1787 als Junker ins D-R Nr. 5, Okt. 1788 Fähnrich, April 1790 Sl, April 1798 Pl, Okt. 1805 als Cap. mit 120 T. pens.;

Quellen: GStA, IV. HA, Rep. 1, Nr. 92, Bl. 168 (Vater, kz. Notiz), Bl. 169 (als Ltnt. dim.); Albedyll, Anhang, S. 87 *;

Ltnt. **Gustav Otto Rüdiger von Wedel** (* 1779 bzw. 1781, † 29. Jan. 1858)

Vater: Friedrich Wilhelm (1727–1792), Erbherr auf Schloßgut Neuwedell, auf Mienken (Zietenfier, Grünhof), Nemischhof, ging drei Ehen ein; **Bruder**: Johann Heinrich Christoph (1767–1812) *, KD-rat in Bromberg, machte sich in Westpreußen ansässig; **Bruder**: George Gottlob Ferdinand (1774–1841), Juli 1793? Fähnrich, Febr. 1796 Sl im I-R Nr. 7, Okt. 1804 dim., seit 1799 Erbherr auf d. sog. Schloßgut in Neuwedell u. Anteil Mienken (bzw. Nemischhof) im Wert von 38 650 T.; **Bruder**: Gottlieb Johann Anton (1783–1828), Jan. 1802 Fähnrich im I-R Nr. 7, April 1805 Sl, Nov. 1807 dim.; **Bruder**: Carl Heinrich Ludwig (* 1785, † 12. Mai 1833), April 1804 Fähnrich im I-R Nr. 30, April 1808 als Sl dim., Juni 1813 Stabs-Cap. beim 3. Neumärk. Landwehr-I-R, Juli 1815 Cap., Febr. 1816 d. 19. I-R aggr., Juli 1822 als Major dim.; **Laufbahn**: Okt. 1797 Fähnrich im I-R Nr. 22, Okt. 1798 Sl, Sep. 1807 dim.;

Quellen: GStA, II. HA, Abt. 12, Materien, Vas.tab. Nr. 6, Bl. 10 RS-11; Nr. 8, Bl. 11 RS-12 (d. Zuordnung großes Gut od. Schloßgut ist fraglich); IV. HA, Rep. 1, Nr. 92, Bl. 169 (G. G. F. hier als Gottlob Friedrich), Bl. 170 (Brüder); Stabi, Ms. geneal. fol. 120, Bl. 236 RS; Gesamtmatrikel Wedel, 1919, Linie Neuwedell (G. O. R. hier als Johann O. R., 1868 gest., G. J. A. als A. G. J.); biogr. Handbuch, S. 1074 (Bruder J. H. C.);

Gutsbesitzer **Hans Adam von Wedel** († 1744) *

Vater: Hans Sigismund († 1720), Direktor d. Krs. Arnswalde, Erbherr auf Neuwedell, Fürstenau, Silberberg, Röstenberg, Mienken im Krs. Arnswalde, in erster Ehe verheiratet mit Eva Sophie, geb. von Beneckendorff, in zweiter mit Esther, geb. von Massow; **Bruder**: Rüdiger Friedrich (1685–1718), Erbherr auf Neuwedell u. Stüdnitz, 1715 auch auf Nemischhof (u. Anteil Silberberg) gen.; **Laufbahn**: trat weder in d. Militär- noch in d. Zivildienst ein; **Güter**: Erbherr auf Anteil Neuwedell u. Anteil Fürstenau; in erster Ehe **verheiratet** mit Apollonia, geb. von Güntersberg, in zweiter mit Eleonore Constantia, geb. von Woedtke; **Sohn**: Hans Adam († vor 1744);

Quellen: Gesamtmatrikel Wedel, 1919, Linie Neuwedell (als Nr. 75); Jb. Neumark, 1927, S. 176–178, S. 186;

Cap. **Joachim Gottlieb von Wedel** (* 1724)

Vater: Philipp Christian, nahm keine Dienste, 1728 als Erbherr auf Wedelsdorf im Krs. Arnswalde gen., 1718 auch auf Anteil Groß Silber, dieses vor 1743 an d. dän. Ltnt. Adam Christoph von Wedel verkauft, s. d., hinterließ kein Vermögen; **Mutter**: Catharina Sophia, geb. von Schlieffen; **Großvater**: Adam Mathias († 1719), 1715 Erbherr auf Anteil Groß Silber im Krs. Arnswalde, hatte damals drei Söhne: Conrad Ernst, s. d., u. Bernd Friedrich, die beide im Militärdienst standen, Philipp Christian; **Schwester**: Charlotte Friederike (* 1734), sie wurde nach d. Tod ihres Vaters von ihrem Schwager, d. Hofrat von Martitz in Rahnwerder, unterhalten, hatte nach dessen Tod keine Unterstützung mehr, hielt hielt sich 1783 in Nörenberg im Krs. Arnswalde auf, stand auf. d. Expectantenliste für e. neumärkische Pension, bezog seit Febr. 1786 e. monatliche Pension von drei T. aus d. Invalidenkasse; e. zweite **Schwester** weilte 1783 bei d. Bruder in Zielenzig u. wurde von diesem unterhalten; **Laufbahn**: seit 1745 im Militär, Okt. 1747 Sl im I-R Nr. 33, Sep. 1755 als Ltnt. dim., erhielt später d. Charakter Cap., nach 1763 versorgt, 1783 u. 1787 als Tabak-Inspektor in Zielenzig gen.;

Quellen: GStA, I. HA, Rep. 22, Nr. 372, Paket 8 824; II. HA, Abt. 13 a, Tit. III, Generalia, Nr. 2, Bd. 11, Bl. 27 RS-28; Tit. IV, Generalia, Nr. 5 (Schwester mit Angaben zum Vater u. Bruder), Nr. 25; IV. HA, Rep. 1, Nr. 92, Bl. 167 (kz. Notiz f. J. G. im I.-R Nr. 33); Stabi, Ms. boruss. fol. 311, Bl. 4 RS, Bl. 6 (danach aus d. UM gebürtig?); Ms. geneal. fol. 120, Bl. 224; Gesamtmatrikel Wedel, 1919, Linie Reetz-Noerenberg (hier als Söhne von P. C. (Nr. 66) nur gen.: Cap. Ernst Adam u. Hans Rüdiger, kein J. G.); Jb. Neumark, 1927, S. 173;

Ltnt. **Joachim Wilhelm Friedrich von Wedel** (* 1. Mai 1773, † 1822) *

Vater: Peter Friedrich (1723–1789), Erbherr auf Horst in Pommern, lt. väterl. Disposition für 11/m T. angenommen, darauf Schulden von 5/m T., u. ½ Winningen in d. NM, bei e. Licitation für 7 121 T. erstanden, blieb beim Ankauf 5/m T. schuldig, suchte im Jan. 1772 um e. Indult nach, wurde im Febr. an seine Gläubiger u. d. pomm. Reg. verwiesen, ging drei Ehen ein, in erster mit Agnes von Wedel, in zweiter mit e. geb. von Misbach; **Mutter**: Charlotta Augusta, geb. von Beneckendorff; **Laufbahn**: weilte bis zum zwölften Lebensjahr im Elternhaus, ging 1785 in e. frz. Pensionsanstalt nach Stettin, wurde dank d. Protektion eines Verwandten zugleich als Corporal im Reg. Keller eingeschrieben, tat aber keine Dienste, sondern besuchte d. Unterricht im Gymnasium, mußte nachdem d. Regiment 1786 einen neuen Chef erhalten hatte, d. Militärdienst aufnehmen, Juni 1789 Fähnrich im I-R Nr. 8, Mai 1790 Sl, hatte e. unordentlichen Umgang u. wurde zu höheren Ausgaben verleitet, will als junger Offizier in d. Hand jüdischer Wucherer gefallen sein, zwei jüdische Gläubiger aus Stargard sollen ihn um 12/m T. gebracht haben, Dez. 1791 wegen Schwächlichkeit bzw. wegen e. Schadens am Arm dim., assistierte anschließend seiner Mutter in d. Wirtschaft; **Güter**: erhielt auf sein Gesuch am 7. April 1794 d. *venia aetatis*; setzte sich 1795 mit seiner Mutter u. d. Schwestern auseinander u. übernahm d. väterlichen Güter; Horst hatte damals e. Wert von 11/m T., Winningen von 12 321 T., ihm blieben nach Abzug von Schulden u. Abfindungen jedoch nur 4 588 T frei; verkaufte bzw. vertauschte mit Genehmigung d. Pupillenkollegiums vom 20.3.1797 d. Gut Horst gegen Gut Ruhnow im Krs. Dramburg im Wert von 45/m T. einschl. d. darauf liegenden Schulden von 21 450 T.; sein Vermögen geriet in Konkurs, d. Güter wurden sequestriert, er setzte sich aus Furcht vor d. Personalarrest zs. mit seiner **Frau**, e. geb. von Dewitz, nach Anhalt-Köthen ab, suchte von dort im Dez. 1799 um e. *Salvus conductus* nach, bekam im Jan. 1800 e. solchen für d. Dauer d. Untersuchung, mußte sich jedoch in d. Neumark aufhalten, Mitte 1801 wurde d. *Bankrotteur-Prozeß* gegen ihn eröffnet, im Nov. 1801 wurde J. W. F. wegen verschuldeten fahrlässigen Bankrott zu zweijährigem Festungsarrest verurteilt; auf e. Immediatgesuch hin wurde ihm d. Festungsarrest erlassen; 1804 gehörten Ruhnow u. Winningen d. Cap. von der Marwitz (bzw. 1805 d. Cap. von Schmiedeberg); auf Horst saß 1804 Anton Carl von Wedel;

Quellen: GStA, I. HA, Rep. 22, Nr. 372, Pakete 8 828, 8 829; IV. HA, Rep. 1, Nr. 92, Bl. 169; Priesdorff, Offz.stammliste, S. 179 (Geb.datum: Juni 1777); Gesamtmatrikel Wedel, 1919, Linie Neuwedell (Nr. 114, als J. F. W., geb. Juni 1771); Jb. Neumark, 11/1936, S. 67; Pommern, S. 694 (Biogr. von J. W. F., hier fehlen aber wichtige Angaben);

GM **Johann (Peter) von Wedel** (* 1680, † 1. Juli 1742) *

Vater: Rüdiger Christian (1659–1715), Amts-Commissarius, Erbherr auf Steinbusch, Werder, Springe im Krs. Arnswalde (u. auf Horst im Krs. Saatzig); **Mutter**: Barbara Margarethe, geb. von Carnitz (bzw. von Wedel); **Bruder**: Peter Friedrich (1690–1752) *, Regierungsrat; **Bruder**: Magnus Christoph (* um 1688, † vor 1745), seit 1704 im Militär, April 1712 Ltnt. im K-R Nr. 5, Nov. 1719 Rittmstr. u. Chef e. Escadron, noch 1730 als solcher gen., vor 1740 abgegangen, 1728 Erbherr auf Anteil Fürstenau, ½ Nemischhof u. Mienken im Krs. Arnswalde; **Bruder**: Rüdiger Christian (1696–1757), Ltnt., s. d.; **Laufbahn**: seit 1696 im I-R Nr. 7, 1699 Fähnrich, April 1702 Ltnt., Sep. 1706 Cap., Nov. 1713 Major im I-R Nr. 7, Mrz. 1722 Ol, Jan. 1723 ins I-R Nr. 28 versetzt, Okt. 1723 Kommandeur d. I-R Nr. 28, Sep. 1730 Obrist, April 1739 Chef d. I-R Nr. 5, Juli 1740 GM, 1742 an bei Chotusitz erlittenen Blessuren nach 48 Dj. gest.; **Güter**: 1728 als Erbherr auf Steinbusch (u. Fürstenau) im Krs. Arnswalde gen.; **Ehefrau**: Christiane Elisabeth, geb. von Güntersberg; **Sohn**: Ewald Friedrich (* 1721), 1747 als Erbherr auf Steinbusch u. Anteil Fürstenau im Krs. Arnswalde gen., lag 1746 zs. mit seinem Bruder im Streit mit d. Witwe von Hans Adam von Wedel († 1744) auf Neuwedell, Anteil Fürstenau u. Nemischhof, geb. Eleonora Constantia von Woedtke, die auf Herausgabe ihrer *illata* drang, Anspruch auf d. Güter d. verst. Hans Adam hatte 1745 auch der in Polen lebende Friedrich Adam von Wedel erhoben; 1750 erwarb d. Obrist, sp. GM Carl Ludwig von Normann, s. d., diese Güter für 58/m T.; E. F. saß 1769 auf Steinbusch, Anteil Fürstenau, Werder, Springe (u. Anteil Neuwedell), wollte damals e. Blechhammer an d. Drage anlegen, wurde mit seinem Gesuch abgewiesen; **Sohn**: Friedrich Wilhelm Leopold († 1757), Sl im I-R Nr. 22, 1757 gefallen;

Quellen: GStA, I. HA, Rep. 22, Nr. 372, Pakete 8 824 bis 8 827; Stabi, Ms. boruss. fol. 311, Bl. 132, Bl. 134 (je d. Bruder M. C.); fol. 314, Bl. 79, Bl. 267; fol. 319, Bl. 29 (M. C.), Bl. 34 RS; Ms. geneal. fol. 120, Bl. 224; König, 4. T., S. 194; Gesamtmatrikel Wedel, 1919, Linie Neuwedell (Nr. 61, Johann (Peter) hier als Hans Peter, gest. 1743, Sohn F. W. L. ohne Daten); Jb. dt. Adel, 1. Bd., S. 943 (hier nur Johann bzw. Hans u. d. Sohn Ewald Friedrich, dieser ohne Daten); Jb. Neumark, 1927, S, 176 (hier d.

vier Brüder gen.); Priesdorff, Nr. 271 (Vater); biogr. Handbuch, S. 1 074 (Bruder P. F.); Bl. 7 RS (Bruder C. S.); Ms. geneal. fol. 120, Bl. 255, Bl. 257; Jb. Neumark, 11/1936, S. 94–95;

Ltnt. **Johann Friedrich Wilhelm von Wedel** (* 1753, † 6. Jan. 1819)

Vater: Siegmund (* 1717), stand im Siebenjährigen Krieg als Cap. im Neumärk. Land-Miliz-Bat., 1774 als Erbherr auf Anteil Kemnath im Krs. Sternberg gen.; **Mutter**: Helena Elisabeth, geb. von Winning (* 1724), sie erstand 1757 aus d. Konkurs zwei Anteile von Kemnath f. 7 800 T., geriet damals mit d. Erben von der Groeben in Konflikt, d. e. Forderung von 4/m T. geltend machten, d. Prozeß dauerte 1769 noch an, im Aug. 1766 hatte Kemnath lt. Taxe e. Wert von 10 574 T., bei d. *Licitation* fand sich nur ein Interessent, der lediglich etwas mehr als 6/m T. bot, 1774 ging Kemnath für 10/m T. an d. Hofmarschall Frhr. von Medem, sie hatte 1778 ihren Wohnsitz in Königswalde; **Bruder**: Carl Sigismund Bogislav (1747–1793), seit April 1768 im Regiment, bat als Gefr.corp. im I-R Nr. 44 im Jan. 1769 darum, d. Verkauf von Kemnath unter Wert zu unterbinden, Juli 1775 Sl im I-R Nr. 44, Juli 1783 Pl, Nov. 1788 Stabs-Cap., Sep. 1793 Cap. u. Chef e. Comp., Okt. 1793 gest.; **Bruder**: Ludwig (* 1751), 1774 *cadet*; **Laufbahn**: (1774 *cadet* bzw. 1777 Fähnrich bei Ramin), Mai 1790 Fähnrich im I-R Nr. 25, Juni 1790 Sl, Nov. 1803 Pl beim 3. Mousq.-Bat. d. Reg., Juni 1813 beim 2. Kurm. Landwehr-I-R, April 1814 zum 5. Kurmärk. Landwehr-Res.-Bat., Mai 1814 Stabs-Cap., Mrz. 1816 auf Wartegeld;

Quellen: GStA, I. HA, Rep. 22, Nr. 372, Pakete 8 827, 8 828; II. HA, Abt. 12, Materien, Vas.tab. Nr. 6, Bl. 138 RS-139; IV. HA, Rep. 1, Nr. 92, Bl. 168 (C. S. B.), Bl. 169; Stabi, Ms. boruss. fol. 312, Bl. 6,

Major **Johann Magnus Christoph von Wedel** (* 1746, † 25. Aug. 1812)

Vater: Martin Friedrich (1689–1764), stand anfangs bei Heyden zu Pferd, Sep. 1718 als Rittmstr. ins K-R Nr. 8, Sep. 1723 als Rittmstr. u. Chef e. Escadron ins D-R Nr. 5, Okt. 1729 ins K-R Nr. 12, Mai 1732 Major, Juli 1738 Abschied, 1745 Erbherr auf Denzig im Krs. Arnswalde, ging drei Ehen ein, 1774 wurden sechs Brüder auf d. Gut gen.; **Bruder**: George Friedrich (* 1731, † 3. Okt. 1776), seit 1748 im Militär, stand 1749 als Junker, 1757 als Ltnt., 1773 als Stabs-Rittmstr. im D-R Nr. 6, als solcher 1776 nach 28 Dj. gest.; **Bruder**: Johann Ernst Gottlob (1740–1802), 1778 Erbherr auf Denzig, 1784 auf Heidenau, siehe mehr bei dessen Sohn Ernst Ewald Leopold; **Bruder**: Franz Rüdiger (* 1742, † Okt. 1802), seit 1758 im Militär, April 1763 Sl im I-R Nr. 29, 1774 Pl, Sep. 1784 Stabs-Cap. im I-R Nr. 29, Juni 1786 Cap. u. Chef e. Comp. (Mai 1793 Major), Okt. 1799 zum 3. Mousq.-Bat. versetzt; **Bruder**: Gustav Sigismund (* 1747, † 1776), seit 1764 im Militär, Nov. 1770 Sl im I-R Nr. 7, 1776 als Ltnt. gest.; **Bruder**: Ewald Heinrich Eugen (* 1755), seit 1766 im Militär, Okt. 1770 Fähnrich im I-R Nr. 29, 1783 Ltnt., vor 1787 abgegangen, übernahm 1782 von seiner Schwester d. Gut Dolgenow; **Schwester**: Henriette Sophie (* 1737), lebte 1788 als verwitw. Cap. Bernd Bogislav Sigismund von Mellenthin, s. d., auf d. Gut Dolgenow u. wurde von ihrem Bruder J. M. C. unterstützt, aus d. General-Kriegskasse bekam sie jährlich 108 T., 1788 lebten nur noch zwei ihrer Brüder; **Laufbahn**: seit 1760 im Militär, Mai 1763 Fähnrich im I-R Nr. 7, Dez. 1767 Sl, April 1785 Stabs-Cap., Juli 1789 Cap. u. Chef e. Comp., Okt. 1798 Major, 1813 gest.; **Güter**: saß 1788 auf Anteil Dolgenow im Krs. Schivelbein, verkaufte d. Gut zs. mit seiner Schwester, d. Witwe Cap. von Mellenthin, 1792 an d. Prediger Ritter, der es 1796 an e. von Rhoeden veräußerte;

Quellen: GStA, II. HA, Abt. 13 a, Tit. II, Litt W, Nr. 8; Tit. IV, Litt S, Nr. 1, Bd. 1 (Schwester, Angaben über d. Brüder); IV. HA, Rep. 1, Nr. 92, Bl. 166 (Vater), Bl. 167 (G. F.), Bl. 168 (J. M. C. hier als Magnus Christoph; Franz, e. Ewald Eugenius ist als Sl im I-R 29 Juli 1784 gest.); Stabi, Ms. boruss. fol. 311, Bl. 83 RS, Bl. 86 RS, Bl. 88 RS (jeweils d. Bruder G. F.), Bl. 268 (Vater); fol. 314, Bl. 262, Bl. 265, Bl. 271 (je J. M.), Bl. 262 RS, Bl. 277 (je. A. S.); fol. 316, Bl. 61, Bl. 62 RS (Bruder E. H. hier als Ewald Heinrich Eugenius), Bl. 61 RS, Bl. 62 RS, Bl. 70 (jew. Bruder F. R.); Ms. geneal. fol. 120, Bl. 236 (1774 werden sechs Brüder gen.), Bl. 251 RS; Albedyll, Anhang, S. 42 * (Vater); Gesamtmatrikel Wedel, 1919, Linie Neuwedell;

Ltnt. **Johann Philipp von Wedel** (* 1743) * aus d. Neumark gebürtig; **Laufbahn**: seit 1759 im Militär, stand 1764 als Sl im I-R Nr. 34, Mai 1765 dim. u. versorgt;

Quellen: GStA, IV. HA, Rep. 1, Nr. 92, Bl. 167 (kz. Notiz); Stabi, Ms. boruss. fol. 311, Bl. 98, Bl. 104;

Major **Magnus Lupold von Wedel** (* 1712)

Vater: Melchior Magnus (1686–1745), Erbherr auf Braunsforth, Marienhagen, Vehlingsdorf im pomm. Krs. Saatzig, erwarb 1730 Grassee im Krs. Dramburg für 11/m T.; **Mutter**: Esther, geb. von Podewils († 1720); **Bruder**: Melchior Felix (1708–1768), Erbherr auf Marienhagen; **Bruder**: Christoph Heinrich (1710–1772) *, Kammerpräsident in Halberstadt; **Bruder**: Melchior Magnus Lupold (1726–1779), Erbherr auf Braunsforth, Domherr; **Laufbahn**: avancierte im 2. Bat. Garde bis zum Cap., 1745 als Brigarde-Major gen., Mai 1755 als Major dim.; **Güter**: seit 1745 Erbherr auf d. väterlichen Gut Grassee im Krs. Dramburg, 1755 wollte die Frau von der Groeben, geb. Luise Henriette Sophie Freiin von Hünecke, ihr Vorwerk Ruhleben im Krs. Dramburg an d. Garde-Cap. für 5/m T. verkaufen, noch 1774 als Erbherr auf Grassee im Krs. Dramburg gen.; **Ehefrau**: Sophie Antoinette Auguste, geb. von Danckelman; **Sohn**: Ludwig Magnus (1750–1810) *, Ltnt., 1801 u. 1809 als Erbherr auf Grassee im Krs. Dramburg gen., 1801 wurde noch d. Wert von 1730 angegeben: 11/m T.; **Tochter**: Esther Wilhelmine (* 1763), 1785 verheiratet mit d. Ltnt. Anton Adolph Heinrich von Krosigk (* 1754) im I-R Nr. 5, sie besaß e. Vermögen von 10/m T. u. bekam auf ihr Gesuch d. *venia aetatis*;

Quellen: GStA, I. HA, Rep. 22, Nr. 372, Pakete 8 826, 8 830; II. HA, Abt. 12, Materien, Vas.tab., Nr. 6, Bl. 71 RS-72; IV. HA, Rep. 1, Nr. 92, Bl. 167 (kz. Notiz); Stabi, Ms. geneal. fol. 120, Bl. 228 (danach saß 1745 d. älteste Bruder Melchior Felix auf Braunsforth u. Grassee), Bl. 245 (1745 u. 1774 Magnus Lupold je als Melchior Magnus); Gesamtmatrikel Wedel, 1919, Melchior-Linie (Nr. 27, als Magn. Lup.); Jb. Neumark, 11/1936, S. 65 (danach kaufte Melchior Magnus 1730 Grassee); biogr. Handbuch, S. 1070–1071 (Bruder C. H.); Pommern, S. 696–696 (kz. Biogr. d. Sohnes L. M., d. Vater als Magnus Leop.);

Ltnt. **Moritz Heinrich von Wedel** (* um 1700)

Vater: Moritz Heinrich († 1719), Geh. Rat, Erbherr auf d. Schloßgut Neuwedell u. 1715 auf Berkenbrügge im Krs. Arnswalde; **Mutter**: Anna Elisabeth, geb. von Carnitz; **Bruder**: Otto Wilhelm, 1715 erwähnt; **Laufbahn**: stand zuerst (als Ltnt.) in preußischen, dann Offz. in österreichischen Diensten; 1745 saß auf Berkenbrügge d. Reg.rat Peter Friedrich von Wedel;

Quellen: BLHA, Rep. 23 B, Nr. 446, Gesamtmatrikel Wedel, 1919, Linie Neuwedell (Nr. 96, hier als Sohn nur M. H. gen.); Jb. Neumark, 1927, S. 174;

Ltnt. **Moritz Ludwig von Wedel** (* 1697) *

aus d. Neumark gebürtig; **Laufbahn**: seit 1720 im Militär, stand 1723 als Gefr. corp., 1729 als Cornet, 1739, 1740 als Ltnt. im D-R Nr. 3, 1741 dim.;

Quellen: Stabi, Ms. boruss. fol. 313, Bl. 15, Bl. 16; Gesch. D-R Nr. 3, S. 56, S. 61, S. 65, S. 410;

preuß. Ltnt., sächs. Major **Rüdiger Christian von Wedel** (1696–1757)

Vater: Rüdiger Christian (1659–1715), Amts-Commissarius, Erbherr auf Steinbusch im Krs. Arnswalde; **Bruder**: Johann (Peter) (1680–1742), GM, s. d. mehr; **Laufbahn**: seit 1712 im Militär, Jan. 1721 Fähnrich im I-R Nr. 1, erstach als Sl im Aug. 1724 im Duell d. Ltnt. Thomas Wedig von Zarth, wurde dim. u. ging dann außer Landes; avancierte in sächs. Diensten bis zum Major; **Ehefrau**: e. gebr. Freiin von Künsberg; **Güter**: Erbherr auf Hansdorf in Sachsen;

Quellen: Stabi, Ms. boruss. fol. 313, Bl. 297 RS; fol. 319, Bl. 50 RS; Gesamtmatrikel Wedel, 1919, Linie Neuwedell (als Nr. 64); Pommern, S. 746 (kz. Biogr. d. Ltnt. T. W. von Zarth);

Cap. **Carl Ferdinand Friedrich von Wegerer** (* 28. Nov. 1734, † 1797)

Vater: Carl Friedrich Ferdinand (1690–1750), dän. Cap. (Erbherr auf Kuckädel, Hermswalde, Wellmitz, Sommerfeld im Krs. Crossen); C. F. F. aus Bobersberg in Crossen gebürtig; **Mutter**: Luise, geb. von Selchow († 1740); **Bruder**: Wilhelm Heinrich (1735–1785), seit 1755 im Militär, Mai 1765 Pl u. Adj. im I-R Nr. 22, als Cap. nach 26 Dj. gest.; Stief-**Bruder**: Johann Otto Sigismund (1742–1795), Ltnt. bzw. Cap., bei d. Akzise versorgt, siehe mehr bei dessen Sohn C. O. S.; **Laufbahn**: seit 1753 im Militär, Juni 1759 Sl im I-R Nr. 42, April 1772 als Ltnt. abgegangen, erhielt später d. Charakter Cap., als Feuer-Bürgermstr. in Schwiebus versorgt; **Ehefrau**: Beate Juliane, geb. von Rothenburg (* 1747), ihr Vater hatte als Cap. im Berliner Garn.-Reg. gestanden, ihre 1803 bereits verst. drei Brüder im I-R Nr. 31, im I-R Nr. 30 und im D-R Nr. 11 gedient, sie hielt sich im Sep. 1803 in Züllichau auf, machte auf ihre kümmerliche Lage aufmerksam, besaß kein Vermögen, ernährte sich mühsam vom Stricken u. Nähen, wurde im Okt. 1803 auf d. neumärk. Expectantenliste gesetzt, erhielt im Mai 1804 e. Pension von 100 T.;

Quellen: GStA, II. HA, Abt. 13 a, Tit. IV, Litt W, Nr. 2 (C. F. F. danach 1797 gest.), Nr. 3; IV. HA, Rep. 1, Nr. 92, Bl. 202 (Bruder W. H.); Stabi, Ms. boruss. fol. 312, Bl. 20; fol. 314, Bl. 283 (Hr., aus Schlesien?), Bl. 293 RS (W. H., aus Schlesien?); Tb. Briefadel, 1935, S. 627 (danach gest. 1787);

Ltnt. **Carl Otto Sigismund von Wegerer** (* 25. Juli 1770, † 13. Mai 1835)

Vater: Johann Otto Sigismund (1742–1795), diente im Siebenjährigen Krieg (als Junker) im I-R Nr. 24, bei Torgau blessirt, 1763 dim., 1772 als Kontrolleur bei d. Akzise in Bobersberg versorgt; **Mutter**: Anna Sophia, geb. von Lossow (1741–1823) aus Groß Gandern, aus d. Ehe zwei Söhne u. zwei Töchter, sie besaß kein Vermögen u. ernährte sich 1797 von Handarbeit; **Bruder**: Friedrich Gottlieb (1766–1806), Juni 1787 Fähnrich im I-R Nr. 46, 1789 desertiert, hielt sich 1797 als vorm. Ltnt. in Bobersberg auf; **Schwester**: Johanne Friederike, 1797 verheiratet mit d. Töpfermstr. Carl in Bobersberg; **Schwester**: Helene Charlotte (* 1783), hielt sich 1797 bei d. Mutter auf; **Laufbahn**: seit 1786 im Militär, 1787 Gefr. corp. im I-R Nr. 23, Mrz. 1793 Fähnrich, Febr. 1795 Sl, Mrz. 1799 dim., Juni 1813 beim 3. Neumärk. Landwehr-I-R als Cap., Febr. 1816 dim. mit Wartegeld, Nov. 1817 Major beim 2. Frankfurter Landwehr-Reg., Aug. 1833 dim.; **Güter**: erwarb im Mrz. 1801 d. Vorwerk Grünhof im Krs. Arnswalde für 13/m T., 1802 für 14/m T. verkauft (bzw. hier noch 1809 gen.); seit 1801 **verheiratet** mit Christiane Louise, geb. von Normann (1784–1859); 1803 wurde C. O. S. als unangesessener Vasall im Krs. Arnswalde aufgeführt;

Quellen: GStA, II. HA, Abt. 12, Materien, Vas.tab. Nr. 6, Bl. 7 RS-8; Nr. 8, Bl. 9 RS-10, Bl. 24 RS-25; Abt. 13 a, Tit. IV, Litt C, Nr. 2 (Mutter mit Angaben über d. Fam.); IV. HA, Rep. 1, Nr. 92, Bl. 202 (hier als Carl Siegmund von Wegerer); Stabi, Ms. boruss. fol. 316, Bl. 251 (als F. W. u. als von Weeger); Brating, 3. Bd., S. 210 (noch 1809 auf Grünhof); Tb. Briefadel, 1935, S. 627; Jb. Neumark, 11/1936, S. 59 (als Wegner);

Major **Hans Friedrich von Weissenfels** (* 1688, † April 1745)

aus d. Neumark gebürtig; **Laufbahn**: seit 1707 im Militär, im Jan. 1710 vom Gefr.corp. im I-R Nr. 1 zum Ltnt. im Leib-Reg. befördert, Juni 1712 Pl im I-R Nr. 5, Juni 1722 Stabs-Cap., stand 1730 als Cap. u. Chef e. Comp. im I-R Nr. 29, noch 1740 als Cap. im I-R Nr. 29 gen., als Major gest.; **Güter**: saß 1735 auf Trebatsch in d. Herrschaft Beeskow-Storkow, verkaufte d. Dorf im Mrz. 1737 an d. König; (**verwandt**, Bruder: Anton Albrecht von Weissenfels (1700–1757), auf Trebatsch u. Anteil Werben, s. u.);

Quellen: GStA, I. HA, Rep. 22, Nr. 375 c (1735 d. Cap. H. F. von W. vom I-R 29 auf Trebatsch gen.; 1724 gab es d. Oberforstmstr. Hans Heinrich von W. auf Stremmen); Rep. 176, Nr. 10 405 (danach erhielt im Nov. 1648 d. Stettiner Arzt Johann George Albinus d. schwedischen Adel unter d. Namen von Weissenfels, dessen Söhne fanden 1686 Aufnahme in d. schwed. Adel); Stabi, Ms. boruss. fol. 313, Bl. 295; fol. 316, Bl. 65, Bl. 66, Bl. 69 RS (1730: aus Trebatsch gebürtig); fol. 319, Bl. 40 RS, Bl. 198 RS; Schulze, Statistik, S. 109;

Gutsbes. **Heinrich Günther Anton von Weissenfels** (* 1770)

Vater: Friedrich Heinrich Anton (* 1742), seit 1783 Erbherr auf 1/8 von Werben, 1737 im Wert von 8 700 T., noch 1801 hier gen.; (**Großvater**: Anton Albrecht (1700–1757), Erbherr auf Trebatsch in d. Herrschaft Beeskow-Storkow, verheiratet mit Augustine Gottliebe (1712–1798), e. Tochter von Heinrich Sigismund von Schönfeldt (1683–1745), diese brachte ihm e. Anteil von Werben im Krs. Cottbus ein, 1745 als Erbherr auf Werben im Krs. Cottbus gen.); **Laufbahn**:

trat weder in d. Militär- noch in d. Zivildienst ein, saß 1801 auf Straußdorf im Krs. Cottbus, im Sep. 1793 für 15/m T. erworben;

Quellen: GStA, II. HA, Abt. 12, Materien, Vas.tab. Nr. 6, Bl. 56 RS-57; Stabi, Ms. geneal. fol. 120, Bl. 215; Zedlitz, 5. Bd., S. 474 (allg. zur Fam.); Siebmacher, Bd. 6/5, 1880, S. 103; Fam.gesch. von Schönfeldt, Tafel 20, S. 47–48 (je A. A.); Krüger, Cottbus, S. 35, S. 38;

Ltnt. **Friedrich Carl Christoph von Weltzien** (* 1766)

Vater: Gottfried Hartwig (1740–1806), mecklenburg. Rittmstr. u. Klosterhauptmann zu Dobbertin, Erbherr auf Benten u. Tannenhof; **Mutter**: Ilsabe Margarethe Sophie, geb. von Normann; **Bruder**: August, stand 1803 als Rittmstr. in kursächsischen Diensten; **Bruder**: Christian, mecklenburgischer Oberforstmstr.; **Bruder**: Maximilian Wilhelm Gottfried (* 2. Aug. 1776, † 21. April 1852), Juni 1795 Fähnrich im I-R Nr. 57, Jan. 1797 Sl, Dez. 1807 dim., später großherzogl.-oldenburg. Major; **Bruder**: Hans, 1803 Ltnt. im herzogl.-braunschweig. D-R; **Laufbahn**: seit 1781 im Militär, Mrz. 1787 Cornet im H-R Nr. 2, Mai 1789 Sl, Mrz. 1794 Pl, Mrz. 1799 dim.; (**Ehefrau**: Henriette Eleonore, geb. von Ihlow (* 11. Febr. 1775), bat im Frühjahr 1798 im Vorfeld ihrer Eheschließung um d. *venia aetatis*); **Güter**: F. C. C. kaufte 1801 Theeren im Krs. Königsberg für 46/m T., 1808 für 52/m T. wieder veräußert;

Quellen: GStA, II. HA, Abt. 12, Materien, Vas.tab., Nr. 8, Bl. 104 RS-105 (hier als F. C. Christian, Nennung d. Brüder; M. W. G. hier nur als Max.); IV. HA, Rep. 1, Nr. 92, Bl. 283 (F. C. C., im I-R Nr. 57 M. W. G. als Gottfr. Wilh.); Stabi, Ms. boruss. fol. 315, Bl. 76 (F. C. C. hier als F. W.); Tb. Uradel, 1901, S. 911 (hier als Sohn nur M. W. G. gen.), S. 914; Jb. Neumark, 11/1936, S. 76 (F. C. C. hier als kursächs. Rittmstr. bez.);

Major **Johann Gustav von Wenckstern** (* um 1714, † 8. Jan. 1761 bzw. 1764)

(aus d. Neumark bzw. aus Schwedt gebürtig); **Laufbahn**: seit 1735 im Militär, 1736 Sergant im I-R Nr. 1, 1740 Fähnrich, stand 1746 als Sl, 1756 als Cap. u. Chef e. Comp. im I-R Nr. 1, Jan. 1761 od. 1764 als Major im I-R Nr. 1 gest.; (**verwandt**: Philipp Carl von Wenckstern (* 1700), aus d. Gegend um Schwedt, seit 1719 im Militär, Aug. 1731 Fähnrich im I-R Nr. 1, 1746 hier als Cap. gen., Mai 1749 Cap. u. Chef e. Comp. im I-R Nr. 1, um 1750 (ins I-R Münchow versetzt), stand im Dez. 1756 nicht mehr im Reg., evt. als Major beim Feld-Kriegskommissariat im Mai 1757 *cassirt*; 1745 saß e. Witwe Cap. von Wenckstern auf Anteil Rohrbeck im Krs. Königsberg, sie hatte zwei Söhne von 13 u. 7 Jahren, 1751: Carl George Christian (* 1732) in Wriezen, Johann Ernst Emilius (* 1737) in Frankfurt an d. Order, Rohrbeck hatte 1751 e. Wert von 17 700 T., 1767 saß C. G. C. auf Anteil Rohrbeck, noch 1767 verkauft: BLHA, Rep. 78 I, Nr. 170, Bl. 47; Ms. geneal. fol. 120, Bl. 226);

Quellen: GStA, IV. HA, Rep. 1, Nr. 92, Bl. 285 (kz. Notizen für d. bd. Majore); Stabi, Ms. boruss. fol. 313, Bl. 251 (J. G. aus Schwedt), Bl. 298 RS (P. C.), Bl. 299 (J. G. aus Petznick an d. Oder), Bl. 300 RS (1746: P. C. aus d. NM, J. G. aus Pomm.), Bl. 301 RS, Bl. 302 RS (J. G. aus d. NM); nicht in Tb. Uradel 1935;

sächs. Ltnt. **Hans Adolph von Wengler** (* um 1695)

Vater: Hans Friedrich, poln. Cap.; **Bruder**: N. N., stand 1728 als Uffz. im Reg. Sachsen-Weißenfels; **Laufbahn**: stand 14 Jahre als Cornet bei d. Garde zu Pferd in dän. u. 13 bzw. 15 Jahre als Pl in sächs.-poln. Diensten; **Güter**: 1728 als Erbherr auf Anteil Schönwalde im Krs. Sternberg gen., saß 1751 auf Gräden; **Tochter**: Johanne Caroline (* 1756), sie hielt sich 1803 in Drossen auf, zeigte im Nov. d. J. an, daß ihr verst. Vater d. Gut Gräden besessen hat, dieses wurde im Siebenjährigen Krieg verwüstet, deshalb habe ihre Erbschaft nur 1500 T. betragen, von denen sie bereits 300 T. verbraucht hätte, sie besaß e. Obligation über 1170 T., ihr Vater stammte aus Sachsen, soll nicht gedient haben, kaufte sich in d. Neumark an, die Mutter war e. geb. von Küssow aus Pommern, e. Schwester d. Supplikantin war damals verwitwet, J. C. wurde im Jan. 1804 auf d. Expectantenliste gesetzt u. bekam im Dez. 1805 e. Pension von 50 T.;

Quellen: GStA, II. HA, Abt. 13 a, Tit. IV, Litt W, Nr. 4; BLHA, Rep. 78 I, Nr. 170, Bl. 54 (danach geb. 1699); Stabi, Ms. geneal. fol. 120, Bl. 221; nicht bei Siebmacher, Bd. 6/5;

Major **Friedrich Leonhard von Werbelow** (* 1680)

(**Vater**: Heinrich Wilhelm (* um 1660, † vor 1715), stand 1692 als Ltnt. im I-R Nr. 12, 1703 als Cap., 1707 als Obrist Pfandbesitzer von Rauden im Krs. Sternberg, machte damals Forderungen über 4/m T. geltend, die auf Bellin eingetragen waren, e. Anteil von Bellin hatte ehedem seinem Vater gehört, 1715 u. 1718 saß seine Witwe auf d. Gut, diese hatte ihren Wohnsitz in Berlin); F. L. aus d. Neumark gebürtig; **Laufbahn**: seit 1697 im Militär, Okt. 1713 Major im I-R Nr. 12, noch 1722 als solcher gen., 1724 auf Wunsch dim.;

Quellen: GStA, I. HA, Rep. 62, Nr. 269, Fasz. 8 (Obrist H. W.); BLHA, Rep. 23 B, Nr. 446; Stabi, Ms. boruss. fol. 316, Bl. 232, Bl. 237 RS, Bl. 238; fol. 319, Bl. 10 RS (Vater?), Bl. 50; Bardeleben, S. 415, S. 428; Jb. Neumark, 1928, S. 43 (hier kein Sohn gen.);

GM **Ernst Ferdinand von Werdeck** (* 24. Mrz. 1687, † 17. Mai 1742) *

Vater: George Siegismund; E. F. aus Klinge bei Cottbus gebürtig; **Mutter**: Sophie, geb. von Kracht; **Laufbahn**: engagierte sich 1702 im K-R Nr 11, Febr. 1705 Cornet, Juli 1709 Sl, Jan. 1714 als Stabs-Cap. zum I-R Nr. 19 versetzt, Aug. 1714 Rittmstr. im K-R Nr. 11, Okt. 1719 Major u. Chef e. Escadron, Mai 1726 Ol, Sep. 1734 Kommandeur d. K-R Nr. 11, Jan. 1736 Obrist, April 1738 Kommandeur d. K-R Nr. 3, Aug. 1741 Chef d. D-R Nr. 7, Mrz. 1742 GM, 1742 bei Chotusitz gefallen; **Ehefrau**: Eva Rosine, geb. (von) Salchow († 1784); **Sohn**: Friedrich Carl Ferdinand (1728–1792) *, seit 1761 Landrat im Krs. Stendal, 1767 Landesdirektor d. Altmark;

Quellen: Stabi, Ms. boruss. fol. 315, Bl. 54, Bl. 55 (jeweils alt); fol. 319, Bl. 30; Priesdorff, Nr. 297; biogr. Handbuch, S. 1087 (Sohn); E. F. nicht in IV. HA, Rep. 1;

Gl **Philipp August Wilhelm von Werther** (* 19. Mai 1729, † 1. Juli 1802) *

Vater: Hans Heinrich (* 1687, † vor 1745), aus d. Mittelmark gebürtig, seit 1712 im Militär, Juni 1713 Sl, Juni 1721 Cap. u. Chef e. Comp. im I-R Nr. 22, vor 1741 abgegangen, Erbherr auf Alt Stüdnitz u. Kallies im Krs. Dramburg, 1745 saß seine Witwe auf d. Gütern; **Mutter**: Elisabeth Dionysia Philippine, geb. von Borcke (1702–1762); **Bruder**: George Heinrich (* 1730), seit 1743 im Militär, 1749 Cornet im D-R Nr. 6, im Jan. 1757 in e. Garn-Reg. versetzt; **Bruder**: George Ehrenreich (1742–1816) *, 1756 Junker im K-R Nr. 4, Febr. 1758 Cornet, Mrz. 1760 Ltnt., Juni 1772 Stabs-Rittmstr., Juli 1775 Rittmstr. u. Chef e. Escadron, Nov. 1781 Major, Aug. 1790 Ol, Mai 1792 Obrist, Sep. 1796 Kommandeur d. K-R Nr. 4, Mrz. 1798 Chef d. K-R Nr. 12, Mai 1798 GM, Dez. 1803 dim. mit 1/m T. Pension, 1801 als unangesessener Vasall im Krs. Königsberg gen.; **Laufbahn**: engagierte sich 1745 im Militär, Mrz. 1747 Cornet im D-R Nr. 6, Juni 1753 Sl, Sep. 1757 Pl, Nov. 1760 Stabs-Rittmstr., Sep. 1766 Rittmstr. u. Chef e. Escadron, Dez. 1770 Major, Mai 1782 Ol, Juli 1787 Kommandeur d. D-R Nr. 6, Juni 1789 Orden p. l. m., April 1790 Chef d. D-R Nr. 6, Aug. 1790 GM, Jan. 1796 Gl, Juni 1798 Roter Adler-Orden; **Güter**: 1767 als Erbherr auf Friedrichsdorf u. Alt Stüdnitz im Krs. Dramburg im Wert von 20 200 T. gen., darauf Schulden von 15 489 T., verkaufte Friedrichsdorf vor 1771 für 10/m T., Alt Stüdnitz 1797 für 50/m T., 1801 als unangesessener Vasall im Krs. Dramburg geführt; in zweiter Ehe **verheiratet** mit Sophie Albertine Elisabeth, geb. von Korff († 1795), **Sohn**: Heinrich August Alexander Wilhelm (1772–1853) *, Dez. 1787 Cornet im D-R Nr. 6, April 1789 Sl, Nov. 1798 Pl, Jan. 1802 Stabs-Rittmstr., Jan. 1803 Rittmstr., Juli 1807 dim., 1827 Gesandter in Paris, 1837 Minister der auswärtigen Angelegenheiten;

Quellen: GStA, II. HA, Abt. 12, Materien, Vas.tab., Nr. 6, Bl. 104 RS-105 (G. E.); IV. HA, Rep. 1, Nr. 92, Bl. 359 (P. A. W. u. Sohn, G. E.); Stabi, Ms. boruss. fol. 311, Bl. 83–83 RS, Bl. 85, Bl. 86, Bl. 88 RS; fol. 314, Bl. 288 RS u. 301 (Vater); fol. 316, Bl. 181, Bl. 182 (je d. Bruder G. E.); Ms. geneal. fol. 120, Bl. 218 (1745 d. Witwe gen.), Bl. 246; König, 4. T., S. 212–213; Bratring, 3. Bd., S. 233 (Fr.hof); ADB, Bd. 42, S. 111–113 (Sohn H.A.A.W.); Moegelin, S. 65 (Fr.dorf); Jb. Neumark, 11/1936, S. 63 (d. Ort hier als Fr.dorf); Priesdorff, Nr. 800 (d. Vater danach gest. 1754); Nr. 973 (Bruder G. E.); Grypa, Dienst, u. a. S. 144–152 (Sohn H.A.A.W.);

Cap. **Samuel Ehrenreich von Werther** (* um 1695, † 5. April 1762) *

aus der Mittelmark gebürtig; **Laufbahn**: seit 1712 im Militär, stand 1720 als Ltnt. im I-R Nr. 21, nach 24 Dj. 1732 bzw 1733 als Cap. abgegangen, amtierte seit Dez. 1732 als Landrat im Krs. Königsberg; **Güter**: erwarb 1740 Kuhdamm im Krs. Königsberg für 4/m T.; **Ehefrau**: e. geb. von Flanss;

Quellen: BLHA, Rep. 78 I, Nr. 170, Bl. 50 (hier George Ehrenreich (1742–1816), GM, s. o., irrtümlich als Sohn d. Landrates gen.); Stabi, Ms. boruss. fol. 311, Bl. 203 RS, Bl. 210; biogr. Handbuch, S. 1 093;

Rittmstr. **Friedrich Wilhelm von Wesenbeck** (* 1697)

Vater: Friedrich Wilhelm, 1715 Erbherr auf Anteil Balkow im Krs. Sternberg, hatte damals e. Sohn namens F. W.; **Laufbahn**: seit 1716 im Militär, stand 1730 als Cornet, 1740 als Ltnt. im K-R Nr. 4, Nov. 1741 (als Rittmstr.) dim.;

Quellen: GStA, IV. HA, Rep. 1, Nr. 92, Bl. 364 (hier Nov. 1741 e. Ltnt. u. e. Rittmstr. v. W. dim.); BLHA, Rep. 23 B, Nr. 446; Stabi, Ms. boruss. fol. 316,

Bl. 167 (alt), Bl. 168 RS (alt); Jb. Neumark, 1928, S. 35; Siebmacher, Bd. 6/5, 1880, S. 104;

Rittmstr. **Matthäus von Wesenbeck**
(* 1689, † vor 1767)

Vater: (Erbherr auf Anteil Balkow im Krs. Sternberg), hinterließ drei Söhne, 1715 alle ledig, sie besaßen zs. e. Anteil von Balkow; **Bruder**: Hans Victor, 1715 als Ltnt. in holländ. Diensten erwähnt; **Bruder**: Carl Wilhelm (* 1693), 1715 als Fähnrich im I-R Nr. 19 beim Angriff auf d. Peenemünder Schanzen verwundet, avancierte im I-R Nr. 19 bis zum Obristwachtmstr (Major), im Mai 1739 nach 32 Dj. dim., erwarb 1750 von vier Adelsfamilien je e. Anteil am Gut Sternberg sowie d. dazu gehörigen vier Vorwerke für 27 490 T., nach seinem Tod fielen diese an d. Bruder Matthäus; **Laufbahn**: (trat 1715 von Balkow aus ins Reg. ein), 1717 Cornet im D-R Nr. 3, 1723 u. 1729 als Ltnt. gen., zuletzt Rittmstr., 1737 nach 22 Dj. abgegangen; **Güter**: 1715 zs. mit d. beiden Brüdern auf Anteil Balkow im Krs. Sternberg, 1751 Erbherr auf Schönwalde, hatte damals zwei Söhne von vier u. 18 Jahren, besaß 1764 d. vom Bruder C. W. geerbten Anteil an Sternberg nebst d. vier Vorwerken, d. Besitzungen wurden im Siebenjährigen Krieg ruiniert, alle Wohn- u. Wirtschaftsgebäude befanden sich in e. desolaten Zustand, es fehlte an Inventar, Vieh, Saatgut, die Pacht belief sich daher auf nur noch 750 T., wovon kaum d. Kreditzinsen bezahlt werden konnten, allein für d. Wiederaufbau d. Gebäude waren 14 846 T. nötig, nach e. neuen Anschlag betrug d. Wert d. Gutes 1764 nur noch 22 269 T., darauf Schulden von 15 882 T., d. Rittmstr. suchte deshalb um d. Konsens für d. Verkauf d. Gutes an d. Amtsrat Johann Joachim Jaeckel nach, der von 1738 bis 1756 Generalpächter d. Amtes Alt Landsberg gewesen war u. im Krs. Niederbarnim seit d. 1750 Gut Mehrow besaß, d. Verkauf wurde am 21. Mai 1764 abgelehnt, weil der Gutswert noch deutlich über d. Schulden lag; **Ehefrau**: Henriette Gottliebe, geb. von Küssow, sie verpachtete von Johannis 1768 bis Johannis 1774 Anteil Sternberg u. d. vier Vorwerke für anfänglich 700, dann 900 T., geriet in Konflikt mit ihrem Pächter; **Sohn**: Matthäus (1750–1828), Rittmstr., s. d.;

Quellen: GStA, I. HA, Rep. 22, Nr. 384 c, Paket 8 847; BLHA, Rep. 78 I, Nr. 170, Bl. 58, Bl. 59; Stabi, Ms. boruss. fol. 313, Bl. 9 (1717: aus d. MM), Bl. 16 (als Matthias, aus d. Krs. Sternberg); Gesch. I-R Nr. 19, S. 83 (Bruder C. W.); Gesch. D-R Nr. 3, S. 56, S. 60, nicht in d. Abgangsliste S. 408–410; Jb. Neumark, 1928, S. 35;

Major **Matthäus von Wesenbeck**
(* 1750, † 10 Okt. 1828)

Vater: Matthäus (* 1689), Rittmstr., 1764 Erbherr auf Anteil Sternberg, s. d.; **Mutter**: Henriette Gottliebe, geb. von Küssow; **Bruder**: Carl Gottlob (* Febr. 1747, † Mrz. 1795), Mai 1763 Junker im H-R Nr. 5, Mai 1763 Cornet, April 1766 Sl, Juli 1773 Pl, 1776 Stabs-Rittmstr., Juni 1785 Rittmstr. u. Chef e. Escadron im H-R Nr. 5, Mrz. 1793 Major, Träger d. Ordens p. l. m., 1795 gest.; **Laufbahn**: seit 1769 im Regiment, stand 1774 als Sl im I-R Nr. 24, Dez. 1784 Pl, Mai 1790 Stabs-Cap., April 1795 Cap. u. Chef e. Comp., Sep. 1798 mit 300 T. Pension dim., Nov. 1798 Charakter Major; **Güter**: saß 1774 zs. mit d. Bruder auf Anteil Sternberg, sie verkauften d. Vorwerke ihres Gutes 1780 für 17 700 T.,

Anteil Sternberg 1798 für 15/m T., 1801 als unangesessener Vasall im Krs. Sternberg geführt;

Quellen: GStA, II. HA, Abt. 12, Materien, Vas.tab. Nr. 6, Bl. 138–139; IV. HA, Rep. 1, Nr. 92, Bl. 363; Stabi, Ms. boruss. fol. 316, Bl. 320, Bl. 321 RS, Bl. 328 RS; Ms. geneal. fol. 120, Bl. 256 (1774 d. Brüder im Krs. Sternberg gen.); Mackensen, 2. Bd., Anhang, S. 30 * (Bruder C. G.); Jb. Neumark, 11/ 1936, S. 97;

Rittmstr. **Otto Friedrich von Wesenbeck** (* 1704)

Vater: Hans Friedrich, 1715 u. 1718 Erbherr auf Anteil Balkow im Krs. Sternberg; (**Mutter**: e. geb. von Grünberg, sie saß 1751 als Witwe auf Anteil Balkow, hatte damals zwei Söhne); **Laufbahn**: seit 1729 im Militär, stand 1741 als Rittmstr. u. Chef e. Escadron im H-R Nr. 3, in d. Action bei Kloster Leubus geblieben; hinterließ die **Töchter** Margarethe Helene (* 1732) u. Henriette Marie (* 1739), sie verloren ihr geringes Vermögen im Siebenjährigen Krieg, befanden sich 1784 in ärmlichen Umständen u. standen auf d. Expectantenliste für e. neumärkische Pension;

Quellen: GStA, I. HA, Rep. 22, Nr. 384 c; II. HA, Abt. 13 a, Tit. III, Generalia, Nr. 2, Bd. 13, fol. 14 RS-15; nicht in IV. HA, Rep. 1, Nr. 92, Bl. 364; Stabi, Ms. boruss. fol. 314, Bl. 329; Jb. Neumark, 1928, S. 35;

Rittmstr. **Otto Friedrich von Wesenbeck** (* 1738, † 30. Okt. 1789) *

Vater: (Otto Friedrich (* 1704), Rittmstr., s. d.) Erbherr auf 1/3 Balkow im Krs. Sternberg († vor 1751), 1751 saß seine Witwe (e. geb. von Grünberg) auf d. Gutsanteil; **Bruder**: Johann Friedrich (* 1737, † vor 1769), weilte 1751 zs. mit O. F. bei d. Mutter in Merzdorf in Crossen; **Laufbahn**: engagierte sich 1754 im D-R Nr. 1, wechselte 1756 ins K-R Nr. 13, 1757 hier als Cornet gen., Mai 1760 Ltnt., Febr. 1765 auf Wunsch als Rittmstr. dim.; **Ehefrau**: Wilhelmine Sophia Regina, geb. von Sellentin (* 1744), sie bekam 1766 d. *venia aetatis*, ihr Vermögen betrug 4/m T.; **Schwager**: Kriegsrat Friedrich Wilhelm von Sellentin; **Güter**: verkaufte im Dez. 1763 zs. mit d. Bruder J. F. Anteil Balkow u. Vorwerk Grimnitz im Krs. Sternberg für 22/m T. an d. Major du Rège, sie erwarben dafür Deutsch Sagar im Krs. Crossen vom Rittmstr. Joh. George von Knobelsdorff, sie blieben diesem 5 925 T. schuldig, da d. Major du Rège von d. vereinbarten Kaufpretium nur 4 700 T. zahlte, konnten d. Gebr. von Wesenbeck ihren Gläubiger von Knobelsdorff nicht befriedigen u. wurden von diesem verklagt, d. Gebr. ihrerseits belangten du Rège, der Anteil Balkow u. Grimnitz 1765 an d. Hofmarschallin von Stosch, geb. von Pannwitz, für 23 300 T. veräußert hatte, deren Güter gerieten in Konkurs u. wurden *sub hasta* gestellt, e. neue Taxe für Balkow vom Juli 1768 bezifferte d. Brutto-Ertrag auf 903 T., d. Wert inkl. Regalien u. Holzung auf 20 135 T., bei d. *Licitation* im Mai 1769 ging d. Gutsanteil für 12/m T. an Frau W. S. R. von Wesenbeck, geb. von Sellentin, u. deren Schwägerinnen Margarethe Helene u. Henriette Marie von Wesenbeck, Einsprüche d. Majors du Rège u. von dessen Sohn, d. Fähnrichs vom I-R Nr. 24, die sich selbst um d. Zuschlag beworben hatten, wurden abgewiesen; 1777 wurden Meliorationsgelder in Höhe von 6 950 T. für d. Gut gezahlt, O. F. u. seine Frau verkauften Balkow

1777, sie erwarben dafür Klein Gandern; O. F. amtierte seit 1784 als Landrat im Krs. Sternberg; **Sohn**: Carl Otto Friedrich Wilhelm (* 1766);

Quellen: GStA, I. HA, Rep. 22, Nr. 384 c, Paket 8 847; IV. HA, Rep. 1, Nr. 92, Bl. 364; BLHA, Rep. 78 I, Nr. 170, Bl. 54; Stabi, Ms. boruss. fol. 314, Bl. 47 (im D-R 1, geb. 1738); Ms. geneal. fol. 120, Bl. 253 RS; Gesch. K-R 13, S. 117, S. 119, S. 298–299 (danach aus Buckow in Crossen geb.); Moegelin, S. 265; biogr. Handbuch, S. 1 093-1 094 (hier ohne Vornamen);

Cap. **Heinrich Wilhelm von Wichmannsdorf** (* 1669)

(aus d. Neumark gebürtig); **Laufbahn**: stand 1692 u. 1694 als Cap. im D-R Prinz Albrecht, zuletzt mit d. Reg. in Ungarn, vor 1703 abgegangen; **Güter**: erwarb um 1715 als Pfandbesitz d. Gut Wopersnow im Krs. Schivelbein von d. schwed. Rittmstr. Otto Friedrich u. d. schwed. Cap. Reimer Julius, Söhnen d. verst. Landrates von Schwerin, noch 1728 auf d. Gut gen., 1727 auch auf Liepz, seit mind. 1747 versuchte d. GM Reimer Julius von Schwerin d. Güter Wopersnow zu reluieren; **Ehefrau**: Eleonore Tugendreich, geb. von Beneckendorff, aus d. Verbindung keine Leibeserben, sie ging e. zweite Ehe mit d. Ol Anton von Borcke ein, s. d., u. wurde 1747 u. 1766 auf Wopersnow gen.;

Quellen: GStA, I. HA, Rep. 22, Nr. 35, Pakete 8 436 (hier als Heinrich Wilhelm) u. 8 437; Rep. 96, Nr. 304 C 1 (als Hr. Wilh.); Stabi, Ms. boruss. fol. 319, Bl. 7 RS (als Hr. Wilh.); Ms. geneal. fol. 120, Bl. 229 RS; Siebmacher, Bd. 6/5, 1880, S. 104 (d. Fam. saß danach in d. UM, Ende d. 17. Jh. erloschen); Bardeleben, S. 412, S. 426 (1703 u. 1707 nicht mehr gen.); Jb. Neumark 1927, S. 98 (hier als Aug. Wilhelm);

Rittmstr. **Christian Adolph von (Widowsky bzw.) Widoffsky** (* 1691)

Vater: Thomas (* 1665), 1715 als Erbherr auf Anteil Grabow im Krs. Sternberg gen., hatte damals zwei Söhne, die beide als Cornet im K-R Nr. 5 standen, noch 1728 im Krs. Sternberg ansässig; **Mutter**: Anna Elisabeth, geb. von Schlichting, diese brachte ihm Klein Gandern im Krs. Sternberg ein, beide wurden 1728 hier aufgeführt; **Bruder**: Samuel Stephan (* 1692), seit 1708 im Militär, Nov. 1714 Cornet, Jan. 1720 Ltnt. im K-R Nr. 5, Aug. 1724 Rittmstr., aber noch ohne Escadron, als solcher noch 1730 gen., garnisonierte im pomm. Freienwalde, vor 1740 abgegangen; **Laufbahn**: trat 1708 in d. Militärdienst ein, Juli 1714 Cornet, Jan. 1720 Ltnt. im K-R Nr. 5, Aug. 1724 Rittmstr. u. Chef e. Escadron, als solcher noch 1730 gen., garnisonierte in Neustadt Eberswalde; stand noch 1740 als Rittmstr. im K-R Nr. 5, vor 1750 abgegangen;

Quellen: BLHA, Rep. 23 B, Nr. 446; Stabi, Ms. boruss. fol. 311, Bl. 132, Bl. 134, Bl. 138 RS; Ms. geneal. fol. 120, Bl. 219 RS; Jb. Neumark, 1928, S. 20; nicht in IV. HA, Rep. 1, Nr. 93;

Ltnt. **Caspar Heinrich von Wiedebach** (* um 1695)

Vater: Caspar Wilhelm († vor 1715), Erbherr auf Steinitz im Krs. Cottbus; **Laufbahn**: seit 1714 im Militär, Mai 1716 Fähnrich im I-R Nr. 23, Febr. 1721 Sl, im Juni 1722 dim. *weil er nicht länger dienen wollen*, ging auf sein **Gut** Steinitz, 1745 Ober-Steuer-Einnehmer in d. Niederlausitz; hatte 1745 sechs Söhne, d. älteste

Sohn Moritz Wilhelm (* 1723), seit 1741 im Militär, stand 1743, 1745 als Gefr.corp. im I-R Nr. 24, zwei Söhne waren 1745 in sächs. Diensten; **Sohn**: Carl Wilhelm (* 1728), seit 1746 im Militär, stand 1756 als Fähnrich im I-R Nr. 24, 1764 als Pl gen., 1768 als Stabs-Cap. abgegangen, hielt sich 1774 in Falkenberg (bei Uckro) auf; **Sohn**: Ludwig Wilhelm (* 1730, † um 1786), seit 1752 im Militär, 1756 Fähnrich, zuletzt Stabs-Cap. im I-R Nr. 43, Aug. 1762 dim., 1774 Erbherr auf Steinitz, seit 1786 saß seine Witwe Sophie Christiane Elisabeth, geb. von Randow auf d. Gut, diese wurde noch 1805 auf d. Gut im Wert von 8/m T. gen.; (**verwandt**: Friedrich Wilhelm von Wiedebach (* 1696), aus d. *Wendischen* bzw. (so 1740) aus d. Nl gebürtig, seit 1717 im Militär, stand 1723 als Cornet, 1740 als Stabs-Rittmstr. im K-R Nr. 1, Nov. 1741 dim.: GStA, IV. HA, Rep. 1, Nr. 93, Bl. 15 (kz. Notiz); Stabi, Ms. boruss. fol. 312, Bl. 84 RS, Bl. 95, Bl. 96; e. Junker Heinrich Gustav von Wiedebach (* 1731), aus d. Nl, seit 1751 im Militär, stand 1756 als Junker im D-R Nr. 1, 1760 als Ltnt. gest.: Stabi, Ms. boruss. fol. 314, Bl. 44, Bl. 47);

Quellen: GStA, II. HA, Abt. 12, Materien, Vas.tab., Nr. 8, Bl. 39 RS-40; IV. HA, Rep. 1, Nr. 93, Bl. 15 (kz. Notizen für d. Söhne C. W. u. L. W.); Stabi, Ms. boruss. fol. 316, Bl. 277, Bl. 284 RS, Bl. 317 RS (M. W.), Bl. 318, Bl. 319 RS, Bl. 324 RS (je C. W.); Ms. geneal. fol. 120, Bl. 215, Bl. 241; Jb. Neumark, 1928, S. 192; Krüger, Cottbus, S. 34;

Major **Heinrich Leopold von Wiersbitzky** (* Juni 1765)

Vater: George Ludwig (1717–1778) *, aus Preußen gebürtig, Mai 1735 Fähnrich im I-R Nr. 23, Sep. 1740 Sl, Mai 1745 zum K-R Nr. 2 versetzt, Dez. 1755 Major, Sep. 1764 Obrist, Juni 1765 Kommandeur d. D-R Nr. 4, Sep. 1768 Chef d. K-R Nr. 2, Sep. 1769 GM; H. L. aus d. Neumark gebürtig; **Mutter**: Juliane Sophie, geb. von Graevenitz (1729–1811); **Bruder**: Gottlob George Ludwig (1756–1817) *, Obrist; **Laufbahn**: Juni 1779 als Junker ins Regiment, Juni 1782 Cornet im D-R Nr. 5, Febr. 1785 Sl, April 1793 Pl, Okt. 1797 Stabs-Rittmstr., Okt. 1800 Rittmstr., Jan. 1806 Major u. Train Direktor beim Armeekorps d. Kurfürsten von Hessen, Dez. 1806 Postdirektor in Gumbinnen;

Quellen: GStA, IV. HA, Rep. 1, Nr. 93, Bl. 39; Stabi, Ms. boruss. fol. 313, Bl. 46 RS; Albedyll, Anhang, S. 88 *; Priesdorff, Nr. 581 (Vater, hier als Corvin-Wiersb., danach stand d. Sohn Heinrich Fr. Aug., geb. 1766, als Cap. im D-R 5, als Postdir. versorgt); Pommern, S. 708 (Biogr. d. Bruders G. G. L.);

Ltnt., Hofmarschall **Cuno Ludwig von Willmerstorff** (* 18. Mrz. 1720, † vor 1782) *

Vater: Cuno, Erbherr auf Dahlem u. Schmargendorf in d. Mittelmark; **Mutter**: Ottilia Hedwig, geb. von Bredow; **Bruder**: Johann Otto (* 1717) *, Erbherr auf Schönow u. Teltow, seit 1749 Landrat d. Krs. Teltow; **Bruder**: Leopold Heinrich (1732–1802); **Laufbahn**: weilte von Mai 1732 bis nach Sep. 1736 auf d. Ritterakademie in Brandenburg an der Havel, bezog im Okt. 1737 für drei Jahre d. Univ. Halle zu juristischen Studien, Dez. 1740 Ltnt. im I-R Nr. 41, Mrz. 1749 dim., wurde nach Auslandsreisen Hofmarschall d. Markgrafen Friedrich Wilhelm von Schwedt, als solcher 1778 gen.; **Güter**: erbte d. väterl. Gut Buschow im Krs. Havelland, 1778 auch auf Langmeil im Krs. Züllichau gen., 1771 für 37 800 T. erworben, 1792 für 55 250 T. wieder veräußert;

Quellen: Stabi, Ms. geneal. fol. 120, Bl. 257; Märkische Forschungen, 2. Bd., S. 384 (L. H. als Letzter d. Fam. gest.); Leers, Zöglinge, S. 54; Jb. Neumark, 11/1936, S. 100; biogr. Handbuch, S. 1104 (Bruder);

Major **Franz Otto von Winanckow u. Werthenstein** (* 1740, † nach 1801)

aus Schlesien gebürtig; **Bruder**: Carl Gustav (* 16. Aug. 1729, † 8. Jan. 1790), aus Ober Stanowitz bei Striegau gebürtig, Major u. Direktor d. Ingenieur-Akademie in Potsdam, machte sich als militär. Schriftsteller e. Namen; **Bruder**: Adam Christoph (* 1733, † 1809), Cap. im I-R Nr. 35, Aug. 1783 ins Garn.-Reg. Nr. 5, 1788 beim Depot-Bat. (d. I-R Nr. 36 bzw.) d. I-R. Raumer, Aug. 1789 als Major nach 46 Dj. dim., soll zeitweilig d. Gut Heinersdorf im Krs. Lebus besessen haben; **Bruder**: Adam Friedrich (* 1737, † um 1822), Cap. im I-R Nr. 18, Febr. 1783 Cap. u. Chef e. Comp., Okt. 1790 zum Depot-Bat. d. I-R Nr. 42, Okt. 1790 Major, Dez. 1790 beim Kadetten-Corps plaziert, Juni 1797 nach 44 Dj. dim., hielt sich 1801 in Köpenick auf, Erbherr auf Nisgawe in Schlesien, verheiratet mit e. von Lefort, aus d. Ehe d. Sohn Christian Wilhelm (* 1792, als Kind verst.) u. zwei Töchter, d. Tochter Henriette war verh. mit H.P.O.E. Frhr. von Medem, als Letzter seiner Fam. gest.; **Laufbahn**: seit 1755 im Militär, stand 1779 u. 1786 als Cap. im D-R Nr. 11, Juli 1789 als Major dim., Mai 1790 als Postmstr. in Quedlinburg versorgt; **Güter**: d. drei Brüder 1801 als unangesessene Vasallen in Crossen aufgeführt;

Quellen: GStA, II. HA, Abt. 12, Materien, Vas.tab. Nr. 6, Bl. 39 RS-40 (drei Brüder 1801 gen.); IV. HA, Rep. 1, Nr. 93, Bl. 129; Stabi, Ms. boruss. fol. 311 (in d. Listen d. I-R Nr. 35 kein v. W.); fol. 313, Bl. 138, Bl. 140 RS, Bl. 144 (je F. O.); Gelehrte Teutschland, 4. Bd., 1784, S. 224–225; Zedlitz, 4. Bd. S. 339; bei Taeglichsbeck keiner des Namens;

Rittmstr. **Christian Friedrich von Winckelmann** (* 1688) *

aus d. Neumark gebürtig; **Laufbahn**: seit 1707 im Militär, Mai 1715 Rittmstr., stand 1721 als Rittmstr. u. Chef e. Escadron im K-R Nr. 12, vor 1730 abgegangen;

Quellen: Stabi, Ms. boruss. fol. 311, Bl. 266, Bl. 267 RS; fol. 319, Bl. 27 (hier 1715 ohne Adelsprädikat);

Major **Adam Friedrich Otto von Winning** (* um 1705, † 4. Okt. 1757) *

(**Vater**: Balzer Ehrentreich, 1715 als Erbherr auf Anteil Sternberg im Krs. Sternberg gen., hatte damals e. kl. Sohn namens Friedrich) 1718 fungierte Wolf Ernst von Winning, der selbst einen Anteil an Sternberg besaß, als Vormund von A. F. O.; **Laufbahn**: anfänglich bei den *cadets*, 1725 ins D-R Nr. 7, Jan. 1734 *cornet*, stand in Insterburg in Garnison, Sep. 1735 Ltnt., bei d. Teilung d. Reg. 1744 als Pl im neuen D-R Nr. 8 plaziert, Aug. 1745 Stabs-Rittmstr., Juni 1750 Rittmstr., Febr. 1757 Major, an e. bei Groß-Jägersdorf erlittenen Blessur gest.;

Quellen: GStA, IV. HA, Rep. 1, Nr. 93, Bl. 147 (kz. Notiz); BLHA, Rep. 23 B, Nr. 446 (1715 gen. Balzer Ehrentreich); Stabi, Ms. boruss. fol. 313; Fam. gesch., S. 215–216, Tafel XXX (kein Hinweis auf d. Eltern); Jb. Neumark, 1928, S. 39;

Cap. **Adolph Friedrich von Winning** (* Okt. 1719, † 22. Okt. 1757)

(**Vater**: Samuel Adolph, Fähnrich, 1739 Erbherr auf Kemnath (u. Vorwerk Mißgunst), verh. mit Luise Charlotte von Luck; **Bruder**: Ernst Gottfried (1713–1785), zuletzt Cap. im Berliner Land-Reg., verheiratet mit Friederike Beate, geb. von Schlichting (1745–1783), 1767 Erbherr auf Anteil Wallwitz u. Mißgunst, siehe mehr bei dessen Sohn Erdmann Carl Ernst Sigism.; **Bruder**: Wolfgang Siegmund (* 1701), Cap. s. d.); A. F. aus Kemnath im Krs. Sternberg gebürtig; **Laufbahn**: seit 1739 im Militär, 1741 Gefr. corp., 1746 Sl, 1756 Pl im I-R Nr. 1, 1757 als Stabs-Cap. an e. bei Prag erlittenen Blessur gest.; **Ehefrau**: e. geb. von Ihlow aus Schmagorei, Schwester d. späteren GM Otto Friedrich von Ihlow vom K-R Nr. 11, s. d.;

Quellen: GStA, IV. HA, Rep. 1, Nr. 93, Bl. 147 (kz. Notiz); Stabi, Ms. boruss. fol. 313, Bl. 177 RS (gest. 17. Juni 1757), Bl. 251, Bl. 301, Bl. 302; Tb. Uradel, 1908, S. 792 (Vater u. Bruder?); Fam.gesch., S. 216–217 (E. G.), Tafel VIII u. IX (hier E. G. u. dessen Vater, aber nicht A. F.), Tafel XXX (A. F., hier kein Vater gen., d. Cap. als Adam Adolph Friedrich);

Major **Bogislav Siegmund von Winning** (* Juli 1747, † 23. Juli 1800) *

Vater: Moritz († 1762), Gefr.corp. bei Möllendorf, Erbherr auf Hildesheim im Krs. Sternberg; **Mutter**: Gottliebe, geb. von Wedel (* 1714, † nach 1781), 1767 auf Hildesheim im Wert von 8/m T. gen., sie hatte ihren Wohnsitz 1778 in Költschen; **Laufbahn**: Mrz. 1764 Junker im H-R Nr. 2, Mai 1764 Cornet, Aug. 1768 Sl, Mrz. 1782 Pl, Sep. 1786 Stabs-Rittmstr., Jan. 1792 Chef e. Escadron, Juli 1792 Major, Febr. 1797 Kommandeur d. 2. Bat. d. H-R Nr. 2, als Major gest.;

Quellen: GStA, IV. HA, Rep. 1, Nr. 93, Bl. 147 (hier als Joseph Siegmd.); Stabi, Ms. boruss. fol. 315, Bl. 75 RS (hier als Bog. Siegmd.), Bl. 76 RS (als Joachim Siegmund); Ms. geneal. fol. 120, Bl. 257; Fam.gesch., S. 226–227, Tafel XXIX; Jb. Neumark, 11/1936, S. 94;

Ltnt. **Carl Friedrich von Winning** (* Febr. 1758, † Juni 1822)

Vater: Caspar Friedrich (* 1709), Ol, s. d.; **Bruder**. Joseph Gottlieb (1750–1819), Major, s. d.; **Laufbahn**: Fähnrich im Garn.-Reg. Nr. 5, Sep. 1785 Sl, 1788 zum Depot-Bat. d. Reg. Lengefeld, Dez. 1789 mit Pension versorgt, Nov. 1794 bei d. 5. Schles. Invaliden-Comp. wieder angestellt, Dez. 1809 Pl, Juni 1810 als Cap. mit Pension versorgt;

Quellen: GStA, IV. HA, Rep. 1, Nr. 93, Bl. 147; II. HA, Abt. 12, Materien, Vas.tab. Nr. 6, Bl. 138 RS-139; Nr. 8, Bl. 159 RS-160 (hier ein C. F., geb. 1767, diente im I-R 23, hatte 1801, 1803 seinen Wohnsitz in Warschau, identisch mit C. F., geb. 1758?); Fam.gesch., Tafel XXVIII (C. F. danach aus Schlesien gebürtig, lt. Ranglisten aus d. NM);

Cap. **Carl Friedrich Ferdinand von Winning** (* 7. Aug. 1764, † 7. Mrz. 1835)

Vater: Otto Friedrich (1725–1785), *cadet*, 1743 ins I-R Nr. 3, 1746 als Sl im Grenadier-Bat. Nr. 4 gen., stand hier bis 1753 (bzw. 1751 Ltnt. im Garn.-Reg. Nr. 1), im Siebenjährigen Krieg Cap. im neumärk. Land-Miliz-Bataillon du Rège, von 1759 bis 1763 in österr. Gefangenschaft, war insges. 30 Jahre in Diensten, seit 1763 Erbherr auf Buchholz im Krs. Sternberg, 1767 im Wert von 16 200 T., darauf Schulden von 18 237 T., d. Gut war im Krieg vom Feind gänzlich ruiniert worden, erhielt 1777 Meliorationsgelder in Höhe von 4 360 T., 1786 schuldenhalber verkauft; **Mutter**: Sophie Louise, geb. von Schöning (1734–1799), ihr *dos* von 4/m T. wurde während d. Ehe zum großen Teil verbraucht, sie besaß 1787 nur noch jährliche Revenuen von 88 T., von denen sie ihren u. d. Unterhalt d. beiden Töchter bestreiten mußte u. d. Sohn noch e. Zuschuß zahlen sollte, sie stand daher 1787 auf d. Expectantenliste für e. neumärk. Witwenpension; **Großvater**: Caspar Friedrich (1697–1759), seit 1739 Erbherr auf d. väterl. Gut Buchholz im Krs. Sternberg; **Schwester**: verheiratet mit e. vorm. Ltnt. von Münchow, dieser wurde als Journalist bei d. KDK in Posen versorgt; **Schwester**: Johanne Gottliebe (* 1757), sie erhielt 1799 e. Pension aus d. neumärk. Meliorationsfonds; **Laufbahn**: Mai 1784 Fähnrich im I-R Nr. 25, Okt. 1786 ins Garn.-Reg. Nr. 7 versetzt, 1788 beim Depot-Bat. d. I-R Nr. 25, Juni 1790 Sl, Dez. 1800 Pl beim 3. Mousq.-Bat., Mai 1805 Stabs-Cap., Dez. 1812 Wartegeld, Juni 1813 beim 3. Kurmärk. Landwehr-I-R, Okt. 1817 zum 2. Potsdamer Landwehr-Reg., April 1818 Major, Mrz. 1820 zum 24. Landwehr-Reg.; **Ehefrau**: Charlotte Sophie, geb. Becker (1770–1851);

Quellen: GStA, II. HA, Abt. 13 a, Tit. III, Generalia, Nr. 2, Bd. 15, fol. 43; Tit. IV, Litt S, Nr. 3; IV. HA, Rep. 1, Nr. 93, Bl. 147 RS-148; Stabi, Ms. boruss. fol. 312, Bl. 165; Fam.gesch., S. 220, Tafel XIX; Tb. Uradel, 1908, S. 794–795; Moegelin, S. 65, S. 265; Jb. Neumark, 11/1936, S. 93;

Cap. **Carl Gustav von Winning** (* 1711 bzw. 1716, † 18. Febr. 1760) *

(**Vater**: Balzer Ehrentreich, 1715, 1718 als Erbherr auf Anteil Sternberg gen., hatte 1715 e. kl. Sohn namens Friedrich, **Mutter**: Catharina Sophia, geb. von Winning); **Laufbahn**: *cadet*, Jan. 1729 Gefr. corp. im I-R Nr. 16, April 1739 Fähnrich, April 1741 Sl im I-R 16 (Mrz. 1745 Abschied), Nov. 1747 Pl im Garn.-Reg. Nr. 2, Aug. 1757 Stabs-Cap., Okt. 1757 Cap., Febr. 1758 Chef e. Comp. im Garn.-Reg. Nr. 2, als aktiver Offz. 1760 gest.; **Ehefrau**: Desideria, geb. von Winning;

Quellen: GStA, IV. HA, Rep. 1, Nr. 93, Bl. 147 (gest. 25.2.1760); Stabi, Ms. boruss. fol. 314, Bl. 308 RS; Fam.gesch., S. 217–218, Tab. XVI (Vater: Balthasar Ehrenreich, 1713 auf Sternberg, Sohn Carl Gustav); Jb. Neumark, 1928, S. 39 (1718 Vater: Balzer Ehrentreich);

Obrist **Carl Otto Ehrenreich von Winning** (* 31. Jan. 1752, † 15. Jan. 1838)

Vater: Hans Friedrich (1708–1784), Cap. (Erbherr auf Buchholz, Weißig), seit 1752 auf Reichenwalde, Landrat d. Krs. Sternberg, neumärk. Landesdirektor, bekam 1772 e. Meliorationskredit für Reichenwalde in Höhe von 5/m T.; **Mutter**: Eleonore Sophie, geb. von Schwartz († nach 1793); **Bruder**: Friedrich Adolph Erdmann (1748–1829), Cap., siehe dort mehr; **Laufbahn**: Febr. 1767 als Junker ins K-R Nr. 11, Okt. 1768 Cornet, Sep. 1774 Sl, Mai 1784 Stabs-Rittmstr. (Juli 1788 Chef e. Escadron), Dez. 1793 Major, Orden p. l. m., Febr. 1795 Chef e. Escadron, Febr. 1803 Kommandeur d. K-R Nr. 11, Juni 1803 Ol, Juni 1805 Obrist, 1809 *cassirt* bzw. dim.; **Ehefrau**: Sophia Dorothea, geb. Hesse (1762–1823); **Sohn**: Carl Otto

Ehrenreich (1784–1849) *, Okt. 1800 Cornet im K-R Nr. 11, Sep. 1803 Sl, schloß sich 1809 d. Zug Schills an, Juni 1813 Rittmstr., Mrz. 1845 Obrist, Febr. 1848 Charakter GM; **Sohn**: Friedrich Wilhelm (1787–1814), Dez. 1805 Fähnrich im I-R Nr. 36, 1814 als Pl gefallen; **Sohn**: Wilhelm August Ferdinand (1790–1875) *, April 1802 Gefr.corp., April 1805 Fähnrich im I-R Nr. 13, Dez. 1806 Sl, Mai 1809 zum Schillschen Korps, Teilnahme an dessen Zug nach Stralsund, Mrz. 1810 deshalb für drei Monate auf d. Festung, Juni 1815 Cap., Mrz. 1847 GM, Nov. 1851 Gl; **Sohn**: Hans August (1795–1842), Cap.; **Sohn**: Ernst Ludwig Leopold;

Quellen: GStA, IV. HA, Rep. 1, Nr. 93, Bl. 147 (C. O. E.), Bl. 148 (C. O. E., F. W.); Stabi, Ms. boruss. fol. 315, Bl. 38, Bl. 40 (C. O. E.); Fam.gesch., S. 227–230, Tafeln XXIII, XXIV, XXV; Lehmann, S. 300; Moegelin, S. 260; Priesdorff, Nr. 1782 (W. A. F., hier als Fr. Ferd. Wilh. Aug.), Nr. 1783 (C. O. E.);

Ol **Caspar Friedrich von Winning** (* 1709)

Vater: Melchior Gottfried, 1715 Pfandbesitzer e. Anteils von Wallwitz im Krs. Sternberg, 1718 auch auf Anteil Pinnow; C. F. aus Wallwitz im Krs. Sternberg (bzw. 1708 aus Polen) gebürtig; **Bruder**: Heinrich Gottlob, 1715 erwähnt; **Laufbahn**: seit Okt. 1725 Gefr.corp., stand im Mai 1739 als solcher im 3. Bat. d. I-R Nr. 6, Juni 1741 Pl im Garn.-Reg. Nr. 6, Juli 1746 Stabs-Cap., Mai 1749 Cap. u. Chef e. Comp. im Garn.-Reg. Nr. 6, Sep. 1756 Major, Aug. 1762 Ol, April 1763 auf Wunsch dim., ließ sich auf d. Gut Böhmwitz im Krs. Namslau nieder; **Ehefrau**: Maria Ludmilla, geb. von Tschirschky († 1791), aus d. Ehe fünf **Söhne**, die alle in d. Militärdienst eintraten, darunter Joseph Gottlieb (1750–1819), Major im I-R Nr. 28, s. d.;

Quellen: GStA, IV. HA, Rep. 1, Nr. 93, Bl. 147 (kz. Notiz, danach als Major dim.); Stabi, Ms. boruss. fol. 315, Bl. 94 (1746: aus Polen), Bl. 93 (1756: aus Polen); fol. 318, Bl. 111 RS; Fam.gesch., S. 214, Tafel XXVIII (kein Hinweis auf d. Vater); Jb. Neumark, 1928, S. 19–20 (Vater, Söhne), S. 25;

Ltnt. **Caspar Ludwig von Winning** (* 1707, † Jan. 1741) *

aus d. Neumark gebürtig; **Laufbahn**: (seit 1722 im Militär), Mai 1733 Fähnrich im I-R Nr. 4, Juli 1738 Sl, 1741 als Ltnt. gest.;

Quellen: Stabi, Ms. boruss. fol. 313, Bl. 34 RS; Fam.gesch., S. 218, Tafel XXX (danach geb. um 1718, kein Hinweis auf d. Vater);

sächs. Ltnt. **Caspar Samuel von Winning** (* um 1663, † nach 1718) *

Vater: Gottfried († 1702), diente als Reiter im Reg. Burgsdorff zu Pferd, Erbherr auf (Anteil) Sternberg; **Mutter**: Catharina Sophia, geb. von Winning; Stief-**Bruder**: Christoph Friedrich, Erbherr auf Anteil Sternberg; **Bruder**: Melchior Gottfried, Erbherr auf Anteil Wallwitz, 1715 auch auf Anteil Kemnath; **Laufbahn**: avancierte in sächsischen Diensten bis zum Ltnt.; **Güter**: Erbherr auf Anteil Sternberg, 1715 u. 1718 gen., unbeerbt;

Quellen: Fam.gesch., Tafel XIII; Jb. Neumark, 1928, S. 39–40;

Cap. **Caspar Siegmund von Winning** (* 1690, † 13. Jan. 1742)

Vater: Christoph († vor 1710), stand bis 1681 19 Jahre in sächs. Kriegsdiensten,

Erbherr auf Kemnath im Krs. Sternberg; **Mutter**: Maria Elisabeth, geb. von Luck; **Bruder**: Conrad Christoph (1690–1765), Major, s. d.; **Bruder**: Ernst Friedrich (1694–1755), Juni 1715 Fähnrich im I-R Nr. 19, Jan. 1717 Sl, Aug. 1721 Pl, Mrz. 1729 Stabs-Cap., Juni 1734 dim., nahm russ. Dienste, Okt. 1745 Chef e. Comp. in e. neuen Garn.-Reg., als Major im Arrest zu Peitz gest.; **Laufbahn**: seit 1705 im Militär, Dez. 1715 Fähnrich, Mrz. 1718 Sl im I-R Nr. 25, Juni 1725 Pl, 1732 als Ltnt. dim., später wieder eingetreten, 1742 als Cap. bei d. Frei-Comp. von Schenkendorff auf d. Regenstein gest.; **Güter**: d. drei Brüder wurden 1715 als Lehnsträger e. Teils von Kemnath im Krs. Sternberg gen., der damals im Pfandbesitz des Majors Ernst Wilhelm von Platen war;

Quellen: Stabi, Ms. boruss. fol. 314, Bl. 103, Bl. 115, Bl. 148 RS; fol. 319, Bl. 40 (hier 1715 als Valentin Ernst); Gesch. I-R Nr. 19, S. 82; Fam.gesch., S. 210–212, Tafel XV; Jb. Neumark, 1928, S. 40 (C. C. hier als Curt Chr.);

Ltnt. **Claus Caspar von Winning** (* 1665, † nach 1718) *

Vater: Samuel, Erbherr auf Anteil Sternberg; **Mutter**: Anna Maria, geb. von Winning; **Brüder**: 1715 als Gesamthänder für Anteil Sternberg gen.: Wolf Ernst (* 1682) und Hans Detlof (1683–1737), Landrat, siehe bei dessen Sohn Wilhelm Ämilius; **Laufbahn**: trat um 1685 in den brandenburg. Militärdienst ein, stand 1694 als Fähnrich im Reg. Dönhoff an der Maas, zuletzt Ltnt., 1695 abgegangen; **Ehefrau**: Sophia, geb. von Winning; **Güter**: saß 1715 u. 1718 als Erbherr auf Anteil Sternberg, hatte damals zwei unmündige **Söhne**: Samuel Friedrich (1698–1751), Ltnt., Landrat, s. d. mehr, u. Curd Ehrentreich (* 1701), Uffz.;

Quellen: BLHA, Rep. 23 B, Nr. 446 (d. Brüder hier als Wulf Ernst u. Hans Dietlof); Stabi, Ms. boruss. fol. 319, Bl. 13 RS; Fam.gesch., S. 208–209 (auch als Nicolaus Caspar, d. Bruder als Hans Detlef), Tafel XI;

Major **Conrad Christoph von Winning** (* Juni 1690, † 8. Sep. 1765)

Vater: Christoph († vor 1710), stand 19 Jahre im brandenburg. Militärdienst, Erbherr auf Kemnath im Krs. Sternberg; **Mutter**: Maria Elisabeth, geb. von Luck; **Bruder**: Caspar Siegmund (1690–1742), Cap. s. d.; **Laufbahn**: Juni 1707 als Gefr. corp. ins I-R Nr. 19, Juni 1715 Fähnrich, Mrz. 1717 Sl, 1725 Pl, Nov. 1733 (bzw. Jan. 1734) Stabs-Cap., 1742 zum Berliner Garn.-Reg. versetzt, Mai 1744 Cap. u. Chef e. Comp., Juli 1756 als Cap. ins Garn.-Reg. Nr. 10, Jan. 1758 Major, als solcher 1765 gest.; hinterließ seine **Frau** in bedrängten Umständen;

Quellen: GStA, IV. HA, Rep. 1, Nr. 93, Bl. 147 (kz. Notiz); Stabi, Ms. boruss. fol. 310, Bl. 34; fol. 313, Bl. 124; fol. 314, Bl. 250 (hier als Curt Chr.); fol. 319, Bl. 34 (als Curd Chr.); nicht in d. Gesch. I-R Nr. 19; Fam.gesch., S. 210, Stammtafel XV;

Cap. **Cuno Ehrentreich von Winning** (* Aug. 1732, † 12. Febr. 1783) *

Vater: Christoph Friedrich, Erbherr auf Anteil Sternberg, 1715 u. 1718 gen.; **Mutter**: Eva Margaretha, geb. von Winning; **Bruder**: Bernd Friedrich (* Nov. 1728, † 23. Juli 1759), April 1744 als Gefr. corp. ins I-R Nr. 44, Okt. 1746 Fähnrich, Sep. 1748 Sl, Jan. 1758 Pl im I-R Nr. 40, bei Kay gefallen; **Laufbahn**: Aug. 1745 als Gefr.corp. ins I-R Nr. 33, Febr. 1756 Fähnrich, Mai 1757 Sl, Okt. 1763 Pl, Jan. 1771 Stabs-Cap., Juli 1774 Cap. u. Chef e. Comp., als aktiver Offz. 1783 in Glatz gest.; **Ehefrau**: Sophie Theresia Helene, geb. von Pfoertner; **Güter**: saß 1745 zs. mit d. Bruder auf Anteil Sternberg;

Quellen: GStA, IV. HA, Rep. 1, Nr. 93, Bl. 147 (kz. Notizen für C. E. u. B. F.); Stabi, Ms. boruss. fol. 311, Bl. 4, Bl. 7 RS, Bl. 8, Bl. 9; fol. 315, Bl. 259 (B. F. hier als Bernhard Fr.); Ms. geneal. fol. 120, Bl. 222; Fam.gesch., S. 220–221, Tafel XIII; Jb. Neumark, 1928, S. 39;

Major **Curd Christoph von Winning** (* 1689, † nach 1748)

aus d. Kr. Sternberg (bzw. Crossen) gebürtig; **Laufbahn**: April 1710 ins I-R Nr. 19, April 1714 Fähnrich, Sep. 1715 Sl, Mrz. 1719 Pl, Sep. 1719 *cassirt*, Mrz. 1727 als Sl im I-R Nr. 9 wieder angestellt, Febr. 1729 Pl im neuen I-R Nr. 31, Jan. 1734 Stabs-Cap., Juli 1738 auf Wunsch dim., Jan. 1739 ins neue Berliner Garn.-Reg., Dez. 1743 Cap. im Garn.-Reg. Nr. 12, Okt. 1745 Major, Aug. 1748 auf Wunsch dim.;

Quellen: GStA, IV. HA, Rep. 1, Nr. 93, Bl. 147 (kz. Notiz); Stabi, Ms. boruss. fol. 314, Bl. 222 (im Mrz. 1729 im I-R 31 als Conrad Christoph); fol. 319, Bl. 34; Gesch. I-R Nr. 19 (hier S. 78 e. Ltnt. Ernst Fr., ging im Sep. 1719 vom Reg. ab, u. S. 82 e. Stabs-Cap. Ernst Fr., d. im Juni 1734 d. Abschied nahm; der erste war wohl C. C.); Fam.gesch., S. 210, Stammtafel XXX, kein Hinweis auf d. Vater;

Cap. **Erdmann Carl Ernst Sigism. von Winning** (* 18. Febr. 1766, † 22. Juli 1813) *

Vater: Ernst Gottfried (* 1713, † 19. Aug. 1785), seit 1728 im Militär, 1740 Gefr. corp. im Feld-Bat. von Beaufort, Okt. 1741 Fähnrich, 1743 ins neu errichtete I-R Nr. 32, Sep. 1744 Sl, Aug. 1756 Pl, Aug. 1758 Stabs-Cap., vor 1764 wegen bei Prag erlittener Blessuren abgegangen, Juni 1773 als Stabs-Cap. ins Berliner Land-Reg. mit e. monatlichen Tractament von fünf T., bat im Juni 1778 um d. Beförderung zum Chef e. Comp. u. e höheres Salair, konnte von d. fünf T. mit seiner Fam. nicht leben, nach 42 Dj. dim., 1767 Erbherr auf Anteil Wallwitz u. Vorwerk Mißgunst im Krs. Sternberg im Wert von 3/m T.; **Mutter**: Friederike Beate, geb. von Schlichting (1745–1783); **Vater-Bruder**: Adolph Friedrich (1719–1757), Cap., s. d.; **Bruder**: Friedrich August Alexander (* 1777), weilte 1786 im Potsdamer Waisenhaus, 1788 *cadet*; **Schwester**: Friederike Gottliebe Ernestine (* 1764), verh. mit Christoph Emil Graf von Dyherrn, zeitweilig Erbherr auf Anteil Wallwitz; **Schwester**: Charlotte Wilhelmine Tugendreich (1770–1826), sie besaß 1786 als Waise kein Vermögen, galt als bedürftig u. daher für e. neumärk. Pension notiert; **Laufbahn**: seit 1781 im Militär, Mai 1785 Fähnrich im I-R Nr. 24, Juni 1787 Sl, April 1795 Pl, April 1802 Stabs-Cap., Dez. 1804 Cap. u. Chef e. Comp., April 1813 zum 4. Res.-Bat. d. 1. Pomm. I-R, 1813 gest.; **Ehefrau**: Sophie Caroline Eleonore, geb. von Lützow (1767–1836); **Güter**: 1801 als unangesessener Vasall im Krs. Sternberg aufgelistet;

Quellen: GStA, I. HA, Rep. 96, Nr. 95 W ww, Bl. 24 (Vater); II. HA, Abt. 12, Materien, Vas.tab. Nr. 6, Bl. 138 RS-139; Abt. 13 a, Tit. IV, Generalia, Nr. 25; Tit. IV, Litt S, Nr. 3; IV. HA, Rep. 1, Nr. 93, Bl. 147 (Vater: als Ernst), Bl. 148; Stabi, Ms. boruss. fol. 312, Bl. 147 RS, Bl. 148; fol. 314, Bl. 216 (jew. d. Vater); fol. 316, Bl. 321 RS, Bl. 326; Fam.gesch., S. 216–217 (Vater), S. 232–233, Stammtafel IX; Tb. Uradel, 1908, S. 792;

Cap. **Friedrich Adolph Erdmann von Winning** (* 27. Mrz. 1748, † 27. Febr. 1829)

Vater: Hans Friedrich (1708–1784) *, Mrz. 1730 Fähnrich im I-R Nr. 25, Juli 1733 Sl, Mai 1735 Abschied als Cap., seit 1749 Landrat im Krs. Sternberg, verkaufte 1750 sein Gut Weißig im Krs. Crossen für 21 100 T. an Heinrich Ludwig von Goertzke, seit 1752 auf Reichenwalde im Krs. Sternberg, 1767 im Wert von 24 732 T., darauf Schulden von 18 585 T.; **Mutter**: Eleonore Sophie, geb. von Schwartz († nach 1793); **Vater-Bruder**: Caspar Friedrich (1697–1759), seit 1739 Erbherr auf d. väterl. Gut Buchholz im Krs. Sternberg; **Großvater**: George Friedrich, 1715 auf Anteil Buchholz gen.; **Bruder**: Carl Otto Ehrenreich (1752–1838), Obrist, s. d.; **Laufbahn**: 1764 Gefr.corp. im I-R Nr. 24, 1774 als Sl, 1787 als Pl gen., zuletzt Cap., April 1795 dim.; **Ehefrau**: Caroline Beate Dorothea verwitw. von Kalckreuth, geb. von Kalckreuth (1752–1837); **Güter**: 1801 Erbherr auf Schönwalde im Krs. Sternberg, 1791 gekauft, im Nov. 1797 mit 30/m T. angegeben, hier noch 1803 u. 1809 gen.;

Quellen: GStA, II. HA, Abt. 12, Materien, Vas.tab. Nr. 6, Bl. 133 RS-134; Nr. 8, Bl. 155 RS-156 (hier je als A. F. E.); Stabi, Ms. boruss. fol. 316, Bl. 319, Bl. 330, Bl. 321, Bl. 328; nicht in IV. HA, Rep. 1, Nr. 93, Bl. 147–148 (hier nur E. C. E., gest. 1813); Tb. Uradel, 1908, S. 796; Jb. Neumark, 1928, S. 32; Moegelin, S. 65; Jb. Neumark, 11/1936, S. 97; biogr. Handbuch, S. 1108 (Vater);

Fähnrich **Friedrich Ehrenreich von Winning** (* 1710)

F. E. aus d. Krs. Sternberg gebürtig; **Laufbahn**: seit 1728 im Militär, stand 1733 als Gefr.corp. im I-R Nr. 24, Mai 1736 Fähnrich, nach zwölf Dj. im Mai 1739 auf Wunsch abgegangen; **Ehefrau**: Sophia (Elisabeth) Eleonore verwitw. von Lossow, geb. von Schwartz (* 1690?); F. E. erwarb 1748 d. **Allodialgut** Kunow nebst e. Rittersitz in Bobersberg im Krs. Crossen von d. Landrätin Alexander von Schlichting für 10 500 T., d. Gut war 1762 hoch verschuldet, e. Verkauf an d. Senator Christian Wilhelm Fritsche in Crossen wurde offenbar nicht genehmigt, Kunow wurde 1770 für 725 T. verpachtet, F. E., der im Jan. 1771 erklärte, es ob seines hohen Alters nicht mehr bewirtschaften zu können, verkaufte es noch 1771 für 11 275 T. an d. Reg.quartiermstr. Rhaue, d. Schulden sollen 11 044 T. betragen haben; F. E. ging nach d. Verkauf zu seinem Schwiegersohn von Felden nach Sachsen;

Quellen: GStA, I. HA, Rep. 22, Nr. 384 a, Paket 8 846; BLHA, Rep. 78 I, Nr. 170, Bl. 4; Stabi, Ms. boruss. fol. 316, Bl. 316, Bl. 323; Ms. geneal. fol. 120, Bl. 244; Fam.gesch., S. 218, Tafel XXX;

Cap. **Friedrich Wilhelm von Winning** (* 1699, † 18. Febr. 1740) *

aus d. Neumark gebürtig; **Laufbahn**: 1718 Fähnrich im I-R Nr. 3, 1720 Sl, 1726 Pl, 1732 Stabs-Cap., 1735 Cap. u. Chef e. Grenadier-Comp., 1740 in Halle gest.;

Quellen: Gesch. I-R Nr. 3, S. 182–183;

mecklenbg. Ltnt. **Gustav Friedrich von Winning** (* um 1685) *

Vater: Heinrich († vor 1689), stand 1680 als Gefr.corp. im Reg. Alt-Holstein zu Fuß; **Laufbahn**: avancierte in fürstl.-mecklenburg. Diensten bis zum Ltnt.; **Güter**: 1715 u. 1718 als Erbherr auf Anteil

Pinnow im Krs. Sternberg gen.; **Ehefrau**: Amalie Eleonore, geb. von Broecker;

Quellen: Fam.gesch., Tafel XVI; Jb. Neumark, 1928, S. 25;

Cap. **Hans Adolph von Winning**
(* 18. Mai 1715, † 1773) *

Vater: Bernhard Gottfried (1652–1729), 1715 u. 1718 als Erbherr auf Hildesheim im Krs. Sternberg gen., hatte damals vier kleine Söhne; **Mutter**: Eva Margarethe, geb. von Winning (1679–1727); **Bruder**: Sebastian Richard (* 15. Aug. 1700), Erbherr auf Hildesheim; **Bruder**: Levin Anton (* 1703), seit 1721 im Militär, stand 1722 als Gefr.corp. im I-R Nr. 12, 1730 als Fähnrich, zuletzt Sl, vor 1740 abgegangen; **Bruder**: Melchior Gottfried (* 16. Dez. 1707), wechselte von d. *cadets* 1728 ins I-R Nr. 12, 1730 hier als Gefr. corp.; **Laufbahn**: *cadet*, 1734 als Gefr. corp. ins I-R Nr. 27, Mrz. 1737 als Fähnrich ins Garn.-Bat. Nr. 1 versetzt, Jan. 1744 Sl, April 1749 Pl, Juni 1752 Stabs-Cap. (1773 als Cap. im Land-Reg. Rothkirch gest.); **Ehefrau**: Sophia Magdalena, geb. von Troschke; (**verwandt**: Caspar Siegmund von Winning (* 1688), aus d. Krs. Sternberg gebürtig, seit 1704 im Militär, 1715 Sergant im I-R Nr. 12, vor 1722 abgegangen: fol. 316, Bl. 237 RS – evt. identisch mit d. Cap. C. S., geb. 1690);

Quellen: Stabi, Ms. boruss. fol. 311, Bl. 198 (1750 nicht im Garn.-Reg. Nr. 1), Bl. 201; fol. 316, Bl. 232 (L. A. u. M. G. nicht in d. Abgangsliste d. I-R 12), Bl. 237 RS, Bl. 238, Bl. 239 (L. A., hier als A. L.); Ms. geneal. fol. 120, Bl. 221; Fam.gesch., S. 218, Tafel XIV; Jb. Neumark, 1928, S. 31;

Ltnt. **Hans Friedrich von Winning**
(* Jan. 1696, † Juli 1732)

Vater: Joachim Friedrich (1656–1710), 1675 Reiter im Reg. Mörner zu Pferd, Erbherr auf Anteil Wallwitz u. Grabow im Krs. Sternberg, hinterließ drei Söhne; **Mutter**: Anna Elisabeth, geb. von Selchow; **Bruder**: Joachim Friedrich (* 1694, † nach 1741), April 1712 Gefr.corp. im I-R Nr. 17, Juli 1716 Fähnrich, Sep. 1720 auf Wunsch dim., Erbherr auf Grabow u. 1715 auf Anteil Wallwitz; **Bruder**: Höne Friedrich († 1741), stand 1715 als Corp. im I-R Nr. 19, seit 1725 verheiratet mit Hedwig Elisabeth, jüngste Tochter d. verst. Balzer Reichart von Kalckreuth, sie besaß e. Ehegeld von 1 600 T., eingetragen auf Anteil Buckow, d. Gegenvermächtnis betrug 800 T.; **Laufbahn**: Jan. 1715 Gefr. corp. im I-R Nr. 17, Juli 1719 Fähnrich, Jan. 1723 Sl, Jan. 1729 Pl, 1732 als Pl im I-R Nr. 17 gest.;

Quellen: BLHA, Rep. 23 B, Nr. 446; Stabi, Ms. boruss. fol. 316, Bl. 42, Bl. 49 RS; Fam.gesch. Kalckreuth, S. 305; Fam.gesch., S. 211, Tafel XIII (Höne Fr. hier als Heino Fr.); Jb. Neumark, 1928, S. 19;

Major **Joseph Gottlieb von Winning**
(* 5. Sep. 1750, † 21. Nov. 1819) *

Vater: Caspar Friedrich (* 1709), Ol, s. d.; **Mutter**: Maria Ludmilla, geb. von Tschirschky († 1791); **Bruder**: Friedrich Leopold (1753–1778), seit 1767 im Militär, stand 1773 als Fähnrich im Garn.-Reg. Nr. 5; **Bruder**: Carl Friedrich (1758–1822), Ltnt., s. d.; **Bruder**: Heinrich Wilhelm (1764–1838), seit 1778 im Militär, Sep. 1783 Fähnrich im I-R Nr. 28, Mai 1787 Sl, Okt. 1797 Pl, Juli 1803 Stabs-Cap., Okt. 1808 Abschied, Aug. 1813 beim 15. Schles. Landwehr-I-R, Juni 1815 Major, April 1826 Abschied; **Bruder**: Friedrich Gottlob Leonhard (1767–1807), seit 1781 im Militär, Dez. 1786 Fähnrich im I-R Nr. 28, Mai 1788 Sl, Okt. 1799 Pl, als solcher 1807 gest.; **Laufbahn**: Mrz. 1764 Gefr.corp. im I-R Nr. 28, Juni 1767 Fähnrich, Okt. 1771 Sl, Sep. 1779 Pl, Dez. 1786 Stabs-Cap., Juni 1790 Cap. u. Chef e. Comp., Aug. 1797 Major im I-R Nr. 28, Okt. 1808 Abschied, April 1809 Verlust d. Invaliden-Benefizien, 1819 in Brieg gest.;

Quellen: GStA, IV. HA, Rep. 1, Nr. 93, Bl. 147 (Casp. Fr., J. G. u. Carl Fr.), Bl. 148 (H. W. hier als W. H., F. G.); Stabi, Ms. boruss. fol. 314, Bl. 64–64 RS (J. G. aus d. NM, Bruder F. G.: aus Schlesien, W. H.: aus Schlesien), Bl. 181 (Bruder F. L.); fol. 315, Bl. 93, Bl. 94 (Vater, 1746 u. 1756: aus Polen?); Fam. gesch., S. 227 (aus Namslau geb., als J. Gottlob), Stammtafel XXVIII;

Cap. **Melchior Siegmund von Winning**
(* Juni 1727, † 26. Mrz. 1791)

Vater: Adolph Ludwig (* 1700), stand im Siebenjährigen Krieg als Ltnt. beim neumärk. Land-Bat., Erbherr auf Anteil Wallwitz im Krs. Sternberg; **Laufbahn**: April 1742 ins I-R Nr. 21, Mai 1746 Fähnrich, Jan. 1750 Sl, Febr. 1758 Pl, Mrz. 1765 Stabs-Cap., Nov. 1765 Grenadier-Cap., im Dez. 1778 krankheitshalber auf Wunsch dim.; **Ehefrau**: Christiane Albertine († 1799), e. Tochter d. Bürgermstrs. Ritzenberg in Halberstadt;

Quellen: GStA, IV. HA, Rep. 1, Nr. 93, Bl. 147 (kz. Notiz); Stabi, Ms. boruss. fol. 311, Bl. 207 RS, Bl. 211; Fam.gesch., S. 219, Stammtafel VIII;

Ltnt. **Samuel Friedrich von Winning**
(* 1698, † 25. Mrz. 1751) *

Vater: Claus Caspar (* 1665), Ltnt. im I-R Nr. 2, Erbherr auf Anteil Sternberg im Krs. Sternberg, s. d.; **Mutter**: Sophia, geb. von Winning; **Bruder**: Curd Ehrentreich (* 1701), Uffz. im K-R Nr. 5, vor 1728 abgegangen; **Laufbahn**: seit 1718 im K-R Nr. 5, 1728 als Cornet gen., Mai 1728 Ltnt., vor 1740 abgegangen, seit 1742 Landrat im Krs. Crossen;

Quellen: Stabi, Ms. boruss. fol. 311, Bl. 132; fol. 316, Bl. 238; Fam.gesch., S. 208–209, S. 213, Tafel XI; Jb. Neumark, 1928, S. 39 (Vater); biogr. Handbuch, S. 1108-1109;

Ltnt. **Wilhelm Ämilius von Winning**
(* 14. Juni 1732, † 3. Nov. 1760)

Vater: Hans Detlof (1683–1737), seit 1703 im Militär, Nov. 1708 Ltnt. im K-R Nr. 5, Juni 1717 Rittmstr., Juni 1728 Major, Landrat d. Krs. Friedeberg, 1715 als Erbherr auf Anteil Sternberg gen.; **Mutter**: Christine Ämilie, geb. von Sydow (* 1698), 1745 wurden d. vier Söhne d. Witwe gen.; **Vater-Bruder**: Nicolaus Caspar (* 1665), 1695 als Fähnrich bzw. Ltnt. aus d. Dienst ausgeschieden; **Bruder**: Carl Heinrich (1733–1802), seit 1745 im Militär, Aug. 1761 Pl im Garn.-Reg. Nr. 6, vor 1774 hier abgegangen, Mrz. 1787 in e. Invaliden-Comp., April 1798 Major in d. 3. Schles. Invaliden-Comp., 1802 zu Ziegenhals in Schlesien gest., hinterließ d. Bruder C. L. u. d. Schwester Friederike Louise Juliane, die sich 1802 in Blankenfelde im Krs. Königsberg aufhielt; **Bruder**: Hans Ehrenreich (1735–1759), seit 1748 im Militär, stand 1755 u. 1759 als Sl im I-R Nr. 31, an bei Kay erlittenen Blessuren in Breslau gest.; **Bruder**: Christian Ludwig (1736–1822) *, Mai 1756 Fähnrich im I-R Nr. 18, Jan. 1758 Sl, Aug. 1758 Pl, Juli 1762 Stabs-Cap., Mai 1764 Cap. u. Chef e. Comp., Aug. 1781 Major, April 1788 Kommandeur d. I-

R Nr. 18, Aug. 1790 Ol, Juni 1791 Obrist, Sep. 1791 Orden p. l. m., Sep. 1796 Chef d. I-R Nr. 9, Dez. 1796 Chef d. I-R Nr. 23, Mai 1798 GM, Mai 1805 Gl, Mrz. 1812 mit d. Charakter General d. Infanterie pens., Erbherr auf Groß Glienicke u. Dallgow im Krs. Havelland, seit 1771 verh. mit Sophie Elisabeth Schultz (1752–1835), Sohn Wilhelm Erdmann (* 1772), Mai 1787 Fähnrich im I-R Nr. 18, Dez. 1788 Sl, Aug. 1796 Pl, Juli 1802 Stabs-Cap., Mrz. 1808 Cap., Okt. 1815 Ol, April 1822 *cassirt*, Adelsverlust; **Laufbahn**: 1745 Page bei GM Christian Ludwig von Kalsow, seit 1747 im Reg., 1750 Gefr.corp. im I-R Nr. 43, 1756 Fähnrich, 1760 bei Torgau als Pl u. Adjutant gefallen;

Quellen: GStA, I. HA, Rep. 22, Nr. 384 a; IV. HA, Rep. 1, Nr. 93, Bl. 147 (C. H., mit teils anderen Angaben als im Tb. Uradel), Bl. 148 (W. Ä., als E. W.); Stabi, Ms. boruss. fol. 311, Bl. 132, Bl. 134 (je d. Vater); fol. 313, Bl. 167 u. 171 (hier als Carl L.); fol. 314, Bl. 220, Bl. 233 (Bruder H. E.); fol. 315, Bl. 92 (Bruder C. H.); fol. 316, Bl. 200; fol. 319, Bl. 29 (Vater, als Hans Dietloff); Ms. geneal. fol. 120, Bl. 220; Crousaz, S. 37 (Bruder C. L.); Fam.gesch., S. 208–209, Tafel XI; Tb. Uradel, 1908, S. 793; Jb. Neumark, 1928, S. 39 (Vater); Priesdorff, Nr. 948 (C. L.);

sächs.-poln. Ltnt. **Wolf Erasmus von Winning** (* 1681, † um 1740) *

Vater: Adolph († vor 1713), Erbherr auf Sternberg, Kemnath, Wallwitz im Krs. Sternberg; **Mutter**: e. geb. von Seefeld; **Bruder**: Samuel Adolph († nach 1739), Fähnrich, siehe bei dessen Sohn Wolfgang Siegmund (* 1701), Cap.; **Bruder**: Sebastian Sigismund (1674–1744), Sergant, 1715 als Erbherr auf Anteil Sternberg gen., Sohn: Adolph Ludwig (* 1700), diente im Siebenjährigen Krieg als Ltnt. im neumärk. Land-Bat.; **Laufbahn**: avancierte im sächs.-poln. Militärdienst bis zum Ltnt.; **Güter**: 1715 u. 1718 als Erbherr auf Anteil Wallwitz im Krs. Sternberg aufgeführt; **Ehefrau**: Ursula Beata, geb. von Zabeltitz; **Sohn**: Friedrich Adolph, 1715 erwähnt, soll 1739 als *cadet* gest. sein;

Quellen: BLHA, Rep. 23 B, Nr. 446; Fam.gesch., Tafel VIII; Jb. Neumark, 1928, S. 19, S. 39;

Cap. **Wolfgang Siegmund von Winning** (* Dez. 1701)

Vater: Samuel Adolph († nach 1739), Fähnrich im I-R Nr. 4, 1715 Erbherr auf Anteil Kemnath (u. Vorwerk Mißgunst) im Krs. Sternberg, hatte damals vier kleine Söhne; **Mutter**: Luise Charlotte, geb. von Luck; **Bruder**: Ernst Gottfried (1713–1785), Cap., siehe mehr bei dessen Sohn Erdmann Carl Ernst Sigismd.; **Laufbahn**: seit Jan. 1716 als Gefr.corp. im Reg., Sep. 1722 Fähnrich im I-R Nr. 27, Juli 1728 Sl, Febr. 1733 Pl, Juni 1740 als Cap. in d. neu errichtete I-R Nr. 39 versetzt, 1742 hier als Cap. u. Chef e. Comp. gen., im April bzw. Mai 1747 auf Wunsch dim.;

Quellen: GStA, IV. HA, Rep. 1, Nr. 93, Bl. 147 (kz. Notiz); Stabi, Ms. boruss. fol. 316, Bl. 83, Bl. 85 RS, Bl. 299 RS, Bl. 303 RS; Fam.gesch., S. 213, Stammtafeln VIII u. IX; Jb. Neumark, 1928, S. 40 (1715 hier als Wulf Simon?);

Cap. **Adam Ernst von Winterfeld** (* 3. Febr. 1692, † 19. Mai 1742) *

Vater: Ernst Friedrich (1665–1701), Erbherr auf Dallmin u. Klein Linde in d. Prignitz; **Mutter**: Eva Catharina, geb. von Schlabrendorff († 1750); **Bruder**: Adolph Heinrich (1689–1740), bezog 1704 d. Pädagogium, 1707 d. Univ. Halle, Cap. im I-R Nr. 25, 1728 abgegangen, kaufte 1725 Steinmocker im Krs. Anklam für 14/m T., amtierte als Landrat; **Bruder**: Levin Ernst (1695–1734), Major, s. d.; **Laufbahn**: seit etwa 1709 im Militär, 1716 als Fähnrich aus d. I-R Nr. 21 in d. Grenadier Garde versetzt, 1724 als Cap. ins I-R Nr. 3, noch 1724 abgegangen, später Landrat in d. Neumark; **Güter**: erhielt bei d. Erbteilung 1717 d. Güter Dallmin und Klein Linde, verkaufte diese; machte sich in d. Neumark ansässig, gest. zu Wittenberge an d. Elbe; erste **Ehefrau**: Dorothea Gottliebe Hedwig, geb. von Karstedt († 1735); **Sohn**: Ernst Joachim Friedrich (* 4. Febr. 1724, † 10. Aug. 1779), trat ins I-R Nr. 4 ein, Juli 1756 Pl, 1758 als Cap. abgegangen, auch als Landrat in d. Prignitz gen., ledig in Dallmin verst.; **Sohn**: Carl Ludwig (* 19. Mai 1726, † 24. Mrz. 1784) *, Aug. 1745 Fähnrich im I-R Nr. 18, Dez. 1748 Sl, Nov. 1756 Pl, Jan. 1758 Cap. u. Chef e. Comp., Nov. 1760 Orden p. l. m., Dez. 1760 Major, Mai 1771 Ol, Juni 1772 Obrist u. Kommandeur d. I-R Nr. 18, Aug. 1781 GM u. Chef d. I-R Nr. 7, in Stettin ledig verst.;

Quellen: GStA, IV. HA, Rep. 1, Nr. 93, Bl. 157 (kz. Notiz f. d. Sohn C. L.); Gesch. I-R Nr. 3, S. 167–168 (keine Angaben zur Laufbahn, Hinweis auf d. Neumark); Fam.gesch., 2. T., S. 666–672 (Vater, Bruder A. H.), S. 686–688 (A. E., danach sind d. Angaben zur Laufbahn ungenau, kein neumärk. Gut gen.), S. 690–694 (Söhne); Tb. Uradel, 1904, S. 908 (Eltern, nur d. Bruder A. H.); Priesdorff, Nr. 668 (C. L., teils andere Angaben als in d. Fam. gesch.);

Obrist **Carl Bernhard von Winterfeld** (* 20. Aug. 1718, † 23. Juli 1791)

Vater: Alexander Ludwig (1691–1727), April 1708 Fähnrich im I-R Nr. 3, April 1712 Sl, 1713 Ltnt., 1714 mit d. Charakter Cap. abgegangen, seit 1718 nach d. brüderlichen Teilung Erbherr auf Radenickel, Riesnitz u. Trebichow im Krs. Crossen, überließ dafür seinem Bruder Samuel Adolph, s. d., Sandow u. Bergen im Krs. Sternberg, amtierte 1725 als Landrat im Krs. Crossen, stritt damals mit d. Ol Christian Otto von der Groeben über 4 500 T., erwarb 1722 d. Herrschaft Kynsburg bei Schweidnitz; **Mutter**: Anna Charlotte Catharina, geb. von Rehdiger († 1745); **Bruder**: Andreas Ludwig Adolph Bernhard (* 3. Juli 1717), Sep. 1739 Cornet bei d. Leibgarde zu Pferd d. Herzogs von Sachsen-Gotha, Juni 1744 Cap. im dortigen D-R, trat mit d. Reg. in holländ. Dienste, verkaufte Trebichow u. Radenickel 1747 für 37/m T. an d. Obristen F. O. L. Graf von Finckenstein, s. d., erwarb Klein Wangern bei Winzig in Schlesien; **Laufbahn**: weilte von 1737 bis 1740 auf d. Univ. Jena, Aug. 1740 Fähnrich im I-R Nr. 35, 1742 Sl, 1744 als Sl versetzt, Nov. 1745 Rittmstr. u. Chef e. Escadron im H-R Nr. 4, als Major im H-R Nr. 4 im Dez. 1758 dim., bewirtschaftete fortan seine Güter im Krs. Wohlau, 1783 Charakter Obrist; erste **Ehefrau**: Henriette Wilhelmine, geb. Gräfin von Salisch (1735–1775); **Sohn**: Heinrich Bernhard (1762–1810), seit 1777 im H-R Nr. 4, 1780 Cornet, Sep. 1784 Sl, Juni 1794 Pl, Aug. 1794 Orden p. l. m., Okt. 1796 Stabs-Rittmstr., Mrz. 1802 Chef e. Escadron, Sep. 1804 Major, Juni 1809 Kommandeur d. H-R Nr. 4; **Sohn**: Carl August Leopold (1773–1857), 1790 ins Regiment, Juni 1794 Cornet im H-

R Nr. 4, April 1795 Sl, 1806 inaktiv, 1809 beim Corps d. Herzogs von Braunschweig-Oels, Juni 1813 Cap. beim 14. Schles. Landwehr-I-R, Juli 1815 Major, Mai 1816 dim.;

Quellen: GStA, I. HA, Rep. 22, Nr. 382, Paket 8 834; Rep. 66, Nr. 18 (d. Vater hier als Alexander Rudolph); IV. HA, Rep. 1, Nr. 93, Bl. 156 (C. B., kz. Notiz); Bl. 157 (Sohn H. B.), Bl. 158 (Sohn C. A. L.); Stabi, Ms. boruss. fol. 311, Bl. 350, Bl. 373; Ms. geneal. fol. 120, Bl. 220; Taeglichsbeck, S. 264; Fam.gesch., 2. T., S. 730–734 (Vater A. L.), S. 735–736 (Bruder A.L.A.B.), S. 739–750; Tb. Uradel, 1904, S. 910 (Hinweis auf Kynsburg); Jb. Neumark, 1928, S. 29, S. 90–91;

Ltnt. **Carl Heinrich Ferdinand von Winterfeld** (* 22. Sep. 1779, † 11. Dez. 1857)

Vater: August George Hellmuth (1744–1800), aus d. Prignitz gebürtig, seit 1760 im Militär, 1763 Sl im D-R Nr. 12, Juli 1775 dim., erhielt später d. Charakter Cap., erwarb 1782 Schönfeld im Krs. Königsberg von George Christian Heinrich von Sydow für 29 100 T., später (1797) für 76 500 T. wieder verkauft, nahm seinen Wohnsitz in d. Stadt Soldin, hier verst.; **Mutter**: Henriette, geb. von Enckevort († 1803); **Vater-Bruder**: Detlof Ludwig Alexander (1742–1809), Okt. 1758 Fähnrich im I-R Nr. 18, Juli 1760 Sl, Mrz. 1771 Pl, im Juni 1779 als Ltnt. abgegangen, erhielt später d. Prädikat Cap., bewirtschaftete d. väterliche Gut Freyenstein in d. Prignitz; **Vater-Bruder**: Hans Albrecht (1753–1816), 1770 ins Regiment, Nov. 1776 Cornet im D-R Nr. 10, 1778 Sl, nach 1778 mit d. Charakter Cap. abgegangen, mecklenbg. Oberforstmstr.; **Vater-Bruder**: Carl Friedrich (1757–1825), 1774 ins Regiment, 1778 Cornet im K-R Nr. 5, Juni 1785 Sl, 1789 Abschied mit d. Charakter Rittmstr.; **Bruder**: Wilhelm George Gustav (1776–1851), Jan. 1795 Fähnrich im I-R Nr. 8, Aug. 1796 Sl, Juli 1802 ins I-R Nr. 1 versetzt, Mrz. 1805 Pl, Sep. 1807 dim., Mai 1809 Charakter Cap., 1815 bis 1818 Cap. bei d. neumärk. Landwehr; **Laufbahn**: April 1795 Fähnrich im I-R Nr. 25, Okt. 1797 Sl, Nov. 1808 dim., Juni 1813 Cap. beim 6. Kurmärk. Landwehr-I-R, Nov. 1814 dim.; **Güter**: d. Ltnt. C. H. F. besaß lt. Bericht d. neumärk. Pupillenkollegiums vom 8. Mrz. 1803 gemäß Erbrezeß e. Vermögen von 6 070 T., er bekam daher d. gewünschte *venia aetatis*;

Quellen: GStA, I. HA, Rep. 22, Nr. 382, Paket 8 840; II. HA, Abt. 12, Materien, Vas.tab. Nr. 6, Bl. 106 RS-107; IV. HA, Rep. 1, Nr. 93, Bl. 156 (Vater u. D. L. A.), Bl. 158; Stabi, Ms. boruss. fol. 311, Bl. 252 (Vater); fol. 314, Bl. 137 RS (1804 im I-R 25: aus d. Prignitz); Ms. geneal. fol. 120, Bl. 249 RS; Fam. gesch., 2. T., S. 593–595 (Onkel D. L. A.), S. 595–596 (Vater A. G. H.), S. 596–597 (W. G. G.), S. 600 (C. H. F., hier als C. F. H., für d. Laufbahn hier andere Angaben), S. 601 (Onkel H. A.), S. 609 (Onkel C. F.); Tb. Uradel, 1904, S. 900–903; Priesdorff, Offz.stammliste, S. 185 (Bruder W. G. G., aus d. NM gebürtig); Jb. Neumark, 11/1936, S. 76 (d. Vater hier auf Schönfeld nicht gen.);

Major **Levin Ernst von Winterfeld** (* 16. Febr. 1695, † 21. Mai 1734) *

Vater: Ernst Friedrich (1665–1701), Erbherr auf Dallmin u. Klein Linde in d. Prignitz; **Mutter**: Eva Catharina, geb. von Schlabrendorff († 1750); **Bruder**: Adam Ernst (1692–1742), Cap. s. d.; **Laufbahn**: seit 1713 im Reg. Heyden zu Pferd, Aug. 1714 Cornet, April 1717 als zweitältester Ltnt. seines bisherigen Reg. ins D-R Nr. 5 versetzt, Dez. 1719 Rittmstr. u. Chef e. Escadron, Mai 1733 Major, 1734 in Gollnow gest.; in erster **Ehe** verheiratet mit Elisabeth Charlotte, geb. von der Osten († 1727), in zweiter im Mai 1732 mit Charlotte, e. Tochter d. GM Siegmund von Sack in Kolberg; **Güter**: erwarb 1725 Gienow im Krs. Dramburg vom Ltnt. Joachim Rüdiger von dem Borne für 12/m T., s. d., darauf angeblich nur Schulden von 5/m T., in Wirklichkeit betrugen diese fast 12/m T.; aus d. ersten Ehe der **Sohn**: Friedrich Wilhelm (1722–1787) *, aus d. Prignitz gebürtig, Nov. 1741 Cornet im D-R Nr. 5, Mrz. 1746 Sl, Sep. 1756 Pl, wegen bei Leuthen erlittener Blessuren im Mrz. 1758 als Cap. dim., machte sich in Pommern ansässig, Landrat im Krs. Belgard;

Quellen: GStA, I. HA, Rep. 22, Nr. 382, Paket 8 834; Rep. 96, Nr. 304 C 1; IV. HA, Rep. 1, Nr. 93, Bl. 156 (kz. Notiz für d. Sohn F. W.); Stabi, Ms. boruss. fol. 313, Bl. 64 RS; fol. 319, Bl. 26; Albedyll, Anhang, S 44 *, S. 59 * (Sohn); Fam.gesch., 2. T., S. 666–669 (Vater E. F.), S. 695–701 (L. E., Sohn F. W.); biogr. Handbuch, S. 1111 (Sohn F. W.); Pommern, S. 710 (Biogramm d. Sohnes F. W.);

Ol **Samuel Adolph von Winterfeld** (* 13. Juli 1695, † 11. Okt. 1746)

Vater: Samuel Adolph (1644–1705), Erbherr auf Sandow u. Bergen, Direktor d. Krs. Sternberg, auch auf Groß Gandern in Sternberg u. Krämersborn in Crossen, letzteres 1713 zs. mit seiner Bruder A. L. für 16 800 T. an d. poln. Kämmerer Andreas von Zychlinsky verkauft; **Mutter**: Ursula Catharina, geb. von Rothenburg; **Bruder**: Christian George (1685–1762), poln. Cap., ließ sich nach 1713 in Antwerpen nieder, zuletzt in Schweidnitz; **Bruder**: Alexander Ludwig (1691–1727), Cap. im I-R Nr. 3, Landrat, siehe bei dessen Sohn Carl Bernhard; **Laufbahn**: seit 1712 im Militärdienst, April 1713 Fähnrich im I-R Nr. 13, Febr. 1716 Sl, Nov. 1719 Rittmstr. u. Chef e. Escadron im K-R Nr. 12 im preuß. Königsberg, Okt. 1729 mit d. Charakter Ol abgegangen, Träger d. Ordens de la générosité; **Güter**: 1715 Mitbesitzer von Sandow, seit 1718 nach d. brüderlichen Teilung alleiniger Besitzer von Sandow u. Bergen, 1724 sollen seine Güter Sandow u. Bergen lt. Taxe e. Wert von 80 789 T. gehabt haben, dazu d. Holzung mit 20/m T., d. väterl. Schulden betrugen 32/m T.; d. Brutto-Ertrag belief sich auf 2 886 u. 721 T.; mußte d. Güter wegen rückständiger Zins- u. Kapitalzahlungen auf Druck d. Gläubiger, insbesondere d. Ol Christian Otto von der Groeben, 1725 mit Zustimmung seiner beiden Brüder für 64/m T. an d. Bürgermstr. Fuchs verkaufen, nach dessen Tod fielen sie an seinen Schwiegersohn, d. Geh. Rat Johann Heinrich (von) Piper, gegen diesen führten d. Gebr. Obrist Hans Carl u. Cap. Jürgen Dietloff von Winterfeld seit 1727 e. langwierigen Reluitionsprozeß, sie wurden u. a. im Nov. 1743 mit ihrer Klage abgewiesen, im Jan. 1746 war d. Prozeß immer noch nicht beendet; **Ehefrau**: Sophia Elisabeth, geb. von Knobelsdorff, sie besaß d. Gut Konradswaldau in Schlesien;

Quellen: GStA, I. HA, Rep. 22, Nr. 382, Pakete 8 834 u. 8 835; BLHA, Rep. 23 B, Nr. 446; Stabi, Ms. boruss. fol. 311, (Bl. 267 RS); fol. 319, Bl. 43; Ms. geneal. fol. 120, Bl. 219 RS (S. A. wurde 1728 zs. mit d. poln. Cap. Christian George (* 1685) gen.); Fam. gesch., 2. T., S. 715–717 (Vater S. A.), S. 718–723, S. 750–757; Tb. Uradel, 1904, S. 910 (Vater, nur d. Bruder A. L.); Bardeleben, S. 415–416 (1703 kein W. im I-R 3); S. 430 (1707 stand nur e. Ol von W.

im I-R 3); Jb. Neumark, 1928, S. 29 (hier A. L. u. S. A. als Brüder gen.), S. 30, S. 91–92 (A. L.);

Major **Carl Casimir Frhr. von Wittenhorst**-Sonsfeld (* 1690)

(**Vater**: Friedrich Wilhelm (1636–1711) *, Gl; **Bruder**: Friedrich Otto (1678–1755) *, Gl); **Laufbahn**: (stand 1716 als Cap. im I-R Nr. 9), avancierte bis zum Major, nach d. Abschied Amtshauptmann zu Hausberge in Minden; **Ehefrau**: Emilie Sophie (1687–1751), e. Tochter von Curt Hildebrand von der Marwitz, Gl, Erbherr auf Sellin, sie war in erster Ehe verheiratet gewesen mit Alexander Magnus von der Marwitz (1668–1726), Obrist, (sie erbte von ihm Trossin); E. S. verkaufte 1731 ihre Anteile an Neuendorf u. Ortwig (im Krs. Königsberg) an König Friedrich Wilhelm I. für 5/m T.; **Güter**: d. Major erwarb (1722) Trossin im Krs. Königsberg für 22/m T., hier noch 1751 gen.; 1752 befand sich Trossin in anderen Händen;

Quellen: GStA, II. HA, Abt. 13, Ämter, Amt Zellin, Verpachtungs-Sachen, Nr. 1; BLHA, Rep. 78 I, Nr. 170, Bl. 49; Stabi, Ms. boruss. fol. 319, Bl. 199 RS; Diest, Marwitz, S. 21; Schulze, Statistik, S. 105; Jb. Neumark, 11/1936, S. 76–77; Priesdorff, Nr. 94 (Vater?), Nr. 234 (Bruder?);

Ltnt. **Gottfried August von Wittich** (* 1736, † 27. Mai 1778) *

aus d. Neumark gebürtig; **Laufbahn**: seit 1757 im Militär, stand 1774 als Pl im D-R Nr. 11, 1778 als solcher gest.;

Quellen: GStA, IV. HA, Rep. 1, Nr. 93, Bl. 205 (kz. Notiz); Stabi, Ms. boruss. fol. 313, Bl. 141;

Cap. **Hans Friedrich Wilhelm von Witzleben** (* 28. Sep. 1741, † 5. Mrz. 1815)

Vater: Hans Heinrich (* 1713, † 10. Dez. 1771), kursächs. Kreis-Hauptmann im Leipziger Krs., Erbherr auf Gaditz bei Wittenberg; **Mutter**: Friederike Sophie Catharina, geb. von Werder († 1778) aus d. Hs. Woltersdorf bei Brandenburg, Schwester d. früheren Kammerpräsidenten Wolfgang Friedrich August von Werder in Kleve, aus d. Ehe neun Kinder, von denen 1791 noch fünf lebten; **Bruder**: Friedrich August Christian (* 1748), Dez. 1766 Sl, später Pl im Grenadier-Bat. Nr. 3, Dez. 1785 Stabs-Cap., Juni 1787 ins I-R Nr. 41, Okt. 1787 Cap. u. Chef e. Comp., Dez. 1792 mit Pension dim.; **Bruder**: Dietrich Eugen Heinrich (1752–1814), Cornet im Leib-Kürassier-Reg., Juni 1775 dim., erhielt im Jan. 1776 d. Charakter Rittmstr., hatte 1791 seinen Wohnsitz in Kehnert bei Burg, Sohn: Friedrich Heinrich August (1776–1836), April 1800 Sl im H-R Nr. 9, Febr. 1807 Pl, Mrz. 1815 Rittmstr., Dez. 1828 als Ol dim.; **Schwester**: Christiana Elisabeth, sie hielt sich seit 1779 bei ihrem Bruder in Werben auf, besaß e. Vermögen von 800 T., angelegt zu vier Prozent auf d. Gut Geisendorf im Krs. Cottbus, bekam seit 1796 e. Pension von 50 T.; **Laufbahn**: avancierte im I-R Nr. 25 bis zum Sl, Febr. 1771 dim., erhielt später d. Charakter Cap.; **Ehefrau**: Margarethe Gottliebe, geb. von Maltitz (1761–1819), sie besaß 1801 1/8 von Werben im Wert von 8/m T.; **Güter**: saß 1791 u. 1801 auf ¼ von Werben im Krs. Cottbus, 1783 im Wert von 20/m T., dazu auf Kalke in Sachsen für 39 700 T., noch 1809 hier e. Cap. v. Witzleben gen.;

Quellen: GStA, II. HA, Abt. 12, Materien, Vas.tab. Nr. 6, Bl. 55 RS-56; Abt. 13 a, Tit. IV, Litt C, Nr. 1;

IV. HA, Rep. 1, Nr. 93, Bl. 220 (kz. Notizen f. H. F. W. u. D. E. H., hier als Friedrich E. H.); Bl. 221 (Bruder F. A. C.); Stabi, Ms. boruss. fol. 311, Bl. 406 (Bruder F. A. C.); fol. 314, Bl. 122 (Abgangsliste I-R Nr. 25, hier als Fr. Wilh., nicht in d. Rangliste f. April 1764); Ms. geneal. fol. 120, Bl. 240 RS; Bratring, 3. Bd., S. 355; Tb. Uradel, 1903, S. 935, S. 937 (D. E. H.); Jb. Neumark, 11/1936, S. 108; Krüger, Cottbus, S. 37 (als Fr. W.);

GM **Carl George Friedrich von Wobeser** (* 27. Febr. 1750, † 23. April 1821) *

Vater: Ernst Bogislav (1724–1801), 1742 als Cornet im D-R Nr. 7 dim., erhielt später d. Charakter Ltnt., 1767 Erbherr auf Bellin, Gossow, (Voigtsdorf) u. Belgen im Krs. Königsberg, Bellin blieb im Besitz d. Fam., Belgen u. Gossow wurden 1791 verkauft; **Mutter**: Charlotte Rosine, geb. von Schmiedeberg († 1771); **Großvater**: Ernst Bogislav († 1748), stand als Cap. in ksl. Diensten, vor 1713 abgegangen, 1713 als Erbherr auf Anteil Bellin gen.; **Vater-Bruder**: Balthasar Ludwig (1721–1796) *, Rittmstr., Landrat im Krs. Rummelsburg; **Laufbahn**: 1765 Junker im D-R Nr. 3, Juni 1769 Cornet, Aug. 1770 Sl, Sep. 1778 Quartiermstr.-Ltnt., Brigade-Major von d. Kavallerie in d. kgl. Suite, Juni 1782 nach e. Immediat-Supplik Charakter Cap., war damals noch in d. kgl. Suite, Jan. 1787 Major, Sep. 1790 Chef e. Escadron im D-R Nr. 7, Jan. 1795 Ol, Jan. 1797 Kommandeur d. K-R Nr. 11, Mai 1798 Obrist, Jan. 1803 Chef d. neuen D-R Nr. 14, Mai 1803 GM, Mai 1805 Orden p. l. m., Mai 1809 Abschied mit d. Charakter Gl, Juni 1813 Divisionair d. Landwehr in Westpreußen, Okt. 1815 Abschied mit Pension, ohne Leibeserben verst.; **Güter**: nach d. Erbteilung mit seinen Geschwistern seit Juli 1801 Erbherr auf Bellin im Krs. Königsberg im Wert von 44 350 T.;

Quellen: GStA, I. HA, Rep. 96, Nr. 95 W ww, Bl. 30; II. HA, Abt. 12, Materien, Vas.tab. Nr. 6, Bl. 93 RS-94; IV. HA, Rep. 1, Nr. 93, Bl. 234; Stabi, Ms. boruss. fol. 313, Bl. 13; fol. 315; Gesch. D-R Nr. 3, S. 414; Fam.gesch., S. 27, S. 29–32, Stammtafel F (d. Vater danach 1723 geb., C. G. F. als G. F. C.); Jb. Neumark, 11/1936, S. 72; Priesdorff, Nr. 1 048; Pommern, S. 724 (Biogr. d.Onkels B. L.);

Ltnt. **Hans Wotislaus von Wobeser** (* 1704, † 9. Okt. 1776) *

Vater: Ernst Bogislav († 1748), ksl. Cap., 1713 u. 1718 auf Anteil Bellin im Krs. Königsberg, hatte diesen aus e. Konkursmasse erworben (auch auf Gossow u. Belgen, diese waren bis mind. 1742 im Besitz d. Fam. von Sydow), ging drei Ehen ein, in d. dritten mit e. geb. von Schmalenberg, 1745 wurden sechs seiner Söhne gen.; **Bruder**: Christian Friedrich (* 1702) *, Regierungsrat in Küstrin, 1769 verabschiedet, seit etwa 1757 verheiratet mit d. Witwe Adam Wilhelm von Sydow, geb. von Küssow, diese ließ sich 1759 wegen seiner *unerträglichen u. verschwenderischen Lebensart* von ihm scheiden, gegen d. schriftl. Verzicht auf weitere Ansprüche zahlte sie ihm freiwillig e. Abstand von 1/m T., er brach diese Zusage u. verklagte sie auf weitere Zahlungen; **Bruder**: Alexander Gustav (* 1716), seit 1732 im Militär, 1739 Cornet im K-R Nr. 3, 1742 Ltnt. im Garn.-Reg. Nr. 7, wechselte dann in russ. Dienste, avancierte hier bis zum Obristen; **Bruder**: Peter Wilhelm (1718–1758), seit 1736 im Militär, stand 1756 als Ltnt. im K-R Nr. 8, als Rittmstr. bei Zorndorf gefallen; **Bruder**: Balthasar Ludwig (1721–1796) *, Ltnt. im K-R Nr. 3, hielt sich

1751 in Danzig auf, seit 1765 Landrat im Krs. Rummelsburg; **Bruder**: Ernst Bogislav (1724–1801), 1742 als Fähnrich im D-R Nr. 7 dim., 1751 auf Bellin, 1774 Erbherr auf Bellin, Gossow u. Belgen im Krs. Königsberg, Sohn: Carl George Friedrich (1750–1821), GM, s. d.; **Laufbahn**: seit 1726 im Militär, Mrz. 1727 Cornet im K-R Nr. 3, 1740 hier als Ltnt. gen.; ließ sich nach seinem Abschied in d. NM nieder, seit Juli 1744 Landrat d. Krs. Friedeberg; in dritter **Ehe** verh. mit Charlotte Catharine, geb. von dem Borne (1727–1796); H. W. hinterließ keine Leibeserben; **Güter**: 1770 als Erbherr auf Diedersdorf im Krs. Landsberg im Wert von 16/m T. aufgeführt;

Quellen: GStA, I. HA, Rep. 22, Nr. 288, Paket 8 743 (Witwe von Sydow); IV. HA, Rep. 1, Nr. 93, Bl. 233 (kz. Notiz für P. W.); BLHA, Rep. 78 I, Nr. 170, Bl. 51; Stabi, Ms. boruss. fol. 312, Bl. 75 (Bruder P. W.); fol. 313, Bl. 109, (Bl. 112 RS); Ms. geneal. fol. 120, Bl. 225, Bl. 249; Fam.gesch., Tafel F, S. 27–29; Jb. Neumark, 1927, S. 36, Jb. Neumark, 11/1936, S. 84; biogr. Handbuch, S. 1 121 (H. W. u. d. Brüder B. L. u. C. F.);

Major **Carl Wilhelm von Woisky** (* um 1722)

aus Schlesien gebürtig; **Laufbahn**: seit 1740 im Militär, stand 1750 als Cornet im K-R Nr. 5, 1756 Ltnt., 1764 Major u. Chef e. Escadron im K-R Nr. 5, Juni 1772 dim.; **Güter**: 1774 als Erbherr auf Ritzig im Krs. Schivelbein gen., verkaufte es 1782 für 9/m T. an Elisabeth Agnes verh. Cap. Christoph Heinrich von Manteuffel, geb. von Eickstedt, erwarb dafür 1783 e. kleines Gut im Krs. Dramburg, hier 1783 erwähnt;

Quellen: GStA, IV. HA, Rep. 1, Nr. 93, Bl. 258 (kz. Notiz); Stabi, Ms. boruss. fol. 311, Bl. 136, Bl. 137; Ms. geneal. fol. 120, Bl. 251 RS-252; Jb. Neumark, 11/1936, S. 89; nicht in Tb. Uradel 1926;

Ltnt. **Carl August Ferdinand von Wolff** (* 1784, † 19. April 1853)

Vater: George Adolph Wilhelm (* 1755), erwarb 1795 beide Anteile von Alt Klücken im Krs. Arnswalde für 56/m T., im Juni 1803 für 73 400 T. verkauft an d. Obristen Friedrich Wilhelm von Braunschweig (* 1743) vom I-R Nr. 7; **Bruder**: Leopold Wilhelm Heinrich (* 1785, † 7. Nov. 1868), Mai 1801 Fähnrich im I-R Nr. 22, Nov. 1804 Sl, Jan. 1813 ins Kolberger I-R, Aug. 1813 Pl, Mai 1814 Stabs-Cap., Juni 1815 Cap., Dez. 1815 ins 33. I-R, Juni 1830 Major, Mrz. 1833 dim.; **Bruder**: Philipp Adolph (* 1788, † 21. Mai 1881), 1803 Junker im I-R Nr. 22, Nov. 1804 Portepée-Fähnrich, Sep. 1809 Sl im 1. Pomm. I-R, Nov. 1815 Pl, Aug. 1821 Cap., Sep. 1840 Major, Sep. 1842 mit d. Charakter Ol dim.; **Laufbahn**: 1798 Junker im D-R Nr. 3, Juni 1800 Cornet, Mai 1802 Sl, 1806, 1807 in d. 1. Dragoner-Brigade von Wedel, Okt. 1808 zum Neumärk. D-R, Aug. 1813 Pl, Nov. 1813 Stabs-Rittmstr., April 1816 Chef e. Escadron, Juli 1831 Major, Sep. 1837 als Ol dim.;

Quellen: GStA, II. HA, Abt. 12, Materien, Vas.tab. Nr. 6, Bl. 3 RS-4; Nr. 8, Bl. 5 RS-6, Bl. 23 RS-24; IV. HA, Rep. 1, Nr. 93, Bl. 272 (d. Bruder P. A. hier als Adolph Philipp Wilhelm); Stabi, Ms. geneal. fol. 120, Bl. 235 RS; Jb. Neumark, 11/1936, S. 57;

Ltnt. **Magnus Hermann von Wolffradt** (* 24. Jan. 1757, † 14. Sep. 1828)

Vater: Ernst Hermann (1710–1770) *, Rittmstr. in preuß. Diensten, Erbherr auf

Lüssow u. Schmatzin in Schwed.-Pommern, auf Torstorp; **Mutter**: Sofie Louise, geb. Grubbe (1720–1771); **Laufbahn**: seit 1772 im preuß. Militärdienst, stand 1778 als Cornet, zuletzt als Sl im H-R Nr. 8, Nov. 1785 dim., 1805 beim Train plaziert, Aug. 1812 Pl, Aug. 1813 Stabs-Cap., Juli 1816 Cap., Jan. 1823 pens.; **Ehefrau**: Anna Dorothea Auguste, geb. Witte; **Sohn**: Carl Gustav (1796–1857), Juni 1813 Sl, Juni 1834 Cap., Mrz. 1843 Major in Wetzlar; **Güter**: bis 1791 Erbherr auf Groß Latzkow im Krs. Pyritz, erwarb 1790 Wutzig im Krs. Dramburg für 36 900 T., 1798 für 40/m T. wieder verkauft an d. Rittmstr. C. W. F. von Jargow, s. d.; 1801 u. 1803 als unangesessener Vasall im Krs. Dramburg aufgeführt, soll sich damals in d. Umgebung von Stolp angekauft haben, um 1796 als Pächter von Pennekow im Krs. Schlawe gen.;

Quellen: GStA, II. HA, Abt. 12, Materien, Vas.tab. Nr. 6, Bl. 81 RS-82; Nr. 8, Bl. 82 RS-83; IV. HA, Rep. 1, Nr. 93, Bl. 288; Schöning, 5. H-R, S. 140, S. 548 (Abgangsliste); Jb. Neumark, 11/1936, S. 68; Tb. Briefadel, 1918, S. 991, S. 994; Pommern, S. 736–737 (Biogr. d. Vaters);

Gl **Adam Friedrich von Wreech**

(* 28. Mai 1689, † 27. Aug. 1746) *

Vater: Joachim Friedrich (1650–1724) *, 1672 brandenburg. Cornet, Aug. 1674 Ltnt. bei d. Leib-Dragonern, Jan. 1675 Rittmstr., Dez. 1688 Obrist u. Kommandeur d. Reg. Leib-Dragoner, Aug. 1690 Chef d. K-R Nr. 4, April 1695 GM, Febr. 1704 Gl u. Gouverneur von Geldern, Mrz. 1714 dim., Mai 1715 General d. Kavallerie, 1715 Pfandbesitzer von Anteilen an Gralow im Krs. Landsberg, 1718 Erbherr auf Kölpin u. Krining im Krs. Arnswalde, auf Büssow u. Vorwerk Dürrenfelde im Krs. Friedeberg; **Mutter**: Catharina Amalie, geb. von Weiher; **Laufbahn**: 1706 Junker im K-R Nr. 6, 1708 Cornet, 1710 Ltnt., Nov. 1713 Rittmstr. u. Chef e. Escadron im K-R Nr. 4, April 1717 Major, Okt. 1719 Ol im K-R Nr. 7, Dez. 1721 Obrist, April 1729 Kommandeur d. K-R Nr. 2, Nov. 1736 Chef d. K-R Nr. 3, Febr. 1742 GM, April 1743 Gl, Jan. 1744 Schwarzer Adler-Orden, **Ehefrau**: Eleonore Louise, geb. von Schöning (1708–1784); **Sohn**: Carl Adam Albrecht (* 1728, † nach 1784), Major, s. d.; **Güter**: 1718 als Erbherr auf Zantoch, Gralow, Pollychen im neumärk. Krs. Landsberg gen., 1728 auch auf Tamsel u. Warnick, 1745 auf Büssow, Krining, Kölpin, Groß u. Klein Cammin, Tamsel, Warnick in d. Krs.en Arnswalde, Friedeberg u. Landsberg; sein hinterlassenes Vermögen hatte lt. Inventar 1747 e. Wert von 74 062 T., darunter die auf 60 901 T. taxierten Güter, seine Passivschulden betrugen 52 175 T., d. Teilungsmasse 21 886 T.; d. Vermögen seiner Witwe belief sich 1747 auf 142/m T., darunter d. beiden Güter Tamsel u. Warnick für 40/m T., die Eleonore Louise von ihrem Großvater geerbt hatte, d. GFM Hans Adam von Schöning (1641–1696) *, d. von d. Großmutter Johanna Margarethe Luise, geb. Freiin von Poellnitz (1641–1698), geerbten Güter Groß u. Klein Cammin im Krs. Landsberg für 49/m T., dazu kamen noch ein Haus in Berlin für 16/m T., Kapitalforderungen u. Mobilien;

Quellen: GStA, I. HA, Rep. 22, Nr. 376, Paket 8 832 (Vermögen d. Witwe); Stabi, Ms. boruss. fol. 315, Bl. 32 RS, Bl. 159; Ms. geneal. fol. 120, Bl. 213; König, 4. T., S. 267–269 (Vater u. Sohn); Jb. Neumark, 1926, S. 76; 1927, S. 61, S. 182, S. 184; Priesdorff, Nr. 46 (H. A. v. Schöning); Nr. 98 (Vater), Nr. 278;

hess. Major **Carl Adam Albrecht von Wreech** (* 1728, † nach 1784)

Vater: Adam Friedrich (1689–1746), Gl, s. d.; **Mutter**: Eleonore Louise, geb. von Schöning (1708–1784); **Bruder**: Bernhard Jacob (* 1735, † 6. Sep. 1759), seit 1749 im Militär, 1756 Gefr.corp. im I-R Nr. 37, als Sl an bei Kunersdorf erlittenen Blessuren gest.; **Bruder**: Friedrich Wilhelm Theodor (1733–1785), 1774 kgl. Kammerherr, Hofmarschall bei Prinz Heinrich, 1766 zs. mit L. A. als Erbherr auf Groß und Klein Cammin im Krs. Landsberg, 1774 als alleiniger Besitzer gen.; **Bruder**: Ludwig Alexander (1736–1795), Kammerherr, Domherr zu Magdeburg, Kanonikus d. Moritz-Stifts in Halberstadt, Okt. 1786 preuß. Graf, Erbherr auf Tamsel u. Warnick, auf Groß u. Klein Cammin; **Bruder**: Johann Otto Ferdinand (1745–1766); **Laufbahn**: seit 1746 im Militär, stand 1754 als Ltnt. im K-R Nr. 3, 1760, 1761 Brigade-Major bei Prinz Heinrich, Mai 1761 abgegangen, stand 1772, 1774 als Major in hessen-kasselschen (bzw. hessen-nassauischen) Diensten, soll damals Aktiva von 6 232 u. Passiva von 7 470 T. gehabt haben; **Güter**: 1767 zs. mit seinen Brüdern F. W. T. u. L. A. auf Silberberg im Krs. Arnswalde gen.;

Quellen: GStA, I. HA, Rep. 22, Nr. 376, Paket 8 832; IV. HA, Rep. 1, Nr. 93, Bl. 338 (kz. Notizen für Vater u. Söhne); Stabi, Ms. boruss. fol. 313, Bl. 111 (C. A. A.); fol. 316, Bl. 107 u. Abgangsliste (Bruder B. J.); Ms. geneal. fol. 120, Bl. 232, Bl. 251; Jb. Neumark, 11/1936, S. 62, S. 84; Priesdorff, Nr. 278 (Vater); Tb. Uradel, 1939, S. 648–649;

Ltnt. **Balthasar Friedrich Rudolph von Wulffen** (* 20. Okt. 1749, † 9. Dez. 1815)

Vater: Adolph Friedrich (1707–1753), stand 15 Jahre im preuß. Militärdienst, Ltnt., 1745 Erbherr auf ½ Griesel im Krs. Crossen, hatte damals zwei Söhne im Alter von einem Jahr und von drei Monaten; **Mutter**: Isolde Barbara Johanne, geb. von Schenckendorff (1723–1795; **Vater-Bruder**: George Ludolph (1719–1792) *, GM, Sohn: George Friedrich Ludolph Ferd. (1775–1827), Rittmstr., s. d.; **Bruder**: Carl Adolph (* 1744, † 13. Mai 1778), 1774 Ltnt. im I-R Nr. 9, 1778 Suizid; **Bruder**: Philipp Wilhelm Heinrich (* 1745, † 6. Juli 1781), seit 1763 im Militär, 1764 Gefr.corp. im Garn.-Bat. Nr. 9, Sep. 1773 Sl im I-R Nr. 48, 1781 als Ltnt. gest.; **Bruder**: Johann Rudolph (1750–1774), *cadet* in Berlin; **Laufbahn**: seit 1765 im Militär, Juli 1769 Fähnrich im I-R Nr. 35, im Mrz. 1779 als Ltnt. abgegangen; **Güter**: erwarb im Mai 1792 bzw. 1797 Lippen im Krs. Crossen für 26/m T., noch 1805 auf d. Gut gen., verkaufte 1803 sein sächs. Gut Friedersdorf, außerdem Erbherr auf Reichenau im Krs. Sagan, hatte hier seinen Wohnsitz; in erster **Ehe** verheiratet mit Margarete Helene Gottliebe Luck von Boguslawic (1734–1792);

Quellen: GStA, I. HA, Rep. 22, Nr. 383; II. HA, Abt. 12, Materien, Vas.tab. Nr. 6, Bl. 30 RS-31; IV. HA, Rep. 1, Nr. 93, Bl. 363 (kz. Notizen); Stabi, Ms. boruss. fol. 311, Bl. 371 RS, Bl. 375 RS; fol. 312, Bl. 123 RS, Bl. 128 RS (je P. W.); fol. 315, Bl. 88 (P. W.); Ms. geneal. fol. 120, Bl. 219, Bl. 243 RS-244 (1774 werden vier Brüder gen.); Bratring, 3. Bd., S. 315; Taeglichsbeck, S. 269; Jb. dt. Adel, 3. Bd., S. 868–869 (hier nur B. F. R.); Tb. Uradel, 1900, S. 906; Jb. Neumark, 11/1936, S. 81; Priesdorff, Nr. 609 (Onkel);

Rittmstr. **George Friedrich Ludolph Ferdinand von Wulffen** (* 2. Mai 1775, † 18. Mai 1827)

Vater: George Ludolph (1719–1792) *, Jan. 1739 Cornet im K-R Nr. 7, Mai 1742 Ltnt., Juni 1752 Stabs-Rittmstr., Juni 1755 Rittmstr. u. Chef e. Escadron, Nov. 1757 Major, Nov. 1758 Kommandeur d. K-R Nr. 7, Aug. 1767 Ol, Juni 1769 Obrist, Sep. 1772 Chef d. D-R Nr. 4, Juni 1774 GM, Sep. 1782 dim., 1779 u. 1783 als Erbherr auf Büssow im Krs. Friedeberg gen.; **Mutter**: Johanna Beate Charlotte, geb. von der Marwitz (1754–1805), in erster Ehe verheiratet gewesen mit d. Major Hans Christoph von Uthmann († vor 1773), s. d., Erbherr auf d. Ritter- bzw. Freigut Fürstenfelde im Krs. Königsberg im Wert von 15/m T., sie erbte von diesem d. Gut u. e. Kapital von 4/m T., dazu kam e. mütterl. Vermögen von 457 T, bekam als verwitw. Majorin von Uthmann u. verh. Obristin von Wulffen im Febr. 1773 d. *venia aetatis*; sie erhielt im April 1780 zs. mit ihrem Mann d. Erlaubnis, d. Freigut in Fürstenfelde an e. Bürgerlichen zu verkaufen, d. Gut lag in Gemeinschaft mit d. Äckern u. Wiesen der Bürger in Fürstenfelde u. soll daher nur schwer zu verkaufen gewesen sein, zu d. Gut gehörten keine Untertanen, sondern nur Äcker, Wohnhaus u. Garten; **Großvater**: Curt Ludolph (1681–1726), Cap. im I-R Nr. 9, Erbherr auf Stubbenhagen im Krs. Sternberg; **Bruder**: Wilhelm August (* 1782, † 22. Nov. 1841), April 1799 Cornet im K-R Nr. 13, April 1801 Sl, erhielt im Okt. 1802 d. *venia aetatis*, besaß e. Vermögen von 6 bis 8/m T., Mai 1807 Pl, Mai 1808 Stabs-Rittmstr., Okt. 1810 Rittmstr., Nov. 1812 Major, Mrz. 1814 Kommandeur d. 1. Westf. Landwehr-Kav.-Reg., Okt. 1815 Ol, Mrz. 1819 Obrist, Mrz. 1831 GM, Mrz. 1834 dim.; **Laufbahn**: Mrz. 1794 Cornet im K-R Nr. 13, Mrz. 1798 Sl, April 1801 Pl, Nov. 1801 dim., Sep. 1806 aggr. Stabs-Rittmstr. im D-R Nr. 1; **Güter**: 1801 u. 1803 zs. mit d. Mutter u. seinen Geschwistern als Erbherr auf Büssow im Krs. Friedeberg im Wert von 57/m T. gen., 1803 zs. mit Pertinenzien für 170/m T. verkauft;

Quellen: GStA, I. HA, Rep. 22, Nr. 383, Paket 8 845; II. HA, Abt. 12, Materien, Vas.tab. Nr. 6, Bl. 84 RS-85; IV. HA, Rep. 1, Nr. 93, Bl. 364 (Vater u. Söhne); Stabi, Ms. geneal. fol. 120, Bl. 247 RS; Gesch. K-R Nr. 13, S. 308–309, S. 312–313; Jb. Neumark, 11/1936, S. 69; Priesdorff, Nr. 609 (Vater), Nr. 1460 (W. A.);

Major **Friedrich Wilhelm von Wurmb** (* 14. Juni 1744, † 15. Sep. 1827)

Vater: George Wilhelm (1716–1791), Erbherr auf Unterlosa im sächs. Vogtland; (F. W. aus Ostfriesland gebürtig); **Mutter**: Wilhelmine Sophie, geb. von Donop (1712–1763); **Laufbahn**: seit 1764 im Militär, 1775 u. Juni 1787 als Ltnt. im K-R Nr. 5 gen., Nov. 1787 Stabs-Rittmstr., Juli 1795 Rittmstr., Mrz. 1798 Major, Okt. 1800 Chef e. Escadron im K-R Nr. 5, Sep. 1813 pens.; erste **Ehefrau**: Friederike Wilhelmine Sophie Abigail, geb. von Borcke (1770–1796); **Sohn**: Ludwig George Wilhelm (1788–1855), im Jahr 1800 als Junker ins K-R Nr. 5, Aug. 1803 Cornet, Jan. 1806 Sl, Mrz. 1743 GM; **Güter**: seit Juni 1796 Erbherr auf Petznick im Krs. Dramburg im Wert von 35 700 T., 1804 für 52/m T. an Carl Ernst Rudolph Heinrich von Sydow verkauft (bzw. noch 1809 hier gen.), Erbherr auf Unterlosa;

Quellen: GStA, II. HA, Abt. 12, Materien, Vas.tab. Nr. 6, Bl. 73 RS-74; IV. HA, Rep. 1, Nr. 93, Bl. 376

(als Fr.); Stabi, Ms. boruss. fol. 311, Bl. 131 RS, Bl. 139 (je als Fr., aus Ostfriesland); Bratring, 3. Bd., S. 240 (1809 hier noch von Wurmb gen.); Zedlitz, 4. Bd., S. 358; Jb. dt. Adel, 3. Bd., S. 909 (danach gest. 5. Sep. 1827, kein Hinweis auf d. Militärdienst); Jb. Neumark, 11/1936; S. 67; Priesdorff, Nr. 1693 (Sohn, d. Vater hier als Friedrich Christian, d. Mutter als Sophie Friederike);

Obrist **Hunert von Wuthenow** (* 1696)

Vater: Humbert, 1715 als Erbherr auf Anteil Spechtsdorf im Krs. Arnswalde gen., hatte damals zwei Söhne: Adam Friedrich u. Hunert (bzw. Humbert); **Laufbahn**: seit 1711 im Militär, 1728 Ltnt., 1738 Stabs-Cap., Jan. 1745 Major, noch 1749 als solcher im I-R Nr. 4, 1757 hier nicht mehr aufgeführt, Jan. 1761 als Obrist u. Kommandant von Pillau dim.;

Quellen: GStA, IV. HA, Rep. 1, Nr. 93, Bl. 383 (kz. Notiz, als Obrist dim.); Stabi, Ms. boruss. fol. 313, Bl. 31, Bl. 34 RS, Bl. 35 RS; Jb. Neumark 1927, S. 181 (hier als Humbert?);

Cap. **Alexander Leopold von Zabeltitz** (* 1723)

Vater: Hans (1680–1760), 1713 als Erbherr auf Anteil Topper u. Vorwerk Sorge im Krs. Crossen gen., wohnte in Eichow im Krs. Cottbus, hatte damals zwei Söhne, von denen d. jüngere als Fähnrich diente, 1745 Erbherr auf Selchow im Krs. Sternberg, hatte 1751 hier seinen Wohnsitz, 1751 auch auf Topper u. ¼ Spiegelberg, jetzt wurden drei Söhne erwähnt; **Mutter**: Anna Sophia, geb. von der Marwitz (* 1692); **Bruder**: Hans Carl (* 1731), seit 1749 im Militär, 1756 Cornet im D-R Nr. 11, zuletzt Ltnt., Jan. 1758 dim. (erhielt später d. Charakter Cap.), verheiratet mit Sophie Henriette, geb. von Reinsberg (1733–1799), seine beiden Söhne Carl Leopold (1778–1858) u. Johann Wilhelm (* 1781) nahmen keine Dienste, 1801 als Erbherr auf Anteil Topper im Krs. Crossen im Wert von 8/m T. aufgeführt; **Bruder**: Hans Ehrentreich (* 1733), engagierte sich in keinen Diensten, 1801 Erbherr auf Selchow im Krs. Sternberg, im Aug. 1760 für 28/m T. angenommen; **Bruder**: Carl Wilhelm (* 1735), 1801 auf Anteil Spiegelberg gen., hatte seinen Wohnsitz in Topper; **Laufbahn**: trat 1737 in d. Militärdienst ein, Mai 1744 Sl im Garn.-Bat. Nr. 4, Jan. 1751 mit d. Charakter Cap. dim.;

Quellen: GStA, II. HA, Abt. 12, Materien, Vas.tab. Nr. 6, Bl. 34 RS-35 (d. Fam. auch als Zobeltitz), Bl. 133 RS-134; IV. HA, Rep. 1, Nr. 94, Bl. 3 (kz. Notizen); Stabi, Ms. boruss. fol. 312, Bl. 191; fol. 313, Bl. 140 (1756 als Christoph Wilh., nur in dieser Liste); Ms. geneal. fol. 120, Bl. 222, Bl. 244 (H. C. 1798 als Cap. bez.); Jb. dt. Adel, 3. Bd., S. 924, S. 929 (hier nur d. Brüder A. L. u. C. W., dessen Sohn als Ernst Leopold Emanuel); Jb. Neumark, 1928, S. 94; Jb. Neumark, 11/1936, S. 82–83, S. 97;

Cap. **Carl Friedrich von Zabeltitz** (* 26. Sep. 1754, † Dez. 1819) *

aus d. Neumark gebürtig; **Laufbahn**: 1781 als Fähnrich gen., lag damals im Streit mit seinem Kurator, d. von Gladis auf Seedorf, Okt. 1782 Sl im Garn.-Reg. Nr. 5, 1788 beim Depot-Bat. d. I-R Nr. 5, Jan. 1792 Pl, Juli 1800 Stabs-Cap., Jan. 1804 Cap. u. Chef e. Comp., Juni 1813 beim 4. Kurmärk. Landwehr-I-R, April 1816 pens.;

Quellen: GStA, I. HA, Rep. 22, Nr. 385; IV. HA, Rep. 1, Nr. 94, Bl. 3;

Cornet **David Friedrich von Zabeltitz** (* 1716) *

aus d. Krs. Crossen gebürtig; **Laufbahn**: seit 1731 im Militär, stand im Dez. 1740 als Cornet im D-R Nr. 3, vor 1742, 1743 abgegangen;

Quellen: Stabi, Ms. boruss. fol. 313, Bl. 10; Gesch. D-R Nr. 3, S. 64;

Ltnt. **Friedrich Egidius Leopold von Zabeltitz** (* 9. Mrz. 1762, † 25. Mai 1841)

Vater: Christian Erdmann (* 1730, † vor 1786); **Mutter**: Benigna Tugendreich, geb. von Zschertwitz († 1795); **Laufbahn**: seit 1777 im Militär, Juni 1784 Fähnrich im I-R Nr. 26, Dez. 1784 Sl, Mrz. 1795 Pl, Mrz. 1796 dim.; **Güter**: saß seit 1792 auf allen Anteilen von Eichow im Krs. Cottbus im Wert von 29 600 T., noch 1805 u. 1809 hier gen.; in zweiter **Ehe** seit 1797 verheiratet mit Caroline Christiane Friederike, geb. von Langen (1780–1862);

Quellen: GStA, II. HA, Abt. 12, Materien, Vas.tab. Nr. 6, Bl. 45 RS-46; IV. HA, Rep. 1, Nr. 94, Bl. 3; BLHA, Rep. 3, Nr. 11 925; Stabi, Ms. boruss. fol. 314, Bl. 13 RS, Bl. 24 RS; Ms. geneal. fol. 120, Bl. 239; Bratring, 3. Bd., S. 345; Jb. dt. Adel, 3. Bd., S. 930; Krüger, Cottbus, S. 9–10;

Cap. **Hans Wilhelm Leopold von Zabeltitz** (* 1755, † 3. Okt. 1835) *

Vater: Johann Ernst (* 5. Mrz. 1727, † 17. Mai 1791) *, aus Illmersdorf im Krs. Cottbus gebürtig, Juni 1748 Cornet im D-R Nr. 3, Aug. 1751 Sl, Dez. 1758 Stabs-Rittmstr., Mai 1771 Major, Febr. 1776 Kommandeur d. D-R Nr. 3, Okt. 1778 Orden p. l. m., Mai 1782 Ol, Sep. 1784 Obrist, Aug. 1790 GM, Sep. 1790 Chef d. D-R Nr. 7, seit 1776 Erbherr auf Anteil, seit 1780 auf ganz Eichow im Krs. Cottbus, seit 1769 auch auf Komptendorf, erworben aus d. Konkurs für 10 260 T., 1780 verkauft; unverheiratet gest.; **Großvater**: Egidius Leonhard (1686–1776), 1715 als Erbherr auf ½ Eichow im Krs. Cottbus u. Topper in Crossen gen., lag 1722 im Streit mit George von Stuart, der d. zweite Hälfte von Eichow besaß; **Laufbahn**: Febr. 1776 Cornet im H-R Nr. 6, Nov. 1778 Sl, Febr. 1792 dim., erhielt später d. Charakter Cap.; **Ehefrau**: Johanne Louise Charlotte, geb. von Kortzfleisch (1768–1850); **Güter**: H. W. L. als natürl. Sohn wurde legitimiert, aber nicht lehnsfähig, trat daher d. geerbten Anteil Eichow 1792 seinem Vetter Friedrich Egidius Leopold ab, s. d., dem bereits d. andere Anteil von Eichow 1791 zugefallen war, Erbherr auf Pokraken bei Tilsit in Preußen; **Sohn**: Carl Friedrich Leopold (1783–1867), Landrat;

Quellen: GStA, I. HA, Rep. 22, Nr. 385; IV. HA, Rep. 1, Nr. 94, Bl. 3 (Vater u. Sohn); Stabi, Ms. boruss. fol. 313, Bl. 11, Bl. 12, Bl. 13 (je d. Vater); Ms. geneal. fol. 120, Bl. 239 (d. Vater hier 1774 als Erbherr auf Eichow gen.); Gesch. D-R Nr. 3, S. 101, S. 198, S. 210, S. 415 (je d. Vater); König, 4. T., S. 295–296 (Vater, geb. 1729, als dessen Vater hier: Carl Sigismund auf Niedewitz, gest. 1739); Jb. dt. Adel, 3. Bd., S. 929; Jb. Neumark, 1928, S. 164; Krüger, Cottbus, S. 9; Priesdorff, Nr. 822 (Vater, als von Zobeltitz);

Major **Johann von Zabeltitz** (* 1714, † 25. Febr. 1782)

Vater: Hans Friedrich (bzw. Carl Sigismund († 1739), nahm keine Dienste), Erbherr auf Niedewitz bei Schwiebus; **Mutter**: Ursula, geb. von Loeben; **Schwester**: Dorothea Elisabeth (* 1709), verheiratet mit d. Stabs-Cap. George Wilhelm von Stein († 1758) vom Berliner

Garn.-Reg., sie stand 1782 als Witwe auf d. Expectantenliste für e. neumärkische Pension, besaß damals e. Vermögen von wenigen hundert Talern, das sich im Konkurs befand, deshalb gingen keine Zinsen ein, ihre Lebensumstände galten daher als dürftig, sie hielt sich 1782 in Crossen bei d. Bruder auf; **Laufbahn**: 1730 zu d. *cadets*, 1733 ins D-R Nr. 7, Dez. 1738 Cornet, Mai 1739 ins D-R Nr. 5, Okt. 1741 Sl, Mai 1751 Pl, Mrz. 1758 Stabs-Rittmstr., Nov. 1760 Rittmstr. u. Chef e. Escadron, bei Torgau verwundet u. gefangen, Okt. 1765 Major, 1771 auf Werbung nach Frankfurt am Main, Juli 1772 mit 250 T. Pension dim., ging auf sein Gut Niedewitz (später verkauft); **Ehefrau**: Ursula Sophie, geb. von Bornstedt; J. hatte 1782 seinen Wohnsitz in Crossen, benötigte wegen Armut seine Pension von 250 T. für d. eigenen Unterhalt, konnte daher seine Schwester nicht unterstützen, noch 1782 in Crossen gest.;

Quellen: GStA, II. HA, Abt. 13 a, Tit. III, Generalia, Nr. 2, Bd. 10, Bl. 46 RS-47; IV. HA, Rep. 1, Nr. 94, Bl. 3 (kz. Notiz); Stabi, Ms. boruss. fol. 313, Bl. 47, Bl. 48 RS, Bl. 50 RS (je aus Schlesien geb.); Albedyll, Anhang, S. 67 * (als von Zobeltitz, d. Vater hieß danach H. F.);

Obrist **Joachim Christian von Zadow**
(* 1710, † 28. Okt. 1786 bzw. 3. Jan. 1794)

Vater: Reimar Wedigo († Mrz. 1716), 1715 Erbherr auf Zadow im Krs. Dramburg, auf Anteil Spechtsdorf im Krs. Arnswalde, hatte damals vier Söhne: Moritz Philipp, Ernst Friedrich (* 1690), Ltnt., 1745 auf Anteil Spechtsdorf, Joachim Christian, Reimar Bernd, dazu vier Töchter, 1718 saß seine Witwe u. zweite Frau, e. geb. von Kleist, auf d. Gut; **Bruder**: Reimar Bernd (* 1713), Ltnt., siehe bei dessen Sohn Joachim Lebrecht, Ltnt.; **Laufbahn**: seit 1725 im Militär, 1740 Corp. im I-R Nr. 28, Mai 1745 Sl, Juli 1756 Pl, Febr. 1761 Cap. u. Chef e. Comp., Juni 1769 Major, 1771 ins I-R Nr. 49 versetzt, 1775 hier als Major u. Chef e. Comp. gen., als Major u. Kommandant nach Spandau versetzt, (April 1788 als Obrist mit 600 T. Pension dim.); **Tochter**: Anna Elisabeth;

Quellen: GStA, IV. HA, Rep. 1, Nr. 94, Bl. 15 (Major J. C. in Spandau, 1788 dim.); Stabi, Ms. boruss. fol. 314, Bl. 68 RS (1764 als Joachim Chr.), Bl. 69 (als Joachim Chr.), Bl. 70 (George Chr.), Bl. 75, Bl. 166; Ms. geneal. fol. 120, Bl. 224 (E. F., 1745 gen.), Bl. 236 RS; Jb. Neumark, 1927, S. 140, S. 181; Tb. Uradel, 1924, S. 821, S. 823 (J. C. evt. † 3. Jan. 1794);

Ltnt. **Joachim Lebrecht von Zadow**
(* 22. Okt. 1768, † 13. Nov. 1849)

Vater: Reimar Bernd (* 1713), seit 1734 im Militär, seit 1742 im D-R Nr. 6, 1749 hier als Ltnt. gelistet, zuletzt Sl, Juni 1753 (mit d. Charakter Cap.) dim., Erbherr auf Anteil Spechtsdorf im Krs. Arnswalde, 1767 im Wert von 4/m T., darauf Schulden von 4 135 T., erhielt 1777 Meliorationsgelder in Höhe von 6 250 T., ging drei Ehen ein; **Mutter**: Marie Eleonore, geb. von der Osten (1731–1772); **Vater-Brüder**: Moritz Philipp (1683–1754), Uffz., auf Spechtsdorf; Ernst Friedrich (1690–1754), Ltnt., Sohn George Friedrich (1734–1768), Ltnt., Joachim Christian (* 1710, † 1786, 1794), Obrist, s. d.; **Bruder**: August Friedrich Reimar (1773–1808) *, Dez. 1793 Fähnrich im I-R Nr. 26, Sep. 1796 Sl, Febr. 1797 dim., erwarb im Juni 1800 Alt Wuhrow im Krs. Dramburg für 36 200 T., noch 1805 u. 1809 auf d. Gut gen.; **Laufbahn**: Mai 1776 *cadet* in Stolp, Mai 1782 *cadet* in

Berlin, Juni 1787 Fähnrich im I-R Nr. 12, Mrz. 1790 Sl, 1792 zum Depot-Bat. d. Reg., Juni 1792 dim., Juni 1813 Cap. im 2. Pomm. Landwehr-I-R, Juli 1816 dim., Mai 1818 zum 1. Kösliner Landwehr-Reg., Mai 1823 dim.; **Ehefrau**: Friederike Sophie Juliane, geb. von Borcke (* 1770); **Güter**: 1801 u. 1803 Erbherr auf Spechtsdorf im Krs. Arnswalde, 1806 verkauft (bzw. noch 1809 hier gen.);

Quellen: GStA, II. HA, Abt. 12, Materien, Vas.tab. Nr. 6, Bl. 15 RS-16, Bl. 76 RS-77; IV. HA, Rep. 1, Nr. 94, Bl. 15 (Vater u. Söhne, Onkel); Stabi, Ms. boruss. fol. 311, Bl. 83 (Vater, hier als Reimar); Bratring, 3. Bd., S. 244; Orlop, Anlage, S. 134 * (Vater); Stolper Kadetten, S. 9; Tb. Uradel, 1924, S. 821–823 (hier als Lebrecht Joachim, d. Vater als Reimer Bernd); Moegelin, S. 63 (1767 d. Ltnt. George Friedrich auf Spechtsdorf gen.), S. 262; Jb. Neumark, 11/1936, S. 62 (Spechtsdorf 1806 verkauft); Pommern, S. 743 (Biogramm d. Bruders A. F. R.);

Landrat **Friedrich George von Zanthier** (1700–1769) *

Vater: Jobst Heinrich († vor 1728), Oberforstmstr., Erbherr auf Wormsfelde im Krs. Landsberg, auf Buslar B im Krs. Pyritz; **Mutter**: Ursula Sophia, geb. von Rochow, sie saß 1728 auf Wormsfelde, hatte vier Söhne, 1738 kaufte Markgraf Heinrich von Schwedt Wormsfelde für 56 330 T.; **Bruder**: Casimir Christian (* um 1700, † Dez. 1745), seit 1719 im Militär, Okt. 1719 Cornet im K-R Nr. 6, Febr. 1726 Ltnt., Sep. 1736 Rittmstr. u. Chef e. Escadron im K-R Nr. 6, als solcher noch im Juni 1740 gen., 1745 bei Kesselsdorf gefallen; **Bruder**: Jobst Heinrich (* 1703) *, seit 1720 im Militär, Febr. 1724 Cornet im K-R Nr. 6, Aug. 1729 Ltnt., 1740 als Ltnt. abgegangen; **Bruder**: Ludolph Ernst (* 1702), 1728 Fähnrich im Garn.-Bat. Nr. 1; **Laufbahn**: amtierte nach 1744 als Landrat im neumärk. Krs. Landsberg, von 1746 bis 1758 Erbherr auf d. väterl. Anteil Buslar B, 1767 auf Sadelberg im Krs. Dramburg im Wert von 14 050 T., d. Schulden betrugen 19 300 T.; seine **Witwe** Philippine Dorothea, geb. von Burgsdorff, bekam 1776 für Meliorationen auf Sadelberg 3 488 T.;

Quellen: GStA, I. HA, Rep. 30, Nr. 43, Paket 9 232; Stabi, Ms. boruss. fol. 315, Bl. 6–6 RS (beide aus Pomm. gebürtig); Ms. geneal. fol. 120, Bl. 232; Monteton, S. 79 (Bruder J. H., C. C. hier nicht); Moegelin, S. 64, S. 261; Jb. Neumark, 11/1936, S. 86; biogr. Handbuch, S. 1134 (F. G.); Pommern, S. 744–745 (Biogramm d. Bruders J. H.);

Cap. **Peter Lorenz (seit Mai 1764: von) Zastrow** (* 1754)

Vater: Rüdiger Anshelm (1707–1757) *, Cap. im I-R Nr. 23; **Mutter**: Christiana, geb. Bielcke; **Bruder**: Carl Christian (1743–1810), stand 1801 als Major im I-R Nr. 24; **Bruder**: Erdmann Friedrich, (1747–1821) *, 1801 Major im I-R Nr. 50; **Laufbahn**: 1767 bis 1769 *cadet*, stand 1776 u. 1778 als Fähnrich im I-R Nr. 23, Juni 1782 Ltnt., Sep. 1787 Cap., 1800 Abschied; **Ehefrau**: Auguste Sophie Amalie (1763–1816), e. To. d. Landrates Hans Friedrich von Winning; **Güter**: seine Frau saß 1801 auf Reichenwalde im Krs. Sternberg im Wert von 20/m T., das sie von ihren Eltern bekommen hatte, das Gut wurde von ihr 1805 für 65 300 T. verkauft;

Quellen: GStA, II. HA, Abt. 12, Materien, Vas.tab. Nr. 6, Bl. 132 RS-133; IV. HA, Rep. 1, Nr. 94, Bl. 33–34; Tb. Uradel, 1910, S. 878 (danach hieß d. Vater Anselm Rüdiger); Jb. Neumark, 11/1936, S. 97;

Pommern, S. 749 (Biogramm d. Bruders E. F.), S. 754 (Vater);

Cap. **Johann Rudolph Ferdinand von Zawadzky** (* 31. Aug. 1771, † 24. Sep. 1834)

Vater: Carl Joseph (1727–1774), sächs. Cap., Erbherr auf Polanke, Kornowatz im schles. Krs. Ratibor, auf Lippen im Krs. Crossen, 1767 im Wert von 14 213 T., darauf Schulden von 11 685 T., 1777 wurden für Lippen Meliorationsgelder in Höhe von 5 080 T. angewiesen; **Mutter**: Johanna Eleonore, geb. von Dallwitz (1752–1819); **Vater-Bruder**: Rudolph Erdmann (* um 1732, † 28. Sep. 1773), aus Oberschlesien gebürtig, seit 1746 im Militär, stand 1750 als Junker, 1763 als Rittmstr. u. Chef e. Escadron im H-R Nr. 3, als solcher 1773 gest.; **Vater-Bruder**: Ferdinand Jacob (* 1752), 1774 als Erbherr auf Gardawitz im oberschlesischen Krs. Pleß gen.; Stief-**Bruder**: Carl Heinrich Joseph (1758–1820) *, 1774 Junker im D-R Nr. 11, Dez. 1776 Cornet im K-R Nr. 13, Juni 1787 Ltnt., Juli 1798 Rittmstr. u. Chef e. Escadron, Okt. 1798 Major, Sep. 1806 Kommandeur d. K-R 13, Mai 1807 Ol, Mai 1809 Obrist, Febr. 1810 Abschied als GM; **Laufbahn**: seit 1785 im Militär, April 1788 Fähnrich, Okt. 1790 Sl im 2. Bat. Garde, Febr. 1798 Pl, Mai 1800 mit d. Charakter Cap. dim.; **Ehefrau**: Henriette Christiane Luise, geb. Freiin von Blomberg (1777–1836); **Güter**: erwarb im Nov. 1799 d. preuß. Anteil d. Gutes Gahry im Krs. Cottbus für 10 775 T., auch Besitzer d. sächsischen Anteils für 10 775 T., noch 1805 u. 1809 hier gen.;

Quellen: GStA, II. HA, Abt. 12, Materien, Vas.tab. Nr. 6, Bl. 39 RS-40 (J. R. F., C. H. J. als unangesess. Vasall im Krs. Crossen bez.), Bl. 46 RS-47 (J. R. F. als Vasall im Krs. Cottbus); Nr. 8, Bl. 32 RS-33; IV. HA, Rep. 1, Nr. 94, Bl. 40 (J. R. F., Onkel R. E., Bruder C. H. J.); Stabi, Ms. boruss. fol. 314, Bl. 332 (Onkel); Ms. geneal. fol. 120, Bl. 243; Bratring, 3. Bd., S. 346; Reinhard, S. 538, S. 556 (je J. R. F.); Tb. Briefadel, 1930, S. 857–858; Moegelin, S. 67, S. 263; Krüger, Cottbus, S. 11–12; Priesdorff, Nr. 1168 (Bruder);

GM **Johann Christian Wilhelm von Zieten** (* 7. April 1706, † 18. April 1778) *

Vater: Caspar Siegmund († 1718), dän. Fähnrich, Erbherr auf Metzelthin u. Langen; J. C. W. aus Metzelthin in d. Gfsch. Ruppin gebürtig; **Mutter**: Catharina Maria, geb. von Zieten; **Bruder**: Hans Siegmund (1704–1758) *, Mai 1727 Cornet im K-R Nr. 7, Juni 1736 Ltnt., Juli 1741 Rittmstr. u. Chef e. Escadron im K-R Nr. 5, Sep. 1750 Major, Dez. 1757 GM, 1758 bei Zorndorf gefallen; **Laufbahn**: Mai 1717 *cadet* in Berlin, Juni 1724 Fähnrich im I-R Nr. 13, Nov. 1729 Sl, Mai 1735 Pl, Juni 1740 Stabs-Cap., Mai 1741 Cap. u. Chef e. Comp. im I-R Nr. 37, für Hohenfriedberg Orden p. l. m., Okt. 1745 Major, Sep. 1753 Kommandeur d. I-R Nr. 27, Mai 1756 Ol, Mai 1757 Obrist, Dez. 1758 GM, Febr. 1760 Chef d. I-R Nr. 43, Juni 1767 mit 2/m T. Pension dim., in Züllichau 1778 gest.; **Güter**: 1745 u. 1767 Erbherr auf Langmeil im Krs. Züllichau im Wert von 36/m T., 1747 wurden d. Schulden mit 28 840 T. angegeben, 1771 für 37 800 T. verkauft; **Ehefrau**: Beate, geb. Albrecht, sie erbte zs. mit ihrem Bruder, d. Ltnt. Wilhelm Albrecht († vor 1748), Langmeil vom Pfandbesitzer Michael Felsch; Beate geriet nach d. Tod d. Bruders mit ihrer verwitw. Schwägerin in e. langwierigen Streit über d. Erbe;

Quellen: GStA, I. HA, Rep. 22, Nr. 388 c, Paket 8 850; IV. HA, Rep. 1, Nr. 94, Bl. 120; Stabi, Ms. boruss. fol. 316, Bl. 94, Bl. 105, Bl. 107; Ms. geneal. fol. 120, Bl. 218; Jb. Neumark, 11/1936, S. 100 (hier kein Rang für J. C. W.); Priesdorff, Nr. 469 (Bruder H. S.), Nr. 497;

Major **Ernst Sigismund von Zimmermann** (* 12. Mrz. 1744, † 12. April 1814)

Vater: George Rudolph (1710–1777), Erbherr auf Löwenberg (bzw. Pahlowitz) bei Liegnitz; **Mutter**: Helene Eleonore verwitw. von Pein, geb. von Schreibersdorff (1705–1745); **Laufbahn**: seit 1761 im Militär, stand 1764 als Fähnrich, 1774 als Sl, seit Dez. 1784 als Stabs-Cap. im I-R Nr. 24, Mai 1792 Cap. u. Chef e. Comp. (im April 1794 auf Wunsch Abschied als Major mit 300 T. Pension bzw.) April 1795 Major, dann Chef d. Invaliden-Comp. d. I-R Nr. 39, 1797 dim., nahm seinen Wohnsitz in Langmeil; **Güter**: erwarb im Febr. 1792 d. Gut Langmeil im Krs. Züllichau für 55 250 T., hier noch 1801 u. 1805 gen.; **Ehefrau**: Friederike Luise Tugendreich, geb. von Kalckreuth (1753–1840); **Sohn**: Johann Ernst Wilhelm (1792–1867), nach 1815 Rittmstr.;

Quellen: GStA, II. HA, Abt. 12, Materien, Vas.tab. Nr. 6, Bl. 164 (hier 1801 als vorm. Major gen.); IV. HA, Rep. 1, Nr. 94, Bl. 129 (gest. 1810); BLHA, Rep. 3, Nr. 11 925; Stabi, Ms. boruss. fol. 316, Bl. 319 RS, Bl. 320, Bl. 321, Bl. 328; fol. 907 a, Bl. 13 RS (vor 1806 abgegangen); Bratring, 3. Bd., S. 332; Tb. Briefadel, 1909, S. 933–934 (gest. 1814); Jb. Neumark, 11/1936, S. 100;

Landrat **Carl Aug. Ludwig Alexander (seit Nov. 1786: von) Zinnow** (* 1770) *

Vater: Carl August (1734–1775), Hofjägermstr. d. Prinzen Heinrich, Erbherr auf Falkenwalde in d. NM (u. Rekane); Stief-Vater: George Adolph Casimir von der Marwitz (* 1750, † 11. Juni 1823), seit 1764 im Militär, 1766 als Cornet gen. (1769 Sl), Mrz. 1783 Pl im H-R Nr. 2, erwirkte e. Adelsbrief vom 6. Nov. 1786 für seine beiden Stiefsöhne, Dez. 1788 Stabs-Rittmstr., Nov. 1792 Chef e. Escadron, Jan. 1793 Major, Aug. 1800 Kommandeur d. 2. Bat., Mai 1803 Ol, Aug. 1804 Kommandeur d. Reg., Mai 1805 Obrist, Sep. 1813 pens.; **Mutter**: Lisette Eva Dorothea, geb. Fiddecke; **Bruder**: August Wilhelm Heinrich, seit 1792 im Reg., Ltnt. im H-R Nr. 2, 1799 auf Wunsch dim., nahm seinen Wohnsitz in Berlin; **Laufbahn**: amtierte von 1798 bis 1801 als Landrat im Krs. Königsberg; **Ehefrau**: Henriette Caroline Albertine, geb. Hauschteck (1775–1831); **Güter**: erwarb im Sep. 1798 d. Güter Falkenwalde u. Gräfendorf im Krs. Königsberg im Wert von 70/m T., ließ sich in Falkenwalde nieder, verkaufte d. Güter 1802 für 130/m T. an Carl August von Bredow; erwarb 1803 Gralow u. Lipke im Krs. Landsberg für 141/m T.;

Quellen: GStA, I. HA, Rep. 7, Nr. 13-1, Litt. Z, Nr. 10; II. HA, Abt. 12, Materien, Vas.tab. Nr. 6, Bl. 95 RS-96; IV. HA, Rep. 1, Nr. 81, Bl. 153 (Stief-Vater); Zedlitz, 4. Bd., S. 376–377; Ardenne, H-R 2, Anlage, S. 418; Jb. Neumark, 11/1936, S. 73; biogr. Handbuch, S. 1 144-1 145 (C.A.L.A.);

Cap. **Magnus Carl Johann von Zülow** (* 1756, † 10. Mai 1820)

M. C. J. aus Mecklenburg gebürtig; **Laufbahn**: seit 1772 im preuß. Militärdienst, stand 1774 als Gefr.corp. im I-R Nr. 24, zuletzt hier Sl, Okt. 1785 dim., erhielt später d. Charakter Cap.; **Güter**: seit Juni 1783 alleiniger Besitzer von Niederklemzig im Krs. Züllichau, hatte zuvor den Anteil d. Ltnt.s Carl Wilhelm Frhr.

von Korff, seines Regimentskameraden, (mit Übernahme d. Schulden) für e. Barzahlung von 3/m T. gekauft, im Mrz. 1789 veräußerte M. C. J. Niederklemzig für 50/m T. an Heinrich XXXIX. Graf von Reuß, darauf neben d. Hypotheken noch Forderungen über 32/m T., die d. Käufer übernahm; (besaß 1805 auch Güter im Krs. Arnswalde); **Ehefrau**: Elisabeth Marie Oelgaard (* 1768), e. To. von Carl Leopold von Zülow (* 1722), herzogl. württemberg. Kammerherr u. Obrist, Erbherr auf Nienhagen;

Quellen: GStA, IV. HA, Rep. 1, Nr. 94, Bl. 174 (kz. Notiz); X. HA, Rep. 37, Trebschen, Nr. 416; Stabi, Ms. boruss. fol. 316, Bl. 320, Bl. 324 RS (1783 dim.?); Tb. Uradel, 1903, S. 985 (hier nur als Ehemann genannt);

Major **Carl Bogislav von Zychlinsky** (1744–1800)

Vater: Alexander Bogislav (* 1711), aus Röhrsdorf bei Fraustadt, seit 1727 im Reg., stand 1730 als Gefr.corp. im I-R Nr. 13, Aug. 1733 Sl, als solcher noch 1740 gen., machte d. erste *Campagne* in Schlesien mit, focht bei Mollwitz u. Glogau, wegen Invalidität 1742 als ältester Pl im I-R Nr. 13 dim.; **Mutter**: Anna Bogumilla, e. geb. von Zychlinska aus d. späteren Südpreußen; **Bruder**: Samuel (* 1743, † 2. Febr. 1827), seit 1760 im Reg., Pl im H-R Nr. 1, Sep. 1785 Stabs-Rittmstr., Juni 1790 auf Wartegeld, (1800 aggr. Rittmstr. im H-R Nr. 2); **Schwestern**, 1800 gen.: Marianne Justine, 48 Jahre, Wilhelmine Florentine, 47, sie baten im Sommer 1800 um e. neumärk. Pension, machten auf d. Militärdienst d. verst. Vaters u. d. jüngst verst. Bruder C. B. aufmerksam, der sie bisher unterstützt hatte, nach seinem Tod sei diese Hilfe weggefallen, sie besaßen kein Vermögen, mit Resolution vom 21. Sep. 1800 wurde ihr Antrag abgewiesen, weil sie aus Südpreußen u. nicht aus d. NM stammten; **Laufbahn**: seit 1760 im Regiment, Aug. 1762 Cornet im D-R Nr. 3, April 1765 Sl, Dez. 1776 Pl, Dez. 1786 Stabs-Rittmstr., Dez. 1790 wegen e. starken Blessur auf Wunsch mit d. Charakter Major dim.; **Ehefrau**: Dorothea Elisabeth Henriette, geb. von der Marwitz (1767–1828), Tochter von George Berend Alexander (1719–1782), in erster Ehe verh. mit David Bernd Friedrich von d. Marwitz, beide wurden 1786 geschieden, sie besaß seit mind. 1787 d. **Güter** Hohen- u. Niederlübbichow sowie Bellinchen im Krs. Königsberg im Wert von 93/m T., nach seinem Tod ging sie 1801 e. dritte Ehe ein mit d. Cap. C. F. E. von Langen, s. d.;

Quellen: GStA, II. HA, Abt. 13 a, Tit. IV, Litt Z, Nr. 2 (Schwestern, lt. ihren Angaben stand d. Bruder im H-R Nr. 2); IV. HA, Rep. 1, Nr. 94, Bl. 91 (hier unter d. Namen Zichlinski); Stabi, Ms. boruss. fol. 311, Bl. 21, Bl. 32, Bl. 36 (je d. Vater, aus Krämersborn in Polen?), Bl. 293 (Samuel); fol. 313, Bl. 11, Bl. 12, Bl. 13 (jeweils Carl, aus Polen gebürtig); Gesch. D-R Nr. 3, S. 198, S. 211, S. 257, S. 415; Diest, Marwitz, S. 31–32; Jb. Neumark, 11/1936, S. 74;

Cap. **Gustav Bernhard Sigismund von Zychlinsky** (* 1743, † 23. April 1809)

Vater: Andreas Bernhard (1711–1759), (seit 1721 im preuß. Militärdienst, 1730 Ltnt. im K-R Nr. 12, später) sächs.-poln. Cap., vor 1745 abgegangen, saß 1745 auf Krämersborn im Krs. Crossen; **Großvater**: Andreas († 1736), poln. Kämmerer, Erbherr auf Röhrsdorf im Krs. Fraustadt, erwarb Krämersborn 1713 von d. Gebr.

von Winterfeld für 16 800 T., 1717 betrugen d. Schulden auf d. Gut 5 600 T. (1714 auf Wormsfelde im Krs. Landsberg); **Bruder**: Friedrich Otto (* 1749), seit 1764 im Militär, 1775 Sl im I-R Nr. 43, Nov. 1785 dim., hatte nach d. Abschied seinen Wohnsitz in Lagow; **Laufbahn**: seit 1758 im Militär, 1764 Sl im I-R Nr. 24, Jan. 1767 auf Wunsch dim., erhielt später d. Charakter Cap., 1801 als neumärk. Ritterschaftsrat gen.; **Güter**: saß 1774 auf d. väterl. Gut Krämersborn, 1767 im Wert von 21 976 T., darauf Schulden von 16 716 T., bekam 1780 Meliorationsgelder in Höhe von 4 350 T., verkaufte d. Gut 1799 für 50/m T., erwarb dafür Treppeln in Crossen im Wert von 34 882 T., 1801 u. 1805 auf d. Gut gen.; **Sohn**: Gustav Gottlob Bogislav (* 1782), 1798 auf Schulen in Frankfurt an d. Oder, 1805 auf d. Univ. in Halle; (**verwandt**: Carl Andreas v. Zychlinsky (* 1745), Mai 1761 Cornet im D-R Nr. 1, Juni 1763 Sl, Sep. 1777 Pl, Nov. 1783 Stabs-Cap., April 1788 wegen in d. holländ. *Campagne* erlittenen Blessuren mit 1/m T. pens., Mai 1788 Charakter Major – wohl identisch mit Carl Andreas (* 1741), Sohn von Peter Ernst (1706–1787): Tb. Briefadel, 1933, S. 594);

Quellen: GStA, II. HA, Abt. 12, Materien, Vas.tab., Nr. 6, Bl. 35 RS-36; IV. HA, Rep. 1, Nr. 94, Bl. 91 (unter Zichlinski); BLHA, Rep. 3, Nr. 11 925; Stabi, Ms. boruss. fol. 311, Bl. 268 (Vater?); fol. 316, Bl. 319 (hier als Joh. Friedrich), Bl. 324; fol. 316, Bl. 202 (Bruder F. O.); Ms. geneal. fol. 120, Bl. 218, Bl. 243 (d. Bruder hier als Fr. Otto); Bratring, 3. Bd., S. 321; Jb. Neumark, 1928, S. 104 (Andreas); Moegelin, S. 67, S. 266 (hier als Zichl.); Tb. Briefadel, 1933, S. 593–594, S. 597 (d. Bruder F. O. hier als ? Fr. Gottlob (1748–1797), Ltnt.); Jb. Neumark, 11/1936, S. 80, S. 83;

2 Verzeichnis der Güter und ihrer Besitzer

Diese Zusammenstellung fußt zu großen Teilen auf der von P. Schwartz erarbeiteten Liste im Jb. Neumark, 11/1936. Ergänzt und korrigiert wurde diese v. a. durch Vornamen und Ränge sowie über Angaben aus der Zeit vor 1767, entnommen aus den einschlägigen Akten, Familiengeschichten, den Arbeiten von P. Schwartz (Klassifikation von 1718), Moegelin und Krüger. Bemerkenswert ist, daß viele der von Schwartz für 1809 gemachten Abgaben hinsichtlich der Besitzer nicht mit den Daten bei Bratring, Bd. 3, übereinstimmen. Auch zahlreiche der genannten Vornamen weichen von denen in den Akten und in der Literatur ab. Ließen sich divergierende Angaben nicht auflösen, wurden diese in Klammern gesetzt.

Adamsdorf, Krs. Soldin, bis 1800 zwei Teile
1715 Gebr. Obrist Wulff Ludwig u. Ol Ernst Friedrich von Sydow/mecklenbg. Ol Bernhard Wilhelm von Waldow
1745 Erben Ol B. W. von Waldow/George Friedrich von Strauss
1772 Christian Friedrich von Waldow, Wert 30/m T. (bzw. 1767: 46 600 T.)/ George Friedrich von Strauss, Wert 9/m T.
1801 Kammerherr Ernst Jacob Frhr. v. Eckhardtstein, bd. Teile, Kauf 152/m
1809 Gebr. von Eckhardtstein bzw. Landrat von Knobelsdorff

Alexandersdorf, Krs. Landsberg – siehe Morrn

Allmosen, Krs. Cottbus – siehe Wintdorf

Allmosen, Krs. Cottbus – siehe Leuthen

Alt Klücken, Anteil, Krs. Arnswalde
1715 Hans Heinrich von Beneckendorff/ Hans George von Billerbeck
1745 Cap. Wilhelm Christoph von Beneckendorff, auf ½ Alt Klücken/Caspar Martin von der Goltz, 1751 auf ½ Alt Klücken
1767 Leopold von Kleist, Wert 17 800 T.
1780 beide Teile, Wert 51 456 T.
1795 George Adolph Wilhelm von Wolff, bd. Teile f. 56/m T.
1803 Obrist Friedrich Wilhelm von Braunschweig, bd. Teile f. 73 400 T.

Alt Klücken, Anteil, Krs. Arnswalde
1767 Franz Friedrich von Braun, Wert ca. 18/m T.
1775 um: Ewald Friedrich von Wedel
1795 George Adolph Wilhelm von Wolff, beide Teile, s. o.

Alt Körtnitz, Krs. Dramburg
1715 u. 1718 Johann Adam von Güntersberg
1735 Amt Balster
1809 Domänenamt Balster

Alt Lobitz, Krs. Dramburg
1715 u. 1718 Johann Adam von Güntersberg
1735 Amt Balster
1809 Domänenamt Balster

https://doi.org/10.1515/9783111320465-003

Alt Stüdnitz, Krs. Dramburg
1715 Obrist Philipp von Borcke
1730 um: Cap. Hans Heinrich von Werther
1745 Witwe Cap. Hans Heinrich von Werther
1767 Rittmstr. Philipp August Wilhelm von Werther, Wert 8/m T.
1796 Gl Philipp August Wilhelm von Werther
1797 Geh. Justizrat Felix Ludwig Zabel von Gentzkow, Kauf 50/m T.
1805 Geh. Justizrat Felix Ludwig Zabel von Gentzkow in Bromberg

Alt Wuhrow, Krs. Dramburg
1715 Gebr. Ewald u. schwed. Major Friedrich Wilhelm von der Goltz
1718 Ewald von der Goltz, Wert 8/m T.
1727 Ol Gotthilf Christian von Kleist
1767 Witwe Ol von Kleist, geb. Erdmuth Lucretia von Kleist, Wert 18/m T.
1772 u. 1784 Gebr. Bogislav Christlieb u. Gotthilf Christian Ernst v. Kleist
1796 Carl Ferdinand Guhse, Kaufpreis 29 100 T.
1800 Ltnt. August Friedrich Reimar von Zadow, Kaufpreis 36 200 T.
1805 Ltnt. August Friedrich Reimar von Zadow

Arensdorf, Krs. Sternberg
1715 Ol Caspar Adam von Waldow
1728 ksl. Rittmstr. Caspar Friedrich von Waldow
1738 ksl. Rittmstr. Caspar Friedrich von Waldow
1739 Oberamtmann Carl Justin Sydow, Kaufpreis 18/m T.
1745 um: Rudolph Eberhard von Kalckreuth
1767 Witwe Rudolph Eberhard von Kalckreuth, Wert 16 400 T.
1767 Gebr. Hans Christoph Ernst, Carl Sigismund, Ernst Carl Rudolph, Friedrich August Bogislav von Kalckreuth
1781 Cap. Carl Sigismund von Kalckreuth, Wert 22/m T.
1801 u. 1803 Landrat Carl Sigismund von Kalckreuth
1809 Landrat Carl Sigismund von Kalckreuth

Auras, Krs. Cottbus
1715 Wolf George von Loeben
1733 Ehrentreich Friedrich von Brietzke
1765 Caspar Friedrich Krüger, Kaufpreis 5 500 T.
1785 Frau Prediger Riemann, geb. Krüger
1791 Prediger Johann Gottlob Krüger, Wert 10/m T.
1794 Anne Margaretha Riemann, verh. Prediger Krüger
1805 Frau Anne Margaretha Krüger, geb. Riemann, 10/m T.
1809 Prediger Johann Gottlob Krüger

Babow, Krs. Cottbus – siehe auch Müschen
1713 Landrat Heinrich Wilhelm von Pannwitz
1723 Cap. Otto Heinrich von Stutterheim, Kaufpreis 20/m T.
1743 Otto Heinrich von Pannwitz, 1751 mit 20/m T. beziffert
1767 Gebr. C. W. u. Friedr. August Wilhelm von Pannwitz, Wert 30/m T.
1769 Ltnt. Carl Wilhelm von Pannwitz, Wert 20/m T.
1787 Ltnt. Carl Wilhelm von Pannwitz
1801 Ltnt. Carl Wilhelm von Pannwitz im sächs. Gulben

1805 Ltnt. Carl Wilhelm von Pannwitz, Wert 20/m T.

Bärfelde, Stadt Bernstein, Vorwerk Siede, Krs. Arnswalde
1715 dän. Ltnt. Erhard von Waldow
1723 Witwe Geh. Rat von Waldow, geb. Auguste Charlotte von Brand
1728 Witwe (Ltnt. Erhard) von Waldow (Wert 54 846 bzw. 78 377 T.)
1728 Ankauf durch d. König, zum Amt Dölitz, 1744 Amt Bernstein
1809 Domänenamt Bernstein

Bärfelde, Vorwerk Babin, Krs. Königsberg
1713 Erben, Söhne d. Obristen Christian von der Marwitz
1718 Erben Obrist Chr. v. d. Marwitz/Witwe Obrist Hans Otto v. d. Marwitz
1732 Albrecht Bernd Ludwig von der Marwitz, 47 794 T.
1745 Gebr. Albrecht Bernd Ludwig, David Sigismund, Otto Christian Adolph von der Marwitz
1777 Ltnt. Albrecht Bernd Ludwig von der Marwitz
1780 (um: Erdmann Wilhelm Kreuzwendedich v. d. Marwitz), Wert 47 794 T.
1793 Ltnt. Otto Friedrich von der Marwitz, Schätzung 66/m T.
1801 u. 1803 Ltnt. Otto Friedrich von der Marwitz, Wert 47 794 T.
1809 Cap. Otto Friedrich von der Marwitz

Bärwalde, Burglehn, Krs. Königsberg
1715 nicht genannt
1768 Frau Caroline Wilhelmine von Eickstedt, Kaufpreis 4 600 T.
1795 Charlotte Wilhelmine Blandine von der Hagen, Kaufpreis 9 200 T.
1801 u. 1803 Charlotte Wilhelmine Blandine von der Hagen
1805 Amtmann Kersten, Kaufpreis 20 300 T.

Bahnsdorf, Krs. Cottbus
1705 sächs. Cap. Hans Joachim von Schütz, Kaufpreis 8 800 T.
1715 u. 1728 poln.-sächs. Obrist Hans Joachim von Schütz
1731 Frau Obrist Rosine von Schütz, geb. von Gersdorff
1750 Conrad Ulrich von Theler
1752 Witwe von Theler, geb. Charlotte Helene von Wolfersdorff
1767 Witwe Major Charlotte Sophie von Wasmer
1772 Charlotte Sophie von Wasmer
1773, 1774 Carl Julius von Wasmer
1779 Christian Wilhelm Lüder, Kaufpreis 9 250 T.
1796 Christiane Eleonore Auguste Vogel, Kaufpreis 18 600 T.
1803 u. 1805 Christiane Eleonore Auguste Vogel, 18 600 T.
1809 Eigentümer Johann Gottlob Vogel u. Frau

Balkow u. Vorwerk Grimnitz, bis etwa 1785 mehrere Teile, Krs. Sternberg
1715 Rittmstr. Anton von Pannwitz/Hans Friedrich von Wesenbeck/Gebr. Matthäus, Carl Wilhelm, Hans Victor von Wesenbeck/Friedrich Wilhelm von Wesenbeck
1728 Rittmstr. Anton von Pannwitz, auf Anteil Balkow
1751 Witwe Rittmstr. Otto Friedr. von Wesenbeck, auf Anteil mit Grimnitz
1762 um: Gebr. Rittmstr. Otto Friedrich u. Johann Friedrich von Wesenbeck

1763 Major Peter du Rège, auf Anteil Balkow
1765 Eleonore Dorothea von Stosch, geb. von Pannwitz, Kaufpr. 23 300 T.
1769 Frau Rittmstr. O. F. von Wesenbeck u. zwei Frl. v. Wesenbeck
1777 Rittmstr. Otto Friedrich von Wesenbeck
1785 um: (Ltnt. Carl Heinr.) von Tauentzien, beide Teile, Kaufpreis 51/m T.
1801 u. 1803 Cap. Carl Heinrich von Tauentzien A für 28/m, B für 23/m T.
1809 Cap. Carl Heinrich von Tauentzien

Balster u. Vorwerk Ankrow, Krs. Dramburg – siehe auch Kallies
1715 u. 1718 Johann Adam u. Ewald Friedrich von Güntersberg
1732 Johann Adam von Güntersberg
1734 um: Obrist Friedrich Leopold von Gessler
1735 Ankauf durch den König, zum Amt Balster
1809 Domänenamt Balster

Batow, Krs. Soldin – siehe auch Grüneberg
1715 Major Friedrich Wilhelm von Dossow
1737 GM Friedrich Wilhelm von Dossow, Wert 12/m T.
1750 GFM Friedrich Wilhelm von Dossow
1772 Cap. Peter Adam Christian Ernst von Dossow, Wert 12/m T.
1801 u. 1809 Cap. Peter Adam Christian Ernst von Dossow, 12/m T.

Baudach, Krs. Crossen, bis 1751 zwei Teile
1713 Rittmstr. Anton von Pannwitz/(Balthasar Erdmann von Kottwitz)
1718 Rittmstr. Anton v. Pannwitz/(Landrat B. E. v. Kottwitz, Anteil Baudach)
1728 Rittmstr. Anton von Pannwitz, auf Anteil Baudach
1751 Hofmarschall George Abraham von Stosch, ganz Baudach
1767 Eleonore Dorothea von Stosch, geb. von Pannwitz, Wert 21/m T.
1773 Witwe Justizrat Margaretha Dorothea Scholtz, geb. Sauter, 20 710
1785 Carl Friedrich Scholtz, Wert 20 710 T.
1795 Carl Wilhelm Ludwig von der Groeben, Kaufpreis 50 500 T.
1809 Carl Wilhelm Ludwig von der Groeben, Schätzung 50 989 T.

Baumgarten, Krs. Dramburg
1715 Witwe Otto Christoph von Wachholtz, Wert 3/m T.
1718 Witwe O. C. von Wachholtz/(Witwe Franz Heinrich von Drosedow/Witwe Reimar von Briesen)
1727 Cap. Hans Adam von Wachholtz
1730 um: (Cap. Jacob Adolph von Kameke)
1736 (Amtmann Dreier u. Frau, geb. Anna Dorothea von Poetter)
1740 (Carl Friedrich Siegmund von Kameke)
1746 Joachim Bewert, Kaufpreis 16/m T.
1785 u. 1801 Amtsrat Friedrich Gottlob Bewert
1805 Amtsrat Friedrich Gottlob Bewert, Wert 16/m T.

Beelitz, Krs. Sternberg
1715 Pfandbesitzer Oberamtmann Samuel Knüppel
1718 Gen.adjutant Wolf Asmus von Selchow

1728 Major, Gen.adjutant Wolf Asmus von Selchow
1745 Gebr. Cap. Friedrich Wilhelm u. Ltnt. Friedrich Ludwig von Selchow
1747 Landrat Alexander Ludwig von Selchow, Wert 14/m T.
1765 um: Major Andreas Friedrich Balthasar von Selchow
1774 Witwe Landrat v. Selchow, geb. Charlotte Elisabeth v. Risselmann
1801 Witwe Charlotte Elisabeth von Selchow, geb. v. Risselmann, 14/m
1803 Kammerrat Johann Gottlieb Kuhlwein, Kaufpreis 31 500 T.

Belgen u. 2/3 Gossow, Krs. Königsberg
1713 George Wilhelm von Sydow
1717 Ltnt. Curt Friedrich von Sydow
1735 Major Curt Friedrich von Sydow
1742 Friedrich Wilhelm von Sydow
1767 u. 1774 Ltnt. Ernst Bogislav von Wobeser, 1780: 39/m T.
1791 Major Gerhard von Levetzow, Kaufpreis 85/m T.
1795 Gerhard Wilhelm von Levetzow, bd. Güter 85/m T.
1809 Gerhard Wilhelm von Levetzow, nur Belgen 40/m T.

Bellin, Krs. Königsberg
1718 Obrist Alexander Magnus v. d. Marwitz/ksl. Cap. Ernst B. v. Wobeser
1745 Domherr Otto Hr. v. Schlabrendorff/ksl. Cap. Ernst Bogisl. v. Wobeser
1751 Ltnt. Ernst Bogislav von Wobeser
1768 E. B. von Wobeser, Bellin, Belgen u. 2/3 Gossow im Wert von 90/m T.
1774 Ltnt. Ernst Bogislav von Wobeser, 1780 Wert: 44 350 T.
1801 Ol Carl George Friedrich von Wobeser, Bellin, Wert 44 350 T.
1809 GM Carl George Friedrich von Wobeser

Bellinchen, Krs. Königsberg – siehe Hohenlübbichow

Bergen, Krs. Sternberg – siehe Sandow

Berkenbrügge, Krs. Arnswalde
1715 Geh. Rat Moritz Heinrich von Wedel
1718 Witwe Geh. Rat Moritz Heinrich von Wedel
1745 Reg.rat Peter Friedrich von Wedel
1752 Fam. von Wedel, Wert 11/m T.
1774 Friedrich von Wedel, 1780: 11/m T.
1801 u. 1803 Frau von Brand, geb. Luise Caroline Wilh. von Wedel
1804 Landrat George Friedrich Felix von Bonin, Kaufpreis 42 300 T.

Berkenow, Krs. Schivelbein, seit 1763 in einer Hand
1713 Paul Friedrich von Meseritz/Eustachius Friedrich von Le(c)kow
1727 George Heinrich von Meseritz, auf 2/3 Berkenow/Cap. George Heinrich von Schmiedeberg, auf 1/3 Berkenow
1745 Fähnrich Ernst Friedrich von Meseritz, auf Anteil Berkenow/ poln. Cornet Paul Ludwig von Ravisard, auf Anteil Berkenow
1747 Cap. George Heinrich von Schmiedeberg
1751 Ltnt. E. F. von Meseritz, auf Anteil f. 3/m T./Ltnt. Peter Ernst v. Meseritz
1755 Frau Rosine Agnese Charlotte von Wobeser, geb. von Schmiedeberg
1762 George von Manteuffel/Rittmstr. Joachim Ernst von Meseritz

1763 Oberamtmann Emanuel Schmidt, Kaufpreis 8/m T.
1772 Oberamtmann Emanuel Schmidt
1776 u. 1785 Witwe Schmidt, geb. Ida Maria Zillmer, u. Söhne, Wert 8/m T.
1805 Amtsrat Emil Friedrich Schmidt, Wert 13 898 T.

Berneuchen, Krs. Landsberg
1715 Kammerherr Carl Friedrich von dem Borne
1728 Gebr. Obrist Arend Joachim u. Cap. Ewald Gotthilf von dem Borne
1745 Cap. Ewald Gotthilf von dem Borne
1772 Cap. Gotthilf Kreuzwendedich von dem Borne, Wert 30/m T.
1797 Ltnt. Gotthilf Joachim Ferdinand von dem Borne, Wert 26 178 T.
1803 Cap. Gotthilf Joachim Ferdinand von dem Borne, Taxe 26/m T.
1809 Cap. Gotthilf Joachim Ferdinand von dem Borne

Beustrin, Vorwerk, Krs. Schivelbein
1713 Barnim von Braunschweig
1727 Barnim von Braunschweig
1772 Ltnt. Caspar Heinrich von Braunschweig, Wert 5/m T.
1780, 1788 Witwe Ltnt. von Braunschweig, geb. Dorothea Charlotta von Blankenburg
1795 um: Frau d. Cap. Wilhelm von Broecker, geb. Charlotte v. Schweder
1801 Bgmstr. Wilhelm Braun in Körlin, Kaufpreis 9 600 T.
1809 Bgmstr. Wilhelm Braun

Beutnitz, Herrschaft: Alt- u. Neubeutnitz, Dobersaul, Drewitz, Glembach, Pleiskehammer, Kunersdorf, Sorge, Stadt Rothenburg, Deutsch und Polnisch Nettkow, Krs. Crossen
1713 frz. General Nicolaus Friedrich Graf von Rothenburg, alle Güter
1715 Landrat Alexander Rudolph von Rothenburg: Dt.- u. Poln.- Nettkow, Dobersaul, Drewitz, Glembach, Beutnitz, Pleiskehammer, Rothenburg an d. Oder
1715 Caspar Heinrich v. Knobelsdorff/Stephan Heinrich von Konarsky/Hans Christoph von Borcke: auf Kunersdorf u. Sorge
1717 Landrat A. R. v. Rothenburg, auf Dt. u. Poln. Nettkow f. zs. 48 700 T., auf Beutnitz, Dobersaul, Glembach, Drewitz, Straube f. zs. 80/m T.
1750 um: Landrat A. R. (seit 1736 Graf) von Rothenburg, Güter wie 1713
1767 Johann Sigmund Graf von Rothenburg, alle Güter, 1778 im Wert von 227 275 T.
1785 Cornet Alexander Rudolph Graf von Rothenburg, Wert 350/m T.
1787 um: Herzog Peter von Kurland, Kaufpreis 435/m T.
1801 Maria Louise Pauline, geb. Prinzessin von Kurland-Sagan
1809 Maria Louise Pauline v. Hohenzollern-Hechingen, W.: 240 779 T.

Biberteich, Krs. Sternberg – bis 1767 siehe auch Beelitz
1715 u. 1728 Cap. Christoph Wellen Scharowetz von Scharowa
1745 Cap. Friedrich Wilhelm u. Ltnt. Friedrich Ludwig von Selchow

1747 Landrat Alexander Ludwig von Selchow, Kaufpr. mit Beelitz 31 600 T.
1775 Major Andreas Friedrich Balthasar von Selchow, 1780: 18 150 T.
1783 Witwe Major von Selchow, geb. Louisa Elisabeth von Risselmann
1796 Kammerrat Johann Gottlieb Kuhlwein, Kaufpreis 35/m T.
1803 u. 1809 Kammerrat Johann Gottlieb Kuhlwein

Birkendorf, Krs. Crossen – siehe Kurtschow

Birkholz, mit Anteilen Woltersdorf u. Stöwen, Krs. Dramburg
1715 Obrist Philipp von Borcke/Joachim Rüdiger von der Goltz in Stöwen
1718 Obrist Philipp v. Borcke/poln. Kammerherr J. R. von der Goltz, 12/m T.
1727 poln. Kammerherr Joachim Rüdiger von der Goltz, ¾ Birkholz, ½ Woltersdorf, ¼ Stöwen
1767 Major George Sebastian Frhr. von der Goltz, Wert 20/m T.
1775 Major Johann Sigismund Frhr. von der Goltz
1784 minderj. von der Goltz
1801 u. 1805 Frl. Charlotte Helene Agnese Freiin v. der Goltz, W. 42 200 T.
1809 Frhr. von der Goltz, Schätzung 49/m T.

Birkholz, Krs. Friedeberg
1715 Gebr. George Wilh. v. Schöning/Ltnt. Christoph Friedrich v. Schöning
1740 um: Jagdjunker George Wilhelm von Schöning
1744 GM, sp. Gl Erdmann Ernst von Ruitz (bzw. Balthasar Christoph von Steinkeller), Wert 44/m T.
1765 um: Major Balthasar Christoph von Steinkeller
1777 Junker Abraham Ernst von Steinkeller
1801 u. 1803 Ltnt. Abraham Ernst von Steinkeller, Wert 44/m T.
1809 Ltnt. Abraham Ernst von Steinkeller, Wert 44/m T.

Bischdorf, ½, brandenbg. Anteil, u. Groß Lübbenau, Krs. Cottbus
1715 Carl Friedrich von Bredow
1714, 1718 Major Carl Wilhelm von Bredow
1745 GM Carl Wilhelm von Bredow auf ½ Bischdorf u. Gr. Lübbenau
1767 Witwe GM v. Bredow, geb. Elisabeth Wilh. v. Pannwitz, Wert 24/m T.
1774, 1775 Carl Wilhelm von Pannwitz
1779 Christian Ernst Graf v. Lynar, Kaufpreis mit Gr. Lübbenau 38 700 T.
1785 um: Rochus August Graf von Lynar
1803 u. 1805 unmünd. Hermann Rochus Graf von Lynar, 38 700 T.
1809 Graf von Lynar in Lübbenau

Bischofssee u. Leissow, Krs. Sternberg
1715 GM Gottfried Albrecht von Bredow
1734 Domänenamt Neuendorf u. Bischofssee, Ankauf für 30/m T.
1809 Domänenamt Neuendorf u. Bischofssee

Blankenburg, Vorwerk, Krs. Sternberg – siehe auch Sternberg
1796 Martin Schade, Wert 1 850 T.

Blankenfelde, Krs. Königsberg
1713 Major Carl Aemilius von Sack
1745 Major Carl Aemilius von Sack

1767 Landrat Jacob Ludwig von Grape
1793 um: Cap. Hans Joachim Albrecht Friedrich v. Tresckow, Kauf 55/m T.
1802 Ltnt. Carl Ludwig Sigismund Friedrich v. Tresckow, Kaufpreis 59/m T.

Blankenhagen, Anteile Woltersdorf, Piepstock, Storkow, Krs. Dramburg
1715 Gebr. Cap. Balthasar Ferdinand u. Christian Ludwig v. Kalsow, 4/m
1727 Ltnt., sp. GM Christian Ludwig von Kalsow
1790 um: Cap. Caspar Heinrich Friedrich v. Mellenthin, Wert 21 500 T.
1800 Reg.präs. Joh. Fr. (v.) Scheibler, mit Piepstock, Storkow für 180/m T.
1801, 1805 Amtsrat Carl Wilhelm Zimmermann, Kaufpreis 1800: 180/m T.

(Alt) **Blessin**, Krs. Königsberg
1713 Major Carl Aemilius von Sack
1745 Major Carl Aemilius von Sack, 2/3 von Blessin
1767 Landrat Jacob Ludwig von Grape, ¾ d. Gutes/George Friedrich von Sack in Vietnitz, ¼ d. Gutes
1795 Landrat Carl Christ. Gott. v. Knobelsdorff, ¼ d. Gutes, Kauf 22 106 T.
1798 Cap. Hans Joachim Albrecht Friedr. von Tresckow, ¾, Kauf 32/m T.
1801 Wilhelm Ludwig v. Sydow, auf ¼/Cap. H.J.A.F. v. Tresckow auf ¾

Blockhaus, Vorwerk (bzw. adliges Gut), Krs. Arnswalde
1715 nicht genannt
1772 Christian Friedrich Schönrock
1774 u. 1785 Christian Krahn, Kaufpreis 1 500 T.
1797 Cap. Heinrich August Ferdinand Eugen von Platen, Kaufpreis 8/m T.
1800 Gen.-Chirurg Christian Leberecht August Kramer
1804 Ltnt. Friedrich Wulf Enst von Natzmer, Kaufpreis 12 200 T.

Blumberg, Krs. Crossen
1713 Cap. Adolph Friedrich von Burgsdorff, Wert 27/m T.
1725 um: Cap. Adolph Friedrich von Burgsdorff
1727 dän. Ol Gottfried Wilhelm Frhr. von Schmettau
1770 Gl Bogislav Friedrich von Tauentzien, Kaufpreis 66 690 T.
1800 Obrist Friedrich Bogislav Emanuel Graf von Tauentzien
1809 Gl Friedrich Bogislav Emanuel Graf von Tauentzien

Blumenfelde, Krs. Friedeberg
1715 Cap. C. F. von Beneckendorff/Heinrich von Beneckendorff
1718 poln. Cap. Curth Friedrich von Beneckendorff
1751 Frau Präs. Sophie Charlotte v. Beneckendorff, geb. v. Sydow, 22/m T.
1778 Reg.präsident Carl Friedrich von Beneckendorff, 1780 34 008 T.
1801 u. 1803 Major Gustav Wilhelm von Beneckendorff, Wert 34 008 T.
1809 Major Gustav Wilhelm von Beneckendorff, Schätzung 34 008 T.

Boltenhagen, Krs. Schivelbein – siehe auch Rützenhagen
1713 engl. Major George Joachim von Podewils
1715 Landrat George Friedrich von Podewils

1745 Gebrüder Fähnrich Bogislav George Friedrich, Heinrich Wilhelm u. Uffz. Adrian von Podewils
1763 Reg.rat Samuel Gottlieb Loeper
1764 Cap. Johann Carl Ludwig von Seld, Kaufpreis 9/m T.
1772 u. 1785 Cap. Johann Carl Ludwig von Seld
1800 Johann Rudolph Siegmund Frhr. von der Goltz, Kauf 20/m T.
1801 Major August Otto von der Groeben, Wert 28/m T.
1802 Ltnt. August Heinrich von Kopp
1803 Frau Rittmstr. Carl Philipp v. Chartron, geb. v. Zlotnicka, Kauf 24 500

Born, Anteil, Krs. Dramburg
1715 Peter George von dem Borne
1718 Witwe Peter George von dem Borne
1727 Gebr. George Heinrich u. Carl Friedrich von dem Borne, ½ Born
1745 Ltnt. George Heinrich von dem Borne
1752 Ltnt. Andreas Joachim von Kleist, Kaufpreis 5 800 T.
1767 Witwe Major von Kleist, geb. Eleonora Maria von Unruh, 3 333 T.
1780 (Cap. Hans Christian von Kleist, Wert 3 850 T.)
1791 Erben Johann Friedrich Bogislav von Kleist
1800 Charlotte Louise Clara Marie von Kleist, Wert 3 850 T.
1803 Ltnt. Carl Wilhelm Joseph Sigismund u. Charlotte L. C. von Kleist
1809 Geschwister von Kleist, Wert 5/m T.

Born, Anteil, Krs. Dramburg
1715 u. 1718 Christian Heinrich von dem Borne, Wert 2 500 T.
1727 Christian Heinrich von dem Borne, auf ½ Born
1745 Gebr. Ltnt. Adam Heinrich u. Cap. Christian Dettloff von dem Borne
1767 Ltnt. Adam Heinrich u. Major Christ. Dettloff von dem Borne, 3 333 T.
1796 Landrat Sebastian George von Wedel im Krs. Saatzig
1805 Landrat Sebastian George von Wedel, inkl. Dolgen 34/m T.
1808 Frau Landrat Christian Heinrich Ludwig v. Briesen, Kaufpr. 14 750 T.

Bottschow, Krs. Sternberg
1715 Pfandbesitzer Kaufmann Brecher in Leipzig
1718 Hans Friedrich Frhr. von Brecher u. Rosenwerth
1728 Ltnt. Friedrich Wilhelm von Ihlow, Wert 17/m T.
1740 Melchior Sigismund von Unruh, Kaufpreis 20/m T.
1751 Kammerrat Adam Carl Bayer
1767 Rittmstr. Christoph Heinrich von Graevenitz, Wert 20/m T.
1801 u. 1803 Rittmstr. Christoph Hr. von Graevenitz, 1795: 32/m T.
1808 Pl von Graevenitz, Wert 32/m T.

Bräsinchen, Krs. Cottbus – siehe Neuhausen

Brahmow, Krs. Cottbus – siehe auch Krieschow
1709 u. 1715 Ol, Landrat Carl Philipp von Klitzing
1718 Witwe Landrat Carl Philipp von Klitzing, geb. von Reisewitz
1719 Wilhelmine Gräfin von Schönburg
1735 Franciscus Mathäus Frhr. von Vernezobre

1737 Friedrich Wilhelm Frhr. von Vernezobre
1781 Frau Johanne Louise von Kottwitz
1801 Witwe Johanne Louise von Kottwitz, geb. von Loeben, Wert 10/m T.
1805 Witwe Johanne Louise von Kottwitz, geb. von Loeben
1806 Ulrike von Schönfeldt

Branitz, Groß Döbbern, Anteil Haasow, Kiekebusch, 1767 mit Gallinchen, Krs. Cottbus
1715 poln. Kammerherr Erdmann Graf von Pückler
1742 poln. Kammerherr Erdmann (bzw. Aug. Heinrich) Graf von Pückler
1767 August Heinrich Graf von Pückler, Wert 56/m T.
1804 August Heinrich Graf von Pückler, Wert 62/m T.

Braunsfelde, Krs. Friedeberg
1715 Gebr. poln. Ltnt. Thomas Ehrentreich u. Carl Heinrich von Sanitz
1718 Witwe von Sanitz u. Carl Heinrich von Sanitz
1745 Cap. Thomas Wilhelm u. Cap. Ernst Ludwig von Sanitz
1757 Carl Wilhelm von Sanitz
1767 Ltnt. Carl Wilhelm von Sanitz, 1772 im Wert von 40/m T.
1788 Major Carl Wilhelm von Sanitz
1792 Major Friedrich Wilhelm von Braunschweig, Kaufpreis 46/m T.
1795 um: Cap. Ernst George von Oertzen
1798 Ltnt., Ritterschaftsrat Wilhelm Heinrich von Pape, Kaufpreis 64/m T.
1801 u. 1803 Landrat Wilhelm Heinrich von Pape
1804 Amtmann Lehmann, Kaufpreis 74/m T.

Breitenstein, Krs. Friedeberg
1715 u. 1718 Landesdirektor Heinrich Wulf von Platen
1740 poln. Cap. Wulf Christoph von Platen
1745 Obrist Albrecht Christian von Platen
1755 Anna Philippine Justine von Scheel
1767 Anna Philippine Justine von Scheel, 1767 Taxe 19/m T.
1787 Cap. Henning Friedrich v. d. Osten, Kauf mit Falk.stein 71 800 T.
1801 u. 1803 Cap. Henning Friedrich von der Osten
1804 Cap. Ernst George von Oertzen, Kaufpreis 54/m T.

Breitenwerder, Krs. Friedeberg
1718 nicht genannt
1750 um: Reg.rat Carl Friedrich von Unfried
1764 Hans Joachim von Unfried
1765 Franz Balthasar Schönberg von Brenckenhoff
1780 unter Adminstration der Küstriner Kammer, Wert 44 429 T.
1801 im Besitz d. Königs, unter Administration der Küstriner Kammer

Briesen, Krs. Schivelbein, drei bis acht Anteile
1713 Obrist Carl Heinrich von der Goltz/Leopold Siegfried von der Osten/poln. Ltnt. Hans Joachim von Briesen/Franz Joachim von Briesen/Frau Ltnt. Sophia Elisabeth von Briesen/Levin Dionysius von Kitscher/Witwe Bernd von Briesen/Frau Martini
1718 Magnus Gottfried von Briesen/George Friedrich von Borcke/Franz Joachim von Briesen/Levin Dionysius von Kitscher/Johann von Schmidsdorff/Jo-

docus Christian von Briesen/Witwe Bernd von Briesen/Friedrich Wilhelm von Rüchel

1727 Fähnrich George Friedrich von Borcke/Jodocus Christian von Briesen/ holländ. Ltnt. Levin Dinnies von Kitscher/kurpfälz. Ltnt. Joachim Heinrich von Wreech

1745 Ltnt. George Wedig von Kleist, Anteil/Bernd von Münchow, Anteil

1772 Witwe Ltnt. v. Hauben, geb. Hedwig Erdmuth v. Dewitz, Wert 5/m T./Witwe G. W. v. Kleist, geb. Charlotte Luise v. Flemming, Wert 1 200/Claus Rüdiger v. Briesen, Wert 1/m T./Andreas Neroggow, W. 1 200

1801 Ltnt. Joh. Chr. Fr. von Hauben/Joh. Friedr. Zitzke/Chr. Phil. Weiland

1809 Ltnt. Joh. Christian Fr. von Hauben, Wert 8 650 T./Ltnt. von Briesen, Kaufpreis 1805 7/m T./Johann Friedr. Weiland, Kaufpr. 1804 4 200 T.

Briesen, Krs. Cottbus

1709 u. 1715 Ol, Landrat Carl Philipp von Klitzing

1718 Witwe Landrat Carl Philipp von Klitzing

1719 Wilhelmine Gräfin von Schönburg

1735 Franciscus Mathäus Frhr. von Vernezobre

1749 Cap. Friedrich Wilhelm Frhr. von Vernezobre

1766 Carl Gustav von Roebel, Kaufpreis 27 300 T.

1773 Gebr. Johann Dietrich Gottlob, Friedrich August Gustav, Samuel George Wilhelm, Ernst Philipp Ehrenreich von Roebel

1783 Lebrecht von Wackerbarth

1801, 1805 Cap. Ludwig Carl Wilhelm von Wackerbarth, Wert 27 300 T.

Briesenhorst, Kolonie, Krs. Landsberg

1792 Städteforstmstr. Wilhelm Johann Friedrich v. Rohr, Kauf 12/m T.

1809 Städteforstmstr. Wilhelm Johann Friedrich von Rohr

Briesnitz, Krs. Crossen, 1717 vier Teile

1713 Cornet Maximilian Wilhelm von Rabenau (auf Anteil)

1717, 1718 Cornet M. W. v. Rabenau/Wilhelm Ferdinand von Lichnowsky

1728 Witwe von Rabenau

1767 Johann Ernst von Oppell, Wert 8 150 T.

1785 um: Landrat Johann Ernst von Oppell

1797 Ltnt. Caspar Friedrich Erdmann von Pfoertner, Kauf 32 150 T.

1801 Witwe von Pfoertner, geb. Luise Margarethe von Langen

1805 Witwe u. Söhne C. F. E. von Pfoertner

Brunschwig, Vorwerk, Krs. Cottbus, bis 1730 zwei Teile

1715 um: Maximilian von Loeben

1725 Geh. Rat Simon Victor von Hünecke/ Amtmann Ferrari

1730 Amtmann Ferrari

1748 Gottlob (bzw. Gottlieb) Hubert, Kaufpreis 6/m T.

1769 Amtsrat Christian Gottlob Hubert, Wert 6/m T.

1804 Amtsrat, Generalpächter Christian Gottlob Hubert, Wert 6/m T.

Buchholz, Krs. Sternberg
1715 Daniel von Winning/George Friedrich von Winning
1739, 1745 Caspar Friedrich von Winning
1767 Cap. Otto Friedrich von Winning, Wert 12/m T.
1786 Ltnt. Hans Carl Friedrich von Schönebeck, Kaufpreis 22/m T.
1800 Ltnt. Hans Carl Friedrich von Schönebeck
1801 Cap. Johann Wilhelm Ludwig Graf von Rittberg, Kaufpreis 35 600 T.
1803 u. 1809 Cap. J. W. L. Graf von Rittberg

Buchholz, Krs. Cottbus, 1767 zs. mit Leeskow u. Lubochow
1713 vier Gebr. von Berger
1725 Friedrich Adolph von Berger
1728 um: Gottlob Ernst von Berger
1729 Konsistorialrat Christian Ernst von Knoch, Kaufpreis 11 200 T.
1756 Otto Ernst von Knoch
1767 Otto Ernst von Knoch, alle drei Güter für zs. 30/m T.
1789 sächs. Ltnt. Christian Friedrich von Rex
1800 sächs. Ltnt. Christian Friedrich von Rex
1802 Gräfin v. Beust, verwitw. Ltnt. v. Rex, geb. v. WaltersdorffKaufpr. 27/m
1805 sachsen-weimar. Kammerherr Johann Friedrich Graf von Beust u. Frau Johanne Elisabeth, geb. von Waltersdorff, verwitw. von Rex

Buckow, Krs. Züllichau, vier Teile
1715 Wolf Christian von Kalckreuth/sächs. Fähnrich Caspar Oswald von Kalckreuth/Balzer von Schenckendorff
1718 Wolf Christian von Kalckreuth/Caspar Oswald von Kalckreuth/Ltnt. George Oswald von Schenckendorff/Wolf Caspar von Sack
1728 Ltnt. Melchior Sigismund von Lossow, auf 1/3 Buckow
1745 sächs. Cap. Joachim Dettleff von Schütz, auf 1/5 Buckow
1767 Charlotte Elisabeth Wilhelmine von Troschke, Wert 10/m T.
1784 Christiane Wilhelm. Elisabeth v. Diebitsch, geb. v. Schütz, Wert 12/m
1805 u. 1809 Witwe Cap. Ernst Carl von Diebitsch, geb. von Schütz

Buckow, Krs. Zülichau
1718 s. o.
1767 Christian Schüller, Wert 19/m T.
1772 Johann Sigmund Richter, Kaufpreis 19 500 T.
1785 Joh. Sig. Richter, Wert zs. mit Scharff, s. u., 31 800 T.
1800 Witwe Richter u. To., Frau Cap. Johanne Eleonore von Herwarth
1802 Frl. Sophie Eleonore Ernestine von Knobelsdorff u. Witwe Major von Bonin, geb. Henriette Sophie Friederike v. Knobelsdorff, Kauf 31 500
1809 Frl. Sophie Eleon. Ernest. u. H. S. F. v. Hanstein, geb. v. Knobelsdorff

Buckow, Krs. Züllichau
1718 s. o.
1764 Johann Gottlieb Scharff
1785 Johann Gottlieb Scharff
1798 Friedrich Wilhelm von Unruh
1803 Erben Friedrich Wilhelm v. Unruh
1805 Eheleute Roempler, Kaufpreis 20 560 T.

Buckow, Krs. Züllichau, seit mind. 1767 als Anteil von Heinersdorf
1718 (Wolf Caspar von Sack)
1767 Heinrich Adolph von Sack auf Heinersdorf
1774 Dietrich Hans Sebastian von Unruh auf Heinersdorf
1787 (Anselm Rudolph von Unruh)
1801 Cap. Anselm Rudolph von Unruh in Heinersdorf

Büssow u. Vorwerk Dürrenfelde, Krs. Friedeberg
1715 Gl Joachim Friedrich von Wreech
1718 General Joachim Friedrich von Wreech
1745 Gl Adam Friedrich von Wreech
1755 Witwe Gl von Wreech, geb. Eleonore Louise von Schöning
1767 Gebr. Carl Adam Albrecht, Ludwig Alexander u. Friedrich Wilhelm Theodor von Wreech, Taxe 28/m T.
1779 GM George Ludolph von Wulffen, 1780: 57 005 T.
1801 Witwe GM von Wulffen u. Kinder, Wert 57 005 T.
1803 Oberstallmstr. Graf von Lindenau, Kaufpreis mit Pertin. 170/m T.

Bulgrin, Krs. Dramburg
1715 nicht gen.
1760 um: von Stentsch
1763 Ernst Conrad Boeck, Kaufpreis 4/m T.
1783 Major Joachim Ehrenreich (von) Dehrmann
1795 Witwe Krause, Kaufpreis 12 600 T.
1801 u. 1805 Abraham Nicol, Kaufpreis 12 600 T.
1806 von Steinwehr
1809 von Steinwehr, Schätzung 44/m T.

Butterfelde, Woltersdorf, ½ (Alt) Reetz, Krs. Königsberg
1713 Obrist Siegmund von Sack
1728 GM Siegmund von Sack
1738 Ankauf durch König Friedrich Wilhelm I. für 46 550 T.
1809 Domänenamt Butterfelde

Butow, Krs. Dramburg
1715 nicht gen.
1767 Hans Christian Ludwig von Roebel, Wert 8/m T.
1772 Rittmstr. Johann Christoph von Lubrecht, Kaufpreis 14 020 T.
1784 Witwe Rittmstr. Johann Christoph von Lubrecht
1792 Hofmarschall Philipp Ludwig Fr. von Derenthal, Kauf 36 150 T.
1805 Hofmarschall Philipp Ludwig Friedrich von Derenthal

Chursdorf, Krs. Soldin
1715 Erben Amtmann Schmidt
1753 Johann Mützel, Kaufpreis 34/m T.
1770 um: Referendar Heinrich Ludwig Mützel
1775 Reg.quartiermstr. Carl Hans Müller, Kaufpreis 43/m T.
1785 (Heinrich Ludwig Mützel, 34/m T.)
1793 (Geh. Kriegsrat) Müller, Kaufpreis 43 746 T.
1801 u. 1803 Reg.quartiermstr. Carl Heinrich Müller, Wert 43/m T.

Cossin, Vorwerk Mietzelburg, Krs. Soldin – s. a. Cossin, Krs. Pyritz
1715 Gebr. Major Curt Ernst u. dän. Ltnt. George Christoph von Wedel
1745 um: Major Ernst Sigismund von Wedel

1774 Cap. Ernst Ludwig Friedrich von Wedel/Gebr. von Schöning
1801 Rittmstr. Richard Ehrentreich von Schöning, Wert 2/m T.

Craazen, Krs. Soldin
1715 u. 1718 Siegmund Christian von Liebenthal
1728 Siegmund Christian von Liebenthal
1749 General Egidius Ehrenreich von Sydow
1752 Ltnt. Joachim Siegmund von Sydow, Wert 30/m T.
1758 um: Frau Obrist Ernst Friedrich von Borcke, geb. von Papstein
1760 Obrist von Forcade, Kaufpreis 33 500 T.
1764 Kommerzienrat Johann Gottfried Simon
1765 Witwe Kommerzienrat Simon, geb. Sternberg, Kaufpreis 33 500 T.
1799 Cap. Christoph Lucas von Cranach, Wert 50/m T.
1803 u. 1809 Cap. Christoph Lucas von Cranach

Cratznick, Krs. Arnswalde – ab 1772 siehe Kölpin
1715 Friedberg von Gramm
1718 Ol Hans Ernst von der Goltz
1774 Erben Ltnt. George Ludwig von Mühlheim

Cussenow, Krs. Schivelbein, bis etwa 1750 mehrere Teile
1713 Landrat, Landesdirektor Joachim von Beneckendorff
1718 ksl. Ltnt. George Friedrich von Beneckendorff/Wachtmstr. Adam Siegfried von Rüchel/Joachim Curt von Briesen/Jacob Jochen von Wachholtz/Franz Joachim von Briesen/Johann Christoph Hartmann/Akziseinspektor Haacke
1727 Ltnt. Philipp von Kühne, auf Anteil/Fähnrich Gustav Heinrich von Rüchel, auf Anteil
1751 Ltnt. Philipp von Kühne, Anteil, Wert 4/m T.
1772 Major Valentin Friedrich von Rüchel, Wert 4/m T.
1781 Ltnt. Carl Philipp Gebhard von Tresckow
1801 Major Carl Philipp Gebhard von Tresckow, Wert 13 607 T
1804 Cap. George Ernst v. Puttkamer, Kaufpr. inkl. Anteil Völzkow 25 350 T.

Dahlow, Krs. Dramburg
1715 Landrat George Matthias von Borcke
1727 Landrat George Matthias von Borcke
1770 um: Cap. George Balthasar von Borcke
1773 Major George Ludwig Christoph von Doeberitz, Kaufpreis 12 275 T.
1803 Ol George Ludwig Christoph von Doeberitz in Friedrichsdorf
1809 Ol George Ludwig Christoph von Doeberitz, Wert 12 275 T.

Daube, Krs. Crossen
1713 Söhne, Erben Amtskastner Reimann
1718 Nicolaus Sigismund von Thierbach, Kauf 1716 für 6 400 T.
1745 poln. cadet, Ltnt. Nicolaus Sigismund von Thierbach
1760 um: Frl. von Winning
1763 Cap. Ernst Gotthilf von Troschke, Kaufpreis 6 400 T.

1786 Obrist Ernst Gotthilf von Troschke, Wert 11 050 T.
1790 u. 1801 Töchter u. Erben d. Obristen E. G. von Troschke
1805 Amtmann Carl Friedrich Wilhelm Blütgen, Kaufpreis 1804: 15/m T.

Deetz, Krs. Soldin, bis 1773 zwei bzw. drei Teile
1715 Ltnt. Carl Wilhelm von Hagen/Philipp Christoph von Steinwehr/Gebr. Wulf Balthasar Adolph u. David Christian Bernd v. Steinwehr
1718 Ltnt. Carl Wilh. v. Hagen/Philipp Chr. u. Witwe Otto Dietl. v. Steinwehr
1745 Cap. Carl Wilhelm von Hagen/Erben, Söhne Ph. Chr. v. Steinwehr
1747 George Ludolph u. Albrecht Ehrentreich von Strantz, auf ½ Deetz
1772 George Ludolph von Strantz/Cap. v. Steinwehr, Wert 15/m u. 18/m T.
1773 Cap. Friedrich Wilhelm von Steinwehr, beide Teile
1782 Major Friedrich Wilhelm von Steinwehr
1783 Frau Anna Amalia Marg. v. Kurowsky, geb. v. Brömbsen, Kauf 67 500
1801, 1803 Cap. Albrecht Ferdinand v. Kurowsky u. Frau, geb. v. Brömbsen
1808 Gebr. von Bornstedt, Wert 140/m T.

Denzig, 3/7 d. Gutes, Krs. Arnswalde
1715 Gebr. Martin Friedrich, Christoph Rüdiger, Bernd Christian v. Wedel
1718 Cap. Nicolaus von Wedel
1745 Major Martin Friedrich von Wedel
1778 Johann Ernst Gottlob von Wedel, lt. Rezeß 8 716 T.
1802 Ltnt. Ernst Ewald Leopold von Wedel
1809 Florian Friedrich Gottlieb von Wedel

Denzig, 4/7 d. Gutes, und Vorwerk Lauenbrügge, Krs. Dramburg
1715 Nicolaus von Neckern/Gebr. sächs. Obrist Hans George u. preuß. Cap. Moritz Heinrich von Beneckendorff, Wert 9/m T.
1718 Nicolaus von Neckern
1727 Nicolaus von Neckern
1731 Gebr. Rittmstr. Martin Heinrich u. Cap. Carl Friedrich von Neckern
1745 Gebr. Carl Friedr., Martin Hr. u. Cap. Hans Ernst von Neckern
1755 u. 1770 Cap. Carl Friedrich von Neckern, Wert 12/m T.
1774 Ltnt. Friedrich Heinrich von Neckern
1803 u. 1809 Ltnt. Friedrich Heinrich von Neckern

Derzow, Krs. Soldin – siehe auch Hohenziethen
1718 Hofrat Carl Ehrentreich von Burgsdorff
1745 Reg.rat George Heinrich von Burgsdorff
1765 Reg.rat George Heinrich von Burgsdorff
1768 Reg.präs. Gustav Heinrich von Enckevort, Kaufpreis 54 500 T.
1801 u. 1809 Reg.präs. Gustav Heinrich von Enckevort

Deutsch-Fuhlbeck, Kolonie, 1755 errichtet, Krs. Dramburg
1755 Johann Adolph Schäfer, Wert 6 012 T.
1797 Cap. Ignatius Alexander (bzw. August) von Mach

1800 u. 1803 Carl Marwitz, Kaufpreis 20/m T.
1805 Rittmstr. von Hertzberg, Kaufpreis 21/m T.

Deutsch Nettkow, Krs. Crossen – siehe Beutnitz

Deutsch Sagar, ½ d. Gutes, Krs. Crossen – ½ d. Gutes siehe Fritschendorf
1713 Forstmstr. Hans George von Knobelsdorff
1718 Forstmstr. Hans George von Knobelsdorff, Wert 12/m T.
1728 Ltnt. Hans Joachim von Knobelsdorff
1745 Ltnt. Johann George von Knobelsdorff, auf Anteil
1750 um: Obrist Johann Gottfried von Stockhausen, auf Anteil
1764 Gebr. Rittmstr. Otto Friedrich u. Hans Friedrich von Wesenbeck (1767 Johann Gottlob von Oppen in Fritschendorf, s. d.)
1774 Cap. Johann Jacob von Broun, Kaufpreis 14/m T.
1795 um: Cap. Johann Jacob von Broun
1800 Militärchirurg Johann Friedrich Wüsthoff, Kaufpreis 15 400 T.
1801 Ltnt. Hans Carl Friedrich von Schönebeck, Kaufpreis 39/m T.
1805 Witwe Ltnt. H. C. F. von Schönebeck u. Kinder

Dieckow, Krs. Soldin
1715 Rittmstr. Philipp Dubislav von Hagen
1745 Kammerherr Philipp Dubislav von Hagen
1750 Obrist Hans Sigismund von Hagen
1772 Rittmstr. Bogislav Friedrich Heinrich von Schmeling, Wert 56/m T.
1784 um: Rittmstr. Bernhard Wilhelm von Waldow, Kaufpreis 60 600 T.
1801 Rittmstr. Bernhard Wilhelm von Waldow, Wert 56 300 T.
1803 Kammerherr Graf von Schlippenbach, Kaufpreis 72 900 T.

(Alt) **Diedersdorf**, Krs. Landsberg
1715 Landrat im Krs. Lebus Ernst Ludwig von Burgsdorff (auf Anteil)
1718 Cap. Hans Ernst von Burgsdorff (auf Anteil Diedersdorf)
1728 Cap. Hans Ernst von Burgsdorff (auf Anteil)
1753 Ltnt. Ernst Ludwig von Burgsdorff, Wert 16/m T.
1770 Ltnt., Landrat Hans Wotislaus von Wobeser, Wert 16/m T.
1800 Frau Elisabeth Marianne von der Marwitz, geb. von d. Borne, 16/m T.
1804 von dem Borne, Kaufpreis 86 700 T.

Dietersdorf, Krs. Dramburg – siehe Falkenburg
1715 Melchior Ludwig von Kleist/Major Alexander Wedig von Dietherdt
1718 Melchior Ludwig von Kleist /Ol Alexander Wedig von Dietherdt
1727 Melchior Ludwig von Kleist, ½ Dietersdorf/Ltnt. Joachim Ehrentreich von Beneckendorff, auf ½ Dietersdorf
1767 Cap. George Balthasar von Borcke
1805 Kammerherr Philipp Wilhelm Heinrich von Borcke in Falkenburg

Dobberphul, Krs. Königsberg
1713 Wolf Christoph von Sydow
1745 Gebr. Cap. Wolf Carl Gustav u. Rittmstr. Arnd Wilhelm von Sydow

1748 Friedrich Ludwig von Sydow
1767 Friedrich Ludwig von Sydow, 1780: 22 100 T.
1793 Gebr. Wilhelm Ludwig u. Friedr. Ludwig v. Sydow, 40/m T.
1801 u. 1803 Gebr. Wilhelm Ludwig u. Friedrich Ludwig von Sydow
1805 Landrat Wilhelm Ludwig von Sydow, Wert 85/m T.

Dobersaul, Krs. Crossen – siehe Beutnitz

Döbbernitz, Krs. Sternberg
1715 KG-rat Gottfried von Jena
1718 Geh. Justizrat Gottfried von Jena
1745 (Geh. Justizrat Gottfried von Jena)
1767 Ltnt. Friedrich Wilhelm von Jena, Wert 17/m T.
1774 Gottfried von Jena, Wert 18/m T.
1801 u. 1809 Gottfried von Jena, 1801: 18/m T.

Döbbrick, ½, Krs. Cottbus – siehe Klein Oßnig

Dölzig u. (bis 1800) Hammer, Krs. Königsberg
1713 GM Friedrich Wilhelm von der Marwitz
1718 Gebr. Cap. Hans George u. Cap. Friedrich Ludwig von der Marwitz
1728 Cap. Hans George von der Marwitz
1745 Reg.rat Hans Wilhelm von Mörner
1759 Cap. Hans Albrecht Ernst von Bredow, Kaufpreis 33/m T.
1764 Philipp Ernst Lüder, Kaufpreis 80/m T.
1775 Oberamtmann Lüder
1785 minderj. Lüder, Wert 82/m T.
1794 Cap. Carl Otto Friedrich von Tresckow, Kaufpreis 107/m T.
1801 u. 1809 Cap. Carl Otto Friedrich von Tresckow
1801 u. 1803 Carl Friedrich Wilde, nur Hammer, für 10 280 T.

Dolgen, Krs. Dramburg, vor 1745 mehrere Teile
1715 Major Arend Caspar von dem Borne/ Johann George von dem Borne
1718 Ol Arend Caspar von dem Borne/ Witwe J. G. von dem Borne, W. 4/m
1727 Obrist Arend Caspar von dem Borne, ½ Dolgen/Gebr. Ewald Gotthilf u. Arend Joachim von dem Borne, auf ½ Dolgen
1728 (Melchior Ludwig von Kleist)
1745 Cap. Ewald Gotthilf von dem Borne
1767 Cap. Gotthilf Kreuzwendedich von dem Borne, Wert 8/m T.
1796 Landrat Sebastian George von Wedel, Kaufpreis inkl. Born 34/m T.
1809 Landrat Sebastian George von Wedel, nur Dolgen, Wert 24 300 T.

Dolgen, Krs. Friedeberg
1715 Johann Friedrich von Bornstedt
1745 Landrat Hans Joachim von Bornstedt
1758 Ltnt. Johann Friedrich von Bornstedt, 1767 Wert: 19 150 T.
1781 Ltnt. Christoph Friedrich von Sack, Kaufpreis 12/m T.
1801 u. 1803 Ltnt. Christoph Friedrich von Sack, Wert 12/m T.
1809 (Ltnt. Christoph Friedrich) von Sack

Dolgenow, Krs. Schivelbein
1713 u. 1715 Anshelm von Podewils zu Podewils in Pommern

1727 Wachtmstr. Bernd von Münchow
1745 (Joachim Siegmund von Mellenthin)
1772 Cap. Bernhard Bogislav Sigismund v. Mellenthin u. Frau, Wert 2 700
1782 (Ltnt. Ewald Heinrich Eugen von Wedel)
1788 Witwe Cap. v. Mellenthin u. Cap. Johann Magnus Christoph v. Wedel
1791, 1792 Prediger Ritter
1796 Cornet Johann Friedrich Wilhelm August von Rhoeden, Wert 12/m T.
1803 Ltnt. Friedrich Heinrich von Braunschweig, Wert 15 550 T.

Domsdorf, ½ bzw. ⅓, Krs. Cottbus – s. a. Kunersdorf u. Raackow
1715 Joachim Erdmann von Koeckritz
1728 Joachim Erdmann von Koeckritz
1767 Joachim Siegfried von Koeckritz, Wert 1 500 T.
1770 Gottlob Erdmann von Koeckritz/Helene Sophie von Koeckritz/Christiane Erdmuthe von Koeckritz
1774 Friedrich Wilhelm von Loeben
1797 u. 1809 Landrat Friedrich Ehrentreich von Muschwitz

Draghausen, Vorwerk, Krs. Dramburg – siehe Spiegel
1745 Witwe GM Johann (Peter) von Wedel
1765 Cap. Johann Rüdiger Frhr. von der Goltz
1801 Cornet Ludwig Franz Ernst Frhr. von der Goltz

Dramburg, Klostergut, Krs. Dramburg
1715 Joachim von Wedel zu Sarranzig
1763 um: Cap. (Adolph Friedrich Siegmund) von Pape
1767 Ol Constantin von Billerbeck, Kaufpreis 5/m T.
1775 um: Frau Amtsrat Catharina Sophie Crisenius, geb. von Pape
1787 George Ernst von Koethen, Kaufpreis 4 500 T.
1800 Christian Friedrich Starck u. Frau, Kaufpreis 8/m T.
1809 Eigentümer Starck

Drehnow gegen Frankfurt, Krs. Crossen
1713 Witwe Ol Joachim von Dechen, geb. von Essen
1717 Witwe Ol von Dechen u. Sohn Johann Wilhelm von Dechen
1750 um: (Reichsgräfin von Finckenstein)
1767 EM Carl Wilhelm Graf von Finckenstein, Wert 24/m T.
1801 u. 1805 Ltnt. Franz Albrecht Wilhelm Graf von Finckenstein
1809 Ltnt. F. A. W. Graf von Finckenstein, Taxe 47 881 T.

Drehnow gegen Schlesien, Krs. Crossen
1713 Melchior Friedrich Mi(e)sitschek von Wischkau
1728 Melchior Friedrich Mi(e)sitschek von Wischkau
1764 Cornet Ferd. Friedr. Abraham Mi(e)sitschek v. Wischkau, 28/m T.
1801 Cornet Ferd. Friedrich Abraham Mi(e)sitschek von Wischkau, 28/m
1807 Cap. Ferd. Friedr. Leop. Mi(e)sitschek v. Wischkau, Kaufpr. 56 892 T.

Drewitz, Krs. Crossen – siehe Beutnitz

Drieschnitz, Krs. Cottbus
1713 u. 1718 Gottfried von List
1745 Erben, Söhne Gottlob Ernst von List

1748 sächs. Kammerjunker Maximilian von Oertzen
1765 bzw. 1767 Ltnt. Jobst Carl vom Hagen, Kaufpreis 13/m T.
1789 Caroline Erdmuthe vom Hagen
1792 Cap. Christian Moritz von Kracht
1796 mecklenbg. Kammerherr Heinrich Adolph von Oppell, Kaufpr. 16/m T.
1802 Ehefrau v. Fried. Heinrich v. Briesen, geb. v. Rhade, Preis 18 200 T.
1804 Julius Ferdinand Maximilian von Oertzen, Kaufpreis 26/m T.

Driesen, Burglehn, Krs. Friedeberg
1715, 1718 nicht gen.
1740 Fam. Krübel (bzw. Kröbel)
1785 Oberpfarrer Krübel (bzw. Kröbel)
1798 Johann Gottlob Krübel, Wert 2 500 T.
1801 Major Leopold Ehren(t)reich von der Osten, Kaufpreis 10 150 T.
1806 Obrist Leopold Ehren(t)reich von der Osten

Dubrow, Krs. Crossen – siehe Sommerfeld

Eichow, Krs. Cottbus, bis 1780 bzw. 1792 zwei Anteile
1713 Friedrich von Zabeltitz, Kaufpreis 1695 9/m T.
1715 bzw. 1718 Egidius Leonhard von Zabeltitz
1767 Egidius Leonhard von Zabeltitz, Wert 12/m T.
1776, 1777 Major Johann Ernst von Zabeltitz
1790 GM Johann Ernst von Zabeltitz
1792 Ltnt. Friedrich Egidius Leopold von Zabeltitz
1804 Ltnt. Friedrich Egidius Leopold von Zabeltitz, Wert 29/m T.

Eichow, Krs. Cottbus
1715 Witwe Cap. Sybilla Elisabeth v. Hünecke, geb. v. Stuart, Wert 9 900
1722 (George von Stuart u. Frau Sybilla Elisabeth verwitw. v. Hünecke)
1745 Ltnt. Heinrich Wilhelm von Hünecke
1767 Kammerdirektor Heinrich Wilhelm von Schmettau, Wert 16/m T.
1775 Witwe u. Kinder Kammerdirektor von Schmettau
1780 Ol Johann Ernst von Zabeltitz, bde. Teile, Wert zs. 32 600 T.
1782 Ol Johann Ernst von Zabeltitz, s. o.
1792 u. 1804 s. o.

Falkenberg, Krs. Schivelbein
1713 Pfandbesitzer Caspar von Rüchel/Heinrich Christian von Pustar
1718 Caspar von Rüchel/Cornet Joachim Heinrich von Rüchel
1728 Cornet Joachim Heinrich von Rüchel (auf Anteil)
1736 u. 1751 Landrat Joachim Ehrentreich von Beneckendorff
1772 Cap. Carl Ludwig Gottlob von Beneckendorff, Wert 2/m T.
1801 Landrat Adrian von Dewitz u. Frau Renate Louise, geb. v. Dewitz
1809 Landrat Adrian von Dewitz, Taxe 17 500 T.

Falkenburg, Schloß, Dietersdorf, Gersdorf, Groß Grünow, Hundskopf, Klebow, Teschendorf, Zülshagen, Plagow, Krs. Dramburg
1715 Philipp von Borcke, nur Falkenburg, Wert 6/m T./Landrat George Matthias von Borcke, nur Gersdorf, Wert 4/m T./Philipp Dubislav von Borcke, nur Plagow, Wert 9/m T.

1718 Gebr. George Matthias u. Philipp von Borcke, alle Güter
1727 Obrist Philipp von Borcke
1744 Major Philipp George Wilhelm von Borcke
1745 Cap. George Balthasar von Borcke
1767 Cap. George Baltasar von Borcke
1801 Kammerherr Philipp Wilhelm Heinrich von Borcke, 76 848 T.
1809 Kammerherr von Borcke, Wert seiner Güter: 183 356 T.

Falkenstein, Krs. Friedeberg
1715 Cap. Joachim Bernd von Schönebeck/Carl Heinrich von Sanitz
1728 Ltnt. Wolf Wilhelm von Sanitz
1745 Landrat Christian von der Marwitz, Kaufpr. 1736: 15/m T.
1755 Landrat Christian von der Marwitz, 1748 Taxe: 27 338 T.
1756 Frau Obrist Hans Caspar von Knobelsdorff
1770 Friedrich Wilhelm von Knobelsdorff, Kauf 11 900 T.
1774 Major Siegmund Christoph von Schöning
1787 Cap. Henning Fr. v. d. Osten, Kauf zs. mit Breitenstein, s. d.
1801 Cap. Henning Friedrich von der Osten, nur Falkenstein: 14/m T.
1805 von Kamptz, Kaufpreis 51/m T.

Falkenwalde u. Gräfendorf, Krs. Königsberg
1713 Ltnt. David Adolph von Sydow
1718 Ltnt. David Adolph von Sydow
1732 Friedrich Wilhelm von Sydow
1767 Rittmstr. Christian David von Sydow, Kaufpreis 40 293 T.
1776 Frau Kriegsrat Crüger, geb. Horn, 1780: 45 973 T.
1798 Landrat Carl August Ludwig Alex. (von) Zinnow, Kaufpreis 70/m T.
1802 Carl August von Bredow, Kaufpreis 130/m T.
1804 Amtmann Witte, Kaufpreis 137 500 T.

Flackensee, Vorwerk, Krs. Arnswalde
1715 nicht genannt
1767 u. 1775 Ltnt. Friedrich Erdmann von Perbandt
1780 Witwe von Perbandt, geb. Wilhelmine Amalie Philippine von Wedel
1786 Ltnt. Johann Ludwig von der Mülbe u. Frau, geb. von Mellenthin
1797 um: Witwe Ltnt. von Bockelberg, geb. Dorothea Wilhelmine Schüler
1798 Kfm. Gottlieb Leberecht Mangelsdorf, Kaufpreis 3 800 T.
1803 Claus George von Schmeling, Kaufpreis 3 800 T.

Frauendorf, Krs. Sternberg
1715 neumärk. Oberforstmstr. Ludolph George von Lüderitz
1718 Amt Lebus
1736 Amt Frauendorf
1809 Domänenamt Frauendorf

Frauendorf, Krs. Cottbus
1715 Erdmann Gottlob Krüger
1733 Gottlob Erdmann Krüger
1770 Johann Joachim Schmidt, Kaufpreis 12 700 T.
1785 Senator J. H. Schmidt
1787 Ltnt. Christian August von Pannwitz, Kaufpreis 18/m T.
1801 Ltnt. C. A. von Pannwitz in Groß Oßnig, bde. Güter zs. 58/m T.
1803 sächs. Cap. Maximilian von Oertzen, Kaufpreis 30/m T.

Friedeberg, Klostergut, Krs. Friedeberg
1778 Jacob Zastrow
1785 Lehnschultze Zastrow, 6/m T.
1797 Krs.einnehmer Christian Heinrich Nehse, Wert 6/m T.
1801 G. Brömbse

Friedrichsdorf, Krs. Dramburg
1715 Obrist Philipp von Borcke
1727 u. 1744 Obrist Philipp von Borcke
1767 Rittmstr. Philipp August Wilhelm von Werther
1771 Major Adolph Friedrich Siegmund (von) Pape, Kaufpreis 10/m T.
1777 Cap. G. C. L. von Doeberitz in Dahlow, Kaufpreis 14 750 T.
1803 Ol George Christoph Ludwig von Doeberitz, Wert 14 750 T.
1809 Ol George Christoph Ludwig von Doeberitz

Friedrichsfelde, Vorwerk, Krs. Dramburg – siehe Zeinicke

Fritschendorf, u. ½ Deutsch Sagar, Krs. Crossen
1705 um: Christoph Friedrich von Loeben
1713 Cap. Christoph Sigismund von Bomsdorff
1718 Otto Friedrich von Oppell, Kauf für 12/m T.
1745 sächs. Ltnt. Hans George von Oppell
1751 Fähnrich Johann George von Oppell
1767 Ltnt. Johann George von Oppell, Wert 12 050 T., inkl. ½ Dt.-Sagar
1778 (Charlotte Luise von Pfoertner, geb. von Winning)
1800 Alexander Ernst von Oppen, Wert 24 800 T.
1803 Witwe A. E. von Oppen u. Kinder zu Klein Gandern in Sternberg
1804 Obrist von Kameke, Kaufpreis 29 800 T.
1809 Witwe Obrist von Kameke

Fürstenau, Anteil, Krs. Arnswalde
1715 u. 1718 Hans Adam von Wedel/Witwe Freiin von Schenck
1744 Hans Adam von Wedel
1745 (Witwe GM Johann (Peter) von Wedel, geb. von Güntersberg)
1747 Ewald Friedrich von Wedel
1774 Ewald Friedrich von Wedel
1780 um: Fam. von Wedel, Wert inkl. Springe, Werder, St.busch: 26 509
1799 Obrist Johann Friedrich von Hohendorff, Kaufpreis 40 400 T.
1803 Rittmstr. Achatz Wilhelm August von Waldow, bd. Tle., f. 98/m T.

Fürstenau, Anteil, Krs. Arnswalde
1715 s. o.
1728 (Rittmstr. Magnus Christoph von Wedel)
1750 Obrist Carl Ludwig von Normann
1773 Cap. Cord Dietrich von Normann, Kaufpreis 20/m T.
1801 Cap. Cord Dietrich von Normann
1803 Rittmstr. A. W. A. von Waldow, bd. Tle., s. o., Kaufpreis 98/m T.

Fürstenfelde, Rittergut, Krs. Königsberg
1713 u. 1718 Hans Detloff von Briesen
1745 Ltnt. Carl Detloff von Briesen, 1751 im Wert von 14/m T.
1760 Witwe Carl Detloff von Briesen
1761 Major Hans Christoph von Uthmann, Kaufpreis 15/m T.
1772 Witwe von Uthmann, geb. Johanna Beate Charlotte von der Marwitz
1790 um: GM George Ludolph von Wulffen u. Frau, geb. v. d. Marwitz

1797 Amtmann Daniel Gaede, Kaufpreis inkl. Freigut 22 500 T.
1801 u. 1809 Amtmann Daniel Gaede

Fürstenfelde, Frei- oder Bürgergut, Krs. Königsberg
1769 Obrist Arnd Wilhelm von Sydow, Wert 5/m T.
1778 Major Friedrich Wilhelm von Ba(e)rner
1780 Christian David Krappe, 1785 Wert 13/m T.
1797 s. o.

Fürstensee, neumärk. Anteil, Krs. Arnswalde
1713 Hof- u. Legationsrat von Wedel
1731 Lorenz George von Wedel
1774 Lorenz George von Wedel
1785 Cornet Otto Friedrich Wilhelm von Wedel, Wert: 16/m T.
1801 u. 1803 Cornet Otto Friedrich Wilhelm von Wedel, 16/m T.

Gabbert, Anteil A, d. sog. Krughof, Krs. Arnswalde
1713 Witwe Ltnt. Adam Christian von Wedel/dän. Ltnt. Adam Christoph von Wedel/Emanuel Liebenwald/Hofrat von Martitz
1728 Ltnt. August Friedrich von Gordon
1750 um: Frau von Wedel
1770 um: Bürger Dallmer in Labes
1798 Johann Tobias Müller, Kaufpreis 3/m T.
1809 Eigentümer Müller

Gabbert, Anteil B, Krs. Arnswalde
1713 u. 1728 s. o.

1800 Johann Philipp Ludwig von Berg(en) auf Marwitz, Krs. Landsberg
1801 Major Carl Ludwig von Berge
1803 KD-rat Johann Philipp Ludwig v. Berg(en) bzw. Major C. L. von Berge
1809 Major Carl Ludwig von Berge

Gablenz, Krs. Crossen – siehe Sommerfeld

Gablenz, Roggosen, Sergen, Krs. Cottbus, seit 1745 bzw. 1767 auch Grötsch, ½ Haasow, Klein Lieskow, Kathlow u. Tranitz
1701 Oberjägermstr. Christian von Pannwitz, Kaufpreis 13/m T.
1718 neumärk. Reg.rat Friedrich Wilhelm von Pannwitz
1732 (Carl von Schöning, so Krüger, S. 11)
1745 Anton Dietrich Wilhelm von Pannwitz
1767 Anton Dietrich Wilhelm von Pannwitz, Wert 1772: 76 377 T.
1801 Witwe A. D. W. v. Pannwitz, geb. Charlotte Marie v. Kleist, W.: 76 377
1803 Witwe von Pannwitz, geb. Charlotte Marie von Kleist, W.: 67 377 T.
1805 Gottfried Carl August von Schöning

Gahlen, Krs. Cottbus
1696 Hans Caspar von Muschwitz, Kaufpreis 9 400 T.
1713 u. 1715 poln. Ltnt. Christian Siegmund von Muschwitz
1717, 1718 sächs. Cap. Caspar Friedrich von Muschwitz
1737 George Ernst von Muschwitz
1745 Gottlob Heinrich von Muschwitz
1767 Ltnt. Gottlob Heinrich von Muschwitz, Wert 13/m T.
1775 Marianne Erdmuth v. Brietzke, geb. v. Muschwitz, Kaufpreis 11 750

1800 Caroline Marianne von Brietzke (bzw. von Wittcke, s. Krüger, S. 11)
1801 Frl. Caroline Marianne von Brietzke, 1796 Wert 11 750 T.
1805 Heinrich Ludwig Reichsgraf zu Lynar, Kaufpreis 20/m T.
1809 (Frl. von Britzke)

Gahry (und seit 1767 mit ½ Gosda), Krs. Cottbus, bis 1703 drei Teile
1703 Bartusch Heinrich von Kracht
1715 sächs. Landesältester Gottlob Heinrich von Kracht
1728 Gottlob Heinrich von Kracht
1752 Johann Gottlob von Kracht
1767 Johann Gottlob von Kracht
1774, 1778 Joh. Gottlob u. Cap. Friedr. Chr. von Kracht, je auf ½ Gahry
1790 um: Cap. Friedrich Christian von Kracht
1795 Witwe Cap. Friedrich Christian von Kracht
1797, 1799 Ltnt. Friedrich Bernhard von Uckermann u. Frau
1799 Cap. Johann Rudolph Ferdinand von Zawadsky, Kaufpr. 10 775 T.
1803 u. 1805 Cap. J. R. F. von Zawadsky

Gallinchen, Krs. Cottbus
1715 Carl Ferdinand von Larisch
1718 Hofrat George von Sonnentag, Kaufpreis 6 200 T.
1728 neumärk. KD- u. Steuerrat George von Sonnentag
1745 George Siegfried von Sonnentag
1753 August Heinrich Graf von Pückler, Kaufpreis 9 600 T.
1767 u. 1801 August Heinrich Graf von Pückler in Branitz
1805 siehe Branitz

Geilenfelde, Krs. Friedeberg
1715 Obrist Hans George von Schönebeck
1718 Witwe Obrist Hans George von Schönebeck
1745 Ltnt. Christian Friedrich von Schönebeck
1765 Ltnt. Christian Friedrich von Schönebeck
1767 Gebr. Hans Carl Friedrich u. George E. Hr. v. Schönebeck, 18 575 T.
1801 u. 1803 Ltnt. George Ernst Heinrich von Schönebeck, 18 575 T.
1809 Landrat George Ernst Heinrich von Schönbeck

Geisendorf, Krs. Cottbus
1713 Land-Fischmstr. d. Cottbuser Krs. Hans Heinrich von Nostitz
1715 herzogl.-weißenfelsischer Kammerjunker Johann Adolph von Nostitz
1727 August Gebhard von der Marwitz
1739 Caspar Heinrich von Muschwitz
1767 (Hans Ehrentreich) von Muschwitz, inkl. Anteil Görigk 22/m T.
1777 Cap. Friedrich Ehrentreich von Muschwitz
1800 Landrat Friedrich Ehrentreich von Muschwitz
1809 Landrat Fr. E. von Muschwitz

Gennin, Krs. Landsberg
1715 u. 1718 Hof- u. Landrat Curd Dietrich von der Marwitz
1728 Domänenamt Himmelstädt, Ankauf für 17/m T.
1809 Domänenamt Himmelstädt

Germersdorf, Krs. Cottbus
1705 KG-rat Wolfgang Friedrich von Cruse (bzw. Krause)
1713 Witwe Anna Sophia von Cruse

1718 Arnold Ehrenfried von Cruse (bzw. von Krause)
1734 poln. Ol Ludwig Wilhelm von Cruse, Kaufpreis 6/m T.
1767 Gebr. Fr. Wilhelm u. Ludwig Wilhelm von Cruse, Wert 15/m T.
1774 Major Friedrich Wilhelm u. Major Ludwig Wilh. von Cruse
1800 Obrist Ludwig Wilhelm von Cruse (bzw. Krause, Kruse)
1803 Charlotte Lucie Juliane von Massow, Kaufpreis 16 100 T.

Gersdorf, Krs. Dramburg – siehe Falkenburg

Gersdorf, Krs. Crossen, 1803, 1805 als Senioratsgut bez.
1713 Hans Gottlob Frhr. von Schönaich, Kauf für 8 500 T.
1751 EM Hans Carl Fürst von Schönaich-Carolath
1767 Otto Albrecht Frhr. von Schönaich
1778 Otto Albrecht Frhr. von Schönaich
1800 u. 1803 Christoph Otto Frhr. von Schönaich zu Amtitz in d. Nl, W: 16/m
1806 Rittmstr. Frhr. von Schönaich

Gienow, Krs. Dramburg
1710 um: Amtskammerrat Christoph Friedrich Spiess
1712 Ltnt. Joachim Rüdiger von dem Borne, Kaufpr. 12 500 T.
1724 Cap. Levin Ernst von Winterfeld, Kaufpreis 12/m T.
1760 Ltnt. Eustach Wilhelm von Hertzberg
1763 Pl Friedrich Wilhelm von Hertzberg, Kaufpreis 13 500 T.
1799 GM Friedrich Wilhelm von Hertzberg
1800 Cap. Ernst Bogislav von Below, Kaufpreis 35 300 T.
1801 u. 1805 Johann Peter Ferdinand von Borcke, Kaufpreis 35 300 T.
1809 Frau von Borcke, Schätzung 37 600 T.

Giesenbrügge, Krs. Soldin
1710 um: von Platen/von Belling
1713 Hof- u. Legationsrat Arnold Bernhard von Rhaden, Kauf 15/m T.
1728 Erben, Söhne d. Hof- u. Legationsrates Arnold B. von Rhaden
1740 Kriegsrat Crüger
1743 Lüder sen.
1755 Oberamtmann Wilhelm Ludwig Lüder, Wert 24 300 T.
1785 Wilhelm Ludwig Lüder, Wert 24 300
1803 Wilhelm Ludwig Lüder, 1801: 25 200, 1803: auf 38 956 T. taxiert
1809 Wilhelm Ludwig Lüder, Wert 43 640 T.

Glambeck, Anteil adliger Besitz, Krs. Arnswalde, Anteil Amt Reetz
1715 u. 1718 Witwe Catharina Eleonore von Wedel
1745 (sächs. Cap. Johann Ernst von Wedel bzw. Uffz. Joachim Daniel von Beneckendorff)
1771 Hans von Greiffenberg
1772 Ltnt. Fr. Ludw. Rud. v. Greiffenberg u. Schwestern, W.: 9 320 T.
1801 Obrist Friedrich Ludwig Rudolph von Greiffenberg u. Schwestern
1802 Bgmstr. Johann Gotthilf Kienitz in Reetz, Kaufpreis 1801: 20/m T.
1809 Bürgermeister Kienitz

Glasow, Krs. Soldin, bis 1790 in verschiedenen Händen
1715 GM Carl Reinhold/Ltnt. George Christian von Horcker
1718 GM Carl Reinhold von Horcker
1727 Erben C. R. von Horcker/Erben Ltnt. von Horcker
1745 Cap. Christian Sigismund von Horcker, auf ½ Glasow/Hofgerichtsrat Michael Christoph von Ploetz, auf ½ Glasow
1772 Cap. Christ. Jacob u. Fähnrich Christ. George Achatz v. Horcker, 30/m
1790 Cap. Friedrich August von Sydow, Kaufpreis 69 900 T.
1803 Ltnt. Colmar Friedrich Heinrich Otto von Sydow u. Brüder
1809 Erben Cap. F. A., Gebr. von Sydow

Gleißen, bis etwa 1753 mehrere Teile, Krs. Sternberg
1715 Gebr. Cap. David Sebastian u. Major Balthasar Dietrich von der Marwitz/Ol Caspar Adam von Waldow
1745 Cap. David Sebastian von der Marwitz, auf ¼ Gleißen/Obrist Wilhelm Ludwig von der Marwitz, auf ¾ Gleißen
1753 Obrist Wilhelm Ludwig von der Marwitz, d. ganze Gut
1767 Wilhelm Ludwig von der Marwitz, Wert 50/m T.
1772 Witwe u. Kinder Wilhelm Ludwig von der Marwitz
1772, 1773 Ltnt. Siegmund Carl Gottlob Frhr. von Troschke
1774 Reg.rat Friedrich Wilhelm von Poser, 1780 Wert: 63 028 T.
1801 u. 1803 Reg.präs. Fr. Wilh. von Poser, Wert 63 038 T.
1809 von Poser, Wert inkl. Vorwerken 64 328 T.

Glembach, Krs. Crossen – siehe Beutnitz

Glogsen, Krs. Züllichau
1715 dän. Ltnt. Zacharias Heinrich von Loeben
1718 Ltnt. Rudolph Ernst von Kalckreuth
1724 (Johann Gottlieb von Stosch)
1750 um: Frhr. von Kottwitz
1755 Major Levin Friedrich Christoph von Thümen, Kaufpr. 18 750 T.
1767 Witwe Charlotte von Thümen, geb. von Winterfeld
1770 Friedrich Levin Gottlieb von Thümen
1792 Landrat von Gersdorff auf Kay, Kaufpreis 23 200 T.
1805 Landrat George Samuel Wilhelm von Gersdorff in Kay

Gloshagen, Vorwerk, Krs. Dramburg – siehe Steinhöfel

Göhren u. Hermswalde, ab etwa 1785 inkl. Tamnitz, Krs. Crossen
1713 Heinrich Otto von Gablenz d. Ä., Wert 38/m T.
1745 Heinrich Otto von Gablenz d. Ä.
1760 um: Cap. Heinrich Otto von Gablenz d. J., Wert 36/m T.
1767 Cap. Heinrich Otto von Gablenz
1777 Witwe H. O. von Gablenz, geb. von Knobelsdorff
(1774 u. 1780 Dietrich Gotthard Frhr. von Blomberg)
1790 um: Witwe H. O. von Gablenz, auch auf Tamnitz

1801 Kammerherr Johann Carl von Hagen, Kaufpreis 130/m T.
1803 Gebhard Joachim Achaz von Alvensleben, Kauf 154 500 T.

Görbitsch, Krs. Sternberg
1715 Conrad Wilhelm von Nauendorff/ Cap. Wolf Balthasar von Selchow
1728 Ol Wolf Balthasar von Selchow, auf ½ Görbitsch
1736 Landrat Joachim Bernhard von Selchow
1745 Ol Bernhard Adolph von Selchow
1767 Ol Bernhard Adolph von Selchow, Wert 22/m T.
1774 Witwe Ol von Selchow, geb. von Risselmann, 1780: 22/m T.
1801 Erben Witwe Ol von Selchow
1802 KD-rat David Heinrich Ferdinand von Winterfeld, Kaufpreis 75/m T.
1807 Rittmstr. von Hollwede, Kaufpreis 130/m T.

Görigk, Krs. Cottbus – siehe auch Geisendorf
1715 Kammerjunker Johann Adolph von Nostitz
1745 Caspar Heinrich von Muschwitz in Geisendorf
1777 u. 1809 siehe Geisendorf

Görlsdorf, Krs. Königsberg
1713 neumärk. Kanzler Christoph Warmbold von Umbstad
1718 Ol Ernst Friedrich von Sydow
1725 um: Cap. Hans Friedrich von Sydow
1728, 1729 Obrist Egidius Ehrenreich von Sydow
1732 Amt Görlsdorf, Ankauf durch d. König für 42 500 T.
1809 Domänenamt Görlsdorf

Golz, Krs. Dramburg
1715 Friedrich Gottfried von Ploetz/Franz Joachim von dem Borne
1718 Friedrich Gottfried von Ploetz/Fr. J. von dem Borne
1727 Ltnt. Joachim Rüdiger von dem Borne (Wert 1733: 6 853 T.)
1745 (Rittmstr. Wilhelm Friedrich u. Fähnrich Hans George von Ploetz)
1760 Ltnt. Eustach Wilhelm von Hertzberg
1763 von Strauss, Kaufpreis 8 050 T.
1765 GM Hans Christoph von Billerbeck, Kaufpreis 8 300 T.
1774 GM Hans Christoph von Billerbeck, taxiert auf 11 050 T.
1782 Ltnt., sp. Cap. Moritz August Wilhelm von Billerbeck
1796 Landesdirektor G. F. F. von Bonin, Kauf Golz u. Janikow f. 33/m T.
1800 um: Töchter Landesdirektor George Friedrich Felix von Bonin
1801 württemberg. Oberforstmstr. Fr. Ludw. L. v. Dewitz, Kaufpr. 16 650 T.
1803 Friedrich Ludwig Leopold v. Dewitz, Golz u. Janikow, Kaufpr. 33 300
1809 Freiin von d. Goltz/von Dewitz, auf Golz u. Janikow

Golzen, Krs. Züllichau
1715 u. 1718 Caspar Alexander von Stosch
1745 Hans Gottlieb von Stosch
1757 Balthasar Ferdinand von Stosch
1770 Witwe Johanne Magdalene Charlotte von Stosch
1772 u. 1785 Kaufmann (P. G.) Windell, 1785: 19/m T.
1795 um: Philipp Gabriel Windell, 1781 im Wert von 18/m T.
1800 u. 1805 Kaufmann Carl Philipp Heinrich Windell, 1798: 25/m T.

Gosda, Krs. Cottbus
1699 Hans Christoph von Pfuhl
1715 Jobst Ernst von Schönfeldt
1729 Gottlob Heinrich von Kracht, Kaufpreis 7/m T.
1745 GM Bernhard von Beauvrye
1764 Otto Christian August von Beauvrye
1767 Friedrich Reinhard von Beauvrye, Wert 8/m T.
1800 Cap. Fr. Reinhard von Beauvrye, Taxe 10 485 T.
1805 Cap. Friedrich Reinhard von Beauvrye

Gossow, Krs. Königsberg – siehe Belgen

Grabkow, Krs. Crossen – siehe Sommerfeld

Grabow, Krs. Sternberg, bis mind. 1745 mehrere Teile
1715 Carl Ludwig von Luck/Thomas von Widoffsky/Ferdinand Adolph von Haugwitz
1718 Erben Joachim Friedrich v. Winning/sächs. Cap. Balzer Reinhard von Falkenhayn
1745 Cornet Johann Dietrich u. Uffz. Franz George Chr. v. Alten-Bockum
1765 Alexander von Unruh, Wert 12/m T.
1766, 1774 Fähnrich Christoph Balthasar von Unruh
1778 Major Johann Constantin von Buditzky, Kaufpreis 18/m T.
1801 u. 1803 Ltnt. Carl Ernst Ludwig Frhr. von Collas, Wert 18/m T.
1809 Frhr. von Collas

Gräden, Krs. Sternberg – siehe auch Matschdorf
1715 Joachim Friedrich von Kettwig
1745 Gebr. Johann Carl Rudolph, Wolf Alexander Otto und Joachim Wilhelm Leberecht von Kettwig
1751 sächs. Ltnt. Hans Adolph von Wengler
1765, 1767 Wolf Alexander Otto von Kettwig, Wert 9/m T.
1778 Rittmstr. Johann Carl Rudolph von Kettwig
1785 (Ol Joachim Wilhelm Leberecht von Kettwig)
1787 Sophia Friederike Wilhelmina von Burgsdorff, geb. von Unruh
1790 Cap. Carl Ludwig von Paris, Kaufpreis 10 500 T.
1795 Ltnt. Otto Heinrich von Hertzberg, Kaufpreis 16/m T.
1801 Ltnt. Otto Heinrich von Hertzberg
1802 Oberamtmann Johann Friedrich Wilhelm Hart, Kaufpreis 21/m T.
1809 Oberamtmann Hart

Gräfendorf, Krs. Königsberg – siehe Falkenwalde

Gralow, seit 1800 in einer Hand, Krs. Landsberg
1715 Gl Joachim Friedrich v. Wreech/dän. Etatsrat Friedrich von Gramm/Ol F. W. von Schöning/Kammerherr Ernst Ludwig von Brand
1718 Gen. von Wreech/Ol von Schöning/ Kammerherr E. L. von Brand
1728 Ol Adam Friedrich von Wreech/Ol Friedrich Wilhelm von Schöning
1731 George Wilhelm von Schöning, auf Anteil

1749 Ltnt. Hans Wilhelm von Schöning, auf Anteil Gralow
1764 Hans Eberhardt Meyer von Schöning/Christoph Ernst von Brand
1785 Cornet Friedrich Eberhard von Schöning
1788 Rittmstr. Christian Ludwig Adolph Freiherr von Rhade
1800 Rittmstr. Christian Lud. Adolph Frhr. v. Rhade, Kaufpreis 100/m T.
1803 (Leopold von Wendessen, Kaufpreis 320/m T.)
1809 Landrat C. L. A. Frhr. von Rhade

Granow, Krs. Arnswalde
1715 Adj. Caspar Heinrich von Brederlow/Magistrat von Arnswalde
1722 Ltnt. Curd Heinrich von Brederlow
1725 um: (Ltnt. von Dossow)
1745 Major von Broesigke
1775 um: Fam. von Zastrow
1780 Frau Charlotta Wilhelmina v. Barfuss, geb. v. Barfuss, Kaufpr. 7 355 T.
1801 vorm. Pl Carl Albrecht von Barfuss
1809 Cap. Carl Albrecht von Barfuss

Grapow, Krs. Friedeberg – siehe auch Wolgast
1715 Frau von Hoffstedt/Friedrich Prophalus in Driesen
1718 Friedrich Prophalus
1745 Erben Cap. Alexander Magnus von der Marwitz
1767 Rittmstr. Ernst Christian Alexander von der Marwitz, Wert 8/m T.
1801 Witwe Rittmstr. E. C. A. von der Marwitz, Wert 8/m T.
1802 GM Hans Carl Ludolph von Strantz, Kaufpreis 18 600 T.

Grassee, Krs. Dramburg
1715 u. 1718 Witwe Cuno von dem Borne, zs. mit Ant. Piepstock 10/m T.
1727 Gebr. Balthasar Rüdiger u. Antonius Melchior George von dem Borne
1727 Major Ernst (von) Prophalow
1730 Melchior Magnus von Wedel, Kaufpreis 11/m T.
1745 Brigade-Major Magnus Lupold von Wedel
1774 Major Magnus Lupold von Wedel
1801 u. 1803 Ltnt. Ludwig Magnus von Wedel, Wert von 1730: 11/m T.
1809 Ltnt. Ludwig Magnus von Wedel, Taxe 11/m T.

Griesel, Krs. Crossen, bis ca. 1795 zwei Teile
1713 Ltnt. Bernhard Rudolph von Schenckendorff, auf Anteil/Stephan von Morstein, auf Anteil Griesel
1717 Ltnt. B. R. von Schenckendorff, auf Anteil für 8/m T./unmündige Gebr. von Morstein, auf Anteil für 8/m T.
1728 Ltnt. Bernhard Rudolph von Schenckendorff, auf ½ Griesel
1745 Ltnt. Adolph Friedrich von Wulffen, auf ½ Griesel/Cornet Gottlieb Tobias von Morstein, auf ½ Griesel
1767 Ernst Ludwig von Pfoertner, auf Anteil, Wert 17 790 T./Maximilian Ehrentreich Samuel von Morstein, auf Anteil, 10 480 T.
1795 Ltnt. Andreas Ernst von Pfoertner, beide Teile
1801 Ltnt. Andreas Ernst von Pfoertner, Wert 39/m T.
1809 Ltnt. Andreas Ernst von Pfoertner, Wert 40 760 T.

Grössin, Krs. Schivelbein
1713 Hofrat (Friedrich Wilhelm) von Stosch in Berlin
1715 Witwe u. Erben Hofrat von Stosch
1727 Rittmstr. Friedrich von Stosch
1755 um: Cap. von Preuß
1763 Kriegs-Comm. Johann Heinrich Birner, Kaufpreis 6/m T.
1785 u. 1801 Hofrat August Wilhelm Birner, 6/m T.
1805 Johann Gottfried Birner
1806 Gebhard Friedrich von Uckermann, Kaufpreis 39/m T.

Grötsch, Klein Lieskow u. Tranitz, Krs. Cottbus – s. a. Gablenz
1713 Gl Anton von Pannwitz
1745 Anton Dietrich Wilhelm von Pannwitz
1767 Anton Dietrich Wilhelm von Pannwitz
1801 Witwe A. D. W. v. Pannwitz, geb. Charlotte Marie v. Kleist

Groß Breesen, Krs. Cottbus
1714 Hofpostmstr. Christian Friedrich Sobbe in Berlin
1746 Christian Ludwig Hern
1767 Christian Ludwig Hern
1768 George Wilhelm Hern
1769 Charlotte Dorothea Bertholdt, geb. Wilkens, Kaufpreis 3 200 T.
1785 Adam Lieske, 5/m T.
1800 u. 1803 Adam Lieske u. Ehefrau, geb. Lehmann, Wert 3 200
1804 sächs. Pl Erdmann von Kutschenbach
1809 Eigentümer Lieske

Groß Döbbern, Krs. Cottbus – siehe Branitz

Groß Gaglow, Krs. Cottbus
1715 Major Wolf Adolph von Pannwitz
1730 Martha Elisabeth von Koepping, geb. von Pannwitz, Preis 9 200 T.
1752 Martha Elisabeth von Sonnentag, geb. von List
1767 Frau Major von Massow, geb. Martha Elisab. v. List, Wert 16/m T.
1774 Witwe Obrist Friedrich Eugen von Massow, geb. von List
1788 Cap. Carl Adolph Albrecht von Görschen, Kaufpreis 16 600 T.
1800, 1805 Major C. A. A. von Görschen u. Frau, geb. von Massow
1809 Major von Görschen

Groß Gandern, Krs. Sternberg, bis etwa 1785 mehrere Teile
1715 Landrat Joachim Bernhard v. Selchow, ½ d. Gutes/Ltnt. Sebastian von Lossow, auf ¼ /Ltnt. George Christoph von Lossow, auf ¼
1728 Landrat Joachim Bernhard von Selchow, auf ½/Ltnt. George Chr. v. Lossow, auf ¼/Fähnrich Johann Sebastian von Lossow, auf ¼
1745 Cap. Otto Friedrich u. Ltnt. Maximilian Erdmann von Lossow, auf ½/Cap. Andreas Friedrich Balthasar von Selchow, auf ½
1751 Ltnt. Maximilian Erdmann von Lossow, auf ½ Groß Gandern
1767 Major Andreas Friedr. Balth. von Selchow, Wert 20/m T./Witwe Anna Margarethe von Lossow, geb. von Rohr, Wert 24/m T.
1776 Majore A. F. B. von Selchow u. Ernst Gottlob von Oppen, 1780 30/m T.

1785 um: Alexander Ernst von Oppen, bd. Tle., (Kaufpreis 60/m T.)
1801 Alexander Ernst von Oppen, 1775: 30/m T.
1802 minderj. Söhne von Alexander Ernst von Oppen
1809 von Oppen

Groß Grünow, Krs. Dramburg – siehe Falkenburg

Groß Kirschbaum, ¼ adliger Besitz, Krs. Sternberg, ¾ zur Komturei
1715 Wulf Sigismund von Tschammer
1728 Hans Friedrich von Mischitzky
1767 Gebr. Ltnt. Gottl. Bog. Sigismund u. George Carl von Seidlitz
1783 Rittmstr. Gottlob Boguslav Sigismund von Seidlitz
1785 Christoph Balthasar von Unruh
1786 Christoph Wilhelm Sigmund von Unruh, Kaufpreis 6/m T.
1801 u. 1803 Christoph Wilhelm Sigmund von Unruh, Wert 6/m T.
1809 von Unruh

Groß u. Klein Cammin, Krs. Landsberg
1715 Witwe Obrist Hans Ludwig von Schöning
1718 Witwe Obrist Hans Ludwig von Schöning
1728 Obrist Adam Friedrich von Wreech u. Frau, geb. von Schöning
1745 Gl Adam Friedrich von Wreech u. Frau
1766 Gebr. Fr. Wilh. Theodor u. Ludwig Alexander von Wreech, 46 714 T.
1774 Kammerherr, Hofmarschall Friedrich Wilhelm Theodor von Wreech
1786 Kammerherr Ludwig Alexander Graf von Wreech
1801 Kammerherr Carl Lud. Fr. Bog. Graf von Dönhoff, Kaufpreis 46 714 T.
1809 Kammerherr Carl Ludwig Friedrich Bogislav Graf von Dönhoff

Groß Lübbenau, Krs. Cottbus – siehe Bischdorf

Groß Möllen (Gr. Mellen), Anteil, Krs. Soldin – Anteil Groß Möllen, Krs. Pyritz
1715 Geh. Rat David von Grumbkow, beide Teile
1750 um: Obrist Friedrich Casimir von Grumbkow
1778 Rittmstr. Alexander Christian Heinrich von Legat, bde. Teile
1803 u. 1809 Hofmarschall Valentin von Massow

Groß Oßnig, Krs. Cottbus
1703 Caspar Heinrich von Kracht, Kaufpreis 17/m T.
1718 Söhne u. Erben von Caspar Heinrich von Kracht
1728 Gebr. Alexander Sigismund, Carl Friedr. u. Caspar Heinr. von Kracht
1733 Landrat Adam Jobst von Loeben, Kaufpreis 22/m T.
1743, 1752 Ernst Philipp von Loeben, Wert 25 750 T.
1767 Ltnt. Ernst Philipp von Loeben, Wert 26/m T.
1786 Ltnt. (bzw. Major) Ernst Philipp von Loeben, 1787 28/m T.
1787 (Ltnt. Christian August von Pannwitz)
1788 Kriegsrat Elias Balthasar Giesel
1798 Ltnt. Christian August von Pannwitz, Kaufpreis 41/m T.
1801 u. 1805 Ltnt. Christian August von Pannwitz

Groß Schönberg, Krs. Dramburg
1715 (Rittmstr. Carl Berndt von Birckholtz, inkl. Wusterwitz)
1721 Witwe Ol von Hünecke, geb. Dorothea Juliana von Schöning
1767 Witwe Elisabeth Hedwig von Born, geb. von Troyen, Wert 5/m T.
1783 Witwe Elisabeth Hedwig von Born
1790 um: Johann Michael Brewing
1798 Carl Friedrich Felix von der Osten, Kaufpreis 13/m T.
1805 Carl Friedrich Felix von der Osten
1806 von Braunschweig, Kaufpreis 40/m T.

Groß Silber u. Vorwerk Sponbrügge, Krs. Arnswalde, bis mind. 1751 zwei Teile
1715 Adam Matz von Wedel/sächs. Major Sigmund von Lohenstein
1718 Philipp Christian von Wedel/Amtmann Engelbrecht
1728 Cap. Christoph Andreas von Rappen, auf ½ Groß Silber
1751 Witwe von Rappen, auf ½ Groß Silber/Cap. Johann Ernst von Wedel
1756 Landrat Hans Christoph Dettlef von der Goltz
1767 Johann Ludwig u. Sophie Johanne Charlotte von der Mülbe, geb. von Schmalenberg
1774 Friedrich Adolph von Piper
1780 Friedrich von Goertzke
1800 Ltnt. Wilhelm August Woteslaw von dem Borne, Kaufpreis 67/m T.
1803 Gen.pächter Johann George Zimmermann, Kaufpreis 79 300 T.

Groß Spiegel u. Vorwerk Draghausen, Krs. Dramburg – ab 1727 siehe Kallies
1715 u. 1718 Ewald Friedrich von Güntersberg

Grüneberg u. Vorwerk Buschberg, Krs. Arnswalde
1715 Johann Ernst von Misbach
1728 Johann Ernst von Misbach
1743 Cap. Joachim Friedrich von Misbach
1774 Cap. Johann Magnus Ewald von Misbach, 1780: 20 637 T.
1790 um: Kinder u. Erben Johann Magnus Ewald von Misbach
1798 Rittmstr. Otto Ludwig von Versen, Kaufpreis 32 600 T.
1801 Ltnt. Friedrich Wulf Ernst von Natzmer
1805 von Zülow, Kaufpreis 50 200 T.

Grüneberg, Krs. Soldin
1718 Cap. Joachim Friedrich von Hagen
1728 Cap. Joachim Friedrich von Hagen
1741 Fähnrich Curth Wilhelm von der Marwitz, Kaufpreis 11 500 T.
1744 von Hagen
1774 Cap. Peter Adam Christian Ernst von Dossow, Wert 16 210 T.
1801 u. 1803 Cap. Peter Adam Christian E. v. Dossow in Batow, 16 210 T.

Grünhof, Vorwerk, Krs. Arnswalde
1715 nicht gen.
1765 (holländ. Ltnt. Christoph Friedrich von Wedel)
1778 Cap. Carl Friedrich von Wedel
1785 Ltnt. Johann George Ehrentreich von Lossow, Kaufpreis 9 500 T.
1801 Ltnt. Carl Otto Sigismund von Wegerer, Kaufpreis 13/m T.
1802 Henriette Friederique von Wangenheim, Kaufpreis 14/m T.
1806 Rittmstr. Achatz Wilhelm August von Waldow, Kaufpreis 18/m T.

Grünrade, Krs. Königsberg
1713 (Obrist Hans Otto von der Marwitz)
1718 Witwe Obrist Hans Otto von der Marwitz, geb. von Derfflinger
1749 Ltnt. Joachim Erdmann von Burgsdorff, Kaufpreis 16/m T.
1767 Ltnt. Johann George von Sydow, Kaufpreis 28/m T.
1774 Obrist Albrecht Ludwig von Katte (auf Anteil), 1780: 18 050 T.
1800 Reg.präs. Gustav Heinrich von Enckevort, Kaufpreis 55/m T.
1801 u. 1803 Kriegsrat, Amtmann Berg, Kaufpreis 58/m T.
1809 Kriegsrat Berg in Golzow

Grunow, Krs. Crossen
1713 George Friedrich Bludowsky Frhr. von Niederbludowitz, Kauf 8/m
1728 Bgmstr. Ludwig Christoph von Gleissenberg (auf Anteil)
1767 Frau Johanna Helena Friederica von Grünberg, Wert 10 500 T.
1780 Cap. Gottlob Heinrich von Paczensky u. Frau, geb. von Grünberg
1798 Ökonomie-Commiss. Carl Friedrich Voß, Kaufpreis 14 500 T.
1805 Hofrat Carl Friedrich Voß

Güntershagen, Anteil Jacobsdorf, Krs. Dramburg
1713 (Gebr. von Krockow: pomm. Landrat Döring Jacob, poln. Cap. Caspar Wilhelm, ksl. Cap. Philipp Reinhold)
1715 u. 1718 Reg.rat Friedrich Heinrich von Martitz
1725 um: Kriegsrat Richter
1728 Ankauf durch d. König, zum Amt Sabin
1809 Domänenamt Sabin

Guhden, Krs. Königsberg – siehe Mohrin

Guhlow, Krs. Crossen
1713 Abraham von Czettritz auf Schwarzwaldau in Schlesien
1718 Postmstr. Martin Christian Tielckau, auf Wiederkauf f. 7/m T.
1725 Fam von Schönaich, Wert 10 100 T.
1767 Schwestern Helene u. Dorothea von Schönaich
1798 Major Carl Frhr. von Schönaich, Kaufpreis 10 100 T.
1805 Major Carl Frhr. von Schönaich

Guhren, ab 1792 Ober- u. Nieder-Guhren in einer Hand, Krs. Züllichau
1715 u. 1718 Landrat Christoph von Unruh/Obrist Carl von Kalckreuth
1721 sächs. Cap. Christoph George von Unruh (auf Anteil)
1728 sächs. Major Carl von Unruh, auf ½ Guhren
1745 Ltnt. Friedrich Wilhelm von Unruh, auf ½ Guhren
1754 Major Carl Siegmund von Gersdorff in Kay, auf Anteil Guhren
1770 Witwe von Dziembowsky, geb. von Maxen, auf Ober-Guhren/George Samuel Wilhelm von Gersdorff, auf Kay mit Nieder-Guhren
1792 Landrat George Samuel Wilhelm von Gersdorff, Kaufpreis für Ober-Guhren 1792 18 300 T, Nieder-Guhren gehörte zu Kay
1801 u. 1805 Landrat George Samuel Wilhelm von Gersdorff

Guhrow (1715, 1732 = Gohra), 1709–1732 geteilt, Krs. Cottbus – siehe auch Gahry
1705 um: George Jobst von Schönfeldt

1709 Gebr. Caspar Sigismund u. Wolf Adolph von Schönfeldt
1715 Caspar Sigismund von Schönfeldt/ Wolf Adolph von Schönfeldt
1732 Caspar Sigismund von Schönfeldt, auf ganz Guhrow
1753 Söhne von Caspar Sigismund von Schönfeldt
1756 Cap. Carl Friedrich Maximilian von Buxdorff (lt. Krüger seit 1766)
1766, 1767 Cap. Carl Friedrich Maximilian von Buxdorf, Wert 20/m T. (bei Schwartz hier 1767 irrtümlich als Besitzer Carl Fr. v. Bomsdorff)
1772 Witwe Cap. von Buxdorff, geb. von Zabeltitz
1780 Gebr. Ltnt. Friedrich Adam Diedrich u. Ltnt. Carl Max. von Buxdorff
1781 Major Joachim Friedrich von Kleist
1797 Cap. Ludwig Carl Wilhelm von Wackerbarth, Kaufpreis 30/m T.
1805 Cap. von Wackerbarth u. Frau, geb. von Bomsdorff, zu Briesen

Gutsdorf, Krs. Dramburg
1715 u. 1718 Johann Adam von Güntersberg
1735 (Amt Balster)
1809 Domänenamt Balster

Haasow, Krs. Cottbus, drei Teile – siehe auch Branitz
1718 Erdmann Graf von Pückler/Hofrat Ludwig Ernst von Pannwitz/Erben Adam Christian von Pannwitz
1737 Erben Friedrich Wilhelm von Pannwitz, zwei Anteile
1767 Anton Dietrich Wilhelm von Pannwitz, auf ½ Haasow
1783 Witwe von Pannwitz, zwei Anteile
1801 u. 1805 Witwe Charlotte Marie von Pannwitz, geb. von Kleist

Haasow, Krs. Cottbus
1718 bis 1809 Fam. Graf von Pückler

Hänchen, Krs. Cottbus, bis 1740 zwei Teile
1715 Ol Friedrich Nicolaus von Rhaden/ Caspar Sigismund v. Zabeltitz
1728 Ol Friedrich Nicolaus v. Rhaden, auf ½ Hänchen/v. Zabeltitz
1740 Major Caspar Ernst von Normann, Kaufpreis 21 600 T.
1767 Ltnt. Johann Alexander von Normann, Wert 20/m T.
1795 Obrist Johann Alexander von Normann
1796 Johann Wilhelm Jänicke, Kaufpreis 32 300 T.
1805 u. 1809 Eigentümer Jänicke

Hammer bei Driesen, Krs. Friedeberg
1715 Erben Gottfried Horn
1755 Berger
1767 Johann Daniel Wagner
1785 Commissarius Michael Mittelstädt, Kaufpreis 4 014 T.
1802 Michael Mittelstädt, Wert 3 250 T.

Hammer bei Dölzig, Krs. Königsberg
1713 GM Friedrich Wilhelm von der Marwitz auf Dölzig
1740 um: Geh. Justizrat von Mörner
1744 Mühlenmeister Erdmann Schultze, Kaufpreis 5 200 T.
1760 um: Amtsrat Martin Friedrich Gülle u. Frau, Kaufpreis 9 600 T.
1767 Amtsrat Martin Friedrich Gülle u. Frau

1768 Rittmstr. Friedrich August Bresemann
1772 Friedrich Wilhelm Schlee
1780 Christoph Friedrich Hoffmann, Kaufpreis 10 283 T.
1800 Amtmann Ernst Friedrich Wilde, Kaufpreis 10 283 T.
1809 Amtmann Wilde, Schätzung 30 100 T.

Hammer u. Anteil Költschen, Krs. Sternberg
1715 mecklenbg. Obrist, sp. preuß. Gl Arnold Christoph von Waldow
1718 Obrist A. C. von Waldow/Ol Friedrich Sigismund v. Waldow/Cap. Carl Andreas von Maxen/Sebastian von Waldow
1745 Ltnt. Carl Ludwig von Waldow
1767 Ltnt. Carl Christoph von Waldow, Wert 40/m T.
1772 Ltnt. Carl Christoph von Waldow
1774 Ltnt. Ernst Carl Siegmund von Reitzenstein, 1776: 84/m T.
1800 u. 1803 Major Ernst Carl Siegmund von Reitzenstein, Wert 84/m T.
1809 Major von Reitzenstein, Wert 155 645 T.

Hanseberg u. 1801, 1809 Oderbruch-Vorwerk Poulaillerie, Krs. Königsberg
1713 Ol Daniel Friedrich von Sydow
1745 Ltnt. Wilhelm Ehrenreich von Sydow
1750 Kriegsrat Anton Ludwig Crüger
1767 Witwe Kriegsrat Crüger, geb. Anna Sophie Horn, Wert 57/m T.
1785 Witwe Kriegsrat Crüger, Wert 57/m T.
1799 Frau GM Carl Wilhelm von Byern, geb. Zinnow, Kaufpreis 80/m T.
1803 Witwe GM von Byern, geb. Friederike Ulrike Charlotte Zinnow
1804 Carl Friedrich von Wedel-Parlow, Kaufpreis 170 500 T.

Harte, Vorwerk, Krs. Züllichau – siehe Klemzig
1715 siehe Klemzig
1775 um: Cap. Johann Gottlob Siegmund von Rothenburg
1789 Heinrich XXXIX. Graf von Reuß, Kaufpreis 21/m T.
1805 Heinrich XXXIX. Graf von Reuß in Klemzig

Heidenau, Krs. Crossen
1713 u. 1717 Erben Caspar Friedrich von Loeben
1728 George Friedrich von Loeben
1736 um: Witwe G. F. v. Loeben, geb. Beate Eleonore v. Knobelsdorff, 6 010 T.
1742 Cap. Siegmund Ludwig von der Marwitz
1744, 1751 Obrist Friedrich Ludwig Wilhelm von Kleist
1762 Ltnt. Bogislav Ludwig von Wedel, Kaufpreis 8 100 T.
1774 Ol Friedrich Otto Leopold Graf von Finckenstein, Kaufpreis 6/m T.
1803 Sophie Luise Ulrike Gräfin v. Finckenstein u. Mann, 8 225 T.
1809 Gräfin von Finckenstein in Drehnow, Wert 28 279 T.

Heinersdorf, Krs. Züllichau
1715 u. 1718 Christian Wilhelm von Sack/ Wolf Caspar von Sack
1745 Landrat Heinrich Adolph von Sack
1770 Heinrich Adolph von Sack
1774 Dietrich Hans von Unruh

1782 Ltnt., Kammerherr Dietrich Hans Sebastian von Unruh
1787 Ltnt. Anselm Rudolph von Unruh, Kaufpreis mit Ant. Buckow 26/m T.
1805 Cap. Anselm Rudolph von Unruh
1809 Landrat Anselm Rudolph von Unruh, Taxe 48 568 T.

Heinrichsfelde, Vorwerk, Krs. Dramburg – siehe Zeinicke

Helpe, Krs. Arnswalde
1715 Obrist Moritz Ditloff von Beneckendorff
1718 Cap. Vincenz George von Brünnow
1745 Major Vincenz George von Brünnow
1767 Cap. Christian Ludwig von Sydow, taxiert auf 16/m T.
1790 Landrat Christian Ludwig von Sydow, 1780 Wert 21 230 T.
1793, 1795 Cap. Otto Wilhelm von Stülpnagel, Kaufpreis 24 450 T.
1801 Erben Cap. O. W. von Stülpnagel, Wert 24 450 T.
1809 Erben Cap. Otto Wilhelm von Stülpnagel

Hermsdorf u. Wutzig, Krs. Friedeberg
1715 Gebr. Kammerherr Christian u. Ernst Ludwig von Brand
1718 Kammerherr Christian von Brand
1755 Frau EM von Brand, geb. von der Groeben
1767 Stallmstr Christian Ludwig von Brand, Taxe 65/m T.
1794 Christian von Brand d. J., Wert 80/m T.
1801 Christian von Brand, Wert zs. 65/m T., nur Hermsdorf 30/m T.
1809 von Brand

Hermswalde, Krs. Crossen – siehe auch Göhren
1718 Heinrich Otto von Gablenz sen.
1745 Heinrich Otto von Gablenz sen.
1774 Christoph Ernst Heinrich von Gablenz, 1764 Kaufpr. 13 500 T.
1801 sächs. Stiftshauptmann Friedrich Ernst von Gablenz
1804 sächs. Stiftsregierungsrat Imm. C. L. von Ampach, Kaufpreis 11/m T.

Herrendorf, Krs. Königsberg, mind. drei Teile, seit 1767 in einer Hand
1713 Major Caspar Friedrich von Schmiedeberg/Hans Friedrich von Damnitz/ Balzer Ernst von Damnitz
1718 Major C. F. von Schmiedeberg/Hans Christian von Damnitz/Witwe Ltnt. von Damnitz/Frl. von Damnitz
1725 Heinrich Daniel Ludwig von Schmiedeberg, auf zwei Anteilen
1745 Cap. George Heinrich von Münchow, auf 2/3 Herrendorf, 13/m T./Prediger Labes bzw. Herr Köbigke, auf Anteil
1751 Rittmstr. Albrecht Friedrich von Sydow, auf 1/3 Herrendorf
1767 Major Albrecht Friedrich von Sydow u. Frau, Wert 18/m T.
1782 Ltnt. Johann Friedrich Ludwig von Hartmann, Kaufpreis 20/m T.
1801 u. 1803 Ol Johann Friedrich Ludwig von Hartmann
1805 Friedrich Franz Daum, Kaufpreis 77/m T.

Herzogswalde, Krs. Sternberg
1710 um: Cap. Balthasar Friedrich von Waldow
1715 Cap. David Sebastian von der Marwitz

1745 Cornet Adam Wilhelm von Schöning
1767 u. 1774 Ltnt. Otto Ludolph von Schöning, Wert 16 800 T.
1800 Ulrica Maria Reichsgräfin von Schmettau, Kaufpreis 35 900 T.
1809 Frau Reichsgräfin von Schmettau, geb. von Behr

Hildesheim, Krs. Sternberg
1715 u. 1718 Bernhard Gottfried von Winning
1735 (Cap. Hans Joachim Curt Ehrentreich von Koeckritz)
1745 Moritz von Winning
1751 Witwe Oberamtmann Stegemann
1758 Frau Floriane Tugendreich v. Unruh, geb. v. Seidlitz, Kaufpr. 8/m T.
1767 Witwe Gottliebe von Winning, geb. von Wedel, Wert 8/m T.
1774 Witwe Gottliebe von Winning
1790 um: Oberamtmann Stegemann
1795 um: von Bornstedt, 1801 Erben von Bornstedt, Wert 8/m T.
1799 bzw. 1801 August Wilhelm Brandenburg, Kaufpreis 15/m T.
1803 u. 1809 Eigentümer A. W. Brandenburg

Hohengrape, neumärkischer Teil, Krs. Arnswalde – nur 1718 gen., zu Pommern
1718 Ol Alexander Wedig von Dietherdt/Eckart Andreas von Borcke/Hans Caspar von Oesterreich/Caspar Ernst von Kuhmeise/Ltnt. Paul Simon von Waldow/Frl von Dietherdt/Witwe George Ehrentreich von Billerbeck

Hohenkarzig, Krs. Friedeberg
1715 u. 1718 Obrist George Ehrentreich von Möhlen u. Brüder
1745 Witwe Obrist v. Möhlen bzw. Friedrich Gottlieb u. O. W. v. Möhlen
1758 Cap. Otto Wilhelm von Möhlen
1773 Fähnrich Carl Friedrich von Möhlen
1778, 1780 (Fi-rat Franz Balth. Schönberg v. Brenckenhoff), 1780 32 151 T.
1783 Ltnt. Hans Ludwig Gottlob von Holtzendorff, Kauf 22/m T.
1793 (Fam. von Möhlen)
1795 um: Cap. Hans Ludwig Gottlob von Holtzendorff
1802 Witwe Cap. von Holtzendorff, geb. von Langen
1805 Christiane Ernestine v. Langen, geb. v. Steinkeller, Kauf 32 157 T.

Hohenlübbichow, Niederlübbichow, Bellinchen, Krs. Königsberg
1713 Major Otto Berend von der Marwitz
1745 Obrist Otto Berend von der Marwitz, Wert 120 905 T.
1748 Otto Ludwig u. George Berend Alexander v. d. Marwitz, Wert 93/m T.
1769 George Berend Alexander von der Marwitz
1787 Frau Cap. Carl Bogislav von Zychlinsky, geb. D. E. H. v. d. Marwitz
1801 Frau Cap. Carl Friedrich Erdmann v. Langen, geb. von der Marwitz
1809 Cap. v. Langen u. Frau, geb. Dorothea Elisabeth Henriette von der Marwitz, Wert: 93/m

Hohenwalde, Krs. Landsberg
1705 um: neumärk. Oberforstmstr. George Wilhelm von Mühlheim
1707 Gottfried Bresemann, Pfandschilling 16 500 T.
1715 Pfandbesitzer Amtmann Gottfried Bresemann
1718 Erben Amtman G. Bresemann

1725 Christian Ludwig Bresemann
1766 Rittmstr. Friedrich August Bresemann
1767 Amtsrat Gülle bzw. Albrecht Joachim Buchholtz, Kaufpreis 22 500 T.
1785 Witwe Amtsrat Buchholtz, Wert 22 500 T.
1793 Johann Gottlieb Bayer, Kaufpreis 40/m T.
1803 u. 1809 Eigentümer Bayer

Hohenziethen (bzw. Ziethen), Krs. Soldin
1715 George Christoph von Burgsdorff
1728 George Christoph von Burgsdorff
1767 Reg.präs. Gustav Heinrich von Enckevort, Kaufpreis 60/m T.
1803 u. 1809 Reg.präs. Gustav Heinrich v. Enckevort, 1780: 91 575 T.

Hundskopf, Krs. Dramburg – siehe Falkenburg

Illmersdorf, Krs. Cottbus
1715 Fähnrich Dubislav Philipp von Normann, Wert 5 500 T.
1745 um: Major Caspar Ernst von Normann
1758 Ltnt. August Christian von Normann
1759 Ltnt. Wilhelm Erdmann von Normann
1767 Ltnt. Wilhelm Erdmann von Normann, Wert 10/m T.
1775 Frau Cap. W. E. von Normann, geb. Freiin von Vernezobre
1801 Ltnt. Friedrich Wilhelm Heinrich von Normann, Wert 20/m T.
1808 Landrat Friedrich Wilhelm Heinrich von Normann

Jahnsfelde, Krs. Landsberg
1713 (Fähnrich) Otto Ludwig von der Marwitz
1715 Ol Friedrich Wilhelm von Schöning
1728 Ol, Landrat Friedrich Wilhelm von Schöning
1730 Fähnrich Ludolph von Schöning
1749 Ltnt. Hans Wilhelm von Schöning
1761 Hans Eberhardt Meyer von Schöning
1772 Hans Eberhardt Meyer von Schöning, Wert 30/m T.
1785 um: Ltnt. Friedrich Wilhelm von Schöning
1795 Frau v. d. Marwitz, Witwe v. Schöning, geb. Calderarii, Wert 40/m T.
1801 u. 1803 Frau Cap. v. d. Marwitz, verwitw. von Schöning, 30/m T.
1809 Cap. Curth Ernst Ferdinand von d. Marwitz u. Frau, geb. Calderarii

Jakobsdorf, adliger Anteil, Krs. Dramburg – siehe auch Kallies
1715 Ewald Friedrich von Güntersberg/ Reg.rat Friedrich von Martitz
1805 Ol Curth Wilhelm Ludwig von Berg in Wordel, Wert 2/m T.
1809 Landrat George Friedrich Felix von Bonin

Janikow, Krs. Dramburg – siehe auch Golz
1715 Gottfried von Billerbeck/Söhne d. verst. Caspar von Billerbeck
1718 Cap.-Ltnt. Gottfried u. Gebr. Hans Chr. u. Carl Wilhelm v. Billerbeck
1727 Gebr. Bernd Bogislav u. Hans Christoph von Billerbeck, Wert 4/m T.
1745 Gebr. Constantin u. Carl Gottfried Friedrich von Billerbeck/Gebr. Hans

Christoph u. Carl Wilhelm von Billerbeck
1764 GM Hans Christoph von Billerbeck, Kaufpreis 6/m T.
1767 GM Hans Christoph von Billerbeck, taxiert auf 7 348 T.
1782 Ltnt., sp. Cap. Moritz August Wilhelm von Billerbeck
1801 württemberg. Oberforstmstr. Friedrich Ludwig Leop. v. Dewitz in Golz
1805 Ltnt. Heinrich Christoph Wilhelm von Krause, Kaufpreis 19 700 T.
1809 Freiin von der Goltz/von Dewitz

Jessen, Krs. Cottbus
1715 Witwe von Kommerstedt, geb. Dorothea Sophia von Oppen
1716 Gustav Friedrich von Pistorius
1738 Friedrich Siegfried von Loeben
1742 Hofrat u. Garnison-Medicus in Berlin Christian Bergemann, 21 150 T.
1763 Major Leopold Siegfried Daniel von Jagow u. Frau, geb. Bergemann
1767 Major von Jagow u. Frau Johanne Jacobine, Wert 25 500 T.
1783 Major Carl Adolph von Bose u. Frau, geb. Bergemann
1801 Frau Major von Bose, verwitw. von Jagow, geb. J. J. Bergemann
1805 Major Carl Adolph von Bose und Frau, geb. Bergemann

Kackrow, Krs. Cottbus – siehe Wiesendorf

Kähmen u. Murzig, seit mind. 1717 bzw. 1745 in einer Hand, Krs. Crossen
1713 Cap. Aemilius Otto von Brand, auf Kähmen für 14/m T./Witwe Kanzler von Brand, auf Murzig für 14/m T.
1717 Cap. Aemilius Otto von Brand, auf Kähmen u. Murzig für zs. 28/m T.
1745 Cap. Christoph Wilhelm von Brand, auf Kähmen u. Murzig
1750 Cap. Leopold Maximilian von Schlegel, Kaufpreis 22/m T.
1767 Landrat Leopold Maximilian von Schlegel, Wert 32/m T.
1786 Gustav Heinrich v. Schkopp u. Frau, geb. Helene Fried. v. Schlegel
1795 Sophia Christiana von Vogel, geb. Grünberg, Kauf 75 350 T.
1805 Amtsrat Peter Gottlieb Bernhard Boehden, Kaufpreis 87 330 T.

Kahren u. Koppatz, Krs. Cottbus – siehe auch Roggosen
1707 Ludwig Ernst von Pannwitz
1713 (Witwe Oberjägermstr. Anna Justina von Pannwitz, geb. v. Lüderitz)
1718 (neumärk. Reg.rat Friedrich Wilhelm von Pannwitz)
1745 Hofrat Ludwig Ernst von Pannwitz
1759 Witwe Hofrat Ludwig Ernst von Pannwitz
1767, 1772 Cap. Friedrich Carl Leopold von Kleist u. Frau, Wert 40 800 T.
1800 Cap. Friedrich Anton Ulrich, Ltnt. Fr. Carl Gottl. u. Schwestern v. Kleist
1801 u. 1803 Frau Regina Wilhelmine von Kleist, geb. von Mellenthin
1804 sächs. Cap. Maximilian von Oertzen, Kaufpr. 74 300 T.

Kahsel, Krs. Cottbus
1713 George von List
1736 Heinrich Ernst von List
1763 Heinrich Ernst von List
1764 Ltnt. Carl Wilhelm von List
1767 August Friedrich Wilhelm von List, Wert 8/m T.

1769 Frau v. Muschwitz u. Frau v. Lesser, bd. geb. von List, Wert 12 100 T.
1780 Frau Ltnt. v. Muschwitz, geb. Caroline Fried. von List, Wert 16/m T.
1802 u. 1805 hess. Ltnt. Otto Gustav Ludwig Gottlob von Muschwitz

Kalkwitz, Krs. Cottbus
1713 Amtmann Christoph Besser, Kaufpreis 10/m T.
1726 Christoph Ernst Besser
1732 Samuel von Hohenberg
1741 Caspar Heinrich von Schönfeldt
1767 Ehefrau d. sächs. Cap. Otto Aug. v. Kracht, geb. v. Schönfeldt, W. 8/m
1794 Ltnt. Carl Friedrich von Kracht
1795 Carl Heinrich Friedrich von Berge, Kaufpreis 22 150 T.
1798 Cap. Carl Friedrich August von Germar
1800 Christian Gottlieb von Tannenhoff in d. Ol, Kaufpreis 22/m T.
1805 Gebr. sächs. Ltnt. Ernst Ludwig August u. Ltnt. Johann Friedrich Heinrich von Tannenhoff
1809 Gebr. von Tannenhoff

Kallies, Schloß, Pammin, Anteile Jakobsdorf u. Groß Spiegel, Krs. Dramburg
1715 Gebr. Ewald Friedrich u. Johann Adam von Güntersberg
1727 Gebr. Ewald Friedrich u. Johann Adam von Güntersberg
1740 um: Cap. Hans Heinrich von Werther
1745 Witwe Hans Heinrich von Werther
1767 Fi-rat Carl Wilhelm von Reck, Wert 25/m T.
1774 Geh. Rat Ludwig von Beausobre u. Frau, geb. von Reck
1801 Landrat George Friedrich Felix von Bonin
1803 u. 1805 Landrat George Friedrich Felix von Bonin (Kauf 131/m T.)

Kalzig, Krs. Züllichau, bis 1802 zeitweilig in zwei Händen
1715 Ltnt. Caspar Sigmund, 1/3, u. Cap. George Hr. G. von Bornstedt, 2/3
1728 Cap. George Heinrich Gottlieb von Bornstedt/Witwe von Bornstedt, geb. Barbara Helene von Unruh
1742 Carl Sigismund von Bornstedt, auf ganz Kalzig
1770 Witwe Johanne Friederike von Bornstedt, geb. von Pfoertner
1774 Gebr. Carl Siegmund Andreas u. Ernst Wilhelm Gottlob von Bornstedt, auf je ½ Kalzig
1788 Carl Friedrich Wilhelm Kubale, auf Kleinkalzig, Kaufpreis 29/m T.
1792 Landesdir. Friedrich Ludwig v. Sydow, Kauf Großkalzig für 42 050 T.
1798 Gebr. Kubale, auf Kleinkalzig
1802 Friedrich Ludwig von Sydow, Kauf Kleinkalzig für 37 500 T.
1805 schles. Landesdirektor F. L. von Sydow, beide Tle., in Schmarse

Karlsberg u. Klausberg, Vorwerke, Krs. Dramburg
1793 Ltnt. Friedrich Seyfried Benjamin von Stutterheim
1803 Johann Ludwig Brandenburg, Wert 7/m T.

Karsbaum, Krs. Schivelbein, 1718 13, 1809 neun Besitzer
1713 Reimar von Briesen/Heinrich von Borcke/Wachtmstr. Adam Siegfried von Rüchel

1718 Magnus Gottfried von Briesen/Adam Gottfried von Briesen/ Jodocus Christian von Briesen/Levin Dionysius von Kitscher/Hans Joachim u. Bernd Christian von Briesen/Lorenz Christian von Briesen/Christoph Friedrich von Briesen/Adam Siegfried von Rüchel/Prediger Joachim Caspar Wesenberg/Prediger Christian König/Joachim Brand/ Heinrich von Borcke/George Adam von Rüchel
1727 Martin Lorenz von Borcke, auf Anteil/Wachtmstr. Adam Siegfried von Rüchel, auf Anteil
1774 Cap. Johann Sigismund von Briesen/ Cap. Johann Christoph von Briesen/Erben Bernd v. MünchowWitwe George Heinrich von Rüchel
1801 Frau Cap. George Ernst von Puttkamer, geb. Eleonore Dorothea Friederike von Briesen, W. 8/m T./Witwe Cap. J. C. von Briesen, geb. Charlotta Henrietta Friederika v. Lockstaedt, 17 849 T./ Friederike Wilhelmine v. Kleinsorge u. Friederika Louisa v. Münchow, 800 T./Witwe Cap. Cap. J. C. v. Briesen, geb. v. Lockstaedt, Wert 2 150 T./Freimann Jacob Dallmer, W. 700 T./Witwe Tobias Heinkunth, 657 T./Freimann George Erdmann Schultz, 500 T./Freimann Christoph Günther, 500 T.
1809 Frau Cap. George Ernst von Puttkamer, geb. v. Briesen, Wert 8/m T./ Ltnt. von Briesen, Kaufpreis 1806 26/m T./ weitere fünf Besitzer, darunter drei Freimänner

Kartlow, Krs. Schivelbein
1713 Kammerherr u. Amtshauptmann zu Marienfließ von Wachholtz
1718 Rittmstr. Hans Christoph von Collrepp
1727 sächs. Rittmstr. Hans Christoph von Collrepp
1772 Witwe Elisabeth von Blankenburg, geb. von Wobersnow
1773 Ltnt. Gerhard Wilhelm von Stempel, Kaufpreis 5/m T.
1798 Cap. Sigismund Friedrich Wilhelm von Brockhusen, Kauf 21/m T.
1809 Major Sigismund Friedrich Wilhelm von Brockhusen

Kathlow, Krs. Cottbus – siehe Gablenz

Karwitz, Krs. Dramburg – siehe auch Mittelfelde
1715 Peter Ewald von Pustar, Wert 4/m T.
1718 Witwe Peter Ewald von Pustar
1727 Joachim Rüdiger von der Goltz
1745 Landrat George Ernst Frhr. von der Goltz
1765 Ltnt. Magnus Hans Ernst Frhr. von der Goltz
1767 Ltnt. Gotthilf Carl Philipp Frhr. von der Goltz u. Brüder
1801 u. 1805 Ltnt. Gotthilf Carl Philipp Frhr. von der Goltz
1809 Ltnt. Gotthilf Carl Philipp Frhr. von der Goltz, Wert 5/m T.

Karzig, Krs. Friedeberg – siehe Hohenkarzig

Kathlow, Krs. Cottbus
1715 Hans Christoph von Pannwitz
1718 Erben Adam Christian von Pannwitz
1725 um: Landeshauptmann Friedrich Wilhelm von Pannwitz

1745 Anton Dietrich Wilhelm von Pannwitz
1767 u. 1800 siehe Gablenz

Kay, Krs. Züllichau – siehe auch Guhren
1715 Landrat C. von Unruh/Gebr. Moritz Balzer u. Wilh. v. Gersdorff
1718 Landrat Christoph von Unruh/Wilhelm von Gersdorff
1721 u. 1728 sächs. Major Carl von Unruh
1750, 1753 Ltnt. Friedrich Leopold von Unruh
1754 Major Carl Siegmund von Gersdorff, auch auf Anteil Guhren
1770 Landrat George Samuel Wilh. v. Gersdorff, mit Nieder-Guhren 58/m T
1809 Landrat G. S. W. von Gersdorff, auf Kay u. Guhren, Wert: 88 977 T.

Kemnath, Anteil, Krs. Sternberg
1715 Melchior Gottfried u. Samuel Adolph von Winning/Major Ernst Wilhelm von Platen
1718 Melchior Gottfried u. Samuel Adolph von Winning/Witwe Major Ernst Wilhelm von Platen
1739 Fähnrich Sanuel Adolph von Winning
1757 Helena Elisabeth von Wedel, geb. v. Winning, Kaufpreis 7 800 T.
1767 Helena Elisabeth von Wedel, geb. von Winning, Wert 10/m T.
1774 Cap. Siegmund von Wedel
1774 Hofmarschall Friedrich George Frhr. von Medem, Kaufpreis 10/m T.
1778 Ltnt. Alexander Friedrich Ferdinand von Troschke
1801 Ferdinand Christoph Gottlob Frhr. von Glaubitz, Kaufpreis 20/m T.
1806 Ltnt. Witte, Kaufpreis 34 900 T.

Kemnath, Anteil, Krs. Sternberg
1715 Major Ernst Wilhelm von Platen
1767 George Otto von Oppell, Wert 4/m T.
1785 Akziseeinnehmer Friedrich Ludwig Senstius, Kaufpreis 3 400 T.
1801 Maria Charlotte Senstius, geb. von Haugwitz
1809 Witwe Senstius, geb. Maria Charlotte von Haugwitz

Kerkow u. Vorwerk Krauseiche, Krs. Königsberg
1713 Gl Friedrich Frhr. von Derfflinger, Kaufpreis 31/m T.
1723 Gl Friedrich Frhr. von Derfflinger
1740 Waisenhaus Züllichau
1767 Waisenhaus Züllichau, Wert 60/m T.
1801 u. 1809 Waisenhaus Züllichau, Wert 52 815 bzw. 60/m T.

Kiekebusch, Krs. Cottbus – siehe Branitz

Kirschbaum, Krs. Sternberg – siehe Groß u. Klein Kirschbaum

Klarpfuhl, Vorwerk, Krs. Dramburg – siehe Kallies

Klausberg, Vorwerk, Krs. Dramburg – siehe Karlsberg

Klauswalde, Krs. Sternberg
1715 sächs. Cap. Otto Sigismund von der Heyden/Hans Heinrich von Selchow
1728 Cap. O. S. v. d. Heyden/Cornet Heinrich Gottlob von Selchow
1751 sächs. Cap. Carl Friedrich von Grünberg
1761 Ltnt. Hans Otto Hermann von Rothkirch

1763 Amtsrat Carl Ludwig Jaeckel, Kaufpreis 20/m T.
1772 Kreisjustizkommissar Johann Friedrich Busch
1782 Reg.rat Johann Friedrich Busch, Kaufpreis 19/m bzw. 21 447 T.
1801 u. 1803 Geh. Rat Johann Friedrich Busch,
1809 Geh. Justizrat Johann Friedrich Busch

Klebow, Krs. Dramburg – siehe Falkenburg

Klebow u. Tammendorf, Krs. Crossen
1713 Gl George Adolph Frhr. von Micrander, Wert 11 100 T.
1727 Kanzler George Matthias von Borcke
1759 Kriegs-Commissarius Zacharias Friedrich Bettfuhr, Kaufpreis 42 500 T.
1776 u. 1785 Erben u. Söhne Bettfuhr, Wert 42 500 T.
1800 Obrist Ernst Friedrich von Troschke, Kaufpreis 65/m T.
1806 Franz Albrecht Wilhelm Graf von Finckenstein, Kaufpreis 110/m T.

Klein Döbbern, Krs. Cottbus
1715 Caspar Rudolph von Kottwitz d. Ä.
1728 Erben Caspar Rudolph von Kottwitz
1738 Fähnrich Christian Erdmann von Kottwitz, Wert 16 177 T.
1764 Geh. Justizrat Johann Sigismund Balthasar von Blücher, Wert 24/m
1787 Witwe J. S. B. von Blücher, geb. Christiane Sophie Bergemann
1801, 1805 Witwe J. S. B. von Blücher, geb. Christiane Sophie Bergemann
1809 Witwe von Blücher in Berlin

Klein Gandern, Krs. Sternberg
1715 u. 1718 Jonas von Schlichting
1728 Thomas von Widoffsky u. Frau Anna Elisabeth, geb. von Schlichting
1755 Witwe GM Christian Reinhold von Derschau u. Söhne
1765 um: Christoph Balthasar von Unruh
1767 Major Carl Maximilian von Stentsch, Kaufpreis 11/m T.
1775 um: EM Friedrich Wilhelm von Derschau, Kaufpreis 11/m T.
1780 um: Rittmstr. Otto Friedrich von Wesenbeck
1785 um: Alexander Ernst von Oppen, Kaufpreis 18/m T.
1801 Alexander Ernst von Oppen, Wert 18/m T.
1803 minderj. Gebr. Carl Ernst Sigmund u. Gustav Ad. Eduard v. Oppen
1809 von Oppen

Klein Grünow, um 1800 drei Teile, Krs. Dramburg
1715 Gebr. Caspar u. Simon von Kühne
1718 Hans Christian von Schmiedeberg
1727 Hans Christian von Schmiedeberg, ½ Kl. Grünow u. ¼ Storkow
1767 Johann Erdmann von Schmiedeberg
1785 Friedrich Brahtz u. George Köhn, Wert 5/m T.
1793 Kfm. Mangelsdorf, Wert 3 300/G. Köhn, 1787 Wert 1 150 T.
1801 u. 1803 Kaufmann Mangelsdorf, 3 300 T./George Köhn 1 150 T.
1803 Claus George von Schmeling, alle drei Teile, Kaufpr. 13 240 T./18/m

Klein Grünow, Anteil, Krs. Dramburg
1715 Hans Christian u. Faustin von Schmiedeberg, Wert 2/m T.
1718 (Rüdiger Arndt von Schmiedeberg)

1727 Faustin Heinrich von Schmiedeberg, ½ Klein Grünow
1740 um: (Faustin Heinrich) von Schmiedeberg
1745 Johann Brahtz, Kaufpreis 3/m T.
1767 Johann Brahtz
1779 Gotthilf Carl Friedrich Brahtz
1800 Pfarrer Gotthilf Carl Friedrich Brahtz, Wert 1500 T.
1803 Claus George von Schmeling, s. o.

Klein Kirschbaum, Krs. Sternberg
1715 Gebr. Cap. Hans Balthasar, Ltnt. Curt Ehrentreich u. Ltnt. Ernst Johann Christian von Ihlow
1718 Cap. Hans Balthasar von Ihlow
1728 Cap. Hans Balthasar von Ihlow, auf Anteil
1765 um: Obrist Ernst Dietrich Christian von Ihlow
1767 Christian Schmidtleichner, Kaufpreis 14/m T.
1772 Frau Fiddicke, verwitw. Schmidtleichner
1785 Kammerrat Fiddicke
1801 Gebhard Ludwig Holtorff, Kaufpreis 28/m T.
1805 Carl Friedrich Borchardt, Kaufpreis 58150 T.

Klein Latzkow, Krs. Soldin
1715 Cap. Dubislav Friedrich von Steinwehr
1745 Obrist Dubislav Friedrich von Steinwehr
1772 Ltnt. Anton Wilhelm von Waldow, Wert 12/m T.
1799 Cap. Carl Friedrich von Waldow, Wert 16/m T.
1803 u. 1809 Cap. Carl Friedrich von Waldow

Klein Lienichen, Krs. Dramburg
1715 Matthias Friedrich von Mellenthin
1728 Matthias Friedrich von Mellenthin
1745 Ltnt. Ernst Christian von Mellenthin
1767 Ltnt. Cuno Friedrich von Mellenthin
1801 Major Christian Friedrich Ernst von Mellenthin

Klein Lieskow, Krs. Cottbus – siehe Grötsch

Klein Lindenbusch, Vorwerk, Krs. Soldin – siehe auch Craazen u. Pitzerwitz
1715 u. 1718 Major Hans Christoph von Scheel in Pitzerwitz
1745 Rittmstr. Hans Joachim von Scheel in Pitzerwitz
1772 Frl. Anna Philippine Justine von Scheel
1800 Cap. Christoph Lucas von Cranach, Kaufpreis 20/m T.
1809 Cap. Christoph Lucas von Cranach in Craazen

Klein Lübbichow, Krs. Sternberg – siehe Kohlow

Kleinmantel, Krs. Königberg
1714 neumärk. Oberforstmeister Ludolph George von Lüderitz
1718 Ltnt. von Willer
1755 Herr Köbcke
1767 Inspektor G. Schulze, Wert 16/m T.
1783 Sophie Eleonore Tugendreich von Kracht, Wert 22823 T.
1801 Cap. Christoph Friedrich Carl von Nassau, Wert 60/m T.
1805 Major von Sydow, Kaufpreis 68200 T.

Klein Mellen, Krs. Dramburg – siehe Mittelfelde

Klein Oßnig u. ½ Döbbrick, Krs. Cottbus
1694 Friedrich Wilhelm von Pannwitz
1714 Gebr. Joachim Friedrich u. Nicolaus Sigismund von Pannwitz
1745 Rittmstr. Joachim Friedrich u. Major Nicol. Sigismd. von Pannwitz
1748 Rittmstr. Joachim Friedrich von Pannwitz
1767 (Ol Joachim Friedrich von Pannwitz, Wert 16/m T.)
1770 um: Siegmund Heinrich v. Gladis 2/3/Siegfried Heinrich v. Gladis 1/3
1788 Fähnrich Christian Sigismund Friedrich von Gladis, Kaufpr. 13 200 T.
1801 Ltnt. Christian Sigismund Friedrich von Gladis
1803 Frau von Glüer, geb. von Weissenfels, Kaufpreis 30 600 T.
1805 Ltnt. Christian Sigismund Friedrich von Gladis, Wert 38/m T.

Klein Spiegel, Krs. Arnswalde – siehe Rahnwerder

Klemzig, Niederklemzig mit Vorwerk Harte, Krs. Züllichau
1715 Witwe Rittmstr. Sebastian von Troschke, auf 2/3 Klemzig/Carl Wilhelm von Troschke, auf 1/3 Klemzig
1728 Carl Wilhelm von Troschke, auf 1/3 Klemzig/Witwe Hofrat von Burgsdorff, geb. Sophie Marie von der Marwitz, auf 2/3 Klemzig
1735 um: Witwe Hofrat von Burgsdorff, auf ganz Klemzig
1760 Kammerpräs. Samuel Gottlieb von Rothenburg, ganz Klemzig u. Harte
1770 Gebr. S. A. u. F. G. von Rothenburg, ganz Klemzig u. Harte
1771 Ltnt. Friedrich Gottlieb von Rothenburg, Niederklemzig u. Harte
1779 bis 1789 Cap Johann Gottlob Siegmund v. Rothenburg, nur Harte
1779 Ltnt. Carl Wilhelm Frhr. von Korff, Niederklemzig, Kaufpreis 36/m T.
1783 Ltnt. Magnus Carl Johann von Zülow
1789 Heinrich XXXIX, Graf von Reuß, Kaufpreis 50/m T., Niederkl. u. Harte
1805 Heinrich XXXIX. Graf von Reuß
1807 Heinrich XLIV. Graf von Reuß, jetzt bde. Tle., 1809: 81/m T.

Klemzig, Oberklemzig, Krs. Züllichau
1715, 1760 s. o.
1770 Gebr. Sigismund Adrian u. Friedrich Gottlieb v. Rothenburg, bd. Teile
1771 u. 1782 Sigismund Adrian von Rothenburg
1797 Söhne von Sigismund Adrian v. Rothenburg, auf Oberklemzig
1801 Ernst von Schlichting, Kaufpreis 30/m T.
1804 Hofmarschall Heinrich XLIV. Graf v. Reuß, Kaufpreis 25 010 T.
1807 siehe Niederklemzig

Klemzow u. Lankow, Krs. Schivelbein
1694 u. 1713 Landrat Joachim von Beneckendorff, Wert 13 513 T.
1718 ksl. Ltnt. George Friedrich von Beneckendorff
1727 ksl. Ltnt. George Friedrich von Beneckendorff
1751 Landrat Joachim Ehrentreich von Beneckendorff
1764 u. 1772 Cap. Carl Ludwig Gottlob von Beneckendorff

1790 um: Ludwig Friedrich August von Borcke
1800 Landrat Adrian v. Dewitz u. Frau Renate Louise, Kauf 42/m T.
1806 Frau Cap. von Uckermann, Kauf 42 500 T.

Klemzow, Krs. Königsberg, ¾ adliger Besitz, ¼ zum Amt Neuenhagen
1713 Major Carl Aemilius von Sack
1745 Major Carl Aemilius von Sack, 2/3 bzw. 3/4 d. Gutes
1767 Landrat Jacob Ludwig von Grape in Blankenfelde
1795 Landrat Carl Christoph Gottlob von Knobelsdorff, Kaufpr. 22 106 T.
1801 u. 1803 Landrat Carl Christoph Gottlob von Knobelsdorff
1809 Landrat Carl Christoph Gottlob von Knobelsdorff

Klinge, Krs. Cottbus
1699 Hans Christoph von Pfuhl
1710 Wolf Ernst von Zabeltitz
1713 Gottlob Heinrich von Kracht
1728 sächs. Landesältester Gottlob Heinrich von Kracht in Türkendorf
1740 Obrist Bernhard von Beauvrye, Kaufpreis (2 700 T.)
1745 GM Bernhard von Beauvrye, auch auf Gosda, s. d.
1764 Otto Christian August von Beauvrye
1772 Ol Ludwig Leopold von Kleist, Kaufpreis 19/m T.
1795 u. 1800 Witwe Antoinette Caroline Louise Gräfin von Reichenbach
1801 Frau Ltnt. Graf v. Wartensleben, geb. Emilie Louise Wilhelmine Gräfin von Reichenbach-Goschütz, Kaufpr. 24/m T.

1805 Rudolph von Unruh, Kaufpreis 66/m T.

Klötzin, Krs. Schivelbein, bis 1809 zwei Teile
1713 Gebr. Felix u. Barnim von Braunschweig
1727 Gebr. Felix u. Barnim von Braunschweig
1751 George Erdmann u. Conrad Felix v. Braunschweig, Wert 1/m u. 2/m
1774 Cap. Lorenz Conrad u. Witwe George Erdmann v. Braunschweig
1785 Ltnt. Anton Carl Friedrich von Braunschweig/Witwe George Erdmann von Braunschweig
1787 Carl George Heinrich von Braunschweig/Martin Weiland, seit 1789
1805 Carl George Heinrich von Braunschweig, Wert 2 700 T./Eigentümer Martin Weiland, Kauf 1789 3/m T.

Klossow, Krs. Königsberg
1713 dän. Gl Bernd Joachim u. Cap. Christoph Ehrentreich v. Mörner
1722 Cap. Christoph Ehrentreich von Mörner, Wert 24/m T.
1745 neumärk. Regierungsrat Hans Wilhelm von Mörner
1751 Erdmann Wilhelm Kreuzwendedich von Mörner, Wert 40/m T.
1774 Erdmann Wilhelm Kreuzwendedich von Mörner, 1780: 79 467 T.
1788 Ankauf von d. Fam. von Mörner durch d. König, Domänenamt Klossow
1801 u. 1809 Domänenamt Klossow, dann Amt Zellin

Klützkow, Krs. Schivelbein
1713 Wilhelm Christian von Kleist/Hans Heinrich von Wachholtz

1727 Carl Albrecht von Wachholtz u. Frau
1751 Ewald Albrecht von Wachholtz
1765 um: Margarethe Luise von Wachholtz
1772 Ol Friedrich Rudolph von Lentz, Kaufpreis 8/m T.
1776 Major George Carl Gans Edler von Putlitz
1789 Leopold Carl Friedrich von Heyden, Kaufpreis 24/m T.
1791 Ltnt. George Sigismund Gottlob von Wedel, Kaufpreis 27/m T.
1799 Cap. Franz Alex. Conrad v. Uckermann u. Frau, Kaufpreis 27 200 T.
1805 Cornet Gebhard Friedrich von Uckermann, Kaufpreis 20/m T.
1808 Frau Cap. Michaelis, Kaufpreis 66 080 T.

Kölpin, ab 1772 auch Cratznick u. Wardin, Krs. Arnswalde
1713 Frau Ol von Hake
1718 General Joachim Friedrich von Wreech
1745 Gl Adam Friedrich von Wreech
1772 Erben Ltnt. George Ludwig von Mühlheim: Friedrich Franz, Ludwig Wilhelm, Dorothea Charlotta Wilhelmina von Mühlheim
1782 Cap. Carl Johann Christoph von Dietherdt, Kaufpreis 35 562 T.
1801 Landrat Carl Johann Christoph von Dietherdt
1809 Landrat Carl Joachim Christoph von Dietherdt

Költschen, Krs. Sternberg – siehe auch Hammer u. Neuwalde
1715 Fam. von Waldow
1718 Obrist Adam Christoph von Waldow/Ol Friedrich Sigismund von Waldow/Cap. Carl Andres von Maxen
1745 Ltnt. Carl Ludwig von Waldow/Sebastian Wilhelm von Waldow/Cap. Carl Friedrich von Waldow
1778 Rittmstr. Ernst Carl Siegmund von Reitzenstein, auf Anteil
1801 Major Ernst Carl Siegmund von Reitzenstein, auf Anteil

Königswalde, seit 1754 auch Osterwalde, Krs. Sternberg
1715 Pfandbesitzer Friedrich Frhr. von Schmettau
1735 um: Erben von Schmettau
1738 Geh. Rat Adolph Friedrich von Waldow
1754 Ltnt., Kammerherr Adolph Friedrich von Waldow u. Frau
1777 Kammerherr Adolph Friedrich von Waldow, 1780 Wert 31 459 T.
1801 Rittmstr. Adolph Friedrich von Waldow, Wert 59 150 T.
1803 u. 1809 Rittmstr. Adolph Friedrich von Waldow jun.

Köntopf, Krs. Dramburg – siehe Mittelfelde

Körtnitz, Krs. Arnswalde – siehe Nemischhof

Kohlow u. Anteil Klein Lübbichow, Krs. Sternberg
1715 Gebr. Ltnt. George Adolph u. Cap. Carl Rudolph von Ludwig
1728 Gebr. Ltnt. G. A., Cap. C. R. u. Gefr. corp. Hans Lorenz v. Ludwig
1751 Carl Bernd von Ludwig

1767 Carl Bernd von Ludwig, Wert 25/m T.
1801 Rittmstr. Hans Wilhelm Rudolph von Ludwig, 1799: 32/m T.
1805 Cap. von Berg, Kaufpreis 69 500 T.

Komptendorf, Krs. Cottbus
1705 Gottlob Erdmann von List
1728 Gottlob Erdmann von List
1729 Ltnt. Anton Rudolph von List
1754 Ltnt., sp. Cap. Gottlob Heinrich von List
1773 Major Hans Ernst von Zabeltitz, Kaufpreis 14 200 T.
1780 Major Gottlob Ludwig von Holtzendorff
1784 Frau Ltnt. v. Maltitz, geb. Albert. M. Freiin v. Seidlitz, Kaufpr. 17 500
1791, 1805 Frau Pfarrer Berndt, geb. Albertine Marianne Freiin v. Seidlitz

Koppatz, Krs. Cottbus – siehe Kahren

Kossar u. Kuckädel, seit 1761 in einer Hand, Krs. Crossen
1713 Nicolaus Friedrich v. Rabenau/Carl v. Schenckendorf, je ½ Kossar/Abraham von Rabenau, als Pfandbesitzer auf Kuckädel
1718 Gebr. Abraham u. Nicolaus Friedrich von Rabenau, auf Kossar/Johann Ferdinand von Rabenau, auf Kuckädel, im Wert zs. 31 500
1728 Gefr.corp. Johann Ferdinand von Rabenau, auf Kuckädel
1746 Melchior Sigismund von Unruh, auf Kuckädel, Kaufpreis 10 500 T.
1750 um: EM Adam Otto von Viereck, auf Kossar
1750 um: Sophie Helene v. Unruh auf Kuckädel, 1761 verkauft für 9 200 T.
1756 Wilhelmine Doroth. El. Gräfin v. Finckenstein, geb. v. Viereck, Kossar
1761 Ol Friedrich Otto Leopold Graf v. Finckenstein, Kuckädel
1789 Ol Fr. O. L. Graf von Finckenstein u. Frau, Kossar u. Kuckädel
1790 Friedrich Gottfried Conr. Frhr. v. Kottwitz u. Frau, geb. v. Finckenstein
1801 Adam Friedrich Wilhelm Frhr. von Kottwitz, Wert bd. Güter 40/m T.
1803 Witwe A. F. W. Frhr. v. Kottwitz, geb. Caroline Amalie v. Ernsthausen
1805 Frau Caroline Amalie von Daehne, verwitw. Freiin von Kottwitz

Kraazen, Krs. Soldin – siehe Craazen

Krämersborn, Krs. Crossen
1713 poln. Kämmerer Andreas von Zychlinsky, Kaufpreis 16 800 T.
1745 poln. Cap. Andreas Bernhard von Zychlinsky
1767 Cap. Gustav Bernhard Sigismund von Zychlinsky, Wert 18/m T.
1799 Obrist Friedrich Wilhelm Lebrecht Frhr. v. Poellnitz, Kaufpreis 50/m T.
1803 fürstl.-hohenzoll. Oberförster Franz Friedr. Uttech, Kaufpreis 80/m T.

Krampe, Krs. Arnswalde
1715 u. 1718 George Ernst von Koethen
1745 George Ernst von Koethen
1767 u. 1775 Friedrich Wilhelm von Koethen, Taxe 6/m T.
1795 um: Jacob Samuel Westphal
1800 Frl. Henriette Friederique von Wangenheim, Kaufpreis 26 500 T.
1805 von Zülow, Kaufpreis 44/m T.

Kranzin, Krs. Arnswalde
1715 u. 1718 Landrat Hans von Rohwedel
1728 Witwe Landrat von Rohwedel
1745 Gebr. von Rohwedel
1746 Oberhofmstr. Albrecht Christoph Burggraf zu Dohna, 100/m T.
1767 Friedrich Alexander Ferd. Burggraf zu Dohna, 1767 Taxe 100/m T.
1782 Kammerherr Alexander Sigis. F. von Blankensee, Kaufpreis 70 300 T.
1790 Louise Henriette Wilhelmine von Anhalt-Dessau, Kaufpreis 100/m T.
1801 Erbprinz Friedrich von Anhalt-Dessau
1803 Landrat Ernst August Philipp v. Borcke in Kankelvitz, Kaufpr. 135/m
1807 Ol von Berg, Kaufpreis 350/m T.

Kratznick, Krs. Arnswalde – siehe Cratznick

Krauschow, drei Teile privater Besitz, Krs. Züllichau, ein Anteil Amt Züllichau
1715 Wendel Abraham von Unruh/Bgmstr. Johann Friedrich Bohne
1718 Bgmstr. Joh. Fr. Bohne/Samuel Rädelt/J. W. Reimann
1745 Cap. Caspar Gottlob von Diebitsch, auf 1/3 Krauschow
1767 (Züllichauer Waisenhaus)
1774 Christian Heinrich Lange, Kaufpreis 15/m T.
1785 Christian Heinrich Lange, Wert zs. mit Lobach u. Bone: 25 500 T.
1801 Christian Heinrich Lange
1805 Christian Heinrich Lange

Krauschow, Krs. Züllichau
1715 u. 1718 s. o.
1767 Kriegsrat Johann Samuel Wilcke
1777 Anna Henriette Lobach, geb. Wilcke, Wert 8/m T.
1801 Anna Henriette Lobach, geb. Wilcke
1805 Inspektor, Lehrer am Waisenhaus Lobach u. Frau

Krauschow, Krs. Züllichau
1715 u. 1718 s. o.
1749 Wilcke
1767 Kriegsrat Friedrich Wilhelm Bone
1769 Witwe Kriegsrat Bone, geb. Müller
1773 Alexander Veit Bone, Wert 5 500 T.
1801 Alexander Veit Bone
1805 Kriegsrat Alexander Veit Bone

Kreitzig, Krs. Schivelbein
1713 Balzer Joachim von Briesen/Lorenz Christian von Briesen
1718 Ltnt. Valentin Friedrich von Briesen/ Christoph Friedrich von Briesen
1727 Major Lorenz Christian von Briesen u. zwei Brüder
1745 Ltnt. Christoph Friedrich von Briesen
1751 Ltnt. Christoph Friedrich von Briesen
1772 (Major Valentin Friedrich von Rüchel, Wert 4/m T.)
1786 Cap. Johann Christoph von Briesen
1801 Witwe Cap. J. C. von Briesen, geb. Charlotta Henr. Fr. v. Lockstaedt
1802 Amtmann Müller, Kaufpreis 36 700 T.

Kremlin, Krs. Soldin, vor 1772 mehrere Teile
1715 Hans George von Belling/Ltnt. Hans Heinrich von Belling/Cap. Franz Joachim von Steinwehr
1718 (Cap. von Belling)

1728 Major Joachim Dubislav von Belling, auf ¼/Ltnt. Hans Sigismund v. Belling, auf ¼/Christoph Wilhelm von Belling, auf ¼ Kremlin
1745 Major Christoph Wilhelm von Belling, auf ½ Kremlin
1772 Cap. Tide Christoph von Belling, Wert 30 250 T., 1780: 51 151 T.
1796 Frau Obrist Carol. Hel. Wilh. von Heyden, geb. v. Belling, Kauf 61 700 T.
1801 u. 1803 Frau Obrist Johann Caspar von Heyden, geb. von Belling
1809 Witwe GM von Heyden, geb. Caroline Helene Wilh. von Belling

Krieschow, Krs. Cottbus – siehe auch Brahmow u. Milkersdorf
1715 sächs. Hofmstr. Adam Jobst von Loeben, Kaufpreis 1697 21/m T.
1728 Landrat Adam Jobst von Loeben
1733 Franciscus Mathäus Frhr. von Vernezobre, Kaufpreis 33 200 T.
1749 Cap. Friedrich Wilhelm Frhr. von Vernezobre
1767 Cap. Friedrich Wilhelm Frhr. von Vernezobre
1779 Obrist Johann Alexander von Normann
1799 Obrist Johann Alexander von Normann
1801 Witwe Obrist J. A. v. Normann, geb. v. Bojanowska, W. 50/m T.
1805 Witwe Friederique Auguste v. Normann, geb. von Bojanowska

Krining, Krs. Arnswalde
1715 Gl Joachim Friedrich von Wreech
1745 Gl Adam Friedrich von Wreech
1760 um: Erben von Wreech
1764 Major Heinrich Ludwig von My(h)len, Kaufpreis 10/m T.
1795 um: Frau Major J. C. J. v. Aschenbach, verwitw. von My(h)len, 11/m T.
1802 Cap. Curth Ernst Ferdinand von der Marwitz, Kaufpreis 38/m T.
1809 Cap. von der Marwitz

Krummendorf, Anteil, Krs. Züllichau, Anteil Domänenamt Züllichau
1715 Jeremias Christian Reimann/Witwe Anna Catharina Reimann
1718 Witwe Reimann
1750 Bernhardi sen.
1785 Johann Friedrich Otto Bernhardi, Wert 10/m T.
1805 Johann Friedrich Otto Bernhardi, Kaufpreis 17 210 T.
1809 Eigentümer Bernhardi

Kuckädel, Krs. Crossen – siehe Kossar

Kürtow, Anteil, Krs. Arnswalde
1715 u. 1718 Obrist Christoph Heinrich von der Goltz
1728 Gebr. Caspar Martin u. Curt Ernst von der Goltz, auf ½ Kürtow
1751 Landrat Caspar Martin von der Goltz, auf ½ Kürtow
1767 Hans Christoph Dettlef von der Goltz, Wert 30/m T./Witwe Ernestine Catharine von Mildenitz, geb. von der Goltz, Wert 30/m T.
1776 (Ewald Friedrich von Wedel)/Hofrätin von Mildenitz
1780 um: Gebr. von der Goltz/Rittmstr. Gustav Ludwig von Hertzberg
1786 Reg.präs. Gustav Heinrich v. Enckevort, bd. Tle, Kaufpreis 67 100 T.
1803 vorm. pomm. Regierungspräsident Gustav Heinrich von Enckevort
1809 Reg.präs. Gustav Heinrich von Enckevort, beide Teile

Kürtow, Anteil, Krs. Arnswald
1718 Witwe Joachim Ernst von der Goltz
1728 (Cap. Curt Ernst von der Goltz)
1767 Witwe Ernestine Catharine v. Mildenitz, geb. v. d. Goltz, 30/m T.
1786 Reg.präs. Gustav Heinrich von Enckevort, s. o.

Kuhdamm, Krs. Königsberg
1715 nicht gen.
1728 Friedrich Wilhelm von Schmalenberg
1740 Landrat Samuel Ehrenreich von Werther, Kaufpreis 4/m T.
1767 Friedrich Ludwig von Selchow, Kaufpreis 8 900 T.
1797 Johann Ernst Christian von Ihlow, Kaufpr. mit Liebenfelde 47/m T.
1800 Anton Ernst von Ihlow in Liebenfelde
1803 Landrat Wilhelm Heinrich von Pape, Kaufpreis 13 800 T.
1809 Landrat von Pape

Kunersdorf u. Sorge, Krs. Crossen – siehe Beutnitz
1713 Stephan Heinrich von Konarsky, auf ½ Gut/Caspar Heinrich von Knobelsdorff, auf 1/4//Hans Christoph von Borcke, auf 1/4
1718 S. H. von Konarsky/C. H. von Knobelsdorff/H. C. von Borcke
1805 Maria Louise Pauline Erbprinzessin von Hohenzollern-Hechingen

Kunersdorf, Krs. Cottbus
1715 Caspar Adolph von Loeben
1728 u. 1739 Ltnt. Carl Gottlob von Loeben
1767 russ. Ol Heinrich Wilhelm von Loeben, Wert 16/m T.
1772 um: Curt Heinrich u. George Friedrich von Loeben
1774 Friedrich Wilhelm von Loeben, Kaufpreis 10/m T.
1797 Cap., Landrat Friedrich Ehrentreich von Muschwitz in Geisendorf
1801 Landrat von Muschwitz, 1797 zs. mit Geisendorf, Görick 34/m T.
1805 Landrat Friedrich Ehrentreich von Muschwitz in Geisendorf

Kunow (u. Rittersitz zu Bobersberg), Krs. Crossen
1713 Forstmstr. George Hans von Knobelsdorff
1745 um: Oberforstrmstr. Hans Friedrich von Knobelsdorff
1747 Frau Landrat Alexander von Schlichting
1748 Fähnrich Friedrich Ehrenreich von Winning
1767 Fähnrich Friedrich Ehrenreich von Winning, Wert 10 550 T.
1771 Reg.quartiermstr. Christian Theodor Rhaue, Kaufpreis 12/m T.
1785 Witwe Reg.quartiermstr. Rhaue
1801 u. 1805 Kammerrat Heinrich Christian Theodor Rhaue
1809 Frau Amtmann Bertholdt, verwitw. Rhaue, geb. Uhden, Wert 11 275 T.

Kurtschow u. Kolonie Birkendorf, Krs. Crossen – siehe auch Heidenau
1713 u. 1717 Söhne, Erben Caspar Friedrich von Loeben
1740 um: Landrat Caspar Friedrich von Loeben, Wert 13 930 T.
1745 Erben u. Söhne d. Landrates Caspar Friedrich von Loeben
1756 um: Margarethe Witwe Landrat von Loeben, geb. von Knobelsdorff

1760 (um: Rittmstr. von Troschke)
1764 Gebr. u. Söhne von Caspar Friedrich von Loeben
1765 Cap. Friedrich Wilhelm von Fritz(e), Kaufpreis 17/m T., Taxe 22 567
1775 Witwe von Kettwig, geb. Dammann, Kaufpreis 15 200 T.
1798 Carl Heinrich Wilhelm Plümicke, Kaufpreis 43/m T.
1802 Deichinspektor Friedrich Christiani, Kaufpreis 53 900
1805 Kammerherr George Friedrich Ludwig von Lettow, Kaufpreis 62/m T.

Laasow, Krs. Cottbus
1695 Gebr. von Theler
1715 Johann Conrad von Theler
1728 Uffz. Wolf Christoph von Theler
1730 Frau Eva Catharina von Muschwitz
1765 Geschwister von Muschwitz
1767 Wilhelm Leopold von Muschwitz/Johanne Sophie von Stutterheim/Charlotte Seiffertine Tugendreich von Loeben, geb. v. Muschwitz
1774 Wilhelmina von Schmettau
1781 Landrentmstr. Carl Ludwig von Schmettau, Kaufpreis 20/m T.
1805 u. 1809 Carl Ludwig von Schmettau

Labenz, ¼ adliger Besitz, Krs. Schivelbein, ¾ Komturei u. Stadt Schivelbein
1713 u. 1715 Witwe von Kleist
1718 Cap.-Ltnt. Philipp Reinhold von Krockow
1727 ksl. Cap. Philipp Reinhold von Krockow
1738 Frau Birner, geb. von Eickstedt
1772 Witwe Birner, geb. von Eickstedt
1785 Daniel Colberg, Wert 3/m T.
1801 Erben: Cap. Johann Friedrich v. Münchow u. Frl. v. Kleisorge, 4/m T.
1805 Frl. Friederike Wilhelmine von Kleinsorge, Wert 4/m T.

Langenhagen, Anteil, Krs. Dramburg – siehe auch Steinhöfel
1715 Christoph von Thun/Melchior Magnus von Wedel/Landrat Curt Julius von Wedel/Wulf Christian von Mellenthin, Wert 8/m T.
1727 Melchior Magnus von Wedel (9 Hufe)/ Wulf Christian von Mellenthin (6,5 Hufe)
1767 Julius Ernst Heinrich von Wedel, Wert 2/m T.
1785 Johann David Bartelt (seit 1750 in seinem Besitz)
1801 Johann David Bartelt, Wert 1 200 T.
1805 Bartelt jun.

Langenhagen, Anteil, u. Klein Lienichen, Krs. Dramburg – s. a. Kl. Liniechen
1715 s. o.
1727 Matthias Friedrich von Mellenthin, nur Klein Lienichen
1767 Cuno Friedrich von Mellenthin, Wert 2/m T., nur Langenhagen
1801 Major Christian Friedrich Ernst von Mellenthin/Erben von Lubrecht
1803 u. 1805 Erben von Lubrecht/Major C. F. E. v. Mellenthin, Langenhg.
1809 Major Christian Friedrich Ernst von Mellenthin, Wert 15 635 T.

Langmeil, Krs. Züllichau, seit mind. 1745 in einer Hand
1715 Fähnrich Friedr. Abraham v. Troschke/Hans Ernst v. Knobelsdorff/ Pfandbesitzer Michael Felsch
1718 Fähnrich Friedrich Abraham von Troschke/Michael Felsch

1735 Michael Felsch, als Pfandbesitzer, alle drei Teile für 43/m T.
1745 Major Johann Christian Wilhelm von Zieten, Wert 41/m T.
1767 GM Johann Christian Wilhelm von Zieten, Wert 36/m T.
1771 Hofmarschall Cuno Ludwig von Willmerstorff, Kaufpr. 37 800 T.
1792 Cap. Ernst Sigismund von Zimmermann, Kaufpreis 55 250 T.
1805 Major Ernst Sigismund von Zimmernann

Lankow, Krs. Schivelbein
1713 Landrat Joachim von Beneckendorff in Klemzow
1718 George Friedrich von Beneckendorff, Anteil/die anderen sechs Anteilsbesitzer wie Cussenow 1718, u. a. Adam Siegfried v. Rüchel
1745 Landrat Joachim Ehrentreich von Beneckendorff
1772 Cap. Carl Ludwig Gottlob von Beneckendorff, Wert 2/m T.
1795 um: Ludwig Friedrich Christoph von Borcke
1800 Akzisesteuereinnehmer Wendler, Kaufpreis 17 600 T.
1804 Ltnt. Conrad George von Uckermann, Kaufpreis 24/m T.
1804 Gebr. Adrian u. L. L. von Dewitz, Kaufpr. zs. mit Wopersnow 120/m T.

Laubsdorf, Krs. Cottbus
1708, 1715 poln. GM George Henning von Oertzen, Kauf 11/m T.
1716 dän. Ol Hans Felix von Oertzen
1745 Cap. Victor Wilhelm von Oertzen
1767 Cap. Victor Wilhelm von Oertzen, Wert 12/m T.
1782 Rittmstr. Christoph Heinrich von Oertzen
1788 Christian Joseph von Tietze u. Hennig, Kaufpreis 21 400 T.
1801 Erben C. J. von Tietze u. Hennig, 21 500 T.
1805 Frau Amtmann Dürre, verwitw. von Tietze

Lauchstädt, Krs. Friedeberg, bis 1776 zwei Teile
1715 sächs. Gl Heinrich Ehrenreich von Bornstedt/gesamte Hand bei d. Familie von Brand
1718 sächs Gl H. E. von Bornstedt/Witwe Obrist von Bornstedt
1745 Obrist Ernst Schönberg von Bornstedt u. drei Brüder
1767 Stallmstr. Christian Ludwig von Brand, ½ Lauchstädt, 19 500 T.
1775 Witwe Landrat Dorothea Lucretia Helene von Bornstedt, ½ Lauchst.
1776 Stallmstr. Christian Ludwig von Brand, auf ganz Lauchstädt
1794 Ltnt. Ludwig Ernst von Brand, Taxe 52 500 T.
1801 u. 1803 Ltnt. Ludwig Ernst von Brand, Wert 26/m T.
1809 Cap. (Ludwig Ernst) von Brand

Lauenbrügge, Vorwerk, Krs. Dramburg – siehe Denzig

Leckow, ½ adliges Gut, Kunow, Teschenbusch, Krs. Schivelbein, ½ Komturei Schivelbein
1713 Cap. Bernd Valentin von Le(c)kow/George Adrian v. Le(c)ckow
1718 Cap. Bernd Valentin v. Le(c)kow/George Adrian von Le(c)kow

1727 Cap. Bernd Valentin von Le(c)kow/ George Adrian von Le(c)kow
1767 Christian Reinhard von Le(c)kow
1777, 1783 Landrat J. G. F. von Le(c)kow, 1777 im Wert von 11 389 T.
1797 (Christian Reinhard von Le(c)kow, Wert 9/m T.)
1801 Landrat Johann George Friedrich von Le(c)ckow, W. 24 539 T.
1809 Landrat Johann George Friedrich von Le(c)kow, Wert 24 539 T.

Leeskow, Krs. Cottbus – siehe ab 1767 auch Buchholz
1713 poln. Ol George Sigismund von Reisewitz, 1697 Kaufpr. 5 250 T.
1722 Konsistorialrat Christian Ernst von Knoch, Kaufpreis 10 200 T.
1756 Otto Ernst von Knoch
1767 Otto Ernst von Knoch
1774 Otto Ernst von Knoch
1789 sächs. Ltnt. Christian Friedrich von Rex
1801 sächs. Ltnt. C. F. von Rex in Buchholz
1801 (Otto Ernst von Knoch)
1805 sachsen-weimar. Kammerherr Joh. Fr. Graf v. Beust, Kaufpr. 27/m T.
1809 Johann Friedrich Graf von Beust

Leichholz, Krs. Sternberg
1715 Wolf Erdmann von Ihlow
1745 Wolf Erdmann von Ihlow
1767 Hofmarschall Friedrich George Frhr. von Medem, Wert 15/m T.
1795 Heinrich Philipp Otto Eberh. Frhr. von Medem u. Bruder, Wert 20/m T.
1801 Alexander Ernst von Oppen in Groß Gandern, Kaufpreis 33/m T.
1803 minderj. Gebr. Carl Ernst Sigmund u. Gustav Ad. Eduard v. Oppen
1809 (Gebr. von Medem)

Leichholz-Kunersdorf, Krs. Sternberg
1801 u. 1803 Erbprinzessin von Kurland-Sagan

Leissow, Krs. Sternberg – siehe Bischofssee
1715 GM Gottfried Albrecht von Bredow
1734 Domänenamt Bischofssee
1809 Domänenamt Bischofssee

Leitersdorf, Krs. Crossen
1713 Gebr. Cap. Sigmund Heinrich u. Ltnt. Hans Christoph von Stoessel
1717 Gebr. S. H. u. H. C. von Stössel, Wert 28/m T.
1728 Jobst Ehrentreich von Schaplow
1745 Postmstr. in Crossen Martin Christian von Tielckau
1767 Gebr. Carl Lud. u. Joh. Carl Christ. v. Tielckau u. Hochkirch, 30/m
1774 Oberrechnungsrat Carl Ludwig von Tielckau
1788 Herzog Peter von Kurland, Kaufpreis 41 350 T.
1801 Erben d. Herzogs von Kurland, 40 545 T.
1805 Maria L. P. Erbprinzessin von Hohenzollern-Hechingen in Beutnitz

Leuthen u. ½ Allmosen, Krs. Cottbus
1691 Hans Caspar von Muschwitz
1714 Gebr. Curt Ehrentreich u. Caspar Siegfried von Muschwitz
1718, 1719 Caspar Siegfried von Muschwitz
1745 Caspar Siegfried von Muschwitz

1753 Sophia Elisabeth von Muschwitz, geb. von Kottwitz
1767 (Caspar Siegfried von Muschwitz, Wert 30/m T.)
1770 Ehefrau von Caspar Rudolph von Kottwitz, geb. von Muschwitz
1774 Witwe C. R. v. Kottwitz, geb. Elisabeth Sophie Tug. v. Muschwitz
1791 Christian Rudolph Friedrich von Kottwitz, Wert 36/m T.
1801 Gebr. Christian Rudolph Friedrich u. Caspar Seyfried Anton v. Kottwitz
1805 Gebr. Christ. Rud. Fr. u. Ltnt. Caspar Seyfried Anton von Kottwitz
1809 Gebr. von Kottwitz, auch auf Trebendorf

Lichtenow, Krs. Friedeberg
1714 Witwe Rittmstr. von Möhlen
1715 George Wilhelm von Möhlen
1719 Ltnt. Rudolph Ehrentreich von Kahlenberg, Kaufpreis 22/m T.
1740 um: Landrat Friedrich Ludwig von Sydow
1745 Witwe Landrat Friedrich Ludwig von Sydow
1763 Cap. Christian Ludwig von Sydow, 1765 verkauft
1765 Fi-rat Franz Balthasar Schönberg von Brenckenhoff
1780 unter Administration der Küstriner Kammer, Wert 60 215 T.
1801 im Besitz d. Königs, unter Administration d. Küstriner KDK, W. 60 215

Lieben, Krs. Sternberg
1715 u. 1728 Landrat Joachim Bernhard von Selchow
1745 Landrat Alexander Ludwig von Selchow
1765 Major Andr. Fr. Balth. v. Selchow in Groß Gandern, Wert 24 500 T.
1774 Major Andreas Friedrich Balthasar von Selchow, 1780 20 626 T.
1801 Henriette Luise Sophie Gräfin v. Reuß, geb. v. Knobelsdorff
1803 Heinrich XXXIX. Graf von Reuß u. Frau, Wert 20 628 T.
1804 von Zülow, Kaufpreis 76/m T.

Liebenfelde, Krs. Königsberg
1713 u. 1718 Fähnrich Otto Ludwig von der Marwitz
1751 Wilhelm Ludwig von der Marwitz, Wert 16/m T.
1767 Rittmstr. Bernhard Wilhelm von Waldow, Schätzung 19/m T.
1767 (George Heinrich von Eickstedt, 1780: 24/m T.)
1797 Johann Ernst Christian von Ihlow, Kaufpreis 35 300 T.
1801 u. 1803 Anton Ernst von Ihlow, Wert 27 400 T.
1809 Anton Ernst von Ihlow

Liebenow u. Vorwerk Liebenfelde, Krs. Arnswalde
1715 Ol Hans Ernst von der Goltz
1745 (Ol Hans Ernst von der Goltz)
1767 Christoph Friedrich Krause, Taxe 24/m T.
1780 u. 1785 Hofrat Christoph Friedrich Krause, Wert 30/m T.
1788 Cap. Otto Wilhelm von Stülpnagel, Kaufpreis 40/m T.
1794 Erben u Kinder d. Cap. O. W. von Stülpnagel in Helpe
1809 Erben Cap. von Stülpnagel

Liebenow, Krs. Landsberg
1715 u. 1718 Jagdfiskal Friedrich Hanff in Küstrin
1755 Christian Wilhelm von Beerfelde, Wert 16/m T.
1777 Landrat Christian Wilhelm von Beerfelde
1798 Ltnt. Wilhelm Friedrich von Beerfelde, Wert 18/m T.
1803 u. 1809 Ltnt. Wilhelm Friedrich von Beerfelde

Liebthal, Krs. Crossen
1713 Johann Hermann Lichnowsky von Woschütz, Kaufpreis 8/m T.
1728 Carl Heinrich Lichnowsky von Woschütz, auch auf Treppeln
1762 Dietrich Gotthard Frhr. von Blomberg, Kaufpreis 22/m T.
1803 u. 1805 Carl Wilhelm Gotthard Frhr. von Blomberg, Wert 30/m T.

Liepz, Krs. Schivelbein – siehe Wopersnow

Lindchen (u. 1767 Anteil Wolkenberg), Krs. Cottbus
1703 poln Obrist Carl Gottlob von Koeckritz
1713 poln. Obrist Carl Gottlob von Koeckritz
1728 sächs. Rittmstr. Carl Gottlob von Koeckritz
1735 um: Frl. Johanna Agnes von Koeckritz
1739 Hans Adolph von Strantz
1767 (Hans Adolph von Strantz, Wert 16/m T.)
1766, 1769 Frau sächs. Ltnt. August Gottlob von Buchner, geb. Johanna Margaretha von Strantz
1772 Kammerdirektor Heinrich Albrecht von Rottberg, Kaufpr. 4/m T.
1798 u. 1809 Ltnt. Christian August Heinrich von Rottberg, Wert 4/m T.

Lindow, ¼ adliger Besitz, bis 1782 zwei Teile, Krs. Sternberg, ¾ im Besitz d. Komturei
1715 Herr von Schenckendorff/Nicolaus Sigismund von Thierbach
1745 Hans Carl von Dörffler/Major Otto Abraham von Knobelsdorff/Uffz. Friedrich Wilhelm von Lossow
1765 um: George Sigismund von Ludwig, Anteil, Wert 2/m T.
1767 Hans Carl von Dörffler, Wert 7 200 T./Ltnt. Carl Gottfried von Naumann, Kaufpreis 2/m T.
1782 Rittmstr. Gottlob Bog. Sig. von Seidlitz, bd. Tle., Kaufpreis 10/m T.
1800 Ltnt. Otto Ludolph von Schöning, Kaufpreis 15/m T.
1803 u. 1809 Ritterschaftsrat Otto Ludolph von Schöning

Lipke, Krs. Landsberg – siehe auch Gralow
1715 u. 1718 Kammerherr Christian von Brand
1745 Kammerherr Christian von Brand
1772 Domherr Christoph Ernst von Brand, Wert 18/m T.
1800 Erben u. Kinder C. E. von Brand, Wert 18/m T.
1803 Landrat Carl Aug. L. A. (von) Zinnow, Kaufpreis inkl. Gralow 141/m T.

Lippen, Krs. Crossen
1713 Johann Fabian von Grünberg, Wert 8/m T.
1728 Johann Fabian von Grünberg

1745 sächs. Cap. Carl Friedrich von Grünberg
1767 sächs. Cap. Carl Joseph von Zawadsky, Wert 12/m T.
1773 Witwe von Zawadsky, geb. von Lichnowsky
1797 Ltnt. Balthasar Friedrich Rudolph von Wulffen, Kaufpreis 26/m T.
1805 Ltnt. Balthasar Friedrich Rudolph von Wulffen im Krs. Sagan

Lochow, Krs. Züllichau
1715 Ltnt. Rudolph Ernst von Kalckreuth/Fähnrich Wolfgang von Schlichting/Cap. Samuel von Kalckreuth
1718 Ltnt. Rudolph Ernst von Kalckreuth/Fähnrich Wolfgang von Schlichting/Cap. Samuel von Kalckreuth/Obrist Carl von Kalckreuth
1728 Cornet Friedrich Wilhelm von Bornstedt, auf 2/3 Lochow
1745 um: von Canitz
1746 Hoffiskal Samuel Coulon u. Frau, Kaufpreis 22/m T.
1785 Hoffiskal Coulon
1796 Ehefrau d. Ltnt. v. Lindenau, geb. Henr. Jul. Ungnad, Kauf 32/m T.
1801 Frau Ltnt. Carl Heinrich von Lindenau, geb. Ungnad
1805 Frau Dr. Cratos, geb. Henriette Juliane Gottliebe Ungnad

Logau u. ½ Seedorf, Krs. Crossen
1713 u. 1717 Carl Ludwig von Arnold, Wert 10/m T.
1745 Gebr. von Arnold
1766 Heinrich Siegmund von Arnold, Wert 10 300 T.
1801, 1805 Landesältester Johann Christian v. Arnold in Läsgen, 10 300 T.

Lubochow, Krs. Cottbus, seit mind. 1746 in einer Hand – ab 1767 siehe Buchholz
1704 Heinrich Frhr. von Reichenbach/Jacob Heinrich von Muschwitz
1718 Kinder d. verst. Frhrn. von Reichenbach/Gottlob Ernst E. v. Seydewitz
1728 Gottlob Ernst Ehrentreich von Seydewitz, auf ½ Lubochow
1735 um: Florian Gottlieb von Thielow
1746 Konsistorialrat Christian Ernst von Knoch, Kaufpreis 9 100 T.
1756 u. 1767 Otto Ernst von Knoch
1789 sächs. Ltnt. Christian Friedrich von Rex
1801 sächs. Ltnt. Christian Friedrich von Rex in Buchholz

Malsow, Krs. Sternberg
1715 Johann Wilhelm von Schmolcke/Gefr.corp. Friedr. Wilh. v. Luck
1745 Ltnt. Friedrich Wilhelm von Luck
1767 Ltnt. Christoph Ludwig von Göllnitz, Wert 14 900 bzw. 20/m T.
1795 um: Rittmstr. (Hans Wilhelm Rudolph) v. Ludwig, 1780 W.: 14 800 T.
1800 Friedrich August Carl von Poussardière, Kaufpreis 34/m T.
1803 u. 1809 Friedrich August Carl von Poussardière

Mansfelde, Krs. Friedeberg
1715 Landrat Jacob von Papstein in Tankow (d. ganze Gut)
1718 Rittmstr. Christoph Henning von Papstein/George Steffen Berger
1745 Gebr. Henning Friedr. u. Carl Rudolph v. Papstein, d. ganze Gut
1755 Carl Rudolph von Papstein, ½ Mansfelde
1767 Ltnt. Heinrich von Beneckendorff, auf ½ Mansfelde/Carl Rudolph von

Papstein, auf ½ Mansfelde/1780 Wert 28 043 T.
1800 Witwe Geh. Fi-rat von Brenckenhoff, geb. v. Papstein, 13/m T./ Joachim Henning von Papstein, auf ½, Wert 15/m T.
1802 Landrat Carl Wilhelm Leopold v. Knobelsdorf, bd. Tle., Kauf 46 880 T.

Marwitz, Krs. Landsberg
1715 Hof- u. Landrat Curd Dietrich von der Marwitz
1728 Hof- u. Landrat Curd Dietrich von der Marwitz
1740 um: Fähnrich Curth Wilhelm von der Marwitz
1746 von Berge, Kaufpreis 37/m T.
1772 Hofmarschall Albert Christian Ernst von Berge, Wert 50/m T.
1775 Gebr. Albert Christian Ernst u. Stallmstr. Joh. Philipp von Berge
1801 Stallmstr. Johann Philipp von Berge
1803 KD-rat Johann Philipp Ludwig von Berg(en), Wert 37/m T.

Matschdorf, Krs. Sternberg
1715 Adam Ernst von Kettwig
1751 Wolf Alexander Otto von Kettwig
1767 Wolf Alexander Otto von Kettwig in Gräden, Wert 16/m T.
1778 Rittmstr. Johann Carl Rudolph von Kettwig
1785 Ol Joachim Wilhelm Leberecht von Kettwig
1787 Frau Obrist von Münchow
1792 EM Carl August (von) Struensee, Kaufpreis 30/m T.
1803 EM Carl August (von) Struensee
1804 Gräfin von Königsmarck, geb. von Struensee
1809 Frhr. Senfft von Pilsach

Mattendorf, Krs. Cottbus – siehe Trebendorf

Mehrenthin, Krs. Friedeberg
1715 Joachim Friedrich von Sydow
1718 Gebr. Cap. Hans Friedrich u. Christoph Friedrich von Sydow
1740 um: GM Friedrich Sigismund von Waldow
1745 Gebr. Friedrich Wilhelm, (Friedrich) Wilhelm Leopold, George Siegismund u. Christian Friedrich von Waldow
1755 von Waldow
1772 Ltnt. Johann Friedrich Ludolph von Waldow, Wert 23/m T.
1803 Ltnt. Johann Friedrich Ludolph von Waldow, Wert 20 649 T.
1809 Ltnt. Johann Friedrich Ludolph von Waldow

Mellen (Klein), Krs. Dramburg – siehe Mittelfelde

Mellen (Groß), Krs. Arnswalde
1718 Obrist Anton von Blankensee/Adam Matz von Wedel/Reg.rat Friedrich von Martitz/Rittmstr. Greger v. Rüchel/ Commiss. von Güntersberg
1801 u. 1815 15 Bauern auf ihren Höfen

Mellentin, Krs. Soldin
1715 sächs. Ol Balzer Ehrentreich von Burgsdorff
1735 Pl Curt Ehrentreich von Burgsdorff
1745 Erben Ol B. E. von Burgdorff, u.a Cap. Curt Ehr. v. Burgsdorff
1747 GM George Franz Conrad Frhr. von der Goltz, Kaufpreis 55/m T.
1767 Gebr. Leop. Heinr., Carl Franz u. Wilh. Bernh. Frhr. von der Goltz

1772 Obrist Wilhelm Bernhard Frhr. von der Goltz, Wert 55/m T.
1785 Cap. Samuel Friedrich von Schaetzel, Kaufpreis 64 500 T.
1801 u. 1803 Cap. S. F. von Schaetzel
1809 Cap. Samuel Friedrich von Schaetzel, Taxe 80 585 T.

Merzdorf, mit Schmachtenhagen, Schönfeld, Siebenbeuthen, Krs. Crossen
1713 Friedrich Ehrentreich Frhr. von Loeben: Merzdorf, Schönfeld, Schmachtenhagen u. Vorwerk Siebenbeuthen
1728 Gl Curt Hildeb. Frhr. v. Loeben: Merzdorf, Schönfeld, Schmachtenhg.
1742 GM Rudolph Curt Lebrecht Frhr. von Loeben: Merzdorf, Schönfeld, Schmachtenhagen, Siebenbeuthen, Taxe 1747 83 718 T.
1751 Witwe Kriegsrat Eller, Kaufpreis 65/m T.
1763 Johann Christoph Stecher, alle vier Güter, Kaufpreis 65/m T.
1767 Oberforstmstr. Carl Friedrich Albrecht Sohr u. Frau (Schönfeld)
1785 Witwe Oberforstmstr. Sohr, geb. Stecher (auf Schönfeld)
1796 Grone, Kaufpreis für Merzdorf, Schönfeld, Siebenbeuthen 100/m T.
1798 Ltnt. George Fr. Ferd. v. Oppell, Schmachtenhagen, Kaufpr. 36/m T.
1803, 1805 minderj. Fr. Wilh. Grone: Merzdorf, Schönfeld, Siebenbeuthen/Krs.dep. George Friedrich Ferdinand von Oppell: Schmachtenhagen

Meseritz, Krs. Schivelbein
1713 Witwe Heinrich von Meseritz
1727 Gebr. George, Peter Ernst u. Heinrich Ludwig von Meseritz
1745 Ltnt. Peter Ernst von Meseritz
1759 Witwe Peter Ernst von Meseritz
1765 Rittmstr. Joachim Ernst von Meseritz, Wert 12/m T.
1772 Rittmstr. Joachim Ernst von Meseritz, (Wert 6/m T.)
1791 Kinder d. Rittmstr. J. E. von Meseritz
1794 minderj. Ludwig Ferdinand von Meseritz, Wert 14/m T.
1803 u. 1809 Ltnt. Ludwig Ferdinand von Meseritz

Mienken (bzw. Minicken), Krs. Arnswalde – siehe Neuwedell
1715 Geh. Rat von Wedel/Hans Sigismund von Wedel/Frhr. von Schenck in Fürstenau
1718 Witwe Geh. Rat von Wedel/Hans Adam von Wedel/Freiin von Schenck
1803 Carl Friedrich v. Brunn/Ltnt. George Gottlob Ferdinand v. Wedel/Erben Alexander Erdmann Philipp von dem Borne
1809 Cap. von Brunn/von Wedel/von dem Borne

Mietzelburg, Vorwerk, Krs. Soldin – siehe Cossin
1801 Rittmstr. Richard Ehrentreich von Schöning, Wert 2/m T.

Milkersdorf, Krs. Cottbus
1705 um: Carl Maximilian von Loeben
1715 Carl Maximilian von Loeben
1733 Franciscus Mathäus Frhr. von Vernezobre, Kaufpreis 12 500 T.
1749 Cap. Friedrich Wilhelm Frhr. von Vernezobre
1781 Louise Freiin v. Vernezobre u. Fried. Wilh. Auguste v. Normann
1783 bzw. 1790 Fried. Wilhelmine Auguste Freiin v. Vernezobre, 12 500 T.

1790 Frau Friederique Wilhelm. Aug. v. Normann, geb. Freiin v. Vernezobre
1801 Frau Cap. Wilhelm Erdmann v. Normann, geb. Freiin v. Vernezobre
1809 Witwe Frau Cap. von Normann, geb. F. W. A. Freiin von Vernezobre

Mittelfelde, Kessel, Köntopf, Klein Mellen, Welschenburg, Krs. Dramburg: s. a. Karwitz
1715 Franz Ernst von der Goltz (Mittelfelde, Köntopf, Kessel)/Rittmstr. Carl Berndt von Birckholtz (Klein Mellen, Welschenburg)
1727 Franz Ernst von der Goltz (Mittelfelde, Kl. Mellen, Köntopf, Welschbg.)
1745 Landrat George Ernst Frhr. von der Goltz (alle fünf Güter)
1767 Witwe Landrat v. d. Goltz, geb. Juliane Philipp. v. Blankensee, 30/m T.
1770, 1774 Gebr. Gotthilf Carl Philipp, Gottlieb George Adolph, Gottlieb Friedrich Wilhelm Frhrn. von der Goltz
1775 Charlotte Louise von Loos, Kaufpreis 30 311 T.
1803 Frau Kammerherrin George Christoph v. Unruh, geb. v. Loos, 30 938 T.
1809 Witwe Kammerherr von Unruh, geb. Charlotte Louise von Loos

Mohrin, Mediatstadt, u. Guhden, Krs. Königsberg
1713 Major Hans von Schönebeck
1745 Major Hans von Schönebeck
1751 Fähnrich Hasso Ernst von Papstein
1767 Fähnrich Hasso Ernst von Papstein, Wert 50/m T.
1780 u. 1785 Witwe Ltnt. v. Papstein, geb. Anna Luise Tug. v. Schönebeck
1790 um: Landrat Friedrich Franz von Mühlheim
1795 minderj. Friedrich von Mühlheim, Wert 77 260 T.
1801 u. 1803 Friedrich von Mühlheim, Wert 75/m T.
1809 Friedrich von Mühlheim

Morrn u. Alexandersdorf, Krs. Landsberg
1715 in d. Hand von 12 u. 19 Bauern
1761 Hans Eberhardt Meyer von Schöning
1784, 1785 Landrat Stephan Christian von Schöning, Kaufpreis 40/m T.
1802 Erben Landrat von Schöning
1809 Erben Landrat von Schöning, Wert 108 467 T.

Mosau, Anteil, Krs. Züllichau
1702 Oberforstmstr. George Wilhelm von Mühlheim, Anteil f. 10/m T./ Fam. von Knobelsdorff, Anteil für 20/m T.
1715 Cap. Friedrich Wilhelm von Mühlheim/Balzer Sig. v. Knobelsdorff
1718 Cap. F. W. von Mühlheim/Balzer Sigismund von Knobelsdorff
1745 Witwe Major George von Knobelsdorff, Wert 22/m T.
1755 Cap. Ernst Sigismund von Angern
1760 (um: Hans Ernst von Knobelsdorff)
1767 Cap. Ernst Sigismd. v. Angern u. Frau, geb. v. Loeben, Wert 24/m T.
1801 Ltnt. Ernst Wilhelm von Angern, Wert 58 060 T.
1809 Ltnt. Ernst Wilhelm von Angern

Mosau, Anteil, Krs. Züllichau
1715 u. 1718 s. o.
1763 Major Johann Friedrich Struve, Kaufpreis 17/m T.

1785 Frau Christiane Louise Roempler, geb. Struve, Wert 17/m T.
1800 um: Christiane Louise Roempler, geb. Struve, Taxe 1801: 29 465 T.
1801 August Ferdinand von Bomsdorff im Krs. Sagan, Kaufpreis 51 500 T.
1804 Amtsrat Tschirner u. Frau, geb. von Bomsdorff, Kaufpreis 51 500

Müschen, Krs. Cottbus – siehe auch Babow
1703 Cap. Otto Heinrich von Stutterheim
1714 Heinrich Wilhelm von Pannwitz auf Babow, Kaufpreis 10/m T.
1745 Otto Heinrich von Pannwitz, 1751 mit 10/m T. angegeben
1767 Gebr. Carl Wilhelm u. F. A. W. von Pannwitz, Wert inkl. Babow 30/m T.
1769 Cornet Friedrich August Wilhelm von Pannwitz, Wert 10/m T.
1800 Rittmstr. F. A. W. von Pannwitz in Wurmlage in Sachsen
1805 Rittmstr. F. A. W. von Pannwitz in Wurmlage

Murzig, Krs. Crossen – siehe Kähmen

Nantikow, Krs. Arnswalde, bis mind. 1755 zwei Teile
1715 dän. Ltnt. Adam Christoph von Wedel
1718 Obrist Anton von Blankensee/Ltnt. Adam Christoph von Wedel
1740 um: dän. Ltnt. Adam Christoph von Wedel, auf Anteil
1745 sächs. Cap. Johann Ernst von Wedel, auf Anteil
1751 Ltnt. Hans Friedrich von Billerbeck, 2/3 d. Gutes/ (Balthasar Gottfried von Steinwehr, 1/3 d. Gutes bzw.) Obrist Busso Christian von Blankensee, auf 1/3 d. Gutes
1755 Anton Ludwig von der Goltz, auf 2/3 d. Gutes
1767 Hans Ludwig Frhr. von der Goltz
1785 um: Gläubiger d. Frhrn. von der Goltz, 1780 Wert: 16 313 T.
1790 George Wilhelm Engmann, Kaufpreis 30 800 T.
1801 u. 1809 George Wilhelm Engmann

Naulin, Anteil, u. Anteil Pitzerwitz, Krs. Soldin, ein Anteil d. Gutes auf pomm. Gebiet
1715 Gl Philipp Sigismund von Hagen/ Landrat Tido Christoph v. Hagen
1750 Obrist Hans Sigismund von Hagen
1767 Gebr. Leopold Christoph u. Friedrich Werner Tido S. v. Hagen, 28 600 T.
1801 u. 1803 Cap. Samuel Friedrich von Schaetzel, Wert 42/m T.

Nelep, Anteil d. Stadt Schivelbein, Krs. Schivelbein, Anteil im Besitz der Komturei
1713 Ratsgut der Stadt Schivelbein
1718 Stadt Schivelbein
1745 Witwe Rüdiger Ewald von Versen, geb. von Münchow
1767 Cap. Caspar Friedrich Sylvester von Hertzberg, Wert 3 070 T.
1778 um: Cap. von Versen, Kaufpreis 2 416 T.
1801 Frau Rittmstr. Carl Christian Ewald von Wolky, geb. Wilhelmine Friederike Antoinette von Versen, W.: 2 416
1804 Amtmann Christian Wilhelm Krieger, Kaufpreis 9 500 bzw. 16 800 T.

Nemischhof, Anteil, u. (Neu-)Körtnitz, Krs. Arnswalde – s. a. Neuwedell
1715 Rüdiger Friedrich von Wedel
1744 Hans Adam von Wedel
1751 Obrist Carl Ludwig von Normann
1780 GM Carl Ludwig von Normann
1801 Witwe GM Carl Ludwig von Normann
1802 Carl Friedrich von Brunn, Wert 30/m T.
1804 Rittmstr. Achatz Wilh. A. von Waldow, bde. Teile, Kaufpr. 59 500 T.

Nemischhof, Anteil, u. (Neu-)Körtnitz, Krs. Arnswalde
1728 Rittmstr. Magnus Christoph von Wedel
1755 um: Friedrich Wilhelm von Wedel
1767 Witwe Amtmann Charlotte Christine Wilde, geb. Gentz
1775 Söhne d. Witwe Wilde
1778 Cap. Carl Friedrich von Wedel
1785 (Gebr. Wilde u. Witwe Amtsrat Westphal, Wert 13/m T.)
1798 (Ltnt. George Sigismund Gottlob von Wedel)
1800 Ltnt. Alexander Erdmann Philipp von dem Borne
1804 Rittmstr. Achatz Wilhelm August von Waldow, s. o.

Neudorf (od. Mittenwalde) u. Rauden, Krs. Sternberg
1715 sächs. Cap. Carl Andres von Maxen, auf Neudorf/Witwe Obrist Heinrich Wilhelm von Werbelow auf Rauden
1718 Pfandbesitzer Carl Andres von Maxen, auf Neudorf/ Witwe Obrist H. W. von Werbelow in Berlin, auf Rauden
1735 um: Rittmstr. Johann Wilhelm von Waldow
1739, 1745 Cap. Carl Adolph von Waldow, auf beiden Gütern
1747 Züllichauer Waisenhaus, bde. zs. im Wert von 20/m T.
1801 u. 1803 Züllichauer Waisenhaus, 1739: 18 167 T.
1809 Züllichauer Waisenhaus

Neuhausen u. Anteil Bräsinchen, Krs. Cottbus
1710 Gebr. Christoph Erdmann u. Wilhelm Seyfried von Kottwitz
1713, 1715 ksl. Ltnt. Christoph Erdmann von Kottwitz
1745 ksl. Ltnt. Christoph Erdmann von Kottwitz
1763, 1767 Major Johann Gottlob von Kottwitz u. Frau, Wert 20/m T.
1777 Witwe u. Erben Obrist Johann Gottlob von Kottwitz
1796 Ltnt. Hans Carl Friedrich Theodor von Kottwitz, Wert 20/m T.
1805 Rittmstr. Hans Carl Friedrich Theodor von Kottwitz

Neu Klücken, Krs. Arnswalde
1715 u. 1718 Caspar Heinrich von Blankensee
1774 Hans Carl Otto von Blankensee
1783 Ltnt. Anton George von Blankensee, 1780 Wert 6 868 T.
1799 Gebr. Carl Bogislav u. Friedrich von Sobbe, Kaufpreis 34/m T.
1801 u. 1803 Carl Bogislav von Sobbe
1805 Graf von Schack, Kaufpreis 50 600 T.

Neu Lobitz, Krs. Dramburg
1715 Rittmstr. Carl Berndt von Birckholtz in Schilde, Wert 4/m T.
1727 Rittmstr. Carl Berndt von Birckholtz
1750 Major Johann Carl von Birckholtz

1767 Präs. George Albrecht von Birckholtz u. Frau, geb. von Münchow
1772 Major Johann George (von) Küsell, Kaufpreis 9/m T.
1795 Ritterschaftsrat Ernst Sigis. Ferd. von Misbach, Kaufpr. 18/m T.
1805 Ernst Sigismund Ferdinand von Misbach

Neu Radung, Krs. Landsberg – siehe Vietzer Radung

Neu Storkow, Krs. Dramburg – siehe auch Storkow
1728 (Gebr. von Kühne)
1755 um: Ltnt. Heinrich Ernst von Schmiedeberg
1756 Ltnt. Bernd Ludwig von Arnim, Kaufpreis 2 500 T.
1777 Ltnt. Bernd Ludwig von Arnim, Taxe 15 901 T.
1801 u. 1803 Witwe Bernd Ludwig von Arnim u. Kinder
1809 Geschwister von Arnim

Neuwalde u. Anteil Költschen, Krs. Sternberg
1715 Pfandbesitzer schwed. Major Friedrich Sigismund von Waldow
1718 schwed. Ol Friedrich Sigismund von Waldow
1721 Sebastian von Waldow, Wert 13/m T.
1742 Cap. Carl Friedrich von Waldow
1767 Cap. Carl Friedrich von Waldow u. Frau, geb. von Lossow
1772 Friedrich Wilhelm von Waldow, Wert 15/m T.
1778 Friedrich Gottlieb Moritz v. d. Osten in Schmagorei, Kaufpreis 20/m T.
1801 u. 1803 Friedrich Gottlieb Moritz von der Osten, Wert 20/m T.
1804 Gl Ernst Wilhelm Philipp von Rüchel, Kaufpreis 86/m T.

Neuwedell, das große Gut, Krs. Arnswalde
1715 Geh. Rat Moritz Heinrich von Wedel/ Hans Adam von Wedel/Jacob Ehrentreich von Beneckendorff
1745 Hans Adam von Wedel
1749 um: poln. Rittmstr. Johann Friedrich von Wedel
1750 Obrist Carl Ludwig von Normann, Kaufpr. mit Pertin. 58/m T.
1801 Witwe GM C. L. v. Normann, mit ½ Nemischh. u. Mienken, 58/m T.
1801 Carl Friedrich von Brunn
1807 Kommissionsrat von Ludwig, Kaufpreis 36/m T.

Neuwedell, Schloßgut, Krs. Arnswalde
1715 s. o.
1775 um: Friedrich Wilhelm von Wedel
1792 Friedrich Wilhelm von Wedel
1799, 1803, 1809 Ltnt. George Gottlob Ferdinand v. Wedel, Wert: 38 650 T.

Neuwedell, Brückengut, Krs. Arnswalde
1715 (s. o. bzw. nur) Geh. Rat Moritz Heinrich von Wedell
1750 holländ. Ltnt. Christoph Friedrich von Wedel
1778 Cap. Carl Friedrich von Wedell
1795 Feldwebel Gottfried Wilhelm Werth, Kaufpreis 9/m T.
1801 u. 1809 Eigentümer Gottfried Wilhelm Werth

Nickern, Anteil, Krs. Züllichau
1715 Wendel Abraham von Unruh
1718 Witwe Wendel Abraham von Unruh

1723 sächs. Cap. Christian Adolph von Loeben
1744 Frau Rittmstr. v. Schlichting, geb. Christiane Gottliebe von Bornstedt
1759 Frau Rittmstr. Johann Conrad von Schlichting, geb. von Bornstedt
1763 Rittmstr. Johann Albraham von Troschke, auf 3/8 Nickern, Kauf 12/m
1783 G. S. W. v. Gersdorff auf Kay, Kaufpr. m. Ant. Schönborn 13 100 T.
1801 u. 1805 Landrat George Samuel Wilhelm von Gersdorff, auf 3/8

Nickern, Anteil, Krs. Züllichau
1709 Gebr. George Anton u. Samuel Rudolph von Hake
1715 u. 1718 Sergant George Anton von Hake
1728 schwed. Ltnt. George Anton von Hake, auf 5/8 Nickern
1729 Bgmstr. Christian Hoffmann, Kaufpreis 13 550 T.
1737 Bgmstr. Hoffmann
1767 Gebr. Johann Christian u. Gottfried Hoffmann, 5/8 Nickern
1785 Gebr., Kaufleute Hoffmann, Wert 18/m T.
1805 Vettern Johann Ludwig u. Carl Wilhelm Hoffmann, Wert 13 550 T.

Niederlübbichow, Krs. Königsberg – siehe Hohenlübbichow

Niepölzig, Krs. Arnswalde
1715 u. 1718 Cap. Joachim Friedrich von Waldow
1728 Cap. Joachim Friedrich von Waldow
1745 u. 1751 Gebr. Friedrich Christoph u. Hans Fr. von Schack
1767 Ltnt. Hans Friedrich von Schack, Wert 14/m T.
1780 um: Wilhelm Ernst von Papstein, Wert 20 300 T.
1786 Cap. Caspar Heinrich von Mellenthin, Kaufpreis 35/m T.
1801 Cap. Caspar Heinrich von Mellenthin
1802 Witwe Cap. von Frankenberg, Kaufpreis 46/m T.
1809 Erben von Frankenberg

Nöblin, Krs. Dramburg – siehe Steinhöfel
1715 pomm. Landrat Curt Julius von Wedel, Wert 5/m T., in Trampke
1718 Ernst Bernd von Wedel

Nörenberg, ½, Vorwerk Rohrpfuhl, Anteil Zehrten, Krs. Arnswalde
1715 nicht gen.
1730 um: Ernst Bogislav von Wedel
1767 Carl Aemilius von Goetze, Wert 8/m T.
1784 Frau Ltnt. Joh. Ludwig von der Mülbe, geb. von Mellenthin
1786 Amalia Ludovika Dorothea Antoinette v. Borcke, geb. von Krüger
1792 unmündige Töchter von Borcke, Wert 7/m T.
1809 Geschwister von Borcke

Nörenberg, ½, das Schloßgut, Krs. Arnswalde
1728 Reg.rat Friedrich Heinrich v. Martitz (bzw. Gottfried v. Schmiedeberg)
1745 u. 1751 Witwe Cap. von Gumbrecht
1767 Ltnt. Carl Ludwig von Bornstedt u. Frau, Wert 9 600 T.
1794 Kfm. Gottlieb Leberecht Mangelsdorf, Kaufpreis 9 600 T.
1803 Gottlieb Leberecht Mangelsdorf
1809 Eigentümer Mangelsdorf

Nordhausen, Krs. Königsberg
1713 u. 1718 Rittmstr. Hans Christoph von Schöning
1751 Erben u. Söhne d. Rittmstrs. H. C. von Schöning
1767 Witwe Oberhofmstr. v. Schöning, geb. v. Pannwitz, Wert 30 700 T.
1775 um: Gottfried Carl August von Schöning
1792 Landrat Friedrich Franz von Mühlheim
1795 d. minderj. Friedrich von Mühlheim
1800 Ltnt. Carl Wilhelm von Bredow, Kaufpreis 72/m T.
1802 Geh. Rat Carl Friedrich von Goldbeck, Kaufpreis 85/m T.
1805 George Tobias Graf von Haslingen, Kaufpreis 96 500 T.

Oblath, Krs. Züllichau
1715 u. 1718 Landrat Christoph von Unruh in Schmöllen
1721 sächs. Cap. Christoph George von Unruh, Wert m. Guhren 31/m T.
1745 Johann Sigismund Graf von Bronikowsky
1752 Alexander Anton Graf von Bronikowsky
1753 Ltnt. Leopold Ferdinand Graf von Schwerin, Kaufpreis 14 450 T.
1756 Ol Wilhelm Gottlob von Knobelsdorff, Kaufpreis 15/m T.
1767 Ol Wilhelm Gottlob von Knobelsdorff
1784 Major Carl Vollrath Krafft von Knobelsdorff, 1776: Wert 18/m T.
1805 Major C. W. K. von Knobelsdorff in Berlin, Wert 18/m T:

Osterwalde, Krs. Sternberg – siehe Königswalde

Ostritz u. Padligar, Krs. Züllichau
1715 u. 1718 dän. Cap. Otto Abraham von Diebitsch
1721 Hans Carl Fürst von Schönaich-Carolath, Kaufpreis 53/m T.
1751 EM Hans Carl Fürst von Schönaich-Carolath
1761 Hans Friedrich Carl Prinz von Schönaich-Carolath, Wert 56/m T.
1775 Heinrich IX. Graf von Reuß, Kaufpreis 65/m T.
1788 Hofmarschall Heinrich XLIV. Graf von Reuß, Kaufpreis 65/m T.
1809 Hofmarschall Heinrich XLIV. Graf von Reuß

Ostrow, Schulzengericht od. ¼ Ostrow, Krs. Sternberg, ¾ Kommende Lagow
1720 um: Friedrich Wilhelm von Bornstedt
1723 Cap. Hans Christoph von Bardeleben
1755 um: Ltnt. Heinrich Wilhelm Ludwig von Bardeleben
1801 Kommende Lagow (ganz Ostrow?)

Padligar, Krs. Züllichau – siehe Ostritz

Pätzig bei Schönfließ, Krs. Königsberg
1713 altmärk. Quartal-Gerichtsrat Otto Christoph von Jagow
1717 Ludwig Carl von Platen, Landrat in d. Prignitz, Kaufpreis 31 500 T.
1728 Landrat Ludwig Carl von Platen
1737 Cap. Ernst Friedrich von Platen
1742 Cap. Heinrich Wilhelm von Platen, auf ½ Pätzig

1751 Cap. Heinrich Wilhelm von Platen
1776 Ltnt. Ernst Ludwig Carl von Platen, Taxe 32 735 T.
1801 u. 1809 Ltnt. Ernst Ludwig Carl von Platen, Wert 32 735 T.

Palzig, Krs. Züllichau
1715 u. 1718 Kammerherr Christoph Lassel von Stosch
1745 Hofmarschall George Abraham von Stosch, 1726: 40 128 T.
1767 George Abraham von Stosch (d.3.)
1800 George Abraham von Stosch
1800 GM Friedrich Bogislav Emanuel Graf von Tauentzien
1803 Witwe Major von Paczkowsky, geb. von Stosch, Wert 40 128 T.

Pammin, Krs. Arnswalde
1715 Hans Sigismund von Ker(c)kow
1745 Hans Sigismund von Ker(c)kow
1755 Ltnt. Hans Caspar von Ker(c)kow
1764 Major Hans Caspar von Ker(c)kow, 1767 im Wert von 25 172 T.
1776 Ltnt. Franz Ludwig George von Puttkamer, Wert 22/m T.
1803 u. 1809 Ltnt. Franz Ludwig George von Puttkamer, Wert 22/m T.

Pammin, Krs. Dramburg – siehe Kallies
1715 u. 1718 Ewald Friedrich von Güntersberg

Papitz u. Ruben, Krs. Cottbus, seit 1733 in einer Hand
1705 um: (Adam Seyfried von Loeben)
1713 Witwe Marianne von Loeben, geb. von List
1715 ksl. Cap. Siegfried Wolf Adam u. Friedrich Siegfried v. Loeben, auf Papitz/Cap. S. W. A. v. Loeben/Caspar Sigismund v. Schönfeldt/Wolf Adolph von Schönfeldt in Guhrow, alle drei auf Ruben
1733 Major Julius Ulrich von Buggenhagen, auf Papitz u. Ruben, 33/m T.
1745 Ol Julius Ulrich von Buggenhagen
1767 Landrat Julius Ernst von Buggenhagen, Wert 34/m T.
1800 u. 1805 EM Julius Ernst von Buggenhagen, Wert 34/m T.
1807 Frau von Rabenau

Pehlitz, Krs. Friedeberg
1715 Söhne u. Erben Major von Vorhauer, 3 500 T./Christoph Krause
1718 Erben Major Thomas Ehrentreich v. Vorhauer/Witwe C. Krause
1738 Christoph Friedrich von Sydow
1745 (Ltnt. Joachim Siegmund von Sydow/Cap. Curt Ernst v. d. Goltz)
1755 Sigismund Siegfried von Koeckritz
1767 Theodora Elisabeth von Koeckritz, Wert 13 800 T.
1783 Ltnt. Melchior Gotthardt Frhr. von Dyherrn (auf Anteil)
1785 Amtmann David Rehmann, Kaufpreis 26 350 T.
1802 Johann Wilhelm Rehmann, Wert 27/m T.
1809 Witwe Amtmann Rehmann

Petershain, Krs. Cottbus
1714 Jacob Heinrich von Muschwitz
1719 Caspar Heinrich von Muschwitz
1738, 1745 Geh. Justizrat Carl von Rottberg
1766, 1767 Kammerdirektor Heinrich Albrecht von Rottberg, Wert 24/m T.
1773, 1774 Rittmstr. Carl Otto von Rottberg

1800 Major August Wilhelm von Rottberg, Wert 21 500 T.
1805 Major August Wilhelm von Rottberg

Petznick, Krs. Dramburg, seit mind. 1767 in einer Hand
1713, 1715 (Gebr. Obrist Hans George u. Cap. Moritz Heinrich von Beneckendorff), Wert: 6/m T.
1715 Martin Lorenz von Borcke/Ltnt. Heinrich Ewald von Anclam
1727 Ltnt. Heinr. Ewald von Anclam, auf ½ /Ludwig von der Goltz, ½
1750 um: Fähnrich George Ludwig von Prophalow, auf ½ Petznick
1753 Ltnt. Christian Ernst von Schmiedeberg, auf ½ Petznick f. 6 300 T.
1767 Ltnt. Christian Ernst von Schmiedeberg, Wert 14/m T.
1774 Witwe Ltnt. C. E. von Schmiedeberg, geb. Anna von Wedel
1790 um: Cap. Ernst Friedrich von Schmiedeberg u. Schwestern
1796 Major Friedrich Wilhelm von Wurmb, Kaufpreis 35 700 T.
1804 Ltnt. Carl Ernst Rudolph Heinrich von Sydow, Kaufpreis 52/m T.

Piepstock, Krs. Dramburg, bis mind. 1741 mehrere Teile, siehe auch Blankenhagen
1718 Witwe Cuno von dem Borne, auf ½ Piepstock/Joachim Rüdiger von dem Borne, auf ¼ /Friedrich Gottfried von Ploetz, auf ¼
1740 Ltnt. Balthasar Rüdiger von dem Borne, auf ½ Piepstock
1741 Ltnt. Arnd Christian von Schmiedeberg, auf ½ Piepstock
1767 Johann Heinrich Sprenger, d. ganze Gut, Wert 2/m T.
1774 Cap. Caspar Heinrich Friedrich v. Mellenthin in Blankenhagen
1801 Reg.präs. Johann Friedrich (von) Scheibler in Blankenhagen
1803 u. 1805 Amtsrat Carl Wilhelm Zimmermann, mit Blankenhagen, u. drei Anteilen Storkow im Mai 1800 für 180/m gekauft

Pinnow, Krs. Sternberg, 1801 u. 1803 einschl. d. Kolonie Schartowsthal
1715 Major Hans Heinrich von Schlieben/ mecklenbg. Ltnt. Gustav Friedrich von Winning
1718 Rittmstr. George Abraham von Schlieben/Ltnt. Gustav Friedrich von Winning/Melchior Gottfried von Winning
1745 George Heinrich Gottlob von Schenckendorff, auf ½ Pinnow/ Söhne d. Cap. Johann von Dechen, auf ½ Pinnow
1751 Ltnt. Joh. Zacharias v. Holle u. Frau, geb. M. E. M. von d. Schulenburg
1767 Marie Eleonore Magdalene von Holle, verwitw. von Ihlow
1772 Johann Ernst Christian von Ihlow, Kaufpreis 16 500 T.
1796 Beate Dorothea von Sydow, geb. v. Winterfeld, Kaufpreis 36/m T.
1801 u. 1803 Beate Dorothea u. Ltnt. Johann George von Sydow
1809 Witwe Johann George von Sydow, geb. von Winterfeld

Pitzerwitz, Krs. Soldin, bis 1801 mehrere Tle. – siehe auch Klein Lindenbusch
1715 Gl Philipp Sigismund von Hagen/Major Hans Friedrich von Platen/(Major Hans Christoph von Scheel/Ltnt. Jonathan Friedr. von Finck)

1718 Landrat Tido Christoph von Hagen/Ol Hans Friedrich von Platen/Major Hans Christoph von Scheel/Ltnt. Jonathan Friedrich von Finck
1728 Kammerherr Philipp Dubislav von Hagen, auf ½ Pitzerwitz/ Hans Caspar von Oesterreich, auf Anteil Pitzerwitz
1744 Obrist Albrecht Christian von Platen, Anteil Pitzerwitz für 10/m T.
1745 Rittmstr. Hans Joachim von Scheel, auf Anteil Pitzerwitz/Cap. Carl Heinrich von der Goltz, 1748 auf Anteil/Obrist J. F. von Finck
1772 Witwe Carl Hr. v. d. Goltz/von Finck/Frl. v. Scheel/S. F. v. Schätzel: Anteile im Wert von: 1780: 5/m, 4 364, 16 210 T./1787 20 750, 1788 4 365, 1795: 8 200 u. 1800 25 500 T.
1791 Gebr. Hans Christoph Wilhelm u. Christian Friedrich v. d. Goltz, Anteil
1794 Frl. Eva Gottliebe Tugendreich von Scheel, auf Anteil
1801 Kammerherr Adam Ernst Friedrich von Flotow, alle Tle., 58 830 T.
1809 Kammerherr von Flotow

Plau, Krs. Crossen
1713 Gebr. George Otto, Christoph Franz u. Christoph George v. Luck
1718 George Otto von Luck, Wert 17/m T.
1745 Gebr. Cornet Christian Franz u. George Otto von Luck
1767 Cornet Christian Franz von Luck, Wert 17 200 T.
1790 um: Cornet Christian Franz von Luck
1794 Major Carl Leopold Christoph von Berg, Kaufpreis 34 200 T.
1803 u. 1809 Ol Carl Leopold Christoph von Berg

Pleiskehammer, Krs. Crossen – siehe Beutnitz

Polchlep, 1/3 adliger Besitz, Krs. Schivelbein, 2/3 Anteil Komturei
1718 Gebr. Hans Joachim u. Bernd Christian von Briesen/Magnus Gottfried von Briesen
1809 vier bäuerl. Eigentümer, Werte: 600, 570, 2 500, 743 T.

Polnisch Nettkow, Krs. Crossen – siehe Beutnitz

Pollychen, Krs. Landsberg – siehe auch Gralow u. Lipke
1715 Gl von Wreech in Büssow/Kammerherr Christian v. Brand in Gralow
1718 General Joachim Friedrich v. Wreech/Kammerherr Chr. von Brand
1728 Obrist Adam Friedrich von Wreech, auf Anteil
1766 Gebr. Fr. Wilh. Theodor u. Ludwig Alexander von Wreech, Anteil
1768 Hans Eberhardt Meyer von Schöning, auf Anteil
1775 um: Domherr Christoph Ernst von Brand, auf Anteil
1801 u. 1803 Erben von Brand, auf einem Anteil im Wert von 10/m T./Rittmstr. Christian Ludwig A. Frhr. v. Rhade, Anteil im Wert v. 30/m

Pommerzig, Krs. Crossen
1713 poln. Obrist George Sebastian von Rothenburg/Landrat Alexander Rudolph von Rothenburg
1717 sächs. GM Johann Casimir von Damnitz, Wert 48/m T.

1721 EM Gottfried Heinrich Graf von Schmettau, Kaufpreis 60/m T.
1767 Rittmstr. Gottfried Heinrich Leopold Graf von Schmettau
1800 Major Gottfried Heinrich Leopold Graf von Schmettau, W. 60/m
1809 Graf von Schmettau, Wert 67/m T.

Preichow, Krs. Crossen, ½ Amt Crossen – ½ siehe Scheegeln

Pritten, Anteil, Krs. Dramburg
1715 Christian Heinrich von dem Borne
1718 (Cap.) Marten Friedrich von dem Borne
1727 Obrist Arend Caspar von dem Borne, auf ½ Pritten
1745 Cap. Ewald Gotthilf von dem Borne
1767 Cap. Gotthilf Kreuzwendedich von dem Borne, Wert 5/m T.
1796 Cap. Lebrecht Carl Friedrich von Schlichting, Kaufpr. 8 900 T.
1803 u. 1805 Cap. Lebrecht Carl Friedrich von Schlichting
1809 Cap. von Schlichting

Pritten, Anteil, Krs. Dramburg
1715 Arend Bernd von Eickstedt
1718 Hans Siegismund von Eickstedt
1727 Hans Siegismund von Eickstedt, auf ½ Pritten
1767 Elisabeth Abigail von Damnitz, geb. von Eickstedt, Wert 4/m T.
1777 Ltnt. Carl Ernst Valentin von Damnitz u. Frau
1783 Johanna Modesta Sigismunde Louise von Damnitz
1801 Frau Cap. L. C. F. v. Schlichting, geb. J. M. L. v. Damnitz, Wert 4/m T.
1805 Frau Cap. Lebrecht Carl Friedrich von Schlichting

Prochnow, Krs. Dramburg
1715 Martin Lorenz von Borcke, Wert 6/m T.
1718 u. 1727 Cap. Martin Philipp von Borcke
1741 Albrecht Christian Carl von Borcke
1767 Rittmstr. Bernhard Friedrich von Reckow u. Frau, Wert 12/m T.
1792 Ludwig Magnus Friedrich Julius von Germar, Kaufpreis 21/m T.
1801 u. 1805 Ludwig Magnus Friedrich Julius von Germar
1808 KD-rat George Wilhelm (von) Hill, Kaufpreis 106 500 T.

Pyrehne, Krs. Landsberg, zwei Teile – siehe auch Stennewitz
1715, 1718 Cap. Carl Friedrich v. d. Marwitz/Amtmann Gottfr. Bresemann
1730 Ankauf durch den Fiskus, zum Amt Himmelstädt
1775 u. 1809 Domänenamt Pyrehne

Raackow, seit mind. 1767 auch ½ Domsdorf, Krs. Cottbus
1705 um: Kammerjunker Caspar Siegfried v. Loeben u. Frau, Kauf 8/m T.
1709, 1715 sächs.-poln. Cap. Christian Adolph von Loeben
1728 spremberg. Stallmstr. Caspar S. v. Loeben u. Frau Maria Doroth.
1733 ksl. Cap. Siegfried Wolf Adam von Loeben
1744 Heinrich Wilhelm u. Friedrich Wilhelm von Loeben
1753 Ltnt. Friedrich Wilhelm von Loeben
1774 Ltnt. Friedrich Wilhelm von Loeben
1798, 1801 Landrat Friedrich Ehrentreich von Muschwitz, Wert 9/m T.
1805 Landrat von Muschwitz in Geisendorf

Raakow, adliger Anteil, Krs. Arnswalde
1715 Ol George Christoph von der Goltz
1728 Cap. Hans Ernst von der Goltz, auf 2/3 Raakow
1745 Cap. Christoph Ludwig von der Goltz
1751 Cap. Ernst Ludwig von Sanitz
1767 Carl Hans Adolph von Jargow, Wert 10/m T.
1774 Witwe Landrat Susanna Margaretha Freiin von d. Goltz
1779 Ol Christoph Sigmund von Wallenroth, 1780 Wert: 9/m T.
1785 Wilhelm Engmann, Wert 14/m T.
1790 Ltnt. Ernst Ludwig von Delitz, Kaufpreis 18/m T.
1801 u. 1809 Ltnt. Ernst Ludwig von Delitz

Radach, 2/3 d. Gutes, Krs. Sternberg, ab 1803 alle drei Tle. in einer Hand
1715 Witwe Obrist Christoph von Ehlert/ Caspar Hartwig von Ihlow/Witwe Maria Elisabeth von Ihlow, geb. von Kettwig
1718 Cap. Christoph Albrecht von Ehlert/ Ltnt. Christian Friedrich von Ihlow/ Ltnt. Christoph von Brzesky/Erben Cap. v. Ihlow/D. Fabritius
1728 von Knorr, auf Anteilen/Witwe Barbara Sophia v. Brzesky, auf Anteil
1745 Rittmstr. Otto Caspar von Brzesky
1767 u. 1785 Cap. bzw. Major George Friedrich von Knorr, Wert 30/m T.
1795 Joh. M. Juliane (Ehefrau d. GM Fr. Gottfr.) v. Schladen, Kauf 32/m T
1801 Witwe Johanna Maria Juliane von Schladen, 1791: 32/m T.
1803 Kammerdirektor Ludwig Friedrich Pappritz, bd.e Tle., Kauf 65/m T.
1809 Kammerdirektor Pappritz

Radach, 1/3, Krs. Sternberg
1715, 1718 s. o.
1730 Cap. Johann Ludwig Julius v. d. Schulenburg, Anteil, Kaufpr. 9 800
1767 Johann Christian von der Schulenburg, Wert 10/m T.
1775 Catharine Rosine Eleonore von Burgsdorff, geb. v. d. Schulenburg
1782 Fam. von der Schulenburg
1801 Erben (von Lippen)
1803 s. o., Kammerdirektor Ludwig Friedrich Pappritz

Radenickel, Krs. Crossen – siehe Trebichow

Radensdorf, Krs. Cottbus
1705 um: sächs. Amtshauptmann Christian August von Buchner
1713 sächs.-poln. Cap. Christian August von Buchner
1728 Cap. Christian August von Buchner
1739 Major Caspar Ernst von Normann, Kaufpreis 12 500 T.
1758 Wilhelm Erdmann von Normann
1767 Rittmstr. August Wilhelm von Rottberg, Wert 14 050 T.
1784 Carl Wilhelm von Pannwitz, Kaufpreis 14 050 T.
1801 u. 1805 Carl Wilhelm von Pannwitz

Radewitsch u. seit 1765 Trebschen, Krs. Züllichau
1715 Landrat Christoph von Unruh/Witwe Sigismund Friedrich von Sack, geb. Dorothea Helene von Gersdorff
1718 Landrat Christoph von Unruh/poln. Ltnt. Carl Friedrich von Sack
1721 sächs.-poln. Obrist Alexander von Unruh, Wert 12/m T.
1734 um: Major Carl von Unruh

1739 Geh. Rat Christian Ulrich von Koschembahr, Wert 42 881 T.
1745 Johann Sigismund Graf von Bronikowsky auf Oblath
1752 Alexander Anton Graf von Bronikowsky
1755 um: Ltnt. Leopold Ferdinand Graf von Schwerin, Kaufpr. 25 500 T.
1760 um: Gebr. Friedrich Carl Ludwig u. W. H. F. Grafen von Schwerin
1765 Heinrich IX. Graf von Reuß, Kaufpreis inkl. Trebschen 56/m T.
1801 vorm. Hofmarschall Heinrich XLIV. Graf von Reuß, Wert 56/m T.
1809 Heinrich XLIV. Graf von Reuß in Ostritz, Wert d. 4 Güter 107 500 T.

Raduhn, Krs. Königsberg
1713 GM Balthasar Friedrich von Sydow
1745 Adam Wilhelm von Sydow
1751 Adam Wilhelm von Sydow
1756 Witwe Adam Wilhelm von Sydow
1760 (Johann Sigismund) von Sydow
1763 Witwe Adam Wilhelm von Sydow, geb. von Küssow
1764 Ltnt. Abraham Friedrich von Arnim, Kaufpreis 62/m T.
1801 Gebr. Ltnt. Abraham Friedrich u. Ltnt. Fr. Wilh. Ludwig von Arnim
1809 Cap. Friedrich Wilhelm Ludwig von Arnim, Wert 62/m T.

Rahnwerder, Klein Spiegel u. Vorwerke Kolk, Grützort, Eichort, Krs. Arnswalde
1715 Hofrat Friedrich Heinrich von Martitz
1728 Reg.rat Friedrich Heinrich von Martitz
1745 (Witwe Adam Christoph von Wedel, auf Rahnwerder u. Eichort)
1751 Hofrat George Friedrich von Martitz
1767 Hofrat George Friedrich v. Martitz, Taxe von 32 500 bzw. 45 467 T.
1788 Major Hans Heinrich Albrecht von Doeberitz, Kaufpreis 24 635 T.
1801 GM Hans Heinrich Albrecht von Doeberitz, Wert 22 520 T.
1809 GM Hans Heinrich Albrecht von Doeberitz

Ranzow, Krs. Cottbus
1715 Caspar Christoph von Klitzing
1726 Otto Christoph von Klitzing
1740 Friedrich Christoph von Klitzing
1757 Fähnrich Friedrich Christoph von Klitzing
1765 bzw. 1767 Obrist Friedrich Eugen von Massow
1782 Ltnt. Wilhelm Anton von Massow
1785 Cap. Gottfried von Schmettau, Kaufpreis 8 500 T.
1788 Ol Johann Friedrich von Mauritius, Kaufpreis 9 500 T.
1801 Christoph Ernst Heinrich Schmied von Mauritius, Wert 9 500 T.
1805 August Frhr. von Medem, Kaufpreis 30 300 T.
1806 August Friedrich Wilhelm von Alvensleben

Rauden. Krs. Sternberg – siehe auch Neudorf
1715 Witwe Obrist Heinrich Wilhelm von Werbelow
1739 Züllichauer Waisenhaus, 15 216 T.
1801 Züllichauer Waisenhaus, Wert 15 216 T.

(Alt) **Reetz**, adliger Anteil, Krs. Königsberg
1713 u. 1718 Obrist Siegmund von Sack

1751 Gebr. Christoph Friedrich u. George Fr. von Sack (auf ½ Alt-Reetz)
1767 George Friedrich von Sack
1785 um: Geh. Leg.rat Adolph Friedrich von Buch
1809 Geh. Leg.rat Adolph Friedrich von Buch, Wert 34 814 T.

Rehdorf, Krs. Königsberg
1713 Ol Daniel Friedrich von Sydow
1728 Junker Johann Sigismund von Sydow
1751 Cap. Johann Sigismund von Sydow
1767 Cap. Johann Sigismund von Sydow, Wert 40/m T.
1780 Fi-rat Johann Friedrich Schütz, Kaufpreis 41 300 T.
1801 minderj. Kinder d. verst. Kammerpräs. J. F. (von) Schütz, 43/m T.
1809 Kinder von Schütz

Rehnitz, Krs. Soldin
1701 Obrist Christoph Friedrich von Bismarck
1715 Gebr. Ol Ludolph August u. George Friedrich von Bismarck
1718 Ol Ludolph August von Bismarck
1745 Ol Philipp Sigismund von Hagen
1749 Amtmann Schmieden, Kaufpreis 20 500 T.
1785 Oberamtmann Schmieden
1790 Cap. Friedrich August von Sydow, Kaufpreis 29 886 T.
1803 Ltnt. Colmar Friedrich Heinrich Otto von Sydow u. Gebr. von Sydow
1809 Erben Cap. Friedrich August, Gebr. von Sydow

Reichenwalde, Krs. Sternberg
1715 Cap. Henning Dietloff von Loeben/ Hans George von Thierbach
1718 Cap. Henning Dietloff von Loeben/ Cap. Ernst Dietloff von Loeben/Hans George von Thierbach
1745 Cap. Ernst Dietloff von Loeben
1752 Landrat Hans Friedrich von Winning, Kauf ½ für 8 050 T.
1767 Landrat Hans Friedrich von Winning, Wert 16/m T./24 732 T.
1801 Auguste Sophie Amalie von Zastrow, geb. von Winning, 20/m T.
1805 August von Schierstedt, Kaufpreis 65 300 T.

Reinpusch, Vorwerk, Krs. Cottbus – siehe Schorbus

Repzin, Krs. Schivelbein
1713 Obrist Christoph Heinrich von der Goltz
1727 GM Christoph Heinrich von der Goltz
1740 Witwe GM von der Goltz, geb. von Bonin
1772 Major Bogislav Ernst von Bonin, Wert 10/m T.
1795 um: Ritterschaftsrat von Heyden
1799 Ltnt. Henning Dionysius von Blankenburg, Wert 39/m T.
1800 Major August Otto von der Groeben in Boltenhagen
1801 Ltnt. Johann Rudolph Siegmund Frhr. v. der Goltz, Kaufpr. 39/m T.
1805 Ltnt. Ernst Christoph Ludwig von Steinwehr, Kaufpreis 54 500 T.

Ressen, Krs. Cottbus
1703 Heinrich Frhr. von Reichenbach in Schlesien
1715 Heinrich Frhr. von Reichenbach
1727 Heinrich Christoph Frhr. von Reichenbach

1731 Florian Gottlieb von Thielau
1750 poln. Ol Carl Johann Erdmann von Thielau
1767 poln. Ol Carl Johann Erdmann von Thielau, W.: 12/m/29/m T.
1780 um: Gebr. Heinrich Otto, Carl Florian, Friedrich Erdmann u. August Wilhelm von Thielau
1782 Amtsrat Christian Gottlob Hubert, Kaufpreis 10/m T.
1801 Christian Gottlob Hubert auf Vorwerk Brunschwig
1802 Witwe Johanne Caroline Tillich, geb. Krüger, Kaufpr. 22 500 T.

Riesnitz, Krs. Crossen – siehe auch Trebichow
1713 George Friedrich von Winterfeld
1717 Gebr. Cap. Alexander Lud. u. Rittmstr. Samuel Adolph v. Winterfeld
1750 Präs. d. Oberrechenkammer Joh. Heinrich (von) Piper
1767 Kriegsrat Wilhelm Christian von Piper, Wert 20 566 T.
1779 Fi-rat Wilhelm Christian von Piper
1801 Alexander Ernst von Oppen, Wert 10/m T.
1803 Erben, Söhne A. E. von Oppen, Taxe 30/m T.

Ringenwalde, Krs. Königsberg
1713 GM Berend Christian von Schönebeck
1718 Cap. Berend Christian von Schönebeck
1751 Erben GM von Schönebeck
1767 Frau Major Alex. George v. Homboldt, Witwe v. Hollwede, 41/m T.
1795 Landrat Carl Adolph Gottlob von Knobelsdorff
1800 Frau von Waldow, Witwe von Kleist, Kaufpreis 91/m T.
1801 holländ. GM Arend Wilhelm Frhr. von Reede, Kaufpreis 101/m T.
1809 Frhr. von Reede

Ritzig, Krs. Schivelbein
1713 u. 1715 Wilhelm Christian von Kleist
1727 Ol Gotthilf Christian von Kleist
1772 Major Carl Wilhelm von Woisky
1782 Frau Cap. Christoph Heinrich von Manteuffel, geb. Elisabeth Agnes von Eickstedt, Kauf 9/m T.
1790 um: Cap., Major Bernhard Friedrich v. Blankensee, Kauf 9/m T.
1801 Carl Philipp von Bröm(b)sen, Kaufpreis 26/m T.
1802 Ltnt. von Natzmer
1803 Stallmstr. Ernst Gottfried George von Bülow, Kaufpreis 28/m T.
1804 Botho Christoph Hellmuth von Jasmund, Kaufpreis 38/m T.

Röstenberg, Krs. Arnswalde
1715 Geh. Rat Moritz Heinrich von Wedel in Berkenbrügge
1728 Michael Vangerow
1743 Kammerdirektor Carl Gottfried (von) Thiele, Kaufpreis 12/m T.
1760 Frau Obrist Dorothea Charlotte von Wartenberg
1765 Ltnt. Ehrenreich Otto Christoph von Burgsdorff, Wert 13 500 T.
1778 Witwe Maria Magdalena von Burgsdorff, geb. Wellmer
1789 Leopold Friedrich von Wedel, Kaufpreis 18 500 T.
1800 Ltnt. Johann George Ehrentreich von Lossow, Kaufpreis 20 500 T.
1802 vorm. Landrat Johann Joachim von Brunn, Kaufpreis 27/m T.

1807 Ludwig von Germar, Kaufpreis 42 200 T.

Roggosen (bzw. Roggosna), Krs. Cottbus, bis 1766 siehe Koppatz, auch Gablenz
1707 Ludwig Ernst von Pannwitz
1715 Hofrat Ludwig Ernst von Pannwitz
1728 neumärk. Vize-Kanzler Friedrich Wilhelm von Pannwitz
1745 Anton Dietrich Wilhelm von Pannwitz
1767 Anton Dietrich Wilhelm von Pannwitz
1782 Anton Dietrich Wilhelm von Pannwitz
1783 (von Schöning)
1801 u. 1805 Witwe A. D. W. von Pannwitz, geb. Charlotte Marie von Kleist

Rohrbeck, Krs. Arnswalde, zwei Teile, seit 1780 in einer Hand
1715 Gebr. Christoph Sigismund u. Hans Joachim von der Osten
1718 Christoph Sigismund u. d. Söhne d. verst. H. J. von der Osten
1745 Ltnt. Joachim Wilhelm v. d. Osten/Rittmstr. Hans Joachim v. d. Osten
1767 Friedr. Gottlieb Moritz v. d. Osten, 10/m/Rittmstr. H. J. v. d. Osten, 9/m
1780 Ltnt. Leopold Ehren(t)reich v. d. Osten, Wert 25 530 T.
1799 Ltnt. Friedrich Heinrich Ferdinand v. Sydow, Kaufpr. 1799: 65/m T.
1805 Söhne u. Erben von Friedrich Heinrich Ferdinand von Sydow

Rohrbeck, Krs. Königsberg, bis 1772 drei Teile
1715 Christoph Friedrich von Sack/Gebr. Otto Friedrich und Wulf Christoph von Schmalenberg
1718 C. F. von Sack/Gebr. von Schmalenberg/Stadt Königsberg
1728 Gebr. von Schmalenberg, auf Anteil
1732 um: Landrat Friedrich Ludwig von Sydow, auf Anteil
1745 Witwe Cap. v. Schmalenberg/Cap. v. Wenckstern/Stadt Königsberg
1767 C. G. C. v. Wenckstern/Amtm. Carl Fr. Suchland/Stadt Königsberg
1772 Frau Hofmarschall v. Thiele, geb. Hermine Doroth. v. Zieten, 36 518
1800 Frau Major Hermine Carol. Charlotte von Kleist, Kaufpreis 36 518 T.
1802 Cap. Henning Friedrich von der Osten, Kaufpreis 90/m T.
1805 Kammerpräs. Carl Friedrich Leopold v. Gerlach, Kaufpreis 106/m T.

Rostin, Krs. Königsberg
1713 u. 1718 Obrist Cuno Creuz Ernst von Bredow
1746 Cap. Hans Albrecht Ernst von Bredow, Wert 25/m T.
1764 Oberamtmann Wilhelm Ludwig Lüder, Kaufpreis 32 400 T.
1775 Kommerzienrat Isaac Salingré, Kaufpreis 65/m T.
1801 Franz Wilhelm Salingré, Wert 65/m bzw. 75/m T.
1809 Kommerzienrat Salingré in Stettin

Rothenburg, Krs. Crossen – siehe Beutnitz

Ruben, Krs. Cottbus, bis 1737 mehrere Teile – siehe auch Papitz
1713 Siegfried Wolf Adam von Loeben/Wolf Adolph u. Caspar Sigismund von Schönfeldt
1733, 1737 Major Julius Ulrich von Buggenhagen, ganz Ruben

1764 Landrat Julius Ernst von Buggenhagen
1805 Witwe EM J. E. von Buggenhagen

Rützenhagen u. Boltenhagen, Krs. Schivelbein
1713 u. 1715 englischer Major George Joachim von Podewils
1718 Landrat G.Fr. von Podewils/Major George Joachim v. Podewils
1727 Landrat George Friedrich von Podewils
1744 Witwe Landrat George Friedrich von Podewils
1745 Gebr. Bogislav George Fr., Heinrich Wilhelm, Adrian von Podewils
1749 Familie Loeper, Kaufpreis 12/m T.
1772 Reg.rat Samuel Gottlieb Loeper
1784 Cap. Sigismund Fr. Wilhelm von Brockhusen, Kaufpreis 32 300 T.
1805 Cap. S. F. W. von Brockhusen, Wert inkl. Meliorationshilfe 37 300 T.
1809 Major Sigismund Friedrich Wilhelm von Brockhusen, Wert 28/m T.

Ruhnow, Krs. Dramburg, bis mind. 1750 mehrere Teile – siehe auch Winningen
1715 Obrist Johann Christian von Rhoeden/poln. Junker Adam von Rhoeden/Söhne d. verst. Majors Adam George von Rhoeden
1718 Kammerjunker Adam von Rhoeden/Erben Obrist. Joh. Christian v. Rhoeden/Ltnt. Hans Nicolaus v. Rhoeden, Wert mit Winningen: 4/m
1727 Gebr. Johann Friedrich Wilhelm u. Christian Joseph Leopold v. Rhoeden, auf ½/Prälat Johann Ascan v. Rhoeden, auf ½ Ruhnow
1750 Cap. Hans Nicolaus von Rhoeden/Witwe E. C. von Wedel
1767 Witwe Eleonora Constantia von Wedel, geb. von Woedtke
1774 (Geschwister von Misbach)
1795 Ltnt. Joachim Wilhelm Friedrich von Wedel, 1796 Wert 45/m T.
1801 u. 1803 Ltnt. Joachim Wilhelm Friedrich v. Wedel, unter Adminstr.
1805 Cap. von Schmiedeberg, Kaufpreis zs. mit Winningen 109/m T.

Ruwen, Krs. Arnswalde
1714 minderj. Dubislav Richard von Natzmer, Taxe 8 127 T.
1715 (Witwe Felix von Natzmer)
1730 um: Ltnt. Dubislav Richard von Natzmer
1733 Friedrich Wilhelm Felix von Natzmer
1765 Friedrich Wilhelm Felix von Natzmer
1767 Witwe Charlotte von Natzmer, geb. Fesken, Wert 18/m T.
1774 Cornet Dubislav Friedrich Wilhelm von Natzmer
1798 Cap. Caspar Heinrich Friedrich von Mellenthin, Kaufpreis 25 300 T.
1802 Witwe Cap. v. Frankenberg, geb. v. Kundenreich, Kaufpreis 44 300
1806 Cap. von Nassau, Kaufpreis 44 300 T.
1809 (Erben Cap. von Frankenberg)

Sadelberg, Vorwerk Zanthier, Krs. Dramburg
1715 Balzer Sigismund u. Sohn Valentin Sigismund v. Voigt, Wert 4/m T.
1718 Balzer Sigismund u. Valentin Sigismund von Voigt
1727 Melchior Magnus von Wedel, auch auf Anteil Langenhagen
1767 Landrat Friedrich George von Zanthier, Wert 6/m T.

1772 Witwe Landrat F. G. v. Zanthier, geb. Philippine Doroth. v. Burgsdorff
1790 um: Ltnt., Kammerherr Adolph Friedrich v. Waldow, Kaufpr. 11 800
1802 Major Carl Ernst Christian von Waldow, Wert 12 250 T.
1805 Major Carl Ernst Christian von Waldow

Sandow u. Bergen, Krs. Sternberg
1715 Gebr. Cap. Alexander Ludwig u. Fähnrich Samuel Ad. v. Winterfeld
1718 Ltnt. Samuel Adolph von Winterfeld
1723 um: Rittmstr. Samuel Adolph von Winterfeld, Taxe 80 789 T.
1725 Bürgermeister Fuchs, Kaufpreis 64/m T.
1745 um: Geh. Rat Johann Heinrich (von) Piper
1767 Geschwister Fr. Adolph u. Albertine Johanne v. Piper, Wert 60/m T.
1774 Friedrich Adolph von Piper, 1780 Wert: 63 943 T.
1801 Ltnt. Carl Heinrich Christian von Piper, Wert 63 943 T.
1805 Theodor Leopold von Burgsdorff, Kaufpreis 142 500 T.

Sarranzig, Krs. Dramburg
1714 Witwe von Burgsdorff
1715 u. 1718 Joachim von Wedel im pomm. Ramelow, Wert 11/m T.
1727 Ltnt. George Friedrich von Oldenburg
1750 um: Obrist George Friedrich von Oldenburg
1765 um: (Cap. Hans Heinrich Jürgen von Oldenburg)
1767 Witwe GM George Fr. von Oldenburg, geb. v. Kleist, Wert 9 800 T.
1792 Major Carl Friedrich Albrecht von Kameke, Kaufpreis 1788: 9 200 T.
1805 Major Carl Friedrich Albrecht von Kameke im pomm. Kratzig

Schaumburg, Freigut, Krs. Königsberg
1767 Daniel Gabbert, Wert 2 400 T.
1796 Justus Carl Gottlieb Schoepfe, Kaufpreis 6 500 T.
1804 Samuel Gottlieb Schneider, Kaufpreis 13 360 T.

Scheegeln u. ½ Preichow, Krs. Crossen
1713 Söhne, Erben Amtskastner Reimann
1718 Kammerherr, Verweser Carl Albr. Frhr. v. Schönaich, Kauf 7 500 T.
1760 Frau EM Graf v. Schmettau, geb. Franzeline L. B. Frein v. Schönaich
1767 Natalie Gräfin von Schmettau
1785 Schwestern Gräfinnen von Reichenbach, Kauf 11 750 T.
1801 Schwestern Gräfinnen von Reichenbach
1805 verh. Gräfin von Reichenbach/verh. Gräfin zu Dohna, Wert 33/m T.

Schildberg, Krs. Königsberg
1713 u. 1718 Gl Friedrich Frhr. von Derfflinger
1755 Otto von Rosey, Kaufpreis 84 150 T.
1767 Witwe von Rosey, geb. Marie Sophie von Naumeister
1774 Witwe von Rosey
1790 um: Cap. Otto Christoph August von Sydow, Wert 124 744 T.
1801 Cap. Otto Christoph August von Sydow
1805 Cap. von Rieben, Kaufpreis 208/m T.

Schilde, Krs. Dramburg
1715 Rittmstr. Carl Berndt von Birckholtz, Wert 5/m T.
1727 Rittmstr. Carl Berndt von Birckholtz
1750 um: Major Johann Carl von Birckholtz
1767 Kammerpräs. George Albrecht von Birckholtz
1795 Frau Major Friedr. C. M. v. Sobbe, geb. v. Manteuffel, Wert 13/m T.
1805 Witwe von Sobbe, geb. Maximiliane Ulrike Philippine v. Manteuffel

Schlabendorf, Krs. Cottbus – ab 1740 siehe Tornow
1711 Moritz Ernst von Zabeltitz
1740 Ol Marcus Christoph von der Lütke
1801, 1805 Witwe Anna Wilhelmine v. d. Lütke, geb. v. Köhler, 1776: 28/m

Schlagenthin, Anteil, Krs. Arnswalde
1715 Witwe Landrat Busso Ernst von Blankensee, das ganze Gut
1718 (Hans Adam Jürgen von Blankensee)
1745 Cap. Friedrich Christian von Blankensee, auf ½ Schlagenthin
1754 GM Bernd Sigismund von Blankensee
1767 Witwe Elisabeth Sophie von Blankensee, Wert 18/m T.
1775 Cap. von Blankensee
1798 um: Witwe von Schmiedeberg, geb. von Blankensee
1799 Caroline Philippine Eleonore von Natzmer, Kaufpreis 28/m T.
1801 Witwe Major Carl Ludwig von Göllnitz, Kaufpreis 27 500 T.
1802 Witwe von Göllnitz, geb. von Jargow, d. ganze Gut, Wert 72 500 T.
1809 Witwe von Göllnitz

Schlagenthin, Anteil, Krs. Arnswalde
1715 u. 1718 s. o.
1745 Witwe von Schön, auf ½ Schlagenthin
1767 Cap. Andreas Friedrich von Schön, Wert 18/m T.
1772 Amalia Wilhelmina Hedwig von Jargow, geb. von Schön
1798 Witwe Carl Ludwig von Göllnitz, Kaufpreis 35/m T.
1802 Witwe Caroline Wilhelmine Dorothea v. Göllnitz, d. ganze Gut, s. o.

Schlenzig, Krs. Schivelbein
1713 Witwe von Wobeser
1715 poln. Ltnt. George Heinrich von Blankenburg (d. Ä.)
1728 poln. Ltnt. George Heinrich von Blankenburg
1740 um: George Heinrich von Blankenburg (d. J.)
1772 Landrat George Heinrich von Blankenburg, Wert 5/m T.
1798 Rittmstr. Alexander Gustav von Blankenburg, Wert 12/m T.
1803 Ol Heinrich Wilhelm von Schlieffen, Kaufpreis 41 210 T.

Schlichow, Krs. Cottbus
1700 Adam Christian von Pannwitz
1713 Witwe Adam Christian von Pannwitz u. Söhne
1725 George Rudolph von Pannwitz
1745 Ltnt. George Rudolph von Pannwitz
1750 Ltnt. Carl Christian von Pannwitz, Kaufpreis 18/m T.
1767 Ltnt. Carl Christian von Pannwitz, Wert 25/m T.
1788 Cap. Friedrich Anton von Pannwitz, Kaufpreis 11/m T.

1800 u. 1805 Cap Friedrich Anton von Pannwitz.

Schlönwitz, Krs. Schivelbein, 1715 acht, 1809 acht Teile, acht Besitzer
1713 Magnus Gottfried von Briesen/Adam Gottfried von Briesen/ Christian Daniel von Briesen/Witwe von Watter/ Fähnrich Joachim Curt von Briesen/ Adam Christoph von Troyen/Alexander Heinrich von Troyen/Erdmann von Bornuthin
1718 A. C. von Troyen/A. H. von Troyen/ M. G. v. Briesen/C. D. von Briesen/A. G. von Briesen/J. Brand/J. D. v. Schmidsdorff
1727 Adam Christoph von Troyen, auf 1/8 Schlönwitz/ Ltnt. Alexander Heinrich von Troyen, auf 3/8 Schlönwitz/ Fähnrich Magnus Gottfried von Briesen, ½ Schlönwitz
1755 Friedrich Wilhelm von Zadow, Anteil, Wert 4 333 T.
1767 Ltnt. Adam von Boeck, Anteil, Wert 17 465 T.
1769, 1774 ksl. Cap. Leonhard Wilhelm von Burgsdorff, auf Anteil
1783 minderj. Geschwister von Rhoeden, Anteil, Wert 800 T.
1785 Friedrich Wilhelm Zadow u. Jacob Lütke, Wert 5 843 T.
1790 Rittmstr. George Leopold Askan von Rhoeden, Wert 8/m T.
1801 Johann Gottlieb Schneider, 14 700 T./ Eleonora Henriette von Boeck, 1/m T./ Eleonore Charlotte Dorothea Zadow, 2 666 T./Geschwister von Rhoeden, 800 T./Witwe Rittmstr. von Rhoeden, 2 180 T./Eleonore Christiane Dorothee von Rhoeden, 2 150 T./ Jacob Lütke, 800 T./ Johann Schönfeldt, 216 T.
1805 Amtmann J. F. Hindenborg, 15 300/ E. H. von Bock, 1/m T./Oberamtmann D. Wurm, zwei Anteile, Kaufpreis 27 500 T./Gebr. v. Rhoeden, 800/Frl. v. Rhoeden, 2 150/Lütke, 800/Schönfeldt, 216 T.

Schmachtenhagen, Krs. Crossen – siehe Merzdorf

Schmagorei, bis 1795 in mehreren Händen, Krs. Sternberg
1715 Anton Christoph von Ihlow/Caspar Hartwig von Ihlow
1718 Anton Christoph von Ihlow/Ltnt. Dietlof Otto von Ihlow
1745 Uffz. Caspar Friedrich von Ihlow/ Junker Otto Friedrich von Ihlow
1767 Uffz. Caspar Friedrich u. Rittmstr. Otto Friedrich von Ihlow
1782 von Ihlow/Friedrich Gottlieb Moritz von der Osten, 1780: 21 900 T.
1795 Friedrich Gottlieb Moritz von der Osten, beide Tle.
1803 F. G. M. v. d. Osten, Kaufpreis 1785: 11 400, 1792: 10 500 T.
1807 Friedrich Gottlieb Moritz von der Osten

Schmarsendorf, Krs. Königsberg
1713 Ltnt. Curt Friedrich von Sydow
1718 Cap. Curt Friedrich von Sydow
1738 Major Curt Friedrich von Sydow
1740 bzw. 1742 u. 1764 Cap. Joachim Friedrich von Tresckow
1765 Ltnt. Hans Joachim Albrecht Friedrich von Tresckow, Wert 43/m T.
1801 Cap. Hans Joachim Albrecht Friedrich von Tresckow, Wert 43/m T.
1809 Cap. Hans Joachim Albrecht Friedrich von Tresckow

Schmöllen, Krs. Züllichau, 1715 zwei Teile, 1767 drei Teile
1715 Landrat Christoph v. Unruh/Cap. Hans Christoph v. Schenckendorff
1718 Landrat C. von Unruh/Cap. H. C. von Schenckendorff
1721 sächs. Obrist Alexander von Unruh, Wert 21/m T.
1745 Alexander Christian von Schenckendorff/Geh. Rat Christian Ulrich von Koschembahr
1767 Magdalena Charlotte von Wedel, geb. von Stosch, ¼ d. Gutes
1772 (Ltnt. Alexander Christian Albrecht von Schenckendorff, auf ½, s. u.)
1798 Hofrichter Carl Friedrich Waegener, Kaufpreis 15/m T.
1805 Justizrat Waegener in Karge

Schmöllen, Krs. Züllichau
1715, 1718 u. 1745 s. o.
1767 Benjamin Gotthilf von Unruh u. Frau, ¼ von Schmöllen
1791 Hofrichter Carl Friedrich Waegener, Kaufpreis 15 800 T.
1798 u. 1805 Carl Friedrich Waegener, s. o.

Schmöllen, Krs. Züllichau
1715, 1718 u. 1745 s. o.
1767 Alexander Christian Albr. v. Schenckendorff, auf ½ Schmöllen
1780 um: (Major Christian Conrad von Troschke)
1793 um: Witwe Ltnt. Alexander Christian Albrecht von Schenckendorff
1795 Ltnt. Carl Friedrich August v. Schenckendorff, Kaufpreis 27 120 T.
1805 Ltnt. Carl Friedrich Aug. von Schenckendorff, ½ Schmöllen

Schönborn, Krs. Züllichau – siehe auch Nickern
1713 Witwe Ursula Catharina von Hake, geb. von Troschke
1718 Cornet Samuel Rudolph von Hake
1723 sächs. Cap. Christian Adolph von Loeben
1737 sächs.-poln. Cap. Christian Adolph von Loeben
1767 Carl Gottfried von Marunde
1774 Carl Wilhelm von Zabeltitz
1797 Landrat Carl Sigismund v. Kalckreuth in Arensdorf, Kaufpr. 16/m T.
1805 Landrat Carl Sigismund von Kalckreuth

(Groß) **Schöneberg**, Erbzinsgut, Krs. Friedeberg
1780 Wert: 6/m T.
1800 um: Frau Kriegsrat Eva Maria Huch, geb. Lehmann
1803 Rittmstr. Johann Christian Frhr. von der Goltz, Kaufpreis 37 300 T.

Schönfeld, Krs. Königsberg
1713 Landrat Christian David von Sydow
1723 Landrat Christian David von Sydow
1751 Gebr. Christian Siegmund u. Cap. David Adolph v. Sydow, 18/m T.
1767 George Christian Heinrich von Sydow, Wert 18/m T.
1774 George Christian Heinrich von Sydow, Wert 24 200 T.
1782 Cap. August George Hellmuth von Winterfeld, Kaufpreis 29 100 T.
1797 hess. Geh. Rat Johann Wilhelm Pasttorff, Kaufpreis 76 500 T.
1801 Regine Friederike Philippine Pasttorff, geb. von der Lahr
1804 Graf von Schlabrendorff, Kaufpreis 90 500 T.

Schönfeld, Krs. Crossen – siehe Merzdorf

Schönow, bis etwa 1800 drei Teile, Krs. Sternberg
1715 Christian Erdmann von Luck/Gebr. George Otto, Ltnt. Christoph Franz, Christoph George von Luck/Cap.-Ltnt. Melchior von Horn
1718 Christian Erdmann von Luck/Cap. Christoph Franz von Luck/Witwe von Horn
1728 Cap. Christoph Franz von Luck, auf 1/3 Schönow/Christian Erdmann von Luck, auf 1/3 Schönow
1745 Major Christoph George von Luck (auf drei Anteilen Schönow)/ Ltnt. Bernd Christian von der Heyden, auf ¼ Schönow
1751 Major C. G. von Luck, auf 1/3 Schönow/Frl. von Buntsch, auf 1/3/ Witwe v. d. Heyden bzw. Ltnt. Bernd Christian v. d. Heyden, auf 1/3
1767 (Obrist Christoph George) v. Luck, Wert 9/m T./Helene Dorothea von Buntsch, 9/m T./George Hr. Gottlob v. Schenckendorf, 7/m T.
1774 Ltnt. Christian Franz von Luck/George Heinrich Gottlob von Schenckendorff/(Obrist von Luck)
1788 Major, 1797 Ol Carl Gottlob von Schenckendorff
1801 George Friedrich Ludwig von Lettow, alle Tle., Kaufpreis 60/m T.
1803 u. 1809 Kammerherr von Lettow in Starpel im Krs. Schwiebus

Schönrade, Krs. Friedeberg
1715 Gebr. poln. Cap. Hans Adam u. Corp. Franz Friedrich v. Schöning
1718 Gebr. poln. Cap. Hans Adam u. Fähnrich Franz Fr. von Schöning
1745 Obrist Christoph Friedrich von Schöning
1767 Obrist Christoph Friedrich von Schöning, Wert 19/m T.
1773 Gebr. Christoph Friedrich u. Carl Ludwig von Schöning
1780 Gebr. C. F. u. C. L. von Schöning, Wert 50/m T.
1801 u. 1803 Witwe GM Christoph Friedrich v. Schöning, Wert 30/m T.
1809 Gebr. Wilhelm u. Carl von Schoening, Wert 50/m T.

Schönwalde, bis etwa 1750, 1767 mehrere Teile, Krs. Sternberg
1715 Cap. Christoph Wellen Scharowetz von Scharowa/Joh. Wilhelm von Schmolcke/Wulf Ernst v. d. Heyden/ Eustachius von Stentsch
1728 Rittmstr. Johann Friedrich von Stentsch/Ltnt. Hans Adolph von Wengler/Serg. Caspar Heinrich von Diebitsch, auf 1/3 d. Gutes
1751 (Rittmstr. Matthäus von Wesenbeck)
1767 Major G.S.F.W. von Sydow u. Frau, geb. von Stöffler, Wert 20/m T.
1774 Major George Sigismund Friedrich Wilhelm von Sydow u. Frau
1791 Cap. Friedrich Adolph Erdmann von Winning, Kaufpreis 30/m T.
1801 Cap. F. A. E. v. Winning u. Frau, geb. Caroline B. D. von Kalckreuth
1805 Kammerrat Johann Gottlieb Kuhlwein, Kaufpreis 50 300 T.

Schorbus u. Anteil Reinpusch, Krs. Cottbus
1705 um: Cuno Erdmann von Klitzing
1712, 1715 Gottlob Leopold von Klitzing

1745 Vize-Landeshauptmann Gottlob Leopold von Klitzing
1748 Gebr. Carl Cuno Friedrich u. Anton Wilhelm von Klitzing
1767 Gebr. Carl Cuno Friedrich u. Anton Wilh. v. Klitzing, Wert 30/m
1774 Ol Carl Cuno Friedrich u. Cap. Anton Wilhelm von Klitzing, 12/m T.
1801 Witwe Obrist A. W. v. Klitzing u. Ehefrau Kriegsrat C. W. v. Werdeck
1805 Witwe Obrist v. Klitzing u. Frau Geh. Rat v. Werdeck, geb. v. Klitzing

Seedorf, ½ adliger Besitz, Krs. Crossen – ½ Seedorf, Amt Crossen
1713 Nicolaus Erdmann von Thierbach, Kauf 1690 für 4 300 T./Cap. von Planitz, auf Anteil Seedorf
1728 Hans Christoph von Thierbach
1745 Hans Christoph von Thierbach
1767 Joachim Sigismund von Gladis, Wert 7/m T. bzw. 11 509 T.
1785 Ltnt. Friedrich Gottlob Adolph von Beerfelde, Kaufpreis 8 200 T.
1800 Ulrike Gottliebe Amalie von Reibnitz, geb. Freiin v. Blomberg
1803 mecklenbg. Kammerherr George Sigis. Aug. v. Seld, Preis 21/m T.
1806 Graf von Reichenbach, Kaufpreis 27/m T.

Seegenfelde, Krs. Friedeberg
1715 Erdmann Friedrich Haupt u. Johann Friedrich Haupt
1718 Erdmann Friedrich Haupt/Witwe J. F. Haupt
1745 Cap. Caspar Siegmund von Mandelsloh
1755 Erben C. S. von Mandelsloh
1767 Gebr. Carl Wilh. u. Joh. Christian Fr. v. Mandelsloh, Wert 26 811
1774 Ltnt. Hans Carl Ludolph von Strantz
1778 (Ltnt. David Friedrich von Braunschweig), 1780 20/m T.
1801 u. 1803 Landrat David Friedrich von Braunschweig, Wert 20/m T.
1809 Landrat David Friedrich von Braunschweig

Selchow, Krs. Sternberg
1715 Major Christian Reinhold von Derschau
1745 Hans von Zabeltitz
1760 Hans Ehrentreich von Zabeltitz, Wert 28/m T.
1801 u. 1803 Hans Ehrentreich von Zabeltitz, 28/m T.
1809 Hans Ehrentreich von Zabeltitz

Sellin, Krs. Königsberg
1713 Gebr. Ol George u. Ol Heinrich Carl von der Marwitz
1718 Ol George von der Marwitz
1742 Gebr. Ltnt. G. F. u. Ltnt. Curt Friedrich von der Marwitz
1767 Cap. George Friedrich von der Marwitz, Wert 42 269 T.
1793 um: Major Gerhard von Levetzow, Wert 80/m T.
1796 Landrat Carl Christoph Gottlob von Knobelsdorff, Kaufpreis 90/m T.
1809 Landrat Carl Christoph Gottlob von Knobelsdorff

Semerow, Krs. Schivelbein, vor 1772 mehrere Anteile
1713 Heinrich Wilhelm von Rüchel/Caspar Joachim von Rüchel/Paul Friedrich von Meseritz/Erben Michael Heinrich v. Rüchel
1715 Heinrich Wilhelm von Rüchel/Caspar Joachim von Rüchel/Cap. George

Ernst von Rüchel/Friedrich Wilhelm von Rüchel/Söhne Michael Heinrich von Rüchel/Ewald Friedrich von Le(c(kow
1718 Ewald Fr. von Le(c)kow/Hr. Wilh. v. Rüchel/P. F. v. Meseritz
1727, 1728 Gebr. Ol George Ernst u. Caspar Joachim von Rüchel
1745 Caspar Joachim von Rüchel, auf Anteil
1745 Cap. George Adam v. Rüchel in Ziezeneff, Anteil, Kaufpreis 2/m T.
1763 Cap. George Heinrich von Rüchel (auf Anteil?)
1764 Arrendator Christian Bloedorn
1772 Johann Joachim von Brunn, Wert 5 500 T.
1774 Alexander Graf von Wartensleben, Kaufpreis 3 960 T.
1782 Witwe Ida Maria Schmidt, Kaufpreis 3 973 T. (bzw. 5 560 T.)
1801 Witwe Oberamtmann Ida Maria Schmidt, Wert 3 973 T.
1805 Kommissionsrat Immanuel Friedrich Schmidt, Wert 7/m T.

Sergen, Krs. Cottbus – siehe auch Gablenz u. Tranitz
1703 um: Oberjägermstr. Christian von Pannwitz
1707, 1713 neumärk. Reg.rat Friedrich Wilhelm von Pannwitz
1722 (von Schöning)
1745 Anton Dietrich Wilhelm von Pannwitz
1751 Söhne d. Rittmstrs. Hans Christoph von Schöning
1767 (Anton Dietrich Wilhelm von Pannwitz)
1795 um: (Gottfried Carl August von Schöning)
1801 u. 1805 Witwe Charlotte Marie von Pannwitz, geb. von Kleist

Siebenbeuthen, Krs. Crossen – siehe Merzdorf

Silberberg, Krs. Arnswalde, bis mind. 1728 mehrere Teile
1713 Geh. Rat von Wedel/Emanuel Liebenwald
1718 Ltnt. Joachim Ehrentreich von Beneckendorff/Witwe Rüdiger Friedrich von Wedel/Erben Geh. Rat von Wedel/Witwe Cap. Christian Siegmund von Hagen/E. Liebenwald
1728 poln. Cap. Bernd Christian von Wedel, auf Anteil Silberberg
1767 Gebr. Carl Adam Albrecht, Friedrich Wilhelm Theodor und Ludwig Alexander von Wreech
1795 Cap. Carl Friedrich von Brunn, Kaufpreis 24/m T.
1801 u. 1803 Cap. Carl Friedrich von Brunn
1809 Cap. Carl Friedrich von Brunn, Taxe 40 289 T.

Simonsdorf, Krs. Königsberg
1713 Gebr. Cap. Friedrich Wilhelm u. Ludwig von Mühlheim
1718 Witwe Oberforstmstr. George Wilhelm von Mühlheim
1745 Ltnt. George Ludwig von Mühlheim
1763 Witwe Louisa Sabina von Germar, geb. v. Mühlheim, 8/m T.
1774 Witwe von Germar, geb. von Mühlheim
1785 um: Christoph Friedrich von Germar in Stolzenfelde, W. 8/m T.
1801 u. 1809 Christoph Friedrich von Germar, Wert 8/m T.

Skyren, Krs. Crossen
1713 Ferdinand von Gloger, 1717 im Wert von 12/m T.
1750 Ferdinand von Gloger
1751 Ernst Siegmund von Burgsdorff, Kaufpreis 20 700 T.
1767 Ernst Siegmund von Burgsdorff
1777 Ol Friedrich Otto Leopold Graf von Finckenstein
1784 Franz Albrecht Wilhelm Graf v. Finckenstein in Drehnow, Kauf 20/m
1805 Franz Albrecht Wilhelm Graf von Finckenstein
1809 Graf von Finckentein, Wert 37 415 T.

Sommerfeld, Stadt, Grabkow, Dubrow, ½ Baudach, ½ Gablenz, Krs. Crossen
1713 Erben Hoffiskal Müller, auf Grabkow u. Dubrow im Pfandbesitz/Balthasar Erdmann von Kottwitz, auf ½ Gablenz, ½ Baudach u. Sommerfeld, 1717 im Wert von mehr als 30/m T.
1718 Ol F. S. von Bredow u. Frau Anna Elisabeth, geb. v. Kottwitz
1751 Gl Friedrich Sigismund von Bredow, alle Güter
1767 Witwe General von Bredow, geb. von Beerfelde, Wert 60/m T.
1790 Witwe General von Bredow, geb. Emerentia Sophie v. Beerfelde
1793 erster Majoratsbesitzer: Ltnt. Friedrich Gottlob Adolph v. Beerfelde
1801 Cap. Adolph Christian Sigismund von Beerfelde, Wert 60/m T.
1806 u. 1809 von Beerfelde

Sophienwalde, Vorwerk, Krs. Sternberg – siehe Stubbenhagen

Sorge, Krs. Crossen – siehe Beutnitz

Spechtsdorf, Krs. Arnswalde
1715 Reimar Wedigo von Zadow/Johann Ernst von Misbach/Humbert von Wuthenow
1718 Witwe von Zadow/J. E. von Misbach/ Johann Rudolph von Kleist
1728 Johann Ernst von Misbach/Reg.rat F. H. von Martitz
1745 Otto Achatius v. Wedel/Ltnt. Ernst Friedrich v. Zadow, je ½
1767 Cap. Reimar Bernd von Zadow (auf Anteil)
1774 Cap. Reimar Bernd von Zadow (auf Anteil)
1801 Ltnt. Joachim Lebrecht von Zadow, 1780 Wert: 21 594 T.
1805 (Ltnt. Christian Heinrich Ludwig von Briesen)
1806 von Mörner, Kaufpreis 53/m T.

Spiegelberg, adliger Anteil, Krs. Sternberg, Anteil Kommende Lagow
1715, 1718 kein adliger Anteil genannt
1715 Hans von Zabeltitz
1801, 1803 Carl Wilhelm von Zabeltitz in Topper in Crossen

Sponbrügge, Krs. Arnswalde – siehe Groß Silber

Spornbrügge, Vorwerk, Krs. Dramburg – siehe Zuchow

Spring, Vorwerk, Krs. Dramburg – siehe Kallies u. Zuchow

Springe, Krs. Arnswalde – siehe Steinbusch

Steinberg u. Vorwerk Rohrpfuhl, Krs. Arnswalde
1715 u. 1718 Obrist Anton von Blankensee
1751 Obrist Busso Christian von Blankensee
1756 Anton Frhr. von der Goltz
1767 Ernst Heinrich Moritz Frhr. von der Goltz
1774 Oberforstmstr. Friedrich Wilhelm von Blankensee, Kauf 10/m T.
1801 Oberforstmstr. Friedr. Wilh. von Blankensee, Wert 10/m T.
1803 Witwe F. W. von Blankensee, geb. Beate Sophie von Kortbeck

Steinbusch, Werder, Springe, Krs. Arnswalde
1713 (Witwe) Amts-Commissarius Rüdiger Christian von Wedel
1718 Erben Rüdiger Christian von Wedel
1728 Ol Johann (Peter) von Wedel
1745 Witwe GM Johann (Peter) von Wedel, geb. von Güntersberg
1747 Ewald Friedrich von Wedel
1774 Ewald Friedrich von Wedel, 1780 Wert inkl. Fürstenau 26 509
1791 Cap. Joachim Friedrich Wilhelm v. Versen, Kaufpr. 30 375 T.
1801 Cap. Joachim Friedrich Wilhelm von Versen, Wert 30 375 T.
1805 von Zülow, Kaufpreis 63 500 T.

Steinhöfel, Nöblin, Vorwerk Gloshagen, Anteil Langenhagen, Krs. Dramburg
1715 Otto Christoph von Thun, auf Steinhöfel, Wert 8/m T./pomm. Landrat Curt Julius von Wedel, auf Nöblin u. Gloshagen
1718 Otto Christoph von Thun, auf Steinhöfel/Ernst Bernd von Wedel, auf Nöblin
1727 Ernst Bernd von Wedel (Steinhöfel, Nöblin, Ant. Langenhg.)
1767 Julius Ernst Heinrich von Wedel in Langenhagen, alle Güter
1792 Fähnrich Carl Leopold Theodor von Lubrecht, Kaufpreis 45 500 T.
1801, 1803 die Erben d. Krs.dep. C. L. T. von Lubrecht
1805 d. Erben d. Krs.dep. Carl Leopold Theodor von Lubrecht

Steinitz, brandenburg. Anteil, Krs. Cottbus
1715 Gefr.corp. Caspar Heinrich von Wiedebach
1745 Ltnt. Caspar Heinrich von Wiedebach
1767 u. 1774 Cap. Ludwig Wilhelm von Wiedebach, Wert 4/m T.
1786 Witwe Cap. Ludwig Wilhelm von Wiedebach
1800 Witwe L. W. v. Wiedebach, geb. Sophie Chr. El. v. Randow, 8/m T.
1805 Witwe v. Wiedebach, geb. Sophie Christiane Eleonore v. Randow

Stennewitz u. Anteil Pyrehne, Pyrehne später Domänenamt, Krs. Landsberg
1715 Cap. Carl Friedrich von der Marwitz
1729 Fähnrich Adam Curth Ludwig von der Marwitz
1740 Witwe Cap. Carl Friedrich von der Marwitz, geb. von Burgsdorff
1741 Hans Ehrentreich von Gloeden, Kaufpreis 17 700 T.
1750 um: Ltnt. Friedrich Erdmann von Arnim
1754 um: Cap. George Achatz von Horcker, Kaufpreis 41/m T.
1764 Oberamtmann Lehmann

1768 (bzw. 1763) Kriegsrat Wilhelm Gottfried Bayer, Kaufpreis 60/m T.
1801 Erben u. Kinder Kriegsrat Bayer, Wert 60/m T.
1804 Domänenrat Empich, Kaufpreis 160 150 T.

Sternberg, bis 1809 mehrere Teile, Anteil, Krs. Sternberg
1715 Ltnt. Claus Caspar von Winning/Cuno Friedrich von Winning/Christoph Friedrich von Winning/Sebastian Sigismund von Winning/Ltnt. Caspar Samuel von Winning/Balzer Ehrentreich von Winning/Wolf Ernst u. Ltnt. Hans Detlof von Winning
1745 Söhne Landrat Hans Detlof v. Winning, auf 1/10 Sternberg/minderj. Bernd Friedrich u. Cuno Ehrentreich von Winning/Barbara von Ihlow/Major Carl Wilhelm von Wesenbeck/H. J. v. Budritzky
1764 Rittmstr. Matthäus von Wesenbeck
1767 minderj. Gebr. Carl Gottlob u. Matth. v. Wesenbeck, mit Vorw. 30/m
1798 Ltnt. F.W.A.J. Frhr. v. Collas, Kaufpreis ohne Vorwerke 15/m T.
1801 Ltnt. F.W.A.J. Frhr. v. Collas u. Frau, geb. Reckzeh
1809 Ltnt. Friedrich Wilhelm August Johann Frhr. v. Collas u. Frau

Sternberg, Anteil, mit Vorwerk Bierfäßchen, Krs. Sternberg
1715 u. 1745 s. o.
1767 Ltnt. Heinrich Jacob von Budritzky u. Frau, geb. von Winning
1801 Ltnt. Ernst Wilhelm von Angern u. Geschwister, Wert 11/m T.
1808 Witwe Major von Polenz, Kaufpreis 11 200 T.

Sternberg, nur Vorwerke Brotnot u. Hanfsuppe, Krs. Sternberg
1715 u. 1745 s. o.
1767 Gebr. von Wesenbeck, s. o.
1780 Oberamtmann Johann Friedrich Reckzeh, Kaufpreis 17 700 T.
1801 Johann Friedrich Reckzeh, 1786: 17 700 T.
1803 u. 1809 Witwe Reckzeh

Sternberg, Vorwerk Blankenburg, nur 1801, 1803 gen., Krs. Sternberg
1801 u. 1803 Martin Schade, Wert unbekannt

Stöwen, Krs. Dramburg – siehe auch Birkholz
1715 Gebr. Ltnt. Johann Adam u. Uffz. Friedrich Christoph von Anclam
1718 poln. Cap. Johann Adam von Anclam/(poln. Kammerherr Joachim Rüdiger von der Goltz), Wert 5 600 T.
1727 Gebr. Johann Adam u. Friedrich Christoph v. Anclam, auf ¾ Stöwen
1767 Major George Sebastian Frhr. von der Goltz, auf Anteilen
1773 Major Johann Sigismund Frhr. von der Goltz
1801, 1805 Charlotte Helene Agnese Freiin von der Goltz in Birkholz

Stolzenberg, Krs. Landsberg – siehe auch Wormsfelde
1715 u. 1718 Lehnsrat Carl Friedrich von Polenz in Küstrin
1737 Markgraf Heinrich von Schwedt, Kaufpreis 30/m T.
1778 Äbtissin von Herford/Ehefrau d. Fürsten v. Anhalt-Dessau
1801 Äbtissin zu Herford/Fürstin zu Dessau, Wert 30/m T.

1809 Louise Henriette Wilhelmine von Anhalt-Dessau

Stolzenfelde, Krs. Arnswalde, bis 1722 zwei Teile
1715 Witwe Ol von Beneckendorff/Pfandbesitzer von Schenckowsky
1718 Rittmstr. Andr. Otto von Aderkas/ Witwe Postmstr. Madeweiß
1722 Rittmstr. Andreas Otto von Aderkas
1745 Ltnt. Carl Ludwig Moritz von Aderkas
1750 Witwe Rittmstr. Andreas Otto von Aderkas, geb. von Rohwedel
1751 Witwe Major Friedrich Wilhelm von Mühlheim, Kaufpreis 17/m T.
1751 Cap. Carl Friedrich von Germar, Kaufpreis 17/m T.
1774 Witwe Louisa Sabina von Germar, geb. von Mühlheim
1801 Christoph Friedrich von Germar, Wert 17/m T.
1803 u. 1809 Christoph Friedrich von Germar

Stolzenfelde, Krs. Königsberg
1713 Rittmstr. Claus Otto von Strauss
1718 Cap. Ernst Ludwig u. Wolf Christoph von Sydow
1746 Friedrich Ludwig von Sydow, 1734: 20 500 T.
1775 Wilhelm Ludwig von Sydow
1801 Landrat Wilhelm Ludwig von Sydow, Wert 20 500 T.
1809 Landrat Wilhelm Ludwig von Sydow, Wert 26/m T.

Storkow, Krs. Dramburg, bis 1801 mehrere Anteile – siehe auch Blankenhagen
1715 Heinrich von Schmiedeberg/Hans Christian von Schmiedeberg/August von Schmiedeberg, Wert 12/m T.
1718 Ltnt. Heinrich von Schmiedeberg/ Hans Chr. von Schmiedeberg/Cap.-Ltnt. August Christian v. Schmiedeberg/Alexander Heinrich von Kühne (1727 auf 1,3 Hufen in Storkow)
1727 Heinrich von Schmiedeberg, auf ½ Storkow/Erdmann Hans Christian von Schmiedeberg, auf ¼ Storkow/Cap. August von Schmiedeberg, auf ¼ Storkow/1728 Gebr. von Kühne, auf Anteil
1745 Faustin Heinrich von Schmiedeberg, auf ¼ Storkow/Cap. George Heinrich von Schmiedeberg, auf ¼ Storkow/Joachim Friedrich von Schmiedeberg, 1734 auf Anteil Storkow
1767 Ltnt. Cuno Gottfried von Schmiedeberg, auf Anteil/Rittmstr. Carl Friedrich von Schmiedeberg, auf Anteil
1774 Witwe Major Carl Friedrich Otto v. Schmiedeberg, Anteil f. 7/m T.
1777 Cap. August Adam von Bornstedt, auf Anteil
1782 Ltnt. Christian Wilhelm von Schmiedeberg, auf Anteil
1793 Ltnt. August Wilhelm von Bornstedt, Anteil, Wert 4 375 T.
1801 Reg.präs. J. F. (von) Scheibler, drei Anteile, Wert unter Blankenhagen/ Ltnt. August Wilhelm von Bornstedt, Anteil für 4 375 T.
1803, 1805 Amtsrat Carl Wilhelm Zimmermann, drei Anteile

Stradow u. Anteil Wolkenberg, Krs. Cottbus
1713 Ltnt. Carl Joachim von Goetz(en)

1723 Constantia Henriette Gräfin von Pückler, Kaufpreis 16/m T.
1749 Louise Henriette Reichsgräfin von Castell, Kauf 36/m T.
1767 Louise Henriette Reichsgräfin von Castell, Wert 36/m T.
1799 Gebr. Albr. Fr. Carl u. Christian Friedrich Grafen von Castell
1805 d. Grafen von Castell, Wert 36/m T.

Straube, Krs. Crossen – siehe auch Beutnitz
1713 Landrat Alexander Rudolph von Rothenburg
1775 um: Johann Siegmund Graf von Rothenburg
1801 die Erben d. Herzogs von Kurland, Wert siehe bei Beutnitz
1809 Maria Louise Pauline Erbprinzessin v. Hohenzollern-Hechingen

Straußdorf, Krs. Cottbus
1713 Gebr. Friedrich Wilhelm u. Hans Caspar von Muschwitz
1715 (Friedrich Wilhelm von Muschwitz)
1722 Hans Caspar von Muschwitz
1747 Günther Sigismund von Bomsdorff, Kaufpreis 6 550 T.
1767 Günther Sigismund von Bomsdorff, Wert 6 500 T.
1785 Landrat Friedrich Ehrentreich von Muschwitz
1793 Heinrich Günther Anton von Weissenfels, Kaufpreis 15/m T.
1801 u. 1805 Heinrich Günther Anton von Weissenfels
1809 (von Weissenfels in Werben bzw. Frau von Schönfeldt)

Stubbenhagen, Vorwerk Sophienwalde, Krs. Sternberg – s. a. Hammer u. Költschen
1715 mecklenbg. Obrist Arnold Christoph von Waldow in Hammer
1718 Sebastian von Waldow
1728 Witwe Cap. Curt Ludolph von Wulffen
1730 um: Sebastian von Waldow
1745 Gefr.corp. Sebastian Wilhelm von Waldow, Wert 3/m T.
1767 Sebastian Wilhelm von Waldow
1771 Domherr Adolph Friedrich v. Waldow in Königswalde, 1780: 6 700 T.
1801 Ltnt. Achatz Wilh. Aug. v. Waldow, inkl. Sophienwalde 20/m T.
1809 Rittmstr. Achatz Wilhelm August von Waldow

(Neu)**Stüdnitz**, Krs. Arnswalde
1715 Hans Joachim von Wedel/Cap. Hans Adam von Oldenburg
1734 Major Hans Adam von Oldenburg
1792 Ludwig Magnus Fr. Julius von Germar, Kaufpreis 9 200 T.
1801 Ludwig Magnus Friedrich Julius von Germar in Prochnow
1806 Ludwig von Germar, Kaufpreis 16 500 T.

Tammendorf, Krs. Crossen – siehe Klebow

Tamsel u. Warnick, Krs. Landsberg
1715 Witwe Obrist Hans Ludwig bzw. Frl. Eleonore Louise von Schöning
1728 Obrist Adam Friedrich von Wreech u. Frau, geb. von Schöning
1745 Gl Adam Friedrich von Wreech, 1747 im Wert von 40/m T.

1766 Gebr. Friedrich Wilhelm Theodor u. Ludwig Alexander von Wreech
1790 um: Kammerherr Ludwig Alexander (seit 1786: Graf) von Wreech
1801 Kammerherr Carl Ludwig Fr. Bog. Graf v. Dönhoff, Wert 43 286 T.
1809 Kammerherr Graf von Dönhoff in Berlin

Tankow, Krs. Friedeberg
1715 Landrat Jacob von Papstein
1718 Friedrich Wilhelm von Papstein
1745 Gebr. Jacob Christoph, Sigismund Friedrich, Carl Friedrich u. Ehrenreich Friedrich Philipp von Papstein
1767 Gebr. Ol Jacob Christoph u. Rittmstr. Ehrenr. Fr. Philipp v. Papstein
1774 Obrist Jacob Christoph von Papstein
1779 (Ewald Friedrich von Massow), 1780 Wert: 34 500 T.
1783 Major Adam Friedrich von Bock u. Frau, geb. Fr. L. von Papstein
1801 Witwe Major v. Bock, geb. Friederike Luise v. Papstein, W. 34 500
1803 Rittmstr. Friedrich Ewald von Massow, Kaufpreis 32/m T.

Teschendorf, Krs. Dramburg – siehe auch Falkenburg
1716 Gebr. George Matthias u. Philipp von Borcke
1776 Cap. George Balthasar von Borcke
1801 Kammerherr Philipp Wilhelm Heinrich von Borcke

Theeren, Krs. Königsberg
1713 u. 1718 Gl Friedrich Frhr. von Derfflinger
1751 EM Otto Christoph (seit Nov. 1741) Graf von Podewils
1767 Sophie Amalie Albertine Gräfin von Podewils, Wert 20/m T.
1791 Ltnt. Wilhelm Heinrich von Pape
1799 Christian Friedrich Strach, Kaufpreis 38/m T.
1801 Ltnt. Friedrich Carl Christoph von Weltzien, Kaufpr. 46/m T.
1808 Amtsrat Bayer, Kaufpreis 52/m T.

Thiemendorf, Krs. Crossen
1713 George Abraham von Oppell, Kaufpreis 17/m T.
1717 Witwe u. Söhne G. A. von Oppell
1745 Fähnrich Christian Wilhelm von Oppell
1767 Christian Wilhelm Ernst von Oppell, Wert 24 257 T.
1787 unmündige Friederique Caroline Wilhelmine von Oppell
1800 Major Johann Carl Friedrich von Oppell, Wert 24 257 T.
1805 Major Johann Carl Friedrich von Oppell

Tobelhof, Krs. Arnswalde
1715 kein Besitzer genannt
1736 Landrat Friedrich Ludwig von Sydow
1763 Carl Ludwig Dreyer, Kaufpreis 5 600 T.
1769 Joachim Büttner
1785 Amtmann J. Büttner
1801 Joachim Friedrich Büttner, Wert 5 600 T.
1809 Büttner, Schätzung 5 600 T.

Topper, 1/3 d. Gutes, Krs. Crossen
1713 Hans von Zabeltitz (u. Vorwerk Sorge)
1745 u. 1751 Hans von Zabeltitz

1767 Cap. Hans Carl von Zabeltitz, Wert 8/m T.
1801, 1805 Cap. Hans Carl von Zabeltitz, Wert 8/m T.
1809 Gebr. Carl Leopold u. Johann Wilhelm von Zabeltitz

Topper, 2/3 d. Gutes, Vorwerke Sorge u. Grunwald, Krs. Crossen
1713 Erben Balthasar George v. Knobelsdorff/C. H. v. Knobelsdorff
1717 Erben Balth. George von Knobelsdorff, auf ¼, Wert 8/m T./ Caspar Heinrich von Knobelsdorff, auf ¼ Topper, Wert 8/m T.
1745 um: Cap. Johann Caspar von Knobelsdorff
1767 Cap. Johann Caspar von Knobeldorff, Wert 11/m T.
1772 Ltnt. Johann Carl von Knobelsdorff
1801 Erben u. Söhne Johann Carl von Knobelsdorff, Wert 11/m T.
1805 Gebr. George Heinrich August, Johann Carl Balthasar u. Ernst Friedrich von Knobelsdorff

Tornow, Krs. Sternberg
1715 u. 1718 sächs. Ltnt. Hans Joachim von Ihlow
1720 Cap. Christoph Ehrentreich von Mörner, Kaufpreis 14/m T.
1728 Cap. Christoph Ehrentreich von Mörner
1751 Ol George Ernst von Klitzing
1755 Frau Obrist von Klitzing, geb. Wilhelmine Elisabeth von Mörner
1767 Witwe Hofrat Graeve, geb. Luise Charlotte Horn, Wert 15/m T.
1774 um: Frau Kriegsrätin Crüger
1776 Rittmstr. Christian David von Sydow, 1780 Wert: 13/m T.
1801 minderj. Brüder Carl George Hr. u. Fr. Sigismd. v. Sydow, 13/m T.
1802 Witwe von Morstein, geb. Freiin v. Glaubitz, Kaufpreis 30 100 T.

Tornow, ½ adliger Besitz, Krs. Landsberg, ½ zum Amt Himmelstädt
1715 u. 1718 Pfandbesitzer Amtmann Negrow
1801 Domänenamt Himmelstädt, d. ganze Gut

Tornow (auch als Tarnow, anfangs mehrere Teile), Krs. Crossen
1713 u. 1717 Abraham von Czettritz, Kaufpreis 15/m T.
1718 Witwe Ernst Heinrich von Luck
1763 Johann Gottfried Bernd, Kaufpreis 18/m T.
1785 Erben J. G. Bernd
1786 Söhne d. verst. Obristen Ernst Gotthilf von Troschke
1801, 1805 Landrat Ernst Wilhelm Rud. Frhr. v. Troschke, Wert 24/m T.
1806 Amtmann Jancke, Kaufpreis 38/m T.

Tornow, ab 1740 auch Schlabendorf, Krs. Cottbus
1700 ksl. Ol Heinrich Casimir von Wolfersdorff
1707 Landrat Marcus Ehren. v. d. Lütke in Groß Ziethen/Mark, 3 600 T.
1740, 1745 Ol Marcus Christoph von der Lütke
1765 Ol Marcus Christoph von der Lütke
1767 Hans Ehrentreich von der Lütke
1776 Witw. Anna Wilhelmine von der Lütke, mit Schlabendorf 28/m T.
1801 Witwe Anna Wilhelmine v. d. Lütke, geb. v. Koehler, 28/m T., s. 1776

1804 Ltnt. Friedrich August von Gontard, Kaufpr. Tornow 56/m

Trampe, Krs. Soldin
1715 u. 1718 Major Wilhelm Sigismund von Küssow
1741 Frau Major von Küssow, geb. von Oppen
1747 Carl Friedrich von Sydow, Wert 19 100 T.
1775 Gebr. Carl Wilhelm u. Arnd Wilhelm von Sydow, 1780: 19/m T.
1800 Cap. Carl Wilhelm u. Cap. Arnd Wilhelm von Sydow
1801 Major Johann Friedrich Bernhard von Lebbin, Kaufpreis 48/m T.
1809 Major Johann Friedrich Bernhard von Lebbin

Tranitz, Krs. Cottbus – siehe Grötsch u. Gablenz
1713 GM u. Gouverneur von Peitz Anton von Pannwitz
1734 George Christian von Pannwitz
1741 Anton Dietrich Wilhelm von Pannwitz
1767 Anton Dietrich Wilhelm von Pannwitz, Wert siehe Gablenz
1801, 1805 Witwe A. D. W. v. Pannwitz, geb. Charlotte Marie v. Kleist

Trebendorf u. Mattendorf, Krs. Cottbus
1715 Caspar Rudolph von Kottwitz (d. Ä.)
1738 Caspar Rudolph von Kottwitz (d. J.), Wert 25 322 T.
1745 Caspar Rudolph von Kottwitz
1767 Landrat Caspar Rudolph von Kottwitz, (Wert 58 745 T.)
1770 Erben Landrat C. R., Geschwister von Kottwitz
1801 Geschwister, Erben Caspar Rudolph von Kottwitz, W. 25 322 T.
1805 Gebr. von Kottwitz in Leuthen

Trebichow u. Radenickel, Krs. Crossen
1711 (Gebr. Cap. Alexander Ludwig u. Rittmstr. Sam. Ad. von Winterfeld)
1713 George Friedrich von Winterfeld
1718 Gebr. Cap. Alex. Ludwig u. Rittmstr. Samuel Adolph von Winterfeld
1745 Andreas Ludwig Adolph Bernhard von Winterfeld
1747 Ol Friedrich Otto Leopold Graf von Finckenstein, Kauf 37/m T.
1790 Sophie Luise Ulrike Gräfin von Finckenstein, Wert 48/m T.
1803 Sophie Luise Ulrike Gräfin von Finckenstein, Wert 37/m T.
1809 Sophie Luise Ulrike Gräfin von Finckenstein, Wert 151 538 T.

Trebschen, Krs. Züllichau – siehe Radewitsch
1715, 1718 poln. Kammerherr Conrad Alexander v. Troschke, W.: 50/m
1724 Direktorium d. Montis pietatis, Zuschlag für 32/m T.
1765 siehe Radewitsch
1801 Heinrich XLIV. Graf von Reuß

Treppeln, Krs. Crossen
1713 Carl Ferdinand Lichnowsky von Woschütz
1717 Johann Hermann Lichnowsky von Woschütz, Kaufpr. 21/m T.
1728 Carl Heinrich Lichnowsky von Woschütz in Liebthal
1731 Ol Christian Otto von der Groeben, Kaufpr. 24/m T.
1751 Witwe von Stentsch, geb. Freiin von Kittlitz

1767 Rittmstr. Ernst Rudolph von Stentsch, Wert 27/m T.
1801 Cap. Gustav Bernhard Sigismund von Zychlinsky, Wert 34 882 T.
1805 Cap. Gustav Bernhard Sigismund von Zychlinsky

Trossin, Krs. Königsberg
1713 u. 1718 Ltnt. Ernst Ludwig von Sydow
1723 Reg.rat von der Marwitz, Kaufpreis 24 500 T.
1745 um: (Major Carl Casimir Frhr. von Wittenhorst u. Sonsfeld)
1751 um: GM Leopold Friedrich von Wietersheim
1752 (Cornet Bernhard Phil. Const. v. Blankensee, Kaufpreis 44 275 T.)
1774 Rittmstr. Bernhard Philipp Constantin von Blankensee
1801 Major Bernhard Philipp Constantin von Blankensee, Wert 44 275 T.
1805 Graf von Finckenstein, Kaufpreis 16 500 T.

Vietnitz u. ¼ Blessin, (1/2 Reetz), Krs. Königsberg
1713 Hans George von Sack
1714 (Obrist Siegmund von Sack)
1740 um: Major Hans George von Sack
1751 Gebr. Hans Christoph u. George Friedrich von Sack
1768, 1774 George Friedrich von Sack
1782 um: Geh. Leg.rat Adolph Friedrich von Buch, Kaufpr. 88 300 T.
1792 Landrat Wilhelm Ludwig von Sydow, Kaufpreis 79 500 T.
1801 Wilhelm Ludwig von Sydow in Stolzenfelde, 79 500 T.
1805 Kammerherr von Oelsen, Kaufpreis 17/m T.?

Vietzer Radung (auch Neu Radung), Krs. Landsberg
1771 Rittmstr. Ernst Joachim von Platen, Kaufpreis 13 600 T.
1801 Sekretär Johann Carl Empich, Kaufpreis 13 600 T.
1809 Eigentümer Empich, Wert 10 050 T.

Völzkow, Anteil, Krs. Schivelbein
1713 Witwe Rittmstr. Joachim Christoph von Mittelstaedt
1718 Bernd von Münchow
1727 Wachtmstr. Bernd von Münchow, auf ½ Völzkow
1770 um: George Joachim von Pelchrzim
1773 Obrist Valentin Friedrich von Rüchel, Kaufpreis 2/m T.
1801 Major Carl Philipp Gebhard v. Tresckow in Cussenow, s. d.
1805 Cap. George Ernst von Puttkamer u. Frau in Karsbaum

Völzkow, Anteil, Krs. Schivelbein
1713 Jacob Joachim von Wachholtz, Kaufpr. 2 800 T.
1718 Jacob Joachim von Wachholtz
1719 Witwe Dr. Andreas Ponath, Pfandbesitzerin
1751 Pfarrer Johann Valentin Kohlmey, Wert 3 400 T.
1783 Johann Friedrich von Kalisch, Kaufpreis 3 400 T.
1801 Witwe Anne Marie von Kalisch, Wert 3 400 T.
1805 Witwe A. M. von Kalisch

Voigtsdorf, Krs. Königsberg
1713 u. 1718 sächs. Fähnrich Balzer Ägidius von Pfuhl

1745 Gebr. u. Ltnt.s Heino Friedrich Wilhelm, George Ludwig Dittloff u. Carl Christoph August von Pfuhl
1767 u. 1774 Rittmstr. George Ludwig Dittloff von Pfuhl, Wert 15/m T.
1779 Ltnt. (Leopold bzw. Ernst Bogislav) v. Wobeser, Kaufpr. 20 100 T.
1795 um: Ol George Friedrich von Wobeser
1801 Joachim Ernst von Rohr, Kaufpreis 48/m T.
1803 Amtsrat Gottfried Eysenhardt, Kaufpreis 48/m T.

Wallwitz, Vorwerk Mißgunst, bis 1803, 1805 in mehreren Händen, Krs. Sternberg
1715 Ltnt. Wolf Erasmus von Winning/ Gebr. Sergant Joachim Friedrich, Corporal Hans Friedrich, Corporal Höne Friedrich von Winning/ Melchior Gottfried von Winning
1718 sächs. Ltnt. Wolf Erasmus von Winning/Söhne d. verst. Joachim Friedrich von Winning/Melchior Gottfried von Winning
1745 Rittmstr. Joachim Ernst (von) Fritz(e) auf ½ Wallwitz/Witwe von Haugwitz, 1728 auf Anteil Wallwitz/Christoph Wilhelm von Fritz(e), 1751 auf ¼ Wallwitz
1767 Witwe Sophie Marie Phil. v. Platen, geb. von Jurgass, Wert 9/m T.
1778 Ltnt. Christian Johann Wilhelm von Platen (1780 alle Tle. 16 300)
1785 um: Witwe von Platen (bzw. Cap. Friedrich Wilhelm von Fritz(e))
1801 Witwe Cap. Friedrich Wilh. von Fritz(e) auf Wallwitz A für 9 800 T.,
1803, 1805 Ltnt. Friedrich Ferd. Christoph v. Rathenow, 1802 auf A u. B, Kaufpreis 22/m T., 1803 auf d. ganzen Gut, Wert 37 300 T.

Wallwitz, Krs. Sternberg
1715 u. 1745 s. o.
1767 Ltnt. Joachim Ernst von Fritz(e), Wert 12/m T.
1785 um: Ltnt. Johann Ernst von Fritz(e)
1801 Witwe Cap. F. W. von Fritz(e), Wert 5/m T.
1805 s. o.

Wallwitz, Krs. Sternberg
1715 u. 1745 s. o.
1767 Cap. Ernst Gottfried von Winning u. Frau, Wert 3/m T.
1774 Cap. Ernst Gottfried von Winning
1785 um: Wolf Heinrich von Naumann, Kaufpreis 4 800 T.
1786 um: von Oppen
1801 Charlotte Sophie Wilhelmine v. Greiffenberg, geb. v. Fritze, 7 100
1805 s. o.

Wandern, Krs. Sternberg
1715 u. 1718 sächs. Ltnt. Curt Wilhelm von Ludwig
1728 (Curt Wilhelm von Ludwig)
1745 Carl Bernd u. Cornet Conrad Adolph von Ludwig
1767 Rittmstr. Conrad Adolph von Ludwig
1770 minderj. Söhne von Conrad Adolph von Ludwig
1779 Friedrich Bernhard Alexander von Ludwig, Wert 9 025 T.
1801 u. 1803 Ltnt. F. B. A. von Ludwig, Wert 9 025 T.
1809 Ltnt. Friedrich Bernhard Alexander von Ludwig

Wardin, Krs. Arnswalde – ab 1772 siehe Kölpin
1715 Witwe Obrist Caspar Siegm. von Aschersleben/Gebr. Major Wilhelm Christoph u. Richard Sigismund von Beneckendorff
1745 Witwe Major Friedrich Wilhelm bzw. Ltnt. George Ludwig von Mühlheim
1782 Cap. Carl Johann Christoph von Dietherdt u. Frau
1801 Landrat Carl Johann Christoph von Dietherdt

Warnick, Krs. Landsberg – siehe Tamsel

Warnitz, Krs. Königsberg
1713 schwed. Cap. Christoph Heinrich von der Osten
1720 Cap. Balthasar Heinrich von der Osten
1751 Friedrich August von der Osten
1767 Friedrich August von der Osten, Wert 60/m T.
1795 Ltnt. Johann George Ferdinand von der Osten, Wert 72/m T.
1809 Ltnt. bzw. minderj. Kinder J. G. F. von der Osten

Wartenberg, Krs. Königsberg
1713 u. 1718 Hans Bertram von Ploetz
1751 Ltnt. Hans Siegismund von Ploetz, Wert 20/m T.
1767 Cap. Carl Friedrich Siegmund von Ploetz
1772 Witwe Johanna Gottliebe v. Ploetz, geb. v. Briesen, Wert 12/m T.
1777 Luise Eleonore Juliane von Wartenberg, 1775, 1801: 13/m
1801 Frau Ltnt. Christian Wilhelm v. Waldow, geb. J. L. F. von Wartenberg
1809 Ltnt. v. Waldow u. Frau Joh. Luise Fried. geb. v. Wartbg., 13/m T.

Wedelsdorf, Krs. Arnswalde – siehe auch Groß Silber
1715 nicht gen.
1728 Philipp Christian von Wedel
1758 Ltnt. Anton Ulrich von der Schulenburg
1767 Ltnt. Anton Ulrich von der Schulenburg
1770 Akziseeinnehmer George Zieche, Anteil, Wert 1/m T./ Ltnt. Anton Ulrich von der Schulenburg, Anteil, Wert 3/m T.
1801 Johann Ernst von der Schulenburg, Anteil, 2 500 T./ George Zieche u. Frau, Anteil 1/m T.
1809 J. E. von der Schulenburg u. G. Zieche, beide Tle. Wert 4/m T.

Weißig, Krs. Crossen
1713 Gebr. von Bomsdorff in poln. Diensten, auf 2/3/poln. Ol Wilh. Ferdinand von Lichnowsky, als Pfandbesitzer auf 1/3
1717 Hans Christian von Bomsdorff, auf 2/3, Kaufpreis 1683 2 500 T./ Cap. George Friedrich von Rabenau, auf 1/3, Wert 4 500 T.
1728 sächs. Cap. Hans Christoph von Schwartz
1749 um: Cap., Landrat Hans Friedrich von Winning
1750 Heinrich Ludwig von Goertzke, Kaufpr. 21 100 T.
1762 Cap. Johann Jacob von Broun, Kaufpreis 22/m T.
1765 Heinrich Ludwig von Goertzke, Taxe 1768: 28 809 T.

1773 Heinrich Ludwig Friedrich von Goertzke
1794 Ernst Wilhelm Rud. Frhr. v. Troschke in Tornow, Kaufpr. 28/m T.
1801 Landrat Ernst Wilhelm Rudolph Freiherr von Troschke

Wellmitz, Krs. Crossen
1713 Heinrich Otto von Gablenz in Göhren
1717 sächs. Cap. Franz Wilhelm von Gablenz, Kaufpreis 14 500 T.
1745 sächs. Cap. Franz Wilhelm von Gablenz
1767 Christoph Ernst Heinrich von Gablenz, Wert 11 500 T.
1778 Friedrich Gottlob Adolph von Beerfelde, Kaufpreis 13 500 T.
1801 Cap. Adolph Christian Sigismund von Beerfelde in Sommerfeld
1809 Familie von Beerfelde

Welschendorf, Krs. Dramburg – siehe Mittelfelde

Werben, Krs. Cottbus, 1718 sechs, 1767 fünf, 1801 vier Eigentümer
1713 Jobst Ernst von Schönfeldt/Caspar Sigismund von Schönfeldt/Ltnt. Hans Sigismund von Schönfeldt/Alexander Christoph von Stutterheim/Cap. Otto Heinrich von Stutterheim
1718 Alexander Christoph von Stutterheim/Jobst Ernst v. Schönfeldt/ Caspar Sigismund v. Schönfeldt/Hans August v. Schönfeldt/Heinrich Sigismund v. Schönfeldt/Cap. Otto Heinrich v. Stutterheim
1720 Alexander Christoph von Stutterheim
1750 um: Cap. Nicol Otto von Maltitz
1767 u. 1774 Anna Eleonora von Maltitz, geb. von Langen, Wert 20/m T.
1783 Friedrich Heinrich Anton von Weissenfels, Wert 11/m T.
1801, 1805 Friedrich Heinrich Anton v. Weissenfels, 1/8, Wert 11/m T.

Werben, Krs. Cottbus
1718 s. o. (Heinrich Sigismund von Schönfeldt)
1750 um: Augustine Gottliebe von Schönfeldt
1767 Friedrich Heinrich Anton von Weissenfels
1801, 1805 Friedrich Heinrich Anton von Weissnfels, 1/8 für 8 700 T.

Werben, Krs. Cottbus
1718 s. o.
1758 Hans August von Schönfeldt
1765 (um: Amalie Margarethe von Rochow/Eva Christiane v. Maltitz)
1767 (Frl. Amalie Margarethe von Schönfeldt, Wert 10/m T.)
1801, 1805 Frau Marg. Gottliebe v. Witzleben, geb. v. Maltitz, 1/8 f. 8/m

Werben, Krs. Cottbus
1718 s. o.
1728 Caspar Sigismund von Schönfeldt
1759 Caspar Heinrich von Schönfeldt
1767 Cap. G. L. v. Holtzendorff u. Frau Luise Henr., geb. v. Schönfeldt
1771 Hans Ernst von Schönfeldt u. Cap. Gottlob Ludwig v. Holtzendorff
1783 Cap. Hans Friedr. Wilhelm v. Witzleben, Kaufpreis 20/m T.
1805 Cap. Hans Friedrich Wilhelm von Witzleben, ¼ Werben

Werben, Krs. Cottbus
1718 s. o.
1723 Jobst Ernst von Schönfeldt
1745 um: Hans Ernst von Schönfeldt
1767 Hans Ernst von Schönfeldt u. Cap. von Holtzendorff
1782 Ernst Albrecht von Schönfeldt
1801 u. 1805 Joh. Heinr. Ernst v. Schönfeldt u. Frau, ¼ Werben, 14 689 T.

Werder, Krs. Arnswalde – siehe Steinbusch

Wiesendorf u. Kackrow, Krs. Cottbus
1715 Caspar Friedrich von Loeben
1729 sächs. Cap. Christian Friedrich von Loeben
1745 sächs. Cap. Christian Friedrich von Loeben
1750 Ltnt. Friedrich Adam von Loeben
1753 Rudolph Leopold von Loeben
1767 Rudolph Leopold von Loeben, Wert 20/m T.
1801, 1805 Steuereinnehmer Rudolph Leop. v. Loeben in Kalau, 20/m

Wiesenwerder, Vorwerk, Krs. Arnswalde
1800 Major Christ. Heinrich Ferd. von Kern, Kaufpreis 7 500 T.
1809 Ol Christoph Heinrich Ferdinand von Kern

Wildenhagen, Krs. Sternberg
1715 u. 1718 Wulf Christian Erdmann von Ihlow
1745 (Ltnt. Bernhard Alexander Friedrich von Koeckritz)
1751 Wulf Christian Erdmann von Ihlow
1767 Wulf Christian Erdmann von Ihlow, Wert 16/m T.
1772 Ehefrau d. Majors Ernst Gottlob von Oppen, 1780: 16 050 T.
1801 Ltnt. Christian Heinrich Ludwig von Briesen, Kaufpreis 26 500 T.
1803 Ltnt. C. H. L. von Briesen
1808 Kommissionsrat von Ludwig, Kaufpreis 42 200 T.

Wildenow, Krs. Friedeberg
1715 Oberpfarrer Johann Friedrich Dieterich u. Witwe Dieterich
1718 vorm. Oberpfarrer J. F. Dieterich u. Frau
1740 um: (Cap. Carl Ernst von Staudach)
1743 Rittmstr. Christoph Ludwig von der Goltz
1745 (Cap. Carl Ernst von Staudach)
1755 Rittmstr. Christoph Ludwig von der Goltz
1767 Rittmstr. Christoph Ludwig von der Goltz, Wert 31/m T.
1784 Rittmstr. Johann Christian Frhr. von der Goltz
1801 Rittmstr. Johann Christian Frhr. von der Goltz, Wert 35/m T.
1803 Amtmann Eysenhardt, Kaufpreis 71 700 T.

Winningen, Krs. Dramburg, bis mind. 1750 mehrere Tle. – siehe auch Ruhnow
1715 Junker Adam von Rhoeden/Obrist Johann Christian von Rhoeden/ Söhne d. verst. Majors Adam George von Rhoeden
1718 Kammerjunker Adam von Rhoeden/ Erben Obrist. Joh. Christian v. Rhoeden/Ltnt. Hans Nicolaus von Rhoeden, Wert mit Ruhnow: 4/m

1723 Prälat Johann Ascan von Rhoeden, auf Anteil
1727 Gebr. Caspar Ludwig, Hans Nicolaus, Adam Friedrich u. Carl Otto von Rhoeden, auf Anteil Winningen
1750 Cap. Hans Nicolaus v. Rhoeden/Witwe von Wedel, geb. v. Woedtke
1767 um: Witwe Eleonora Constantia von Wedel, geb. von Woedtke
1795 Ltnt. Joachim Wilhelm Friedrich von Wedel
1801 Ltnt. Joachim Wilhelm Friedrich von Wedel, Wert 15/m T.
1803 Ltnt. J. W. F. von Wedel, d. Gut unter Adminstration d. Ritterschaft
1804 (Cap. von der Marwitz)

Wintdorf u. Anteil Allmosen, Krs. Cottbus
1713 Friedrich Wilhelm von Muschwitz
1726 Caspar Heinrich von Muschwitz
1753 Ltnt. Christian Ernst von Muschwitz, Kaufpreis 21/m T.
1767 Cap. Christoph Siegmund von Muschwitz, Wert 1753: 21/m T.
1801 Ltnt. Wilhelm Christoph Siegmund von Muschwitz u. Frau, 21/m T.
1805 Ltnt. Wilhelm Christoph Siegmund von Muschwitz

Woldenberg, Burglehn, 1785 drei Burglehn gen., Krs. Friedeberg
1767 Hans Adolph von Strantz in Lindchen
1768 (Peter Krüger, Kaufpreis 700 T.)
1785 Daniel Wilhelm Endernitz (bzw. -witz), 5 300 T./Witwe Endernitz, 700 T./Frau Papiermacher Baumann, 700 T.
1801 Daniel Wilhelm Endernitz, f. 3 504 T./Frau Christ. Baumann, f. 700

Wolgast u. Vorwerk Dicking, Krs. Friedeberg
1715 Frau von Hoffstedt/Friedrich (von) Prophalow
1718 Friedrich (von) Prophalow
1728 Ltnt. Carl Friedrich von Hoffstedt/Friedrich (von) Prophalow
1742 GM Friedrich Sigismund von Waldow
1755 Witwe GM von Waldow, geb. Luise Magdalene von Bornstedt
1767 Major (Friedrich) Wilhelm Leopold von Waldow, Wert 14/m T.
1801 Erben Major von Waldow, Wert 15/m T.
1802 Ltnt. Friedrich Wilhelm Leopold von Waldow

Wolkenberg, Krs. Cottbus – siehe auch Lindchen u. Stradow
1718 Ltnt. Carl Joachim von Goetz(en)
1720 Otto Heinrich von Stutterheim, Kaufpreis 13 600 T.
1722 Constantia Henriette Gräfin von Pückler, Kaufpreis 16/m T.
1749 Louise Henriette Gräfin von Castell, Kaufpreis 36/m T.
1783, 1810 Gebr. Albr. Fr. Carl u. Christian Friedrich Graf von Castell

Woltersdorf, Krs. Dramburg – siehe Birkholz u. Blankenhagen

Woltersdorf, Krs. Königsberg – siehe Butterfelde

Wopersnow, Vorwerk Göhle, u. Liepz, Krs. Schivelbein
1713 Söhne d. verst. Landrates Johann Bogislav von Schwerin

1715 Cap. Heinrich Wilhelm von Wichmannsdorff
1727 Cap. Heinrich Wilhelm von Wichmannsdorff
1747 Frau Ol A. v. Borcke, geb. Eleonore Tugendreich von Beneckendorff
1765 um: Witwe Ol Anton von Borcke, geb. von Beneckendorff
1772 Conrad Ludwig Gottlob von Beneckendorff, Wert 16/m T.
1778 Rittmstr. Leopold Ehren(t)reich von der Osten
1781 Frau Cap. Franz A. C. von Uckermann in Klützkow, Kaufpr. 18 300 T.
1798 u. 1801 Ltnt. Conrad George von Uckermann, Wert 54/m T.
1804 Landrat Adrian von Dewitz, Kaufpreis 54/m T., s. a. Lankow

Wormsfelde, Anteil Zantoch, Krs. Landsberg – siehe auch Stolzenberg
1714 poln. Kammerherr Andreas von Zychlinsky, auf seinen poln. Gütern
1715 poln. GM Friedrich Wilhelm von der Marwitz
1718 späterer Reg.rat Ludwig von Burgsdorff
1728 Witwe Oberforstmstr. Jobst Heinrich von Zanthier
1736 Markgraf Heinrich von Schwedt, ½ Zantoch, Kauf 8/m T.
1738 Markgraf Heinrich von Schwedt, Wormsfelde, Kauf 56 330 T.
1778 Töchter d. Markgrafen von Schwedt
1801 Frau Äbtissin zu Herford/Fürstin zu Dessau, Wert 56 330 T.
1809 Louise Henriette Wilhelmine von Anhalt-Dessau

Wugarten, Krs. Friedeberg, bis mind. 1755 mehrere Teile
1715 Witwe Ol von Bornstedt/Obrist George Ehrentreich von Möhlen/Landrat Jacob von Papstein/Cap. von Bornstedt/Erben von Vorhauer
1718 Witwe Ol von Bornstedt/Obrist von Möhlen/Cap. von Papstein/Cap. von Bornstedt/Erben von Vorhauer
1745 Cap. Moritz Franz Casimir u. Ltnt. Jürgen Heinrich von Wobersnow, auf Anteil Wugarten
1755 (Ltnt. Otto Ehrenreich) von Suckow, Anteil Wugarten
1767 George August von Wobersnow, Wert 36/m T.
1775 Cap. Hans Carl Ludolph von Strantz, 1780: 39 227 T.
1799 Alexander Sigismund Friedrich Graf von Blankensee, 66 750 T.
1803 u. 1809 Kammerherr u. Prälat Graf von Blankensee in Filehne

Wusterwitz, Krs. Dramburg
1715 Witwe Obrist von Reisewitz, Wert 8/m T.
1718 Witwe Ol Joachim Daniel von Billerbeck/poln. Ol von Unger
1721 Witwe Ol Auguste Erdmuthe von Billerbeck, geb. von Reisewitz
1727 Ltnt. Joachim Rüdiger von dem Borne u. Frau, geb. von Reisewitz
1739 Frau Ltnt. von dem Borne, geb. von Reisewitz, W.: 27 075 T.
1745 Landrat George Friedrich von Rohwedel, Kaufpreis 13 500 T.
1767 Ernst Friedrich von Borcke, Wert 12/m T.
1775 Johann Heinrich Friedrich von Borcke

1787 Cap. Moritz Heinrich von Wolde, Kaufpreis 20/m T.
1801 Witwe Cap. von Wolde, geb. von Borcke, u. Sohn, 25/m T.
1805 Witwe u. Erben Cap. von Wolde

Wusterwitz, Krs. Königsberg
1713 schwed. Cap. Gustav von Rosenholz
1718 Geh. Rat Kühlemann
1745 Reg.rat Christian Gottlieb Gloxin
1755 Witwe Reg.rat Gloxin, geb. Dorothea Gottliebe Gloxin
1767 Friedrich Gottlieb Gloxin, Wert 18/m T.
1770 Oberamtmann Grothe, Kaufpreis 20/ m T.
1785 Oberamtmann Grothe, Wert 20/m T.
1796 u. 1801 Witwe Marie Eleonore Grothe, geb. Friese
1809 Reg.direktor Johann Wilhelm Grothe

Wuthenow, Krs. Soldin
1715 u. 1718 Hofrat Carl Ehrentreich von Burgsdorff in Derzow
1730 um: Reg.rat George Heinrich von Burgsdorff
1737 Obrist Hans Caspar von Knobelsdorff, Kaufpreis 18/m T.
1772 Friedrich Wilhelm von Knobelsdorff, Wert 18 300 T.
1794, 1801 Ltnt. Carl Wilhelm Leopold von Knobelsdorff, Wert 47/m T.
1803 um: Reg.präs. Gustav Heinrich von Enckevort, Kaufpreis 60 300 T.
1809 vorm. Reg.präs. Gustav Heinrich von Enckevort

Wutzig, Krs. Dramburg
1706 preuß. Obrist Caspar von Reisewitz
1715 Witwe Obrist von Reisewitz
1767 Otto Wedigo von Bonin u. Frau, geb. v. Gloger, Wert 12/m T.
1783 Ltnt. George Friedrich Felix von Bonin
1790 Ltnt. Magnus Hermann von Wolffradt, Kaufpreis 36 900 T.
1798 Rittmstr. Carl Wilhelm Friedrich von Jargow, Kaufpreis 40/m T.
1805 Major Carl Wilhelm Friedrich von Jargow

Wutzig, Krs. Friedeberg – siehe Hermsdorf
1801 Christian von Brand, Wert 35/m T.

Zachow, Krs. Königsberg
1713 Cap. George Friedrich von Schönebeck, auf 1/3/russ. Cap. Christoph Sigismund von Schönebeck, auf 2/3 Zachow
1716 Ankauf durch d. Fiskus für 15 500 T., zum Amt Zehden
1809 Domänenamt Zehden

Zadow, Krs. Dramburg
1715 Reimar Wedigo von Zadow
1718 Matthias Philipp von Zadow
1751 Reimar Wedigo von Zadow
1756 Friedrich Wilhelm von Blankenburg, Kaufpreis 2 500 T.
1774 poln. Ol Friedrich Wilhelm von Blankenburg
1801, 1805 Cornet Carl Johann Dionysius Frhr. von Blankenburg, Wert: 2 500 T.
1809 Frhr. von Blankenburg in Märkisch-Friedland, Wert 2 500 T.

Zamzow u. Vorwerk Alt Zamzow, später Ruhleben u. zu Grassee, Krs. Dramburg
1715 Franz Joachim, Joachim Rüdiger von dem Borne/Pfandbesitzer Cap.-Ltnt. Philipp Reinhold von Krockow
1718 Franz Joachim u. J. Rüd. v. d. Borne/ Hans George von Gruben
1727 u. 1733 Ltnt. Joachim Rüdiger von dem Borne, 1733: 26 962 T.
1742 Rittmstr. Joachim Heinrich von der Groeben, Kaufpreis 10/m T.
1767 Frau Luise Henriette Sophie von der Groeben, geb. Freiin von Hünecke, Wert: 15 080 T.
1774 Erben u. Kinder Rittmstr. Joachim Heinrich von der Groeben
1798 Ol Otto August Heinrich Graf v. d. Groeben, Kaufpr. 1796 12/m T.
1805 Ol Otto August Heinrich Graf von der Groeben

Zantoch, ½ d. Gutes, zu Gralow, Krs. Landsberg, ½ siehe Wormsfelde
1715 General Joachim Friedrich von Wreech/Ol von Schöning/Ol von Burgsdorff in Wormsfelde
1728 Obrist Adam Friedrich von Wreech
1740 um: Fähnrich Ludolph von Schöning
1766 Gebr. Friedrich Wilhelm Theodor u. Ludwig Alexander von Wreech
1768 Hans Eberhardt Meyer von Schöning, 1780: 8/m T.
1790 um: (Ltnt. Friedrich Wilhelm von Schöning)
1801 Rittmstr. Christian Ludwig Adolph Frhr. von Rhade, Anteil für 15/m/Äbtissin zu Herford/Fürstin zu Dessau, Wert 8/m T./Frau Cap. Curth Ernst Ferdinand von der Marwitz in Jahnsfelde, Wert 4/m T.

Zehrten, Anteil, Krs. Arnswalde, ein Anteil gehörte zu Nörenberg
1715 u. 1718 Witwe Ltnt. von Wedel
1730 um: Ernst Bogislav von Wedel
1767 Carl Aemilius von Goetze, auf ½ Zehrten/George Heinrich von Schmiedeberg, 1774 auf Anteil
1779 Landeshauptmann u. Rittmstr. von Woedtke (d. ganze Gut?)
1801 Kinder d. verst. Amalia Ludovika Dor. von Borcke in Unheim
1803 Cap., Bürgermstr. von Wedel, Anteil, Wert 2 500 T./minderj. Schwestern von Borcke, Anteil, Wert 2 450 T.

Zeinicke, Vorwerk Ziegelwerder, Krs. Dramburg, bis 1808 mehrere Teile
1718 Ltnt. Adam Gottfried von Schmiedeberg/Andreas Gottfried von SchmiedebergWitwe Jürgen von Schmiedeberg/ Hans Heinrich von Göhrken/Samuel Bernd Bublich, 1715 Wert 5/m T.
1727 Gebr. Adam Gottfried u. Christoph Friedrich von Schmiedeberg/Cap. Hans George von Gombrecht
1745 Witwe Major Hans George von Gombrecht, auf 3/8 d. Gutes/Ltnt. Adam Gottfried von Schmiedeberg, auf 1/3/ Cap. Christoph Friedrich von Schmiedeberg, auf 1/8
1774 Justizdir. Christoph Carl Gustav von Schmiedeberg, auf ½
1801 Friedrich Wilhelm von Knobelsdorff, zwei Anteile von 13 218 u. 16 210 T./Friedrich Sellnow, ein Anteil, ohne Wertangabe
1805 F. W. von Knobelsdorff, zwei Anteile/Friedrich Vorpahl, ein Anteil
1808 Amtmann Schleußner, beide Anteile Knobelsdorf, Kauf 72/m T. / F. Vorpahl,

d. Anteil von F. Sellow, Kaufpreis 2 400 T.

Zeinicke, d. Vorwerke Friedrichsfelde u. Heinrichsfelde, Krs. Dramburg
1772 Ltnt. Christian Friedrich von Schmiedeberg
1786 Witwe C. F. von Schmiedeberg, geb. E. M. von Goetzen, W. 2 700
1801 Witwe Eleonore Maria von Schmiedeberg, Wert 2 546 T.
1801 Frl. von Schmiedeberg, Wert 4/m T.
1805 Witwe Eleonore Maria von Schmiedeberg (Friedrichsfelde)

Zellin, Krs. Königsberg
1713 Obrist Hans Sigismund von Mörner
1718 Obrist H. S. von Mörner/Cap. Christoph Ehrentreich von Mörner/Witwe Major von Mörner
1728 Obrist Hans Sigismund von Mörner
1732 Ankauf durch König Friedrich Wilhelm I.
1733 Domänenamt Zellin
1809 Domänenamt Zellin

Zerbow, Krs. Sternberg
1715 u. 1718 Cap. Aemilius Otto von Brand in Kähmen
1730 Domänenamt Neuendorf
1809 Domänenamt Neuendorf

Zernickow u. Vorwerk Pinnow, Krs. Königsberg
1713 Fähnrich Otto Ludwig von der Marwitz
1718 Fähnrich Otto Ludwig von der Marwitz
1751 Fähnrich Bernhard Ludwig von der Marwitz, Wert 16/m T.
1767 Fähnrich Bernhard Ludwig von der Marwitz, Wert 25 200 T.
1783 Friedrich Ludwig von der Marwitz, 1780: 25 688 T.
1800 Friedrich Ludwig von der Marwitz
1801 Ltnt. Lupold Christoph von Wedel, Wert 155/m T.
1805 Cap. Lupold Wilhelm Eberhard von Wedel, Wert 144/m T.

Zettitz, Krs. Crossen
1713 Hofrat Maximilian von Gloger, Wert 24/m T.
1745 Hofrat Maximilian von Gloger
1767 Landrat Ernst Ludwig von Gloger, Wert 24/m T.
1790 um: Friedrich Gottfried Conrad Frhr. von Kottwitz
1801 Alexander Otto Conrad Frhr. von Kottwitz, 40/m T.
1805 Alexander Otto Conrad Frhr. von Kottwitz, Wert 40/m T.

Zetzin, Krs. Dramburg
1715 Landrat George Matthias von Borcke in Gersdorf/Pfandbesitzer Ltnt. Joachim George von Münchow, auf 1/3 Zetzin
1718 Landrat G. M. von Borcke/Ltnt. von Münchow, Wert 1/m T.
1777 Witwe Cap. Hans Christian v. Kleist, geb. Eleonora Maria von Unruh
1801 u. 1805 Kammerherr Philipp Wilhelm Heinrich von Borcke

Ziebingen, Krs. Sternberg
1715 Witwe Sophie Marie von Burgsdorff, geb. v. d. Marwitz
1728 Witwe Hofrat von Burgsdorff, geb. von der Marwitz
1751 Carl Friedrich von Burgsdorff

1764 Joachim Friedrich Ehrenreich von Burgsdorff, 1758: Wert 65/m T.
1801 u. 1803 Joachim Friedrich Ehrenreich von Burgsdorff, Wert 66/m T.
1807 Reg.präs. Carl Graf von Finckenstein, Kaufpreis 150/m T.

Ziegelwerder, Vorwerk, Krs. Arnswalde
1715 nicht gen.
1765 um: Ltnt. Bernd Ludwig von Arnim
1767 Cap. Christian Ludwig von Pentz, Kaufpreis 1/m T.
1774 (ksl. Rittmstr. Johann Christoph von Lubrecht)
1801 u. 1803 um: Friedrich Wilhelm von Knobelsdorff
1808 Amtmann Brandenburg, Kaufpreis 2 300 T.

Ziegelwerder, Vorwerk, Krs. Dramburg – siehe Zeinicke
1801 Ritterschaftsrat Fr. Wilhelm von Knobelsdorf in Zeinicke
1805 Ritterschaftsrat Friedrich Wilhelm von Knobelsdorff
1809 Amtmann Schleußner, s. o.

Zielenzig, Burglehn, Krs. Sternberg
1725 um: Nicolaus Gottfried von Diebitsch
1751 Fähnrich Balthasar Friedrich von Koeckritz
1767 Witwe Beate Helene von Koeckritz, geb. von Unruh, Wert 4/m T.
1772 Hans Otto Frhr. von Poellnitz
1801 Rittmstr. Gottlob Bog. Sigism. v. Seidlitz in Lindow, Kaufpr. 6/m T
1804 Rittmstr. Gottlob Boguslav Sigismund von Seidlitz

Zietenfier, Krs. Arnswalde
1715 u. 1718 Hans Joachim von Wedel
1745 Domänenrat Friedrich Wilhelm von Wedel
1750 um: holländ. Ltnt. Christoph Friedrich von Wedel
1767 Cap. Carl Friedrich von Wedel
1774 Cap. Carl Friedrich von Wedel
1801 Ltnt. Heinrich von Bröm(b)sen, Kaufpreis 18/m T.
1803 Ltnt. Carl Ernst Rudolph von Sydow, Kaufpreis 24 450 T.
1806 Carl Raddwege, Kaufpreis 36/m T.

Zohlow, Krs. Sternberg
1715 u. 1718 Cap. Hans Joachim Curt Ehrentreich von Koeckritz
1730 Domänenamt Neuendorf
1809 Domänenamt Neuendorf

Zollen, Krs. Soldin
1685 um: GFM von Barfuss
1688 Joachim Ludwig von Kienitz, Pfandbesitz, 5/m T.
1715, 1718 Ol Egidius Ehrenreich von Sydow
1745 Gl Egidius Ehrenreich von Sydow
1750 Cap. Friedrich Wilhelm von Sydow
1752 Ltnt. Anton Ludwig von Sydow, Wert 15/m T.
1766 Witwe GM Christian Ludwig v. Kalsow, geb. Margar. von Wedel
1772 Friedrich Wilhelm von Knobelsdorff, Kaufpreis 15 800 T.
1790 Cap. Christian Jacob von Horcker, Kaufpreis 22/m T.
1801 Cap. Christian Jacob von Horcker, Wert 22/m t.
1805 Oberforstmstr. von Bredow, Kaufpreis 52 500 T.

Zuchow, Spring(e), Spornbrügge, Anteil Gr. Spiegel, Krs. Dramburg – s. auch Kallies
1715 Ewald Friedrich von Güntersberg
1728 Ewald Friedrich von Güntersberg
1745 Witwe GM Johann (Peter) von Wedel, geb. Christiane Elisabeth von Güntersberg
1765 Witwe Cap. Johann Rüdiger Frhr. von der Goltz, geb. von Wedel
1774 Witwe Cap. von der Goltz, geb. Christine Apollonia Joh. von Wedel
1797 Cornet Ludwig Franz Ernst Frhr. v. d. Goltz, Taxe 1780: 39 300 T.
1809 Cornet Ludwig Franz Ernst Frhr. von der Goltz

Zülshagen, Krs. Dramburg – siehe Falkenburg

3 Anhang

3.1 Liste neumärkisch-pommerscher Offiziere, die ein Biogramm im Pommern-Buch haben, hier in einem Biogramm oder in der Liste der Güter erwähnt werden

Cap. Ernst Bogislav von Below
Ltnt. Bernd Bogislav von Billerbeck
Gl Constantin von Billerbeck
Gl Hans Christoph von Billerbeck
Ol Joachim Daniel von Billerbeck
Rittmstr. Alexander Gustav von Blankenburg
Cap. Bernhard Friedrich von Blankensee
Major Bernhard Philipp Constantin von Blankensee
GM Christian Friedrich von Blankensee
Landrat George Christoph von Blankensee
Cap. Moritz Carl Friedrich von Boeck
Ltnt. George Friedrich Felix von Bonin
Ltnt. Wichard Friedrich Wilhelm Heinrich von Bonin
Landrat Ernst August Philipp von Borcke
Obrist Ernst Friedrich von Borcke
Obrist Jobst (Justus) Andreas von Borcke
Major Martin Philipp von Borcke
Major Baltzer (Balthasar) Rüdiger von dem Borne
Cap. Franz Ludwig von dem Borne
Cap. August Adam von Bornstedt
Major Anton Carl Friedrich von Braunschweig
Ltnt. Caspar Heinrich von Braunschweig
Obrist Friedrich Wilhelm von Braunschweig
Cap. Lorenz Conrad von Braunschweig
Cap. Reinhard Christian von Briesen
Major Sigismund Friedrich Wilhelm von Brockhusen
Obrist Ernst Ludwig Philipp von Burgsdorff
Rittmstr. Philipp Wilhelm von Damnitz
Ltnt. Ernst Ludwig von Delitz
Cap. Ludwig Christian von Dewitz
Ltnt. Caspar Christoph Friedrich von Dietherdt
Ol George Ludwig Christoph von Doeberitz
Ltnt. Heinrich Gottlieb Wenzeslaus bzw. H. Gottlob Wenzel von Gablenz
GM Carl Ernst von der Groeben
Ltnt. Carl Wilhelm von der Groeben
Major Christian Leopold (bzw. Leopold Christoph) von Hagen
Major Sigismund August von Hagen
Ltnt. Johann Friedrich Ludwig von Hartmann
Cap. Caspar Friedrich Sylvester von Hertzberg
Ol Ewald Eustachius von Hertzberg
Obrist Johann Friedrich von Hohendorff
Cap. Hans Paul von Homboldt (Humboldt)
Fähnrich Hans Jürgen von Jorck
Obrist Ernst George von Kalckreuth
GM Samuel Adolph von Kalckreuth
Major Gustav (bzw. Günther) Friedrich von Kali(t)sch
Gl Christian Ludwig von Kalsow
Major Carl Friedrich Albrecht von Kameke
GM Carl Friedrich Siegmund von Kameke
Cap. Carl August Wilhelm von Kaminsky

https://doi.org/10.1515/9783111320465-004

Gl Christian Ludwig von Kenitz
Ol George Wilhelm von Ker(c)kow
Ltnt. Hans Ernst Siegismund von Ker(c)kow
Major Gotthilf Christian Ernst von Kleist
GFM Henning Alexander von Kleist
Major Joachim Friedrich von Kleist
Cap. Balthasar Joachim von Koethen
General Döring Wilhelm von Krockow
Cap. Albrecht Ferdinand von Kurowsky
Cap. Carl Friedrich Erdmann von Langen
Ol Friedrich Rudolph von Lentz
Ltnt., Kammerherr George Friedrich Ludwig von Lettow
Ltnt. Caspar Heinrich von Manteuffel
Ltnt. Christian Heinrich Ewald von Manteuffel
Major Johann George von der Marwitz
Major Ewald Valentin von Massow
Obrist Friedrich Eugen von Massow
Ol, Hofmarschall Valentin von Massow
Cap. Wilhelm Anton von Massow
Cap. Bernhard Bogislav Sigismund von Mellenthin
Cap. Caspar Heinrich Friedrich von Mellenthin
Major Ernst Philipp Graf von Münchow
Ltnt. Dubislav Friedrich Wilhelm von Natzmer
Obrist Wulf Heinrich von Natzmer
GM Carl Ludwig von Normann
Obrist Johann Alexander von Normann
Cap. Heinrich Carl von der Osten sen.
Rittmstr. Ernst Egidius von Papstein
Ltnt. Sigismund Friedrich von Papstein
Ltnt. Friedrich August von Platen
Ltnt. Friedrich Bernd von Ploetz
Cap. Joachim Heinrich von Ploetz
Ltnt. Heinrich Wilhelm von Podewils
Ltnt. George Wilhelm von Prophalow
Major George Carl Gans Edler zu Putlitz
Ltnt. Franz Ludwig George von Puttkamer
Cap. Michael Friedrich von Puttkamer
Rittmstr. (Bernhard) Friedrich von Reckow
Major Ernst Carl Siegmund von Reitzenstein
Cap. Friedrich Wilhelm von Rhoeden d. J.
Obrist Johann Diedrich Arnold (Graf) von Rittberg
Major Adam Siegfried von Rüchel
Gl Ernst Wilhelm Philipp von Rüchel
Major Friedrich Christoph von Schack
Cap. Samuel Friedrich von Schaetzel
Major Hans Joachim von Scheel (bzw. Sche(e)len)
Ltnt. Christoph Simon (Siegmund) von Schlichting
Cap. Lebrecht Carl Friedrich von Schlichting
Ol Heinrich Wilhelm von Schlieffen
Major Wilhelm Ludwig von Schmeling
Major Gustav Bernhard von Schmiedeberg
Cap. Bernd (bzw. Berend) Christian von Schönbeck
Major Christian Ludwig von Schöning
Major Ernst Wilhelm von Schöning
Cornet George Sigismund August Frhr. von Seld
Fähnrich Carl Ernst Gerhard von Stempel
Cap. George Gottlieb Leopold von Sydow
Major Christian Balthasar, Cap. Heinrich Wilhelm, Major Otto Adrian von Thun
Cap. Franz Alexander Conrad von Uckermann
Rittmstrs. Lorenz Wilhelm von Versen
Cap. Ludwig Siegmund von Versen
Major Joachim August von Waldow
Ltnt. Bogislav Ludwig von Wedel
Cap. Ernst Ludwig Friedrich von Wedel

Major Ernst Sigmund von Wedel
Ltnt. Joachim Wilhelm Friedrich von Wedel
Ltnt. Ludwig Magnus von Wedel
Obrist Gottlob George Ludwig von Wiersbitzky;
Cap. Friedrich Wilhelm von Winterfeld
Ltnt. George August von Wobersnow
Rittmstr. Balthasar Ludwig von Wobeser
Cap. Moritz Heinrich von Wolde
Rittmstr. Ernst Hermann von Wolffradt
Rittmstr. Carl Christian Ewald von Wolky
Ltnt. August Friedrich Reimar von Zadow
Ltnt. Jobst Heinrich von Zanthier
Major Erdmann Friedrich von Zastrow
Cap. Rüdiger Anshelm von Zastrow

3.2 Abkürzungsverzeichnis

Bei der Angabe der Quellen für die einzelnen Biogramme werden nur die nötigsten Angaben gemacht, die aber zweifelsfrei zugeordnet werden können. Gibt es mehrere Familiengeschichten, wird der Autor genannt, sonst nur die Bezeichnung „Fam.gesch." verwendet. Die Angaben bei Albedyll beziehen sich stets auf den ersten Teil, Verweise auf den zweiten Teil sind explizit vermert. Ähnlich bei Kopka von Lossow. Hier ist bei den Offizierlisten stets der zweite Teil gemeint, bei Bezügen auf den ersten Teil wird das extra vermerkt. Der Verweis „Pommern" bezieht sich auf das Buch Grundbesitz und Militärdienst.

Adj.	Adjutant
aggr.	aggregiert
Bat.	Bataillon
caduc	verfallen
Cap.	Capitain, Hauptmann
CO	Kabinettsordre, -befehl
Comp.	Companie
Corp.	Corporal
d. Ä.	der Ältere
dim.	dimittiert, verabschiedet
d. J.	der Jüngere
Dj.	Dienstjahre
d. M.	der Mittlere
D-R	Dragonerregiment
Dt.	deutsch
EM	(Staats-)Minister
Expect.	Expectant
Fam.	Familie
Fi-Rat	Geh. Ober-Finanzrat
fl.	Gulden
Ftm.	Fürstentum
Garn.-Reg.	Garnison-Regiment
GD	Generaldirektorium
geb.	geboren
Gebr.	Gebrüder
gen.	genannt
Gefr.corp.	Gefreiter-Corporal, adliger Uffz., der keinen Wachtdienst leisten mußte
gest.	gestorben
GFM	Generalfeldmarschall
Gfsch.	Grafschaft
Gl	Generalleutnant
GM	Generalmajor
GStA	Geheimes Staatsarchiv Preußischer Kulturbesitz
HA	Hauptabteilung
H-R	Husaren-Regiment
Hzgtm.	Herzogtum

I-R	Infanterie-Regiment
Jb.	Jahrbuch
JG	Joachimsthalsches Gymnasium in Berlin
KD-rat	Kriegs- und Domänenrat
KG	Kammergericht
kgl.	königlich
K-R	Kürassier-Regiment
ksl.	kaiserlich
Licitation	Ausbietung, Versteigerung
Ltnt.	Leutnant
1/m, 15/m	eintausend bzw. fünfzehntausend Taler
Mousq.	Mousquetier-, Musketier-Bataillon
Nl	Niederlausitz
NM	Neumark
Ol	Obristleutnant
Pl	Premier-Leutnant
p. l. m.	(Oden) pour le mérite, Verdienstorden
Pr.	Preußen (Hzgtm., Königreich, Ostpreußen)
Reg.	Regiment
Ref.	Referendar
Rittmstr.	Rittmeister
s.	siehe
s. a.	siehe auch
Sl	Sekonde-Leutnant
sp.	später
Stabi	Staatsbibliothek Preußischer Kulturbesitz zu Berlin
Stabs-Cap.	Stabs-Capitain
Supplik, Supplikant	Bittschrift, Bittsteller
T.	Taler
To.	Tochter
Uffz.	Unteroffizier
UM	Uckermark
verst.	verstorben
vorm.	vormalig

3.3 Glossar

cassiren	hier ohne Abschie entlassen
deteriorieren	verschlechtern, den Wert mindern
devastieren	verwüsten, zerstören
dos	Aussteuer. Mitgift
illata	Mitgift, Heiratsgut
Immission	Einsetzung, hier Übernahme eines Gutes
Indult	Zahlungsaufschub, Moratorium
onera	Lasten, Abgaben
Pertinenzien	zugehörige Teile
Präclusionsurteil	Verlust der Lehnrechte
Pro prodigo	für einen Verschwender erklären
reluieren	Wiedereinlösen verpfändeter Güter
Salvus conductus	sicheres Geleit
sub hasta	bei e. Versteigerung
venia aetatis	Volljährigkeitserklärung

3.4 Quellen- und Literaturverzeichnis

Quellenverzeichnis

GStA, I. HA, Rep. 7, Nr. 13, Litt B 8 r 1, H 34 v, K 45 z, P 70 e 1, P 70 e 2,
Rep. 7, Nr. 13-1, Litt B, Litt. D, Litt.K, Litt. R, Litt. S, Litt T,U u. V, Litt. Z
Rep. 22, adlige Familien, Nr. 1 a bis Nr. 385, Pakete 8 393 bis 8 846
Rep. 30, Nr. 43, Generalia, Paket 9 232
Rep. 47, Tit. XI b, Litt A bis G, Litt H bis O, Litt P bis Z
Rep. 62, Nr. 90 d, Nr. 131 b, Nr. 137 b, Nr. 230 a, Nr. 259 b, Nr. 264 a, Fasz. 31, Nr. 264 b, Fasz. 21, Nr. 265, Fasz. 8, Nr. 267, Fasz. 7, Nr. 269, Fasz. 8
Rep. 66, Nr. 18
Rep. 96, Nr. 95, B bb, Nr. 95, H hh, Nr. 95, M mm, Nr. 95 N n n,
Nr. 95, O oo, Nr. 95, R rr, Nr. 95, S ss,
Nr. 257 A, Nr. 257 B, Nr. 257 C u. D, Nr. 257 H, Nr. 257 J,
Nr. 257 T, U, V, Nr. 257 W bis Z,
Nr. 260 B, Nr. 260 S
Nr. 304 C 1
Nr. 435 B, Bd. 3, Nr. 435 D, Bd. 2, Nr. 435 G, Bd. 1
Nr. 435 K, Bde. 1 u. 3, Nr. 435 N, Bd. 2, Nr. 435 O, Bd. 2
Nr. 435 R, Bd. 2, Nr. 435 S, Bde. 3, 5, 14, 23, Nr. 435 T, Bd. 2
Nr. 518 K,
Rep. 176, Nr. 179, 238, 250, 449, 553, 595, 638, 721, 742, 826, 866,
Nr. 917, 921, 1 090, 1 134, 1 278, 1 358, 1 367, 1 635, 1 768,
Nr. 2 711, 3 059, 3 289, 3 745, 4 386, 4 474, 5 135, 6 303,
Nr. 6 587, 6 762, 6 816, 7 434, 7 860, 8 239, 8 483, 8 540,
Nr. 8 802, Nr. 8 866, Nr. 9 815, 10 152, 10 153, 10 405
II. HA, Abt. 12, Materien, Vas.tab. Nr. 1 bis Nr. 8
II. HA, Abt. 13, Ämter, Amt Balster, Nr. 1 a, Amt Görlsdorf, Nr. 1 a, Amt Himmelstädt, Nr. 1 c, Amt Neuendorf, Nr. 1, Amt Sabin, Nr. 1 b, Amt Zehden, Nr. 4, Amt Zellin, Nr. 1, Amt Zellin, Verpachtungs-Sachen, Nr. 1
II. HA, Abt. 13 a, Tit. II, Litt A, Nr. 1 bis Litt Z, Nr. 3
Tit. III, Generalia, Nr. 2, Bde. 9 bis 15
Tit. IV, Generalia, Nr. 1 bis 24
Tit. IV, Litt A, Nr. 1 bis Litt Z, Nr. 2
IV. HA, Rep. 1, Nr. 71 bis 94
IV. HA, Rep. 11, Nr. 23, Nr. 90
VI. HA, Nl Caprivi, Nr. 1; FA von Schlieffen, Nr. 1
VIII. HA, C, Nr. 161, Bde., 1 u. 2
X. HA, Rep. 37, Trebschen, Nr. 119, 120, 167, 321, 390, 416
XX. HA, Adelsarchiv, Nr. 803, Bde. 13 u. 15, Nr. 1 350, Bd. 4,
XX. HA, EM, Tit. 110 g, Nr. 31, 34, 40, 44, 47, Nr. 56, Nr. 64
XX, ostpreußische Folianten, Nr. 14 801

BLHA, Rep. 3, neumärkische Kammer, Nr. 11 922, 11 925
Rep. 23 B, Nr. 446, Nr. 1 199 - 1 203
Rep. 78 I, Nr. 170

Staatsbibliothek Preußischer Kulturbesitz, Handschriftenabteilung
Ms. boruss. fol. 246, fol. 310, fol. 312 bis 319, fol. 624, fol. 907 a
Ms. geneal. fol. 120, fol. 144, fol. 190, fol. 300

Literaturverzeichnis (Auswahl)

Georg von Albedyll, Geschichte des Kürassier-Regiments Königin (Pommersches) Nr. 2, 2 Tle., Berlin 1896–1904

Armand Leon von Ardenne, Geschichte des Husaren-Regiments von Zieten (Brandenburgisches) Nr. 3, 2. Aufl., Berlin 1905

Bernhard von Baerensprung, Geschichte des Westpreußischen Kürassier-Regiments Nr. 5, von seiner Stiftung bis zur Gegenwart, Berlin 1878

Carl von Bardeleben, Drei Ranglisten der Königlich Preußischen Armee aus den Jahren 1701, 1703 und 1707, Berlin 1909

J. Becker, Geschichte des 2. Ostpreussischen Grenadier-Regiments Nr. 3, Berlin 1885

Walter von Boetticher, Geschichte des oberlausitzischen Adels und seiner Güter 1635–1815, 4 Bde., Oberlößnitz 1912–1923

F. W. A. Bratring, Statistisch-topographische Beschreibung der gesammten Mark Brandenburg, Dritter und letzter Band. Die Neumark Brandenburg enthaltend, Berlin 1809

Ludewig Wilhelm Brüggemann, Ausführliche Beschreibung des gegenwärtigen Zustandes des Königl. Preußischen Herzogthums Vor- und Hinterpommern, 3 Bde., Stettin 1779–1784

Otto Büsch, Militärsystem und Sozialleben im alten Preußen 1713–1807. Die Anfänge der sozialen Militarisierung der preußisch-deutschen Gesellschaft, Frankfurt/Main, Berlin, Wien 1981 (Ullstein Materialien)

Hans von Burgsdorff-Friedrichstanneck, Stammtafeln des uradligen Geschlechts der Herren von Burgsdorff, 4 Tle., 1958–1959

Emil von Conrady, Geschichte des Königlich Preußischen Sechsten Infanterie-Regiments von seiner Stiftung im Jahre 1773 bis zu Ende des Jahres 1856, Glogau 1857

Adolf Friedrich Johannes von Crousaz, Geschichte des Königlich Preußischen Kadetten-Corps, nach seiner Entstehung, seinem Entwicklungsgange und seinen Resultaten, Berlin 1857

Walter von Diest, Geschichte der Familie von der Marwitz, Kolberg 1929

Andreas Graf von Dönhoff, Stammtafel Dönhoff, maschinenschriftlich, o. J., o. O.

Johann David von Dziengel, Geschichte des königlichen Zweiten Ulanen-Regiments, Potsdam 1858

Die Familie von Schenckendorff. Beiträge zur Familiengeschichte für Familienangehörige und Interessierte, Ahnenreihe, Tafeln (im Netz)

Wilhelm Förster, Geschichte des Königlich Preußischen Ersten Kürassier-Regiments, von dessen Errichtung bis auf unsere Zeit, Breslau 1841

Friedrich der Große. Die Politischen Testamente. Uebersetzt von Friedrich v. Oppeln-Bronikowski. Mit einer Einführung von Gustav Berthold Volz, München 1936

Johann Friedrich Gauhe, Des Heil. Röm. Reichs Genealogisch-Historisches Adels-Lexicon, 2 Theile, Leipzig 1740, 1747

Peter von Gebhardt, Alexander von Lyncker, Verzeichnis der Stolper Kadetten (1761–1816), in: Mitteilungen der Zentralstelle für Deutsche Personen- und Familiengeschichte, Leipzig 1927

Genealogisches Handbuch des Adels, Bd. 12 d. Gesamtreihe, Glücksburg 1956, Bd. 69 d. Gesamtreihe, Limburg 1979, Bd. 77 d. Gesamtreihe, Limburg 1981

Genealogisches Taschenbuch der Adeligen Häuser, 5. Jg., Brünn 1880

Geschichte des Geschlechts v. Bredow. Herausgegeben im Auftrage der Geschlechtsgenossen, Theil II, enthaltend die Cremmensche Linie, Halle 1890

Geschichte der Herren, Freiherren und Grafen von Loeben, 1975

Geschichte des Füsilier-Regiments von Brietzke. Neudr. d. Ausgabe Halle 1967, Osnabrück 1986 (= Altpreußischer Kommiss, Heft 14)

Geschichte des Füsilier-Regiments von Kleist. Neudr. d. Ausgabe Halle 1767, Osnabrück 1978 (= Altpreußischer Kommiss, Heft 12)

Geschichte des Füsilier-Regiments von Lossow. Neudr. d. Ausgabe Halle 1767, Osnabrück 1979 (= Altpreußischer Kommiss, Heft 13)

Geschichte des Infanterie-Regiments von Anhalt-Bernburg. Neudruck der Ausgabe Halle 1767, Osnabrück 1974 (= Altpreußischer Kommiss, Heft 10)

Geschichte des Infanterie-Regiments Friedrich August v. Braunschweig. Neudr. der Ausgabe Halle 1767, Osnabrück 1975 (= Altpreußischer Kommiss, Heft 11)

Das Geschlecht von Arnim. Im Auftrag des von Arnimschen Familienvorstandes ... bearb. von Werner Konstantin von Arnswald, Teil 2, Bde. 1 u. 2, Leipzig 1922–1923

Frank Göse, Rittergut-Garnison-Residenz. Studien zur Sozialstruktur und politischen Wirksamkeit des brandenburgischen Adels 1648–1763, Berlin 2005 (Veröffentlichungen des Brandenburgischen Landeshauptarchivs, Bd. 51)

L. Gollmert, Hrsg., Geschichte des Geschlechts von Schwerin. Theil 2. Biographische Nachrichten, Berlin 1878

Gothaisches genealogisches Taschenbuch der adligen Häuser, ab 1907 der uradeligen Häuser, ab 1920 der adeligen Häuser. Deutscher Uradel, ab 1932 der adeligen Häuser Teil A, Gotha 1900–1942

Gothaisches genealogisches Taschenbuch der briefadeligen Häuser, ab 1920 Alter Adel und Briefadel, ab 1932 Teil B, Gotha 1907–1942

Gothaisches genealogisches Taschenbuch der freiherrlichen Häuser, 79. Jg., Gotha 1929

Maximilian Ferdinand Gritzner, Chronologische Matrikel der Brandenburg-Preußischen Standeserhöhungen und Gnadenakte, Berlin 1874

Wolfgang von der Groeben, Die Grafen und Herren von der Groeben Stammtafeln 1140 bis 1993, Düsseldorf 1994

Dietmar Grypa, Der Diplomatische Dienst des Königreichs Preußen (1815–1866). Institutioneller Aufbau und soziale Zusammensetzung, Berlin 2008 (= Quellen und Forschungen zur Brandenburgischen und Preußischen Geschichte, Bd. 37)

Dietloff von Hake, Geschichte der brandenburgischen Familie von Hake, 2 Bde., Görlitz 1928

Georg Hebbelmann, Das preußische „Offizierskorps“ im 18. Jahrhundert: Analyse der Sozialstruktur einer Funktionselite, Münster 1999 (= Univ-Press, Hochschulschriften, 113)

Peter Johann Jakob Hoffmann, Topographie der Neumark nach ihrem gegenwärtigen statistischen und kirchlichen Zustande: für Cameral- Justiz-Bediente, auch Kirchen-Inspectoren und Prediger ... entworfen, Züllichau 1802

Götz Freiherr von Houwald, Die Niederlausitzer Rittergüter und ihre Besitzer, Bd. VII: Kreis Cottbus, Neustadt an der Aisch 2001 (= Bibliothek familiengeschichtlicher Quellen, Bd. 39)

Ludwig Igállfy-Igály, Stammtafel der Ritter, Freiherrn, Grafen und Fürsten Lichnowsky v. Woszczyc vom 14. Jahrhundert bis zur Gegenwart, in: Adler. Zeitschrift für Genealogie u. Heraldik, 3. (XVII) Bd., Wien 1954, S. 117–139, S. 180–181

Felix von Isenburg, Füsilier-Regiment Prinz Heinrich von Preußen (Brandenburgisches) Nr. 35, 2. erw. Auflage, Berlin 1910

Jahrbuch des deutschen Adels, hrsg. von d. Deutschen Adelsgenossenschaft, 3 Bde., Berlin 1896–1899

Erich Joachim, Melle Klinkenborg, Familien-Geschichte des Gräflich Finck von Finckensteinschen Geschlechts, Berlin 1920
Albert Philipp Wilhelm von Kalckreuth, Urkunden und Regesten zur Geschichte der Herren, Freiherren und Grafen von Kalckreuth, Potsdam 1886, 1904
Friedrich Frhr. von Kittlitz und Ottendorf, Das Herren-Geschlecht der Herrn und Freiherrn von Kittlitz, Teile 1 bis 6, Lodenau, o. J.
Wilhelm von Knobelsdorff, Das von Knobelsdorff'sche Geschlecht in Stammtafeln von den ältesten Zeiten bis auf die neueste Zeit, Berlin 1876
Anton Balthasar König, Biographisches Lexikon aller Helden und Militärpersonen, welche sich in preußischen Diensten berühmt gemacht haben, erster bis vierter Teil, Berlin 1788–1791
Gustav Kratz, Geschichte des Geschlechts von Kleist, 3 Bde., Berlin 1878–1887
Gerhard Krüger, Die Rittergüter in der Herrschaft Cottbus und ihre Besitzer, in: Familienkundliche Hefte für die Niederlausitz, Cottbus 1939, S. 1–39
Eduard Lange, Die Soldaten Friedrichs des Großen, Leipzig 1853
Walter von Leers, Die Zöglinge der Ritterakademie zu Brandenburg a. H. 1705–1913, Brandenburg 1914
Gustaf Lehmann, Die Ritter des Ordens pour le mérite. Erster Band 1740–1811, Berlin 1913
G. C. F. Lisch, Urkundliche Geschichte des Geschlechts von Oertzen, Fünfter Theil, Schwerin 1889
Rudolf L. Kopka von Lossow, Geschichte des Grenadier-Regiments König Friedrich I., (4. Ostpreußischen) Nr. 5, 2 Bde., Berlin 1889–1901
August Mackensen, Schwarze Husaren. Geschichte des 1. Leib-Husaren-Regiments Nr. 1 und des 2. Leib-Husaren Regiments Kaiserin Nr. 2, 2 Bde., Berlin 1892
Märkische Forschungen. Hrsg. von dem Vereine für die Geschichte der Mark Brandenburg, 2. Bd., Berlin 1843
Ferdinand von Martitz, Nachrichten über die Familie von Martitz im 17. und 18. Jahrhundert, 1924
Paul Hermann Adolph von Massow, Nachrichten über das Geschlecht Derer von Massow, Berlin 1878
Herbert Moegelin, Das Retablissement des adligen Grundbesitzes in der Neumark durch Friedrich den Großen, in: FBPG, 46. Bd., S. 28–69, S. 233–274
Ernst A. Wilhelm von Monteton, Geschichte des Königlich Preußischen Sechsten Kürassier-Regiments, gen. Kaiser von Rußland, Brandenburg 1842
J. C. Müller, Vollständiges geographisch-statistisch-topographisches Wörterbuch des preußischen Staates, 4 Bde., Erfurt 1835–1836
Nachrichten über die Familie der Grafen und Freiherrn von der Goltz. In zwei Abtheilungen. Zs.gestellt von Friedrich Freiherr von der Goltz, Strassburg 1885
Ekkehard Neumann-Reppert, Die Familie von Diebitsch, 1985
Ekkehard Neumann-Reppert, Die Familie von Rabenau, 1987
Emil Frhr. von Normann, Geschichte der Gesammt-Familie von Normann, 1894
Alexander Carl von der Oelsnitz, Geschichte des Königlich Preußischen Ersten Infanterie-Regiments seit seiner Stiftung im Jahre 1619 bis zur Gegenwart, Berlin 1855
Julius Max Orlop, Geschichte des Kürassier-Regiments Graf Wrangel (Ostpreußischen) Nr. 3, Berlin 1892
Carl Friedrich Pauli, Leben großer Helden des gegenwärtigen Krieges, 1.-8. Theil, Halle 1759–1763
Kurt von Priesdorff, Offizier-Stammliste des Grenadier-Regiments König Friedrich Wilhelm IV. (1. Pommerschen) Nr. 2, Bd. 1, Berlin 1906
Kurt von Priesdorff, Soldatisches Führertum, Bde. 1–10, Hamburg 1937–1942
Friedrich Paul von Probsts Geschichte des Königlich-Preußischen zweiten Dragoner-Regiments. Vervollständigt und bis zum Jahre 1841 fortgeführt durch Ferdinand von Colmar, Schwedt, Berlin 1841
Oskar Pusch, Das schlesische uradelige Geschlecht von Poser insonderheit von Poser und Groß-Naedlitz, Neustadt an der Aisch 1957 (= Bibliothek familiengeschichtlicher Arbeiten, Bd. XXII)
Kurt von Rabenau, Chronik derer von Rabenau, o. O., o. J.
Rangliste der Königl. Preußischen Armee für das Jahr 1806, Berlin 1806

H(ermann) von Redern, Zur Geschichte der Familie von der Marwitz. Regesten, Stammtafeln und andere Materialien, Berlin 1879
Carl von Reinhard, Geschichte des Königlich Preußischen Ersten Garde-Regiments zu Fuß 1740–1857, Potsdam 1858
Georg Friedrich Carl August von Rhoeden, Geschichte der Herren von Rhoeden aus dem Hause Runow und Winningen, Verden 1864
Hans von Schack u. Max Bär, Beiträge zur Geschichte der Grafen und Herren von Schack. II. Die Prillwitzer Linie, Schwerin 1896
Martin Ernst von Schlieffen, Nachricht von dem pommerschen Geschlechte der von Sliwin oder Schlieffen, Cassel 1780, 2. Aufl. 1784.
Georg Schmidt, Die Familie von dem Borne mit den namensverwandten Geschlechtern, 2 Bde., Merseburg 1887, 1889
Georg Schmidt, Das Geschlecht von der Schulenburg, II. Theil. Die Stammreihe, Beetzendorf 1899
Georg Schmidt, Die Familie von Klitzing, Teil II. Die Genealogie des Geschlechts, Charlottenhof 1903
Georg Schmidt, Das Geschlecht von Bismarck, Berlin 1908
Rudolf Schmidt, Das Geschlecht von Barfus. Familiengeschichtliche Mitteilungen, Freienwalde 1912
Ernst von Schönfeldt, Beiträge zur Geschichte der alten Herrschaften Cottbus und Peitz, Cottbus 1887
Ernst von Schönfeldt, Geschichte der Familie von Schönfeldt, Werben 1935
Hans und Kurd von Schöning, Geschichtliche Nachrichten von dem Geschlechte von Schöning und dessen Gütern, Berlin 1830
Kurd von Schöning, Geschichte des Königlich Preußischen Dritten Dragoner-Regiments und derjenigen Dragoner-Regimenter, aus welchen dasselbe, bei der Reorganisation der Armee im Jahre 1807, hervorgegangen ist, Berlin 1835
Kurd von Schöning, Geschichte des Königlich Preußischen Regiments Garde du Corps zu seinem hundertjährigen Jubelfeste, Berlin 1840
Kurd Schöning, Geschichte des Königlich Preußischen Fünften Husaren-Regiments, mit besonderer Rücksicht auf Gebhard Lebrecht von Blücher, Berlin 1843
Berthold Schulze, Besitz- und siedlungsgeschichtliche Statistik der brandenburgischen Ämter und Städte 1540–1800. Beiband zur Brandenburgischen Ämterkarte, Berlin 1935 (= Einzelschriften der Historischen Kommission für die Provinz Brandenburg und die Reichshauptstadt Berlin, 7)
Paul Schwartz, Der Wert von Gütern in der Neumark und im Lande Sternberg um 1780, in: Schriften des Vereins für Geschichte der Neumark, Heft 11, 1901, S. 169–171
Paul Schwartz, Die Klassifikation von 1718/19: ein Beitrag zur Familien- und Wirtschaftsgeschichte der neumärkischen Landgemeinden, Teile 1 bis 3, in: Die Neumark. Jahrbuch des Vereins für die Geschichte der Neumark, 3, 1926, 4, 1927, 5, 1928
Paul Schwartz, Der neumärkische Großgrundbesitz im Jahre 1809, in: Jb. Neumark, 1936, Heft 11, S. 57–116
Detlev Schwennicke, Europäische Stammtafeln, N. F., Bde. 20–22, Frankfurt am Main 2000, 2002, 2005
Otto von Schwerin, Das Regiment Gens d'armes und seine Vorgeschichte sowie die Geschichte der anderen Stammtruppen des Kürassier-Regiments Kaiser Nicolaus I. von Rußland (Brandenburgisches) Nr. 6, 3 Teile., Berlin 1912–1917
J. Siebmachers großes und allgemeines Wappenbuch, 6. Bd., 5. Abt., Der abgestorbene Adel der Provinz und Mark Brandenburg, Nürnberg 1880; 6. Bd., 6. Abt., Ausgestorbener Preußischer Adel. Provinz Sachsen (excl. der Altmark), Nürnberg 1884
W. Spatz, W. Hoppe, Die Geschichte derer von Waldow, Berlin 1927
Herbert Spruth, Die von Wacholtz-Wachholtz, 3 Tle., in: Familiengeschichtliche Blätter, N. F., Bd. 1 (1968), S. 129–158, S. 181–193, S. 195–215
Stammbuch des Geschlechts von Rothkirch. Zs.gestellt von Valerius Frhr. von Rothkirch auf Panthen, Breslau 1879

Stammtafeln der beiden märkischen Geschlechter von Bardeleben, zusammengestellt von Carl von Bardeleben, o. J., Görlitz

Carl Friedrich Ferdinand von Strantz, Geschichte des dem freien Herrenstande, den Schlossgesessenen und Rittern im Mittelalter angehörenden Edlen Geschlechts „Strantz" urkundlich und kirchlich nachgewiesen vom Anfange des dreizehnten Jahrhunderts bis neuester Zeit, Breslau 1838

Rolf Straubel, Biographisches Handbuch der preußischen Verwaltungs- und Justizbeamten 1740–1806/1815, 2 Teile, München 2009 (= Einzelveröffentlichungen der Historischen Kommission zu Berlin, Bd. 85)

Rolf Straubel, „Er möchte nur wißen, daß die Armée mir gehöret." Friedrich II. und seine Offiziere. Ausgewählte Aspekte der königlichen Personalpolitik, Berlin 2012 (= Veröffentlichungen des Brandenburgischen Landeshauptarchivs, Bd. 64)

Eckart von Stutterheim, Die Herren und Freiherren von Stutterheim/Alt-Stutterheim, Neustadt an der Aisch 1965

Eckart von Stutterheim, Beiträge zu einer Geschichte der Familie von Restorff, Teil II, Die von Restorff in Mecklenburg, 1989

Hans von Sydow, Genealogie der Familie von Sydow, 2. Aufl., Hamburg 1897, Auflage 1969

Franz Taeglichsbeck, Das Füsilier-Regiment Prinz Heinrich von Preußen (Nr. 35) 1740–1806, Berlin 1891

Paul von Troschke, Das Geschlecht derer von Troschke, Görlitz 1911

Karl Wilhelm von Tyszka, Geschichte des königl. Preußischen 1ten Dragoner-Regiments, seit dessen Stiftung 1717 bis auf die gegenwärtige Zeit, Rastenburg 1837

Vollständige Stammtafel derer von Köckritz und Friedland

Wilhelm von Voß, Die Regiments-Namen der altpreußischen Armee, Berlin 1904,

Hans Wätjen, Von der Osten. Ein pommersches Geschlecht im Wandel der Jahrhunderte, Braunschweig 1960

Wulf D. Wagner, Kultur im ländlichen Ostpreußen. Geschichte, Güter und Menschen im Kreis Gerdauen, 2 Bde., Husum 2008

Julius Graf von Wartensleben, Nachrichten von dem Geschlechte der Grafen von Wartensleben. Zweiter Theil. Biographische Nachrichten, Berlin 1858

Joachim von Wedel, Gesamtmatrikel und Stammtafeln des Schlossgesessenen Geschlechtes der Grafen und Herren von Wedel, Berlin 1919

George Friedrich Leopold Wegner, Historische Nachricht von dem Königlich Preußischen Dragoner-Regiment von Werther seit dessen Stiftung 1717, Königsberg 1797

Georg Wendt, Geschichte der Königlichen Ritter-Akademie zu Liegnitz, Teil I 1708–1840, Beilage zum Programm der Königlichen Ritter-Akademie zu Liegnitz, Liegnitz 1893

L von Winning, Geschichte des Geschlechts derer von Winning, Görlitz 1906

Ludwig Gustav von Winterfeld-Damerow, Geschichte des Geschlechts von Winterfeld. Nach Urkunden verfaßt, 2. Theil, Damerow 1863

Albrecht Wilhelm von Wobeser, Nachrichten von dem adligen Geschlechte der von Wobeser, Schatzky 1893

Leopold von Zedlitz-Neukirch, Neues Preussisches Adels-Lexikon, 6 Bde., Leipzig 1838–1843

3.5 Personenregister

Bearbeitet von Albrecht Hoppe.

Aufnahme haben alle im ersten und zweiten Teil dieser Arbeit genannten Personen gefunden. Die fett gedruckten verfügen über ein eigenes Biogramm. Nicht berücksichtigt sind die in den Quellennachweisen aufgeführten Personen.

Abschatz, Anna Catharina von 104
Aderkas, von 12 f.
Aderkas, Gebr. von 12
Aderkas, Anna Hedwig von (* 1730) 359
Aderkas, Andreas Otto (d. Ä.) von 26, 532
Aderkas, Andreas Otto von (* 1718) 12
Aderkas, Carl Ludwig Moritz von (1716–1745) 12 f., 532
Aderkas, Casimir Rudolph von (1684–1722) 12
Aderkas, Christoph Ernst von 12 f., 359
Aderkas, Franz Jacob von 12 f.
Aderkas, Franz Ludwig Leonhard von (um 1715–1775) 12 f.
Adolphi, Prediger 63
Albrecht, Anna Maria (* 1756) 55
Albrecht, Beate 444
Albrecht, Wilhelm († vor 1748) 444
Alten-Bockum, Franz George Christoph von (1728–1760) 13, 474
Alten-Bockum, Gerhard Heinrich von († 1732) 13
Alten-Bockum, Johann Dietrich von (* um 1724) 13
Alvensleben, August Friedrich Wilhelm von 517
Alvensleben, Gebhard Joachim Achaz von 125, 473
Ampach, Immanuel C. L. von 482
Anclam, geb. von (1718–1767) 400
Anclam, Ewald Friedrich von (1714–1773) 13 f.
Anclam, Ewald Rüdiger von 14
Anclam, Friedrich Christoph von (* 1694) 14, 531
Anclam, George Wilhelm von 304
Anclam, Hans Ernst von (1714–1777) 13
Anclam, Heinrich Ewald von (1668–1753) 13, 513
Anclam, Johann Adam von (* 1687) 14, 531
Anclam, Johann Friedrich von (* 1729) 14
Angern, August Sigismund von (1780–1846) 14
Angern, Charlotte Beate von 14, 180
Angern, Ernst Sigismund von (1723–1788) 14, 160, 180, 506
Angern, Ernst Wilhelm von (1772–1839) 14, 506, 531
Angern, Philipp August von († vor 1731) 14
Anhalt-Dessau, Louise Henriette Wilhelmine von 495, 531 f., 543
Anhalt-Dessau, Friedrich Erbprinz von 495
Anhalt-Dessau, Moritz Prinz von 316
Anhalt-Zerbst, Fürst von 45
Anhalt-Zerbst, Anton Günther Fürst von 262
Arenstorff, Ltnt. von 293
Arnim, geb. von 173
Arnim, Cap. von 360
Arnim, Geschw. von 509
Arnim, Gl von 193
Arnim, Witwe von 509
Arnim, Abigail Tugendreich von 16
Arnim, Abraham Friedrich von (1714–1788) 15
Arnim, Abraham Friedrich von (* 1753) 15 f., 517
Arnim, Abraham Friedrich Heinrich von (1777–1845) 16
Arnim, Albrecht Heinrich von (1744–1805) 15
Arnim, Antoinette Luise von (1718–1754) 27
Arnim, August Erdmann von (1753–1809) 16
Arnim, Bernd Friedrich Wilhelm Erdmann von (1767–1817) 15
Arnim, Bernd Ludwig von (1724–1785) 15, 509, 547
Arnim, Carl Ferdinand von (1774–1834) 15
Arnim, Carl Otto von (1748–1798) 15
Arnim, Charlotte Philippine Juliane von 70
Arnim, Charlotte Sophie Beate von (1752–1837) 385
Arnim, Friederike Charlotte von (1758–1820) 119
Arnim, Friedrich Erdmann von (1720–1790) 16, 530
Arnim, Friedrich Wilhelm Ludwig von (1746–1825) 15 f., 509
Arnim, Gebhard Adolph Abraham von (1743–1789) 15
Arnim, George Abraham von (1651–1734) 193
Arnim, George Sigismund von (1751–1795) 16
Arnim, Gustav (David) Ernst von (1784–1851) 15
Arnim, Helene Juliane von († 1762) 254
Arnim, Ludwig Friedrich von (1783–1827) 15
Arnim, Nicolaus Erdmann von (* 1761) 16
Arnim, Otto Wilhelm von (1773–1835) 15
Arnim, Sophie Catharine von († 1747) 326

Arnim, Sophie Friederike von (1696–1728) 193
Arnim, Wilhelm Heinrich von (1777–1846) 15
Arnim, Wilhelmine Sophia von (1687–1751) 37
Arnold, Gebr. von 503
Arnold, Carl Ludwig von 16, 503
Arnold, Heinrich Siegmund von (* 1729) 16, 503
Arnold, Johann Christian von (* 1769) 16, 503
Aschenbach, Johann Christian Julius von 235, 496
Aschersleben, Major von 294
Aschersleben, Witwe von 539
Aschersleben, Caspar Siegmund von (* 1696) 16 f., 539
Aschersleben, Christian Sigismund von († vor 1715) 16
Asseburg, Luise Margarethe von der (1657–1698) 31
Asseburg, Luise Sophie Helene von (1757–1846) 346

Baer, Carl Friedrich von (* 1737) 17
Ba(e)rner, Friedrich Wilhelm von (* um 1720) 17, 469
Ba(e)rner, Gustav Heinrich Friedrich Wilhelm von (* 1772) 17
Bardeleben, von 367
Bardeleben, Charlotte Luise von (1709–1742) 202
Bardeleben, Christoph Carl Friedrich von (1727–1798) 17
Bardeleben, Cuno Heinrich von (1694–1756) 17
Bardeleben, Friedrich Ernst Otto von (1722–1757) 17
Bardeleben, Hans Christoph von (1687–1731) 17, 55, 511
Bardeleben, Heinrich Wilhelm Ludwig von (1731–1779) 17, 511
Bardeleben, Luise Dorothea von 118
Barfuss, GFM von 547
Barfuss, Carl Albrecht von (* um 1728) 18 f., 475
Barfuss, Carl Casimir von (1767–1822) 18
Barfuss, Charlotta Wilhelmina von (* 1745) 18, 475
Barfuss, Ernestine Charlotte von 208
Barfuss, Ernst Wilhelm Erdmann (* 1729) 19
Barfuss, George Ludwig von (1652–1720) 19
Barfuss, Hans Christoph von 19
Barfuss, Helene Dorothea von (1725–1800) 19, 394
Barfuss, Joachim Detlof von (1698–1738) 18
Barfuss, Joachim Friedrich von (1736–1783) 18
Barfuss, Johanna Louise von 241
Barfuss, Louise Sophie von 18
Barfuss, Reinhard Bernhard Friedrich von 61
Barnewitz, geb. von 59
Bartelt, jun. 498
Bartelt, Johann David 498
Barthelt, Charlotte Luise von († 1738) 175
Baumann, Frau Christ. 542
Bayer, Amtsrat 534
Bayer, Adam Carl 137, 456
Bayer, Caroline Amalie Gottfriede 93, 299
Bayer, Friederike Sophie Wilhelmine (1755–1810) 93
Bayer, Johann Gottlieb 484
Bayer, Wilhelm Gottfried 93, 134, 531
Beausobre, Ludwig von 486
Beauvrye, Bernhard von (1690–1750) 19, 474, 492
Beauvrye, Friedrich Reinhard von (* 1732) 19 f., 474
Beauvrye, Gottlieb Ehrenreich (* 1727) 19
Beauvrye, Ludwig Leonhard von (* 1734) 19
Beauvrye, Otto Christian August von (* 1728) 19 f., 474, 492
Becker, Charlotte Sophie (1770–1851) 423
Becker, Gertrud († 1681) 353
Beeren, Anna Dorothea von 355, 360
Beeren, Barbara Rosine von 85
Beeren, Charlotte Caroline Friederike von (* 1760) 280
Beerfelde, Fam. von 20, 61, 529, 540
Beerfelde, Adolph Christian Sigismund von (1762–1806) 20 f., 529, 540
Beerfelde, Balthasar Adolph von (* 1723) 20, 61
Beerfelde, Christian Wilhelm von (1731–1792) 21, 502
Beerfelde, Emerentia Sophie von (1715–1792) 20, 61, 529
Beerfelde, Friedrich Gottlob Adolph von (1765–1800) 20, 527, 529, 540
Beerfelde, George Friedrich von (1722–1799) 20 f.
Beerfelde, Hans Sigismund von (1726–1788) 21
Beerfelde, Wilhelm Friedrich von (* 1773) 21, 502
Bees, Maria Elonora von († 1755) 167
Behr, geb. von 483
Behr, Kammerherr von 240
Behr, Ida Ilsabe von (1727–1758) 240
Behr-Negendonck, Ulrica Maria Freiin von (1767–1852) 310
Bellin, Gl von 115
Belling, von 471
Belling, Cap. von 495

Belling, Carl Friedrich Bernhard von (um 1768–1846) 21
Belling, Caroline Wilhelmine Helene von (1755–1813) 23, 496
Belling, Christoph von 23
Belling, Christoph Wilhelm von (1699–1758) 21–23, 53, 496
Belling, Dorothea Henriette Elisabeth von 115
Belling, Friedrich Wilhelm von 22
Belling, George Friedrich Carl von (1763–1816) 23
Belling, Gottfried Christoph von (um 1670 – um 1757) 22 f.
Belling, Hans Friedrich von († 1740) 21
Belling, Hans George von (1642–1689) 23
Belling, Hans George von (1643–1716) 22, 495
Belling, Hans Heinrich von (1658–1720) 21 f., 495
Belling, Hans Sigismund von (1685–1735) 22 f., 496
Belling, Joachim Dubislav von (1684–1743) 22, 496
Belling, Joachim Heinrich von 23
Belling, Johann George von (um 1727–1789) 21
Belling, Johanna Henriette Christiane von (* 1768) 21
Belling, Theodor Aemilius von († nach 1729) 23
Belling, Tide Christoph von (1723–1794) 22 f., 53, 496
Below, Charlotte Luise Hedwig von (1755–1793) 341
Below, Ernst Bogislav von 471, 549
Below, Margarethe Henriette von (1744–1775) 341
Beneckendorff, geb. von 543
Beneckendorff, Witwe von 26, 532
Beneckendorff, Arnd Joachim von 26
Beneckendorff, Carl Friedrich von (1717–1788) 25, 455
Beneckendorff, Carl Henning George von (* 1730) 24
Beneckendorff, Carl Ludwig von (* 1757) 25
Beneckendorff, Carl Ludwig Gottlob von (* 1732) 24, 466, 491, 499
Beneckendorff, Charlotta Augusta von 408
Beneckendorff, Charlotte Louise von (* 1749) 25
Beneckendorff, Christoph Friedrich von (1656–1721) 23, 455
Beneckendorff, Conrad Ludwig Gottlob von 543
Beneckendorff, Curt von 26
Beneckendorff, Curt Sigismund von (†1696) 26
Beneckendorff, Curth Friedrich von 25, 455
Beneckendorff, Dorothea Friederike Caroline von (1774–1840) 379
Beneckendorff, Egidius Arnd von (* 1685) 24
Beneckendorff, Eleonore Tugendreich von 42 f., 543
Beneckendorff, Erdmuth Lucretia von 23
Beneckendorff, Ernst Siegismund von (* 1750) 25
Beneckendorff, George Friedrich von 24, 461, 491, 499
Beneckendorff, Gotthilf Bernd Ehrentreich von (1724–1759) 24
Beneckendorff, Gustav Adolph von (* 1677) 25
Beneckendorff, Gustav Wilhelm von (1747–1813) 24 f., 455
Beneckendorff, Hans Caspar (d. Ä.) von 23
Beneckendorff, Hans Caspar von (* 1680) 25 f.
Beneckendorff, Hans Christian Wilhelm von (* 1739) 24
Beneckendorff, Hans Dettlaff von (* um 1690) 26
Beneckendorff, Hans George von 26, 513
Beneckendorff, Hans Heinrich von 27, 448
Beneckendorff, Heinrich von (1701 – vor 1778) 24, 455, 503
Beneckendorff, Jacob Ehrentreich von 509
Beneckendorff, Joachim von († vor 1715) 24, 461, 491, 499
Beneckendorff, Joachim Daniel von 27, 471
Beneckendorff, Joachim Ehrentreich von (* 1690) 24, 290, 463, 466, 491, 499, 528
Beneckendorff, Joachim Friedrich von (* 1688) 26
Beneckendorff, Joachim Friedrich von (* 1720) 24
Beneckendorff, Johann Friedrich von (* 1752) 25
Beneckendorff, Juliane Friederike von (1749–1806) 58
Beneckendoff, Maria Eleonore von 29
Beneckendorff, Modesta Sophia Dorothea von 223
Beneckendorff, Modeste Sophie von († 1732) 244
Beneckendorff, Moritz Ditloff von (* 1661) 26, 482
Beneckendorff, Moritz Heinrich von (* um 1670) 26, 462, 513
Beneckendorff, Otto Christoph von 25
Beneckendorff, Philipp Wilhelm von (* 1675) 25
Beneckendorff, Richard Sigismund von 26, 539
Beneckendorff, Sophie Charlotte von, geb. von Sydow (s. d.)
Beneckendorff, Sophia Christina Friederike von (1719–1795) 247, 250
Beneckendorff, Wilhelm von 26

Beneckendorff, Wilhelm Christoph von (* um 1670) 26 f., 296, 539
Beneckendorff, Wilhelm Christoph von (* 1713) 27, 448
Berg, Amtmann 479
Berg, Cap. von 494
Berg, Fam. von 7
Berg, Ol von 495
Berg, Anton Friedrich Ernst von (1742–1798) 27
Berg, Beate Luise Christine von 354
Berg, Carl Leopold Christoph von (1747–1829) 27, 199, 514
Berg, Curth Wilhelm Ludwig von 485
Berg, Ernst August von (1715–1769) 27
Berge, Herr von 504
Berg(e), Albert Christian Ernst von 27, 504
Berge, Carl Heinrich Friedrich von 486
Berge, Carl Ludwig von 27, 469
Berg(e), Johann Philipp von (* 1727–1801) 27, 504
Berge, Johanne Helene von (1687–1737) 121
Berge und Herrendorf, Friederike Charlotte von 175
Bergemann, Christian 485
Bergemann, Christiane Sophie (1732–1822) 38, 489
Bergemann, Johanne Jacobine (* 1743) 139 f., 485
Berg(en), Johann Heinrich Arnold von 27
Berg(en), Johann Philipp Ludwig von (1766–1831) 27, 469, 504
Bergen, Louise von 62
Bergen, Marie Eleonore von 323
Berger, Herr 480
Berger, Gebr. von 459
Berger, Friedrich Adolph von (* 1688) 27 f., 459
Berger, George Steffen 503
Berger, Gottlob Ernst von 27 f., 459
Berger, Hans George von 27
Bernau, Catharina Dorothea 40
Bernd, Johann Gottfried 535
Berndt, Pfarrer 494
Berndt, Carl Friedrich († 1850) 204
Bernhardi, sen. 496
Bernhardi, Johann Friedrich Otto 496
Bertholdt, Frau Amtmann 497
Bertholdt, Charlotte Dorothea, geb. Wilkens 476
Beschefer, Jacob von (1661–1731) 28
Beschefer, Otto Friedrich von (1692–1730) 28
Besser, Christoph 486
Besser, Christoph Ernst 486
Besser, Ehrenreich Wilhelm von 327
Besser, Juliane Therese Tugendreich von (1760–1844) 327
Bettfuhr, Erben 489
Bettfuhr, Zacharias Friedrich 489
Beust, Johann Friedrich Graf von (* 1760) 276, 459, 500
Beust, Johanne Elisabeth Gräfin von, geb. von Waltersdorff (s. d.)
Bewert, Friedrich Gottlob 451
Bewert, Joachim 451
Bibran, Anna Brigitta von 254
Bibran, Dorothea Elisabeth von 101
Biedersee, Albertine von (1700–1731) 154
Bielcke, Christiana 443
Billerbeck, Fähnrich von 28
Billerbeck, Obrist von 327
Billerbeck, Auguste Erdmuthe von († 1766) 46, 49, 543 f.
Billerbeck, Bernd Bogislav von 484, 549
Billerbeck, Carl von (1738–1780) 29 f.
Billerbeck, Carl Friedrich von (* 1765) 28
Billerbeck, Carl Friedrich Heinrich von (um 1695–1725) 29
Billerbeck, Carl Gottfried Friedrich von (1721–1761) 28, 484
Billerbeck, Carl Ludwig Wilhelm von (1740–1761) 30
Billerbeck, Carl Wilhelm von (1708–1784) 28 f., 484 f.
Billerbeck, Carl Wilhelm von (* 1750) 28
Billerbeck, Caspar von († 1709) 28 f., 484
Billerbeck, Christoph Sigismund von (1704–1775) 28
Billerbeck, Constantin von (1713–1785) 28, 465, 484, 549
Billerbeck, Ewald Sigismund von (1742 – vor 1784) 30
Billerbeck, Franz Joachim von (1698–1756) 29
Billerbeck, Friedrich Wilhelm von (* 1699) 28
Billerbeck, George Ehrentreich von 483
Billerbeck, George Leopold Otto von († 1746) 29
Billerbeck, Gottfried von († vor 1745) 28, 484
Billerbeck, Hans Christoph von (* 1693) 29, 129, 484 f., 549
Billerbeck, Hans Christoph von (1703–1777) 28 f., 473
Billerbeck, Hans Friedrich von (* um 1710) 29, 507
Billerbeck, Hans George von (†1731) 29, 448
Billerbeck, Henriette Friederike Elisabeth von (1755–1842) 276

Billerbeck, Joachim Daniel von 543, 549
Billerbeck, Marianne Louise Tugendreich von 326 f.
Billerbeck, Moritz Carl August Wilhelm von (1752–1794) 28–30, 473, 485
Birckholtz, August Carl von (* 1742/47) 30
Birckholtz, Carl Berndt von (1666–1746) 31, 478, 506, 508, 523
Birckholtz, Carl Philipp Wilhelm von (* 1744) 30 f.
Birckholtz, Ernst Heinrich von (* 1704) 31
Birckholtz, George Albrecht von (1710–1777) 30 f.,173, 509, 523
Birckholtz, Helena Sophia Eleonora von (* 1705) 34
Birckholtz, Johann Carl von (1704–1754) 30 f., 508, 523
Birner, Witwe 498
Birner, August Wilhelm 476
Birner, Johann Gottfried 476
Birner, Johann Heinrich 476
Biron, Johann Ernst Graf von 31
Bismarck, geb. von 318
Bismarck, Adelheid von 318
Bismarck, Bernd August von (1725–1758) 340
Bismarck, Charlotte von (* 1695) 55
Bismarck, Christoph Friedrich von (1652–1704) 31, 518
Bismarck, Elisabeth Dorothee Sophie von (1736–1810) 390
Bismarck, George Friedrich von (1696–1737) 31, 518
Bismarck, Ludolph August von (1683–1750) 31, 518
Bittorff, Johann Christoph 324
Blankenburg, Alexander Gustav von (1752–1832) 32, 147, 523, 549
Blankenburg, Carl Johann Dionysius Frhr. von (1752–1836) 32, 544
Blankenburg, Carl Julius Heinrich von (1788–1843) 32
Blankenburg, Claus von 58, 342
Blankenburg, Dorothea Charlotta von (1739–1812) 58, 453
Blankenburg, Elisabeth von, geb. von Wobersnow (s. d.)
Blankenburg, Ernst Heinrich Ferdinand von (1754–1774) 32
Blankenburg, Elisabeth Maria von (1685–1741) 43
Blankenburg, Elisabeth Sophia Barbara von (* 1742) 223
Blankenburg, Friedrich Wilhelm von (1710–1776) 32, 544
Blankenburg, George Heinrich von (1687 – vor 1738) 32, 523
Blankenburg, George Heinrich von (1717–1779) 32, 223, 523
Blankenburg, Henning Dionysius von 518
Blankenburg, Henriette Sophie von 112
Blankenburg, Modeste Ernestine von (1754–1783) 176
Blankenburg, Philippine Henriette Wilhelmine Freiin von († 1777) 383
Blankenburg, Wilhelm Ernst George von (1785–1859) 32
Blankensee, Cap. von (um 1720–1773) 32, 523
Blankensee, geb. von 523
Blankensee, Graf von 543
Blankensee, Obrist von 47
Blankensee, Witwe von 523
Blankensee, Adam Christian von (* 1702) 33
Blankensee, Aegidius Christoph von 33
Blankensee, Alexander Sigismund Friedrich Graf von (1747–1817) 33, 283, 495, 543
Blankensee, Anna Albertine von (* 1770) 36
Blankensee, Anton von (* um 1650) 35, 504, 507, 530
Blankensee, Anton Bogislav von 36
Blankensee, Anton Christian von (1700–1756/58) 34, 37
Blankensee, Anton George von (1741–1808) 34, 508
Blankensee, Beate Sophie von, geb. von Kortbeck (s. d.)
Blankensee, Bernd Sigismund von (1693–1757) 34, 36 f., 523
Blankensee, Bernhard Dietrich Florenz von (1772–1850) 36
Blankensee, Bernhard Friedrich von (1749–1802) 34, 519, 549
Blankensee, Bernhard Philipp Constantin von (1732–1817) 34 f., 537, 549
Blankensee, Busso Ernst von († vor 1715) 36, 523
Blankensee, Busso Ernst von (* 1687) 36
Blankensee, Busso Christian von (1695–1765) 35, 507, 530
Blankensee, Caspar Ernst von 37
Blankensee, Caspar Heinrich von (* 1658) 33, 508
Blankensee, Charlotte von (* 1765) 36

Blankensee, Christian Friedrich von (1716–1757) 33, 37, 549
Blankensee, Christian Ludwig von (1726–1809) 34, 36
Blankensee, Christine Caroline von (* 1745) 35
Blankensee, Curd Heinrich von (1693–1721) 33
Blankensee, Dietrich von (1739–1772) 34
Blankensee, Dorothea von 23
Blankensee, Egidius Christian von (* 1678) 34
Blankensee, Elisabeth Sophie von 523
Blankensee, Friedrich Alexander Christoph von (1725–1787) 37
Blankensee, Friedrich Christian von (* 1690) 34, 36 f., 523
Blankensee, Friedrich Wilhelm von (1716–1744) 37
Blankensee, Friedrich Wilhelm von (1731–1803) 37, 173, 530
Blankensee, George Christoph von (* um 1699) 37 f.
Blankensee, George Christoph von (* 1687) 33
Blankensee, George Christoph von (1710–1781) 37, 549
Blankensee, George Otto von (* 1687) 33
Blankensee, Hans Adam Jürgen von († 1724) 34, 36, 523
Blankensee, Hans Carl Otto von 508
Blankensee, Hans Caspar von (* 1685)
Blankensee, Hans Christoph von (1663–1739) 37
Blankensee, Joachim Friedrich von (1701–1729) 33
Blankensee, Johanna Auguste von (1711–1788) 108, 110, 113
Blankensee, Juliana Johanne von 47
Blankensee, Juliane Philippine von (1714–1792) 111, 506
Blankensee, Louise Caroline Margarethe von (1735–1776) 274
Blankensee, Louise Elisabeth Johanne von (* 1750) 35
Blankensee, Lüdeke Carl von 36
Blankensee, Peter Bernhard Carl Friedrich (1771–1792) 34
Blankensee, Rüdiger Ernst von (* 1706) 33
Blankensee, Sophie Albertine von 312
Blankensee, Sophie Wilhelmine von 110
Blankensee, Valentin Siegmund von (1678–1715) 33
Blankensee, Wilhelm Friedrich Otto von (1788–1850) 33
Blankensee, Wilhelm Sigismund Christian von (1783–1807) 33
Blankensee, Wolf Alexander Ernst Christoph von (1684–1745) 37
Blankensee, Wulff Christoph von (1674–1717) 37
Bloedorn, Christian 290, 528
Blomberg, Carl Wilhelm Gotthard Frhr. von (1782–1836) 38, 502
Blomberg, Caroline Freiin von (1772–1838) 20
Blomberg, Dietrich Gotthard Frhr. von (1730–1799) 38, 472, 502
Blomberg, Henriette Christiane Luise Freiin von (1777–1836) 444
Blomberg, Ulrike Gottliebe Amalie Freiin von 20, 527
Blücher, KG-Rat von 168
Blücher, Christian George von (1673–1719) 38
Blücher, Christiane Sophie von, geb. Bergemann (s. d.)
Blücher, Johann Sigismund Balthasar von (1713–1787) 38, 489
Blütgen, Carl Friedrich Wilhelm 462
Bock, Witwe von 219
Bock, Adam Friedrich von (1722–1792) 38 f., 219, 534
Bock, Carl Ludwig Friedrich von (1759–1798) 38
Bock, E. H. von 524
Bock, Friederike Luise von, geb. von Papstein (s. d.)
Bock, Friedrich von (1695–1728) 38
Bock, Friedrich Wilhelm von (1764–1816) 301
Bock, Johanna Dorothea von (1712–1752) 302
Bock, Johanne Charlotte Ernestine von (* 1758) 39
Bock, Julian Friedrich (1724–1774) 38 f.
Bockelberg, Ltnt. von 258, 467
Bockelberg, Dorothea Wilhelmine von, geb. Schüler (s. d.)
Bockelberg, Ernst Friedrich von (1727–1796) 39
Bockelberg, Friedrich Wilhelm Carl Dietrich von (1768–1794) 39
Bockelberg, Friedrich Wilhelm Heinrich von (* 1793) 39
Bockelberg, Johann Dietrich von (1735–1785) 39
Bockelberg, Johann Friedrich Heinrich (* 1768) 39
Bockelberg, Johann Heinrich (1684–1753) 39
Bodenmeyer, Clara Margarete († 1734) 329
Boeck, Adam von 524
Boeck, Adam Christoph Friedrich von (* um 1722 – 1792) 39 f.
Boeck, Carl Heinrich Christian von (1777–1801) 40
Boeck, Christoph Heinrich von († 1733) 39
Boeck, Eleonora Henriette von 524

Boeck, Ernst Conrad 460
Boeck, Johann Friedrich Heinrich Ludwig von (1746–1786) 39 f.
Boeck, Moritz Carl Friedrich von (1754–1800) 40, 549
Boeck, Wilhelm George Ferdinand von (1757–1792) 40
Boehden, Peter Gottlieb Bernhard 485
Boehmer, Caroline Auguste von (1745–1831) 256
Boehn, Catharine von 122
Boernicke, Heinrich Ernst von (* 1683) 40
Boernicke, Joachim Friedrich von (1704–1767) 40
Bohne, Johann Friedrich 495
Bojanowska, Friederique Auguste von 242, 496
Bojanowsky, Geschwister von 333
Bojanowsky, Herren von 333
Bomsdorff, geb. von 480, 507
Bomsdorff, Gebr. von 41, 539
Bomsdorff, August Ferdinand von 507
Bomsdorff, Carl Friedrich von 480
Bomsdorff, Carl Siegfried von (1718–1794) 41
Bomsdorff, Christoph Loth von (* 1646) 40
Bomsdorff, Christoph Sigismund von (1671–1752) 40 f., 468
Bomsdorff, George Rudolph von († vor 1718) 40 f.
Bomsdorff, Günther Sigismund von 533
Bomsdorff, Hans Christian von 539
Bomsdorff, Heinrich Siegmund von (* 1711) 41
Bomsdorff, Marie Helene von († 1759) 389
Bomsdorff, Wolff Friedrich von (†1676) 41
Bone, Witwe 495
Bone, Alexander Veit 495
Bone, Friedrich Wilhelm 495
Bonin, Bogislav Ernst von (1727–1797) 41, 518
Bonin, Charlotte Caroline von (1763–1804) 42
Bonin, Eleonore Wilhelmine von (1755–1813) 111
Bonin, Elisabeth Juliane von (1673–1755) 110
Bonin, George Caspar von (1730–1807) 41
Bonin, George Ernst von (1684–1761) 41
Bonin, George Friedrich Felix von (1754–1818) 41 f., 57, 272, 544, 549
Bonin, Otto Carl Wilhelm von (1784–1819) 42
Bonin, Otto Wedigo von 544
Bonin, Wichard Friedrich Wilhelm Heinrich von (1782–1813) 41, 549
Borchardt, Carl Friedrich 490
Borcke, Fam. von 4, 7, 273
Borcke, Frau von 461, 471
Borcke, geb. von 544
Borcke, geb. von († um 1775) 35
Borcke, Gebr. von 36, 88
Borcke, Geschwister von 510, 545
Borcke, Achatius von († 1716) 42
Borcke, Adam Christian Ludwig von (1746–1788) 42
Borcke, Albrecht Christian Carl von (* 1719) 42, 515
Borcke, Amalia Ludovika Dorothea von, geb. von Krüger (s. d.)
Borcke, Anna Marie von 172
Borcke, Anton von (1681–1755) 42 f., 419, 543
Borcke, Balzer Friedrich von 43
Borcke, Barthold Ernst von (1700–1736) 43
Borcke, Carl Friedrich August von (1756–1778) 44
Borcke, Caspar Wilhelm von (1704–1747) 43 f.
Borcke, Christian Heinrich von (1690–1736) 42
Borcke, Dorothea Elisabeth von (1668–1720) 330
Borcke, Eckart Andreas von 483
Borcke, Eleonore Tugendreich von, geb. von Benekkendorff (s. d.)
Borcke, Elisabeth Dionysia Philippine von (1702–1762) 416
Borcke, Ernst August Philipp von 495, 549
Borcke, Ernst Friedrich von 461, 543, 549
Borcke, Esther Elisabeth von (1672–1766) 153
Borcke, Friederica Amalia von (1710–1772) 90
Borcke, Friederike Sophie Juliane von (* 1770) 443
Borcke, Friederike Wilhelmine Sophie Abigail von (1770–1796) 439
Borcke, Friedrich Achatius von (1702–1746) 43
Borcke, George Balthasar von (1708–1779) 43 f., 463, 467, 534
Borcke, George Friedrich von 457 f.
Borcke, George Matthias von (1671–1740) 43 f., 461, 466 f., 489, 534, 546
Borcke, Gustav von (* 1739) 44
Borcke, Hans Christoph von 453, 497
Borcke, Hans Joachim von 43
Borcke, Heinrich von 486 f.
Borcke, Hermine Charlotte Henriette von (* 1723) 44
Borcke, Jobst (Just) Andreas von (1686–1744) 42, 549
Borcke, Johann Heinrich Friedrich von 543
Borcke, Johann Peter Ferdinand von 471
Borcke, Ludwig Friedrich August von 492
Borcke, Ludwig Friedrich Christoph von 499
Borcke, Martin Lorenz von (* 1644) 487, 513, 515

Borcke, Martin Philipp von (um 1688–1738/39) 42, 515, 549
Borcke, Otto Christian von 36
Borcke, Philipp von (1669–1744) 43 f., 449, 454, 466–468, 534
Borcke, Philipp Dubislav von († 1716) 43, 466
Borcke, Philipp George Wilhelm von (1704–1745) 44, 467
Borcke, Philipp Wilhelm von 43
Borcke, Philipp Wilhelm Heinrich von (1757–1824) 44, 463, 467, 534, 546
Born, Elisabeth Hedwig von, geb. von Troyen (s. d.)
Borne, Erben von dem 505
Borne, Frau von dem 543
Borne, Kammerherr von dem († 1726) 45
Borne, Witwe, von 456, 464, 475
Borne, Adam Heinrich von dem (1720–1772) 46, 456
Borne, Adelgunde Charlotte von der (1633–1667) 209
Borne, Alexander Erdmann Philipp von dem (1775–1802) 48, 505, 508
Borne, Anna Louise von dem (* 1701) 268
Borne, Anton George von dem (* 1710) 44 f.
Borne, Antonius Melchior George von dem (* 1710) 45, 475
Borne, Arend Caspar von dem (1670–1727) 45, 464, 515
Borne, Arend Joachim von dem (1694–1728) 47, 453, 464
Borne, Auguste Friederike von dem (1777–1798) 48, 174
Borne, Balthasar (Baltzer) Rüdiger von dem (1703 - vor 1777) 45, 475, 513, 549
Borne, Carl Friedrich von dem († 1754) 47, 453, 456
Borne, Carl Friedrich Kreuzwendedich von dem (* 1766) 48
Borne, Carl Ludwig von dem (1781–1829) 45 f.
Borne, Carl Ludwig (Friedrich) von dem (1751–1785) 47
Borne, Caspar Ernst von dem (1727–1774) 46, 49
Borne, Charlotte Catharine von dem 436
Borne, Christian Dettloff von dem (1710–1784) 46 f., 456
Borne, Christian Heinrich von dem († 1728) 46 f., 456, 515
Borne, Cuno von dem 475, 513
Borne, Elisabeth Marianne von dem (1762–1849) 217, 463
Borne, Ewald Gotthilf von dem (1700–1756) 46–48, 453, 464, 515
Borne, Franz Joachim von dem 48, 473, 545
Borne, Franz Ludwig von dem (1743–1797) 45, 549
Borne, George von dem († 1704) 47
Borne, George Heinrich von dem (1707 - nach 1782) 46–48, 456
Borne, Gotthilf Joachim Ferdinand von dem (1764–1813) 48, 174, 453
Borne, Gotthilf Kreuzwende von dem 45
Borne, Gotthilf Kreuzwendedich von dem (1730–1784) 47 f., 174, 453, 464, 515
Borne, Hans von dem (1722–1759) 46
Borne, Hans Ernst von dem 49
Borne, Heinrich Ehrentreich von dem (1728–1757) 47
Borne, Joachim Friedrich von dem (1724–1764) 49
Borne, Joachim George von dem (* um 1752) 47
Borne, Joachim Rüdiger von dem (1687–1740) 46, 48 f., 433, 471, 473, 513, 543, 545
Borne, Johann Friedrich von dem (1723–1764) 46
Borne, Johann George von († vor 1718) 46, 464
Borne, Lucretia von 402 f.
Borne, Luise Charlotte von dem 41
Borne, Marten Friedrich von 515
Borne, Peter Ewald von dem 47
Borne, Peter George von 47, 456
Borne, Wilhelm August Woteslaw von dem (1768–1828) 48, 478
Bornstedt, Cap. von 543
Bornstedt, Erben von 483
Bornstedt, Fam. von 293
Bornstedt, geb. von 291 f., 510
Bornstedt, Gebr. von 462
Bornstedt, Witwe Obrist von 499, 543
Bornstedt, Alexander von (* 1699) 49
Bornstedt, Alexander Siegfried von (* 1699) 52
Bornstedt, August Adam von (1724–1801) 49, 532, 549
Bornstedt, August Gottlieb von (1698–1772) 52
Bornstedt, August Wilhelm von (1772–1841) 49 f., 532
Bornstedt, Balthasar Siegmund von (* 1739) 51
Bornstedt, Barbara Elisabeth von (* 1671) 103
Bornstedt, Barbara Helene von, geb. von Unruh (s. d.)
Bornstedt, Bernhard Heinrich von (1690–1752) 50
Bornstedt, Bernhard Heinrich von († 1758) 50

Bornstedt, Carl Ernst von († 1720) 51
Bornstedt, Carl Friedrich von (1766–1836) 50, 54
Bornstedt, Carl Ludwig von (1737–1760) 51, 510
Bornstedt, Carl Ludwig von (* um 1750) 51
Bornstedt, Carl Siegmund Andreas von (* 1752) 52, 486
Bornstedt, Carl Sigismund von 52 f., 486
Bornstedt, Carl Wilhelm (d. Ä.) von 50
Bornstedt, Carl Wilhelm von (* 1723) 50, 54
Bornstedt, Caspar Sigismund von († vor 1713) 52
Bornstedt, Caspar Sigmund von († vor 1728) 52 f., 486
Bornstedt, Christiane Gottliebe von (1729–1761) 53, 305, 510
Bornstedt, Dorothea Lucretia Helene von 499
Bornstedt, Ernst Ludwig von († 1705) 50
Bornstedt, Ernst Ludwig von (* 1761) 51
Bornstedt, Ernst Schönberg von (1688–1749) 51 f., 55, 499
Bornstedt, Ernst Wilhelm Gottlob von (* 1757) 52, 486
Bornstedt, Friedrich Maximilian Moritz von (* 1750) 55
Bornstedt, Friedrich Wilhelm von (* 1685) 17, 53 f., 503, 511
Bornstedt, Friedrich Wilhelm von (1717–1757) 17, 55
Bornstedt, Friedrich Wilhelm von (* 1764) 52
Bornstedt, Friedrich Wilhelm von (* nach 1750) 51
Bornstedt, George Heinrich Gottlieb von (1688–1735) 52 f., 55, 486
Bornstedt, Hans Christoph von 52 f.
Bornstedt, Hans Ehrenreich von (1722–1804/07) 22, 53 f.
Bornstedt, Hans Ehrentreich von (1755–1807) 51
Bornstedt, Hans Friedrich von (1755–1806) 51, 53
Bornstedt, Hans George von (1676–1729) 53
Bornstedt, Hans Joachim von (1679–1752) 54, 464
Bornstedt, Heinrich Ehrenreich von (1654–1730) 51, 55
Bornstedt, Heinrich Ehrenreich (d. J.) von 50, 499
Bornstedt, Joachim Ernst Sigismund von (1725–1805) 54
Bornstedt, Joachim Friedrich von (1717–1779) 51, 53
Bornstedt, Johann Friedrich (d. Ä.) von 464
Bornstedt, Johann Friedrich von (* 1719) 50, 54
Bornstedt, Johann Moritz von 51, 55
Bornstedt, Johanne Albertine Caroline Huldreich von († 1771) 51
Bornstedt, Johanne Friederike von, geb. von Pfoertner (s. d.)
Bornstedt, Leopold George Heinrich Franz von (* 1755) 55
Bornstedt, Ludolph Ernst von 55
Bornstedt, Luise Magdalene von 542
Bornstedt, Marianna Charlotte von 312
Bornstedt, Maximilian von (1709–1759) 53–55
Bornstedt, Maximilian Friedrich Leopold Rudolph von (* 1751) 55
Bornstedt, Philipp Wilhelm von 52 f.
Bornstedt, Thomas Friedrich von 229
Bornstedt, Ursula Sophie von 442
Bornstedt, Wolf Adam von 49
Bornstedt, Wolf Ludwig von († 1739) 55
Bornuthin, Erdmann von 524
Borstorf, geb. von 161
Bose, Carl Adolph von (* 1733) 139, 485
Bose, Eva Catharina von 348
Bose, Johanne Eleonore von 229
Bose, Johanne Jacobine von 485
Brahtz, Friedrich 489
Brahtz, Gotthilf Carl Friedrich 490
Brahtz, Johann 490
Brand, Fam. von 499
Brand, Erben von 502, 514
Brand, Witwe Kanzler von 485
Brand, Aemilius Otto von (1676 – um 1730) 56, 546
Brand, Alexander Christoph Eberhard von (* 1779) 55 f.
Brand, Anna Charlotte von (1691–1752) 352, 358
Brand, Auguste Charlotte von 450
Brand, Carl Friedrich von (um 1710–1741) 56
Brand, Carl Wilhelm von (1768–1819) 57
Brand, Christian von (1684–1749) 55, 57, 291, 502, 514
Brand, Christian von (1766–1811) 56, 544
Brand, Christian Ludwig von (1728–1786) 56 f., 499
Brand, Christoph Ernst von (1738–1792) 55, 57, 502, 514
Brand, Christoph Wilhelm von (1704–1760) 56, 304
Brand, Dorothea Luise von (1682–1738) 209
Brand, Ernst Ludwig von 57
Brand, Friedrich Wilhelm von (1725–1758) 57
Brand, Friedrich Paul von (1770–1850) 56 f.
Brand, Helene Elisabeth von (1644–1695) 357
Brand, Joachim 487, 524
Brand, Ludwig von (1640–1711) 56
Brand, Ludwig Ernst von (1767–1821) 57, 499

Brand, Ludwig Otto von 56
Brand, Maria Antonia von (* 1781) 55
Brand, Wilhelm von (* 1675) 57
Brandenburg, Amtmann 547
Brandenburg, August Wilhelm 483
Brandenburg, Johann Ludwig 486
Brandenburg-Schwedt, geb. von 543
Brandenburg-Schwedt, Markgräfin von 247
Brandenburg-Schwedt, Carl Markgraf von (1705–1762) 190
Brandenburg-Schwedt, Friedrich Heinrich Markgraf von (1709–1788) 443, 531, 543
Brandenburg-Schwedt, Friedrich Wilhelm Markgraf von (1700–1771) 211, 420
Brandenburg-Schwedt, Philipp Wilhelm Markgraf von (1669–1711) 52
Brandt, Elise Lucie Helene von 355 f.
Braun, Barbara Sophie von (1664–1698) 88
Braun, Franz Friedrich von 448
Braun, Wilhelm 453
Braunschweig, Herr von 478
Braunschweig, Ltnt. von 406
Braunschweig, Witwe von 492
Braunschweig, Anton Carl Friedrich von 492, 549
Braunschweig, Auguste Dorothea Sophie von (1741–1801) 56
Braunschweig, Barnim von (1670–1749) 57, 453, 492
Braunschweig, Bogislav Wilhelm Erdmann von (1753–1818) 57 f.
Braunschweig, Carl Herzog von (1713–1780) 368
Braunschweig, Carl George Heinrich von (1747–1811) 57, 492
Braunschweig, Carl Wilhelm Ferdinand Herzog von (1735–1806) 174
Braunschweig, Caspar Friedrich Heinrich von (1749–1775) 58
Braunschweig, Caspar Heinrich von (1720–1776) 58, 453, 549
Braunschweig, Conrad Felix von (* um 1706) 57, 492
Braunschweig, David Friedrich von (1744–1809) 58, 527
Braunschweig, David Vincenz Friedrich von (1711–1763) 58
Braunschweig, Felix von 492
Braunschweig, Ferdinand Herzog von (1721–1792) 85
Braunschweig, Friedrich Heinrich von (1768–1850) 58 f., 465
Braunschweig, Friedrich Wilhelm von (1742–1807) 58, 296, 436, 448, 457, 549
Braunschweig, George Erdmann von (1710–1757) 57, 492
Braunschweig, Johann Christian Theodor von (1747 – vor 1796) 59
Braunschweig, Lorenz Conrad von 549
Braunschweig, Wilhelmine Friederike Luise von († 1847) 57
Braunschweig-Bevern, August Wilhelm Herzog von 120, 310, 312
Braunschweig-Oels, Friedrich Wilhelm Herzog von (1771–1814) 250, 341, 432
Brecher, Kaufmann 456
Brecher und Rosenwerth, Hans Friedrich Frhr. von 456
Brederlow, Augusta Benigna von 204 f.
Brederlow, Auguste Juliane von (* 1749) 284
Brederlow, Caspar Heinrich von († vor 1722) 59, 475
Brederlow, Christian Siegmund von († 1702) 59
Brederlow, Curd Heinrich von (1695–1727) 59, 475
Bredow, Oberforstmstr. von 134, 547
Bredow, Adolphine Friederike Albertine von (1763–1810) 177 f.
Bredow, Anna Elisabeth von, geb. von Kottwitz (s. d.)
Bredow, Asmus Wilhelm von (1731–1799) 59
Bredow, Carl August von 445, 467
Bredow, Carl Friedrich von 454
Bredow, Carl Wilhelm von (1682–1761) 60, 258, 454
Bredow, Carl Wilhelm von (1775–1857) 59 f., 511
Bredow, Caspar Ludwig von (1685–1773) 60
Bredow, Charlotte Wilhelmine Blandine von (1767–1804) 126
Bredow, Cuno Creuz Ernst von (1655–1724) 60–62, 520
Bredow, Cuno Otto von (1692–1736) 60 f.
Bredow, Eleonore Marie Sophie von (* 1729) 209
Bredow, Elisabeth Wilhelmine von, geb. von Pannwitz (s. d.)
Bredow, Emerentia Sophie von, geb. von Beerfelde (s. d.)
Bredow, Ernst Albrecht von (1701–1741) 60 f.
Bredow, Friedrich Sigismund von (1683–1759) 20, 60 f., 167, 529

Bredow, Gottfried Albrecht von (1650–1730) 60 f., 454, 500
Bredow, Hans Albrecht Ernst von (* 1712) 62, 230, 464, 520
Bredow, Hans Heinrich von 385
Bredow, Hans Liborius von (1645–1693) 60
Bredow, Hans Siegmund von († 1736) 60–62
Bredow, Heinrich Albrecht von (* 1612) 61
Bredow, Luise Elisabeth von (1698–1762) 17
Bredow, Ottilia Hedwig von 420
Bredow, Otto Friedrich von 60
Bredow, Siegmund Albrecht Friedrich von (1747–1763) 62
Bredow, Siegmund Gottfried von 60
Brenckenhoff, Witwe von 504
Brenckenhoff, Christiane Elisabeth von 96
Brenckenhoff, Franz Balthasar Schönberg von (1723–1780) 62, 380, 457, 483, 501, 504
Brenckenhoff, Franziska Caroline Philippine Schönberg von (1775–1858) 159
Brenckenhoff, Leopold Schönberg von (1750–1799) 62
Bresemann, Christian Ludwig († vor 1766) 62 f., 231, 484
Bresemann, Friedrich August 62 f., 481
Bresemann, Friedrich Wilhelm von (1736–1807) 62 f.
Bresemann, Gottfried († vor 1718) 62, 231, 483, 515
Bresemann, Wilhelm (1746–1800) 62
Bretton, Ltnt. von 63
Bretton, Peter George von (1720–1758) 63
Brewing, Johann Michael 478
Briesen, Frau von 466
Briesen, geb. von 291
Briesen, Witwe von 65, 383, 451, 458, 468
Briesen, Ltnt. von 458, 487
Briesen, Adam Ewald von (1722–1758) 66
Briesen, Adam Friedrich von († vor 1705) 64, 67
Briesen, Adam Gottfried von 487, 524
Briesen, Alexander Ferdinand von (1784–1844) 66
Briesen, Antoinetta Charlotta Benigna von 67
Briesen, August Friedrich Wilhelm von (1783–1834) 66
Briesen, Baltzer Siegmund von (* 1688) 63
Briesen, Balzer Joachim von 66, 495
Briesen, Bernd von († vor 1713) 65, 457 f.
Briesen, Bernd Christian von 65, 487, 514
Briesen, Bernd Friedrich von (* 1704) 63
Briesen, Bernd Friedrich Christian von (um 1751–1805) 64 f.
Briesen, Bogislav George von 67
Briesen, Carl Detloff von (1711–1757) 63 f., 468
Briesen, Carl Johann George Leopold von (* 1770) 66
Briesen, Caspar Gottfried (d. Ä.) von 66
Briesen, Caspar Gottfried (d. J.) von 66
Briesen, Charlotta Henrietta Friederika von, geb. von Lockstaedt (s. d.)
Briesen, Christian Daniel von (* 1686) 64, 68, 524
Briesen, Christian Heinrich Ludwig von (1773–1859) 65 f., 456, 529, 541
Briesen, Christoph Friedrich von (1697 – um 1765) 65 f., 487
Briesen, Christoph Friedrich von (1748–1826) 64
Briesen, Claus Rüdiger von (1694–1772) 64 f., 458
Briesen, Eleonora Dorothea Friederika von (* 1750) 67, 269, 487, 537
Briesen, Erdmann Wilhelm von 64
Briesen, Franz Joachim von 457, 461
Briesen, Franz Peter von 63
Briesen, Friedrich Heinrich von 466
Briesen, Friedrich Wilhelm von 315 f.
Briesen, George Bogislav von 315
Briesen, George Friedrich Erdmann von (1743 – nach 1805) 64 f.
Briesen, George Wilhelm von (* 1753) 65
Briesen, Hans Detloff von († 1722) 63, 468
Briesen, Hans Gustav von 64
Briesen, Hans Joachim von (* um 1685) 65, 457, 487, 514
Briesen, Joachim Curt von 461, 524
Briesen, Joachim Wilhelm von 63
Briesen, Jodocus Christian von 457 f., 487
Briesen, Johann Christian Heinrich von († 1697) 67
Briesen, Johann Christoph von (um 1724–1800) 65 f., 221, 291, 487
Briesen, Johann Gottlieb von 63
Briesen, Johann Heinrich von (um 1720–1747) 65 f.
Briesen, Johann Sigismund von (um 1705–1780) 67, 487
Briesen, Johanna Gottliebe von 266, 539
Briesen, Lorenz Christian von (* 1680) 63, 67, 487, 495
Briesen, Lorenz Christian von († vor 1718) 63, 67

Briesen, Magnus Gottfried von (1655–1729) 67, 457, 487, 514, 524
Briesen, Reimar von 451, 486
Briesen, Reinhard Christian von 549
Briesen, Reinhold Christoph von (1707–1760) 64, 67 f., 127
Briesen, Sophia Elisabeth von 457
Briesen, Valentin Friedrich von (1687–1740) 495
Briesen, Wilhelm Caspar von (1691 – nach 1765) 68
Briest, Maria Dorothea Elisabeth von 337
Brietzke, Carl Friedrich von (* 1728) 235
Brietzke, Caroline Marianne von 470
Brietzke, Ehrentreich Friedrich von 449
Brietzke, Marianne Erdmuth von, geb. von Muschwitz (s. d.)
Brincken, Johanna Elisabeth von 319
Brock, Johann Friedrich von (1784–1856) 68
Brockhusen, Carl Christoph von (um 1695 – vor 1777) 68
Brockhusen, Esther Barbara von († 1727) 266
Brockhusen, Maria Elisabeth von 362
Brockhusen, Sigismund Friedrich Wilhelm von (1740–1820) 68, 487, 521, 549
Broecker, Amalie Eleonore von 428
Broecker, Sophie Charlotte Auguste von († 1821) 58
Broecker, Sophia Margaretha Louisa von 388
Broecker, Renate Louise Henriette von (1768–1831) 24
Broecker, Wilhelm von 453
Brömbse, G. 468
Bröm(b)sen, Carl Philipp von (* 1775) 68, 519
Bröm(b)sen, Heinrich von (* 1772) 68 f., 547
Broesigke, Theodore Anna Luise von 56
Broesigke, Major von 475
Bronikowsky, Alexander Anton Graf von 511, 517
Bronikowsky, Johann Sigismund Graf von 511, 517
Broun, August Ferdinand Jacob von (1753–1790) 69
Broun, Carl Erdmann Jacob von (1761–1818) 69
Broun, Johann Jacob von (* 1722) 69, 463, 539
Brünnow, Erben von 165
Brünnow, von (* 1716) 69
Brünnow, Carl Franz von (1720–1791) 69
Brünnow, Carl George Ehrenreich von (* 1753) 69
Brünnow, Hans George Heinrich von (* 1721) 69
Brünnow, Vincenz George von (* 1679) 69, 482
Brüsewitz, Sophie Louise von (1727–1758) 215
Brunn, Carl Friedrich von (* 1765) 69 f., 505, 508 f., 528
Brunn, Johann Joachim von (* 1740) 69, 197, 519, 528
Brunn, Johann Theodor Leopold von (* 1775) 69
Brzesky, Barbara Sophia von (* 1683) 70, 516
Brzesky, Carl Gustav von (* 1745)
Brzesky, Christian Friedrich von (1745–1786) 70
Brzesky, Christoph von († vor 1728) 70, 516
Brzesky, Christoph Gottlieb von (* 1698) 70
Brzesky, Franz Albrecht von (1710–1758) 70
Brzesky, Otto Caspar von (* 1697) 70, 516
Bublich, Samuel Bernd 545
Buch, Adolph Friedrich von (1732–1811) 70, 293, 518, 537
Buch, Alexander Dittloff von (1773–1845) 70 f.
Buch, August Heinrich von (* 1778) 70
Buch, Christian Leopold von (1774–1853) 70
Buch, George Carl Vollrath von (1767–1836) 70
Buch, Victor Adolph Friedrich Joachim von (1770–1839) 70
Buch, Vollrath Friedrich Wilhelm von (1769–1819) 70
Buchholtz, Witwe 484
Buchholtz, Albrecht Joachim 484
Buchner, August Gottlob von 502
Buchner, Christian August (d. Ä.) von 71, 516
Buchner, Christian August von (* 1678) 71, 516
Budritzky, Adam Heinrich von (1749–1787) 71
Budritzky, Balthasar von (* 1727) 72
Budritzky, Carl Friedrich Ludwig von (1770–1820) 71
Budritzky, Hans Balthasar (d. Ä.) von 72
Budritzky, Hans Balthasar von (* 1685) 72
Budritzky, Heinrich Jacob von (1697–1769) 71, 531
Budritzky, Jacob von († vor 1732) 71
Budritzky, Johann Constantin von (1731–1806) 72, 82, 474
Budritzky, Johanna Dorothea Wilhelmina von (* 1766) 72, 82
Budritzky, Theodor Heinrich Wilhelm von (1773–1833?) 71
Bülow, Ernst Gottfried George von 519
Bünting, Carl Wilhelm von (1738–1809) 72 f.
Bünting, Carl Wilhelm von (1779–1860) 72 f.
Bünting, Ernst Friedrich Wilhelm von (1776–1795) 72 f.
Bünting, Maximilian Carl von (1780–1804) 72 f.
Büttner, Joachim 534
Büttner, Joachim Friedrich 534
Bützow, Eleonore Lucia von 73
Buggenhagen, Baltzer Dethloff von (1661–1703) 73
Buggenhagen, Julius Ernst von (1736–1806) 73, 512

Buggenhagen, Julius Heinrich von (* 1768) 73
Buggenhagen, Julius Ulrich von (1693–1772) 73, 187, 512, 520
Buggenhagen, Ulrike Henriette von († 1766) 73
Buntsch, Fam. von 145
Buntsch, Frl. von 74, 199, 526
Buntsch, August Wilhelm von (1774–1813) 73 f.
Buntsch, Christoph Friedrich von 74
Buntsch, Conrad von 74
Buntsch, Conrad Gottfried von (1694–1745) 74
Buntsch, Helene Dorothea von 526
Burghagen, Carl von (1773–1832) 74
Burghaus, Sophie Gräfin von (1716–1787) 215
Burgkhaus, Eva Amalie Luise Gräfin von (1720–1775) 38
Burgsdorff, Fam. von 7, 9
Burgsdorff, Frau von 330
Burgsdorff, geb. von 530
Burgsdorff, Ol von 545
Burgsdorff, Witwe von 78, 374, 522
Burgsdorff, Adolph Friedrich von (1689–1749) 77, 455
Burgsdorff, Alexander Heinrich von (1745 – nach 1812) 74, 79
Burgsdorff, Anna Ehrentraut von (1661–1712) 77
Burgsdorff, Anna Elisabeth von (1681 – nach 1740) 208
Burgsdorff, Balzer Ehrentreich von (1667–1734) 75, 504
Burgsdorff, Carl Ehrentreich von (1672–1727) 76, 462, 544
Burgsdorff, Carl Friedrich von (1686–1740) 76 f.
Burgsdorff, Carl Friedrich von (1699–1763) 74, 78, 546
Burgsdorff, Carl Friedrich Leopold Alexander von (1770–1859) 79
Burgsdorff, Carl Gottlob von 76
Burgsdorff, Catharine Rosine Eleonore von, geb. von der Schulenburg (s. d.)
Burgsdorff, Christoph Friedrich von (1694–1753) 75
Burgsdorff, Christoph Traugott von 76 f.
Burgsdorff, Conrad Heinrich von (1687 – nach 1720) 79
Burgsdorff, Curt Ehrentreich von (1705–1760) 75, 504
Burgsdorff, Dorothea Sophia von (1718–1783) 76
Burgsdorff, Ehrenreich Otto Christoph von (1739–1777) 75, 519
Burgsdorff, Ernst Christian von 78
Burgsdorff, Ernst Ludwig von (1648–1716) 77
Burgsdorff, Ernst Ludwig von (1729–1756) 75–77, 463
Burgsdorff, Ernst Ludwig Philipp von (1740–1819) 75, 549
Burgsdorff, Ernst Siegmund von (1717–1788) 76, 97, 529
Burgsdorff, Friedrich Erdmann von 78
Burgsdorff, Friedrich Wilhelm Theodor von (1772–1822) 79
Burgsdorff, George Christoph von 76, 484
Burgsdorff, George Heinrich von (1672–1727) 76 f., 462, 544
Burgsdorff, George Nicolaus von 76
Burgsdorff, George Wilhelm von (* 1743) 78
Burgsdorff, Hans Carl Otto Ludwig von (1769–1817) 78
Burgsdorff, Hans Ehrenreich von (1684–1727) 78
Burgsdorff, Hans Ehrenreich von (1715–1782) 78
Burgsdorff, Hans Ernst von (1691–1735) 75–77, 463
Burgsdorff, Hans Ernst von (1718–1779) 77 f.
Burgsdorff, Hans Lewin von (1735–1768) 75 f.
Burgsdorff, Henriette Luise von (1744–1802) 48
Burgsdorf, Joachim Ehrenreich von (1665–1710) 74, 79, 374
Burgsdorf, Joachim Ehrentreich von (1686/88–1758) 77, 208
Burgsdorff, Joachim Erdmann von (1701–1760) 78, 479
Burgsdorff, Joachim Erdmann von (* 1740) 78
Burgsdorff, Joachim Ernst von (1649–1716) 78
Burgsdorff, Joachim Friedrich von (1732–1803) 76, 78
Burgsdorff, Joachim Friedrich Ehrenreich von (1739–1829) 74, 78 f., 547
Burgsdorff, Johanne Christiane von (1709–1763) 161
Burgsdorff, Leonhard Wilhelm von (1718 – vor 1778) 79, 524
Burgsdorff, Ludwig von (1692–1741) 77 f., 543
Burgsdorff, Ludwig (d. J.) von 79
Burgsdorff, Ludwig Ehregott von 76
Burgsdorff, Ludwig Nicolaus Friedrich von (1714–1773) 76
Burgsdorff, Luise Charlotte von († 1739) 53
Burgsdorff, Luise Hedwig von (1641–1669) 187
Burgsdorff, Magdalene Hedwig von (1707–1756) 77
Burgsdorff, Margarethe Tugendreich von 327

Burgsdorff, Maria Magdalena von, geb. von Wellmer (s. d.)
Burgsdorff, Otto von (1733–1760) 76
Burgsdorff, Philippine Dorothea von 443, 522
Burgsdorff, Sophia Friederike Wilhelmina von, geb. von Unruh (s. d.)
Burgsdorff, Sophia Johanna von (1732–1770/79) 38, 219
Burgsdorff, Sophie Elisabeth von (1675–1741) 78
Burgsdorff, Sophie Marie von, geb. von der Marwitz (s. d.)
Burgsdorff, Theodor Leopold von (1749–1807) 79, 522
Burgsdorff, Theodora Jacobäa von (1713–1755) 74, 79
Burgsdorff, Wilhelmine Henriette von (* um 1751) 277
Burtz, Ernst Ludwig von (1720–1765) 79 f.
Burtz, Hans Peter von (* 1670) 80
Burtz, Johann Bernhard von (1728–1769) 79 f.
Busch, Johann Friedrich 489
Buxdorff, Witwe von 480
Buxdorff, Carl Friedrich von 322
Buxdorff, Carl Friedrich Maximilian von 80, 480
Buxdorff, Carl Maximilian von (* 1756) 80, 480
Buxdorff, Friedrich Adam Diedrich von (1755–1821) 80
Buxdorff, Jacob Dietrich von 80
Buxdorff, Marie Helene von (1698–1780) 321 f.
Byern, Anna Elisabeth von 50
Byern, Carl Rudolph Alexander von (1770–1813) 80 f.
Byern, Carl Wilhelm von (1737–1800) 80, 481
Byern, Eduard von († 1814) 81
Byern, Eugen Dietrich von (1789–1866) 81
Byern, Friedrich Ferdinand von (1771–1835) 81
Byern, Ludwig Heinrich Carl von (1773–1811) 80 f.
Byern, Rudolph August von († 1820) 81
Bylin-Kurnatowski, Hedwig Charlotte von 380

Calderarii, Maria Theresia 216, 324, 484
Callenberg, Clementine Kunigunde Charlotte Gräfin von (1770–1850) 269
Callenberg, Ursula Marianne Gräfin von (1648–1690) 155
Cammann, Marie Sophie Louise († um 1782) 349
Canitz, Herr von 503
Carl, Töpfermstr. 413
Carnitz, Anna Elisabeth von 412
Carnitz, Barbara Margarethe von 409
Castell, Albrecht Friedrich Carl Graf von 533, 542
Castell, Anna Maria Gräfin von († 1778) 317
Castell, Christian Friedrich Graf von 533, 542
Castell, Louise Henriette Gräfin von 533, 542
Chalkowska von Chalkowo, Eleonore Philippine (1693–1741) 232
Chartron, Carl Philipp von (* 1737) 81, 456
Chartron, Ferdinand Heinrich Wedig von (1773–1845) 81
Christiani, Friedrich 498
Colberg, Daniel 498
Collas, Carl Ernst Ludwig Joh. Frhr. von (1763–1840) 81 f., 474
Collas, Friedrich Johann von (1728–1762) 81
Collas, Friedrich Wilhelm August Johann Frhr. von (1766–1809) 81 f., 531
Collas, Johann Jacob Frhr. von (1721–1792) 72, 81
Collrepp, Hans Christoph von 487
Colomb, geb. von 133
Cordes, Marie Elisabeth 88
Coulon, Samuel 503
Cranach, Carl von (1809–1900) 82
Cranach, Carl Friedrich Ludwig Lucas von (1785–1806) 82
Cranach, Christian Heinrich Wilhelm Lucas von (1789–1834) 82
Cranach, Christoph Julius Lucas von (* 1793) 82
Cranach, Christoph Lucas von (1753–1824) 82, 461, 490
Cranach, Gustav Adolph Lucas von (1790–1861) 82
Cranach, Lukas Polycarp von (1726–1753) 82
Cratos, Dr. 180, 503
Crisenius, Amtsrat 465
Crüger, Anna Sophie, geb. Horn (s. d.)
Crüger, Anton Ludwig 354, 364, 471, 481
Cruse, Anna Sophia von 83, 470
Cruse (Krause), Arnold Ehrenfried von 471
Cruse, Friedrich Wilhelm von (1724–1779) 82 f., 471
Cruse, Ludwig Wilhelm von († vor 1765) 82, 471
Cruse, Ludwig Wilhelm von (1727–1800) 82 f., 471
Cruse (Krause), Wolfgang Friedrich von 82 f., 470
Czettritz, Abraham von 371, 479, 535
Czettritz und Neuhauss, Johanna Henriette Charlotte von (1724–1799) 93

Daehne, Caroline Amalie von, geb. von Ernsthausen (s. d.)
Dahm, Balzer Ehrentreich von (1687–1730) 83
Dahm, Otto Friedrich von (* 1694) 83
Dallmer, Herr 469
Dallmer, Jacob 487
Dallwitz, Johann Gottlob von (* 1702) 83
Dallwitz, Johanna Eleonore von (1752–1819) 444
Damitz, geb. von 65, 233
Damitz, Eva Juliana von 318
Damnitz, Frl. von 482
Damnitz, Witwe von 83
Damnitz, Witwe von († 1772) 482
Damnitz, Balzer Ernst von 482
Damnitz, Carl Christoph von († 1737) 84
Damnitz, Carl Ernst Valentin von (1726–1779) 83 f., 515
Damnitz, Christoph Siegmund von († 1687) 84
Damnitz, Elisabeth Abigail von, geb. von Eickstedt (s. d.)
Damnitz, Erdmann Ernst von (* 1657) 84
Damnitz, Ernst Ludwig von 84
Damnitz, Friedrich Lebrecht von († 1737) 84
Damnitz, Hans Casimir von 77
Damnitz, Hans Christian von 482
Damnitz, Hans Friedrich von 482
Damnitz, Johann (Carl) Peter von 83
Damnitz, Johann Casimir von († um 1740) 83 f., 514
Damnitz, Johanna Modesta Sigismunde Louise von (* 1769) 83 f., 304, 515
Damnitz, Philipp Wilhelm von (1684 – vor 1738) 83 f., 549
Damnitz, Wolff Siegmund von 84
Danckelman, Charlotte Wilhelmine Freiin von (1699–1721) 353
Danckelman, Sophie Antoinette Auguste von 411
Danglure, Luise (1657–1730) 84
Daum, Friedrich Franz 482
Dechen, Witwe von 465
Dechen, Beata Eliabeth von 178
Dechen, Carl Gottlieb von (1644–1719) 84
Dechen, Ernst Johann Christian von (1730–1781) 84 f.
Dechen, Joachim von (1614–1667) 84
Dechen, Joachim von (1645–1702/04) 84, 178, 465
Dechen, Johann von (1683–1732) 84 f., 513
Dechen, Johann Wilhelm von 84
Dechen, Louis von (* 1728) 84 f.
Dehrmann, Adam von 85
Dehrmann, Joachim Ehrenreich von (1728–1809) 85, 460
Dehrmann, Johann Andreas von (* 1759) 85
Delitz, Ernst Ludwig von 516, 549
Delitz, Margarethe von (†1717) 34, 36
Derenthal, Daniel Johann George Ludwig von (1743–1799) 85
Derenthal, Friedrich Wilhelm von (1689–1752) 85
Derenthal, Philipp Ludwig Friedrich von (1743–1831) 85, 460
Derfflinger, geb. von 479
Derfflinger, Beate Luise von (1647–1715) 213 f.
Derfflinger, Emilie von (1658–1727) 213
Derfflinger, Friedrich Frhr. von (1663–1724) 85 f., 488, 522, 534
Derfflinger, George von (1606–1695) 85, 213
Derfflinger, Marie Elisabeth Charlotte von († um 1753) 162
Derschau, Carl Christian von (1738–1810) 86
Derschau, Carl Friedrich von 44
Derschau, Christian Reinhold von (1679–1742) 86, 489, 527
Derschau, Christian Wilhelm von (1652–1725) 86
Derschau, Friedrich Wilhelm von (1723–1779) 86, 489
Derschau, Friedrich Wilhelm Reinhold von (* 1732) 86
Derschau, Johanne Luise 44
Derschau, Ludwig Leopold von (1725–1759) 86
Dewitz, geb. von 409
Dewitz, Adrian von 379, 466, 492, 499, 543
Dewitz, Anna Luise von 146
Dewitz, Carl Heinrich Friedrich von (1732–1802) 86
Dewitz, Christiana von 247
Dewitz Friedrich Christian August von 24
Dewitz, Friedrich Ludwig Leopold von (1765–1831) 86, 473, 485
Dewitz, Hedwig Erdmuth von († um 1778) 127, 458
Dewitz, Joachim Balthasar von 213
Dewitz, Ludwig Christian von (1772–1857) 86, 549
Dewitz, Ludwig Leopold von 379, 499
Dewitz, Magdalena Sibylla von 213
Dewitz, Renate Louise von 466, 492
Dewitz, Wilhelm Friedrich Ernst von (1760–1820) 86
Diebitsch, Abraham Ernst von (1723–1756/58) 86 f.
Diebitsch, Anna Maria von (* 1702) 300
Diebitsch, Carl von 88

Diebitsch, Caspar Gottlieb von (* 1730) 87
Diebitsch, Caspar Gottlob von (1700–1780) 87, 495
Diebitsch, Caspar Heinrich von (1676–1740) 86–88, 526
Diebitsch, Christian Gottlob von (1752–1821) 87
Diebitsch, Christiane Wilhelmine Elisabeth von, geb. von Schütz (s. d.)
Diebitsch, Christoph Wilhelm von 88
Diebitsch, Ernst Carl von (1753–1805) 87, 459
Diebitsch, Ernst Wilhelm Johann August von (1785–1814) 87
Diebitsch, George Friedrich von (1667–1742) 87 f.
Diebitsch, Gottfried Siegmund von (* 1695) 87
Diebitsch, Hans Abraham von (1628–1684) 88
Diebitsch, Hans Ernst von (1660–1719) 88
Diebitsch, Hans Friedrich von (* 1711) 88
Diebitsch, Hans George von (1700–1765) 88
Diebitsch, Johann Friedrich von (1728–1794) 87 f.
Diebitsch, Johann Friedrich von (1766–1831) 88
Diebitsch, Margarethe von 270
Diebitsch, Nicolaus Gottfried von (1673–1727) 88, 547
Diebitsch, Otto Abraham von (1650–1731) 88, 511
Diebitsch, Wolf Ernst von 88
Diedrichs, Dorothea Margaretha (1720–1791) 336
Diercke, Dorothea Sophie von (1726–1776) 263
Dieterich, Witwe 541
Dieterich, Johann Friedrich 541
Dietherdt, Frl. von 483
Dietherdt, Alexander Wedig von (* 1666) 88 f., 463, 483
Dietherdt, Carl Conrad Bogislav von 88
Dietherdt, Carl Johann Christoph von (1746–1809) 89, 231, 493, 539
Dietherdt, Caspar Christoph Friedrich (1707–1780) 88 f., 549
Dietherdt, Christian Ewald von 88
Dietherdt, Christian Ludwig von 88
Dietherdt, Friedrich Ludwig von 88
Dietherdt, Friedrich Siegmund von (* 1746) 89
Dietherdt, Philipp George von (1741–1807) 89
Dietherdt, Tessina Henriette von († 1798) 296
Diringshofen, Carl Ludwig von (* 1708) 89
Diringshofen, Dorothee Friederike von 372
Diringshofen, Otto Friedrich von (1743–1796) 89
Diringshofen, Sophie Charlotte von (1740–1793) 78
Dittmar, Carl Ludwig Wilhelm von (* 1768) 89
Dittmar, Gottfried Christian Ludwig († 1733) 89
Dittmar, Johann Wilhelm von (1725–1792) 89
Doebeln, August David von (1747–1806) 90
Doeberitz, George Ludwig Christoph von (* 1737) 90, 461,468, 549
Doeberitz, Hans Heinrich Albrecht von (1738–1811) 90, 517
Doeberitz, Johann Christoph von (1698–1738) 90
Dönhoff, Amalie Constanzie Gräfin von (1798–1879) 91
Dönhoff, Carl Ludwig Friedrich Bogislav Graf von (1754–1809) 90 f., 477, 534
Dönhoff, Friedrich von 325
Dönhoff, Juliane Charlotte von († 1733) 325
Dönhoff, Stanislaus Gerhard Graf von (1725–1758) 90
Dönhoff, Stanislaus Otto Graf von (1795–1816) 91
Dörffler, Hans Carl von (* 1713) 91, 502
Dörffler, Johann Andreas von († vor 1751) 91
Doernberg, Caroline Wilhelmine Elisabeth Freiin von 302
Dohna, Gräfin von 522
Dohna, Albrecht Christoph Reichsgraf von (1698–1752) 91, 283, 495
Dohna, Alexander Graf von (1661–1728) 91
Dohna, Alexander Ernst Graf von (1704–1745) 91
Dohna, Amalia Emilie Luise Gräfin von (1661–1724) 91
Dohna, Friedrich Alexander Ferdinand Graf von (1724–1776) 91, 283
Dohna-Schlodien, Amalie Gräfin von (1692–1761) 317
Dollen, geb. von der 194
Donop, Wilhelmine Sophie von (1712–1763) 439
Dorn, Hütteninspektor 289
Dorpowska, geb. von 364
Dossow, Ltnt. von 475
Dossow, Witwe von 22
Dossow, Carl Ferdinand von (1783–1813) 92
Dossow, Ernst Heinrich von (1782–1803) 92
Dossow, Friederike Wilhelmine von (1772–1842) 98
Dossow, Friedrich Wilhelm von (1669–1758) 91 f., 451
Dossow, Friedrich Wilhelm von (1770–1828) 92
Dossow, Gustav Ludwig von († vor 1751) 92
Dossow, Gustav Ludwig von (1780–1865) 92
Dossow, Joachim Christoph von († 1702) 298
Dossow, Peter Adam Christian Ernst von (1738–1816) 92, 451, 478

Dossow, Richard Christoph von (* 1701) 298
Dossow, Richard Thomas von 91
Drachstädt, Friederike Christiana von (* 1724) 55
Drahndorf, Agnes Henriette Erdmute von 329
Dreier, Amtmann 389, 451
Dreyer, Carl Ludwig 534
Dreyer, Sophie Luise 93
Driesen, G. W. von 310
Droege, Sophie Eleonore Amalie von (1769–1866) 351
Drosedow, Witwe von 311, 451
Drosedow, Adam Heinrich von (* 1691) 92
Drosedow, Adam Heinrich von (1737–1814) 92 f.
Drosedow, Franz Heinrich von 451
Drosedow, Henning von 311
Dryander, Sophia Dorothea von 14, 273
du Buisson, Friedrich Carl (* 1710) 93
du Buisson, Johann (* 1666) 93
du Rège, George Vollrath 273
du Rège, Gidéon († 1722) 273
du Rège, Jacob (1701–1743) 273
du Rège, Johann Ludwig Carl (1748–1816) 273, 418
du Rège, Peter I (um 1706–1780) 273, 451
Dürre, Frau Amtmann 499
Dyherrn, Anna Sophie von 101
Dyherrn, Christoph Emil Graf von 426
Dyherrn, Ernst Carl Friedrich von (1748–1823) 93
Dyherrn, Melchior Abraham von (1715–1793) 93
Dyherrn, Melchior Gotthardt Frhr. von (1753–1813) 93, 165, 512
Dziembowski, Witwe von 479
Dziembowski, Caroline Gottliebe von (1769–1842) 246
Dziembowski, Sophie von 401

Eckard, Ernst Jacob (1742–1803) 94
Eckenbrecher, Carl Ernst August Philipp von (1782–1867) 93
Eckenbrecher, Johann August 92
Eckenbrecher, Johann August von (1743–1822) 93 f.
Eckertsberg, Henriette Sophie von († 1782) 157
Eckhardtstein, Bernhard Johann Frhr. von (1775–1823) 94
Eckhardtstein, Ernst Jacob Eckard Frhr. von (1742–1803) 94, 448
Eckhardtstein, Franz Frhr. von (1783–1842) 94, 448
Eckhardtstein, George Christian Frhr. von (1773–1820) 94, 448
Ehlert, Carl August von 94
Ehlert, Christian Ludwig von 94
Ehlert, Christoph († vor 1715) 94, 516
Ehlert, Christoph Albrecht von (* 1681) 94, 516
Ehlert, Johann Heinrich von (* 1687) 94
Eickstedt, geb. von 498
Eickstedt, Agnes von († 1663) 123
Eickstedt, Anna Maria Louisa von 67
Eickstedt, Arend Bernd von 515
Eickstedt, Auguste Amalie Albertine von (1762–1809) 349
Eickstedt, Caroline Wilhelmine von 450
Eickstedt, Elisabeth Abigail von (1730–1781) 83, 515
Eickstedt, Elisabeth Agnes von 436, 519
Eickstedt, George Heinrich von 398, 501
Eickstedt, Hans Siegismund von (1689 – vor 1746) 94, 515
Eickstedt, Johann Wilhelm Heinrich von (1729–1760) 94
Eickstedt, Sophia Christiane von (* 1725) 220
Eisenhardt, Marie Helene Johanne 350 f.
Eller, Witwe Kriegsrat 193, 505
Elverfeld, Elisabeth Wilhelmine Maria von († 1744) 22
Empich, Domänenrat 531
Empich, Johann Carl 537
Enckevort, Herr von 398
Enckevort, Charlotte Dorothee Catharina von (1764–1824) 209
Enckevort, Gustav Heinrich von 77, 462, 479, 484, 496 f., 544
Enckevort, Henriette von († 1803) 432
Enckevort, Johanne Sophie von (1770–1803) 249
Endernitz (Enderwitz), Witwe 542
Endernitz (Enderwitz), Daniel Wilhelm 542
Engel, Margarethe Elisabeth von 273
Engelbrecht, Amtmann 478
Engmann, George Wilhelm 507
Engmann, Wilhelm 398, 516
Eppingen, Anna Sybilla von 23
Ernatius, Friedrich Carl von (* 1745) 352
Ernst von Ernsthausen, Caroline Amalie (1774–1866) 166, 494
Escher, Charlotte Erdmuthe von 136
Esebeck, Juliane Henriette von (1676–1726) 304
Essen, Beate Hedwig von (1651–1735) 84, 465
Essen, Friederike Charlotte Henriette (* 1769) 372

Essen Friedrich Wilhelm von (* 1692) 95
Ewald, Gebr. 449
Eyff, Christian Friedrich von (* 1690) 95
Eyff, Johann Christoph von (* 1658) 95
Eysenhardt, Gottfried 538, 541

Fabritius, D. 516
Falkenhayn, geb.von (1733–1805) 95 f.
Falkenhayn, Balthasar Anton von (* 1723) 96
Falkenhayn, Balzer Reinhard von (* 1680) 95 f., 127, 474
Falkenhayn, Carl Christoph von (* 1705) 95
Falkenhayn, Caspar von 95
Falkenhayn, Caspar Samuel von 95
Falkenhayn, Daniel Florian von (* 1716) 96
Falkenhayn, Eva Sophie von (1685–1712) 285
Falkenhayn, Ferdinand von 95
Falkenhayn, Friedrich Gotthilf von (1719–1786) 95 f.
Falkenhayn, Heinrich Sigmund von (* 1712) 95 f.
Falkenhayn, Johann Alexander von (* 1711) 95 f.
Falkenhayn, Johann Ferdinand von (* 1757) 95
Falkenhayn, Ursula Dorothea von 142
Felden, Johann Erdmann von (1755–1807) 360, 427
Felsch, Michael 160, 444, 498 f.
Ferber, Friederike Sigismunde von 50
Ferrari, Amtmann 458
Fesken, Charlotte 236, 521
Feuser, Witwe 146
Fiddicke, Frau 490
Fiddecke, Lisette Eva Dorothea 445
Fiddicke, Kammerrat 490
Finck, Charlotte Wilhelmine Elisabeth von († 1783) 377
Finck, David Friedrich von 96
Finck, Elisabeth Wilhelmine von 87
Finck, Friedrich von (* 1757) 96
Finck, Friedrich August von (1718–1766) 73
Finck, Jonathan Friedrich von (1687–1757) 96, 513 f.
Finckenstein, geb. von 494
Finckenstein, Gräfin von 178, 465, 481, 494
Finckenstein, Graf von 529, 537
Finckenstein, Albrecht Conrad Reinhold Graf von (1660–1735) 97
Finckenstein, Amelie Sophie Wilhelmine Gräfin von (1753–1797) 97
Finckenstein, Carl Graf von 79, 547
Finckenstein, Carl Otto Leopold Graf von (1751–1773) 97
Finckenstein, Carl Wilhelm Graf von (1714–1800) 96 f., 465
Finckenstein, Charlotte Albertine Gräfin von (1749–1826) 79
Finckenstein, Franz Albrecht Wilhelm Graf von (1748–1828) 96 f., 375, 465, 489, 529
Finckenstein, Friedrich Ludwig Graf von (1709–1785) 97
Finckenstein, Friedrich Ludwig Carl Graf von (1745–1818) 96
Finckenstein, Friedrich Otto Leopold Graf von (1717–1790) 76, 97, 381, 401, 431, 481, 494, 529, 536
Finckenstein, Sophie Luise Ulrike Gräfin von (1756–1819) 97, 481, 536
Finckenstein, Wilhelm Leopold Friedrich Graf von (1792–1877) 97
Finckenstein, Wilhelmine Sophie Amalie Gräfin von (1753–1797) 166
Finckenstein-Gilgenburg, Sophie Henriette Susanne Gräfin von (1713–1762) 96
Finne, Caroline Dorothea Louise (1757–1817) 253
Fischer, Caroline Luise (1762–1856) 370
Flaminius, Charlotte Rosine 194
Flanss, geb. von 416
Flemming, Charlotte Luise von (* 1711) 154, 458
Flemming, Charlotte Magdalene Gräfin von 192
Flemming, Dorothea Maria von 39 f.
Flemming, Friedrich Reichsgraf von (1707–1777) 192
Flemming, Louise Agnes von 364
Flotow, Adam Ernst Friedrich von (1703–1757) 98
Flotow, Adam Ernst Friedrich von (1751–1823) 98, 109, 514
Flotow, Cäsar Drewes von (1791–1813) 98
Flotow, Julius von (1788–1856) 98
Fock, Friedrich Wilhelm von (1765–1826) 98
Fock, Heinrich Ernst von 16
Foerder, Sophie Charlotte Henriette von (1716–1766) 371
Forcade, Obrist von 461
Fraise, Stadtinspektor 286
Frank, Jacobine Maria von († 1705) 202
Frankenberg, Witwe Cap. von 510, 521
Freudenheim, Johann Gottfried von (1683–1722) 98
Friedeborn, Ol von 105, 132

Friedeborn, Agnese Philippine Sophie von (* 1743) 105
Friese, Marie Eleonore 544
Fritsche, Christian Wilhelm 427
Fritschen, Ernst Christian von (1743–1815) 99
Fritschen, Friedrich Wilhelm von (1757–1806) 99
Fritschen, Johann David von (* 1715) 99
Fritschen, Johann Friedrich von (1690?–1764) 99
Fritschen, Johann Friedrich von (1720–1746) 99
Fritze, von 192
Fritze, Witwe von (* 1743) 99, 538
Fritze, Balzer Friedrich von (* 1699) 99
Fritz(e), Carl Ernst (* 1738) 99
Fritze, Charlotte Sophie Wilhelmine von (* 1741) 99, 538
Fritz(e), Christoph Wilhelm von (* 1699) 99 f., 538
Fritz(e), Friedrich Wilhelm von (* 1735) 99, 192, 498, 538
Fritze, Joachim Ernst von (* 1698) 99 f., 538
Fritz(e), Joachim Ernst von (1743 - vor 1778) 99, 538
Fritz(e), Johann Ernst von 538
Frohnhöfer, Dorothea Sophie Elisabeth von († 1790) 39
Fronhoefer, Louisa Maria von 401 f.
Froreich, Ernst Johann Carl Ludwig von (1778–1857) 100
Froreich, Ulrich Carl von (1739–1801) 100
Frosten, Ernst Bogislav von (1701–1742) 100
Fuchs, Bürgermstr. 433, 522
Fuchs, Anna Sophie († 1772) 261
Fuchs, Charlotte von (1669–1735) 309
Fuchs, Johann Christian 261
Fuchs, Paul von 309
Füllgraf, Friederike von (1776–1815) 390

Gabbert, Daniel 522
Gablenz, Christoph Ernst Heinrich von (* 1719) 101, 482, 540
Gablenz, Conrad Gottlob von (* 1720) 100
Gablenz, Franz Wilhelm von (* 1682) 100 f., 540
Gablenz, Friedrich Ernst von (* 1765) 101, 482
Gablenz, Gottlob Ehrenfried von (* 1681) 101
Gablenz, Gottlob Wenzel von 549
Gablenz, Hans Adolph Heinrich von (1724–1798) 101
Gablenz, Heinrich Adolph von (1762–1843) 101
Gablenz, Heinrich Gottlob Wenzel von (1753–1818) 101
Gablenz, Heinrich Otto von (1644–1686) 100, 482
Gablenz, Heinrich Otto von (1676–1758) 101, 472, 540
Gablenz, Heinrich Otto von (1714–1774) 101 f., 472
Gablenz, Hieronymus Christoph von (1677–1757) 100 f.
Gaede, Daniel 469
Gebler, Dorothea Wilhelmina Charlotte 218
Geelhaar, Constantia Elisabeth (1660–1711) 86
Gelsdorff, Friedrich von (* 1704) 102
Gentz, Charlotte Christine 508
Gentzkow, Felix Ludwig Zabel von (1753–1827) 102, 449
Gentzkow, Zabel Leopold Christoph von (1726–1792) 102
Gerlach, Carl Friedrich Leopold von 520
Germar, Carl Friedrich von (1710–1764) 102, 365, 532
Germar, Carl Friedrich August von 486
Germar, Christoph Friedrich (1747–1813) 102, 528, 532
Germar, Friedrich Wilhelm von (1782–1822) 102
Germar, Louisa Sabina von, geb. von Mühlheim (s. d.)
Germar, Ludwig von 520, 533
Germar, Ludwig Carl Bogislav von (* 1784) 102
Germar, Ludwig Magnus Friedrich Julius von (* 1755) 102, 272, 515, 533
Germar, Wilhelm Ferdinand von (* 1789) 102
Gersdorff, Baltzer Rudolph von (1706–1741) 103
Gersdorff, Carl Siegmund von (1697–1759) 103, 479, 488
Gersdorff, Carl Siegmund (* 1710) 103
Gersdorff, Charlotte Eleonore von 41
Gersdorff, Dorothea Helene von 292, 516
Gersdorff, Ernst Leopold von (* 1788) 103
Gersdorff, Friedrich Carl George von (* 1775) 103
Gersdorff, George Samuel Wilhelm von (1744–1810) 103, 472, 479, 488, 510
Gersdorff, Helena Sophia von († 1725) 367
Gersdorff, Johann Ernst von (1711–1744) 103
Gersdorff, Johann Friedrich von (1703–1758) 103 f.
Gersdorff, Moritz Balzer von 103, 488
Gersdorff, Rosine von 328, 450
Gersdorff, Samuel von (* 1663) 103
Gersdorff, Sophia Elisabeth von 271
Gersdorff, Wilhelm von 103, 488
Gersdorff, Wilhelmine Josepha von († 1817) 289
Gessler, Friedrich Leopold von 121, 451

Geuder zum Rabensteiner, Wilhelmine Freiin von (1755–1790) 275
Giesel, Elias Balthasar 477
Gladis, Christian Sigismund Friedrich von (1767–1833) 104, 440, 491
Gladis, Hans Heinrich von (1651–1691) 104
Gladis, Hans Heinrich von (1683–1757) 104
Gladis, Heinrich Friedrich von 104
Gladis, Joachim Sigismund von (1728–1772) 104, 527
Gladis, Siegfried Heinrich von 491
Gladis, Siegmund Heinrich von (1689–1758) 104, 491
Gladow, Friedrich Christian von (1719–1768) 104
Glasenapp, George Matthias von (1753–1831) 104 f.
Glaubitz, geb. Freiin von 535
Glaubitz, Ferdinand Christoph Gottlob von (* 1763) 105, 488
Glaubitz, Dorothea Helena von (* 1689) 251
Gleissenberg, Ludwig Christoph von 479
Gleißenthal, George Heinrich von (* um 1660) 105
Gleißenthal, Gottfried Ehrentreich von 105
Gloeden, Agnes Sophie Friederike von 16
Gloeden, Hans Ehrentreich von 530
Gloeden, Ilse Catharina von 149
Gloger, geb. von 544
Gloger, Alexander Philipp Heinrich von (* 1761) 105
Gloger, Carl Siegmund von (1765–1820) 105 f.
Gloger, Ernst Leopold von (* 1764) 105
Gloger, Ernst Ludwig von (1722–1784) 105, 546
Gloger, Ferdinand von (* 1686) 76, 106, 529
Gloger, Gustav Friedrich Bogislav von (* 1769) 105
Gloger, Johann Ferdinand von (* 1740) 106
Gloger, Maximilian von (* 1693) 105 f., 546
Gloxin, Christian Gottlieb (1713–1754) 106, 544
Gloxin, Dorothea Gottliebe († 1761) 106, 544
Gloxin, Ernst Gottlieb 106
Gloxin, Friedrich Gottlieb (* 1740) 106, 544
Göllnitz, Carl Ludwig von (1750–1798) 106 f., 523
Göllnitz, Caroline Luise von 200
Göllnitz, Caroline Wilhelmine Dorothea von, geb. von Jargow (s. d.)
Göllnitz, Christoph Ludwig von (1711 – um 1775) 106, 503
Göllnitz, Christoph Wilhelm von (* um 1768) 106 f.
Göllnitz, George Friedrich von (1713–1745) 106
Göllnitz, George Friedrich Gottlieb von (* 1765) 106 f.
Görcke, Johann Hermann 66
Göhrken, Hans Heinrich von 545
Goerne, Eva Catharina von 348
Görschen, Adolph George Wilhelm von (1742–1814) 107
Görschen, Carl Adolph von (* 1788) 107
Görschen, Carl Adolph Albrecht von (1735–1819) 107, 476
Görschen, Friedrich August von (* 1794) 107
Görschen, George Christoph von (1696–1748) 107
Görschen, George Friedrich von (* 1799) 107
Görschen, Johann Christian Ludwig von (* 1748) 107
Görschen, Leopold Carl Ludwig von (* 1783) 107
Görschen, Wilhelm Ferdinand von (* 1793) 107
Goertzke, August Ernst von (1752–1813) 107
Goertzke, Christiane Tugendreich von 108
Goertzke, Friedrich von (1757–1835) 107 f., 478
Goertzke, Gottliebe von († 1719) 370
Goertzke, Hans Christian Heinrich von (1711–1760) 107
Goertzke, Hans Ludwig von (1753–1807) 107
Goertzke, Heinrich Ludwig von (1706–1778) 108, 427, 539 f.
Goertzke, Heinrich Ludwig Friedrich von (* 1744) 108
Goetze, Carl Aemilius von 510, 545
Goetze, Ehrentraud Charlotta (1684–1731) 211
Goetzen, von 312
Goetz(en), Carl Joachim (d. Ä.) von 108, 542
Goetz(en), Carl Joachim von (* 1739) 108, 532
Goetzen, Eleonore Maria von (* 1736) 311 f., 546
Goetzen, Friedrich Wilhelm Graf von (1767–1820) 286
Goetz(en), Joachim Christoph (1637–1703) 108
Goldbeck, Carl Friedrich von 60, 511
Gollen, Maria Elisabeth von 387
Goltz, Freiin von der 473, 485
Goltz, Frhr. von der 328, 454
Goltz, geb. von der 359
Goltz, Gebr. von der 496
Goltz, Witwe von der 518
Goltz, Anton Frhr. von der (* 1717) 35, 111, 530
Goltz, Anton Gottlieb Frhr. von der (1746–1821) 108 f., 113
Goltz, Anton Ludwig von der 29
Goltz, August Wilhelm von der (* 1751) 109
Goltz, Carl Franz Graf von der (1740–1804) 114, 504
Goltz, Carl Friedrich Frhr. von der (1739–1822) 113

Goltz, Carl Friedrich Heinrich Graf von der (1775–1822) 114
Goltz, Carl Heinrich von der (1702–1760) 109 f., 457, 514
Goltz, Carl Wilhelm August Ernst Frhr. von der (1757–1799) 113–115
Goltz, Caspar Martin von der (1696–1762) 110, 448, 496
Goltz, Catharina Margaretha von der († 1755) 13
Goltz, Charlotte Helene Agnese Freiin von der (* 1764) 115, 454, 531
Goltz, Charlotte Louise Sophie von der (1677–1715) 31
Goltz, Christian Friedrich von der (* 1755) 109, 514
Goltz, Christine Appolonia Joh. von der 548
Goltz, Christoph Heinrich von der (1663–1739) 109 f., 496, 518
Goltz, Christoph Ludwig von der (1700–1784) 108–110, 113, 516, 541
Goltz, Conrad Heinrich von der († nach 1729) 112
Goltz, Curt Ernst von der (* 1690) 110, 496 f., 512
Goltz, Dorothea Eleonore von der 122
Goltz, Ernestine Catharine von der 496 f.
Goltz, Ernestine Henriette von der (1717–1799) 354
Goltz, Ernestine Sophie Amalie von der (1723–1792) 385
Goltz, Ernst Heinrich von der (* 1722) 111 f.
Goltz, Ernst Heinrich Moritz Frhr. von der 530
Goltz, Esther Margarethe von der 304
Goltz, Ewald von der 449
Goltz, Franz Ernst von der 506
Goltz, Franz Friedrich Siegmund von der (* 1772) 115
Goltz, Franz Leopold Günther von der (1745–1763) 111
Goltz, Franz Ludwig von der (* 1705) 111
Goltz, Friederike Wilhelmine Sophie von der (1760–1822) 365
Goltz, Friedrich August Ferdinand Frhr. von der (1785–1852) 113
Goltz, Friedrich Sigismund Frhr. von der (1707–1786) 113
Goltz, Friedrich Wilhelm von der 449
Goltz, George Christoph von der (1661–1724) 109 f., 516
Goltz, George Ernst Frhr. von der (1705–1755) 111, 314, 487, 506
Goltz, George Franz Conrad Frhr. von (1704–1747) 75, 114, 504
Goltz, George Sebastian Frhr. von der (1733–1807) 115, 454, 531
Goltz, Gotthilf Carl Philipp Frhr. von der (1739–1806) 111, 487, 506
Goltz, Gottlieb Friedrich Wilhelm von der (1742–1777) 111, 506
Goltz, Gottlieb George Adolph von der (1741–1789) 111, 506
Goltz, Hans Christoph Dettlef von der (1713–1769) 109, 111 f., 478, 496
Goltz, Hans Christoph Wilhelm von der (1753–1795) 109, 514
Goltz, Hans Ernst von der (1696–1749) 110–112, 461, 501, 516
Goltz, Hans Ludwig Frhr. von der 507
Goltz, Hans Rüdiger Friedrich Ernst Frhr. von der (1751–1810) 113
Goltz, Heinrich Frhr. von der 327
Goltz, Heinrich Bernhard von der (1718–1757) 112
Goltz, Heinrich Joachim Frhr. von der (1698 – nach 1747) 112 f.
Goltz, Henning Bernhard von der (1681–1734) 112
Goltz, Joachim Ernst von der (1663–1698) 110, 497
Goltz, Joachim Heinrich von der (* 1707) 112
Goltz, Joachim Rüdiger Frhr. von der († 1727) 112 f., 154, 454, 487, 531
Goltz, Johann von der (1641–1696) 109
Goltz, Johann Christian Frhr. von der (1748–1809) 108, 110, 113, 525, 541
Goltz, Johann Ernst von der (1669–1749) 109
Goltz, Johann Ludwig Carl Alexander Frhr. von der (1778–1824) 113
Goltz, Johann Rudolph Siegmund Frhr. von der (1774–1809) 115, 456, 518
Goltz, Johann Rüdiger Frhr. von der (1704–1765) 112–114, 465, 548
Goltz, Johann Sigismund Frhr. von der (1736–1779) 115, 454, 531
Goltz, Johanna Friederike von der (1732–1805) 406
Goltz, Leopold Heinrich Graf von der (1745–1816) 114, 504
Goltz, Ludwig Frhr. von der (1693–1776) 113, 513
Goltz, Ludwig Franz Ernst Frhr. von der (1753–1831) 113–115, 465, 548
Goltz, Magnus Hans Ernst Frhr. von der (1738–1765) 111, 487

Goltz, Marie Elisabeth von der († 1747) 112 f.
Goltz, Marie Wilhelmine Caroline von der 154
Goltz, Rudolph Siegmund Friedrich Wilhelm Frhr. von der (1770 – nach 1820) 115
Goltz, Susanna Margaretha Freiin von der 398, 516
Goltz, Wilhelm Bernhard Graf von der (1736–1795) 114, 504 f.
Gombrecht, Witwe von 116, 314
Gombrecht, Hans George von (* 1677) 115 f., 314
Gontard, Frau von 202
Gontard, Friedrich August von 202, 536
Gorck, George Ludwig von (* 1684) 116
Gorck, Hans George von (1711–1739) 116
Gorcke, Susanna Margarethe von (* 1719) 112
Gordon, August Friedrich von (* 1681) 116, 400, 469
Graeve, Hofrätin 156, 535
Graevenitz, Cap. von 116
Graevenitz, Ltnt. von 287, 456
Graevenitz, Charlotte Wilhelmine von (1720–1771) 114
Graevenitz, Christian Lebrecht von (um 1733) 116 f.
Graevenitz, Christoph Heinrich von (* 1733) 116, 456
Graevenitz, Johann Christian Lebrecht von (* 1785) 117
Graevenitz, Juliane Sophie von (1729–1811) 420
Graevenitz, Leopold Ludwig Eduard von (1739–1805) 116 f.
Graevenitz, Ludwig Hermann Eduard von (* 1787) 117
Gramm, Asmus Rudolph von 117
Gramm, Balthasar Ludwig von 117
Gramm, Carl Moritz von (1726–1762) 117
Gramm, Friedberg von 117, 461
Gramm, Friedrich von 474
Gramm, Wilhelm von (* um 1720) 117
Grape, August Siegmund von (1770–1812) 117
Grape, Carl Christian Heinrich von (1768–1798) 117
Grape, Gottfried Ludwig von (* 1772) 117
Grape, Jacob Ludwig von (1735–1811) 117, 455, 492
Grape, Sophie Juliane von 57
Graurock, Friedrich August Heinrich von (1784–1861) 118
Graurock, Friedrich Wilhelm von (1733–1807) 118
Graurock, Gottfried von († um 1744) 118
Gregory, Dorothea Louise 368
Greiffenberg, geb. von 62
Greiffenberg, geb. von († um 1768) 281
Greiffenberg, Charlotte Sophie Wilhelmine von, geb. Fritze (s. d.)
Greiffenberg, Dorothea Tugendreich von (* 1701) 78
Greiffenberg, Ernst Ludwig von (* 1728) 282
Greiffenberg, Friederike Auguste Luise von (* 1733) 118
Greiffenberg, Friedrich Ludwig Rudolph von (1741–1814) 118, 471
Greiffenberg, Hans von (1699–1771) 118, 471
Greiffenberg, Hans Friedrich von (1735–1758) 118
Greiffenberg, Hyppolita Henriette Luise von (* 1745) 118
Greiffenberg, Ilse Margarethe von 61
Greiffenberg, Johanne Christiane Charlotte von (* 1738) 118
Greiffenberg, Sophie Charlotte von († 1762) 62
Greiffenberg, Wilhelmina Tugendreich Dorothea von (* 1732) 118
Groeben, Fam. von der 410
Groeben, Adolph Wilhelm von der (* 1681) 118
Groeben, August Ludwig Otto von der (* 1784) 119
Groeben, August Otto von der (1749–1829) 118 f., 456, 518
Groeben, Carl von der (* 1749) 119
Groeben, Carl Ernst von der (1750–1809) 120, 549
Groeben, Carl Wilhelm von der (1711–1783) 118 f., 549
Groeben, Carl Wilhelm Ludwig von der 451
Groeben, Charlotte Auguste von der (1740–1833) 220
Groeben, Charlotte Henriette von der (1719–1749) 31
Groeben, Christian Otto von der (1660–1735) 119, 179, 431, 433, 536
Groeben, Friedrich Ludwig von der (1708–1791) 119
Groeben, Heinrich Wilhelm von († nach 1695) 118
Groeben, Helene Sophie von der 119
Groeben, Joachim Heinrich von der (1705–1768) 120, 545
Groeben, Johann Adolph von der (* 1744) 119
Groeben, Johann Gottlieb von der (* 1773) 119
Groeben, Luise Henriette Sophie von der 411, 545
Groeben, Luise Wilhelmine von der (1699–1782) 55, 57, 482
Groeben, Otto August Heinrich Graf von der (1741–1810) 120, 545
Groeben, Sophie Helena Christiana von der 343

Groeben, Timotheus Otto von der (1703–1749) 119, 220
Groeben, Wilhelm Heinrich Ludwig von der (1745–1794) 120 f.
Groeben, Wilhelm Heinrich Otto von der (1783–1815) 119
Grolman, Wilhelmine Sophie Elisabeth von (1762–1842) 296
Grone, Herr 505
Grone, Friedrich Wilhelm 505
Grothe, Justizrat 373
Grothe, Oberamtmann 106, 544
Grothe, Johann Wilhelm 544
Grothe, Marie Eleonore, geb. Friese (s. d.)
Grote, Lucie Charlotte Freiin von (1722–1757) 269
Grubbe, Sofie Louise (1720–1771) 437
Gruben, Hans George von 545
Grünberg, geb. von 418, 479
Grünberg, Carl Friedrich von (* 1706) 121, 288, 488, 503
Grünberg, Caroline Helene von (1745–1780) 115
Grünberg, George von (* 1718) 121
Grünberg, Johann Christian von (* 1704) 121
Grünberg, Johann Fabian von (1679–1730) 121, 502
Grünberg, Johanna Helena Friederica von (* 1742) 250, 479
Grünberg, Marianne Helene Tugendreich von (1719–1781) 161
Grünberg, Rudolph Gottlob von (* 1717) 121
Grünberg, Sophia Christiana (* 1764) 485
Grünwald, Anna Sophie Marie von († nach 1757) 169
Grumbkow, David von 477
Grumbkow, Friedrich Casimir von 477
Gühlen, Herr von 263
Gülle, Frau 480
Gülle, Martin Friedrich 62 f., 310, 480
Güntersberg, Fam. von 121
Güntersberg, geb. von 323, 468, 530
Güntersberg, Commissarius von 504
Güntersberg, Anna Maria von († 1702) 109
Güntersberg, Appolonia von 407
Güntersberg, Appolonia Hedwig von 272
Güntersberg, Christiane Elisabeth von 409, 548
Güntersberg, Ewald Friedrich von (* 1676) 121, 272, 451, 478, 484, 486, 512, 548
Güntersberg, Johann Adam von (* 1678) 121, 448, 451, 480, 486
Günther, von, Obrist 106
Günther, Christoph 487
Günthersfeld, Antoinette von (1681–1754) 262 f.
Gütterbock, George Ernst von (* 1668) 121
Guhse, Carl Ferdinand 449
Gumbrecht, geb. von († 1773) 51
Gumbrecht, Witwe Cap. von *siehe auch* Gombrecht 51, 116, 510

Haacke, Akziseinspektor 461
Hackeborn, Johanna von (1683–1729) 76
Hänseln, George August Sigmund von (* 1722) 121
Häusler, Henriette Charlotte Ernestine von (1772–1816) 82
Hagen, Fam. von 347
Hagen, Herr von 209, 478
Hagen, Anna Margarethe von 298
Hagen, Barbara Juliana von der 363
Hagen, Carl Friedrich von (1722–1781) 121 f., 124
Hagen, Carl Wilhelm von (* 1690) 122, 462
Hagen, Caroline Erdmuthe vom 123, 466
Hagen, Charlotte Wilhelmine Blandine von der 450
Hagen, Christian Siegmund von (1674–1717) 122, 528
Hagen, Christine von 190
Hagen, Dorothea Auguste von (1751–1819) 33
Hagen, Dubislav Christoph von (1642–1681) 122 f.
Hagen, Dubislav Christoph (d. J.) von 124 f.
Hagen, Elisabeth Sophie Albertine von (1727–1799) 138
Hagen, Ernst Gottlieb von (1728–1760) 122
Hagen, Friedrich Ernst vom (* um 1762) 123 f.
Hagen, Friedrich Werner Tido Sigmund von (* 1752) 123 f., 507
Hagen, Gottlob Lebrecht Friedrich vom (1752–1809) 123
Hagen, Hans Christian Friedrich von (1747–1817) 124
Hagen, Hans Heinrich Bernhard von 122
Hagen, Hans Joachim von (1646–1701) 123
Hagen, Hans Joachim (d. J.) von 125
Hagen, Hans Jost Anton vom (1740–1807) 123 f.
Hagen, Hans Siegmund von (1635–1700) 122
Hagen, Hans Siegmund von (* 1709) 124
Hagen, Hans Sigismund von (1698–1755) 123–125, 463, 507
Hagen, Hans Sigismund von (1702–1756) 122, 124
Hagen, Joachim Friedrich von (1687–1737) 121 f., 478
Hagen, Jobst Carl von (1706–1765?) 123, 466

Hagen, Johann Carl von (1758–1823) 122, 124 f., 473
Hagen, Leopold Christoph von (1742–1823) 123, 549
Hagen, Ludwig Friedrich vom (* 1747) 123
Hagen, Philipp Dubislav von (1678 – um 1748) 124 f., 463, 514
Hagen, Philipp Siegmund von (1701–1749) 124 f.
Hagen, Philipp Sigismund von (1648–1717) 123, 507, 513
Hagen, Philipp Sigismund von (* 1706) 124 f.
Hagen, Sigismund August von (1648–1717) 124, 549
Hagen, Sophia Juliana von der 22
Hagen, Tido Christoph von (1618–1660) 123
Hagen, Tido Christoph von (1668–1737) 123–125, 507, 514
Hagen, Wiprecht Albrecht Friedrich von der (1761–1786) 125
Hagen, Wiprecht Friedrich August von der (1765–1827) 125 f.
Hagen, Wiprecht Joachim Ludwig von der (1728–1764) 125
Haienski, Amalie von 267
Hake, Fam. von 126 f., 328
Hake, Frau Ol von 493
Hake, Ltnt. von 292
Hake, Obrist von 143
Hake, Barbara von 300
Hake, Christian Bernhard von (* 1695) 126
Hake, George III. von (1655–1709) 126
Hake, George Anton von (* 1686) 126, 510
Hake, George Anton von (* 1695) 126, 510
Hake, George Ehrentreich von (* 1717) 126
Hake, Hans Albrecht von (* 1749) 174
Hake, Hans Christoph Friedrich Graf von 332
Hake, Louise Maria Elisabeth von (* 1744) 143 f.
Hake, Margarethe Helene von (1620 – vor 1662) 88
Hake, Marie Elisabeth von (1700–1758) 152
Hake, Otto Friedrich von (* 1725) 126
Hake, Samuel Rudolph von (* 1691) 126, 510, 525
Hake, Susanne Johanna Albertine Gräfin von (1743–1804) 332
Hake, Ursula Catharina von 525
Halberstadt, Auguste Sophie von († 1759) 118 f.
Hanff, Friedrich 502
Hanstein, Henriette Sophie Friederike von, geb. von Knobelsdorff (s. d.)
Hanstein, Sophie Eleonore Ernestine von, geb. von Knobelsdorff (s. d.)
Hart, Johann Friedrich Wilhelm 130, 474
Hartmann, Christian Albrecht von (* 1693) 127
Hartmann, Johann Christoph 461
Hartmann, Johann Friedrich Ludwig von (* 1742) 127, 482, 549
Hartsch, Herr von 286
Hartsch, Friederike (* 1755) 286
Haslingen, George Tobias Graf von 511
Haßfort, geb. von 89
Hauben, Ltnt. von 65, 127, 458
Hauben, Johann Christian Friedrich von (* 1745) 127, 458
Haugwitz, Witwe von 538
Haugwitz, Baltzer Ferdinand von (1714–1758) 127 f.
Haugwitz, Christoph George von (* 1692) 128
Haugwitz, Ferdinand Adolph von 127, 474
Haugwitz, Johanna Sophia von (1723–1786) 176
Haugwitz, Maria Charlotte von (* 1773) 105, 488
Haupt, Witwe von 527
Haupt, Erdmann Friedrich 527
Haupt, Johann Friedrich 527
Hauschteck, Henriette Caroline Albertine (1775–1831) 445
Hausmann, Friederica Sophia 147
Havenstein, Theodora Elisabeth (* 1716) 165, 512
Hauxler und Mödersheim, Clara Freiin von 278
Hayn, Henriette Caroline von (* 1731) 20
Heinkunth, Witwe 487
Heinkundth, Tobias 487
Helms, Sophie Friederique (* 1724) 240
Hemminghausen, geb. von († 1797) 135
Henkel von Donnersmarck, Caroline Helene Gräfin von (1731–1789) 361
Henkel von Donnersmarck, Leo Maximilian Graf († 1771) 361
Herford, Äbtissin von 531, 543, 545
Hern, Carl Bogislav (1747–1800) 128
Hern, Christian Ludwig (1705–1778) 128, 476
Hern, Friedrich Sigismund von (* 1743) 128
Hern, George Wilhelm (1744–1832) 128, 476
Hern, Johann Gustav (1750–1792) 128
Hermann, Hans (1689–1737) 128
Herold, geb. von 265
Herold, Catharina Johanna Wilhelmine von (1726–1809) 224
Herrmann, Jacob Friedrich Wilhelm von (1776–1833) 128

Herrmann, Johann Friedrich von (1730–1818) 128
Hertzberg, Ltnt. von 120
Hertzberg, Rittmstr. von 463
Hertzberg, Carl Heinrich von (* 1775) 130
Hertzberg, Caspar Friedrich Sylvester von (1721–1779) 129, 384, 507, 549
Hertzberg, Ernst Carl Erdmann von (1782–1844) 129
Hertzberg, Eustach Wilhelm von (1700–1763) 129, 471, 473
Hertzberg, Ewald Eustachius von (* 1742) 129, 549
Hertzberg, Friedrich Ernst Wilhelm Leopold von (* 1771) 129
Hertzberg, Friedrich Wilhelm Graf von (1739–1815) 129, 471
Hertzberg, Friedrich Wilhelm Ludwig Otto Graf von (1780–1821) 129 f.
Hertzberg, Gustav Ludwig von (1746–1823) 129, 496
Hertzberg, Jürgen Henning von (* 1685) 129
Hertzberg, Ludwig George Bernd von (1790–1856) 129
Hertzberg, Magdalene von († 1771) 129
Hertzberg, Otto Carl von (* 1777) 130
Hertzberg, Otto Heinrich von (* 1745) 130, 474
Hertzberg, Tobias Silvester von 129
Herwarth, Johann Baptiste von (* 1718) 130
Herwarth, Johann Carl von (1767–1807) 130
Herwarth, Johann Ulrich von († um 1797) 130
Herwarth, Johanne Eleonore von 459
Hesler, Maria Louise von von 338
Hesse, Sophia Dorothea 423
Hessen, Ludwig Landgraf von (1691–1768) 322
Hessen, Wilhelm I. Kurfürst von (1743–1821) 420
Heyde, Eleonora Tugendreich von der († nach 1715) 254
Heydebreck, Elisabeth Catharina von (1685–1768) 112
Heyden, Witwe von der 199, 526
Heyden, Ritterschaftsrat von 518
Heyden, Bernd Christian von der (* 1712) 130, 526
Heyden, Carl August von der (* 1703) 130
Heyden, Caroline Helene Wilhelmine 496
Heyden, Ernst Friedrich von der (* 1704) 130 f.
Heyden, Hans Otto von der (* 1696) 131
Heyden, Johann Caspar von 23, 496
Heyden, Johann Friedrich von der (* 1703) 131
Heyden, Leopold Carl Friedrich von 493
Heyden, Leopold Wilhelm Christian von der (* 1741) 130
Heyden, Otto Heinrich von der (* 1703) 130
Heyden, Otto Sigismund von der 130, 488
Heyden, Wulf Ernst von der (* 1661) 131, 526
Heynitz, Johann von 176
Hill, George Wilhelm von 515
Hille, Constanze Friederike Christiane (1760–1833) 154
Hilmershausen, Wilhelmine von (1746–1804) 284
Hindenborg, J. F. 524
Hirschfeld, GM von 93
Hobe, geb. von 241
Hochkirch, Friedrich Wilhelm 269
Hoff, Susanne Magdalene von (1676–1762) 97
Hoffmann, Gebr. 377
Hoffmann, Rektor 50
Hoffmann, Carl Wilhelm 510
Hoffmann, Christian 127, 510
Hoffmann, Christine Caroline von (1772–1836) 107 f.
Hoffmann, Christoph Friedrich 481
Hoffmann, Elisabeth (* 1735) 50
Hoffmann, Gottfried 510
Hoffmann, Helena Dorothea 391
Hoffmann, Johann Christian 510
Hoffmann, Johann Ludwig 510
Hoffstedt, Frau von 131, 475, 542
Hoffstedt, Carl Friedrich von (* 1701) 131, 542
Hoffstedt, Gustav Adolph von 131
Hohberg, Charlotte Louise von (* 1756) 45
Hohberg, Johanne Friederike von 306
Hohenberg, Samuel von 486
Hohendorff, Anna Elisabeth Charlotte von (1717–1782) 78
Hohendorff, Johann Friedrich von (1744–1820) 131, 468, 549
Hohendorff, Johann Friedrich von (1784–1813) 131 f.
Hohendorff, Johann Wolff Ferdinand von (* 1796) 131
Hohendorff, Leopold Heinrich von (1785–1813) 131
Hohendorff, Otto Wilhelm von (* 1790) 131
Hohenlohe-Bartenstein, Fürst von 66
Hohenstein, Margarethe Elisabeth von 186
Hohenzollern-Hechingen, Maria Louise Pauline Erbprinzessin von (1782–1845) 285, 453, 497, 500, 533
Holle, Johann Zacharias von (* 1695) 132, 137, 513
Hollwede, Rittmstr. von 473
Hollwede, Witwe von 519
Hollwede, Marie Eleonore von 133

Holtorff, Gebhard Ludwig 490
Holtzendorff, geb. von 77
Holtzendorff, Gebr. von 204, 321
Holtzendorff, Landrat von 119
Holtzendorff, Witwe von 483
Holtzendorff, Carl Friedrich von 228
Holtzendorff, Caroline Erdmuthe von 228
Holtzendorff, Friedrich Wilhelm von (* 1752) 132
Holtzendorff, Gottlob Ludwig von (* 1719) 132, 389, 494, 540 f.
Holtzendorff, Hans George von 77
Holtzendorff, Hans Ludwig Gottlob von (1750–1801) 132, 483
Holtzendorff, Helene Sophie von 119
Holzmann, Ernestine Sabine von (1735–1774) 89
Homboldt, Frau von 519
Homboldt (Humboldt), Alexander von (1769–1859) 133
Homboldt, Alexander George von (1720–1779) 133, 519
Homboldt, Anna Magdalena von 22
Homboldt, Erdmann Ludwig von († 1723) 133
Homboldt, Hans Paul von († 1739) 133, 549
Homboldt (Humboldt), Wilhelm von (1767–1835) 133
Horcker, geb. von 91 f.
Horcker, Herr von
Horcker, Ol von († 1697) 134
Horcker, Pl von 133
Horcker, Carl Reinhold von (1664–1727) 133, 472
Horcker, Christian Friedrich Achatz von (* 1787) 133
Horcker, Christian George Achatz von (* 1754) 133 f., 472
Horcker, Christian Jacob von (* 1737) 133 f., 296, 472, 547
Horcker, Christian Sigismund von (* 1694) 133 f., 472
Horcker, Ernst Bogislav von 133
Horcker, George Achatz von (um 1720 – um 1765) 133 f., 530
Horcker, George Christian von († vor 1727) 134, 472
Horcker, Gottliebe Tugendreich von († 1707) 397
Horcker, Hans Sigismund (d. Ä.) von 133
Horcker, Hans Sigismund (d. J.) von 133
Horcker, Lewin Ernst von 134
Horcker, Sigismund Leopold von (* 1739) 134
Horcker, Tugendreich von 391
Horn, geb. von 467
Horn, Witwe von 135, 526
Horn, Adam von (* 1773) 135
Horn, Anna Sophie 355, 467, 481
Horn, Gottfried 480
Horn, Luise Charlotte 535
Horn, Melchior von († vor 1718) 135, 526
Hornberg(er), Carl Heinrich von 135
Hornberg(er), Friedrich Wilhelm von (* um 1765) 135
Hornberg(er), Gottlob Friedrich von (1729–1787) 135
Hornejus, Theodor Franz Gottfried (* 1764) 386
Houwald, Johanna Eleonore Caroline von 368
Hubert, Amtmann 368
Hubert, Caroline Johanne († 1852) 38
Hubert, Christian Gottlob 519, 458, 519
Hubert, Gottlob (Gottlieb) 458
Huch, Eva Maria 525
Hülsen, Friedrich Wilhelm von (1750–1817) 135
Hünecke, Cap. von († vor 1715) 135
Hünecke, Ol von 135, 478
Hünecke, Friedrich Wilhelm von 135
Hünecke, Heinrich Wilhelm von 135, 466
Hünecke, Luise Henriette Sophie Freiin von (1718–1772) 120, 411, 545
Hünecke, Philipp Lebrecht von 135
Hünecke, Philipp Wilhelm von (* um 1690) 135
Hünecke, Simon Victor von 458
Hünecke, Sophie Dorothea von (1681–1763) 311
Huyssen, Johanne Henriette Louise von (1738–1797) 86

Ihlow, geb. von 422
Ihlow, Gebr. von 229
Ihlow, Adam Heinrich von (* 1709) 135–137
Ihlow, Anton Christoph von 514
Ihlow, Anton Ernst von (* 1773) 138, 497, 501
Ihlow, Anton Friedrich von (* 1733) 136
Ihlow, Asmus Ernst von 137
Ihlow, Barbara von († 1724) 184
Ihlow, Barbara Sabina von (* 1724) 191, 531
Ihlow, Berend von 139
Ihlow, Carl Dietrich von (1706) 137
Ihlow, Caspar Friedrich von (* 1698) 136, 524
Ihlow, Caspar Hartwig von 137 f., 516, 524
Ihlow, Charlotte Lucretia von († 1754) 207
Ihlow, Christian Friedrich von († 1731) 137, 516
Ihlow, Curt Ehrentreich von 136 f., 490
Ihlow, Dietlof Otto von 137 f., 524
Ihlow, Ernestine Florine von (* 1734) 136
Ihlow, Ernst Christian von 132

Ihlow, Ernst Dietrich Christian von (* 1735) 136 f., 490
Ihlow, Ernst Johann Christian von (um 1690 – 1743) 136–138, 490
Ihlow, Friedrich Hartwig von (* 1713) 136
Ihlow, Friedrich Wilhelm von († vor 1715) 137
Ihlow, Friedrich Wilhelm von (1703–1746) 137, 456
Ihlow, Hans Balthasar von (* 1685) 136 f., 490
Ihlow, Hans Dietrich von 137
Ihlow, Hans Joachim von (um 1685–1750) 135–137, 535
Ihlow, Hans Joachim von (* 1721) 136
Ihlow, Hartwig Erdmann von (1718–1759) 137 f.
Ihlow, Henriette Eleonore von (* 1775) 138, 414
Ihlow, Joachim Bernd von († 1698) 139
Ihlow, Joachim Dietrich von 136
Ihlow, Johann Ernst Christian von (1743–1797) 132, 138, 497, 501, 513
Ihlow, Luise Tugendreich von († 1758) 331
Ihlow, Magdalene Tugendreich von 138
Ihlow, Marie Eleonore Magdalene von, geb. von der Schulenburg (s. d.)
Ihlow, Marie Elisabeth von (1699–1734) 54, 516
Ihlow, Otto Friedrich von (1727–1792) 138 f., 422, 524
Ihlow, Witwe Sophia Eleonora von 84
Ihlow, Wolf Erdmann von (* 1698) 139, 500
Ihlow, Wolf Erdmann von (1722–1741) 139
Ihlow, Wolf Erdmann von (* 1728) 139
Ihlow, Wulf Christian Erdmann von (* 1688) 139, 541
Ihlow, Wulff Bernhard von (* 1722) 138
Ilgen, Constantia Henriette Freiin von († 1747) 269
Inn- und Knyphausen, Dodo Heinrich Frhr. von († 1789) 91
Inn- und Knyphausen, Eva Henriette Freiin von (1725–1774) 285

Jablonowsky, Fürst von 54
Jaeckel, Carl Ludwig 288, 489
Jaeckel, Johann Joachim 417
Jäger, Carl Wilhelm von (1686–1744) 139
Jänicke, Johann Wilhelm 480
Jagow, Heinrich von (1780–1812) 139
Jagow, Johann August Siegfried von (* 1770) 139 f.
Jagow, Leopold Siegfried Daniel von (1718 – nach 1774) 139, 485
Jagow, Leopold Siegfried Ludwig von (* 1764) 139 f.
Jagow, Otto Christoph von 511
Jancke, Amtmann 535
Jargow, geb. von 523
Jargow, Amalia Wilhelmina Hedwig von, geb. von Schön (s. d.)
Jargow, Carl Hans Adolph von (* 1739) 140, 516
Jargow, Carl Wilhelm Friedrich von (1764–1807) 140, 437, 544
Jargow, Caroline Wilhelmine Dorothea von 106 f., 523
Jargow, Wilhelmine Luise Hedwig von 107
Jaskoletzka, Carolina Constantia von 197
Jasmund, Botho Christoph Hellmuth von 519
Jasmund, Caroline Christiane von (1735–1767) 368
Jena, Carl Friedrich von (1710–1736) 140
Jena, Carl Friedrich von (1770–1838) 140 f.
Jena, Friedrich Wilhelm von (1735–1774) 140, 464
Jena, Gottfried von (1706–1775) 140, 464
Jena, Gottfried von (1767–1831) 140 f., 464
Jutrzenka, Fam. von 9
Jutrzenka, Siegmund (Michel) von (* um 1740) 79

Kahlenberg, Christian Friedrich von (* 1708) 141
Kahlenberg, Friedrich Erdmann von (* 1704) 141
Kahlenberg, Luise Amalie Friederike von 308
Kahlenberg, Otto Wilhelm von (* 1722) 141 f.
Kahlenberg, Rudolph Ehrentreich von 141, 501
Kahlenberg, Sabina Elisabeth von 256–258
Kalb, Dorothea Sophia Amalia von 280
Kalckreuth, Herr von 379
Kalckreuth, Adam Chrysostomus von (* 1749) 142
Kalckreuth, Adolph Lorenz von 145
Kalckreuth, Balzer Reichart von 142, 145, 428
Kalckreuth, Balzer Sigismund von 145
Kalckreuth, Beate Dorothea von (1680–1708) 391
Kalckreuth, Carl von (1649–1726) 143, 479, 503
Kalckreuth, Carl Balthasar Ernst von (um 1720–1788) 142
Kalckreuth, Carl Christian von (1702–1742) 142 f., 145
Kalckreuth, Carl Ferdinand von (1778–1838) 144
Kalckreuth, Carl Siegmund von (1712–1758) 142
Kalckreuth, Carl Sigismund von (1744–1816) 144, 449, 525
Kalckreuth, Caroline Beate Dorothea von (1752/54–1837) 145, 427, 526

Kalckreuth, Caspar Oswald von 142, 145, 459
Kalckreuth, Caspar Rudolph von (* 1706) 142 f., 145
Kalckreuth, Christian Ludwig von 143
Kalckreuth, Christoph Balzer von 142
Kalckreuth, Chrysostomus von 142
Kalckreuth, Ernst Carl Rudolph von (1745–1813) 144, 449
Kalckreuth, Ernst George von (1690–1762) 143, 145 f., 549
Kalckreuth, Eva Elisabeth von 376 f.
Kalckreuth, Friederika Wilhelmina von (* 1749) 144
Kalckreuth, Friederike Luise Tugendreich von (1753–1840) 445
Kalckreuth, Friedrich August Bogislav von (1747–1821) 144, 449
Kalckreuth, Friedrich Ernst von (* 1728) 142, 146
Kalckreuth, Friedrich Joachim von (* 1671) 143
Kalckreuth, Friedrich Wilhelm von (1712–1784) 143, 145
Kalckreuth, Friedrich Wilhelm (d. J.) von 143
Kalckreuth, Hans Christoph von († 1721) 145
Kalckreuth, Hans Christoph Ernst von (1741–1825) 144, 449
Kalckreuth, Hans George von 145
Kalckreuth, Hans Otto von 143, 145
Kalckreuth, Hedwig Elisabeth von 428
Kalckreuth, Helene Erdmuthe von († 1727) 381
Kalckreuth, Johann Carl Sigismund von (1738–1814) 143
Kalckreuth, Johann Friedrich von 142
Kalckreuth, Johann Nicolaus von 143
Kalckreuth, Louisa Henriette von (* 1747) 144
Kalckreuth, Ludwig Gottlob von (1716–1783) 143, 145
Kalckreuth, Rudolph Eberhard von (1708–1750) 142, 144, 400, 449
Kalckreuth, Rudolph Ernst von 142, 472, 503
Kalckreuth, Samuel von 145, 503
Kalckreuth, Samuel Adolph von (1693–1778) 145, 549
Kalckreuth, Sebastian Friedrich von 142
Kalckreuth, Sigismund Wilhelm von (1722–1759) 142, 145 f.
Kalckreuth, Wilhelm Heinrich Adolph von (1735–1811) 143, 145 f.
Kalckreuth, Wilhelmine Charlotte von (1705–1761) 156 f.
Kalckreuth, Wolf Christian von († 1721) 142 f., 145, 459
Kalisch, Anne Marie von 537
Kalisch, Gustav (Günter) Friedrich von (* 1745) 146, 549
Kalisch, Johann Friedrich von (* 1710) 146, 537
Kalsow, Balthasar Ferdinand von (um 1691–1766) 146 f., 455
Kalsow, Carl Ferdinand von († 1697) 146
Kalsow, Christian Ludwig von (1694–1766) 146 f., 430, 455, 547, 549
Kameke, geb. von 347
Kameke, Obrist von 468
Kameke, Witwe von 468
Kameke, Carl Friedrich Albrecht von 522, 549
Kameke, Carl Friedrich Siegmund von 549, 551
Kameke, Eleonore Sophie von 177
Kameke, F. P. Graf von 18
Kameke, Henning Jürgen von 177
Kameke, Jacob Adolph von 451
Kaminska, Henriette Wilhelmine Sophie von (1765–1800) 32
Kaminsky, Carl August Wilhelm von (* 1768) 147, 549
Kaminsky, Carl Friedrich von (1737–1781) 147
Kaminsky, Friederike Caroline Helene von (* 1773) 147
Kaminsky, Henriette Wilhelmine von (* 1764) 147
Kamptz, von 467
Kamptz, geb. von 219
Kamptz, Sofie Hedwig von 240
Karg, Ludwig 343
Karstedt, Dorothea Gottliebe Hedwig von († 1735) 431
Katsch, Reg.quartiermstr. 192
Katte, Fam. von 147
Katte, Albrecht Ludwig von (1724–1774?) 147, 479
Katte, Dorothea Elisabeth von (* 1744) 293
Katte, Friedrich George von (1772–1796) 147
Katte, Hans Albrecht Scipio von (1764–1838) 147
Katte, Hans Friedrich von (1698–1765) 293
Katte, Hans Heinrich von (1681–1741) 244
Katte, Hans Ludwig Cäsar von (1766–1830) 147
Katte, Johann Friedrich Heinrich von (1740–1813) 293
Kautz, Johanna Albertine († 1839) 205
Kenitz, George Wilhelm von 550
Ker(c)kow, Ernst Siegismund von (* 1747) 148

Ker(c)kow, George Wilhelm von (um 1748–1818) 147 f., 550
Ker(c)kow, Hans Caspar von (1723–1777) 147 f., 512
Ker(c)kow, Hans Ernst Siegismund (1765–1787) 148, 550
Ker(c)kow, Hans Sigismund von (1680 – vor 1755) 147, 512
Kerger, Caroline Friederike Amalie (* 1770) 404
Kern, Christoph Heinrich Ferdinand von (1742–1810) 148, 541
Kersten, Amtmann 450
Ketelhack, Anna Ursula von 123
Kettwig, Witwe von 192, 498
Kettwig, Adam Ernst von († 1727) 149, 504
Kettwig, Balzer Friedrich von 149
Kettwig, Bastian Bernd von 148
Kettwig, Christian Dietloff von 148
Kettwig, Conrad Melchior von (* 1685) 148
Kettwig, Ernst Friedrich August von (1712–1739) 149
Kettwig, Joachim Friedrich von 149, 474
Kettwig, Joachim Wilhelm Leberecht von (1722 – um 1790) 149, 474, 504
Kettwig, Johann Carl Rudolph von (um 1720 – vor 1785) 149, 474, 504
Kettwig, Johann Ernst von 148
Kettwig, Maria Elisabeth von 137, 516
Kettwig, Sophie Helene Christiane von 381
Kettwig, Wolf Alexander Otto von (1722–1775) 149, 474, 504
Keuler, Catharina Elisabeth von (1728–1802) 335
Kickoll, Johann Gottfried von (1699–1759) 302
Kickoll, Wilhelmine von 302
Kienitz, Anna Margarethe von († 1743) 340
Kienitz, Christian Ludwig von (1692–1758) 149 f.
Kienitz, Christian Ludwig von (1724–1797) 149
Kienitz, Joachim Ludwig von (um 1650–1711) 149, 358, 547
Kienitz, Johann Gotthilf 118, 471
Kirchheim, Marie Luise 386
Kirchhoff, Hofrat 189
Kitscher, Carl Friedrich von († 1770) 150
Kitscher, Christian Gottfried von (* 1733) 150
Kitscher, Levin Dionysius von (1675–1741) 150, 457, 487
Kitscher, Levin Dinnies von 458
Kittlitz, geb. Freiin von 536
Kittlitz, Anna Margaretha von 40
Kittlitz, Heinrich Friedrich von (1730 – um 1790) 150
Kittlitz, Joachim Friedrich von (1695–1732) 150
Kittlitz und Ottendorff, Eleonore Charlotte Freiin von 342
Klaette, Adam von (* 1731) 150
Kleinsorge, Engelbert Theodor von (1716–1765) 150 f.
Kleinsorge, Friederike Wilhelmine von 487, 498
Kleinsorge, Theodora Wilhelmine von (* 1743) 151
Kleist, Fam. von 4
Kleist, geb. von 400, 442, 522
Kleist, Witwe von 498, 519
Kleist, Andreas Joachim von (1678–1738) 152
Kleist, Andreas Joachim (d. J.) von 47, 456
Kleist, Bogislav Christlieb von (1749–1813) 151, 449
Kleist, Carl Conrad Bogislav von (1697–1772) 153
Kleist, Carl Wilhelm Joseph Sigismund von (1784–1805) 151 f., 456
Kleist, Catharina Anna von († 1732) 45
Kleist, Charlotte Louise Clara Marie von (1786–1828) 151 f., 456
Kleist, Charlotte Luise von, geb. von Flemming (s. d.)
Kleist, Charlotte Marie von (1729–1805) 254, 469, 476, 480, 520, 528, 536
Kleist, Christian (Ludwig) Friedrich von (* 1752) 151
Kleist, Eleonora Maria von, geb. von Unruh (s. d.)
Kleist, Erdmann Ernst von (* 1694) 152
Kleist, Erdmuth Lucretia von (1712–1779) 151, 449
Kleist, Ewald von (1667–1746) 151
Kleist, Franz Ulrich von 22, 53
Kleist, Friedrich Anton Ulrich von (1765–1833) 152, 485
Kleist, Friedrich Carl Gottlob von (1771–1847) 152, 385
Kleist, Friedrich Carl Leopold von (1731–1799) 152 f., 485
Kleist, Friedrich Conrad von (1726–1808) 153
Kleist, Friedrich Ferdinand Heinrich Emil von (1762–1823) 153, 368
Kleist, Friedrich Ludwig Wilhelm von (1694–1757) 153, 219, 401, 481
Kleist, Friedrich Wilhelm von (1717–1797) 152
Kleist, Friedrich Wilhelm Gottfried von (1724–1767) 152
Kleist, George Wedig von (1707–1759) 153, 458

Kleist, Gotthilf Christian von (1682–1757) 151, 449, 519, 550
Kleist, Gotthilf Christian Ernst von (1743–1803) 151, 449
Kleist, Hans Christian von (1715–1757) 151, 456, 546
Kleist, Hans George Wedig von (1750–1816) 153 f.
Kleist, Hedwig Marie Elisabeth von († 1799) 44
Kleist, Helene Louise von (1723–1763) 22, 53
Kleist, Henning Alexander von (1677–1749) 154, 550
Kleist, Hermine Caroline Charlotte von 368, 520
Kleist, Joachim Friedrich von 80, 480, 550
Kleist, Johann Friedrich Bogislav von (1751–1788) 151, 456
Kleist, Johann Rudolph von 529
Kleist, Leopold von (1719–1787) 154, 448
Kleist, Ludwig Leopold von (1723–1790) 152, 492
Kleist, Margarethe Amalie von (* 1711) 42
Kleist, Maria Clara von (* 1705) 244
Kleist, Marie Albertine Eleonore von (1768–1836) 44
Kleist, Marie Caroline Henriette von (* 1770) 152
Kleist, Marie Elisabeth von 145
Kleist, Marie Irene Charlotte von (* 1775) 152
Kleist, Melchior Ludwig von (um 1680 – um 1728) 88, 153, 463 f.
Kleist, Regina Wilhelmine von, geb. von Mellenthin (s. d.)
Kleist, Wilhelm Christian von (1636–1726) 151, 492, 519
Kleist, Wilhelm Christoph von (1727 – nach 1792) 154
Kleist, Wilhelm Friedrich Heinrich von (1785–1867) 154
Kleist von Bornstedt, Franz Otto († 1771) 54
Klingspor, Anna Catharina von († 1738) 224
Klitzing, Cap. von 230
Klitzing, geb. von 289, 527
Klitzing, GM von 123
Klitzing, Major von 123
Klitzing, Witwe von 456, 458, 527
Klitzing, Adolph Erdmann von (1699–1757) 154
Klitzing, Adolphine Susanna Caroline von (1772–1844) 155
Klitzing, Anton Wilhelm von (1735–1793) 155, 527
Klitzing, Carl Cuno Friedrich von 527
Klitzing, Carl Philipp von (1677–1717) 155, 456
Klitzing, Carl Sigismund von (* 1773) 156
Klitzing, Caspar Christoph von 517
Klitzing, Charlotte Sophie von (* 1719) 123
Klitzing, Christian Gottlob von (1722–1740) 155
Klitzing, Christiane Erdmuthe von († 1757) 184
Klitzing, Cuno Erdmann von (1662–1710) 154, 526
Klitzing, Friederike Erdmuthe von (1723–1791) 104
Klitzing, Friedrich Christoph von (* 1725) 156, 517
Klitzing, Friedrich Wilhelm von (* 1727) 156
Klitzing, Friedrich Wilhelm von (1729–1790) 154
Klitzing, George Ernst von (1698–1759) 156, 535
Klitzing, Gottlob Leopold (d. Ä.) von 526 f.
Klitzing, Gottlob Leopold von (1726–1757) 155
Klitzing, Hans Caspar von (1641–1709) 155
Klitzing, Johann Siegismund von (1726–1803) 156
Klitzing, Luise Catharine Wilhelmine von 230
Klitzing, Maria Sophia von 167
Klitzing, Otto Christoph von (1698–1728) 156, 517
Klitzing, Sophie Charlotte von (* 1719) 124
Klitzing, Wilhelmine Elisabeth von, geb. von Moerner (s. d.)
Knesebeck, Johanna Charlotte von dem (1727–1798) 367
Knobelsdorff, von 188
Knobelsdorff, geb. von 55, 219, 400, 472
Knobelsdorff, Fam. von 506
Knobelsdorff, Landrat von 177, 448
Knobelsdorff, Obristin von 215
Knobelsdorff, Alexander Friedrich von (1723–1799) 156 f.
Knobelsdorff, Balthasar George von (1713–1759) 162, 535
Knobelsdorff, Balzer Sigismund von (1692–1746) 160
Knobelsdorff, Balzer Sigismund von († 1741) 158, 506
Knobelsdorff, Beate Eleonore von 189, 481
Knobelsdorff, Beate Elisabeth von 183
Knobelsdorff, Carl Adolph Gottlob von 133, 519
Knobelsdorff, Carl Christoph Gottlob von (1767–1845) 157, 455, 492, 527
Knobelsdorff, Carl Gottlob von (1705–1757) 157 f., 160
Knobelsdorff, Carl Gottlob von (1735–1807) 157
Knobelsdorff, Carl Ludwig von (1695–1758) 161
Knobelsdorff, Carl Ludwig von (1724–1786) 161 f.
Knobelsdorff, Carl Siegmund (d. Ä.) von 161
Knobelsdorff, Carl Siegmund von (1713–1742) 158, 162
Knobelsdorff, Carl Siegmund von (1713–1792) 162

Knobelsdorff, Carl Vollrath Krafft von (1745–1828) 158 f., 162, 511
Knobelsdorff, Carl Wilhelm Leopold von (1769–1848) 159, 161, 504, 544
Knobelsdorff, Caroline Eleonore Sophie von (1752–1816) 38
Knobelsdorff, Caspar Friedrich von (1694–1748) 159, 162
Knobelsdorff, Caspar Gottlob von (1737–1804) 157, 160
Knobelsdorff, Caspar Heinrich von 453, 497, 535
Knobelsdorff, Christoph Siegmund von 159, 162
Knobelsdorff, Dorothea Elisabeth von (1718–1754) 14, 160
Knobelsdorff, Elisabeth Juliane von 40
Knobelsdorff, Ernst Friedrich von (1787–1872) 162, 535
Knobelsdorff, Friederike Gottliebe von 101
Knobelsdorff, Friedrich Wilhelm von (1744–1813) 159, 161, 215, 467, 544 f., 547
Knobelsdorff, Friedrich Wilhelm Ernst von (1752–1820) 158
Knobelsdorff, George von (1695–1741) 159 f., 506
Knobelsdorff, George Gottlob von 161
Knobelsdorff, George Hans von 497
Knobelsdorff, George Heinrich August von (1784–1843) 162, 535
Knobelsdorff, Hans Caspar von (um 1691–1751) 77, 158, 160 f., 177, 215, 467, 544
Knobelsdorff, Hans Ernst von (1681–1715) 157, 159, 160 f., 498
Knobelsdorff, Hans Ernst von (* um 1737) 160, 506
Knobelsdorff, Hans Friedrich von (1693–1760) 156, 497
Knobelsdorff, Hans George von 158, 463
Knobelsdorff, Hans Joachim von († 1728) 158, 162, 463
Knobelsdorff, Heinrich Alexander Carl (1764–1807) 157
Knobelsdorff, Heinrich Ferdinand von (1765–1832) 157
Knobelsdorff, Heinrich Ludwig George von (1775–1826) 159, 161
Knobelsdorff, Helene Tugendreich von (1708–1775) 162
Knobelsdorff, Henriette Luise Sophie von (1740–1826) 275, 501
Knobelsdorff, Henriette Sophie Friederike von 459
Knobelsdorff, Joachim Wenzel von (1696–1736) 161
Knobelsdorff, Jobst Carl Ehrenreich von (1729 – nach 1788) 156
Knobelsdorff, Johann Carl von (1743–1795) 161 f.
Knobelsdorff, Johann Carl Balthasar von (1786–1838) 162, 535
Knobelsdorff, Johann Caspar von (1700–1770) 53, 161, 535
Knobelsdorff, Johann Christoph von (1740–1803) 162
Knobelsdorff, Johann George von (* 1710/11) 158, 162, 418, 463
Knobelsdorff, Johanna Elisabeth von († 1735) 160
Knobelsdorff, Johanne Charlotta von (* 1755) 287
Knobelsdorff, Luise Margarethe von (1750–1801?) 259
Knobelsdorff, Margarethe von († 1758/59) 185, 191 f., 497
Knobelsdorff, Otto Abraham von (* 1695/96 – 1745/53) 159, 162 f., 502
Knobelsdorff, Rudolph August von (1727–1794) 157
Knobelsdorff, Sebastian von (* 1697) 160
Knobelsdorff, Sigmund Erdmann von (* 1709) 163
Knobelsdorff, Sophia Elisabeth von 433
Knobelsdorff, Sophie Eleonore Ernestine von 459
Knobelsdorff, Ursula Beate von 198
Knobelsdorff, Wilhelm Friedrich Heinrich von (1740–1775) 158
Knobelsdorff, Wilhelm Gottlob von (1707–1776) 158 f., 162, 511
Knoch, Christian Ernst von 459, 503
Knoch, Eva Sophie von (1725–1785) 275
Knoch, Gottlob Ernst Ferdinand von (* 1751) 276
Knoch, Otto Ernst von (* 1733) 275, 459, 500, 503
Knorr, von 163, 516
Knorr, George Friedrich von (1725–1793) 163, 516
Knüppel, Samuel 451
Köbcke, Herr 490
Köbigke, Herr 482
Koeckritz, geb. von 238
Koeckritz, Witwe von 164 f.
Koeckritz, Abraham Friedrich von 164
Koeckritz, Albert Ernst von (1723–1800) 163 f.
Koeckritz, Anna Modeste von († 1693) 334
Koeckritz, Balthasar Friedrich von (* 1713) 163 f., 547

Koeckritz, Beate Helene von, geb. von Unruh (s. d.)
Koeckritz, Bernhard Alexander Friedrich von (* 1721) 164, 541
Koeckritz, Carl Gottlob von († um 1714) 164, 502
Koeckritz, Carl Gottlob von (* 1684) 164
Koeckritz, Carl Leopold von (1744–1821) 164
Koeckritz, Carl Sebastian von (1736–1777) 163
Koeckritz, Christiane Erdmuthe von 465
Koeckritz, Christiane Gottliebe von 170
Koeckritz, Friedrich Albrecht von 164
Koeckritz, Gottlob Erdmann 465
Koeckritz, Hans Adam von 164
Koeckritz, Hans Joachim Curt Ehrentreich von († 1777) 163 f., 547
Koeckritz, Helene Sophie von 465
Koeckritz, Henrietta Wilhelmina Tugendreich von 164 f.
Koeckritz, Joachim Erdmann von 465
Koeckritz, Joachim Siegfried von 465
Koeckritz, Johanna Agnes von 502
Koeckritz, Margarethe von (1689–1758) 321
Koeckritz, Moritz Siegfried von (1731–1811) 164 f.
Koeckritz, Sigismund Siegfried von († 1762) 164 f., 512
Koeckritz, Theodora Elisabeth von, geb. Havenstein (s. d.)
Koehler, Anna Wilhelmine von († 1820) 201 f., 523, 535
Köhn, George 489
Koeller, Ernst Bogislav von (* 1703) 165
König, Christian 487
Königsmarck, Gräfin von 504
Könneritz, Wilhelmine von († 1775) 147
Koethen, geb. von 403
Koethen, Balthasar Joachim von (1719 – vor 1793) 165 f., 550
Koethen, Catharina Elisabeth von (1669–1700) 247, 250
Koethen, Friedrich Wilhelm von (* 1726) 165, 494
Koethen, George Bogislav von (1722–1808) 165 f.
Koethen, George Ernst von (1686–1760) 165, 465, 494
Kohlmey, Johann Valentin († 1688) 388, 537
Kollinsky, Ltnt. von 96
Kommerstedt, Caspar Dietrich von († vor 1713) 166
Kommerstedt, Dorothea Sophia von, geb. von Oppen (s. d.)
Kommerstedt, Christian Rudolph von (um 1710–1744) 166
Kommerstedt, Friedrich Wilhelm von (* 1712?) 166
Kommerstedt, Gottlob Siegfried von 166
Konorska, Anna Charlotte von 383
Konarsky, Stephan Heinrich von 453, 497
Kopp, August Heinrich von 81, 456
Korff, Carl Wilhelm Frhr. von 288, 445 f., 491
Korff, Sophie Albertine Elisabeth von († 1795) 416
Kortbeck, Beate Sophie von 37, 530
Kortzfleisch, Johanne Louise Charlotte von (1768–1850) 441
Koschembahr, von 300
Koschembahr, Charlotte Luise von 87
Koschembahr, Christian Ulrich von (* 1686) 166, 302, 517, 525
Koschembahr, Christian Ulrich von (* 1725) 166
Koschembahr, Friedrich Heinrich von (* 1733) 166
Koschembahr, Henriette von 140
Koschembahr, Johann Carl Christian von (* 1712) 166
Kospoth, Dorothea Ernestine von 59
Kottwitz, Fam. von 4
Kottwitz, von 167
Kottwitz, Frhr. von 370, 472
Kottwitz, geb. Freiin von 384
Kottwitz, Geschwister von 536
Kottwitz, Adam Friedrich Wilhelm Frhr. von (1776/77–1803) 97, 166, 494
Kottwitz, Anna Elisabeth von († 1739) 61, 167, 529
Kottwitz, Alexander Otto Conrad Frhr. von (1783–1854) 166, 546
Kottwitz, Balthasar Erdmann von († vor 1731) 61, 167, 451, 529
Kottwitz, Carl Wilhelm von (1721–1788) 168
Kottwitz, Caroline Amalie Freiin von, geb. Ernst von Ernsthausen (s. d.)
Kottwitz, Caspar Rudolph von († um 1726) 167, 489, 536
Kottwitz, Caspar Rudolph von (1719–1767) 167, 501, 536
Kottwitz, Caspar Seyfried Anton von (* 1757) 168, 501
Kottwitz, Christian Erdmann von (1718–1760) 167 f., 489
Kottwitz, Christian Friedrich von (1712–1762) 168
Kottwitz, Christian Rudolph Friedrich von (* 1751) 167 f., 501

Kottwitz, Christoph Erdmann von (1678–1758) 168, 508
Kottwitz, Friedrich Carl von 167
Kottwitz, Friedrich Gotthard (Gottfried) Conrad Frhr. von (1747–1797) 97, 166, 494, 546
Kottwitz, Hans Carl Friedrich Theodor von (1768–1828) 168, 508
Kottwitz, Heinrich Alexander Gottlieb von (1773–1820) 169
Kottwitz, Johann Gottlob von (1719–1776) 168 f., 508
Kottwitz, Johanne Louise von, geb. von Loeben (s. d.)
Kottwitz, Margarethe Elisabeth von († 1742) 167, 350
Kottwitz, Sophia Elisabeth von 501
Kottwitz, Wilhelm Seyfried von 168, 508
Kowalsky, Gl von 327
Kowalsky, Caroline Wilhelmine von 327
Kracht, geb. von 280
Kracht, Alexander Sigismund von (1702–1752) 169, 477
Kracht, Bartusch Heinrich von 470
Kracht, Carl August von (* 1737) 171
Kracht, Carl Friedrich von (* 1699/1704 – nach 1739) 169, 171, 477
Kracht, Carl Friedrich von (* 1770) 169, 496
Kracht, Caspar Friedrich von (* um 1727) 170
Kracht, Caspar Heinrich von († vor 1715) 169, 477
Kracht, Caspar Heinrich von (1709–1766) 169, 477
Kracht, Christian Gottlob von (* 1712) 169
Kracht, Christian Moritz von (1734–1806) 170, 466
Kracht, Christoph Gottlob von (1704–1738) 170
Kracht, Ernst Ferdinand Erdmann von (1745–1785) 169
Kracht, Friedrich August von (* 1769) 169
Kracht, Friedrich Christian von (* 1735) 170 f., 470
Kracht, Friedrich Ernst von (um 1760–1852) 170
Kracht, Friedrich Wilhelm von (1721–1797) 170
Kracht, Gottlob von 170
Kracht, Gottlob Emanuel von (* 1700) 170
Kracht, Gottlob Heinrich von (1690–1765) 170, 470, 474, 492
Kracht, Heinrich Adolph von (1733 – vor 1797) 170
Kracht, Hypolita Margarethe von (* 1701) 280
Kracht, Johann Gottlob von (1730–1799) 170 f., 470
Kracht, Johann Siegismund von (* 1702) 171
Kracht, Johann Simon von (1732–1790) 171
Kracht, Johanna Charlotte von 123
Kracht, Otto August von (* 1722) 169, 486
Kracht, Sophie von 415
Kracht, Sophie Eleonore Tugendreich von 236, 490
Krackewitz, Eva Sophie Eleonore von (1721–1796) 242
Krafft, Martha Maria von (1684–1725) 176
Krahn, Christian 455
Kramer, Christian Leberecht August 455
Krappe, Christian David 469
Krause, Witwe 460, 512
Krause, Christoph 512
Krause, Christoph Friedrich 501
Krause, Heinrich Christoph Wilhelm von 485
Kremtzow, Carl Friedrich von († 1722) 171
Kreytz, Charlotte Albertine von (1708–1769) 331
Kreytzen, Gottliebe Henritte von († 1783) 381
Krieger, Christian Wilhelm 385, 507
Krockow, Anton Friedrich von (1714–1778) 172
Krockow, Auguste Christine Friederike von (* 1756) 215
Krockow, Caspar Wilhelm von 171 f., 479
Krockow, Döring Jacob von 171 f., 479
Krockow, Döring Wilhelm von (1719–1803) 172, 550
Krockow, Eleonore von († 1767) 269
Krockow, Hans Caspar von 310
Krockow, Johann Caspar von (1714–1752) 171
Krockow, Marie Charlotte von (* 1745) 171
Krockow, Philipp Reinhold von (* um 1675) 171 f., 479, 498, 545
Kröcher, Friederike Charlotte von 271
Kröcher, George Vollrath von 277
Kröcher, Sophie Louise von (* 1725) 276 f.
Kropff, Henriette Emilie von (* 1770) 120
Krosigk, Anton Adolph Heinrich von (* 1754) 411
Krosigk, Dorothea Juliane von (1668–1711) 189, 193
Krosigk, George von 45
Krosigk, Johanne Friederike von (* 1712) 45
Krübel, Johann Gottlob 466
Krüger, Amalia Ludovika Dorothea Antoinette von 510, 545
Krüger, Anne Margaretha 449
Krüger, Caspar Friedrich 449
Krüger, Erdmann Gottlob 467
Krüger, Gottlob Erdmann 467
Krüger, Johann Gottlob 449
Krüger, Johanne Caroline 519
Krüger, Peter 542

Krug von Nidda, Philippine Sophie († 1762) 158
Krummensee, Heinrich Hartwig von 172
Krummensee, Hilmar Ernst von (* 1670) 172
Krummensee, Louise von 136
Krummensee, Otto Siegmund von 172
Kubale, Gebr. 486
Kubale, Carl Friedrich Wilhelm 486
Kühlemann, Geh. Rat 106, 544
Kühne, Gebr. von 509, 532
Kühne, Ol von 172
Kühne, Alexander Heinrich von (* 1694) 172, 532
Kühne, Caspar von 172, 489
Kühne, Erdmann Ludwig von (* 1705) 172
Kühne, Hans Christian von († 1692) 171
Kühne, Johann Friedrich von (* 1689) 172
Kühne, Philipp von (* 1695) 172 f., 461
Kühne, Simon von 172 f., 489
Kühne, Zander Heinrich von (* 1695) 172
Küsell, Beate Sophie von 37, 173
Küsell, Johann George von (1712 – vor 1783) 173, 509
Küsell, Samuel von 173
Küssow, Cap. von 284
Küssow, geb. von 352, 363 f., 415, 435, 517
Küssow, Major von 267, 536
Küssow, Amalie Hedwig von (* 1726) 267
Küssow, Anna Sabina von († 1778) 284
Küssow, Balzer Friedrich von 173
Küssow, Behrend Christoph von († 1744) 257
Küssow, Carl von († vor 1752) 173
Küssow, Caspar von 173
Küssow, Friederica Tugendreich von 209
Küssow, George Ehrenreich von († 1739) 173
Küssow, Helena Augusta von 257
Küssow, Henriette Gottliebe von 417
Küssow, Wilhelm Sigismund von (* 1670) 173, 536
Kuhlwein, Johann Gottlieb 452, 454, 526
Kuhmeise, Caspar Ernst von 483
Kuhmeise, Christoph Ehrentreich von (* 1686) 173 f.
Kuhmeise, Hans Caspar von 173
Kuhmeise, Luise Juliana von (* 1748) 99
Kurland, Peter Herzog von (1724–1800) 453, 500, 533
Kurland-Sagan, Maria Louise Pauline Prinzessin von (1782–1845) 285, 453, 500
Kurowsky, Albrecht Ferdinand von 462, 550
Kurowsky, Anna Amalia Margarethe von 462
Kutschenbach, Erdmann von 476
Kyau, Martha Elisabeth von (1654–1729) 255

Labes, Prediger 482
Lahr, Regine Friederike Philippine von der 525
Lancken, Hedwig Elisabeth von der (1640–1712) 211, 348 f.
Landskron, Catharina Beate von (1679–1733) 345
Lange, Christian Heinrich 87, 495
Langen, geb. von 132, 483
Langen, Anna Eleonora von (1726–1796) 203, 540
Langen, Carl Friedrich Erdmann von (1768–1813) 174, 212, 446, 483, 550
Langen, Carl Friedrich Wilhelm Erdmann von (1775–1823) 48, 174
Langen, Caroline Christiane Friederike von (1780–1862) 441
Langen, Caspar Rudolph Carl Friedrich von (1737–1801) 174
Langen, Charlotte von 270
Langen, Christiane Ernestine von, geb. von Steinkeller (s. d.)
Langen, Friedrich Erdmann von (* 1741) 174
Langen, Friedrich Moritz Sigismund von
Langen, Luise Margarethe von (1750–1801?) 259, 458
Larisch, Carl Ferdinand von 470
Lebbin, Anton Friedrich Christoph von (1791–1829) 174
Lebbin, Johann Friedrich Bernhard von (1756–1837) 174 f., 536
Le(c)kow, Anton Heinrich Friedrich von (1730–1779) 175
Le(c)kow, Bernd Valentin von (* um 1670) 175, 499 f.
Le(c)kow, Carl Friedrich Christian Ludwig von (1776–1806) 175
Le(c)kow, Christian Reinhard von (1705–1777) 176, 500
Le(c)kow, Dorothea Eleonore Sophie von (1745–1775) 65
Le(c)kow, Ewald Friedrich von 528
Le(c)kow, Eustachius Friedrich von 175, 452
Le(c)kow, Friedrich Wilhelm von (1715–1782) 175 f.
Le(c)kow, George Adrian von (1663–1743) 175, 499 f.
Le(c)kow, Joachim Friedrich von (1704–1774) 175 f.
Le(c)kow, Johann George von (1698–1768) 175

Le(c)kow, Johann George Friedrich von (1746–1823) 175 f., 500
Le(c)kow, Sophie Eleonore von (1701–1766) 278
Lefort, geb. von 421
Legat, Alexander August Leberecht von (1716–1796) 176
Legat, Alexander Christian Heinrich von 477
Legat, Eleonore Wilhelmine Sophia von (1753–1808) 4, 176 f.
Legat, Hartwig Ludolph von (1676–1730) 4, 176
Legat, Johanna Caroline von (1752–1808) 4, 176
Legat, Marie Helene Friederike von (1749–1799) 4, 176
Legat, Wolff Friedrich Wilhelm von (1712–1796) 4, 176 f.
Legat, Wolfgang Ferdinand von (1761–1802) 4, 176
Lehmann, Amtmann 457
Lehmann, geb. 476
Lehmann, Oberamtmann 134, 530
Lehmann, Eva Maria 525
Lehwald, Johann von 122
Lehwald, Johanne Juliane von 122, 124
Leipzig(er), Friederike Louisa von (1722–1759) 107
Lentz, Friedrich Rudolph von 493, 550
Lentz, P. A. von 42
Lepel, Ulrike Friederike Freiin von (* 1759) 307
Lesser, Frau von 181, 486
Lettow, Anna Caroline Dorothea von (1772–1837) 176
Lettow, Friedrich Wilhelm Ludwig Alexander von (1785–1847) 177
Lettow, George Friedrich Ludwig von (1753–1821) 177, 498, 526, 550
Lettow, George Henning von (1740 – vor 1801) 177
Lettow, George Ulrich von (1714–1792) 177
Lettow, Maria von († 1776) 163
Lettow, Marie Friederike von (1756–1837) 108
Levetzow, Gerd Heinrich von (1703–1769) 177
Levetzow, Gerhard von (1744–1795) 177 f., 452, 527
Levetzow, Gerhard Wilhelm von (1784–1865) 177 f., 452
Levetzow, Henriette Louise Dorothee (* 1783) 177 f.
Levetzow, Sophie Adolphine Charlotte (* 1786) 177 f.
Lichnowsky, geb. von 297, 503
Lichnowsky, Carl Ferdinand von († vor 1715) 178, 536
Lichnowsky, Carl Heinrich Otto von (1745–1805) 179
Lichnowsky, Carl Joachim Wilhelm von (* 1704/06) 178 f.
Lichnowsky, Charlotte Eleonore von 56
Lichnowsky, Constantin von (* 1717) 178
Lichnowsky, Henriette Catharina von 178
Lichnowsky, Johann Friedrich Gottlieb von (1708–1757) 178
Lichnowsky, Ludwig Ferdinand von (1709–1777) 178
Lichnowsky, Ludwig Friedrich Franz von (* 1755) 178 f.
Lichowsky, Maria Theresia von († 1706) 179
Lichnowsky von Woschitz, Carl Ferdinand von (* 1686) 179
Lichnowsky von Woschitz, Carl Heinrich von († nach 1731) 179, 502, 536
Lichnowsky von Woschitz, Franz Gottl. von (* 1719) 179
Lichnowsky von Woschitz, Friedrich August von (* 1722) 179
Lichnowsky von Woschitz, Johann Hermann von 178, 502, 536
Lichnowsky von Woschitz, Wilhelm Ferdinand von (* 1655) 179, 458, 539
Lichnowsky von Woschitz, Wilhelm Ferdinand von (* 1712) 179
Liebenthal, Erdmann Ernst von (* um 1665) 179 f.
Liebenthal, Joachim Christian von 180
Liebenthal, Maria Sophia von 363
Liebenthal, Siegmund Christian von (* 1667) 179, 461
Liebenthal, Sophie von 358
Liebenwald, Emanuel 469, 528
Lieske, Adam 476
Lindenau, Frau von 503
Lindenau, Graf von 460
Lindenau, Carl Heinrich von (1766–1844) 14, 180, 503
Lindenau, Wolf Friedrich Wilhelm von (1762–1829) 180
Lindenau, Wolf Gottlob von (1721–1799) 180
Lindstädt, Sophie Dorothée von 137
Linger, Johanna Henriette von (1699–1780) 19
Lippe, Anna Dorothea Sophie von der († 1786) 370
Lippe-Detmold, Amélie Elisabeth Gräfin von (1697–1730) 91
Lippen, Erben von 516
List, Fam. von 181
List, geb. von 200, 476, 486

List, Anton Rudolph von (1719–1748) 181, 494
List, August Friedrich Wilhelm von 485
List, August Ludwig Wilhelm von (1765–1844) 182
List, Carl August von († 1745) 182
List, Carl Friedrich von (1701–1751) 180
List, Carl Gottlob von (* 1768) 182
List, Carl Wilhelm von (um 1735–1765) 180 f., 485
List, Caroline Friederique von 181, 486
List, Caspar Ernst von 180
List, Caspar Heinrich von (1723–1747) 181
List, Christian Ernst von (1725–1745) 181
List, Christian Friedrich Ernst von (1757–1819) 182
List, Christian Ludwig von (1720–1787) 182
List, Christiane Sophie Henriette von (* 1755) 181
List, Friedrich Erdmann von (1712–1741) 181
List, Friedrich Ernst von (1729–1764) 180
List, George von (1659–1736) 180, 485
List, Gottfried von 180, 465
List, Gottlob Erdmann von (1687–1729) 181, 494
List, Gottlob Ernst von († 1743) 180, 465
List, Gottlob Heinrich von (1710 – vor 1792) 180–183, 494
List, Gottlob Heinrich Ernst von (* 1755) 182
List, Gottlob Heinrich Ernst von (1766–1849) 181
List, Heinrich Ernst von († 1763) 180, 182, 485
List, Helene Sophie von (* 1738) 181
List, Johanna Erdmuthe Henriette von (* 1741) 182
List, Marianne von 512
List, Martha Elisabeth von (1724–1798) 219, 476
List, Otto Abraham von (1680–1723) 182
List, Otto Ludwig Heinrich von (1770–1843) 182
List, Wolf Ernst von († 1716) 181
Lobach, Inspektor
Lobach, Anna Henriette 495
Lockstaedt, geb. von 487
Lockstaedt, Catharine von 65
Lockstaedt, Charlotta Henrietta Friederika von 65 f., 487, 495
Loden, geb. von 34, 506
Loeben, Fam. von 4, 9 f., 184
Loeben, geb. von 168 f., 193
Loeben, Gebr. von 498
Loeben, Cap. von 181, 192
Loeben, Witwe von 40, 150, 219
Loeben, Adam Jobst von (1665–1744) 184, 186, 191, 477, 496
Loeben, Adam Seyfried von 512
Loeben, Adolph Friedrich von (* 1700) 183
Loeben, Adolph Maximilian Frhr. von (1631–1682) 187
Loeben, Adolph Maximilian von (1728–1745) 191
Loeben, Alexander Ludwig von (* 1725) 191
Loeben, Alexander Samuel Frhr. von (1705–1780) 193
Loeben, Alexander Wilhelm von († um 1772) 188
Loeben, Anna Dorothea von 183
Loeben, Anton Ehrenreich von (1703–1759) 183 f., 189, 191
Loeben, Anton Friedrich von (* 1720) 191
Loeben, Anton Ludwig von (1703–1778) 184
Loeben, Anton Ludwig von (* 1757) 184
Loeben, Anton Wilhelm von (* 1752) 184
Loeben, August Friedrich Wilhelm 185
Loeben, Balzer Hans George von 190
Loeben, Barbara Margarethe von (1651–1688) 380
Loeben, Beate Eleonore von, geb. von Knobelsdorff (s. d.)
Loeben, Carl Friedrich Albrecht von (* 1730) 190
Loeben, Carl Friedrich Wilhelm von (* 1773) 194
Loeben, Carl Gottlob von (1698–1758) 183, 188, 497
Loeben, Carl Maximilian von 505
Loeben, Carl Philipp von (* 1720) 185
Loeben, Carl Sigismund von (* 1698) 184
Loeben, Caspar Adolph von (1664–1719) 183, 186, 188, 497
Loeben, Caspar Friedrich von († vor 1713) 183, 481
Loeben, Caspar Friedrich von († vor 1745) 183, 185, 191, 194, 498, 541
Loeben, Caspar Siegfried von (* 1700) 184
Loeben, Caspar Siegfried von (1701–1768) 184 f., 187, 515
Loeben, Charlotte Seiffertine Tugendreich von, geb. von Muschwitz (s. d.)
Loeben, Christian Adolph von (* 1665) 127, 185, 510, 515, 525
Loeben, Christian Friedrich von (1692–1754) 185, 194, 541
Loeben, Christiane Luise von 170
Loeben, Christoph Friedrich von 40, 468
Loeben, Curt Hildebrand Frhr. von (1661–1730) 187, 189, 193, 505
Loeben, Curt Wilhelm Ludwig von (* 1676) 185
Loeben, Curth Ernst von (1724–1783) 185 f.
Loeben, Curth Heinrich von (1745–1810) 188 f., 497
Loeben, Eleonore von (1629–1704) 350
Loeben, Erdmann Gottlob von 184
Loeben, Erdmann Ulrich von (um 1673–1725) 186

Loeben, Ernst Dietloff von (1677 – vor 1757) 185 f., 518
Loeben, Ernst Friedrich von († 1778) 190, 322
Loeben, Ernst Gottlob von (* 1733) 191
Loeben, Ernst Philipp von (1732–1804) 186, 191, 477
Loeben, Ferdinand von (* 1700) 185
Loeben, Friedrich Adam von (1724 – vor 1754) 194, 541
Loeben, Friedrich Adolph von (1699–1745) 183, 186 f.
Loeben, Friedrich Adolph von (* 1699) 187
Loeben, Friedrich Ehrentreich Frhr. von (* um 1660) 187, 505
Loeben, Friedrich Siegfried von 190, 485, 512
Loeben, Friedrich Wilhelm von (1725 – um 1798) 187–189, 465, 515
Loeben, Friedrich Wilhelm von (* um 1750) 192, 497
Loeben, George Abraham von (* um 1685) 126, 188
Loeben, George Dettloff von (1736–1779) 191
Loeben, George Dietloff von (* 1737) 185
Loeben, George Friedrich von (1682 – vor 1736) 183, 189, 481, 497
Loeben, George Friedrich von (* 1758) 183, 188 f.
Loeben, George Ludwig Frhr. von (1696–1728) 193
Loeben, Gottlieb Maximilian Frhr. von (um 1700–1733) 189, 193
Loeben, Gottlob Ehrenreich von 184
Loeben, Gottlob Erdmann von (1725–1759) 183, 189
Loeben, Hans Adam von (1662–1715) 184, 191 f.
Loeben, Hans Caspar von (1711–1741) 183, 186
Loeben, Hans Christoph von (* 1683) 190
Loeben, Hans Siegfried von (* 1750) 184
Loeben, Heinrich August von (* 1703) 190
Loeben, Heinrich Friedrich von (1766–1824) 190
Loeben, Heinrich Otto von (1690–1734) 190
Loeben, Heinrich Wilhelm von (1706–1770) 188
Loeben, Heinrich Wilhelm von (* 1709) 183, 187, 497, 515
Loeben, Heinrich Wilhelm von (* 1730) 187
Loeben, Henning Dietloff von 185, 518
Loeben, Joachim Rudolph von (1703–1737) 186, 191 f.
Loeben, Jobst Ernst von (1704–1742) 186, 191
Loeben, Jobst Seyfried von (1702–1757) 191 f.
Loeben, Johann Ehrentreich von (* 1730) 183, 191
Loeben, Johann Friedrich von (* 1705) 192
Loeben, Johann Maximilian Frhr. von 189
Loeben, Johanna Ulrike Charlotte von (1771–1822) 322
Loeben, Johanne von (* 1742) 188
Loeben, Johanne Christiane von († 1798) 236
Loeben, Johanne Louise von 239, 457
Loeben, Leberecht von 185
Loeben, Louisa Dorothea Freiin von 193
Loeben, Louise von (* 1756) 123
Loeben, Ludwig Adolph von (* 1722) 185
Loeben, Maria Dorothea von 187
Loeben, Margarethe von, geb. von Knobelsdorff (s. d.)
Loeben, Marianne von, geb. von List (s. d.)
Loeben, Maximilian von 458
Loeben, Otto Friedrich von (* 1725) 185
Loeben, Rudolph Curt Lebrecht Frhr. von (1698–1746) 187, 189, 193, 505
Loeben, Rudolph Gottlob von (* 1700) 186
Loeben, Rudolph Gottlob von (1703–1775) 193 f.
Loeben, Rudolph Leopold von (* 1732) 185, 194, 541
Loeben, Sabine Elisabeth von 142
Loeben, Seyfried von (1636–1698) 186 f.
Loeben, Siegfried Wolf Adam von († 1744) 73, 187, 512, 515, 520
Loeben, Sophia Dorothea von (* 1759) 188
Loeben, Sophie Charlotte von 14
Loeben, Ursula von 441
Loeben, Ursula Marianna von (1680–1725) 142 f., 145
Loeben, Ursula Susanna von (1726–1800) 189
Loeben, Wolf Christoph von (1690–1756) 194
Loeben, Wolf George (d. Ä.) von 184, 449
Loeben, Wolf George (d. J.) von 184
Loeben, Zacharias Eberhard von († vor 1713) 188
Loeben, Zacharias Heinrich von 472
Loeper, Fam. 521
Loeper, Samuel Gottlieb 335, 456
Loeschbrand, Dorothea Elisabeth von (1715–1816) 129
Loewenclau, geb. von 277
Logau, August Graf von 194
Logau, Carl Christian Heinrich Graf von (1735–1796) 194
Logau, Carl Heinrich Graf von († 1813) 194
Logau, Christian Friedrich Graf von (1786–1835) 194 f.

Lohenstein, Sigmund von 478
Loos, Charlotte Louise von 383, 506
Loppen, Knecht 292
Lossow, Fam. von 9
Lossow, geb. von 160. 506
Lossow, Gen. von 127
Lossow, Ltnt. von 294
Lossow, Anna Charlotte Tugendreich von (1720–1760) 395
Lossow, Anna Margarethe von, geb. von Rohr (s. d.)
Lossow, Anna Sophia von (1741–1823) 197, 413
Lossow, Balthasar Siegmund von (1723–1759) 195
Lossow, Carl Alexander von (1725–1757) 195
Lossow, Carl Gottlieb von (* 1757) 197
Lossow, Caspar Heinrich von 294
Lossow, Christian von (1719–1785) 195
Lossow, Christoph Daniel von 195
Lossow, Daniel Friedrich von (1721–1783) 195 f.
Lossow, Friedrich Wilhelm von (1696 – um 1760) 195, 502
Lossow, Friedrich Wilhelm von (1738–1759) 195
Lossow, George Balthasar von (1765–1790) 196
Lossow, George Christoph von (* 1665) 196, 476
Lossow, Johann George Ehrentreich von (* 1744) 196 f., 478, 519
Lossow, Johann Sebastian von (* 1695) 196, 476
Lossow, Margarethe Marianne Sabine von (* 1733) 294
Lossow, Maximilian Erdmann von (* 1705) 196, 476
Lossow, Maximilian Friedrich von (1746–1820) 197
Lossow, Melchior Sigismund von (* 1666) 196, 459
Lossow, Otto Friedrich von (1704–1749) 196, 476
Lossow, Sabine Helene von 394
Lossow, Sebastian von 196, 476
Lossow, Siegmund Balthasar von (um 1722–1759) 196 f.
Lubrecht, Erben von 498, 530
Lubrecht, Herr von 197, 221
Lubrecht, Carl Constantin von (1758–1801) 197
Lubrecht, Carl Leopold Theodor von (1760 – um 1801) 197, 530
Lubrecht, Johann Christoph von (* 1695) 197, 281, 460, 547
Luck, geb. von († 1797) 106
Luck, Anna Elisabeth von 198
Luck, Carl Christoph Fabian von (* 1761) 198
Luck, Carl David von (* 1721) 197
Luck, Carl Ludwig von 474
Luck, Carl Siegmund von (1722–1760) 198
Luck, Caspar Fabian Gottlieb von (1723–1797) 198
Luck, Catharina Luise von 195
Luck, Christian Erdmann von (* 1670) 198, 526
Luck, Christian Franz von (* 1723) 198, 514, 526
Luck, Christoph Franz von (1688–1743) 198 f., 526
Luck, Christoph George von (1697–1766) 198 f., 526
Luck, Christoph George Carl von (* 1761) 198 f.
Luck, Christoph Wilhelm Bogislav von (* 1752) 198
Luck, Ernestine Caroline von (1738–1812) 198
Luck, Ernst Heinrich von 535
Luck, Friedrich Wilhelm von († vor 1714) 198
Luck, Friedrich Wilhelm von (* 1695) 198, 503
Luck, George Friedrich von (1721–1771) 198
Luck, George Wilhelm Ernst von (1754–1775) 198
Luck, George Otto (d. Ä.) von 198, 514, 526
Luck, George Otto von (* 1727) 198
Luck, Hans Leonhard von (1722–1759) 199
Luck, Johann David Gottlob von (1739–1762) 198
Luck, Luise Charlotte von 422, 430
Luck, Maria Elisabeth von 425
Luck, Sophia Henriette von († 1776) 178 f.
Luck von Boguslawic, Margarethe Helene Gottliebe (1734–1792) 438
Ludwig, von 106
Ludwig, Kommissionsrat von 509, 541
Ludwig, Ltnt. von 189
Ludwig, Carl Bernd von (* 1714) 200, 493 f., 538
Ludwig, Carl Bernd (d. J.) von 200
Ludwig, Carl Friedrich Benjamin von (* 1763) 200
Ludwig, Carl Rudolph von (* 1674) 200 f., 493
Ludwig, Carl Siegismund von (1783–1836) 199 f.
Ludwig Carl Wilhelm Erdmann von (* 1764) 200
Ludwig, Conrad Adolph von (1719–1769) 200, 538
Ludwig, Curt Wilhelm von 200, 538
Ludwig, Ernst Wilhelm von 199
Ludwig, Friedrich Bernhard Alexander von (* 1769) 200, 538
Ludwig, Friedrich Wilhelm von 200
Ludwig, George Adolph von (* 1670) 201, 493
Ludwig, George Sigismund von (* 1720) 199, 502
Ludwig, Hans Lorenz von (* 1675) 201, 493
Ludwig, Hans Wilhelm Rudolph von (* 1754) 200, 494, 503
Ludwig, Johann George von (1713–1760) 201
Ludwig, Peter 200

Ludwig, Sophie Eva Charlotte von 332
Lüder, Herr 471
Lüder, Christian Wilhelm 450
Lüder, Philipp Ernst 464
Lüder, Wilhelm Ludwig 62, 464, 471, 520
Lüderitz, Anna Justina von (1664–1718) 253, 485
Lüderitz, Carl Ludwig von (um 1714–1778) 201
Lüderitz, Elisabeth Sophie Charlotte von (1739–1766) 125
Lüderitz, George Ulrich Philipp von 201
Lüderitz, Ludolph George von (um 1665–1751) 201, 467, 490
Lüderitz, Samuel August von (* 1710) 201
Lüskow, Dorothea Adelheide Amalie von († 1799) 326
Lüskow, Henriette Charlotte von (1742–1801) 274
Lüskow, Marie Elisabeth von 326
Lütke, Adolph Heinrich Alexander Christian von der (1762–1831) 201 f.
Lütke, Anna Wilhelmine von der, geb. von Köhler (s. d.)
Lütke, Hans Ehrentreich von der (1728–1767/68) 201 f., 535
Lütke, Jacob 524
Lütke, Marcus von der (1603–1686) 202
Lütke, Marcus Christoph von der (1700–1765) 202, 523
Lütke, Marcus Ehrenreich von der (1668–1730) 202, 535
Lütke, Marcus Friedrich Ehrentreich von der (1755–1794) 202
Lütke, Rudolphine Christiane Wilhelmine von der (* 1756) 202
Lütke, Sophie Louise Ulrike von der (* 1760) 202
Lüttichau, Obrist von 360
Lüttichau, Ernestine Friederike Charlotte von (1768–1854) 360
Lützow, Eleonore Freiin von († 1745) 330
Lützow, Sophie Caroline Eleonore von (1767–1836) 426
Lynar, Grafen von 251
Lynar, Christian Ernst Graf von (1742–1784) 203, 251, 454
Lynar, Heinrich Ludwig Reichsgraf zu (* 1779) 203, 470
Lynar, Hermann Rochus Graf von (* 1797) 203, 454
Lynar, Rochus August Graf zu (1773–1800) 203, 454
Lyncker (Lücker), Charlotte von 245
Lyncker, Eleonore Luise Freiin von (1729–1801) 355

Mach, Ignatius Alexander (bzw. August) von 462
Madeweiß, Postmeister 12
Madeweiß, Witwe 532
Magirus, Catharina Amalia 253
Maillefort, Caroline de 264
Maltitz, Albertine Marianne Freiin von, geb. von Seidlitz (s. d.)
Maltitz, Anna Eleonora von, geb. von Langen (s. d.)
Maltitz, Carl Adolph Nicolaus von (1764–1808) 203
Maltitz, Charlotte von (1748–1820) 203
Maltitz, Ernst George Heinrich von (1759–1836) 203
Maltitz, Eva Christiane von, geb. von Polenz (s. d.)
Maltitz, Friedrich Ludwig von (1716–1780) 204
Maltitz, Gottlob Johann Friedrich von (1763–1812) 203
Maltitz, Hans Ernst von (1755–1812) 204
Maltitz, Joachim Ernst Friedrich von (1755–1812) 204, 332, 494
Maltitz, Johanna Luise von (1696–1756) 76
Maltitz, Margarethe Gottliebe von (1761–1819) 434, 540
Maltitz, Moritz August Leberecht von (1758–1814) 203
Maltitz, Nicol Otto von (1712–1764) 203, 540
Maltitz, Sigismund Otto Christoph Ehrenreich von (1752–1805) 203
Maltitz, Sigismund Otto Friedrich von (* 1749) 204
Maltitz, Sigismund Wilhelm Ludwig von (1747–1782) 203
Maltitz, Wilhelm von (* 1738) 204
Maltitz, Wilhelm Erdmann Ludwig von (* 1750) 204
Maltsch, Dorothea Sophie Elisabeth († 1793) 171
Maltzahn, Witwe von 390
Maltzahn, Eleonore Juliane von († 1798) 114
Maltzahn, Elisabeth Ernestine Helmine von († 1854) 323
Mandelsloh, Amalia Louise von (* 1721) 205
Mandelsloh, Carl Wilhelm von (* 1742) 205, 527
Mandelsloh, Caspar Siegmund von (1694–1748) 204, 527
Mandelsloh, Christiana Friederica von 205
Mandelsloh, Eleonore Gottliebe von 181 f.
Mandelsloh, Helena Marianne von († nach 1741) 235
Mandelsloh, Joachim Friedrich von (1740–1761) 205

Mandelsloh, Johann Christoph Friedrich von (1747–1829) 204 f., 527
Mangelsdorf, Gottlieb Leberecht 39, 467, 489, 510
Manstein, Christof Hermann von (1711–1757) 295
Manteuffel, Caspar Heinrich Joachim von (1760–1790) 205, 550
Manteuffel, Christian Heinrich Ewald von (1785–1857) 336, 519, 550
Manteuffel, Christoph Heinrich von 436
Manteuffel, George von (1705–1779) 205, 452
Manteuffel, Gerhard Ewald von (1730–1787) 336
Manteuffel, Luise Dorothea Tugendreich von († 1804) 386
Manteuffel, Maximiliane Ulrike Philippine von (1773–1829) 336, 523
Maria Theresia, röm.-dt. Kaiserin 14
Marlet, Esther Emilie de (1692–1730) 84
Marschall, Witwe von 335
Marschall, Dorothea Amalia von 43
Marschall von Biberstein, Friederike Wilhelmine Christine (1762–1791) 180
Martini, Frau 458
Martitz, Hofrat von 90, 408
Martitz, Carl Ludwig von (1748–1811) 205 f.
Martitz, Friedrich von 171, 484, 504
Martitz, Friedrich Heinrich von (1678–1732) 206, 479, 510, 517, 529
Martitz, Friedrich Heinrich von (1753–1821) 205
Martitz, George Friedrich von (1710–1783) 206, 517
Martitz, Johann Friedrich von (1713–1783) 205
Marunde, Carl Gottfried von 525
Marwitz, Cap. von der 409, 542
Marwitz, Fam. von der 4, 9, 61, 78, 216, 219
Marwitz, Major von der († 1759) 206
Marwitz, Obrist von der 391
Marwitz, Reg.rat von der 357, 537
Marwitz, Witwe von der 325, 360, 450
Marwitz, Adam Curth Ludwig von der (um 1705 – vor 1735) 208, 530
Marwitz, Albrecht Bernd Ludwig von der (1707–1793) 210, 217 f., 450
Marwitz, Alexander Magnus von der (1668–1726) 206 f., 434, 452
Marwitz, Alexander Magnus Curt von der (1668–1726) 214, 475
Marwitz, Alexander Wilhelm August George von der (1769–1827) 207
Marwitz, Anna Margarete von der 60
Marwitz, Anna Sophia von der (* 1692) 440
Marwitz, August Gebhard von der 470
Marwitz, Balthasar Constantin von der (1754–1783) 215
Marwitz, Balthasar Dietrich von der (1682–1731) 210, 212, 217, 472
Marwitz, Bernd von der 230
Marwitz, Bernhard Ludwig von der (1715–1780) 209, 546
Marwitz, Carl 463
Marwitz, Carl von der 121
Marwitz, Carl Alexander von der (1718–1749/58) 212, 217
Marwitz, Carl Anton von der (1732–1758) 207
Marwitz, Carl August von der (1737–1808) 207 f., 214
Marwitz, Carl August Friedrich von der (1742/nach 1745–1782) 216
Marwitz, Carl Christian August von der (1736–1800) 208
Marwitz, Carl Fides von der (1756–1793) 215
Marwitz, Carl Friedrich von der (um 1680–1729) 208, 515, 530
Marwitz, Carl Friedrich von der (1749 – vor 1783) 209
Marwitz, Carl Heinrich Wilhelm von der (1785–1862) 217
Marwitz, Carl Leopold von der (1755–1768) 212
Marwitz, Carl Ludwig von der (1722–1745) 213, 216
Marwitz, Carl Magnus Sigismund von der (1770–1804) 207
Marwitz, Charlotta Wilhelmina Dorothea von der 211
Marwitz, Charlotte von der (* 1750) 215
Marwitz, Charlotte Henriette Luise von der (* 1750) 218
Marwitz, Charlotte Louise von der (1684–1735) 212
Marwitz, Christian von der (1685–1709) 210, 218, 450
Marwitz, Christian von der (1705–1775) 161, 215, 219, 295, 467
Marwitz, Christian Ludwig von der († nach 1701) 213
Marwitz, Christine Charlotte von der († 1778) 398
Marwitz, Curd Dietrich von der (1661–1731) 209, 470, 504
Marwitz, Curt Balthasar von der († vor 1735) 208
Marwitz, Curt Ehrentreich von der (* 1694) 210
Marwitz, Curt Friedrich von der 527

Marwitz, Curt Hildebrand von der (1641–1701) 206, 213 f., 434
Marwitz, Curth Ernst Ferdinand von der (* 1763/64) 216, 324, 484, 496, 545
Marwitz, Curth Wilhelm von der (* um 1710) 209 f., 478, 504
Marwitz, David von der (1649–1707) 210
Marwitz, David Bernd Friedrich von der 174, 446
Marwitz, David Sebastian von der (1679–1748) 210, 217, 393, 472, 482
Marwitz, David Sigismund von der (1699–1779) 210 f., 218, 450
Marwitz, Dorothea von der (* 1767) 212
Marwitz, Dorothea Amalie von der (1712–1742) 381
Marwitz, Dorothea Elisabeth Henriette von der (1767–1829) 174, 446, 483
Marwitz, Elisabeth Marianne von der, geb. von dem Borne (s. d.)
Marwitz, Elisabeth Sophie Charlotte von der († 1727) 324
Marwitz, Emilie Sophie von der (1687–1751) 434
Marwitz, Erdmann Wilhelm Kreuzwendedich von der 450
Marwitz, Ernst Christian Alexander von der (1736–1800) 207, 214, 475
Marwitz, Ernst Ludwig von der (1677–1706) 211, 349
Marwitz, Ferdinand Hans Friedrich Christian von der (1767–1794) 207
Marwitz, Friederike Sibilla Ernestina von der (* 1750) 216
Marwitz, Friederique Louise von der (* 1744) 212, 245
Marwitz, Friedrich von der (1701 – vor 1747) 209
Marwitz, Friedrich von der (* 1705) 211
Marwitz, Friedrich von der (1708–1738) 211 f.
Marwitz, Friedrich von der (1724–1783) 210, 212 f.
Marwitz, Friedrich Casimir Bernd von der (1788–1838) 218
Marwitz, Friedrich Ferdinand David Carl von der (1755–1806) 218
Marwitz, Friedrich Gustav von der (1782–1811) 209
Marwitz, Friedrich Heinrich Carl von der (1773–1816) 212
Marwitz, Friedrich Ludwig (d. Ä.) von der 208, 464
Marwitz, Friedrich Ludwig von der (1751–1804) 209, 546
Marwitz, Friedrich Ludwig Elias von der (1785–1851) 217 f.
Marwitz, Friedrich Ludwig Joachim von der (1783–1840) 218
Marwitz, Friedrich Wilhelm von der († vor 1705) 213
Marwitz, Friedrich Wilhelm von der (1639–1706) 208, 480
Marwitz, Friedrich Wilhelm von der (* 1697) 210, 464, 543
Marwitz, Friedrich Wilhelm Siegmund von der (1726–1788) 207
Marwitz, George von der (1678–1727) 213 f., 527
Marwitz, George Adolph Casimir von der (1748–1823) 216, 445
Marwitz, George Berend Alexander von der (1719–1782) 174, 211 f., 483
Marwitz, George Ehrenreich von der (1743–1804) 207
Marwitz, George Friedrich von der (um 1700–1743) 219
Marwitz, George Friedrich von der (1720–1777/92) 213, 216, 527
Marwitz, Gottlieb Felix Ludwig von der (1780–1853) 218
Marwitz, Gottliebe Elisabeth Eva Marie 218
Marwitz, Hans von der (1608–1675) 213
Marwitz, Hans Dietrich von der (1609–1680) 211
Marwitz, Hans George von der (1685 – nach 1731) 208, 464
Marwitz, Hans George von der (1700–1768) 207
Marwitz, Hans Heinrich von der (1741–1805) 207
Marwitz, Hans Joachim von der († 1675) 206
Marwitz, Hans Otto von der († 1703) 213 f., 450, 479
Marwitz, Hedwig Dorothea von der (1664–1720) 61
Marwitz, Hedwig Elisabeth von der († 1712) 348 f.
Marwitz, Hedwig Sophia von der 229
Marwitz, Heinrich Carl von der (1680–1744) 213 f., 527
Marwitz, Heinrich George Christian Friedrich von der (1789–1852) 207, 214
Marwitz, Henriette von der 396
Marwitz, Henriette Sybille von der (1693–1738) 213
Marwitz, Joachim Christoph von der (1701–1785) 206, 214 f.
Marwitz, Joachim Siegmund von der (1657–1710) 219
Marwitz, Johann Friedrich Anton von der (1752–1809) 215

Marwitz, Johann George von der (1750–1804) 215, 550
Marwitz, Johann Ludwig von der (um 1748–1838) 213, 216 f., 324
Marwitz, Johann Wilhelm von der (1753–1794) 217
Marwitz, Johanna Beate Charlotte von der (1754–1805) 216, 383 f., 439, 468
Marwitz, Johanna Charlotte Amalie von der 217 f.
Marwitz, Johanna Wilhelmina Eleonora von der 216
Marwitz, Leopold Albrecht von der (1715–1735) 217
Marwitz, Louis Dietrich Ehrentreich von der (* 1725) 212
Marwitz, Louise Dietrich Ehrentreich von der
Marwitz, Louise Sophie von der (1678–1741) 210, 218
Marwitz, Louise Sophie von der († 1729) 357, 360
Marwitz, Lucia Charlotte von der 374
Marwitz, Ludwig von der (1727–1793) 217
Marwitz, Ludwig Sigismund Casimir von der (1760–1845) 210, 217 f.
Marwitz, Luise Emilie Christiane von der (1749–1809) 372
Marwitz, Magdalene Charlotte von der († 1783) 307
Marwitz, Margarethe Elisabeth von der († 1713) 206, 214
Marwitz, Margarethe Helene von (1745–1805) 100
Marwitz, Marie Charlotte Beate Tugendreich von der (1756–1829) 113
Marwitz, Moritz Adolph von der (1686–1722) 210
Marwitz, Moritz Werner von der (1628–1698) 209
Marwitz, Otto Berend von der (1672–1749) 211 f., 483
Marwitz, Otto Christian Adolph von der (1701–1757) 210, 218, 450
Marwitz, Otto Friedrich von der († 1693) 211
Marwitz, Otto Friedrich von der (1751–1820) 217 f., 450
Marwitz, Otto Ludwig (d. Ä.) von der 349, 484, 501
Marwitz, Otto Ludwig von der († 1756) 211, 483, 546
Marwitz, Otto Sigismund Albrecht Alexander von der (1746–1819) 217
Marwitz, Siegmund Ludwig von der (1700–1755) 219, 481
Marwitz, Sigismund Christoph von der 210
Marwitz, Sophia Wilhelmina von der 212, 378
Marwitz, Sophie Marie von der (1675–1766) 74, 79, 374, 491, 546
Marwitz, Wilhelm Ludwig von der (* 1713) 209 f., 501
Marwitz, Wilhelm Ludwig von der (1717–1764) 212, 217, 472
Marwitz, Wilhelmine Beate von der (1748–1803) 373
Marwitz, Wilhelmine Caroline Beate von (* 1775) 102
Marwitz, Wilhelmine Sophia von der (1703–1734) 230
Massow, geb. von 240
Massow, Landesdirektor von 297
Massow, Charlotte Lucie Juliane von (* 1775) 219 f., 471
Massow, Esther von 407
Massow, Ewald Friedrich von (1761–1827) 38, 219, 534
Massow, Ewald Valentin von (1716–1766) 219, 550
Massow, Friedrich Eugen von (1719–1774) 156, 219, 517, 550
Massow, Friedrich Ewald von 534
Massow, Henriette von 297
Massow, Louise Martha Friederike von (* 1757) 107
Massow, Martha Elisabeth von 476
Massow, Valentin von 240, 477, 550
Massow, Wilhelm Anton von (1761–1815) 219 f., 517, 550
Mattey, Dorothea Maria von 79
Mauritius, Christoph Ernst Heinrich Schmied von 517
Mauritius, Johann Friedrich von 309, 517
Maxen, geb. von 479
Maxen, Adam Friedrich von 220
Maxen, Carl Andres von (* um 1680) 220, 481, 493, 508
Maxen, Johanne Helene von 183, 186, 188
Mayen, geb. von 326
Mecklenburg, Ulrike Sophie Herzogin von 274
Medem, Ltnt. von 139
Medem, August Frhr. von 517
Medem, Friedrich George Frhr. von 488, 500
Medem, Friedrich George Eberhard Frhr. von (1725–1795) 220, 266, 410
Medem, Heinrich Philipp Otto Eberhard Frhr. von (1777–1863) 220, 421, 500
Medem, Philipp Eberhard George Carl Frhr. von (* 1768) 220 f., 500
Mehling, Christine Friederike Freiin von (1746–1831) 379

Mehling, Ernestine Conradine Amalie Freiin von 324
Melade, Christoph 100
Mellenthin, Fam. von 222
Mellenthin, geb. von 467, 510
Mellenthin, Witwe von 465
Mellenthin, Bernhard Bogislav Sigismund von (1721–1780) 221, 465, 550
Mellenthin, Caspar Heinrich von 232, 236, 510
Mellenthin, Caspar Heinrich Friedrich von 455, 513, 521, 550
Mellenthin, Christian Friedrich von (* 1730) 222
Mellenthin, Christian Friedrich Ernst von (1750–1818) 221, 490, 498
Mellenthin, Cuno Friedrich von (1713–1775) 221 f., 490, 498
Mellenthin, Ernst Christian von (* 1704) 222, 490
Mellenthin, Ernst Heinrich von (1732–1759) 221
Mellenthin, Friedrich Heinrich Otto von (1783–1858) 221
Mellenthin, Helena Sigismunda von 65
Mellenthin, Ida Louise von († 1818) 226
Mellenthin, Joachim Siegmund von 221, 465
Mellenthin, Johanna Nicolai von 232
Mellenthin, Matthias Friedrich von (* um 1670) 222, 490, 498
Mellenthin, Regina Wilhelmine von 152, 485
Mellenthin, Wulf Christian von 498
Merkelbach, Dorothea Sophia Amalia von (1664–1726) 280
Meseberg, Obrist von († 1780) 44
Meseritz, Witwe von 223, 505
Meseritz, Charlotte Ulrike Ernestine von (* 1774) 223
Meseritz, Ernestine Auguste Juliane von (* 1768) 223
Meseritz, Ernst Friedrich von (1723–1778) 222, 452
Meseritz, Friederike Juliane Amalie von (* 1767) 223
Meseritz, George (Jürgen) von 222
Meseritz, George von (* 1698) 222, 505
Meseritz, George Heinrich von (* 1695) 222, 452
Meseritz, Heinrich von († vor 1713) 223, 505
Meseritz, Heinrich Ludwig von (1709–1765) 222 f., 505
Meseritz, Henriette Elisabeth von (um 1735–1804) 223
Meseritz, Hypolite Louise Sophie von (* 1775) 223
Meseritz, Joachim Ernst von (1735–1791) 222–224, 452, 505
Meseritz, Ludwig Ferdinand von (* 1781) 223, 505
Meseritz, Paul Friedrich (Heinrich) von († vor 1713) 222, 452, 527 f.
Meseritz, Peter Ernst von (1703 – vor 1759) 222 f., 452, 505
Metternich, Schloastica von 84
Metzradt, Eleonore Gottliebe von (1693–1726) 321
Metzsch, Anna (Magdalena) Sybilla von († 1729) 380 f.
Metzsch, Johanna Auguste von 147
Meyenn, Kriegsrat 277
Meyenn, Anna Catharina 277
Meyer, Anna Luise (1734–1806) 36
Meyerinck, Adolph Friedrich von (* 1752) 224
Meyerinck, Dietrich Reichard von (1701–1775) 224
Meyerinck, Friedrich Richard von (1754–1813) 224
Meyerinck, Ludwig George Christian von (1752–1804) 224
Meyerinck, Wilhelm Heinrich Jacob von (1755/56–1792) 224
Michael, Charlotta Carolina (1719 – um 1786) 371
Michael, Johann Wilhelm († 1784) 371
Michael, Sigismund 371
Michaelis, Frau Cap. 493
Micrander, geb. von 224
Micrander, George von 224
Micrander, George Adolph von (1638–1722) 224, 489
Mi(e)sitschek von Wischkau, von (* um 1712) 225
Mi(e)sitschek von Wischkau, von (* um 1714) 225
Mi(e)sitschek von Wischkau, Carl Gottlob Sigismund von (1745–1810) 225
Mi(e)sitschek von Wischkau, Ferdinand Friedrich Abraham von (* 1741) 224 f., 465
Mi(e)sitschek von Wischkau, Ferdinand Friedrich Leopold von (1768–1827) 224 f.
Mi(e)sitschek von Wischkau, Melchior Friedrich von (* 1679) 225, 465
Mi(e)sitschek von Wischkau, Philipp Gotthilf August von (* 1771) 225
Mi(e)sitschek von Wischkau, Sophie Friederike 161
Mi(e)sitschek von Wischkau, Wilhelm Carl Ernst von (* 1780) 225
Mildenitz, Caroline Magdalene von 129
Mildenitz, Ernestine Catharine von 406, 496 f.
Misbach, geb. von 408
Misbach, Geschwister von 478, 521

Misbach, Agneta Louisa von 227
Misbach, August Ewald Ludwig von (1790–1851) 226
Misbach, Beate Wilhelmine von (* 1783) 226
Misbach, Carl Gotthilf von (1747–1778) 227
Misbach, Carl Ludwig von (* 1707) 225
Misbach, Christian Ehrentreich von (um 1717–1757) 225–227
Misbach, Christian Friedrich von (1745–1766) 227
Misbach, Ernst Sigismund Ferdinand von (1752–1813/17) 226 f., 509
Misbach, Ferdinand Magnus von (1780–1822) 226
Misbach, Fr. K. G. von 227
Misbach, Franz Leopold Carl von (* 1788) 226
Misbach, Friedrich Ernst von (* 1704) 225
Misbach, Joachim Friedrich von (1696–1749) 42, 225–227, 478
Misbach, Johann von (1739–1794) 226
Misbach, Johann Christian von 226
Misbach, Johann Ernst von (1666–1741) 225, 478, 529
Misbach, Johann Ernst von (1699–1735) 225
Misbach. Johann Ernst Carl von (1778–1841) 226 f.
Misbach, Johann Heinrich Ferdinand von (1784–1849) 226 f.
Misbach, Johann Magnus Ewald von (1744–1784) 225–227, 478
Misbach, Johanna Barbara Elisabeth von (* 1755) 402
Misbach, Otto Caspar Wilhelm von (1787–1825) 226
Mischitzky, Hans Friedrich von 477
Mittelstaedt, Witwe von 227
Mittelstaedt, Alexander Christian von 227
Mittelstaedt, Friedrich Wilhelm von 227
Mittelstaedt, Joachim Christoph von († vor 1713) 227, 537
Mittelstaedt, Joachim Christoph von (* 1695) 227
Mittelstaedt, Michael 480
Möhlen, Fam. von 141, 483
Möhlen, Rittmstr. von 228, 501
Möhlen, Witwe von 228, 483, 501
Möhlen, Balzer Friedrich von 228
Möhlen, Carl Friedrich von (1754–1779) 228 f., 483
Möhlen, Ernst Wilhelm von 228 f.
Möhlen, Friedrich Gottlieb von (1718–1760) 228 f., 483
Möhlen, George Ehrentreich von (1661–1741) 228 f., 483, 543
Möhlen, George Wilhelm von 228, 501
Möhlen, Joachim Philipp von 228
Möhlen, Johann Friedrich von 229
Möhlen, Otto Wilhelm von (* 1719) 228 f., 483
Möllendorff, Gl von 177, 422
Mörner, Fam. von 492
Mörner, Geh. Justizrat von 480
Mörner, Herr von 529
Mörner, Witwe von 546
Mörner, Achatz Joachim von († 1729) 229
Mörner, Anna Luise von 352 f.
Mörner, Balthasar Dietloff von († 1708) 229
Mörner, Bernd Joachim von (um 1621–1675) 229, 492
Mörner, Bernhard Joachim von († 1741) 229 f.
Mörner, Christoph Ehrentreich von (um 1674–1736) 135 f., 156, 229, 492, 535, 546
Mörner, Curt Ehrentreich von (1647–1676) 229
Mörner, Elisabeth Juliane von (†1753) 46
Mörner, Erdmann Wilhelm Kreuzwendedich von (um 1721–1787) 229, 492
Mörner, George (Joachim) Wichard von 229
Mörner, Hans Sigismund von (1664–1732) 229 f., 546
Mörner, Hans Wilhelm von (um 1700 – vor 1759) 230, 464, 492
Mörner, Jacob Friedrich Ernst von († 1744) 230
Mörner, Wilhelm Adam von († 1696) 229
Mörner, Wilhelmine Elisabeth von († 1769) 156, 535
Monjou, Johann Wilhelm von (* 1716) 230
Monteton, Johanne Marie Freiin Digeon von (1752–1803) 253, 322
Monteton, Maria Angelique Henriette Freiin (Digeon) von (* 1749) 73
Morrien, von 211
Morstein, Gebr. von 475
Morstein, Witwe von 535
Morstein, Carl August Siegismund von 230
Morstein, Christian Stanislav von 230
Morstein, Gottlob Tobias von (* 1706) 230, 475
Morstein, Maximilian Ehrentreich Samuel von (* 1744) 230, 475
Morstein, Otto Friedrich Ehrentreich von 230
Morstein, Samuel Ladislaus von 230
Morstein, Stephan von († vor 1718) 230, 475
Mühlen, Ursula Gottlieb von († 1743) 350
Mühlheim, Witwe von 12, 148, 160, 231, 532

Mühlheim, Anton Bogislav von (* 1729) 231
Mühlheim, Dorothea Charlotta Wilhelmina von (* 1758) 231, 493
Mühlheim, Friedrich von (* 1793) 59 f., 157, 231, 506, 511
Mühlheim, Friedrich Franz von (1664–1732) 60
Mühlheim, Friedrich Franz von (1756–1795) 231, 493, 506, 511
Mühlheim, Friedrich Wilhelm von (1686–1732) 231, 506, 528, 532
Mühlheim, George Ludwig von (1725 – vor 1772) 231, 461, 493, 528, 539
Mühlheim, George Wilhelm von 231, 483, 506, 528
Mühlheim, Henriette von (1765–1838), geb. von Reppert (s. d.)
Mühlheim, Louisa Sabina von (* 1729) 102, 528, 532
Mühlheim, Ludwig von (* 1693) 231
Mühlheim, Ludwig Wilhelm von (1757–1780) 231, 493
Mülbe, Andreas Gottfried von der (* 1694) 232
Mülbe, Catharina Barbara von der 231
Mülbe, Catharina Louisa von der 281
Mülbe, Friedrich Ludwig von der (* 1751) 232
Mülbe, Heinrich Wilhelm von der (1729–1797) 231, 281 f.
Mülbe, Johann Ludwig von der (* 1724) 232
Mülbe, Johann Ludwig von der (1732–1783) 231 f., 259, 467, 478, 510
Mülbe, Wilhelm Ludwig von (1691–1745) 231
Müller, Amtmann 495
Müller, Erben Hoffiskal 529
Müller, geb. 495
Müller, Geh. Kriegsrat 460
Müller, Carl Hans 460
Müller, Carl Heinrich 460
Müller, Johann Tobias 469
Müller, Michael Christoph 65 f.
Münchhausen, Anna von 213
Münchow, Frau Obrist von 504
Münchow, geb. von 507, 509
Münchow, Ltnt. von 39, 423, 546
Münchow, Alexander Christoph von (1726–1806) 232 f.
Münchow, August Leopold von (* 1737) 233
Münchow, Berend Christian von (* 1729) 233
Münchow, Bernd von 458, 465, 487, 537
Münchow, Christian Ernst von (1671–1749) 232
Münchow, Dorothea Elisabeth von 151
Münchow, Eleonore Barbara von († 1777) 129, 384
Münchow, Ernst Philipp von (1713 – vor 1758) 232, 550
Münchow, Friederika Louisa von 151, 487
Münchow, George Heinrich von († 1752) 233, 482
Münchow, Günter Felix von (* um 1731) 233
Münchow, Gustav Ludwig von 232
Münchow, Ilsa Catharina Maria von (1709–1772) 34
Münchow, Joachim George von 546
Münchow, Johann Friedrich von 498
Münchow, Maria Helena von 267
Münchow, Marie Antoinette von († 1781) 233, 352
Münchow, Otto Friedrich von (1723–1759) 233
Münchow, Sophia Friederika von 151
Münchow, Sophie Helene Albertine von 30
Münchow, Wilhelm Ernst von (1754–1829) 232 f.
Münchow, Wilhelmine Dorothea von (1730–1805) 232
Mützel, Heinrich Ludwig 460
Mützel, Johann 460
Muschwitz, Fam. von 234
Muschwitz, geb. von 171, 180, 182
Muschwitz, Geschwister von 498
Muschwitz, Anton Wilhelm Siegesmund von (* 1789) 233
Muschwitz, Caroline Friederique von, geb. von List (s. d.)
Muschwitz, Caspar Friedrich von († 1734) 235, 469
Muschwitz, Caspar Heinrich von (1690–1759) 234, 470, 473, 512, 542
Muschwitz, Caspar Siegfried von 500 f.
Muschwitz, Charlotte Seiffertine Tugendreich von 194, 498
Muschwitz, Christian Ernst von (1718–1753) 233, 542
Muschwitz, Christian Siegmund von (1682 – nach 1753) 233, 235, 469
Muschwitz, Christoph Loth von 235
Muschwitz, Christoph Siegmund von (1724–1768) 233 f., 542
Muschwitz, Clara Dorothea von 235
Muschwitz, Curt Ehrentreich von 500
Muschwitz, Elisabeth Sophie Tugendreich von (* 1722) 167, 501
Muschwitz, Erna Marianne von 254
Muschwitz, Eva Catharina von 367, 498
Muschwitz, Friedrich Ehrentreich von (1736–1822) 187, 234, 465, 470, 497, 515, 533
Muschwitz, Friedrich Wilhelm von 533, 542
Muschwitz, George Ernst von († 1740) 235, 469
Muschwitz, Gottliebe Charlotte von (1729–1785) 252

Muschwitz, Gottlob August von (1734–1757) 234
Muschwitz, Gottlob Friedrich von (1769–1844) 234
Muschwitz, Gottlob Heinrich von (* 1728) 235, 469
Muschwitz, Hans Caspar von († 1712) 235, 469, 500, 533
Muschwitz, Hans Ehrentreich von 470
Muschwitz, Heinrich Ehrentreich von 234
Muschwitz, Jacob Heinrich von 234, 503, 512
Muschwitz, Johanna Sophia von 235
Muschwitz, Luise Friederike Charlotte von (1759–1809) 252
Muschwitz, Marianne Erdmuth von 235, 469
Muschwitz, Marie Elisabeth von (1664–1735) 321
Muschwitz, Otto Gustav Ludwig Gottlob von 486
Muschwitz, Otto Hieronymus von 235
Muschwitz, Sophia Elisabeth von, geb. von Kottwitz (s. d.)
Muschwitz, Wilhelm Christoph Siegmund von (1755 – um 1818) 233, 542
Muschwitz, Wilhelm Leopold von 498
Muschwitz, Wolf Nicol von 235
My(h)len, Witwe von 496
My(h)len, Carl Friedrich von der (1722 – vor 1768) 235
My(h)len, Dietrich Ludwig von der (1721 – vor 1789) 235
My(h)len, Egidius von der (1683 – vor 1752) 235
My(h)len, Egidius von der (* 1732) 235
My(h)len, Heinrich Ludwig von der (um 1724–1782) 235, 496
My(h)len, Johann von der († vor 1759) 235
My(h)len, Johann Ludwig von der 235

Nassau, Cap. von 521
Nassau, Christoph Friedrich Carl von (1761–1812) 236, 490
Nassau, Christoph Wilhelm von (1723–1779) 236
Nassau, Wilhelm Christoph von (* um 1758) 236
Natzmer, Ltnt. von 519
Natzmer, Witwe von 521
Natzmer, Caroline Philippine Eleonore von 523
Natzmer, Charlotte von, geb. Fesken (s. d.)
Natzmer, Dorothea Hedwig Charlotte von (1749–1827) 237
Natzmer, Dubislav Friedrich Wilhelm von (1753–1821) 236 f., 521, 550
Natzmer, Dubislav Richard von (1689–1731) 173, 236, 521
Natzmer, Felix von 521
Natzmer, Friedrich Wilhelm Felix von (1727–1765) 236, 521
Natzmer, Friedrich Wulf Ernst von (1776–1810) 237, 385, 455, 478
Natzmer, Wulf Heinrich von (1735–1787) 237, 550
Nauendorff, Conrad Wilhelm von 237, 473
Nauendorff, Friedrich Wilhelm von (1721–1761) 237
Naumann, Fam. von 238
Naumann, Adolph Friedrich August von (1736–1803) 237
Naumann, Carl Gottfried von (1737–1806) 237, 502
Naumann, Johann Sigismund von (* 1751) 237
Naumann, Susanne von 305
Naumann, Wolf Heinrich von 538
Naumann, Wulf Siegismund von (* 1692) 238
Naumeister, Marie Sophie von (1713–1777) 284, 522
Neckern, Fam. von 238
Neckern, Herr von 165
Neckern, Carl Friedrich von (1701–1771) 238, 462
Neckern, Dorothea Agnisa von 22 f.
Neckern, Friedrich Heinrich von (* um 1748) 238, 462
Neckern, Hans Ernst von (* 1714) 238, 462
Neckern, Martin Heinrich von (* 1696) 238 f., 462
Neckern, Nicol Joachim von (* 1700) 239
Neckern, Nicolaus von (um 1650 – vor 1731) 238, 462
Negrow, Amtmann 535
Nehse, Christian Heinrich 468
Neroggow, Andreas 458
Neubauer, Dr. 158
Nicol, Abraham 460
Niederbludowitz, George Friedrich Bludowsky Frhr. von 479
Niephagen, Elias von 211
Niephagen, Elisabeth von 211
Nimptsch, Johanna Friederike von 216
Nimptsch, Maria Dorothea von 199
Nimptsch, Marie Elisabeth von (* um 1689) 79
Nitz, Dorothea Marie († 1792) 226 f.
Noething, geb. 329
Normann, Amalie Catharina von († 1797) 240 f.
Normann, August Christian von (1736–1807) 241 f., 484

Normann, August Ernst Ludwig von (1768–1808) 239, 242
Normann, Carl Julius von (* 1773) 242
Normann, Carl Ludwig von (1705–1780) 239–241, 409, 468, 508 f., 550
Normann, Carl Ludwig von (* 1772) 241
Normann, Carolina von 239 f.
Normann, Carolina Wilhelmina Amalia von 241
Normann, Caspar Ernst von (1696–1748) 241, 480, 484, 516
Normann, Christian Friedrich von (1712–1767) 240 f.
Normann, Christiane Louise von (1784–1859) 241, 413
Normann, Cord Dietrich von (1736–1801/03) 240 f., 468
Normann, Dubislav Philipp von 241, 484
Normann, Ernst Christoph von (1716–1770) 71, 240
Normann, Friederique Auguste von, geb. von Bojanowska (s. d.)
Normann, Friederique Wilhelmine Auguste von, geb. von Vernezobre (s. d.)
Normann, Friedrich Wilhelm von (1761–1788) 240
Normann, Friedrich Wilhelm Heinrich von (1771–1829) 239, 484
Normann, Gottlieb Christoph von (1775–1808) 240
Normann, Ilsabe Margarethe Sophie von 414
Normann, Joachim Christoph von 241
Normann, Johann Alexander von (1743–1799) 239, 242, 480, 496, 550
Normann, Johann August Leopold von (* 1790) 240
Normann, Johanna Luise von († 1762) 186
Normann, Johannette von (* um 1782) 239
Normann, Jürgen Arend von (1671–1724) 240
Normann, Jürgen Heinrich von 240
Normann, Juliane von (* um 1784) 239
Normann, Juliane Adelaide von (1753–1802) 92
Normann, Otto Lebrecht von (1737–1757) 242
Normann, Philipp Christian Friedrich von (1756–1817) 240
Normann, Philipp Martin von (* um 1676) 239
Normann, Rosine Caroline von 240
Normann, Wilhelm Erdmann von (1734–1806) 239, 241 f., 484, 506, 516
Nostitz, Beate Sophie von 191 f.
Nostitz, Elisabeth Sophie von (1669–1745) 154
Nostitz, Hans Heinrich von 470
Nostitz, Johann Adolph von 470, 473
Nostitz, Victoria Elisabeth von 288
Novisadi, Maria Elisabeth von 29
Nüßler, Auguste Christiane von 301

Oelsen, Kammerherr von 537
Oertzen, Herr von 277
Oertzen, Brigitte Tugendreich von (1707–1779) 321
Oertzen, Carl Friedrich August von 243
Oertzen, Christian Carl Friedrich von (1748–1814) 243
Oertzen, Christoph Heinrich von (1747–1826) 243, 499
Oertzen, Elisabeth Marie Juliane von (1777–1813) 168 f.
Oertzen, Ernst George von 457
Oertzen, Ernst Philipp von (1754–1820) 243
Oertzen, George Henning von 499
Oertzen, Hans Christoph von (1745–1812) 242 f.
Oertzen, Hans Felix von (1671–1733) 242 f., 499
Oertzen, Julius Ferdinand Maximilian von 466
Oertzen, Maximilian von 180, 242 f., 466 f., 485
Oertzen, Victor Wilhelm von (1716–1780) 242, 499
Oertzen, Victor Wilhelm von (1751–1772) 243
Oesterreich, George Sebastian von (1704–1740) 243
Oesterreich, Hans Caspar von (* 1676) 109, 243, 483, 514
Oesterreich, Sophie Gottliebe von (1713–1791) 109
Oettingen, Gräfin von 59
Oettingen-Wallerstein, Fürst von 25, 59
Ohnesorge, Maria Catharina (†1754) 38
Oldenburg, Anna Maria Charlotta von (* 1722) 244
Oldenburg, Auguste Christiane von 244
Oldenburg, George Friedrich von (1694–1758) 243, 522
Oldenburg, Hans Adam von (* 1680) 244, 533
Oldenburg, Hans Heinrich Jürgen von (1723–1785) 243 f., 522
Oldenburg, Joachim Friedrich von 244
Oldenburg, Rüdiger Christoph von (1703–1741) 244
Oppell, von 244, 534
Oppell, Witwe von 534
Oppell, Caroline Sophie Henriette von (1756–1803) 375
Oppell, Charlotte Elisabeth von (* um 1749) 245
Oppell, Christian Wilhelm von (* 1714) 245, 534
Oppell, Christian Wilhelm Ernst von (1746–1772) 212, 245, 534

Oppell, Friederique Caroline Helene von (* 1772) 245, 534
Oppell, Friedrich Wilhelm von (1775–1850) 245
Oppell, George Abraham von († vor 1717) 245, 534
Oppell, George Friedrich Ferdinand von (* 1766) 244, 505
Oppell, George Otto von (1712–1795) 245, 488
Oppell, Hans George von (1685–1751) 244, 468
Oppell, Heinrich Adolph von 170, 466
Oppell, Johann Carl Friedrich von (* 1747) 245, 534
Oppell, Johann Ernst von (1734–1791) 244, 458
Oppell, Johann George von (* 1730) 244 f., 468
Oppell, Johanna Charlotte von (1701–1764) 270
Oppell, Johanna Tugendreich von (* um 1748) 245
Oppell, Luise Wilhelmine von (1744–1813) 376
Oppell, Margarethe Eleonore von (1700–1775) 374, 377
Oppell, Otto Friedrich von 468
Oppell, Siegmund Wilhelm von (1748–1829) 245 f.
Oppell, Sophie Erdmuthe von (1703–1739) 244
Oppell, Sophie Erdmuthe (d. J.) von 259
Oppeln-Bronikowski, Johanne Marie Luise von (1732–1804) 246
Oppen, Frau von 541
Oppen, geb. von 173, 536
Oppen, Gebr. von 319
Oppen, GM von 94
Oppen, von 538
Oppeln, Witwe von 468
Oppen, Alexander Ernst von (1766–1803) 246, 468, 477, 489, 500, 519
Oppen, Carl Ernst Sigmund von 477, 489, 500, 519
Oppen, Caroline Helene von († 1780) 157
Oppen, Caspar von (* 1701) 246
Oppen, Caspar Fabian von 246
Oppen, Dorothea Sophia von 166, 485
Oppen, Ernst Gottlob von (1711–1785) 246, 476, 541
Oppen, Eva Sabina von (1716–1799) 204
Oppen, George Friedrich von (1714–1774) 246
Oppen, George Henning von (* 1689) 246
Oppen, Gustav Adolph Eduard von 477, 489, 500, 519
Oppen, Hedwig Agnesa von (1695–1780) 92
Oppen, Hedwig Catharina von († 1735) 395 f.
Oppen, Joachim Erdmann von (1706–1776) 246
Oppen, Johann Gottlob 463
Opterbeck, Marianne Elisabeth (1737–1819) 174
Orthmann, Frau 150
Oßwald, Johanna Christiane (1729–1764) 82
Osten, Frau von der 315
Osten, geb. von der 212
Osten, Alexander Berndt von der (1695–1715) 247
Osten, Alexander Carl Julius von der (1757–1805) 249
Osten, Alexander Friedrich von der (1668–1736) 247
Osten, August Wilhelm Sigismund von der (1788–1813) 249
Osten, Balthasar Heinrich von der (1694–1741) 247, 539
Osten, Carl Friedrich Felix von der 478
Osten, Carl Gottlieb von der (* 1743) 248
Osten, Carl Gottlob Ehrenreich von der (1785–1857) 249
Osten, Caroline Christine von der (1720–1762) 177
Osten, Charlotte Christina von der 235
Osten, Christine Charlotte von der (1737–1784) 117
Osten, Christoph Friedrich von der (1740–1819) 247 f.
Osten, Christoph Heinrich von der (1660–1718) 247, 539
Osten, Christoph Henning von der (1774–1842) 39
Osten, Christoph Sigismund von der (1664–1738) 247, 250, 520
Osten, Elisabeth Charlotte von der († 1727) 433
Osten, Ernst Ferdinand von der (* 1746) 248
Osten, Friedrich August von der (1726–1776) 249, 539
Osten, Friedrich Gottlieb Moritz von der (1738–1807) 247–249, 394, 509, 520, 524
Osten, Friedrich Magnus von der (1748–1811) 247
Osten, Friedrich Wilhelm Erdmann von der (1775–1809) 248
Osten, George Christoph von der 247
Osten, George Philipp von der (1744–1810) 248
Osten, Hans von der (1701–1721) 250
Osten, Hans Gotthold Lüdicke von der (1757–1826) 248
Osten, Hans Gustav von der (1742–1758) 248
Osten, Hans Joachim von der (1697–1779) 247 f., 250, 520
Osten, Hans Wilhelm Leopold von der (1764–1826) 248 f.
Osten, Heinrich Adam von der († 1729) 247
Osten, Heinrich Carl von der (1732–1811) 249, 550
Osten, Heinrich Carl von der (1759–1849) 249
Osten, Henning Adolph Heinrich von der (1791–1813) 249

Osten, Henning Friedrich von der (1756–1810) 249, 457, 467, 520
Osten, Joachim Wilhelm von der (1691–1762) 247, 520
Osten, Johann George Ferdinand von der (1768–1807) 249 f., 539
Osten, Leopold von der (1770–1827) 249
Osten, Leopold Ehren(t)reich von der (1745–1807) 146, 248, 250, 466, 520, 543
Osten, Leopold Siegfried von der 457
Osten, Ludwig von der (* 1699) 250
Osten, Marie Eleonore von der (1731–1772) 442
Osten, Otto Moritz von der (1754–1826) 248
Osten, Peter Christoph von der 12
Osten, Sigismund Ehrenreich von der (1772–1850) 250
Osterhausen, Ursula Johanna von 85
Ostfriesland, Georg Albrecht Fürst von (1698–1734) 338

Paczensky, Gottlob Heinrich von (* 1732) 250 f., 479
Paczkowsky, Major von 345, 512
Paczkowsky, Dorothea Charlotte von, geb. von Stosch (s. d.)
Paczkowsky, George Friedrich von (* 1770) 345
Pannwitz, geb. von 255, 418, 511
Pannwitz, Vizekanzler von 325
Pannwirtz, Witwe von 485, 523
Pannwitz, Adam Christian von (1663–1712) 254, 480, 487, 523
Pannwitz, Adam Ernst von (1665–1701) 251
Pannwitz, Anna Helene von (1707–1790) 325
Pannwitz, Anna Justina von, geb. von Lüderitz (s. d.)
Pannwitz, Anna Louise von 126
Pannwitz, Anton von (1630–1685) 251
Pannwitz, Anton von (1659–1731) 251, 536
Pannwitz, Anton von (1665–1736) 251, 450 f., 476
Pannwitz, Anton Dietrich Wilhelm von (1723–1782) 19, 253, 469, 476, 480, 488, 520, 528, 536
Pannwitz, Barbara Christine von 60
Pannwitz, Carl Christian von (1724–1768) 252, 254, 523
Pannwitz, Carl Friedrich von 254
Pannwitz, Carl Heinrich von (1788–1855) 252
Pannwitz, Carl Ludwig August von (1787–1805) 253
Pannwitz, Carl Otto Philipp von (1776–1795) 252
Pannwitz, Carl Wilhelm von (1743–1807) 251, 253, 449 f., 454, 507, 516
Pannwitz, Carl Wilhelm von (1752–1827) 252
Pannwitz, Caroline Friederike von (* 1755) 252
Pannwitz, Caspar Friedrich von (1689–1750) 254
Pannwitz, Charlotte Henriette von († 1785) 186
Pannwitz, Charlotte Marie von, geb. von Kleist (s. d.)
Pannwitz, Christian von (1624–1679) 251
Pannwitz, Christian von (1655–1703) 251, 253, 469, 528
Pannwitz, Christian August von (1755–1811) 252, 467, 477
Pannwitz, Christian Sigismund von (vor 1713) 255
Pannwitz, Christiane Juliane von 391
Pannwitz, Eleonore Dorothea von 344 f., 418, 451
Pannwitz, Elisabeth Wilhelmine von (1711–1789) 60, 454
Pannwitz, Ernst Heinrich Wilhelm von (1770–1843) 251–253
Pannwitz, Ernst Ludwig von (* 1683) 252
Pannwitz, Friedrich von (1656–1731) 251
Pannwitz, Friedrich (d. J.) von 251
Pannwitz, Friedrich Anton von (1751–1818) 252 f., 523 f.
Pannwitz, Friedrich August Wilhelm von (1747–1805) 251 f., 449, 507
Pannwitz, Friedrich Heinrich Rudolph von (1750–1811) 252
Pannwitz, Friedrich Wilhelm von (1656–1720) 254 f., 491
Pannwitz, Friedrich Wilhelm von (1682–1731) 253 f., 469, 480, 485, 487, 520, 528
Pannwitz, Friedrich Wilhelm von (1720–1790) 255
Pannwitz, Friedrich Wilhelm von (1787–1852) 252
Pannwitz, George Christian von 536
Pannwitz, George Rudolph von (1698–1759) 252, 254, 523
Pannwitz, Gottlob Ernst von (1694–1765) 254
Pannwitz, Hans Caspar von (um 1658–1715) 254
Pannwitz, Hans Christoph 487
Pannwitz, Heinrich Wilhelm von (1677–1749) 253–255, 350, 449, 507
Pannwitz, Henriette Eleonore von (* 1760) 252
Pannwitz, Joachim Friedrich von († vor 1715) 255, 491
Pannwitz, Joachim Friedrich von (* 1698) 255, 491
Pannwitz, Johann Otto Wilhelm von (1790–1838) 253

Pannwitz, Ludolph von (1652–1719) 251
Pannwitz, Ludwig Ernst von (1687–1759) 253, 480, 485, 520
Pannwitz, Martha Elisabeth von 476
Pannwitz, Nicolaus Sigismund von (1700–1748) 255, 491
Pannwitz, Otto Heinrich von († 1683) 254 f.
Pannwitz, Otto Heinrich von (1706–1751) 253, 449, 507
Pannwitz, Sophie Catharina von (1689–1717) 255
Pannwitz, Wilhelm Ludwig Theodor von (1772–1849) 251 f.
Pannwitz, Wolf Adolph von (1679–1750) 255, 476
Pannwitz, Wolf Christoph von (1650–1715) 255
Pape, Adolph Friedrich Siegmund von (1725–1789) 256, 296, 465, 468
Pape, August Carl Wilhelm Adolph von (1777–1807) 256
Pape, Catharina Sophie von 465
Pape, Christoph Friedrich (* um 1694) 256
Pape, Wilhelm Heinrich von (1771–1860) 138, 256, 457, 497, 534
Pappritz, Ludwig Friedrich 516
Papstein, Cap. von 543
Papstein, Fam. von 228
Papstein, geb. von 89, 219, 461, 504
Papstein, Anna Luise Tugendreich von, geb. von Schönebeck (s. d.)
Papstein, Carl Friedrich von (1678–1733) 256–258
Papstein, Carl Friedrich von (1719–1758) 258, 534
Papstein, Carl Rudolph von (* 1723) 257 f., 503 f.
Papstein, Christoph Henning von (1675–1736) 256 f., 503
Papstein, Ehrenreich Friedrich Philipp von (1728–1783) 258, 534
Papstein, Eleonore Sophie von († 1784) 326
Papstein, Ernst August von (1754–1781) 257
Papstein, Ernst Egidius von (1716–1757) 256–258, 550
Papstein, Friederike Luise von (1733–1807) 38 f., 534
Papstein, Friedrich Wilhelm von 257 f., 534
Papstein, George Wilhelm von (1724–1745) 257
Papstein, George Wilhelm Heinrich von (1775–1856) 257
Papstein, Hasso Ernst von 319, 506
Papstein, Heinrich Carl von (1720–1758) 257
Papstein, Henning (d. Ä.) von 256
Papstein, Henning von (1752–1780) 257
Papstein, Henning Friedrich von (* 1718) 256–258, 503
Papstein, Jacob von 257, 503, 534, 543
Papstein, Jacob Christoph von (1715–1789) 257 f., 534
Papstein, Joachim Heinrich (Henning) von (* 1744) 258, 504
Papstein, Sigismund Friedrich von (* 1717) 258, 534, 550
Papstein, Susanne Amalie von (1717–1764) 89
Papstein, Wilhelm Ernst von (* um 1745) 257, 510
Paris, Carl Ludwig von 74
Parsenow, Charlotte Juliane von († 1745) 13
Passelius, geb. 362
Pastorff, Regine Friederike Philippine, geb. von der Lahr (s. d.)
Pasttorff, Johann Wilhelm 525
Paulisch, Dorothea Sophia 384
Pawelsz, Balbina von († 1830) 46
Pelchrzim, George Joachim von 537
Pentz, Christian Ludwig von 547
Pentzig, Sophie Margarethe von 367
Perbandt, Carl Friedrich von (1768–1839) 259
Perbandt, Ernst Heinrich Wilhelm von (1773–1848) 258 f.
Perbandt, Friedrich Erdmann von (1737–1776) 258, 467
Perbandt, Wilhelmine Amalie Philippine von, geb. von Wedel (s. d.)
Pfeil, Johanne George von 330
Pfoertner, Andreas Ernst von (* 1769) 259, 475
Pfoertner, Carl Gottlob Moritz Gottfried von (1745–1823) 259
Pfoertner, Caspar Friedrich Erdmann von (1756–1801) 259, 458
Pfoertner, Charlotte Luise von, geb. von Winning (s. d.)
Pfoertner, Ernst Ludwig von († um 1775) 259, 475
Pfoertner, Johanne Friederike von 52, 486
Pfoertner, Luise Margarethe von, geb. von Langen (s. d.)
Pfoertner, Sophie Theresia Helene von 426
Pfuel, August Christoph Adolph von (* 1768) 260
Pfuel, Christoph Ludwig von (1770–1813) 260
Pfuel, Dorothea Luisa von 111
Pfuel, Ernst Ludwig von (1716–1798) 259 f.
Pfuel, Friedrich Wilhelm von (1690–1756) 259
Pfuhl, Balzer Ägidius von 260, 537

Pfuhl, Carl Christoph August von (1720–1797) 260
Pfuhl, Carl Ludwig Friedrich von (1761–1844) 260
Pfuhl, George Friedrich Wilhelm Ehrenreich von (1690–1730) 260
Pfuhl, George Ludwig Dittloff von (* 1716) 260, 538
Pfuhl, Hans Christoph von 474, 492
Pfuhl, Hans Friedrich von (* 1716) 260
Pfuhl, Heino Friedrich Wilhelm von (1714–1794) 260, 538
Piehlemann, Sabine († 1751) 128
Piper, Kriegsrat 261
Piper, Witwe von 261
Piper, Adolph von 522
Piper, Albertine Johanne von 522
Piper, Carl Heinrich von (* 1735) 261
Piper, Carl Heinrich Christian von (* 1769) 261, 522
Piper, Friedrich Adolph von (um 1725–1779) 232, 261, 478, 522
Piper, Johann Heinrich von (1680–1752) 261, 433, 519, 522
Piper, Wilhelm Christian von (1732–1811) 261, 519
Piper, Wilhelm Heinrich von (1773–1813) 261
Pistorius, Gustav Friedrich von 485
Planitz, Cap. von 261 f., 527
Planitz, Carl Gottlieb Heinrich Edler von (1763–1826) 262
Planitz, Friedrich Ernst Edler von (1766–1820) 262
Planitz, Heinrich Ernst Edler von (1723–1793) 261 f.
Planitz, Johann Heinrich von (* 1736) 262
Plantnig, geb. von 185
Platen, von 471
Platen, Albrecht Christian von (1684–1756) 262 f., 298, 457, 514
Platen, Alexander Hartwig von (* 1739) 263
Platen, Anna Elisabeth von (1704–1737) 75
Platen, Carl Christian von (* 1714) 263
Platen, Carl Christoph von 263
Platen, Carl Hartwig von (1711 – um 1744) 265
Platen, Carl Ludwig von (* 1693) 262
Platen, Carl Ludwig von (1731–1806) 263
Platen, Caspar Ernst von 265
Platen, Caspar Wichard von (1699–1754) 265
Platen, Christian Johann Wilhelm von (* 1744) 264, 538
Platen, Dorothea Sophie von 387
Platen, Ernst Friedrich von (1697 – um 1740) 265, 511
Platen, Ernst Joachim von (1727–1795) 263 f., 537
Platen, Ernst Ludwig Carl von (1745–1823) 264 f., 512
Platen, Ernst Wilhelm von († vor 1718) 263, 425, 488
Platen, Eva Catharine von (1683–1752) 298
Platen, Friedrich August von (1748–1813) 264, 550
Platen, Friedrich Ernst von (1767–1830) 263 f.
Platen, Friedrich Wilhelm von 263
Platen, Hans Friedrich von (* 1675) 262, 513 f.
Platen, Hartwig Caspar Ernst von 264
Platen, Hartwig Christian von (1716 – vor 1767) 264
Platen, Hartwig Heinrich von († 1745) 264
Platen, Heinrich August Ferdinand Eugen von 455
Platen, Heinrich Hartwig von 265
Platen, Heinrich Wilhelm von (um 1715–1768) 264 f., 511 f.
Platen, Heinrich Wulf von 262, 298, 387, 457
Platen, Ludwig Carl von (1659 – um 1736) 265, 511
Platen, Reimar Friedrich von (* 1735) 263
Platen, Sophia Wilhelmina von (* 1761) 264
Platen, Sophie Marie von, geb. von Wahlen-Jurgass (s. d.)
Platen, Wilhelm Friedrich von 265
Platen, Wulf Christoph von (1677–1740) 262, 457
Plattner, Maria Dorothea 187
Plettenberg, C. F. S. von 310
Ploetz, Carl Friedrich Siegmund von (1733–1769) 265 f., 513
Ploetz, Caspar Henning von (1690–1757) 266
Ploetz, Friedrich Bernd von (1701–1753) 266, 550
Ploetz, Friedrich Gottfried von 266, 473, 513
Ploetz, Hans Bertram von (1656–1736) 265 f., 539
Ploetz, Hans Dietloff von (* 1730) 266
Ploetz, Hans George von (* 1701) 266, 473
Ploetz, Hans Siegismund von (* 1696) 265, 513
Ploetz, Hedwig Eleonore von (1703–1765) 64
Ploetz, Joachim Christoph von († 1708) 266
Ploetz, Joachim Heinrich von (1729–1775) 266, 550
Ploetz, Johanna Gottliebe von 539
Ploetz, Louise Eleonore Juliane von 399
Ploetz, Michael Christoph von (1687–1765) 266, 472
Ploetz, Otto Wilhelm von (* 1686) 266
Ploetz, Wilhelm Friedrich von (* 1692) 266 f.
Plotho, Obrist von 138
Plümicke, Carl Heinrich Wilhelm 498
Podewils, geb. Gräfin von 174
Podewils, Witwe von 67, 521
Podewils, Adrian von (1728–1760) 267, 456, 521

Podewils, Anshelm von 267, 464
Podewils, Bogislav George Friedrich von (1717 – vor 1755) 267, 456, 521
Podewils, Dorothea Auguste Sophie von (1761–1785) 120
Podewils, Esther von († 1720) 411
Podewils, Eva Luise von 407
Podewils, Franz Wilhelm von (1705–1780) 267
Podewils, Friedrich Wilhelm von 120
Podewils, George Friedrich von († vor 1744) 267, 455, 521
Podewils, George Joachim von († 1719) 267, 455, 521
Podewils, Hedwig Elisabeth von 389
Podewils, Heinrich Wilhelm von (um 1720 – um 1759) 267, 456, 521, 550
Podewils, Joachim Ehrentreich von 267
Podewils, Louise Dorothea von 403
Podewils, Luise von 405
Podewils, Matthis Heinrich von (* um 1670) 267
Podewils, Otto Christoph Graf von 86, 534
Podewils, Sophie Amalie Albertine Gräfin von 534
Podewils, Sophie Henriette von 50
Podewils, Sophie Luise Wilhelmine von (1745–1800) 120
Poellnitz, Friedrich Wilhelm Lebrecht Frhr. von (1741–1805) 267 f., 494
Poellnitz, Hans Otto Frhr. von 547
Poellnitz, Johann von (1641–1698) 325
Poellnitz, Johanna Margarethe Luise Freiin von 325, 437
Poellnitz, Wilhelm Christian Gottlob Frhr. von (1708–1781) 267
Poetter, Anna Dorothea von 389, 451
Polenz, Anna Louise von, geb. von Unruh (s. d.)
Polenz, Carl Friedrich von 268, 304, 531
Polenz, Eva Christiane von 171, 191, 540
Polenz, Friedrich Wilhelm von (1738–1786) 140, 268, 472
Polenz, Philipp Siegmund von (1746–1814) 268
Ponath, Witwe 537
Ponath, Andreas 537
Poser, Carl Gustav Sigismund von (* 1782) 268
Poser, Friedrich Wilhelm von (1745–1815) 105, 268, 378
Pott, Anna Catharina Margarethe von (1739–1803) 260
Poussardière, Friedrich August Carl von 503
Preuß, Cap. von 476
Preuß, geb. von 234
Preuß, Ober-Landjägermstr. von 234
Preuß, Henriette Charlotte von (1708–1743) 234
Preuß, Henriette Wilhelmine Sophie von (1716–1797) 234
Preuß, Sophia Concordia von († 1796) 130
Preuß, Wilhelmine Amalie von 234
Preußen, Anna Amalia Prinzessin von (1723–1787) 85
Preußen, August Ferdinand Prinz von (1730–1813) 220
Preußen, August Wilhelm Prinz von (1722–1758) 56, 90, 263
Preußen, Carl Prinz von (1801–1883) 328
Preußen, Elisabeth Christine Königin von (1715–1797) 91, 255, 275
Preußen, Friedrich I. König in (1657–1713) 231, 276, 324
Preußen, Friedrich II. König von (1712–1786) V, VII, IX, 1 f., 6, 12, 18, 41, 62, 92, 97, 108, 112, 136, 157, 165, 198, 200, 205 f., 216, 234, 237, 243, 283, 295, 302, 309 f., 343
Preußen, Friedrich Wilhelm I. König von (1688–1740) V, 1, 86, 121, 163, 208 f., 230, 247, 294, 319, 450 f., 460, 473, 479, 546
Preußen, Friedrich Wilhelm II. König von (1744–1797) V, 133, 135, 229, 302
Preußen, Friedrich Wilhelm III. König von (1770–1840) V, 164, 457, 492, 501
Preußen, Heinrich Prinz von (1726–1802) 153
Preußen, Wilhelmine Prinzessin von (1726–1808) 107
Printzen, Dorothee Justine von 276
Printzen, Johann Friedrich von 276
Promnitz, Gräfin von 79
Promnitz, Ursula Polixena von (1642–1712) 251
Prophalow, Ernst von († 1730) 268, 475
Prophalow, Friedrich von 268 475, 542
Prophalow, George Ludwig von 513
Prophalow, George Wilhelm von (1729–1757) 268 f., 550
Pückler, Fam. Graf von 480
Pückler, August Heinrich Reichsgraf von (1720–1810) 219, 269, 338, 457, 470
Pückler, Auguste Caroline Luise Gräfin von (* 1750) 203
Pückler, Constantia Henriette Gräfin von 533, 542
Pückler, Erdmann Graf von (1687–1742) 269, 457, 480

Pückler, Hermann Ludwig Heinrich Graf von (1785–1871) 269
Pückler, Ludwig Johann Carl Erdmann Graf von (1754–1811) 269
Pustar, Witwe von 487
Pustar, Heinrich Christian von 466
Pustar, Peter Ewald von 487
Putlitz, Adrian Friedrich Gans Edler zu (1735–1805) 67
Putlitz, George Carl Gans Edler zu (1737–1818) 67, 493, 550
Putlitz, Sophie Margarethe Eleonore Gans Edle von (1778–1837) 141
Puttkamer, Fam. von 4
Puttkamer, Anna Louise Deliana von (1736–1796) 148
Puttkamer, Catharina von 366
Puttkamer, Catharina Elisabeth von († 1732) 47
Puttkamer, Daniel Christian von († 1779) 269
Puttkamer, Eleonora Dorothea Friederika von, geb. von Briesen (s. d.)
Puttkamer, Franz Ludwig George von (1742–1817) 148, 512, 550
Puttkamer, George Ernst von (1748–1820) 67, 269 f., 461, 487, 537
Puttkamer, Luise Wilhelmine Caroline von (1777–1814) 104 f.
Puttkamer, Michael Friedrich von (1708–1747) 269, 550

Rabenau, Frau von 512
Rabenau, Witwe von 458
Rabenau, Abraham von 494
Rabenau, Carl Christian Johann von (1766–1832) 270
Rabenau, Carl Christoph Ludwig von (1683–1725) 270 f.
Rabenau, Carl Friedrich Wilhelm von (1716–1786) 270
Rabenau, Carl Sebastian von († vor 1714) 270
Rabenau, Elisabeth, Margarethe von (1700 – nach 1782) 331
Rabenau, Eva Maria von (1697–1738) 369
Rabenau, Friedrich von (* 1709) 271
Rabenau, George Friedrich von (um 1690–1723) 271, 539
Rabenau, Gottlob Ernst von (1721–1793) 270
Rabenau, Henriette Tugendreich von (* 1741) 369
Rabenau, Johann Carl Abraham von (1724–1797) 270
Rabenau, Johann Ferdinand von (1691–1751) 270, 494
Rabenau, Johann George von (1725–1798) 270
Rabenau, Maximilian Christoph von (1721–1776) 271
Rabenau, Maximilian Wilhelm von (1690–1758) 270 f., 458
Rabenau, Nicolaus Friedrich von 494
Rabenau, Ursula Marianne von (* 1685) 87
Rackelmann, Johann Casimir 348
Raddwege, Carl 547
Rädelt, Samuel 495
Rahmel, Ernestina Luise von 64
Ramin, von 410
Ramin, Reg.präsident von 157
Ramin, Dorothea Ulrike Charlotte von (1748–1822) 157
Ramin, Henriette Antoinette Charlotte von (1786–1862) 349
Ramin, Louise Wilhelmine Tessine von 30
Randow, Cunigunde Luise von (1754–1799) 357
Randow, Sophie Christiane Elisabeth von 420, 530
Rantzau, Anna Catharina von 94
Rappen, Witwe von 271, 478
Rappen, Christoph Andreas von (* 1683) 271, 478
Rathenow, Christoph Ernst Franz Wilhelm von (1755–1806) 271
Rathenow, Franz Ehrentreich von (1716–1785) 271
Rathenow, Friedrich Ferdinand Christoph Albrecht von (1751–1823) 271 f., 538
Rathenow, Gottlob Friedrich von (1763–1829) 271
Rathenow, Marie Charlotte Friederike von 399
Rathenow, Otto Wilhelm von (1783–1855) 271 f.
Ravisard, von 221
Ravisard, Paul Ludwig von 314, 452
Rebhun, von 135
Reck, geb. von 486
Reck, Carl Wilhelm von 486
Reck, Christian Wilhelm von (1710–1773) 272
Reck, Christine Wilhelmine von 272
Reck, Hermann Friedrich von († 1726) 272
Recke, Caroline Luise Dorothea von der (1753–1825) 399
Reckow, Fam. von 9
Reckow, Bernhard Friedrich von (* 1726) 102, 272, 515, 550
Reckow, Moritz Carl von (1756–1778) 272

Reckzeh geb. 531
Reckzeh, Witwe 531
Reckzeh, Caroline Tugendreich (1774–1827) 81 f.
Reckzeh, Johann Friedrich 81, 531
Redern, Clarina Lucia von 60
Reede, Arend Wilhelm Frhr. von (* 1747) 272, 519
Reede, Friedrich Wilhelm Frhr. von (* 1769) 272 f.
Rehdiger, Anna Charlotte Catharina von († 1745) 431
Rehmann, Witwe 512
Rehmann, David 512
Rehmann, Johann Wilhelm 512
Reibnitz, geb. von 20
Reibnitz, Ulrike Gottliebe Amalie von, geb. von Blomberg (s. d.)
Reichenbach, Gräfinnen von 522
Reichenbach, Graf von 527
Reichenbach, Antoinette Caroline Louise Gräfin von 492
Reichenbach, Heinrich Frhr. von 503, 518
Reichenbach, Heinrich Christoph Frhr. von 518
Reichenbach-Goschütz, Emilie Louise Wilhelmine Gräfin von (1780–1856) 492
Reichenbach-Goschütz, Heinrich Graf von (1731–1790) 400
Reimann, Amtskastner 461, 522
Reimann, Anna Catharina 496
Reimann, Jeremias Christian 496
Reimann, J. W. 495
Reinsberg, Barbara Catharina von († 1763) 158, 162
Reinsberg, Sophie Henriette von (1733–1799) 440
Reisewitz, geb. von 456, 543
Reisewitz, Obrist von 543 f.
Reisewitz, Witwe von 14, 273
Reisewitz, Auguste Erdmuthe von, geb. von Billerbeck (s. d.)
Reisewitz, Caspar von 544
Reisewitz, Eleonora Susanna Freiin von († 1754) 155
Reisewitz, George Ladislaus Frhr. von 155
Reisewitz, George Sigismund von († vor 1722) 273, 500
Reisewitz, Hans Sigismund von 273
Reisewitz, Johann Nicolaus von 273
Reitzenstein, GM von 120
Reitzenstein, Ernst Carl Siegmund von (1746–1818) 273 f., 323, 481, 493, 550
Reppert, Henriette von (1765–1838) 157
Restorff, August Christian von (1700–1745) 274
Restorff, Carl Heinrich Ludwig von (um 1768–1826) 274
Restorff, Caroline Philippine Dorothea von (* 1775) 237
Restorff, Christian Ludwig von (1733–1796) 274
Restorff, Dorothea Philippine Caroline von 274
Restorff, Friedrich Julius Ludwig von (1783–1848) 274
Restorff, Friedrich Ludwig Carl Ulrich von (1776–1821) 274
Restorff, Henriette Charlotte Elisabeth von 274
Restorff, Ludwig Ernst Julius von (1781–1834) 274
Restorff, Sophie Friederike Louise von 274
Retzow, Hermine Caroline Charlotte von (1767–1838) 153, 368
Reuß, Heinrich IX. Graf von (1711–1780) 274 f., 330, 511, 517
Reuß, Heinrich XXXIX. Graf von (1750–1815) 274 f., 446, 481, 491, 501
Reuß, Heinrich XLIV. Graf von (1753–1832) 275
Reuß, Heinrich LX. Graf von (1784–1833) 275
Reuß, Heinrich LXIII. Graf von (1786–1841) 275
Reuß, Heinrich LXX. Graf von (1793–1821) 275
Reuß, Heinrich LXXIV. Graf von (1798–1886) 275, 491, 501, 517, 536
Reuß, Henriette Luise Sophie Gräfin von, geb. von Knobelsdorff (s. d.)
Reuß-Köstritz, Louise Espérance Gräfin von 159
Reutzen, Rebecca Gottliebe von († 1744) 63
Rex, Christian Friedrich von (1747–1802) 275 f., 459, 500, 503
Rex, Johanne Elisabeth von, geb. von Waltersdorff (s. d.)
Rex, Siegmund Siegfried von (1722–1782) 275
Rhade, geb. von 466
Rhade, Christian Ludwig Adolph Frhr. von (1764–1813) 276, 324, 475, 514, 545
Rhade, Gottlieb Wilhelm Frhr. von (1715–1779) 276
Rhaden, Anton Bogislav von (1714–1732) 276
Rhaden, Arnold Bernhard von (1656 – vor 1728) 276, 471
Rhaden, Carl Nicolaus von (* 1711) 276
Rhaden, Carl Otto von († 1754) 277
Rhaden, Friedrich von (* 1707) 276
Rhaden, Friedrich Ludwig von 276
Rhaden, Friedrich Nicolaus von (1666–1739) 276, 480
Rhaden, Gottlieb Wilhelm von (1715–1779) 277
Rhaden, Hans Casimir von (1704–1763) 276 f.

Rhaden, Lucius Arnold von (1710–1784) 276 f.
Rhaden, Marquard Ludwig Sebastian von (1712–1759) 277
Rhaue, Christian Theodor 427, 497
Rhaue, Heinrich Christian Theodor 497
Rheinbaben, August Gotthilf Leberecht von (1785–1859) 277
Rheinbaben, Carl Heinrich Traugott von (1781–1843) 277
Rheinbaben, Caspar Heinrich von (* 1742/43) 277
Rheinbaben, Johann George von († 1757) 277
Rhoeden, Frl. von 524
Rhoeden, Gebr. von 524
Rhoeden, Geschwister von 524
Rhoeden, Herr von 411
Rhoeden, Witwe von 524
Rhoeden, Adam von 280, 521, 541
Rhoeden, Adam Friedrich von (* 1698) 277 f., 542
Rhoeden, Adam George von († vor 1713/15) 277 f., 521
Rhoeden, Adam George Wilhelm von (1778–1859) 279, 541
Rhoeden, Alexander August Ferdinand von (* 1784) 279
Rhoeden, Carl Ascan von (1699–1750) 280
Rhoeden, Carl Christian Leopold von (1776–1794) 279
Rhoeden, Carl Christian Theodor von (* 1734) 278
Rhoeden, Carl Ludwig von († 1778) 279
Rhoeden, Carl Otto von (1702–1741) 278, 542
Rhoeden, Caspar Ludwig von (1704–1745) 277 f., 542
Rhoeden, Christian Joseph Leopold von (* um 1712) 278
Rhoeden, Christiana Maria Elisabeth von (* 1727) 315 f.
Rhoeden, Eleonore Christiane Dorothee von 524
Rhoeden, Friedrich Wilhelm von († 1783) 278, 550
Rhoeden, George Leopold Askan von (1735–1791) 59, 278 f., 524
Rhoeden, Hans Heinrich von (1715–1784) 59
Rhoeden, Hans Heinrich Adam von (1715–1784) 277 f.
Rhoeden, Hans Nicolaus von (1689–1756) 277 f., 280, 521, 541 f.
Rhoeden, Heinrich Ferdinand von (* 1780) 279
Rhoeden, Johann Ascan von († 1738) 280, 521, 542
Rhoeden, Johann Christian von (1656–1716) 278, 521, 541
Rhoeden, Johann Friedrich Wilhelm von (1703–1750) 278, 521
Rhoeden, Johann Friedrich Wilhelm August von (1773–1814) 279, 465
Rhoeden, Marie Charlotte von (* 1782) 279
Rhoeden, Sophia von 59
Rhoeden, Theodor Ascan von (1702–1760) 280
Richardy, Frau Ol von 167
Richter, Kriegsrat 479
Richter, Witwe 459
Richter, Johann Sigmund 459
Richthofen, Hedwig Sophie Freiin von (1711–1773) 285
Richthofen, Johanna Eleonore Freiin von (1767–1815) 99
Rieben, Cap. von 522
Rieben, Juliana Charlotta von 239
Riedesel von Leuenstern, Constantia Charlotte Maria Freiin (1771–1805) 275
Riemann, geb. 449
Riemann, Anne Margaretha 449
Rieter, Charlotte (1720–1778) 176
Risselmann, Charlotte Elisabeth (1724 – um 1801) 333, 452, 473
Risselmann, Louisa Elisabeth (* 1723) 333, 454, 473
Rittberg, Carl August Otto Graf von (* 1792) 280
Rittberg, Johann Carl Ludwig August Graf von (* 1791) 280
Rittberg, Johann Diedrich Arnold Graf von (1707–1785) 280, 550
Rittberg, Johann Wilhelm Ludwig Graf von (* 1752) 280, 459
Ritter, Pfarrer
Ritterforth, Erdmuthe Tugendreich von 118
Ritzenberg, Bürgermeister 429
Ritzenberg, Christiane Albertine († 1799) 429
Rochow, Amalie Margarethe von 540
Rochow, Ursula Sophia von 443
Rockhausen, Johanna Sophie von (1710–1774) 107
Roebel, Carl Gustav von 458
Roebel, Carl Ludwig von (* 1707) 280
Roebel, Christian Friedrich von (1674–1747) 282
Roebel, Christian Friedrich (d. J.) von
Roebel, Ernst Philipp Ehrenreich von (* 1738) 280 f., 458
Roebel, Friederique Wilhelmine von (* 1762) 282

Roebel, Friedrich August Gustav von (1733–1776) 280 f., 458
Roebel, Hans Christian Ludwig von (* 1734) 281 f., 460
Roebel, Hans Friedrich Wilhelm von (1730–1765) 282
Roebel, Joachim Hans Ludwig von (* 1773) 280 f.
Roebel, Johann Dietrich Gottlob von (1727–1778) 281, 458
Roebel, Johann Friedrich Wilhelm Carl von (1757–1827) 281 f.
Roebel, Magdalene Eleonore Tugendreich von 235
Roebel, Samuel George Wilhelm von (1735–1786) 281, 458
Roeder, Auguste von 250
Roeder, Christiane Maximiliane von (1745–1813) 144
Roeder, Sophie von († 1764) 248
Roehl, Cap. von 36
Roehl, Carl Andreas von 36
Röhrchen, Charlotte 236
Roempler, Eheleute 459
Roempler, Christiane Louise, geb. Struve 507
Roenne, Dorothea von 389
Roenne, Hans Adam von 282
Roenne, Johann Adam von (* 1695) 282
Rohr, Arend Friedrich von (um 1720–1760) 282
Rohr, Anna Margarethe von 196, 476
Rohr, Carl von (* 1783) 282 f.
Rohr, Caroline von 282 f.
Rohr, Caspar Otto Christoph von (1711–1762) 283
Rohr, Elisabeth Sophia von 36
Rohr, Ferdinand Ernst Johann Albrecht von 282
Rohr, Ferdinand Johann Carl von (* 1788) 283
Rohr, Franz Carl Ludwig von 282
Rohr, Joachim Ernst von 538
Rohr, Johann Christian Ludwig von (* 1724) 283
Rohr, Margaretha Eleonora von 18
Rohr, Wilhelm Johann Friedrich von (1747–1834) 282 f., 458
Rohwedel, geb. von 532
Rohwedel, Gebr. von 459
Rohwedel, Witwe von 495
Rohwedel, Barbara Louise von († 1732) 109 f.
Rohwedel, Berend Christoph von (* 1708) 283
Rohwedel, Carl Ernst von (1741–1775) 284
Rohwedel, Charlotte Luise von 110
Rohwedel, Friedrich Abraham Ernst von (1735–1793) 284
Rohwedel, George Friedrich von (1711–1765) 283 f., 543
Rohwedel, Hans von (1673–1722) 283 f., 495
Rohwedel, Hans von (1740–1785) 283 f.
Rohwedel, Hans Ernst von 283
Rohwedel, Wilhelm von (1704–1774) 283
Rosdragewsky, Francisca von 242
Rosenholz, Gustav von 106, 544
Rosey, Carl Friedrich (Rollas) du (1739–1791) 284
Rosey, Caroline Sophie (Rollas) du († 1793) 277
Rosey, Dorothea Juliana (Rollas) du 365
Rosey, Leopold (Rollas) du (* 1743) 284 f.
Rosey, Ludwig Wilhelm (Rollas) du (1745–1768) 284
Rosey, Marie Sophie von, geb. von Naumeister (s. d.)
Rosey, Otto (Rollas) du (1703–1760) 284, 522
Rothenburg, geb. von 286
Rothenburg, Graf von 219
Rothenburg, Alexander Rudolph Graf von (1677–1758) 84, 219, 285, 453, 514, 533
Rothenburg, Alexander Rudolph Graf von (1729–1791) 285 f., 453
Rothenburg, Beate Caroline von (1686–1759) 358
Rothenburg, Beate Juliane von (* 1747) 412
Rothenburg, Carl Heinrich Louis Wilhelm von (1789–1815) 286
Rothenburg, Carl Sigismund von (1714–1773) 286
Rothenburg, Carl Wilhelm Sigismund von (1777–1838) 286 f.
Rothenburg, Caspar Ferdinand von (1775–1813) 287
Rothenburg, Emanuel Christoph von (* 1746) 287
Rothenburg, Emilie von (* 1784) 286
Rothenburg, Friedrich Gottlieb von (1757–1811) 287, 491
Rothenburg, Friedrich Rudolph Graf von (1710–1751) 285
Rothenburg, Friedrich Wilhelm von (1743–1779) 288
Rothenburg, George Sebastian von 285, 514
Rothenburg, Hedwig von (1660–1720) 306
Rothenburg, Henriette Tugendreich Gräfin von 287
Rothenburg, Johann Gottlob Siegmund (1741 – vor 1801) 287, 481, 491
Rothenburg, Johann Julius Eduard Philipp von (1788–1826) 286

Rothenburg, Johann Siegmund Graf von (1705–1779) 285, 453, 533
Rothenburg, Ladislaus Christian von (* 1713) 288
Rothenburg, Nicolaus Friedrich Graf von 453
Rothenburg, Samuel Gottlieb von (1703–1770) 287, 491
Rothenburg, Sigismund Adrian von (1745–1797) 286 f., 491
Rothenburg, Ursula Catharina von 433
Rothenburg, Ursula Polixena von (1642–1712) 251
Rothkirch, Ol von 190
Rothkirch, Christoph Hermann von († 1759) 288
Rothkirch, Hans Otto Hermann von (1722–1785) 288 f., 488
Rothkirch, Modeste Constance von (1765–1804) 289
Rottberg, August Wilhelm von (1735–1808) 289, 513, 516
Rottberg, Carl von († 1765) 289, 512
Rottberg, Carl Otto von (1733–1789) 289, 512
Rottberg, Christian August Heinrich von (* 1769) 289, 502
Rottberg, Friedrich Rudolph August von (1789–1857) 289
Rottberg, Heinrich Albrecht von (* 1725) 289, 502, 512
Rottberg, Wilhelm Emilius Heinrich von (1784–1857) 289
Rüchel, geb. von 290, 312
Rüchel, Witwe von 290
Rüchel, Adam Siegfried von (* um 1665) 290, 461, 486 f., 499
Rüchel, Adam Siegfried von (* 1705) 290, 550
Rüchel, Caspar von 290, 466
Rüchel, Caspar Joachim von 290, 527 f.
Rüchel, Ernst Wilhelm Philipp von 509, 550
Rüchel, Eustach Heinrich von († 1738) 291
Rüchel, Friedrich Wilhelm von 458, 528
Rüchel, George von 206
Rüchel, George Adam von 290, 487, 528
Rüchel, George Ernst von (* 1673) 289 f., 527 f.
Rüchel, George Heinrich von (* 1704) 290 f., 487, 528
Rüchel, Gertrud Dorothea von 206
Rüchel, Greger von 504
Rüchel, Gustav Heinrich von 291, 461
Rüchel, Gustav Wilhelm von (* um 1708) 290
Rüchel, Heinrich Wilhelm von 289, 527
Rüchel, Ilsabeth Maria von 290 f.
Rüchel, Joachim Heinrich von (* 1713) 290 f., 466
Rüchel, Michael Heinrich von († vor 1713) 289, 527 f.
Rüchel, Valentin Friedrich von (1723–1784) 291, 372, 461, 495, 537
Rühlicke, Cap. von 291
Rühlicke, Friedrich Siegmund von 291
Rühlicke, Joachim von 291
Rühlicke, Scholastica Sophie von 356
Rühlicke, Wolf Joachim von 291
Rülicke, Caspar Diedrich von (* 1695) 291
Rülicke, Christoph von 291
Rülicke, Dietrich von 291
Rülicke, Joachim Friedrich von (* 1692) 291
Rufen, Catharina Sophie von († nach 1730) 45
Ruitz, geb. von 233
Ruitz, Gl von 338
Ruitz, Anna Margarethe von († 1752) 339
Ruitz, Erdmann Ernst von (1693–1756) 339, 454
Rumpff, Johanna Christina († 1785) 324, 327
Ruskowsky, Christian Gottlieb von (1722–1781) 291
Ruskowsky, Friedrich von (1766–1814) 291 f.
Ruskowsky, Johann Friedrich von (* 1713) 291
Ruskowsky, Ludwig George von (* 1773) 292

Saalfeldt, Henriette Sophie († 1765) 34
Sachsen, Friedrich Christian Kurprinz von (1722–1763) 101
Sachsen-Weißenfels, Christian Herzog von (1682–1736) 41
Sack, Herr von 98
Sack, Anna Barbara von 382
Sack, Carl Aemilius von (* 1680) 294, 454 f., 492
Sack, Carl Friedrich von (* 1688) 292, 516
Sack, Carl Friedrich Gustav von (* 1725) 292
Sack, Caspar Heinrich von 292
Sack, Catharina Elisabeth von 229
Sack, Charlotte von 433
Sack, Christian Wilhelm von 481
Sack, Christoph Friedrich von (* 1748) 54, 292 f., 464, 518, 520
Sack, Dorothea Helene, geb. von Gersdorff (s. d.)
Sack, Eva Juliane von 292
Sack, Friedrich Wilhelm von (* 1676) 292
Sack, George August Ferdinand von (* 1772) 293
Sack, George Friedrich von (* 1723) 292–294, 455, 518, 537
Sack, George Wilhelm von (* 1696) 292
Sack, Hans Carl Friedrich von (1765–1822) 293
Sack, Hans Christoph (d. Ä.) von 294

Sack, Hans Christoph von (1711–1773) 292–294, 537
Sack, Hans George von (1698–1735) 294
Sack, Hans George von († 1744) 293 f., 537
Sack, Heinrich Adolph von (* 1711) 292, 460, 481
Sack, Heinrich Ludwig Leopold von (* 1776) 293 f.
Sack, Hyppolitha von 353
Sack, Johann Albrecht Leopold von (1731–1788) 293 f.
Sack, Louisa Tugendreich von 230
Sack, Siegmund von (1662–1740) 293 f., 433, 460, 517, 537
Sack, Sigismund Friedrich von († vor 1715) 292, 516
Sack, Sylvia Wilhelmine Charlotte von 277
Sack, Wilhelm Gustav von (1773–1844) 293
Sack, Wolf Caspar von (* 1679) 292, 459 f., 481
Sack, Wolf Ernst von 292
Sadewasser, Johanne Charlotte Louise 299
Salchow, Eva Rosine von († 1784) 415
Saldern, Otto Christoph von (* 1687) 294
Salingré, Franz Wilhelm 520
Salingré, Isaac 520
Salisch, Henriette Wilhelmine Gräfin von (1735–1775) 431
Sanitz, Witwe von 457
Sanitz, Carl Friedrich von (* 1707) 294
Sanitz, Carl Heinrich von 295, 457, 467
Sanitz, Carl Wilhelm von (1747–1821) 134, 294–296, 457
Sanitz, Ernst Ludwig von (1711–1757) 294 f., 457, 516
Sanitz, Hedwig Louise Wilhelmine von (* 1736/46) 134, 296
Sanitz, Justine Juliane von (1731–1790) 166
Sanitz, Ludwig Friedrich Bogislav von (1783–1836) 296
Sanitz, Marie Louise von 361
Sanitz, Thomas Ehrentreich von 295, 457
Sanitz, Thomas Wilhelm von (1708–1750) 295, 457
Sanitz, Wolf Wilhelm von (* 1697) 295, 467
Sanitz, Wolf Wilhelm (d. J.) von 295
Sapieha, Fürstin 33
Sasse, Christine 24
Saucken, Christoph Albrecht von (* 1757) 296
Sauter, Margaretha Dorothea 451
Schack, Graf von 508
Schack, Friedrich Christoph von (1725–1773) 296, 510, 550
Schack, Hans Christian von (1680–1741) 296
Schack, Hans Friedrich von (1729–1800) 296 f., 510
Schack, Luise Charlotte Friederike von († 1788) 393
Schack, Luise Charlotte Vincentia von (* 1755) 296
Schade, Martin 454, 531
Schäfer, Johann Adolph 462
Schaetzel, Fam. von 297
Schaetzel, GM von 131
Schaetzel, Carl Friedrich Ludwig von (* 1775) 134, 297
Schaetzel, Christoph Friedrich von (1740–1784) 297
Schaetzel, Leopoldine Philippine Emilie von (* 1784) 131
Schaetzel, Samuel Friedrich von (* 1733) 297, 505, 507, 514, 550
Schaplow, Balzer Siegmund von (* um 1675) 297
Schaplow, Jobst Ehrentreich von 297, 500
Schaplow, Wulf Friedrich von 297
Scharff, Johann Gottlieb 459
Scharowetz von Scharowa, Carl Bernhard 297
Scharowetz von Scharowa, Carl Ferdinand 297
Scharowetz von Scharowa, Christoph Leonhard (* 1694) 297 f.
Scharowetz von Scharowa, Christoph Otto (1734–1779) 297
Scharowetz von Scharowa, Christoph Wellen (* 1662) 297, 453, 526
Scharowetz von Scharowa, Christoph Wilhelm († 1740) 56
Scharowetz von Scharowa, Eleonore Philippine (1714–1810) 56
Scharowetz von Scharowa, Elisabeth Sidonie 270
Scharowetz von Scharowa, Franz Heinrich (* um 1702) 297
Scharowetz von Scharowa, Friedrich Wilhelm von (* 1701) 298
Scharowetz von Scharowa, Gustav Wilhelm 297
Scharowetz von Scharowa, Johann Heinrich 297
Scharowetz von Scharowa, Leopold Carl († 1764) 297
Scheede 37
Scheel, Anna Philippine Justine von 298, 457, 490
Scheel, Barbara Anna Sophie von (1713–1769) 98
Scheel, Ernst Ludwig von († 1745) 298
Scheel, Eva Gottliebe Tugendreich von († 1795) 98, 514
Scheel, Hans Christoph von (1671–1734) 298, 490, 513 f.
Scheel, Hans Jacob von († 1685) 298

Scheel, Hans Joachim von (1704–1769) 263, 298, 490, 514, 550
Scheel, Hans Sigismund Bernhard von 298
Scheibler, Johann Friedrich (1718–1784) 298
Scheibler, Johann Friedrich von (1750–1810) 298 f., 455, 513, 532
Scheibler, Johann Daniel von (1745–1812) 299
Scheibler, Wilhelm Leopold von (1791–1825) 299
Scheidt, von († 1750) 299
Scheidt, Friedrich (Conrad) von (1746–1797) 93, 299
Scheidt, Gottlieb Heinrich von (* 1745) 299
Scheidt, Johann August Heinrich von (* 1748) 299
Schenck, geb. von 272
Schenck, Freiin von 468, 505
Schenck, Frhr. von 505
Schenck, Marie Catharine von (1666–1736) 51
Schenckendorff, geb. von 195, 301, 369
Schenckendorff, Herr von 502
Schenckendorff, Ol von 177
Schenckendorff, Witwe von 301, 401, 525
Schenckendorff, Alexander Christian von (1705–1768/70) 299–303, 525
Schenckendorff, Alexander Christian Albrecht von (1744–1792) 299, 301, 525
Schenckendorff, Asmus von († 1713) 300
Schenckendorff, Asmus Friedrich von (1693–1725) 300
Schenckendorff, Balthasar Friedrich von († 1754) 300
Schenckendorff, Balthasar Rudolph von (1699–1771) 302
Schenckendorff, Balzer von 459
Schenckendorff, Beate von (* 1735) 195
Schenckendorff, Bernhard Rudolph von (* 1664) 300, 475
Schenckendorff, Carl von 300, 494
Schenckendorff, Carl Asmus von (1717–1757) 301
Schenckendorff, Carl Friedrich August von (1762–1809) 299, 301, 525
Schenckendorff, Carl Gottlob von (1745–1801) 302, 526
Schenckendorff, Carl Ludwig von († 1745) 302
Schenckendorff, Carl Oswald von (* 1684) 300 f.
Schenckendorff, Carl Siegmund von (* um 1700) 299, 302
Schenckendorff, Christoph Albrecht von (1670–1723) 299, 302 f.
Schenckendorff, Christoph Balzer von (1668–1728) 300
Schenckendorff, Christoph Wilhelm von 300
Schenckendorff, Ernst Lewin von 300
Schenckendorff, Friedrich August von (1710–1780) 302
Schenckendorff, Friedrich Oswald von († 1757) 300
Schenckendorff, Friedrich Wilhelm von (1714–1758) 299, 303
Schenckendorff, George Heinrich Ferdinand von (1744–1813) 302
Schenckendorff, George Heinrich Gottlob von (* 1706) 302, 513, 526
Schenckendorff, George Oswald von († 1745) 300, 459
Schenckendorff, George Wilhelm von 299
Schenckendorff, Gottlob Ferdinand Maximilian Gottfried von (1783–1817) 302
Schenckendorff, Hans Carl Ludwig von († vor 1738) 302
Schenckendorff, Hans Christoph von 299, 303, 525
Schenckendorff, Hans Friedrich (d. Ä.) von 300
Schenckendorff, Hans Friedrich (d. J.) von 302
Schenckendorff, Hans George von (* 1685) 301
Schenckendorff, Henriette Eleonore Charlotte Tugendreich von (1765–1791) 301
Schenckendorff, Isolde Barbara Johanne von (1723–1795) 259, 438
Schenckendorff, Johann Carl Maximilian († 1818) 301
Schenckendorff, Johann Friedrich von (1720–1745) 303
Schenckendorff, Johann George (Friedrich) von 300
Schenckendorff, Otto Oswald von (1716–1741) 303
Schenckendorff, Wolf Heinrich von († 1746) 300
Schenckowsky, Herr von 303, 532
Schenckowsky, Hans Friedrich von (* 1692) 303
Schieck, Christiane Sophie Luise von (1732–1799) 168
Schier, Marie Dorothea 156
Schierstedt, August von 518
Schkopp, Gustav Heinrich von 304, 485
Schlabrendorff, von 201
Schlabrendorff, Graf von 526
Schlabrendorff, Dorothea Levira von († 1711) 251
Schlabrendorff, Eva Catharina von († 1750) 430, 432
Schlabrendorff, Otto Heinrich von 452
Schlabrendorff, Sabina Clara von 366
Schlabrendorff, Theodore Anna Luise von 56

Schladen, Friedrich Gotfried von 516
Schladen, Johanna Maria Juliane von 516
Schlee, Friedrich Wilhelm 481
Schlegel, geb. von 304
Schlegel, Helene Friederike von (1751–1795) 304, 485
Schlegel, Lebrecht von (1673–1782) 304
Schlegel, Leopold Maximilian von (1714–1784) 56, 304, 386, 485
Schleußner, Amtmann 545, 547
Schlichting, Frau von 427, 497, 515
Schlichting, Alexander von (1693–1737) 306, 427, 497
Schlichting, Anna Elisabeth von 419, 489
Schlichting, Anna Margarethe von († 1714) 393
Schlichting, Barbara Maria von 302
Schlichting, Carl Friedrich von 83 f.
Schlichting, Carl Friedrich Lebrecht von 550
Schlichting, Carl Ludwig von (1703–1769) 304 f.
Schlichting, Caspar von (1634–1687) 305
Schlichting, Caspar Samuel von (1687–1737) 304
Schlichting, Christiane Gottliebe von, geb. von Bornstedt (s. d.)
Schlichting, Christoph Simon (Siegmund) von (* 1698) 304, 550
Schlichting, Eleonore Gottliebe von 273
Schlichting, Elias Philipp von (1649–1702) 306
Schlichting, Ernst von 286, 491
Schlichting, Friederike Beate von (1745–1783) 422, 426
Schlichting, Friedrich Sigismund von († 1745) 304
Schlichting, George Asmus von (* 1746) 305
Schlichting, George Philipp Rudolph von (1727–1799) 306
Schlichting, Johann Conrad von (um 1700 – vor 1774) 53, 305, 510
Schlichting, Jonas von 489
Schlichting, Lebrecht Carl Friedrich von (1747–1817) 304, 515, 550
Schlichting, Margarethe Elisabeth von († 1795) 158
Schlichting, Maximilian von († 1754) 304 f.
Schlichting, Samuel von (1682–1751) 305
Schlichting, Samuel Rudolph von (* 1715) 305 f.
Schlichting, Ursula Beate von († 1750) 143
Schlichting, Wilhelmine Philippine von (1756–1790) 286
Schlichting, Wolff Friedrich von (1686–1736) 306
Schlichting, Wolfgang von (1679–1751) 305, 503
Schlieben, George Abraham von (* 1685) 306, 513
Schlieben, Hans Heinrich von 306, 513
Schlieben, Johann Heinrich von (1744–1798) 306
Schlieben, Ludwig Aegidius von (* 1742) 306
Schlieffen, Witwe von 79
Schlieffen, Catharina von 400, 404
Schlieffen, Catharina Sophia von 407
Schlieffen, Heinrich Wilhelm von 523, 550
Schlippenbach, Graf von 463
Schlippenbach, Dorothea Friederike Gräfin von († 1774) 405
Schlüter, Anna Sophie (1712–1747) 311
Schmalenberg, geb. von 435
Schmalenberg, Major von 231
Schmalenberg, Witwe von 307, 520
Schmalenberg, Anna Barbara von († 1721) 211, 325
Schmalenberg, Carl Ludwig von (* 1738) 307
Schmalenberg, Elisabeth Sophie von 311
Schmalenberg, Friedrich Ludwig von (* 1734) 306 f.
Schmalenberg, Friedrich Wilhelm von (* 1743) 307, 497
Schmalenberg, Johanna Charlotta von 23
Schmalenberg, Otto Friedrich von (1693 – vor 1745) 307, 520
Schmalenberg, Sophie Johanne Charlotte von 232, 478
Schmalenberg, Wolfgang Christoph von (* 1731) 307
Schmalenberg, Wulf Christoph von (* 1695) 307, 520
Schmalz, geb. 142
Schmeling, Frau von 398
Schmeling, Witwe von 307
Schmeling, Bogislav Carl von (1754/56–1831) 307
Schmeling, Bogislav Friedrich Heinrich von (1703–1774) 123, 307, 398, 463
Schmeling, Beate Johanna von (1690–1759) 28
Schmeling, Charlotte Friederike Amalie (1780–1829) 288
Schmeling, Claus George von 39, 467, 489 f.
Schmeling, Ernestine Henriette von (* 1747) 307
Schmeling, Friedrich Otto von (* 1760) 307
Schmeling, Wilhelm Ludwig von (1756–1836) 307, 550
Schmerheim, General von 359

Schmerheim, Anna Maria Charlotte von (1701–1768) 34, 36
Schmerheim, Johanna Franzisca von (1700–1771) 359
Schmettau, Erben von 493
Schmettau, Witwe von 466
Schmettau, August Bogislav Gottfried Graf von (1767–1816) 310
Schmettau, Bernhard Alexander Gottfried Graf von (1748–1816) 308, 310
Schmettau, Bernhard Philipp Gottfried Graf von (1787–1872) 308
Schmettau, Carl August von (* 1785) 309
Schmettau, Carl Christoph Graf von 90
Schmettau, Carl Erdmann Gottfried Graf von (1738–1759) 308
Schmettau, Carl Ludwig von (* 1749) 309, 498
Schmettau, Carl Ludwig Ferdinand Leopold Graf von (1780–1839) 308
Schmettau, Carl Wilhelm Friedrich von (1734–1798) 311
Schmettau, Casimir Friedrich Ernst von (1730–1798) 311
Schmettau, Franzeline L. B. von 522
Schmettau, Friederike Wilhelmine von (1715–1799) 309
Schmettau, Friedrich Frhr. von (1695–1719) 309, 390, 493
Schmettau, Friedrich Heinrich Ferdinand Graf von (1741–1793) 308
Schmettau, Friedrich Wilhelm von (1663–1732) 311
Schmettau, Friedrich Wilhelm von (1738–1758) 309
Schmettau, Friedrich Wilhelm Carl von (1743–1806) 308
Schmettau, Gottfried von (1745 – um 1809) 309, 517
Schmettau, Gottfried Heinrich Graf von (1710–1762) 308, 310, 515
Schmettau, Gottfried Heinrich Leopold Graf von (1732–1812) 310, 515
Schmettau, Gottfried Heinrich Ludwig Graf von (1732–1812) 308
Schmettau, Gottfried Wilhelm Frhr. von (1682–1728) 77, 308, 455
Schmettau, Heinrich Wilhelm von (1702–1767) 309, 466
Schmettau, Helene von (1680–1754) 119
Schmettau, Johann Ernst von (1703–1764) 311
Schmettau, Ludwig Christian von (* 1747) 309
Schmettau, Marianne Caroline von (1745–1795) 90
Schmettau, Natalie Gräfin von 522
Schmettau, Philipp Samuel Gottfried Graf von (* 1745) 308
Schmettau, Samuel Ernst George von (1741–1790) 309
Schmettau, Ulrica Maria Gräfin von 483
Schmettau, Wilhelmina von 498
Schmettau, Wolfgang Frhr. von (1648–1711) 309
Schmiden, Erdmuth Anna (* 1746) 284
Schmiden, Johann Arnold († 1764) 284
Schmidsdorff, Johann von 457
Schmiedeberg, Cap. von 409, 521
Schmiedeberg, Erbherr von 311
Schmiedeberg, Frl. von 546
Schmiedeberg, geb. von 314
Schmiedeberg, Witwe von 315, 523, 545
Schmiedeberg, Adam Christian von (* 1710) 315
Schmiedeberg, Adam Gottfried von (1685–1766) 312, 545
Schmiedeberg, Amalie Louise von (1746–1796) 159
Schmiedeberg, Andreas Gottfried von 545
Schmiedeberg, Anna von 513
Schmiedeberg, Arnd Christian von 45
Schmiedeberg, Arndt von 268
Schmiedeberg, August von 532
Schmiedeberg, August Christian von 315, 513, 532
Schmiedeberg, Augustina Wilhelmina von (1747–1805) 15
Schmiedeberg, Carl von (* 1736) 313
Schmiedeberg, Carl Friedrich von 315, 532
Schmiedeberg, Carl Friedrich Otto von († vor 1767) 312, 532
Schmiedeberg, Carl Gottfried von (* 1734) 313
Schmiedeberg, Caspar Friedrich von (* um 1660) 311, 482
Schmiedeberg, Charlotte Henriette von († 1715) 278
Schmiedeberg, Charlotte Rosine von († 1771) 435
Schmiedeberg, Christian Ernst von († 1771) 269, 313, 513
Schmiedeberg, Christian Friedrich von (1727–1774) 311 f., 546
Schmiedeberg, Christian Wilhelm von (* 1750) 312, 532
Schmiedeberg, Christoph Carl Gustav von (1748–1811) 312, 545
Schmiedeberg, Christoph Friedrich (d. Ä.) von 312, 545

Schmiedeberg, Christoph Friedrich von (1691–1755) 312
Schmiedeberg, Cuno Gottfried von (1725–1780) 315, 532
Schmiedeberg, Eleonore Maria von 546
Schmiedeberg, Erdmann Hans Christian von 532
Schmiedeberg, Ernst von (* 1741) 313
Schmiedeberg, Ernst Friedrich von (1762–1818) 269, 313 f., 513
Schmiedeberg, Faustin von 489
Schmiedeberg, Faustin Heinrich von (* 1680) 315, 490, 532
Schmiedeberg, Friedrich von (* 1736) 313
Schmiedeberg, Friedrich von (* 1756) 313
Schmiedeberg, Friedrich von (* 1767) 311
Schmiedeberg, George Heinrich von (* 1688) 115, 314, 452, 532
Schmiedeberg, George Heinrich von (* um 1700) 115 f., 314 f., 545
Schmiedeberg, Gottfried von († um 1725) 314
Schmiedeberg, Gottfried von (* um 1700) 315, 510
Schmiedeberg, Gustav Bernhard von (* 1733) 313, 550
Schmiedeberg, Hans Christian von 489, 532
Schmiedeberg, Heinrich von 314, 532
Schmiedeberg, Heinrich Daniel Ludwig von 311, 482
Schmiedeberg, Heinrich Ernst von (1728–1758) 15, 509
Schmiedeberg, Joachim Christoph von († vor 1713) 311
Schmiedeberg, Joachim Friedrich von († vor 1739) 314, 532
Schmiedeberg, Joachim Friedrich von (* 1758) 312, 314
Schmiedeberg, Johann Erdmann von 489
Schmiedeberg, Johann Ernst von (1741–1784) 313
Schmiedeberg, Rosine Agnese Charlotte von 315, 452
Schmiedeberg, Rüdiger Arndt von 489
Schmiedeberg, Sophie Charlotte Catharine von 268 f.
Schmiedeberg, Wilhelm von († vor 1745) 313, 315
Schmiedeberg, Wilhelm von (* 1750) 315
Schmiedeberg, Wilhelm Friedrich August von (1756–1813) 315 f.
Schmieden, Amtmann 518
Schmieden, Christiane Luise Amalie von (1745–1810) 354
Schmidsdorff, J. D. von 524
Schmidsdorff, Johann von 457
Schmidt, Amtmann 460
Schmidt, Emanuel 453
Schmidt, Emil Friedrich 453
Schmidt, Ida Maria 453, 528
Schmidt, Immanuel Friedrich 528
Schmidt, J. H. 467
Schmidt, Johann Joachim 467
Schmidtleichner, Witwe 1772
Schmidtleichner, Christian 490
Schmigilsky, Ernst Ludwig von (* 1751) 316
Schmolcke, George Wilhelm von (* 1702) 316
Schmolcke, Johann Wilhelm von 316, 503, 526
Schmude, Fam. von 9
Schneider, Johann Gottlieb 524
Schneider, Samuel Gottlieb 522
Schnell, Anton Lebrecht von (* 1733) 316
Schnell, Carl Heinrich Lebrecht von (* 1754) 316
Schnell, Caroline Friederike von († 1829) 207, 214
Schön, Cornet von († 1758) 316 f.
Schön, Erbherr von 316
Schön, Witwe von 316, 523
Schön, Amalia Wilhelmina Hedwig von 140, 523
Schön, Andreas Friedrich von (* 1730) 316 f., 523
Schön, Carl David von (1731–1759) 316
Schönaich, Fam. von 479
Schönaich, Rittmstr. Frhr. von 471
Schönaich, Carl Frhr. von (1744–1822) 317, 479
Schönaich, Carl Albrecht Frhr. von 522
Schönaich, Christoph Otto Frhr. von 471
Schönaich, Dorothea von 479
Schönaich, Franzeline Leopoldine Benjamine Freiin von (1708–1794) 308, 310, 522
Schönaich, George Philipp Gottlob Graf von (1704–1790) 317
Schönaich, Hans George von († 1708) 317
Schönaich, Hans Gottlob Frhr. von 471
Schönaich, Helene von 479
Schönaich, Otto Albrecht Frhr. von (* 1702) 317, 471
Schönaich, Otto Philipp Fabian Johann Frhr. von (1745–1801) 317
Schönaich-Carolath, Graf von (* 1727) 318
Schönaich-Carolath, Carl Emil Graf von (* 1725) 317 f.
Schönaich-Carolath, Friedrich Johann Carl Fürst von (1716–1791) 317 f.

Schönaich-Carolath, Hans Carl Fürst von (1688–1763) 275, 317, 471, 511
Schönaich-Carolath, Hans Friedrich Carl Prinz von 511
Schönberg, Auguste Charlotte von 203
Schönburg, Wilhelmine Gräfin von 456, 458
Schönburg-Rochsburg, Antoinette Caroline Louise Gräfin von (1752–1818) 400
Schönebeck, Erbherr von 320
Schönebeck, Witwe von 320, 463
Schönebeck, Anna Luise Tugendreich von 319, 506
Schönebeck, Berend Christian von (1645–1718) 318, 320, 519
Schönebeck, Berend Christian von (* um 1686) 318, 320, 519, 550
Schönebeck, Bernd Christian von (1706–1745) 318, 550
Schönebeck, Christian Friedrich (d. Ä.) von 318 f.
Schönebeck, Christian Friedrich von (1695–1767) 318–320, 470
Schönebeck, Christoph Sigismund von 318 f., 544
Schönebeck, Dorothee Louise von (1693–1761) 266
Schönebeck, Ernst Carl Friedrich Alex. von (1784–1815) 319
Schönebeck, Friedrich Leopold Ferdinand von (* 1788) 319
Schönebeck, George Ernst Heinrich von (* 1752) 319, 470
Schönebeck, George Friedrich von († vor 1715) 318
Schönebeck, George Friedrich von (* um 1670) 318 f., 544
Schönebeck, Hans von (* 1665) 319 f., 506
Schönebeck, Hans Carl Friedrich von (1751–1805) 318 f., 459, 463, 470
Schönebeck, Hans George von (1658–1716) 318, 320, 470
Schönebeck, Hans George von (* 1712) 320
Schönebeck, Joachim Bernd von (* um 1670) 320, 467
Schönfeldt, Fam. von 9
Schönfeldt, Frau von 80, 533
Schönfeldt, geb. von 486
Schönfeldt, Amalie Margarethe von 540
Schönfeldt, Auguste Gottliebe von (1712–1798) 413, 540
Schönfeldt, Carl Friedrich August von (1751–1835) 320 f.
Schönfeldt, Caspar Friedrich von (1713–1757) 321 f.
Schönfeldt, Caspar Heinrich von 322, 486, 540
Schönfeldt, Caspar Sigismund von (1685–1752) 80, 321 f., 480, 512, 520, 540
Schönfeldt, Casparina Charlotta von 169
Schönfeldt, Christine Elisabeth von (* 1727) 190, 322
Schönfeldt, Christoph Sigismund von (1725–1775) 321
Schönfeldt, Ernst Albrecht von (1746–1782) 322, 541
Schönfeldt, Friedrich Ernst von (1722–1775) 321
Schönfeldt, Friedrich Wilhelm von (1681–1740) 320
Schönfeldt, Friedrich Wilhelm von (1730–1805) 321 f.
Schönfeldt, Friedrich Wilhelm von (1753–1830) 320 f.
Schönfeldt, George Ernst von (1696–1747) 321
Schönfeldt, George Jobst von (1641–1702) 320 f., 479
Schönfeldt, George Jobst August von (1722–1793) 321
Schönfeldt, Hans August von (1691–1751) 321, 540
Schönfeldt, Hans Ernst von (1712–1781) 322, 540 f.
Schönfeldt, Hans Sigismund von (1726–1759) 321, 540
Schönfeldt, Heinrich Sigismund von (1683–1745) 413, 540
Schönfeldt, Heinrich Wilhelm von (1718–1789) 321 f.
Schönfeldt, Jobst Adam von (1727–1782) 320
Schönfeldt, Jobst Ernst von 474, 540 f.
Schönfeldt, Johann 524
Schönfeldt, Johann Heinrich Ernst von (1773–1812) 322, 541
Schönfeldt, Johanne Marie von 253
Schönfeldt, Juliane Charlotte von (1710–1763) 253
Schönfeldt, Luise Henriette von 132, 540
Schönfeldt, Nicolaus Heinrich von (1733–1795) 322 f.
Schönfeldt, Sophie Luise von (1740–1828) 251
Schönfeldt, Ulrike von 457
Schönfeldt, Wolf Adolph von (1685–1717) 321, 480, 512, 520
Schöning, Erben von 506
Schöning, geb. von 326, 477, 533
Schöning, Gebr. von 461
Schöning, GM von 126
Schöning, Ol von 545
Schöning, von 520, 528
Schöning, Witwe Oberhofmstr. von 511
Schöning, Witwe Obrist von 477
Schöning, Witwe von 484, 526

Schöning, Adam Wilhelm von (1706–1759) 326, 483
Schöning, Anna Hedwig Tugendreich von († 1794) 51, 53
Schöning, Appolonia Hedwig Eleonore von
Schöning, Bernhard Carl Ludwig von (1787–1813) 323
Schöning, Bogeslav von (1669–1693) 325
Schöning, Carl von 469, 526
Schöning, Carl Ludwig von (1739–1786) 323, 526
Schöning, Christian Ehrenreich von († 1699) 323
Schöning, Christian Ludolph Gottlob von (1767–1813) 326
Schöning, Christian Ludwig von (1739–1807) 326, 550
Schöning, Christoph Friedrich von (1690–1769) 323, 454, 526
Schöning, Christoph Friedrich von (1737–1797) 323, 526
Schöning, Christoph Samuel von (* 1688) 324
Schöning, Curd Wolfgang Wilhelm von (1789–1859) 328
Schöning, Dorothea Juliana von 135, 478
Schöning, Eleonore Louise von (1708–1764/84) 325, 437 f., 460, 533
Schöning, Emanuel von 244
Schöning, Emilie Sophie von 126
Schöning, Ernst Eberhard George von (1788–1809) 328
Schöning, Ernst Wilhelm von (1718–1784) 327, 550
Schöning, Franz Friedrich von (1696/1700–1731) 323, 526
Schöning, Friederike von (1783–1808) 390
Schöning, Friedrich Eberhard von (1759–1809) 324, 475
Schöning, Friedrich Wilhelm von (1660–1730) 211, 325, 474, 484
Schöning, Friedrich Wilhelm von (1754–1793) 216, 324, 327, 484, 545
Schöning, Franz Friedrich von (* 1696/1700 –1731/1750) 323, 526
Schöning, George Friedrich Wilhelm von (1738–1805) 326
Schöning, George Wilhelm von (* 1686) 323, 454, 474
Schöning, George Wilhelm von (1700–1745) 325
Schöning, Gottfried Carl August von (1743–1807) 325, 469, 511, 528
Schöning, Gotthard Hans Christoph von (* 1744) 325
Schöning, Gottlieb Christoph Wilhelm von (* 1741) 325
Schöning, Hans Adam von (1641–1696) 325, 437
Schöning, Hans Adam von († vor 1743) 323 f., 526
Schöning, Hans Christoph von (1683–1745) 324 f., 511, 528
Schöning, Hans Eberhardt Meyer von (1731–1785) 324 f., 327, 475, 484, 506, 514, 545
Schöning, Hans Ehrenreich von (1648–1710) 324
Schöning, Hans Erdmann von 126
Schöning, Hans Ernst von (1684–1752) 327
Schöning, Hans Friedrich von (1717–1787) 327
Schöning, Hans Ludwig von (1675–1714) 325, 477, 538
Schöning, Hans Lupold von († 1742) 324
Schöning, Hans Wilhelm von (1703–1778) 325 f., 475, 484
Schöning, Hans Wilhelm von (1786–1842) 327 f.
Schöning, Hedwig Eleonore Apollonia von I (1736–1803) 273 f., 323
Schöning, Helmut Albrecht Wilhelm von (* 1785) 323
Schöning, Johann Wilhelm Ferdinand von (* 1773) 326
Schöning, Ludolph von (1703–1749) 211, 325 f., 484, 545
Schöning, Otto Ludolph von (1741–1820) 91, 326, 483, 502
Schöning, Richard Ehrentreich von (1747–1806) 326 f., 461, 505
Schöning, Siegmund Christoph von (1727 – vor 1785) 327, 467
Schöning, Sophie Louise von (1734–1799) 423
Schöning, Stephan Christian von (1751–1802) 324, 327 f., 506
Schöning, Ulrike Beate Juliane von (1749–1819) 162
Schöning, Wilhelm von 526
Schöning, Wilhelm Richard von (1709–1781) 326
Schönrock, Christian Friedrich 455
Schoepfe, Justus Carl Gottlieb 522
Scholtz, Carl Friedrich 451
Scholtz, Margaretha Dorothea, geb. Sauter (s. d.)
Schonowsky, Charlotte Henriette Friederike von (1774–1860) 104
Schrader, geb. 261
Schreibersdorff, Helene Eleonore von 445
Schröder, Charlotta 59
Schrötter, Henriette Gottliebe Freiin von 260
Schüler, Dorothea Wilhelmine (1769–1847) 39, 467

Schüller, Christian 459
Schütz, Erben von 518
Schütz, Freiin von 330
Schütz, Adam Heinrich von 328
Schütz, Carl Ernst von (1716–1741) 328
Schütz, Carl Wilhelm von 328
Schütz, Charlotte Wilhelmine Elisabeth von († 1783) 377
Schütz, Christiane Wilhelmine Elisabeth von (1752–1839) 87, 459
Schütz, George Carl Gotthilf von (1758–1805) 329
Schütz, Gustav von (* 1713) 328
Schütz, Hans Adam Heinrich von (171–1745) 328
Schütz, Hans Jacob von 328
Schütz, Hans Joachim von (* 1669) 328, 450
Schütz, Joachim Benjamin von (1705–1759) 328 f.
Schütz, Joachim Dettleff von (* 1675) 328, 459
Schütz, Joachim Siegmund August von (1721–1759) 329
Schütz, Johann Carl von (1744–1803) 328
Schütz, Johann Carl Friedrich von († 1795) 329
Schütz, Johann Friedrich von (1740–1798) 329, 518
Schütz, Johann Wilhelm 329
Schütz, Maximilian von (* 1700) 328
Schütz, Rosine von, geb. von Gersdorff (s. d.)
Schulenburg, Fam. von der 516
Schulenburg, Anton Ulrich von der (1701–1779) 329, 539
Schulenburg, Catharine Rosine Eleonore von (1734–1781) 330, 516
Schulenburg, Daniel Levin Andreas von (1690–1752) 329
Schulenburg, Dorothea Margarethe von der († 1794) 344
Schulenburg, Ernst August Christoph Ludwig von der (1731–1757) 329 f.
Schulenburg, Johann Christian von der (1739–1782) 330, 516
Schulenburg, Johann Ernst von der (1659–1732) 329
Schulenburg, Johann Ernst von der (1793–1783?) 329, 539
Schulenburg, Johann Ludwig Julius von der (1697–1743) 329 f., 516
Schulenburg, Margarethe Catharina von der (1658 – vor 1728) 331
Schulenburg, Margarethe Luise Gräfin von der (1721–1784) 15
Schulenburg, Marie Eleonore Magdalene von der (1706–1782) 132, 137 f., 513
Schulenburg, Modeste Christiane Charlotte von der (1720–1787) 288
Schulenburg, Wilhelmine Erdmute von (* 1741) 138
Schultz, George Erdmann 487
Schultz, Helene Catharina 85
Schultz, Sophie Elisabeth von (1752–1835) 430
Schultze, Erdmann 480
Schulz, Friederike Dorothea 319
Schulze, G. 490
Schwan, geb. Freiin von 229
Schwartz, Eleonore Sophie von († nach 1793) 423, 427
Schwartz, Hans Christoph von 539
Schwartz, Sophia (Elisabeth) Eleonore von (* 1690?) 427
Schweder, Charlotte von 453
Schweder, Dorothea Charlotte 75
Schweder, Sophia Dorothea von 133
Schwerin, GFM von 286
Schwerin, Dorothea Christiane von 322
Schwerin, Eugenius Graf von (1717–1769) 330
Schwerin, Friedrich Carl Ludwig Graf von (1753–1801) 330, 517
Schwerin, Johann Bogislav von (1660–1698) 330 f., 419, 542
Schwerin, Leopold Ferdinand Graf von (1716–1757) 330, 511, 517
Schwerin, Luise Dorothee Julie von (1736–1779) 153
Schwerin, Otto Alexander Graf von 91
Schwerin, Otto Friedrich von (1692–1741) 330 f.
Schwerin, Philipp Bogislav von (1687–1733) 330 f.
Schwerin, Reimer Julius von (1695–1754) 43, 153, 330 f., 419
Schwerin, Sophie Dorothea Henriette von (1764–1825) 91
Schwerin, Wilhelm Carl Aemilius Graf von (1727–1789) 330
Schwerin, Wilhelm Heinrich Florus Graf von (1754–1828) 330, 517
Seefeld, geb. von 430
Seher, Rittmstr. von 313
Seidel, Andreas Erasmus von 335
Seidenburg, Helene Sophie Elisabeth († 1799) 215
Seidlitz, Fam. von 4
Seidlitz, Frl. von 210
Seidlitz, geb. von († vor 1786) 404

Seidlitz, Albertine Marianne Freiin von (1762–1840) 204, 332, 494
Seidlitz, Alexander Gottlob Bogislav von (1703–1782) 331
Seidlitz, Balthasar Heinrich von (1694–1762) 331
Seidlitz, Daniel Caspar von 331 f.
Seidlitz, Daniel Florian von (1682–1728) 331
Seidlitz, Floriane Tugendreich von 380, 483
Seidlitz, Franz Gottlob von (1730–1804) 331
Seidlitz, Friedrich Wilhelm Frhr. von (1721–1773) 204, 331 f., 380
Seidlitz, George Carl (d. Ä.) von 477
Seidlitz, George Carl von (1782–1808) 332
Seidlitz, George Friedrich von (1691–1763) 332
Seidlitz, Gottlob Boguslav Sigismund von (1741–1804) 91, 332, 477, 502, 547
Seidlitz, George Oswald von (* 1698) 332
Seidlitz, Hans Heinrich von (1733–1758) 332
Seidlitz, Johann Friedrich von (1666–1738) 331
Seidlitz, Johanna Helena von 150
Seiger, Ol von 132
Selchow, Erben von 473
Selchow, Fam. von 297
Selchow, geb. von 333
Selchow, Alexander Ludwig von (1714–1756) 333 f., 452, 454, 501
Selchow, Andreas Friedrich Balthasar von (1715–1778) 246, 332 f., 452, 454, 476, 501
Selchow, Anna von (1667–1720) 86
Selchow, Anna Elisabeth von 428
Selchow, Anne Marie von 148
Selchow, Bernhard Adolph von (1706 – vor 1775) 332 f., 473
Selchow, Charlotte Elisabeth von, geb. von Risselmann (s. d.)
Selchow, Christ. Gottl. von (* 1727) 333
Selchow, Christoph Wilhelm von (* 1694) 333 f.
Selchow, Daniel von 297, 334
Selchow, Friedrich Ludwig von (* 1727) 334, 453, 497
Selchow, Friedrich Wilhelm von (1722–1789) 334, 452 f.
Selchow, Hans Caspar von (* 1665) 333
Selchow, Hans Caspar von (* 1696) 333
Selchow, Hans Friedrich von 334
Selchow, Hans Heinrich von († vor 1728) 334, 488
Selchow, Heinrich Gottlob von (* 1705) 334, 488
Selchow, Joachim Bernhard von (um 1678 – um 1744) 332–334, 473, 476, 501
Selchow, Louisa Elisabeth von, geb. von Risselmann (s. d.)
Selchow, Ludwig Maximilian von (1764–1813) 334
Selchow, Luise von († 1740) 412
Selchow, Melchior von (1621–1687) 334
Selchow, Nickel Friedrich von 334
Selchow, Wolf Asmus von (1689–1740) 229, 334, 451 f.
Selchow, Wolf Balthasar von (1684–1744) 334 f., 473
Seld, Herr von 335
Seld, Franz Stanislaus von (* 1756) 335
Seld, George Sigismund August Frhr. von (1761–1837) 335, 527, 550
Seld, Johann Carl Ludwig von (1724–1809) 335, 456
Seld, Julius Ludwig von (* 1700) 335
Sellentin, Christiane Louise (1725–1760) 312
Sellentin, Friedrich Wilhelm von 418
Sellentin, Wilhelmine Sophia Regina von (* 1744) 418
Sellnow, Friedrich 545
Sellow, F. 546
Senfft von Pilsach, Frhr. von 504
Senstius, Friedrich Ludwig 488
Senstius, Maria Charlotte, geb. von Haugwitz (s. d.)
Seydel, Friedrich von (* 1704) 335
Seydewitz, Gottlob Ernst Ehrentreich von 503
Seyplitz, August Friedrich Leopold von († 1760) 336
Seyplitz, Christine Philippine von (* 1752) 336
Seyplitz, Friedrich Christoph von (1746–1796) 336
Seyplitz, Johann Christian Friedrich von (* 1750) 336
Sieburg, Sophie Friederike Justine (* 1764) 27
Simon, geb. 135
Simon, Dorothea Luise († 1790) 82
Simon, Eleonore (* um 1721) 75
Simon, Johann Gottfried 461
Skirbs, Euphrosine Wilhelmine von (1702–1734) 154
Skrbensky, R. F. W. Frhr. von 204
Sobbe, Carl Bogislav von 34, 508
Sobbe, Friedrich von 34, 508
Sobbe, Friedrich Christian (1716–1777) 336, 476
Sobbe, Friedrich Christian Martin von (1742–1805) 336, 523
Sobbe, Louise Charlotte 128
Sobbe, Maximiliane Ulrike Philippine von, geb. von Manteuffel (s. d.)

Sohr, Fam. von 337
Sohr, Witwe 505
Sohr, Carl Friedrich von 337
Sohr, Carl Friedrich Albrecht von (1714–1776) 336, 505
Sohr, Christian Heinrich 337
Sohr, Friedrich George Ludwig von (1775–1845) 337
Sohr, George Wilhelm von (1726–1800) 336 f.
Sohr, Johann Christoph von († 1772) 336 f.
Sohr, Ludwig August Wilhelm von (1777–1848) 337
Sommerfeld, Friedrich Siegmund von (1736–1800) 337
Sommerfeld, Gottfried Wilhelm von (1741–1817) 337
Sommerfeld und Falkenhayn, Helene Louise von 304
Somnitz, Friedrich Rudolph von (1781–1815) 338
Sonnentag, Carl von (* 1709) 338
Sonnentag, George von (1672–1734) 338, 470
Sonnentag, George Siegfried von 338, 470
Sonnentag, Johann Gottlieb von 338
Sonnentag, Johann Gottlob von (1697–1778) 338
Sonnentag, Martha Elisabeth Witwe von, geb. von List (s. d.)
Spieker, Dorothea Friederique 30
Spiess, Christoph Friedrich 471
Spitznase, Carl Wilhelm von 180
Splittgerber, Caroline Charlotte von (1763–1800) 216
Sprenger, Johann Heinrich 513
Stahn, Sekretär 330
Starck, Christian Friedrich 465
Staudach, Carl Ernst von (* 1682) 338, 541
Staudach, Carl Ferdinand (* 1688) 338
Staudach, Christian Gustav von (* 1690) 338
Staudach, Ernst Ludwig von 338
Staudach, Eva Hedwig von 365
Staudach, Luise Gottliebe von 295
Stecher, geb. von 336, 505
Stecher, Johann Christoph 336, 505
Stegemann, Oberamtmann 483
Stegmann, Witwe 163
Stein, Auguste 355
Stein, George Wilhelm von († 1758) 441
Steinkeller, Abraham Ernst von (1757–1826) 338 f., 454
Steinkeller, Anton Abraham von (1714–1781) 339
Steinkeller, Balthasar Christoph von (1719 – vor 1777) 338 f., 454
Steinkeller, Christiane Ernestine von (1756–1817) 483
Steinkeller, Ludolph Ernst Adolph von (1711–1772) 339
Steinkeller, Martin Christian Ernst von (1688–1736) 339
Steinkeller, Otto Christoph von (1766–1783) 338
Steinwehr, Herr von 460
Steinwehr, Witwe von 339, 462
Steinwehr, August Ferdinand von (1784–1801) 341
Steinwehr, Balthasar Gottfried von 29, 507
Steinwehr, Balzer Gottfried von 339
Steinwehr, Carl von (um 1775–1835) 339
Steinwehr, Carl Ehrentreich von (* 1730) 340
Steinwehr, Carl Friedrich Christian von (1769–1826) 341
Steinwehr, Christian Joachim Ludwig von (1737–1805) 340 f.
Steinwehr, Christian Sigismund von 341
Steinwehr, David Christian Bernd von (1705–1755) 339 f., 462
Steinwehr, Dubislav Friedrich von (1679 – um 1749) 340–342, 490
Steinwehr, Ernst von 339
Steinwehr, Ernst Christoph Ludwig von (1786–1809) 341, 518
Steinwehr, Franz Dubislav von (1729–1763) 340
Steinwehr, Franz Joachim von (* 1678) 340 f., 495
Steinwehr, Friedrich Franz Ferdinand von (1781–1841) 341
Steinwehr, Friedrich Wilhelm von (1733–1809) 339–341, 462
Steinwehr, Friedrich Wilhelm Franz von (1785–1860) 341
Steinwehr, George Wilhelm Christoph von (1684 – nach 1751) 340–342
Steinwehr, Gottfried Siegismund von (1731–1797) 340
Steinwehr, Joachim Friedrich von († vor 1715) 340 f.
Steinwehr, Johanna Elisabeth von (1727–1756) 340
Steinwehr, Louisa Charlotta Augusta von (* 1728) 340
Steinwehr, Otto Dietloff von († vor 1715) 339, 462
Steinwehr, Philipp Christoph von (1686–1740) 122, 340 f., 462
Steinwehr, Philipp Ehrentreich von (* 1732) 340
Steinwehr, Philipp Heinrich von (1771–1846) 341
Steinwehr, Wilhelm Ludwig Bogislav von (1774–1854) 341

Steinwehr, Wulf Balthasar Adolph von (1703–1771) 339, 341, 462
Stempel, Frau von 342
Stempel, Carl Ernst Gerhard von (* 1785) 342, 550
Stempel, Carl Friedrich (Ludwig) von (1770–1833) 342
Stempel, George Ernst von (1771–1850) 342
Stempel, Gerhard Wilhelm von (1735–1792) 342, 487
Stempel, Ludwig Ernst Wilhelm von (1765–1822) 342
Stentsch, Herr von 342, 460
Stentsch, Witwe von 536
Stentsch, Augusta Friederika von 343
Stentsch, Carl Maximilian von 381, 489
Stentsch, Erdmann Matthias von (* 1724) 343
Stentsch, Ernst Rudolph von (1723–1782) 342 f., 537
Stentsch, Eustachius von 343, 526
Stentsch, Friedrich Wilhelm von (1719–1796) 343
Stentsch, George Siegmund von (* 1714) 342
Stentsch, George Otto von (1771–1846) 343
Stentsch, Heinrich Friedrich Rudolph von (* 1762) 342 f.
Stentsch, Johann Friedrich von (* 1687) 343 f., 526
Stentsch, Maximilian Adolph von (1725–1783) 342
Stephani, Friederike Sophie von 401
Stephany, Carl Ludwig Gustav von (1768–1827) 344
Stephany, Sophie Luise († 1785) 233
Sternberg, geb. 461
Stockhausen, Johann Gottfried von 162, 463
Stöffler, Johanna Dorothea 361, 526
Stoehr, Tugendreich von 23
Stoessel, Anna Juliane von († 1779) 143, 146
Stoessel, Christoph Sigismund Ludwig von (1742–1814) 344
Stoessel, Ernestine Caroline Gottliebe von 345
Stoessel, Hans Christoph von (1683–1740) 344, 500
Stoessel, Sigismund Abraham von (1712–1764) 344
Stoessel, Sigmund Heinrich von 344, 500
Stojentin, George Gottlieb von (* 1744) 344
Stolberg-Wernigerorde, Friedrich Christoph Graf von 12
Stosch, Frau Hofmarschall von 273
Stosch, geb. von 345, 512
Stosch, Witwe von 476
Stosch, Balzer von (1653–1720) 345
Stosch, Balthasar Ferdinand von (* 1724) 346, 473
Stosch, Carl Friedrich von (* 1738) 344
Stosch, Caspar Alexander von 346, 473
Stosch, Caspar Sigmund von 345
Stosch, Christoph Lassel von (* um 1690) 345, 512
Stosch, Dorothea Charlotte von 345, 512
Stosch, Eleonore Dorothea von, geb. von Pannwitz (s. d.)
Stosch, Friedrich von (* 1691) 345, 476
Stosch, Friedrich Wilhelm von (1648–1704) 345
Stosch, Friedrich Wilhelm von (1679 – um 1714) 345, 476
Stosch, George Abraham von (* 1693) 344 f., 451, 512
Stosch, George Abraham von (* 1732) 345 f.
Stosch, George Abraham von (1744–1800) 305, 344–346
Stosch, George Abraham von (* 1772) 344 f.
Stosch, George Alexander von 345
Stosch, George Otto von 346
Stosch, Hans Caspar von (* um 1690) 346
Stosch, Hans Gottlieb von (* 1731) 346, 473
Stosch, Hans Gottlob von (1694–1753) 345 f.
Stosch, Heinrich Rudolph von (1726–1757) 345 f.
Stosch, Johann Gottlieb von 472
Stosch, Johanne Friederike Charlotte 381
Stosch, Johanne Magdalene Charlotte von 473
Stosch, Magdalena Maria Charlotte von († 1794) 301, 401, 525
Stossen, Wilhelmina Dorothea von 68
Strach, Christian Friedrich 534
Strantz, Cap. von 347
Strantz, Gebr. von 347
Strantz, Landrat von 47 f.
Strantz, Albrecht Ehrentreich von (1711–1766) 347, 462
Strantz, August Carl Heinrich von (1781–1845) 346 f.
Strantz, Bogislav Ehrentreich Wilhelm von (1726–1788) 347
Strantz, Carl Adolph Ferdinand von (1783–1865) 346
Strantz, Carl Ernst von (1706–1790) 347
Strantz, Carl Wilhelm Lebrecht von (1760–1816) 347
Strantz, George Ludolph von (1700–1773) 347, 462
Strantz, Hans Adolph von (* 1713) 164, 347, 502, 542

Strantz, Hans Carl Ludolph von (1739–1815) 346, 475, 527, 543
Strantz, Henriette Wilhelmine von 394
Strantz, Johann Albrecht von († 1757) 108
Strantz, Johanna Margaretha von 502
Strantz, Ludolph Ehrentreich von (1660–1723) 347
Strantz, Ludwig Maximilian Sigismund von (1788–1839) 346
Strantz, Margaretha Luise von (†1733) 47 f.
Strauss, Herr von 129, 473
Strauss, Witwe von 211
Strauss, Augusta Amalia von (* 1758) 348
Strauss, Carl Friedrich Adolph von (* 1728) 348
Strauss, Carl Wilhelm Lebrecht von (1760–1816) 348
Strauss, Claus Otto von (* um 1660) 347 f., 532
Strauss, Dorothea 146
Strauss, Dorothea Eleonore von († 1724) 356
Strauss, Egidius Wilhelm von († 1699) 348
Strauss, Eva Maria von 358
Strauss, George Friedrich von (1712–1794) 348, 448
Strauss, George Friedrich von (1768–1831) 348
Strauss, Hans Gottfried von 348
Strauss, Johann Christoph von (1635–1686) 211, 348
Strauss, Wilhelm von († 1694) 348
Struensee, geb. von 504
Struensee, Carl August von 504
Struve, Johann Friedrich 506
Stuart, George von 466
Stuart, Henriette Wilhelmine von 187
Stuart, Margarethe Luise von († 1730) 186
Stuart, Sybilla Elisabeth von (* 1658) 135, 466
Stülpnagel, Erben von 501
Stülpnagel, geb. von 349
Stülpnagel, George Carl Leonhard Ludwig von (1785–1862) 349
Stülpnagel, Leopold Hans Joachim von (1789–1855) 349
Stülpnagel, Maximiliane Caroline von 70
Stülpnagel, Otto Friedrich Heinrich Ferdinand von (1786–1857) 349
Stülpnagel, Otto Wilhelm von (1758–1794) 349, 482, 501
Stülpnagel, Sophie Tugendreich von († 1794) 89
Sturm, Charlotte Luise von (1700–1766) 41
Sturm, Luise Charlotte von (* 1701) 86
Stutterheim, Fam. von 7
Stutterheim, Alexander Christoph von (um 1657–1720) 350, 540
Stutterheim, Alexander Wilhelm von (1693–1762) 350
Stutterheim, August Friedrich Wilhelm von (1760 – nach 1807) 349 f.
Stutterheim, Friedrich Seyfried Benjamin von (1765–1807) 349 f., 486
Stutterheim, George Siegmund von (1688–1763) 350
Stutterheim, Gottlob Heinrich Leberecht von (1756–1804) 349 f.
Stutterheim, Heinrich Adolph Wilhelm von (1770 – nach 1831) 350
Stutterheim, Joachim Heinrich von (1729–1776) 349
Stutterheim, Johanna Christiane von († 1735) 168
Stutterheim, Johanne Sophie von 498
Stutterheim, Otto Heinrich von († 1727) 350, 449, 507, 540, 542
Stutterheim, Willibald Christian von (1702–1744) 350
Stutterheim, Wolff Magnus von (1627–1702) 350
Suchland, Carl Friedrich 520
Suckow, Gl von 366
Suckow, Otto Ehrenreich von 543
Suter, Bogislav Ernst Wilhelm von (1691–1741) 351
Suter, Bogislav Ferdinand Hr. Wilhelm von (1770–1831) 350 f.
Suter, Carl Wilhelm von (1736–1786) 350
Suter, Friedrich Wilhelm von (1733–1815) 351
Sydow, Erben von 520
Sydow, Fam. von 4, 9, 435
Sydow, geb. von 62
Sydow, Gebr. von 518
Sydow, Ltnt. von 395
Sydow, Major von 236, 490
Sydow, Witwe von 501
Sydow, Adam von 353
Sydow, Adam Heinrich von 363
Sydow, Adam Wilhelm von (1650–1711) 353
Sydow, Adam Wilhelm von (1703–1756) 352, 363 f., 435, 517
Sydow, Adam Wilhelm von (1737–1784) 351, 354
Sydow, Agnese Louise von (1766–1808) 364
Sydow, Albert Guido Maximilian von (1795–1853) 357
Sydow, Albrecht Friedrich von (1710–1820) 351, 482
Sydow, Albrecht Friedrich von (1770–1820) 127, 233, 351 f.
Sydow, Alexander Wilhelm von (1698–1735) 352 f.

Sydow, Anna Hedwig von (* 1730) 12, 359
Sydow, Anton Ludwig von (1721–1755) 352 f., 359, 547
Sydow, Arend Wilhelm von 348
Sydow, Arnd von (1598–1678) 356, 469
Sydow, Arnd Wilhelm von (1687–1762) 353, 359, 463
Sydow, Arnd Wilhelm von (1712–1779) 359 f., 365, 536
Sydow, Arnd Wilhelm von (1757–1801) 356
Sydow, Auguste Henriette von (* 1765) 360
Sydow, Balthasar Friedrich von (1652–1733) 352 f., 517
Sydow, Beate Dorothea von, geb. von Winterfeld (s. d.)
Sydow, Bernd Ludwig von (1680–1744) 353
Sydow, Bernhard Friedrich von (1738–1761) 351, 353 f.
Sydow, Carl Ernst Rudolph Heinrich von (1776–1814) 354, 439, 513, 547
Sydow, Carl Friedrich von (* 1699) 354, 536
Sydow, Carl Friedrich von (1714–1772) 356, 358
Sydow, Carl Friedrich von (* 1730) 354
Sydow, Carl Friedrich von (1744–1807) 354 f.
Sydow, Carl Friedrich August von (1764–1794) 362
Sydow, Carl Friedrich Wilhelm von (1762–1820) 362
Sydow, Carl George Heinrich von (1787–1853) 355, 363
Sydow, Carl Heinrich Ludwig von (1732–1793) 355, 361
Sydow, Carl Heinrich Ludwig von (1779–1807) 356
Sydow, Carl Justin 119, 392, 448
Sydow, Carl Wilhelm von (1751–1814) 356, 536
Sydow, Carl Wilhelm Friedrich Ernst von (1792–1848) 360
Sydow, Caroline Louise von (* 1752) 360
Sydow, Catharina Elisabeth von (1669–1714) 219
Sydow, Charlotte Emerentia von (1709–1758) 299
Sydow, Christian David von (1675–1732) 358, 525
Sydow, Christian David von (1723–1781) 358
Sydow, Christian David von (1729–1789) 355, 363, 467, 535
Sydow, Christian Ludwig von (1733–1795) 362, 364, 482, 501
Sydow, Christian Siegmund von (1705–1755) 356, 358, 525
Sydow, Christian Wilhelm von († 1710) 356
Sydow, Christine Ämilie von (* 1698) 429
Sydow, Christoph Friedrich von (1692–1745) 361 f., 504, 512
Sydow, Christoph Friedrich von (1700–1757) 14
Sydow, Christoph Friedrich von (* 1739) 357
Sydow, Colmar Friedrich Heinrich Otto von (1784–1854) 357, 472, 518
Sydow, Curt Detloff von (1727–1780) 355, 361
Sydow, Curt Friedrich von (1687–1738) 355, 360, 452, 524
Sydow, Curth Sigmund von 311
Sydow, Daniel Friedrich von (1675–1727) 353, 358, 363, 481
Sydow, David Adolph von (1690–1767) 357 f., 360, 467, 526
Sydow, David Adolph von (1716–1760) 356
Sydow, David Adolph von (1720–1760) 358
Sydow, Dorothea Maria von († 1668) 206
Sydow, Dorothea Sophia von (1754–1812) 21
Sydow, Egidius Ehrenreich von (1669–1749) 12, 352, 358 f., 362, 461, 473, 547
Sydow, Eleonore Henriette von (1737–1782) 249
Sydow, Ernst Christoph von (1710–1743) 366
Sydow, Ernst Friedrich von (1666–1723) 366, 448, 473
Sydow, Ernst Ludwig von (1685–1730) 348, 353, 359, 537
Sydow, Ernst Ludwig (d. J.) von 532
Sydow, Ernst Wilhelm von (* 1731) 363
Sydow, Ferdinand Carl von (1771–1830) 352
Sydow, Friederike Wilhelmine von (* 1759) 360
Sydow, Friedrich von 362
Sydow, Friedrich Adolph von (1766–1845) 360
Sydow, Friedrich August von (1752–1798) 133, 357, 472, 518
Sydow, Friedrich Heinrich Ferdinand von (1761–1804) 250, 359, 366, 520
Sydow, Friedrich Ludwig von (1701–1742) 361 f., 464, 501, 520, 532, 534
Sydow, Friedrich Ludwig von (1721–1793) 359, 365, 464
Sydow, Friedrich Ludwig von (1749–1820) 365, 464, 486
Sydow, Friedrich Sigismund von (* 1733) 363
Sydow, Friedrich Sigismund (d. J.) von 355, 535
Sydow, Friedrich Wilhelm von (1699–1753) 357, 363, 452, 467
Sydow, Friedrich Wilhelm von (1718–1767) 352, 359, 547
Sydow, Friedrich Wilhelm von (1721–1745) 360

Sydow, Friedrich Wilhelm von (1722–1775) 357 f., 360
Sydow, Friedrich Wilhelm von (* 1783) 356
Sydow, George Christian Heinrich von 432, 526
Sydow, George Friedrich von (1743–1823) 354
Sydow, George Friedrich von (1774–1839) 352
Sydow, George Gottlieb Leopold von (1751–1804) 364, 551
Sydow, George Heinrich von (1668 – vor 1694) 363
Sydow, George Heinrich Carl von (1768–1797) 363
Sydow, George Siegmund von (1723–1765) 355, 360 f.
Sydow, George Sigismund Friedrich Wilhelm von (1724–1790) 361, 526
Sydow, George Wilhelm von 452
Sydow, Gottlieb Wilhelm von (1730–1793) 361 f.
Sydow, Hans Christian von (1693–1709) 357
Sydow, Hans Christoph Friedrich von (1713–1773) 362
Sydow, Hans Ehren(t)reich von (* 1692) 362
Sydow, Hans Ehrenreich von (1652 – nach 1690) 353
Sydow, Hans Ehrenreich von (1689–1730) 353
Sydow, Hans Friedrich von (1683–1726) 362, 473, 504
Sydow, Hans Siegmund von (1667 – vor 1710) 363
Sydow, Hans Sigismund von (1625–1666) 356, 366
Sydow, Hans Sigismund von (1680–1710) 353
Sydow, Heinrich Wilhelm Ludwig Leopold von (1782–1807) 354
Sydow, Henriette von (1769–1802) 364
Sydow, Henriette Eleonore von (1699–1767) 392
Sydow, Hippolyta Beata von (1720–1750) 372
Sydow, Joachim von († 1671) 363
Sydow, Joachim Friedrich von (1709–1741) 362, 504
Sydow, Joachim Siegmund von (1727–1763) 352, 359, 461, 512
Sydow, Jochen von (1615–1671) 358
Sydow, Johann George von (1742–1804) 78, 363, 479, 513
Sydow, Johann Sigismund von (1710–1779) 363 f., 517 f.
Sydow, Louise Friederika von (* 1767) 360
Sydow, Ludwig Friedrich Siegismund von (1767–1780) 363
Sydow, Ludwig Gustav Wilhelm von (1763–1842) 362, 364
Sydow, Magdalena von (1657–1723) 353, 359
Sydow, Nicolaus Franz Wilhelm Carl von (* 1741) 366
Sydow, Otto Christian von (1724–1758) 360 f.
Sydow, Otto Christoph von (1683–1748) 364
Sydow, Otto Christoph August von (1735–1821) 354, 363–365, 522
Sydow, Otto Friedrich von (* 1651) 353, 359
Sydow, Otto Heinrich Ludwig von (1773–1794) 365
Sydow, Sophie Friederike von (1760–1799) 13 f., 352
Sydow, Sophie Charlotte von (1708–1727) 25, 247, 455
Sydow, Sophie Friederike von (* 1760) 352
Sydow, Wilhelm von (1784–1840) 365
Sydow, Wilhelm Ehrenreich von (1705–1760) 351, 353, 363 f., 481
Sydow, Wilhelm Ludwig von (1748–1826) 295, 365, 455, 464, 532, 537
Sydow, Wolf Carl Gustav von (1717–1757) 365 f., 463
Sydow, Wolf Christoph von (1677–1738) 356, 359, 365, 463, 532
Sydow, Wulff Ludwig von (1659–1724) 366

Taltitz, Johann Heinrich Tiesel von (* 1716) 366
Taltitz, Otto Wilhelm Tiesel von (* 1713) 366
Tannenhoff, Christian Gottlieb von 486
Tannenhoff, Ernst Ludwig August von 486
Tannenhoff, Johann Friedrich Heinrich von 486
Taschitzky, Samuel Wilhelm von (1724–1768) 366
Tauentzien, Bogislav Friedrich von (1710–1791) 310, 367, 455
Tauentzien, Carl Heinrich von (1766–1807) 367, 451
Tauentzien, Charlotte Luise von (1750–1818) 310
Tauentzien, Friedrich Bogislav von (1710–1791) 295
Tauentzien, Friedrich Bogislav Emanuel Graf von (1760–1824) 286, 345, 367, 455, 512
Tempsky, Caroline Sophie von († 1793) 277
Tentzer, Johanne Louise 300
Tettenborn, George von 59
Tettenborn, Maria Theresia von (1742–1803) 59
Thadden, Gl von 128
Theler, Gebr. von 498
Theler, Caroline Henriette Brigitte von (* 1764) 367
Theler, Charlotte Helene von, geb. von Wolfersdorff (s. d.)
Theler, Conrad Ulrich von (* 1700) 367, 450

Theler, Friedrich Heinrich Carl von (um 1760–1830) 367
Theler, Heinrich Rudolph von (* 1703) 367
Theler, Johann Conrad von (um 1670–1717) 367, 498
Theler, Johann Friedrich von (* 1706) 367
Theler, Wolf Christoph von (* 1699) 367 f., 498
Thering, Hofrätin 143
Thielau, August Wilhelm von (1759–1829) 368, 519
Thielau, Carl Florian von (1755–1825) 368, 519
Thielau, Carl Johann Erdmann von (1724–1778) 368, 519
Thielau, Christiane Luise von (1702–1773) 155
Thielau, Florian Gottlieb von 519
Thielau, Friedrich Erdmann von (* 1756) 368, 519
Thielau, Heinrich Otto von (1760–1854) 368, 519
Thiele, Carl Gottfried von (1706–1793) 368 f., 519
Thiele, Carl Friedrich Wilhelm von (1709–1782) 368
Thiele, Carl Wilhelm von (1741–1768) 368
Thiele, Charlotte Louise von 289
Thiele, George Friedrich von (1724–1760) 368
Thiele, Hermine Dorothea von, geb. von Zieten (s. d.)
Thiele, Martin von (1672–1733) 368
Thielow, Florian Gottieb von 503
Thierbach, Balthasar Ehrenfried von (* um 1718) 369
Thierbach, Carl Friedrich von (* 1712) 369
Thierbach, Friedrich August von (* 1724) 369
Thierbach, Gottlob Erdmann von (* 1707) 369
Thierbach, Hans Christoph von (* 1697) 369, 527
Thierbach, Hans George von 518
Thierbach, Hans Siegismund von (* 1716) 369
Thierbach, Jürgen Friedrich von (* 1701) 369
Thierbach, Nicolaus Erdmann von 369, 527
Thierbach, Nicolaus Sigismund von (* 1688) 369, 461
Thießen, Ludowika Renate von 32
Thümen, Alexander von (1762–1794) 370
Thümen, Alexander Carl Eduard von (* 1773) 370
Thümen, Charlotte von, geb. von Winterfeld (s. d.)
Thümen, Christian Joachim Heinrich von (1732–1810) 369 f.
Thümen, Christiane von 370
Thümen, Friedrich Levin Gottlieb von (1749–1816) 370
Thümen, Hans Gustav Ferdinand von (1768–1815) 370
Thümen, Heinrich Ludwig August von (1757–1826) 369 f.
Thümen, Henriette von 370
Thümen, Leopoldine von 370
Thümen, Levin von (1660–1726) 370
Thümen, Levin Friedrich Christoph von (1697–1759) 370 f., 472
Thümen, Louisa von 370
Thümen, Moritz Friedrich Gottlob von († 1763) 370
Thümen, Philippine von 370
Thun, Christian Balthasar von (* 1709) 8, 371, 550
Thun, Christoph von 498
Thun, Heinrich Wilhelm von (1713–1754) 8, 371, 550
Thun, Otto Adrian von (* 1701) 8, 371, 550
Thun, Otto Christoph von 8, 371, 530
Tidemann, Metta (1748–1815) 94
Tiede, Marie Dorothea (1721–1802) 262
Tiedemann, Juliane Gottliebe von (? 1685–1786) 29
Tielckau, Carl Ludwig von (1706–1786) 371, 500
Tielckau, Johann Carl Christian von (* 1713) 371, 500
Tielckau, Martin Christian von (* 1673) 371, 479, 500
Tietze, Witwe von 499
Tietze und Hennig, Christian Joseph von 243, 499
Tilly, Emanuel von 51
Trenck, geb. von der 393
Trenck, Maria Charlotte von der 378
Tresckow, August Bernhard Carl von (1782–1836) 373
Tresckow, August Otto Leopold Albrecht von (1773–1831) 372
Tresckow, Carl Friedrich Heinrich Ludwig von (1780–1831) 373
Tresckow, Carl Ludwig Sigismund Friedrich von (1772–1853) 372, 455
Tresckow, Carl Otto Friedrich von (* 1745) 372, 464
Tresckow, Carl Philipp Gebhard von (1752–1832) 270, 371 f., 461, 537
Tresckow, Catharina Magdalena von (1724–1786) 304
Tresckow, Christoph Heinrich Wilhelm von (1750–1823) 372
Tresckow, Ernst Albrecht Otto Heinrich von (1784–1822) 373
Tresckow, Friedrich von (1745–1771) 373
Tresckow, Hans Adam Friedrich von (* 1742) 371 f.
Tresckow, Hans Joachim Albrecht Friedrich von (1743–1814) 372 f., 455, 524
Tresckow, Joachim Friedrich von (1697–1764) 372, 524
Tresckow, Joachim Ludwig Carl Ferdinand von (1779–1853) 372

Tresckow, Johann Friedrich von (* um 1740) 372
Tresckow, Johann Leopold Ludwig von (1747–1801) 372
Tresckow, Levin Friedrich von (1699–1763) 371
Treyden, Catharine Freiin Trott von (1705–1780) 31
Troschke, Fam. von 4
Troschke, geb. von (* 1746) 395
Troschke, geb. von (* um 1775) 395
Troschke, geb. von (* um 1776) 395
Troschke, geb. von (* um 1784) 395
Troschke, Rittmstr. von 498
Troschke, Witwe von 491
Troschke, Alexander Friedrich Ferdinand von (1745–1789) 373, 376, 488
Troschke, Alexander Ludwig von (1710–1760) 373 f.
Troschke, August Friedrich Alexander von (1774–1819) 375
Troschke, Augustina von 80
Troschke, Bernd Conrad von (1714–1762) 374
Troschke, Carl Anton Ferdinand Frhr. von (1769–1818) 376
Troschke, Carl Gottlieb Ferdinand von (1769–1820) 373
Troschke, Carl Gottlob von (1722–1760) 374, 377
Troschke, Carl Otto von 374
Troschke, Carl Ludwig Gottlob von (1718–1801) 376 f.
Troschke, Carl Wilhelm von (* 1678) 373, 377, 491
Troschke, Charlotte Elisabeth Wilhelmine 459
Troschke, Christian Conrad von (1731–1798) 374 f., 525
Troschke, Christian Heinrich Friedrich von (* 1787) 375
Troschke, Christine Gottliebe Amalia von 376
Troschke, Conrad von (* 1686) 299, 374
Troschke, Conrad Alexander von (1671–1728) 373 f., 376 f., 536
Troschke, Conrad Andreas von (* 1709) 375
Troschke, Ernst Bogislav von (1771–1813) 373
Troschke, Ernst Friedrich von (1704–1747) 375
Troschke, Ernst Friedrich Frhr. von (1741–1809) 375 f., 489
Troschke, Ernst Gotthilf von (1724–1786) 374, 376 f., 461 f., 535
Troschke, Ernst Maximilian von (1780–1847) 375
Troschke, Ernst Wilhelm Rudolph Frhr. von (1762–1839) 108, 376, 535, 540
Troschke, Friederike Leopoldine von (1780–1809) 376
Troschke, Friedrich Abraham von (1688–1735) 374, 377, 498
Troschke, Friedrich Adolph von (1718–1755) 373, 376 f.
Troschke, Friedrich Wilhelm von (1721–1757) 377
Troschke, Friedrich Wilhelm von (1782–1800) 375
Troschke, George Sigmund von 374
Troschke, Gustav Gotthilf Frhr. von (1772–1826) 374, 376 f.
Troschke, Heinrich Friedrich von (1787–1829) 375
Troschke, Helene Caroline von (1788–1828) 373
Troschke, Johann Abraham von (1720–1786) 87, 305, 374, 377, 510
Troschke, Johann August von (1752–1780) 377
Troschke, Johanna Elisabeth von (* 1750) 377
Troschke, Margaretha von (1677–1736) 158, 160
Troschke, Otto Abraham von (1690–1749) 375
Troschke, Rudolph August von (1710–1757) 376–378
Troschke, Samuel Rudolph von 374
Troschke, Sebastian von († 1709) 374, 491
Troschke, Siegmund Carl Gottlob Frhr. von 472
Troschke, Sophia Magdalena von 428
Troschke, Ursula Catharina von 126, 525
Troschke, Wilhelmine Eleonore von 376
Troschke und Rosenwerth, Siegmund Carl Gottlob Frhr. von (* 1748) 378
Troyen, Vettern von 68
Troyen, Adam Christoph von (* 1671) 378, 524
Troyen, Agnes Margarethe von 64
Troyen, Alexander Heinrich von (* 1675) 378, 524
Troyen, Christoph Friedrich von 378
Troyen, Curth Friedrich von (* um 1698) 378
Troyen, Elisabeth Hedwig von 478
Troyen, Jacob Joachim von 378
Troyen, Wilhelm Curth von (1740 – um 1785) 378 f.
Tschammer, Bernd Sigismund von 379
Tschammer, Hedwig Dorothea von 14
Tschammer, Hans Sigmund von 379
Tschammer, Hiob von († 1715) 379
Tschammer, Leopold Wilhelm von (1697–1722) 379
Tschammer, Otto Rudolph von 379
Tschammer, Wenzel Heinrich von 379
Tschammer, Wulf Sigismund von 379, 477
Tschirner, Amtsrat 507

Tschirnhaus, Anna Brigitta von 100
Tschirschky, Maria Ludmilla von († 1791) 424, 428
Twardowsky, Sophia von (* 1727) 205

Uckermann, Frau Cap. von 146, 492
Uckermann, Major von 96
Uckermann, Conrad George von (1773–1849) 379, 499, 543
Uckermann, Franz Alexander Conrad von (1739–1808) 379, 493, 543, 550
Uckermann, Friedrich Bernhard von 470
Uckermann, Gebhard Friedrich von (1780–1847) 379, 476, 493
Üchtritz, Gottliebe von 189
Uhden, geb. 497
Uhl, Concordia Sabina († 1798) 235
Ulrich, Christian Friedrich von (* um 1712) 379
Umbstad, Christoph Warmbold von 473
Unfried, Carl Bernhard von 380
Unfried, Carl Friedrich von (1674–1752) 380, 457
Unfried, Carl Ludwig von (1706–1761) 380
Unfried, Dorothea Hedwig Scultetus von 259 f.
Unfried, Dorothea von 260
Unfried, Dorothea Luise von (* 1720) 99
Unfried, Friedrich Emilius von 380
Unfried, Friedrich Wilhelm von (1710 – vor 1764) 380
Unfried, Hans Joachim von 380, 457
Unfried, Ludwig Wilhelm von († 1773) 380
Unger, Ol von 543
Ungnad, Henriette Juliane Gottliebe 180, 503
Unruh, Witwe von 509
Unruh, Adam Nicolaus von (1743–1785) 381
Unruh, Alexander von (1709–1797) 13, 381 f.,
Unruh, Alexander von (1677–1728) 302, 380 f., 474, 516, 525
Unruh, Alexander von (* 1725) 380
Unruh, Alexander August Gotthilf von (1769–1821) 383
Unruh, Alexander Gottlob von (1742–1810) 381
Unruh, Amalie Charlotte Tugendreich (1749–1806) 404
Unruh, Anna Louise von (* 1734) 140, 268, 531
Unruh, Anselm Rudolph von (1753–1832) 382, 460, 482
Unruh, August von 382
Unruh, Balthasar Sigmund von (1694–1742) 381
Unruh, Balthasar Wladislaus von (1724–1752) 383
Unruh, Barbara Christine von (1721–1789) 142
Unruh, Barbara Helene von 52 f., 486
Unruh, Beate Helene von (1712–1770) 164, 547
Unruh, Benjamin Gotthilf von 525
Unruh, Carl von (1682–1750) 303, 380 f., 479, 488, 516
Unruh, Carl Alexander von (1762–1842) 381 f.
Unruh, Carl George Bogislaus von (um 1773–1809) 383
Unruh, Caroline Marjanne von (1738–1763) 303
Unruh, Caspar Rudolph von (1710–1781) 382
Unruh, Charlotte von († 1737) 212, 217
Unruh, Charlotte Louise von, geb. von Loos (s. d.)
Unruh, Charlotte Jeanette Wilhelmine von († 1812) 301
Unruh, Christoph von (1638–1721) 380, 479, 488, 511, 516, 525
Unruh, Christoph Balthasar von (1736–1794) 381 f., 474, 477, 489
Unruh, Christoph George von (1689–1723) 380 f., 479, 511
Unruh, Christoph Wilhelm Sigmund von (1769 – vor 1804) 382, 477
Unruh, Dietrich Hans von 481
Unruh, Dietrich Hans Sebastian von (1748 – um 1799) 382, 460, 482
Unruh, Eleonora Maria von (1722–1786) 151, 456, 546
Unruh, Eleonore von († 1787) 383
Unruh, Erdmute Sophie von (* 1685) 210
Unruh, Floriane Tugendreich von, geb. von Seidlitz (s. d.)
Unruh, Friedrich Leopold von (* 1713) 380, 488
Unruh, Friedrich Wilhelm von (1717–1746) 382, 459, 479
Unruh, George Christoph von (1739–1808) 383, 506
Unruh, George Gottlob Wilhelm von (1776–1836) 381
Unruh, George Sebastian von (1694–1761) 383
Unruh, Heinrich Siegmund von (1748–1797) 383
Unruh, Johanna Marianna von 306
Unruh, Melchior Sigismund von (1717–1755) 137, 381, 456, 494
Unruh, Rudolph von 400, 492
Unruh, Sebastian von († 1741) 382
Unruh, Sigmund Ernst Carl von (1744–1763) 381
Unruh, Sigmund Gottlob von (1657–1694) 381
Unruh, Sophia Friederike Wilhelmina von (1751 – nach 1812) 74, 474

Unruh, Sophie Helene von 97, 494
Unruh, Ursula Beata von 344
Unruh, Ursula Catharina von (1678/79–1758) 299, 302
Unruh, Wendel Abraham von 495, 509
Unruh, Wolf Heinrich von (1708–1745) 382
Urbanowska, Anna Ernestine von 124
Uthmann, Hans Christoph von (1703–1771) 383 f., 439, 468
Uthmann, Johann Friedrich 384
Uthmann, Johanna Beate Charlotte von, geb. von der Marwitz (s. d.)
Uttech, Franz Friedrich 298, 494

Van Dedem tot de Gelder, Jeannette Philippine Hermine Freiin (1772–1860) 158
Vangerow, Michael 519
Vehr, Ida Dorothea von 102
Vernezobre, geb. Freiin von 239, 384, 484, 506
Vernezobre, Franciscus Mathäus Frhr. von (1690–1748) 384, 456, 458, 496, 505
Vernezobre, Friederique Wilhelmine Auguste Freiin von (* 1754?) 239, 242, 505 f.
Vernezobre, Friedrich Wilhelm Frhr. von (1721–1781) 280, 384, 457 f., 496, 505
Vernezobre, Louise Freiin von 505
Vernezobre, Marie Antoinette Freiin von (1714–1737) 73
Vernezobre, Marie Henriette Freiin von (1697–1748) 384
Vernezobre, Matthäus Frhr. von 282
Versen, Cap. von 129, 507
Versen, Carl Friedrich von (* 1734) 384
Versen, Gotthilf von (1743–1814) 384 f.
Versen, Joachim Ernst Wilhelm von (* 1787) 385
Versen, Joachim Friedrich Wilhelm von (1750–1811) 385, 530
Versen, Lorenz Wilhelm von (1714–1799) 385, 550
Versen, Ludwig Siegmund von (* 1732) 384 f., 550
Versen, Otto Ludwig von (* 1751) 227, 385, 478
Versen, Rüdiger Ewald von († vor 1745) 129, 384, 507
Versen, Wilhelmine Friederike Antoinette von (* 1775) 385, 507
Viereck, Cap. von 35
Viereck, Adam Otto von 97, 494
Viereck, Sophie Albertine von (1731–1772) 255
Viereck, Wilhelmine Dorothea Elisabeth von (1726–1789) 97
Viettinghoff, Heinrich Frhr. von 55
Vigny, Anton Ludwig von (1763–1795) 385 f.
Vigny, Carl Wilhelm von (1768–1806) 386
Vigny, Heinrich Ferdinand von (1776–1840) 386
Vigny, Johann Ernst von (1770–1804) 386
Vigny, Louis Jérémie von (1738–1793/94) 385
Vigny, Siegmund Friedrich von (1765–1832) 386
Vippach, Johanna Maria von (†1740) 38
Vogel, August Gottlieb (* 1753) 386
Vogel, Christiane Eleonore Auguste 450
Vogel, Friedrich Wilhelm 386
Vogel, Johann Gottlob 450
Vogel, Johann Wilhelm Bartolomäus von (1750 – vor 1805) 386
Vogel, Samuel Friedrich (1740–1788) 386
Vogel, Sophia Christiana von 485
Voigt, Fähnrich von 387
Voigt, Balzer Sigismund von 386, 521
Voigt, Carl Friedrich August von (1716–1760) 386 f.
Voigt, Christoph Friedrich von (* 1683) 387
Voigt, Ernst Ludwig von (* 1689) 387
Vo(i)gt, Friedrich Wilhelm von (1677–1742) 387
Voigt, Dorothea Hedwig von 323
Vo(i)gt, Johann August von (1677–1742) 386
Voigt, Valentin Sigismund von 386, 521
Volkmar, geb. von 35
Vorhauer, Erben von 512, 543
Vorhauer, Dorothea Christiane von 387
Vorhauer, Hans Ehrentreich von (* 1700) 387
Vorhauer, Magdalene Sophie von († 1837) 99, 387
Vorhauer, Philipp Jacob von († vor 1721) 387
Vorhauer, Rudolph Ehrentreich von 387
Vorhauer, Thomas Ehrentreich von († um 1712) 387, 512
Vorpahl, Friedrich 545
Voß, Carl Friedrich von 479
Voß, Otto Karl Friedrich von (1755–1823) 274

Wachholtz, geb. von 388
Wachholtz, Kammerherr von 487
Wachholtz, Witwe von 388, 451
Wachholtz, Carl Albrecht von (1699–1757) 388, 493
Wachholtz, Carl Heinrich von (1730–1762) 388
Wachholtz, Carl Ludwig von 388
Wachholtz, Ewald Albrecht von 493
Wachholtz, Ewald Ehrentreich von (1692–1739) 388
Wachholtz, Ewald Friedrich von 388

Wachholtz, Ewald Heinrich von (1731–1762) 388
Wachholtz, George Christoph von (1700–1765) 389
Wachholtz, George Friedrich von (* 1697) 388 f.
Wachholtz, Hans Adam von (1697 – vor 1739) 389, 451
Wachholtz, Hans Heinrich von 388, 492
Wachholtz, Hans Michael von 388
Wachholtz, Jacob Joachim von 388, 537
Wachholtz, Jacob Jochen von 461
Wachholtz, Lorenz Christian von († 1763) 388
Wachholtz, Lorenz Christoph von († um 1670) 388
Wachholtz, Ludwig Christoph von 388
Wachholtz, Margarethe Luise von 493
Wachholtz, Otto Christoph von († 1709) 389, 451
Wachholtz, Otto Rüdiger von 388
Wachmann, Margaretha 272
Wackerbarth, Balthasar Heinriich von 389
Wackerbarth, Caroline Juliane von 21
Wackerbarth, Lebrecht von 280, 458
Wackerbarth, Ludwig Carl Wilhelm von (* 1747) 21, 280, 321, 389, 458, 480
Waegener, Carl Friedrich 525
Wagner, Johann Daniel 480
Wahlen-Jurgass, Sophie Marie Philippine von (1720–1794) 264, 538
Waldow, Cap. von 136
Waldow, Fam. von 4, 9, 348, 392
Waldow, Frau von 519
Waldow, Frau Cap. von († 1800) 136
Waldow, Geh. Rat von 450
Waldow, GM von 542
Waldow, Ltnt. von 539
Waldow, Prokonsul von 351
Waldow, Rittmstr. von (1768–1836) 389 f.
Waldow, Achatz Wilhelm August von (1771–1848) 131, 241, 389 f., 468, 478, 508, 533
Waldow, Adam Christoph von 493
Waldow, Adolph Friedrich von (1698–1754) 309, 390, 393, 396, 493
Waldow, Adolph Friedrich von (1725–1801) 389 f., 493, 522, 533
Waldow, Adolph Friedrich von (d. J.) 493
Waldow, Ahrend Sigismund von (1726–1767) 392
Waldow, Anna Maria von († 1710) 210
Waldow, Anton Wilhelm von (1722–1779) 392, 394
Waldow, Anton Wilhelm von (1747–1779) 395, 490
Waldow, Arend von 393
Waldow, Arnold Christoph von (1672–1743) 392, 395 f., 481, 533
Waldow, August Ludwig von (1748–1814) 390 f.
Waldow, Auguste Charlotte von, geb. von Brand (s. d.)
Waldow, Auguste Sophie von 362
Waldow, Balthasar Friedrich von (1665–1714) 391, 482
Waldow, Bernd Christian von 390
Waldow, Bernhard Wilhelm von (1678–1737) 122, 392, 396, 448
Waldow, Bernhard Wilhelm von (1736–1802) 307, 393, 398, 463, 501
Waldow, Carl Adolph von (1704–1747) 391–393, 397, 508
Waldow, Carl August Ferdinand von (1760–1846) 394 f.
Waldow, Carl Christoph von (1732–1760) 392 f.
Waldow, Carl Christoph von (1745–1785) 296, 393, 481
Waldow, Carl Ernst Christian von (1766–1831) 390, 522
Waldow, Carl Friedrich von (1706–1782) 393, 395, 493, 509
Waldow, Carl Friedrich von (1759–1820) 392, 394 f., 490
Waldow, Carl Friedrich Philipp von (1778–1847) 394
Waldow, Carl Friedrich Wilhelm von (* 1775) 393
Waldow, Carl Ludwig von (1721–1790) 393, 396, 493
Waldow, Carl Siegismund August von (1743 – vor 1772) 394
Waldow, Carl Wilhelm von (1777–1836) 397
Waldow, Caspar Adam von (1667–1831) 391, 449, 472
Waldow, Caspar Adolph von 220
Waldow, Caspar Friedrich von (1700–1740) 391 f., 449
Waldow, Christian Friedrich von (1728–1790) 392–394, 448, 504
Waldow, Christian Friedrich von (1732–1762) 396
Waldow, Christian Leopold von (1770–1813) 397
Waldow, Christian Wilhelm von (1771–1844) 393 f., 399, 539
Waldow, Christoph von 262
Waldow, Dorothea Sabine von (1724–1760) 365
Waldow, Erhard von 450
Waldow, Ernst Wilhelm von (1757–1785) 394 f.
Waldow, Ferdinand Heinrich Thomas von (1765–1830) 390
Waldow, Friedrich Carl von (1773–1813) 397

Waldow, Friedrich Sigismund von (1682–1742/43) 392 f., 395 f., 481, 493, 509, 542
Waldow, Friedrich Sigismund von (1740–1787) 393–395, 504
Waldow, Friedrich Wilhelm von (1717–1762) 395 f., 504
Waldow, Friedrich Wilhelm von (1755–1781) 394, 509
Waldow, Friedrich Wilhelm August Anton von (1754–1832) 390
Waldow, (Friedrich) Wilhelm Leopold von (1718–1788) 396 f., 504, 542
Waldow, Friedrich Wilhelm Leopold von (1759–1823) 397, 542
Waldow, George Siegismund von (1726–1759) 396, 504
Waldow, Hans Caspar von (1708–1741) 393
Waldow, Hans Christoph von 397
Waldow, Hans Sigismund von (1643–1696) 397
Waldow, Helene Wilhelmine von 102
Waldow, Henriette von (1769–1840) 396
Waldow, Henriette Albertine von (* 1782) 394
Waldow, Henriette Catharina von (1722–1769) 356
Waldow, Henriette Charlotte von 296
Waldow, Henriette Friederike von (1769–1812) 395
Waldow, Henriette Luise von 351, 364
Waldow, Joachim August von (1706–1757) 390, 550
Waldow, Joachim Ernst von (1723–1759) 397
Waldow, Joachim Friedrich von (1667–1737) 397, 510
Waldow, Johann Friedrich Ludolph von (1761–1830) 396, 504
Waldow, Johann Wilhelm von (1708–1739) 391 f., 508
Waldow, Johanna Gottliebe von (1755–1809) 394
Waldow, Julie Wilhelmine von (1718–1788) 397
Waldow, Ludwig Sigismund von (1775–1846) 397
Waldow, Matthias Siegmund von (1698–1717) 397
Waldow, Otto Ludwig von (* 1719) 392
Waldow, Paul Simon von († vor 1728) 397 f., 483
Waldow, Philipp Wilhelm von 397
Waldow, Rosina Amalie von 240
Waldow, Sabina Wilhelmina von (* 1742) 351, 395
Waldow, Sebastian von (1681–1742) 393, 396, 481, 509, 533
Waldow, Sebastian Rudolph von (1760 – vor 1781) 394
Waldow, Sebastian Wilhelm von (1710–1769) 393–395, 493, 533
Waldow, Ursula Susanne von 159, 162
Waldow, Wilhelm Ludwig von (1767–1830) 398
Wallenroth, Christoph Sigmund von (1724–1779) 398, 516
Wallenroth, Johann Ernst von (um 1660 – um 1738) 398
Wallenroth, Johann Ludwig von (* 1718) 398
Wallmirath, Philippine von 190
Waltersdorff, geb. von 459
Waltersdorff, Ltnt. von 399
Waltersdorff, Johann Heinrich von (* 1706) 398 f.
Waltersdorff, Johanne Elisabeth von (1749–1822) 275 f., 459
Walther, Carl Bogislav von († 1785) 171
Walther, Carl Christian von 171
Wangelin, Johanna Charlotte Wilhelmine Regina von (1740–1824) 155
Wangenheim, Henriette Friederique von 478, 494
Wartenberg, Frau von 394
Wartenberg, Dorothea Charlotte von 75, 519
Wartenberg, Egidius Ehrenreich Joachim von 399
Wartenberg, Friedrich Sigismund Ludwig von 399
Wartenberg, Henning Ludwig Ehrenreich von (1753–1826) 399
Wartenberg, Johanne Luise Friederike von (* 1780) 394, 399, 539
Wartenberg, Luise Eleonore Juliane von 539
Wartenberg, Reimar Albrecht Friedrich von (1747–1819) 399
Wartensleben, Ltnt. Graf von 492
Wartensleben, Alexander Graf von 528
Wartensleben, Amalia Gräfin von (1715–1787) 274 f.
Wartensleben, Gustav Adolph Hermann Graf von (1773–1834) 399
Wartensleben, Leopold Alexander Graf von (1744–1822) 399
Wartensleben, Leopold Ludwig Ferdinand Graf von (1778–1840) 399
Wartensleben, Wilhelm Constantin Moritz Graf von (1780–1851) 399 f.
Wasmer, Carl Julius von 450
Wasmer, Charlotte Sophie von 450
Watter, Witwe von 524
Wattern, geb. von 79
Weber, Dorothea Agnes von († 1738) 150
Weber, Elisabeth Charlotte von (1675–1737) 175 f.
Wedel, Bgmstr. von 545
Wedel, Fam. von 4, 7, 282, 402, 452, 468

Wedel, geb. von 104, 124 f., 238, 408
Wedel, Hofrat von 469
Wedel, Ltnt. von 545
Wedel, Witwen von 323, 400, 409, 452, 469, 505, 517, 521, 530, 545
Wedel, Adam Christian von († vor 1713) 400, 469
Wedel, Adam Christoph von († vor 1743) 400, 403 f., 407 f., 469, 507, 517
Wedel, Adam Daniel von 401
Wedel, Adam Mathias (Matz) von († 1718/19) 402, 407, 478, 504
Wedel, Agnes von 408
Wedel, Anna von (* 1735) 313, 513
Wedel, Anton Carl von 409
Wedel, August Vincenz von (1761–1813) 406
Wedel, Auguste Friederike von (1709–1753) 58
Wedel, Auguste Libica von († 1832) 86
Wedel, Auguste Louise 401
Wedel, Barbara Sophie Luise von († 1762) 227
Wedel, Benigna Louisa von 225 f.
Wedel, Bernd Christian von 402, 462, 528
Wedel, Bernd Friedrich von 408
Wedel, Bernd Ludwig († vor 1713) 402
Wedel, Bernhard Siegmund von (* 1681) 400
Wedel, Bogislav von 301
Wedel, Bogislav Ludwig von (1727–1771) 97, 400 f., 481, 550
Wedel, Carl Alexander von (1741–1807) 401
Wedel, Carl Friedrich von (* 1728) 401 f., 547
Wedel, Carl Friedrich von (1748–1779) 406, 478, 508 f.
Wedel, Carl Friedrich von (* 1763) 402
Wedel, Carl Heinrich Ludwig von (1785–1833) 407
Wedel, Carl Leopold von (1769–1794) 406
Wedel, Carl Ludwig von (* 1718) 400
Wedel, Carl Sigismund Bogislav von (1747–1793) 410
Wedel, Caroline Henriette Amalie von (* 1764) 401
Wedel, Catharina Eleonore von 403, 471
Wedel, Charlotte Friederike von (* 1734) 408
Wedel, Christian Wilhelm von (* 1765) 406
Wedel, Christina Salomé von 103
Wedel, Christine Apollonia Johanna von (1729–1790) 113 f., 548
Wedel, Christiane Elisabeth von 548
Wedel, Christoph Friedrich von (um 1680–1765) 401 f., 478, 509, 547
Wedel, Christoph Heinrich von (1710–1722) 411
Wedel, Christoph Rüdiger von (* 1699) 402, 462
Wedel, Christoph Rüdiger (d. J.) von
Wedel, Conrad Ernst von (* 1689) 402, 408
Wedel, Conrad Ludwig von (1721–1758) 403
Wedel, Conrad Rüdiger von (1696–1740) 403
Wedel, Constantia Friederique von (* 1722) 32
Wedel, Curt Ernst von († 1737) 403, 460
Wedel, Curt Julius von 498, 510, 530
Wedel, Eleonora Constantia von, geb. von Woedtke (s. d.)
Wedel, Elisabeth Hedwig von (um 1718 – um 1785) 75
Wedel, Elisabeth Maria von († 1751) 283
Wedel, Ernestine Elisabeth Auguste von († 1727) 110
Wedel, Ernestine Marie von (1718–1775) 221
Wedel, Ernst von († 1709) 403
Wedel, Ernst Adam von (* 1723) 400, 403 f.
Wedel, Ernst Bernd von 510, 530
Wedel, Ernst Bogislav von 404, 510, 545
Wedel, Ernst David Ludwig von (1757–1827) 406
Wedel, Ernst Ewald Leopold von (1766–1833) 404, 410, 462
Wedel, Ernst George von (1725–1800) 404 f.
Wedel, Ernst Lewin von († 1689) 403
Wedel, Ernst Ludwig Friedrich von 461, 550
Wedel, Ernst Sigismund von (1704–1758) 403, 460
Wedel, Ernst Sigismund von (1742–1804) 405
Wedel, Ernst Sigmund von 551
Wedel, Esther Wilhelmine von (* 1763) 411
Wedel, Eva Elisabeth von (1702–1785) 332
Wedel, Eva Marianna von (1677–1751) 331
Wedel, Ewald Friedrich von (1721–1784) 406, 409, 448, 468, 496, 530
Wedel, Ewald George von 407
Wedel, Ewald Heinrich Eugen von (* 1755) 410, 465
Wedel, Florian Friedrich Gottlieb von (1789–1856) 404, 462
Wedel, Franz Rüdiger von (1742–1802) 410
Wedel, Franz Moritz von 400
Wedel, Friederike Eleonore von (1763–1823) 221
Wedel, Friedrich von 452
Wedel, Friedrich Adam von 409
Wedel, Friedrich August von (1772–1836) 406
Wedel, Friedrich Wilhelm von (1664–1721) 403
Wedel, Friedrich Wilhelm von (um 1717 – vor 1746) 403
Wedel, Friedrich Wilhelm von (1727–1792) 407, 508 f., 547
Wedel, Friedrich Wilhelm von (* 1749) 405
Wedel, Friedrich Wilhelm von (* 1753) 405, 509

Wedel, Friedrich Wilhelm Leopold von († 1757) 406, 409
Wedel, George Christoph von († 1717) 403, 460
Wedel, George Detlof von (1749–1813) 405 f.
Wedel, George Friedrich von (1731–1776) 410
Wedel, George Gottlob Ferdinand von (1774–1841) 407, 505, 509
Wedel, George Sigismund Gottlieb von (* 1761) 406, 493, 508
Wedel, Gottlieb Johann Anton von (1783–1828) 407
Wedel, Gottliebe von (1714 – nach 1781) 422, 483
Wedel, Gustav Bernd von 403
Wedel, Gustav Julius von (1771–1827) 407
Wedel, Gustav Otto Rüdiger von (1779/81–1858) 407
Wedel, Gustav Sigismund von (1747–1776) 410
Wedel, Hans Adam von († 1720) 407, 468, 509
Wedel, Hans Adam von († 1744) 240, 402, 407, 409, 468, 508 f.
Wedel, Hans Christoph von 400
Wedel, Hans Joachim von († vor 1746) 403, 533, 547
Wedel, Hans Joachim (d. J.) von 403
Wedel, Hans Sigismund von 505
Wedel, Helena Elisabeth von, geb. von Winning (s. d.)
Wedel, Helene Tugendreich von (1722–1782) 206
Wedel, Henriette Sophie von (* 1737) 221, 410 f.
Wedel, Ilse Catharina von (1702–1766) 165
Wedel, Joachim von 465, 522
Wedel, Joachim Friedrich von (* 1702) 240, 403
Wedel, Joachim Gottlieb von (* 1724) 407 f.
Wedel, Joachim Wilhelm Friedrich von (1773–1822) 408 f., 521, 542, 551
Wedel, Johann Adam von (* 1751) 405
Wedel, Johann Ernst von (* 1682) 403, 405, 471, 478, 507
Wedel, Johann Ernst Gottlob von (1740–1802) 404, 410, 462
Wedel, Johann Ernst Gottlob von (* um 1790) 406
Wedel, Johann Friedrich von 402, 509
Wedel, Johann Friedrich Wilhelm von (1753–1819) 405, 410
Wedel, Johann George von († 1679) 400
Wedel, Johann Heinrich Christoph von (1767–1812) 407
Wedel, Johann Magnus Christoph von (1746–1812) 400, 402, 404, 410 f., 465
Wedel, Johann (Peter) von (1680–1742) 113, 406, 409 f., 412, 465, 468, 530, 548
Wedel, Johann Philipp von (* 1743) 411
Wedel, Juliane Wilhelmine Albertine von (* 1766) 401
Wedel, Julius Ernst Heinrich von 498, 530
Wedel, Leopold Friedrich von 75, 519
Wedel, Lorenz George von (1702–1780) 405, 469
Wedel, Louise Hedwig von 33
Wedel, Lucretia von 402 f.
Wedel, Ludwig von (* 1751) 410
Wedel, Ludwig Magnus von (1750–1810) 411, 475, 551
Wedel, Luise Caroline Wilhelmine von (1768–1841) 57, 452
Wedel, Lupold Christoph von 209, 546
Wedel, Lupold Wilhelm Eberhard von 546
Wedel, Magdalena Charlotte von, geb. von Stosch (s. d.)
Wedel, Magnus Christoph von (um 1688 – vor 1745) 409, 468, 508
Wedel, Magnus Lupold von (* 1712) 411, 475
Wedel, Margarethe von 547
Wedel, Martin Friedrich von (1689–1764) 221, 239, 400–402, 410 f., 462
Wedel, Melchior Felix von (1708–1768) 411
Wedel, Melchior Magnus von (1686–1745) 268, 411, 475, 498, 521
Wedel, Melchior Magnus Lupold von (1726–1779) 411
Wedel, Moritz Heinrich von († 1719) 412, 452, 505, 509, 519, 528
Wedel, Moritz Heinrich von (* um 1700) 412
Wedel, Moritz Ludwig von (* 1697) 412
Wedel, Nicolaus von 462
Wedel, Otto Achatius von 529
Wedel, Otto Friedrich Wilhelm von (1752–1808) 406, 469
Wedel, Otto Wilhelm von 412
Wedel, Peter Friedrich von (1690–1752) 409, 412, 452
Wedel, Peter Friedrich von (1723–1789) 227, 408
Wedel, Philipp Christian von 206, 407 f., 478, 539
Wedel, Rüdiger Christian von (1659–1715) 409, 412, 530
Wedel, Rüdiger Christian von (1696–1757) 409, 412
Wedel, Rüdiger Friedrich von (1685–1718) 407, 508, 528
Wedel, Sabine Luise von (1672–1743) 75
Wedel, Sebastian George von 456, 464

Wedel, Siegmund von (* 1717) 410, 488
Wedel, Sophia Helena von († 1767) 347
Wedel, Sophie Elisabeth von 112
Wedel, Theresia Beata von (1719–1806) 144, 400 f.
Wedel, Wilhelmine Amalie Philippine von 258 f., 467
Wedel, Wilhelmine Dorothee von 226
Wedel-Parlow, Carl Friedrich von 80, 481
Wegely, Caroline Wilhelmine († 1823) 16
Wegener, Kaufmann 149
Wegerer, geb. von 413
Wegerer, Carl Ferdinand Friedrich von (1734–1797) 412
Wegerer, Carl Friedrich Ferdinand von (1690–1750) 412
Wegerer, Carl Otto Sigismund von (1770–1835) 197, 241, 413, 478
Wegerer, Friedrich Gottlieb von (1766–1806) 413
Wegerer, Helene Charlotte von (* 1783) 413
Wegerer, Johann Otto Sigismund von (1742–1795) 197, 412 f.
Wegerer, Johanne Friederike von 413
Wegerer, Wilhelm Heinrich von (1735–1785) 412
Wegnern, Anna Sophia 47
Weiher, Witwe von 283
Weiher, Catharina Amalie von 437
Weiher, Jacob Lebrecht von 125
Weiland, Christian Philipp 458
Weiland, Johann Friedrich 458
Weiland, Martin 492
Weißbach, Marie Louise von 338
Weissenfels, geb. von 491
Weissenfels, Anton Albrecht von (1700–1757) 413
Weissenfels, Friedrich Heinrich Anton von (* 1742) 413, 540
Weissenfels, Hans Friedrich von (1688–1745) 413
Weissenfels, Heinrich Günther Anton von (* 1770) 413 f., 533
Wellmer, Maria Magdalena († 1827) 75, 519
Weltzien, August von 414
Weltzien, Christian von 414
Weltzien, Friedrich Carl Christoph von (* 1766) 138, 414, 534
Weltzien, Gottfried Hartwig von (1740–1806) 414
Weltzien, Hans von 414
Weltzien, Maximilian Wilhelm Gottfried von (1776–1852) 414
Wenckstern, Cap. von 520
Wenckstern, Witwe von 414
Wenckstern, Carl George Christian von (* 1732) 414, 520
Wenckstern, Johann Ernst Emilius von (* 1737) 414
Wenckstern, Johann Gustav von (um 1714–1761/64) 414
Wenckstern, Philipp Carl von (* 1700) 414
Wenden, Dorothea von 188
Wendessen, Balthasar Ludwig Christian von (1724–1797) 34
Wendessen, Leopold von 475
Wendler, Steuereinnehmer 499
Wengler, Uffz. von 415
Wengler, Hans Adolph von (* um 1695) 415, 474, 526
Wengler, Hans Friedrich von 415
Wengler, Johanne Caroline von (* 1756) 415
Wengler, Johanne Friederike Louise von († 1748) 71
Werbelow, Witwe von 415, 508, 517
Werbelow, Friedrich Leonhard von (* 1680) 415
Werbelow, Heinrich Wilhelm von (um 1660 – vor 1715) 415, 508, 517
Werdeck, Frau von 527
Werdeck, Christoph Wilhelm von 155, 527
Werdeck, Ernst Ferdinand von (1687–1742) 415
Werdeck, Friedrich Carl Ferdinand von (1728–1792) 415
Werdeck, George Siegismund von 415
Werder, Friederike Sophie Catharina von († 1778) 434
Werder, Wolfgang Friedrich August von 434
Werth, Gottfried Wilhelm 509
Werther, Witwe von 449
Werther, George Ehrenreich von (1742–1816) 416
Werther, George Heinrich von (* 1730) 416
Werther, Hans Heinrich von (1687 – vor 1745) 415 f., 449, 486
Werther, Heinrich August Alexander Wilhelm von (1772–1853) 416
Werther, Philipp August Wilhelm von (1729–1802) 415 f., 449, 468
Werther, Samuel Ehrenreich von (um 1695–1762) 416, 497
Wesenbeck, Erbherr von 417
Wesenbeck, Frau von 451
Wesenbeck, Frl. von 451
Wesenbeck, von (* um 1733) 417
Wesenbeck, von (* um 1747) 417
Wesenbeck, Carl Gottlob von (1747–1795) 417, 531

Wesenbeck, Carl Otto Friedrich Wilhelm von (* 1766) 419
Wesenbeck, Carl Wilhelm von (* 1693) 417, 450, 531
Wesenbeck, Friedrich Wilhelm (d. Ä.) von 416, 450
Wesenbeck, Friedrich Wilhelm von (* 1697) 416 f.
Wesenbeck, Hans Friedrich von 418, 450, 463
Wesenbeck, Hans Victor von 417, 450
Wesenbeck, Henriette Marie von (* 1739) 418
Wesenbeck, Johann Friedrich von (1737 – vor 1769) 273, 418, 450
Wesenbeck, Margarethe Helene von (* 1732) 418
Wesenbeck, Matthäus von (1689 – vor 1767) 417, 450, 526, 531
Wesenbeck, Matthäus von (1750–1828) 361, 417 f.
Wesenbeck, Otto Friedrich von (* 1704) 418, 450, 463
Wesenbeck, Otto Friedrich von (1738–1789) 273, 418 f., 451, 489
Wesenberg, Joachim Caspar 487
Westphal, Witwe Amtsrat 508
Westphal, Jacob Samuel 494
Wetzel, Marie Irene Freiin von 152
Wichert, Friederica Eleonora 118
Wichmannsdorff, August Wilhelm von 331
Wichmannsdorff, Heinrich Wilhelm von (* 1669) 42, 419, 543
Widoffksy, Christian Adolph von (* 1691) 419
Widoffsky, Samuel Stephan von (* 1692) 419
Widoffsky, Thomas von (* 1665) 416, 474, 489
Wied, Henriette Sophie Amalie Gräfin zu (1731–1799) 330
Wiedebach, Carl Wilhelm von (* 1728) 420
Wiedebach, Caspar Heinrich von (* um 1695) 419 f., 530
Wiedebach, Caspar Wilhelm von († vor 1715) 419
Wiedebach, Christiane von 170
Wiedebach, Friedrich Wilhelm von (* 1696) 420
Wiedebach, Heinrich Gustav von (* 1731) 420
Wiedebach, Ludwig Wilhelm von (1730 – um 1786) 420, 530
Wiedebach, Marianne von (1758–1788) 161
Wiedebach, Moritz Wilhelm von (* 1723) 420
Wiedebach, Sophie Christiane Eleonore (Elisabeth) von, geb. von Randow (s. d.)
Wiepach, Johann Friedrich von († 1748) 336
Wiepach, Sophie Henriette von († vor 1787) 336
Wiersbitzky, geb. von 378
Wiersbitzky, George Ludwig von (1717–1778) 420
Wiersbitzky, Gottlob George Ludwig von (1756–1817) 420, 551
Wiersbitzky, Heinrich Leopold von (* 1765) 420
Wiersbitzky, Luise Wilhelmine Sophie von (1754–1843) 175
Wietersheim, Friederike Tugendreich Magdalena von (1748–1827) 34 f.
Wietersheim, Henriette von († um 1771) 34 f.
Wietersheim, Leopold Friedrich von (1701–1761) 34 f., 537
Wilamowski, Josepha Leopoldine Gottliebe Freiin von (1732–1801) 212
Wilcke, Anna Henriette 495
Wilcke, Johann Samuel 495
Wilczeck, Binette von 398
Wilde, Carl Friedrich 464, 508
Wilde, Charlotte Christine, geb. Gentz (s. d.)
Wilde, Ernst Friedrich 481, 508
Willer, Ltnt. von 490
Willmerstorff, Cuno Ludwig von (1720 – vor 1782) 420 f., 499
Willmerstorff, Johann Otto von (* 1717) 420
Willmerstorff, Leopold Heinrich von (1732–1802) 420
Wilster, Herr von 188
Wilster, Johanna von (* um 1740) 188
Winanckow und Werthenstein, geb. von 421
Winanckow und Werthenstein, Adam Christoph von (1733–1809) 421
Winanckow und Werthenstein, Adam Friedrich von (1737 – um 1822) 421
Winanckow und Werthenstein, Carl Gustav von (1729–1790) 421
Winanckow und Werthenstein, Christian Wilhelm von (* 1792) 421
Winanckow und Werthenstein, Franz Otto von (1740 – nach 1801) 421
Winanckow und Werthenstein, Henriette von 421
Winckelmann, Kommerzienrat 272
Winckelmann, Christian Friedrich von (* 1688) 421
Winckelmann, Johanna Maria von 164
Windell, Andreas Heinrich (* 1767) 346
Windell, Carl Philipp Heinrich 473
Windell, Philipp Gabriel 473
Winning, Fam. von 4, 9
Winning, Frau von 425
Winning, Frl. von 186 461
Winning, geb. von 423, 531

Winning, Adam Friedrich Otto von (um 1705–1757) 421
Winning, Adolph von († vor 1713) 430
Winning, Adolph Friedrich von (1719–1757) 422, 426
Winning, Adolph Ludwig von (* 1700) 429 f.
Winning, Anna Maria von 425
Winning, Auguste Sophie Amalie von (1763–1816) 443, 518
Winning, Balzer Ehrentreich von 421, 423, 531
Winning, Bernd Friedrich von (1728–1759) 425 f., 531
Winning, Bernhard Gottfried von (1652–1729) 428, 483
Winning, Bogislav Siegmund von (1747–1800) 422
Winning, Carl Friedrich von (1758–1822) 422, 428
Winning, Carl Friedrich Ferdinand von (1764–1835) 422 f.
Winning, Carl Gustav von (1711/16–1760) 423
Winning, Carl Heinrich von (1733–1802) 429
Winning, Carl Otto Ehrenreich von (1752–1838) 423 f., 427
Winning, Carl Otto Ehrenreich von (1784–1849) 423 f.
Winning, Caspar Friedrich von (1697–1759) 423, 427, 459
Winning, Caspar Friedrich von (* 1709) 422, 424, 428
Winning, Caspar Ludwig von (1707–1741) 424
Winning, Caspar Samuel von (um 1663 – nach 1718) 424, 531
Winning, Caspar Siegmund (d.Ä.) von (* 1688) 428
Winning, Caspar Siegmund von (1690–1742) 424 f.
Winning, Catharina Sophia (d. Ä.) von 423 f.
Winning, Charlotte Luise von (* 1748) 259, 468
Winning, Charlotte Wilhelmine Tugendreich von (1770–1826) 426
Winning, Christian Ludwig von (1736–1822) 429 f.
Winning, Christoph von († vor 1710) 424 f.
Winning, Christoph Friedrich von 424 f., 531
Winning, Claus Caspar von (1665 – nach 1718) 425, 429, 531
Winning, Conrad Christoph von (1690–1765) 425
Winning, Cuno Ehrentreich von (1732–1783) 425 f., 531
Winning, Cuno Friedrich von 531
Winning, Curd Christoph von (1689 – nach 1748) 426
Winning, Curd Ehrentreich von (* 1701) 425, 429
Winning, Daniel von 459
Winning, Desideria von 423
Winning, Erdmann Carl Ernst Sigismund von (1766–1813) 422, 426, 430
Winning, Ernst Friedrich von (1694–1755) 425
Winning, Ernst Gottfried von (1713–1785) 422, 426, 430, 538
Winning, Ernst Ludwig Leopold von 424
Winning, Eva Margaretha von 425
Winning, Eva Margarethe von (1679–1727) 428
Winning, Friederike Gottliebe Ernestine von (* 1764) 426
Winning, Friederike Louise Juliane von 429
Winning, Friedrich von 421, 423
Winning, Friedrich Adolph von 430
Winning, Friedrich Adolph Erdmann von (1748–1829) 145, 361, 423, 427, 526
Winning, Friedrich August Alexander von (* 1777) 426
Winning, Friedrich Ehrenreich von (* 1710) 427, 497
Winning, Friedrich Gottlob Leonhard von (1767–1807) 429
Winning, Friedrich Leopold von (1753–1778) 428
Winning, Friedrich Wilhelm von (1699–1740) 427
Winning, Friedrich Wilhelm von (1787–1814) 424
Winning, George Friedrich von 427, 459
Winning, Gottfried von († 1702) 424
Winning, Gottliebe von, geb. von Wedel (s. d.)
Winning, Gustav Friedrich von (* um 1685) 427 f., 513
Winning, H. F. von 185 f.
Winning, Hans Adolph von (1715–1773) 428
Winning, Hans August von (1795–1842) 424
Winning, Hans Detlof von (1683–1737) 425, 429, 531
Winning, Hans Ehrenreich von (1735–1759) 429
Winning, Hans Friedrich von (1696–1732) 428, 538
Winning, Hans Friedrich von (1708–1784) 423, 427, 443, 518, 539
Winning, Heinrich von († vor 1689) 427
Winning, Heinrich Gottlob von 424
Winning, Heinrich Wilhelm von (1764–1838) 428 f.
Winning, Helena von (* 1727) 405
Winning, Helena Elisabeth von (* 1724) 410, 488
Winning, Höne Friedrich von († 1741) 428, 538

Winning, Joachim Friedrich von (1656–1710) 428, 474
Winning, Joachim Friedrich von (1694 – nach 1741) 428, 538
Winning, Johanne Gottliebe von (* 1757) 423
Winning, Joseph Gottlieb von (1750–1819) 422, 424, 428 f.
Winning, Levin Anton von (* 1703) 428
Winning, Luise von (1701–1774) 375
Winning, Louise Tugendreich von (1704–1792) 71
Winning, Marie Elisabeth von (1717–1776) 245
Winning, Melchior Gottfried (d. Ä.) von 424, 488, 513, 538
Winning, Melchior Gottfried von (* 1707) 428
Winning, Melchior Siegmund von (1727–1791) 429
Winning, Moritz von († 1762) 422, 483
Winning, Nicolaus Caspar von (* 1665) 429
Winning, Otto Friedrich von (1725–1785) 422, 459
Winning, Samuel von 425
Winning, Samuel Adolph von († nach 1739) 430, 488
Winning, Samuel Friedrich von (1698–1751) 425, 429
Winning, Sebastian Richard von (* 1700) 428
Winning, Sebastian Sigismund von (1674–1744) 430, 531
Winning, Sophia von 425, 429
Winning, Wilhelm Ämilius von (1732–1760) 425, 429 f.
Winning, Wilhelm August Ferdinand von (1790–1875) 424
Winning, Wilhelm Erdmann von (* 1772) 430
Winning, Wolf Erasmus von (1681 – um 1740) 430, 538
Winning, Wolf Ernst von (* 1682) 421, 425, 531
Winning, Wolfgang Siegmund von (* 1701) 422, 430
Winterfeld, Gebr. von 447
Winterfeld, Adam Ernst von (1692–1742) 430–433
Winterfeld, Adolph Heinrich von (1689–1740) 430 f.
Winterfeld, Alexander Ludwig von (1691–1727) 431, 433, 519, 522, 536
Winterfeld, Amalie Emerentia Tugendreich von (* 1759) 271
Winterfeld, Andreas Ludwig Adolph Bernhard von (* 1717) 97, 431, 536
Winterfeld, August George Hellmuth von (1744–1800) 432, 525
Winterfeld, Beate Dorothea von (1740–1819) 363, 513
Winterfeld, Carl August Leopold von (1773–1857) 431 f.
Winterfeld, Carl Bernhard von (1718–1791) 431–433
Winterfeld, Carl Friedrich von (1757–1825) 432
Winterfeld, Carl Heinrich Ferdinand von (1779–1857) 432
Winterfeld, Carl Ludwig von (1726–1784) 431
Winterfeld, Charlotte von 370, 472
Winterfeld, Christian George von (1685–1762) 433
Winterfeld, David Heinrich Ferdinand von 473
Winterfeld, Detlof Ludwig Alexander von (1742–1809) 432
Winterfeld, Ernst Friedrich von (1665–1701) 430, 432
Winterfeld, Ernst Joachim Friedrich von (1724–1779) 431
Winterfeld, Euphemia Luise von (* 1709) 363
Winterfeld, Friederike Luise von (1729–1798) 249
Winterfeld, Friedrich Wilhelm von (1722–1787) 433, 551
Winterfeld, George Friedrich von 519, 536
Winterfeld, Hans Albrecht von (1753–1816) 432
Winterfeld, Hans Carl von 433
Winterfeld, Heinrich Bernhard von (1762–1810) 431
Winterfeld, Henriette von 21
Winterfeld, Ilse Lucretia von 294
Winterfeld, Jürgen Dietloff von 433
Winterfeld, Levin Ernst von (1695–1734) 49, 431–433, 471
Winterfeld, Luise Friederike Christiane von (1750–1795) 355
Winterfeld, Samuel Adolph von (1644–1705) 431, 433
Winterfeld, Samuel Adolph von (1695–1746) 431, 433 f., 519, 522, 536
Winterfeld, Ursula Tugendreich von (1640–1705) 294
Winterfeld, Wilhelm George Gustav von (1776–1851) 432
Winterfeld, Wilhelmine Ernestine von 249
Wintzingerode, Marie Eleonore Dorothea von (1732–1780) 322
Witte, Amtmann 467
Witte, Ltnt. 488

Witte, Anna Dorothea Auguste 437
Wittenhorst-Sonsfeld, Albertine Eleonore Freiin von (1693–1721) 214
Wittenhorst-Sonsfeld, Carl Casimir Frhr. von (* 1690) 434, 537
Wittenhorst-Sonsfeld, Friedrich Otto Frhr. von (1678–1755) 81, 434
Wittenhorst-Sonsfeld, Friedrich Wilhelm Frhr. von (1636–1711) 214, 434
Wittenhorst-Sonsfeld, Wilhelmine Charlotte Dorothea Freiin von (1732–1776) 81
Wittich, Gottfried August von (1736–1778) 434
Wittke, Fam. von 9
Wittken, Anna Maria 250
Wittorf, Sybille Sophie von (1711–1752) 85
Witzleben, Cap. von 434
Witzleben, Christiana Elisabeth von 434
Witzleben, Dietrich Eugen Heinrich von (1752–1814) 434
Witzleben, Friedrich August Christian von (* 1748) 434
Witzleben, Friedrich Heinrich August von (1776–1836) 434
Witzleben, Hans Friedrich Wilhelm von (1741–1815) 132, 434 f., 540
Witzleben, Hans Heinrich von (1713–1771) 434
Witzleben, Margarethe Gottliebe von, geb. von Maltitz (s. d.)
Wnuk, Fam. von 9
Wobersnow, Elisabeth von 342, 487
Wobersnow, George August von 543, 551
Wobersnow, Jürgen Heinrich von 543
Wobersnow, Moritz Franz Casimir von 543
Wobeser, Fam. von 435
Wobeser, Frau von 174
Wobeser, Regierungsrat von 364
Wobeser, Witwe von 48, 363 f., 523
Wobeser, Alexander Gustav von (* 1716) 435
Wobeser, Auguste von (1775–1855) 352
Wobeser, Balthasar Ludwig von (1721–1796) 435 f., 551
Wobeser, Carl George Friedrich von (1750–1821) 435 f., 452
Wobeser, Catharina Charlotte von († 1796) 47 f.
Wobeser, Christian Friedrich von (* 1702) 435
Wobeser, Ernestine Leonore von (1722–1795) 32
Wobeser, Ernst Bogislav von († 1748) 435, 452
Wobeser, Ernst Bogislav von (1724–1801) 435 f., 452, 538
Wobeser, George Friedrich von 538
Wobeser, Hans Wotislaus von (1704–1776) 76, 435 f., 463
Wobeser, Leopold von 538
Wobeser, Peter Wilhelm von (1718–1758) 435
Wobeser, Rosine Agnese Charlotte von, geb. von Schmiedeberg (s. d.)
Woedtke, Rittmstr. von 545
Woedtke, Eleonora Constantia von 280, 407, 409, 521, 542
Woisky, Major von 72
Woisky, Carl Wilhelm von (* um 1722) 436, 519
Wolde, Witwe von 544
Wolde, Ilse von 149
Wolde, Juliane Charlotte Friederike von 257
Wolde, Moritz Heinrich von 544, 551
Woldeck, Christiane Friederike Caroline von (1730–1804) 207
Wolfersdorff, Charlotte Helene von 450
Wolfersdorff, Heinrich Casimir von 535
Wolff, Carl August Ferdinand von (1784–1853) 436
Wolff, George Adolph Wilhelm von (* 1755) 436, 448
Wolff, Leopold Wilhelm Heinrich von (1785–1868) 436
Wolff, Philipp Adolph von (1788–1881) 436
Wolffradt, Carl Gustav von (1796–1857) 437
Wolffradt, Caroline Elisabeth von (1776–1850) 50
Wolffradt, Ernst Hermann von (1710–1828) 436 f., 551
Wolffradt, Magnus Hermann von (1757–1828) 436 f., 544
Wolky, Carl Christian Ewald von 385, 508, 551
Wreech, Erben von 496
Wreech, Adam Friedrich von (1689–1746) 90, 325, 437 f., 460, 474, 477, 493, 496, 533, 545
Wreech, Bernhard Jacob von (1735–1759) 438
Wreech, Carl Adam Albrecht von (1728 – nach 1784) 437 f., 460, 528
Wreech, Eleonore Charlotte Amalie von (* 1724) 343
Wreech, Eleonore Louise von, geb. von Schöning (s. d.)
Wreech, Friedrich Wilhelm Theodor von (1733–1785) 438, 460, 477, 514, 528, 534, 545
Wreech, Joachim Friedrich von (1650–1724) 291, 343, 437, 460, 474, 493, 496, 514, 545
Wreech, Joachim Heinrich von 458

Wreech, Johann Otto Ferdinand von (1745–1766) 438
Wreech, Ludwig Alexander von (1736–1795) 438, 460, 477, 514, 528, 534, 545
Wreech, Sophie Friederike von (1732–1784) 90 f.
Württemberg, Herzogin von 19
Wüsthoff, Johann Friedrich 304, 319, 463
Wulffen, Witwe von 460, 468
Wulffen, Adolph Friedrich von (1707–1753) 438, 475
Wulffen, Adolph Philipp von 13
Wulffen, Auguste Johanna Antonie von (1751–1826) 308
Wulffen, Balthasar Friedrich Rudolph von (1749–1815) 438, 503
Wulffen, Carl Adolph von (1744–1778) 438
Wulffen, Curt Ludolph von (1681–1726) 439, 533
Wulffen, George Friedrich Ludolph Ferdinand von (1775–1827) 438 f.
Wulffen, George Ludolph von (1719–1792) 216, 384, 438 f., 460, 468
Wulffen, Hedwig Sophie von (1624–1707) 251
Wulffen, Henriette Ernestine von (* 1764) 207
Wulffen, Isolde Barbara Johanne von 259
Wulffen, Johann Rudolph von (1750–1774) 438
Wulffen, Philipp Wilhelm Heinrich von (1745–1781) 438
Wulffen, Wilhelm August von (1782–1841) 439
Wurm, D. 279, 524
Wurmb, Friedrich Wilhelm von (1744–1827) 314, 439, 513
Wurmb, George Wilhelm von (1716–1791) 439
Wurmb, Ludwig George Wilhelm von (1788–1855) 439
Wuthenow, Adam Friedrich von 440
Wuthenow, Humbert von 440, 529
Wuthenow, Hunert von (* 1696) 440

York (Gorck), geb. von 398

Zabeltitz, geb. von 480
Zabeltitz, Alexander Leopold von (* 1723) 440
Zabeltitz, Anne Sophie von 200
Zabeltitz, Carl Friedrich von (1754–1819) 440
Zabeltitz, Carl Friedrich Leopold von (1783–1867) 441
Zabeltitz, Carl Leopold von (1778–1858) 440, 535
Zabeltitz, Carl Sigismund von († 1739) 441
Zabeltitz, Carl Wilhelm von (* 1735) 440, 525, 529
Zabeltitz, Caspar Sigismund von 480
Zabeltitz, Christian Erdmann von (* 1730 – vor 1786) 441
Zabeltitz, Christiane Luise von (1731–1807) 338
Zabeltitz, David Friedrich von (* 1716) 441
Zabeltitz, Dorothea Elisabeth von (* 1709) 441 f.
Zabeltitz, Egidius Leonhard von (1686–1776) 441, 466
Zabeltitz, Friedrich von 466
Zabeltitz, Friedrich Egidius Leopold von (1762–1841) 441, 466
Zabeltitz, Hans von (1680–1760) 440, 527, 529, 534
Zabeltitz, Hans Carl von (* 1731) 440, 535
Zabeltitz, Hans Ehrentreich von (* 1733) 440, 527
Zabeltitz, Hans Ernst von 494
Zabeltitz, Hans Friedrich von († 1739) 441
Zabeltitz, Hans Wilhelm Leopold von (1755–1835) 441
Zabeltitz, Johann von (1680–1760) 441 f.
Zabeltitz, Johann Ernst von (1714–1782) 441, 466
Zabeltitz, Johann Wilhelm von (* 1781) 440, 535
Zabeltitz, Maria Sophia von 80
Zabeltitz, Moritz Ernst von 523
Zabeltitz, Ursula Beata von 430
Zabeltitz, Wolf Ernst von 492
Zadow, geb. von 279, 442
Zadow, Witwe von 529
Zadow, Anna Elisabeth von 442
Zadow, August Friedrich Reimar von (1773–1808) 442, 449, 551
Zadow, Eleonore Charlotte Dorothea (* 1749) 279, 524
Zadow, Ernst Friedrich von (1690–1754) 442, 529
Zadow, Friedrich Wilhelm von (1727–1794) 279, 524
Zadow, George Friedrich von (1734–1768) 442
Zadow, Joachim Christian von (1710–1786/94) 442
Zadow, Joachim Lebrecht von (1768–1849) 442 f., 529
Zadow, Matthias Philipp von 544
Zadow, Moritz Philipp von (1683–1754) 442
Zadow, Reimar Bernd von (* 1713) 442, 529
Zadow, Reimar Wedigo von († 1716) 442, 529, 544
Zanthier, Witwe von 543
Zanthier, Casimir Christian von (um 1700–1745) 443
Zanthier, Friedrich George von (1700–1769) 443, 521 f.
Zanthier, Jobst Heinrich von († vor 1728) 443, 543, 551
Zanthier, Jobst Heinrich von (* 1703) 443

Zanthier, Ludolph Ernst von (* 1702) 443
Zanthier, Philippine Dorothea von, geb. von Burgsdorff (s. d.)
Zarth, Ltnt. von 403
Zarth, Clara Henriette Sophie von (†1761) 41
Zarth, Thomas Wedig von († 1724) 412
Zastrow, Fam. von 18, 475
Zastrow, Auguste Sophie Amalie von 518
Zastrow, Carl Christian von (1743–1810) 443
Zastrow, Erdmann Friedrich von (1747–1821) 443, 551
Zastrow, Jacob 468
Zastrow, Peter Lorenz von (* 1754) 443
Zastrow, Rüdiger Anshelm von (1707–1757) 443, 551
Zawadsky, Witwe von 503
Zawadsky, Carl Heinrich Joseph von (1758–1820) 444
Zawadsky, Carl Joseph von (1727–1774) 444, 503
Zawadsky, Ferdinand Jacob von (* 1752) 444
Zawadsky, Johann Rudolph Ferdinand von (1771–1834) 444, 470
Zawadsky, Rudolph Erdmann von (um 1732–1773) 444
Zedlitz, Johanna Eleonore Gräfin von (1750–1785) 268
Zedmar, Sophie Eleonore von († 1795) 195 f.
Zegelin, Charlotte Caroline Sophie von (1765–1837) 243
Zieche, George 539
Ziegel, Charlotte Sophie (* 1752) 312
Ziegel, Dorothea Sophia 384
Ziegler, Charlotte Elisabeth von († nach 1784) 321
Zieten, General von 310
Zieten, Caspar Siegmund von († 1718) 444
Zieten, Catharina Maria von 444
Zieten, Hans Siegmund von (1704–1758) 444
Zieten, Hermine Dorothea von 368, 520
Zieten, Johann Christian Wilhelm von (1706–1778) 444 f., 499
Zillmer, Ida Maria 453
Zimmermann, Carl Wilhelm 299, 455, 513, 532
Zimmermann, Ernst Sigismund von (1744–1814) 445, 499
Zimmermann, George Rudolph von (1710–1777) 445
Zimmermann, Johann Ernst Wilhelm von (1792–1867) 445
Zimmermann, Johann George 478
Zimmermann, Johanna Louise Friederike (* 1757) 299
Zinnow, Friederike Ulricke Charlotte 481
Zinnow, Geh. Finanzrat 80
Zinnow, Landrat von 56
Zinnow, August Wilhelm Heinrich von 445
Zinnow, Carl August (1734–1775) 445
Zinnow, Carl August Ludwig Alexander von (* 1770) 445, 467, 502
Zinnow, Friederike Ulrike Charlotte (1753–1820) 80 f.
Zitzewitz, Auguste Friederike von (* 1735) 150
Zitzewitz, Charlotte Luise Henriette von (* 1784) 72
Zitzewitz, Christine Friederike von (1746–1831) 379
Zitzke, Johann Friedrich 458
Zlotnicka, Caroline Friederique Auguste von (* 1753) 81, 456
Zobeltitz, Luise Juliane von 382
Zoeger, Johanna Charlotte (1736–1795) 128
Zschertwitz, Benigna Tugendreich von († 1795) 441
Zülich, geb. von 169
Zülow, Herr von 478, 494, 501, 530
Zülow, Carl Leopold von (* 1722) 445
Zülow, Elisabeth Marie Oelgaard von (1727–1774) 445
Zülow, Magnus Carl Johann von (* 1768) 446, 491
Zychlinsky, Herr von 213
Zychlinska, Anna Bogumilla von 446
Zychlinsky, Alexander Bogislav von (* 1711) 445
Zychlinsky, Andreas von († 1736) 433, 446 f., 494, 543
Zychlinsky, Andreas Bernhard von (1711–1759) 446, 494
Zychlinsky, Carl Andreas von (* 1741/45) 447
Zychlinsky, Carl Bogislav von (1744–1800) 174, 446, 483
Zychlinsky, Dorothea Elisabeth Henriette von, geb. von der Marwitz (s. d.)
Zychlinsky, Friedrich Otto von (* 1749) 447
Zychlinsky, Gustav Bernhard Sigismund von (1743–1809) 446 f., 494, 537
Zychlinsky, Gustav Gottlob Bogislav von (* 1782) 447
Zychlinsky, Marianne Justine von (* um 1752) 446
Zychlinsky, Peter Ernst von (1706–1787) 447
Zychlinsky, Samuel von (1743–1827) 446
Zychlinsky, Wilhelmine Florentine von (* um 1753) 446

3.6 Ortsregister

Bearbeitet von Albrecht Hoppe.

Das Register verzeichnet auch die im Text abgekürzten Regionen Altmark (AM), Neumark (NM), Uckermark (UM), Pommern (Pommern), etc. Bei den neumärkischen Gütern wurde jeweils der Kreis angegeben, bei den übrigen Orten nur bei gleichlautenden Namen, um Verwechslungen auszuschließen. Die Schreibweise der Ortsnamen folgt der zu Beginn des 20. Jahrhunderts üblichen, allerdings ließen sich nicht alle Orte genau verifizieren. Seitenzahlen für die neumärkischen Kreise wurden nur dann separat ausgeworfen, wenn sie nicht direkt im Zusammenhang mit einem Gut genannt werden.

Aachen, Reg.bezirk 8
Adamsdorf, Krs. Soldin 94, 122, 280, 348, 356, 366, 392–394, 396 f., 448
Aken an der Elbe 179, 291
Alexandersdorf, Krs. Landsberg 327, 448, 506
Allmosen, Krs. Cottbus 168, 233 f., 448
Alsleben an der Saale 45
Altbeutnitz, Krs. Crossen 453
Alt Damerow, Krs. Saatzig 37
Altdamm, Pommern 257
Altena 197
Alt-Heyden, Krs. Sternberg 196
Alt Klücken, Krs. Arnswalde 27, 29, 58, 110, 154, 436, 448
Alt Körtnitz, Krs. Dramburg 121, 448
Alt Kranz 288
Alt Landsberg, Amt 417
Alt Lobitz, Krs. Dramburg 121, 448
Altmark 3, 139, 229, 299, 415
Alt Schlage, Pommern 353
Alt Storkow, Krs. Dramburg 15
Alt Stüdnitz, Krs. Dramburg 102, 416, 449
Altena 297
Alt Wriezen, Krs. Oberbarnim 18
Alt Wuhrow, Krs. Dramburg 151, 442, 449
Alt Zamzow (Ruhleben) 545
Amsterdam 158
Amtitz, Niederlausitz 317
Angermünde 344
Anhalt, Hgtm. 1
Anhalt-Dessau 343
Anhalt-Köthen 122, 409
Anklam 271
Ankrow, Krs. Dramburg 451
Ansbach 352
Antwerpen 433
Arensdorf, Krs. Sternberg 119, 144, 220, 391 f., 400, 449
Arneburg, Altmark 306
Arnswalde, Krs. 2, 75, 89, 107, 110–112, 226, 236, 240, 257, 259, 282, 316, 364, 390, 405, 407, 413, 446
Arnswalde, Stadt 69, 364, 475
Auerstedt 10, 82, 99
Auligk, Sachsen 107
Auras, Krs. Cottbus 184, 449

Babin, Krs. Königsberg 217 f., 450
Babow, Krs. Cottbus 251, 253–255, 350, 449 f., 507
Bärfelde 89
Bärfelde, Krs. Arnswalde 387, 398, 450
Bärfelde, Krs. Königsberg 80, 210, 213, 217 f., 450
Bärwalde, Krs. Königsberg 125 f., 450
Bahn, Pommern 65
Bahnsdorf, Krs. Cottbus 328, 367, 450
Bahrensdorf, Mittelmark 338 f.
Balkow, Krs. Sternberg 251, 273, 344, 367, 416–418, 450 f.
Balster, Amt, Krs. Dramburg 238, 448, 451, 480
Balster, Krs. Dramburg 121
Barnimskunow, Pommern 39
Barnow, Pommern 104 f.
Batow, Krs. Soldin 92, 451, 478
Batzlow, Krs. Oberbarnim 19
Bauchwitz, Krs. Meseritz 304
Baudach, Krs. Crossen 20, 61, 167, 200, 251, 344 f., 451, 529
Baumgarten, Krs. Dramburg 389, 451
Bautzen 82
Bechlin, Krs. Ruppin 108
Beelitz, Krs. Sternberg 172, 229, 333 f., 451 f., 454
Beeskow, Herrschaft 78
Beeskow, Polen 112
Beeskow, Stadt 85, 360
Beeskow-Storkow, Krs. 4
Beisleiden, Pr. 119

Belgard, Krs. 241, 433
Belgard, Stadt 72
Belgen, Krs. Königsberg 177 f., 355, 357, 360, 363, 435 f., 452
Belgrad 191
Bellin, Krs. Königsberg 206, 214, 415, 435 f., 452
Bellinchen, Krs. Königsberg 174, 211 f., 446, 452, 483
Benten, Mecklenburg 414
Bentschen, Polen 292, 383
Bergen, Krs. Sternberg 261, 431, 433, 452
Berkenbrügge, Krs. Arnswalde 41, 57, 282, 412, 452, 519
Berkenow, Krs. Schivelbein 175, 221 f., 314 f., 452 f.
Berlin 16, 18 f., 24, 31–33, 36, 38, 41 f., 45, 48 f., 70, 75 f., 80, 85, 91 f., 96, 98, 104, 108 f., 116, 119, 128, 135, 140, 142, 144 f., 158, 163 f., 167, 172, 180, 182, 184, 188, 193 f., 197, 205–207, 220, 222 f., 244, 257, 259–262, 272–275, 278 f., 286, 289, 292 f., 296, 299 f., 308 f., 311, 313, 317, 320 f., 326–329, 335, 338–340, 345, 358, 363 f., 367, 370 f., 373, 375 f., 382, 384 f., 391, 401 f., 415, 425, 437, 441, 443–445, 476, 489, 508, 511
Berlinchen, Krs. Soldin 19, 295, 370
Bernau 264
Berneuchen, Krs. Landsberg 45, 47 f., 174, 453
Bernstein, Amt, Krs. Arnswalde 398, 450
Bernstein, Schloßgut, Krs. Arnswalde 262
Bettlern, Schlesien 310
Beustrin, Krs. Schivelbein 57 f., 453
Beuthen, Standesherrschaft 317, 361
Beutnitz, Krs. Crossen 268, 285, 453, 500, 532
Biberteich, Krs. Sternberg 297, 333 f., 453 f.
Biegnitz, Ftm. Glogau 288
Bielefeld 36, 359
Bierfäßche, Krs. Sternberg 531
Biesdorf, Krs. Oberbarnim 335
Bietikow, Uckermark 15
Billerbeck, Pommern 141
Birkendorf, Krs. Crossen 454, 497
Birkholz, Krs. Dramburg 44, 115, 454, 531
Birkholz, Krs. Friedeberg 323, 325, 338 f., 454
Bischdorf, Krs. Cottbus 60, 203, 251, 454
Bischofssee, Amt, Krs. Sternberg 454
Bischofssee, Krs. Sternberg 60 f., 500
Blankenburg, Vorwerk, Krs. Sternberg 454, 531
Blankenfelde, Krs. Königsberg 117, 372, 429, 454 f., 492
Blankenfelde, Mittelmark 94, 294
Blankenhagen, Krs. Dramburg 146, 299, 455, 513, 532
Blankensee, Pommern 214, 406
Blas(en)dorf 168
Blessin (Alt), Krs. Königsberg 117, 292–294, 372, 455, 537
Bliesdorf (Alt- u. Neu-), Krs. Oberbarnim 17–19, 241
Blockhaus, Krs. Arnswalde 237
Blumberg, Krs. Crossen 77, 354, 367, 455
Blumberg, Krs. Pyritz 258, 319, 358, 363
Blumberg, Krs. Randow 249
Blumenfelde, Krs. Friedeberg 24 f., 455
Blumenwerder, Polen 114
Bobersberg, Krs. Crossen 69, 156, 197, 330, 412 f., 427, 497
Böhmen 295, 328
Böhmisch-Leipa 37
Böhmwitz, Krs. Namslau 424
Boltenhagen, Krs. Schivelbein 81, 119, 267, 335, 455 f., 518, 521
Bomsdorf, Sachsen 20
Bomst, Krs. 382
Bonin, Pommern 41
Bonn 23
Born, Krs. Dramburg 46 f., 151 f., 456
Bottschow, Krs. Sternberg 116, 137, 456
Brabant 278
Bräsinchen, Krs. Cottbus 168, 456, 508
Brahmow, Krs. Cottbus 155, 239, 384, 456 f.
Bramstädt, Krs. Belgard 269
Brandenburg, Mark 7, 41
Brandenburg an der Havel 30, 78, 100, 109–112, 141, 148, 167 f., 177 f., 193, 201, 228 f., 234, 241 f., 247, 253, 257, 283, 311, 322 f., 344, 352, 361, 368, 390–392, 420, 434
Branderode, Gfsch. Hohenstein 334
Branitz, Krs. Cottbus 219, 269, 457, 470
Braunschweig, Hgtm. 1
Braunschweig, Stadt 329, 368
Braunsfelde, Krs. Friedeberg 256, 295 f., 361, 457
Braunsforth, Krs. Saatzig 268, 411
Bredenfeld, Mecklenburg 142
Bredienen, Ostpr. 387
Breitenfelde, Pommern 69, 290
Breitenstein, Krs. Friedeberg 249, 262 f., 298, 457
Breitenwerder, Krs. Friedeberg 380, 457
Breslau 13, 17, 22, 24 f., 44, 69, 153, 158, 204, 213–215, 232, 248, 301, 310, 317, 330, 362, 429
Brieg 158, 270, 275, 429

Briesen, Krs. Cottbus 21, 141, 155, 280 f., 384, 389, 458, 480
Briesen, Krs. Schivelbein 64 f., 110, 127, 150, 153 f., 457 f.
Briesenhorst, Krs. Landsberg 282, 458
Briesnigk, Krs. Sorau 123, 170
Briesnitz, Krs. Crossen 179, 244, 259, 270 f., 331, 458
Britz, Mittelmark 94
Brodkowitz, Sachsen 185
Bromberg 102, 249, 407, 449
Brotnot, Krs.Sternberg 531
Brotzen, Krs. Deutsch Krone 401
Brunschwig, Krs. Crossen 276, 458, 519
Buchelsdorf, Schlesien 157
Buchholz, Krs. Cottbus 27 f., 275, 459, 500, 503
Buchholz, Krs. Saatzig 131, 151
Buchholz, Krs. Sternberg 280, 319, 422 f., 427, 459
Buchwald bei Sagan 309
Buckow, Krs. Lebus 192
Buckow, Krs. Züllichau 87, 142 f., 145, 196, 292, 300, 328, 428, 459 f., 482
Buddow, Krs. Dramburg 44
Büssow, Krs. Friedeberg 437–439, 460, 514
Bütow, Krs. 4, 8
Bütow, Stadt 372
Bulgrin, Krs. Dramburg 85, 460
Burg, Krs. Cottbus 188, 434
Burschen, Krs. Sternberg 232
Buschberg, Krs. Arnswalde
Buschow, Mittelmark 420
Buslar, Krs. Pyritz 443
Butterfelde, Amt, Krs. Königsberg 460
Butterfelde, Krs. Königsberg 294
Butow, Krs. Dramburg 85, 197, 281, 460

Calau 186, 194, 541
Cammin, Ftm. 41, 385
Cammin, Krs. 124
Cammin, Stadt 33, 292, 389
Cantreck, Pommern 267
Caputh, Mittelmark 370
Carolath, Schlesien 317
Carwesee, Mittelmark 271
Carzig, Krs. Lebus 76 f.
Celle 39
Ceylon 49
Charlottenburg 255
Charlottenfelde, Mittelmark 220
Charlottenhof, Krs. Oberbarnim 18
Chemnitz 302
Chotusitz 277, 381, 396, 415
Chursdorf, Krs. Soldin 460
Clausburg 314
Clausdorf, Krs. Deutsch Krone 112, 382
Clessin, Krs. Lebus 213, 216
Coburg 195
Cöthen, Krs. Oberbarnim 140 f.
Collatz, Krs. Neustettin 336
Cosel, Schlesien 21, 286, 386
Cossin, Krs. Pyritz 326, 460 f.
Cossin, Krs. Soldin 403
Cottbus, Amt 154
Cottbus, Krs. 2, 5, 7 f., 73, 80, 83, 124, 126, 131, 141, 155, 170, 181, 184, 186, 191 f., 194, 203, 234, 239, 251 f., 280 f., 328, 368, 398, 415, 470
Cottbus, Stadt 4, 21, 40, 141, 155, 176 f., 188, 254, 281
Craazen, Krs. Soldin 82, 179, 358 f., 363, 461, 490
Cratznick, Krs. Arnswalde 89, 111, 117, 231, 461, 493
Crossen, Amt 515, 527
Crossen, Hgtm. 211
Crossen, Krs. 2, 7, 56, 69 f., 87, 95, 98, 100, 103, 105, 125 f., 143, 163, 178 f., 183, 190 f., 193, 199 f., 238, 244 f., 259, 261 f., 270, 273, 285, 304, 306, 317, 329, 331 f., 336, 342 f., 366, 376 f., 381, 384, 421, 427, 429, 431, 433, 440
Crossen, Stadt 82, 100, 103, 166, 179, 245, 298, 319, 337, 344, 369, 371, 442
Culm 194
Cunsow, Pommern 219
Cunzendorf bei Sprottau 87
Cussenow, Krs. Schivelbein 24, 172, 270, 290 f., 372, 461, 499, 537
Czaslau 278

Dahlem, Mittelmark 420
Dahlow, Krs. Dramburg 43, 90, 461, 468
Dallentin, Pommern 154
Dallgow, Mittelmark 430
Dallmin, Prignitz 430–432
Damerow, Pommern 209
Dannenberg, Krs. Oberbarnim 140 f.
Dannenwalde, Mecklenburg 389 f.
Danzig 436
Dargen, Pommern 41
Daube, Krs. Crossen 369, 376, 461 f.
Deetz, Krs. Soldin 51, 53, 122, 339–341, 347, 462
Demmin 236

Dennewitz 354
Denzig, Krs. Arnswalde 238, 400, 402, 404, 410, 462
Denzig, Krs. Dramburg 26, 107, 165, 221, 238 f., 404, 462
Denzin, Pommern 206
Dergenthin, Prignitz 399
Dermietzel, Krs. Königsberg 119, 220
Derzow, Krs. Soldin 76 f., 462, 544
Dessau 62, 94, 125
Detershagen 51
Deutsch Fuhlbeck, Krs. Dramburg 462 f.
Deutsch Krone, Krs. 32
Deutsch Nettkow, Krs. Crossen 285, 453, 463
Deutsch Sagar, Krs. Crossen 40, 69, 158, 162, 245 f., 259, 319, 418, 463, 468
Dewitz, Krs. 24
Dicking, Krs. Friedeberg 131, 268, 542
Dieckow, Krs. Soldin 123–125, 307, 393, 398, 463
Diedersdorf, Krs. Landsberg 4, 76 f., 217, 219, 436, 463
Diedersdorf, Krs. Lebus 4, 78, 258
Diedersdorf, Mittelmark 4, 218
Dietersdorf, Krs. Dramburg 4, 24, 44, 47, 88, 153, 463, 466
Dierdorf 330
Dirschau 40
Dobberphul, Krs. Königsberg 356, 365 f., 463 f.
Dobbertin, Mecklenburg 414
Dobersaul, Krs. Crossen 285, 453, 464
Dobrick, Sachsen 104
Dobrischau, Schlesien 400
Döbbernitz, Krs. Sternberg 140 f., 464
Döbbrick, Krs. Cottbus 464, 491
Dölitz, Krs. Arnswalde 450
Döllensradung 369
Dölzig, Krs. Königsberg 62, 208, 230, 372, 464, 480
Dönhoffstädt, Ostpr. 90
Döringau, Schlesien 259
Dolgen, Krs. Dramburg 45–48, 88, 153, 456, 464
Dolgen, Krs. Friedeberg 50, 54, 229, 292 f., 464
Dolgenow, Krs. Schivelbein 58, 221, 267, 279, 405, 410 f., 464 f.
Dommelkeim im Samland 81, 86
Domsdorf, Krs. Cottbus 234, 465, 515
Drachhausen, Krs. Cottbus 170
Draghausen, Krs. Dramburg 113, 115, 465, 478
Draheim 22, 133, 235
Dramburg, Klostergut 465
Dramburg, Krs. 2, 4, 30, 41, 43, 73, 85, 111, 129, 284, 313, 350, 416, 436 f.
Dramburg, Stadt 256, 350
Drehnow, Krs. Crossen 84, 96 f., 178, 225, 465, 481
Dresden 43, 101, 183, 185, 188, 192, 201, 368
Drewitz, Krs. Crossen 285, 453, 465
Drieschnitz, Krs. Cottbus 123 f., 170, 180, 465 f.
Driesen, Burglehn, Krs. Friedeberg 250, 466
Driesen, Stadt 40, 113, 123, 207, 210, 218, 288, 352, 475
Droseheydau, Ftm. Glogau 121
Drossen, Krs. Sternberg 79, 132, 143, 195, 232, 351, 395, 415
Dubberow, Pommern 42
Dubrow, Krs. Crossen 20, 167, 466, 529
Dürrenfelde, Krs. Friedeberg 437, 460

Eckartswalde, Krs. Sorau 244
Ehrenberg, Pommern 51, 53, 55
Ehrenbreitstein 274
Eichberg, Krs. Züllichau 88, 188
Eichort, Krs. Arnswalde 90, 206, 404, 517
Eichow, Krs. Cottbus 135, 308 f., 311, 440 f., 466
Eisfeld, Hessen 336
Elbing 82
Elbinger Territorium 116, 172
Emden 143, 146
England 172
Erfurt 203, 367, 383
Erlangen 177
Ernstwalde, Ostpr. 246
Eulenburg, Pommern 364

Fahlenwerder, Krs. Soldin 395, 405
Falkenberg, Krs. Schivelbein 24, 290, 466
Falkenberg, Mark 60, 140 f., 193
Falkenberg, Pommern 119
Falkenberg, Sachsen 420
Falkenburg, Schloß, Krs. Dramburg 43 f., 88, 193, 273, 466 f.
Falkenburg, Stadt, Krs. Dramburg
Falkenstein, Krs. Friedeberg 159, 161, 215, 249, 294 f., 320, 327, 457, 467
Falkenwalde, Krs. Königsberg 355, 357, 363, 445, 467
Falkenwalde, Krs. Saatzig 406
Fehrbellin 229
Fichtwerder, Krs. Landsberg 369
Fiddichow, Pommern 65

Filehne, Westpr. 33, 543
Flackensee, Krs. Arnswalde 39, 232, 258, 467
Flandern 204, 356
Fleuri 391
Franken 59, 93
Frankfurt am Main 442
Frankfurt an der Oder 20, 44, 70, 74–76, 79, 84, 97, 102, 105 f., 112, 123, 137, 139, 143, 155 f., 178, 181, 188, 198, 200, 206, 212, 220, 223 f., 231–233, 246, 258, 285, 287–290, 325, 339, 341, 347 f., 386, 392, 414, 447
Frankreich 1
Frauendorf, Krs. Cottbus 252, 467
Frauendorf, Amt, Krs. Sternberg 467
Frauendorf, Krs. Sternberg 149, 201, 467
Fraustadt, Polen 158, 387, 446
Fredersdorf, Mittelmark 108
Freienwalde, Pommern 419
Freienwalde, Krs. Oberbarnim 320, 357
Freyenstein, Prignitz 432
Freystadt, Krs. 93
Friedeberg, Klostergut 468
Friedeberg, Krs. 2, 50, 54, 58, 81, 108, 205, 215, 219, 259, 262, 316, 361 f., 365, 436
Friedeberg, Stadt 294
Friedersdorf, Sachsen 438
Friedland, Westpr. 32, 383
Friedrichsburg, Ostpr. 23
Friedrichsdorf (Friedrichshof), Krs. Dramburg 44, 90, 256, 416, 461, 468
Friedrichsfelde, Krs. Dramburg 311 f., 468, 546
Fritschendorf, Krs. Crossen 40, 244–246, 259, 462, 468
Fürstenau, Krs. Arnswalde 131, 240 f., 390, 406 f., 409, 468, 505
Fürstenfelde, Krs. Königsberg 17, 63 f., 359, 383, 439, 468 f.
Fürstensee 280
Fürstensee, Krs. Arnswalde 403, 405 f., 469
Fürstensee, Krs. Königsberg 63
Fürstenwalde 261
Fuhlbeck 32
Fulda 109

Gabbert, Krs. Arnswalde 116, 400, 469
Gablenz, Krs. Crossen 20, 61, 167, 469, 529
Gablenz, Krs. Cottbus 254, 469
Gablenz, Sachsen 354
Gaditz bei Wittenberg 434
Gadow, Westpr. 32
Gahlen, Krs. Cottbus 235, 469 f.
Gahry, Krs. Cottbus 170 f., 444, 470
Gallgarben, Ostpr. 235
Gallinchen, Krs. Cottbus 219, 269, 338, 457, 470
Gantikow, Prignitz 265
Ganzkow, Mecklenburg 17
Gardawitz, Krs. Pleß 444
Gardelegen 188
Garlin, Prignitz 263
Gassendorf, Schlesien 306
Garzau, Mittelmark 192
Gehauenstein, Krs. Sternberg 268
Geiglitz, Pommern 335
Geilenfelde, Krs. Friedeberg 258, 318–320, 470
Geischen, Schlesien 88
Geisendorf, Krs. Cottbus 234, 367, 434, 470, 473, 497, 515
Geldern 123, 437
Gennin, Krs. Landsberg 209, 470
Genthin 265
Gerbin, Krs. Schlawe 235
Gerdauen, Krs. 379
Germersdorf, Krs. Cottbus 82 f., 220, 470 f.
Germerslage, Altmark 128
Gersdorf, Krs. Dramburg 43 f., 466, 471, 546
Gersdorf, Krs. Crossen 270, 317, 471
Gersdorf, Mittelmark 282
Gerzlow, Krs. Pyritz 405
Gienow, Krs. Dramburg 45 f., 49, 120, 129, 433
Giesen, Westpr. 112–115
Giesenbrügge, Krs. Soldin 276, 471
Gladisgorpe, Schlesien 104
Glambeck, Krs. Arnswalde 17, 118, 403, 405, 471
Glambeck, Uckermark 70
Glasow, Krs. Soldin 133 f., 266, 296, 357, 472
Glasow, Mittelmark 94
Glatz 86, 109, 158, 221, 426
Gleißen, Krs. Sternberg 210, 212, 217, 268, 378, 391, 472
Glembach, Krs. Crossen 285, 453, 472
Glien-Löwenberg, Krs. 118
Glötzin, Pommern 267
Glogau, Krs. 178, 344
Glogau, Ftm. 288
Glogau, Stadt 143, 178, 191, 219, 243, 256, 330, 446
Glogsen, Krs. Züllichau 103, 142, 188, 370, 472
Gloshagen, Krs. Dramburg 472, 530
Göhle, Krs. Schivelbein 42 f., 542

Göhren, Krs. Crossen 38, 101, 125, 472 f.
Görbitsch, Krs. Sternberg 237, 332–335, 473
Görigk, Krs. Cottbus 234, 473, 497
Göritz, Sachsen 164
Görlsdorf, Amt, Krs. Königsberg 356
Görlsdorf, Krs. Königsberg 358, 362, 366, 473
Görlsdorf, Krs. Lebus 78, 141
Görsdorf, Mittelmark 339
Gollnow, Pommern 433
Golz, Krs. Dramburg 29, 41, 45, 48 f., 72, 86, 129, 266, 403, 473, 485
Golzen, Krs. Züllichau 306, 346, 473
Gosda, Krs. Cottbus 19 f., 470, 474, 492
Gossow, Krs. Königsberg 177 f., 355, 357, 360, 363, 435 f., 452, 474
Gottersdorf, Schlesien 277
Grabkow, Krs. Crossen 20, 61, 167, 474, 529
Grabow, Krs. Sternberg 13, 72, 82, 95 f., 127, 161, 381 f., 419, 428, 474
Gräbendorf, Sachsen 154
Gräden, Krs. Sternberg 74, 130, 148 f., 415, 474
Gräfendorf, Krs. Königsberg 357, 445, 474
Gralow, Krs. Landsberg 55–57, 209, 211, 276, 291, 324–327, 437, 445, 474 f., 502, 514, 545
Granow, Krs. Arnswalde 18 f., 59, 475
Grapow, Krs. Friedeberg 131, 207, 214, 268, 346, 475
Grassee, Krs. Dramburg 45, 268, 411, 475, 545
Graudenz 99, 155
Greifenberg, Krs. 177, 217
Greifenberg, Stadt 289
Grentzin, Pommern 14
Griesel, Krs. Crossen 230, 259, 300, 302, 306, 438, 475
Grimnitz, Krs. Sternberg 273, 344, 418, 450
Grochow bei Schermeisel 331
Grössin, Krs. Schivelbein 345, 476
Grötsch, Krs. Cottbus 251, 254, 469, 476
Groß Beuthen, Mittelmark 107
Groß Breesen, Krs. Cottbus 128, 476
Groß Brütz, Mecklenburg 263
Groß Cammin, Krs. Landsberg 91, 318, 325, 437 f., 477
Groß Dobritsch, Sachsen 104
Groß Döbbern, Krs. Cottbus 269, 457, 476
Groß Gaglow, Krs. Cottbus 107, 219, 255, 476
Groß Gandern, Krs. Sternberg 196 f., 246, 332 f., 413, 433, 476 f., 500 f.
Groß Glienicke, Krs. Havelland 430
Groß Görschen 98, 476
Groß Grünow, Krs. Dramburg 466, 477
Groß Jägersdorf, Ostpr. 112, 271, 421
Groß Justin, Pommern 68
Großkalzig, Krs. Züllichau 486
Groß Kirschbaum, Krs. Sternberg 332, 379, 381 f., 477
Groß Latzkow, Pommern 267, 296, 403, 437
Groß Lessen, Schlesien 16
Groß Lieskow, Krs. Cottbus 251
Groß Lübbenau, Krs. Cottbus 203, 251, 454, 477
Groß Möllen, Krs. Pyritz/Soldin 84, 477
Groß Oßnig, Krs. Cottbus 169, 186, 191, 252, 467, 477
Groß Schönberg, Krs. Dramburg 135, 478
Groß Schweinern, Ftm. Oels 166
Groß Silber, Krs. Arnswalde 48, 112, 232, 261, 271, 400, 402 f., 407 f., 478
Groß Spiegel, Krs. Dramburg 113–115, 121, 478, 548
Groß Wilkawe, Schlesien 88
Groß Zerlang bei Rheinsberg 85
Groß Ziethen, Mittelmark 201 f., 535
Grottkau 236, 330
Grünberg, Krs. 16, 225, 342
Grünberg, Stadt 342
Gründel (Grünthal), Krs. Oberbarnim 353
Grüneberg, Krs. Arnswalde 225–227, 237, 385, 478
Grüneberg, Krs.Soldin 92, 121 f., 209, 451, 478
Grünhof, Krs. Arnswalde 197, 402, 407, 413, 478
Grünhof, Pommern 42
Grünrade, Krs. Königsberg 78, 133, 147, 206, 213, 363, 479
Grüssow, Mecklenburg 98
Grützort, Krs. Arnswalde 90, 206, 517
Grumbkow, Krs. Stolp 219
Grunefeld, Ostpr. 27
Grunow, Krs. Crossen 250, 479
Grunow, Uckermark 70
Grunwald, Krs. Crossen 161, 535
Guben, Krs. 27
Güntershagen, Krs. Dramburg 172, 206, 479
Guhden, Krs. Königsberg 157, 231, 319 f., 479, 506
Guhlow, Krs. Crossen 317, 371, 479
Guhren, Krs. Züllichau *siehe auch* Ober-, Nieder- 86, 143, 145, 303, 380 f., 479, 488, 511
Guhrow, Krs. Cottbus 80, 190, 320–322, 389, 479 f., 512
Gulben, Sachsen 251, 253, 449
Gumbinnen 108, 268, 282, 420
Gusow, Krs. Lebus 85 f., 297

Gutenpaaren, Mittelmark 93
Gutsdorf, Krs. Dramburg 121, 480
Guttentag, Krs. Lublinitz 50
Guttlow, Krs. Glogau 114
Guttstadt, Ostpr. 203

Haag 158
Haasow, Krs. Cottbus 253 f., 269, 457, 469, 480
Habelschwerdt 404
Hänchen, Krs. Cottbus 241 f., 276, 480
Haferwiese, Krs. Friedeberg 278
Halberstadt, Ftm. 2, 72, 178 f., 304
Halberstadt, Stadt 92, 122, 246, 309, 411, 429, 438
Halle 12, 31, 75, 77, 108, 128, 157, 165, 176 f., 223, 225, 230, 247, 250, 264, 269, 275, 312, 314, 335, 406, 420, 427, 431, 447
Hamm 71, 87
Hammer, Krs. Crossen 188
Hammer, Krs. Friedeberg 480
Hammer, Krs. Königsberg 62, 480 f.
Hammer, Krs. Schwiebus 344 f.
Hammer, Krs. Sternberg 220, 274, 393, 396, 481, 533
Hammer, Krs. Züllichau 188
Hanau 351
Hanfsuppe, Krs.Sternberg 531
Hansdorf, Sachsen 412
Hanseberg, Krs. Königsberg 80 f., 134, 351, 353, 358, 363 f., 481
Hansfelde, Krs. Deutsch Krone 32
Hartau, Schlesien 345 f.
Harte, Krs. Züllichau 287, 481, 491
Haselberg, Krs. Oberbarnim 385
Hausberge (Minden) 434
Havelland 202
Hedemünde 325
Heidelberg 336
Heidenau, Krs. Crossen 97, 153, 183, 189, 219, 401, 410, 481
Heinersdorf, Krs. Lebus 421
Heinersdorf, Krs. Züllichau 159, 292, 382, 460, 481 f.
Heinrichsdorf, Krs. Oberbarnim 18
Heinrichsdorf, Westpr. 112, 114
Heinrichsfelde, Krs. Dramburg 482, 546
Heinzendorf, Schlesien 162
Helminenwalde, Krs. Sternberg 268
Helmsdorf, Sachsen 169
Helpe, Krs. Arnswalde 26, 69, 349, 364, 501
Helpte, Mecklenburg 277
Hemsendorf, Krs. Schweinitz 281 f.
Henkendorf, Westpr. 32
Herford 344 f.
Hermsdorf, Krs. Friedeberg 56 f., 482
Hermswalde, Krs. Crossen 101, 412, 482
Herrendorf, Krs. Königsberg 83 f., 127, 233, 311, 351, 482
Herzogswalde, Krs. Sternberg 210, 310, 326, 391, 397, 482 f.
Hessen 175
Hildesheim, Krs. Sternberg 163, 422, 428, 483
Himmelstädt, Amt, Krs. Landsberg 470, 515, 535
Hinterpommern 2–4, 153
Hochkirch, Sachsen 128, 216, 359, 361, 398
Hoffstädt, Krs. Deutsch Krone 109, 111, 154
Hoffstädt, Polen 112
Hohenfinow, Mittelmark 384
Hohenfriedberg 181, 257, 277, 444
Hohengrape, Krs. Arnswalde/Pyritz 29, 88, 243, 398, 483
Hohenjesar, Krs. Lebus 76–78, 208
Hohenkarzig, Krs. Friedeberg 62, 132, 228 f., 483
Hohenlübbichow, Krs. Königsberg 174, 210–212, 446, 483
Hohenschönhausen, Mittelmark 282
Hohenstein, Gfsch. 334
Hohenstein, Westpr. 32
Hohentwiel 160
Hohenwalde, Krs. Landsberg 29, 62 f., 231, 483 f.
Hohenwalde, Krs. Pyritz 28 f.
Hohenziethen, Krs. Soldin 76, 484
Horno, Sachsen 180, 242 f.
Horst, Pommern 408 f.
Hünenberg, Krs. Dramburg 44
Hundskopf, Krs. Dramburg 43 f., 466, 484

Iglau, Böhmen 330
Ihlow, Krs. Oberbarnim 137
Illmersdorf, Krs. Cottbus 239, 241 f., 441, 484
Inowraclaw, Krs. 284
Insterburg 421
Italien 366

Jägerndorf 309
Jahnsfelde, Krs. Landsberg 211, 216, 324–326, 484, 545
Jakobsdorf, Krs. Dramburg 121, 206, 272, 479, 484
Janikow, Krs. Dramburg 28–30, 41, 86, 473, 484 f.
Jarmen, Pommern 96

Jatzke, Mecklenburg 102
Jatzthum, Pommern 41
Jauer, Schlesien 50, 115
Jena 10, 99, 123, 266, 345
Jerchel, Hzgtm. Magdeburg 303
Jessen, Krs. Cottbus 139 f., 166, 190, 485
Joachimsthal, Krs. Friedeberg/Dramburg 318
Joduth, Krs. Neustettin 129
Justin, Pommern 304

Kackrow, Krs. Cottbus 185, 194, 485
Kähmen, Krs. Crossen 56, 304, 386, 485
Käselin, Mecklenburg 98
Kahren, Krs. Cottbus 152, 251, 253, 485
Kahsel, Krs. Cottbus 180–182, 485
Kalisch 286, 301, 362
Kalke, Sachsen 38, 101, 125, 434
Kalkwitz, Krs. Cottbus 169, 486
Kallies, Schloß, Krs. Dramburg 41, 478, 486
Kallies, Stadt, Krs. Dramburg 89, 121, 165, 244, 259, 272, 354, 416, 451
Kalzig, Krs. Züllichau 52 f., 365, 486
Kankelvitz, Pommern 495
Karge, Polen 51
Karkow, Pommern 404
Karlsberg, Krs. Dramburg 350, 486
Karsbaum, Krs. Schivelbein 43, 64–67, 150 f., 269, 290 f., 486 f., 537
Kartlow, Krs. Schivelbein 68, 342, 487
Karwitz, Krs. Dramburg 111, 314, 487
Karzig, Krs. Friedeberg 487
Kasekow, Krs. Randow 249
Kathlow, Krs. Cottbus 254, 469, 487 f.
Kay, Krs. Züllichau 41, 103, 195, 199, 303, 308, 316, 321, 370, 380 f., 402, 425, 472, 479, 488, 510
Kehnert, Hzgtm. Magdeburg 434
Kehrberg, Prignitz 309
Kemnath, Krs. Sternberg 105, 245, 263, 343, 373, 377, 410, 422, 424 f., 430, 488
Kerkow, Krs. Königsberg 85, 488
Kerstenbruch, Krs. Oberbarnim 385
Kerstenbrügge, Krs. Königsberg 399
Kerzendorf, Mecklenburg 369
Kessel, Krs. Dramburg 383, 506
Kesselsdorf 12, 106, 182, 191, 304, 311, 443
Kiekebusch, Krs. Cottbus 269, 457, 488
Kirschbaum, Krs. Sternberg *siehe auch* Groß- u. Klein- 132, 136 f., 488
Kittlitz, Niederlausitz 104, 338
Kitzerow, Krs. Saatzig 284
Klaber, Mecklenburg 177
Klarpfuhl, Krs. Dramburg 41, 488
Klausberg, Krs. Dramburg 486, 488
Klauswalde, Krs. Sternberg 78, 121, 130, 288, 334, 488 f.
Klebow, Krs. Crossen 224, 375, 489
Klebow, Krs. Dramburg 43, 466, 489
Klein Beuthen, Mittelmark 107
Klein Brütz, Mecklenburg 263
Klein Buckow, Sachsen 190, 269
Klein Cammin, Krs. Landsberg 91, 318, 325, 437 f., 477
Klein Dobritsch, Sachsen 104
Klein Döbbern, Krs. Cottbus 38, 167 f., 489
Klein Gaglow, Sachsen 40, 254 f.
Klein Gandern, Krs. Sternberg 86, 246, 381, 419, 468, 489
Klein Grünow, Krs. Dramburg 173, 313–315, 489 f.
Klein Justin, Pommern 68
Kleinkalzig, Krs. Züllichau 486
Klein Kirschbaum, Krs. Sternberg 490
Klein Küssow, Pommern 257
Klein Latzkow, Krs. Soldin 19, 102, 340, 342, 392, 394 f., 490
Klein Lienichen, Krs. Dramburg 221 f., 490, 498
Klein Lieskow, Krs. Cottbus 251, 469, 490
Klein Linde, Prignitz 430–432
Klein Lindenbusch, Krs. Soldin 82, 298, 490, 513
Klein Lübbichow, Krs. Sternberg 200 f., 490, 493
Kleinmantel, Krs. Königsberg 201, 236, 490
Klein Mellen, Krs. Dramburg 111, 491, 506
Klein Messow, Niederlausitz 184
Klein Oßnig, Krs. Cottbus 104, 255, 491
Klein Polkwitz, Krs. Sprottau 150
Klein Siewken, Ostpr. 307
Klein Spiegel, Krs. Arnswalde 90, 206, 491, 517
Klein Tschirne, Schlesien 345
Klein Wangern bei Winzig 431
Klein Zarnow, Pommern 358, 363, 365
Klein-Ziethen, Mittelmark 201 f.
Klemmen, Krs. Pyritz 326 f.
Klemzig, Krs. Züllichau *siehe auch* Ober- u. Nieder- 74, 79, 88, 286 f., 373 f., 377, 481, 491
Klemzow, Krs. Königsberg 117, 157, 294, 492
Klemzow, Krs. Schivelbein 24, 115, 290, 491 f., 499
Klestin, Krs. Dramburg 44
Kletzke, Prignitz 157
Kleve 73, 434

Klinge, Krs. Cottbus 19, 152, 169–171, 400, 492
Klockow, Pommern 15, 215
Klötzin, Krs. Schivelbein 57, 492
Klossow, Amt, Krs. Königsberg 492
Klossow, Krs. Königsberg 229 f., 492
Kloxin, Krs. Pyritz 173
Klücken, Krs. Pyritz 173
Klützkow, Krs. Schivelbein 67, 151, 379, 388, 406, 492 f.
Kobelnik, Polen 142
Köln 134, 320
Kölpin, Krs. Arnswalde 89, 231, 437, 493
Kölpin, Pommern 296
Költschen, Krs. Sternberg 220, 274, 391, 393–396, 422, 481, 493, 509, 533
Königsberg, Pr. 72, 81, 108, 120, 197, 205, 210, 256 f., 272, 282, 433
Königsberg, Neumark 39, 312 f., 319, 337, 339, 520
Königsberg, Krs. 2, 17, 54, 117, 125, 157, 233, 256, 285, 293, 348, 352, 358, 365, 416
Königswalde, Krs. Sternberg 309, 389 f., 393, 396, 410, 445, 493, 533
Köntopp, Krs. Dramburg 111, 383, 493, 506
Köpenick 19, 421
Körbelitz, Hzgtm. Magdeburg 243
Körtnitz (Neu-), Krs. Arnswalde 240, 493, 508
Köslin 104, 129, 331, 342
Kohlow, Krs. Sternberg 199–201, 493 f.
Kolberg 12, 16, 23, 30, 47, 66, 92, 122, 179, 193, 224, 290, 294, 318, 331, 342, 356, 397, 433
Kolbitz, Hzgtm. Magdeburg 201
Koldemanz, Pommern 68
Kolin 46, 95, 242, 310, 339, 346, 378, 390
Kolk, Krs. Arnswalde 206, 517
Komptendorf, Krs. Cottbus 132, 181 f., 204, 441, 494
Konitz, Pommern 119, 330
Konradswaldau, Ftm. Liegnitz 145, 433
Konstantinopel 158
Kopenhagen 12
Koppatz, Krs. Cottbus 152, 253, 494
Kornowatz, Krs. Ratibor 444
Kossar, Krs. Crossen 97, 166, 494
Kossenblatt, Mittelmark 18
Kotzeband, Mittelmark 118
Kraatz, Uckermark 15
Kraazen, Krs. Soldin 494
Krämersborn, Krs. Crossen 267 f., 433, 446 f., 494
Krakow, Krs. Randow 266
Krampe, Krs. Arnswalde 165, 494
Kranzin, Krs. Arnswalde 33, 91, 283 f., 495
Kratzig, Pommern 42, 522
Kratznick, Krs. Arnswalde 495
Krauschow, Krs. Züllichau 87, 495
Krauseiche, Krs. Königsberg 488
Kreitzig, Krs. Schivelbein 63, 65–67, 221, 495
Kremlin, Krs. Soldin 21–23, 53, 340, 495 f.
Kremmen, Mittelmark 61, 202
Krieschow, Krs. Cottbus 184, 186, 191 f., 239, 242, 384, 496
Krining, Krs. Arnswalde 216, 235, 324, 437, 496
Kröchlendorf, Uckermark 15
Krotoschin, Südpr. 50
Krügersdorf, Mittelmark 338 f.
Kruge, Mittelmark 282
Krummendorf, Krs. Züllichau 496
Krummspree, sächs. Krs. 322
Kuckädel, Krs. Crossen 97, 156, 166, 270, 381, 412, 494, 496
Kürtow, Krs. Arnswalde 109 f., 112, 129, 406, 496 f.
Küstrin 2, 16, 18, 30 f., 45, 49, 54, 61, 69, 73, 77, 79 f., 84, 93–95, 105 f., 118 f., 121, 130 f., 134 f., 165, 172, 182, 184, 189, 193 f., 201, 206, 209, 213 f., 227, 232, 236, 238, 242, 261, 263, 268, 271 f., 281, 287 f., 312, 327, 349, 351–353, 355, 380, 386, 391, 393, 435, 457, 501 f., 531
Küstrinchen, Uckermark 51, 53
Kuhdamm, Krs. Königsberg 138, 256, 416, 497
Kuhweide, Uckermark 118
Kuhwinkel, Prignitz 263 f.
Kuhts, Krs. Schlawe 236
Kummerow, Krs. Regenwalde 304
Kunersdorf, Krs. Cottbus 183 f., 186–189, 234, 497
Kunersdorf, Krs. Crossen 161, 285, 453, 497
Kunersdorf, Krs. Lebus 60, 78 f.
Kunersdorf, Krs. Sternberg 28, 76, 146, 183, 263, 393, 438
Kunow, Krs. Crossen 156, 306, 427, 497
Kunow, Krs. Schivelbein 176
Kurland 1, 220, 342
Kurmark 2, 4, 7, 105, 116, 386
Kurtschow, Krs. Crossen 99, 177, 183, 191 f., 375, 497 f.
Kynsburg bei Schweidnitz 431

Laasow, Krs. Cottbus 194, 309, 367, 498
Labenz, Krs. Schivelbein 498
Läsgen, Krs. Schwiebus 16, 287, 503
Laggarben, Krs. Gerdauen

Lagow, Krs. Sternberg 79, 255, 447, 511, 529
Lagowitz, Krs. Meseritz 253
Landsberg, Krs. 2, 209, 276, 325, 327, 443
Landsberg an der Warthe 37, 100, 105, 118, 216, 325, 388
Landshut 13, 303
Langen, Mittelmark 125, 444
Langenhagen, Krs. Dramburg 197, 221 f., 313, 498, 530
Langen-Helwigsdorf bei Jauer 115
Langhof, Polen 113
Langmeil, Krs. Züllichau 88, 158–160, 374 f., 377, 420, 444 f., 498 f.
Lankow, Krs. Schivelbein 24, 379, 499
Lankwitz bei Berlin 145
Latzig, Polen 112 f.
Lauban, Sachsen 198
Laubsdorf, Krs. Cottbus 242 f., 499
Lauchstädt, Krs. Friedeberg 50–52, 55–57, 499
Lauenbrügge, Krs. Dramburg 238, 462, 499
Lauenburg, Krs. 4, 8
Lausitz 130, 241, 389
Lebus, Amt 79, 467
Lebus, Krs. 4, 21, 75, 77, 260, 346
Leckow, Krs. Schivelbein 175 f., 499 f.
Leeskow, Krs. Cottbus 273, 275, 459, 500
Lehsen, Krs. Cottbus 170
Lehwalde, Krs. Crossen 285
Leichholz, Krs. Sternberg 139, 220, 500
Leipzig, Krs. 434
Leipzig, Stadt 203, 223, 249, 254, 269, 276, 368, 397, 456
Leissow, Krs. Sternberg 60 f., 500
Leitersdorf, Krs. Crossen 297, 344, 371, 500
Leitmeritz, Böhmen 95
Lentzke, Krs. Osthavelland 80
Leppin, Mecklenburg 242 f.
Lesch, Mähren 142
Leubus, Kloster 418
Leuenberg, Krs. Oberbarnim 224
Leuthen, Krs. Cottbus 167 f., 448, 500 f., 536
Leuthen, Schlesien 294, 310, 377, 398, 433
Leutmannsdorf, Schlesien 309
Libbehn, Kr. Pyritz 165
Lichtenau, Sachsen 321
Lichtenow, Krs. Friedeberg 141, 228, 361, 364, 501
Lieben, Krs. Sternberg 71, 143, 332–334, 501
Liebenfelde, Krs. Arnswalde 349, 501
Liebenfelde, Krs. Königsberg 138, 209, 211, 348 f., 398, 497, 501
Liebenow, Krs. Arnswalde 111, 349, 501
Liebenow, Krs. Landsberg 21, 502
Liebenow, Uckermark 242
Lieberose, Sachsen 246
Liebthal, Krs. Crossen 38, 178 f., 502, 536
Liegnitz 49 f., 78 f., 87, 93, 157, 205, 208, 228, 317, 445
Liepz, Krs. Schivelbein 43, 250, 330, 419, 502, 542
Lietzen, Krs. Lebus 20, 232
Ligny 119
Limberg in Sachsen 184, 186, 188
Lindchen, Krs. Cottbus 164, 289, 347, 502, 542
Lindow, Krs. Sternberg 91, 162, 195, 237, 271, 326, 332, 369, 502, 547
Lipke, Krs. Landsberg 55–57, 291, 445, 502, 514
Lippau, Krs. Neidenburg 381
Lippehne, Pommern 99, 274, 293
Lippen, Krs. Crossen 121, 438, 444, 502 f.
Lippstadt 224
Lipten, Niederlausitz 204
Lissa 373
Livland 12
Lobach, Krs. Züllichau 495
Lobitz, Westpr. 32
Lobositz, Böhmen 246
Lochow, Krs. Crossen 52
Lochow, Krs. Züllichau 54 f., 142 f., 145, 180, 305, 503
Löwenberg bei Liegnitz 445
Löwendorf, Mittelmark 370
Logau, Krs. Crossen 16, 503
Lossow, Krs. Lebus 21
Lottin, Pommern 129
Lowin, Pommern 42
Lublinitz, Krs. 344
Lubochow, Krs. Cottbus 275, 459, 503
Luckaitz, Sachsen 203, 235
Luckau 275
Ludwigsburg 240
Ludwigsdorf 374
Lübben, Krs. 194
Lübben 27, 243
Lübbenau, Standesherrschaft 203
Lüben, Kreis 344
Lüben, Stadt 28, 454
Lübtow, Pommern 327

Lüdersdorf, Krs. Oberbarnim 335
Lüssow, Schwedisch-Pommern 437

Mähren 380
Märkisch Friedland 32, 544
Magdeburg, Hzgtm. 2, 52, 80, 113, 201, 265
Magdeburg, Stadt 21, 34, 55, 67, 71, 85, 110, 123 f., 134, 148, 255, 265, 286, 299, 314, 318, 336, 371–373, 386, 399, 438
Mainz 370
Malsow, Krs. Sternberg 106, 145, 198, 316, 503
Mansfelde, Krs. Friedeberg 24 f., 50, 159, 165, 256–258, 503 f.
Marienburg 399
Marienfließ 147, 241, 487
Marienhagen, Krs. Saatzig 411
Marienhof, Krs. Arnswalde/Dramburg 284
Marienwerder 102, 120, 299, 312
Markau, Mittelmark 59
Markendorf, Krs. Lebus 76 f.
Marwitz, Krs. Königsberg 209–211
Marwitz, Krs. Landsberg 27, 469, 504
Marwitz, Mittelmark 118
Matschdorf, Krs. Sternberg 149, 504
Mattendorf, Krs. Cottbus 167 f., 504, 536
Maxen, Sachsen 30, 152, 190
Mechow, Prignitz 265
Mecklenburg 1, 17, 85, 116, 140, 231, 242, 274, 445
Mecklenburg-Schwerin 356
Mecklenburg-Strelitz 243
Medewitz, Pommern 266
Mehrenthin, Krs. Friedeberg 361 f., 395 f., 504
Mehrow, Mittelmark 417
Meißen 189
Mellen (Groß), Krs. Arnswalde 31, 35, 51, 504
Mellendorf, Schlesien 317
Mellentin, Krs. Soldin 75, 114, 297, 390, 504 f.
Memel 50, 380
Merseburg 115
Merz, Mittelmark 79
Merzdorf, Krs. Crossen 187, 193, 300 f., 418, 505
Merzien, Anhalt 304
Meseritz, Krs. Schivelbein 205, 222 f., 505
Meseritz, Stadt 50
Metzelthin, Mittelmark 271, 444
Mienken, Krs. Arnswalde 240, 402, 407, 409, 505, 509
Mietzelburg, Krs. Soldin 326, 460, 505
Milkersdorf, Krs. Cottbus 186, 190, 239, 384, 505 f.
Milmersdorf, Krs. Templin 16
Minden 52, 55, 85, 205, 229, 320, 434
Mirow, Mecklenburg 276
Mißgunst, Krs. Sternberg 422, 426, 430, 538
Mittelfelde, Krs. Dramburg 111, 383, 506
Mittelmark 7, 18, 20, 69, 75, 77, 81, 83, 94, 116, 156, 174, 204, 256, 415 f.
Mittenwalde, Krs. Sternberg 508
Mögelin, Mittelmark 19
Möstchen, Krs. Schwiebus 300
Möthlow, Havelland 368
Mohrin, Krs. Königsberg 30, 150, 157, 231, 316, 319 f., 506
Moizelwitz, Pommern 32
Mollwitz, Schlesien 56, 110, 112, 139, 158, 160, 187, 192, 303, 321, 324, 393, 446
Morrn, Krs. Landsberg 324, 326 f., 448, 506
Mosau, Krs. Züllichau 14, 159, 180, 231, 238, 381, 506 f.
Müncheroda, Sachsen 280
Mürow, Uckermark 78
Müschen, Krs. Cottbus 253, 350, 507
Murzig, Krs. Crossen 56, 304, 386, 485, 507
Muschten, Krs. Schwiebus 287, 292
Muskau, Standesherrschaft 269

Nackel, Krs. 69
Nackel, Westpr. 32
Nantikow, Krs. Arnswalde 29, 35, 400, 405
Natelvitz, Pommern 177
Nauendorf bei Schkopau 43
Naugard 315
Naulin, Krs. Soldin 22, 123–125, 297 f., 507
Naumburg (Saale) 280
Nehesdorf, Sachsen 169
Neidenburg 282
Neiße 46, 170, 284, 286, 297, 330, 374
Neklade, Rügen 298
Nelep, Krs. Schivelbein 129, 384 f., 507
Nemischhof, Krs. Arnswalde 48, 240 f., 402, 406 f., 409, 508 f.
Netschütz, Schlesien 259
Neu Döb(b)ern, Sachsen 368
Neudörfchen, Westpr. 120
Neudorf, Krs. Sternberg 220, 391–393, 397, 508
Neuendorf, Amt, Krs. Sternberg 454, 546 f.
Neuendorf im Bruche, Krs. Königsberg 357 f., 360, 434
Neuengrape, Pommern 89

Neuenhagen, Amt, Krs. Königsberg 492
Neuenkirchen, Mecklenburg 27
Neuhaus, Krs. Birnbaum 383
Neuhausen, Krs. Cottbus 168, 508
Neu Klücken, Krs. Arnswalde 33 f., 508
Neu Lagow, Krs. Sternberg 375
Neu Langerwisch, Mittelmark 370
Neu Lobitz, Krs. Dramburg 30 f., 173, 226, 508 f.
Neumark X, 2–9, 14, 17, 21, 24–26, 28–32, 37, 40, 44, 49 f., 52, 57, 60, 64 f., 67–70, 72–74, 79, 83, 88–91, 94–96, 99 f., 102–109, 112 f., 115–119, 121 f., 124, 126 f., 130, 133, 135, 137–139–143, 147, 150, 162 f., 165 f., 170–173, 179 f., 185, 189–191, 196 f., 199, 202, 204, 206 f., 211, 217, 220, 222, 225, 228, 230 f., 237, 239 f., 244, 246, 252, 254, 256 f., 260, 263, 266, 268, 278, 280, 282–289, 291 f., 295–299, 303, 306 f., 311 f., 314–316, 318–320, 324, 332–335, 337–339, 344, 347–349, 354, 356 f., 362, 364, 366, 373, 375, 378 f., 383, 386–389, 395, 397, 400, 402, 405, 409, 411–415, 419–421, 424, 427, 431, 434, 440, 446
Neumarkt, Schlesien 75, 350
Neu-Ostpreußen 122
Neu Radung, Krs. Landsberg 509
Neuruppin 23
Neusalz, Schlesien 50, 287
Neustadt, Schlesien 311
Neustadt-Eberswalde 352, 419
Neustettin 102, 241
Neu Storkow, Krs. Dramburg 15, 172, 509
(Neu) Stüdnitz 102, 244
Neuwalde, Krs. Sternberg 248, 393–397, 509
Neuwedell, Krs. Arnswalde 225, 227, 240, 402, 404, 407, 409, 412, 509
Neu Zauche bei Beeskow 60
Nickern, Krs. Züllichau 52 f., 103, 126, 305, 328, 377, 509 f.
Niederbarnim, Krs. 4, 264, 417
Nieder-Guhren, Krs. Züllichau 103, 479, 488
Niederklemzig, Krs. Züllichau 275, 287, 445 f., 491
Niederlausitz 4, 7, 104, 132, 155, 184, 187, 190, 193 f., 367, 419 f.
Nieder Lobendau, Schlesien 306
Niederlübbichow, Krs. Königsberg 174, 211 f., 483, 510
Nieder Rädlitz, Schlesien 41
Niederrhein 331
Niederschlesien 167
Nieder-Schreibersdorf bei Lauban 101
Nieder-Spree, Niederlausitz 100 f.
Niedewitz, Krs. Schwiebus 195, 200, 294, 382, 441 f.
Nienhagen, Mecklenburg 446
Niepölzig, Krs. Arnswalde 257, 296, 323, 397, 510
Nigripp, Hzgtm. Magdeburg 229
Nimptsch, Stadt 176
Nisgawe, Schlesien 421
Nöblin, Krs. Dramburg 197, 510, 530
Nörenberg, Krs. Arnswalde 51, 59, 116, 206, 315, 404, 408, 510, 545
Nordhausen, Krs. Königsberg 60, 128, 231, 324 f., 511

Oberbarnim, Krs. 4
Ober-Guhren, Krs. Züllichau 103, 479
Ober-Herzogswaldau, Schlesien 93
Oberklemzig, Krs. Züllichau 275, 286 f., 491
Oberlausitz 4
Oberschlesien 4, 117, 176, 444
Ober Rädlitz, Schlesien 41
Ober-Spree, Sachsen 100 f.
Ober Stanowitz, Schlesien 421
Oberursel 153
Oblath, Krs. Züllichau 158 f., 162, 380 f., 511
Oderberg 41, 123, 208, 210
Oegeln, Sachsen 76
Oettingen, Schwaben 130
Ofen 23, 348
Oldenburg, Hzgtm. 272
Oletzkow, Krs. 231
Oppeln 46
Oppenhausen 39
Oranienburg 350
Ortwig, Krs. Königsberg 358, 360, 434
Osnabrück 66
Osterode, Krs. 257
Osterwalde, Krs. Sternberg 309, 389 f., 493, 511
Ostfriesland 439
Ostritz, Krs. Züllichau 88, 275, 317, 511
Ostrow, Krs. Sternberg 17, 55, 511
Ottendorf, Schlesien 304
Ottmachau, Schlesien 405

Padligar, Krs. Züllichau 88, 275, 317, 511
Pätzig, Krs. Königsberg 264 f., 511 f.
Pahlowitz bei Liegnitz 445
Palzig, Krs. Züllichau 305, 344 f., 512
Pammin, Krs. Arnswalde 23, 147 f., 512
Pammin, Krs. Dramburg 41, 121, 272, 354, 512

Papitz, Krs. Cottbus 73, 186 f., 512
Parchau, Schlesien 166
Parchen, Hzgtm. Magdeburg 81
Paris 87, 114, 158, 416
Parlin, Krs. Saatzig 151
Parsow, Pommern 112, 114
Partsch, Ostpr. 231
Paserin, Niederlausitz 187, 275
Pasewalk 258, 329
Patschkau, Schlesien 35, 340
Patzig, Pommern 42
Peenemünder Schanze 379, 417
Pegelow, Pommern 404
Pehlitz, Krs. Friedeberg 50, 93, 110, 164 f., 359, 361, 387, 512
Peitz, Herrschaft 2
Peitz, Stadt 23, 36, 61, 63, 83, 96, 108, 170, 391, 425
Penkun, Pommern 249
Pennekow, Krs. Schlawe 437
Pensowa, Polen 142
Perkuiken, Ostpr. 42
Petersdorf, Krs. Lebus 108, 347
Petersdorf, Schlesien 145
Petershagen, Krs. Lebus 47, 347
Petershain, Krs. Cottbus 234, 276, 289, 512 f.
Petznick, Krs. Dramburg 13 f., 26, 43, 111, 269, 313 f., 354, 439, 513
Pfaffenberge 309
Pfaffendorf, Schlesien 175
Pfoerten, Sachsen 180
Pickel, Niederlausitz 187, 275
Piepstock, Krs. Dramburg 45, 266, 299, 513, 455
Pilgramsdorf, Schlesien 175
Pillau 23, 50, 72, 128, 340, 440
Pinnow, Krs. Königsberg 209, 546
Pinnow, Krs. Sternberg 71, 84 f., 132, 137 f., 271, 302, 306, 363, 424, 428, 513
Pinnow, Mittelmark 271
Pinnow, Uckermark 60
Pitschen, Niederlausitz 204
Pitzerwitz, Krs. Soldin 96, 98, 109 f., 123–125, 149, 243, 262 f., 298, 490, 507, 513 f.
Plagow, Krs. Arnswalde 259
Plagow, Krs. Dramburg 43, 466
Platenhof, Prignitz 263 f.
Platkow, Krs. Lebus 246, 297
Plau, Krs. Crossen 27, 190, 198 f., 514
Plau, Mecklenburg 240, 356
Pleiskehammer, Krs. Crossen 453, 514
Pleß, Schlesien 330
Plönzig, Krs. Pyritz 326
Plothow, Schlesien 285
Pobanz, Krs. Belgard 385
Podelzig, Krs. Lebus 75–77
Podewils, Krs. Belgard 267, 465
Pohsen, Sachsen 170 f.
Pokraken bei Tilsit 441
Polanke, Krs. Ratibor 444
Polchlep, Krs. Schivelbein 514
Polen 1, 3–5, 39, 42, 45 f., 50, 54, 79, 95, 104, 115, 120, 127, 134, 137, 179, 210, 222, 297, 306, 335, 382, 409, 424, 543
Polnisch Kessel, Schlesien 346
Polnisch Nettkow, Krs. Crossen 285, 453, 514
Pollychen, Krs. Landsberg 55 f., 276, 437, 514
Polnisch-Preußen 143
Polzin, Pommern 171 f.
Pommern 2, 4–9, 21, 30, 34, 39, 41, 49, 58, 72, 79, 81, 115, 124, 127, 146, 164, 173, 185, 221 f., 267 f., 272 f., 292, 304, 307, 311, 313, 335, 354, 371, 405, 415, 433, 479, 483, 507
Pommerzig, Krs. Crossen 77, 84, 285, 308, 310, 514 f.
Posen 27, 117, 181, 233, 423
Posersfelde, Krs. Sternberg 268
Potsdam, Amt 253
Potsdam, Stadt 49, 71, 113, 136, 149, 155, 190, 199 f., 259, 286, 312, 341, 421, 426
Poullaierie, Krs. Königsberg 481
Prag 47, 108, 138, 155, 178, 191, 195, 300, 313, 331, 336, 422, 426
Prausnitz, Schlesien 136
Preichow, Krs. Crossen 310, 515, 522
Prenzlau 39, 227, 349
Preußen, Kgr. 3, 8, 59, 188, 240, 269, 366, 382
Preußen (Ost-) 1–3, 37, 81, 88, 108, 111, 156, 191, 231 f., 235, 246, 248, 264, 271 f., 278, 281 f., 302, 350 f., 380, 398, 420
Prignitz 128, 141, 263, 265, 399, 431–433, 511
Prillwitz, Mittelmark 59
Prittag, Krs. Grünberg 342
Pritten, Krs. Dramburg 45–47, 83 f., 94, 304, 515
Pritzen, Sachsen 275
Prochnow, Krs. Dramburg 42 f., 102, 272, 515, 533
Proseckel, Polen 42
Prüllwitz, Krs. Pyritz 296
Pruskeim, Ostpr. 246
Pumlow, Krs. Belgard 34, 37

Pumptow, Krs. Pyritz 256–258
Pyrehne, Krs. Landsberg 208, 515, 530
Pyritz, Krs. 37, 58
Pyritz, Stadt 82, 297

Quanzendorf, Schlesien 38
Quartschen, Pommern 134
Quedlinburg 47, 329, 361, 421

Raackow, Krs. Cottbus 185, 187, 189, 234, 515
Raakow, Krs. Arnswalde 109 f., 112, 295, 398, 516
Rackau, Krs. Schwiebus 143, 145
Radach, Krs. Sternberg 70, 94, 130, 137, 163, 329 f., 369 f., 516
Raddatz, Pommern 154
Radenickel, Krs. Crossen 97, 431, 516
Radensdorf, Krs. Cottbus 71, 241, 289, 516
Radewitsch, Krs. Züllichau 126, 275, 292, 330, 381, 516 f.
Raduhn, Krs. Königsberg 15 f., 352 f., 363 f., 517
Rahnwerder, Krs. Arnswalde 90, 206, 404, 408, 517
Ranzow, Krs. Cottbus 156, 184, 219, 309, 517
Rasdorf, Sachsen 354
Rathenow 144, 316
Rathstock, Krs. Lebus 79
Rattey, Mecklenburg 243
Rauden, Krs. Sternberg 220, 391 f., 397, 415, 508, 517
Rawitsch, Südpr. 286
Reddern, Sachsen 154
Reetz (Alt u. Neu), Krs. Königsberg 32, 59, 70, 118, 277, 279, 292–294, 354, 460, 471, 517 f., 537
Regensburg 310
Regenstein 301, 425
Regenwalde, Pommern 42
Rehberg, Pommern 365
Rehdorf, Krs. Königsberg 88, 277, 329, 353, 358, 363, 518
Rehfeld, Prignitz 265
Rehfelde, Krs. Arnswalde 110
Rehnitz, Krs. Soldin 31, 124 f., 357, 363, 518
Reichenau, Krs. Sagan 438
Reichenbach, Krs. Saatzig 33, 75
Reichenberg, Krs. Oberbarnim 18
Reichenow, Mittelmark 19
Reichenwalde, Krs. Sternberg 185 f., 244, 423, 427, 443, 518
Reichersdorf, Sachsen 28
Reinfeld, Krs. Belgard 385
Reinpusch, Krs. Cottbus 155, 518
Reitwein, Krs. Lebus 38, 74, 78 f.
Reitzenstein, Krs. Sternberg 323
Rekane (Reckahn), Mittelmark 445
Rendsburg 12
Rensin, Pommern 68
Reppen, Krs. Sternberg 78
Reppow, Polen 114
Repzin, Krs. Schivelbein 41, 110, 115, 518
Ressen, Krs. Cottbus 368, 518 f.
Rheinsberg 85, 361
Riebitz, Pommern 68
Rienow, Pommern 36
Riesnitz, Krs. Crossen 246, 261, 431, 519
Rietschütz, Krs. Schwiebus 292, 302, 305
Ringenwalde, Krs. Königsberg 133, 272, 318, 320, 519
Ringenwalde, Mittelmark 281
Rissen, Krs. Schwiebus 77 f., 294, 300
Ritzig (Rietzig), Krs. Schivelbein 68, 151, 436, 519
Röhrsdorf, Krs. Fraustadt 446
Röstenberg, Krs. Arnswalde 75, 197, 407, 519 f.
Rötzenhagen, Krs. Schlawe 14
Roggosen (Roggosna), Krs. Cottbus 253 f., 469, 520
Rohrbeck, Krs. Arnswalde 217, 247 f., 250, 360, 520
Rohrbeck, Krs. Königsberg 153, 249, 277, 307, 361, 368, 414, 520
Rohrpfuhl, Krs. Arnswalde 35, 37, 404, 510, 530
Roloffshagen, Schwedisch-Pommern 14
Roschkowitz, Schlesien 38
Rosenfelde, Pommern 118
Rosenhof, Krs. Osterburg 128
Rosenow, Pommern 30
Rosenthal, Krs. Königsberg 92
Rosenthal, Krs. Soldin 56
Rosenthal, Niederlausitz 194
Roßbach, Sachsen 112
Rostin, Krs. Königsberg 60, 62, 83 f., 338, 520
Rothenburg, Stadt, Krs. Crossen 285, 453, 520
Rothendorf, Hzgtm. Braunschweig 132
Ruben, Krs. Cottbus 73, 186 f., 512, 520 f.
Rudnik, Schlesien 212
Rückgarben, Ostpr. 235
Rügen 77, 276
Rügenwalde 131
Rützenhagen, Krs. Schivelbein 67 f., 267, 521
Rützenow, Pommern 146 f.
Rufen, Krs. Soldin 19
Ruhleben, Krs. Dramburg 120, 411, 545

Ruhlsdorf, Mittelmark 282, 368
Ruhnow (Runow), Krs. Dramburg 4, 226 f., 277–280, 408 f., 521, 541
Rummelsburg, Krs. 435 f.
Ruppin, Krs. 283
Rußland 402
Ruwen, Krs. Arnswalde 173, 236, 521

Saalfeld, Ostpr. 33
Saarmund, Amt, Mittelmark 142, 253
Saatzig, Krs. 456
Sabin, Amt, Krs. Dramburg 479
Sachsen 1, 3 f., 7, 21, 135, 154, 164, 174, 190, 267, 273, 280, 302, 326, 360, 368, 415, 427
Sachsen-Altenburg 139
Sadelberg, Krs. Dramburg 386, 389 f., 443, 521 f.
Sagan, Krs. 507
Sagan, Stadt 309, 503
Samter 73
Sandau an der Elbe 128
Sandow, Krs. Sternberg 79, 261, 395, 431, 433, 522
Sankt Petersburg 114
Sannort, Pommern 364
Sarranzig, Krs. Dramburg 244, 522
Savoyen 25
Scharfenort, Ostpr. 231
Scharteuke, Hzgtm. Magdeburg 371
Schartowsthal, Krs. Sternberg 513
Schaumburg, Krs. Königsberg 522
Scheegeln, Krs. Crossen 310, 522
Schellin, Pommern 330
Schenkendorf, Schlesien 270
Schermeisel, Krs. Sternberg 331 f.
Schertendorf, Krs. Grünberg 270, 285
Schiedlo, Niederlausitz 187, 193
Schildberg, Krs. Königsberg 85, 284, 365, 522
Schilde, Krs. Dramburg 30 f., 267, 336, 523
Schippenbeil, Ostpr. 235
Schivelbein, Krs. 2, 24, 65 f., 119, 129, 205, 267, 385
Schivelbein, Stadt 344, 499, 507
Schkopau, Sachsen 43
Schlabendorf, Krs Cottbus 201 f., 523
Schlagenthin, Krs. Arnswalde 34, 36, 107, 140, 237, 316, 523
Schlag(e)tow, Pommern 73
Schlalach, Mittelmark 142
Schlaupitz, Schlesien 317
Schlawa, Schlesien 30
Schlawe, Pommern 30, 80, 154, 341
Schlenzig, Krs.Schivelbein 32, 223, 523
Schlesien 2–4, 7, 35, 95, 101, 105, 118, 122, 148, 158, 160, 176, 188, 195, 236, 250, 273, 285, 305, 317, 374, 376, 378, 383, 421, 436, 446, 518
Schlichow, Krs. Cottbus 252, 254, 523 f.
Schlönwitz, Krs. Schivelbein 39, 59, 64, 67 f., 79, 278 f., 322, 378, 524
Schloyn, Schlesien 157
Schmachtenhagen, Krs. Crossen 187, 193, 244, 505, 524
Schmagorei, Krs. Sternberg 136–138, 248 f., 393, 422, 509, 524
Schmargendorf, Mittelmark 420
Schmarse, Krs. Schwiebus/Züllichau 353, 359, 365
Schmarsendorf, Krs. Königsberg 355, 358, 360, 372, 524
Schmatzin, Schwedisch-Pommern 437
Schmenzin, Pommern 152
Schmöllen, Krs. Züllichau 166, 299–303, 375, 380 f., 401, 486, 511, 525
Schneidemühl, Krs. Dramburg 41
Schönborn, Krs. Züllichau 103, 126 f., 144, 185, 300, 510, 525
Schönebeck, Hzgtm. Magdeburg 192
Schöneberg, Krs. Soldin 62
Schöneberg (Groß), Krs. Friedeberg 113, 525
Schönefeld, Krs. Oberbarnim 353
Schönenwerder, Krs. Pyritz 34, 37
Schönfeld, Krs. Crossen 187, 193, 336, 505, 526
Schönfeld, Krs. Königsberg 358, 432, 525
Schönfließ, Krs. Niederbarnim 255
Schönhagen, Krs. Flemming 90
Schönhausen an der Elbe 31
Schönhof, Krs. Landsberg 325
Schönow, Krs. Pyritz 162, 173
Schönow, Krs. Randow 357
Schönow, Krs. Sternberg 74, 130, 135, 177, 195, 198 f., 302, 526
Schönow, Mittelmark 420
Schönrade, Krs. Friedeberg 323, 526
Schönwalde, Mittelmark 284
Schönwalde, Krs. Sternberg 74, 87 f., 130 f., 297, 316, 343 f., 361 f., 415 f., 526
Schorbus, Krs. Cottbus 154 f., 526 f.
Schreibersdorf, Schlesien 79
Schulzendorf, Krs. Königsberg 260
Schwarmitz, Krs. Grünberg 376 f.
Schwarzwaldau, Schlesien 479
Schwedisch-Pommern 3, 7, 14, 241, 341, 379

Schwedt 89, 301, 414
Schweidnitz 95, 278, 309, 322, 337, 433
Schweinitz, Schlesien 40, 88
Schweiz 1
Schwiebus, Krs. 95, 195, 292, 305, 328, 344
Schwiebus, Stadt 160, 284, 412
Schwochow, Pommern 329
Seeburg, Westpr. 294
Seedorf, Krs. Crossen 16, 20, 104, 245, 261 f., 369, 440, 503, 527
Seedorf, Krs. Grünberg 16
Seedorf, Sachsen 104
Seegenfelde, Krs. Friedeberg 58, 204, 346, 527
Seehesten, Krs. 307, 387, 398
Seeren, Krs. Sternberg 271
Seetz, Prignitz 263
Seiffersdorf, Schlesien 259
Seiffersholz, Krs. Grünberg 16
Selchow, Krs. Sternberg 17, 86, 293, 440, 527
Sellin, Krs. Königsberg 157, 177, 206, 213 f., 216, 434, 527
Semerow, Krs. Schivelbein 289 f., 527 f.
Senftenberg, Krs. 156
Senftenberg, Stadt 71
Sergen, Krs. Cottbus 254, 324 f., 469, 528
Siebenbeuthen, Krs. Crossen 187, 193, 503, 528
Siede, Krs. Arnswalde 398, 450
Sieversdorf, Krs. Lebus 347
Silberberg, Krs. Arnswalde 24, 70, 122, 402, 407, 438
Simonsdorf, Krs. Königsberg 102, 231, 528
Skyren, Krs. Crossen 76, 97, 106, 529
Soest 270
Soldin, Krs. 2, 122, 159, 224, 274, 293, 297, 326, 348
Soldin, Stadt 121, 123 f., 360, 432
Solonitz, Mähren 142
Sommerfeld, Krs. Crossen 20, 61, 162, 167 f., 170, 336, 369, 412, 529, 540
Sonnenburg 99, 117, 195
Sonnenstein 38, 328
Soor 74, 91, 303, 360
Sophienhof bei Lippehne 293
Sophienwalde, Krs. Sternberg 390, 529, 533
Sorau 169, 225, 292, 368
Sorge, Krs. Crossen 161, 440, 453, 497, 529, 534 f.
Spandau 28, 86, 95, 99, 205, 252, 260, 273, 290, 370, 386, 442
Spanien 342
Spechtsdorf, Krs. Arnswalde 66, 206, 225, 440, 442 f., 529
Speyer 63
Spiegelberg, Krs. Sternberg 440, 529
Sponbrügge, Krs. Arnswalde 48, 405, 478, 529
Spornbrügge, Krs. Dramburg 113, 115, 529, 548
Spree (Sprey), Sachsen 100
Spremberg, Krs. 170, 185 f.
Spremberg, Stadt 41, 169 f.
Springe, Krs. Arnswalde 385, 406, 409, 468, 529 f.
Spring(e), Krs. Dramburg 41, 113–115, 121, 529, 548
Springerfelde, Krs. Arnswalde 90, 206
Sprottau 87
Staarz, Pommern 266
Stargard 39, 64, 241, 266, 298, 371, 404, 408
Starpel, Krs. Schwiebus 160 f., 177, 264, 526
Stassfurt 4, 176
Stavenow, Prignitz 55
Steinbach, Krs. Lauban 344
Steinbach, Krs. Schwiebus 345, 371
Steinbeck, Mittelmark 50–52
Steinberg, Krs. Arnswalde 35, 37, 47, 400, 530
Steinbrück, Mecklenburg 335
Steinbusch, Krs. Arnswalde 385, 406, 409, 412, 468, 530
Steinhöfel, Krs. Dramburg 197, 371, 390, 406, 530
Steinitz, Krs. Cottbus 419 f., 530
Steinkirchen, Sachsen 233
Steinmocker, Krs. Anklam 431
Steinwehr, Krs. Greifenhagen 84, 361
Stendal, Krs. 415
Stendal, Stadt 176, 188
Stendell, Uckermark 78, 89
Stennewitz, Krs. Landsberg 16, 93, 134, 208, 299, 530 f.
Sternberg, Krs. 2, 5, 71 f., 74, 107, 117, 128, 144, 156, 189, 195, 199, 237, 268, 271, 326, 332 f., 369 f., 418 f., 423, 426–428, 433, 450
Sternberg, Stadt, Güter 14, 71, 81 f., 171, 199, 417, 421, 423–426, 429 f., 531
Stettin 30, 39, 49, 64–66, 82, 94, 111, 113 f., 118, 129 f., 145, 153, 157, 184, 195, 266, 278, 304, 329, 331, 335, 340, 389, 408, 431
Stöffin, Mittelmark 283
Stöwen, Krs. Dramburg 14, 115, 454, 531
Stolp, Pommern 32, 39, 45, 85, 98, 205, 274, 292, 437, 442
Stolpe, Uckermark 70, 265, 293
Stoltenberg, Pommern 32

Stolzenberg, Krs. Landsberg 268, 304, 531 f.
Stolzenfelde, Krs. Arnswalde 12 f., 26, 102, 303, 532
Stolzenfelde, Krs. Königsberg 295, 347 f., 353, 356, 359, 365, 532
Storkow, Krs. Dramburg 49, 172, 299, 312–315, 455, 489, 513, 532
Strachmin, Pommern 330
Stradow, Krs. Cottbus 108, 532 f., 542
Stralsund 77, 247, 255, 424
Strantz, Westpr. 32
Straube, Krs. Crossen 285, 453, 533
Strausberg, Mittelmark 136
Straußdorf, Krs. Cottbus 414, 533
Strehlen, Schlesien 75
Stresow, Mecklenburg 240
Striegau, Schlesien 117, 390, 421
Stubbenhagen, Krs. Sternberg 389 f., 393–395, 439, 533
Stuchow, Pommern 266
Stücken, Mecklenburg 369
Stüdnitz (Neu), Krs. Arnswalde 44, 244, 402, 407, 533
Stuer, Mecklenburg 98
Stuttgart 325
Suckow, Mecklenburg 98
Suckow (Suchow), Pommern 146
Südpreußen 56, 373, 446
Sulzbach, Hzgtm. 55
Surinam 191
Sydow, Krs. Oberbarnim 23, 353

Tammendorf, Krs. Crossen 224, 375, 489, 533
Tamnitz, Krs. Crossen 125, 472
Tamsel, Krs. Landsberg 91, 325, 437 f., 533 f.
Tangermünde, Krs. 128
Tangermünde, Stadt 128
Tankow, Krs. Friedeberg 38 f., 219, 257 f., 503, 534
Tannenhof, Mecklenburg 414
Tapiau, Ostpr. 381
Tauche, Krs. Beeskow-Storkow 203
Tauchel, Krs. Sorau 161
Teltow, Krs. 107, 420
Teltow, Gut 420
Teschenbusch 176
Teschendorf, Krs. Dramburg 43 f., 466, 534
Thamm, Schlesien 365
Theeren, Krs. Königsberg 85 f., 256, 414, 534
Thiemendorf, Krs. Crossen 245, 271, 534
Thorn 118
Tiezow, Krs. Belgard 385
Tilsit 302
Tirol 28
Tobelhof, Krs. Arnswalde 361, 534
Topper, Krs. Crossen 161, 440 f., 534 f.
Torgau 12, 56, 94, 191, 228, 240, 279, 282, 358, 413, 430, 442
Tornitz, Sachsen 320
Tornow, Krs. Cottbus 201 f., 535 f.
Tornow (Tarnow), Krs. Crossen 376, 535
Tornow, Krs. Landsberg 535
Tornow, Krs. Sternberg 135 f., 156, 229, 355, 535
Torstorp, Schwedisch-Pommern 437
Trampe, Krs. Soldin 173 f., 356, 510, 536
Tranitz, Krs. Cottbus 19, 251, 254, 469, 536
Trebatsch, Mittelmark 40, 413
Trebbin, Mittelmark 309
Trebendorf, Krs. Cottbus 167 f., 501, 536
Trebichow, Krs. Crossen 97, 431, 536
Trebschen, Krs. Züllichau 275, 330, 374, 376 f., 516 f., 536
Trebus, Krs. Lebus 333
Treplin, Krs. Lebus 76–78
Treppeln, Krs. Crossen 119, 178 f., 211, 342, 447, 502, 536
Treuenbrietzen 72
Tribbevitz, Mecklenburg 241
Triebel, Sachsen 123, 321
Trossin, Krs. Königsberg 34 f., 357, 434, 537
Tschausdorf, Schlesien 270
Tucheband, Krs. Lebus 51, 53
Türkendorf bei Spremberg 169 f., 492
Tzschacksdorf, Sachsen 170

Uchtenhagen, Krs. Saatzig 37
Uckermark 3 f., 7, 62, 132, 174, 340, 364
Uckro (Ucker), Niederlausitz 187, 275, 420
Ungarn 149, 282, 353, 419
Unheim, Pommern 545
Unruhstadt, Südpr. 301
Unterlosa, Vogtland 439

Vehlefanz, Mittelmark 61, 202
Vehlingsdorf, Krs. Saatzig 411
Verchland, Pommern 257
Vetschau, Sachsen 367
Vietnitz, Krs. Königsberg 292–294, 365, 455, 537
Vietzer Radung (Neu Radung), Krs. Landsberg 263 f., 537

Vietzig, Krs. Dramburg 41
Völzkow, Krs. Schivelbein 146, 227, 270, 372, 388, 461, 537
Voigtsdorf, Krs. Königsberg 156, 260, 353, 435, 537 f.
Vorpommern 4, 7

Wahlsdorf, Krs. Luckenwalde 220
Waldkeim, Ostpr. 90
Waldow, Krs. Luckau 349
Wallwitz, Krs. Sternberg 99 f., 264 f., 271, 301, 342 f., 422, 424, 426, 428–430, 538
Waltersdorf, Sachsen 233
Wandern, Krs. Sternberg 185, 200, 538
Warchau bei Crossen 82
Wardin, Krs. Arnswalde 17, 27, 89, 231, 493, 539
Warnick, Krs. Landsberg 91, 325, 437 f., 539
Warnitz, Krs. Königsberg 247, 249, 327, 539
Warschau 72, 130, 318
Warsin, Pommern 118
Wartenberg, Krs. Königsberg 265 f., 393, 399, 539
Wedelsdorf, Krs. Arnswalde 206, 329, 404, 407, 539
Weißenfels, Sachsen 318
Weißensee, bei Berlin 302
Weißig, Krs. Crossen 40 f., 69, 108, 179, 270 f., 423, 427, 539 f.
Wellmitz, Krs. Crossen 20, 100 f., 412, 540
Welschenburg, Krs. Dramburg 31, 111, 383, 506
Welschendorf, Krs. Dramburg 540
Wendisch Pribbernow, Krs. Greifenberg 177
Werben, Krs. Cottbus 132, 254, 280, 320–322, 350, 389, 413, 434, 540 f.
Werben, Altmark 155, 203
Werder, Krs. Arnswalde 385, 406, 409, 468, 541, 530
Werder, Krs. Demmin 239
Wesel 36, 92, 102, 225, 259, 286, 353
Wesendahl, Krs. Oberbarnim 261
Westfalen 34, 150
Westhusen, Westfalen 359
Westpreußen 1–3, 69, 129, 324, 407, 435
Wetzlar 437
Wiersebenne, Ftm. Glogau 288
Wierzbiano (Wierzbyczany), Westpr. 324
Wiese, Sachsen 186
Wiesendorf, Krs. Cottbus 185, 194, 541
Wiesenwerder, Krs. Arnswalde 148, 541
Wildenhagen, Krs. Sternberg 66, 86–88, 139, 164, 246, 541
Wildenow, Krs. Friedeberg 108, 110, 112 f., 338, 541
Wilmersdorf, Uckermark 70, 114
Windkeim, Ostpr. 231
Winningen, Krs. Dramburg 59, 227, 277–280, 408 f., 521, 541 f.
Wintdorf, Krs. Cottbus 233 f., 448, 542
Winzig, Schlesien 431
Wittenberg 82, 339, 354, 434
Wittenberge 203, 431
Wittenhagen, Mecklenburg 276
Wittstock, Krs. Königsberg 29, 336 f., 349
Witzmitz, Pommern 39
Woddow, Uckermark 15
Wogenthin, Pommern 41
Wohlau, Krs. 431
Wolany, Krs. Deutsch Krone 81
Woldenberg, Burglehn, Krs. Friedeberg 117, 542
Woldenberg, Stadt 388
Woldenburg, Pommern 335
Wolfshagen, Uckermark 91
Wolgast, Krs. Friedeberg 131, 395–397, 542
Wolgast, Pommern 117, 268
Wolkenberg, Krs. Cottbus 108, 532, 542
Wollenberg, Mittelmark 94
Wolletz, Uckermark 149
Woltersdorf, Mittelmark 434
Woltersdorf, Krs. Dramburg 115, 171, 454 f.
Woltersdorf, Krs. Königsberg 294, 460, 542
Woltersdorf, Krs. Randow 232, 357
Wopersnow, Krs. Schivelbein 42 f., 146, 250, 330 f., 378 f., 419, 499, 542 f.
Woplauken, Ostpreußen 231
Wordel, Westpreußen 69
Worl, Polen 113
Wormlage, Sachsen 253, 322
Wormsfelde, Krs. Landsberg 77 f., 213, 443, 447, 543, 545
Wredenhagen, Mecklenburg 356
Wriezen 18, 344
Wünschelburg, Schlesien 328
Württemberg 86, 240
Wugarten, Krs. Friedeberg 33, 50 f., 228, 257, 346, 543
Wulkow, Krs. Lebus 78 f., 220, 297
Wundlacken, Ostpr. 231
Wurmlage, Sachsen 507
Wurzen 101
Wussecken, Pommern 219
Wusterwitz, Krs. Dramburg 49, 151, 284, 543 f.
Wusterwitz, Krs. Königsberg 106, 151, 544
Wuthenow, Krs. Soldin 76 f., 159–161, 215, 544

Wutschdorf, Krs. Schwiebus 88, 157, 159 f.
Wutzig, Krs. Dramburg 41, 140, 437, 544
Wutzig, Krs. Friedeberg 56 f., 544

Zachow, Krs. Königsberg 319, 544
Zadow, Krs. Dramburg 32, 442, 544
Zamenz, Krs. Neustettin 133
Zamzow, Krs. Dramburg 40, 48 f., 120, 172, 403, 545
Zanthier, Krs. Dramburg 390, 521
Zantoch, Krs. Landsberg 209, 211, 213, 216, 276, 324, 326, 437, 545
Zatzkowen, Krs. Sensburg 398
Zehden, Amt, Krs. Königsberg 319, 544
Zehringen, Anhalt 304
Zehrten, Krs. Arnswalde 315, 404, 510, 545
Zeinicke, Krs. Dramburg 59, 116, 159, 161, 311 f., 314 f., 545–547
Zeisdorf, Schlesien 157
Zeitlitz, Pommern 42
Zeitz 280
Zellin, Amt, Krs. Königsberg 229, 492
Zellin, Krs. Königsberg 229, 353, 546
Zerbow, Krs. Sternberg 56, 546
Zernickow, Krs. Königsberg 209, 211, 348 f., 546
Zernickow, Uckermark 351, 354
Zettitz, Krs. Crossen 105 f., 145, 166 f., 546
Zetzin, Krs. Dramburg 43, 546
Ziebingen, Krs. Sternberg 74, 78 f., 546 f.
Ziegelwerder, Krs. Arnswalde 197, 547
Ziegelwerder, Krs. Dramburg 159, 161, 545, 547
Ziegenhagen, Krs. Saatzig 406
Ziegenhals, Schlesien 429
Zielenzig, Stadt 195 f., 268, 298, 302, 332
Zielenzig, Burglehn, Krs. Sternberg 163 f., 332, 547
Zielenzig, Freigut 88
Zietenfier, Krs. Arnswalde 69, 354, 402 f., 407 f., 547
Ziezeneff, Pommern 171, 290, 528
Zittau 227
Znaim, Mähren 366
Zohlow, Krs. Sternberg 163, 547
Zollen, Krs. Soldin 134, 146, 149, 159–161, 352, 358 f., 547
Zorndorf, Pommern 66, 118, 130, 397, 435, 444
Zossen, Amt 38
Zscheiplitz, Sachsen 280
Zuchen, Pommern 406
Zuchow, Krs. Dramburg 113–115, 121, 272, 548
Züllichau, Amt 495 f.
Züllichau, Krs. 2, 14, 87, 103, 144, 160, 238, 287, 292, 299, 328, 330, 343, 375, 380, 382
Züllichau, Stadt 87, 103, 126 f., 142, 160, 192, 277, 286 f., 292, 294, 303, 343, 350, 375, 392, 397, 412, 444, 488, 495, 508, 517
Zülshagen, Krs. Dramburg 43 f., 466, 548
Zützen, Uckermark 62
Zützer, Westpr. 115

www.ingramcontent.com/pod-product-compliance
Lightning Source LLC
LaVergne TN
LVHW080750300926
849162LV00008BA/1782